Allgemeine Genetik

Molekulare Genetik

Entwicklungsgenetik

Genetik

Allgemeine Genetik
Molekulare Genetik
Entwicklungsgenetik

Wilfried Janning
Elisabeth Knust

370 Abbildungen
37 Tabellen

2. vollständig überarbeitete
und erweiterte Auflage

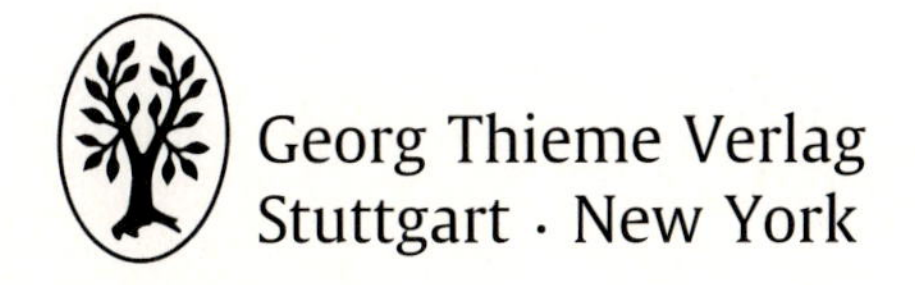

Georg Thieme Verlag
Stuttgart · New York

Für Renate und José

Prof. Dr. Wilfried Janning
Westfälische Wilhelms-Universität
Institut für Allgemeine Zoologie und Genetik
Schlossplatz 5
48149 Münster
E-Mail: janning@uni-muenster.de

Prof. Dr. Elisabeth Knust
Max-Planck-Institut für molekulare
Zellbiologie und Genetik
Pfotenhauerstr. 108
01307 Dresden
E-Mail: knust@mpi-cbg.de

Die Deutsche Bibliothek – CIP-Einheitsaufnahme

Ein Titeldatensatz für die Publikation ist bei Der Deutschen Bibliothek erhältlich

1. Auflage 2004

Rüdigerstraße 14
D-70469 Stuttgart
Homepage: www.thieme.de

Printed in Germany

Umschlaggestaltung: Thieme Verlagsgruppe
Umschlagbild: Andrew Syred/SPL/Agentur Focus
Zeichnungen: Ruth Hammelehle, Kirchheim/Teck; bitmap,
Thomas Heinemann, Mannheim
Satz: Mitterweger & Partner, Plankstadt
Druck: Druckhaus Götz, Ludwigsburg

ISBN 978-3-13-128772-4 1 2 3 4 5 6

Vorwort zur 2. Auflage

In den letzten Jahren sind Fortschritte im Verständnis genetischer Zusammenhänge in zwei Bereichen besonders auffällig geworden. Zum einen hat sich die Anzahl definierter Klassen kleiner RNAs und das Wissen über ihre Funktion erheblich vergrößert. Zum anderen hat die Bedeutung der genetischen Modellorganismen zur Erforschung menschlicher Krankheiten weiter zugenommen.

Auch wenn viele Funktionen der kleinen RNAs noch nicht verstanden sind, weiß man, dass sie wichtige Aufgaben bei der posttranskriptionellen Regulation der Genexpression übernehmen und eine bedeutende Rolle, u.a. bei der Kontrolle von Wachstum und Differenzierung, spielen. Diese Ergebnisse sowie weitere Fortschritte in der Analyse von Genomen hat eine alte Frage wieder aufgeworfen: „Was ist ein Gen?“, die nun unter einem neuen Blickwinkel betrachtet werden muss. Wir haben entsprechend dieser Entwicklungen die Kapitel über RNA-Interferenz und epigenetische Genregulation, aber auch die zur Anwendung von DNA-Profilen in der Kriminalistik und bei Abstammungsanalysen stärker berücksichtigt.

Während bei der Maus schon seit einigen Jahrzehnten die Bedingungen für bestimmte Krebserkrankungen des Menschen untersucht werden, sind genetische Modelle zur Erforschung menschlicher Krankheiten bei der Fliege *Drosophila*, dem Fadenwurm *Caenorhabditis* und dem Zebrafisch *Danio rerio* relativ neu. Dabei geht es z.B. um neurodegenerative Krankheiten wie Morbus Alzheimer oder Morbus Parkinson, deren Symptome durch Transformation der Tiere mit mutanten menschlichen Genen simuliert werden können. In den Transformanten kann man dann die Ursachen der Krankheiten experimentell untersuchen und Substanzen auf ihre Wirksamkeit zur Unterdrückung der Symptome testen. Aus der Überzeugung heraus, dass sich dieses Gebiet in der Zukunft weiter entwickeln wird, haben wir daher ein umfangreiches Kapitel eingefügt, in dem einige Modelle menschlicher Krankheiten beispielhaft besprochen werden.

Zudem konnten wir den Teil III Entwicklungsgenetik erheblich erweitern und neben *Drosophila* nun auch *C. elegans*, den Zebrafisch, die Maus und als pflanzlichen Organismus die Ackerschmalwand *Arabidopsis* in eigenen Kapiteln berücksichtigen.

Bei der Abfassung des Manuskripts haben uns mit Rat und Tat unterstützt: Anja Beckers, Martin Beye, Ethan Bier, Olaf Bossinger, Michael Brand, Joachim Ernst, Achim Gossler, Volker Hartenstein, Johannes H. Hegemann, Carsten Hohoff, Jürgen Horst, Michael Kessel, Christian Klämbt, Ansgar Klebes, Mathias Köppen, Günter Korge, Horst Kress, Werner Kunz, David Meinke, Elliot Meyerowitz, Wolfgang Nellen, Christiane Nüsslein-Volhard, Einhard Schierenberg, Katrin Schuster-Gossler, Rüdiger Simon, Bernd Weisshaar, Peter Westhoff und Sylke Winkler. Wir sind ihnen allen zu großem Dank verpflichtet.

Dem Georg Thieme Verlag danken wir für die Möglichkeit inhaltlicher Erweiterungen in der Neuauflage, die von der Programmplanerin Marianne Mauch kompetent geplant und von der Redakteurin Simone

Claß umsichtig begleitet und geleitet wurde. Dem Grafiker Thomas Heinemann danken wir für kreative und präzise Zeichnungen und Herrn Manfred Lehnert für die Herstellung des Buches.

Münster, Dresden, im Juli 2008

Wilfried Janning
Elisabeth Knust

Vorwort zur 1. Auflage

An dem gewaltigen Wissenszuwachs, den die Biologie insbesondere in den letzten Jahrzehnten erfahren hat, ist die Genetik wesentlich beteiligt. Spezialgebiete wurden ausgeweitet und zusätzliche Disziplinen haben sich etabliert, so dass heute eine Vielzahl von Fachgebieten innerhalb der Genetik existiert, die auf fast alle Nachbargebiete in der Biologie und zur Medizin übergreifen, wie z. B. auf die Zellbiologie, Entwicklungsbiologie, Neurobiologie, Immunbiologie, Verhaltensbiologie, Populationsbiologie oder Evolutionsbiologie.

All diesen Gebieten ist gemeinsam, dass sie auf den Grundlagen der Allgemeinen und der Molekularen Genetik basieren. In der Allgemeinen Genetik haben sich seit Jahrhunderten Kenntnisse über Phänotypen und die Gesetzmäßigkeiten ihrer Vererbung angesammelt. Diese haben seit Gregor Mendel durch gezielte Kreuzungsexperimente und durch zytologische Analysen von Zellteilungen und Chromosomen eine Grundlage erhalten und somit die „Chromosomentheorie der Vererbung" begründet. Seit den 40er Jahren des letzten Jahrhunderts nähern wir uns dem Verständnis von Vererbung auch von der molekularen Seite durch Analysen von DNA, RNA und Proteinen. Zwischen beiden Bereichen gibt es Überlappungen, aber auch derzeit noch unüberbrückbare Lücken.

So können wir einerseits durch eine Kombination mikroskopischer Chromosomenanalyse mit Fluoreszenz-In-situ-Hybridisierung (FISH) sehr genau die Position eines Gens auf einem Chromosom ermitteln, was auf dem Titelbild schematisch dargestellt ist. Andererseits ist unser Wissen über die Vorgänge, die zur Verkürzung der Chromosomen führen und sie somit einer zytologischen Untersuchung zugänglich machen, immer noch recht gering. Von diesem Prozess, der sich im menschlichen Körper täglich viele Millionen Mal, nämlich bei jeder Mitose, wiederholt, kennen wir nur den Anfang, die Verpackung der DNA mit Histonen, und das Ergebnis, das zytologisch sichtbare Chromosom. Was dazwischen mit großer Präzision passiert, ist nahezu unbekannt.

Mit diesem Buch beschreiben wir die Grundlagen beider Bereiche in einer Form, die dem Leser – sei er Student der Biologie oder Medizin oder Biologielehrer an einer höheren Schule – eine fundierte Kenntnis der Genetik gibt. Unsere Stoffauswahl enthält die wichtigsten Grundlagen der Genetik. Es vermittelt darüber hinaus erweiterte Kenntnis, so dass es nicht nur ein Buch für Anfänger ist. Auf wichtige Kapitel der Genetik, wie etwa die Populations- oder die Immungenetik, mussten wir leider verzichten, um den Umfang des Buches nicht zu stark anwachsen zu lassen.

Für die Vorstellung eines Spezialgebietes haben wir die Entwicklungsgenetik gewählt, um an einigen Beispielen zu zeigen, wie mit genetischen Methoden einzelne Entwicklungsprozesse aufgeklärt und verstanden werden können. Auf diesem Gebiet wurden in den letzten Jahren durch Arbeiten an den unterschiedlichen Modellorganismen erhebliche Fortschritte erzielt. Die daraus gewonnenen Erkenntnisse zeigen nicht nur, dass viele Entwicklungsprozesse, einschließlich der daran beteiligten Genkaskaden, evolutionär konserviert sind. Sie offenbaren darüber hinaus, dass viele menschliche Krankheiten durch Mutationen in Genen verursacht sind, die bei der Kontrolle entwicklungsbiologischer Prozesse eine wichtige Rolle spielen. Die Hoffnung ist, dass wir durch das Verständnis der Ursache einer Krankheit möglicherweise bessere und schnellere Wege zu ihrer Behandlung finden können.

Während der Arbeit an diesem Buch haben wir durch kritisches Lesen des gesamten Manuskripts oder Teilen daraus viel von unseren Mitarbeitern und Kollegen gelernt, denen wir zu großem Dank verpflichtet sind: Barbara Bossinger, Olaf Bossinger, Hans Bünemann, José Campos-Ortega, Andreas Dübendorfer, Sandra Heuser, Özlem Kempkens, Christian Klämbt, Robert Klapper, Wolfgang Nellen, Rolf Nöthiger, Dietrich Ribbert, Thomas Strasser und Peter Westhoff. Für technische Unterstützung danken wir besonders Robert Klapper und Elke Naffin. Zahlreiche Autoren und Verlage haben dankenswerterweise Bildmaterial zur Verfügung gestellt.

Dem Georg Thieme Verlag verdanken wir die beständige und zuverlässige Projektleitung durch Margrit Hauff-Tischendorf, die redaktionelle Betreuung durch Willi Kuhn, die kreative Grafik von Ruth Hammelehle und das ansprechende Layout von Bernhard Walter. Wir freuen uns besonders, dass dem Buch eine CD beigefügt ist, die Lehrenden wie Lernenden den Gebrauch der Abbildungen in Vorlesungen und Seminaren erleichtern wird.

Münster, Düsseldorf, im Juli 2004

Wilfried Janning
Elisabeth Knust

Inhaltsverzeichnis

Teil II: Molekulare Genetik: DNA – RNA – Protein

Teil III: Entwicklungsgenetik: Gene, die die Entwicklung steuern

Einführung

Genetik – Gen – DNA sind Fachbegriffe, die heute fast jedermann kennt. Täglich kann man in den Medien Neues erfahren über Gentechnik und Genmanipulation, über gentechnisch hergestellte Medikamente und genmanipulierte Nahrungsmittel wie „Genmais" oder „Gensoja". Die Anwendung genetischer Testverfahren in der Reproduktionsmedizin, bei der pränatalen und Präimplantationsdiagnostik (PID) werden in der Öffentlichkeit intensiv diskutiert. DNA-Untersuchungen werden erfolgreich bei der Aufklärung von Verbrechen eingesetzt, da schon wenige Zellen, z.B. die eines Haares, ausreichen, um mögliche Straftäter durch Vergleich von DNA-Proben zu identifizieren. All die hier genannten Techniken sind im wesentlichen in den letzten 2–3 Jahrzehnten entwickelt worden. Sie haben sich aber aus einem über lange Zeit angesammelten Wissen über Vererbungserscheinungen ergeben.

Als Menschen vor etwa 10 000 Jahren anfingen, die Samen von Wildgräsern zu sammeln, auszusäen und in den Folgegenerationen die Samen der besten Pflanzen zu selektieren, begann die Geschichte der Genetik. Die Entstehung der Kulturgetreide ging einher mit der Domestikation von Wildtieren. Hunde, Schafe, Schweine und Rinder waren die ersten Haustiere. Im Altertum haben vor allem der Philosoph Aristoteles (384–322 v. Chr.) und der Arzt Hippokrates (460–377 v. Chr.) Theorien zur Erklärung der Vererbung als biologischem Phänomen entwickelt und sich mit der Vererbung einzelner Merkmale, Missbildungen oder Krankheiten befasst. Die Zusammensetzung des Samens spielte die herausragende Rolle: Er sollte – nach der Pangenesis- oder Panspermielehre – Teile aller Körpersäfte und Organe enthalten.

Die eindrücklichste Zusammenfassung der Vorstellung von der Vererbung in der Römerzeit gab Lukrez (98–55 v. Chr.) in seinem philosophischen Lehrgedicht „De rerum natura" (IV, 1218 ff.):

> Auch kommts häufiger vor, dass die Kinder den Eltern der Eltern
> Gleichen und oft an die Ahnen in ihrer Gestaltung erinnern.
> Dies kommt daher, dass häufig die Eltern im Körper verborgen
> Mit sich führen so viele und vielfach gemischte Atome,
> Welche vom Urstamm her die Väter den Vätern vererben.
> Draus bringt Venus hervor gar mannigfach wechselnde Formen,
> Und nun bildet sie neu Haar, Stimme und Züge der Ahnen.
> Denn auch dies nicht minder als Antlitz, Körper und Glieder
> Muss bei uns allen entstehn aus bestimmtem Samen der Sippe.

In diesen Versen wird die Vererbung menschlicher Eigenschaften auch aus heutiger Sicht im Kern erstaunlich richtig erkannt, obwohl ihr Autor keine Vorstellung von den Vererbungsmechanismen hatte. Die biologische Mannigfaltigkeit, von der die Rede ist, geht aber noch viel weiter. Sie umfaßt alle lebenden Organismen und die prinzipiellen Unterschiede zwischen den Arten. Die Vererbung dieser Vielfalt lässt sich verkürzt so beschreiben:

1. Vererbt wird die **Zugehörigkeit** zu einer biologischen Art. Aus einem Hühnerei wird immer ein Küken schlüpfen und aus einem Apfelkern wird ein Apfelbaum keimen und keine Fichte.
2. Vererbt werden die **Eigenschaften** innerhalb einer Art. Zwar sind alle Individuen – abgesehen von eineiigen Zwillingen – voneinander verschieden; zwar beobachten wir vielfältigste Variationen der Eigenschaften in Form und Funktion; zwar gleichen Kinder ihren Eltern nicht völlig: Aber sie sind ihnen ähnlich.

Da Vererbung also bestimmten Gesetzmäßigkeiten unterliegt, können wir zunächst fragen: Wo ist die materielle Grundlage der Vererbung lokalisiert? Zwillinge können zweieiig entstanden und dann unterschiedlichen Geschlechts sein. Sind es jedoch eineiige Zwillinge, dann sind sie erbgleich, weil sie beide aus einem befruchteten Ei – also aus einer einzigen Zelle – entstanden sind. In dieser Zygote muss die Information in verschlüsselter Form verborgen sein, weil sich aus ihr zwei erbgleiche und daher beinahe identische Individuen entwickeln können – Menschen mit Milliarden von Zellen in Dutzenden von Organen, die im gesamten Leben funktionieren können. Diese Information muss eine vererbbare, eine **genetische Information** sein, deren Gesamtheit wir **Genom** nennen. Vererbung ist also die Weitergabe von Genomen von einer Generation zur nächsten.

Die Anforderungen an ein Genom sind gewaltig. Seine Information, z. B. bei Tieren und beim Menschen, enthält alle Anweisungen, die
- zur Bildung von Ei- und Samenzellen notwendig sind,
- nach der Befruchtung zu einer geregelten, sich in jeder Generation wiederholenden Individualentwicklung (Ontogenese) führen,
- die verschiedenartigsten Funktionen in dafür spezialisierten Zellen kontrollieren,
- zur Struktur und Funktion eines so komplexen Organs wie des Nervensystems und des Gehirns gehören,
- zur Entwicklung von Verhaltensweisen führen, die den Erhalt einer Population gewährleisten,
- schließlich auch Veränderungen der genetisch festgelegten Eigenschaften von Individuen und Populationen zulassen, die die Evolution der Arten erst ermöglicht hat und weiterhin ermöglichen wird.

Die Genetik erklärt, wie Erbinformation weitergegeben wird, wie sie molekular aufgebaut ist und wie sie in den Zellen eines Organismus funktioniert.

In den beiden letzten Jahrzehnten ist ein Bereich genetischer Forschung in den Mittelpunkt gerückt: Die Frage nach den genetischen Grundlagen der Individualentwicklung, insbesondere der Embryogenese. Oder anders ausgedrückt: Wie ist das Genom in der Lage, aus einer einzigen Zelle, der befruchteten Eizelle, komplexe Organismen entstehen zu lassen?

Das Buch hat drei Schwerpunkte:

Im Teil I **„Allgemeine Genetik“** werden die makro- und mikroskopisch erkennbaren Grundlagen der Vererbung dargestellt. Dabei soll zunächst gezeigt werden, wie Zellen und Organismen ihre genetische Information weitergeben. Mit dieser Kenntnis werden wir verstehen, wie Eigenschaften (Merkmale) vererbt werden und wie die ihnen zugrunde liegenden Erbeinheiten, die Gene, im Genom organisiert sind.

Der Teil II **„Molekulare Genetik“** beschäftigt sich mit der stofflichen Grundlage der Gene, der Desoxyribonukleinsäure oder DNA, ihrer Struktur sowie der Umsetzung ihrer Information und der Regulation der Genaktivität. Aus der „Chemie der Gene“ resultieren die Möglichkeiten der Genmanipulation.

Im Teil III **„Entwicklungsgenetik“** werden die experimentellen Ergebnisse dargestellt, die an einigen Modellorganismen, wie der Taufliege *Drosophila melanogaster* oder dem Fadenwurm *Caenorhabditis elegans* gewonnen wurden. Ihre Bedeutung für die Erforschung der Säugerentwicklung, einschließlich der des Menschen, soll deutlich werden.

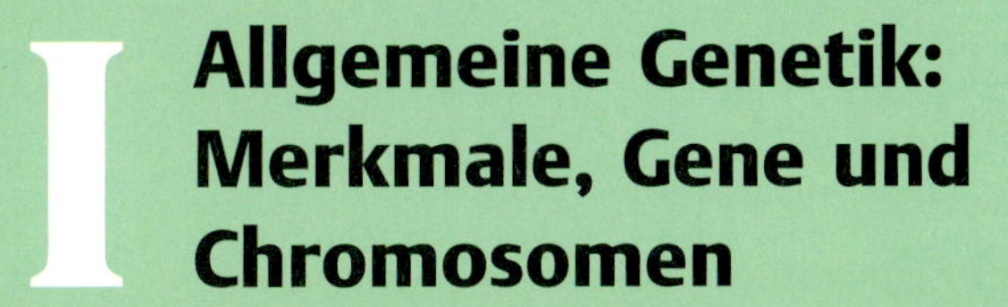

I Allgemeine Genetik: Merkmale, Gene und Chromosomen

Die planmäßige Erforschung der Gesetzmäßigkeiten, mit denen Merkmale von einer Generation an die nächste weitergegeben werden, hat mit den Kreuzungsexperimenten des Augustinermönchs Johann Gregor Mendel (1822–1884) begonnen, die 1866 veröffentlicht wurden. Er hatte für seine Versuche stabile erbliche Varianten (Sorten) der Erbsenform oder -farbe benutzt und diese gezielt untereinander gekreuzt. Die materielle Grundlage dieser Gesetzmäßigkeiten war unbekannt; sie wurde von der Zellenlehre (Zytologie) erst gegen Ende des 19. Jahrhunderts entdeckt, nachdem Mikroskope mit neuen leistungsfähigen Objektiven zur Verfügung standen. Befruchtung, Kern- und Zellteilung (Mitose), Chromosomen und Reduktion des Chromosomensatzes vor der Befruchtung in der Meiose wurden dann die Hauptthemen zytologischer Untersuchungen. Sie führten schließlich 1902 zur Formulierung der **„Chromosomentheorie der Vererbung“** durch Theodor Boveri (1862–1915) und Walter Sutton (1877–1916). Diese Theorie besagt, dass die Chromosomen im Zellkern die materielle Basis der Vererbungserscheinungen darstellen. Sie tragen die Gene, die Einheiten der genetischen Information.

Zum besseren Verständnis der Chromosomentheorie der Vererbung werden im folgenden einige Grundkenntnisse über den Aufbau der DNA und die Realisierung der in ihr enthaltenen Information dargestellt, die im Teil II „Molekulare Genetik“ weiter vertieft werden.

Überblick

1 Die DNA – ein Riesenmolekül

Die Struktur der DNA, also des Moleküls, das die genetische Information trägt und somit alle Vererbungsprozesse kontrolliert, wurde 1953 von James Watson und Francis Crick beschrieben. **Desoxyribonukleinsäure** (DNA, **d**eoxyribo**n**ucleic **a**cid) ist ein fadenförmiges Molekül, das aus vier verschiedenen Einheiten, den **Nukleotiden**, aufgebaut ist. Jedes Nukleotid besteht aus einem Zuckermolekül, der **Desoxyribose**, einem Phosphorsäurerest (Phosphat) und einer organischen Base. Die organischen Basen sind die Purine **Adenin** (A) und **Guanin** (G) sowie die Pyrimidine **Cytosin** (C) und **Thymin** (T).

Die Nukleotide sind untereinander durch Bindungen zwischen dem Zucker und dem Phosphat zum so genannten Zucker-Phosphat-„Rückgrat" verknüpft und bilden somit ein langes, fadenförmiges Molekül. Jeweils zwei DNA-Stränge bilden eine **Doppelhelix** aus. Dabei werden die beiden DNA-Stränge durch Wasserstoffbrückenbindungen zwischen gegenüberliegenden Basen verbunden. Es können jedoch nur jeweils A und T bzw. G und C ein solches Paar bilden **(komplementäre Basenpaarung)**. Somit kann die DNA-Doppelhelix mit einer Wendeltreppe verglichen werden, wobei die Basenpaare den Stufen entsprechen (Abb. 1.**1**). Unterschiede zwischen verschiedenen DNA Molekülen ergeben sich einzig durch die Variation in der Aufeinanderfolge der vier Basen.

Die Struktur der Doppelhelix mit komplementärer Basenpaarung ermöglicht einen exakten Verdoppelungs- oder **Replikationsmechanismus**. Wenn sich die beiden Stränge voneinander lösen, kann entlang jedes Stranges ein neuer komplementärer Strang synthetisiert werden. Dadurch entstehen zwei identische DNA-Doppelhelices mit genau gleicher Nukleotidsequenz.

1.1 DNA – RNA – Protein

Der Aufbau der DNA ist bei Bakterien, Pflanzen und Tieren bis zum Menschen gleich. Wie kommt aber dann diese Vielfalt an Organismen zustande, wenn die Variation innerhalb der DNA-Moleküle nur aus der Nukleotidabfolge mit vier verschiedenen Basen besteht? Dazu muss man wissen, dass die Information im Genom, die in Form der **Nukleotidsequenz** gespeichert ist, die Anweisungen zur Synthese von **Polypeptiden** bzw. **Proteinen** enthält. Polypeptide sind Ketten von durchschnittlich 300–600 Aminosäuren, wobei 20 verschiedene Aminosäuren verwendet werden. Die Spezifität eines Proteins, z. B. des Myosins im Muskel oder eines bestimmten fettabbauenden Enzyms, leitet sich aus der spezifischen Folge der Aminosäuren und der daraus resultierenden Faltung und dreidimensionalen Struktur ab.

Die Nukleotidfolge der DNA wird aber nicht unmittelbar zur Synthese von Aminosäureketten herangezogen, sondern sie wird erst in eine **Ribonukleinsäure** (RNA, **ribo**n**ucleic** **a**cid**)** umgeschrieben oder **transkribiert** (Abb. 1.**2**), wobei mit Hilfe komplementärer Basenpaarung eine Kopie

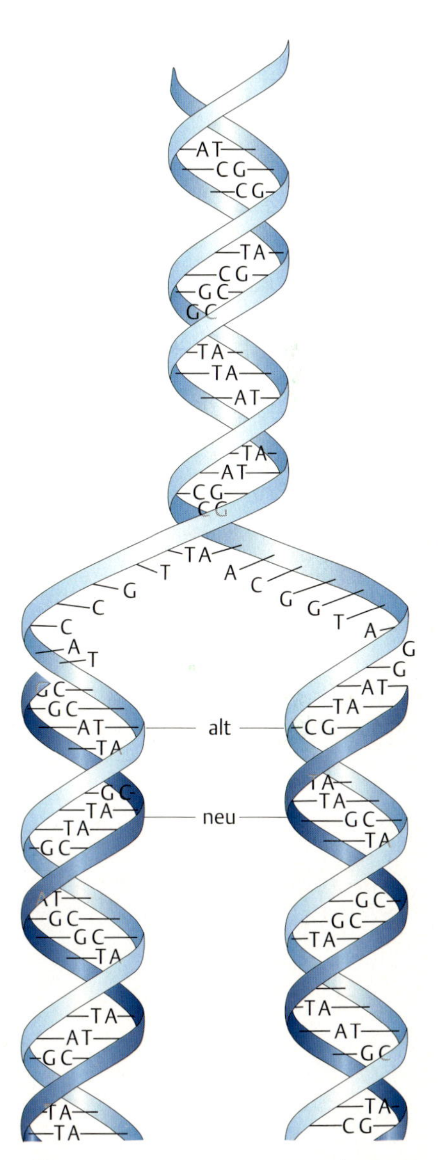

Abb. 1.1 Die DNA ist eine rechtsgewundene Doppelhelix. Die Reihenfolge der Basen auf dem einen Strang bestimmt eindeutig die Basensequenz auf dem anderen Strang.

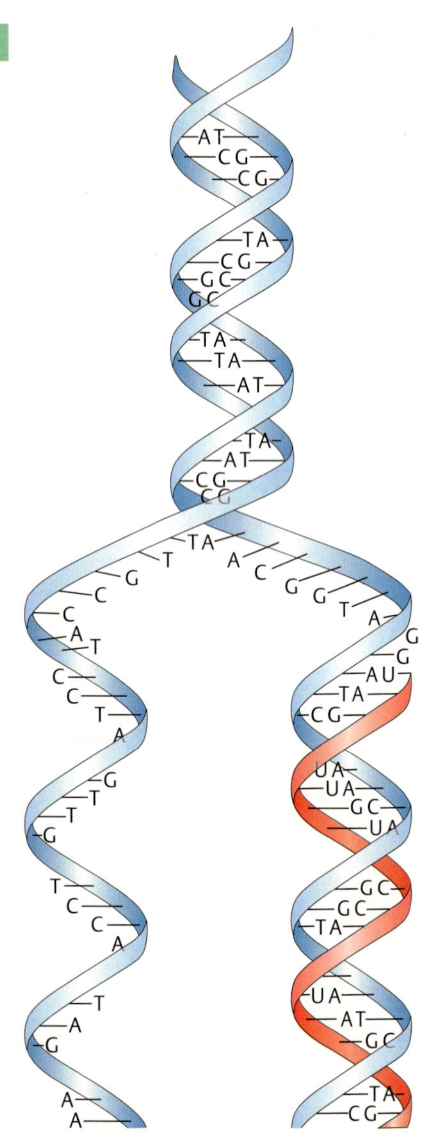

Abb. 1.2 Die Nukleotidfolge der DNA wird in RNA transkribiert. Ein einzelner DNA-Strang dient als Vorlage (Matrize) für die Synthese einer Ribonukleinsäure (RNA, rot).

eines DNA-Stranges erstellt wird. RNA ist der DNA recht ähnlich. Sie unterscheidet sich von ihr in den folgenden drei Punkten:

1. als Zucker wird **Ribose** verwendet,
2. statt Thymin wird **Uracil** (U) als Base eingebaut,
3. RNA-Moleküle sind in der Regel **einzelsträngig**.

Die RNA, die die Information für die Polypeptide trägt, heißt Boten- oder **messenger-RNA**, abgekürzt **mRNA**. Sie transportiert die Botschaft der DNA zum Syntheseort der Proteine, zu den **Ribosomen**, die sich im Zytoplasma befinden.

Die mRNA wird nach ihrer Synthese an den **Ribosomen** in ein Protein übersetzt **(Translation)**. Dabei bestimmt die Sequenz der Nukleotide auf der RNA die Reihenfolge der Aminosäuren im Protein. Die Informationsspeicherung der DNA besteht also darin, dass in ihr eine spezifische Nukleotidfolge die spezifische Aminosäurefolge eines Proteins vorgibt (Abb. 1.**3**).

Das Prinzip der Speicherung genetischer Information und ihrer Umsetzung in der Zelle hat also eine klare Abfolge: DNA → RNA → Protein. Bei den **Eukaryonten**, den Organismen, deren Zellen einen Zellkern haben, heißt das zusätzlich: DNA im Zellkern → RNA-Transport ins Zytoplasma → dort Proteinsynthese an Ribosomen:

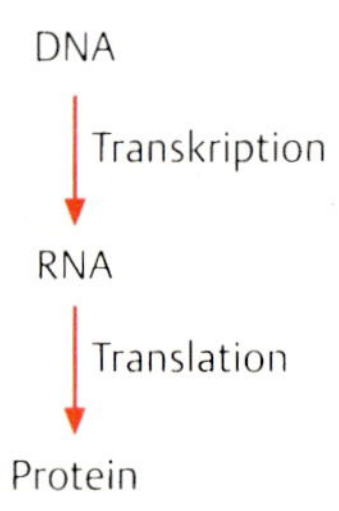

1.2 Gene sind DNA-Abschnitte

Ein **Gen**, das für die geordnete Synthese einer RNA oder eines Proteins zuständig ist, besteht aus der Folge der entsprechenden DNA-Nukleotide. Die genetische Information (genauer: die Basensequenz) enthält aber nicht nur die Anleitung für die Syntheseabfolge der Bausteine, sondern auch die Anweisung dafür, wann, in welchen Zellen und unter welchen Umständen eine bestimmte RNA bzw. ein bestimmtes Protein hergestellt werden soll.

Die Information über diese **Kontrolle** der **Genaktivierung** oder **Genexpression** ist ebenfalls in der DNA gespeichert, und zwar im Allgemeinen vor dem proteinkodierenden Abschnitt. Man nennt diesen Bereich auch den „stromaufwärts" („upstream") gelegenen Bereich eines Gens oder die **Kontrollregion** eines Gens. Ein mittelgroßes Gen der höheren Organismen, das sich aus der Kontrollregion und der proteinkodierenden Region zusammensetzt, hat eine Länge von etwa 10 000 Basenpaaren (bp).

Wenn auch die meisten Gene für Proteine kodieren, so gibt es auch einige, bei denen die transkribierte RNA direkt eine Funktion hat, z. B. die **ribosomalen RNA**s (rRNAs), die zum Aufbau der Ribosomen in großen Mengen benötigt werden, und die verschiedenen **transfer-RNAs** (tRNAs), die bei der Proteinsynthese unentbehrlich sind (s. Kap. 20.1.5, S. 321).

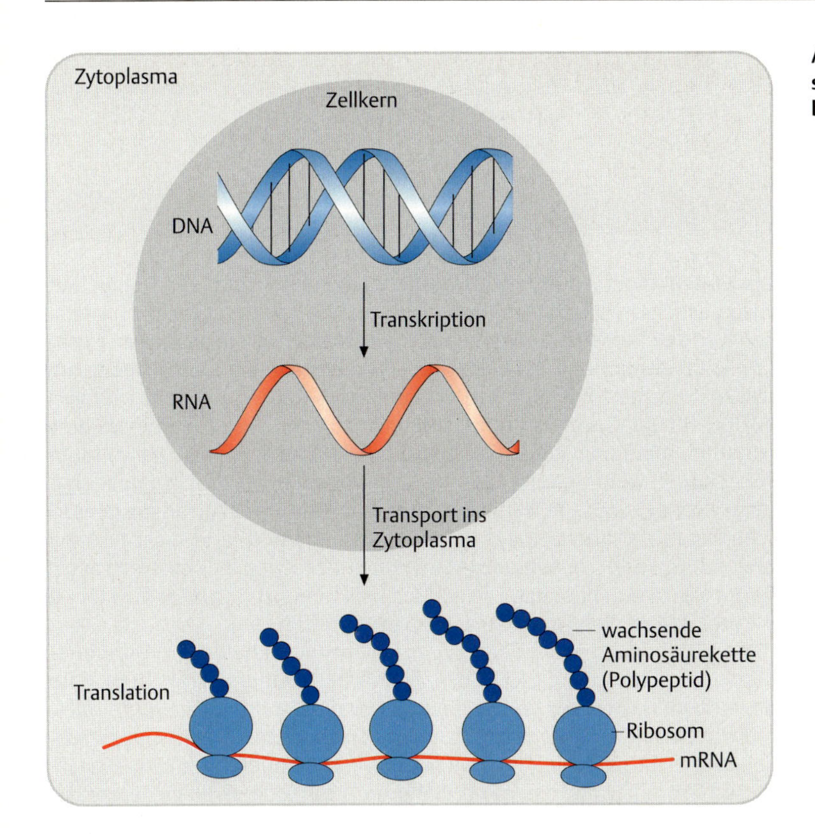

Abb. 1.3 Der Informationstransfer von der Basensequenz der DNA im Zellkern bis zum Protein bei Eukaryonten.

Zusammenfassung

- Die DNA ist eine **Doppelhelix**, die aus zwei Einzelsträngen aufgebaut ist. Die genetische Information, die in der Abfolge der **Nukleotide** (Nukleotidsequenz) gespeichert ist, wird durch **Transkription** in RNA umgeschrieben und im Zytoplasma durch **Translation** an den Ribosomen in eine Aminosäuresequenz übersetzt.

2

2 Das Genom in der Eukaryontenzelle

Das **Genom** einer Art besteht aus einer endlichen Anzahl von Genen und zusätzlicher DNA, in der einfache Nukleotidsequenzen sehr oft wiederholt werden (repetitive Sequenzen). Bei *Drosophila melanogaster* ist im Jahr 2000 das Genom sequenziert und eine Anzahl von 13 600 Genen bestimmt worden. Ein Jahr später fand man im menschlichen Erbgut 30 000–40 000 Gene. All diese Gene sind in jeder Zelle jedes Individuums vorhanden. In ihnen ist die Beschreibung der Entwicklung, Struktur und Funktion des kompletten Organismus niedergelegt. Das ist ein ungeheurer Luxus, den sich die Natur leistet, indem sie in jeder Zelle die genetische Gesamtinformation des Individuums deponiert, und nicht nur den Teil, den eine spezialisierte Zelle (z. B. ein Erythrozyt oder eine Leberzelle) für ihre Funktion benötigt. Die Größe eines Genoms ist artspezifisch und wird in Anzahl Basenpaaren ausgedrückt (Tab. 2.**1**).

Bei den Eukaryonten hat die Evolution die Verdoppelung und anschließende Verteilung der Genome bei Zellteilungen dadurch erleichtert, dass das Genom nicht als physische Einheit existiert, sondern in Untereinheiten, die **Chromosomen,** zerlegt ist. Jedes Chromosom enthält eine durchgehende DNA-Doppelhelix, die zusammen mit anderen Molekülen (z. B. Histon-Proteinen) in einer komplizierten und noch nicht geklärten Art

Tab. 2.1 Chromosomenzahlen und Genomgrößen verschiedener Organismen

Art	wissenschaftliche Bezeichnung	haploide Chromosomenzahl (n)	Anzahl Basenpaar $\times 10^6$ (bp)	DNA-Länge (cm)
Wirbeltiere				
Mensch	*Homo sapiens*	23	3253	111
Hausmaus	*Mus musculus*	20	3420	116
Krallenfrosch	*Xenopus laevis*	18	3020	103
Zebrafisch	*Danio rerio*	25	1527	52
andere Tiere				
Taufliege	*Drosophila melanogaster*	4	133	4,5
Honigbiene	*Apis mellifera*	16	236	8,0
Fadenwurm	*Caenorhabditis elegans*	6	100	3,4
Pflanzen				
Ackerschmalwand	*Arabidopsis thaliana*	5	100	3,4
Küchenzwiebel	*Allium cepa*	8	16 400	560
Lilie	*Lilium longiflorum*	12	34 500	1170
Löwenmäulchen	*Antirrhinum majus*	8	515	18
Mais	*Zea mays*	10	2700	92
einfache Organismen				
Bäckerhefe	*Saccharomyces cerevisiae*	16	12	0,41
Brotschimmel	*Neurospora crassa*	7	38	1,3
Prokaryont				
Darmbakterium	*Escherichia coli*	nicht anwendbar: DNA-Ring	4,7	0,16

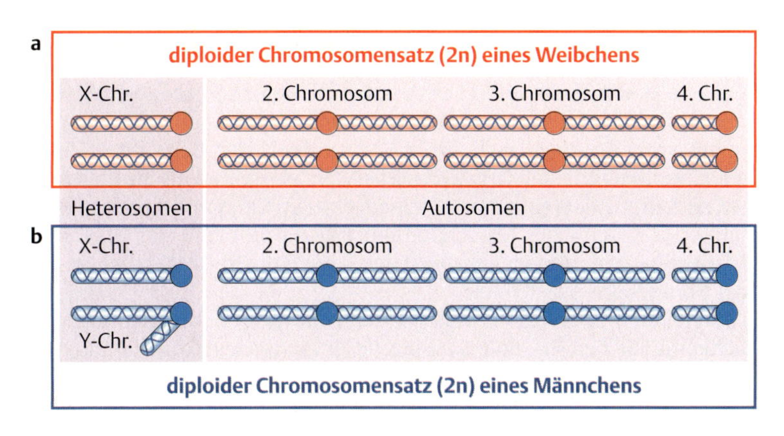

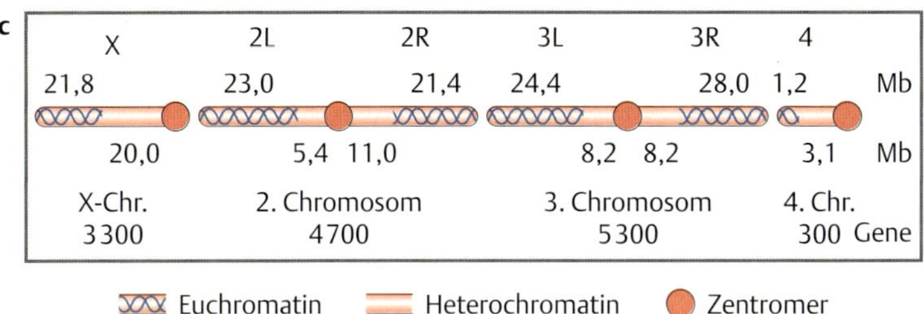

Abb. 2.1 Das Genom der Taufliege *Drosophila melanogaster* besteht aus vier artspezifischen Chromosomen. Das 2. und 3. Chromosom ist etwa doppelt so groß wie das 1. (= X) Chromosom, das 4. Chromosom ist sehr klein und enthält wie das Y-Chromosom nur wenige Gene.

a Der diploide Chromosomensatz der Körperzellen eines Fliegenweibchens besteht aus je zwei Exemplaren der Chromosomen X, 2, 3 und 4.

b Das Fliegenmännchen hat anstatt der beiden X-Chromosomen ein X- und ein Y-Chromosom.

c Größe der Chromosomen in Millionen Basenpaaren (Mb) und Anzahl der Gene. Die Gene sind in den euchromatischen Chromosomenbereichen lokalisiert. Das Heterochromatin enthält nur kurze, häufig wiederholte (repetitive) Sequenzen. L, R: linker, rechter Chromosomenarm.

und Weise spiralisiert ist (s. Abb. 3.**2**, S. 16). Neben den Chromosomen im Zellkern enthalten auch **Mitochondrien** und **Plastiden** DNA mit funktionellen Genen (Kap. 12.6, S. 135). Im Vergleich zum Kerngenom ist deren Anzahl jedoch recht klein, z. B. umfasst das menschliche Mitochondrien-Genom nur 37 Gene.

Die Anzahl von Chromosomen variiert von Art zu Art (Tab. 2.**1**). Bei *Drosophila melanogaster* sind es vier Chromosomen (Abb. 2.**1**), beim Menschen 23. Diese artspezifische Anzahl von Chromosomen wird als **haploider Chromosomensatz (n)** bezeichnet, wobei z. B. mit n = 4 auch die Anzahl der Chromosomen im haploiden Chromosomensatz gemeint ist.

In der **Eukaryontenzelle** sind Funktionsbereiche **(Kompartimente)** wie der Zellkern, die Mitochondrien oder Plastiden durch Membranen abgegrenzt. In der **Prokaryontenzelle** gibt es diese Unterteilung des Zytoplasmas nicht. Zudem besteht das **Genom** von Prokaryonten und Viren aus einem durchgehenden DNA-(oder RNA-)Molekül, das in vielen Fällen ringförmig, aber nicht als Chromosom organisiert ist. Deshalb kann man hier auch nicht von einem haploiden Genom sprechen, da haploid als Chromosomensatz definiert ist. Allerdings hat sich für das Bakteriengenom auch der Begriff „**Bakterienchromosom**" eingebürgert.

Bei *Drosophila* sind die derzeit angenommenen 13 600 Gene wie folgt auf die vier Chromosomen aufgeteilt (s. Abb. 2.**1**): Das 1. Chromosom enthält etwa 3300 Gene, das 2. Chromosom etwa 4700, das 3. Chromosom etwa 5300 und das sehr kleine 4. Chromosom etwa 330 Gene. Im **Y-Chromosom,** das zusammen mit dem **X-Chromosom** bei den Geschlechtsunterschieden eine Rolle spielt (s. Kap. 8.1, S. 76), gibt es nur einige wenige männliche Fertilitätsgene. Für die beiden Geschlechtschromosomen gibt es eine eigene Bezeichnung: Es sind die **Heterosomen.** Alle anderen Chromosomen heißen **Autosomen.**

Das **Genom** enthält alle Gene einer Art je einmal. Bei Eukaryonten entspricht dies dem haploiden Chromosomensatz, der somit auch die Genkarte der Art darstellt. Bei Arten mit Heterosomen gehören die Gene beider heterosomaler Chromosomen zum Genom. Der Begriff Genom wird daneben auch für die Gesamtheit der Gene einer Zelle oder eines individuellen Organismus verwendet. Eukaryotische Organismen enthalten Zellorganellen mit einem eigenen Genom. Zur Unterscheidung vom Genom der Mitochondrien **(Chondrom)** und der Plastiden **(Plastom)** wird in diesem Lehrbuch das Genom des Zellkerns als Genom oder **Kerngenom** bezeichnet.

Bei höheren Organismen tragen Mutter und Vater zur Entstehung der Nachkommen bei. Ei- und Samenzelle enthalten einen vollständigen haploiden Chromosomensatz. Folglich enthält der Zellkern der befruchteten Eizelle (Zygote) zwei Chromosomensätze und damit auch jede Körperzelle des Organismus. Dieser doppelte oder **diploide** Chromosomensatz wird mit **„2n"** bezeichnet. Sind die beiden Heterosomen, z.B. bei *Drosophila* oder beim Menschen zwei X-Chromosomen, so entwickelt sich ein weibliches, bei einem X- und einem Y-Chromosom ein männliches Individuum.

Der diploide (2n) Chromosomensatz enthält also jedes Chromosom zweimal: eines von der Mutter, eines vom Vater. Die beiden bezüglich ihres Genbestandes identischen Chromosomen heißen **homologe Chromosomen** oder **Homologe**. Somit ist auch jedes einzelne Gen zweimal in jeder Körperzelle vertreten. Das heißt aber nicht, dass diese beiden Gene bezüglich ihrer Basensequenz absolut identisch sein müssen. In sehr vielen Fällen sind sie etwas unterschiedlich. Ein solches Genpaar am selben Ort der Genkarte und doch etwas unterschiedlich in seinen DNA-Basensequenzen bezeichnet man als Allelpaar.

Allele sind unterschiedliche Formen (Varianten) eines Gens, die sich durch **Mutationen** der DNA dieses Gens voneinander unterscheiden.

Allele haben grundsätzlich die gleiche Funktion in der Zelle, d.h. die Synthese des gleichen Proteinmoleküls, z.B. des Enzyms Aldehyddehydrogenase.

Ein Allel ist demnach ein Gen. Das können wir uns an einem Beispiel verdeutlichen. Nehmen wir drei Gene mit den Namen *a*, *b* und *c*. Diese Gene soll es auch in mutierter Form mit den Namen a^1, b^1 und c^1 geben. Die individuelle Genkarte eines der beiden homologen Chromosomen in einer diploiden Zelle könnte also z.B. wie *a, b, c* oder a, b^1, c oder a^1, b, c oder a, b^1, c^1 aussehen. In allen Fällen würden wir sagen, dass die drei Gene *a*, *b* und *c* auf beiden Homologen vorhanden sind. Bezogen auf das einzelne Gen gibt es in unserem Beispiel zwei Allele. In vielen Fällen ist es unklar, welches Allel das ursprüngliche und welches das mutierte ist. Bei den Labororganismen bezeichnet man das in der Natur am häufigsten vorkommende Allel als das **Wildtypallel**.

Es gibt Homologenpaare, die der obigen Definition bezüglich des Genbestandes nicht entsprechen, nämlich die Heterosomen. So haben X- und Y-Chromosomen nur z.T. die gleichen Gene, das Y-Chromosom ist meist kleiner und enthält weniger Gene als das X-Chromosom. Beim Menschen sind kleine homologe Bereiche auf beiden Heterosomen zu finden, bei *Drosophila* ist es nur ein einziges Gen. In beiden Fällen sind auf dem Y-Chromosom männlich-spezifische Gene lokalisiert.

Die Gesamtheit der Gene aller Chromosomenpaare, der **Genotyp**, bestimmt das Erscheinungsbild, den **Phänotyp**, eines Individuums. Die Vielfalt der Genotypen bewirkt die Vielfalt der Phänotypen. Hier liegt der Schlüssel dafür, dass Kinder ihren Eltern ähnlich sind, aber nicht völlig gleichen.

Zusammenfassung

- Bei den Eukaryonten ist das **Genom** auf einen artspezifischen Satz von Chromosomen verteilt. Jedes Chromosom enthält eine durchgehende DNA-Doppelhelix.
- Der **haploide Chromosomensatz** (n) enthält alle Gene der betreffenden Art je ein Mal. Ein Chromosomensatz mit 2n Chromosomen heißt diploid. Die Chromosomenpaare in **diploiden** Chromosomensätzen heißen **homologe Chromosomen** oder **Homologe**.
- Bei vielen diploiden Organismen gibt es morphologisch auffällige Chromosomen, z. B. X- und Y-Chromosomen. Sie werden **Heterosomen** genannt. Alle anderen Chromosomen heißen **Autosomen**.
- Durch Mutation entstehen verschiedene Varianten eines Gens, die **Allele**.

3 Zytologische Grundlagen der Vererbung

Zwei prinzipiell verschiedene Mechanismen der Zellteilung und Zellvermehrung ermöglichen eine geregelte Weitergabe der Erbinformation innerhalb eines Individuums bzw. von Generation zu Generation.

Die **Mitose** sorgt dafür, dass eine Zelle so geteilt wird, dass beide neuen Zellen bezüglich ihres chromosomalen Genoms untereinander und mit ihrer Ursprungszelle identisch sind. Die Mitose ist eingebunden in den **Zellzyklus**.

Dagegen ist die **Meiose** ein Zellteilungsmechanismus, bei dem Zellen entstehen, die untereinander und von ihrer Ursprungszelle genetisch verschieden sind. Die Meiose ist eingebunden in den **Generationenzyklus**, in dem durch die Bildung von Keimzellen (Gameten, Gonosporen) das arteigene Genom von Generation zu Generation weitergegeben wird.

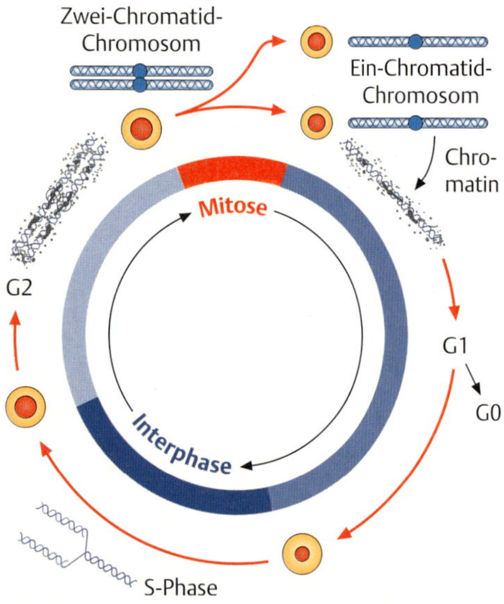

Abb. 3.1 Zellzyklus und Zellvermehrung. Interphase und Mitose wechseln einander ab.

3.1 Regulation der Zellvermehrung

Die Vermehrung von Zellen erfolgt durch einen sich wiederholenden Ablauf von Ereignissen im **Zellzyklus** (Abb. 3.**1**). In der **Interphase** erfüllt die Zelle ihre Aufgaben im Stoffwechsel des jeweiligen Organs und wächst dabei. Die Kern- und Zellteilung **(Zytokinese)** erfolgt in der **Mitosephase**. Zur Vorbereitung auf eine Teilung muss das Genom des Zellkerns, d. h. die Chromosomen mit je einem einzigen durchgehenden DNA-Molekül und die Zytoplasmamenge verdoppelt werden. Die Chromosomenverdoppelung geschieht in der **Synthese-** oder **S-Phase der Interphase**. Die Phasen davor und danach werden als **G1** und **G2** (gap = Lücke) bezeichnet.

Die beiden Kopien, die durch Verdoppelung eines Chromosoms während der S-Phase entstehen, werden **Chromatiden** oder genauer **Schwesterchromatiden** genannt. Das Chromosom wird dann auch als **Zwei-Chromatid-Chromosom** bezeichnet, um es vom **Ein-Chromatid-Chromosom** vor der S-Phase zu unterscheiden.

Insbesondere in der G1-Phase, aber auch in G2, ist das Genom für die Aufgaben des Zellstoffwechsels aktiviert. Die Synthese von RNA und Proteinen und das **Zellwachstum** finden in diesen Stadien statt. Zellen, die sich nicht mehr teilen, verharren in der G1-Phase, die dann **G0-Phase** genannt wird.

3.2 Strukturveränderung der Chromosomen im Zellzyklus

In der Interphase liegen die Chromosomen als entspiralisiertes **Chromatin** vor, nur während der Mitose sind sie sichtbar. Sie erscheinen dann sowohl in der art- und zelltypischen Anzahl als auch in genetisch festgelegter Größe und Form. Ein besonderes Charakteristikum ist die sog. **primäre Einschnürung**, an der das **Zentromer** lokalisiert ist. Das Zentromer, das eine wichtige Rolle als „**Spindelfaseransatzstelle**" bei der Verteilung der Chromosomen während den Zellteilungen spielt, kann in der

Nähe des Chromosomenendes liegen. Solche Chromosomen sind einschenkelig und heißen **akrozentrisch** oder **telozentrisch** (s. X-Chromosom und 4. Chromosom in Abb. 2.**1**, S. 11). Zweischenklige Chromosomen, bei denen das Zentromer etwa in der Mitte liegt, nennt man **metazentrisch** (s. 2. und 3. Chromosom in Abb. 2.**1**). In **submetazentrischen** Chromosomen liegt das Zentromer zwischen Chromosomenende und -mitte (s. Y-Chromosom in Abb. 2.**1**).

An manchen Chromosomen ist neben der primären auch eine sekundäre Einschnürung erkennbar. Hier ist meistens der **Nukleolenbildungsort** (NO, nucleolus organizer) lokalisiert. Ein **Nukleolus** oder mehrere Nukleoli sind in der **Interphase** sichtbar. Ihre DNA enthält Gene, die für **rRNA**-Moleküle kodieren, die zum Aufbau der Ribosomen in großen Mengen benötigt werden. Die zugehörigen Gene sind daher durch Verdoppelungen vervielfältigt (amplifiziert). In den Nukleoli werden die Untereinheiten der Ribosomen auch zusammengebaut, d. h. man sieht im Mikroskop an den Nukleoli Chromosomenbereiche intensiver Genaktivität. Während der Spiralisierung der Chromosomen zu Beginn der Mitose werden die Nukleoli aufgelöst.

Der **Karyotyp**, d. h. die Zusammensetzung des artspezifischen Chromosomensatzes, lässt sich durch die Zahl der Chromosomen, ihre Längen sowie durch die Lage der Zentromere und NOs charakterisieren.

Während des Zellzyklus verändert sich nicht nur die Funktion der Chromosomen, sondern auch ihr **Spiralisierungsgrad**. Während in der G1-Phase die DNA dem Zugriff von Enzymen und anderen Molekülen zugänglich ist, also entspiralisiert sein muss, ist sie in den Chromosomen der Mitose spiralisiert und dicht gepackt. Jedes Chromosom enthält ein einziges langes, lineares DNA-Molekül, das mit Proteinen assoziiert ist.

Der haploide Chromosomensatz des Menschen enthält etwa 3×10^9 Basenpaare (bp). Da 10 bp 3,4 nm voneinander entfernt sind, entspricht dies ca. 102 cm DNA ($3{,}4:10 \times 3 \times 10^9$ nm), d. h. die durchschnittliche Länge der ausgestreckten DNA eines der 23 Chromosomen beträgt rund 4 cm. Ein menschliches Mitose-Chromosom ist aber nur etwa 4 μm lang, das entspricht einem Verkürzungs- oder Spiralisierungsgrad von ca. 1:10 000. Eine diploide menschliche Zelle enthält also im Zellkern rund 2 m DNA (s. a. Tab. 2.**1**, S. 10).

Besondere Färbungs- oder Mikroskopierverfahren lassen entlang der Chromosomen unterschiedlich dichte Regionen erkennen: **Euchromatin** und **Heterochromatin**. Während das Euchromatin im Interphasechromatin dekondensiert und genetisch aktiv ist, ist das Heterochromatin kondensiert und inaktiv. Dieses Muster kann von Zelltyp zu Zelltyp variieren. Manche heterochromatischen Chromosomenbereiche bestehen aus nicht-kodierenden, **repetitiven Nukleotidsequenzen**. Meist bildet dieses Heterochromatin größere Blöcke in der Nähe der Zentromere und wird in der S-Phase des Zellzyklus später repliziert als das Euchromatin.

Der sich mit jeder Zellteilung wiederholende Zyklus von Spiralisierung und Entspiralisierung ist bisher nur unvollständig verstanden. Man geht heute davon aus, dass es fünf Stufen der Spiralisierung des Chromatins zu Chromosomen gibt. Als gesichert kann gelten, dass bei den Eukaryonten in der untersten Spiralisierungsstufe die DNA (2 nm breit) mit Proteinen des Histon-Typs (Oktamer aus je 2 Molekülen H3, H4, H2A und H2B) in Form von **Nukleosomen** assoziiert ist. Im Elektronenmikroskop kann man als Untereinheiten der Chromosomen Fäden von 30 nm und solche von 200–300 nm Breite erkennen. In Abb. 3.**2** ist eine der möglichen Modellvorstellungen dargestellt. Die Nukleosomen sind in der 2. Stufe als **Sole-**

Abb. 3.2 Chromosomenkondensation.
Zur Vorbereitung der Verteilung in Mitose und Meiose werden die Chromosomen spiralisiert. Das Chromatin wird in einem Verhältnis von 1:10 000 kondensiert, das Chromosom wird dadurch mikroskopisch sichtbar. Die Stufen der Aufwindung über die Chromatinschleife bis zur Chromatide des Chromosoms sind spekulativ [© Nature 1990. Filipski, J., Leblanc, J., Youdale, T., Sikorska, M., Walker, P. R.: Periodicity of DNA folding in higher order chromatin structures. EMBO J 9 1319–1327].

Bezeichnung Packungsgrad	Struktur
DNA 1	2 nm
Nukleosomenfilament 6–7	10 nm
30 nm Fibrille (Solenoid) ± 40	30 nm
Chromatinschleife	
300 nm Fibrille	300 nm
Chromatide ± 10 000	700 nm
Chromosom ± 10 000	

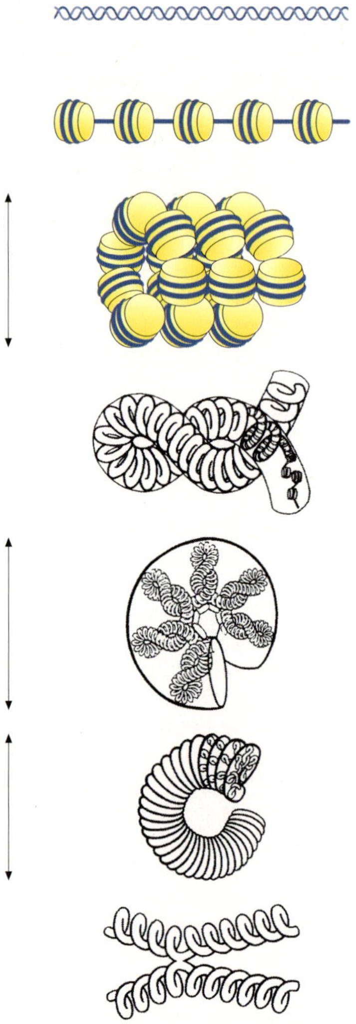

noide der 30-nm-Fasern organisiert. In der 3. Stufe wird die 30-nm-Faser zu einer **Chromatinschleife** gefaltet, die in der 4. Stufe die **Chromatinfibrille** von 200–300 nm Dicke bildet. In der 5. Stufe werden die Chromatinfibrillen zu **Chromatiden** verdichtet.

3.3 Die Chromosomen des Menschen

Die Chromosomen vieler Organismen, wie z. B. die vom Mais oder von *Drosophila*, waren längst detailliert beschrieben, als Theophilus Painter 1923 eine Arbeit über die Anzahl der menschlichen Chromosomen veröffentlichte. Seine Zählungen an Metaphasen menschlicher Spermatogonien ergaben 48 Chromosomen. Diese Zahl blieb mehr als 30 Jahre unwidersprochen bis Tjio und Levan 1956 die richtige Anzahl von **2n = 46**

Chromosomen fanden – immerhin drei Jahre nachdem bereits die Struktur der DNA beschrieben war. Sie verdankten ihre einwandfreien Bilder (Abb. 3.**3**) der Weiterentwicklung zytologischer Technik, u. a. der Verwendung von Colchicin zur Arretierung der sich teilenden Zellen in der Metaphase. Die Chromosomen konnten so nach Größe und Lage des Zentromers in 7 Gruppen (A–G) geordnet werden (Abb. 3.**4**). Dies ermöglichte erstmalig, einige menschliche Krankheiten auf Veränderungen der Chromosomenzahl zurückzuführen. Das Down-Syndrom wurde als Trisomie eines G-Chromosoms, das Turner-Syndrom als X0- und das Klinefelter-Syndrom als XXY-Konstitution erkannt (s. Kap. 7.2, S. 60).

Der nächste große Sprung in der Verbesserung der menschlichen Zytogenetik gelang Torbjorn Caspersson 1968 mit der Einführung einer Färbetechnik, mit der reproduzierbare Muster heller und dunkler Streifen auf Metaphase-Chromosomen entstehen (Abb. 3.**4**). Dadurch können alle 22 Autosomen und das XY-Paar individualisiert werden. Das Muster einzelner Chromosomen (Abb. 3.**5**) wird nicht nur zur Identifizierung des Chromosoms sondern auch zur Beschreibung von Veränderungen innerhalb eines Chromosoms (z. B. Deletionen und Inversionen, Kap. 11.1 und 11.2, S. 110/113) als auch zwischen nichthomologen Chromosomen (z. B. Translokationen, Kap. 11.3, S. 117) benutzt. Mit verschiedenen Färbetechniken lassen sich im Chromosomensatz bis zu 2000 Banden darstellen, meist sind 400–800 sichtbar. **Q-Banden** erhält man nach Färbung mit dem Fluoreszenzfarbstoff Quinacrin, **G-Banden** nach Färbung mit der Farbstofflösung Giemsa. Die Ursache der Bänderung ist allerdings bis heute ein ungelöstes Rätsel. Diskutiert werden u. a. Unterschiede in der Chromatinverpackung oder im zeitlichen Verlauf der Chromoso-

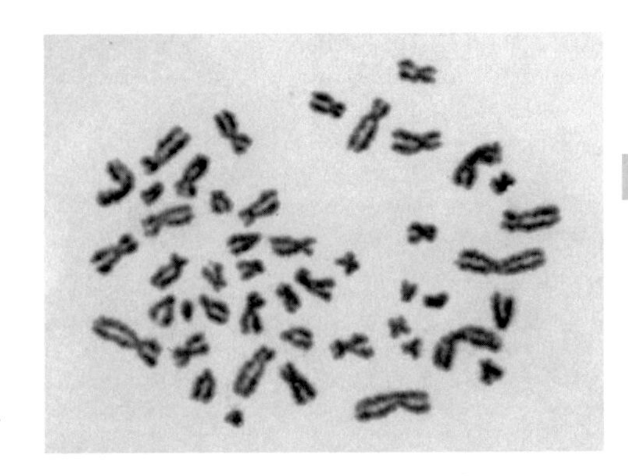

Abb. 3.3 Metaphase einer menschlichen Spermatogonie mit 46 Chromosomen.
[© Hereditas, Lund 1956. Tjio, J. H., Levan, A.: The chromosome number of man. Hereditas *42* 1-6]

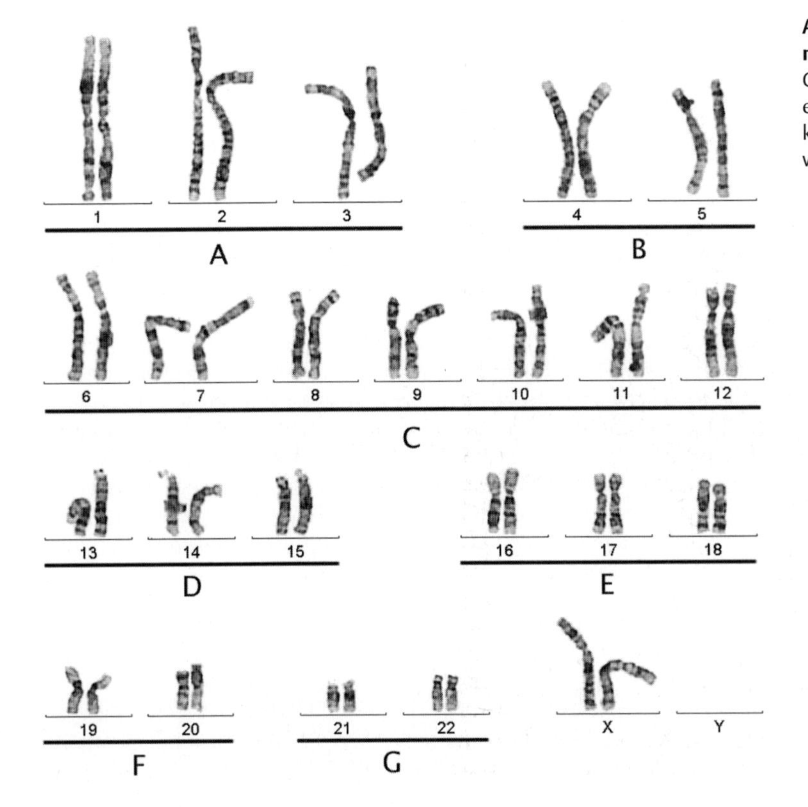

Abb. 3.4 Karyogramm menschlicher Chromosomen. Zunächst wurden die Chromosomen nach Größe und Lage des Zentromers in 7 Gruppen A–G eingeteilt. Nach Einführung der Bandenfärbungen konnten die Chromosomen individuell angesprochen werden. [Bild von Jürgen Horst, Münster]

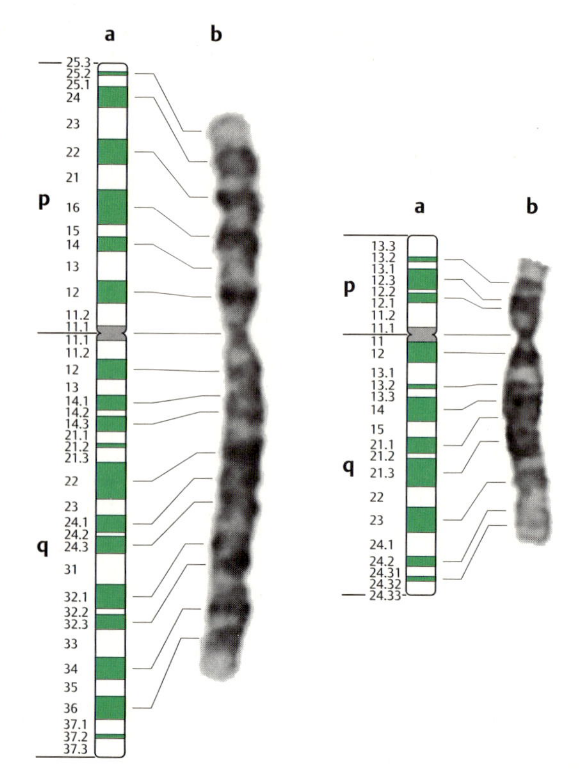

Abb. 3.5 Vergleich von Bandenmustern der Chromosomen 2 und 12.
a Standardisierte Bandenmuster
b Mikroskopische Bilder der gefärbten Chromosomen. p, q = kurzer, langer Chromosomenarm. [a Schema von HUGO, The Human Genome Organisation, b Bilder von Jürgen Horst, Münster]

men-Replikation oder in der Verteilung repetitiver Sequenzen (s. Kap. 12.5, S. 133). Die Bänderung ist international standardisiert, die Streifen haben individuelle Namen, die zur Lokalisierung von Genen benutzt werden (Abb. 3.**6**).

In einem weiteren methodischen Verfeinerungsschritt werden DNA-Sequenzen als sog. „Sonden" eingesetzt und mit der chromosomalen DNA *in situ* hybridisiert; d. h. Sonden-DNA und chromosomale DNA bilden aufgrund komplementärer Basenpaarung DNA-DNA-Hybride. Ist die Sonde mit einem Fluoreszenzfarbstoff markiert, wird das Verfahren als **FISH** (Fluoreszenz-*in-situ*-Hybridisierung, Kap. 20.1.2, S. 303) bezeichnet, und die Hybridisierungsstelle kann als Farbfleck im Mikroskop erkannt werden (Abb. 20.**2**, S. 304). Seit etwa 10 Jahren werden für jedes Chromosom spezifische Mischungen von Sonden verwendet und mit verschiedenen Fluoreszenzfarbstoffen markiert. So ist es möglich geworden (mit 6 Fluorochromen und entsprechenden Filtern), alle Chromosomen gleichzeitig mit jeweils unterschiedlichen Farben „anzumalen" (**chromosome painting**, Abb. 3.**7**). Diese Methode des **Multiplex-FISH** (**M-FISH**) ist besonders wertvoll für die Analyse komplexer Karyotypen, z. B. Aneuploidien (s. Tab. 7.**1**, S. 66) und Chromosomenmutationen wie Deletionen oder Translokationen.

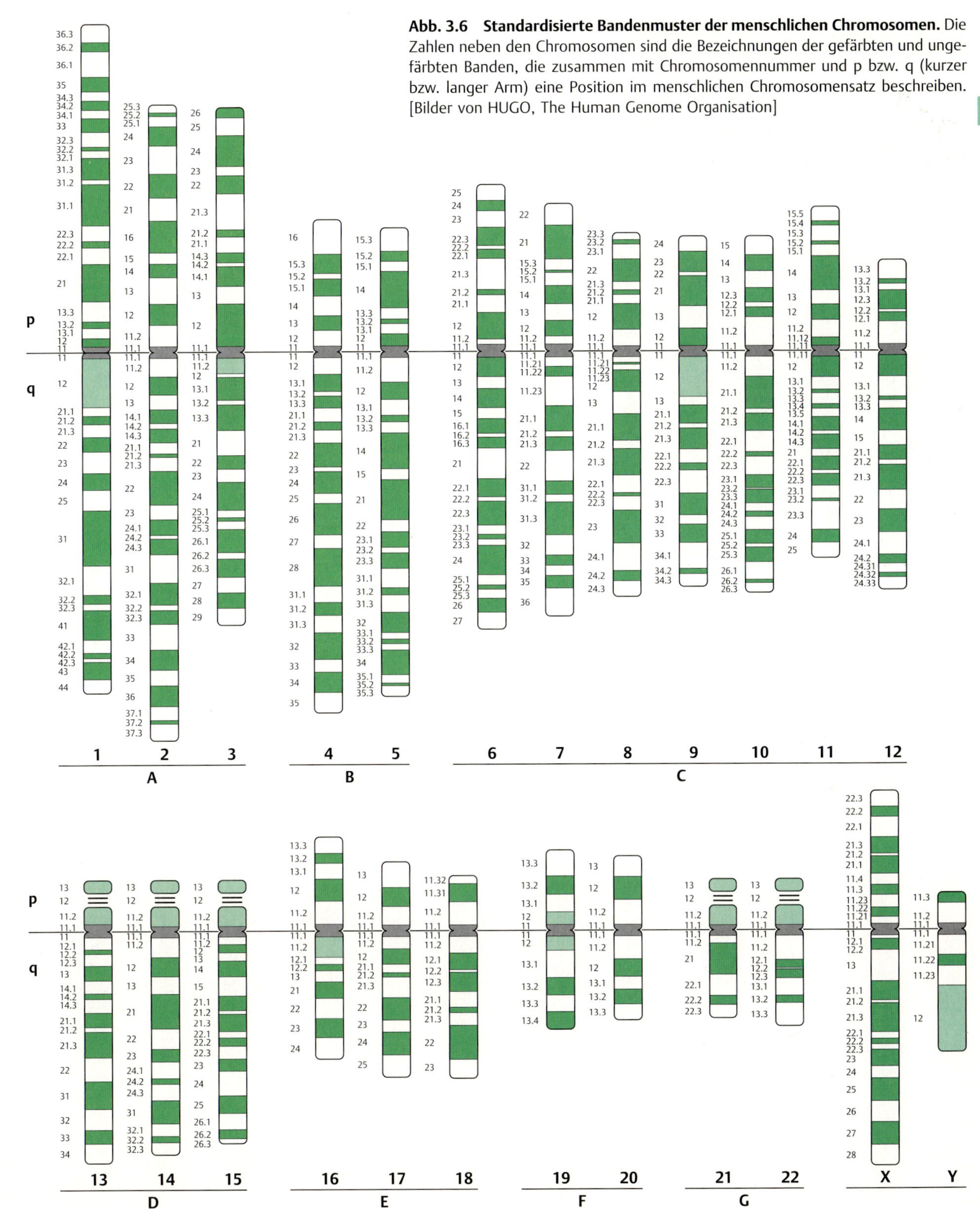

Abb. 3.6 Standardisierte Bandenmuster der menschlichen Chromosomen. Die Zahlen neben den Chromosomen sind die Bezeichnungen der gefärbten und ungefärbten Banden, die zusammen mit Chromosomennummer und p bzw. q (kurzer bzw. langer Arm) eine Position im menschlichen Chromosomensatz beschreiben. [Bilder von HUGO, The Human Genome Organisation]

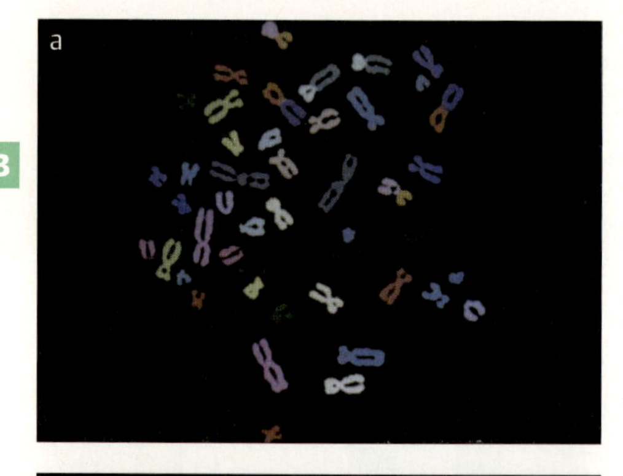

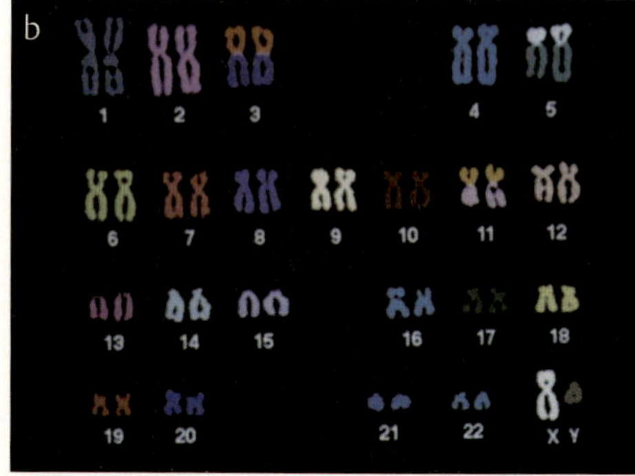

Abb. 3.7 Chromosomen eines Mannes.
a Metaphaseplatte,
b Karyogramm.
Die p und q Arme der Chromosomen 3, 5 und 11 sind unterschiedlich gefärbt. [© Nature Publishing Group 1996. Speicher, M.R., Ballard, S.G., Ward, D.C.: Karyotyping human chromosomes by combinatorial multi-fluor FISH. Nature Genetics *12* 368-375]

Zusammenfassung

- Die Vermehrung von Zellen erfolgt durch den **Zellzyklus**, in dem sich Interphase und **Mitose** abwechseln. Zellstoffwechsel und Wachstum finden vornehmlich in der G1-Phase der Interphase statt, während in der S-Phase die vorbereitende Verdoppelung der Chromosomen erfolgt. Das verdoppelte Chromosom besteht dann aus zwei identischen (Schwester-)Chromatiden.
- In der **Mitose** werden die beiden **Schwesterchromatiden** jedes einzelnen Chromosoms auf die beiden neuen Zellkerne verteilt. Daher sind die Tochterzellen bezüglich des Genoms im Zellkern identisch.
- Die **Meiose** dagegen ist eingebunden in den Generationenzyklus. Durch die beiden meiotischen Teilungen einer diploiden Zelle entstehen 4 haploide Zellen, die untereinander genetisch verschieden sind.
- Die entspiralisierten Chromosomen der Interphase, bestehend aus DNA und assoziierten Proteinen, werden als **Chromatin** bezeichnet. Bis zur Metaphase werden die Chromosomen spiralisiert und im Verhältnis 1:10 000 verkürzt.
- Während der verschiedenen Phasen des Zellzyklus sind entlang der Chromosomen unterschiedlich spiralisierte Regionen als **Euchromatin** und **Heterochromatin** erkennbar.
- Menschliche **Chromosomen** können mit verschiedenen **Färbetechniken** individuell markiert werden: Q-Banden- oder G-Bandenmuster, FISH oder Multiplex-FISH (chromosome painting).

4 Mitose

Während der **Mitose** wird zunächst das chromosomale Genom innerhalb einer Zelle auf zwei Zellkerne verteilt, anschließend wird die Zelle geteilt **(Zytokinese).**

Den Ablauf der Mitose kann man aus verschiedenen Blickwinkeln betrachten. Zum einen lässt sich der Verlauf der Zellteilung im Mikroskop zytologisch verfolgen und die Verteilung von Chromosomen beschreiben. Zum anderen hat die Mitose einen genetischen Aspekt: Wie wird garantiert, dass beide Tochterkerne identische Genome enthalten?

4.1 Zytologie der Mitose

Zur zytologischen Beschreibung des Ablaufs der Mitose (Abb. 4.**1**) wird der kontinuierliche Prozess in Stadien unterteilt.

In der **Interphase** sind im Zellkern keine Chromosomen zu sehen, weil sie entspiralisiert vorliegen. Die Chromosomen sind in dieser Phase so lang und so dünn, dass ihre Struktur im Lichtmikroskop nicht aufgelöst werden kann. In den meisten Zellen kann man ein bis zwei **Nukleoli** erkennen.

Durch Verdichtung und Spiralisierung werden die Chromosomen in der **Prophase** sichtbar. Sie werden im weiteren Mitoseverlauf immer kürzer und kompakter und sind so sicher leichter in der Zelle zu transportieren und zu verteilen. Im weiteren Verlauf der Prophase ist zu erkennen, dass jedes Chromosom aus zwei Längsstrukturen, den **Schwesterchromatiden**, besteht, die an einer bestimmten Stelle, dem **Zentromer**, miteinander verbunden sind. Die geordnete Verteilung der Schwesterchromatiden auf zwei Zellkerne wird bei allen Eukaryonten (Einzeller, Pflanzen und Tiere) durch den **Spindelapparat** gewährleistet, der während der Prophase außerhalb des Zellkerns aufgebaut wird. Damit Spindelapparat und Chromosomen in Kontakt kommen können, wird zu Beginn der Metaphase die Kernhülle aufgelöst. Kernplasma und Zytoplasma werden vermischt. Die Nukleoli werden zurückgebildet.

In der **Metaphase** wird der Spindelapparat als eiförmige Struktur sichtbar, deren gegenüberliegende Pole, die **Zentrosomen** oder **Spindelpole**, durch **Spindelfasern** verbunden sind, die aus Mikrotubuli bestehen (Abb. 4.**2**). Von den beiden Spindelpolen gehen drei Fasertypen aus: die die Pole verknüpfenden so genannten **polaren Mikrotubuli** sowie die **Kinetochormikrotubuli**, die die Kinetochoren der Schwesterchromatiden mit den Polen verbinden, und **astrale Mikrotubuli. Kinetochoren** sind spezialisierte Proteinkomplexe, die an der DNA der Zentromeren ausgebildet werden (Abb. 4.**2**). Die Chromosomen ordnen sich in der Mitte zwischen den Polen in der so genannten Äquatorialebene an.

In einem sehr schnell ablaufenden Prozess wird in der **Anaphase** die Verbindung der beiden Zentromere der Schwesterchromatiden aufgelöst. Die beiden Chromatiden werden zu den entgegengesetzten Polen gezogen, voran das Kinetochor. Die Bewegung der Chromatiden kommt dadurch zustande, dass einerseits die Kinetochormikrotubuli durch

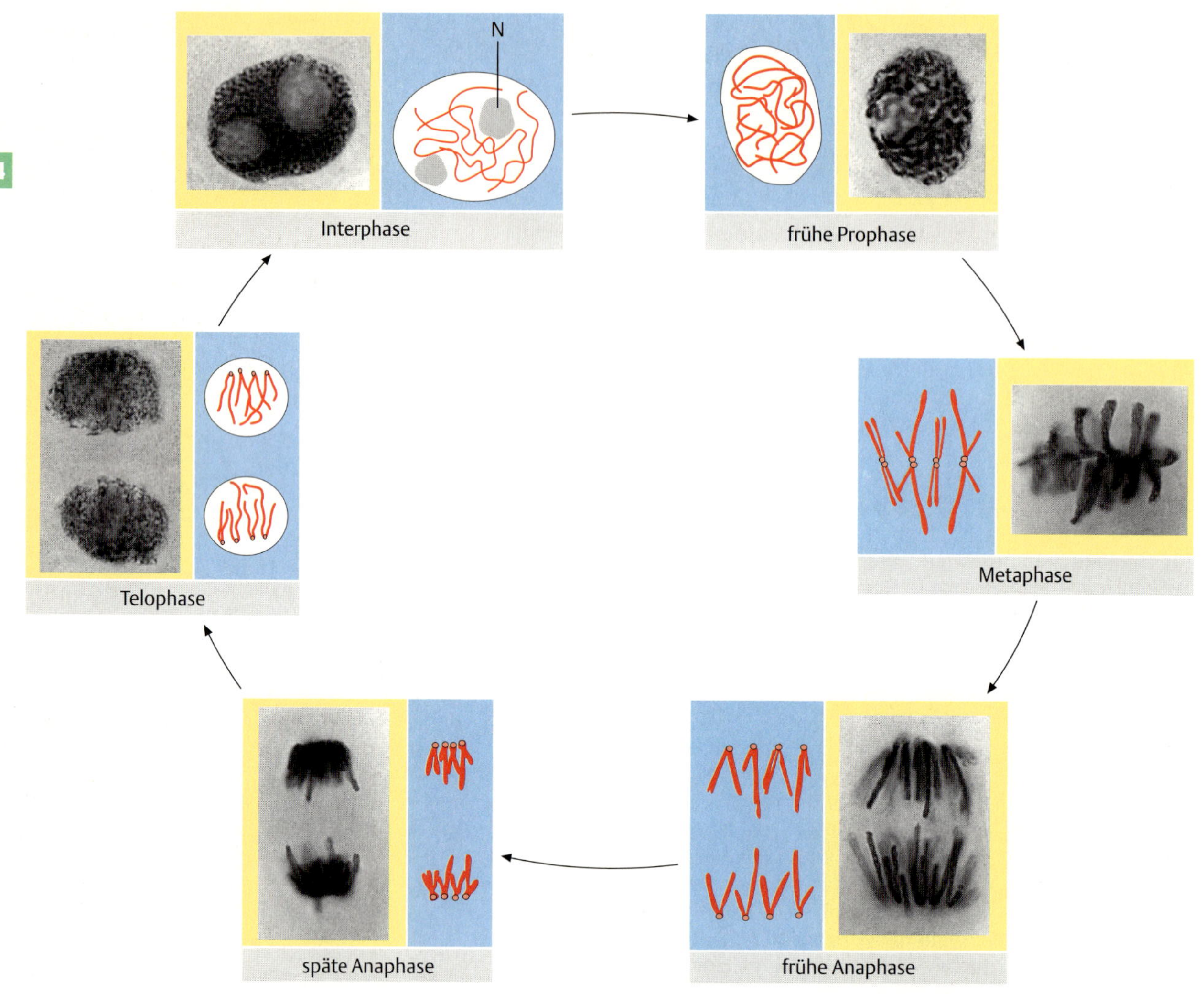

Abb. 4.1 Schematischer Ablauf der Mitose. Die Fotografien zeigen Mitosestadien in den Wurzelspitzen der Küchenzwiebel *Allium cepa*. N=Nukleolus [Bilder von Robert Klapper, Münster].

Abbau verkürzt („Zugfasern") und andererseits die polaren Mikrotubuli verlängert werden („Stemmfasern") und sich dadurch die Spindelpole voneinander wegbewegen.

Im Stadium der **Telophase** werden die Chromatiden, die nun als (Tochter-)Chromosomen bezeichnet werden, von einer neuen Kernhülle umgeben. In den beiden Tochterkernen werden die Chromosomen entspiralisiert und die Nukleoli erscheinen wieder. Die Produktion von rRNA kann wieder aufgenommen werden. Das zytologische Bild geht über in das der Interphase.

Durch die **Zytokinese** wird die Zelle zwischen den beiden Zellkernen geteilt und es entstehen zwei Tochterzellen mit jeweils identischen Chromosomensätzen. Es spielt dabei weder eine Rolle auf wieviele Chromosomen das Genom verteilt ist noch ob die sich teilende Zelle einen haploiden oder diploiden Chromosomensatz enthält. Der Vorgang der Zytokinese ist bei Tier- und Pflanzenzellen recht unterschiedlich. Bei tierischen Zellen sorgt ein **kontraktiler Ring** aus Aktin- und Myosinfilamenten für eine Durchschnürung der Zelle (Furche). Bei der Teilung einer

Pflanzenzelle wird innerhalb der Zelle eine neue Zellwand gebildet, und zwar am Äquator der aufgelösten Spindel. Hier ist der **Phragmoplast**, eine Struktur, die aus den Resten der polaren Mikrotubuli gebildet wird, für die geordnete Zytokinese verantwortlich.

4.1.1 Was ist ein Chromosom, was ist eine Chromatide?

Nehmen wir als Beispiel eine *Drosophila*-Zelle. Sie enthält im diploiden Zustand vier Homologenpaare, d. h. acht Chromosomen. Nach einer mitotischen Zellteilung enthalten beide Tochterzellen wiederum den diploiden Chromosomensatz. Aus einer diploiden Zelle werden zwei diploide Zellen. Das wird ermöglicht durch die Verdoppelung der Chromosomen in der S-Phase. Von der G2-Phase bis zur Metaphase besteht jedes Chromosom aus zwei identischen Kopien, die als Schwesterchromatiden bezeichnet werden. Da die Verdoppelung des Chromosomensatzes jedoch nur etwas zu tun hat mit der nachfolgenden Verteilung und nicht mit der Funktion des Genoms, bezeichnen wir den Chromosomensatz durchgängig als diploid. Der Begriff der Polyploidie (s. Kap. 11.5.1, S. 120) wird nur für Genommutationen verwendet, durch die eine bestimmte Art etwa einen tetraploiden (4n) Chromosomensatz haben kann, der bei einer Mitose ebenfalls verdoppelt werden muss.

Weniger verwirrend ist die Einführung der **DNA-Menge 1c** für das haploide Genom einer bestimmten Art. Dann hat eine diploide Zelle von der Telophase bis zur S-Phase den DNA-Gehalt 2c, der strukturell und funktionell den eigentlichen Chromosomensatz darstellt. Im Verdoppelungs- und Verteilungsabschnitt des Zellzyklus ist diese Zelle 4c, jedes Chromosom besteht dann aus zwei Chromatiden, die vom Zeitpunkt ihrer Trennung an wieder Chromosomen heißen (s. a. Abb. 5.**13**, S. 42).

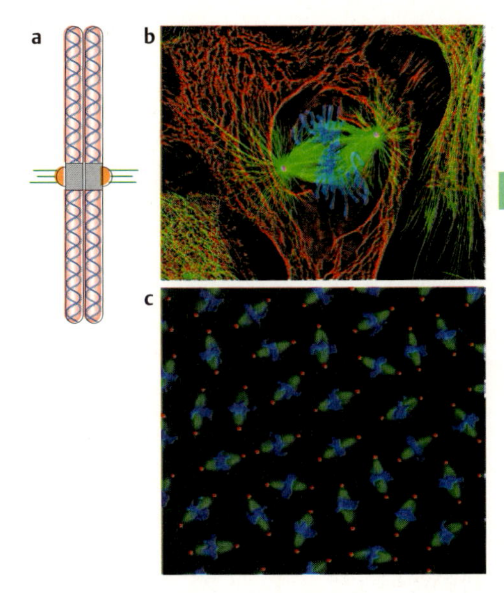

Abb. 4.2 Kinetochor und Spindel.
a Schwesterchromatiden mit Zentromerbereich (grau) und Kinetochoren (orange), an denen Mikrotubuli (grün) ansetzen.
b Metaphase in der Lungenzelle eines Molchs. Die Zentrosomen (magenta) und Mikrotubuli (grün) der Spindel, die Chromosomen (blau) und die Intermediärfilamente (rot) in der Zelle sind erkennbar.
c Metaphasestadien im *Drosophila*-Embryo. Färbung mit Antikörpern gegen Bestandteile der Mikrotubuli (grün), der Chromosomen (blau) und des Zentrosoms (rot)
[b © Nature 2000. Dunn, G.A.: A 1, 2, 3 in light microscopy. Nature 408 423–424; c © Development 1999. Megraw, T.L., Li, K.J., Kao, L.R., Kaufman, T.C.: The Centrosomin protein is required for centrosome assembly and function during cleavage in *Drosophila*. Development *126* 2829–2839].

4.2 Die genetische Konsequenz der Mitose

Wir werden im folgenden die Befruchtung einer Eizelle durch ein Spermium und die anschließende Mitose der Zygote verfolgen. Bei der genetischen Betrachtung der Mitose (ebenso wie bei der Meiose) werden wir uns beispielhaft auf die Verteilung der beiden großen Autosomen 2 und 3 von *Drosophila* beschränken (Abb. 4.**3**) und gleichzeitig einige Gene auf diesen beiden Chromosomen einbeziehen.

Auf dem 2. Chromosom von *Drosophila* gibt es zwei Gene, die als *vestigial (vg)* und *brown (bw)* bezeichnet werden, auf dem 3. Chromosom das Gen *ebony (e)*. Alle drei Gene wirken bei der Differenzierung der Fliege mit: *vg* bei der Ausbildung der Flügel, *bw* bei der Ausprägung der Augenfarbe und *e* bei der Färbung der Kutikula (s. Tab. 4.**1**). Für den Ablauf der Mitose spielt es allerdings keine Rolle, welche Funktion diese Gene erfüllen.

Von diesen Genen sind jeweils mehrere Allele bekannt. Wir betrachten an jedem Genort zwei Allele: *vg* und vg^+, *bw* und bw^+, *e* und e^+. Die beiden Gameten haben in unserem Beispiel in ihrem haploiden Chromosomensatz folgende Genzusammensetzungen: Die Eizelle ist vg^+, *bw* und *e*, das Spermium *vg*, bw^+ und e^+. Die befruchtete Eizelle (Zygote) hat in ihrem diploiden Chromosomensatz an jedem der drei betrachteten Genorte zwei verschiedene Allele auf den homologen Chromosomen. Der Ablauf des Zellzyklus sorgt dafür, dass bei dieser ersten und allen folgenden Kernteilungen genau dieser Bestand an Allelpaaren (und aller anderen Allelpaare im diploiden Chromosomensatz) erhalten bleibt.

Abb. 4.3 Die Verdoppelung der Chromosomen ist Voraussetzung für die Mitose.
a Wenn das haploide Spermium (blaue Chromosomen) die haploide Eizelle (rote Chromosomen) befruchtet, entsteht eine diploide Zygote.
b Nach der S-Phase besteht jedes Chromosom der Zygote aus zwei Schwesterchromatiden mit replizierter DNA (dunkelblauer und hellblauer Strang, s. Abb. 1.**1**). *vg, bw* und *e* sind drei mutante Allele von *Drosophila melanogaster*, die zusätzlich mit „+" gekennzeichneten sind die zugehörigen Wildtyp-Allele. Die Zentromere des 2. Chromosoms sind kräftig gefärbt, die des 3. Chromosoms sind aufgehellt. Cohesin-Proteinkomplexe sind als violette Punkte zwischen den Schwesterchromatiden dargestellt (s. Kap. 4.3).

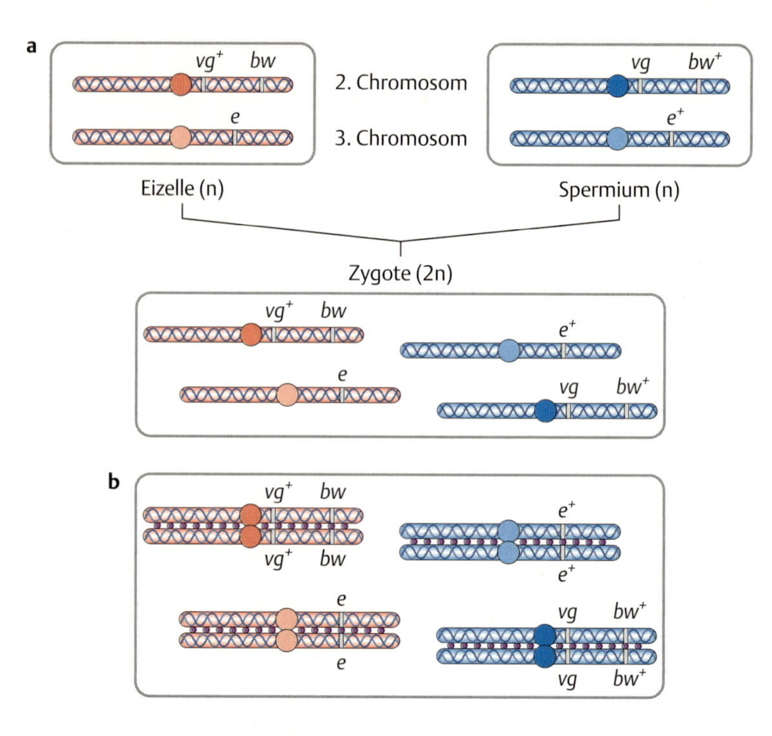

In der S-Phase wird jedes Chromosom verdoppelt und beide Schwesterchromatiden haben identische Genfolgen. In der **Metaphase** der Mitose ordnen sich alle vier Chromosomen in der Äquatorialebene der Spindel an, und in der **Anaphase** werden die beiden Schwesterchromatiden jedes Chromosoms – **unabhängig von allen anderen Chromosomen** – auf die

Tab. 4.1 Einige Gene von *Drosophila*. Gennamen und ihre Abkürzungen werden durch kursive Schrift mit kleinem oder großem Anfangsbuchstaben gekennzeichnet (*Bar-B, white-w, vestigial-vg*), die zugehörigen Proteine durch Großschreibung in normaler Schrift (White-W, Vestigial-VG).

Gensymbol	Genname	Phänotyp	Chromosom
B	*Bar*	nieren- oder bandförmige Augen	1
bw	*brown*	hellbraune Augen	2
car	*carnation*	dunkelrote Augen	1
e	*ebony*	dunkler Körper	3
ec	*echinus*	große rauhe Augen	1
f	*forked*	gekrümmte oder gegabelte Borsten	1
fa	*facet*	gestörte Ommatidienanordnung	1
lz	*lozenge*	glatte, pillenförmige Augen	1
pn	*prune*	dunkelrote Augen	1
pr	*purple*	purpurrote Augen	2
rst	*roughest*	rauhe Augen	1
sn	*singed*	gebogene Borsten	1
st	*scarlet*	hellrote Augen	3
vg	*vestigial*	Stummelflügel	2
w	*white*	weiße Augen	1
y	*yellow*	heller Körper	1

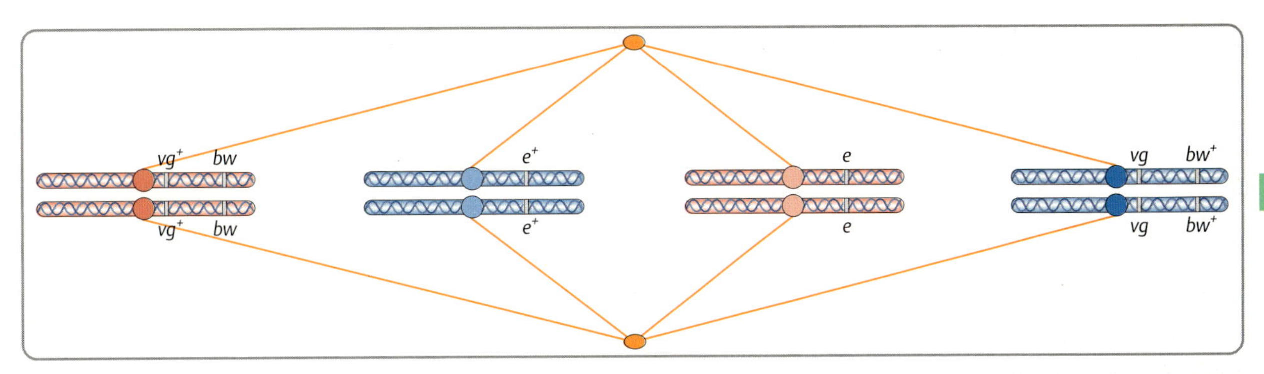

Abb. 4.4 **In der Metaphase sind die Chromosomen in der Mitte des Spindelapparates angeordnet.** Zur Vorbereitung der Anaphasebewegung setzen die Spindelfasern an den Kinetochoren der geteilten Zentromeren der Chromatiden an und stellen als Kinetochormikrotubuli die Verbindung zu den Zentrosomen (Spindelpolen) her. Erklärung der Gensymbole in Tab. 4.1.

beiden Tochterkerne verteilt (Abb. 4.4). Dadurch sind die Chromosomensätze der Tochterkerne in der **Telophase** untereinander und mit dem ursprünglichen Zygotenkern identisch (Abb. 4.5). **Die verdoppelten Chromosomen sind die Verteilungseinheiten der Mitose.**

4.3 Cohesin und Condensin in der Mitose

Die Replikation der Chromosomen während der S-Phase ergibt zwei genetisch identische Schwesterchromatiden. Für die geordnete Verteilung der **Chromosomen** in der **Mitose** ist es notwendig, dass die **Schwesterchromatiden** nach der S-Phase zusammen bleiben, und zwar auch während der dramatischen Chromosomenkondensation bis zur Metaphase (s. Abb. 3.3, S. 17). Dieser Zusammenhalt (**Kohäsion**) wird durch den ringförmigen **Proteinkomplex Cohesin** gewährleistet, der aus vier Proteinen besteht. Zwei dieser Proteine, SMC1 und SMC3, gehören zur **SMC Proteinfamilie** (**s**tructural **m**aintenance of **c**hromosomes) und bilden ein Heterodimer. Hinzu kommen die Proteine **SCC1** (**s**ister **c**hromatid **c**ohesion 1) und **SCC3** (Abb. 4.6).

Vom Ende der S-Phase bis zur Prophase ist eine Vielzahl dieser Komplexe mit den Schwesterchromatiden assoziiert, insbesondere in Zentromernähe. Die molekulare Struktur dieser Verankerung ist noch recht unklar. Es wird diskutiert, ob das ringförmige Cohesin zwischen den Schwesterchromatiden liegt oder sie umgibt (s. Abb. 4.6). Während der Prophase geht ein Großteil des Cohesins in den Chromosomenarmen

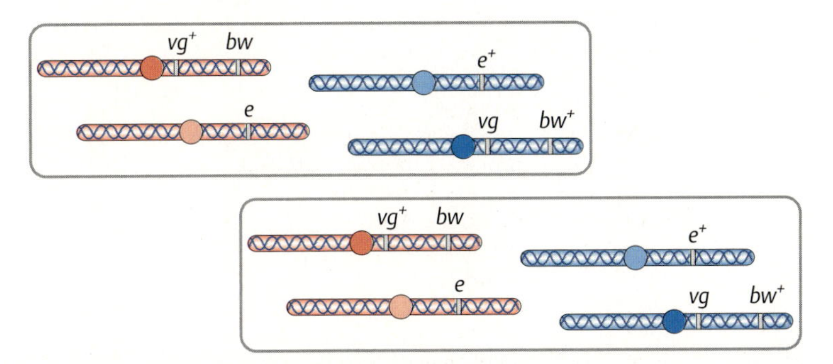

Abb. 4.5 **Das Ergebnis der Telophase sind zwei genetisch identische Zellkerne.** Beide enthalten Chromosomen, die kurz vorher noch Chromatiden genannt wurden. Erklärung der Gensymbole in Tab. 4.1.

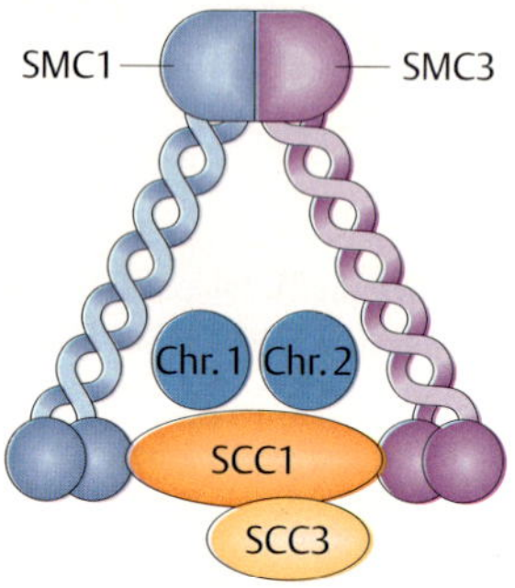

Abb. 4.6 Der Cohesin-Proteinkomplex ist notwendig für den Zusammenhalt der Schwesterchromatiden nach der Replikation. Er besteht aus 4 Proteinen: dem Heterodimer aus SMC1 und SMC3 (**s**tructural **m**aintenance of **c**hromosomes) und den beiden Nicht-SMC Proteinen SCC1 und SCC3 (**s**ister **c**hromatid **c**ohesion). Möglicherweise umfasst der ringförmige Komplex die Schwesterchromatiden Chr. 1 und Chr. 2. [© Nature Publishing Group 2003. Hagstrom, K. A., Meyer, B. J.: Condensin and Cohesin: More than chromosome compactor and glue. Nature Reviews Genetics *4* 520-534, verändert]

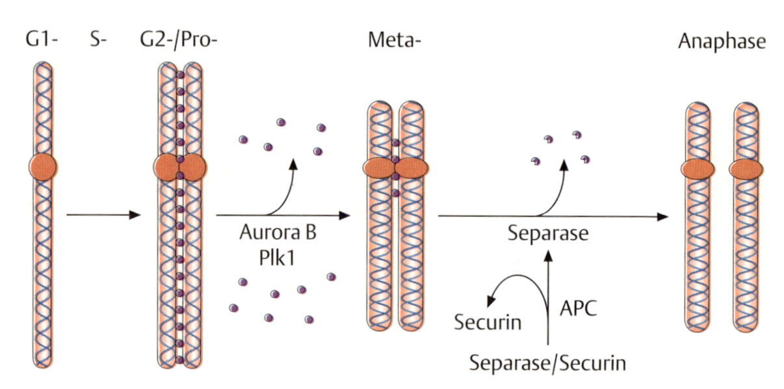

Abb. 4.7 Cohesin in der Mitose. Während der G2- und Prophase werden die Schwesterchromatiden durch Cohesin-Komplexe (violette Punkte) zusammengehalten. Beim Übergang zur Metaphase wird Cohesin durch die Proteinkinasen Aurora B und Plk1 außerhalb des Zentromerbereichs entfernt. Damit sich die Chromatiden in der Anaphase trennen können, wird das restliche Cohesin durch die Protease Separase abgebaut.

durch die Aktivität der Proteinkinasen **Aurora B** und **POLO-like Kinase 1** (**Plk1**) verloren. Im Zentromerbereich bleibt es erhalten. Sobald alle Chromosomen innerhalb der Mitosespindel in der Äquatorialebene angeordnet sind, und die Kinetochoren der Schwesterchromatiden mit den Mikrotubuli der entgegen gesetzten Pole verbunden sind, wird die Anaphase durch die Aktivierung des **Anaphase-Promoting-Complex APC** (auch **Cyclosome** genannt) eingeleitet. APC ist ein Enzymkomplex aus der Familie der Ubiquitinligasen. APC induziert den Abbau des Proteins **Securin** durch das Proteasom (s. Kap. 17.2.5, S. 245). Dadurch kann die proteolytische Spaltung der Cohesin-Untereinheit SCC1 durch die aktive Protease **Separase** beginnen (Abb. 4.7), die durch Securin fast während des gesamten Zellzyklus gehemmt war. Der Cohesin-Komplex wird nun auch im Zentromerbereich entfernt und die Verteilung der Schwesterchromatiden auf die beiden Tochterzellen kann vonstatten gehen.

Die Struktur von Cohesin und die zugehörigen Gene wurden zunächst bei *Saccharomyces cerevisiae* beschrieben, danach bei vielen anderen Organismen. Die Namensgebungen sind dabei nicht einheitlich geblieben.

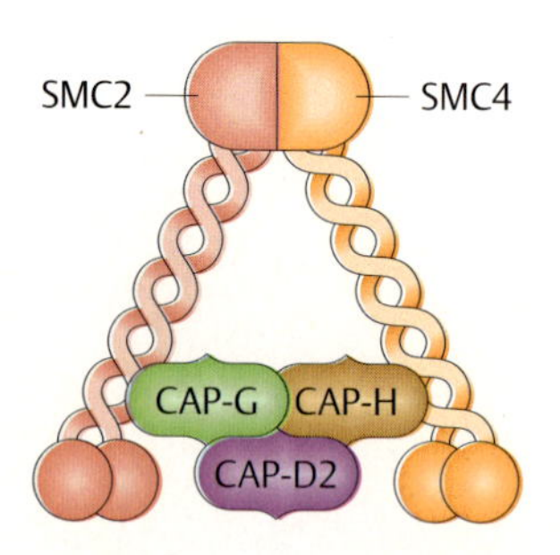

Abb. 4.8 Der Condensin-Proteinkomplex ist notwendig für die Chromosomen-Kondensation und -Segregation in der Mitose und in der Meiose. Er besteht aus 5 Proteinen: dem Heterodimer der SMC-Proteine SMC2 und SMC4 und den 3 CAP-Proteinen (**c**hromosome **a**ssociated **p**roteins) CAP-G, CAP-H und CAP-D2. [© Nature Publishing Group 2003. Hagstrom, K. A., Meyer, B. J.: Condensin and Cohesin: More than chromosome compactor and glue. Nature Reviews Genetics *4* 520-534]

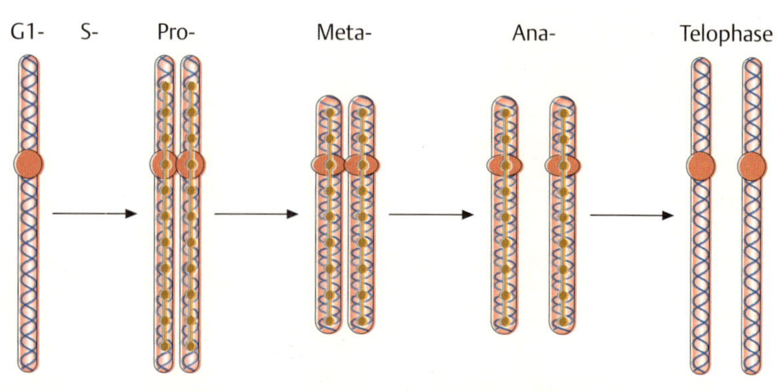

Abb. 4.9 Condensin in der Mitose. Die Condensin-Proteinkomplexe sind in das Chromatingerüst der Chromosomen integriert (braune Punkte) und sind dort an der Chromosomenkondensation beteiligt. Entsprechendes gilt auch für die Meiose.

Beim Menschen wird z. B. SMC1 durch SMC1a ersetzt, SCC1 durch RAD21, SCC3 durch SA1, SA2.

Während also Cohesin seine Aktivitäten als Bindeglied zwischen zwei Schwesterchromatiden entfaltet, wirkt **Condensin** innerhalb einer Chromatide. Möglicherweise stabilisiert es **Chromatinschleifen** während der Kondensation. Auch hier ist der molekulare Mechanismus noch ungeklärt (2008). Condensin ist dem Cohesin recht ähnlich. Es besteht aus fünf Proteinen: den beiden SMC-Proteinen SMC2 und SMC4 (beim Menschen CAP-E und CAP-C), sowie den drei weiteren Proteinen CAP-D2, CAP-G und CAP-H (Abb. 4.**8**). Condensin ist in die Chromatidenstruktur eingelagert, und zwar von der Prophase bis zur Anaphase. In der Telophase, wenn die Chromosomen dekondensiert werden, verschwindet auch das Condensin (Abb. 4.**9**).

Zusammenfassung

- In der **Mitose** sorgt der Spindelapparat für eine geordnete Verteilung der beiden **Schwesterchromatiden** jedes einzelnen Chromosoms auf zwei Zellkerne.

- Die aus Mikrotubuli aufgebauten Spindelfasern verbinden die Spindelpole (**Zentrosomen**) mit den Kinetochoren, die an den **Zentromeren** der Chromosomen ausgebildet werden.

- Chromosomen sind besonders gut in der **Metaphase** erkennbar. Im Telophasekern ist das für die Zelle wichtige Genom enthalten, das für die G1-Arbeitsphase benötigt wird.

- In der Mitose ist das reduplizierte Chromosom mit seinen beiden Schwesterchromatiden die Verteilungseinheit. Jedes Chromosom ist unabhängig von allen anderen Chromosomen.

- Der Zusammenhalt (Kohäsion) der **Schwesterchromatiden** in der Mitose wird durch den **Proteinkomplex Cohesin** gewährleistet, der aus fünf Proteinen besteht.

- Mit Beginn der Anaphase wird der **Anaphase-Promoting-Complex APC** und schließlich die Protease **Separase** aktiviert, die die in Kinetochornähe vorhandenen Cohesin-Komplexe abbaut und so die Trennung der Schwesterchromatiden ermöglicht.

5 Meiose

Bei der Darstellung der Mitose sind wir davon ausgegangen, dass zwei haploide Zellen – eine Eizelle und ein Spermium – miteinander verschmelzen, um eine diploide Zygote als Startzelle zur Entwicklung eines neuen Organismus zu bilden. Da zunächst alle Zellen dieses neuen Organismus diploid sind, also alle Gene zweimal enthalten, muss es einen Mechanismus geben, der die Reduktion des diploiden auf einen haploiden Chromosomensatz bei der Bildung von Eizellen und Spermien gewährleistet. Die **Meiose** ist dieser Zellteilungsmechanismus, der **Gameten** (oder Gonosporen) mit nur einem vollständigen haploiden Genom hervorbringt.

Die Meiose ist ein Zweischrittmechanismus. Sie beginnt mit dem Zellzyklus bis zur G2-Phase – also inklusive der S-Phase – und verläuft danach völlig anders als die Mitose. Die jeweils zwei Schwesterchromatiden beider homologer Chromosomen – also insgesamt vier Chromatiden mit ein und demselben Ausschnitt aus dem Genom – werden in zwei Teilungsschritten auf vier Zellen verteilt, die dann haploid sind. Diese Zellen enthalten jeweils ein Chromosom (vorher: Chromatide) jedes Homologenpaares und damit ein komplettes haploides Genom der Art.

Neben der Reduktion des Chromosomensatzes hat die Meiose ein weiteres, ebenso wichtiges Ergebnis:

Die vier entstehenden haploiden Zellen sind genetisch unterschiedlich. Die haploiden Genome entstehen aus Kombinationen der homologen Chromosomen, also der ursprünglich mütterlichen und väterlichen haploiden Genome. Wie weiter vorn ausgeführt, unterscheiden sich die Homologen durch unterschiedliche Allele an den einzelnen Genorten. Durch die **Rekombination** in der Meiose entstehen haploide Genome, die jeweils eine neue Kombination aus mütterlichen und väterlichen Allelen darstellen.

Zwei Mechanismen während der ersten der beiden Zellteilungen der Meiose sind für die Rekombination verantwortlich. Durch die zufällige Verteilung der mütterlichen und väterlichen homologen Chromosomen, die so genannte **interchromosomale Rekombination**, werden die Chromosomensätze neu kombiniert, während durch **Crossover** Chromosomenabschnitte zwischen den Homologen ausgetauscht werden, die so genannte **intrachromosomale Rekombination**.

Zunächst wird im folgenden die Zytologie der Meiose dargestellt und danach werden die genetischen Konsequenzen untersucht.

5.1 Mitose und Meiose unterscheiden sich grundlegend

Der Meiose geht eine prämeiotische S-Phase voraus, in der die Chromosomen verdoppelt werden. Jedes der Chromosomen des 2n-Satzes besteht aus zwei Chromatiden (Schwesterchromatiden), die in zwei Teilungen – der Meiose I und der Meiose II – auf vier Zellen verteilt werden.

Beide Teilungen verlaufen unterschiedlich und beide führen zu einem Ergebnis, das sich von dem einer mitotischen Teilung völlig unterscheidet (Abb. 5.**1a,b**).

Die Meiose ist ein kontinuierlicher Prozess, der zur Beschreibung in Stadien unterteilt wird. Es werden dieselben Begriffe wie in der Mitose verwendet: Prophase, Metaphase, Anaphase und Telophase. Dabei ist die Prophase besonders komplex und wird daher in eine Reihe von weiteren Stadien unterteilt: Leptotän, Zygotän, Pachytän, Diplotän und Diakinese.

5.1.1 Die erste meiotische Teilung

Im **Leptotän** (Abb. 5.**1a**) werden die Chromosomen als dünne Fäden sichtbar, die während dieses Stadiums und der gesamten Prophase kompakter und kürzer werden. Entlang der Chromosomen werden verdickte Bereiche erkennbar, die als **Chromomeren** bezeichnet werden. Dadurch erscheinen die Chromosomen wie Perlenketten, deren kleine Perlen jedoch in unregelmäßigen Abständen angeordnet sind.

Im Stadium des **Zygotäns** geschieht etwas Entscheidendes: Die bereits verdoppelten homologen Chromosomen finden und paaren sich! Auch wenn der Ablauf der **Homologenpaarung oder Synapsis** heute noch nicht völlig verstanden wird, so spielt auf jeden Fall eine spezialisierte Struktur, der **synaptonemale** (oder **synaptische**) **Komplex** eine entscheidende Rolle. Diese Struktur (s. Abb. 5.**5**), die immer zwischen gepaarten homologen Chromosomen zu finden ist, besteht aus Proteinen. Es wird diskutiert, dass die Synapsis an den Chromosomenenden, den **Telomeren,** die an der inneren Kernmembran verankert sind, beginnt und sich von dort reißverschlussartig fortsetzt. Eine Paarung homologer Chromosomen gibt es in der normalen Mitose nicht, aber – wie fast immer in der Biologie – gibt es Ausnahmen (s. mitotische Rekombination, Kap. 10.7, S. 106).

Charakteristisch für das **Pachytän** sind die klar sichtbaren exakt gepaarten Homologen (Abb. 5.**2**). Die Chromosomen sind weiter verkürzt und die Chromomeren sind auf beiden Homologen erkennbar. Das identische Chromomerenmuster zeigt, wie außerordentlich exakt die Paarung verläuft. Am Ende des Pachytänstadiums verschwindet der synaptonemale Komplex wieder.

Im **Diplotän** wird die Anzahl der gepaarten Homologen erkennbar. Während in den vorhergehenden Stadien jedes Chromosom als fadenförmige Struktur erschien, werden jetzt die beiden Schwesterchromatiden jedes der beiden Homologen sichtbar. Die Chromosomen werden teilweise entspiralisiert (s. Lampenbürstenchromosomen, Kap. 6.2, S. 50). Die Einheit der gepaarten homologen Chromosomen wird als **Bivalent** oder **Tetrade** bezeichnet.

Tetraden sind die Verteilungseinheiten der Meiose: In zwei aufeinanderfolgenden Teilungsschritten werden die vier Chromatiden einer jeden Tetrade auf die vier entstehenden Zellen (Gonen, Gameten, Gonosporen) verteilt. Jeder Gamet enthält je eine Chromatide (= Chromosom) jeder Tetrade und damit einen vollständigen haploiden Chromosomensatz.

Da die Homologen im Diplotän nicht mehr so eng gepaart sind, sondern etwas auseinander weichen, werden Überkreuzungsstellen zwischen Nicht-Schwesterchromatiden sichtbar, die als **Chiasmata** bezeichnet werden und aus engen Kontaktstellen hervorgegangen sind (Abb. 5.**3**). Fast jede Tetrade zeigt mindestens ein Chiasma, häufig auch zwei oder mehr Chiasmata. Die Chiasmata sind in vorhergehenden Stadien, vom Zygotän zum Pachytän, durch einen Mechanismus entstanden, der als **Crossover** bezeichnet wird. Wie wir weiter hinten sehen werden,

a

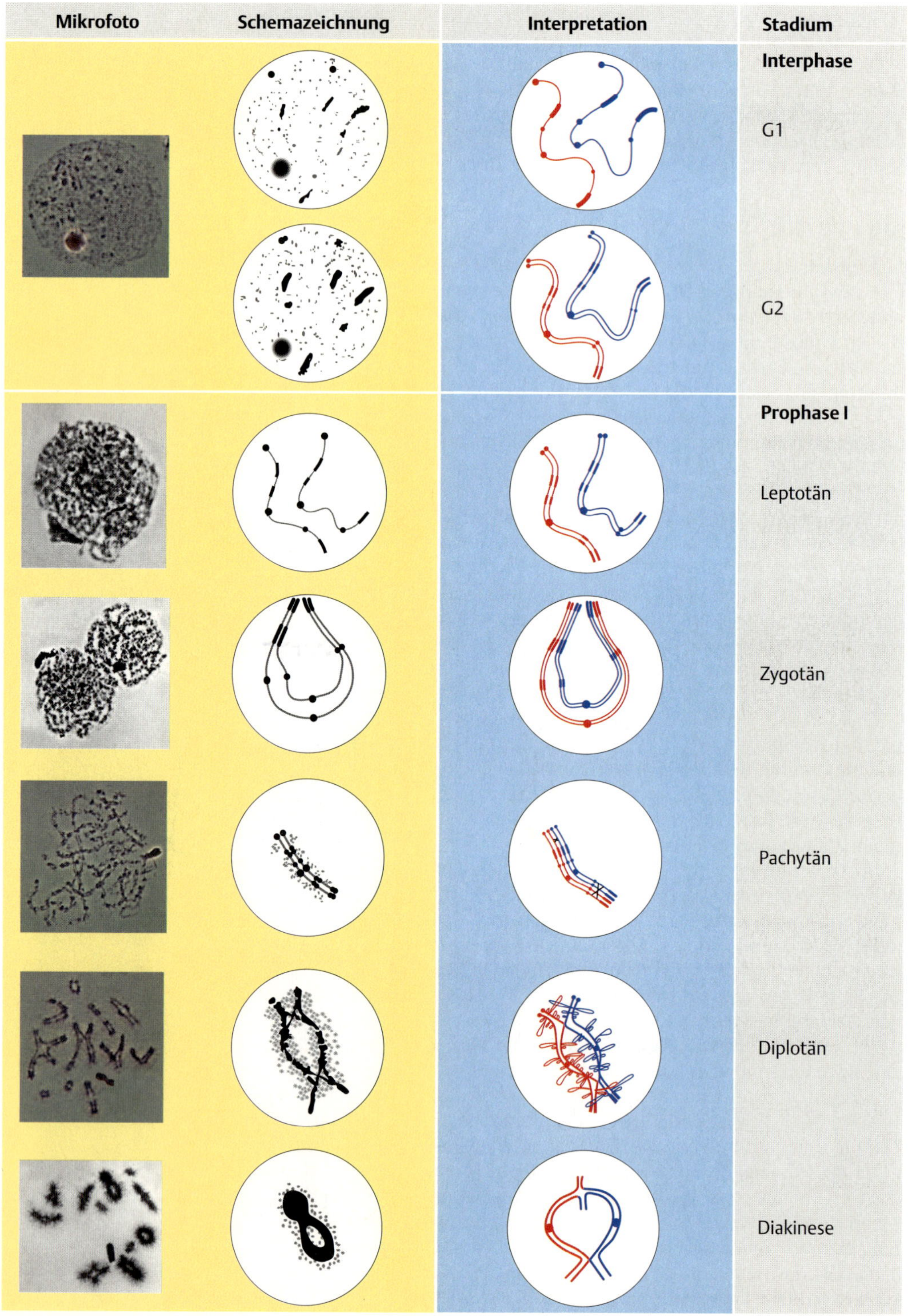

Mikrofoto	Schemazeichnung	Interpretation	Stadium
			Interphase
			G1
			G2
			Prophase I
			Leptotän
			Zygotän
			Pachytän
			Diplotän
			Diakinese

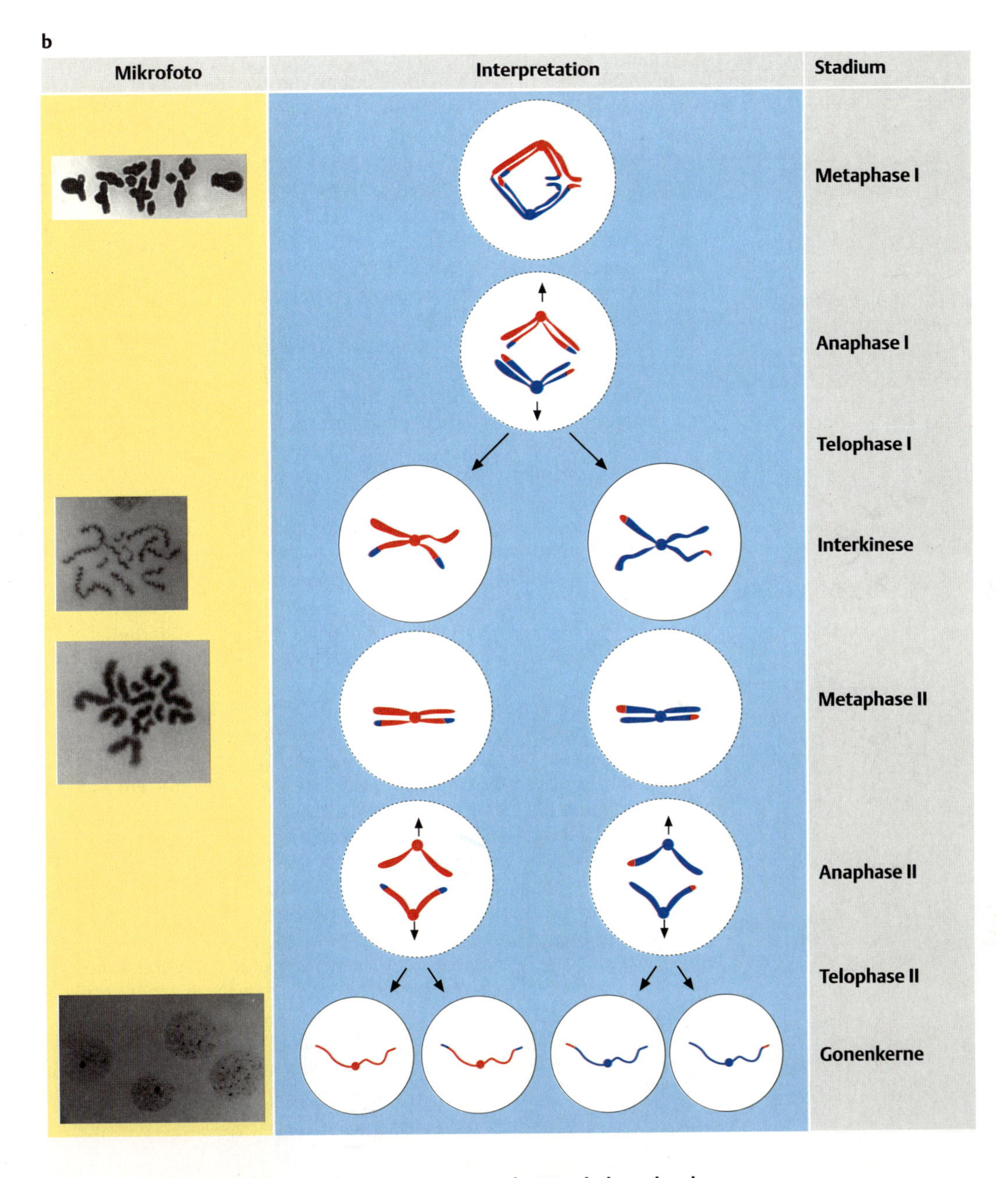

Abb. 5.1 Stadien der Meiose aus der Spermatogenese der Wanderheuschrecke (*Locusta migratoria*).
a Der Meiose geht eine Interphase voraus, in der jedes G1-Chromosom in der S-Phase verdoppelt wird und in G2 aus zwei identischen Schwesterchromatiden besteht. In der Interphase und der Prophase I liegt das Heterochromatin kondensiert vor, ebenso wie das partnerlose einzelne X-Chromosom. Erklärung der Prophase-I-Stadien s. Text.
b Während der Anaphase I und II entstehen vier haploide Gonenkerne, die aus jeder Tetrade eine Chromatide enthalten. Von den n = 12 Chromosomen (Foto Diplotän) ist nur ein einziges Homologenpaar (blau und rot) gezeichnet, der Spindelapparat ist nicht berücksichtigt
[Bilder von Dietrich Ribbert und Friedrich Weber, Münster].

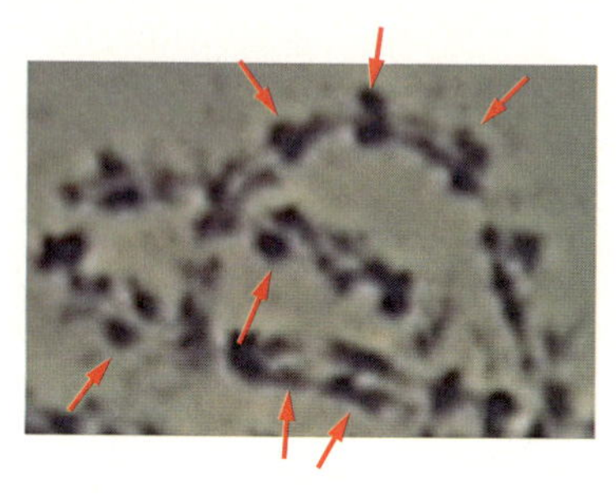

Abb. 5.2 Pachytänstadium der Prophase der Meiose I. Die Pfeile heben Chromomeren hervor, an denen die Homologie der gepaarten Chromosomen (nicht der Schwesterchromatiden!) besonders gut erkennbar ist.

sind Crossover ein wichtiger Bestandteil für die Rekombination des Genoms in der Meiose.

Aus der Abb. 5.**3** kann man die Antwort auf eine wichtige Frage ableiten: Kommt das genetisch wichtige Crossover dadurch zustande, dass entlang der eng gepaarten homologen Chromatiden an bestimmten Stellen eine Reaktion ausgelöst wird, die die DNA-Doppelhelices über Kreuz verbinden – sichtbar als Chiasma (Abb. 5.**3a**)? Oder kommen Nicht-Schwesterchromatiden übereinander zu liegen und an der Überkreuzungsstelle (Chiasma) wird durch eine Art Bruch-Fusions-Mechanismus ein Crossover verursacht (Abb. 5.**3b**)? Ein wichtiger zytologischer Befund für die Richtigkeit der Aussage „**Crossover verursacht ein Chiasma**" ist die bei etlichen Arten gemachte Beobachtung, dass im Verlauf der Prophase Chiasmata zu den Chromosomenenden hin verschoben, also terminalisiert werden. Nach Chromatidenüberkreuzung ist das nicht möglich. Eine weitere Bestätigung findet sich bei Tetraden, bei denen ein homologes Chromosom zytologisch verändert, z. B. durch eine Duplikation (s. Kap. 11.1, S. 110) verlängert ist. Hier kann man beobachten, dass die beiden Chromatiden jedes Chromosoms auch jenseits eines Chiasmas immer gleich lang sind (Abb. 5.**3c**). Zu dieser bekannten Argumentation ist in jüngster Zeit der Befund hinzugekommen, dass die enge Bindung der Schwesterchromatiden durch den Proteinkomplex **Cohesin** eine Überkreuzung von Nichtschwesterchromatiden in der frühen Prophase unmöglich macht (Kap. 5.1.3, S. 33).

In der **Diakinese** werden die Chromosomen auf ihre minimale Länge verkürzt. Diplotän und Diakinese unterscheiden sich daher nicht wesentlich.

Nachdem die Kernhülle aufgelöst ist, ordnen sich in der **Metaphase I** die Tetraden in der Äquatorialebene des Spindelapparates an (Abb. 5.**1b**). Jedoch anders als in der Mitose werden die Zentromere nicht geteilt. An jedem der beiden Zentromere einer Tetrade gibt es nur ein Kinetochor.

In der **Anaphase I** trennen sich die homologen Zentromere und wandern mit je zwei der vier Chromatiden der Tetrade zu den gegenüberliegenden Spindelpolen. Dabei werden die Chiasmata terminalisiert, so dass die beteiligten Chromatiden frei bewegt werden können. Wie wir bei der genetischen Analyse der Meiose sehen werden, bewirken die Crossover, die als Chiasmata zytologisch sichtbar werden, eine Rekombination von Bereichen der Nicht-Schwesterchromatiden. Wenn also in einer Chromatide Abschnitte der mütterlichen und väterlichen Chromosomen mit unterschiedlichen Allelen kombiniert sind, kann man nicht mehr davon sprechen, dass in der Anaphase I die homologen Chromosomen getrennt

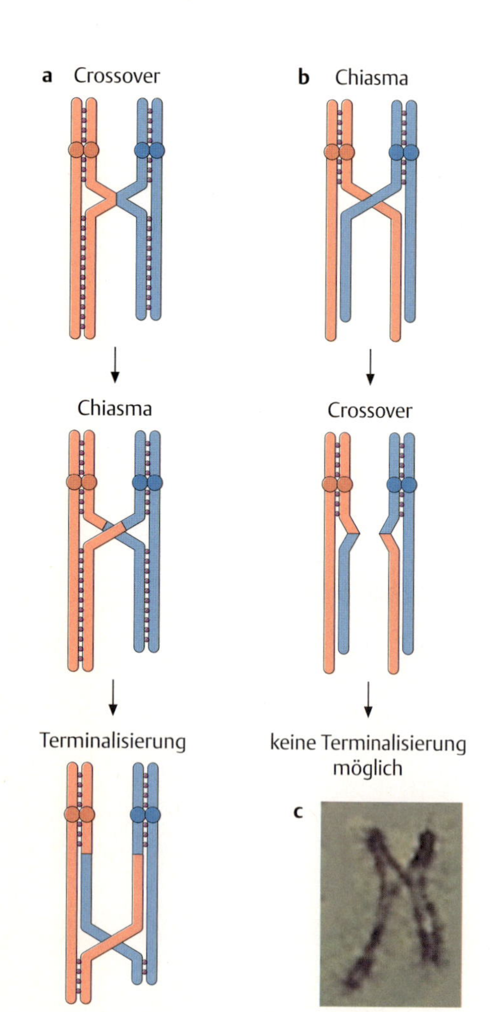

Abb. 5.3 Crossover und Chiasma.
a Crossover, das ein Chiasma zur Folge hat.
b Überkreuzen von Nichtschwesterchromatiden = Chiasma, auf das ein Crossover folgt.
c Diplotän-Tetrade
Ist das sichtbare Chiasma die Folge eines vorhergehenden Crossovers (**a**) oder folgt auf das Überkreuzen von Chromatiden ein Crossover (**b**)? Die zu beobachtende Terminalisierung der Chiasmata und die Chromatidenpaarung bei ungleich langen Homologen (**c**) schließen die Variante **b** aus. Ausserdem verhindert die durch Cohesin-Proteinkomplexe (violette Punkte) verstärkte Paarung der Schwesterchromatiden ein Überkreuzen von Nichtschwesterchromatiden (vgl. **a** und **b**). Mit Beginn der Anaphase I ist Cohesin nur noch in Zentromernähe lokalisiert (Kap. 5.1.3, S. 33).

werden. Dies gilt nur für bestimmte Chromosomenabschnitte, z. B. vom Zentromer bis zum 1. Chiasma oder dann, wenn – in Ausnahmefällen – eine Tetrade oder wenn alle Tetraden des diploiden Chromosomensatzes kein Chiasma enthalten, also achiasmatisch sind.

Die beiden Zellkerne der **Telophase I** enthalten jeweils den haploiden Chromosomensatz, wobei jedes Chromosom aus zwei Chromatiden einer Tetrade besteht. Daher wird die erste meiotische Teilung (Meiose I) auch als **Reduktionsteilung**, die zweite meiotische Teilung (Meiose II) als **Äquationsteilung** bezeichnet. Dass dies nur in den erwähnten Ausnahmefällen – ohne Crossover – gilt, wird nach der genetischen Betrachtung der Meiose klar werden (s. Kap. 5.2.2, S. 41, Abb. 5.**12** und Abb. 5.**14**).

Interkinese: Der Übergang von der Meiose I zur Meiose II ist bei verschiedenen Organismen unterschiedlich ausgeprägt. In keinem Fall gibt es jedoch etwas Vergleichbares zur Interphase des Zellzyklus: Es findet keine DNA-Synthese, keine Verdoppelung der Chromosomen statt.

5.1.2 Die zweite meiotische Teilung

In der **Metaphase II** (Abb. 5.**1b**) ordnen sich in beiden Zellen die Chromosomen wiederum in der Äquatorialebene des Spindelapparates an. Wie in der Mitose wird jetzt an beiden Zentromeren je ein Kinetochor ausgebildet, deren Spindelfasern zu den gegenüberliegenden Polen gerichtet sind.

In der **Anaphase II** werden die beiden Chromatiden jedes Chromosoms in entgegengesetzte Richtungen transportiert. Die Chromatiden werden jetzt wieder als Chromosomen bezeichnet. Nach der **Telophase II**, der Neubildung der Kernhüllen und der anschließenden Zytokinese resultieren aus der Meiose insgesamt vier haploide Zellen. Wenn – wie weiter vorn unter Anaphase I beschrieben – die beiden Chromatiden eines Metaphase-II-Chromosoms unterschiedlich sind, dann kann die Meiose II auch nicht als Mitose oder mitoseähnlich beschrieben werden. Denn völlig anders als es der Zielrichtung der Mitose entspricht, sind die Teilungsprodukte der Meiose II genetisch unterschiedlich, auch wenn man dies zytologisch nicht erkennen kann.

5.1.3 Cohesin in der Meiose

Cohesin spielt für den geordneten Ablauf der Meiose eine ebenso wichtige Rolle wie für die Mitose (s. Kap. 4.3, S. 25). Wenn die vier Meioseprodukte jeweils einen haploiden Chromosomensatz erhalten sollen, der euploid ist, muss dafür gesorgt sein, dass jeweils eine der vier Chromatiden einer Tetrade in einen Gametenkern gelangt. **Cohesin** hält nach der prämeiotischen Replikation die **Schwesterchromatiden** zusammen. Dies bleibt so, wenn die homologen Chromosomen gepaart sind und eine Tetrade bilden (Abb. 5.**4**), die in den synaptonemalen Komplex eingebettet ist (s. Kap. 5.1.4, S. 34). Dort findet dann auch Rekombination durch **Crossover** zwischen Nichtschwester-Chromatiden statt. Crossover werden in der späten Prophase als Chiasmata sichtbar (Abb. 5.**3**). Chiasmata und die Kohäsion der Schwesterchromatiden sorgen für die Stabilität der Tetrade.

Bis zur Metaphase I wird der größte Teil des Cohesin zunächst durch die Aktivität der Proteinkinasen **Aurora B** und **POLO-like Kinase 1 (Plk1)** abgebaut. Zu Beginn der Anaphase I wird wie in der Mitose der **Anaphase-Promoting-Complex APC** und dadurch schließlich die **Separase** aktiviert (s. Kap. 4.3, S. 25).

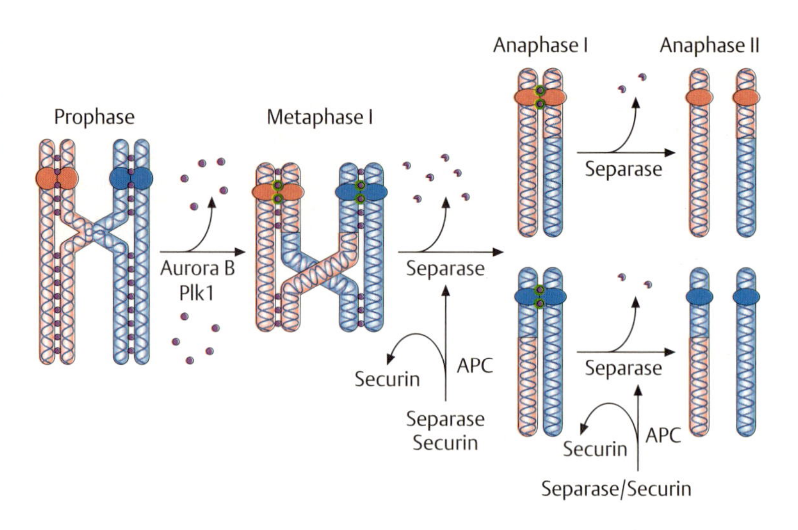

Abb. 5.4 Cohesin in der Meiose. Während der Prophase werden die Schwesterchromatiden durch Cohesin-Komplexe (violette Punkte) zusammengehalten. Mit zunehmender Terminalisierung der Chiasmata beim Übergang zur Metaphase I wird Cohesin durch die Proteinkinasen Aurora B und Plk1 entfernt. Im Zentromerbereich ist Cohesin durch das Protein Shugoshin geschützt (violette Punkte mit grüner Umrandung). Damit sich die Chromosomen in der Anaphase I und die Chromatiden in Anaphase II trennen können, wird das restliche Cohesin durch die Protease Separase abgebaut.

Der meiotische Cohesin-Proteinkomplex ist etwas anders zusammengesetzt als der mitotische (Abb. 4.**6**, S. 26). **Rec8** tritt an die Stelle von SCC1. Separase spaltet Rec8 und Cohesin wird in den Chromosomenarmen degradiert. Das erlaubt die Auflösung der Chiasmata und dadurch den Eintritt in die Anaphase I (Abb. 5.**3** und 5.**4**). Im Zentromerbereich ist Rec8 geschützt durch das Protein **Shugoshin** (**Sgo1**) und Cohesin bleibt dadurch erhalten. Da zudem die Kinetochore der Schwesterchromatiden durch Mikrotubuli zum selben Pol orientiert sind, kann die Trennung der Kinetochore der homologen Chromosomen mit ihren jeweils zwei Chromatiden in Anaphase I erfolgen.

Zu Beginn der Anaphase II wird das verbliebene Cohesin abgebaut, so dass die Chromatiden jedes Chromosoms auf die Tochterzellen verteilt werden können (Abb. 5.**4**).

a

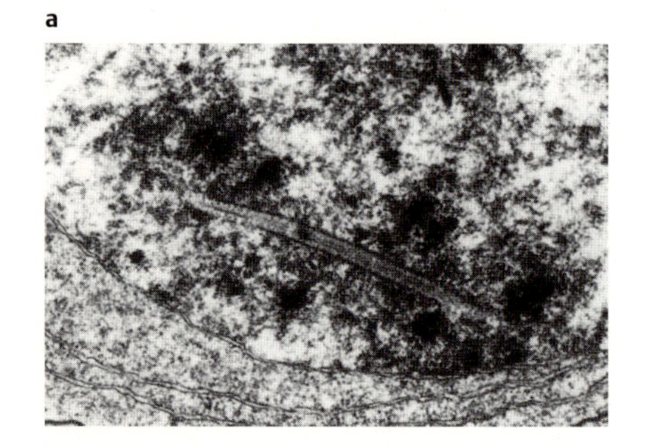

b

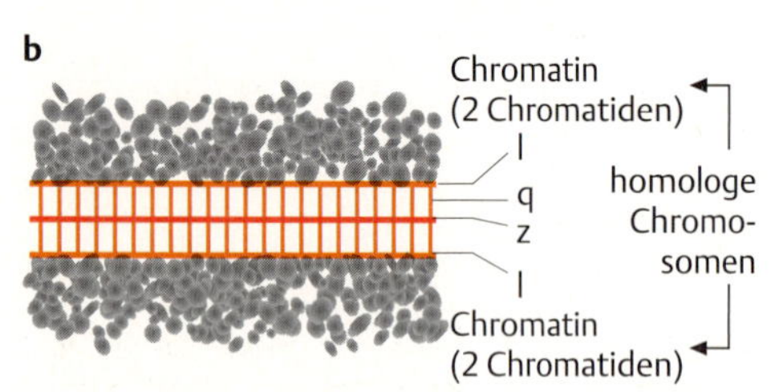

Abb. 5.5 Der synaptonemale oder synaptische Komplex.
Der Komplex verbindet das Chromatin der gepaarten Homologen.
a Elektronenmikroskopische Aufnahme.
b Schemazeichnung.
l = Lateralelement, q = Querelement, z = Zentralelement [Bild von Friedrich Weber, Münster].

5.1.4 Der synaptonemale Komplex

Im Pachytän der Meiose ist die Paarung der homologen Chromosomen (aus je 2 Chromatiden) vollendet. Im Elektronenmikroskop kann man eine spezielle Paarungsstruktur erkennen, den **synaptonemalen** (oder **synaptischen**) **Komplex** (Abb. 5.**5**). Bei allen untersuchten Organismen ist diese Proteinstruktur gleichartig aufgebaut und besteht aus zwei Lateralelementen, die durch Querelemente verbunden sind. Das Zentralelement liegt in der Mitte zwischen den Lateralelementen. Die Längselemente haben einen konstanten Abstand, sind also parallel angeordnet. Jede Tetrade hat nur einen synaptonemalen Komplex, dessen Bildung an dem Ende der homologen Chromosomen beginnt (Telomerregion), das mit der Innenseite der Kernhülle assoziiert ist. Wie in Abb. 5.**5** zu erkennen ist, wird nur ein bestimmter Anteil der Chromatiden für die exakte Paarung benötigt, der Rest liegt als aufgelockertes Chromatin vor. In diesem Zustand findet intrachromosomale Rekombination durch Crossover statt. Obwohl die (molekularen) Prozesse, die zur Rekombination führen als auch der Rekombinationsvorgang selbst noch ungeklärt sind, ist die Bedeutung des synaptonemalen Komplexes für **Homologenpaarung** und Rekombination durch zytogenetische Daten belegt. Bei *Drosophila*-Männchen beispielsweise fehlen genetische Crossover (s. Abb. 10.**3**, S. 88), die Meiose ist achiasmatisch, sie enthält keinen synaptonemalen Komplex. Bei der *Drosophila*-Mutation *c(3)G* (*crossover* *suppressor in chromosome 3 of Gowen*) gibt es kein Crossover in homozygoten Weibchen, der synaptonemale Komplex fehlt.

In einem Chromosom findet man in Abhängigkeit von seiner Länge an sehr vielen Orten Crossover (s. Genkartierung, Kap. 10.4, S. 91). Man kann sich dem Eindruck kaum verschließen, dass es mehr mögliche Crossoverorte gibt als entlang eines synaptonemalen Komplexes vorhanden sein können, da dieser ja nur einen kleinen Teil des gesamten Chromosomenmaterials der Homologen an sich bindet. Wie kommt dann Crossover zwischen homologen Orten im aufgelockerten Chromatin zustande? Sind bei der Paarung der Chromosomen und der Entstehung des synaptonemalen Komplexes in individuellen Meiosen evtl. jeweils andere Chromosomenabschnitte beteiligt? Auch diese Fragen kann man noch nicht beantworten.

Elektronenmikroskopisch kann man im synaptonemalen Komplex auch Verdickungen erkennen, die als „**Rekombinationsknoten**" beschrieben werden. Es wurde gefunden, dass die durchschnittliche Zahl der Rekombinationsknoten pro Pachytänkern mit der durchschnittlichen Anzahl von Chiasmata pro Diplotänkern korreliert ist. Daher nimmt man an, dass die Rekombinationsknoten möglicherweise beim Crossover-Vorgang eine Rolle spielen.

5.2 Die Meiose – genetisch gesehen

Bei der genetischen Betrachtung der Mitose haben wir die erste Kernteilung der Zygote eines *Drosophila*-Embryos verfolgt. Dieser Embryo wird sich durch viele weitere Mitosen und Zelldifferenzierungen zu einer Larve und schließlich zu einer Fliege entwickeln (s. Abb. 21.**1**), also zu einem **Zellklon** aus genetisch identischen Zellen. In den Keimdrüsen **(Gonaden)** der Fliegen gibt es eine Vielzahl von **Oogonien** in den Ovarien von Fliegenweibchen und **Spermatogonien** in den Hoden von Fliegenmännchen. Diese Zellen der so genannten **Keimbahn** haben dieselbe genetische Ausstattung wie die Zygote, aus der sie entstanden sind. Oogonien und Spermatogonien werden mitotisch vermehrt, verlassen aber zu einem bestimmten Zeitpunkt den Zellzyklus und treten in die Meiose ein. Wir werden beispielhaft die Meiosevorgänge im Ovar einer Fliege mit einem bestimmten Genotyp verfolgen. Der Beginn der Meiose (Abb. 5.**6**) ist insofern dem Zellzyklus ähnlich, als der Meiose eine S-Phase vorausgeht, in

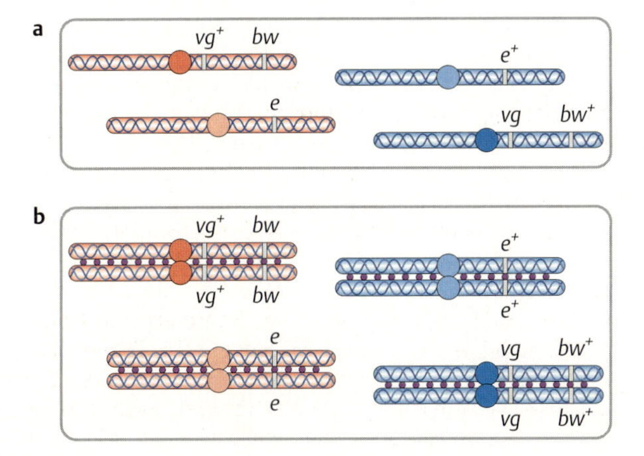

Abb. 5.6 Vorbereitung auf die Meiose.
a Einige mitotisch entstandene Zellen der Zygote des Beispiels der Abb. 4.**3** (S. 24) mit den mütterlichen Allelen vg^+ *bw e* (rot) und den väterlichen Allelen *vg* bw^+ e^+ (blau) vermehren sich im Ovar weiter als Oogonien.
b Bevor eine Oogonie zur meiotischen Oozyte wird, erfolgt ebenso wie vor einer Mitose die Verdoppelung der Chromosomen in der S-Phase. Jedes Chromosom des diploiden (2n) Satzes besteht dann aus 2 Schwesterchromatiden. Der DNA-Gehalt entspricht 4c. Erläuterung der gewählten Farben s. Abb. 4.**3**. Cohesin-Proteinkomplexe sind als violette Punkte zwischen den Schwesterchromatiden dargestellt (s. Kap. 4.3 S. 25). Erklärung der Gensymbole in Tab. 4.**1**.

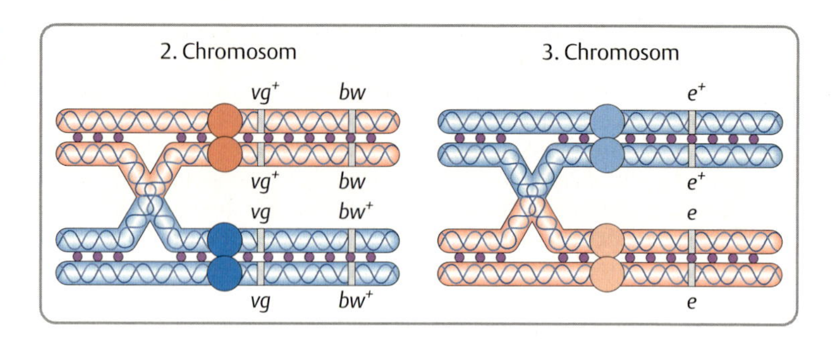

Abb. 5.7 Prophase der Meiose I. Die homologen Chromosomen paaren sich und bilden n Tetraden aus je 4 Chromatiden. In der Regel gibt es in jeder Tetrade mindestens 1 Crossover. Cohesin-Proteinkomplexe sind als violette Punkte zwischen den Schwesterchromatiden dargestellt (s. Kap. 4.3). Erklärung der Gensymbole in Tab. 4.**1**.

der die Chromosomen verdoppelt werden und danach jeweils aus zwei Schwesterchromatiden bestehen. Wir betrachten auch hier die beiden großen Autosomen von *Drosophila* mit den bereits beschriebenen drei Allelpaaren *vg* und vg^+, *bw* und bw^+ auf dem 2. Chromosom sowie *e* und e^+ auf dem 3. Chromosom.

Das Ergebnis der Prophase der Meiose I sind die gepaarten homologen Chromosomen als **Tetraden** mit je vier Chromatiden (Abb. 5.**7**). Durch Crossover-Ereignisse in der frühen Prophase werden in der späten Prophase Chiasmata sichtbar, und zwar – von Ausnahmen abgesehen – mindestens ein Chiasma pro Tetrade. In der farbigen Darstellung ist zu sehen, dass die Chiasmata keine wirklichen Überkreuzungen von Chromatiden sind. In der Phase der engen Paarung wird an bestimmten Stellen (vielleicht den Rekombinationsknoten) die DNA der Nicht-Schwesterchromatiden geschnitten und kreuzweise miteinander verknüpft, ohne dass diese Chromatiden die Paarung mit ihren jeweiligen Schwesterchromatiden aufgeben (s. a. Abb. 5.**3**, S. 32).

In der Metaphase I kommt es zur Anordnung der Tetraden in der Äquatorialebene und in der Anaphase I zur Trennung der homologen Zentromere (Abb. 5.**8**). Dabei gibt es **bei zwei Tetraden zwei Möglichkeiten der Anordnung und Trennung (Segregation):** Entweder werden die beiden mütterlichen Zentromere mit je zwei Chromatiden zu dem einen und die beiden väterlichen Zentromere zu dem anderen Spindelpol und dann in den Telophasekern transportiert (Abb. 5.**8a**) oder es wandern das mütterliche Zentromer des 2. Chromosoms und das väterliche des 3. Chromosoms in den einen Telophasekern, die beiden verbleibenden Zentromere in den anderen Kern (Abb. 5.**8b**). In einer individuellen Meiose kann natürlich nur einer der beiden Fälle verwirklicht werden. Die Anordnung ist zufällig, und deshalb kommen bei vielen Meiosen in ein und demselben Organismus beide Fälle gleich häufig vor.

a

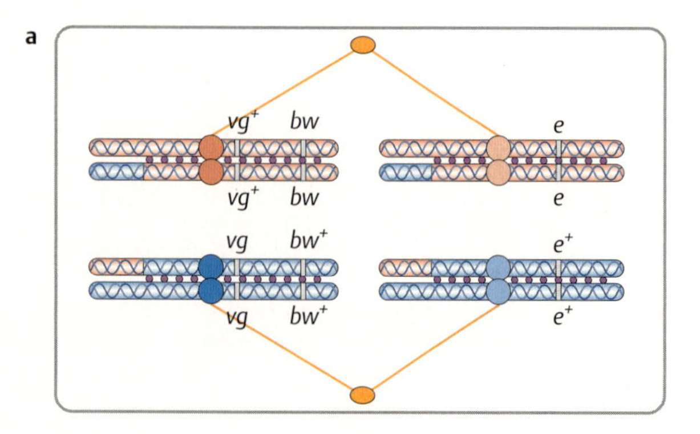

b

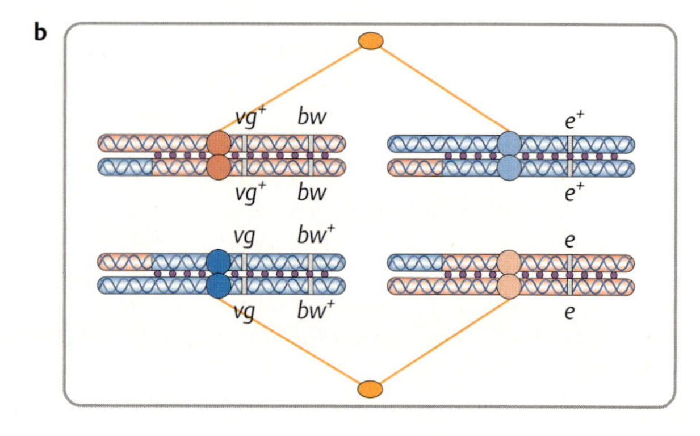

Abb. 5.8 Metaphase I. Durch die zufällige Anordnung der Tetraden in der Metaphaseplatte entstehen bei zwei Tetraden zwei gleich häufige Möglichkeiten (**a** und **b**) der nachfolgenden Verteilung mütterlicher und väterlicher Allele (rote und blaue Chromosomenabschnitte). Zur Vorbereitung der Anaphase I verbinden die Spindelfasern die Kinetochoren der Chromatiden mit den Zentrosomen. Cohesin-Proteinkomplexe sind als violette Punkte zwischen den Bereichen der Schwesterchromatiden dargestellt (s. Kap. 4.3, S. 25). Erklärung der Gensymbole in Tab. 4.**1**, S. 24.

Die **Anordnung der Tetraden** in der Äquatorialebene überlässt es dem Zufall, ob alle mütterlichen oder alle väterlichen Zentromere der n Tetraden gemeinsam in eine Zelle transportiert werden oder eine Durchmischung stattfindet. Bei dieser **Rekombination der Chromosomensätze** (**interchromosomale Rekombination**) (Abb. 5.**8b**) wird die Anzahl der zufälligen Anordnungs- und Trennungsmöglichkeiten mit steigender Anzahl der Chromosomen im haploiden Satz potenziert. Beim Menschen mit n = 23 Chromosomen hat eine Frau 2^{23} oder 8,4 Millionen verschiedene Möglichkeiten Eizellen bzw. ein Mann Spermien zu bilden.

Aber dies ist noch nicht alles an Rekombination: In unserem Beispiel sind zwei der vier Chromatiden einer Tetrade durch ein **Crossover** neu kombiniert. Beide enthalten nunmehr sowohl mütterliche als auch väterliche Chromosomenabschnitte. Das bedeutet, dass entlang der Genkarte des Chromosoms 2, z. B. die ersten 1000 Gene mit väterlichen Allelen besetzt sind, die restlichen Gene mütterlicher Abstammung sind. Aus diesem Grund kann man in der Anaphase I dann nicht von der Trennung der homologen Chromosomen sprechen, wenn ein oder mehrere Crossover in einer Tetrade eingetreten sind. Denn dadurch sind die beiden Chromatiden der getrennten Chromosomen nicht mehr in ihrer vollen Länge Schwesterchromatiden.

Dieser Mechanismus der **intrachromosomalen Rekombination** lässt die Zahl der Rekombinationsmöglichkeiten ins Unermessliche steigen, insbesondere wenn man bedenkt, dass es in einer Tetrade nicht nur ein Crossover, sondern auch mehrere geben kann, und dass in jeder einzelnen Meiose die Crossover-Orte entlang des Homologenpaars variieren können. Nehmen wir als Beispiel die rund 8 Millionen Möglichkeiten interchromosomaler Rekombination beim Menschen. Selbst wenn wir in jeder Tetrade nur einen einzigen Crossover-Ort, d. h. 4 Chromosomenabschnitte pro Homologenpaar oder insgesamt 46 kombinierbare homologe Chromosomenabschnitte annehmen würden, würde die Zahl der unterschiedlichen Eizellen oder Spermien etwa 4^{23} oder 2^{46} = 70 000 000 000 000 oder 70 Billionen ausmachen. Die Weltbevölkerung zählt derzeit etwa 6 000 000 000 = 6 Milliarden Menschen. Das macht klar, dass jeder Mensch, der je gelebt hat oder leben wird, ein genetisch einzigartiges Individuum darstellt. Dies gilt auch für jeden Angehörigen aller anderen eukaryotischen Arten, soweit sie nicht durch Mitosen auseinander hervorgehen oder als eineiige Mehrlinge geboren werden (s. a. Tetradenanalyse, Kap. 10.5, S. 96).

Die in Abb. 5.**8** beschriebenen beiden Fälle der Segregation der Chromosomen beider Tetraden kann man bezüglich der Kombination der Allele der drei von uns betrachteten Gene klassifizieren: der Fall a stellt die elterlichen Kombinationen her, während im Fall b neue Kombinationen entstehen.

Durch die Trennung der Chromatiden in der Anaphase II entstehen in der Telophase II vier haploide Meioseprodukte. Jede dieser Zellen erhält je eine Chromatide (= Chromosom) jeder Tetrade. Zwei Zellen besitzen den mütterlichen Genotyp *vg*⁺, *bw* und *e* und zwei den väterlichen Genotyp *vg*, *bw*⁺ und *e*⁺ (Abb. 5.**9a**). Beim zweiten Segregationstyp enthalten zwei der vier Meioseprodukte die Rekombination 1 mit *vg*⁺, *bw* und *e*⁺, die beiden anderen die Rekombination 2 mit *vg*, *bw*⁺ und *e* (Abb. 5.**9b**).

Die Verteilung derjenigen Chromosomenbereiche, die außerhalb der betrachteten Allelpaare durch ein Crossover neu kombiniert sind, haben wir dabei außer acht gelassen. Beziehen wir sie mit ein, so wird klar, dass auch in der Metaphase II die Anordnung der Chromosomen in der Äqua-

Abb. 5.9 Metaphase II und Gameten. Die beiden möglichen Anordnungen der Tetraden in der Metaphase I der Abb. 5.**8** ergeben in der Anaphase II im Bereich der drei betrachteten Allelpaare entweder **a** die beiden Nicht-Rekombinanten oder **b** zwei neue Allelkombinationen als Gameten. Im Bereich distal (vom Zentromer aus gesehen) der Crossover ist, farblich markiert, Rekombination zu erkennen (vgl. Abb. 5.**7**). Erklärung der Gensymbole in Tab. 4.**1**, S. 24.

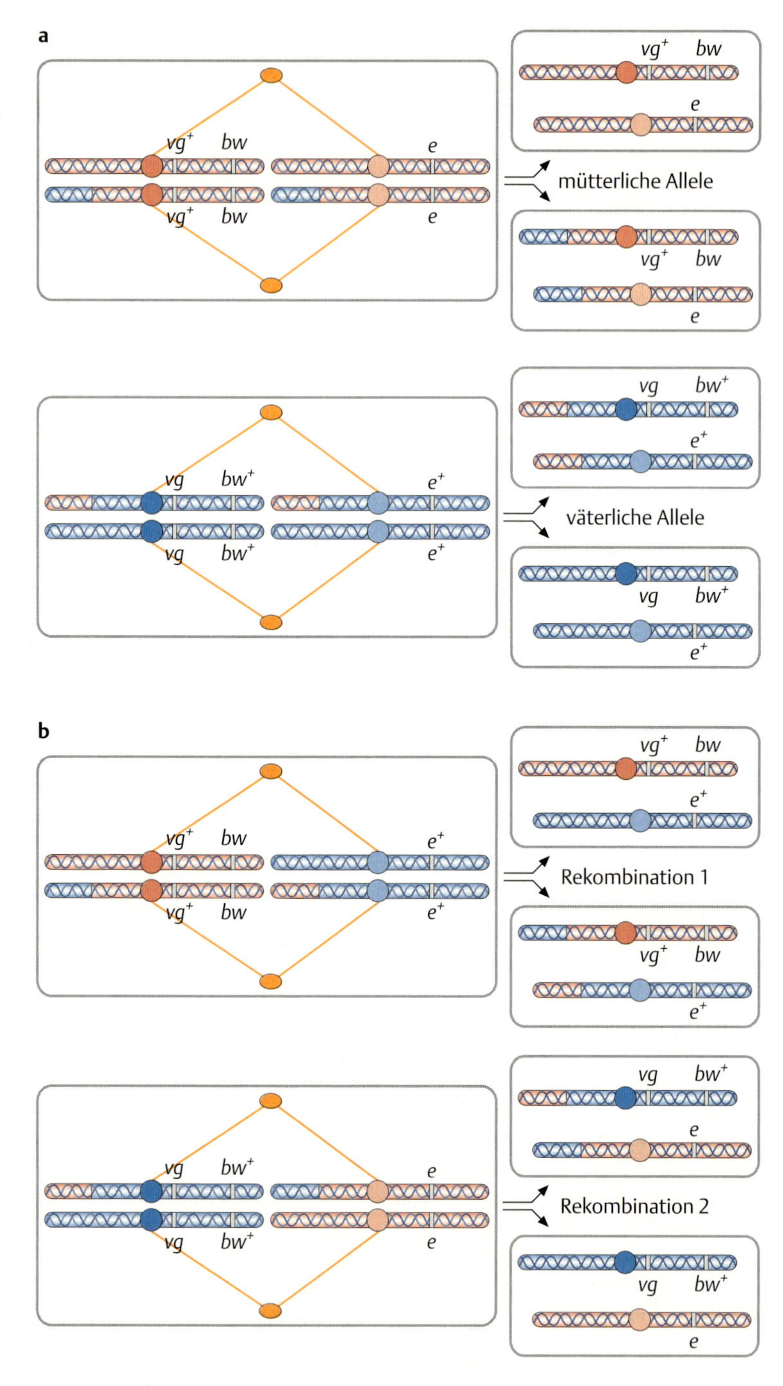

a

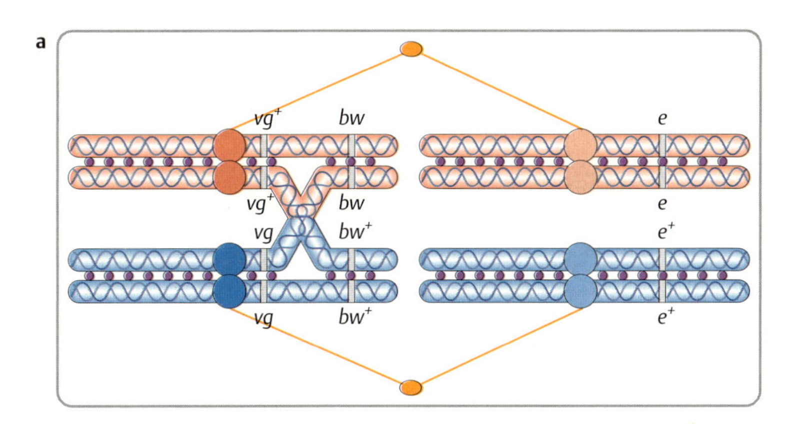

b

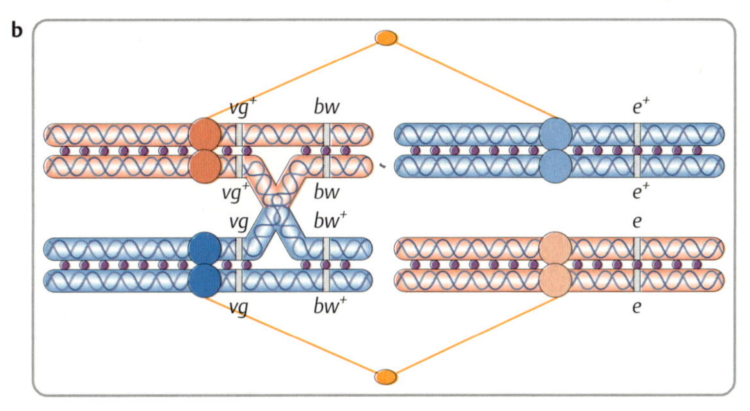

Abb. 5.10 Meiose und Crossover. Ein Crossover zwischen *vg* und *bw* in der Prophase hat Auswirkungen auf die Metaphase I und die Anaphase I. Durch die zufällige Anordnung der Tetraden in der Metaphaseplatte entstehen bei zwei Tetraden zwei gleichberechtigte (gleich häufige) Möglichkeiten (**a** und **b**) für die nachfolgende Verteilung mütterlicher und väterlicher Allele. Die beiden Chromosomen 2 enthalten jeweils eine zwischen den beiden *vg*- und *bw*-Allelen rekombinierte Chromatide. Cohesin-Proteinkomplexe sind als violette Punkte zwischen den Schwesterchromatiden dargestellt (s. Kap. 4.3 S. 25). Erklärung der Gensymbole in Tab. 4.**1**, S. 24.

torialebene für die genetische Zusammensetzung der haploiden Genome eine Rolle spielt.

Die Meiose II ist keine Mitose, da ihre Teilungsprodukte genetisch unterschiedlich sind.

Betrachten wir abschließend den Fall, dass ein **Crossover** in der Prophase zufälligerweise **zwischen den Genorten vg und bw** auf dem 2. Chromosom stattgefunden hat, das 3. Chromosom zufälligerweise ohne Crossover geblieben ist (Abb. 5.**10**).

Bei der Verteilung von je zwei Chromatiden einer Tetrade in der Anaphase I gibt es auch hier zwei Möglichkeiten: Entweder werden die beiden mütterlichen bzw. väterlichen Zentromere zu einem Spindelpol gezogen (Abb. 5.**10a**) oder es kommt zu interchromosomaler Rekombination (Abb. 5.**10b**).

Hier wird besonders deutlich, dass man nicht davon sprechen kann, dass in der Meiose I die homologen Chromosomen voneinander getrennt werden. Da ein Crossover pro Tetrade der Regelfall ist, muss man feststellen, dass in der Anaphase I zwei Chromosomen getrennt werden, die im Bereich des Zentromers und – je nach Lage des Crossovers – einigen anderen Teilabschnitten Schwesterchromatiden sind. In anderen Bereichen enthalten rekombinierte Abschnitte der Chromosomen unterschiedliche Allele.

Als Ergebnis erhalten wir jedenfalls jeweils vier haploide Zellen, die genetisch verschieden sind.

Zusammenfassend können wir feststellen, dass es bezüglich der drei betrachteten Allelpaare im Fliegenovar vier verschiedene Meioseabläufe

Abb. 5.11 Metaphase II und Gameten. Nach einem Crossover zwischen *vg* und *bw* ergeben die beiden möglichen Anordnungen der Tetraden in der Metaphase I der Abb. 5.**10** in der Anaphase II im Bereich der drei betrachteten Allelpaare entweder **a** die beiden Nicht-Rekombinanten und zwei Rekombinanten oder **b** zwei Allelkombinationen, die uns bereits bekannt sind (Abb. 5.**9b**) und zwei weitere Rekombinanten als Gameten. Erklärung der Gensymbole in Tab. 4.**1**, S. 24.

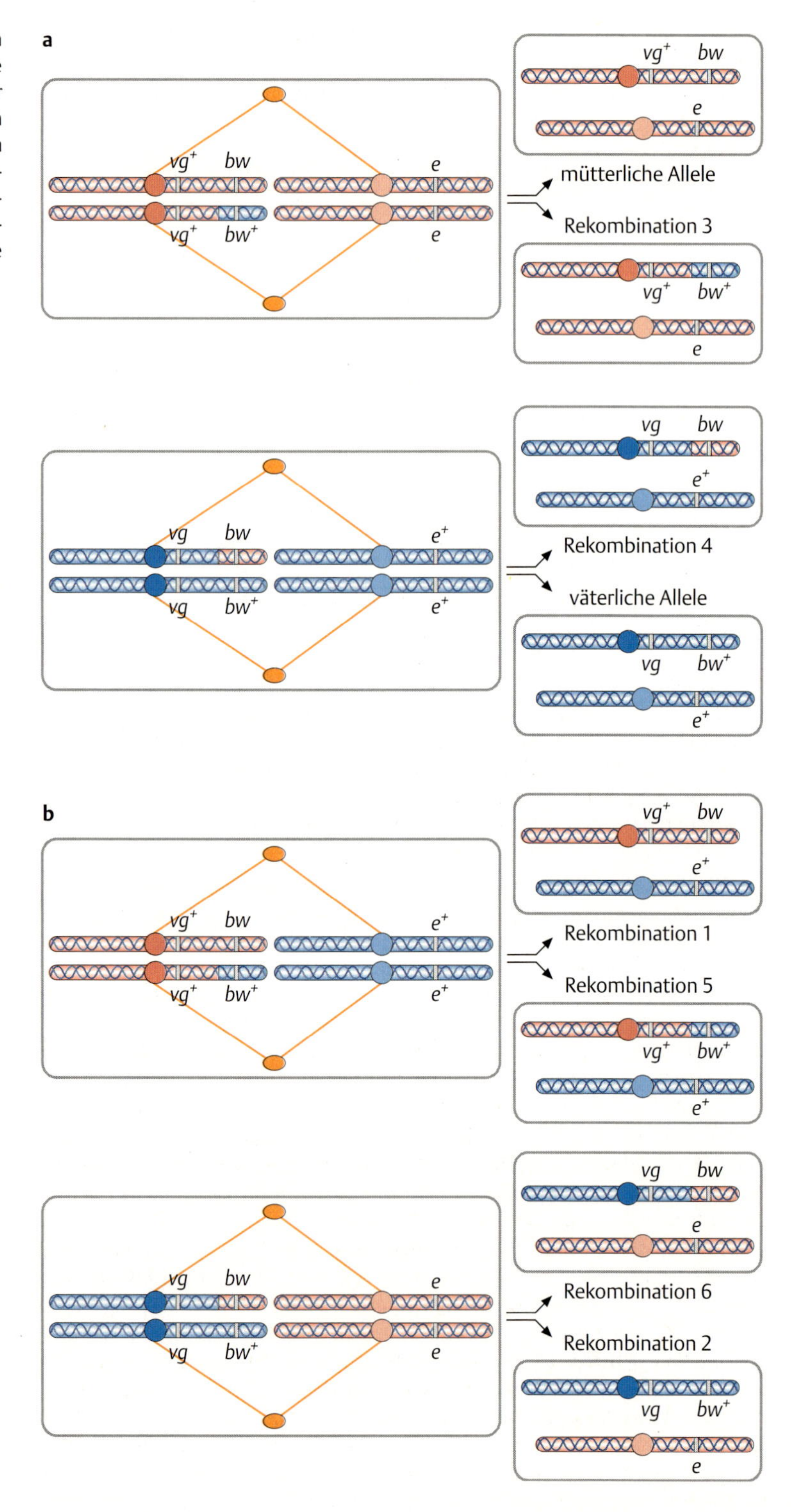

gibt, die zu acht verschiedenen haploiden Genotypen in den Eizellen führen (Abb. 5.**9** und Abb. 5.**11**). Die beiden Meiosen ohne Crossover zwischen den Genen *vg* und *bw* sind gleich häufig, ebenso wie die beiden Meiosen mit Crossover. Der Anteil der Meiosen mit Crossover an allen Meiosen wird bestimmt durch die Häufigkeit von Crossover-Ereignissen in dieser Chromosomenregion. Diese Feststellungen werden nicht durch die Tatsache berührt, dass sich im Fliegenovar (wie generell in den weiblichen Meiosen von Pflanzen und Tieren) nur eins der vier Meioseprodukte zu einer Eizelle entwickelt; denn alle vier haploiden Genome haben die gleiche Chance in die Eizelle zu gelangen (s. Abb. 5.**15**, S. 44).

5.2.1 Unterschiede in der zytologischen und genetischen Betrachtung der Meiose

Die Zytologie der Meiose ist recht einheitlich, auch wenn wir viele verschiedene Meioseabläufe innerhalb einer Gonade analysieren. Wir werden zwar entdecken, dass die Orte und die Anzahl der Chiasmata in den Tetraden sich von Meiose zu Meiose verändern können, ansonsten aber die Zytologie gleich bleibt.

Die genetische Analyse der Meiose zeigt ein sehr viel differenzierteres Bild. Wir ziehen in Betracht, dass die homologen Chromosomen an vielen Genorten bezüglich der vorhandenen Allele unterschiedlich sind. Durch die Rekombinationsmechanismen (Crossover und Segregation der Chromosomen in Anaphase I und II) führen die individuellen Meiosen in ein und demselben Organismus zu genetisch unterschiedlichen Meioseprodukten. Aus jeder einzelnen Meiose gehen vier haploide Zellen mit individueller genetischer Zusammensetzung hervor. Die Gesamtheit der möglichen Meiosen ergibt die Gesamtheit der verschiedenen Gameten, die der Organismus produzieren könnte.

5.2.2 Wann werden die Zellen während der Meiose haploid?

Bei der Zytologie der Meiose haben wir festgestellt, dass die gepaarten Homologen in der Telophase I wieder getrennt sind und die Zellkerne die haploide Anzahl von Chromosomen enthalten. „Haploid" ist definiert als derjenige Chromosomensatz, in dem alle Gene der Art je ein Mal, d. h. mit je einem Allel vorhanden sind. Das heißt dann aber, dass die Begriffe Reduktions- und Äquationsteilung (s. S. 33) nur auf achiasmatische Meiosen anwendbar sind, in denen die beiden Chromatiden der Telophase-I-Chromosomen tatsächlich Schwesterchromatiden sind. Im Normalfall – mit Crossover-Tetraden – könnten sich die obigen Begriffe nur auf bestimmte Chromosomenabschnitte beziehen. Es wurden dafür die Bezeichnungen **Präreduktion** und **Postreduktion** gewählt. Dadurch wird klar, dass es sich bei der Reduktion nicht nur um eine quantitative, sondern vor allem qualitative Reduktion des Chromosomensatzes handelt: Die Reduktion zur Haploidie findet bei Präreduktion in Meiose I, bei Postreduktion in Meiose II statt. Die Zentromere werden immer präreduziert. In Abb. 5.**12** ist der Sachverhalt dargestellt. Präreduktion bedeutet, dass mütterliche von väterlichen Allelen in der Anaphase I getrennt werden. Dies ist nur dann der Fall, wenn es in der Tetrade kein Crossover gibt (Nicht-Crossover-Tetrade). Sobald in einer Tetrade ein Crossover eintritt (Einfach-Crossover-Tetrade), werden die distalen (vom Zentromer aus gesehen) Chromosomenabschnitte postreduziert, d. h. väterliche und mütterliche Allele sind nach Meiose I in den beiden Chromatiden vorhan-

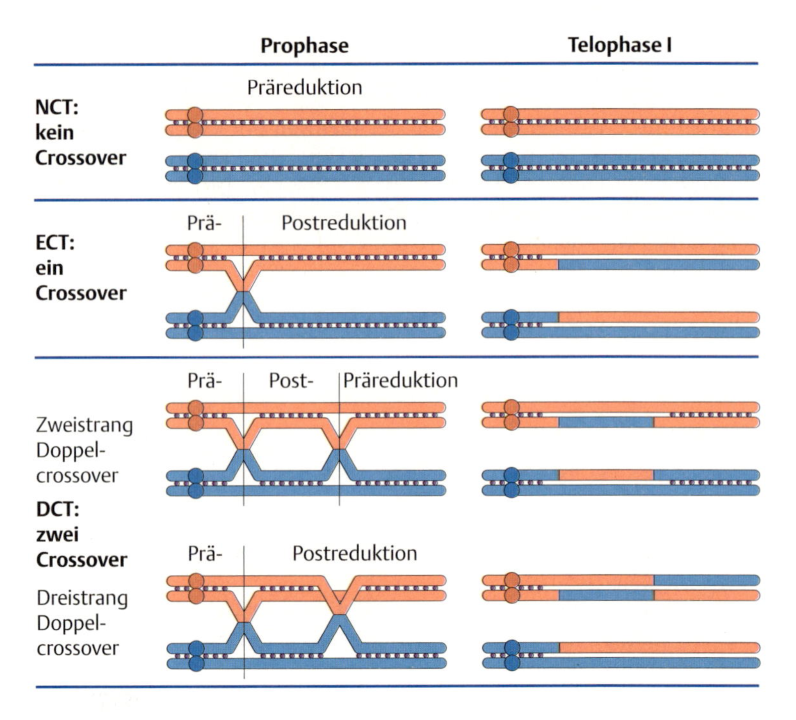

Abb. 5.12 Prä- und Postreduktion. Präreduktion bedeutet, dass mütterliche (rot) von väterlichen (blau) Allelen in der Anaphase I getrennt werden. Bei der Postreduktion geschieht dies erst in Anaphase II. Cohesin-Proteinkomplexe sind als violette Punkte zwischen den Schwesterchromatiden dargestellt (s. Kap. 4.3, S. 25).
NCT = Nicht-Crossover-Tetrade,
ECT = Einfach-Crossover-Tetrade,
DCT = Doppel-Crossover-Tetrade.

den und werden erst in Anaphase II voneinander getrennt. Wenn zwei Crossover in einer Tetrade (Doppel-Crossover-Tetrade) vorhanden sind, können sich prä- und postreduzierte Abschnitte abwechseln, je nachdem welche Stränge (= Chromatiden) beteiligt sind.

Bei Arten mit Heterosomen ist die Definition von diploid und haploid in den beiden Geschlechtern nicht identisch. Das heterogametische Geschlecht produziert nämlich zwei verschiedene haploide Chromosomensätze: z. B. einen mit einem X-Chromosom und einen mit einem Y-Chromosom. Dadurch hat der diploide Chromosomensatz im weiblichen

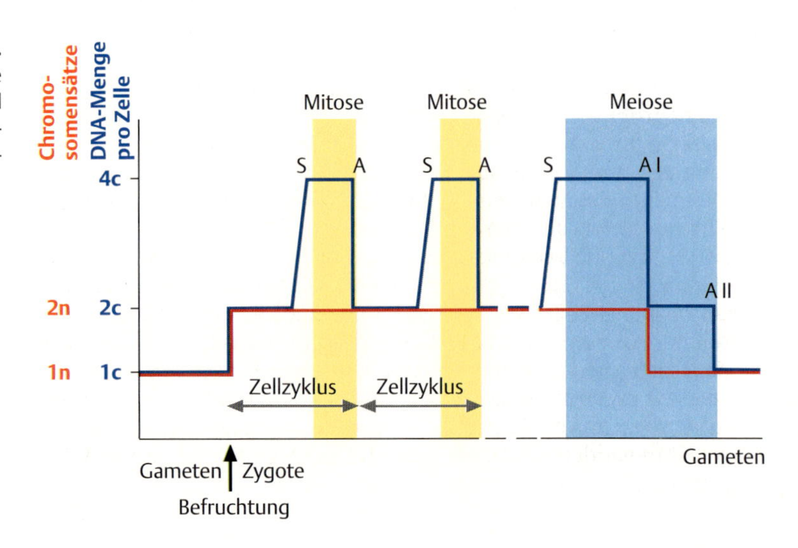

Abb. 5.13 Chromosomensätze und DNA-Menge. Veränderungen der Anzahl der Chromosomensätze (1n – 2n) bzw. der DNA-Menge (1c – 2c – 4c) während der Phasen des Zellzyklus und der Meiose in einem diploiden Organismus. S-Phase (S), Anaphase (A), Anaphasen der Meiose (AI, AII).

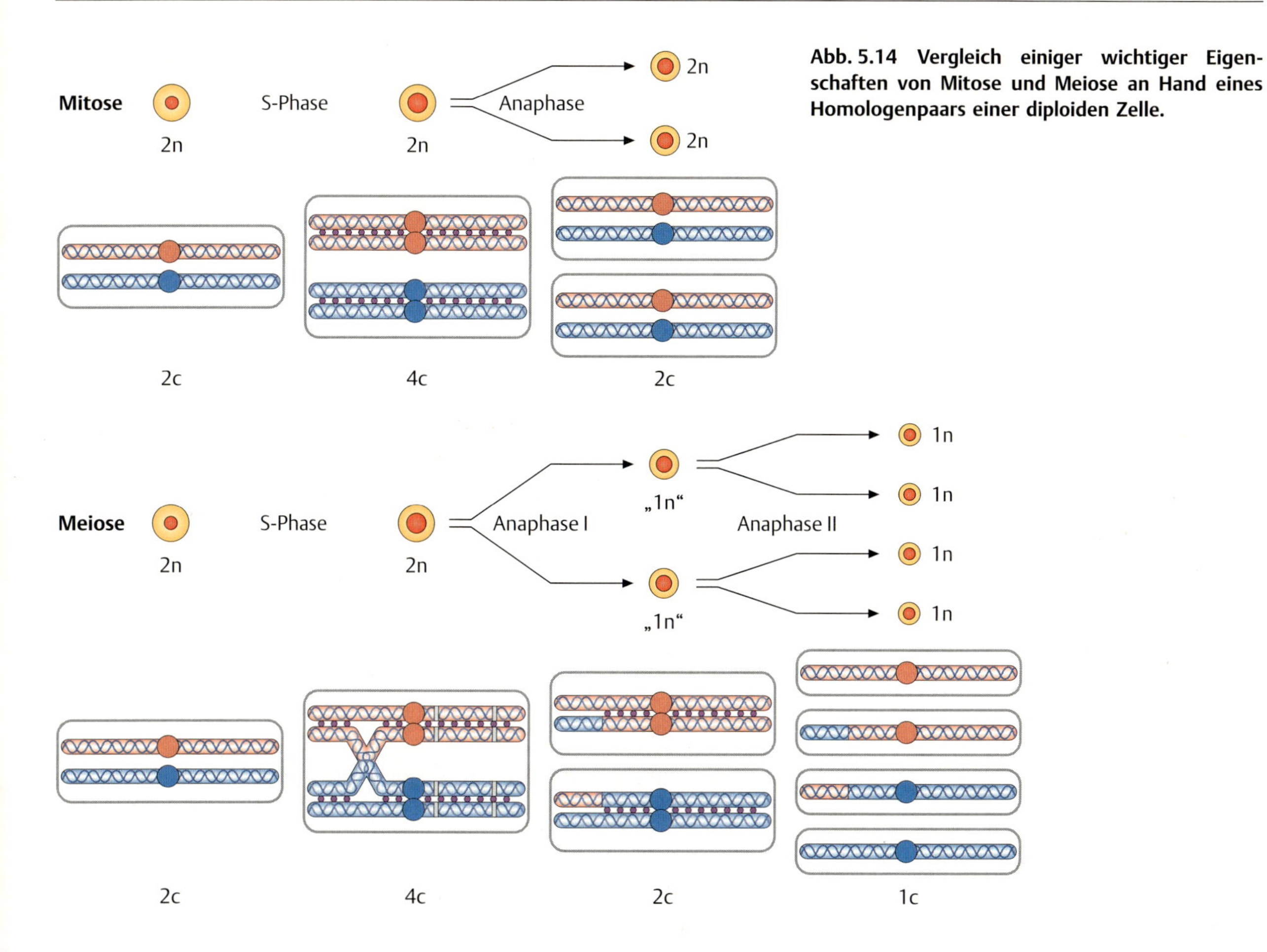

Abb. 5.14 Vergleich einiger wichtiger Eigenschaften von Mitose und Meiose an Hand eines Homologenpaars einer diploiden Zelle.

5

Geschlecht zwei X-Chromosomen, während er im männlichen ein X- und ein Y-Chromosom enthält.

Der Zusammenhang zwischen Chromosomenzahl bzw. Ploidiegrad und DNA-Gehalt pro Zellkern ist in der Abb. 5.**13** für Diplonten dargestellt. Während des Zellzyklus bleibt der Chromosomenbestand stets 2n. Der DNA-Gehalt (2c) dagegen steigt während der S-Phase auf das Doppelte (4c) an und wird während der Anaphase wieder auf 2c gesenkt. In der prämeiotischen S-Phase steigt die DNA-Menge auf 4c, und wird während der Anaphasen I und II jeweils halbiert auf 2c bzw. 1c. Die Reduktion des Chromosomenbestands von 2n auf 1n hängt von den oben beschriebenen Bedingungen der Prä- und Postreduktion ab (s. Abb. 5.**12**), ist aber auf jeden Fall nach der Anaphase II vollzogen.

Die wesentlichen Unterschiede zwischen Mitose und Meiose sind in der Abb. 5.**14** dargestellt. Während der **Mitose** bleibt eine diploide Zelle stets diploid, auch die Tochterzellen sind diploid und bezüglich der Chromosomenzusammensetzung identisch. Dies wird dadurch erreicht, dass die Chromosomen in der S-Phase verdoppelt werden, jedes Chromosom aus zwei Schwesterchromatiden besteht und dabei der DNA-Gehalt von 2c auf 4c steigt. In der Metaphase werden die Zentromere geteilt und die beiden Chromatiden jedes einzelnen Chromosoms während der Anaphase verteilt.

Durch die **Meiose** wird zum einen der Chromosomensatz von diploid auf haploid reduziert und zum anderen durch Rekombination des Genoms erreicht, dass die Meioseprodukte genetisch unterschiedlich sind. Die Meiose beginnt immer mit einer diploiden Zelle, die eine S-Phase durchläuft. Im Gegensatz zur Mitose paaren sich die Homologen und bilden mit ihren je zwei Schwesterchromatiden eine Tetrade. Diese vier Chromatiden jeder Tetrade, die durch Crossover neu kombiniert werden, werden in zwei Teilungsschritten auf vier Zellen verteilt. Da ein haploides Genom von jedem Gen 1 Exemplar enthält, ist der Chromosomensatz der beiden Zellen nach Anaphase I als „1n" bezeichnet. Denn an den Genorten in den neu kombinierten Bereichen können die beiden Chromatiden unterschiedliche Allele enthalten.

5.2.3 Der Zeitpunkt der Meiose im Lebenszyklus

Im **Lebenszyklus** kann die Meiose unterschiedliche Positionen einnehmen. Gemeinsam ist allen Möglichkeiten, dass die Meiose den Übergang vom diploiden zum haploiden Chromosomensatz bewerkstelligt. In der Abb. 5.**15** sind drei Lebenszyklen dargestellt. Bei den **Haplonten**, meist einfache Organismen wie Einzeller oder Pilze, findet das Leben im haploiden Zustand statt. Unmittelbar nach der Befruchtung erfolgt die Meiose. Diploid ist also nur die Zygote. Bei den **Diplonten**, d.h. bei den meisten Tieren (Abb. 21.**1**, S. 345 u. Abb. 28.**1**, S. 441) und beim Menschen, ist dagegen der haploide Zustand sehr kurz; er beschränkt sich auf die Gameten (Eizellen und Spermien). Bei den meisten höher entwickelten Pflanzen wechseln der haploide Gametophyt und der diploide Sporophyt einander ab (Abb. 31.**1**, S. 470). Die beiden Anteile am Generationswechsel können unterschiedlich groß sein.

5.3 Unterschiede zwischen Oogenese und Spermatogenese

Bei der Bildung von **Eizellen** bei Tier und Mensch bzw. **Makrosporen** bei höheren Pflanzen einerseits und der Entstehung von **Spermien** bzw. **Mikrosporen (Pollenkörnern)** andererseits gibt es ähnliche Abläufe, aber auch recht unterschiedliche Verhältnisse. Die Hauptgemeinsamkeit ist die, dass in allen Fällen die **Meiose** der Hauptprozess ist. Die Unterschiede sind besonders zwischen weiblichen und männlichen Gametogenesen zu finden, weniger, ob diese Prozesse bei Tieren oder Pflanzen stattfinden.

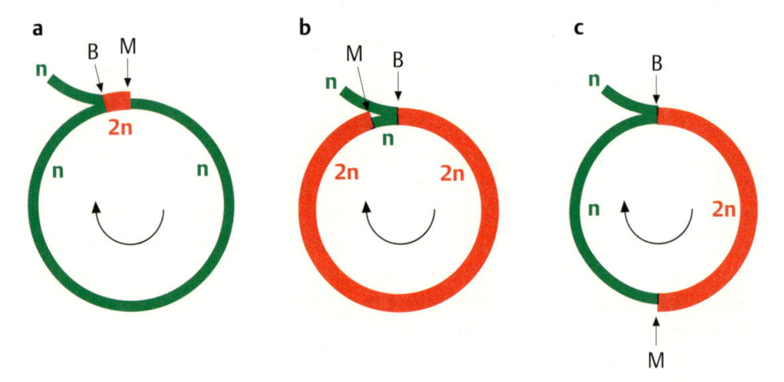

Abb. 5.15 Zeitpunkt der Meiose im Lebenszyklus von Eukaryonten.
a Haplont (z. B. *Neurospora*, s. Box 10.**1**, S. 97): diploid ist nur die Zygote.
b Diplont (z. B. *Drosophila*, Abb. 21.**1**, S. 345, *Caenorhabditis*, Abb. 28.**1**, S. 441): haploid sind nur die Gameten.
c Generationswechsel: haploide und diploide Lebensphasen wechseln einander ab (z. B. Mais, Abb. 31.**1**, S. 470).
B = Befruchtung (Gametenverschmelzung),
M = Meiose

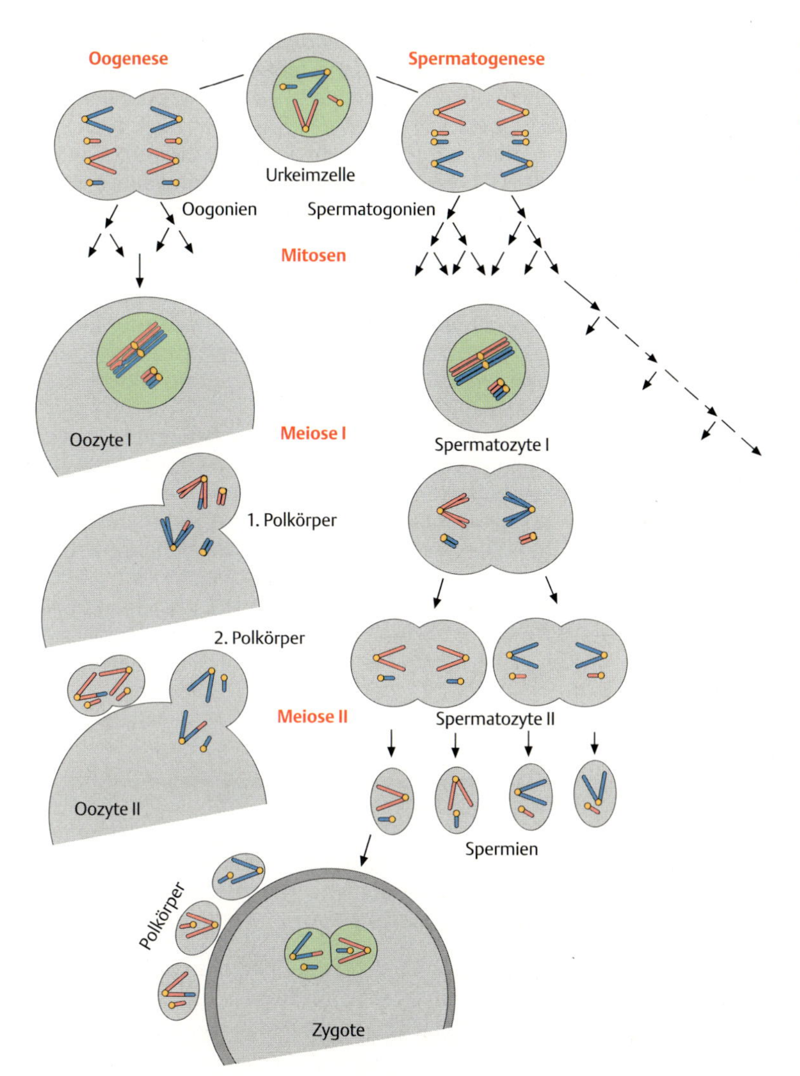

Abb. 5.16 Gametogenese bei Tieren. Sie findet entweder als Oogenese in Ovarien oder als Spermatogenese in Hoden statt. Oozyte I und Spermatozyte I bzw. Oozyte II und Spermatozyte II heißen auch primäre bzw. sekundäre Oozyte und Spermatozyte. Zwei elterliche Homologenpaare (blau und rot) sind eingezeichnet mit Crossover-Rekombination in der weiblichen und mit interchromosomaler Rekombination in der männlichen Meiose.
Gelber Punkt = Zentromer.

In Abb. 5.**16** sind tierische Oogenese und Spermatogenese beispielhaft dargestellt. Beide Prozesse gehen von diploiden Keimbahnzellen aus, die sich im Ovar bzw. Hoden mitotisch vermehren. Es sind die Oogonien und Spermatogonien, die bereits in ihrem Teilungsverhalten Unterschiede zeigen. In vielen Fällen ist die **Teilungsfähigkeit** der Oogonien (zeitlich) begrenzt, die der Spermatogonien weit weniger. Beim Menschen z. B. werden die Oogonien während der Embryogenese gebildet. Sie treten alle in die Meiose ein, so dass sich bei der Geburt eines Mädchens etwa 400 000 Oozyten im Diplotänstadium der Meiose I befinden (s. a. Abb. 5.**1a**). Nur etwa 450 von ihnen entwickeln sich ab der Pubertät zu reifen Eizellen. Die Spermatogonien-Mitosen dagegen halten bis ins hohe Alter eines Mannes an. Es sind so genannte **Stammzellmitosen**, bei denen jeweils eine der beiden Zellen in die Meiose eintritt, die andere sich wiederum mitotisch teilt.

Im folgenden Verlauf der Meiose wird ein weiterer Unterschied deutlich: **Oozyten gehören zu den größten Zellen** mit hoher, artspezifischer

Größenvariabilität, **Spermatozyten** sind vergleichsweise klein. Das hat auch damit zu tun, dass sich aus der befruchteten Eizelle ein neuer Organismus entwickelt, der in seiner Frühphase keine Nahrung aufnehmen kann und daher versorgt werden muss.

Dass es aber nicht nur Nährstoffe sind, die in den Dotter eingelagert werden, sondern auch für die geordnete Entwicklung notwendige Genprodukte, werden wir im Kap. 22.3 (S. 359) erfahren. Die Spermien hingegen bringen nur ihr haploides Genom in die Zygote ein (ggf. auch noch Mitochondrien des Spermienschwanzes).

Möglicherweise hat auch dieser Größenunterschied etwas damit zu tun, dass in der Oogenese nur **eines** der vier Meioseprodukte zur **Eizelle** reift und die anderen als so genannte **Polkörper** (oder Richtungskörper) funktionslos bleiben, während sich in der Spermatogenese alle **vier** haploiden Zellen zu **Spermien** differenzieren.

In Abb. 5.**16** ist ein weiterer möglicher Unterschied dokumentiert: Bei manchen Arten ist die genetische Rekombination durch Crossover während der Meiose auf eines der beiden Geschlechter beschränkt (es ist dann immer das homogametische), das andere – heterogametische – zeigt nur interchromosomale Rekombination durch die zufällige Segregation der Tetraden in Anaphase I (z. B. bei *Drosophila*).

Wie dem Lebenszyklus von *Zea mays* (s. Abb. 31.**1**, S. 470) zu entnehmen ist, sind die prinzipiellen Verhältnisse der Entwicklung weiblicher Megasporen und männlicher Mikrosporen den hier geschilderten tierischen sehr ähnlich.

Zusammenfassung

- Nach einer prämeiotischen S-Phase paaren sich in der Prophase der Meiose I die homologen Chromosomen einer diploiden Zelle und bilden eine **Tetrade** aus zwei Chromosomen mit insgesamt vier Chromatiden, die auch **Bivalent** genannt wird.

- Ein **Chiasma** ist die mikroskopisch sichtbare Überkreuzungsstelle zwischen zwei Chromatiden einer Tetrade. Ein **Crossover** ist die genetisch erkennbare Rekombination zwischen homologen Chromosomen.

- Die **Tetrade** ist die **Verteilungseinheit** der Meiose. Ihre vier Chromatiden werden in zwei unmittelbar aufeinanderfolgenden Zellteilungen auf vier Zellen verteilt.

- Die korrekte Aufteilung der Chromatiden wird auch dadurch gewährleistet, dass die **Schwesterchromatiden** durch den Proteinkomplex **Cohesin** zusammengehalten werden. Cohesin wird schrittweise abgebaut: bis zur Anaphase I in den **Chromosomenarmen**, in Anaphase II auch an den **Zentromeren**.

- Wenn das Genom aus n Chromosomen besteht, sind n Tetraden an der Verteilung in der Meiose beteiligt. Die Chromatiden jeder Tetrade werden unabhängig von den anderen Tetraden des Chromosomensatzes verteilt. Dadurch wird **interchromosomale Rekombination** möglich. Genetische Rekombination kann also in jeder Meiose stattfinden – auch ohne Crossover!

- In der Anaphase I werden die beiden homologen Zentromere mit je zwei Chromatiden voneinander getrennt, die nicht mehr in ihrer vollen Länge Schwesterchromatiden sind. Durch Crossover sind die Allelfolgen innerhalb der Chromatiden neu kombiniert worden. In nahezu jeder Tetrade ist mindestens ein Crossover zu finden, das zu **intrachromosomaler Rekombination** führt.

- Die vier **Meioseprodukte** sind **haploid**. Sie enthalten auch dann den vollständigen Ausschnitt aus der Genfolge für das betreffende Chromosom, wenn in der frühen Prophase ein Crossover stattgefunden hat.

- Die genetische Betrachtung der Meiose zeigt deutlich, dass dieser Zellteilungsprozess nicht mit der Mitose gleichzusetzen ist. Beide meiotischen Teilungen sind darauf ausgelegt, unterschiedliche Genome in den Teilungsprodukten zu erreichen. Das Ziel der Mitose dagegen ist die Herstellung identischer Genome in den Tochterzellen.

- **Eizellen** sind groß und enthalten neben dem haploiden Genom Nährstoffe und Genprodukte für den Entwicklungsbeginn der nächsten Generation. **Samenzellen** sind klein und enthalten ein haploides Genom.

6 Spezialisierte Chromosomen zeigen Genaktivität

Es gibt zwei Chromosomentypen, an denen wegen ihrer ungewöhnlichen Größe Feinheiten der Chromosomenstruktur im Lichtmikroskop erkennbar und Funktionsstrukturen nachweisbar sind.

6.1 Polytänchromosomen in der Interphase

Polytänchromosomen oder **Riesenchromosomen** sind durch ihre Größe und ein konstantes Muster von verdickten Banden und aufgelockerten Interbanden entlang des Chromosoms ausgezeichnet, das wie bei den Lampenbürstenchromosomen dem – möglicherweise zelltypspezifischen – Chromomerenmuster entspricht. Die chromosomalen Funktionsstrukturen, die hier **Puffs** heißen, zeigen Transkriptionsaktivität an.

Polytänchromosomen kommen bei Dipteren (zweiflüglige Insekten), Collembolen (Springschwänze), aber auch bei einigen Angiospermen (Blütenpflanzen, z. B. in Antipoden und Synergiden, s. Abb. 31.**1**, S. 470) und im Makronukleus von Ziliaten (Wimperntierchen) vor.

1881 beschrieb Balbiani „Kernschleifen" in den Speicheldrüsenzellen von *Chironomus*-Larven (Zuckmücken). Die Chromosomennatur dieser Kernschleifen wurde allerdings erst 1933 durch Heitz und Bauer an den Zellen der Malpighischen Gefäße von *Bibio* (Haarmücken) und im selben Jahr durch Painter an den Speicheldrüsenzellen von *Drosophila* erkannt.

Wenn man im Lichtmikroskop den Polytän-Chromosomensatz aus einem Zellkern der Speicheldrüse von *Drosophila melanogaster* betrachtet (Abb. 6.**1**), sieht man fünf lange und ein kurzes Chromosom, die alle von einem gemeinsamen Bereich, dem **Chromozentrum**, ausgehen. Im Chromozentrum sind die zentromernahen heterochromatischen Abschnitte vereinigt. Daher erscheinen die beiden Arme der beiden großen metazentrischen Autosomen als jeweils zwei Chromosomen. Der Chromosomensatz sieht haploid aus: Jedes der vier Chromosomen (X, 2., 3. und 4. Chromosom) ist nur ein Mal vertreten, da die Homologen gepaart sind. Besonders auffallend ist das **Querscheiben-** oder **Bandenmuster** entlang der Chromosomen. Es hat sich gezeigt, dass dieses aperiodische Muster konstant für ein bestimmtes Chromosom ist. Die **Chromosomenkarten** für *Drosophila melanogaster*, die Calvin Bridges Mitte der 30er Jahre angefertigt hat, werden bis heute fast unverändert benutzt (s. Abb. 6.**5**, S. 50 und Abb. 11.**4**, S. 112).

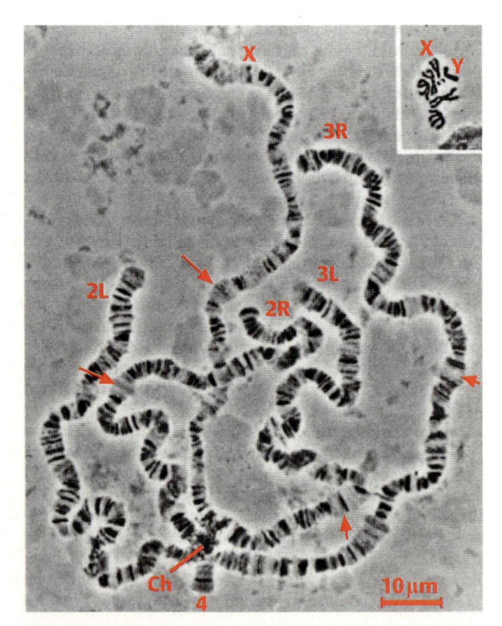

Abb. 6.1 Polytänchromosomensatz von *Drosophila melanogaster*. Speicheldrüsenchromosomen mit Querscheibenmuster aus einer männlichen Wildtyplarve. Das Y-Chromosom ist im Chromozentrum (Ch) integriert. Die Pfeile markieren Puffs in unterschiedlichen Chromosomen. X, 2, 3, 4 = Bezeichnungen der vier Chromosomen, L, R = linker, rechter Arm des Chromosoms. Teilabbildung oben rechts: Metaphase aus dem Gehirn einer männlichen Larve (mit X- und Y-Chromosom) bei gleicher Vergrößerung [aus Korge 1987].

Wie entsteht ein Polytänchromosom? Dieses Chromosom besteht aus vielen Chromatiden, es hat also einen hohen DNA-Gehalt (Abb. 6.**2**). Die Polytänie wird schrittweise durch **Endomitosen** in stark verkürzten Zellzyklen aufgebaut, in denen viele Male G1-S durchlaufen wird, wahrscheinlich ohne G2, sicher ohne Mitose. In den Speicheldrüsenzellen von *Drosophila melanogaster* erreicht der Polytäniegrad 1024 Chromatiden pro Chromosom oder 2048 Chromatiden in beiden gepaarten Homologen. Bei Chironomiden kann diese Zahl auf 16000 steigen. Man muss jedoch hinzufügen, dass die Polytänisierung nur für den euchromatischen Teil der Chromosomen gilt, das zentromernahe Heterochromatin des Chromozentrums ist unterrepliziert, das Y-Chromosom ist bei *Drosophila* nicht identifizierbar. Der Chromosomensatz einer *Drosophila*-Speicheldrüsenzelle ist also diploid, der DNA-Gehalt steigt zumindest für das Euchromatin auf 2048c.

Die parallel angeordneten Chromatiden zeigen im Euchromatin als Summe der Chromomeren an einer bestimmten Stelle eine **Bande**, die Bereiche zwischen Banden heißen **Interbanden**. Werden die Chromatiden an einem bestimmten Chromomer entspiralisiert, entsteht eine zytologisch erkennbare Aufblähung oder ein sog. **Puff**.

Ist die Polytänisierung abgeschlossen, verbleibt die Zelle im G0-Stadium des Zellzyklus, d. h. Polytänchromosomen sind transkriptionsaktive Interphase-Chromosomen. Transkription findet nicht nur in den Puffs, sondern auch an zytologisch unauffälligen Stellen statt. Veränderungen im **Puffmuster** eines Chromosomenabschnitts in aufeinanderfolgenden Entwicklungsstadien zeigen die entsprechenden Veränderungen in der Genaktivität an (Abb. 6.**3**).

Bei den Dipteren werden nicht nur die Chromosomen in den Zellen der Speicheldrüse (*Drosophila*) oder der Borstenbildungszellen (*Calliphora*) polytän, sondern in vielen verschiedenen Zelltypen, insbesondere allen larvalen Zellen (im Gegensatz zu den nicht polytänen imaginalen Zellen). Allerdings finden sich nur in wenigen Zelltypen zytologisch analysierbare Polytänchromosomen (Abb. 6.**4**). Die Gesamtzahl der Banden oder Interbanden (s. Kap. 11.1.1, S. 112), ist bei *Drosophila* durch die Elektronenmikroskopie (EM) von 5072 (Bridges, 1938) auf ca. 5500 (Sorsa, 1988) gestiegen (Abb. 6.**5**).

Eine große Bedeutung hat das Bandenmuster der Polytänchromosomen für die Beschreibung von Chromosomenmutationen, z. B. Inversionen (s. Kap. 11.2, S. 113). So waren lange vor 1930 Chromosomen gene-

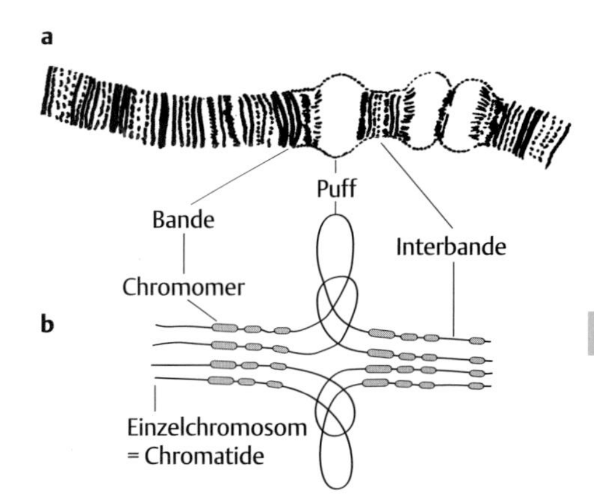

Abb. 6.2 Aufbau eines Polytänchromosoms.
Diese Chromosomen bestehen aus vielen parallel angeordneten Chromatiden, deren Chromomerenmuster ein konstantes Bandenmuster ergibt. Puffs sind besonders große dekondensierte Chromosomenbereiche.
a Zeichnung nach mikroskopischem Bild.
b Interpretation mit nur 4 Chromatiden und je einigen Banden links und rechts vom Puff.

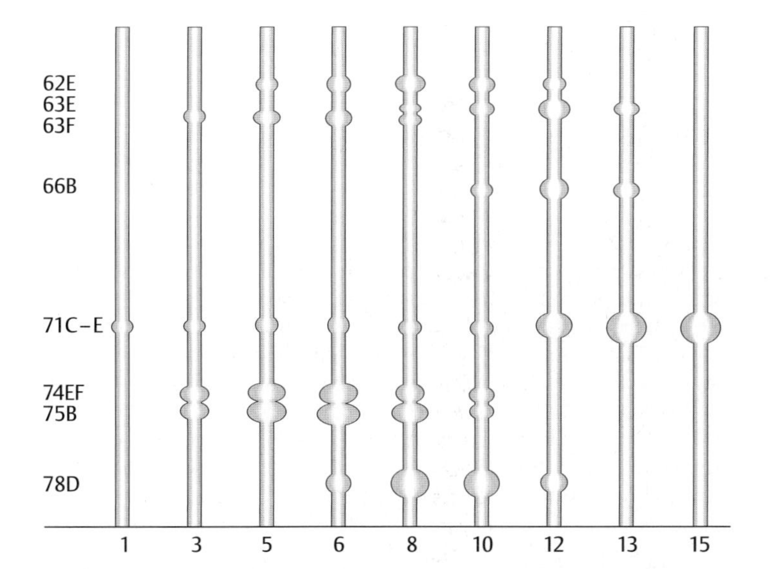

Abb. 6.3 Puffmuster im Chromosomenarm 3L von *Drosophila melanogaster*.
Links die Bezeichnungen der Polytänkartenregionen, in denen eine Veränderung der Puffbildung stattfindet. Die Stadien 1–10 liegen am Ende des 3. Larvenstadiums, die Stadien 12–15 nach dem Beginn der Puppenbildung [nach Becker 1962].

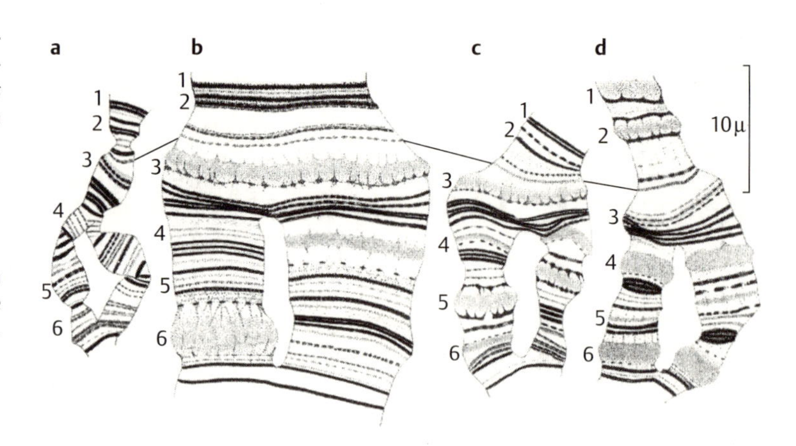

Abb. 6.4 Polytänchromosomen kommen in verschiedenen Zelltypen vor. Der Ausschnitt aus der Region 14 des Chromosoms 3 von *Chironomus tentans* zeigt, dass das Bandenmuster der Positionen 1–6 in den vier Zelltypen sehr ähnlich ist.
a Mitteldarm.
b Speicheldrüse.
c Malpighi-Gefäße.
d Rektum.
Die Chromosomen stammen aus den entsprechenden Zellen desselben Tiers, das heterozygot für eine kleine Inversion ist (daher die „Paarungslücke" 4–6, vgl. Abb. 11.**5**, S. 114) [aus Beermann 1952].

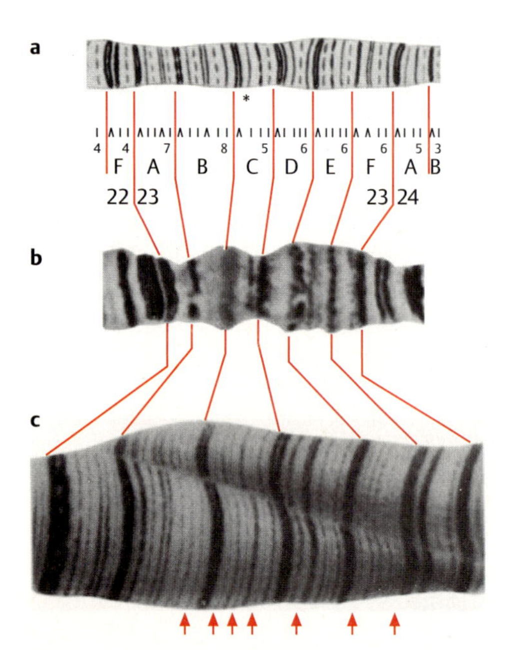

Abb. 6.5 Auflösung des Bandenmusters von *Drosophila*-Polytänchromosomen.
a Karte nach mikroskopischen Präparaten von Bridges. Eine bestimmte Bande im Abschnitt 23 des Chromosomenarms 2L mit den Regionen A-F und den jeweiligen Bandenbezeichnungen 1–7 kann z. B. die Bezeichnung 23C3 (*) erhalten.
b Mikrophoto.
c Karte nach EM-Serienschnitten. Die roten Pfeile kennzeichnen Banden, die durch die höhere Auflösung der Elektronenmikroskopie hinzugekommen sind. Die Grenzen der Regionen sind in den drei Teilabbildungen miteinander verbunden [aus Sorsa 1988].

tisch beschrieben worden, bei denen ein Teil der Genreihenfolge (Genkarte) invertiert, d. h. um 180° gedreht war.

Polytänchromosomen sind selbst heute (i. J. 2008) sehr hilfreich für die physikalische Lokalisierung von Genen, Gen-Teilstücken oder DNA-Molekülen, obwohl nahezu die komplette Genomsequenz bekannt ist. Dabei wird in Verfahren wie der so genannten *in-situ*-Hybridisierung von der komplementären Basenpaarung Gebrauch gemacht (siehe Box 19.**3**, S. 274).

6.2 Lampenbürstenchromosomen in der Meiose

Bei vielen Tierarten findet man in der weiblichen Meiose, genauer gesagt im Diplotänstadium der Prophase, sog. **Lampenbürstenchromosomen**, die bei den Amphibien besonders schön im Mikroskop zu beobachten sind. Sie haben ihren Namen wegen ihres Aussehens, das an früher gebräuchliche Bürsten zum Reinigen von Öl- oder Petroleumlampen erinnert. Wie in Abb. 6.**6** zu erkennen ist, handelt es sich um Bivalente gepaarter homologer Chromosomen oder Tetraden mit vier Chromatiden (hier mit 2 Chiasmata; vgl. auch Abb. 5.**1**, S. 31). Ungewöhnlich ist neben der Größe der Chromosomen die Ausbildung von **Schleifenstrukturen** (**loops**, Abb. 6.**6**). Die Schleifen können sehr unterschiedlich in Größe und Struktur sein, sind aber an den gleichen Stellen der Schwesterchromatiden und auch an den homologen Bereichen der homologen Chromosomen sehr ähnlich. Das Muster von jeweils 4 gleichartigen Schleifen und schleifenlosen Bereichen entlang der Tetrade hat seinen Ursprung in der Abfolge der Chromomeren, d. h. der kondensierten Chromosomenbereiche wie sie im Pachytän sichtbar werden (s. Abb. 5.**2**, S. 32) und der nicht-kondensierten Interchromomeren. Bei manchen Molcharten ist das Muster so ausgeprägt, dass man die Abfolge des Schleifenmusters zur Identifizierung einzelner Chromosomen benutzen, also eine morphologische Chromosomenkarte erstellen kann.

Die eigentliche Bedeutung des gesamten Schleifenmusters ist nicht bekannt. Es ist nachgewiesen, dass an den Schleifen, die ja aufgelockertes Chromosomenmaterial darstellen, Transkription stattfindet. Diese teilweise Entspiralisierung findet man in der weiblichen Meiose sehr vieler Arten, aber auch in manchen männlichen Meiosen. Die Chromosomen der Heuschrecke (Abb. 5.**1**, S. 30/31) zeigen z. B. im Diplotän zwar keine

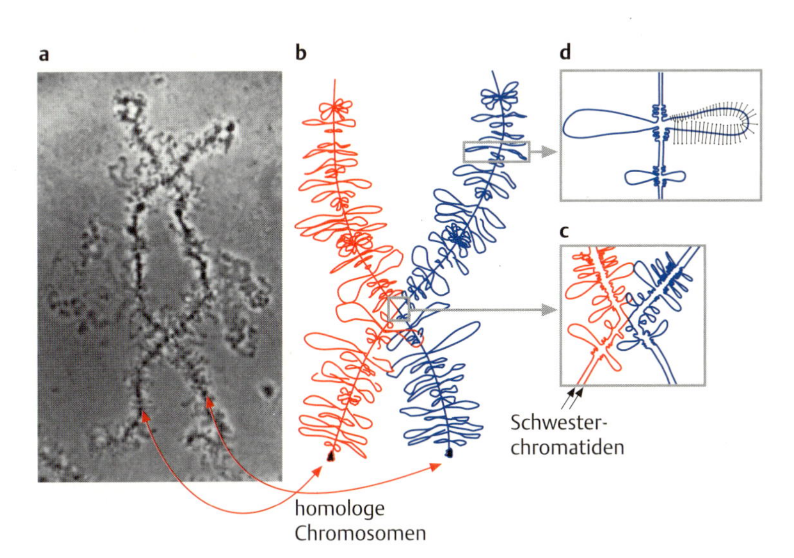

Abb. 6.6 Lampenbürstenchromosomen.
a Die Phasenkontrastfotografie zeigt das Bivalent XII des Marmormolchs *Triturus marmoratus* mit zwei Chiasmata.
b Schema der beiden homologen Chromosomen der Tetrade mit ähnlich ausgebildeten Doppelschleifenpaaren an den homologen Chromosomenbereichen.
c Die höhere Auflösung zeigt, dass die Doppelschleifen aus Einzelschleifen an denselben Stellen der Schwesterchromatiden bestehen. Am Chiasma sind zwei der vier Chromatiden beteiligt.
d Die Schleife entsteht durch Ausspulen eines Teils des Chromomerenmaterials. An den Schleifen kann Transkription als wachsende RNA-Moleküle nachgewiesen werden (symbolisiert durch schwarze Striche) [a aus Callan 1987].

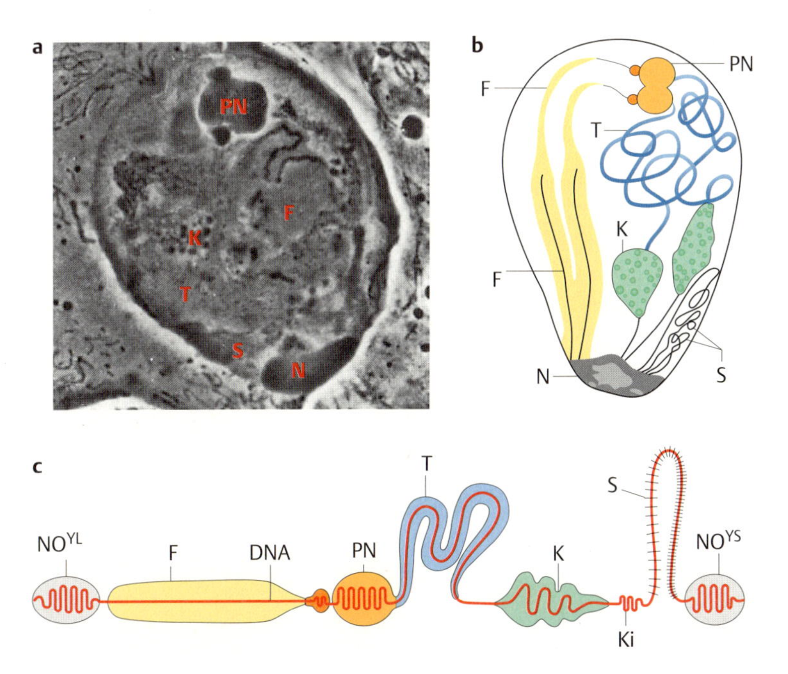

Abb. 6.7 Y-Chromosom von *Drosophila hydei*.
a Phasenkontrastaufnahme einer Spermatozyte I mit Schleifenstrukturen im Zellkern.
b Schematisierte Darstellung der verschiedenen Schleifentypen und ihrer Verknüpfung im Zellkern einer Spermatozyte I.
c Y-Chromosom mit einem langen Arm links vom Kinetochor (Ki) und einem kurzen Arm rechts. Die DNA ist als durchgehender roter Faden dargestellt, der in der experimentell gefundenen Aufeinanderfolge der Schleifen aufgewunden und mit zusätzlichem Material assoziiert ist.
F = Faden, K = Keule, Ki = Kinetochor, N = Nukleolus, NO = Nukleolus-Organisator am langen (YL = Y long) und kurzen Arm (YS = Y short), PN = Pseudonukleolus, S = Schlinge, T = Tubuliband
[a © Int J Dev Biol 1996. Hennig, W.: Spermatogenesis in *Drosophila*. Int J Dev Biol *40* 167–176; b,c nach Hennig 1987].

identifizierbaren Schleifen, aber doch seitliche Fäden, die den Chromosomen ein Aussehen verleihen, das etwa an einen Mohairwollfaden erinnert. In den anderen Meiosestadien ist die Chromosomenoberfläche eher glatt.

Ausgeprägte Schleifenstrukturen findet man auch in den Spermatozyten I von *Drosophila hydei* (Abb. 6.7). Diese als Schlingen, Fäden, Keulen und Tubulibänder bezeichneten Strukturen des Y-Chromosoms stellen die Funktionszustände der männlichen Fertilitätsgene dar. So kodiert ein Bereich der Fäden für die schwere Kette des Proteins Dynein, das für die Beweglichkeit der Spermien benötigt wird.

Zusammenfassung

- **Polytänchromosomen** (Riesenchromosomen) sind spezielle Interphasechromosomen, an denen sowohl Chromosomenstruktur als auch Genaktivität studiert werden kann. Das für jedes Chromosom spezifische Querscheiben- oder Bandenmuster erlaubt das Erstellen von Chromosomenkarten.
- Die Aktivität des Genoms im Diplotänstadium der Meiose ist bei einigen Tierarten in Form von **Lampenbürstenchromosomen** sichtbar. An den teilweise entspiralisierten Schleifen findet Transkription statt.

7 Analyse von Erbgängen

Bei der genetischen Betrachtung der Meiose haben wir gesehen, dass der diploide Genotyp eines Oogoniums oder Spermatogoniums eine Reihe verschiedener individueller Meiosemöglichkeiten mit unterschiedlichen Ergebnissen hat. Die unterschiedlichen haploiden Genotypen der Eizellen und Spermien ergeben sich aus den verschiedenen Meiosemöglichkeiten. Wenn bei der Befruchtung der Eizellen eines Individuums durch die Spermien eines anderen keine Bevorzugung oder Benachteiligung bestimmter Genotypen stattfindet, kann man eine **Vorhersage** über die Genotypen der zu erwartenden Nachkommenschaft machen und mit dem Ergebnis der Paarung oder Kreuzung vergleichen.

Die **Anwendung der Kreuzungsgenetik** macht es möglich, Gene näher zu charakterisieren, d.h. ihren Erbgang zu beschreiben, sie einem bestimmten Chromosom und dort einem Ort in der Genkarte zuzuordnen. Diese Kenntnis ist die Voraussetzung dafür, durch geplante Kreuzungsexperimente Tiere oder Pflanzen mit definierten Genotypen in Bezug auf einzelne Merkmale zu erhalten.

Gregor Mendel (Box 7.**1**) war der erste, der durch gezielte Kreuzungen mit ausreichend großen Nachkommenschaften Ergebnisse erhielt, die er kombinatorisch erklärte. Ohne die Meiose und ihre Bedeutung zu kennen, hat er doch richtig geschlossen, dass jeweils nur eines von zwei alternativen Elementen in Keim- und Pollenzellen enthalten ist, und dass bei der Befruchtung diese beiden Zelltypen zufällig kombiniert werden.

7.1 Die Mendel-Gesetze der Vererbung

Wir werden jetzt einige Kreuzungsexperimente mit *Drosophila* nachvollziehen, in denen wir unsere Kenntnis über die Entstehung der Gameten einbringen. Die Ergebnisse werden uns die von Mendel gefundenen Gesetzmäßigkeiten einleuchtend vor Augen führen, die nicht nur für *Pisum* und *Drosophila*, sondern prinzipiell für alle diploiden Organismen gelten.

In der Abb. 7.**1** ist das denkbar einfachste Kreuzungsexperiment dargestellt. Voraussetzung ist die Existenz einer Mutation. Wir verfolgen also ein einzelnes Allelpaar, das wir schon kennen: *e* und e^+ von *Drosophila*. Für die Wahl der Genbezeichnungen gibt es Nomenklaturregeln (Box 7.**2**), die sich im Lauf der Geschichte verändert haben und daher nicht ganz einheitlich sind. Die beiden diploiden Eltern der **P(arental)-Generation** sind **homozygot** für jeweils ein Allel, d.h. beide homologen Chromosomen tragen an derselben Stelle dasselbe Allel. Alle weiteren Gene des Genoms bleiben unberücksichtigt. Das Aussehen – der **Phänotyp** – dieser Tiere entspricht ihrem **Genotyp**: die Männchen sind wildtypisch e^+, die Weibchen *ebony e* gefärbt. Das Ergebnis der Meiose ist einheitlich: Es gibt nur *e*-Eier und e^+-Spermien. Demnach haben die Nachkommen der **1. Filialgeneration (F_1)** den einheitlich **heterozygoten** Genotyp e/e^+. Der Phänotyp einer Allelkombination lässt sich allerdings nur durch Beobachtung ermitteln: In diesem Fall sind die F_1-Individuen einheitlich oder **uniform** wildtypisch, das Wildtypallel ist demnach

Box 7.1 Gregor Mendel 1822–1884

Im Jahr 1865 berichtete der Augustinermönch Johann Gregor Mendel den Mitgliedern des Naturforschenden Vereins in Brünn in zwei Vorträgen über seine „Versuche über Pflanzen-Hybriden", die 1866 in den „Verhandlungen" veröffentlicht wurden. Er hatte mehrere Jahre lang Kreuzungsexperimente mit Erbsensorten durchgeführt, durch deren Ergebnisse er erstaunlich einfache Vererbungsgesetzmäßigkeiten formulieren konnte, die uns als die noch heute gültigen „**Mendel-Gesetze**" oder „**Mendel-Regeln**" bekannt sind (s. Box 7.**3**)

Warum war Mendels experimenteller Ansatz so ungewöhnlich?
Im Gegensatz zu seinen Vorgängern und Zeitgenossen reduzierte Mendel die Frage nach der Erklärung für das von vielen Faktoren beeinflusste Aussehen von Hybriden nahe verwandter Pflanzenarten und die enorme, aber schwer klassifizierbare Formenmannigfaltigkeit ihrer Nachkommenschaft auf die Frage nach der **Vererbung von einzelnen Merkmalen, d. h. von einzelnen alternativen Merkmalspaaren innerhalb einer Art**, nämlich der Erbse *Pisum sativum*. Die bahnbrechenden Ergebnisse Mendels wurden von seinen Zeitgenossen nicht entsprechend gewürdigt. Sie gerieten in Vergessenheit.

Die Wiederentdeckung der Mendel-Gesetze
Mendel hatte zwar unterschieden zwischen den sichtbaren „*Merkmalen*" und ihren „*Elementen in Keim- und Pollenzellen*", aber er hatte noch keinerlei Kenntnisse von Chromosomen und Genen, von Mitose und Meiose. Erst nach Erscheinen der Mendel-Arbeit war die Entwicklung von Mikroskopen um 1870 so weit fortgeschritten, dass innerhalb der nächsten 20 Jahre die wichtigsten zytologischen Erkenntnisse gewonnen werden konnten: die Bedeutung des Zellkerns, die Individualität und Kontinuität der Chromosomen, die Bedeutung der Mitose, der Reifungsteilungen und der Befruchtung. Der Holländer Hugo de Vries, der Deutsche Carl Correns und der Österreicher Erich Tschermak entdeckten Mendels Vererbungsgesetze mit ihren im Jahr 1900 publizierten Ergebnissen wieder: die Gesetzmäßigkeiten bei der Vererbung von Merkmalen durch Bastarde. Alle drei Autoren zitieren Mendels Arbeit, allerdings mit der Einschränkung, dass sie von dieser selten erwähnten Arbeit erst kurz vor Beendigung ihrer eigenen Experimente erfahren haben [Portrait von Horst Janssen, s. Mendel 1866, Nachdruck 1983].

dominant, das mutante Allel **rezessiv** (wie bei den meisten Mutationen). Eine **reziproke Kreuzung** e^+-Weibchen × e-Männchen bringt dasselbe Ergebnis und bestätigt das Vererbungsgesetz von der **Uniformität** und **Reziprozität**. Dieses Gesetz wird als **1. Mendel-Gesetz** beschrieben (Box 7.**3**).

Mendels eigene Erkenntnisse folgen jetzt: welche Nachkommen haben die **hybriden F_1-Individuen**, wenn man sie untereinander kreuzt? Aus der Kenntnis der Meiose sagen wir: Die homologen Chromosomen mit e und e^+ paaren sich in der Prophase und werden in Anaphase I getrennt. Daher kann es in beiden Geschlechtern nur haploide Gameten geben, von denen die eine Hälfte ein e- und die andere Hälfte ein e^+-Chromosom enthält. Um dies und die Erwartung in der F_2-Generation übersichtlich darzustellen, empfiehlt es sich dringend, ein sog. **Kreuzungsquadrat** (oder -rechteck, das sog. **Punnett-Quadrat**) zu verwenden (Abb. 7.**2**). Es enthält nicht nur die Gametentypen, sondern auch ihre Anteile an allen Gameten. Damit können nicht nur die Geno- und Phänotypen, sondern auch ihre Anteile in der nächsten Generation vorhergesagt werden. Es sind die beiden Phänotypen e und e^+, die in einem Verhältnis von 1:3 vorhergesagt und im konkreten Experiment auch gefunden werden

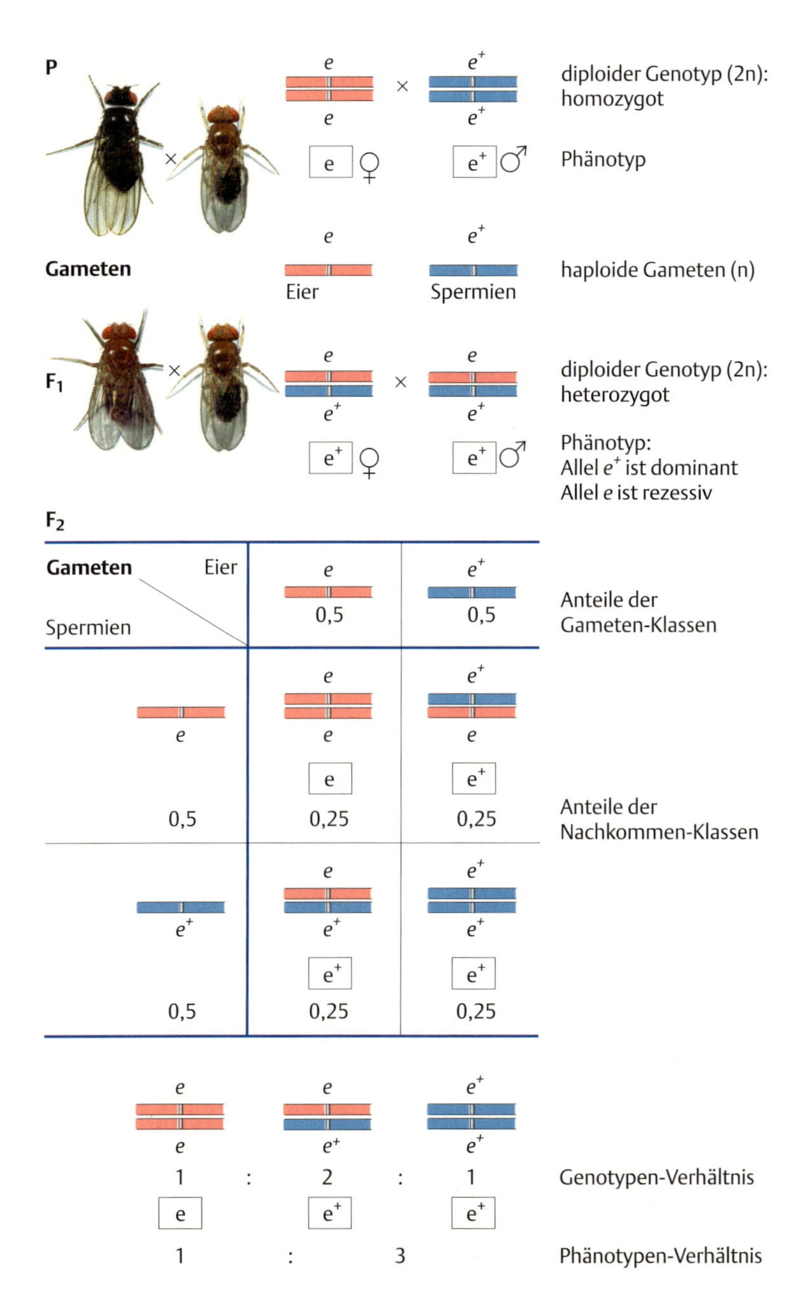

Abb. 7.1 Monohybrider Erbgang mit dem Allelpaar *e* und *e*⁺ des *ebony*-Gens von *Drosophila*. Homozygote *e*-Weibchen (Fliege oben links mit dunklem Körper) werden mit Wildtyp-Männchen (Fliege daneben) gekreuzt, die Nachkommen sind alle wildtypisch uniform (wie das abgebildete Männchen), d.h. sie haben bezüglich des Merkmals *ebony* einen einheitlichen Phänotyp. Im Kreuzungsschema sind jeweils der diploide Genotyp, der zugehörige Phänotyp (umrahmt) und die Genotypen der haploiden Gameten angegeben. Werden die F_1-Fliegen untereinander gekreuzt, so erwarten wir in der F_2-Generation vier gleich häufige Nachkommenklassen mit 3 verschiedenen Geno- und zwei Phänotypen [Bilder von Robert Klapper, Münster].

(Abb. 7.**1**). Dem dominanten Phänotyp e^+ entspricht sowohl der heterozygote als auch der homozygote e^+-Genotyp, wie aus Weiterkreuzen gefunden werden kann (hier nicht dargestellt). Das Verhältnis der drei Genotypen zueinander ist also 1:2:1 (s. Box 7.**3**, 2. Mendel-Gesetz).

Zu welchem Ergebnis führt ein **dihybrider Erbgang**, bei dem zwei Allelpaare gleichzeitig verfolgt werden? In Abb. 7.**3** werden die beiden Allelpaare vg^+–vg und e^+–e in einer Kreuzung benutzt. Das *bw*-Gen, das bei der Besprechung der Mitose und Meiose eine Rolle gespielt hat, wird nicht berücksichtigt (s. Abb. 4.**3**, S. 24 und Abb. 5.**6ff**, S. 35).

a Übersichtliche Darstellung

Genotyp:

a B × a b
a B A B

nächste Generation:

Kreuzungsrechteck

Gameten	nicht rekombinant: ab AB	rekombinant: aB Ab
aB	Nachkommenschaft	

b Ungeeignete Darstellung

Genotyp: aaBB × aAbB

Gameten:

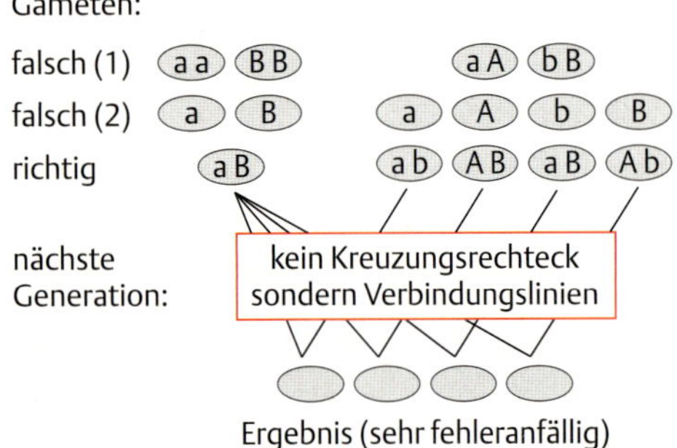

c Bezeichnung der Allelpaare

richtig: w-w⁺ oder w-W; g-g⁺ oder g-G

ungeeignet: w-r oder w-R; g-k oder g-K

Abb. 7.2 Kreuzungsschema – aber richtig! Um das Ergebnis einer Kreuzung ableiten zu können, ist es am besten, sich zunächst über die Bildung der verschiedenen Gametentypen in den elterlichen Meiosen Klarheit zu verschaffen. Da man im allgemeinen davon ausgehen kann, dass die Gameten gemäß ihren Anteilen zufällig zur Befruchtung gelangen, ist die Darstellung in einem Kreuzungsquadrat oder -rechteck **a** allen anderen Methoden vorzuziehen.
b Zeigt eine besonders beliebte, aber ungeeignete Darstellung. Sie verleitet erfahrungsgemäß zu vielfältigen Fehlermöglichkeiten.
c Allelpaare haben gleiche Gennamen.

Box 7.2 Nomenklaturregeln

„Wildtyp"-Individuen entsprechen in allen Merkmalen den in der Natur hauptsächlich vorkommenden Artgenossen. Durch Mutation wird ein Gen fassbar und bekommt einen Namen, der möglichst in einem Wort das Hauptkennzeichen des mutanten Merkmals beschreibt, z. B. „ebony" für die Mutante „ebenholzfarbener Körper". Als Genbezeichnungen werden diese Namen abgekürzt zu einem oder wenigen Buchstaben: „*ebony*" zu „*e*", „*brown*" zu „*bw*", „*vestigial*" zu „*vg*". Dieser Genname gilt dann für alle Allele, auch für den Wildtyp. In der Genetik von *Caenorhabditis elegans* sind z. B. prinzipiell dreibuchstabige Genbezeichnungen vereinbart worden.
Der Wildtyp wird als „+" bezeichnet. Soll der Wildtyp eines bestimmten Merkmals angesprochen werden, so wird dies durch ein hochgesetztes „+" gekennzeichnet: e^+, vg^+.
Die Bezeichnung für rezessive Mutationen beginnen mit einem kleinen Buchstaben (*yellow*, *y*), die für dominante Mutationen mit einem Großbuchstaben (*Bar*, *B*).
In der Humangenetik und der Genetik kultivierter Pflanzen und domestizierter Tiere gibt es keinen „Wildtyp"; hier beginnt das Symbol für das dominante Allel mit einem Großbuchstaben, das für das rezessive Allel mit einem kleinen Buchstaben, z. B. beim Mais: *Wx* – *wx*.
Sind von einem Genlocus mehrere Mutationen bekannt, so werden sie durch eine nach dem Gensymbol hochgesetzte Kombination von Zahlen und Buchstaben gekennzeichnet. Hochgesetzte Buchstaben und Zahlen können auch den Phänotyp näher beschreiben, wie z. B. w^a = *white-apricot* (aprikosenfarbig).
Für die Beschreibung von Genotypen mit mehreren Mutationen gilt folgendes:
- Mutationen auf demselben Chromosom: die Allel-Symbole werden (evtl. entsprechend der Genkarte) aneinandergereiht und durch Abstände getrennt: *y w cv*
- Mutationen auf homologen Chromosomen: die beiden Chromosomen werden durch Schrägstrich getrennt (wenn bekannt, zuerst das mütterliche, dann das väterliche): *y w cv f / v B*
- Mutationen auf nichthomologen Chromosomen: die Chromosomen werden durch Semikolon getrennt, z. B. *vg ; e*.

Die Kreuzungspartner, die für jeweils eines der beiden mutanten Allele eines Allelpaares homozygot sind, haben eine uniforme, doppelt heterozygote F_1-Nachkommenschaft. Die entscheidende nächste Frage ist: Welche Gametentypen produzieren diese F_1-Fliegen und in welchen Anteilen? Bei der Besprechung der Meiose war klar geworden, dass es in der Anaphase I zwei gleich wahrscheinliche Möglichkeiten der Anordnung der beiden Tetraden gibt, die zu unterschiedlichen Chromosomenverteilungen führen (Abb. 5.**8**, S. 36). Im einen Fall sind es Gameten mit nicht rekombinanten, im anderen mit rekombinanten Genotypen (Abb. 5.**9**, S. 38).

In der dihybriden Kreuzung gilt dies sowohl für die Oogenese als auch für die Spermatogenese, so dass es bei zufälliger Befruchtung der 4 Eitypen durch 4 Spermientypen zu 16 gleich häufigen Nachkommenklassen kommt (Abb. 7.**3**). Diese Klassen sind aber weder geno- noch phänotypisch alle voneinander verschieden.

Manchmal werden diese Nachkommenklassen als „**Elterntypen**" bezeichnet, obwohl sich Geno- wie Phänotypen auch auf die Großeltern (P) beziehen. Da dieser Begriff außerdem in gleicher Weise auf die nicht rekombinanten Gameten angewendet wird, werden wir ihn wegen

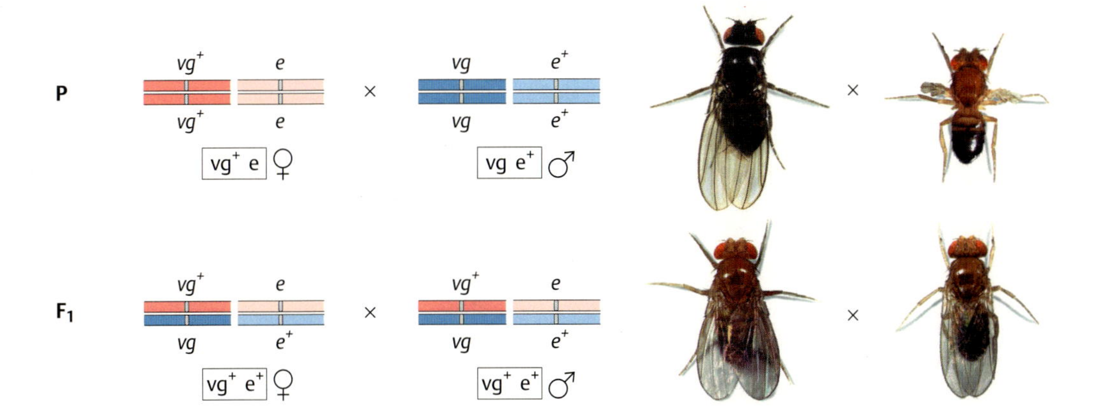

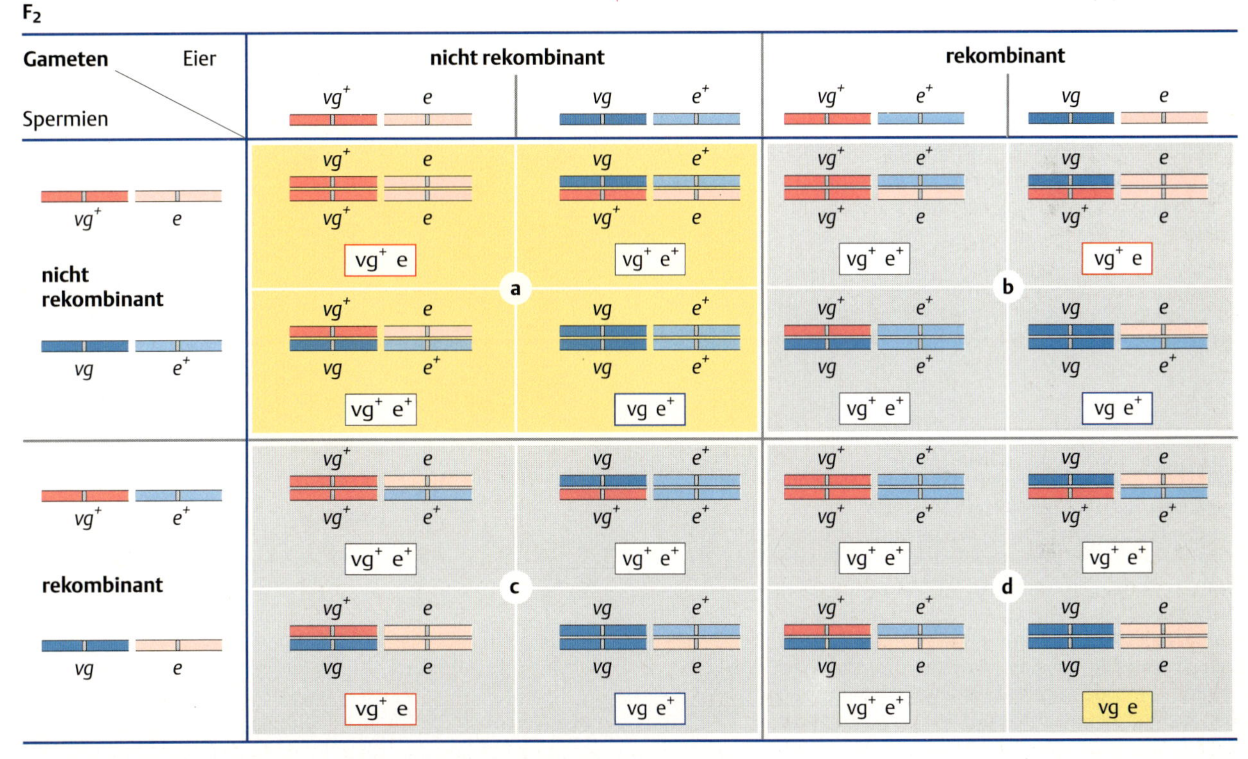

Abb. 7.3 Dihybrider Erbgang mit Allelen zweier *Drosophila*-Gene. Werden homozygote *ebony*-Weibchen mit homozygoten *vestigial*-Männchen gekreuzt, so sind die Nachkommen uniform wildtypisch. Das bedeutet, dass nicht nur das *e*-Allel, sondern auch das *vg*-Allel rezessiv gegenüber dem jeweiligen +-Allel ist. Bei zufälliger Befruchtung der jeweils 4 Klassen Eizellen und Spermien kommt es zu 16 gleich häufigen F_2-Klassen, die sich in 4 Gruppen einteilen lassen.
a Nachkommen aus nicht rekombinanten Eiern und Spermien.
b Nachkommen aus rekombinanten Eiern.
c Nachkommen aus rekombinanten Spermien.
d Nachkommen nur aus rekombinanten Gameten. In dieser Gruppe finden wir den einzigen neuen Phänotyp, nämlich die homozygote Doppelmutante *vg e*. Gleiche Phänotypen sind jeweils einheitlich umrandet. Erklärung der Gensymbole in Tab. 4.**1**, S. 24 [Bilder von Robert Klapper, Münster].

7

Box 7.3 Mendel-Gesetze

Gregor Mendel führte eine Vielzahl gezielter Kreuzungen über mehrere Generationen hinweg durch. Er klassifizierte dabei nicht nur die Merkmale der Nachkommen, sondern ermittelte auch – als Erster – quantitativ die Anteile der verschiedenen Klassen. In die Versuche wurden die folgenden sieben Merkmalspaare der Erbse (*Pisum sativum*) aufgenommen:

- Gestalt des reifen Samens (rund – kantig)
- Färbung der Kotyledonen (gelb – grün)
- Färbung der Samenschale (grau – weiß)
- Form der reifen Hülse (gewölbt – runzlig)
- Farbe der unreifen Hülse (grün – gelb)
- Stellung der Blüten (achsen- oder endständig)
- Unterschied in der Achsenlänge (lang – kurz).

1. Das Uniformitäts- und Reziprozitätsgesetz
Die F_1-Bastarde aus der Kreuzung reiner Linien sind untereinander gleich. Es spielt keine Rolle, von welchem Elternteil das Merkmal vererbt wird.
Von Mendel stammt auch das Begriffspaar: **dominant – rezessiv**. Er bezeichnete „jene Merkmale, welche ganz ... in die Hybride-Verbindung übergehen ... als dominirende, und jene, welche in der Verbindung latent bleiben, als recessive". Er fand, dass alle in der obigen Liste erstgenannten Merkmale „dominierend" waren.

2. Das Spaltungsgesetz
Die F_2-Individuen sind unter sich nicht alle gleich, sondern es spalten verschiedene Erscheinungsformen = Phänotypen heraus. Das Phänotypen-Verhältnis dominant : rezessiv von 3:1 wird aufgelöst in ein 1:2:1-Verhältnis von homozygot dominanten : heterozygoten : homozygot rezessiven Genotypen.
Zitat Mendel: „Das Verhältnis 3:1, nach welchem die Vertheilung des dominirenden und recessiven Characters in der ersten Generation (*der Hybriden* = F_2) erfolgt, löst sich demnach für alle Versuche in die Verhältnisse 2:1:1 auf, wenn man zugleich das dominirende Merkmal in seiner Bedeutung als hybrides Merkmal und als Stamm-Character unterscheidet. ... Bezeichnet A das eine der beiden constanten Merkmale, z. B. das dominirende, a das recessive, und Aa die Hybridform ... so ergibt der Ausdruck: A + 2 Aa + a die Entwicklungsreihe für die Nachkommen der Hybriden ...".

3. Das Unabhängigkeits- oder Rekombinationsgesetz
Jedes Merkmalspaar wird nach dem 2. Gesetz vererbt, und zwar unabhängig von anderen Merkmalspaaren.
In Mendels Worten: „Die Nachkommen der Hybriden, in welchen mehrere wesentlich verschiedene Merkmale vereinigt sind, stellen die Glieder einer Combinationsreihe vor, in welchen die Entwicklungsreihen für je zwei differirende Merkmale verbunden sind. Damit ist zugleich erwiesen, dass das Verhalten je zweier differirender Merkmale in hybrider Verbindung unabhängig ist von den anderweitigen Unterschieden an den beiden Stammpflanzen."

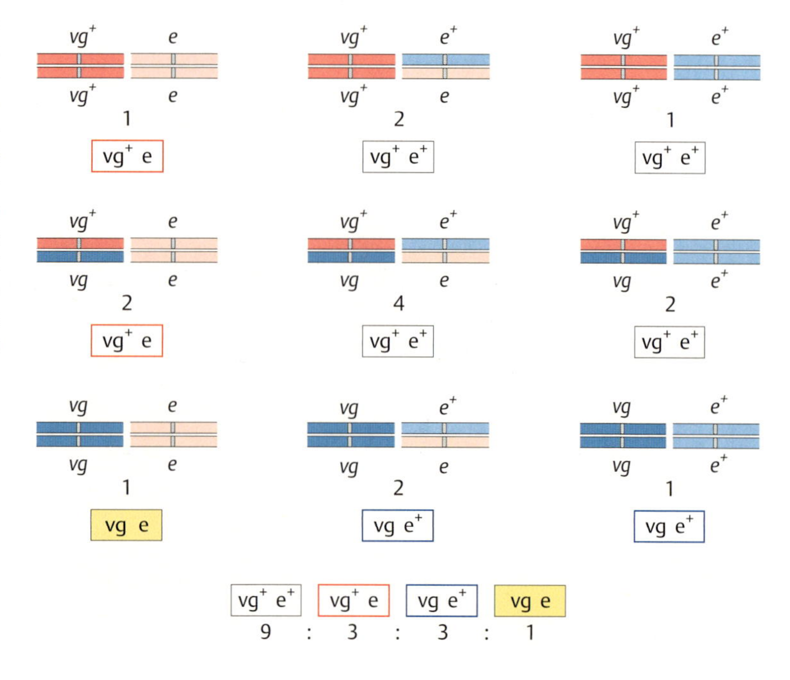

Abb. 7.4 Systematische Anordnung der F_2-Genotypen der Abb. 7.3. Wir können feststellen, dass unter den homozygoten *e*/*e*-Nachkommen die 3 Genotypen im Verhältnis 1:2:1, die entsprechenden Phänotypen vg^+ und vg im Verhältnis 3:1 vorkommen. Dasselbe gilt für die heterozygoten e^+/e- als auch für die homozygot wildtypischen e^+/e^+-Nachkommen. Dieser Befund ist exakt das Ergebnis einer monohybriden Kreuzung mit den beiden *vestigial*-Allelen, dasselbe gilt auch für das *ebony*-Gen. Unter den homozygot wildtypischen vg^+/vg^+-, den heterozygoten vg^+/vg- und den homozygoten *vg*/*vg*-Nachkommen sind die entsprechenden Genotyp-Verhältnisse jeweils auch 1:2:1 und die für die Phänotypen 3:1.

Abb. 7.5 Mendel-Kreuzung zur unabhängigen Vererbung von zwei Merkmalspaaren der Erbse (*Pisum sativum*). Erbsenblüten von Pflanzen mit runden Samen und gelben Kotyledonen (Keimblätter) bestäubte Mendel mit Pollen von Pflanzen mit kantigen Samen und grünen Kotyledonen. Die einheitliche Nachkommenschaft ist phänotypisch dominant für runde Samen und gelbe Kotyledonen. Die Anzahl der F_2-Nachkommen in den vier Phänotypenklassen steht in einem nahezu perfekten 9:3:3:1-Verhältnis zueinander. Betrachtet man nur die Kotyledonenfarbe bzw. die Samenform, so findet man jeweils ein 3:1-Verhältnis von dominantem : rezessivem Phänotyp.

seiner unklaren Definition vermeiden. Statt „Elterntypen" wird für die Gameten „nicht rekombinant" und für die Individuen „Nicht-Rekombinante" gewählt. Es gibt also die Begriffspaare „**nicht rekombinant**" und „**rekombinant**" und „**Nicht-Rekombinante**" und „**Rekombinante**".

Der in dieser Kreuzung neu hinzugekommene Phänotyp vg e, der dem doppelt homozygot rezessiven Genotyp *vg e/vg e* entspricht, ist ebenfalls farbig markiert.

In der Abb. 7.**4** sind die 16 Nachkommenklassen übersichtlich in 9 Genotypen-Klassen zusammengefasst. Die Nachkommen bei der Vererbung der beiden Allelpaare vg^{+} *e* bzw. *vg* e^{+} zeigen jeweils ein Genotyp-Verhältnis von 1:2:1 und ein Phänotyp-Verhältnis von 3:1 (s. Abb. 7.**4**). Dies ist der Inhalt des 3. Mendel-Gesetzes, des **Unabhängigkeitsgesetzes**: Die beiden Allelpaare werden unabhängig voneinander nach dem 2. Mendel-Gesetz, dem **Spaltungsgesetz**, vererbt. Insgesamt ergibt sich ein Zahlenverhältnis von 9:3:3:1 für die vier auftretenden Phänotypen (Box 7.**3**).

Eine der von Mendel beschriebenen dihybriden Kreuzungen zeigt, wie die Zahlenverhältnisse im Experiment aussehen können (Abb. 7.**5**).

7.2 Die Chromosomentheorie der Vererbung

Wir hatten eingangs den haploiden Chromosomensatz weiter unterteilt in **Autosomen** und **Heterosomen** (Abb. 2.**1**, S. 11). Für Mendel wäre eine solche Unterscheidung im Kreuzungsexperiment nicht erkennbar gewesen, denn bei monözischen Pflanzen, die sich aus einem einzigen diploiden Genom entwickeln und entweder zwittrige (z. B. Erbse) oder weibliche und männliche Blüten (z.B. Mais, Box 5.**2**) bilden, kann es keine Heterosomen oder **Geschlechtschromosomen** geben. Die Entdeckung geschlechtsgekoppelter Vererbung war dem Entwicklungsbiologen **Thomas Hunt Morgan** vorbehalten, der ein Jahrzehnt nach der Entdeckung der Bedeutung von Mendels Arbeit in seiner *Drosophila*-Zucht ein weißäugiges Männchen unter den sonst rotäugigen Fliegen fand. Es gelang ihm, einen Stamm mit nur weißäugigen Fliegen der Mutante *white* (*w*) zu züchten. Dies war nicht nur die Geburtsstunde der *Drosophila*- und der allgemeinen Genetik, sondern auch die Grundlage des zytogenetischen Beweises der Richtigkeit der „**Chromosomentheorie der Vererbung**".

Wenn wir mit homozygoten *w*-Fliegen ein Experiment wie mit der Mutation *e* (Abb. 7.**1**) durchführen, dann verletzt das Ergebnis das Uniformitätsgesetz (Abb. 7.**6**). Werden Wildtyp-Weibchen mit *w*-Männchen gekreuzt, so ist die F_1 erwartungsgemäß uniform. Der Phänotyp der Heterozygoten ist wildtypisch (Abb. 7.**6 A1**). Als Ergebnis der **reziproken Kreuzung** erwarten wir dasselbe Ergebnis, finden aber, dass die Nachkommenschaft phänotypisch nicht uniform ist: Die Töchter haben erwartungsgemäß rote Augen, die Söhne aber weiße (Abb. 7.**6 A2**). Wenn wir entsprechend der 1. Kreuzung davon ausgehen, dass in heterozygoten Tieren das w^+-Allel dominant ist, dann können die Söhne kein

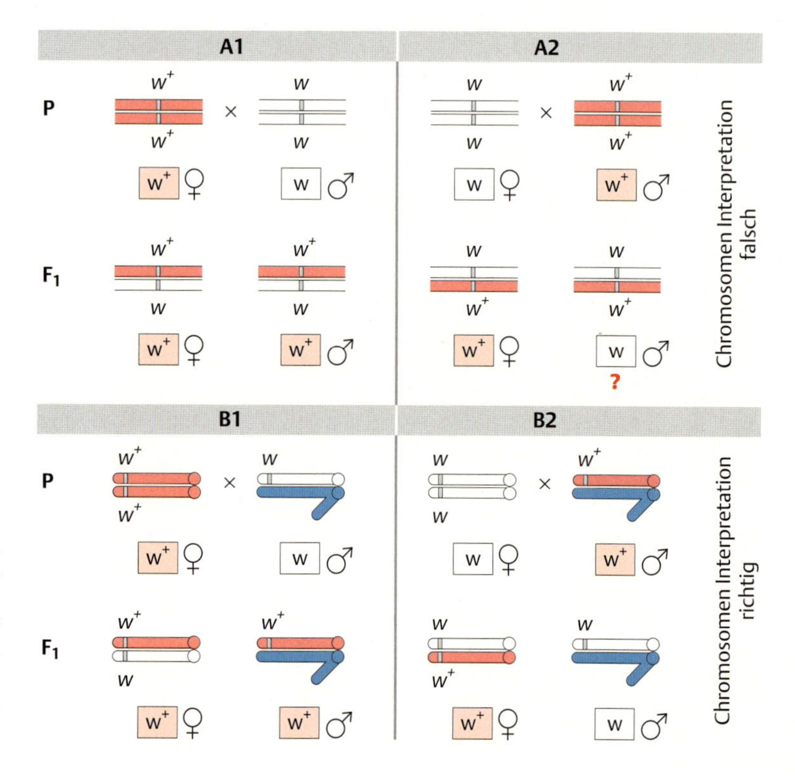

Abb. 7.6 Reziproke Kreuzungen mit *white* (*w*), der ersten *Drosophila*-Mutation, und dem Wildtyp-Allel w^+.
A1 und **A2**: Mit der Annahme, dass das *white*-Gen auf einem Autosom lokalisiert ist, kann man die Kreuzungsergebnisse nicht erklären.
B1 und **B2**: Kreuzungsschema für eine X-chromosomale Vererbung.

w^+-Allel geerbt haben. Sie müssen von ihrem Vater etwas anderes als ein Chromosom mit dem w^+-Allel mitbekommen haben, nämlich ein homologes Chromosom ohne w^+. Das spezielle Homologenpaar dieses Erbgangs ist das X- und das Y-Chromosom, die Heterosomen.

Woran liegt es eigentlich, dass das **Uniformitätsgesetz** in diesem Fall nicht zutrifft? Es ist die Voraussetzung, dass die Kreuzungspartner „reinen Linien" entstammen, d. h. homozygot für ein betrachtetes Allel sein müssen. Ein Xw^+/*Y*-Männchen ist aber **hemizygot** für w^+, d. h. es hat nur ein *w*-Allel, weil auf dem Y-Chromosom dieses und fast alle anderen Gene des X-Chromosoms fehlen. Auf dem Y-Chromosom sind im wesentlichen die männlichen Fertilitätsfaktoren und ein Nukleolus-Organisator lokalisiert. Ein Männchen produziert in der Meiose zwei verschiedene, gleich häufige Spermientypen: solche mit einem X- und solche mit einem Y-Chromosom. Es ist also gar nicht „reinerbig". Wenn wir das Kreuzungsschema entsprechend korrigieren (Abb. 7.**6** **B1** und **B2**), stimmen Erwartung und Befund überein.

Historisch gesehen war die Korrelation des *white*-Erbganges mit dem Meioseverhalten von X- und Y-Chromosomen ein weiterer Hinweis für die Annahme, dass Gene auf Chromosomen lokalisiert sind, ein wirklicher Beweis war es noch nicht. Dass die Theorie der chromosomalen Vererbung richtig ist, konnte Calvin Bridges, ein Schüler von T. H. Morgan, experimentell nachweisen. Die Interpretation seiner genetischen Befunde brachte ihn zu Voraussagen über den Chromosomenbestand der gefundenen Phänotypen, den er jeweils zytologisch bestätigen konnte. Dabei spielten die „Ausnahmetiere" die Hauptrolle.

In den $w^+ \times w$- bzw. $w \times w^+$-Kreuzungen treten neben erwarteten Klassen relativ seltene **„Ausnahmetiere"** auf. Wie sind diese im Erbgang zu erklären? Wenn z. B. in der Kreuzung **B1** der Abb. 7.**6** neben wildtypischen Nachkommen selten aber regelmäßig w-Männchen in der F_1 zu finden sind, dann können diese Männchen kein X-Chromosom der Mutter mit w^+ erhalten haben. Sie haben dann ausnahmsweise nur das X-Chromosom des Vaters mitbekommen, sind also genotypisch X0, d. h. ein X aber kein Y. Wenn wir diese Überlegung weiterführen, dann lassen sich seltene rotäugige F_1-Männchen in der Kreuzung **B2** der Abb. 7.**6** ebenso als X0-Männchen erklären. Seltene weißäugige F_1-Weibchen aus dieser Kreuzung hätten dann kein X-, sondern ein Y-Chromosom vom Vater, von der Mutter aber zwei X-Chromosomen (bei nur einem X-Chromosom wären sie männlich, s. o.). Bei *Drosophila* bedeutet also der **Genotyp X0 männlich** und der **Genotyp XXY weiblich**. Beide Genotypen nennt man **aneuploid**, weil sie gegenüber dem **euploiden** 2n-Genotyp ein Chromosom zu wenig bzw. zu viel aufweisen.

Die Ursache für das Auftreten dieser seltenen Ausnahmen ist ein Meiosefehler, bei dem die Chromosomen oder Chromatiden in einer der beiden Teilungen nicht getrennt werden, sondern zusammen in einen der beiden Zellkerne gelangen. Der Fachterminus für das Nicht-Trennen, den Bridges eingeführt hat, heißt **„Nondisjunction"**. In Abb. 7.**7** ist die Kreuzung **B2** aus Abb. 7.**6** detaillierter dargestellt. Wenn die beiden X-Chromosomen in der mütterlichen Meiose ausnahmsweise nicht getrennt werden, resultieren Eizellen mit 2 oder mit keinem X-Chromosom. Werden diese Eizellen von X- oder Y-Spermien befruchtet, ergeben sich die lebensfähigen (vitalen) X0- und XXY-Genotypen sowie der meist nicht lebensfähige (letale) **weibliche XXX-** und der immer **letale Y0-Genotyp**.

X0-Männchen sind phänotypisch perfekte Männchen, die allerdings unfruchtbar (steril) sind. Die Sterilität beruht auf einer unvollkommenen

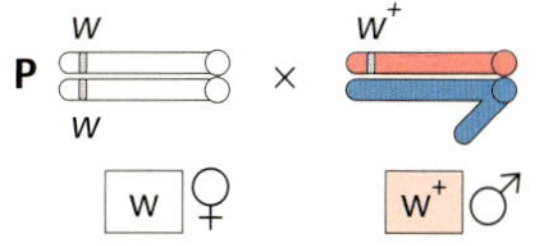

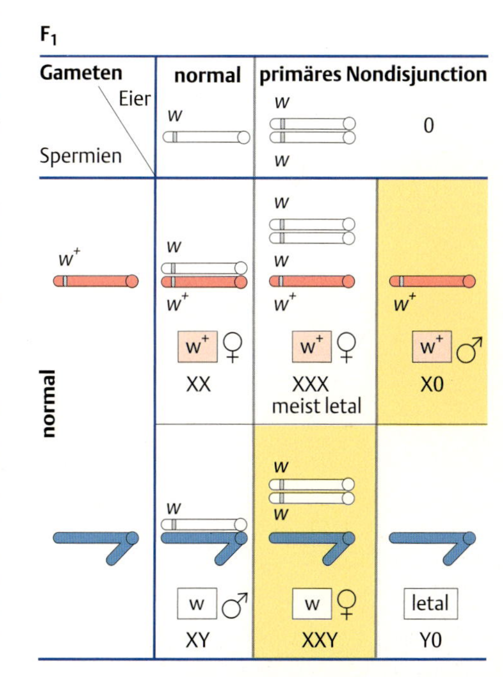

Abb. 7.7 Primäres Nondisjunction – ein allgemeiner Meiosefehler.

Spermienreifung, für die Genprodukte notwendig sind, deren zugehörige Gene auf dem Y-Chromosom lokalisiert sind. XXY-Weibchen hingegen sind normal fruchtbare (fertile) Weibchen. Bei ihnen ist es besonders interessant zu erfahren, wie sich die XXY-Trisomie auf das Paarungs- und Verteilungsverfahren der Chromosomen in der Meiose auswirkt.

Das Ergebnis einer entsprechenden Kreuzung ist in Abb. 7.**8** dargestellt. Gegenüber dem bisher besprochenen **primären Nondisjunction** in der Meiose von XX- oder XY-Genotypen handelt es sich hier um das **sekundäre Nondisjunction**, bei dem die beiden X-Chromosomen in der Meiose von XXY-Weibchen nicht getrennt werden. Neben den normalen XX- und XXY-Weibchen sowie XY- und XYY-Männchen gibt es als Ausnahmen vor allem XXY-Weibchen und XY-Männchen, die sich im Augenphänotyp von den normalen F_1-Tieren unterscheiden. Ihr Anteil schwankt, macht aber etwa 8 % der Nachkommen (inkl. der letalen Genotypen) aus. Entspricht dieses Ergebnis der möglichen Erwartung, dass zwei der drei Heterosomen in der Prophase der Meiose paaren, regulär verteilt werden und das 3. Heterosom der zufälligen Aufteilung überlassen wird?

In der Abb. 7.**9** ist diese Überlegung dargestellt. Kernpunkt ist, dass die beiden X-Chromosomen individuell zu sehen sind (X1 und X2). Es gibt daher 3 Paarungsmöglichkeiten mit je zwei gleichberechtigten Verteilungen (Gameten a oder b), wobei aus Paarung 2 und 3 die Fälle des

Abb. 7.8 Sekundäres Nondisjunction in der Meiose von XXY-Weibchen ergibt XX- und Y-Eier.

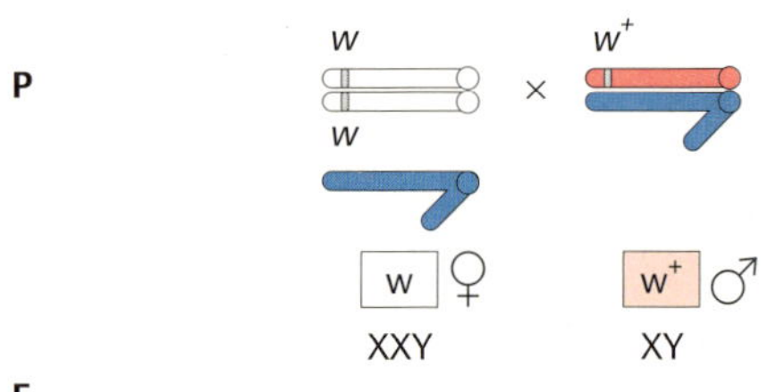

F_1

Gameten Eier / Spermien	normal		sekundäres Nondisjunction	
	w	w (Y)	w w	(Y)
normal: w⁺	w w⁺; w⁺ ♀; XX	w w⁺ (Y); w⁺ ♀; XXY	w w w⁺; w⁺ ♀; XXX meist letal	w⁺ (Y); w⁺ ♂; XY
normal: (Y)	w (Y); w ♂; XY	w (Y) (Y); w ♂; XYY	w w (Y); w ♀; XXY	letal; YY

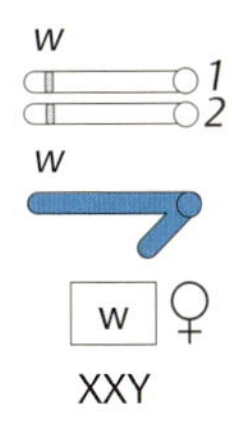

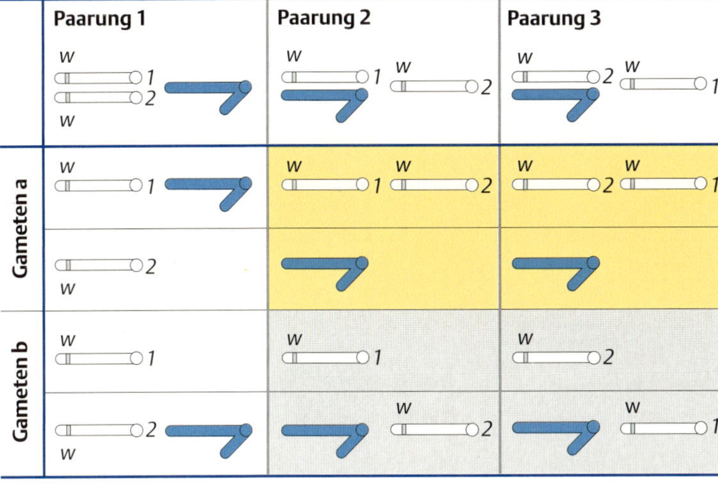

Abb. 7.9 Homologenpaarung bei Trisomie. Im XXY-Genotyp gibt es in der Prophase der Meiose 3 Paarungsmöglichkeiten: entweder bilden die beiden X-Chromosomen die Tetrade (Paarung 1) oder eines der beiden X-Chromosomen (1 oder 2) paart mit dem Y-Chromosom (Paarung 2 und 3). Die gepaarten Chromosomen werden in Anaphase I getrennt, das 3. Heterosom zufällig verteilt.

sekundären Nondisjunction resultieren. Der Unterschied zwischen zufälliger Verteilung (1/3 der Oozyten, farbig unterlegt) und Experiment (8 % der Oozyten) zeigt, dass 84 % der **Homologenpaarungen** die beiden X-Chromosomen betreffen (Paarung 1) und nur 16 % die Paarung eines X- mit einem Y-Chromosom (Paarungen 2 und 3 mit 2 × 8 = 16 % der Oozyten). Die Paarung der beiden X-Chromosomen ist also stark bevorzugt.

Nondisjunction ist ein verbreiteter Fehler bei der Verteilung der Chromosomen, der in ähnlichen Häufigkeiten bei vielen Arten gefunden wurde, und zwar nicht nur in den beiden Meioseteilungen, sondern auch in der Mitose. In der Meiose ist Nondisjunction nicht auf die Oogenese beschränkt, sondern kommt auch in der Spermatogenese vor. Allerdings sind diese Fälle nicht einfach zu erkennen, da das beteiligte Y-Chromosom meist keine phänotypisch erkennbaren Allele enthält. Bei *Drosophila* gibt es Laborstämme, bei denen am kurzen Arm des Y-Chromosoms der Endbereich des X-Chromosoms angehängt ist, der z. B. das *yellow*$^{+}$-Allel trägt. Das Ergebnis normal verlaufender Meiose und **Nondisjunction in der Meiose I oder II** bei beiden Geschlechtern ist in Abb. 7.**10** dargestellt. Während Nondisjunction beim Weibchen immer zu XX- oder Nullo-X-Eiern führt, besteht bei den Männchen ein Unterschied zwischen den beiden Meioseteilungen: Nondisjunction in Meiose I ergibt XY-Spermien oder solche ohne Heterosomen, in Meiose II kann es auch zu XX- und YY-Spermien kommen. Im Kreuzungsexperiment (Abb. 7.**11**) können die normalen Nachkommen von den XXY- und X0-Nondisjunction-Fällen aus der weiblichen wie der männlichen Meiose voneinander unterschieden werden. Nur die beiden möglichen triplo-X-Tiere sind nicht zuzuordnen und das zusätzliche Y-Chromosom der XYY-Männchen ist nicht erkennbar.

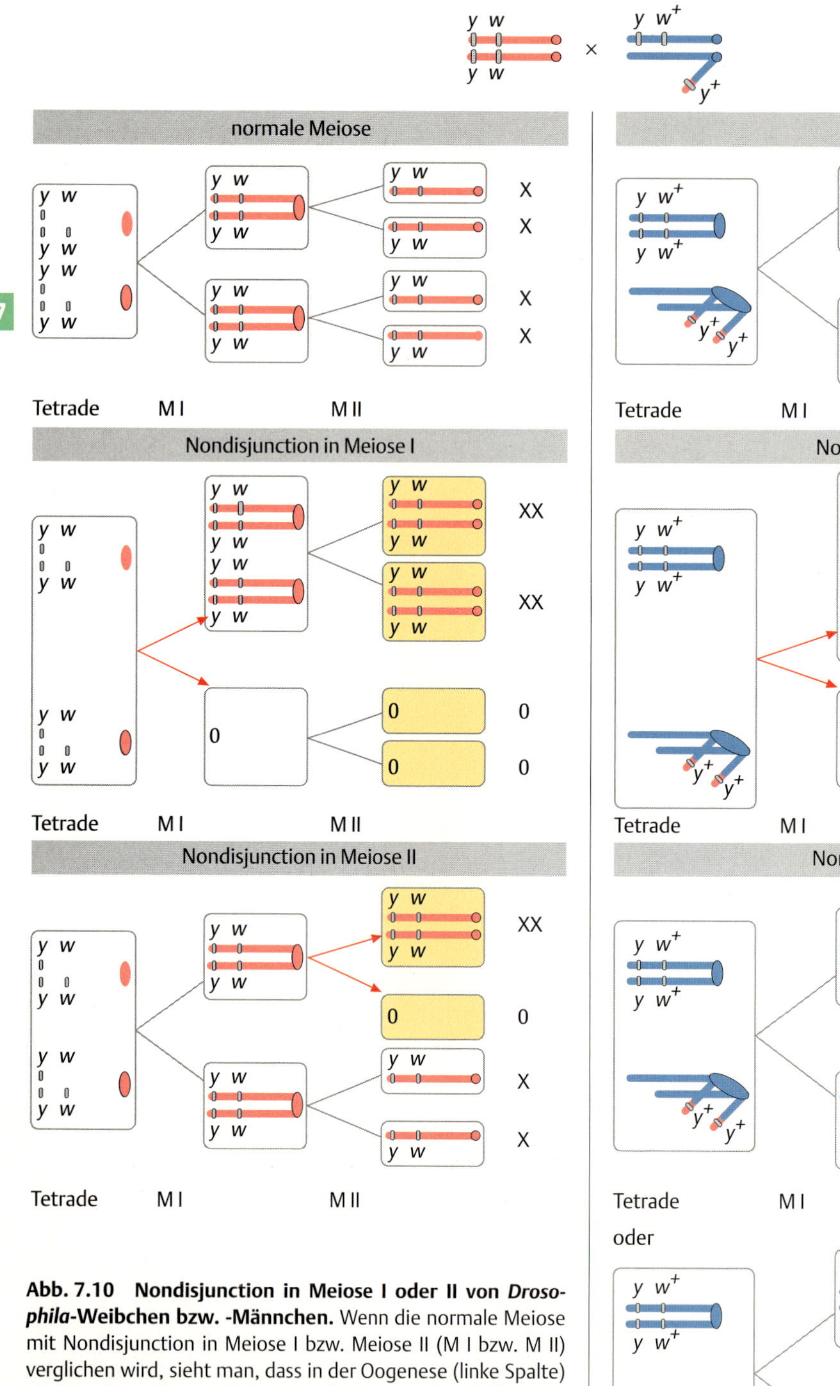

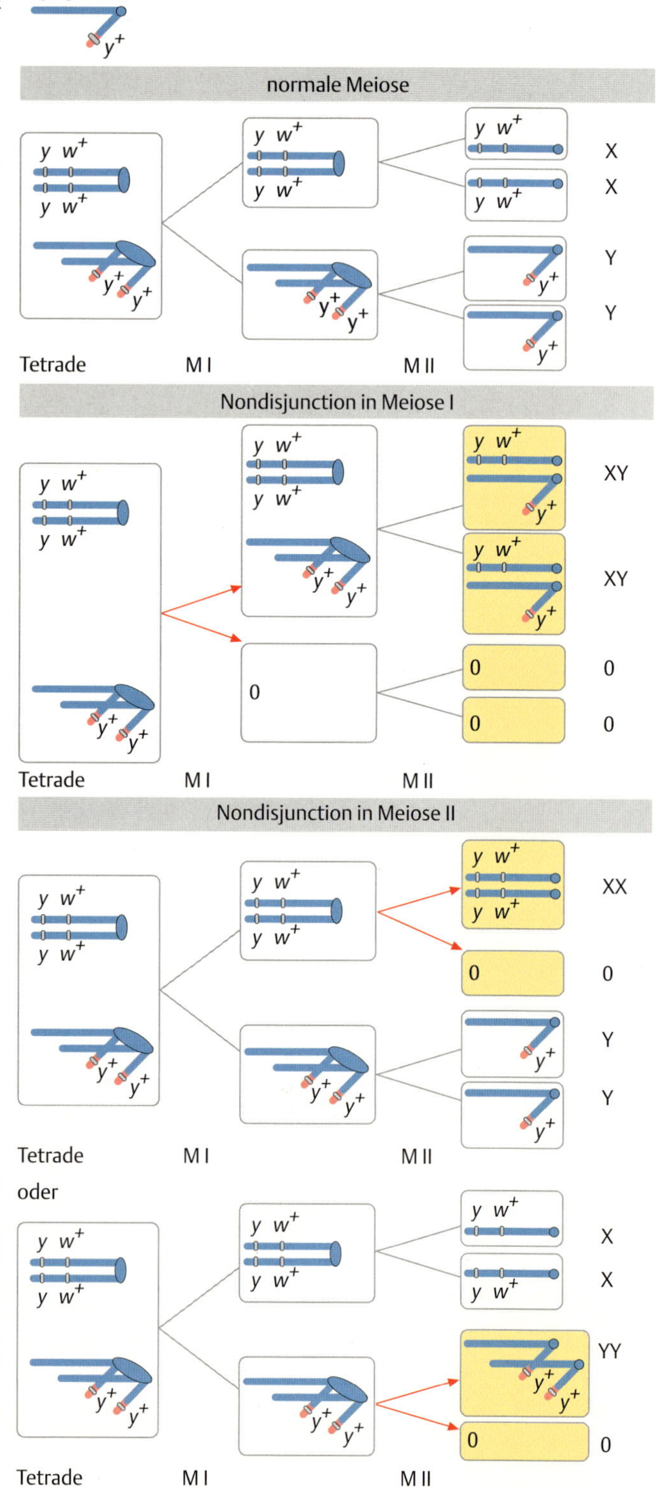

Abb. 7.10 Nondisjunction in Meiose I oder II von *Drosophila*-Weibchen bzw. -Männchen. Wenn die normale Meiose mit Nondisjunction in Meiose I bzw. Meiose II (M I bzw. M II) verglichen wird, sieht man, dass in der Oogenese (linke Spalte) als Ausnahmen immer XX- oder Nullo-X-Oozyten gebildet werden, während im männlichen Geschlecht (rechte Spalte) das Ergebnis in M I und M II unterschiedlich ist. Das y^+-Y-Chromosom ist ein Y-Chromosom, das am kurzen Arm das distale Ende eines Wildtyp-X-Chromosoms mit dem y^+-Allel trägt. Erklärung der Gensymbole in Tab. 4.**1**, S. 24.

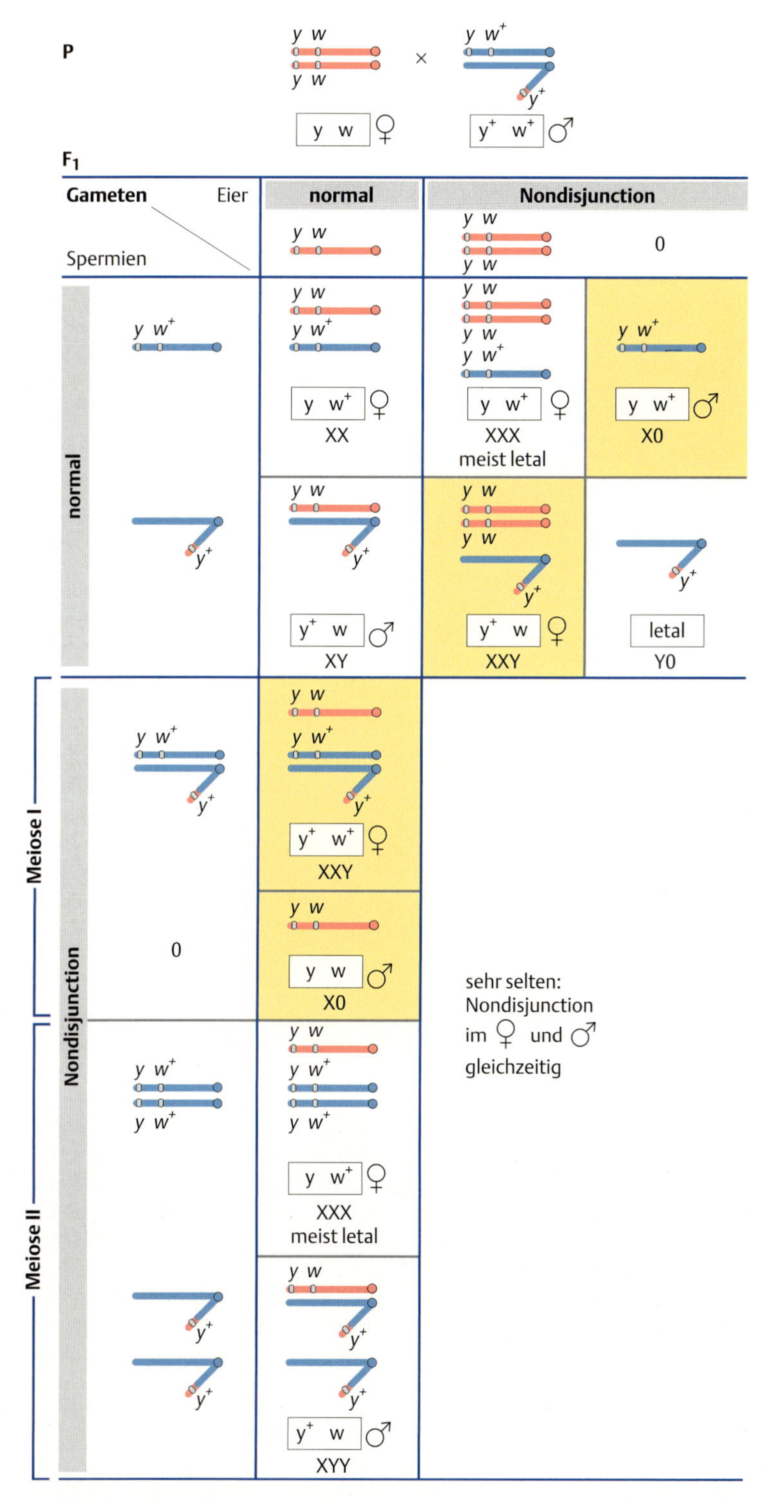

Abb. 7.11 Nondisjunction der Heterosomen in beiden Geschlechtern. Kreuzungsgenetisch kann Nondisjunction in der Meiose beider Geschlechter dann nachgewiesen werden, wenn nicht nur die X-, sondern auch die Y-Chromosomen genetisch markiert sind, z. B. als y^{+}-Y, damit man ihr Vorhandensein oder Fehlen phänotypisch erkennen kann. Erklärung der Gensymbole in Tab. 4.**1**, S. 24.

Abb. 7.12 Mädchen mit Down-Syndrom (Trisomie 21) und charakteristischen körperlichen Krankheitsmerkmalen wie Falten an den Augenlidern, breitem Gesicht und flacher Nase. Seine Entwicklung wurde durch sehr früh begonnene regelmäßige Therapie positiv beeinflusst [aus Patterson 1987].

Tab. 7.1 Aneuploidien beim Menschen

Aneuploidie (Anzahl, betroffene Chromosomen)	**Häufigkeit bei Geburt**	**Nondisjunction (%)** mütterlich	väterlich
47, XXY Klinefelter-Syndrom	1:700 ♂	45	55
45, X0 Turner-Syndrom	1:2500 ♀	20	80
47, XXX	1:1000 ♀	95	5
47, XYY	1:800 ♂	0	100
47, +13 Trisomie 13	1:5000	85	15
47, +18 Trisomie 18	1:3000	95	5
47, +21 Trisomie 21	1:700	95	5

Beim Menschen sind Aneuploidien der Heterosomen ebenfalls bekannt (Tab. 7.1): XXY-Genotypen sind Männer mit **Klinefelter-Syndrom**, während Frauen mit **Turner-Syndrom** als X0-Genotyp nur 45 Chromosomen im diploiden Satz haben. Weitere Ausnahme-Genotypen sind, z.B. Frauen mit drei X-Chromosomen oder Männer mit zwei Y-Chromosomen. Die Häufigkeiten sind mit durchschnittlich 1 pro 1250 Geburten ähnlich wie bei *Drosophila*. Durch genetische, zytogenetische und molekulare (DNA-Polymorphismus, Kap. 20.1.3, S. 306) Untersuchungsverfahren ist es möglich, die Entstehung der Ausnahme-Genotypen auf Nondisjunction in der mütterlichen oder väterlichen Meiose zurückzuführen (Tab. 7.1). Beim XXY-Genotyp sind die Anteile etwa ausgeglichen, während bei XXX der Fehler überwiegend aus der mütterlichen und bei XYY notwendigerweise ausschließlich aus der väterlichen Meiose stammt.

Nondisjunction betrifft nicht nur die Heterosomen, sondern alle Chromosomen. Bei *Drosophila* bewirken Mono- und Trisomien der beiden großen Autosomen Letalität. Beim Menschen überleben nur diejenigen Träger von Aneuploidien mit einer Trisomie eines der kleineren Chromosomen 13, 18 und 21 (Tab. 7.1). Am häufigsten ist die **Trisomie 21**, die das **Down-Syndrom** zur Folge hat (Abb. 7.12). Seit langem ist bekannt, dass die Häufigkeit dieser Trisomie mit dem **Alter der Mutter** korreliert ist (Abb. 7.13). Die Ursache für diesen Zusammenhang ist noch unbekannt. Eine Plausibilitätserklärung für das Nichttrennen der gepaarten homologen Chromosomen könnte die lange Arretierung der Oozyten im Diplotänstadium sein (s. Abb. 5.1, S. 31).

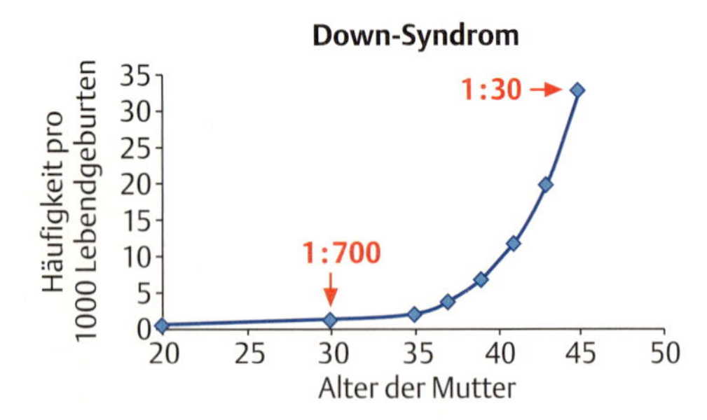

Abb. 7.13 Korrelation der Geburtenrate von Kindern mit Down-Syndrom mit dem Lebensalter der Mütter. Zwischen dem 20. und 30. Lebensjahr steigt die Rate von Nondisjunction (des Chromosoms 21) nur leicht an: 1 von 700 lebendgeborenen Kindern hat die Trisomie 21. Bis zum 45. Lebensjahr der Mütter steigt dieser Anteil auf 1 unter 30 Lebendgeburten, also um mehr als das Zwanzigfache.

Es gibt Familien, in denen Kinder mit Down-Syndrom wesentlich häufiger geboren werden, als es nach der Nondisjunction-Frequenz zu erwarten wäre. Der Grund dafür liegt in einer so genannten **Robertson-Translokation** zwischen den akrozentrischen Chromosomen 14 und 21 (s.a. unter Translokationen, Kap. 11.3, S. 117). Im Beispiel der Abb. 7.14 hat der Vater einen normalen diploiden Chromosomensatz mit je zwei Chromosomen 14 und 21. Die Mutter hat diese beiden Chromosomen nur je ein Mal, zusätzlich jedoch ein Translokationschromosom, bei dem die beiden Chromosomenbereiche 14q und 21q durch sog. **zentrische Fusion** am Zentromer verbunden sind. Da die Bereiche 14p und 21p offensicht-

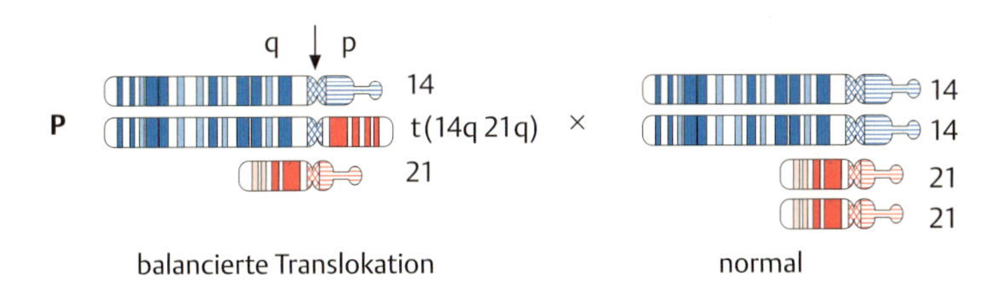

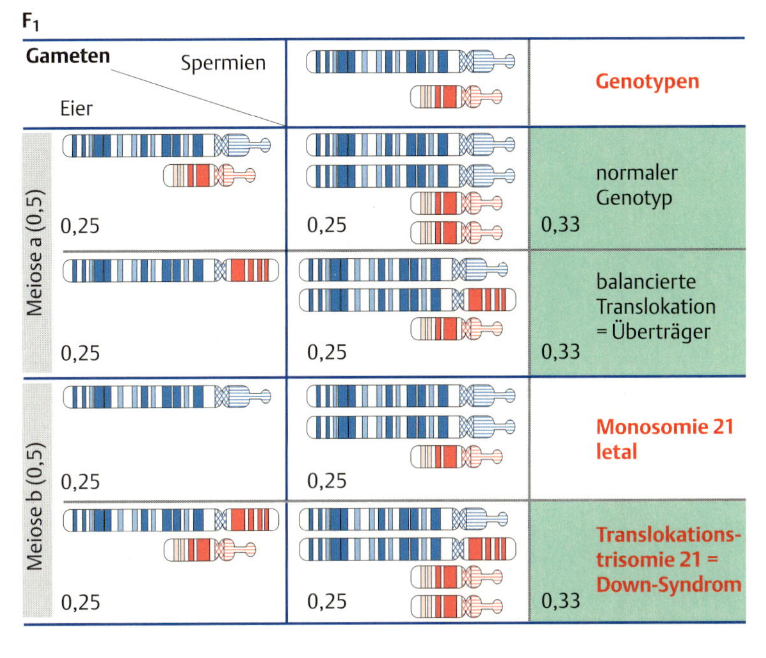

Abb. 7.14 Translokationstrisomie 21. An den beiden Chromosomen 14 und 21 sind an den kurzen p-Armen Knoten eingezeichnet, die die Lage von Genen anzeigen, die für die großen ribosomalen RNAs kodieren (s. Kap. 15.1.1 S. 173). Bei dem Translokationschromosom t(14q 21q) ist 14p durch 21q (q = langer Chromosomenarm) ersetzt. Der Pfeil markiert die Translokationsbruchpunkte in den Chromosomen 14 und 21.

lich nicht zwei Mal vorhanden sein müssen, nennt man diesen Genotyp allgemein „**balancierte Translokation**“, d. h. die drei Chromosomen enthalten zusammen alle Gene der Chromosomen 14 und 21 je zweimal.

In der Meiose verhält sich das Chromosom t(14q 21q) wie ein Chromosom 14, da es mit dem entsprechenden Zentromer ausgestattet ist. Bei der Trennung der Homologen in Meiose I gibt es daher zwei gleichberechtigte Möglichkeiten: Die Chromosomen mit den Kinetochoren 14 werden getrennt, das einzelne Chromosom 21 zufällig verteilt. Dadurch entstehen vier verschiedene Eitypen, die nach Befruchtung durch ein normales Spermium vier Zygotengenotypen ergeben. Da die **Monosomie 21** zum Tod führt, überleben drei Genotypen: der normale, die balancierte Translokation, die man auch als Überträger für den 3. Genotyp bezeichnet und die Translokationstrisomie 21 mit zwei normalen Chromosomen 21 und dem zusätzlichen 21q des Translokationschromosoms. Die Häufigkeit dieses Genotyps ist jedoch weitaus geringer als die theoretischen 33 %. Ist der Vater der Überträger, sind es 1–2 %, ist es die Mutter, sind es 10–15 %. Eine Erklärung steht noch aus.

Bei *Drosophila* gibt es Weibchen, in deren Nachkommenschaft Nondisjunction zu 100 % auftritt. Sie besitzen ein sog. **attached-X-Chromosom**, das aus zwei X-Chromosomen mit einem gemeinsamen Zentromer besteht (Abb. 7.**15a**). In der Meiose I erhält ein Zellkern das attached-X-Chromosom, der andere Zellkern erhält kein X-Chromosom. In der Nachkommenschaft gibt es sterile X0-Söhne, die sonst phänotypisch dem

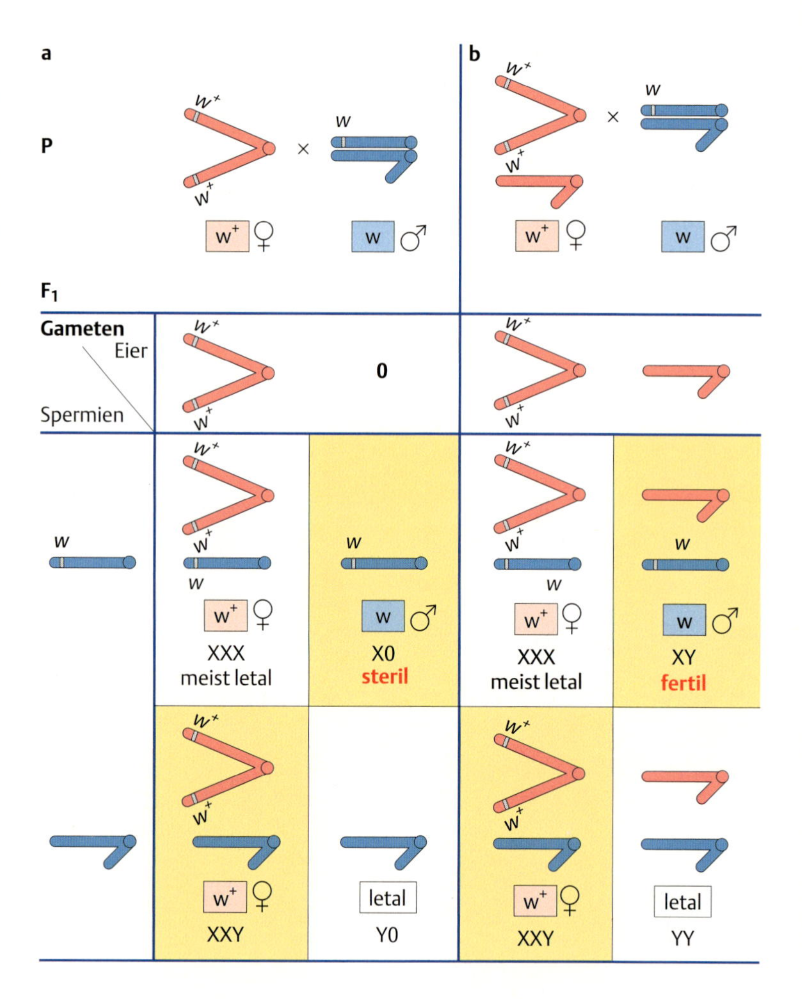

Abb. 7.15 In der Kreuzungsgenetik spielt das attached-X-Chromosom eine wichtige Rolle.
a Zwei X-Chromosomen mit einem gemeinsamen Zentromer ergeben ein attached-X-Chromosom. Der Erbgang dieses Chromosoms entspricht 100 % Nondisjunction: es gibt nur XX- und Nullo-X-Eizellen. **b** Die Söhne von XXY-Müttern sind nicht steril, sondern fertil. Dadurch lässt sich die Allelkombination des X-Chromosoms eines einzelnen Männchens in nur einer Generation in Form vieler Söhne vermehren.

Vater und XXY-Töchter, die phänotypisch der Mutter gleichen. In der Kreuzungsgenetik werden attached-X-Weibchen mit einem zusätzlichen Y-Chromosom gerne benutzt, um z. B. das X-Chromosom eines einzelnen Männchens schnell zu vermehren (Abb. 7.**15b**). Da nun diese Weibchen Eier mit einem Y-Chromosom produzieren, sind die Söhne XY und damit fertil. Bei diesem Erbgang ist auffällig, dass die X-Chromosomen der Mütter an die Töchter und die der Väter an die Söhne weitergegeben werden, die Y-Chromosomen hingegen von einer Generation zur nächsten zwischen den Geschlechtern wandern. Beim normalen X-chromosomalen Erbgang wandern die X-Chromosomen und das Y-Chromosom bleibt immer in der männlichen Linie (s. Abb. 7.**6 B1** und **B2**).

7.3 Multiple Allelie

Auch wenn ein diploider Organismus für jedes seiner Gene höchstens zwei verschiedene Allele tragen kann, können in einer Population sehr viel mehr Allele vorhanden sein. **Multiple Allelie** ist weit verbreitet in pflanzlichen, tierischen und menschlichen Populationen.

Die rote **Wildtypaugenfarbe** von *Drosophila* wird nicht durch ein einziges Pigment hervorgerufen, das in bestimmte **Ommatidienzellen** eingelagert wird, sondern sie besteht aus einer Vielzahl von Pigmenten, die zwei Hauptgruppen zuzuordnen sind: den braunen **Ommochromen** und den hellroten **Pteridinen**.

Wenn das ***white***$^{+}$**-Gen** zu *w* mutiert, haben die Fliegen weiße Augen, aber nicht, weil keine Pigmente mehr gebildet werden, sondern weil ihr Transport und ihre Verteilung nicht mehr funktionieren. Das **White-Protein** ist daran beteiligt, auch wenn seine Funktion noch nicht vollständig bekannt ist. Man kann sich vorstellen, dass das *white*-Gen nicht nur zur Funktionslosigkeit mutieren kann, sondern dass z.B. bestimmte Transportfunktionen von White noch erhalten bleiben könnten und so andere Augenfarbphänotypen gebildet werden. Dies ist in der Tat so. Die Augenfarbe von Homo- oder Hemizygoten *white-apricot* (w^{a}) ist gelborange, *von white-cherry* (w^{ch}) rosa, von *white-coral* (w^{co}) rubinrot, von *white-carrot* (w^{crr}) rotbraun, von *white-eosin* (w^{e}) gelblich rosa usw.

Welche Augenfarbe haben aber Weibchen, die für zwei dieser Allele heterozygot sind? Wir haben bereits gesehen, dass w^{+} über *w* **dominant** ist. Auch alle anderen *w*-Allele sind **rezessiv** gegenüber dem **Wildtypallel**. Heterozygote w^{a}/w-Weibchen haben pigmentierte, aber eindeutig hellere Augen als homozygote w^{a}-Tiere. Früher hat man diesen Vererbungstyp „**intermediär**" genannt, da der heterozygote Phänotyp zwischen den beiden homozygoten angesiedelt ist. Heute spricht man von „**unvollständiger Dominanz**" und ordnet die Allele bestimmten Mutationstypen zu.

Man kann die Augenfarben der Weibchen mit den letztgenannten 3 Allelen auch als Ergebnis der Menge an White-Genprodukt sehen, wobei für die Wildtypfarbe 1 Allel w^{+} ausreicht:

Genotyp:	w^{+}/w^{+}	>	w^{+}/w	>	w^{a}/w^{a}	>	w^{a}/w	>	w/w
Phänotyp:	w^{+}		w^{+}		w^{a}		hell w^{a}		w

7.4 Genmutationen werden Mutationstypen zugeordnet

Wenn ein Gen durch eine **Verlustmutation** funktionslos wird, spricht man von einem **Nullallel**, einem **loss-of-function-Allel** oder von einem **amorphen Allel**. Es ist fast immer rezessiv. Am eindeutigsten ist der amorphe Phänotyp dann ausgeprägt, wenn das Gen durch eine Defizienz (= Deletion) komplett entfernt ist (s. Kap. 11.1, S. 110).

Allele, die noch Teile der Wildtypfunktion zeigen, werden als **hypomorphe Allele** bezeichnet. Es sind die häufigsten Genmutationen. Bei ihnen kann z.B. durch eine Basensequenzänderung die Funktion des Proteins (z.B. eines Enzyms) herabgesetzt sein oder seine Produktion nicht in ausreichender Menge erfolgen. Von den *white*-Allelen ist *w* amorph, alle anderen (z.B. w^{a}) sind hypomorphe Allele.

Ist ein Gen durch eine **Zugewinnmutation** aktiver als das Wildtypallel, so nennt man dieses **gain-of-function-Allel hypermorph**. Solche Allele sind zwangsläufig dominant gegenüber dem Wildtypallel.

Wird durch Mutation ein neuer Phänotyp hervorgerufen, so spricht man von einem **neomorphen Allel**.

Wenn die Ausprägung eines mutanten Phänotyps von äußeren Bedingungen abhängt, spricht man von **Konditionalmutationen**. Am bekann-

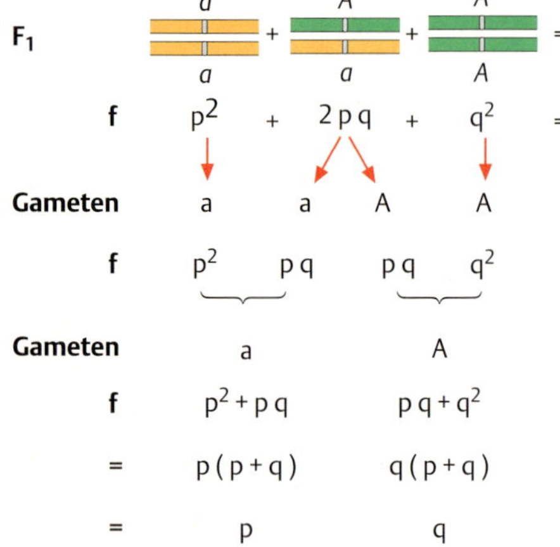

Abb. 7.16 Das Hardy-Weinberg-Gesetz oder die Stabilität von Allelfrequenzen in Populationen. Wenn in einer Population die beiden Allele *a* und *A* in den Frequenzen p und q vorhanden sind, dann bleibt dieses Verhältnis auch in den Folgegenerationen erhalten (Hardy-Weinberg-Gleichgewicht). Dies ist hier für die F_1-Generation im Kreuzungsquadrat und deren Gametenproduktion gezeigt.

testen sind die **temperatursensitiven (ts-)Mutanten**. Dabei gibt es kaltsensitive und warmsensitive Allele. Beide haben einen **permissiven** Temperaturbereich, in dem der Phänotyp wildtypisch ist und eine **restriktive** („einschränkende“) Temperatur, bei der sich der mutante Phänotyp ausprägt. Mit Hilfe von ts-Allelen kann man erkennen, wann ein Gen gebraucht wird, z. B. wenn der restriktive Bereich auf ein bestimmtes Entwicklungsstadium des Organismus beschränkt ist.

Mit **Kodominanz** wird eine spezielle Situation bezeichnet, bei der ein heterozygoter Genotyp phänotypisch die Funktion beider Allele zeigt. Ein klassisches Beispiel hierfür ist das **AB0-Blutgruppensystem** des Menschen. Jeder Mensch gehört phänotypisch einer der vier Blutgruppen A, B, AB oder 0 an. Die Phänotypen zeichnen sich durch das Vorhandensein von bestimmten Polysacchariden auf der Oberfläche der roten Blutkörperchen aus. Genotypisch werden die Blutgruppen durch 3 Allele bestimmt: I^A, I^B und I^0, von denen die ersten beiden Polysaccharide des Typs A bzw. B bilden können. Das I^0-Allel ist dagegen funktionslos und damit rezessiv gegenüber den beiden anderen Allelen. Menschen der Blutgruppe A sind also I^AI^A homozygot oder I^AI^0 heterozygot, Menschen der Blutgruppe B sind I^BI^B homozygot oder I^BI^0 heterozygot, Menschen der Blutgruppe 0 sind I^0I^0 homozygot und Menschen der Blutgruppe AB zeigen die Kodominanz der beiden Allele I^A und I^B.

7.5 Das Hardy-Weinberg-Gesetz: Allelverteilung im Gleichgewicht

Die drei Allele des AB0-Blutgruppensystems sind weder gleich häufig noch gleichmäßig über die Welt verteilt. So ist das I^A-Allel vornehmlich in Europa und Südaustralien verbreitet, das I^B-Allel in Asien und das I^0-Allel in Nord- und Südamerika. Dominant-rezessive Mendel-Kreuzungen oder Familienstammbäume könnten den Eindruck erwecken, dass rezessive Allele im Laufe der Zeit abnehmen und schließlich verschwinden werden. Die Beobachtung zeigt, dass dies nicht stimmt. Allelfrequenzen bleiben unabhängig von ihrer absoluten Größe im allgemeinen über die Generationen hinweg konstant, solange die Träger eines der Allele weder bevorzugt noch benachteiligt werden (z. B. durch Umweltbedingungen). Warum das so ist, haben 1908 der englische Mathematiker Godfrey Harold Hardy (1877–1947) und der deutsche Arzt Wilhelm Robert Weinberg (1862–1937) unabhängig voneinander beschrieben. Sie haben sich mit der Vererbung von **Allelfrequenzen in Populationen** beschäftigt. In Abb. 7.**16** sind die wesentlichen Punkte des **Hardy-Weinberg-Gesetzes** oder **-Gleichgewichts** dargestellt, das als **Grundgesetz der Populationsgenetik** gilt.

Wir gehen von einem autosomalen Allelpaar *a* und *A* aus, das als homozygote *aa*- und *AA*-Individuen im (Gedanken-)Experiment in eine Population eingebracht wird. Die beiden Geschlechter sind gleich häufig vertreten und bei der Partnerwahl spielen *a*- und *A*-Allele keine Rolle (= **Panmixie**). Das *a*-Allel ist mit der Häufigkeit p, das *A*-Allel mit der Häufigkeit q vorhanden, und da es keine weiteren Allele des Genorts gibt, ist $p + q = 1$.

Die Frequenzen der Gameten sind hier allgemein p und q anstatt 1:1 in einer individuellen Kreuzung. Die F_1-Genotypen treten dann nicht im Verhältnis 1:2:1 auf, sondern *aa* mit der Frequenz p^2, *Aa* mit der Frequenz 2pq und *AA* mit der Frequenz q^2. Die wichtigste Erkenntnis kommt jetzt:

Tab. 7.2 Das Hardy-Weinberg-Gesetz und das AB0-Blutgruppensystem. Überprüfung des Gleichgewichts in einer Population. Die Allele I^A, I^B und I^0 sind in der Population mit den Frequenzen p, q und r vorhanden. Weitere Erklärungen im Text.

1	**Blutgruppe**	**A**		**AB**	**B**		**0**
2	Genotyp	$I^A I^A$	$I^A I^0$	$I^A I^B$	$I^B I^B$	$I^B I^0$	$I^0 I^0$
3	Frequenz	p^2	2pr	2pq	q^2	2qr	r^2
4	beobachtete Anzahl bei N = 192	**63**		**6**	**31**		**92**
5	$B + 0 = q^2 + 2qr + r^2 =$	$(q + r)^2 = 31 + 92 = 123$					
6	Frequenz *A* = **p = 1 − q − r** =	1 − (q + r) = 1 − $\sqrt{123/192}$ = **0,2**					
7	$A + 0 = p^2 + 2pr + r^2 =$	$(p + r)^2 = 63 + 92 = 155$					
8	Frequenz *B* = **q = 1 − p − r** =	1 − (p + r) = 1 − $\sqrt{155/192}$ = **0,1**					
9	Frequenz *0* = **r = 1 − p − q** =	**0,7**					
10	Gleichgewichtsfrequenz	$(p^2 + 2pr)$*N		2pq*N	(q2 + 2qr)*N		r2*N
11	erwartete Anzahl bei N = 192	**61**		**8**	**29**		**94**

Die haploiden Gameten mit a und A werden von den F_1-Individuen insgesamt wieder mit den Frequenzen p und q produziert. Das bedeutet, dass die Population unabhängig von den absoluten Größen von p und q (1:100 oder 1:1 oder 100:1) im Gleichgewicht ist. Das Gleichgewicht, das bereits nach einer Generation eintritt, ist solange stabil wie keine Vor- oder Nachteile für *aa*-, *aA*- oder *AA*-Individuen entstehen.

Mit dem Hardy-Weinberg-Gesetz lassen sich z. B. aktuelle Blutgruppenverteilungen in Populationen daraufhin überprüfen, ob sie sich im Gleichgewicht befinden und gleichzeitig können die Allelfrequenzen bestimmt werden.

Wir nehmen an, dass die Allele I^A, I^B und I^0 in den Frequenzen p, q und r existieren, und dass p + q + r = 1 ist, d. h. es gibt keine weiteren *I*-Allele. Dann kann man für die 6 Genotypen der 4 Phänotypen Frequenzerwartungen formulieren Tab. 7.**2**, Zeile 1–3). Aus den Daten der Blutgruppenzugehörigkeit von 192 Personen aus Wales (Zeile 1 und 4) lassen sich die Frequenzen der drei Allele als p = 0,2 (Zeile 5 und 6), q = 0,1 (Zeile 7 und 8) und r = 0,7 (Zeile 9) bestimmen. Sollte sich diese Population im genetischen Gleichgewicht befinden, so kann aus der Gleichgewichtsfrequenz der vier Blutgruppenphänotypen (Zeile 1, 3 und 10) ihre jeweilige Anzahl berechnet werden (Zeile 11). Durch den Vergleich von Beobachtung und Erwartung (Zeile 4 und 11) wird der Gleichgewichtszustand bestätigt.

7.6 Polygenie: Ein Merkmal und mehrere Gene

Bei den bisher besprochenen Erbgängen wurde ein phänotypisches Merkmal immer durch Allele eines Gens festgelegt. Bei allen Organismen sind jedoch in sehr vielen Fällen zwei oder mehr Gene an einem phänotypischen Merkmal beteiligt. Dies macht die genetische Analyse häufig schwierig, insbesondere, wenn es sich nicht um qualitativ alternative,

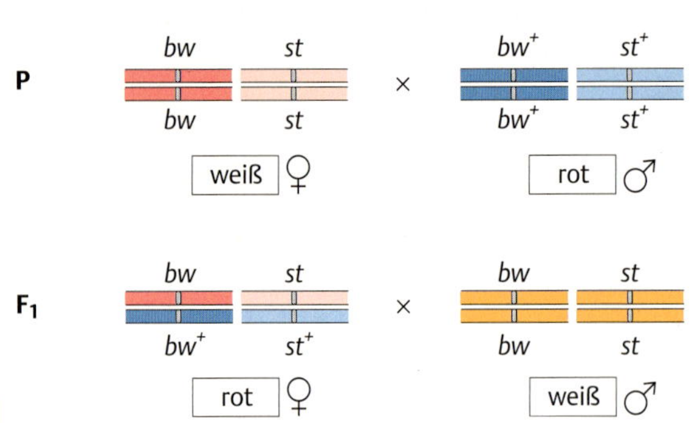

Abb. 7.17 Polygenie eines weißen Augenphänotyps, der durch eine Doppelmutation zustande kommt. Erklärung der Gensymbole in Tab. 4.1, S. 24.

F_2

Gameten / Eier / Spermien	nicht rekombinant		rekombinant	
	bw *st*	bw^+ st^+	*bw* st^+	bw^+ *st*
bw *st*	*bw* *st* / *bw* *st* weiß	bw^+ st^+ / *bw* *st* rot	*bw* st^+ / *bw* *st* braun	bw^+ *st* / *bw* *st* hellrot
	1 :	1	1 :	1
	1		: 1	

sondern um quantitative Phänotypen handelt, z. B. die Größe einer Pflanze oder die Hautfarbe des Menschen.

Wir werden ein einfaches Beispiel zur Verdeutlichung der genotypischen Situation verwenden. Es stammt wiederum aus der Vielfalt der **Augenfarbmutationen** von *Drosophila*. Außer den bereits besprochenen *white*-Mutanten (s. Kap. 7.3, S. 68) gibt es auch weißäugige Fliegenstämme, bei denen die Weißäugigkeit rezessiv ist und, wie das Ergebnis reziproker Kreuzungen mit Wildtypfliegen zeigt, nicht auf dem X-Chromosom lokalisiert ist. Wenn man solche heterozygoten Weibchen mit Männchen dieses weißäugigen Stamms testet, findet man in der F_2 nicht nur weißäugige und rotäugige Fliegen, sondern unerwartet auch solche mit hellroten und solche mit braunen Augen (Abb. 7.**17**). Wie ist das zu erklären?

Wie bereits erwähnt, setzt sich die Augenfarbe aus braunen **Ommochromen** und hellroten **Pteridinen** zusammen. Das Gen ***brown*** (*bw*) kodiert mit seinem Wildtypallel für ein wichtiges Transportprotein am Anfang der Synthese der Pteridinfarbstoffe, das amorphe Allel *bw* lässt die Synthese nicht in Gang kommen, die Augen enthalten nur noch die braunen Ommochrome. Andererseits blockiert das Wildtypallel des Gens ***scarlet*** (*st*) die Ommochromsynthese, die von der Aminosäure Tryptophan ausgeht. Im Augenphänotyp des Nullallels *st* werden die hellroten Farbstoffe der Pteridine sichtbar. Der Phänotyp der Doppelmutante *bw ; st* ist nahezu pigmentlose Weißäugigkeit, die von Allelen zweier verschiedener Gene hervorgerufen wird.

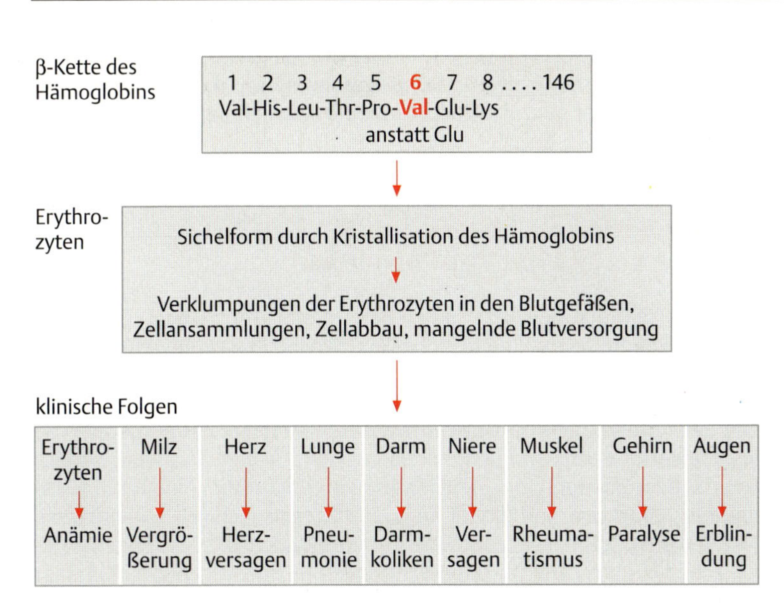

Abb. 7.18 Folgen der Sichelzellenanämie [nach Buselmaier 1999].

7.7 Pleiotropie oder Polyphänie: Ein Gen und mehrere Merkmale

Gene, deren mutante Allele einen eindeutigen Phänotyp hervorrufen, können durch sekundäre Effekte Merkmale beeinflussen, die scheinbar nichts mit dem genetischen Primärdefekt zu tun haben. Bei Erbkrankheiten des Menschen ergibt sich als Gesamtphänotyp häufig ein Syndrom mehrerer diagnostischer Charakteristika. Zwei Beispiele sollen solche **pleiotropen Effekte** von Genen erläutern.

Phenylketonurie (PKU) ist eine Krankheit, die bei Individuen auftritt, die für ein amorphes Allel homozygot sind. Ihnen fehlt dann ein Enzym, das die Aminosäure **Phenylalanin** im Stoffwechsel weiter umsetzt. Der primäre Phänotyp besteht in einer Akkumulation von Phenylalanin im Blut. Sekundär wirkt sich dies bei unbehandelten Patienten in geringerer Kopfgröße, hellerer Haarfärbung und vor allem in einem dramatischen Abfall des Intelligenzquotienten (IQ) aus: Statt einem Mittelwert von 100 haben PKU-Patienten einen mittleren IQ von 10.

Ein vergleichbarer Fall liegt bei der **Sichelzellenanämie** vor, bei der das normale **Hämoglobin HbA** zu **HbS** verändert ist. Das verursachende Allel bewirkt den Austausch von Glutaminsäure (Glu) gegen Valin (Val) in der Position 6 der β-Kette des Hämoglobins, die aus 146 Aminosäuren besteht. Hämoglobin ist u.a. für den Sauerstofftransport im Blut verantwortlich. Die genetische Veränderung bewirkt physikalisch-chemische Veränderungen des Hämoglobins, die zur Reduktion des Sauerstofftransports und zu einem sichelförmigen statt normal runden Phänotyp der Erythrozyten führen. Die pleiotropen Effekte, die bei Homozygoten (nur HbS) schließlich zum Tod führen, sind in der Abb. 7.**18** aufgeführt. Die Sauerstoffversorgung heterozygoter Menschen **(Kodominanz von HbA und HbS)** ist nur bei verringertem Sauerstoffpartialdruck, z.B. in großen Höhen, beeinträchtigt.

Sichelzellenanämie hat noch einen weiteren wichtigen Aspekt. Obwohl es eine schwere Krankheit ist, findet man sie in Teilen Afrikas und des Mittleren Ostens besonders häufig, in denen Malaria ebenfalls häufig vorkommt. Dies ist kein Zufall, da die Sichelzellenanämie die Heterozygoten vor den Folgen der **Malariainfektion** durch *Plasmodium falciparum* schützt oder zumindest eine Abschwächung des Krankheitsbildes bewirkt.

7.8 Penetranz und Expressivität: Die Variabilität des Phänotyps

In allen bisherigen Beispielen war einem bestimmten Genotyp ein einfacher oder komplexer Phänotyp zugeordnet. Das ergab einfache Erbgänge nach den Mendel-Gesetzen. Es gibt aber auch Fälle, bei denen der Phänotyp nicht nur vom entsprechenden Genotyp, sondern z. B. zusätzlich von der Einwirkung von Umweltfaktoren oder dem Zusammenwirken mit anderen Genen im individuellen Genom abhängt. Das kann bedeuten, dass der Phänotyp bei gleicher Allelkombination in einem Individuum ausgeprägt wird, in einem anderen dagegen nicht zu erkennen ist. **Penetranz** ist definiert als der Anteil an Individuen, die bei gleichem genetischen Hintergrund für ein bestimmtes Gen den zugehörigen Phänotyp zeigen. Bei der Kaninchenrasse „Weiße Wiener" (weiß mit blauen Augen) ruft Homozygotie für das Allel v^e Epilepsie hervor, jedoch nur bei 70 % der v^e/v^e-Individuen. Bei *Drosophila* bewirkt das dominante *Lobe*-Allel eine Reduktion der Ommatidienzahl mit einer Penetranz von 75 % bei heterozygoten L/L^+-Fliegen.

Wenn ein allelspezifischer Phänotyp vorhanden ist, muss er nicht in allen Individuen gleicher Allelkombination identisch sein. Die **Expressivität** ist ein Maß für den Grad der Ausprägung des jeweiligen Phänotyps, z. B. schwach – mittel – stark oder definiert sich am Vorhandensein oder Fehlen von Bestandteilen des Phänotyps. Die Anzahl der Ommatidien im *Lobe*-Auge schwankt von 0 (kein Auge) über viele Stufen bis zum Wildtyp mit etwa 700–800 Facetten.

Zusammenfassung

- **Gregor Mendel** hat aus den Ergebnissen seiner Kreuzungsexperimente allgemein gültige Vererbungsregeln aufgestellt.
- Die Grundlage der Interpretation von Kreuzungsexperimenten ist die Meiose. **Kreuzungsgenetik** ist eine verkürzte Ausdrucksform und Schreibweise der Meiose bzw. der Meiosen in den Individuen aufeinanderfolgender Generationen.
- Die Regeln der Kreuzungsgenetik ermöglichen es, aus der Beschreibung des Erbgangs eines Merkmals auf die Vererbung der zugehörigen Allele zu schließen. Dadurch können Gene einem bestimmten Chromosom des haploiden Chromosomensatzes und dort einem Ort in der **Genkarte** zugeordnet werden.
- Der **Erbgang** eines einzelnen Allelpaares wird **monohybrid**, ein Erbgang mit zwei Allelpaaren wird **dihybrid** genannt.
- Hat eine diploide Zelle auf beiden Homologen dasselbe Allel eines Gens, so ist sie **homozygot**, sind die beiden Allele verschieden, ist sie bezüglich dieses Allelpaars **heterozygot**.

- Ein **euploider** Chromosomensatz enthält n Chromosomen oder ein Vielfaches davon: diploid, triploid ... polyploid. Ist ein einzelnes Chromosom unter- oder überzählig, so ist der Chromosomensatz **aneuploid**: Monosomie oder Trisomie.

- Als **Nondisjunction** wird das Nichttrennen der beiden homologen Chromosomen in Meiose I oder der beiden Chromatiden in Meiose II oder der Schwesterchromatiden in der Mitose bezeichnet. Dieser Fehler führt zu aneuploiden Chromosomensätzen.

- Wenn von einem Gen mehrere verschiedene Allele bekannt sind, spricht man von **multipler Allelie**. Allele können verschiedenen Mutationsklassen zugeordnet werden. Als amorph, hypomorph oder hypermorph werden Allele bezeichnet, die funktionslos sind, eine Restfunktion haben oder aktiver als das Wildtypallel sind. Gleiche Allelkombination im Genotyp verschiedener Individuen bedeutet nicht immer den gleichen Phänotyp. Mit der **Penetranz** wird der Anteil der Individuen bestimmt, die den Phänotyp zeigen, mit der **Expressivität** der Grad der phänotypischen Ausprägung.

- **Polygenie** nennt man die Beeinflussung des Phänotyps eines Merkmals durch verschiedene Gene. Dagegen beschreibt **Polyphänie** bzw. **Pleiotropie** die Wirkung eines einzelnen Gens auf mehrere Merkmale.

- Die Vererbung von Allelen, die in **Populationen** mit unterschiedlichen Häufigkeiten vertreten sind, wird mit dem **Hardy-Weinberg-Gesetz** beschrieben.

8 Genetik der Geschlechtsbestimmung I

Seit der Entdeckung des *white*-Gens bei *Drosophila* und des damit einhergehenden geschlechtsgekoppelten Erbgangs sowie der zugehörigen Chromosomen X und Y hat die Entschlüsselung der Genetik der Geschlechtsbestimmung viele Forschergenerationen beschäftigt. Bei sehr vielen Tier- und einigen Pflanzenarten kann man zytologisch Heterosomenpaare erkennen. Wie gelingt es aber einem Embryo zwischen zwei verschiedenen **Karyotypen** zu unterscheiden, um den richtigen Weg der Geschlechtsdifferenzierung einzuschlagen? Wie wird sichergestellt, dass die nicht an der Geschlechtsbestimmung beteiligten Gene auf den X-Chromosomen in beiden Geschlechtern mit gleicher Rate transkribiert werden?

Seit wenigen Jahren sind diese Fragen bei einigen Modellorganismen weitgehend geklärt. Damit ergibt sich die attraktive Möglichkeit, eine grundlegende Phänotypalternative – weiblich/männlich – von der zytologischen Analyse der Chromosomen über Mutationen der beteiligten Gene bis zur Klonierung ihrer DNA und dem Verstehen der molekularen Steuerung der Genaktivität darzustellen.

Diese Mechanismen werden in zwei Teilen besprochen. Zunächst geht es um die Bedeutung von Heterosomen und Autosomen für die Geschlechtsbestimmung. Im Kap. 23 werden dann die Mutationen der geschlechtsspezifischen Gene und die sich daraus ergebenden Genkaskaden dargestellt. Die molekularen Daten werden das Verständnis der Zusammenhänge vertiefen.

8.1 Die Verteilung der Geschlechtschromosomen bestimmt das Geschlecht

Bei der Vererbung des Geschlechts ist auffällig, dass im Normalfall in jeder Generation ein Verhältnis von 1:1 zu beobachten ist. Dies gleicht formal einer Testkreuzung (s. Abb. 10.**1**, S. 86) mit zwei Allelen eines **Geschlechtsgens** *G*, wobei Homozygotie für *g* das eine, Heterozygotie für *G* und *g* das andere Geschlecht ausprägt:

$$\mathrm{P}\quad \frac{g}{g} \times \frac{G}{g}$$

$$\mathrm{F}_1\quad \frac{g}{g} \times \frac{G}{g}$$

Es gibt solch einfache genetische Mechanismen, bei denen Allele eines einzigen Gens über das Geschlecht entscheiden, wie z. B. beim Wilden Kürbis (*Ecballium elaterium*). Häufiger übernehmen Chromosomenpaare diese Aufgabe, z. B. die **Heterosomen X** und **Y**. Beim Menschen und bei *Drosophila*, aber auch bei etlichen diözischen Pflanzenarten ist dabei **das weibliche Geschlecht XX** und damit **homogametisch**, **das männliche XY** und damit **heterogametisch**. Das ist nicht immer so. Bei Schmetterlingen, Vögeln, manchen Amphibien und bei der Wilden Erdbeere

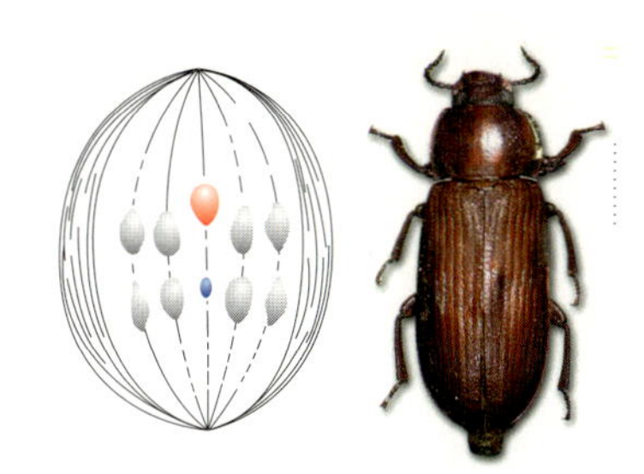

Pyrrhocoris apterus (Feuerwanze) *Tenebrio molitor* (Mehlkäfer)

Abb. 8.1 Ursprung der Bezeichnungen für X- und Y-Chromosomen. Originalzeichnungen von Henking und Stevens (X-Chromosom rot, Y-Chromosom blau) [aus Henking 1891, Stevens 1905; Bilder von Robert Klapper, Münster].

(*Fragaria elatior*) ist das weibliche Geschlecht heterogametisch und das männliche homogametisch. Zur Unterscheidung von XY werden die Bezeichnungen **ZW für den weiblichen und ZZ für den männlichen Genotyp** benutzt. Manchmal fehlt auch das Y-Chromosom. Heuschrecken-Weibchen haben z. B. 2 X-Chromosomen, die Männchen sind X0. Sie produzieren zwei Spermiensorten: Eine mit und eine ohne X-Chromosom. In Abb. 5.**1a** (S. 30) ist das partnerlose kompakte X-Chromosom vom Pachytän bis zur Diakinese besonders gut erkennbar.

Woher die Bezeichnungen X und Y stammen, ist aus Abb. 8.**1** ersichtlich. Hermann Henking (1858–1942) hatte 1891 bei seinen zytologischen Untersuchungen über die Spermatogenese bei der Feuerwanze *Pyrrhocoris apterus* das einzelne, unpaare Chromatinelement, das ihm neben 11 Chromosomen auffiel, mit „X" bezeichnet. In der Spermatogenese des Mehlkäfers *Tenebrio molitor* entdeckte Nettie Stevens 1905 ein ungleiches Chromosomenpaar, dessen größeres Chromosom sie mit X und dessen kleineres sie mit Y bezeichnete.

Die Verteilung der Heterosomen bei den beiden Geschlechtern ist bei Säugern und *Drosophila* gleichartig. Das muss aber nicht heißen, dass die Bedeutung von X- und Y-Chromosomen in beiden Fällen identisch ist. Einen ersten Einblick können wir durch Nondisjunction der Heterosomen gewinnen. In Tab. 8.**1** sind Chromosomenkonstitutionen und Geschlechtsphänotypen für verschiedene Organismen aufgeführt.

Der Fadenwurm (Nematode) *Caenorhabditis elegans* (Abb. 28.**1**, S. 441) lebt im Normalfall als Hermaphrodit mit XX, produziert also Eier und Spermien in seinen Gonaden. Durch Nondisjunction gibt es X0-Tiere,

Tab. 8.1 Heterosomen und Geschlechtsphänotyp

Chromosomen-konstitution	Geschlecht bei *Drosophila*	*Caenorhabditis*	Maus	Mensch
XX	♀	⚥ Hermaphrodit	♀	♀
XY	♂	–	♂	♂
XXY	♀	–	♂ steril	♂ Klinefelter steril
X0	♂ steril	♂	♀	♀ Turner steril
XXX	♀ meist letal	⚥ Hermaphrodit	♀	♀ fertil

die als fertile Männchen mit den Zwittern kopulieren und Nachkommen haben können, unter denen dann die Hälfte Männchen sind.

Die Daten der Tab. 8.**1** zeigen, dass bei *Drosophila* ein Weibchen durch 2 X-Chromosomen, ein Männchen durch 1 X-Chromosom definiert ist. Das Y-Chromosom kann in beiden Fällen vorhanden sein oder fehlen, es ist also an dieser Entscheidung nicht beteiligt.

Anders sind die Verhältnisse bei den Säugern. Die Nondisjunction-Fälle zeigen klar, dass nicht die Anzahl der X-Chromosomen, sondern das Y-Chromosom das Geschlecht bestimmt. Ist es vorhanden, wird der männliche Phänotyp gebildet; fehlt es, der weibliche.

Ähnlich sind die Verhältnisse bei der **diözischen** Weißen Lichtnelke (*Silene latifolia* = *Melandrium album*). Weibliche Pflanzen haben in ihrem Genotyp neben 22 Autosomen zwei X-Chromosomen, männliche Pflanzen ein X- und ein Y-Chromosom, die zytologisch unterscheidbar sind. Pflanzen mit einem Y-Chromosom und 3 X-Chromosomen entwickeln sich männlich, weil das Y-Chromosom mindestens zwei geschlechtsbestimmende Gene enthält: Eines, das die Bildung des Fruchtknotens unterdrückt und eines, das die Antherenentwicklung fördert.

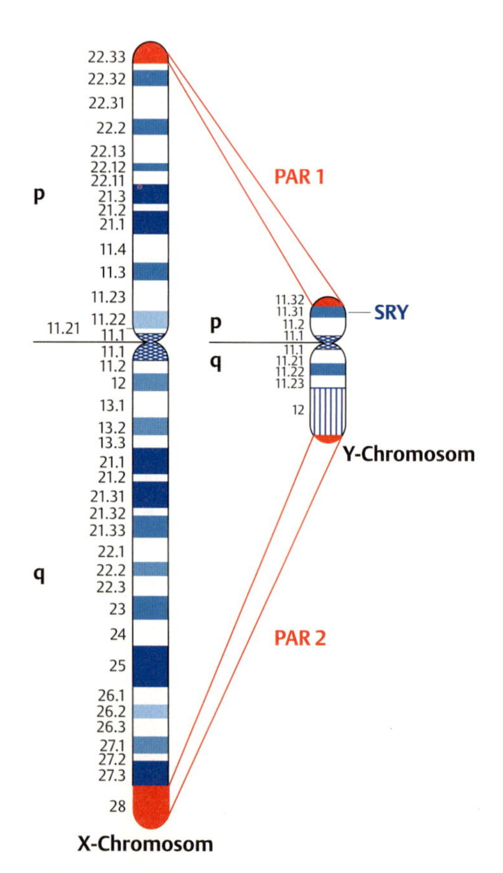

Abb. 8.2 Das Gen *SRY* (*S*ex-determining *R*egion of the *Y*). PAR1 und PAR2: pseudoautosomale Region, p und q: kurzer (p) und langer (q) Chromosomenarm, Zahlen: Bandennomenklatur (s. a. Abb. 3.**6**, S. 19).

8.2 Das geschlechtsbestimmende Gen SRY

Der Befund, dass zumindest der entscheidende genetische Faktor für die Geschlechtsbestimmung bei Maus und Mensch auf dem **Y-Chromosom** lokalisiert sein muss, führte zur lang andauernden Suche nach dem hodenbestimmenden Faktor, dem **TDF** (**T**estis-**D**etermining **F**actor). Schließlich wurde TDF als das Gen ***SRY*** (***S**ex-determining **R**egion of the **Y***) identifiziert. Seine Aktivität führt beim Menschen dazu, dass sich im männlichen Embryo die noch undifferenzierten Gonaden in der 6.–8. Woche zu Hoden entwickeln. Fehlt *SRY*, werden im dann weiblichen Embryo am Ende der 8. Woche Ovarien gebildet. Man weiß, dass bei diesen Prozessen weitere Gene beteiligt sind, die Hauptrolle bei der Geschlechtsdifferenzierung spielt allerdings eine Vielzahl von Hormonen.

Im menschlichen Y-Chromosom sind in 60 Mb DNA nur etwa 50 Gene vorhanden, von einigen gibt es jedoch auf dem X-Chromosom, das in 165 Mb DNA etwa 1500 Gene enthält, homologe Genorte. Sie sind hauptsächlich in zwei Regionen an den Enden beider Chromosomen lokalisiert (PAR1 und PAR2). In der **p**seudo**a**utosomalen **R**egion **PAR1** am distalen Ende der kurzen Arme beider Chromosomen (Xp und Yp) findet in der männlichen Meiose regelmäßig ein Crossover statt. Direkt neben PAR1 wurde auf dem Y-Chromosom das *SRY*-Gen im Chromosomenbereich Yp11.31 lokalisiert (Abb. 8.**2**).

Neben XX-Frauen und XY-Männern gibt es selten auch XY-Frauen und XX-Männer. Es konnte gezeigt werden, dass den XY-Frauen der kurze Arm des Y (Yp) fehlt und dass XX-Männer diesen Teil des Y-Chromosoms angeheftet an ein anderes Chromosom in ihrem Genom enthalten. Eine weitere Möglichkeit für die Entstehung dieser Phänotypen ist ein seltenes Crossover zwischen *SRY* und dem Zentromer in der Meiose eines Mannes (Abb. 8.**2**). Dadurch entstehen Spermien, die ein X-Chromosom mit oder ein Y-Chromosom ohne das *SRY*-Gen besitzen.

8.3 Geschlechtsbestimmung und Genbalance bei *Drosophila* und *Caenorhabditis*

Bei *Drosophila* und *Caenorhabditis* ist die genetische Steuerung der Geschlechtsbestimmung offensichtlich noch komplizierter, da es um das Vorhandensein von 1 oder 2 X-Chromosomen geht, die ja als Chromosomen mit all ihren Genen nicht geschlechtsspezifisch sind, sondern von Generation zu Generation zwischen den Geschlechtern wandern.

Für *Drosophila* hat **Bridges 1925** eine **Theorie der Genbalance** aufgestellt, nach der die X-Chromosomen weibliche Determinanten tragen, die Autosomen dagegen männliche. Wie kam er zu dieser Theorie?

Bridges fand **triploide *Drosophila*-Weibchen** mit je 3 X-Chromosomen (X) und 3 Autosomensätzen (A). Solche Weibchen produzieren einige euploide Chromosomensätze, wie z. B. X 2 3 4 oder X 22 33 44 in den Oozyten und viele aneuploide, die nach der Zygotenbildung letal sind, z. B. X 22 3 4 oder XX 2 33 4.

Die vier euploiden Sätze sind: X A, X 2A, 2X A, 2X 2A. Werden solche Eier von X A- bzw. Y A-Spermien befruchtet, ergeben sich Chromosomenzusammensetzungen und Geschlechtsphänotypen wie sie in Tab. 8.**2** aufgelistet sind. Es zeigt sich, dass bei einem **X:A-Verhältnis** von 1,0 oder größer ein weiblicher Phänotyp entwickelt wird, bei einem Verhältnis von 0,5 oder kleiner ein männlicher. Bei einem X:A-Verhältnis zwischen 0,5 und 1,0 entstehen sog. **Intersexe**, die phänotypisch aus einem Muster von nebeneinander liegenden männlichen und weiblichen Bereichen, z. B. Elementen der beiden Genitalienborstenmuster, bestehen. Intersexe sind steril, während Zwitter oder Hermaphroditen funktionelle Gameten beider Geschlechter produzieren, wie z. B. Weinbergschnecken, *Caenorhabditis* oder die meisten Blütenpflanzen.

Auch beim diözischen Großen Sauerampfer (*Rumex acetosa*) mit dem normalen weiblichen 2X 2A- und normalen männlichen X2Y 2A-Genotyp ist das X:A-Verhältnis entscheidend. Ist es 1,0 oder höher, resultiert eine weibliche, ist es 0,5 oder niedriger eine männliche Pflanze. Bei einem Verhältnis zwischen 0,5 und 1,0 – z. B. bei Triploiden mit einem 2X2Y 3A-Genotyp – werden Zwitterblüten ausgebildet wie bei monözischen

Tab. 8.2 Chromosomenkonstitution und Geschlechtsphänotyp bei *Drosophila*. X, Y = Heterosomen, A = Autosomensatz, mosaik = weibliche und männliche Differenzierungen nebeneinander.

Chromosomenkonstitution	X:A-Verhältnis	Phänotyp (Geschlecht)
3X 2A	1,5	Meta-Weibchen semiletal, steril
3X 3A	1,0	Weibchen, triploid fertil
2X 2A	1,0	Weibchen, normal
2X 2A Y	1,0	Weibchen, diploid fertil
2X 3A	0,67	Intersex (mosaik)
2X 3A Y	0,67	Intersex (mosaik)
1X 2A	0,5	Männchen, diploid steril
1X 2A Y	0,5	Männchen, normal
1X 3A Y	0,33	Meta-Männchen, semiletal, steril

Pflanzen. Die formale Ähnlichkeit mit dem *Drosophila*-System geht sogar noch etwas weiter: In männlichen Pflanzen sind die Y-Chromosomen für den erfolgreichen Verlauf der Meiose erforderlich. Bei *Drosophila* sind nur Männchen mit Y-Chromosom(en) fertil, X0-Männchen sind steril, weil die Spermatogenese nicht zu Ende geführt wird.

Bei ***Caenorhabditis*** gibt es eine andere, aber klare Grenze: Bei einem **X:A-Verhältnis** von 0,5 (1X 2A, 2X 4A) oder 0,67 (2X 3A) entwickelt sich ein Männchen, bei 0,75 (3X 4A) oder 1,0 (2X 2A, 3X 3A, 4X 4A) ein Hermaphrodit.

Bei *Drosophila* und *Caenorhabditis* gibt es also eine Vielzahl von Geschlechtsgenotypen, die durch unterschiedliche X:A-Verhältnisse zustande kommen. Der Normalfall ist aber die Diploidie, in der ein genetischer Mechanismus vorhanden sein muss, der die Anzahl der X-Chromosomen feststellt und dadurch die entsprechende Geschlechtsdifferenzierung festlegt (s. Kap. 23, S. 386).

8.4 Die Dosiskompensation gleicht Unterschiede der Genexpression aus

Mit dem Problem der Geschlechtsbestimmung ist ein zweites Problem – das der **Dosiskompensation** – eng gekoppelt. Wie wird dafür gesorgt, dass die Gene des einen X-Chromosoms im männlichen Geschlecht ebensoviel Genprodukt liefern wie die Gene der beiden X-Chromosomen im weiblichen Geschlecht? Das ist deswegen wichtig, weil häufig Gene der Heterosomen und Autosomen zusammenwirken und daher ihre Produktmengen aufeinander abgestimmt sein müssen. Nur wenn die Geschlechtschromosomen sehr wenige Gene enthalten, kann auf Dosiskompensation verzichtet werden, wie z.B. bei der Stubenfliege *Musca domestica* oder bei Vögeln.

Tab. 8.3 Möglichkeiten der Dosikompensation

	♀		♂	
Mensch	X	X	X	Y
X-Aktivität	1	0	1	
	inaktiv			
Drosophila	X	X	X	Y
X-Aktivität	1	1	2	
			hyperaktiv	
Caenorhabditis	X	X	X	0
X-Aktivität	0,5	0,5	1	
	hypoaktiv			

In der Tab. 8.**3** sind drei formale Lösungsmöglichkeiten aufgeführt, die alle in der Natur verwirklicht sind. Wird im weiblichen Geschlecht eines der beiden X-Chromosomen **inaktiviert**, so ist – bei den Säugern – in beiden Geschlechtern nur jeweils ein aktives X-Chromosom vorhanden. Wenn aber die Gene beider X-Chromosomen normal aktiv sind, dann müsste dies durch doppelte Syntheseleistung am X-Chromosom des Männchens ausgeglichen werden, wie es z.B. durch die **Hyperaktivierung** bei *Drosophila* geschieht. Als 3. Möglichkeit kommt in Betracht, dass die beiden X-Chromosomen des Weibchens **hypoaktiv** werden und zusammen soviel Genprodukte liefern wie das eine X-Chromosom des Männchens. Dies ist bei *Caenorhabditis* der Fall.

8.4.1 Dosiskompensation bei Säugern

1949 entdeckten M.L. Barr und E.G. Bertram das sog. **Sexchromatin** in den Zellkernen weiblicher Katzen. Zwölf Jahre später stellte Mary Lyon die später nach ihr benannte **Hypothese** auf, dass die **Barr-Körper** oder Trommelschlegel (*drumsticks* in Leukozyten) ein **inaktiviertes X-Chromosom** darstellen. Der Mechanismus dieser bis heute nicht völlig aufgeklärten Inaktivierung lässt sich kurz wie folgt beschreiben.

Im menschlichen Embryo erfolgt die Inaktivierung eines der beiden X-Chromosomen um den 12.–16. Tag der Embryogenese. Das inaktivierte X-Chromosom ist von Zelle zu Zelle zufällig entweder väterlicher oder mütterlicher Herkunft. Da in den darauf folgenden Mitosen in allen Tochterzellen immer das gleiche X-Chromosom inaktiv bleibt wie in der Zelle, von der sie abstammen, sind alle Säugerweibchen großflächige genetische Mosaike (s. a. Kap. 10.7, S. 106). Sie bestehen aus Zellklonen, in denen entweder die mütterlichen oder die väterlichen Allele des X-Chromosoms aktiv sind. Man weiß allerdings, dass auch etliche Gene des inaktiven X-Chromosoms aktiv sind. Das könnte ein Grund dafür sein, dass X0-Frauen das **Turner-Syndrom** und XXY-Männer das **Klinefelter-Syndrom** zeigen. Bei der Inaktivierung spielt das ***Xist*-Gen** (*X-inactive specific transcript*) eine wichtige, aber noch nicht völlig geklärte Rolle. Das wirksame Genprodukt ist jedenfalls das RNA-Transkript, das nicht in ein Protein übersetzt wird.

Die Inaktivierung ist nicht an die Geschlechtsausprägung gekoppelt: XXY-Männer haben einen Barr-Körper in den Zellkernen, XXX-Frauen zwei, während das einzelne X-Chromosom der X0-Frauen in allen Zellen aktiv bleibt.

8.4.2 Dosiskompensation bei *Drosophila* und *Caenorhabditis*

Im Gegensatz zum Menschen und den Säugern werden bei *Drosophila* und *Caenorhabditis* Geschlechtsbestimmung und Dosiskompensation gemeinsam genetisch reguliert. In beiden Fällen gibt es ein Schlüsselgen, dessen Aktivität sowohl die weibliche oder männliche Differenzierung als auch die richtige Dosiskompensation einleitet.

Zur weiteren Vertiefung und zur molekularen Genetik der Geschlechtsbestimmung s. Kap. 23, S. 386.

Zusammenfassung

- Bei vielen Tieren, diözischen Pflanzenarten und beim Menschen unterscheiden sich die Geschlechter durch die ungleiche Verteilung der **Heterosomen**. Häufig ist das weibliche Geschlecht **homogametisch** XX, das männliche **heterogametisch** XY, seltener das männliche Geschlecht ZZ und das weibliche ZW.

- Die Bedeutung der beiden Heterosomen für die Geschlechtsbestimmung ist unterschiedlich. Beim Menschen sind **XX**- und **X0**-Individuen **Frauen**, **XY- und XXY**-Individuen **Männer**. Das bedeutet, dass das Y-Chromosom die Entwicklung zum männlichen Geschlecht bestimmt. Bei *Drosophila* ist es daran nicht beteiligt, da die Genotypen mit einem X-Chromosom (XY und X0) männlich, die mit zwei X-Chromosomen (XX und XXY) weiblich sind.

- Beim Menschen wurde das **Gen *SRY*** als der hodenbestimmende Faktor identifiziert. Bei *Drosophila*, *Caenorhabditis* und einigen Pflanzenarten wird die Richtung der Geschlechtsdifferenzierung durch das Verhältnis der **Anzahl der X-Chromosomen** zur Anzahl von Autosomensätzen entschieden.

- Die meisten Gene auf dem **X-Chromosom** spielen bei der Geschlechtsbestimmung keine Rolle. Da diese Gene in einem Geschlecht **einfach**, im anderen **doppelt** vorhanden sind, muss die Aktivität dieser unterschiedlichen **Dosis kompensiert** werden. Beim Menschen ist 1 X-Chromosom aktiv, alle anderen werden inaktiviert. Bei *Drosophila* wird das einzelne X-Chromosom des Männchens hyperaktiv, bei *Caenorhabditis* werden beide weiblichen (zwittrigen) X-Chromosomen hypoaktiv.

9 Analyse von Familienstammbäumen

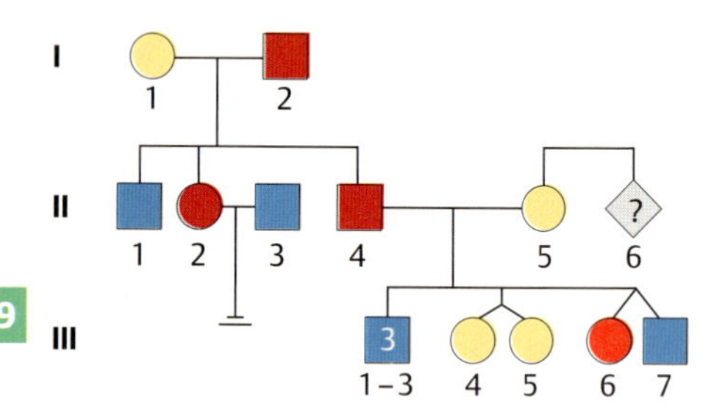

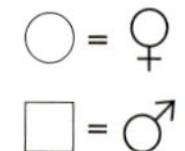

rot = Merkmalträger

Abb. 9.1 Musterstammbaum.
Generation I: Frau 1 heiratet Mann 2 (Merkmalträger).
Generation II: Es gibt 3 Kinder: Sohn 1, Tochter 2 (mit Merkmal) heiratet Mann 3 (Ehe bleibt kinderlos), Sohn 4 (mit Merkmal) heiratet Frau 5, die noch ein Geschwister (6) nicht bekannten Geschlechts hat (Eltern unbekannt).
Generation III: Aus Ehe II 4 mit II 5 gibt es 7 Kinder: Söhne 1–3, eineiige Zwillingstöchter 4 und 5, zweieiige Zwillinge mit Tochter 6 (mit Merkmal) und Sohn 7.

Wenn ein Kind geboren wird, sind im Vergleich zu gezielten Experimenten bei Modellorganismen die Genotypen der Eltern fast gänzlich unbekannt. Daher können auch keinerlei statistische Vorhersagen für den Geno- und daraus resultierenden Phänotyp eines oder weniger Kinder gemacht werden. Aber die Verfolgung des Auftretens einzelner markanter Phänotypen bzw. Krankheitsbilder über mehrere Generationen hinweg kann den Erbgang der zugehörigen Genotypen aufklären, vor allem dann, wenn es sich um relativ seltene Phänotypen handelt. Die Analyse von Familienstammbäumen wollen wir an einem Beispiel demonstrieren.

Die Darstellung eines Stammbaums erfolgt nach bestimmten Regeln, die u. a. die Generationenfolge, das Geschlecht und den berücksichtigten Phänotyp beachten (Abb. 9.**1**).

In Skandinavien gibt es eine Form der **Kraushaarigkeit**, deren Vererbung in einer Familie in Abb. 9.**2** für 5 Generationen dargestellt ist. Ein Ehepaar (III, 30 und 31) mit seinen 6 Kindern ist in Abb. 9.**3** zu sehen. Bei der Interpretation des Stammbaums gehen wir zunächst davon aus, dass die kraushaarige Frau der Generation I die einzige Person ist, die dieses Merkmal einbringt. Es leuchtet ein, dass der Erbgang kaum erkennbar wäre, wenn weitere Merkmalträger in den Stammbaum hineinkämen. Auffallend ist, dass diese Frau aus beiden Ehen kraushaarige Kinder hat. Das spricht sehr für die Dominanz des Merkmals, andernfalls müssten beide Ehemänner heterozygot gewesen sein. Für die Annahme der Dominanz spricht auch, dass das Merkmal in jeder Generation auftritt, und zwar immer bei Kindern, die einen kraushaarigen Elternteil haben. Wenn das alles richtig ist, sind alle Merkmalträger heterozygot für

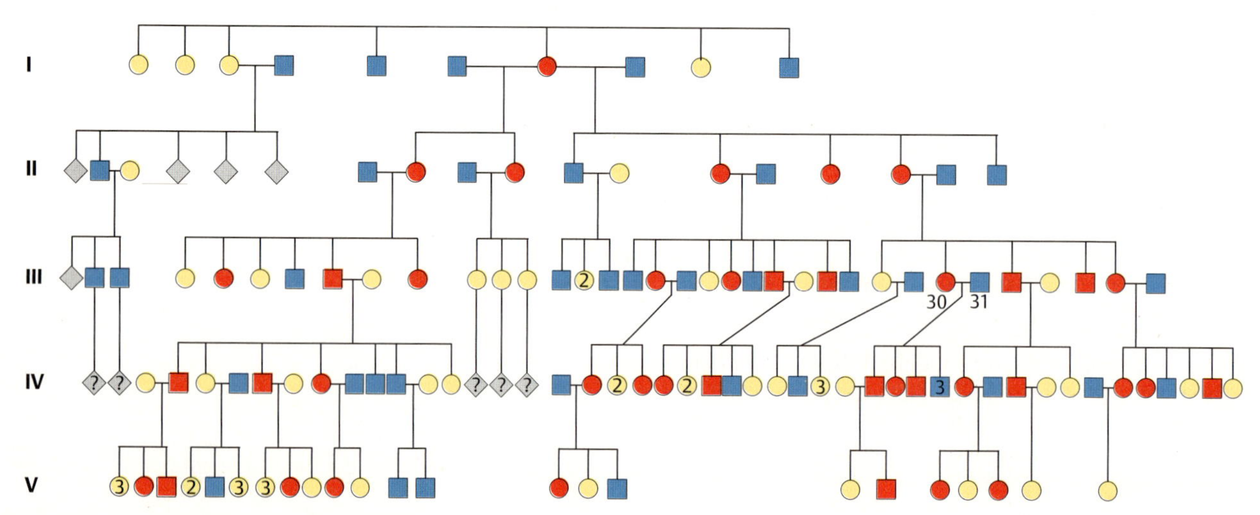

Abb. 9.2 Stammbaum Kraushaar. Symbolik wie Abb. 9.**1**, nähere Erläuterung im Text.

Abb. 9.3 Familie mit Kraushaar. Eltern III-30 und 31 aus Abb. 9.2 mit ihren sechs Kindern. Die Mutter und die drei ältesten Kinder (in der hinteren Reihe) zeigen das phänotypische Merkmal Kraushaar [© Oxford University Press 1932. Mohr, O.L.: Woolly hair, a dominant mutant character in man. J. Hered. 23 345–352].

ein dominantes Allel der Kraushaarigkeit. Ihre Kinder sollten dann je zur Hälfte kraushaarig und glatthaarig sein. Dies ist bei den 20 Ehen mit einem kraushaarigen Partner der Fall: 39 Kinder sind kraushaarig, 44 glatthaarig. Das Gen für Kraushaarigkeit ist auf einem Autosom lokalisiert. Wäre es auf dem X-Chromosom, dürften kraushaarige Väter keine kraushaarigen Söhne haben, läge es auf dem Y-Chromosom, gäbe es keine kraushaarigen Frauen.

Zusammenfassung

- Der Vererbungsmodus vieler Erbkrankheiten des Menschen ist aus der **Analyse von Stammbäumen** erschlossen worden. Eine gesicherte Aussage ist besonders dann möglich, wenn es sich um eine seltene Krankheit handelt, das zugehörige Gen auf dem X-(oder Y-)Chromosom lokalisiert ist oder die Krankheit durch ein dominantes Allel verursacht wird.

10 Genkartierung

10.1 Wie kann man genetische Kopplung erkennen?

Bei der genetischen Betrachtung der Meiose haben wir gesehen, dass zwei Gene entweder auf einem Chromosom lokalisiert sein können, wie z. B. *vg* und *bw* oder auf zwei verschiedenen, wie z. B. *vg* und *e*. Im ersten Fall werden die beiden Gene im Kreuzungsexperiment gemeinsam, d. h. gekoppelt vererbt, im zweiten Fall ungekoppelt. Allerdings können gekoppelte Gene in einzelnen Meiosen durch Crossover entkoppelt werden. Wie aber erkennt man **genetische Kopplung** im Kreuzungsexperiment? Wie bemerkt man die Zugehörigkeit von zwei Genen zu ein und derselben **Kopplungsgruppe**?

10

Betrachten wir nochmals die Abb. 7.**3** (S. 57). Wenn die Gene *vg* und *e* gekoppelt wären, könnte diese Kopplung absolut sein. Dann würden die rekombinanten Eizellen (die beiden rechten Spalten in F_2 der Abb. 7.**3**) und Spermien (die beiden unteren Zeilen) wegfallen und das Ergebnis wäre ein Verhältnis von 2:1:1 für die Phänotypen $vg^+ e^+$: $vg^+ e$: $vg e^+$ (die vier F_2-Klassen oben links). In der Tab. 10.**1** ist dargestellt, was sich ändert, wenn wir eine teilweise Entkopplung durch **Crossover-Rekombination** annehmen. Die Relationen der Phänotypenklassen in den vier Gruppen (beide Gameten nicht rekombinant, einer der beiden Gameten rekombinant, beide Gameten rekombinant (Zeile 1–4) sind unabhängig von der Crossoverhäufigkeit. Die absoluten Werte ändern sich jedoch mit der Veränderung der Anteile der Nicht-Rekombinanten (N) und der Rekombinanten (R). Vergleichen wir z. B. die Verhältnisse bei Gleichverteilung (0,5:0,5, Zeile 5 und 7) mit dem Fall von 3/4 Nicht-Rekombinanten und 1/4 Rekombinanten, dann ergeben sich die Werte der Tab. 10.**1** (Zeile 6 und 8). Verhältnisse und absolute Zahlen (bei einer Gesamtzahl von n = 1024 Nachkommen) zeigen, dass der Wildtyp und die Doppelmutante abnehmen, die Anteile der Einfachmutanten zunehmen. Diese Verschiebungen hängen im Einzelfall von der Crossoverhäufigkeit ab. Wenn man auch noch zufällige Streuungen der Daten berücksichtigt

Tab. 10.1 Phänotypenverhältnisse bei dihybrider Kreuzung ohne Kopplung (Abb. 7.3, S. 57) bzw. bei Kopplung. n = nicht rekombinant, r = rekombinant

	Gameten		Phänotypen			
	Ei	**Spermium**	**$vg^+ e^+$**	**$vg^+ e$**	**$vg e^+$**	**vg e**
1	n	n	2	1	1	0
2	n	r	2	1	1	0
3	r	n	2	1	1	0
4	r	r	3	0	0	1
	n:r					
5	0,5:0,5		9	3	3	1
6	0,75:0,25		8,25	3,75	3,75	0,25
7	0,5:0,5		576	192	192	64
8	0,75:0,25		528	240	240	16

(s. Kap. 10.3 Statistik), wird klar, dass das Erkennen von Kopplung recht schwierig sein kann.

10.2 Testkreuzung zur Interpretation der Kopplungsverhältnisse

Sind zwei Gene auf verschiedenen Chromosomen lokalisiert oder gehören sie einer **Kopplungsgruppe** an? Diese Frage kann mit Hilfe einer Rückkreuzung oder Testkreuzung meistens einfach beantwortet werden. Das Prinzip besteht darin, dass heterozygote (F_1-)Individuen nicht untereinander, sondern mit Partnern gekreuzt werden, die für beide rezessiven Allele homozygot sind. Von einer **Rückkreuzung** spricht man, wenn schon einer der beiden Eltern für beide rezessiven Allele homozygot war, allgemein nennt man diesen Kreuzungstyp **Testkreuzung**. Im Fall der freien Kombinierbarkeit von *vg* und *e* (Abb. 10.**1a**) sind unter den Eiern die beiden nicht rekombinanten und die beiden rekombinanten Typen jeweils gleich häufig. Da das Testmännchen nur einen Typ von Spermien mit den beiden rezessiven Allelen produziert, wird der Genotyp der Eizellen direkt als Phänotyp der Nachkommen sichtbar, und zwar als 1:1-Verhältnis von Nicht-Rekombinanten : Rekombinanten. Im Gegensatz zu den Anteilen der Nachkommenklassen aus der Kreuzung zweier Heterozygoter (s. Abb. 7.**3**, S. 57) werden diese Verhältnisse hier unmittelbar sichtbar. Eine Testkreuzung beim Mais soll dies verdeutlichen (Abb. 10.**2**). Der Mais ist eine monözische Pflanze mit weiblichen und männlichen Blüten gleichen Genotyps (s. Abb. 31.**1**, S. 470), gezielte Kreuzungen kann man durch kontrollierte künstliche Bestäubung erreichen. Die Einzelindividuen der Nachkommenschaft sind die Maiskörner eines Kolbens.

Bei genetischer **Kopplung** ist das Phänotypergebnis einer Testkreuzung prinzipiell ähnlich dem der Nichtkopplung (Abb. 10.**1b**), der formale Unterschied liegt in den Anteilen von nicht rekombinanten und rekombinanten Phänotypen. Die beiden Nicht-Rekombinanten und die beiden Rekombinanten sind untereinander gleich häufig. Der Anteil der Rekombinanten an der Nachkommenschaft spiegelt die Crossoverhäufigkeit wider.

Im folgenden werden wir die Kopplungsverhältnisse der beiden *Drosophila*-Gene *pr* (*purple*) und *vg* (*vestigial*) untersuchen. Die experimentellen Daten stammen von Calvin B. Bridges. Werden Wildtyp-Weibchen mit doppelt mutanten Männchen gekreuzt (Abb. 10.**3**), sind alle Nachkommen erwartungsgemäß wildtypisch. Wird ein solches F_1-Männchen mit einem doppelt rezessiven Weibchen getestet, so findet man in der nächsten Generation ausschließlich Nicht-Rekombinanten. Die beiden Gene sind also absolut gekoppelt. Ganz anders fällt das Ergebnis aus, wenn heterozygote Weibchen mit doppelt rezessiven Männchen getestet werden. Bridges fand sowohl die beiden komplementären Nicht-Rekombinanten als auch die beiden Rekombinantenklassen, wobei die Nicht-Rekombinanten mit 89,3 % der Nachkommenschaft die Rekombinanten mit 10,7 % weit überragen. Wie sind diese Ergebnisse zu erklären? Offenbar ist es ein geschlechtsspezifischer Unterschied: Absolute Kopplung in der Meiose der Männchen, teilweise Entkopplung in der weiblichen Meiose. Die Ursache für die absolute Kopplung ist die **achiasmatische männliche Meiose** bei *Drosophila*: also kein Crossover, kein Chiasma, keine intrachromosomale Rekombination. Die interchromosomale Rekombination bleibt natürlich erhalten (s. Abb. 7.**3**, S. 57).

Abb. 10.1 Testkreuzung.
a Nicht-Kopplung der beiden Gene *vg* und *e*. Die Nicht-Rekombinanten sind gleich häufig wie die Rekombinanten.
b Genetische Kopplung der Gene *vg* und *bw*. Das Ergebnis der Kreuzung zeigt, dass die Gene *vg* und *bw* auf demselben Chromosom lokalisiert sind, auch wenn relativ viele Crossover-Ereignisse als Rekombinanten auftreten (ca. 60 % Nicht-Rekombinante : 40 % Rekombinante = 1:0,67). Erklärung der Gensymbole in Tab. 4.**1**, S. 24.

a

P
vg⁺ e / vg⁺ e — vg⁺ e ♀ × vg e⁺ / vg e⁺ — vg e⁺ ♂

F1
vg⁺ e / vg e⁺ — vg⁺ e⁺ ♀ × vg e / vg e — vg e ♂
homozygot rezessiv

F2

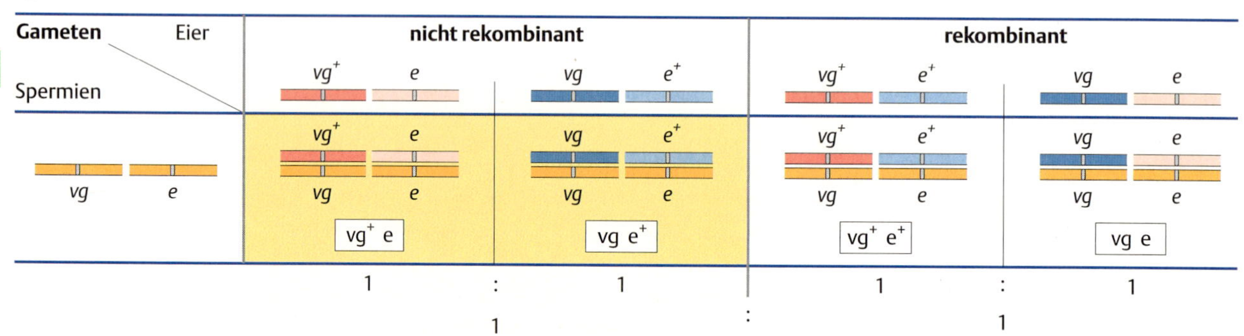

b

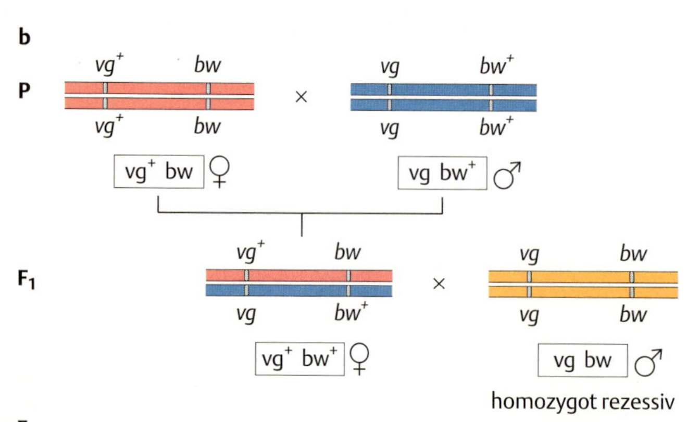

F2

Gameten / Eier / Spermien — nicht rekombinant: vg⁺ bw, vg bw⁺ — rekombinant: vg⁺ bw⁺, vg bw

vg bw

1 : 1 — 1 : 1

1 : 0,7

60 : 40

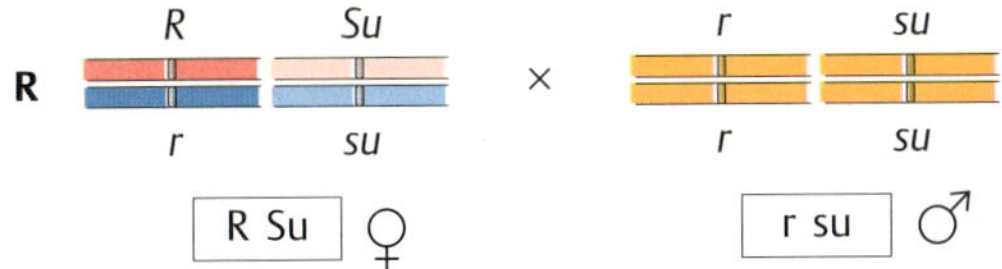

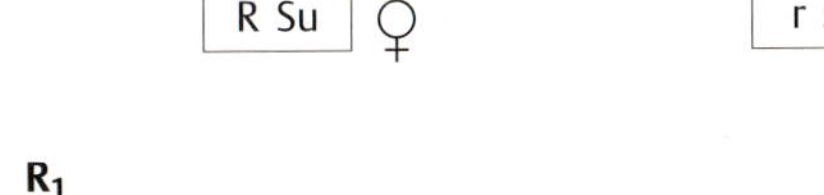

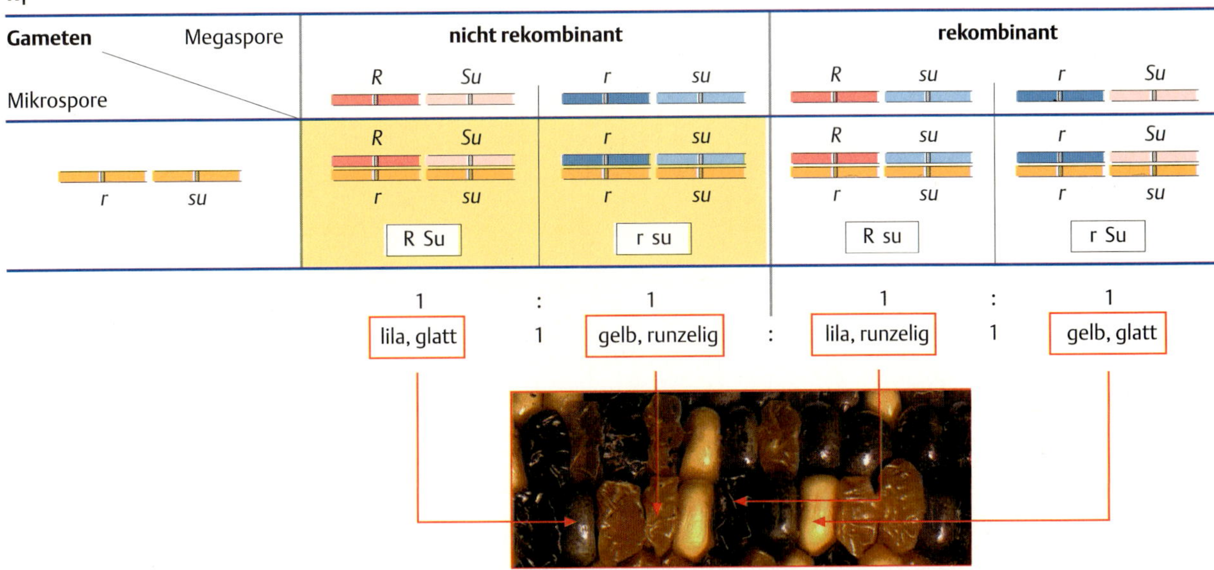

Abb. 10.2 Testkreuzung zur Analyse eines dihybriden Erbgangs beim Mais. Bei dieser Kreuzung sind die Maiskörner (= Samen) der F_1-Generation die phänotypisch zu analysierenden Einzelindividuen. Beteiligt sind die Gene *sugary* (*Su-su*, Korn glatt-runzelig) und *colored* (*R-r*, Korn lila-gelb). Werden die weiblichen Blüten der heterozygoten Maispflanze *R/r* ; *Su/su* mit Pollen einer homozygoten *r* ; *su*-Pflanze bestäubt, haben die Körner des reifenden Maiskolbens vier verschiedene Phänotypen, die untereinander gleich häufig sind. Die Gene sind also nicht gekoppelt. Die Phänotypen sind unabhängig davon, ob sie in diploidem oder triploidem Gewebe auftreten [Bild von Robert Klapper, Münster].

Unter diesen Umständen kann man auch fragen, wie man wohl zu einem Stamm mit homozygoten *pr vg*-Tieren kommen kann, wenn man aus der Kreuzung der Einzelmutanten, z.B. *pr* × *vg*, in der F_2 neue Doppelmutanten nur nach Rekombination in beiden Geschlechtern erhält (entsprechend Abb. 7.**3**, S. 57). Die Situation ist in Abb. 10.**4a** dargestellt. In der Tat sind die rekombinanten *pr vg*-Chromosomen nur heterozygot vorhanden. Sie sind phänotypisch nicht erkennbar, da es die Phänotypen pr^+ vg und pr vg^+ auch unter den Nicht-Rekombinanten gibt.

Aus den Bridges-Kreuzungen wissen wir, dass rund 10 % dieser phänotypischen pr vg^+-Nachkommen ein *pr vg*-Chromosom besitzen (Abb. 10.**3c**). Das kann man auf zweierlei Weise ausnützen. Wenn man in einer so genannten Einzelzucht, z.B. jeweils 1 Weibchen und 1 Männchen des Phänotyps pr vg^+ miteinander kreuzt, werden rekombinante Chromosomen dann sichtbar, wenn beide Kreuzungspartner der Rekombinantengruppe angehören. Nur in diesem Fall sind Nachkommen des Phänotyps pr vg zu erwarten. Mit ihnen ist ein Stamm etablierbar, der

Abb. 10.3 Bei *Drosophila*-Männchen fehlt die Rekombination durch Crossover.
a Kreuzung von Wildtyp-Weibchen mit doppelt mutanten Männchen.
b In heterozygoten F_1-Männchen ist die Kopplung von *pr (purple)* und *vg (vestigial)* absolut.
c Heterozygote Weibchen zeigen auch Crossover-Rekombination in der Nachkommenschaft.

a

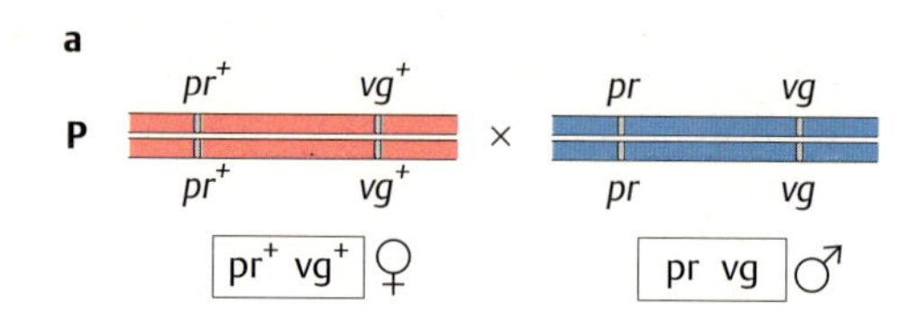

b

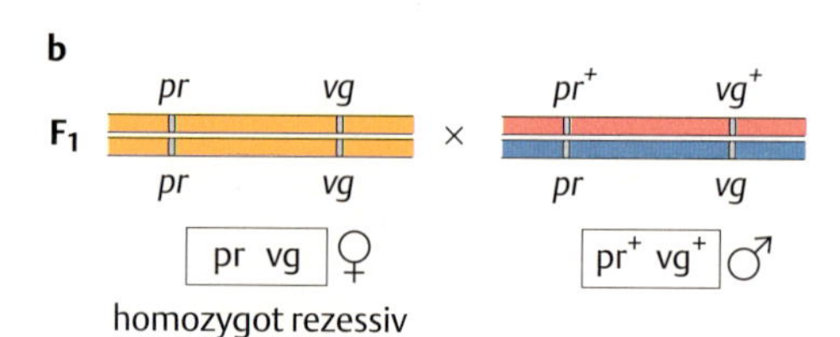

F_2

Klasse	Phänotyp	Anzahl	%	
1	pr^+ vg^+	519	48,5	Nicht-Rekombinanten
2	pr vg	552	51,5	
3	pr^+ vg	0	0	Rekombinanten durch Crossover
4	pr vg^+	0	0	

c

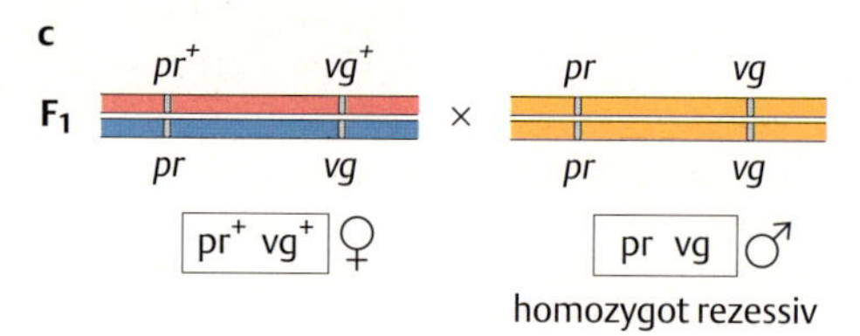

F_2

Klasse	Phänotyp	Anzahl	%		
1	pr^+ vg^+	1339	47,2	89,3	Nicht-Rekombinanten
2	pr vg	1195	42,1		
3	pr^+ vg	151	5,3	10,7	Rekombinanten durch Crossover
4	pr vg^+	154	5,4		
Σ		2839	100,0		

für beide rezessiven Mutationen homozygot ist. Die Wahrscheinlichkeit unter den Einzelzuchten die gewünschte Kombination zu finden, ist $10\,\% \times 10\,\% = 0{,}1 \times 0{,}1 = 0{,}01 = 1\,\%$ oder 1:100.

Ein anderer Weg ist in Abb. 10.**4b** dargestellt. Wenn man einzelne Männchen des Phänotyps pr vg^+ mit homozygoten *vg*-Weibchen kreuzt, erhält man in der nächsten Generation nur dann phänotypische vg-Nachkommen, wenn diese Männchen ein rekombinantes *pr vg*-Chromosom besitzen. Kreuzt man solche vg-Nachkommen untereinander, so bekommt man in der folgenden Generation auch homozygote *pr vg*-Nachkommen, die zur Etablierung eines Stammes benutzt werden. Nach ob-

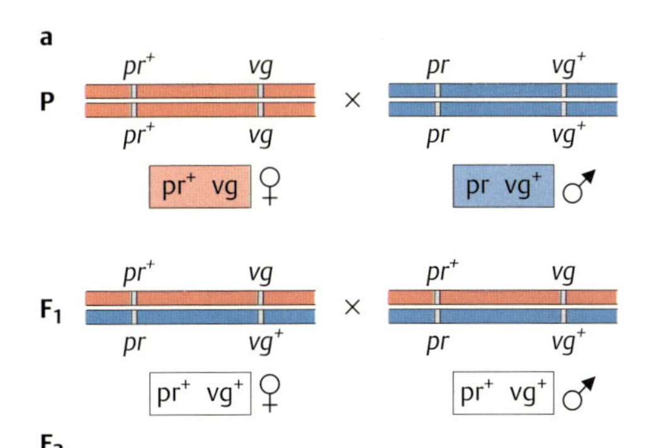

F_2

Gameten: Spermien \ Eier	nicht rekombinant: pr^+ *vg*	nicht rekombinant: *pr* vg^+	rekombinant: pr^+ vg^+	rekombinant: *pr* *vg*
nicht rekombinant: pr^+ *vg*	pr^+ *vg* / pr^+ *vg* – pr^+ vg	*pr* vg^+ / pr^+ *vg* – pr^+ vg^+	pr^+ vg^+ / pr^+ *vg* – pr^+ vg^+	*pr* *vg* / pr^+ *vg* – pr^+ vg
nicht rekombinant: *pr* vg^+	pr^+ *vg* / *pr* vg^+ – pr^+ vg^+	*pr* vg^+ / *pr* vg^+ – pr vg^+	pr^+ vg^+ / *pr* vg^+ – pr^+ vg^+	*pr* *vg* / *pr* vg^+ – pr vg^+
rekombinant	kein Crossover bei ♂♂			

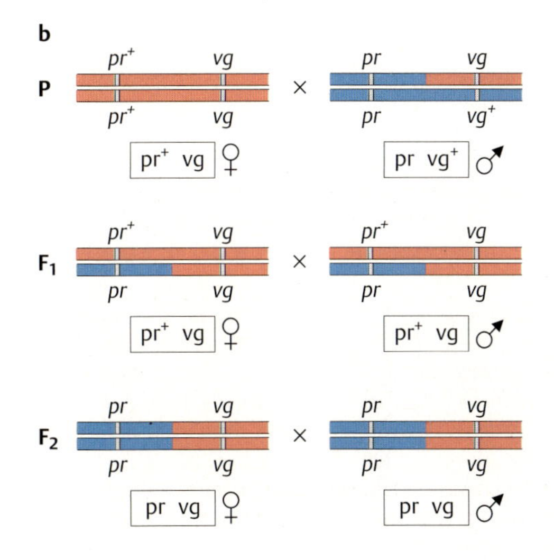

Abb. 10.4 Etablierung eines *pr vg*-Stammes.
a Da die beiden Gene derselben Kopplungsgruppe angehören und es in der Meiose der *Drosophila*-Männchen kein Crossover gibt, erhält man in der F_2-Generation nur Nachkommen, die für das gewünschte rekombinante Chromosom heterozygot sind. **b** Werden vermutlich heterozygote Männchen mit vg-Weibchen weitergekreuzt, kann man den gewünschten Stamm erhalten (nicht relevante Nachkommen in F_1 und F_2 sind weggelassen). Erklärung der Gensymbole in Tab. 4.**1**, S. 24.

igen Wahrscheinlichkeitsüberlegungen führt – ausgehend von Einzelzuchten – jedes 10. P-Männchen zum Erfolg.

10.3 Statistik: Stimmen Hypothese und Experiment überein?

Wenn wir die Zahlen der Abb. 10.**3** danach bewerten wollen, ob sie unserer Erwartung entsprechen, sehen wir, dass das nicht ohne weiteres möglich ist. Wir haben die Erwartung, dass die komplementären Phäno- bzw. Genotypen gleich häufig sind. Diese ***a-priori*-Wahrscheinlichkeit** ist begründet aus unserer Kenntnis der Meiose. Der Anteil der Rekombinanten an der Nachkommenschaft (Abb. 10.**3b**) dagegen ist eine experimentell ermittelte ***a-posteriori*-Wahrscheinlichkeit** für Rekombination zwischen *pr* und *vg*, die durch Wiederholungen des Experiments erhärtet werden muss. Die in allen vier Anzahlpaaren zu beobachtende Abweichung von der Gleichverteilung kann **Zufall** sein oder in einem **systematischen Fehler** begründet sein. Was aber ist Zufall? Nehmen wir den Wurf eines Würfels als Beispiel. Dass dieser Würfel mit einer bestimmten Geschwindigkeit und einem Drehmoment ausgestattet auf dem Tisch in einem bestimmten Winkel landet, sich dreht und mit der ‚2' nach oben liegen bleibt, ist die Abfolge physikalischer Gegebenheiten, die wir in der Kombination nicht beeinflussen können; daher nennen wir das Ergebnis des Wurfs Zufall. Ist dieser Würfel aber z. B. nicht symmet-

Abb. 10.5 **Normalverteilung.** Die Verteilung hat ihr Häufigkeitsmaximum f_M beim Mittelwert M. Die Wendepunkte markieren auf der X-Achse die sog. Standardabweichung von M ± s, während die Tangenten in den Wendepunkten die X-Achse bei ± 2 s schneiden. Man kann die Anteile der Messwerte innerhalb dieser Grenzen berechnen: z. B. liegen 68 % aller Messwerte im Bereich M ± s, außerhalb von ± 3 s sind nur noch 0,1 % aller Messwerte auf der X-Achse zu finden.

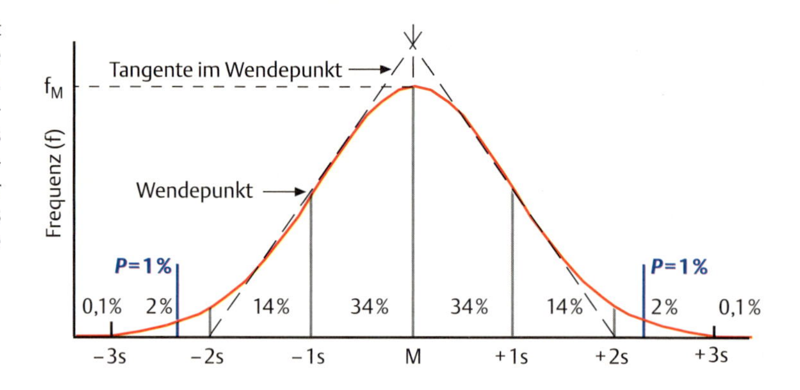

risch gebaut, sondern bleibt bevorzugt mit der ‚5' nach unten liegen, dann ist ein systematischer Fehler im Spiel durch den die ‚2' zu häufig ist. Wie unterscheidet man zwischen diesen beiden Möglichkeiten? Gefühlsmäßig würden wir sicher ein Verhältnis von 151:154 dem Zufall zuordnen, bei einem Verhältnis von 1339:1195 unsicher sein.

Bei Wiederholungen von Messungen oder Kreuzungen werden wir nicht immer ein und dasselbe Ergebnis finden, sondern mehr oder weniger große Abweichungen vom Mittelwert aus den Wiederholungen oder der angenommenen Wahrscheinlichkeit. Diesen Zusammenhang hat Carl Friedrich Gauß (1777–1855) als **„Fehlerkurve"** beschrieben, die allgemein als **Normalverteilung** bezeichnet wird (Abb. 10.**5**). Gauß hat diese Naturregel als mathematische Gesetzmäßigkeit beschrieben. Die sog. **Glockenkurve** besagt, dass kleine Abweichungen vom Mittelwert sehr häufig sind, große Abweichungen nur noch selten auftreten – aber: Alle Abweichungen sind möglich! Die Kurve nähert sich asymptotisch der X-Achse, reicht also theoretisch von –Unendlich bis +Unendlich. Daher kann man nicht entscheiden, ob ein gemessenes Wertepaar einer natürlichen Gleichverteilung entspricht oder nicht.

Der Ausweg aus diesem Dilemma ist die Einbeziehung eines geplanten Fehlers. Man setzt in der Normalverteilung willkürlich eine Grenze zwischen Zufall und Nicht-Zufall. Eine häufig angewandte **Grenze ist die Wahrscheinlichkeit von P = 0,01**. Sie bedeutet, dass man in 1 % der Fälle eine ebenso schlechte wie die gemessene oder eine noch schlechtere Übereinstimmung des Befundes mit der Erwartung erhält unter der Voraussetzung, dass der Befund durch Zufall zustande kam. Ist die gefundene Wahrscheinlichkeit größer als 0,01, geht man von Zufall aus, ist sie kleiner, bewertet man die gemessene Abweichung als nicht zufällig entstanden, d. h. man geht davon aus, dass unbekannte Umstände die große Abweichung von der Erwartung begünstigen bzw. hervorrufen. Dabei macht man möglicherweise einen Fehler. Eine von 100 derartigen Entscheidungen – und man weiß nicht welche – ist dann nämlich doch falsch (= **Irrtumswahrscheinlichkeit**). Manchmal setzt man die Grenze auch enger, z. B. bei $P = 0{,}05$ oder 0,1. Dabei werden Abweichungen nur dann als zufällig akzeptiert, wenn sie eine Wahrscheinlichkeit von mehr als 5 % oder 10 % haben. Dadurch wird aber notwendigerweise die Irrtumswahrscheinlichkeit entsprechend größer.

Tab. 10.2 χ^2-**Tabelle**

FG	P-Werte 0,90	0,70	0,50	**0,20**	0,10	0,05	**0,01**
1	0,02	0,15	0,46	**1,64**	2,71	3,84	**6,64**
2	0,21	0,71	1,39	3,22	4,60	5,99	9,21
3	0,58	1,42	2,37	4,64	6,25	7,82	11,34
4	1,06	2,20	3,36	5,99	7,78	9,49	13,28
5	1,61	3,00	4,35	7,29	9,24	11,07	15,09

10.3.1 χ^2-Methode: Grenzen des Zufalls

Zur Berechnung von *P* für ein konkretes experimentelles Ergebnis gibt es eine Reihe von statistischen Verfahren. Bei Kreuzungsexperimenten hat sich die **χ^2-Methode** (lies: Chi-Quadrat-Methode) bewährt. Nach Auszählung der Nachkommen einer Kreuzung wird nur selten eine Übereinstimmung der Zahlenwerte von Beobachtung und Erwartung eintreten. Die Übereinstimmung (= **Nullhypothese**) wird angenommen, wenn *P* über dem Grenzwert von 0,01 liegt, andernfalls zugunsten einer **Alternativhypothese** abgelehnt.

P erhält man, indem man χ^2 berechnet und dann unter Berücksichtigung der Zahl der „**Freiheitsgrade**" (FG) aus einer Tabelle (Tab. 10.**2**) den zugehörigen *P*-Wert entnimmt.

Die Formel zur Berechnung von χ^2 lautet:

$$\chi^2 = \sum \frac{(B-E)^2}{E}$$

Hierbei steht *B* für die beobachteten, *E* für die erwarteten Werte (absolute Zahlen, keine Prozentwerte). χ^2-Werte sind immer positiv, da sie aus Summen quadrierter Werte hervorgehen.

In beiden Beispielen (Tab. 10.**3** und Tab. 10.**4**) ist bei vorgegebenem *N* (hier: Anzahl ausgewerteter Fliegen) und beobachteter Anzahl in Klasse 1 bzw. 2 die Zahl der Nachkommen in Klasse 2 bzw. 1 festgelegt. Wenn von 1071 Fliegen 552 den Phänotyp der Klasse 2 haben, dann haben notwendigerweise 519 den Phänotyp der Klasse 1: Daher nur 1 Freiheitsgrad. Bei Prüfung z. B. eines 9:3:3:1-Verhältnisses ist entsprechend die Zahl der Freiheitsgrade 3 (Anzahl Klassen – 1).

Im Beispiel 1 ergibt ein χ^2 von 1,0 bei 1 Freiheitsgrad ein $P > 0{,}2$ (s. Tab. 10.**2**). Damit ist die Abweichung des Befundes von der Erwartung zufällig. Im 2. Beispiel ergibt ein χ^2 von 8,2 ein $P < 0{,}01$. Damit wird die Nullhypothese abgelehnt. Hier wird man nach Gründen für die Abweichung von der Erwartung suchen müssen.

Tab. 10.3 χ^2-**Test der experimentellen Daten aus der Abb. 10.3a**

Phänotyp	Klasse 1 $pr^+ vg^+$	Klasse 2 pr vg	Anzahl N
B	519	552	1071
E	535,5	535,5	1071
B–E	–16,5	16,5	
$(B–E)^2/E$	0,5	0,5	
$\chi2$ =	1,0; d. h. $0{,}5 > P > 0{,}2$		

Tab. 10.4 χ^2-**Test der experimentellen Daten aus der Abb. 10.3b**

Phänotyp	Klasse 1 $pr^+ vg^+$	Klasse 2 pr vg	Anzahl N
B	1339	1195	2534
E	1267	1267	2534
B–E	72	–72	
$(B–E)^2/E$	4,1	4,1	
$\chi2$ =	8,2; d. h. $P < 0{,}01$		

B = Befund, der auch *N* bestimmt, *E* = Erwartung

10.4 Dreifaktorenkreuzungen

Im Jahr 1913 veröffentlichte Calvin Bridges seine Arbeit „Non-disjunction of the sex chromosomes of *Drosophila*" und sein Mitdoktorand Alfred Sturtevant eine Arbeit mit dem Titel „The linear arrangement of six sex-linked factors in *Drosophila*, as shown by their mode of association". Während also Bridges dabei war, die Chromosomentheorie der Vererbung zu beweisen (s. Kap. 7.2, S. 60), unterstützte Sturtevant diese Idee durch die Annahme **linearer Anordnung von Erbfaktoren** entlang von Chromosomen und die erste **Genkarte**.

Grundlage dafür war die Beobachtung, dass ungekoppelte Gene immer 50 % Rekombination zeigten, während für gekoppelte Gene je nach untersuchtem Genpaar sehr unterschiedliche Rekombinationsfrequenzen gefunden wurden, die aber in wiederholten Experimenten nur zufällig streuten. So findet man bei der Paarung *vg* und *bw* auf dem 2. Chromosom (Abb. 10.**1**) immer um 40 % Crossover-Rekombination, bei *pr* und *vg* (Abb. 10.**3b**) um 11 % und bei *y* und *w* auf dem X-Chromosom um 1,5 %. Was passiert aber, wenn man gleichzeitig drei Gene einer Kopplungsgruppeuntersucht, wobei nicht nur Einzel- sondern auch Doppelcrossover denkbar sind? Wie häufig sind diese?

In Abb. 10.**6** ist eine solche trihybride oder **Dreifaktorenkreuzung** und ihr Ergebnis dargestellt. Wenn *Drosophila*-Weibchen mit den drei homozygoten rezessiven Allelen *lz, w* und *sn* auf dem X-Chromosom mit Wildtyp-Männchen gekreuzt werden, sind die F_1-Weibchen heterozygot und haben den Wildtyp-Phänotyp, während die Brüder die drei rezessiven Allele phänotypisch zeigen. Wenn sie untereinander gekreuzt werden, entspricht dies einer Testkreuzung. Das F_1-Männchen produziert zwei verschiedene Spermiensorten: Mit den 3 rezessiven Allelen auf dem X-Chromosom oder ohne diese Gene auf dem Y-Chromosom. Daher werden in der F_2 die Genotypen der Eizellen in den Phänotypen der daraus entstehenden Imagines erkennbar (unabhängig vom Geschlecht der Nachkommen). Die Zugehörigkeit der 3 Gene *lz, w* und *sn* zur Kopplungsgruppe X-Chromosom ist bekannt, nicht jedoch deren Lokalisation. Die Reihenfolge ist zunächst willkürlich und daher möglicherweise falsch.

In der F_2-Generation treten tatsächlich alle acht möglichen Phänotypen auf. Wenn sie nach komplementären Phänotypen paarweise geordnet werden, ergibt sich eine Liste von einer Klasse Nicht-Rekombinanten und drei Klassen von Rekombinanten. Die letzteren können nur durch Crossover entstanden sein, und zwar zwischen Gen 1 und Gen 2 (Crossoverregion 1), zwischen Gen 2 und Gen 3 (Crossoverregion 2) sowie als doppeltes Crossover sowohl in Crossoverregion 1 als auch in Crossoverregion 2. Doppelcrossover sind auf jeden Fall seltener als die beiden zugehörigen Einzelcrossover. Durch ein Doppelcrossover wird das mittlere von drei Genen ausgetauscht. Das bedeutet, dass in unserem Beispiel (Abb. 10.**6**) bei linearer Anordnung nicht *w* sondern *sn* (Klasse 3 mit dem geringsten Anteil an Rekombinanten) das mittlere der drei Gene ist.

Wie viel **Rekombination** gibt es zwischen jeweils zwei der drei Gene? Dabei kommt es darauf an, in welchen Klassen die ursprüngliche Anordnung der Allele des betrachteten Genpaars verändert wird. Bei *w–lz* ist dies z. B. in den Klassen 2 und 4 der Fall (*lz* w^+ und lz^+ *w*), während in den Klassen 1 (Nicht-Rekombinanten) und 3 die Kombinationen *lz–w* und lz^+–w^+ erhalten geblieben sind.

w–lz: 8,4 % + 17,3 % = 25,7 %
w–sn: 1,3 % + 17,3 % = 18,6 %
sn–lz: 8,4 % + 1,3 % = 9,7 %

Sturtevant nahm an, dass die **Rekombinationsfrequenz (*RF*)** zwischen jeweils zwei Genen etwas mit ihrem Abstand auf dem Chromosom zu tun hat: je mehr Crossover, desto größer der relative Abstand.

Wenn wir also diese drei Gene in einer hypothetischen Genkarte linear in der Reihenfolge *w–sn–lz* anordnen und die ***RF* als Abstandsmaß** verwenden, wobei 1 % Crossover-Rekombination 1 Abstandseinheit bedeutet, sieht die Genkarte wie folgt aus:

w ← 18,6 → *sn* ← 9,7 → *lz*
0,0 18,6 28,3

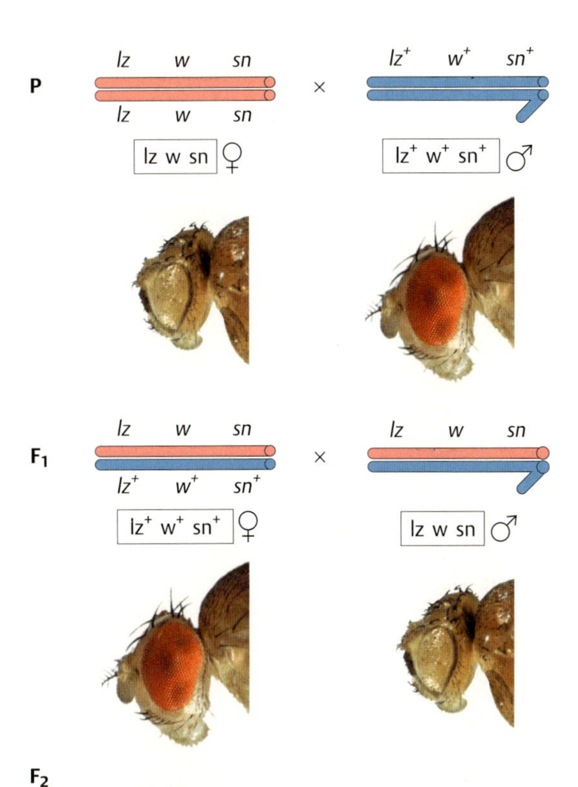

F_2

Klasse	Phänotyp	Anzahl	%		
1a	lz w sn	1017	34,5	73,0	**Nicht-Rekombinanten**
1b	lz^+ w^+ sn^+	1137	38,5		
2a	lz w^+ sn^+	133	4,5	8,4	**Rekombinanten durch Crossover**
2b	lz^+ w sn	115	3,9		
3a	lz w sn^+	21	0,7	1,3	
3b	lz^+ w^+ sn	17	0,6		
4a	lz w^+ sn	226	7,7	17,3	
4b	lz^+ w sn^+	284	9,6		
Σ		2950	100,0		

Abb. 10.6 Genkartierung: trihybride Kreuzung mit den gekoppelten Genen *lz*, *w* und *sn*. *lozenge* (*lz*), *white* (*w*) und *singed* (*sn*) sind drei Gene des X-Chromosoms von *Drosophila*. Die Photos der Fliegenköpfe zeigen die Phänotypen der beiden Generationen. P-Weibchen und F1-Söhne: weiße (*w*), pillenförmige Augen ohne Ommatidiengrenzen (*lz*) und gekrümmte Borsten (*sn*). P-Männchen und F_1-Töchter sind wildtypisch [Bilder von Robert Klapper, Münster].

Wir geben dem Gen *w* die Position 0,0, *sn* die Position 18,6 und *lz* die Position 28,3. Die gefundene *RF* zwischen *w* und *lz* beträgt aber nicht 28,3 %, sondern nur 25,7 %, also 2,6 % zu wenig. Wir sehen aus der obigen Berechnung von *RF*, dass die Doppelcrossover-Klasse 3 (Abb. 10.**6**) zur Abstandsberechnung *w* – *sn* und *sn* – *lz* jeweils 1,3 % beiträgt, zu der von *w* – *lz* jedoch nicht. Zur Verdeutlichung: wenn wir im Experiment der Abb. 10.**6** das Gen *sn* nicht beachten, dann zählt die Klasse 3 zu den Nicht-Rekombinanten und zwischen *w* und *lz* finden wir 25,7 % Rekombination, die Abstandspositionen der beiden Gene auf der Genkarte liegen bei 0,0 und 25,7. Kommt ein Gen zwischen diesen beiden hinzu, entstehen nicht etwa neue Crossover, sie werden jetzt nur als Doppelcrossover sichtbar. Dadurch verändert sich die Genkarte – sie wird länger, und zwar mit jedem hinzukommenden neuen Gen.

Durch das Aufaddieren von *RF*-Werten entlang der Genkarte ist ein weiteres Abstandsmaß notwendig: Die Abstände werden in **Karteneinheiten (map units)** oder **Morganeinheiten** (identisch mit **centiMorgan**) gemessen. Das bedeutet, dass nur die Differenz der Positionen zweier auf der Genkarte unmittelbar benachbarter Gene die Rekombinationsfrequenz widerspiegelt. Je mehr Gene zwischen zwei betrachteten Genen liegen, desto weniger kann aus ihrer Positionsdifferenz (in Karteneinheiten) auf die *RF* rückgeschlossen werden. Die gemessene **Rekombinationsfrequenz** ist dann immer **geringer als** der Abstand in **Karteneinheiten**.

Die Meiose-Genkarte ist ein abstraktes Gebilde, das nicht unmittelbar auf ein Chromosom übertragen werden kann. Der Hauptgrund dafür ist, dass es keinen direkten Zusammenhang zwischen *RF* bzw. Karteneinheit einerseits und Längeneinheit eines Chromosoms (z.B. in µm) andererseits gibt.

10.4.1 Crossover-Wahrscheinlichkeiten werden durch Interferenz beeinflusst

Im Bereich *w* – *sn* haben wir 510 + 38 = 548 Crossover unter 2950 Fällen (= 18,6 %) und im Bereich *sn* – *lz* 248 + 38 = 286 Crossover, entsprechend 9,7 % gefunden, d.h. wir haben Crossover-Wahrscheinlichkeiten (*a posteriori*) gemessen, die wiederum Zufälligkeiten unterliegen. Wir können uns auch fragen, ob die Crossover-Ereignisse in den beiden Bereichen unabhängig voneinander sind.

Die Frage ähnelt der nach den Wahrscheinlichkeiten für Würfe mit zwei Würfeln. Um eine „6" zu würfeln bietet der 1. Würfel 1 von 6 Möglichkeiten, der 2. auch, für 2 × „6" gibt es 6 × 6 = 36 Möglichkeiten. Einzelwahrscheinlichkeiten werden also multipliziert, um die Gesamtwahrscheinlichkeit zu kalkulieren:

$f_{CO(w-sn)} \times f_{CO(sn-lz)} = f_{DCO}$

($f_{CO(w-sn)}$ bedeutet die Frequenz aller erkennbaren Crossover in der Region *w–sn*)

$f_{DCO} = 0{,}186 \times 0{,}097 = 0{,}018$ oder 1,8 %

Statt der erwarteten 1,8 % wurden nur 1,3 % Doppelcrossover (DCO) gefunden.

Hermann Joseph Muller (1890–1967) hat für das Phänomen, dass ein Crossover die Wahrscheinlichkeit eines weiteren in seiner Nähe vermindert, den Begriff **Interferenz** eingeführt. Diese genetische oder Crossover-Interferenz nimmt mit zunehmendem Abstand der untersuchten Gene ab. Das Maß für die Interferenz ist der **Koinzidenzkoeffizient K**, der den Anteil der gefundenen DCO an den erwarteten angibt:

$K = 0{,}013/0{,}018 \times 100 = 72\,\%$ der erwarteten DCO sind tatsächlich eingetreten. Durch **Crossover-Interferenz I** = $1 - K = 1 - 0{,}72 = 0{,}28$ sind 28 % der erwarteten DCO unterdrückt worden. Eine mechanistische Erklärung für dieses Phänomen steht noch aus.

10.4.2 Genetische Crossover bewirken Austausch von Chromosomenstücken

Crossover sind Rekombinationsereignisse im genetischen Experiment, durch die Allelkombinationen zwischen homologen Chromatiden ausgetauscht werden. Wir möchten an dieser Stelle nicht auf die Geschichte der Vorstellungen über den physikalischen Austausch von Genen eingehen, sondern eines der beiden klärenden Experimente darstellen, in denen Genetik und Zytologie vereint wurden.

Die Verteilung von **Kopplungsgruppen** und Allelpaaren im genetischen Experiment konnten wir korrelieren mit der Verteilung von Chromosomen in der Meiose. In der Meiose sehen wir bei zytologisch gut untersuchbaren Objekten wie bei Heuschrecken oder beim Mais Überkreuzungsstellen in den Chromatidentetraden, sog. **Chiasmata**, die das zytologische Pendant zum Crossover darstellen. Die Morgan-Theorie besagte: Faktorenaustausch beruht auf **Chromosomenstückaustausch**. Den Beweis, dass das tatsächlich so ist, lieferten im Jahr 1931 Harriet Creighton und Barbara McClintock beim Mais und Curt Stern bei *Drosophila*. In beiden Fällen beruht das Experiment auf Korrelationen zwischen genetischen Faktoren und zytologisch erkennbaren Chromosomenveränderungen. Das Experiment von Stern ist in Abb. 10.**7** dargestellt.

Stern benutzte 3 verschiedene X-Chromosomen, die sowohl genetisch wie zytologisch voneinander unterscheidbar waren. Als genetische Marker dienten zwei Allelpaare der Gene *B* (*Bar*, s. Abb. 10.**12**, S. 101) und *car* (*carnation*). Zytologisch waren die 3 X-Chromosomen wie folgt charakterisiert:

10

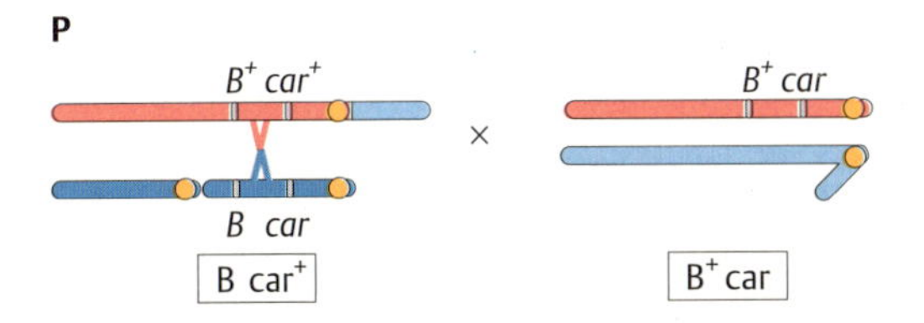

F_1- Weibchen (nur Überlebende)

Gameten – Spermien / Eier		B^+ car	Zytologie
nicht rekombinant	B^+ car^+ (X XY')	B^+ car^+ / B^+ car — B^+ car^+	X XY'
	B car (X^d X^p)	B car / B^+ car — B car	X^d X X^p
rekombinant	B^+ car (X)	B^+ car / B^+ car — B^+ car	X X
	B car^+ (X^d X^p Y')	B car^+ / B^+ car — B car^+	X^p Y' X^p X

Abb. 10.7 Korrelation zwischen genetischen Faktoren und zytologisch erkennbaren Chromosomenveränderungen. Die zytologische Bestätigung des aufgrund des Phänotyps vorhergesagten Karyotyps war der Beweis für den Chromosomenstückaustausch durch Crossover [Originalzeichnungen aus Stern 1931].

1. ein normales X-Chromosom (X),
2. ein X-Chromosom, das am proximalen Ende (Kinetochornähe) den kurzen Arm des Y-Chromosoms angeheftet hatte (XY′, transloziert, s. auch Kap. 11.3, S. 117) und
3. ein X-Chromosom, das aus zwei Teilen, einem proximalen (X^p) und einem distalen (X^d) mit jeweils einem Kinetochor bestand.

Wenn Weibchen mit den beiden zuletzt beschriebenen X-Chromosomen und heterozygot für *B* und *car* mit B^+ *car*-Männchen gekreuzt werden, sind als überlebende Töchter solche zu erwarten, die 2 komplette X-Chromosomen besitzen. Neben den Nicht-Rekombinanten sind 2 Crossover-Klassen zu erwarten: phänotypische B^+ car- und B car^+-Weibchen. Die Zytologie dieser beiden Phänotypen bestätigte die Annahme, dass ein Chromosomenstückaustausch die Ursache für das genetische Crossover ist. **Damit war der ursächliche Zusammenhang von Crossover und Chromosomenstückaustausch bewiesen.** Curt Stern beschrieb es im Schlusssatz seiner Arbeit so: „Die Morgan-Theorie ist jetzt keine Theorie mehr, sondern eine Tatsache.“

10.5 Tetradenanalyse

Im Experiment der Abb. 10.**6** wurden 73 % Nicht-Rekombinanten und 27 % Rekombinanten gefunden. Bedeutet das, dass 73 % der Meiosetetraden ohne Crossover geblieben waren? Wie groß ist die maximale Crossover-Frequenz zwischen zwei Genen?

Diese Fragen können durch die sog. **Tetradenanalyse** beantwortet werden. Sie untersucht die direkte Beziehung zwischen Meiosevorgängen und genetischer Rekombination. Bei den meisten höheren Organismen ist das schwierig, weil in der weiblichen Meiose nur eine der vier haploiden Zellen zur Eizelle oder Makrospore reift, während in der männlichen Meiose zwar vier Spermien oder Mikrosporen entstehen, die sich jedoch nicht in der Nachkommenschaft zuordnen lassen.

10.5.1 Tetraden bei Pilzen und einzelligen Algen

Es gibt einige Organismen, bei denen die vier Meioseprodukte räumlich zusammen bleiben und dadurch dem Genetiker die Chance eröffnen zu sehen, was in einer einzelnen Meiose an genetischer Rekombination passiert. Am bekanntesten sind wohl *Saccharomyces cerevisiae*, die Bäckerhefe, die einzellige Alge *Chlamydomonas rheinhardii* und der rote Brotschimmelpilz *Neurospora crassa* (Box 10.**1**), bei dem die vier haploiden Sporen noch eine anschließende Mitose durchlaufen. In diesem Fall spiegelt die Anordnung der acht Sporen den Ablauf der Meiose wider, während in den beiden vorherigen Fällen die vier Zellen ungeordnet vorliegen.

Wir werden im folgenden sowohl die Tetradenanalyse als auch die Kreuzungsgenetik bei Haplonten am Beispiel von *Neurospora crassa* kennenlernen.

Das Ergebnis der einfachsten Kreuzung, in der nur die beiden Paarungstyp-Allele berücksichtigt sind, ist aus Abb. 10.**8** ersichtlich. Die beiden homologen Chromosomen der Tetrade werden in der Anaphase I getrennt, und in der Meiose II werden die Schwesterchromatiden getrennt. Nach der anschließenden Mitose gibt es zwei Möglichkeiten der 4:4-Anordnung der Ascosporen im Ascus (MI-Muster), abhängig von der räumlichen Aufteilung der homologen Chromosomen in Meiose I.

Box 10.1 Lebenszyklus von *Neurospora crassa*

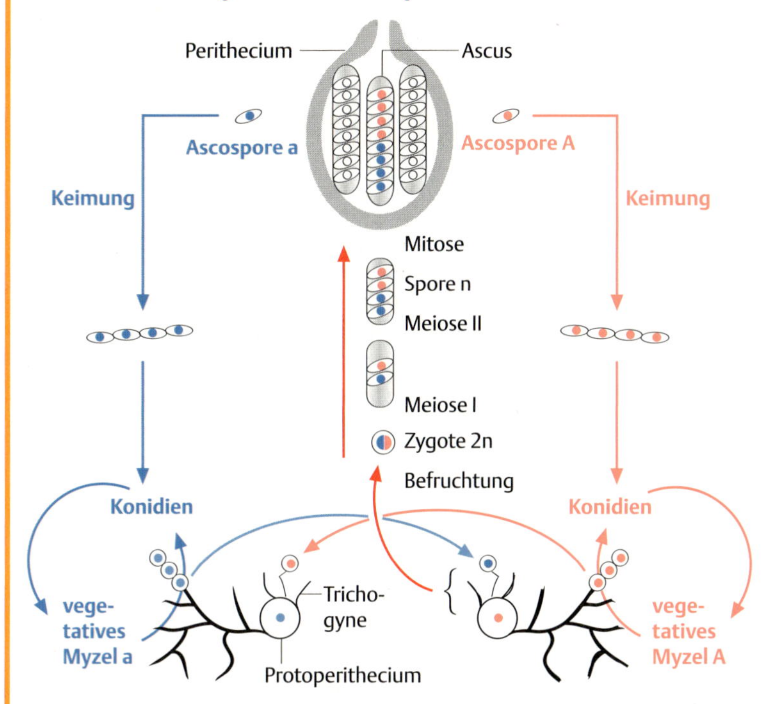

Neurospora, der rote Brotschimmelpilz, ist ein Haplont. Eine haploide Ascospore keimt, teilt sich mitotisch und bildet aus fadenförmigen Zellreihen (Hyphen) ein verzweigtes Myzel aus vegetativen Zellen. Generative Zellen differenzieren sich zu Eizellen innerhalb von Protoperithecien, die über ihre Fortsätze (Trichogynen) haploide Konidien (Hyphenzellen) anderer Myzelien zur Befruchtung aufnehmen. Dies geschieht jedoch nur zwischen Myzelien, die sich genetisch im Paarungstyp (*mating type*, *mt*), in den Allelen *A* und *a* unterscheiden (rot *A*, blau *a*). Die diploide Zygote durchläuft unmittelbar die Meiose, die 4 haploiden Sporen teilen sich mitotisch und die 8 Ascosporen werden in einen Schlauch, den Ascus, eingepackt. Das Protoperithecium ist zu einem Perithecium geworden, das zahlreiche Asci enthält. Diese entlassen einzelne Ascosporen, die wiederum zu vegetativen Myzelien auskeimen.

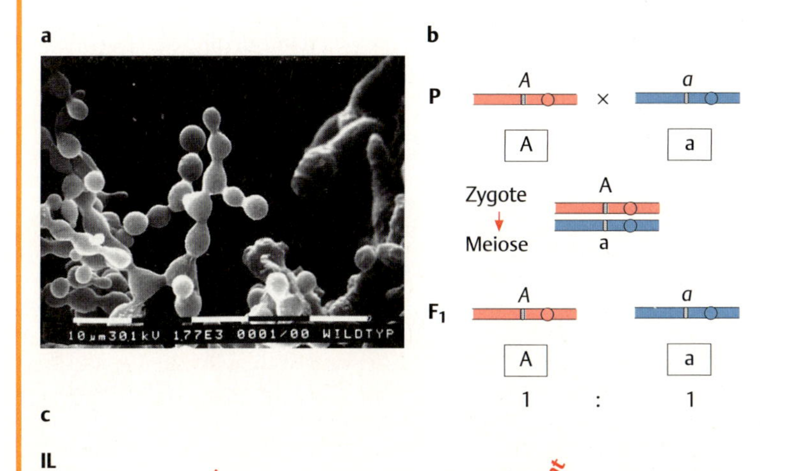

Neurospora Übersicht.
a Myzel des Wildtyps von *Neurospora crassa*.
b Prinzip der Haplontenkreuzung mit Gonosporen des Wildtyps und den beiden Allelen *A* und *a* des Genorts *mt* (*mating type*) auf dem linken Arm des Chromosoms 1. Heterozygot diploid ist nur die Zygote. Die F_1 zeigt sofort die haploide Aufspaltung.
c Genkarte des linken Arms von Chromosom 1. Herausgehoben sind die Gene *mt* und *fr* (*frost*). *fr* zeigt ein abweichendes Verzweigungsmuster der Hyphen (s. Abb. 10.**11**) [a Bild von Matt Springer, San Francisco].

Abb. 10.8 Tetradenanalyse bei *Neurospora*: monohybrider Erbgang.
a Sporenanordnung für die dargestellte Verteilung der Chromosomen in Anaphase I.
b Sporenanordnung für die alternative Möglichkeit der Tetradenausrichtung. Die normale Allelverteilung entspricht in beiden Fällen dem 4:4- oder MI-Muster.

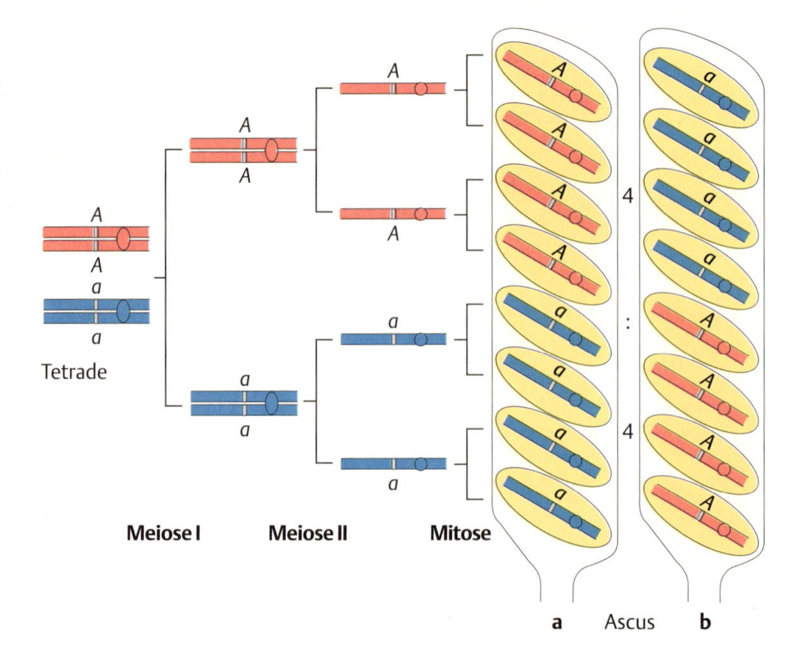

Abb. 10.9 Tetradenanalyse bei *Neurospora*: Crossover.
a, **b** Asci, die ein 2:2:2:2-Muster,
c, **d** Asci, die ein 2:4:2-Muster zeigen. Neben dem Ascosporenmuster MI der Abb. 10.**8** treten diese MII Muster als Meioseergebnis bei einem Crossover zwischen Zentromer und Genort auf.

Wenn in einer Tetrade ein Crossover zwischen dem Zentromer und einem zu untersuchenden Allelpaar stattfindet, so kann man dies an der Verteilung der Ascosporen erkennen (Abb. 10.**9**). Durch die räumliche Verteilung der Homologen sowie der Chromatiden in der Meiose entstehen vier verschiedene Anordnungen der Ascosporen (MII-Muster): zwei 2:2:2:2- und zwei 2:4:2-Sequenzen. Aus den Anteilen von MI-Mustern (kein Crossover) und MII-Mustern (Crossover) kann der genetische Abstand zwischen einem Gen und dem Zentromer auf der Meiosekarte

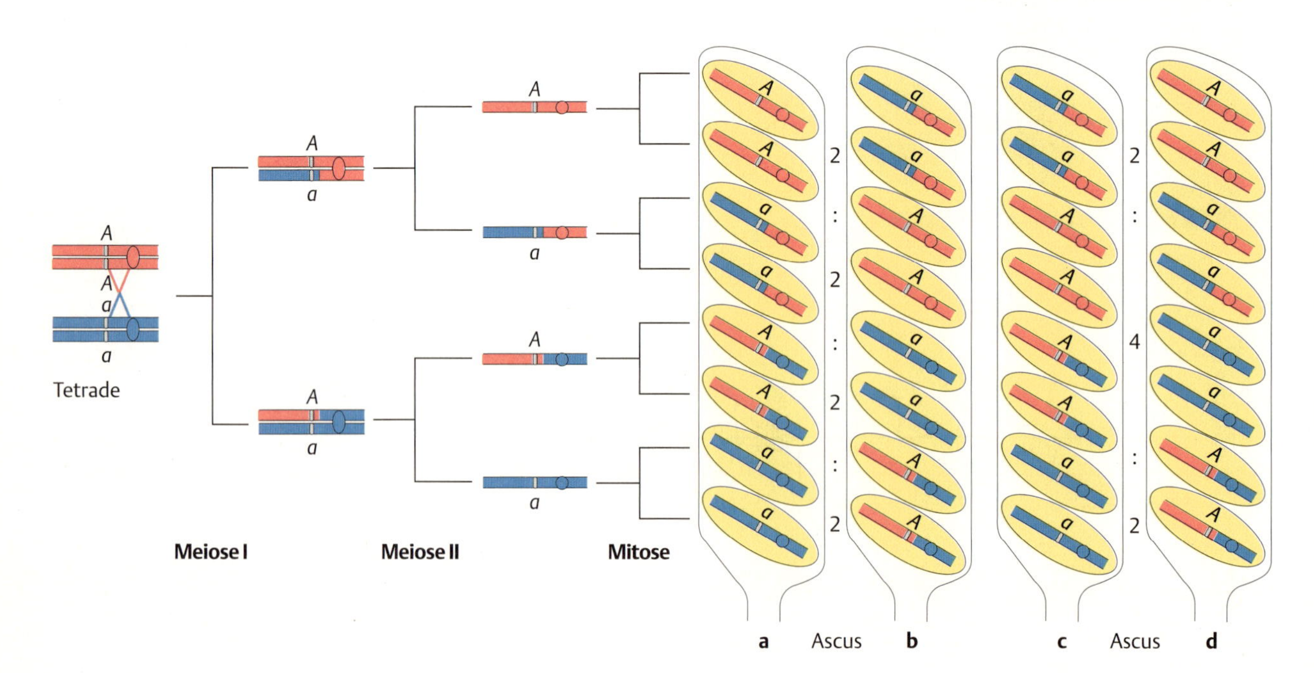

a

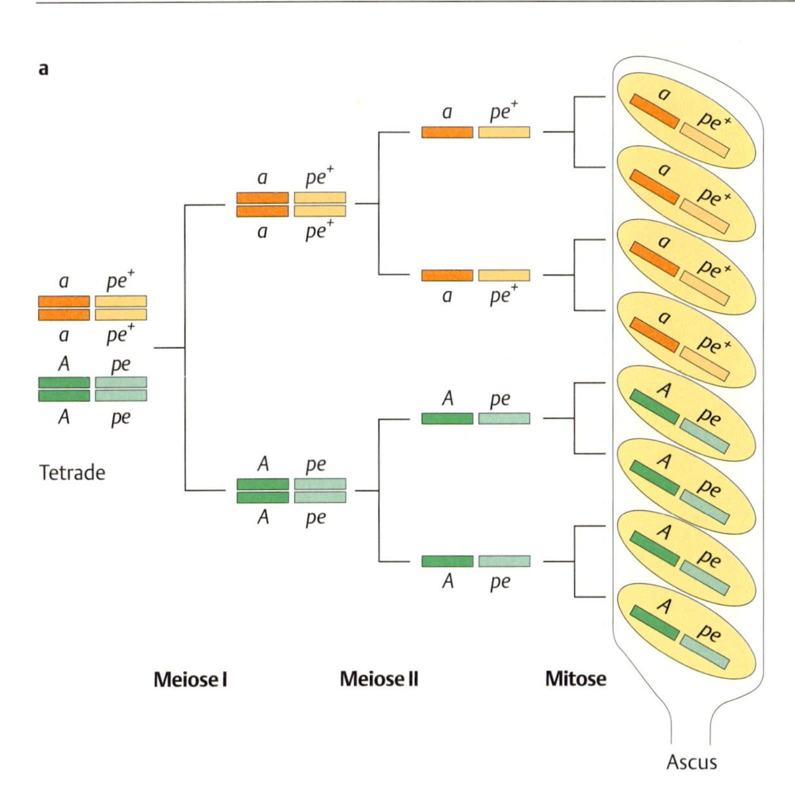

b

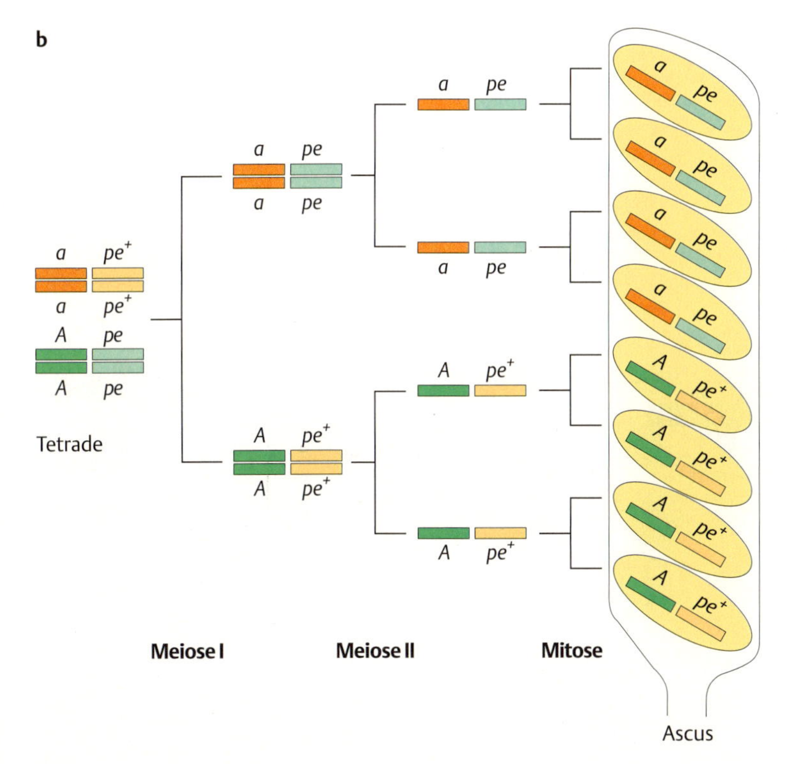

Abb. 10.10 Tetradenanalyse bei *Neurospora*: keine Kopplung. Da die Allelpaare der beiden Gene frei kombinierbar sind, gibt es nur 4:4 M1-Muster in allen Allelkombinationen:
a keine Rekombination.
b interchromosomale Rekombination. *A–a* und pe^{+}–*pe* Allelpaare auf zwei verschiedenen Chromosomen.

direkt bestimmt werden. Nehmen wir an, im Experiment hätten wir 80 % der Asci mit MI-Muster (= keine Rekombination) und 20 % mit MII-Muster (= Crossover-Rekombination) gefunden. Der Abstand des Genorts vom Zentromer wäre dann 20/2 = 10 Karteneinheiten, da in Einfachcrossover-Tetraden (ECT) nur die Hälfte der Ascosporen bei MII-Muster Einfachcrossover-Chromatiden (ECO) enthalten (zweifarbige Chromosomen in den Ascosporen der Abb. 10.**9**, s. zum Vergleich Abb. 10.**13**).

Auch bei dihybriden Kreuzungen gibt es klare Verhältnisse bereits in der F_1-Generation. Nehmen wir das bereits bekannte *mt*-Gen (Chromosom I) mit den Allelen *A–a* und die Allele *pe⁺–pe* des Gens *peach* (pfirsichfarbene Konidien, Chromosom II) und kreuzen *a ; pe⁺* mit *A ; pe*. Da die beiden Gene auf verschiedenen Chromosomen lokalisiert sind, werden wir ausschließlich MI-Muster für beide Gene erhalten, wobei die Kombinationen der *mt*- und *pe*-Allele zufällig sind (Abb. 10.**10**). Das gilt aber nur, wenn zwischen *mt* oder *pe* und dem jeweiligen Zentromer kein Crossover stattfindet. In diesem Fall gibt es auch MII-Muster für *mt* oder *pe*. Das Ergebnis wird statistisch anders, wenn die beiden Gene einer einzigen Kopplungsgruppe angehören (Abb. 10.**11**). Neben MI-Mustern für beide Gene wird man auch MII-Muster finden. Bei den MI-Mustern werden die gekoppelten Allele gekoppelt bleiben (*fr A* und *fr⁺ a*). Bei den MII-Mustern wird es darauf ankommen, wo das Crossover stattgefunden hat: Zwischen Zentromer und dem zentromernahen Gen oder zwischen den beiden Genen. Im ersten Fall gibt es MII-Muster gemeinsam für die beiden gekoppelten Allelpaare, im zweiten Fall MI-Muster für das zentromernahe Gen (hier *mt*) und gleichzeitig MII-Muster für das zentromerferne Gen (hier *fr*).

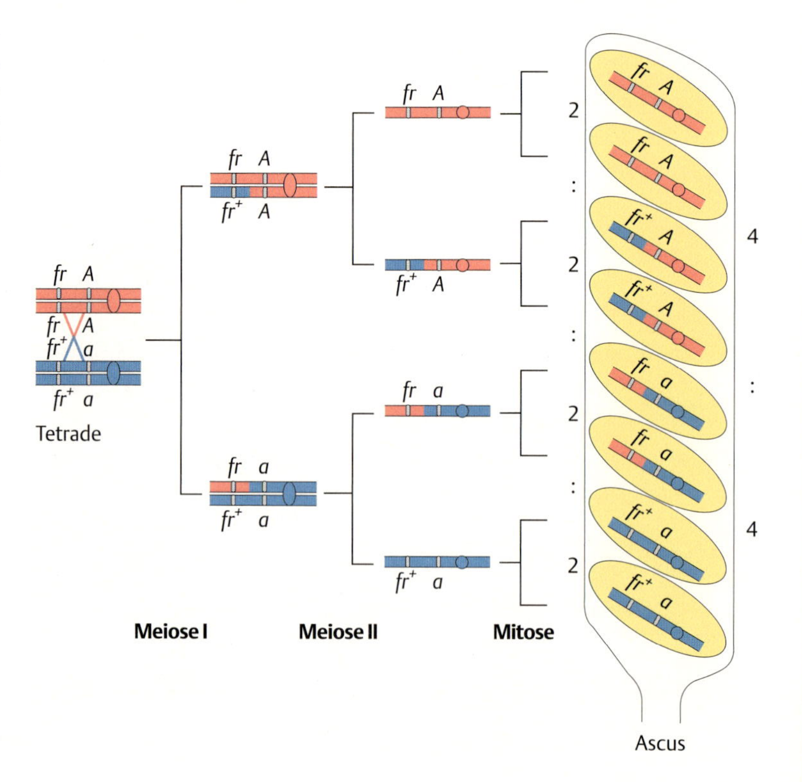

Abb. 10.11 Tetradenanalyse bei *Neurospora*: gekoppelte Gene. Sind zwei Gene gekoppelt, so kann es Crossover zwischen Zentromer und dem nächstgelegenen Gen oder zwischen den beiden Genen geben. In diesem Fall gibt es eine Kombination von MI-Muster für das zentromernahe *mt*-Gen mit den Allelen *A* und *a* und MII-Muster für das entferntere Gen *fr* (*frost*)

10.5.2 Tetraden bei höheren Organismen

Um aus Daten, die die Ergebnisse vieler einzelner Meiosen summieren (wie z. B. in Abb. 10.**6**, S. 93) die Crossoverereignisse pro Tetrade ableiten zu können, müssen einige Annahmen gemacht werden, die z. T. selbstverständlich sind:

1. Das Crossover erfolgt während der meiotischen Prophase, wenn 4 Chromatiden vorhanden sind.
2. Nur 2 der 4 Chromatiden sind an jeweils einem Crossover beteiligt.
3. Crossover zwischen Schwesterchromatiden spielt keine Rolle.
4. Es gibt keine Chromatiden-Interferenz, d. h. die Beteiligung von zwei Chromatiden an einem 1. Crossover hat keine Auswirkungen auf die Auswahl der zwei von vier Chromatiden des 2. Crossover (wohl aber ggf. auf dessen Frequenz, s. Crossover-Interferenz, Kap. 10.4.1, S. 94).

Für die 1. Annahme hat Anderson 1926 ein schönes Beispiel angeführt (Abb. 10.**12**). Er hat Rekombination in einem für *Bar* (*B*) heterozygoten attached-X-Chromosom verfolgt (s. Abb. 7.**15**, S. 68). Wenn zwischen *B* und dem Zentromer kein Crossover eintritt, sind die Augen der Töchter nierenförmig B^+/B. Das wäre auch der Fall bei einem Crossover vor der Verdoppelung des Chromosoms. Da aber neben Weibchen mit B^+/B-Augen auch solche mit stabförmigen B/B- oder Wildtyp-Augen gefunden

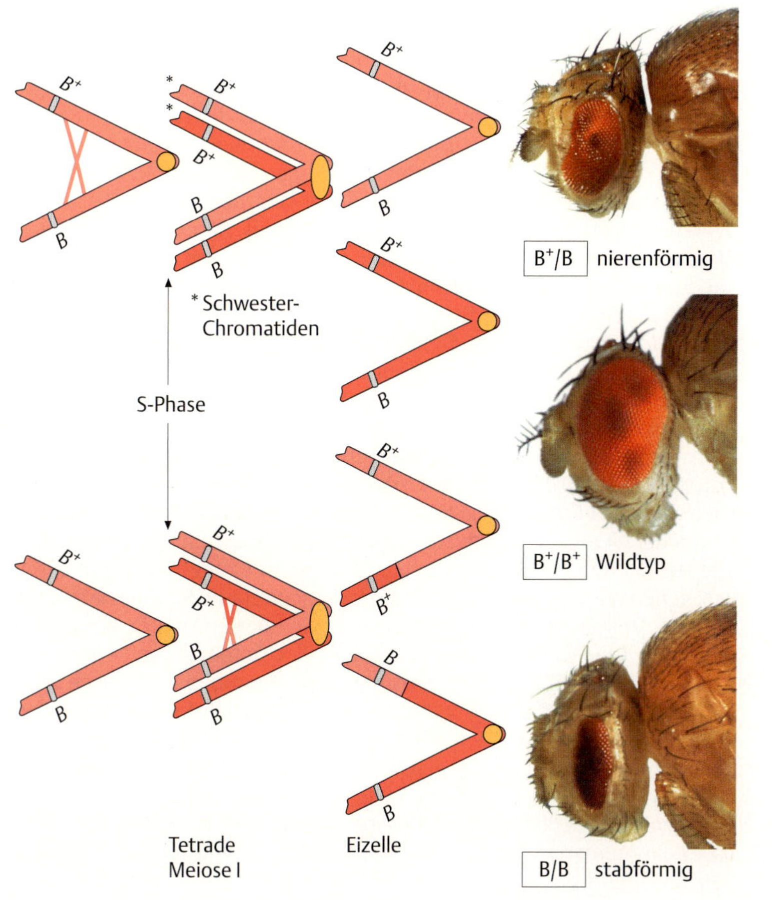

Abb. 10.12 Crossover im attached-X-Chromosom. Da in der Oogenese eines Weibchens mit einem B^+/B heterozygoten attached-X-Chromosom neben heterozygoten B^+/B-Töchtern auch Töchter mit Wildtyp- oder B/B-Augen gefunden werden, muss das Crossover im 4-Chromatiden-Stadium eintreten [Bilder von Robert Klapper, Münster].

wurden, kann das genetische Crossover nur in einem Stadium mit vier Chromatiden stattfinden.

In der Abb. 10.**13** werden Crossover und entstehende Rekombination zwischen zwei Genen (*vg* und *bw*) in Beziehung gesetzt, und zwar für Tetraden ohne, mit einem Crossover oder zwei Crossovern.

Aus einer Tetrade ohne Crossover (NCT) gehen nur Nicht-Crossover-Chromatiden (NCO) hervor; daher gibt es auch keine Rekombination. In einer Tetrade mit einem Crossover (ECT, nur eine von vier gleichberechtigten Möglichkeiten ist dargestellt) entstehen zwei NCO und zwei ECO (Einfachcrossover-Chromatiden); Die Rekombinationsfrequenz *RF* beträgt 50 %.

Nach obiger 4. Annahme – keine Chromatiden-Interferenz – gibt es bei Tetraden, in denen zwei Crossover stattfinden (DCT), vier gleichberechtigte Möglichkeiten für das 2. Crossover. Wie im Einfachcrossover-Fall ist als 1. Crossover nur eine von vier Möglichkeiten aufgeführt. Das Ergebnis für die Rekombinationsfrequenz *RF* ist sehr unterschiedlich, je nachdem ob zwei, drei oder alle vier Stränge (= Chromatiden) beteiligt sind. Beim Zweistrang-Doppelcrossover beträgt die Rekombinationsfrequenz *RF* = 0 %, in den beiden Fällen, in denen drei Chromatiden beteiligt sind, ist *RF* = 50 %. Nehmen alle vier Chromatiden an den beiden Crossovern teil, resultieren 4 ECO und damit 100 % Rekombination. Da alle 16 Doppelcrossover-Fälle gleich wahrscheinlich sind, ergeben sich $^1/_4$ NCO, $^1/_2$ ECO und $^1/_4$ DCO. Da auch in den Doppelcrossover-Tetraden nur die Einfachcrossover-Chromatiden zur *RF* beitragen, gibt es insgesamt 50 % Rekombination.

Betrachten wir nur Crossover-Tetraden erhalten wir folgendes: **Als Summe aller Einfach-, Doppel- oder Mehrfachcrossover-Tetraden gibt es immer 50 % Rekombination** zwischen zwei betrachteten Genen, weil die Hälfte aller Chromatiden Einfach- oder ungradzahlig Mehrfachcrossover-Chromatiden sind. Der genetische Abstand, d. h. die Rekombinationsfrequenz *RF* resultiert daher aus dem Anteil der Crossover-Tetraden an allen Tetraden. Dieser Anteil ist gering bei Genen, die auf der Genkarte benachbart sind und groß, wenn sie weit voneinander entfernt sind. Als **maximale Rekombinationsfrequenz** ergibt sich eine *RF* von **50 %** für den Fall, dass es bei dem untersuchten Genpaar ausschließlich Crossover-Tetraden gibt. In diesem Fall ist dann nicht mehr unterscheidbar, ob das Genpaar auf einer oder zwei Kopplungsgruppen lokalisiert ist (s. Abb. 10.**1**). Dies ist auch eine der Ursachen, dass Gregor Mendel keine genetische Kopplung entdeckt hat (Box 10.**2**).

In Tab. 10.**5** werden diese Überlegungen in Beziehung gesetzt zu den Daten der Abb. 10.**6**. In den Zeilen der Tetraden mit keinem, einem Crossover oder zwei Crossovern (NCT, ECT und DCT) sind die relativen Häufigkeiten der NCO-, ECO- und DCO-Chromatiden in den Spalten angegeben wie sie aus Abb. 10.**13** hervorgehen. Um die Kreuzungsdaten einzubringen, gehen wir wie folgt vor: DCO-Chromatiden stammen in unserem Fall nur aus Doppelcrossover-Tetraden, da wir höhere Mehrfachcrossover nicht erkennen können. Wenn aber 1,3 % der Chromatiden (= F_2-Nachkommen) aus DCT stammen (rot markiert), kommen aus diesen auch 2,6 % ECO und 1,3 % NCO (Ergänzung der Zeile nach links). Wenn aber 2,6 % ECO aus DCT stammen, muss der Rest zu 25,7 % aus ECT herrühren (Ergänzung der Spalte ECO nach oben). Entsprechendes gilt auch für die Spalte NCO.

Als wichtiges Ergebnis dieser Überlegungen ist festzuhalten: Die sichtbare Rekombination von 27 % resultiert aus 51,4 % aller Tetraden, nämlich den Tetraden mit Crossover-Ereignissen, und dies in einem Chromoso-

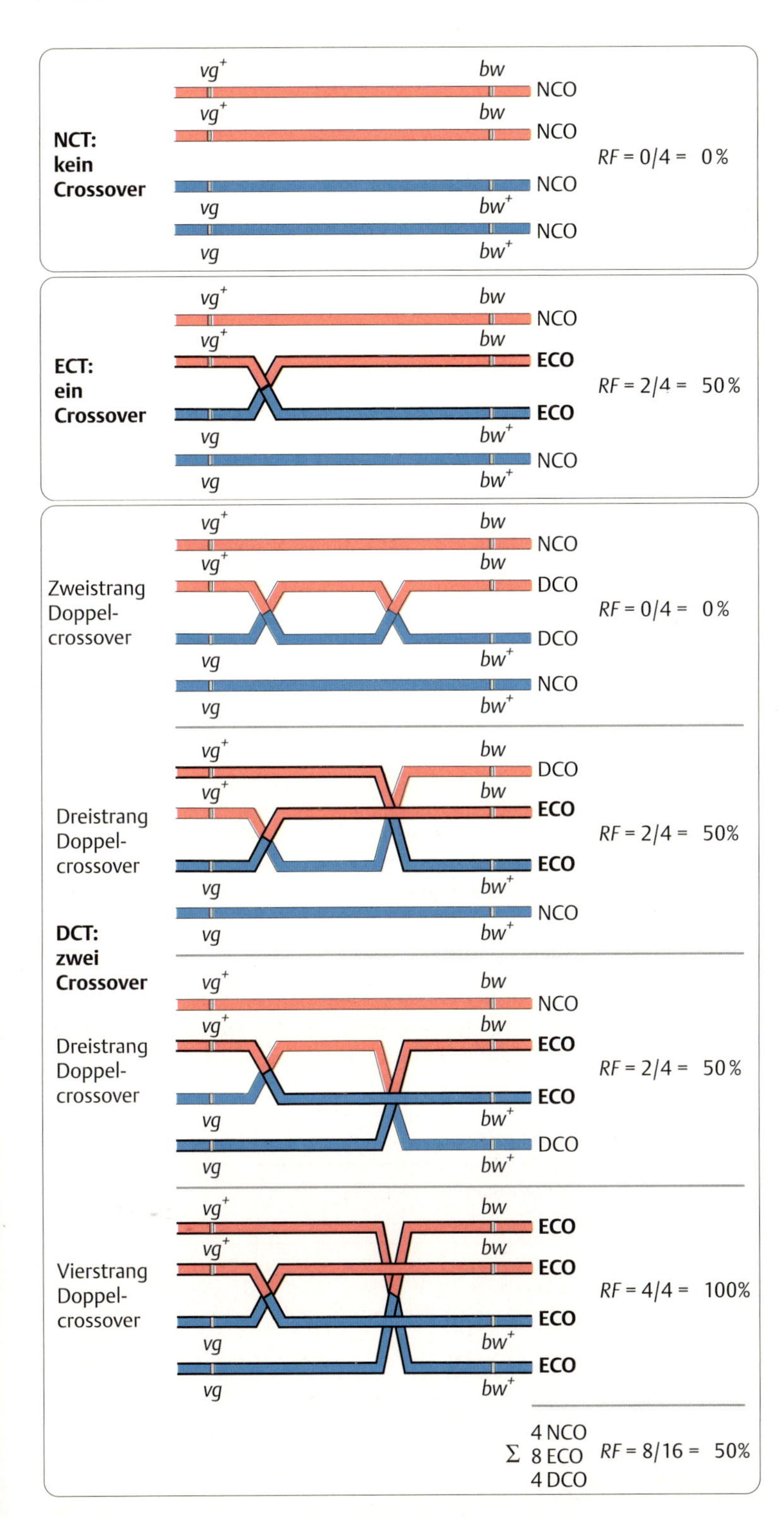

Abb. 10.13 Crossover-Tetraden und Rekombinationsfrequenz *RF*. Wenn kein, ein oder zwei Crossover pro Tetrade (NCT, ECT, DCT) eintreten, zeigt sich, dass nur Einfachcrossover-Chromatiden (ECO) zur *RF* beitragen, Doppelcrossover-Chromatiden (DCO) jedoch nicht. Nicht-Crossover-Chromatiden (NCO) gibt es auch in ECT und DCT. Die maximale Crossover-Rekombination von 50 % entspricht also der freien Rekombination ungekoppelter Gene (s. Abb. 10.**1**). Erklärung der Gensymbole in Tab. 4.**1**, S. 24.

Box 10.2 Warum fand Mendel keine Kopplung?

Wie wir heute wissen, hat die Erbse einen Chromosomensatz von n = 7, und Mendel verwendete 7 Merkmale. Liegen die zugehörigen Gene alle auf verschiedenen Chromosomen? Der *Pisum*-Genetiker Stig Blixt ist dieser Frage nachgegangen und hat herausgefunden, dass Mendel sehr wahrscheinlich die Merkmalspaare benutzt hat, die den Allelpaaren der nachfolgenden Tabelle entsprechen.

	Merkmalspaar	Allele	Chr.
Samen	rund – kantig	*R – r*	VII
Kotyledonen	gelb – grün	*I – i*	I
Samenschale	grau – weiß	*A – a*	I
Reife Hülse	gewölbt – runzlig	*V – v*	IV
Unreife Hülse	grün – gelb	*Gp – gp*	V
Blüten	achsen- – endständig	*Fa – fa*	IV
Achsenlänge	lang – kurz	*Le – le*	IV

Danach sind zwei Gene auf Chromosom I, drei auf Chromosom IV und je ein Gen auf Chromosom V bzw. VII lokalisiert. Von den 21 möglichen dihybriden Kreuzungen hätten theoretisch 4 Kombinationen Kopplung zeigen können (*a–i, fa–le, fa–v, le–v*). In der Genkarte der Erbse liegen *a* und *i* auf dem Chromosom I bei 40 bzw. 148 Morgan und auf dem Chromosom IV *fa* bei 35, *le* bei 105 und *v* bei 115 Morgan. Somit sind die Genorte der drei erstgenannten Kombinationen soweit voneinander entfernt, dass Kopplung normalerweise nicht entdeckt werden kann. Denn 50 % Rekombination kann maximale Entfernung zweier Gene auf einem Chromosom oder Lokalisation auf zwei verschiedenen Chromosomen bedeuten. Bleibt die Kombination *le–v* auf Chromosom IV. Mendel hat über Ergebnisse einer derartigen Kreuzung nicht berichtet, möglicherweise hat er sie niemals durchgeführt. Es ist also nicht so erstaunlich, dass Mendel keine gemeinsame Segregation von Merkmalspaaren fand, obwohl die benutzten Gene nicht alle auf unterschiedlichen Chromosomen lokalisiert sind.

menabschnitt, der nur etwa die Hälfte des X-Chromosoms ausmacht. Man kann also davon ausgehen, dass es in nahezu jeder X-Chromosomentetrade mindestens 1 Crossover gibt, wie wir das bei der Besprechung der Meiose festgestellt hatten.

Tab. 10.5 Tetraden und Crossover

Crossover-Tetraden (CT)	Chromatiden mit Crossover (CO) NCO	 ECO	 DCO		
NCT	1 48,6 %	0	0	 48,6 %	
ECT	1/2 23,1 %	1/2 23,1 %	0	 46,2 %	**51,4 % Tetraden mit Crossover**
DCT	1/4 1,3 %	1/2 2,6 %	1/4 **1,3 %**	 5,2 %	
Daten aus Abb. 10.6	**73,0 %**	**25,7 %** (8,4 + 17,3) **27,0 % Chromatiden mit CO**	**1,3 %**	100,0 %	

N = Nicht-, E = Einfach-, D = Doppelcrossover

10.6 Kartierungsfunktion

Unter der Kartierungsfunktion versteht man die **Beziehung** zwischen der **Rekombinationsfrequenz** *RF* und dem tatsächlichen **Kartenabstand**.

Wie oben gezeigt, ist die *RF* zunächst auch die Karteneinheit. Enthält die Karte jedoch mehr als zwei Gene, werden im trihybriden Erbgang vorher nicht sichtbare Crossover entdeckt. Die Summe aller erkennbaren Crossover-Ereignisse ergibt schließlich den Kartenabstand. Dadurch werden Genkarten viel länger als die maximal zu messende *RF* von 50 % – und sie sind „vergänglich", da sie zunächst nur eine Momentaufnahme des Kenntnisstandes darstellen. Allerdings werden die Genorte in der Karte immer weniger „verschoben", je mehr Gene kartiert sind.

Die zu erwartende *RF* ist also umso schlechter aus der Genkarte vorhersagbar, je weiter die Gene voneinander entfernt sind. Die direkt gemessene *RF* unterschätzt den Kartenabstand der untersuchten Gene.

Die gesuchte Beziehung ist offenbar nicht linear, die *RF* hat ein Maximum von 50 %, eine obere Grenze der Karteneinheit gibt es – zumindest theoretisch – nicht.

Die Verteilung von Crossover-Ereignissen kann mit der **Poissonverteilung** beschrieben werden. Die Poissonverteilung beschreibt die Frequenz von Stichproben-Klassen mit 0, 1, 2, 3 ... *i* Ereignissen, wenn die durchschnittliche Anzahl der Ereignisse pro Stichprobe klein ist (im Verhältnis zur Gesamtzahl der Ereignisse): Es ist also die Verteilung seltener Ereignisse.

$$f_{(i)} = \frac{e^{-m} \times m^i}{i!}$$

$f_{(i)}$ ist die Frequenz der Ereignisse in Klasse *i*, wenn die mittlere Anzahl der Ereignisse *m* ist. Bezogen auf unser Problem ist $f_{(i)}$ die Frequenz der Tetraden mit *i* Crossover bei einer mittleren Anzahl von *m* Crossovern.

Wir haben gesehen, dass fast immer 1, manchmal 2 Crossover pro Tetrade auftreten; betrachten wir eine bestimmte Region zwischen zwei Genen, ist diese Frequenz u. U. sehr klein. Wenn wir also die mittlere Anzahl von Crossovern in einer genetischen Region pro Tetrade wissen würden, könnten wir die zufällige Verteilung von Tetraden mit keinem, einem, zwei, drei und weiteren Crossovern errechnen. Wir kennen *m* nicht, aber *RF*. Wir können uns trotzdem behelfen: Alle Meiosen mit 1, 2, 3 oder mehr Crossovern produzieren exakt 50 % Rekombination unter ihren Meioseprodukten (s. Abb. 10.**13**), Meiosen ohne Crossover zeigen auch keine Rekombination.

Eine aktuell gemessene *RF* wird also durch den Anteil der Crossover-Tetraden (*CT*) an allen Tetraden bestimmt.

$$RF = \frac{CT}{NCT + CT} \times \frac{1}{2}$$

Rekombinant sind genau die Hälfte aller Chromatiden solcher Tetraden, die mindestens 1 Crossover in der untersuchten Region haben. Der Anteil dieser Tetraden ist 1 minus der Anteil der 0-Klasse (*NCT*):

$$RF = \frac{1 - f(0)}{2}$$

Die 0-Klasse ergibt sich aus:

$$f(0) = \frac{e^{-m} \times m^0}{0!}$$

$$f(0) = e^{-m}$$

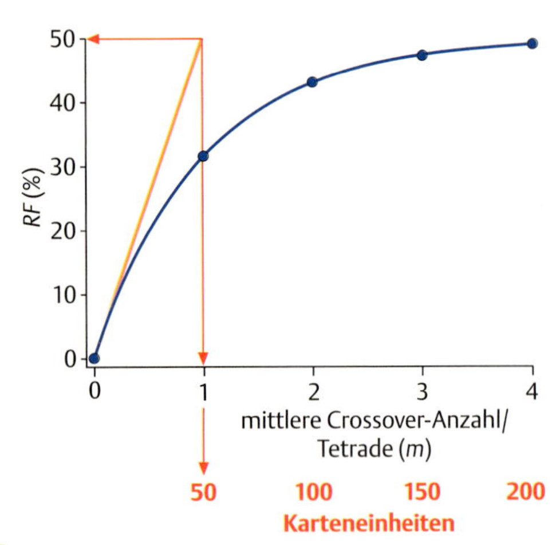

10

Abb. 10.14 Kartierungsfunktion. Sie zeigt den Zusammenhang zwischen der gemessenen Rekombinationsfrequenz *RF* und den daraus abgeleiteten Karteneinheiten der Genkarte. Die mittlere Crossoverzahl pro Tetrade *m* kann durch den linearen Zusammenhang mit *RF* in Karteneinheiten überführt werden: *m* = 1 entspricht 50 Karteneinheiten (rote Pfeile am orangen Graphen). Umgekehrt entsprechen 50 Karteneinheiten 31,6 % Rekombination (blauer Graph). Gemessene Interferenz würde eine Kartierungsfunktion ergeben, die im Bereich zwischen der theoretischen Kartierungsfunktion (blau) und dem Graphen des linearen Zusammenhangs (orange) verlaufen würde.

da m^0 und 0! definitionsgemäß = 1 sind. Also gilt

$$RF = \frac{1 - e^{-m}}{2}$$

Mit dieser Beziehung können wir die Beziehung zwischen mittlerer Crossoverhäufigkeit *m* und *RF* errechnen und grafisch darstellen (Abb. 10.**14**).

$m = 1$: $RF = 31{,}6$ $m = 2$: $RF = 43{,}2$
$m = 3$: $RF = 47{,}5$ $m = 4$: $RF = 49{,}1$

Folgerungen:

1. Unabhängig davon, wie weit zwei Loci auf einem Chromosom voneinander entfernt sind, wird nie ein *RF*-Wert größer als 50 % erreicht werden. Je größer *m*, desto kleiner e^{-m}. Als Grenzwert (ohne 0-Klasse) ergibt sich

$$RF = \frac{1 - 0}{2} = 50\%$$

2. Für kleine *m* verläuft die Funktion nahezu linear, d. h. *m* entspricht dem genetischen Abstand (Gerade in Abb. 10.**14**). Das liegt vor allem daran, dass bei kleinem *m* die Wahrscheinlichkeit für Doppelcrossover sehr gering ist, und dadurch praktisch alle Crossover erkannt werden. Es gilt dann:

$$RF \approx \frac{m}{2} = \text{Karteneinheiten}$$

   Daher entspricht *RF* = 50 % für *m* = 1 auch 50 Karteneinheiten, *m* wird zu Karteneinheiten korrigiert.
3. Die so abgeleitete Kartierungsfunktion kann die nur experimentell zu ermittelnde Crossover-Interferenz nicht berücksichtigen. Sie gilt für einen Koinzidenzkoeffizienten von 1, entsprechend einer Interferenz von 0. Da die Gerade in Abb. 10.**14** auch die Verhältnisse bei 100 %iger Interferenz (es gibt nur Einfachcrossover, Koinzidenzkoeffizient = 0) darstellt, liegt die für eine bestimmte Art geltende Kartierungsfunktion zwischen den beiden Graphen.
4. Wenn man

$$RF = \frac{1 - e^{-m}}{2}$$

   nach *m* auflöst, erhält man

$$m = -\ln(1 - 2RF)$$

   und kann aus aktuellen *RF*-Werten die Karteneinheiten abschätzen. Für *w–lz* hatten wir *RF* = 25,7 % gefunden. Nach obiger Formel würde dies etwa 36 Karteneinheiten entsprechen, ein zu hoher Schätzwert, weil er die Crossover-Interferenz nicht berücksichtigt.

10.7 Mitotische Rekombination

Bei genetischer Rekombination denkt man richtigerweise zuerst an die Meiose, an Crossover und Tetraden. Genetische Rekombination in der Mitose ist sicher eine Ausnahme. Eigentlich kennen wir bisher auch nur zwei Eukaryontengruppen, bei denen mitotische Rekombination vorkommt. Bei haploiden Pilzen wie *Aspergillus* (Gießkannenschimmel) gibt es spontane oder experimentell erzeugte diploide Linien, in denen mitotische Rekombination beobachtet und studiert werden kann. Die 2. Gruppe sind Fliegen wie die Stubenfliege *Musca domestica* oder *Drosophila*.

Die erste Beschreibung mitotischer Rekombination stammt von Curt Stern (1936) bei *Drosophila*, der diesen Prozess noch „somatisches Crossing over" nannte. Da wir heute wissen, dass Rekombination in der Mitose nichts zu tun hat mit Crossover und synaptonemalem Komplex in der Meiose, nennen wir sie **„mitotische Rekombination"**.

Formal sieht der Vorgang in einer zeichnerischen Darstellung aus wie ein Crossover (Abb. 10.**15**), weil auch hier Rekombination zwischen Nicht-Schwesterchromatiden stattfindet, die gepaart sein müssen. Wir haben bei den **Polytänchromosomen** bereits gesehen, dass ein solches Riesenchromosom alle Einzelchromatiden beider homologer Chromosomen vereinigt, und dass in mitotischen Metaphasen die Homologen eine sog. **somatische Paarung** ohne synaptonemalem Komplex zeigen, bei der die homologen Chromosomen benachbart liegen (s. Abb. 6.**1**, S. 48).

In Abb. 10.**15** ist die normale Mitose einer *yellow/forked* ($y\ f^+/y^+\ f$) heterozygoten Zelle während der Entwicklung von *Drosophila* gezeigt, bei der auch die Tochterzellen denselben Genotyp haben. Kommt es aber zur Rekombination, die man sich als Bruchereignis und Fehlverheilung der Chromatiden vorstellen kann, dann können die beiden Tochterzellen genetisch unterschiedlich sein: Die eine homozygot für *y*, die andere homozygot für *f*. Wenn sich beide normal weiter teilen, werden sie je einen **Zellklon** bilden. Sind diese Klone z. B. am Aufbau der Epidermis der Fliege beteiligt, wird man neben vielen Wildtypborsten auch einige *yellow* gefärbte und daneben einige krumme *forked*-Borsten finden. Wie groß dieser sog. **Zwillingsklon** (Abb. 10.**16**) sein wird, hängt davon ab, in welchem Entwicklungsstadium das Rekombinationsereignis stattgefunden hat: Je früher dies war, umso größer wird der Klon sein. Da die durch

10

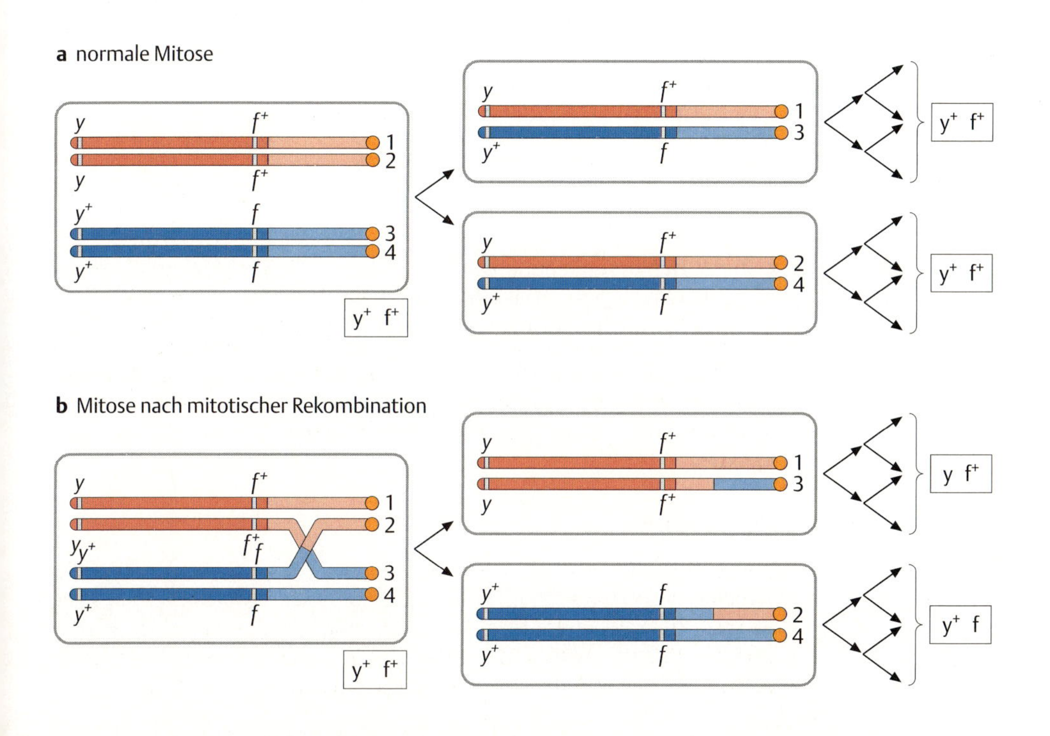

Abb. 10.15 Mitotische Rekombination.
a Normale Mitose einer *Drosophila*-Zelle, die für *y* (*yellow*, helle Kutikulafärbung) und *f* (*forked*, gekrümmte, manchmal gegabelte Borsten) heterozygot ist.
b Während der Prophase sind die Homologen gepaart und ab und an kommt es zu Rekombination. In der Anaphase gibt es zwei Möglichkeiten der Chromatidenverteilung. Werden die Chromatiden mit den Kinetochoren 1 und 4 sowie 2 und 3 auf die beiden Tochterzellen verteilt, bleiben die Zellen normal heterozygot. Bei einer 1–3 und 2–4 Verteilung entstehen jedoch homozygote *y*- bzw. *f*-Zellen, die durch weitere Mitosen Zellklone (Klammern) bilden (s. Abb. 10.**16**).

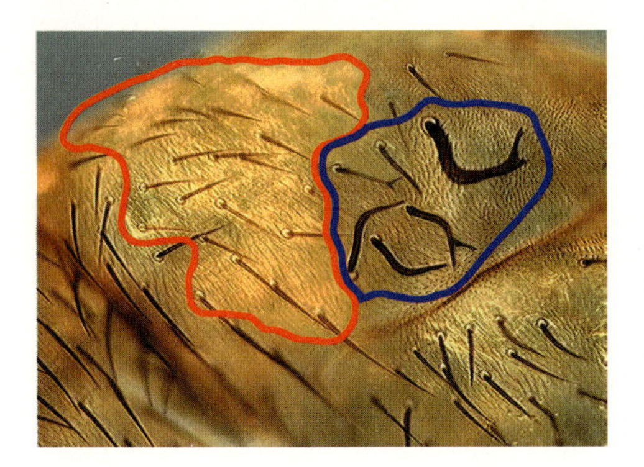

Abb. 10.16 Zwillingsklon auf dem Thorax einer Fliege. Im Embryonalstadium wurde in *y f*$^+$/*y*$^+$ *f*-Heterozygoten durch Röntgenbestrahlung mitotische Rekombination ausgelöst. Die entstandenen homozygoten *y*- bzw. *f*-Zellen haben sich geteilt und je einen Zellklon gebildet, der in der Fliege phänotypisch sichtbar ist. Rot umrandet = yellow, blau umrandet = forked [Bild von Robert Klapper, Münster].

mitotische Rekombination entstandenen Klone einen anderen Genotyp haben als die übrigen Zellen, werden solche Organismen als **genetische Mosaike** bezeichnet.

Mitotische Rekombination ist selten und eher ein Unfall bei der Mitose als ein physiologischer und häufiger Prozess wie das meiotische Crossover. Man kann die Frequenz mitotischer Rekombination aber durch **Röntgenbestrahlung** so steigern, dass man experimentell damit arbeiten kann, d. h. man kann zu einem gewünschten Entwicklungsstadium durch **„röntgeninduzierte mitotische Rekombination"** markierte Zellklone induzieren. Dabei findet Rekombination sowohl im Eu- wie im Heterochromatin statt. Da das X-Chromosom von *Drosophila* etwa zur Hälfte aus zentromernahem Heterochromatin besteht, ist in Abb. 10.**15** der Abstand zwischen dem Gen *f* und dem Zentromer entsprechend groß gewählt. Mitotische Rekombination ist das wesentliche Werkzeug der **„klonalen Analyse"** (s. Box 22.**1**, S. 377). Die Frequenz mitotischer Rekombination kann mit Hilfe der **FLP/FRT-Technik** ebenfalls wesentlich gesteigert werden (Abb. 24.**7**, S. 408 u. Box 24.**2**, S. 408).

Zusammenfassung

- Gene, die verschiedenen **Kopplungsgruppen** angehören, können durch die **Segregation** der Chromosomen in der Anaphase I der Meiose rekombiniert werden. Gene innerhalb einer Kopplungsgruppe können durch Crossover-Ereignisse **neue Allelkombinationen** bilden. Genetisch definierte Kopplungsgruppen werden bestimmten Chromosomen des haploiden Satzes zugeordnet.

- Das Ergebnis einer Rück- oder **Testkreuzung** zeigt unmittelbar die genetischen Kopplungsverhältnisse an.

- Durch trihybride Kreuzungen mit Genen einer Kopplungsgruppe können ihre Reihenfolge auf der **Genkarte** und die relativen **Abstände** zwischen ihnen ermittelt werden. Die **Rekombinationsfrequenz** *RF* (%) ist das grundlegende Abstandsmaß, das in der meiotischen Genkarte zu Karteneinheiten (Morgan, centiMorgan) aufaddiert wird.

- Die **maximale Rekombinationsfrequenz** zwischen zwei gekoppelten Genen beträgt **50%**. Sie ist dann identisch mit der normalen Rekombinationsfrequenz zwischen zwei nicht gekoppelten Genen.

- In der **Haplontengenetik** werden die Ergebnisse der Meiose direkt an den haploiden Sporen sichtbar, da nur die Zygote diploid ist und somit unterschiedliche Allele an einem Genort haben kann.

- Die **Tetradenanalyse** bei höheren Organismen ergibt in Übereinstimmung mit der zytologischen Beobachtung meiotischer Chiasmata, dass in jeder Tetrade durchschnittlich mindestens ein Crossover stattfindet.

11 Chromosomenmutationen

Veränderungen der Chromosomenstruktur werden als **Chromosomenmutationen** oder **Chromosomenaberrationen** bezeichnet. Darunter versteht man ganz allgemein dauerhafte Veränderungen der linearen Kontinuität von Chromosomen: Es können z.B. Chromosomenstücke fehlen (synonym: **Defizienz** oder **Deletion**), verdoppelt werden **(Duplikation)**, mit umgekehrter Genfolge im Chromosom eingebaut **(Inversion)** oder zwischen nichthomologen Chromosomen ausgetauscht sein **(Translokation)**. An der Entstehung von Chromosomenmutationen sind wohl immer Chromosomenbrüche beteiligt. Brüche können spontan geschehen oder unter Laborbedingungen, z.B. mit Röntgenstrahlen induziert werden. Was dabei genau geschieht, ist unbekannt. Nach der schematisierten Modellvorstellung der Abb. 11.**1** können durch Bruchereignisse und Fehlverheilungen innerhalb eines Chromosoms Defizienzen (Df), Inversionen (In) oder Ringchromosomen (R) entstehen. Überkreuzen sich homologe Chromosomen, so kann es durch Brüche zu Defizienz- oder Duplikationschromosomen kommen, die neue Allelkombinationen enthalten. Die Entstehung von reziproken Translokationen (T) kann man durch Brüche nach Überkreuzen nichthomologer Chromosomen erklären.

Wir werden im folgenden die Auswirkungen einiger Chromosomenmutationen jeweils an einem Beispiel demonstrieren.

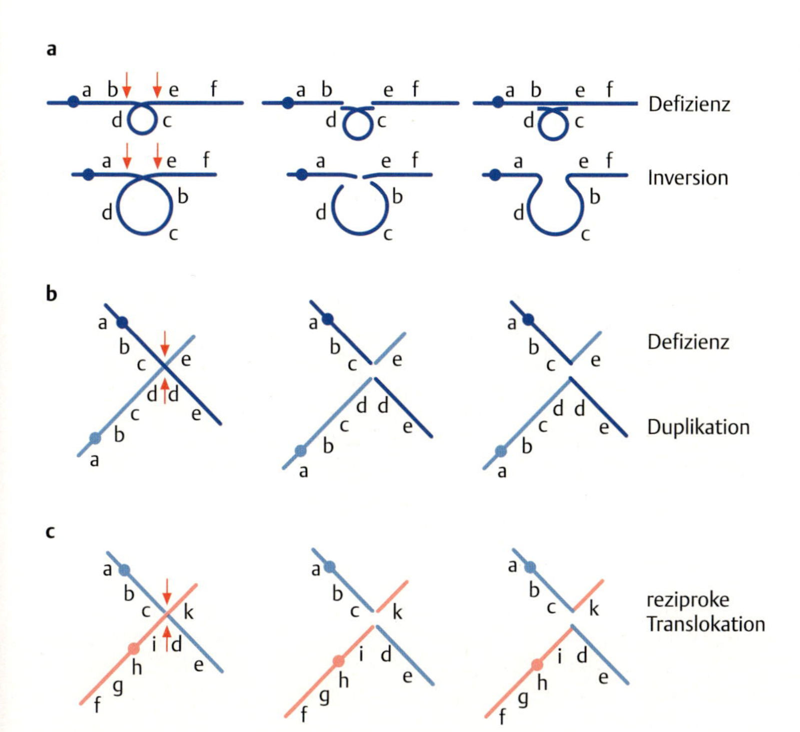

Abb. 11.1 Entstehung von Chromosomenmutationen.
a Brüche (angedeutet durch rote Pfeile) innerhalb eines Chromosoms.
b Überkreuzungen und Brüche zwischen zwei homologen Chromosomen.
c Überkreuzungen und Brüche zwischen zwei nichthomologen Chromosomen.

11.1 Duplikationen und Defizienzen

Chromosomenmutationen können phänotypisch wie Genmutationen sichtbar werden. Ein gutes Beispiel dafür ist die dominante Mutation *Bar* (*B*). Die Mutation ist eine Duplikation (Dp) des X-Chromosomenabschnitts 16A der Polytänchromosomenkarte (Abb. 11.**2**). Weibchen, die die *Bar*-Duplikation auf beiden X-Chromosomen und Männchen, die sie hemizygot tragen, haben stabförmige Augen. Die Dominanz von *Bar* kommt bei Weibchen zum Tragen, die heterozygot für die Duplikation sind. Sie haben nierenförmige Augen (Phänotypen s. Abb. 10.**12**, S. 101). Die Reduktion der Ommatidienzahl von ca. 760 für das normale B^+/B^+-Auge auf 360 für B/B^+ und auf ca. 80 für B/B oder B/Y beruht auf einem Dosiseffekt des Abschnitts 16A. Im B^+/B^+- oder B^+/Y-Auge ist dieser Abschnitt zweimal (im Männchen durch Dosiskompensation auf das weibliche Niveau angehoben), im hetrozygoten Weibchen dreimal und im homo- und hemizygoten Zustand viermal aktiv.

Da die ***Bar*-Duplikation** eine **Tandemduplikation** ist, bei der die verdoppelten Bereiche unmittelbar hintereinander liegen, kann es in heterozygoten Weibchen zu ungleicher Paarung und Crossover kommen. Da-

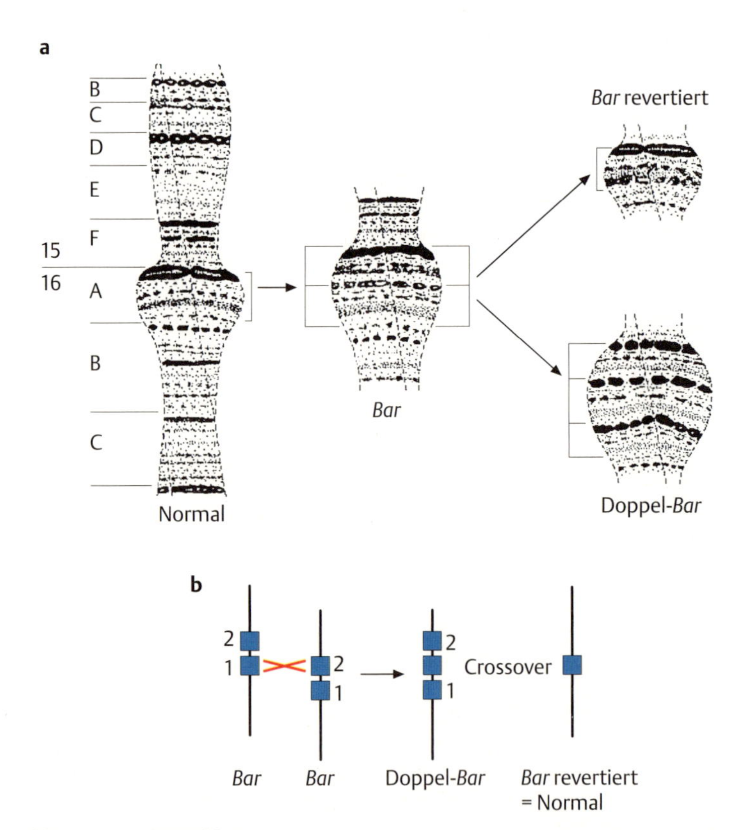

Abb. 11.2 ***Bar*-Duplikation.**
a Links: Bandenfolge im polytänen X-Chromosom im Bereich 15–16 einer normalen weiblichen *Drosophila*-Larve. Mitte: Homozygotie für die *Bar*-Duplikation, einer Tandemduplikation des Bereichs 16A. Rechts: Durch ungleiches Crossover kann es in der Meiose zu der Triplikation Doppel-Bar (*double Bar*) und zur normalen Bandenfolge (*Bar* revertiert) kommen.
b Schemazeichnung.

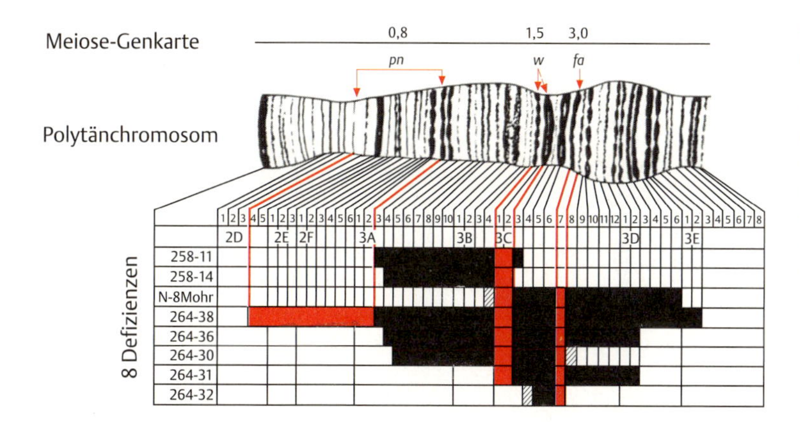

Abb. 11.3 Defizienzkartierung im Polytänchromosom. Im Bereich 2D–3E des polytänen X-Chromosoms wurden 8 Defizienzen kartiert, deren Ausdehnungen als Balken angegeben sind. Den oberen 7 Defizienzen ist der Bereich 3C1–2 und der Verlust des *white*-Gens (*w*) gemeinsam. Ähnliche Schlussfolgerungen lassen sich für die Gene *pn* (*prune*) und *fa* (*facet*) ziehen. In der Meiosekarte sind die Genpositionen in Karteneinheiten (Morgan) angegeben. Erklärung der Gensymbole in Tab. 4.**1**, S. 24.

bei kommt es nicht zur exakten Paarung der beiden duplizierten Gene, sondern das Gen 1 des einen paart mit dem Gen 2 des anderen Homologen (Abb. 11.**2**). Kommt es in dieser Situation zu einem Crossover, resultiert ein Chromosom mit einer Triplikation, *double Bar* (*BB*), und eines mit normaler Bandenfolge. In *BB*/*BB*-Weibchen nimmt die Ommatidienzahl weiter ab auf 25 pro Auge.

Defizienzen (wie auch Duplikationen) spielen eine wichtige Rolle bei der **physikalischen Lokalisation von Genen** in Polytänchromosomen, da sie heterozygot mit einem strukturell normalen Chromosom nur in homologen Bereichen paaren und dadurch Schleifen ausbilden, an deren Enden die Bruchpunkte kartiert werden können.

Stellen wir uns eine Kreuzung $w \times w^{+}$ vor, wie sie in Abb. 7.**7** (S. 61) dargestellt ist, jedoch mit dem Unterschied, dass die Wildtypmännchen vor der Paarung mit Röntgenstrahlen behandelt wurden. Dann könnten weißäugige Töchter nicht nur durch Nondisjunction entstehen, sondern auch dadurch, dass durch die Röntgenstrahlen eine Defizienz hervorgerufen wurde, die das *white*-Gen mit einschließt.

Deletionen von nicht allzu großem Ausmaß sind heterozygot meist lebensfähig. Dadurch kann die Genetik durch die Zytologie ergänzt und erweitert werden. In Abb. 11.**3** ist ein Ausschnitt des polytänen X-Chromosoms von *Drosophila* mit den Bandenbezeichnungen dargestellt. Darunter sind als Balken die Ausmaße von 13 Deletionen eingetragen, von denen bei den ersten 7 auch das *white*-Gen fehlt. Da diesen 7 Deletionen nur die Region 3C1–2 gemeinsam ist, muss das *white*-Gen in einer dieser Banden lokalisiert sein. Mit dieser Methode kann man weiter feststellen, dass das Gen *facet* (*fa*) in 3C7 liegt und das Gen *prune* (*pn*) im Bereich zwischen mindestens 2D4 (oder weiter links) und 3A2.

So entsteht eine physikalische Genkarte, deren Erstellung methodisch aber nichts mit der Meiose-Genkarte zu tun hat. Wenn sie aber beide Genkarten eines Chromosoms darstellen, müssen sie auch Gemeinsamkeiten aufweisen. In der Abb. 11.**4** ist die Meiose-Genkarte dargestellt, deren Genorte mit den jeweiligen Banden oder Bandenbereichen des Polytänchromosoms verbunden sind, in denen sie lokalisiert wurden. **Das Wichtigste: Es gibt im gesamten Chromosomensatz keinerlei Überschneidungen der Zuordnungslinien!** Das bedeutet, dass mit zwei völlig unabhängigen Methoden das gleiche gefunden wird, nämlich die lineare Anordnung der Gene im Chromosom. Unterschiede gibt es zwischen den relativen Genabständen der Meiose-Genkarte und den absoluten Abständen der Polytänkarte. Aus Rekombinationsfrequenzen ergeben sich für

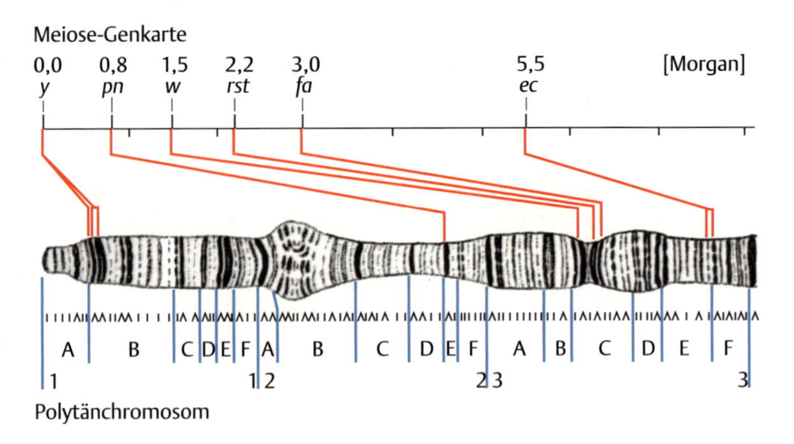

Abb. 11.4 Vergleich von Meiose- und Polytänchromosomenkarte. Beide Genkarten sind kolinear, d. h. sie zeigen dieselbe lineare Abfolge der Gene (im gesamten Chromosomensatz) ohne Überkreuzungen der Zuordnungslinien. Crossoverfrequenz als Abstandsmaß und Bandenabstände sind dagegen sehr unterschiedlich. *y–w*: 1,5 Karteneinheiten und ca. 100 Banden, *w–fa*: 1,5 Karteneinheiten und 4 Banden. Die ersten drei Abschnitte des polytänen X-Chromosoms sind hier mit der Bandennomenklatur von Bridges gezeigt. Jeder Abschnitt besteht aus den Regionen A-F, innerhalb derer die Banden nummeriert werden (hier kleine Striche). Das *w*-Gen ist z. B. in der Bande 3C2 lokalisiert. Erklärung der Gensymbole in Tab. 4.**1**, S. 24.

die Gene *y* (*yellow*), *w* (*white*) und *fa* (*facet*) die Positionen 0,0, 1,5 und 3,0. Zwischen *y* und *w* zählt man im Polytänchromosom etwa 100 Banden, zwischen *w* und *fa* nur deren vier. In beiden Bandenbereichen finden in der Meiose gleichviel Crossover statt.

11.1.1 Entspricht die Anzahl der Polytänbanden der Anzahl von Genen?

Seit die Polytänchromosomen kartiert und immer genauer untersucht wurden, gibt es die Diskussion, ob die Anzahl der Banden wohl die Anzahl der Gene des entsprechenden Organismus wiedergibt.

Für eine solche Annahme spricht, dass bei der Deletionskartierung selten mehr als 1 Gen einer Bande zugeordnet wird. Weiterhin hat es etliche Versuche gegeben, einen kleinen Teilabschnitt eines Polytänchromosoms mit Mutationen zu sättigen, d. h. mit mutagenen Agenzien in dem gewählten Bereich so viele Mutationen wie möglich – insbesondere Letalmutationen – zu induzieren. In einem dieser Experimente (von Burke Judd et al. 1972) wurde das X-Chromosom von *Drosophila* zwischen den Positionen 3A1 (Gen *giant*, *gt*) und 3C2 (Gen *white*, *w*) des Polytänchromosoms untersucht. In diesem Bereich lassen sich im Elektronenmikroskop 15 Banden darstellen, die genetische Analyse erbrachte mit 16 Genen eine recht gute Übereinstimmung der beiden Daten. Überträgt man dieses Ergebnis auf das gesamte *Drosophila*-Genom, dann würde die Anzahl aller Gene zwischen 5000 und 5500 betragen (5072 Banden nach Bridges 1938, 5500 nach Sorsa, 1988 im Elektronenmikroskop).

Gegen diese Annahme spricht, dass heute ca. 13 600 *Drosophila*-Gene aus der vollständigen DNA-Sequenz abgeleitet wurden und auch, dass in einem Chromomer eines Einzelchromosoms durchschnittlich mehr DNA vorhanden ist, als für die Kodierung und Kontrolle eines Gens benötigt wird.

Rein spekulativ könnte man auch argumentieren, dass die Struktur des polytänen Speicheldrüsenchromosoms die in der Speicheldrüsenzelle benötigten und aktiven Gene als entspiralisierte Interbanden anzeigt; allein für den allgemeinen Zellstoffwechsel sind etwa 1000–2000 verschiedene aktive Gene erforderlich **(Haushaltsgene)**. Die kondensierten Chromomerenbereiche der Banden hingegen würden dann den in diesem Zelltyp inaktiven Genen entsprechen, von denen einige gegen Ende der Larvenzeit entspiralisieren und als Puff besonders aktiv sind, weil sie z. B. für Proteine des Speicheldrüsensekrets kodieren. In diesem

Fall würde sich die geschätzte Zahl der Gene aufgrund der Zahl der Banden und Interbanden verdoppeln.

11.2 Inversionen

Inversionschromosomen sind solche, bei denen ein Teilstück durch Brüche herausgelöst und um 180° gedreht wieder eingesetzt wurde (zum möglichen Entstehungsmechanismus s. Abb. 11.**1**, S. 109). Wenn die normale Genfolge *a b c d e f* durch eine Inversion zur Folge *a e d c b f* mutiert ist, funktionieren die Gene in Inversionen normal. In den Bruchbereichen kann es jedoch zu so genannten Positionseffekten in der Genwirkung kommen (s. Kap. 11.4, S. 117). In Kreuzungsexperimenten, bei denen die Inversion homozygot vorliegt, findet man die invertierte Genreihenfolge in der Meiosekarte. Dies gilt für **perizentrische Inversionen**, bei denen das Zentromer im invertierten Chromosomenbereich liegt, wie für **parazentrische Inversionen**, bei denen das Zentromer außerhalb des invertierten Bereichs lokalisiert ist. Liegen Inversionen heterozygot vor, so findet man kaum noch Crossover-Rekombination innerhalb des invertierten Bereichs.

Sowohl in der Meiose als auch im Polytänchromosom sind die Homologen gepaart. Das ist bei heterozygoten Inversionssituationen nicht ganz einfach und führt in beiden Fällen entweder zu **Paarungslücken** (Abb. 6.**4**, S. 50) oder zu **Schleifenbildungen**, die man im polytänen Chromosom eingehend zytologisch studieren kann (Abb. 11.**6**). Findet in einer solchen Tetrade einer **heterozygoten perizentrischen Inversion** ein Crossover innerhalb des Inversionsbereichs statt (Abb. 11.**5a**), so führt das weder in Anaphase I noch in Anaphase II zu Komplikationen. Allerdings sind die Nachkommen, die aus Crossover-Gameten entstehen, sehr häufig letal. Denn Crossover-Chromatiden sind für das eine Chromosomenende außerhalb der Inversion dupliziert (Dp), für das andere defizient (Df). Das bedeutet, dass der Dp-Bereich in der Zygote dreimal vorliegt und gleichzeitig der Df-Bereich nur einmal. Dies führt zu einer Störung der Genbalance, in der im Normalfall jedes (autosomale) Gen zweimal vorhanden ist. Nur ein weiteres Crossover (= Doppelcrossover) zwischen denselben Chromatiden kann diese Situation verhindern, weil dann Chromatidenbereiche innerhalb der Inversion ausgetauscht werden. Einfachcrossover innerhalb perizentrischer Inversionen verursachen die Bildung von genetisch unbalancierten Gameten und führen dadurch zu einem teilweisen Fertilitätsverlust für Einzelindividuen bzw. einer Population.

Bei einem Einfach- bzw. allgemein ungradzahligen Crossover in einer **heterozygoten parazentrischen Inversionstetrade** ist die Genetik genauso wie bei perizentrischen Inversionen, die zytologischen Auswirkungen sind dagegen komplizierter. Abb. 11.**5b** ist dargestellt, dass in diesem Fall das Zentromer außerhalb der Inversion liegt. Das hat zur Folge, dass die beiden Crossover-Chromatiden ungleich ausgestattet sind: Die eine besitzt zwei Zentromere und kann daher in Anaphase I nicht verteilt werden, sondern bildet eine sog. **dizentrische Brücke** aus. Die komplementäre Crossover-Chromatide bekommt dafür kein Zentromer, kann auch nicht von entsprechenden Spindelfasern bewegt werden, bleibt als **azentrisches Fragment** liegen und geht so verloren. Auch hier wird man erhöhte Letalität für die nächste Generation erwarten, weil nur das normale oder das invertierte Chromosom im Gameten zu einer lebensfähigen Zygote beitragen kann.

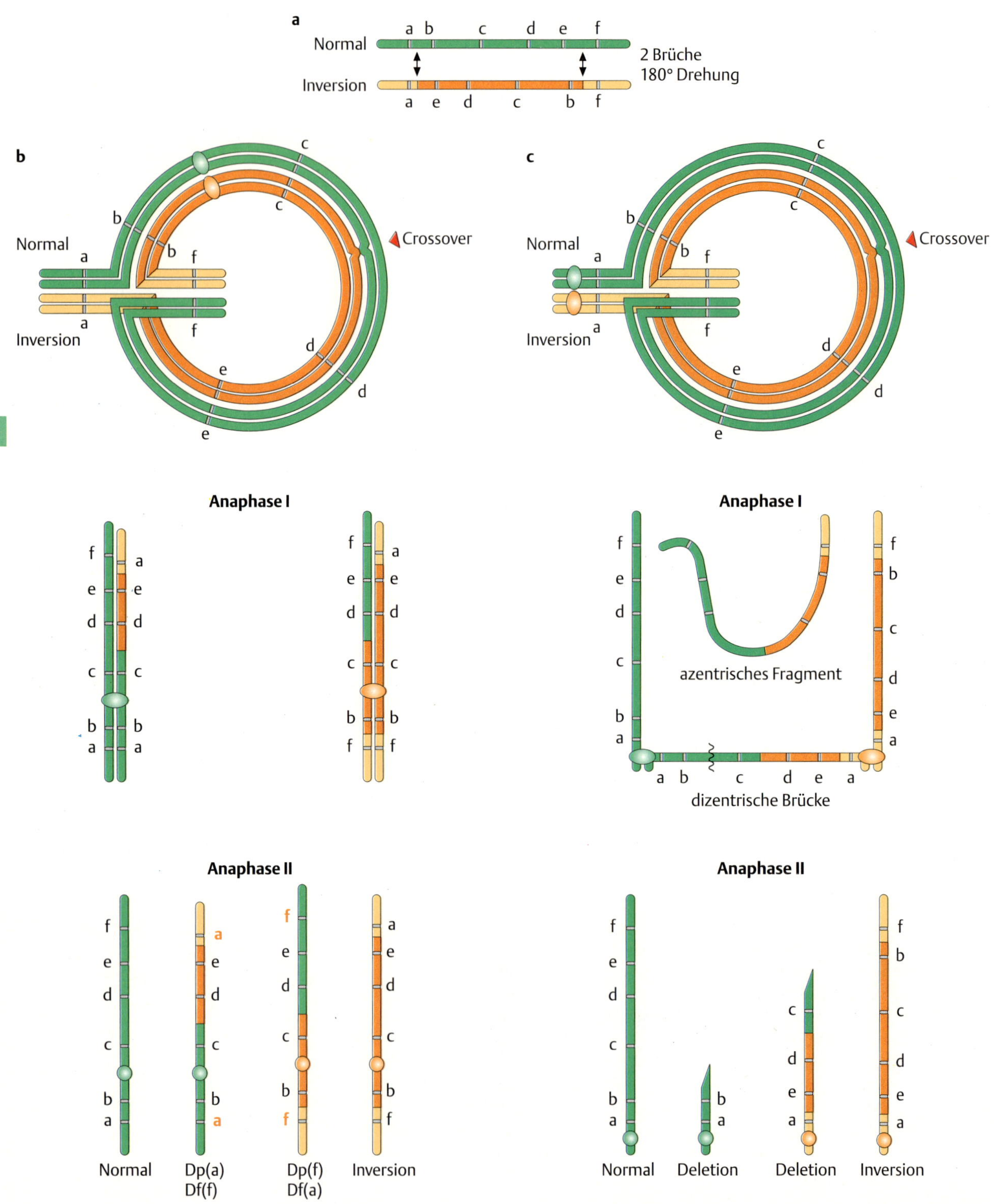
a
Normal
a b c d e f
2 Brüche
180° Drehung
Inversion
a e d c b f
b
Normal
Inversion
Crossover
c
Normal
Inversion
Crossover
Anaphase I
Anaphase I
azentrisches Fragment
dizentrische Brücke
Anaphase II
Normal
Dp(a)
Df(f)
Dp(f)
Df(a)
Inversion
Anaphase II
Normal
Deletion
Deletion
Inversion

◀ **Abb. 11.5 Heterozygotie einer peri- und einer parazentrischen Inversion.**
a Entstehung einer Inversion (s. Abb. 11.**1c**)
b Heterozygotie einer perizentrischen Inversion. Die Meiose führt zu negativen genetischen Konsequenzen, wenn ein Crossover innerhalb des invertierten Bereichs eintritt. Von den vier haploiden Zellen tragen dann zwei sowohl Duplikationen Dp als auch Defizienzen Df, die in der nächsten Generation zu aneuploiden Chromosomenbereichen und damit meist zur Letalität führen.
c Heterozygotie einer parazentrischen Inversion. Nach einem Crossover innerhalb des invertierten Bereichs tragen zwei Chromatiden sowohl Duplikationen als auch Defizienzen analog einer perizentrischen Inversion. Hinzu kommt jedoch, dass eine der Chromatiden zwei Zentromere (dizentrische Brücke), die andere kein Zentromer (azentrisches Fragment) besitzt. Dies führt in der nächsten Generation zur Letalität.

Bei Fliegen findet man diese erwartete Letalität nach Crossover innerhalb der Inversion nicht. Die mechanistische Erklärung ist die sog. **gerichtete Meiose.** Die Meiose findet in der Oozyte nahe der Zelloberfläche statt, wobei die drei der Oberfläche am nächsten liegenden haploiden Kerne als Polkörper abgestoßen werden. Der innerste Kern wird zum Gametenkern. Stellvertretend für die 4 haploiden Kerne nehmen wir die Anordnung der 4 Chromatiden nach Anaphase II in der Abb. 11.**5a**. Das bedeutet, dass entweder der Kern mit der normalen oder der mit der Inversionschromatide zum Gametenkern wird. Je nach Anordnung der Tetrade in der Spindel kann jede der 4 Chromatiden in den innersten Kern gelangen. Dies ist bei parazentrischen Inversionen nicht der Fall. Hier ist durch die dizentrische Brücke (Abb. 11.**5b**), die die Spindelpole in Anaphase I verbindet, eine räumliche Ordnung so vorgegeben, dass nur die normale oder die Inversions-Chromatide in den innersten Zellkern gelangen kann. Die Bruchstücke der Crossover-Chromatide gelangen in die mittleren Kerne, die nicht zum Oozytenkern werden können.

Parazentrische Inversionen sind wichtiger Bestandteil von so genannten **Balancerchromosomen.** Diese werden in der Genetik benötigt, um Mutationen, die z. B. homozygot nicht lebensfähig sind, als Stamm halten zu können. Stellen wir uns eine rezessive Letalmutation vor, von der es

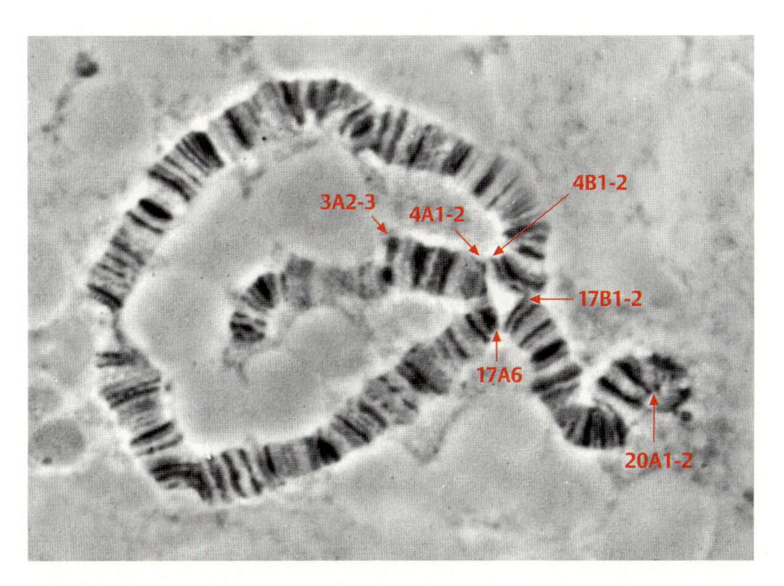

Abb. 11.6 Schleifenbildung im Polytänchromosom bei Inversionsheterozygotie. Polytänes X-Chromosom eines *Drosophila*-Weibchens, das für die Inversion *In(1)Cl* (s. a. Abb. 11.**7**) und die Defizienz *Df(1)z* heterozygot ist. Die Bruchpunkte der Inversion liegen bei den Banden 4A5 und 17A6. Bei der Defizienz fehlt das distale Ende des X-Chromosoms bis zur Position 3A2–3 [Bild von Günter Korge, Berlin].

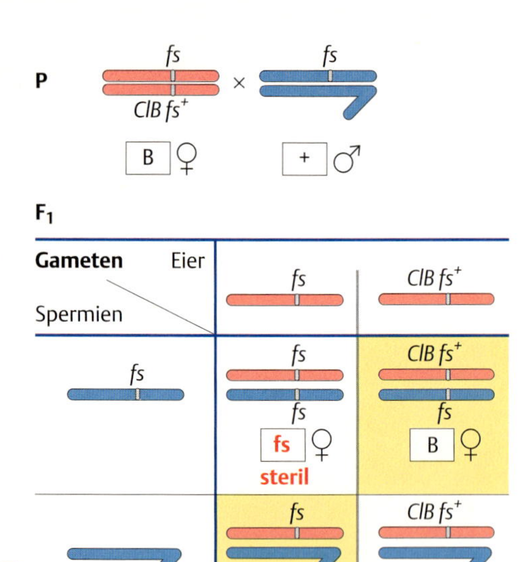

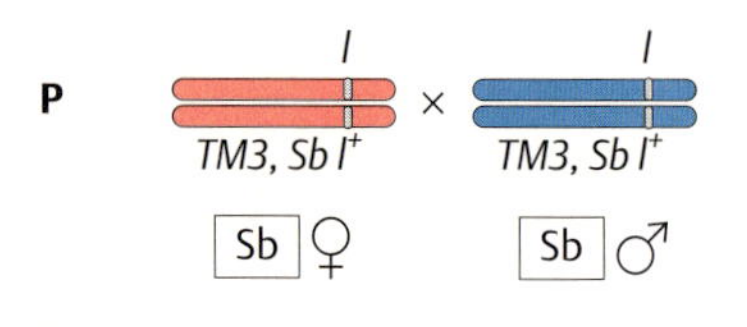

Abb. 11.7 Balancerchromosomen zur Erhaltung von Sterilitäts- und Letalmutationen in Zuchtstämmen von *Drosophila*.
oben *fs* (*female sterile*), eine rezessive Mutation auf dem X-Chromosom, die homozygot Sterilität von Weibchen verursacht. *ClB* enthält *In(1)Cl*, eine parazentrische Inversion des X-Chromosoms, die homozygot letal ist (s. a. Abb. 11.**6**). Dieses Chromosom ist mit *B* (*Bar*) markiert, enthält u. a. auch das fs^+-Allel. In jeder Generation überleben unter den Männchen nur die hemizygoten *fs*-Männchen, bei denen sich die *fs*-Mutation nicht auswirkt, und unter den Weibchen sind nur die heterozygoten Weibchen fertil (farbig unterlegt).
unten Eine rezessive Letalmutation *l* auf dem 3. Chromosom verhindert, dass homozygote Tiere überleben können. *TM3* (*Third-Multiple-3*) ist ein Balancer für das 3. Chromosom mit 5 Inversionen, so dass das Chromosom aus 11 Teilstücken in neuer Reihenfolge zusammengesetzt ist. *TM3* ist mit *Sb* (*Stubble*), einer dominanten Borstenform-Mutation markiert, die homozygot letal, d. h. gleichzeitig eine rezessive Letalmutation ist. Auf diesem Chromosom gibt es u. a. auch das l^+-Allel. In jeder Generation überleben nur die heterozygoten Tiere (farbig unterlegt)

also keine Homozygoten gibt. Heterozygote über Wildtyp, d. h. ein Chromosom mit dem letalen Allel, das Homologe mit dem Wildtypallel, sind zwar lebensfähig, aber von den reinen Wildtypen phänotypisch nicht zu unterscheiden. Nach einigen Generationen weiß man nicht mehr, ob die Mutation noch vorhanden ist. Heterozygote über einem Balancerchromosom, das neben einer dominanten Mutation eine parazentrische Inversion enthält, durch die Crossover-Chromatiden nicht weitervererbt werden, erhalten die Mutation. Ein solcher Stamm ist dann balanciert.

In der Laborgenetik konstruierte Balancerchromosomen tragen meist mehrere Inversionen: nebeneinander, einschließend oder überlappend. Dadurch werden die Paarungsverhältnisse der Chromosomen so kompliziert, dass meist sogar die wenigen Doppelcrossover-Fälle praktisch ausgeschlossen sind.

In aller Regel tragen Balancerchromosomen auch noch eine eigene rezessive Letalmutation oder eine rezessive Mutation, die Sterilität verursacht. Aus Abb. 11.**7** ist zu ersehen, wie die Balancierung funktioniert.

11.2.1 Inversionen in Populationen

Parazentrische Inversionen findet man in Wildpopulationen, z. B. von Chironomiden und Drosophiliden relativ häufig. Da wir gesehen haben, dass der invertierte Chromosomenbereich durch ungradzahlige Crossover nicht rekombiniert wird, bleiben die **Allelkombinationen** der Gene der Inversion erhalten. Das gilt auch bei Inversionshomozygoten, da Crossover innerhalb des Inversionsbereichs die Allelkombination nicht verändern. Alle Gene im invertierten Bereich werden gekoppelt vererbt, ohne dass sie notwendigerweise funktionell verwandt sein müssen. Es könnte sein, dass die Träger der Inversionen dadurch einen **Selektionsvorteil** haben. Untersuchungen von Theodosius Dobzhansky (1900–1975) und seinen Mitarbeitern an Populationen von *Drosophila pseudoobscura* und *Drosophila persimilis* ergaben folgende Ergebnisse.

Die beiden Arten bewohnen den westlichen Teil von Nordamerika. Es gibt eine Inversion „Standard“ (ST), die bei beiden Arten vorkommt. Bei *D. pseudoobscura* gibt es zwei weitere Inversionen mit den Namen „Arrowhead“ (AR) und „Chiricahua“ (CH). Sie zeigen nicht nur eine spezifische Verbreitung im Gesamtgebiet, sondern z. B. eine Verteilung bezüglich der Höhenlage, die **genetische Anpassungen an Umweltbedingungen** nahe legen: Im Sierra Nevada-Gebirge konnte man beobachten, dass sich auf einer Strecke von etwa 100 km und einer Höhendifferenz von ca. 3000 m die Anteile von drei Inversionen in der Population gerichtet verändern. Es ist sicher nicht nur Spekulation, wenn man aus solchen Daten annimmt, dass Inversionen zur Artenbildung in der Evolution beitragen können.

11.3 Translokationen

Zu einer Translokation gehören zwei nichthomologe Chromosomen, zwischen denen Stücke ausgetauscht werden (Abb. 11.**8**). Das bedeutet, dass nur beide Translokationschromosomen zusammen alle Gene enthalten. Liegt eine Translokation im diploiden Satz homozygot vor, verursacht weder die Paarung der Homologen in der meiotischen Prophase noch die Trennung der Chromatiden in Anaphase I und II irgendwelche Probleme. Sind die Homologen an geeigneten Genorten (z. B. *c* und *e* in Abb. 11.**8**) mit unterschiedlichen Allelen markiert, wird man feststellen, dass es zwischen diesen Genen Crossover-Rekombination gibt, obwohl beide Gene unterschiedlichen Standard-Kopplungsgruppen angehören und eigentlich frei kombinierbar sind. An dieser neuen **Pseudokopplung** erkennt man genetisch die Translokation.

Ähnlich wie bei Inversionen treten zytogenetische Probleme dann auf, wenn eine Translokation heterozygot vorliegt (Abb. 11.**8**). Damit die homologen Chromosomenabschnitte paaren können, werden kreuzförmige Doppeltetraden gebildet. In der Anaphase I der Meiose gibt es auch in diesem Fall zwei Segregationsmöglichkeiten. Entweder wandern die Chromosomen T1 und N2 bzw. N1 und T2 in je eine Tochterzelle oder die Chromosomen T1 und T2 bzw. N1 und N2. Der erste Segregationstyp wird als „**benachbart**" bezeichnet, der zweite als „**alternierend**". Das Ergebnis der „benachbarten" Segregation ist, dass beide Zellen bezüglich der beiden Translokationschromosomen nicht haploid, sondern für die translozierten Bereiche dupliziert bzw. defizient sind. Solche Gameten bringen ein genetisches Ungleichgewicht in die Zygote ein, die in den meisten Fällen letal sein wird. Im Fall der „alternierenden" Segregation erhalten wir haploide Gameten, die entweder die strukturell normalen Chromosomen oder beide Translokationschromosomen enthalten.

Da bei den beiden gleichberechtigten Segregationstypen die Hälfte der Gameten zu nicht lebensfähigen Nachkommen führt, bezeichnet man Translokationsheterozygote auch als „**semisteril**" (s. a. Abb. 7.**14**, balancierte Trisomie 21, S. 67).

In natürlichen Populationen sind Translokationen bei manchen Pflanzengattungen wie *Oenothera* (Nachtkerze) und *Datura* (Stechapfel) allgemein verbreitet, im Tierreich sind sie eher selten.

11.4 Positionseffekte durch Veränderungen der Chromosomenstruktur

Durch Inversionen, Translokationen, aber auch Defizienzen und Duplikationen kommen an den Bruchpunkten bzw. Wiederverheilungsstellen Gene in eine neue chromosomale und genetische Umgebung. Abgesehen von einer erniedrigten Crossoverhäufigkeit in der Nähe von Bruchpunkten kann diese neue Position auch einen Effekt auf die Aktivität der betroffenen Gene haben. Sie hat ihn insbesondere dann, wenn Gene aus euchromatischer Umgebung in die Nähe von Heterochromatin gelangen. Häufig werden daher Chromosomenmutationen als neue Mutationen

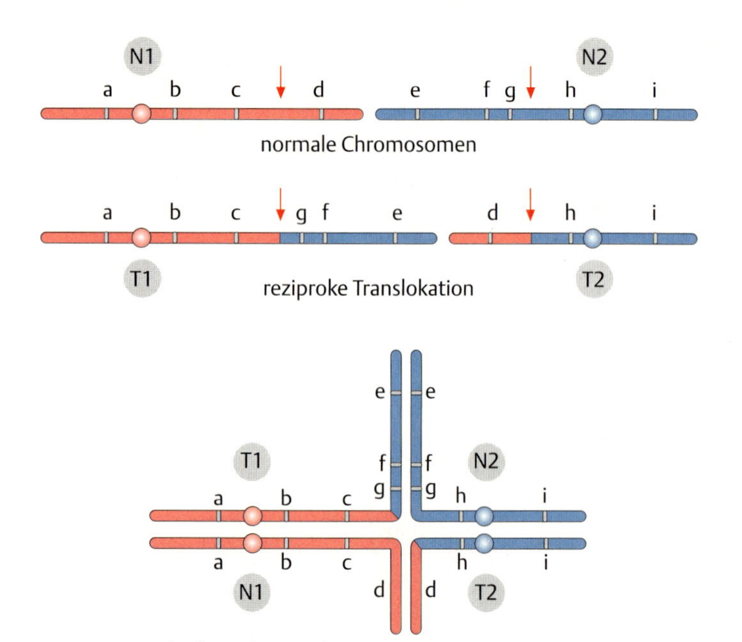

Gameten: Segregationstyp „benachbart“

T1
a b c g f e
N2
e f g h i

Dp (e, f, g), Df (d)

N1
a b c d
T2
d h i

Dp (d), Df (e, f, g)

Gameten: Segregationstyp „alternierend“

N1
a b c d
N2
e f g h i

normale Chromosomen

T1
a b c g f e
T2
d h i

reziproke Translokation

Abb. 11.8 Translokationsheterozygotie. Wenn in zwei nichthomologen Chromosomen N1 und N2 Brüche auftreten (rote Pfeile) und die Bruchstücke ausgetauscht werden, entsteht eine reziproke Translokation (T1 und T2). In Translokationsheterozygoten paaren sich die homologen Chromosomen (Schwesterchromatiden nicht eingezeichnet) als Doppeltetraden. Bei einem hier nicht gezeigten Crossover zwischen Zentromer und Bruchpunkt würden die Ergebnisse der beiden Segregationstypen „benachbart“ und „alternierend“ vertauscht. Das summarische Ergebnis der Semisterilität bliebe dadurch unberührt.

eines Gens beschrieben, das von der Umlagerung betroffen ist. In vielen Fällen kann der Phänotyp am besten mit „Scheckung" beschrieben werden, weil in dem Gewebe, in dem das Gen aktiv ist, wildtypische und mutante Bereiche nebeneinander vorkommen. Man bezeichnet dieses Phänomen daher auch als **Positionseffekt-Scheckung** (*position effect variegation*, PEV).

Bei *Drosophila* können Chromosomenmutationen mit einem Bruch in der Nähe des *white*-Gens aufgrund ihres *white-mottled* Augenphänotyps leicht entdeckt werden. In Abb. 11.**9** werden zwei Beispiele vorgestellt.

Bei der Inversion *In(1)w*^{m4} (Abb. 11.**9a**) ist ein Bruch links von *w* und der andere im zentromernahen Heterochromatin. Dadurch gelangt das w^+-Allel in eine heterochromatische Umgebung. Das Ergebnis ist ein geschecktes Auge mit kleinen Gruppen wildtypisch roter, hellroter und farbloser Ommatidien **(Pfeffer-und-Salz-Muster)**. Bei der Duplikation Dp(1;3)N$^{264\text{-}58}$ (Abb. 11.**9b**) ist ein kleines Stück des X-Chromosoms mit dem w^+-Allel in das Heterochromatin des Chromosoms 3 transloziert worden. Der Effekt ist ebenfalls eine Scheckung des Auges, bei der sich jedoch große **Sektoren** mit funktionsfähigem w^+ und mehr oder weniger funktionslosem w^+ abwechseln. Diese großen Ommatidienklone entstehen dadurch, dass die Entscheidung über Funktion und Nichtfunktion früh in der Entwicklung gefällt wird. Dass es sich tatsächlich um Wildtypallele handelt, deren Funktion beeinträchtigt ist, ist sowohl an Rückmutationen gezeigt worden, bei denen z. B. eine Inversion durch entsprechende Brüche wieder rückgängig gemacht wurde (fast perfekte Reinversionen von *In(1)rst*^{3} durch Grüneberg 1937 und Novitski 1961), als auch durch Crossover-Rekombination, bei der das w^+-Allel aus seiner heterochromatischen Umgebung entfernt wurde und wieder normal funktionierte.

Die eingeschränkte Funktion wird durch das Heterochromatin bewirkt. Man kann an Polytänchromosomen sehen, dass euchromatische Banden in der Nähe des Bruchpunkts heterochromatisch werden. Diese Heterochromatisierung kann z. B. in den Zellen einer Speicheldrüse

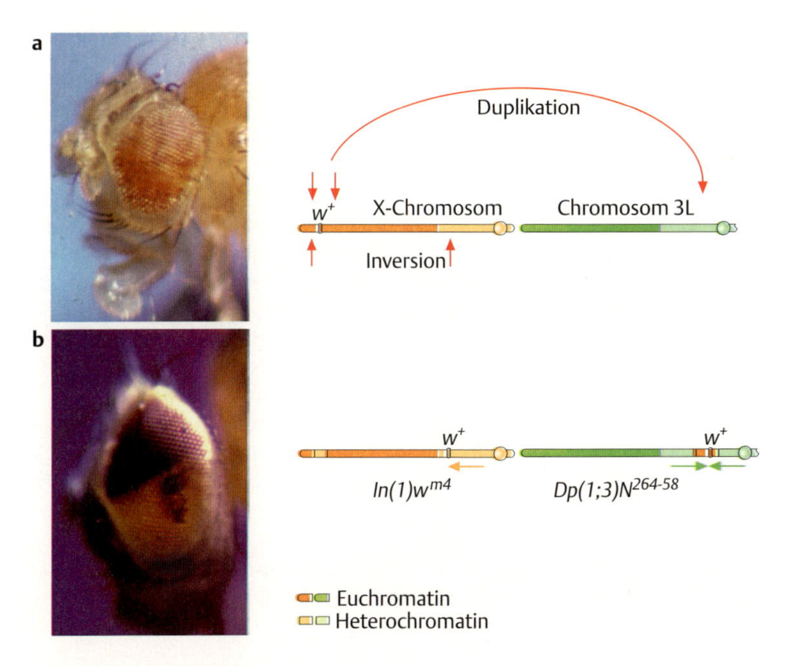

Abb. 11.9 Positionseffekt-Scheckung.
a Inversion *In(1)w*^{m4} des X-Chromosoms von *Drosophila*, durch die das w^+-Allel eine neue Position am zentromernahen Heterochromatin erhält.
b Ein kleines Stück X-Chromosom, das u. a. das w^+-Allel enthält, ist als Duplikation *Dp(1;3)N*$^{264\text{–}58}$ in das Heterochromatin des Chromosomenarms 3L integriert. Senkrechte rote Pfeile: Bruchpunkte der Chromosomenmutationen. Waagrechte farbige Pfeile deuten den „spreading effect" an (s. Text).

unterschiedlich sein und auch die Anzahl der davon betroffenen Banden und Interbanden kann verschieden sein. Dies erklärt den im Auge beobachtbaren **Ausbreitungseffekt** (**spreading effect**), der in Abb. 11.**9** durch die waagrechten farbigen Pfeile angedeutet ist. Es gibt in unmittelbarer Nähe des *white*-Gens einige Gene, die mutante Augenphänotypen haben können: *roughest* (*rst*) und *facet* (*fa*) betreffen die Anordnung der Ommatidien (s. Abb. 11.**4**, S. 112). Wenn sie ebenfalls in die Nähe von Heterochromatin gelangen, kann man beobachten, dass z. B. zunächst rst^+ und dann erst w^+ heterochromatisiert wird. In diesem Fall zeigen Ommatidienbereiche mit nichtfunktionierendem w^+ auch keine normale Ommatidienanordnung.

11.5 Veränderungen der Chromosomenzahl

Die normale Chromosomenausstattung bei Tieren, Pflanzen und niederen Organismen ist **euploid**. Darunter versteht man ein Vielfaches des vollständigen **haploiden** Chromosomensatzes. Am häufigsten sind die **diploiden** Organismen, wir haben aber auch schon haploide wie *Neurospora* kennengelernt (s. Box 10.**1**, S. 97). Weitere Vielfache des Chromosomensatzes werden unter dem Begriff **Polyploidie** zusammengefasst.

Ist in einem diploiden oder polyploiden Chromosomensatz ein bestimmtes Chromosom zuviel oder zu wenig, spricht man von **Aneuploidie**. Fälle von **Monosomie** und **Trisomie** haben wir als Ergebnis von Nondisjunction besprochen (s. Kap. 7.2, S. 60). Wir haben gesehen, dass solche chromosomalen Aberrationen meist nur bezüglich der Geschlechtschromosomen lebensfähig sind (z. B. X0, XXY, XYY). Das hängt eng zusammen mit den Mechanismen der **Dosiskompensation** (s. Kap. 8.4, S. 80 und Kap. 23.1.3, S. 392) und der ungleichen Verteilung von Genen auf die beiden Heterosomen. Aber auch einige Trisomien kleiner Chromosomen wie der Trisomie 21 des Menschen sind lebensfähig.

11.5.1 Polyploidie

Die Vervielfachung des Chromosomensatzes ist als **Genommutation** in der Natur weit verbreitet und spielt vor allem bei Pflanzen für die Entstehung neuer Sorten und Arten eine wichtige Rolle. Man unterscheidet die Vervielfachung des eigenen Genoms, die **Autopolyploidie**, von der **Allopolyploidie**, bei der die Vermehrung der Chromosomensätze durch Kreuzung nahe verwandter Arten entsteht. Sind im Einzelfall drei, vier oder fünf Chromosomensätze vorhanden, spricht man von Triploidie (3n), Tetraploidie (4n) oder Pentaploidie (5n). Auch in der Pflanzenzüchtung wird von der Polyploidisierung Gebrauch gemacht. Hier kann z. B. eine autopolyploide Verdoppelung des Genoms experimentell durch Applikation von Colchicin erreicht werden. Dieses Alkaloid der Herbstzeitlose (*Colchicum autumnale*) verhindert die Ausbildung der Teilungsspindel und damit die Verteilung der Chromosomen.

Viele unserer heutigen Kulturpflanzen sind durch natürliche oder experimentelle Auto- oder Allopolyploidisierungen entstanden (Tab. 11.**1**). Diese Möglichkeiten werden in der Züchtung genutzt, um gewünschte Eigenschaften zu vermehren und zu stabilisieren. Denn Polyploidisierung bedeutet auch Vergrößerung des Zellkerns und dadurch des Zytoplasmas und der gesamten Zelle (Kern-Plasma-Relation). Das bewirkt, dass die Pflanzen und ihre Früchte größer werden.

Tab. 11.1 Polyploidie bei wichtigen Kulturpflanzen

Art	wissenschaftliche Bezeichnung	Ursprüngliche Chromosomen Grundzahl (n)	Heutige Chromosomenzahl (diploid oder polyploid)
Autopolyploidie			
Banane	*Musa sapientum*	11	22, 33
Erdnuss	*Arachis hypogaea*	10	40
Kaffee	*Coffea arabica*	11	22, 44, 66, 88
Kartoffel	*Solanum tuberosum*	12	48
Luzerne	*Medicago sativa*	8	32
Süßkartoffel	*Ipomoea batatas*	15	90
Allopolyploidie			
Apfel	*Malus* spp.	17	34, 51
Baumwolle	*Gossypium hirsutum*	13	52
Birne	*Pyrus communis*	17	34, 51
Erdbeere	*Fragaria ananassa*	7	56
Zuckerrohr	*Saccharum officinarum*	10	80

11

Zusammenfassung

- Durch spontane oder induzierte Bruchereignisse und anschließende Fehlverheilungen können **Chromosomenmutationen** wie Defizienzen, Duplikationen, Inversionen oder Translokationen entstehen.
- In natürlichen **Populationen** spielen parazentrische Inversionen wegen der Vererbung von Allelkombinationen innerhalb eines Chromosoms eine wichtige Rolle. Translokationen sind bei manchen Pflanzengattungen allgemein verbreitet.
- In der Laborgenetik sind Inversionen ein wichtiger Bestandteil von so genannten **Balancerchromosomen**.
- Chromosomenmutationen können für Gene in der Nähe der Bruchpunkte **Positionseffekte** der Genexpression zur Folge haben. Dies ist besonders dann zu beobachten, wenn durch Duplikation, Inversion oder Translokation ein Gen des Euchromatins in die Nähe von Heterochromatin verlagert wird.

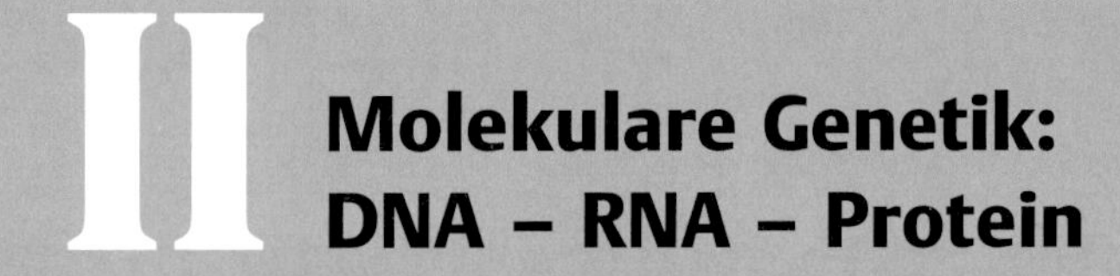

II Molekulare Genetik: DNA – RNA – Protein

James D. Watson und Francis H. C. Crick haben in der Zeitschrift Nature vor einem halben Jahrhundert einen Artikel mit dem Titel *„Molecular structure of nucleic acids. A structure for desoxyribose nucleic acid“* publiziert. Die nur 900 Wörter umfassende Arbeit schlägt ein Modell zur räumlichen Struktur der DNA vor. Auf der Basis dieses Modells wurde in den folgenden Jahren nicht nur gezeigt, wie die genetische Information von Zelle zu Zelle weitergegeben wird, sondern die Entschlüsselung des aus nur vier Buchstaben bestehenden genetischen Codes in den sechziger Jahren zeigte dann, wie die Information gespeichert und übersetzt wird. Nur ein Vierteljahrhundert später wurde es möglich, einzelne Gene aus einem Genom zu isolieren, zu vermehren und zu modifizieren. Und heute, weitere 25 Jahre später ist die vollständige DNA-Sequenz vieler Organismen, einschließlich der des Menschen, aufgeklärt. Diese rasante Entwicklung der molekularen Genetik brachte nicht nur völlig neue Erkenntnisse auf dem Gebiet der Genetik, der Entwicklungsbiologie oder der Evolution, sondern schuf auch die Grundlagen zur Entwicklung vielfältiger neuer technologischer und medizinischer Anwendungen.

Überblick

12 Struktur und Funktion der DNA

Grundlegende Erkenntnisse zur Natur des genetischen Materials wurden an Bakterien und **Bakteriophagen** (Bakterienviren) gewonnen. **Bakterien** sind Prokaryonten, die sich in vielen Merkmalen von höheren Organismen, den Eukaryonten, unterscheiden. Das wichtigste Unterscheidungsmerkmal kommt bereits im Namen zum Ausdruck: Eukaryote Zellen besitzen einen Zellkern, der von einer Kernhülle aus zwei Membranen umgeben ist und die Chromosomen enthält, die wiederum das genetische Material, die DNA, tragen. Die **DNA** von **Prokaryonten** liegt in Form eines einzelnen, ringförmigen Moleküls in der Zelle vor. Zusammen mit mehreren Proteinen bildet sie das **Nukleoid** („kernähnlich"), das nicht durch eine Hülle vom Zytoplasma getrennt ist. Obwohl sich der Aufbau des Nukleoids von dem der Chromosomen eukaryotischer Zellen erheblich unterscheidet, wird es oft als „**Bakterienchromosom**" bezeichnet.

12.1 Durch Transformation wird genetische Information übertragen

Erste Experimente zur Aufklärung der Natur des genetischen Materials wurden im Jahr 1928 von dem Mikrobiologen Frederick Griffith durchgeführt. Er experimentierte mit **Pneumokokken** (*Streptococcus pneumoniae*), Bakterien, die bei Menschen Lungenentzündung auslösen, bei Mäusen meist zum Tod führen. Von diesen Bakterien gibt es auch weniger gefährliche Varianten. Infiziert man Mäuse mit Bakterien dieser nicht-virulenten Stämme, erkranken sie zwar, sterben aber nicht (Tab. 12.**1a,b**).

Virulente Bakterien unterscheiden sich äußerlich von nicht-virulenten durch das Vorhandensein einer Hülle, die reich an Zuckermolekülen ist (Polysaccharidhülle), was ihnen eine glatte Oberfläche verleiht und weshalb Griffith sie als S (smooth) bezeichnete. Diese Hülle schützt die Bakterien vor **Phagozytose** durch weiße Blutkörperchen (**Makrophagen**). S-Pneumokokken sind pathogen, weil sie von ihrem Wirt nicht vernichtet werden können (Tab. 12.**1a**). **Nicht-virulenten Bakterien** fehlt diese Hülle und sie besitzen eine rauhe Oberfläche, weshalb sie als R (rough) bezeichnet wurden. Eine Infektion von Mäusen mit Bakterien des virulenten S-Stamms, die jedoch durch Hitze abgetötet worden waren, hatte keinerlei Auswirkung; die Mäuse überlebten. Eine Infektion mit einer Mischung aus abgetöteten Bakterien des virulenten S-Stamms und lebenden Bakterien des nicht-virulenten R-Stamms führte überraschenderweise zum Tod der Mäuse (Tab. 12.**1d**). Aus den toten Mäusen isolierte Griffith Bakterien des S-Typs, die nach erneuter Infektion zum Tod der Mäuse führten. Die nicht-virulenten R-Bakterien hatten Eigenschaften der virulenten S-Bakterien angenommen, es hatte eine Verwandlung, eine **Transformation** stattgefunden (Tab. 12.**1b–d**).

Im Jahr 1944 konnten Oswald T. Avery, Colin MacLeod und Maclyn McCarty nachweisen, dass Desoxyribonukleinsäure (**DNA**) das „**transformierende Prinzip**" darstellt. Sie setzten die von Griffith durchgeführten

Tab. 12.1 Ergebnisse der Transformationsexperimente mit *Streptococcus pneumoniae*.
a–d von Frederick Griffith, Oswald T. Avery und Colin MacLeod,
e–i von Maclyn McCarty durchgeführt.

	Für die Infektion verwendeter Bakterienstamm	Ergebnis
a	virulenter S-Stamm	Maus stirbt
b	nicht-virulenter R-Stamm	Maus überlebt
c	virulenter S-Stamm, abgetötet	Maus überlebt
d	virulenter S-Stamm, abgetötet	
	+ nicht-virulenter R-Stamm	Maus stirbt
e	nicht virulenter R-Stamm	
	+ Polysaccharidfraktion aus S-Stamm	Maus überlebt
f	+ Fettfraktion aus S-Stamm	Maus überlebt
g	+ RNA-Fraktion aus S-Stamm	Maus überlebt
h	+ Protein-Fraktion aus S-Stamm	Maus überlebt
i	+ DNA-Fraktion aus S-Stamm	Maus stirbt

Experimente fort und isolierten zunächst die einzelnen Komponenten der Bakterien des S-Stamms – also Polysaccharide, Lipide, Nukleinsäuren und Proteine. Jede Komponente mischten sie einzeln mit Zellen vom R-Stamm und injizierten diese Mischungen in Mäuse (Tab. 12.**1e–i**). Nur die Mischung, die außer den nicht-virulenten R-Bakterien noch die Nukleinsäure der virulenten S-Bakterien enthielt, führte zur Transformation der nicht-virulenten zu virulenten Bakterien. Das bedeutet, nur die DNA, nicht aber die anderen Moleküle können eine Eigenschaft der Bakterien verändern. Man konnte sich die Transformation nur so vorstellen, dass in den Mäusen die Bakterien vom R-Typ die Nukleinsäure der Bakterien vom S-Typ aufgenommen haben, wodurch sie ihren Charakter veränderten und virulent wurden. Die Nukleinsäure bestimmt also die Merkmale des Bakteriums, in diesem Fall die Art der Polysaccharidhülle und somit die Pathogenität.

In späteren Experimenten zeigte sich, dass durch Transformation nicht nur die Information für die Eigenschaft der Oberfläche (glatt oder rauh) übertragen wird, sondern dass viele andere Eigenschaften, wie etwa Resistenzen gegen Antibiotika, hierdurch übertragen werden können (s. Kap. 13, S. 152 und Kap. 19, S. 260). Die Übertragung genetischer Information zwischen Individuen derselben Generation, wird, zur Unterscheidung der Genübertragung von einer Generation auf die nächste, als **horizontaler Gentransfer** bezeichnet.

12.2 DNA – das genetische Material

Oswald T. Avery und seine Kollegen hatten die DNA als Träger der genetischen Information identifiziert, die die Merkmale einer Bakterienzelle verändern kann. Der endgültige Beweis dafür, dass **DNA die genetische Substanz** ist, gelang Alfred Hershey und Martha Chase im Jahr 1952. Für ihre Experimente benutzten sie **Bakteriophagen** (kurz **Phagen**). Den Namen hatten sie von Felix d'Herelle erhalten, der Bakteriophagen 1917 erstmals in *Shigella*-Bakterien, den Erregern der Ruhr, nachgewiesen hat. Bakteriophagen sind Viren, die Bakterienzellen infizieren. Sie bestehen aus einer Nukleinsäure (meistens DNA, seltener RNA) und einer Proteinhülle mit einem Schwanz, der die Anheftung an eine Bakterienzelle ermöglicht (Abb. 12.1), wobei jeder Phagentyp eine enge Wirtsspezifität besitzt, also nur Zellen bestimmter Bakterienarten befällt.

Nach der Anheftung gelangt die Nukleinsäure des Phagen in die Zelle, während die Hülle in der Regel außen verbleibt. Durch die Infektion wird der gesamte Biosyntheseapparat der Bakterienzelle umprogrammiert, indem die Synthese bakterieller Proteine verhindert wird und nur noch Komponenten des Phagen (DNA, Proteine) hergestellt werden. Phagen sind ebenso wie Viren keine selbstständigen Organismen, da sie keinen eigenen Stoffwechsel haben und sich nicht autonom, sondern nur innerhalb einer pro- bzw. eukaryotischen Zelle unter Ausnutzung des zellulären Metabolismus vermehren können. Sie wurden deshalb auch als „Parasiten auf genetischem Niveau" (Salvador Luria) bezeichnet. Für die Genetik sind Bakteriophagen von ganz besonderer Bedeutung gewesen. Die an ihnen gewonnenen Erkenntnisse schufen die Grundlage für die moderne Molekularbiologie (Box 12.1).

Hershey und Chase infizierten eine Bakterienkultur mit Phagen und gaben gleichzeitig in das Medium Nukleinsäurevorstufen (Nukleotide, s. u.), die mit radioaktivem Phosphat (^{32}P-Isotop) markiert waren. Bei der Synthese der neuen Phagenpartikel wurden diese ^{32}P-markierten Nukleotide in die DNA eingebaut.

Eine zweite, mit Phagen infizierte Bakterienkultur ließen sie in Gegenwart von Proteinvorstufen (Aminosäuren) wachsen, die mit radioaktivem Schwefel (^{35}S) markiert waren. Diese wurden bei der Neusynthese der Phagenpartikel in die Hülle eingebaut. Mit den so gewonnenen, ^{32}P- oder ^{35}S-markierten Phagen infizierten sie erneut Bakterien (Abb. 12.2). Kurz danach trennten sie durch kräftiges Schlagen mittels eines Küchenmixers die leeren Phagenhüllen ab und untersuchten anschließend den Verbleib der radioaktiv markierten Substanzen. Nach Infektion mit ^{35}S-markierten Phagen konnten sie keine radioaktive Markierung in

Box 12.1 Max Delbrück, ein Begründer der Molekularbiologie

Im Jahr 1935 gelang es Wendell Stanley erstmalig, das Tabakmosaikvirus zu kristallisieren, ein Ergebnis, für das er 1946 mit dem Nobelpreis ausgezeichnet wurde. Damit wurde eine biologische, sich selbst vermehrende Einheit zu einer chemisch ergründbaren Struktur. Dieses Ergebnis führte dazu, dass sich in der Folgezeit mehr und mehr Wissenschaftler, die von ihrer Ausbildung her keine Genetiker, sondern Biochemiker, Mikrobiologen, Chemiker und Physiker waren, mit Fragen der Genetik, insbesondere mit der Frage nach der Natur des Gens, beschäftigten. Einer der führenden Köpfe auf diesem Gebiet war der Physiker Max Delbrück (1906–1981), ein Schüler des Physikers Niels Bohr, ein Mitbegründer der Quantenmechanik. Max Delbrück wird als der Wegbereiter der modernen Molekularbiologie gesehen. Er initiierte 1945 in Cold Spring Harbor, einem kleinen Ort an der Nordküste von Long Island, USA, den ersten „Phagenkurs", der über 20 Jahre regelmäßig dort stattfand. Die Arbeiten der Mitglieder der sog. „Phagengruppe", zu der anfänglich auch Salvador Luria und Alfred Hershey gehörten und zu der später weitere Mitglieder hinzukamen, brachten wegweisende Erkenntnisse über die Genetik von Bakterien und Phagen, so u. a. darüber, dass auch in Bakterien und Phagen Mutationen auftreten, und dass bei beiden ein Austausch von genetischer Information, also Rekombination, stattfinden kann, die es erlaubt, Genkarten zu entwerfen.

In Anerkennung seines großen Beitrags zur Molekularbiologie wurde Max Delbrück im Jahr 1969 zusammen mit Salvador Luria und Alfred Hershey der Nobelpreis für Physiologie und Medizin verliehen.

a

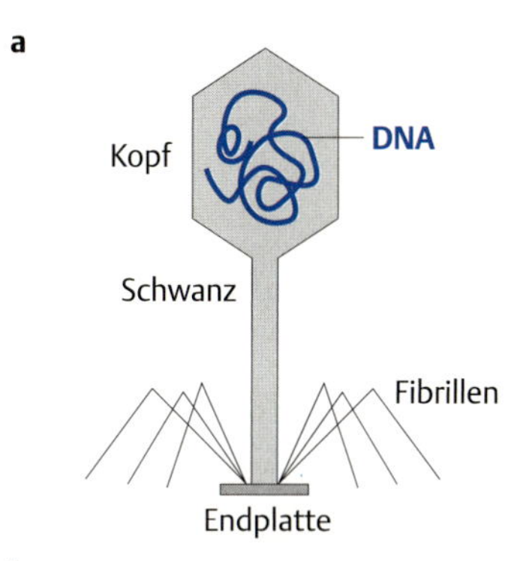

b

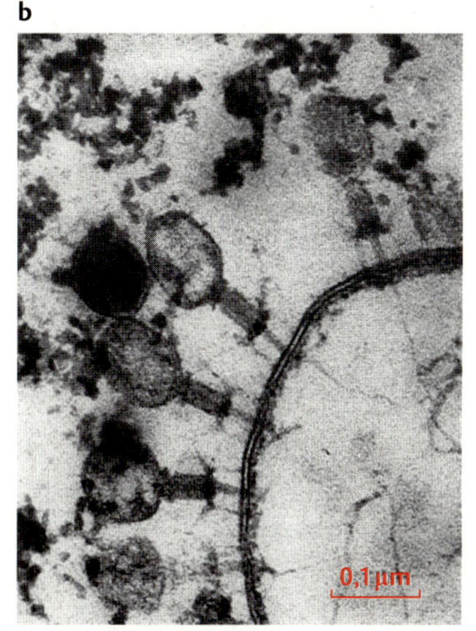

Abb. 12.1 Struktur von Phagen.
a Schematische Darstellung eines Phagen.
b Mikrofotografie von Bakteriophagen, die an eine Bakterienzelle angeheftet sind. Einige von ihnen injizieren gerade ihre DNA in die Bakterienzelle [b © Elsevier 1967. Simon, D. L., Anderson, T. F.: Infection of *Escherichia coli* by T2 and T4 bacteriophages as seen in Electron microscope. I. Attachment and penetration. Virology *32:* 279–297].

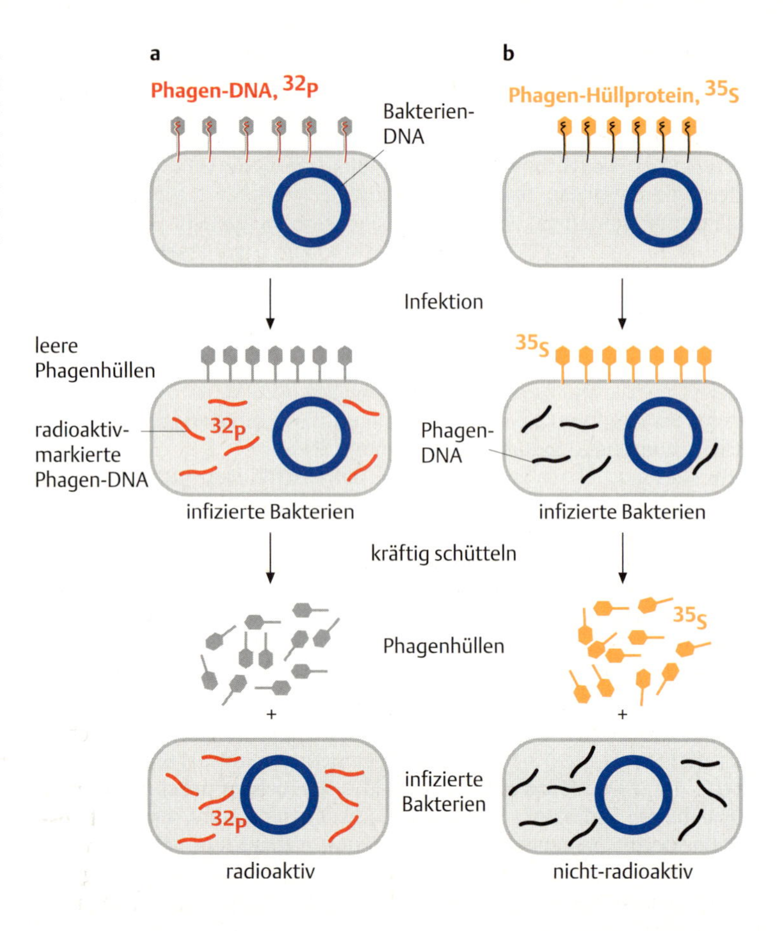

Abb. 12.2 DNA ist das transformierende Agens. Bakterienzellen werden mit Phagen infiziert, deren DNA (**a**) bzw. Proteinhülle (**b**) radioaktiv markiert ist. Die Phagen-DNA wird in die Zelle gebracht, während die Proteinhülle außen verbleibt. Nach Entfernen der Phagenhülle sind nur die Bakterienzellen aus Kultur **a** und die in ihnen gebildeten neuen Phagen radioaktiv, nicht jedoch die Bakterien und Phagen aus Kultur **b**.

den neu infizierten Zellen entdecken, nach Infektion mit ^{32}P-markierten Phagen konnten sie jedoch im Innern der infizierten Bakterienzellen ^{32}P nachweisen. Die Markierung konnten sie auch in den neu synthetisierten Phagenpartikeln wieder finden.

Damit wurde gezeigt, dass die **DNA das eigentliche genetische Material** darstellt, das an die nächste Generation weitergegeben wird. Die Proteine bilden lediglich die Hülle der Phagen, die nach der Anheftung an die Wirtszelle und dem Eindringen der DNA außen verbleibt.

12.3 DNA – ein polymeres Molekül

Was aber ist die chemische Natur der DNA? DNA wurde erstmalig 1869 von **Friedrich Miescher** aus Eiter isoliert und „**Nuclein**" genannt, da sie aus den Zellkernen (Nuklei) der im Eiter vorhandenen weißen Blutzellen stammte. DNA hat eine einfache chemische Zusammensetzung: Kohlenstoff, Wasserstoff, Stickstoff, Phosphor und Sauerstoff. Wie kann dieses Molekül so komplexe Funktionen wie die Kodierung der Information für alle Merkmale der Organismen ausüben sowie seine identische Weitergabe von einer Generation zur nächsten ermöglichen?

Die genauere Analyse zeigt, dass **DNA ein Polymer** ist, das aus einer langen Kette von Einheiten, den **Nukleotiden**, besteht. Jedes der vier verschiedenen Nukleotide besteht aus einem Zuckermolekül (der Pentose

Desoxyribose), einer Phosphatgruppe und einer stickstoffhaltigen, heterozyklischen Base. Heterozyklisch deshalb, weil sich im Ring sowohl Kohlenstoff- als auch Stickstoff-Atome befinden (Abb. 12.**3a**).

Insgesamt kommen in der DNA vier verschiedene **Nukleotide** vor, die sich nur durch ihre Base unterscheiden. Die Basen **Thymin** (T) und **Cytosin** (C) sind Derivate des Pyrimidins, einem Sechsring mit zwei Stickstoff-Atomen. Die Basen **Adenin** (6-Aminopurin, A) und **Guanin** (2-Amino-6-Hydroxypurin, G) leiten sich vom Purin ab, das aus zwei heterozyklischen Ringen besteht (Abb. 12.**3b**). Ein Nukleotid kann ein, zwei oder drei Phosphatreste enthalten. Man bezeichnet es dann als Desoxyadenosin-*mono*phosphat (dAMP), Desoxyadenosin*di*phosphat (dADP) und Desoxyadenosin*tri*phosphat (dATP).

Eine Base, die mit einem Desoxyribosemolekül verknüpft ist, bezeichnet man als **Nukleosid**. Die Verbindung erfolgt durch eine **N-glykosidische Bindung** zwischen einem Stickstoffrest der Base (N9 des Purin-, N1 des Pyrimidin-Rings) und dem C1′-Atom des Zuckers zu einem 2-Desoxynukleosid (Desoxyadenosin dA, Desoxycytidin dC, Desoxyguanosin dG und Desoxythymidin dT). Nach Veresterung der 5′-OH-Gruppe des Zuckers eines Nukleosids mit Phosphorsäure entsteht ein Nukleosid-5′-monophosphat. So wird z. B. aus Desoxyadenosin Desoxyadenosin-5′-Monophosphat, dAMP. Zwei weitere Phosphatreste können an den 5′-Phosphatrest über Säureanhydridbindungen hinzugefügt werden, wodurch Desoxyadenosin-5′-Diphosphat, dADP bzw. Desoxyadenosin-5′-Triphosphat, dATP entsteht.

Zwei Nukleotide können durch Ausbildung einer Bindung zwischen dem Phosphatrest am C5′-Atom des Zuckers eines Nukleotids und der OH-Gruppe am C3′-Atom des Zuckers eines anderen Nukleotids unter Abspaltung von Wasser zu einem **Dinukleotid** verknüpft werden (= **Phosphodiesterbindung**). Durch Hinzufügen weiterer Nukleotide entstehen Oligo- bzw. Polynukleotide (Abb. 12.**4**). Somit stellt DNA chemisch gesehen ein Phosphat-Pentose-Polymer mit Purin- und Pyrimidin-Seitengruppen dar.

Jedes **DNA-Molekül hat eine Polarität**, wobei das **5′-Ende** durch eine Phosphatgruppe am C5′-Atom des Zuckermoleküls und das **3′-Ende** durch eine OH-Gruppe am C3′-Atom des Zuckers am anderen Ende gekennzeichnet ist. Verschiedene Polynukleotide unterscheiden sich in ihrer Länge und der Reihenfolge der Basen. Die **Nukleotidsequenz** einer DNA wird immer von **5′ nach 3′** gelesen, im Beispiel der Abb. 12.**4** also 5′-T-C-A-3′.

Erwin Chargaff untersuchte die Zusammensetzung der DNA verschiedener Organismen und fand dabei, dass in den meisten Fällen der Anteil der vier Basen nicht 1:1:1:1 ist, dass aber stets der Anteil aller Pyrimidin-Nukleotide gleich dem Anteil aller Purin-Nukleotide ist („**Chargaff-Regel**"):

$$(C + T) = (A + G)$$

Mehr noch, der Anteil an A entspricht immer dem Anteil an T und der Anteil an G immer dem Anteil an C. Somit ist jede DNA durch ihren G+C-Gehalt charakterisiert, der bei verschiedenen Spezies zwischen 26 % und 74 % liegen kann. Das bedeutet, dass der Anteil an A+T nicht immer gleich dem Anteil an G+C ist, dieses Verhältnis schwankt je nach Tier- oder Pflanzenart zwischen 0,5 und 2,0. So ist bei *E. coli* A+T/G+C ~1,0, beim Menschen jedoch 1,53. In seiner 1950 veröffentlichten Arbeit schrieb E. Chargaff: „Ob diesen Basenverhältnissen eine tiefere Bedeutung zukommt, muss noch geklärt werden". Heute wissen wir, dass die-

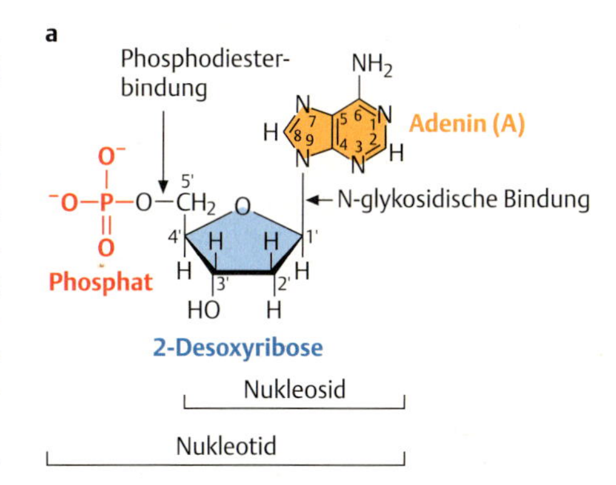

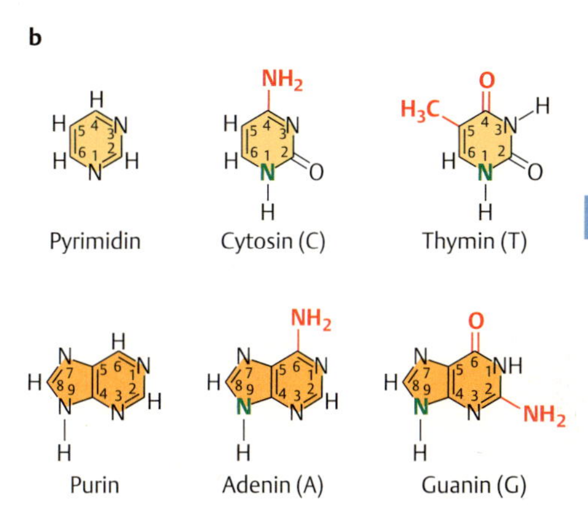

Abb. 12.3 Chemische Struktur eines Nukleotids und der vier Basen.
a Das Nukleotid Desoxyadenosin-5′-monophosphat, dAMP und das Nukleosid, Desoxyadenosin, dA.
b Die vier Basen der DNA sind Derivate von Pyrimidin bzw. Purin. Über das grün markierte Stickstoff-Atom wird die N-glykosidische Bindung zum 1′-Kohlenstoff-Atom des Zuckers ausgebildet. Rot markiert sind jeweils die Gruppen, in denen sich die beiden Purine bzw. die beiden Pyrimidine unterscheiden.

12

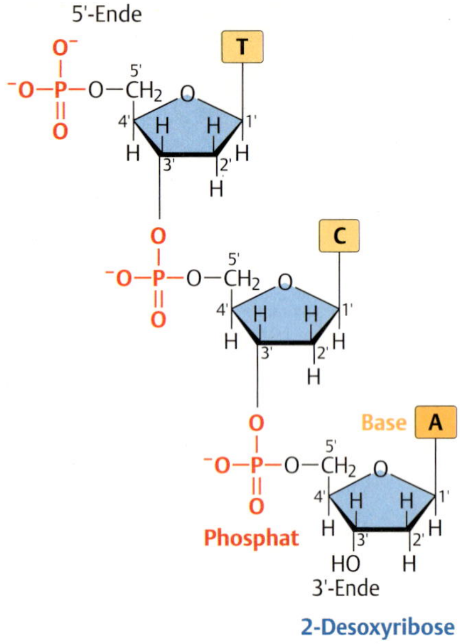

Abb. 12.4 **Aufbau einer Nukleinsäurekette.** Das Molekül endet am 5′-Ende mit einer Phosphatgruppe, am 3′-Ende mit einer OH-Gruppe. Dargestellt ist die chemische Struktur des Trinukleotids 5′-T-C-A-3′.

sem Verhältnis in der Tat eine besondere Bedeutung zukommt, da es die Struktur der DNA aus zwei Strängen widerspiegelt (s. u.).

Obwohl die DNA aus nur vier verschiedenen Bausteinen, den Nukleotiden, aufgebaut ist, enthält sie alle genetischen Informationen, die für die Entwicklung, Vermehrung und Funktion eines Organismus nötig ist. Diese Informationen sind letztendlich in der Reihenfolge der vier Basen A, C, G und T, der **Basen-** oder **Nukleotidsequenz**, verschlüsselt, vergleichbar den Buchstaben des Alphabets, deren Reihenfolge ein sinnvolles Wort oder einen sinnvollen Satz ergibt.

Der gesamte DNA-Gehalt des Genoms bzw. des haploiden Genoms bei Eukaryonten, der sog. **C-Wert**, ist eine für jeden Organismus charakteristische Größe. Unter den Spezies gibt es eine große Variation des C-Werts, der von 10^6 (*Mycoplasma*) bis zu 10^{11} bei einigen Pflanzen und Amphibien reicht. Generell kann man eine Korrelation zwischen der Komplexität eines Organismus und seines C-Werts (in Basenpaaren) feststellen (s. Tab. 2.**1**, S. 10). Allerdings gibt es hierzu auch einige Ausnahmen. So ist das menschliche Genom etwa 200-mal so groß wie das der **Bäckerhefe** *Saccharomyces cerevisiae*, besitzt aber nur 1/200 der Größe der Amöbe *Amoeba dubia*. Diese als **C-Wert-Paradoxon** beschriebene Abweichung lässt sich auf den unterschiedlichen Gehalt an repetitiver DNA zurückführen (s. u.). Dieser erklärt auch die Beobachtung, dass es innerhalb einiger Gruppen mit ähnlicher genetischer Komplexität, vor allem bei Insekten, Amphibien und Pflanzen, eine erhebliche Variation der C-Werte gibt, die zwischen 10^9 und fast 10^{11} bp/haploidem Genom liegen können.

12.4 Die DNA-Doppelhelix

Im Jahr 1953 wurde von James Watson und Francis Crick ein Modell der räumlichen **DNA-Struktur** vorgestellt, zu dessen Entwicklung mehrere Befunde beigetragen hatten:

1. Die Beobachtungen von Erwin Chargaff zu den Verhältnissen der Basen in einer DNA (s. o.).
2. Der Befund von Alexander Robertus Todd, dass Nukleotide durch 5′–3′-Phosphodiesterbindungen miteinander zu Ketten verknüpft sein können.
3. Die von Rosalind Franklin und Maurice Wilkins gewonnenen Ergebnisse zur **Röntgenstruktur der DNA** (Box 12.**2**). Aus diesen war zu entnehmen, dass es sich bei der DNA um ein schraubenförmig gewundenes Molekül mit einem Durchmesser von 2 nm und einer Höhe der Schraubenwindung von 3,4 nm handelt (1 nm = 1/1000 μm).

Im sog. **Watson-und-Crick-Modell** liegt die DNA in Form zweier Polynukleotidketten vor, deren abwechselnd angeordnete Zucker und Phosphate das sog. Rückgrat bilden, während die Basen, vergleichbar den Sprossen einer Leiter, nach innen weisen. Die Verbindung der beiden Einzelstränge erfolgt durch Wasserstoffbrückenbindungen (H-Brücken), die jeweils zwischen einem Purin des einen Strangs und einem Pyrimidin des anderen Strangs ausgebildet werden. Auf Grund der chemischen Struktur der Basen kann A immer nur mit T und G immer nur mit C paaren, wobei bei AT zwei und bei GC drei Wasserstoffbrückenbindungen ausgebildet werden (Abb. 12.**5**).

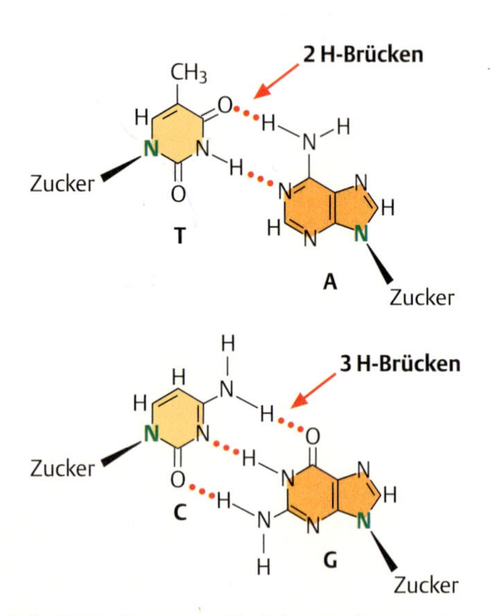

Abb. 12.5 **Wasserstoffbrückenbindungen.** Dargestellt ist ein A-T- und ein G-C-Basenpaar. Die Wasserstoffbrückenbindungen sind gepunktet gezeichnet.

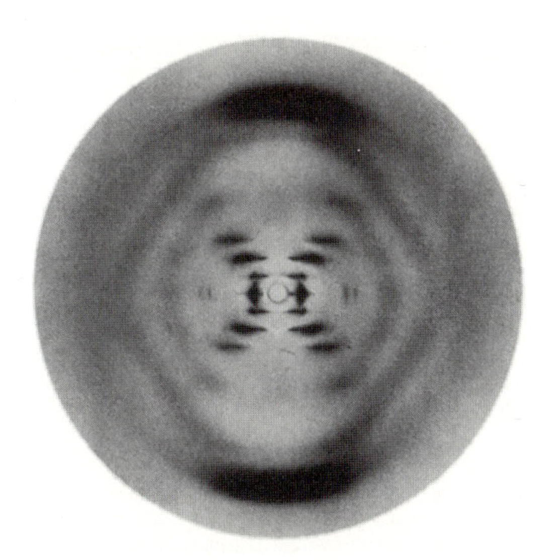

Abb. 12.6 Röntgenbeugungsmuster der DNA (B-Form). Das Kreuz in der Mitte weist auf eine helikale Struktur hin, die Bögen oben und unten stammen von der Stapelung der Basenpaare. Aus diesem, von R. Franklin aufgenommenen Beugungsmuster konnte sie eine schraubenförmige Struktur mit einer Periodizität (der Basen) von 0,34 nm ableiten [© Nature 1953. Franklin, R. E., Gosling, R. G.: Molecular configuration in sodium thymonucleate. Nature *171* 740–741].

Wasserstoffbrücken bilden sich zwischen einem Wasserstoff-Atom mit schwach positiver Ladung und einem Akzeptoratom mit überschüssigen Elektronen, also mit schwach negativer Ladung, aus. H-Brücken stellen im Vergleich zu kovalenten Bindungen schwache chemische Bindungen dar, die mit geringem Energieaufwand gelöst werden können, was eine wesentliche Voraussetzung für die beiden wichtigsten Funktionen der DNA, die Replikation und die Transkription (s. u.), darstellt. Trotzdem führt die Summe aller H-Brücken einer Doppelhelix dazu, dass sie ein sehr stabiles Molekül ist. Auf Grund dieser Tatsache haben sich DNA-Moleküle über viele tausend Jahre erhalten und können heute etwa aus ägyptischen Mumien oder aus Hominiden, z. B. dem Neandertaler, isoliert werden. Die beiden **Einzelstränge sind antiparallel** (gegenläufig) zueinander angeordnet, d. h. sie weisen eine entgegengesetzte 5′-3′-Orientierung auf (Abb. 12.**7**). Da A immer nur mit T und G immer nur mit C Wasserstoffbrückenbindungen ausbilden kann, legt die Nukleotidsequenz des einen Strangs eindeutig die Sequenz auf dem anderen Strang fest, anders ausgedrückt, die beiden **Stränge sind komplementär** zueinander.

Die beiden über H-Brücken verbundenen Einzelstränge winden sich rechtsherum um eine gedachte, zentral gelegene Achse. Dabei haben die planaren Basenpaare (bp) einen Abstand von jeweils 0,34 nm voneinander. Insgesamt 10 bp machen eine volle Windung der Doppelhelix (360°) aus. Da es sich also um zwei spiralförmig gewundene Moleküle handelt, wird diese Struktur **Doppelhelix** genannt (Abb. 12.**8**). Die Struktur der Doppelhelix wird außer durch H-Brücken noch durch Wechselwirkungen zwischen den planaren Basenpaaren (die sog. Stapelkräfte, stacking forces) stabilisiert, indem diese die Einlagerung von Wassermolekülen zwischen den Basenpaaren verhindern. Zwischen den Zucker-

Box 12.2 Röntgenstrukturanalyse

Die **Röntgenstrukturanalyse** wurde in den 50er Jahren von Max Perutz und John Kendrew als Methode zur Aufklärung der Struktur von Proteinen angewendet, später dann auch zur Strukturaufklärung der DNA benutzt. Bei diesem Verfahren wird ein Bündel paralleler Röntgenstrahlen mit einer Wellenlänge von 0,1 bis 0,2 nm durch ein kristallisiertes Protein (oder eine kristallisierte DNA) geschickt. Die Röntgenstrahlen werden durch die einzelnen Atome im Kristall abgelenkt. Sind die Atome im Kristall regelmäßig angeordnet, verstärken sich die gebeugten Strahlen und produzieren ein typisches **Beugungsmuster** auf einem photographischen Film. Die Position und Stärke jedes Flecks auf dem Beugungsmuster gibt Informationen über die Position einzelner Atome im Kristall.

Die von R. E. Franklin und R. G. Gosling bzw. von M. H. F. Wilkins, A. R. Stokes und H. R. Wilson veröffentlichten **Beugungsbilder der DNA** unterstützten das von Watson und Crick vorgeschlagene Modell der DNA-Struktur (Abb. 12.**6**): Die Daten beider Arbeiten ließen den Schluss zu, dass es sich bei der DNA um eine spiralförmige Struktur mit einer Höhe der Windung von 3,4 nm und einem Durchmesser von ≈2 nm handelt, in der die Phosphatgruppen außen und die Basen innen liegen. Auf Grund der Dichte des Moleküls nahm R. Franklin weiterhin an, dass die Struktur aus zwei, möglicherweise aus drei Strängen aufgebaut ist.

Abb. 12.7 Ausschnitt einer DNA-Doppelhelix. Wasserstoffbrückenbindungen sind zwischen den Basen A und T bzw. G und C ausgebildet (rote gepunktete Linien). Jeder DNA-Strang besitzt ein 3′-OH-Ende und ein 5′-Phosphat-Ende.

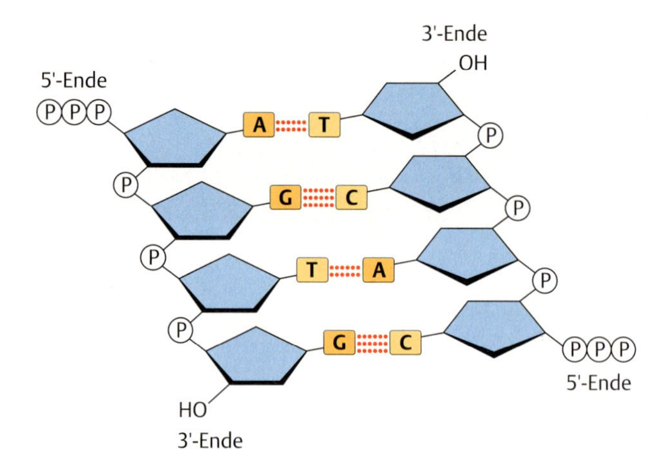

12

Phosphat-Bändern der beiden Einzelstränge kommt es zur Ausbildung von zwei Furchen/Rinnen, der **„großen Furche"** und der **„kleinen Furche"** (major and minor groove, s. Abb. 12.**8**).

Die von Watson und Crick vorgeschlagene Struktur der DNA-Doppelhelix bietet eine Erklärung für die beiden wichtigsten **Funktionen der DNA**, die identische Verdopplung (**Replikation**, s. S. 137) und die Übertragung der genetischen Information auf RNA (**Transkription**, s. Kap. 14, S. 161). Für ihre Arbeit erhielten Watson und Crick zusammen mit M. Wilkins im Jahr 1962 den Nobelpreis für Medizin/Physiologie (Rosalind Franklin war bereits 1958 im Alter von 37 Jahren gestorben).

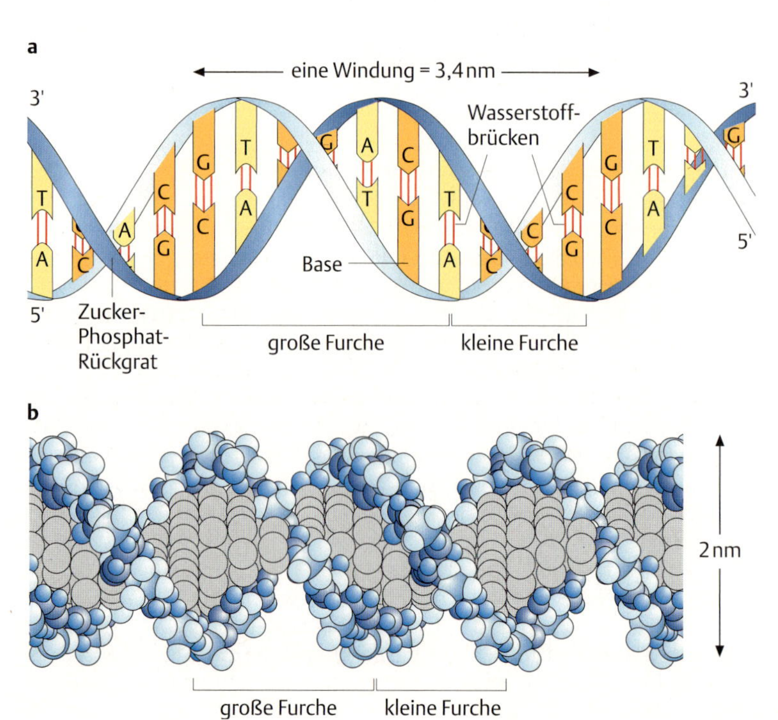

Abb. 12.8 Ausschnitt einer DNA-Doppelhelix. **a** Die rechtsgewundene DNA-Doppelhelix besteht aus zwei antiparallel ausgerichteten Einzelsträngen. **b** Kalottenmodell einer Doppelhelix. Das Zucker-Phosphat-Rückgrat ist in dunklen Farben, die Basen sind in hellen Farben dargestellt.

12.5 Repetitive DNA

Die genetische Information ist in Form der Nukleotidsequenz der DNA verschlüsselt. Betrachtet man die DNA-Sequenz eines Genoms, so kann man zwei Gruppen von Sequenzabschnitten unterscheiden: Solche, die nur einmal pro Genom vorkommen, die **Einzelkopie-DNA** (single-copy oder unique DNA) und solche Sequenzabschnitte, die mehrfach pro Genom vorkommen, die **repetitive DNA**. Zur Einzelkopie-DNA gehören fast alle proteinkodierenden Abschnitte. Bei repetitiver DNA, zu der u.a. Transposons und Retrotransposons gehören (s. Kap. 18, S. 247), unterscheidet man zwischen mittelrepetitiver und hochrepetitiver DNA. **Mittelrepetitive DNA** kommt in zwei bis etwa 100 Kopien/Genom vor. Unter dieser befinden sich auch Sequenzen, die in RNA übertragen werden (z.B. tRNA-Gene, s. Kap. 14.1, S. 161) oder auch einige proteinkodierende Sequenzen. Bei **hochrepetitiver DNA** handelt es sich fast ausschließlich um nicht transkribierte DNA, die aus wiederholten Abschnitten von oft sehr einfacher Nukleotidsequenz besteht, z.B. aus Di-, Tri-, Tetra- oder Pentanukleotiden:

[A T][A T][A T]...
[A T C][A T C][A T C]...
[G C T T][G C T T][G C T T]... oder
[A G T T T][A G T T T][A G T T T]...

Diese können bis zu 10 000-mal oder mehr pro Genom vorkommen. Repetitive DNA-Abschnitte kommen entweder gehäuft an einer oder wenigen Stellen im Genom vor (= **Tandem-Anordnung**), z.B. in den Telomeren oder den Zentromeren oder sie sind über das gesamte Genom verteilt (= **disperse Anordnung**). Repetitive DNA macht man sich bei einigen molekularen Methoden zur Kartierung von Genen oder beim „genetischen Fingerabdruck" zunutze (s. Kap. 20.1.3, S. 311). Die Funktion hochrepetitiver DNA ist unbekannt. Sehr häufig wird sie als „genetischer Müll" (junk DNA) bezeichnet, der vermutlich im Lauf der Evolution seine Funktion verloren hat, aber weiterhin bei jeder Zellteilung verdoppelt wird.

Den Anteil repetitiver und Einzelkopie-DNA kann man mit Hilfe des Verhaltens von Einzelstrang-DNA in Lösung bestimmen. Hierbei setzt man sie Bedingungen aus, die die Bildung von komplementären Doppelsträngen ermöglicht. Die Kinetik, mit der die Doppelstrangbildung abläuft, unterliegt physikochemischen Gesetzmäßigkeiten (Box 12.**3**).

Auch wenn in der Regel evolutionär niedriger stehende Spezies einen geringeren DNA-Gehalt aufweisen als höher stehende, so ist die DNA-Menge nicht immer ein Maß für den Gehalt der genetischen Information (C-Wert-Paradoxon, s.o., Tab. 2.**1**). Der prozentuale Anteil repetitiver DNA kann sich selbst innerhalb naher verwandter Spezies sehr stark unterscheiden (Tab. 12.**2**).

Box 12.3 Denaturierung und Renaturierung von DNA

DNA-Replikation und Transkription beruhen auf der Fähigkeit der DNA, ihre beiden Einzelstränge voneinander zu trennen und unter geeigneten Bedingungen wieder zu einer Doppelhelix zu vereinigen. *In vitro* nennt man die Trennung gepaarter DNA-Stränge **Denaturierung** oder Schmelzen, die Paarung zweier Einzelstränge zu einer Doppelhelix **Hybridisierung**, **Renaturierung** oder **Reassoziation**. Beide Vorgänge beruhen auf der relativ schwachen Bindung, die durch die Wasserstoffbrücken vermittelt werden. Die Denaturierung der DNA kann z. B. durch Erhitzen erfolgen, wobei die thermische Energie ausreicht, die H-Brücken und andere, die DNA-Doppelhelix stabilisierende Kräfte aufzulösen. Denaturierung verändert die Absorption von ultraviolettem Licht bei 260 nm (Abb. 12.**9a**). Der T_m-Wert einer DNA hängt von mehreren Faktoren ab: Moleküle mit größerem G/C-Gehalt haben einen höheren T_m-Wert, da G/C-Basenpaare durch Ausbildung von drei H-Brücken stabiler sind. Eine Verringerung der Salzkonzentration führt zu einer Erniedrigung des T_m-Werts. Denaturierung der DNA wird ferner durch solche Agenzien erleichtert, die die H-Brücken destabilisieren, etwa alkalische Lösungen oder konzentrierte Lösungen von Formamid oder Harnstoff (Abb. 12.**9a**).
Die **Kinetik der Hybridisierung** (**Reassoziation**) von DNA, also die Bildung doppelsträngiger DNA aus einzelsträngiger DNA, ist vor allem von ihrer **Komplexität**, also von der Menge an DNA-Stücken mit unterschiedlichen Sequenzen abhängig. Je weniger verschiedene Sequenzen es gibt, desto größer ist die Wahrscheinlichkeit, dass sich bei einer gegebenen DNA- Ausgangskonzentration komplementäre Einzelstränge finden und desto schneller verläuft die Reassoziation. Es handelt sich hier um eine Reaktionskinetik zweiter Ordnung. Die Reassoziationsgeschwindigkeit kann als Maß für die Komplexität einer DNA verwendet werden (Abb. 12.**9b**). Der $c_0t_{1/2}$-Wert ist ein Maß für die Komplexität der DNA. Je höher der $c_0t_{1/2}$-Wert ist, desto höher ist die Komplexität, d. h. desto mehr unterschiedliche Sequenzen liegen in der DNA vor. In der Abb. 12.**9b** sind die Reassoziationskinetiken von vier DNAs steigender Komplexität gezeigt. Die $c_0t_{1/2}$-Werte lassen eine Aussage über den Gehalt an unterschiedlichen DNA-Sequenzen zu. Die Kurve der eukaryotischen DNA verläuft dreiphasig, da Einzelkopie-DNA sowie hoch- und mittelrepetitive DNA mit unterschiedlicher Kinetik reassoziieren.
Die Kenntnis des Verhaltens der DNA bei der Denaturierung und Hybridisierung ist bei der Durchführung vieler molekularbiologischer Experimente wichtig (s. Kap. 19.2.1, S. 273).

Tab. 12.2 Anteil repetitiver DNA im Genom verschiedener Spezies

	Spezies	Anteil repetitiver DNA hochrepetitiv [%]	mittelrepetitiv [%]
Phage	Phage λ	0	0
Darmbakterium	*Escherichia coli*	0	0
Bäckerhefe	*Saccharomyces cerevisiae*	0	4
Fadenwurm	*Caenorhabditis elegans*	3	14
Taufliege	*Drosophila melanogaster*	17	12
Krallenfrosch	*Xenopus laevis*	5	41
Hausmaus	*Mus musculus*	10	25
Mensch	*Homo sapiens*	36	26
Tabak	*Nicotiana tabacum*	7	65

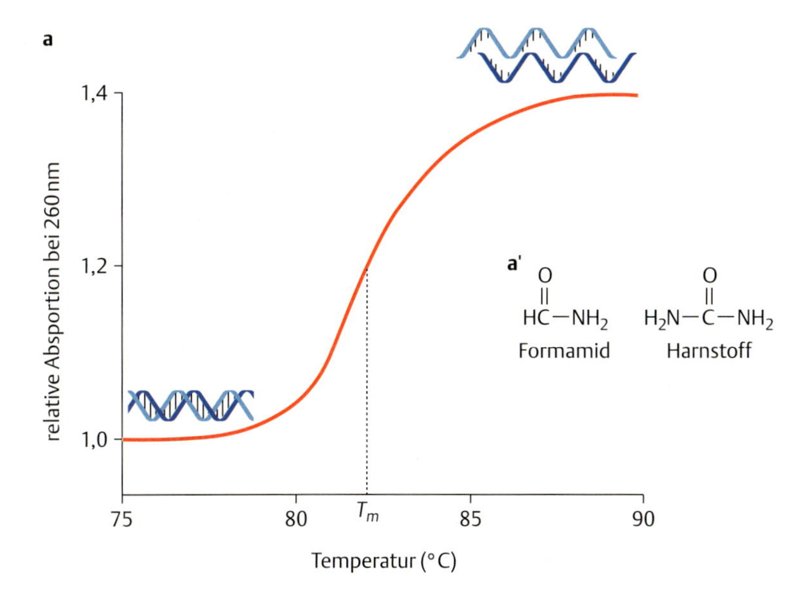

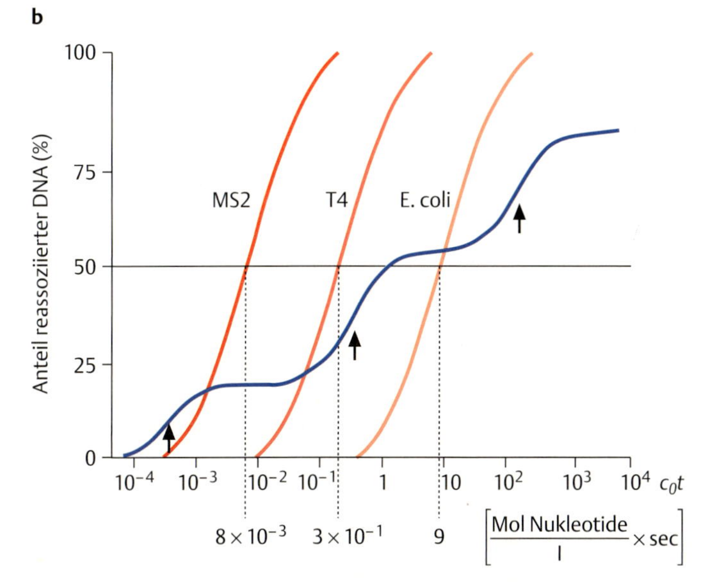

Abb. 12.9 Übergang von Doppel- in Einzelstrang-DNA und Reassoziation einzel- zu doppelsträngiger DNA.

a Schmelzkurve einer DNA. Durch Erhitzen einer DNA-Lösung geht die DNA von dem doppelsträngigen in den einzelsträngigen Zustand über (= Denaturieren oder Schmelzen). Dabei nimmt die Absorption bei 260 nm um etwa 40 % zu (von 1,0 auf 1,4). Die Temperatur, bei der die Hälfte der DNA denaturiert vorliegt, bezeichnet man als die Schmelztemperatur T_m. Sie entspricht dem Wendepunkt der Kurve.

a′ Chemische Struktur von Formamid und Harnstoff, zwei häufig verwendete Substanzen, die den Schmelzpunkt einer DNA erniedrigen.

b Reassoziationskinetik verschiedener DNA. Zur Normierung wird auf der X-Achse das Produkt, gebildet aus der Ausgangskonzentration der DNA und der Zeit (c_0t-Wert in Mol × Sekunden/Liter), aufgetragen. Die Kurven der DNA der Phagen MS2 und T4 und die der *E. coli*-DNA zeigen die steigende Komplexität der DNA. Eukaryotische DNA (blaue Kurve) besitzt hoch- und mittelrepetitive sowie Einzelkopie-DNA. Die Kinetik macht die unterschiedliche Komplexität der drei verschiedenen Komponenten deutlich: die hoch repetitive DNA reassoziiert zuerst, ihr Anteil macht ca. 25 % aus. Die mittelrepetitive DNA reassoziiert anschließend, sie repräsentiert etwa 30 % der DNA. Die am langsamsten reassoziierende Fraktion enthält die Einzelkopie-DNA, die etwa 45 % der gesamten DNA ausmacht. Die Pfeile weisen auf den $c_0t_{1/2}$-Wert der drei Fraktionen hin.

12.6 Mitochondrien und Chloroplasten haben ein ringförmiges Genom

Bei Eukaryonten kommt der größte Teil der DNA im Zellkern, in den Chromosomen vor. Darüber hinaus findet man DNA in zwei Typen von Organellen, den **Mitochondrien** (**mtDNA**, in tierischen und pflanzlichen Zellen) und den **Chloroplasten** (**cpDNA**, nur in pflanzlichen Zellen). mtDNA und cpDNA sind **zirkuläre DNA-Moleküle,** die nur einen Bruchteil der genetischen Information einer Zelle tragen. Ein Molekül menschlicher mtDNA besteht aus 17 000 Basenpaaren und kodiert insgesamt 37 Gene. Zum Vergleich: Die **Kern-DNA des Menschen** enthält ca. 3 000 000 000 (3×10^9) Basenpaare/haploidem Genom (vgl. Tab. 2.**1**,

Abb. 12.10 Das Mitochondriengenom des Menschen. Beide Einzelstränge tragen Gene, die abgelesen werden.

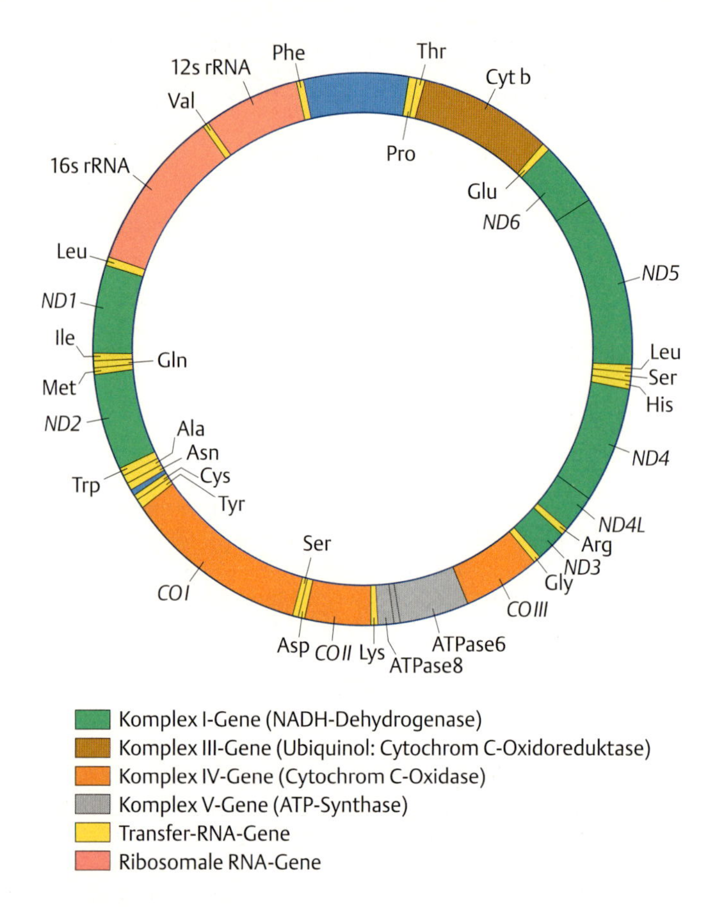

Box 12.4
Mitochondriale Zytopathien

Der Erbgang von Mutationen der mtDNA folgt nicht den Mendel-Gesetzen. Die Weitergabe erfolgt direkt von Generation zu Generation. Während die Mutation niemals von Männern weitergegeben wird, übertragen Mütter sie an alle ihre Nachkommen. Es können also Töchter wie Söhne betroffen sein. Der Schweregrad der Krankheit kann jedoch unterschiedlich sein. Er hängt ab von der Anzahl der mutierten Mitochondrien, die in der Eizelle enthalten sind. Da Mitochondrien bei der Zellteilung zufällig verteilt werden, können in ein und demselben Organismus Zellen mit unterschiedlicher Anzahl mutanter Mitochondrien auftreten.

Die durch Mutationen in der mtDNA ausgelösten Krankheiten manifestieren sich vor allem in Geweben mit hohem Energiebedarf, wie Muskel- und Nervenzellen. MERRF, **M**yoklonus**e**pilepsie mit „**r**agged **r**ed **f**ibres", eine erst 1980 beschriebene Krankheit, ist u.a. durch Muskelschwäche, Minderwuchs, Demenz, Innenohrschwerhörigkeit, Muskelzuckungen und epileptische Anfälle gekennzeichnet. Der Name *ragged fibres* (wörtl.: zerfetzte Fibrillen) stammt von dem Aussehen einiger Muskelfasern, die bei den Patienten von einem rot gefärbten Ring umgeben sind, der aus einer großen Zahl abnormer Mitochondrien gebildet wird.

S. 10) und kodiert ca. 30 000 Gene. Die meisten Gene der Mitochondrien und Chloroplasten sind essenziell für die Funktion der jeweiligen Zelle und dienen der Ausübung organellspezifischer Funktionen, also der **Energiegewinnung** durch **oxidative Phosphorylierung** in den Mitochondrien und der **Photosynthese** in den Chloroplasten. Die Nukleotidsequenzen der mtDNA und cpDNA vieler Organismen sind bekannt. Die Anzahl der DNA-Moleküle pro Organell kann variieren, ebenso die Zahl der Organellen pro Zelle. In einem Mitochondrium befinden sich 2–10 mtDNA-Moleküle. Eine Zelle kann mehrere Hundert, manchmal Tausende von Kopien mtDNA oder cpDNA tragen. So besitzt eine Blattzelle der roten Beete etwa 5000 Kopien cpDNA, ein menschlicher Fibroblast mehrere hundert Kopien mtDNA und die menschliche Eizelle kann bis zu 100 000 Kopien mtDNA enthalten.

Abb. 12.**10** zeigt die Karte der mitochondrialen DNA des Menschen. Mit einer Größe von ~17 kb (1 Kilobase [kb] = 10^3 Basen) ist es viel kleiner als das mitochondriale Genom der Hefe (~87 kb). Die DNA kodiert 13 Proteine, die für die oxidative Phosphorylierung, also für die Energiegewinnung, benötigt werden, ferner Gene für alle tRNAs (transfer RNAs), zwei rRNA-Gene (Gene für ribosomale RNA, s. Kap. 14, S. 161) sowie einige für die Translation in den Mitochondrien erforderliche Proteine. Weitere der an diesen Prozessen beteiligten Komponenten sind im Genom des Zellkerns kodiert. Mitochondrien-DNA kann, genau wie Kern-DNA, mutieren, wobei die Mutationsrate etwa zehnmal so hoch wie die nukleärer DNA ist. Bei den Mutationen handelt es sich entweder um Punktmutationen oder um größere Deletionen.

Mutationen in **mtDNA** werden **ausschließlich maternal**, also über die Mutter **vererbt**, da bei der Befruchtung nur der Zellkern des Spermiums übertragen wird, aber keine Mitochondrien. Beim Menschen sind einige **Krankheiten** bekannt, die durch Mutationen in der Mitochondrien-DNA ausgelöst werden (Box 12.**4**).

Die durchschnittliche cpDNA-Größe ist 120–200 kb. Die cpDNA kodiert zahlreiche, an der Photosynthese beteiligte Proteine. Weitere Photosynthese-Gene sind im Genom des Zellkerns kodiert. Außerdem besitzt cpDNA Gene für rRNA und tRNA. Genau wie Mitochondrien führen Chloroplasten eine eigene Proteinsynthese durch.

12.7 Replikation

Eines der wichtigsten Merkmale aller lebenden Zellen ist ihre Fähigkeit, identische Kopien ihrer selbst zu erzeugen. Da die DNA die Information trägt, die die Merkmale einer Zelle bestimmt, ist zu fordern, dass bei einer Zellteilung die genetische Information unverändert an die Tochterzellen weitergegeben wird. Das bedeutet, dass zuvor eine identische Kopie der DNA hergestellt wird, ein Vorgang, der **Replikation** genannt wird.

12.7.1 Die Replikation der DNA ist semikonservativ

James Watson und Francis Crick erkannten, dass das von ihnen vorgeschlagene Modell der DNA-Doppelhelix die identische Verdopplung dieses Moleküls erlaubt und formulierten dies bereits am Ende der Arbeit, in der sie ihr Modell vorstellten: *„It has not escaped our notice that the specific pairing we have postulated immediately suggests a possible copying mechanism for the genetic material.“* Sie nahmen an, dass sich die beiden komplementären Einzelstränge in der Art eines Reißverschlusses trennen, wobei die Wasserstoffbrücken zwischen den Basenpaaren gelöst und die Basen selbst zugänglich werden (s. Abb. 1.**1**, S. 7). Da es nur jeweils eine einzige Möglichkeit der Basenpaarung gibt (G mit C und A mit T), wird die Sequenz jedes neu zu synthetisierenden Strangs eindeutig durch die Basensequenz auf dem vorhandenen Strang bestimmt, d. h. der vorhandene Strang dient als Vorlage oder **Matrize** (template) für die Synthese des neuen Strangs (s. Abb. 1.**1**, S. 7).

Dabei sind drei Möglichkeiten der Zusammensetzung der neu gebildeten DNA-Moleküle denkbar, die drei unterschiedliche Weisen der Replikation bedeuten würden: die **konservative**, die **semikonservative** und die **disperse Replikation** (Abb. 12.**11**). Bei einer konservativen Replikation würde eine der beiden Doppelhelices beide ursprünglichen, parentalen Einzelstränge enthalten, die andere Doppelhelix zwei neu synthetisierte Einzelstränge. Bei der semikonservativen Replikation bestünden beide neu gebildeten Helices aus je einem parentalen und einem neu synthetisierten Strang. Bei der dispersen Replikation würden sich die Einzelstränge der beiden DNA-Doppelhelices aus Abschnitten alter und neuer DNA zusammensetzen.

1958 bewiesen Matthew Meselson und Franklin Stahl in einem eleganten Experiment die **semikonservative Replikation** der DNA. Sie ließen *E. coli*-Zellen in einer Nährlösung wachsen, die anstelle des normalen Stickstoff-Isotops ^{14}N das schwere Isotop ^{15}N enthielt. ^{15}N hat ein Neutron mehr als das häufiger vorkommende ^{14}N-Atom, es ist „schwerer“. Nach mehrfachen Zellteilungen enthielten alle stickstoffhaltigen Basen der

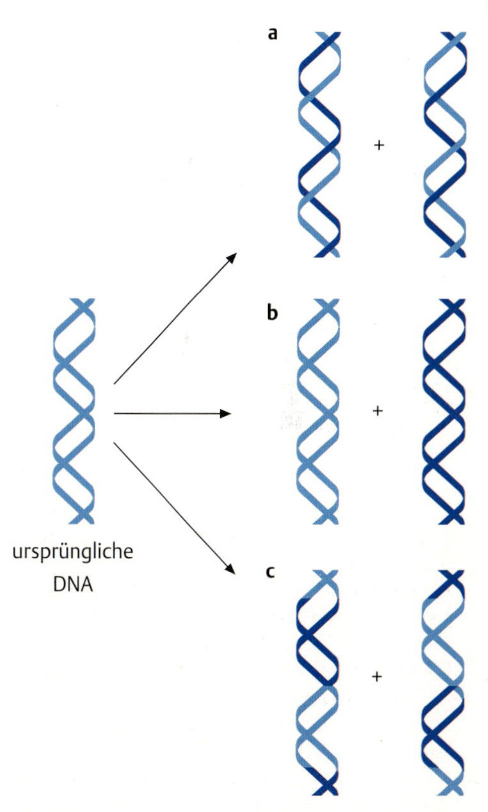

Abb. 12.11 Die drei denkbaren Möglichkeiten der DNA-Replikation. Der jeweils neu synthetisierte Strang ist dunkelblau dargestellt.
a semikonservative,
b konservative,
c disperse Replikation.

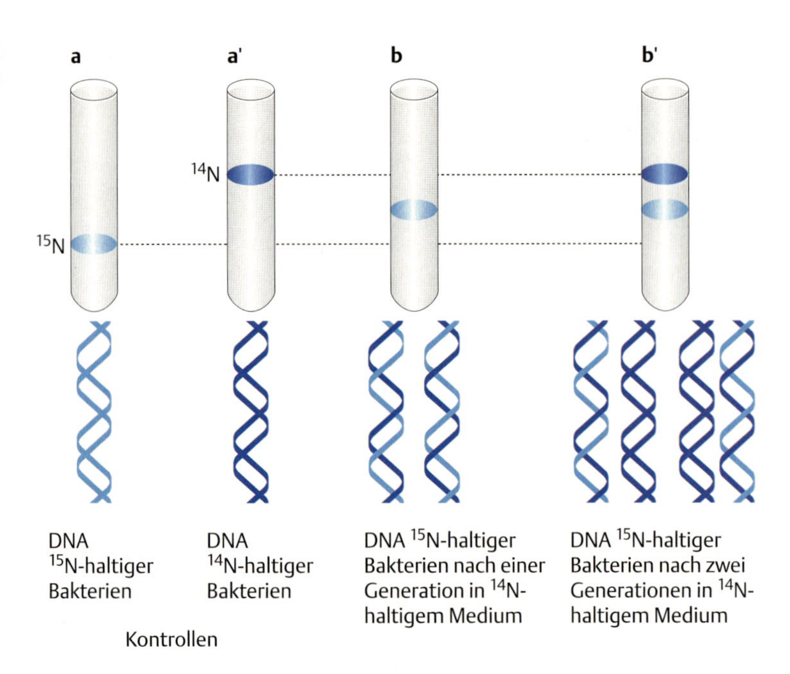

Abb. 12.12 Experiment von Meselson und Stahl zum Nachweis der semikonservativen Replikation der DNA. Erklärungen im Text.

DNA das schwere Isotop ^{15}N. „Schwere" und „leichte" DNA kann durch Zentrifugation in einem **CsCl-Dichtegradienten** getrennt werden (Abb. 12.**12a**).

Lässt man nun Bakterienzellen mit „schwerer" DNA für genau eine Generation in einer Nährlösung mit dem normalen ^{14}N-Isotop wachsen und trennt anschließend ihre DNA im CsCl-Dichtegradienten auf, so findet man die gesamte DNA an einer Dichteposition im Gradienten, die zwischen der von „leichter" (^{14}N-haltiger DNA) und „schwerer" (^{15}N-haltiger) DNA liegt (Abb. 12.**12b**). Damit kann die konservative Replikation ausgeschlossen werden. Nach einer weiteren Generation im ^{14}N-haltigen Medium und anschließender Trennung im Dichtegradienten findet man eine Fraktion an der Position der ^{14}N-haltigen DNA und eine Fraktion an intermediärer Position (Abb. 12.**12b'**). Dieses Ergebnis entspricht genau den Erwartungen einer semikonservativen Replikation, denn bei disperser Replikation wären Moleküle an mehreren Positionen zwischen denen der „schweren" und „leichten" DNA zu erwarten gewesen.

12.7.2 Ablauf der DNA-Replikation

Die **Replikation der DNA** ist ein komplexer Vorgang, an dem viele Enzyme beteiligt sind. Die Schlüsselstellung nimmt die **DNA-Polymerase** ein, die, vereinfacht dargestellt, folgende Reaktion katalysiert:

$$1 \text{ Doppelhelix} + \begin{matrix} \text{dATP} \\ \text{dCTP} \\ \text{dTTP} \\ \text{dGTP} \end{matrix} \xrightarrow{\text{DNA-Polymerase}} 2 \text{ Doppelhelices}$$

wobei dATP, dCTP, dGTP, dTTP die Abkürzungen für Desoxyadenosin-, Desoxycytidin-, Desoxyguanosin- und Desoxythymidintriphosphat sind (allg. **Desoxyribonukleotidtriphosphat**, abgekürzt **dNTP**). Hierbei handelt es sich um Nukleotide mit drei Phosphatresten (s. a. Abb. 12.**3a**). Voraussetzung für die Durchführung der genannten Reaktion ist das Vorhandensein aller vier **Nukleotidtriphosphate**, eines DNA-Einzelstrangs als **Matrize** sowie eines kurzen **Oligonukleotids** (**Primer**, s. u.) mit einem freien 3′-OH-Ende, das durch Anhängen freier Nukleotide verlängert wird (= **Polymerisation**).

Der Replikationsvorgang selbst ist bei Pro- und Eukaryonten prinzipiell derselbe. Da uns heute sehr viel mehr Details zum Ablauf dieses Vorgangs in prokaryotischen Systemen vorliegen, soll der Ablauf zunächst am Beispiel der Replikation der Bakterien-DNA ausführlicher behandelt werden. Im Anschluss daran wird auf die Unterschiede bei der Replikation eukaryotischer DNA eingegangen.

Replikation bei Prokaryonten

Die Replikation des zirkulären DNA-Moleküls einer Bakterienzelle beginnt an einer festgelegten Stelle, dem **Replikationsstart** (***oriC*, *origin of replication***). Von dort aus verläuft die Replikation an beiden Strängen jeweils in 5′–3′-Richtung (bidirektional, Abb. 12.**13**).

Der für den Replikationsstart benötigte DNA-Abschnitt besteht bei *E. coli* aus 245 Basenpaaren (bp). Dieser enthält drei hintereinander liegende, fast identische DNA-Sequenz-Motive von jeweils 13 bp und vier Bindungsstellen von jeweils 9 bp für ein Protein, genannt DnaA. Hierbei handelt es sich um ein Protein, das die Fähigkeit hat, eine spezifische Nukleotidsequenz auf der DNA zu erkennen und an diese zu binden. Allgemein nennt man solche Proteine **DNA-bindende Proteine**.

Die Bindung des DnaA-Proteins an seine Erkennungssequenz erlaubt die **Entwindung der DNA-Doppelhelix** durch DNA-**Helikasen** (Abb. 12.**14**).

Die Helikasen lösen die Wasserstoffbrückenbindungen zwischen den beiden Einzelsträngen. Die so entstehenden Abschnitte einzelsträngiger DNA werden durch das **einzelstrangbindende Protein** (SSBP, single strand binding protein) stabilisiert, indem es die Ausbildung neuer H-Brücken verhindert. Durch die Aktivität der Helikasen entstehen zusätzliche Windungen in der zirkulären DNA (ähnlich wie in einem Gummiband, das weiter gedreht wird). Diese Windungen werden durch **Topoisomerasen** aufgelöst, Enzyme, die entweder Einzel- oder Doppelstrangbrüche in die DNA einfügen. Wenn die DNA geöffnet und die Einzelstränge stabilisiert sind, erfolgt die Replikation in beide Richtungen (bidirektional) an den sog. **Replikationsgabeln** (s. Abb. 12.**13**, Abb. 12.**14**) mit einer Geschwindigkeit von etwa 1000 Nukleotiden/Sekunde.

12

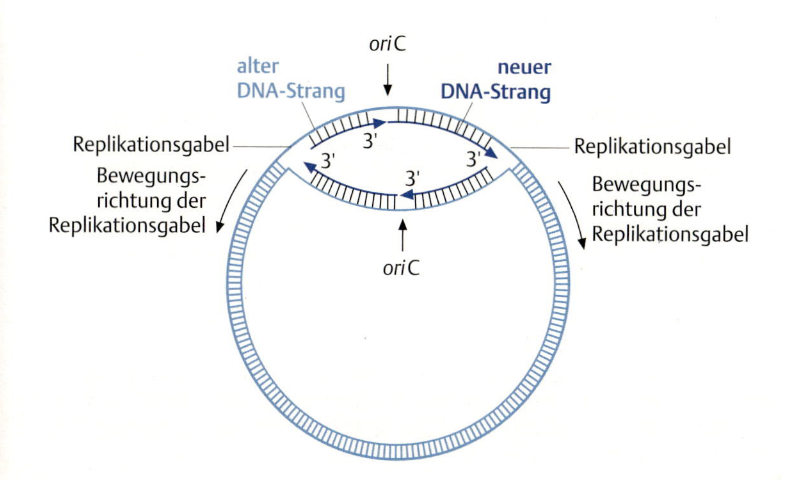

Abb. 12.13 Bidirektionale Replikation der zirkulären *E. coli*-DNA. Die Replikation der zirkulären Bakterien-DNA beginnt am Replikationsstart (*oriC*) und läuft von dort in beide Richtungen (Replikationsgabel). Der neu synthetisierte DNA-Strang ist dunkelblau dargestellt.

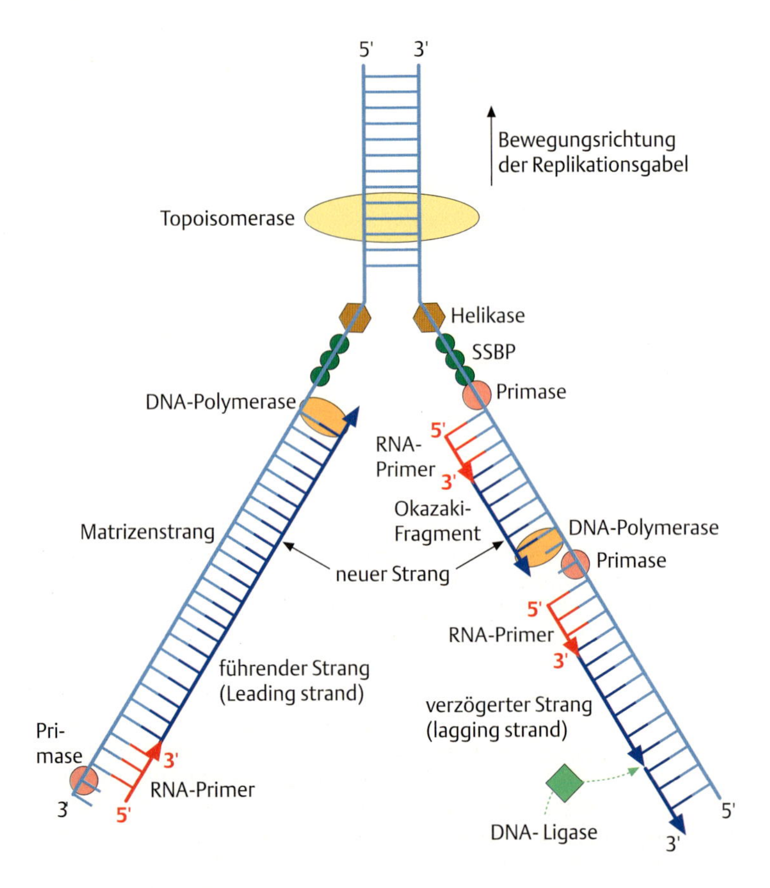

Abb. 12.14 Schematische Darstellung einer Replikationsgabel. Die Ausgangs-DNA ist hellblau, die neu synthetisierte DNA dunkelblau dargestellt. SSBP = einzelstrangbindendes Protein. Der linke DNA-Strang wird, ausgehend von einem RNA-Primer, kontinuierlich, der rechte Strang diskontinuierlich (Okazaki-Fragmente) synthetisiert. Weitere Erklärung s. Text.

Abb. 12.15 Kettenverlängerung durch die DNA-Polymerase. Ausbildung einer Phosphodiesterbindung zwischen dem 3′-OH des wachsenden DNA-Einzelstrangs und dem α-Phosphat am 5′-Ende des neuen Desoxyribonukleotidtriphosphats.

Keine der bekannten DNA-Polymerasen ist in der Lage, die Synthese eines neuen Einzelstrangs selbst zu initiieren, sie können alle nur eine vorhandene Sequenz am 3′-Ende verlängern. Deshalb erfolgt die Initiation der Replikation durch eine **RNA-Polymerase**, auch **Primase** genannt. Diese synthetisiert auf der einzelsträngigen Matrize ein kurzes, aus etwa 30 Nukleotiden bestehendes **RNA-Oligonukleotid**, das als **RNA-Primer** für die Replikation dient (s. Abb. 12.**14**).

Anschließend verlängert die **DNA-Polymerase** den Primer durch Anfügen neuer Nukleotide an sein 3′-Ende, wobei die Auswahl des Nukleotids (A, C, G oder T), das eingefügt werden soll, durch die Sequenz auf dem Matrizenstrang vorgegeben ist (s. Abb. 12.**14**). Die Kettenverlängerung erfolgt durch Ausbildung einer Phosphodiesterbindung zwischen dem 3′-OH-Ende des Primers bzw. des wachsenden Strangs und dem α-Phosphat am C5′-Atom eines neuen Desoxyribonukleotidtriphosphats (Abb. 12.**15**), wobei ein Diphosphat abgespalten wird.

An diesem Prozess sind weitere Enzyme beteiligt (u. a. DnaB, DnaT, PriA, PriB, PriC), die alle zusammen das sog. **Primosom** bilden.

Bei *E. coli* sind insgesamt drei verschiedene DNA-Polymerasen bekannt. Die erste, 1950 von Arthur Kornberg gereinigte DNA-Polymerase ist **Polymerase I**, die aus einer einzigen Untereinheit besteht. Pol I ist, ebenso wie Pol II, an der **Reparatur** beschädigter DNA beteiligt und spielt nur eine untergeordnete Rolle bei der Replikation: Bakterienzellen mit einer Mutation im *polA*-Gen, das für Pol I kodiert, sind vermehrungsfähig. Pol I besitzt drei enzymatische Aktivitäten:

1. eine 5′→3′-Polymerase-Aktivität, die das Wachstum des DNA-Einzelstrangs von 5′ nach 3′ katalysiert;
2. eine 3′→5′-Exonuklease-Aktivität, die falsch eingebaute Basen an den Enden von 3′ in 5′-Richtung entfernt;
3. eine 5′→3′ Exonuklease-Aktivität, die doppelsträngige DNA abbaut (degradiert) bzw. den RNA-Primer entfernt.

Die 3′→5′-Exonuklease-Aktivität wird immer dann aktiviert, wenn ein neu eingebautes Nukleotid nicht mit dem Nukleotid des Matrizenstrangs paaren kann. Es erfolgt also praktisch ein **Korrekturlesen,** das allerdings nur auf das jeweils zuletzt eingebaute Nukleotid Anwendung findet.

Pol III ist die eigentliche Replikase, die aus mehreren Untereinheiten besteht und die für die *de-novo*-Synthese neuer DNA-Stränge und die Entfernung fehlgepaarter Basen aus dem wachsenden DNA-Strang verantwortlich ist.

Auf Grund der antiparallelen Anordnung der beiden Einzelstränge ergibt sich ein Problem an der Replikationsgabel: Da DNA-Polymerasen nur von 5′- in 3′-Richtung polymerisieren, wächst nur einer der beiden Stränge, der sog. „**führende Strang**" (leading strand) **kontinuierlich** in dieselbe Richtung, in die sich die Replikationsgabel bewegt (von 5′ nach 3′). Der andere Strang, der „Folgestrang" (lagging strand) wird in kurzen Abschnitten, den sog. **Okazaki-Fragmenten**, synthetisiert (benannt nach Reiji Okazaki, der diesen Prozess 1968 erstmalig beschrieben hat). Die Synthese des „Folgestrangs" ist also **diskontinuierlich**, da immer wieder ein neuer Primer angefügt werden muss, der dann wiederum verlängert wird (s. Abb. 12.**14**). Nach Entfernen der RNA-Primer und dem Auffüllen der dadurch entstandenen Lücken werden die einzelnen Fragmente durch Phosphodiesterbindungen, katalysiert durch eine **Ligase**, miteinander verbunden (s. Abb. 12.**14**).

Replikation bei Eukaryonten

Der Replikationsmechanismus bei Pro- und Eukaryonten ist prinzipiell derselbe, allerdings gibt es bei Eukaryonten einige zusätzliche Komponenten. So sind bisher fünf **DNA-Polymerasen** bekannt, die α-, β-, γ-, δ- und ε-Polymerase genannt werden. **Polymerase α** und **δ** sind die eigentlichen **Replikasen** der nukleären DNA: Pol α initiiert die DNA-Synthese, während Pol δ den wachsenden Strang verlängert. **Polymerase β** und ε sind an **Reparaturprozessen** beteiligt, während **Polymerase γ mitochondriale DNA** repliziert. Ein weiterer Unterschied zu Prokaryonten besteht darin, dass die Replikation nicht nur an einer Stelle, sondern gleichzeitig an mehreren Stellen auf jedem Chromosom beginnt. So hat man auf den 17 Chromosomen der Hefe insgesamt 400 **Replikationsstartpunkte** ermittelt; im menschlichen Genom gibt es etwa 10 000 Startpunkte. Von dort bewegen sich die Replikationsgabeln in beide Richtungen mit einer Geschwindigkeit von ~100 Nukleotiden/Sekunde (Mensch). Auch gibt es Unterschiede in der **Replikation eu- und heterochromatischer DNA**, wobei die DNA heterochromatischer Bereiche (z. B. die DNA von **Zentromeren** und **Telomeren**) in der Regel später repliziert wird als die DNA des Euchromatins.

Die Enden der Chromosomen, die **Telomere**, stellen ein besonderes Problem bei der Replikation eukaryotischer chromosomaler DNA dar, das bei den ringförmigen DNA-Molekülen der Prokaryonten nicht auftritt (Abb. 12.**16a**). Da der eine der beiden DNA-Einzelstränge diskonti-

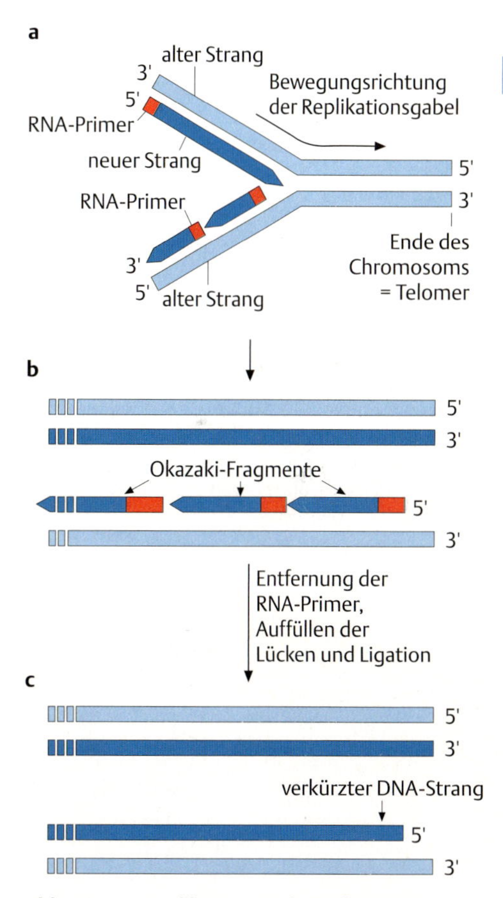

Abb. 12.16 Replikation an den Telomeren.
a Die Replikationsgabel kurz vor dem Erreichen des Telomers. RNA-Primer sind rot gekennzeichnet.
b, c Nach Erreichen des Telomers bleibt am unteren Strang nach Entfernung des RNA-Primers ein ungepaartes Stück Einzelstrang-DNA übrig.

12

nuierlich synthetisiert wird, würde, wenn die Replikationsgabel das Ende des DNA-Moleküls erreicht hat und nachdem die RNA-Primer entfernt worden sind, ein kleines Stück DNA einzelsträngig bleiben, was anschließend enzymatisch abgebaut würde (Abb. 12.**16b, c**). Auf diese Weise würden bei jeder Replikationsrunde alle Chromosomenenden verkürzt, was schließlich auch zum Verlust kodierender DNA führen könnte.

Die besondere Struktur der Telomeren-DNA bietet jedoch eine Lösung für dieses Problem. Die Telomere der meisten Eukaryonten enthalten tandemartige Wiederholungen eines für jede Spezies charakteristischen **Sequenzmotivs**, z. B. 5′-GGGGTT-3′ bei dem Ziliaten ***Tetrahymena*** und 5′-GGGATT-3′ beim **Menschen**. Ferner besitzen viele Zellen ein spezielles Enzym, die **Telomerase**. Diese besteht aus mehreren Proteinuntereinheiten und trägt zusätzlich ein kleines RNA-Oligonukleotid, das beim Einzeller *Tetrahymena* 159 Nukleotide lang ist. Die RNA enthält einen Sequenzabschnitt, der komplementär zur Sequenz der Tandem-Einheiten der Telomeren ist, bei *Tetrahymena* ist diese Sequenz 3′-AACCCCAAC-5′.

Wenn die repetitiven Bereiche des Telomers erreicht werden, bleibt auf der DNA-Doppelhelix, deren neuer Strang diskontinuierlich synthetisiert wurde, nach Entfernen des RNA-Primers ein 3′-Überhang des Matrizenstrangs (s. Abb. 12.**16c**). Ein Abschnitt dieser Einzelstrang-DNA paart mit der komplementären Sequenz des RNA-Oligonukleotids der Telomerase, das nun einen freien, ungepaarten Überhang bildet (Abb. 12.**17a**). Dieser dient als Matrize zur Synthese eines kurzen komplementären Nukleotidabschnitts, indem das 3′-Ende der chromosomalen DNA verlängert wird (grün in Abb. 12.**17b**). Nach Translokation der Telomerase und erneuter Paarung ihrer RNA mit der neu synthetisierten DNA

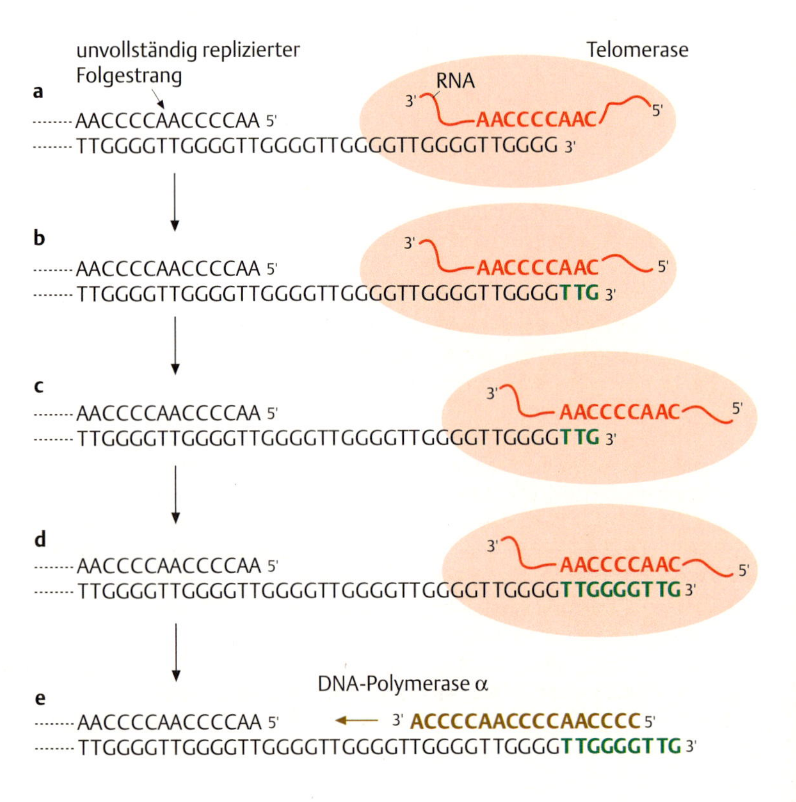

Abb. 12.17 Synthese der DNA am Ende eines Chromosoms von *Tetrahymena* durch Telomerase. Die Telomerase enthält eine kleine RNA (rot), deren Sequenz partiell komplementär zu der repetitiven Telomerensequenz (hier TTGGGG) ist. Grün = Neu synthetisierte DNA-Sequenzen, die den „lagging strand" der DNA verlängern. Braun = Von der DNA-Polymerase α synthetisierte DNA. Weitere Erklärung s. Text.

Box 12.5 Telomerase und Altern

Altern (**Seneszenz**) ist eine physiologische Eigenschaft aller vielzelliger Organismen, wobei die maximale Lebensspanne artspezifisch ist. Die Lebenserwartung hängt sowohl von äußeren Einflüssen (Ernährung, Umweltbedingungen) als auch von genetischen Faktoren ab. Bis heute gibt es keine eindeutige Ursache für das Altern, vermutlich tragen mehrere Komponenten dazu bei. Eine davon könnte die Anhäufung von reaktiven Sauerstoffradikalen sein, die nicht nur die DNA (s. Kap. 16), sondern auch Membranen und Proteine schädigen.

Eine andere Ursache für das Altern wird in der **Verkürzung der Telomeren** vermutet. Normalerweise würden die Telomeren bei jeder Replikationsrunde verkürzt, wenn dies nicht durch Telomerase verhindert wird. In vielen somatischen Zellen von Säugern fehlt jedoch die Telomerase, so dass sich die Telomeren allmählich verkürzen, während Keimzellen und ihre Vorläufer dieses Enzym bilden. Werden Säugerzellen in Kultur genommen, verkürzen sich ihre Telomeren von einer Zellteilung zur nächsten, und nach einer bestimmten Anzahl von Verdopplungen stellen die Zellen ihre Teilung ein. Bringt man in diese Zellen aktive Telomerase ein, setzen sie ihre Teilungen fort. Allerdings gibt es keine eindeutige Korrelation zwischen Telomerlänge und Alter. So erreichen etwa Mäuse mit einer Mutation im Telomerase-Gen dasselbe Alter wie Mäuse mit einem intakten Telomerase-Gen.

wird dieser Prozess wiederholt (Abb. 12.**17c–d**). Schließlich kann die DNA-Polymerase α, die eine Untereinheit mit Primase-Aktivität besitzt, den ursprünglich unvollständigen Einzelstrang verlängern (braun in Abb. 12.**17e**).

Nur wenige Zellen besitzen aktive **Telomerase**, etwa **Keimzellen** und einige **Stammzellen**. Auch hat man in **Tumorzellen** Telomerase-Aktivität nachweisen können. Dies könnte eine Erklärung für ihre unbegrenzte Teilungsfähigkeit bzw. Lebensdauer sein (Box 12.**5**).

12.8 Rekombination

Rekombination führt zur Neukombination genetischer Information (s. Kap. 5, S. 28). Intrachromosomale Rekombination (**Crossover**) erfolgt sehr präzise zwischen den entsprechenden Sequenzen homologer Chromosomen, so dass keine Base zusätzlich eingefügt oder entfernt wird. Diesen Prozess bezeichnet man als **allgemeine** oder **homologe Rekombination**. Dass der Prozess in der Tat sehr genau ist, wird dadurch belegt, dass Rekombination auch in der kodierenden Region eines Gens auftreten kann. Das Einfügen oder Entfernen einer einzigen Base hier würde sofort zu einer Mutation führen. Rekombination kann aber auch zwischen nicht-homologen DNA-Sequenzen auftreten, etwa zwischen Phagen- und Bakterien-DNA bei der Integration in das Wirtsgenom. Dieser Vorgang setzt spezifische, teilweise homologe Sequenzen in der Phagen- und Bakterien-DNA voraus und wird **integrative** oder **ortsspezifische Rekombination** (site-specific recombination) genannt. Auch die **Transposition**, ein Ereignis, bei dem mobile genetische Elemente von einer Stelle im Genom an eine andere gelangen, erfordert ein Rekombinationsereignis (s. Kap. 18, S. 247). Ergebnisse aus genetischen Analysen deuten indirekt darauf hin, dass während des Rekombinationsereignisses insgesamt zwei **Doppelstrangbrüche** stattfinden.

Die ersten direkten Hinweise zum Mechanismus der Rekombination erhielten Matthew Meselson und Jean Weigle 1961 durch Experimente

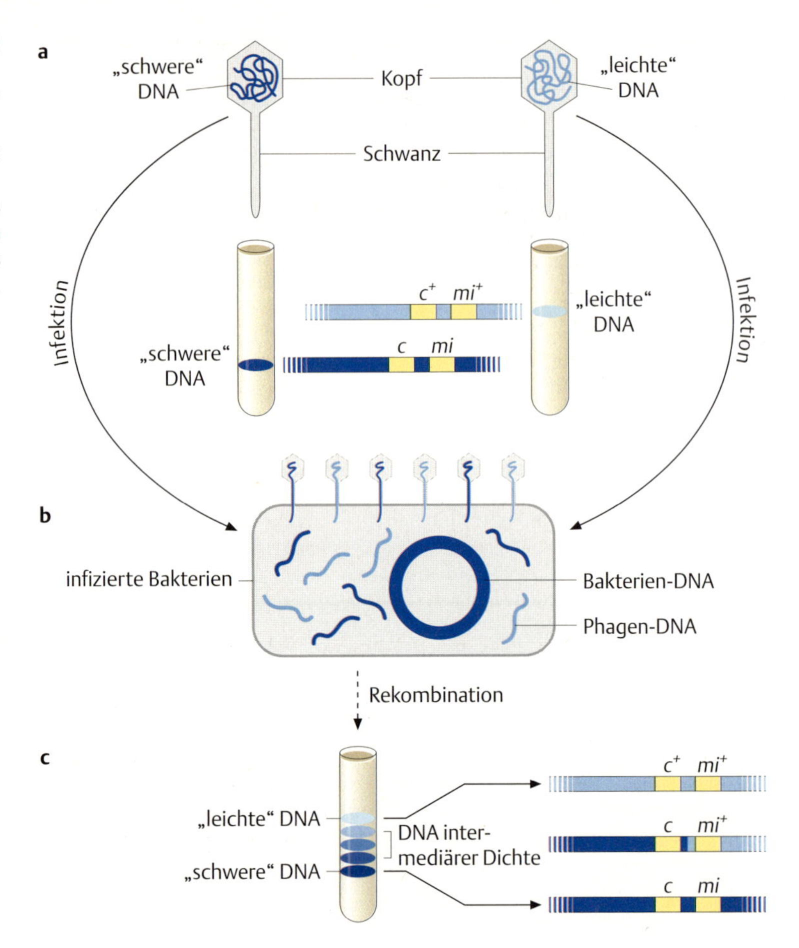

Abb. 12.18 Nachweis für die Durchtrennung und die Verschmelzung von DNA-Molekülen.
a Die DNA der beiden λ-Phagenstämme („schwere" DNA, dunkelblau und „leichte" DNA, hellblau).
b Gleichzeitige Infektion von Bakterien mit den beiden Phagenstämmen.
c CsCl-Dichtegradienten-Auftrennung der DNA aus Bakterien nach der Infektion. Das Vorkommen von DNA-Banden mit intermediärer Dichte zeigt, dass es DNA-Moleküle gibt, die z. T. aus „leichter", z. T. aus „schwerer" DNA bestehen.

an der DNA des Phagen λ. Sie infizierten *E. coli*-Bakterien gleichzeitig mit zwei λ-Stämmen: Einer von beiden trug die genetischen Marker *c* und *mi* und besaß „schwere" DNA, da ihre Replikation in Bakterien stattgefunden hatte, die in einem Medium mit dem **„schweren" ^{15}N** und dem **„schweren" ^{13}C** gewachsen waren (vgl. Kap. 12.7.1 S. 137). Der andere Phagenstamm trug die genetischen Marker c^+ und mi^+ und besaß „leichte" DNA (mit den **„leichten" Isotopen ^{14}N** und **^{12}C** markiert) (Abb. 12.**18a**).

Nach gleichzeitiger Infektion der Bakterien mit beiden Stämmen wurde die DNA isoliert und in einem **CsCl-Dichtegradienten** aufgetrennt. Es fanden sich neben den „schweren" und „leichten" DNA-Molekülen auch solche, deren Dichte zwischen diesen beiden Werten lag (Abb. 12.**18c**). Einige rekombinante DNA-Moleküle, deren Dichte sehr nah an der der „schweren" DNA lag, besaßen den Genotyp $c\ mi^+$, was nur durch Durchtrennung und anschließenden Austausch zwischen den beiden Genen *c* und *mi* zu erklären ist. Das rekombinante DNA-Molekül besteht also in diesem Fall zum größten Teil aus „schwerer" DNA, nur der letzte Abschnitt enthält „leichte" DNA (Abb. 12.**18c**). Dies führte zur Formulierung des „Bruch-und-Reunion-Modells" zur Erklärung der molekularen Vorgänge bei der Rekombination.

12.8.1 Das Holliday-Modell

Ein Modell zur Erklärung der molekularen Vorgänge, die sich während der Rekombination ereignen, wurde 1964 von Robin Holliday formuliert (**Holliday-Modell**). In den mehr als 40 Jahren, die seitdem vergangen sind, ist das Modell durch viele Forschungsergebnisse abgewandelt worden, und es ist auch heute sicher noch nicht in einer endgültigen Form. Derzeit (2008) vertreten nahezu alle Autoren die Meinung, dass sich die experimentellen Daten dann am besten erklären lassen, wenn ein **Doppelstrangbruch** in einem der beiden beteiligten DNA-Stränge die **Rekombination** durch **Crossover** in der **Meiose** initiiert (Abb. 12.**19**).

Eine der spannendsten und bis heute nicht geklärten Fragen zur Meiose lautet: Wie finden die homologen Chromosomen zueinander? Man kennt heute zwei prinzipielle Wege. Das **Auffinden** des homologen **Partnerchromosoms**

- ist unabhängig von Doppelstrangbrüchen (DSB) wie bei *Drosophila* oder *Caenorhabditis*, oder
- ist davon abhängig wie bei der Hefe, bei *Arabidopsis*, bei der Maus oder beim Menschen.

Wir werden im Folgenden nur den DSB-abhängigen Weg beschreiben.

1. Im **Leptotän** der Prophase der Meiose werden viele **Doppelstrangbrüche** durch homologe Proteine des **Topoisomerase** Typ II Proteins **SPO11** der Hefe ausgelöst. Durch den Einzelstrang-Abbau von 5' nach 3' entstehen freie 3'-Enden (Abb. 12.**19a**). Die Stellen der DSB-abhängigen Interaktionen zwischen Homologen kann man als **400 nm Brücken** zwischen den Chromosomen sehen. Man vermutet, dass sich in den Brücken freie 3'-Enden befinden, die die exakt homologen Stellen im homologen Chromosom suchen. Dabei sind die Proteine Rad51 und Dmc1 beteiligt, Homologe zu RecA, dem Rekombinationsprotein von *E. coli*.
2. Ist die exakt **homologe Sequenz** gefunden, dringt das freie 3'-Ende mit Hilfe von Dmc1 in die DNA der homologen Chromatide ein (**single-end invasion, SEI**). Dort bildet der „abgedrängte" Einzelstrang eine Schleife, die Kontakt zur homologen DNA sucht (Abb. 12.**19b**). Nur wenige der 400 nm Brücken gelangen zu diesem Ergebnis und bilden dann eine Verbindung zwischen den **Lateralelementen** des sich im Zygotän bildenden **synaptonemalen Komplexes** (Kap. 5.1.4, S. 34).
3. Die Einzelstrangschleife wird verlängert (**branch migration**) und die vorhandenen Einzelstranglücken werden durch DNA-Synthese aufgefüllt (Abb. 12.**19c**). Die freien Enden der beiden DNA Moleküle werden verbunden. Jede Doppelhelix stellt nun eine sog. **Heteroduplex** dar, in der ein Polynukleotidstrang abschnittsweise durch den entsprechenden Strang der anderen Doppelhelix gestellt wird. Die beiden kreuzförmigen Strukturen werden **Holliday Strukturen** (**Holliday junctions**, HJ) genannt.
4. Die **Auflösung der Holliday Strukturen** führt zur Wiederherstellung zweier Doppelhelices, die entweder ein Crossover beinhalten oder ohne Rekombination bleiben. Die **Heteroduplex**-Regionen bleiben in jedem Fall erhalten und können repariert werden, falls **Fehlpaarungen** vorliegen (s. u.). Die Auflösung der Strukturen im **Pachytän** erfolgt durch Schneiden und Ligation der Einzelstränge an beiden Holliday-Strukturen, wobei es jeweils zwei Möglichkeiten gibt. Wir betrachten an der 1. Holliday Struktur (Abb. 12.**19d**) nur die Schnittrichtung I und an der 2. Holliday Struktur beide Schnittrichtungen IIa und IIb (Abb. 12.**19e**). Im Fall I-IIa entsteht ein **Crossover** zwischen den *vg*-

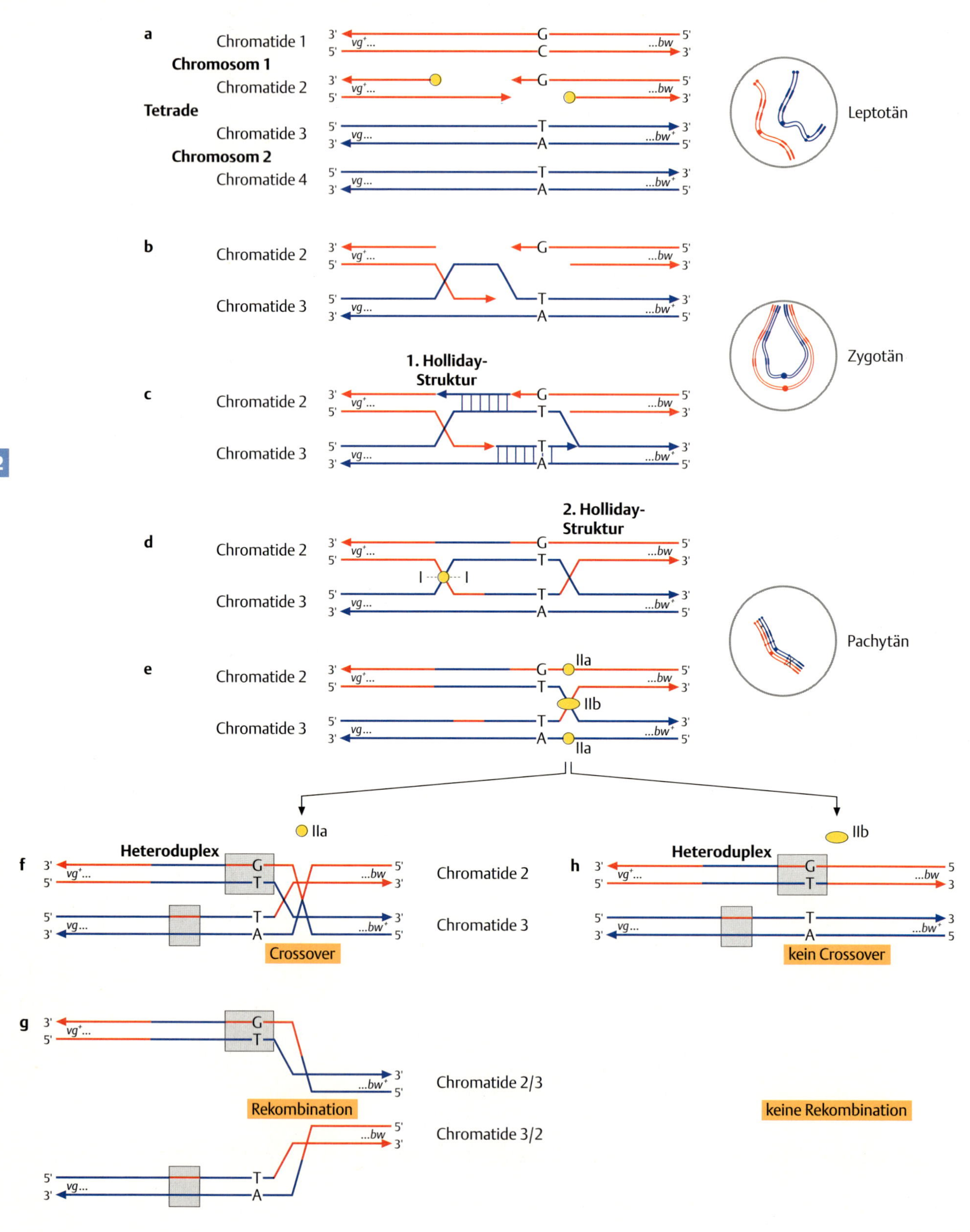
a
Chromatide 1
Chromosom 1
Chromatide 2
Tetrade
Chromatide 3
Chromosom 2
Chromatide 4
Leptotän
b
Chromatide 2
Chromatide 3
Zygotän
1. Holliday-Struktur
c
Chromatide 2
Chromatide 3
2. Holliday-Struktur
d
Chromatide 2
Chromatide 3
Pachytän
e
Chromatide 2
Chromatide 3
IIa
IIb
Heteroduplex
f
Chromatide 2
Chromatide 3
Crossover
h
kein Crossover
g
Chromatide 2/3
Rekombination
Chromatide 3/2
keine Rekombination

◀ **Abb. 12.19 Holliday-Modell zur Erklärung der Rekombination.**
a Homologe Chromosomen während des Leptotäns in der meiotischen Prophase. Rot: mütterliche Schwesterchromatiden, Genotyp (Beispiel *Drosophila*, s. Tab. 4.**1**, S. 24): $vg^+ \, bw/vg^+ \, bw$. blau: väterliche Schwesterchromatiden, Genotyp: $vg \, bw^+/vg \, bw^+$. Mütterliche und väterliche Chromosomen unterscheiden sich außerdem in einem Basenpaar (G-C bzw. A-T) Gelb: SPO11 Protein.
b Nur noch die beiden an der Rekombination beteiligten Nicht-Schwesterchromatiden (Chromatiden 2 und 3) sind während des Einzelstrang-Austausches im Zygotän dargestellt.
c Durch DNA-Synthese und Ligation entstehen zwei Holliday-Strukturen.
d Auflösung der 1. Holliday-Struktur.
e Auflösung der 2. Holliday-Struktur mit zwei Möglichkeiten, die entweder zu einem Crossover (**f**, **g**) oder zu keiner Rekombination führen (**h**). Grau unterlegt sind die Heteroduplices. Weitere Erläuterungen s. Text.

und *bw*-Allelen (Abb. 12.**19f**), das nach Trennung der Chromatiden besonders deutlich wird (Abb. 12.**19g**). Im Fall I-IIb gibt es **keine Rekombination** (Abb. 12.**19h**). Es gibt Hinweise, dass die Entscheidung zwischen diesen beiden Möglichkeiten nicht erst im Pachytän fällt.

12.8.2 Fehlpaarungen können repariert werden

Die Zelle verfügt über **Reparaturmechanismen**, die es ihr erlauben, **Fehlpaarungen** zu erkennen und zu reparieren. In einem fehlgepaarten Basenpaar wird eine der beiden Basen entfernt und durch die komplementäre Base ersetzt. Je nachdem, welche Base entfernt wird, wird entweder das mutante oder das Wildtypallel wieder hergestellt (Abb. 12.**20**).

Die Abb. 12.**20** zeigt einen Abschnitt der Wildtyp-DNA mit dem Basenpaar G-C (rot) und einen Abschnitt mutanter DNA mit dem Basenpaar T-A (blau). Nach **Auflösung der Holliday-Struktur** (mit oder ohne Crossover-Rekombination) können die **Fehlpaarungen G-T** oder **C-A** entstehen (Abb. 12.**20b**, vgl. Abb. 12.**19**). Wird in der Fehlpaarung G-T das G durch

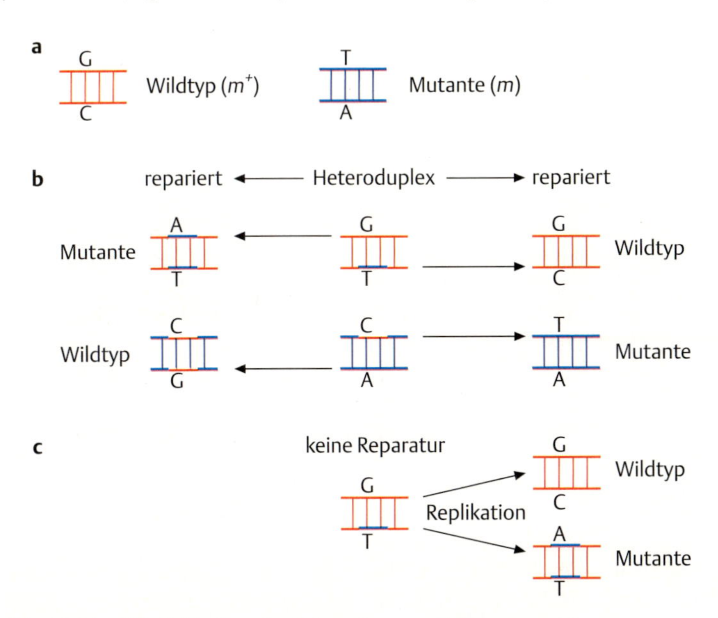

Abb. 12.20 Möglichkeiten der Reparatur von Fehlpaarungen.

ein A ersetzt, so wird das mutante Basenpaar A-T hergestellt, wird das T durch ein C ersetzt, so entsteht das Wildtyp-Basenpaar G-C. Wird in der Fehlpaarung C-A das C durch ein T ersetzt, so wird das mutante Basenpaar T-A hergestellt, wird das A durch ein G ersetzt, so entsteht das Wildtyp-Basenpaar C-G. Erfolgt keine Reparatur der Fehlpaarung (Abb. 12.**20c**), so entstehen in der folgenden Replikationsrunde zwei verschiedene DNA-Moleküle, eines mit einem wildtypischen G-C-Basenpaar, das andere mit einem mutanten A-T-Basenpaar.

12.9 Genkonversion

Das Holliday-Modell gibt außerdem eine sehr gute Erklärung eines Phänomens, das als **Genkonversion** bezeichnet wird. Darunter versteht man das Auftreten ungewöhnlicher Verhältnisse der Segregationsprodukte einer Meiose. Am Beispiel des haploiden, fadenförmigen Pilzes *Neurospora* soll Genkonversion erklärt werden (vgl. Kap. 10.5.1, S. 96). Bei diesem Pilz finden nach der Bildung der diploiden **Meiozyte** die zwei meiotischen Teilungen statt, was zu vier haploiden Zellen (Sporen), der **Tetrade**, führt. Jede dieser Zellen vollführt noch eine mitotische Teilung, so dass insgesamt vier Paar, also acht, haploide Sporen gebildet werden (= **Oktade**), die in einem Schlauch, dem **Ascus**, hintereinander angeordnet sind. Die beiden Mitglieder je eines Paares sind identisch, da sie jeweils aus demselben Meioseprodukt hervorgehen. War die Meiozyte heterozygot für ein bestimmtes Merkmal (m/m^+), so erhält man in der Oktade vier Zellen mit dem Genotyp m und vier Zellen mit dem Genotyp m^+ (Abb. 12.**21a**).

In 0,1–1,0 % der Fälle erhält man jedoch Abweichungen von diesem 4:4-Verhältnis. So wurden etwa Verhältnisse von 6:2 bzw. 2:6 oder 5:3 bzw. 3:5 beobachtet (Abb. 12.**21b**), in einigen Fällen findet sich ein abnormes 4:4-Verhältnis. Es sieht also so aus, als ob ein Allel in das andere „verwandelt“, also konvertiert wird. Dieses Phänomen ist unter dem Begriff **Genkonversion** bekannt und wird nur dann beobachtet, wenn zwei unterschiedliche Allele eines Gens vorliegen. Unter Genkonversion versteht man ein nicht-reziprokes meiotisches Ereignis, in dem **ein Allel in das homologe Allel umgewandelt** wird.

Bei einem 6:2- oder 2:6-Verhältnis scheint eine ganze Chromatide konvertiert zu sein, während es bei einem 5:3- oder 3:5-Verhältnis nur eine „halbe Chromatide“ zu sein scheint. Da durch eine mitotische Teilung aus jeder der vier Sporen einer Tetrade je zwei identische Sporen gebildet werden, kann ein 5:3- oder 3:5-Verhältnis nur so erklärt werden, dass die beiden Einzelstränge einer Doppelhelix unterschiedliche Information, d. h. unterschiedliche Allele trugen.

Dass dies in der Tat so ist, wird durch das Holliday-Modell erklärt und soll an einem Beispiel erläutert werden (Abb. 12.**22**).

Wir nehmen an, dass sich die beiden Allele m und m^+ nur durch ein einziges Basenpaar unterscheiden: In m^+ kommt ein G-C-Paar vor, m trägt an derselben Stelle ein A-T-Paar. In einer Meiose ohne Rekombination bildet sich eine Tetrade aus zwei m^+- und zwei m-tragenden, haploiden Sporen und eine Oktade mit acht haploiden Sporen mit einem m^+:m-Verhältnis von 4:4 (s. Abb. 12.**22a**). Nach Bildung einer Heteroduplex kommt es zu Fehlpaarungen: Es entsteht ein G-T- und ein C-A-Basenpaar. Die Reparatur der Fehlpaarung kann auf zwei verschiedene Arten erfolgen. Entweder das A wird durch ein G ersetzt, es wird wieder ein G-C-Paar wie im Allel m^+ hergestellt. Alternativ kann bei der Reparatur

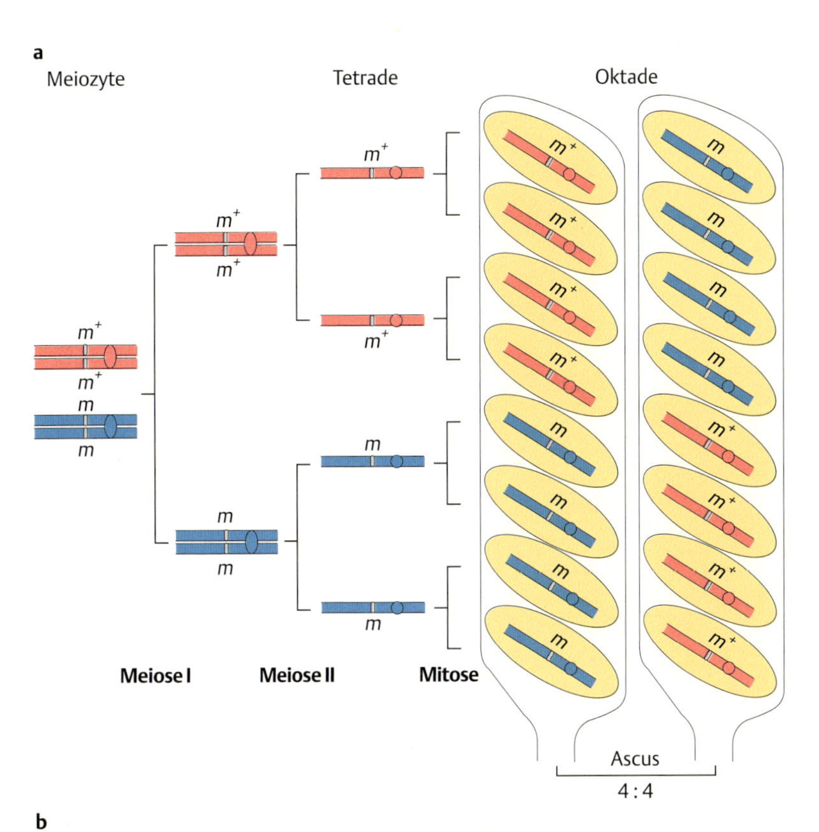

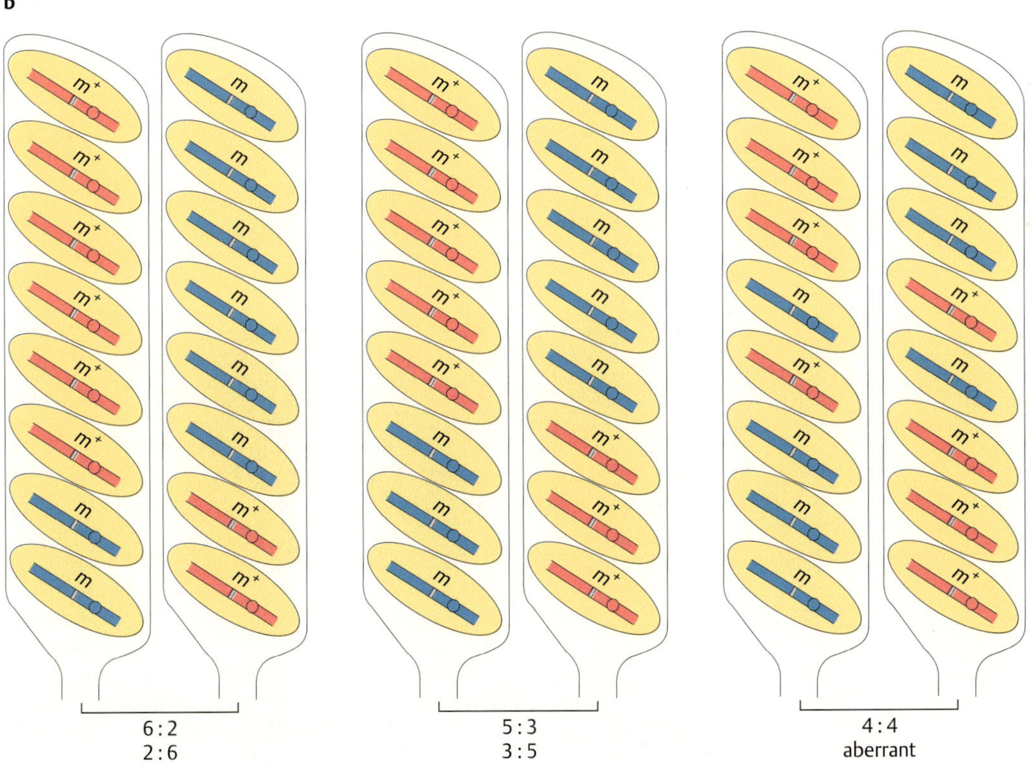

Abb. 12.21 Genkonversion bei *Neurospora*. Rot bzw. blau kennzeichnen die väterlichen bzw. mütterlichen Chromosomen, die in diesem Beispiel ein mutantes (m) bzw. wildtypisches Allel (m^+) eines Gens tragen.

a Normales Segregationsverhalten.

b Abweichungen vom normalen Segregationsverhalten.

aber das C entfernt und durch ein T ersetzt werden, so dass sich ein A-T-Basenpaar wie im Allel *m* bildet. Bei der **Auflösung der Holliday-Struktur** können beide Fehlpaarungen entweder zum Wildtypallel m^+ oder zum mutanten Allel *m* korrigiert werden (s. Abb. 12.**20**). Das würde dann in einem 6:2- oder 2:6-Verhältnis (s. Abb. 12.**22b**) resultieren. Wird jedoch nur eine Fehlpaarung repariert, so enthält eine der Sporen in der Tetrade immer noch ein fehlerhaftes Basenpaar (T-G in Abb. 12.**22c**). Nach der Mitose dieser Spore bildet sich eine Spore mit einem T-A-Basenpaar (= mutantes Allel *m*) und eine Spore mit einem G-C-Basenpaar (= Wildtypallel m^+). Somit kommt es letztendlich in der Oktade zur Ausbildung eines

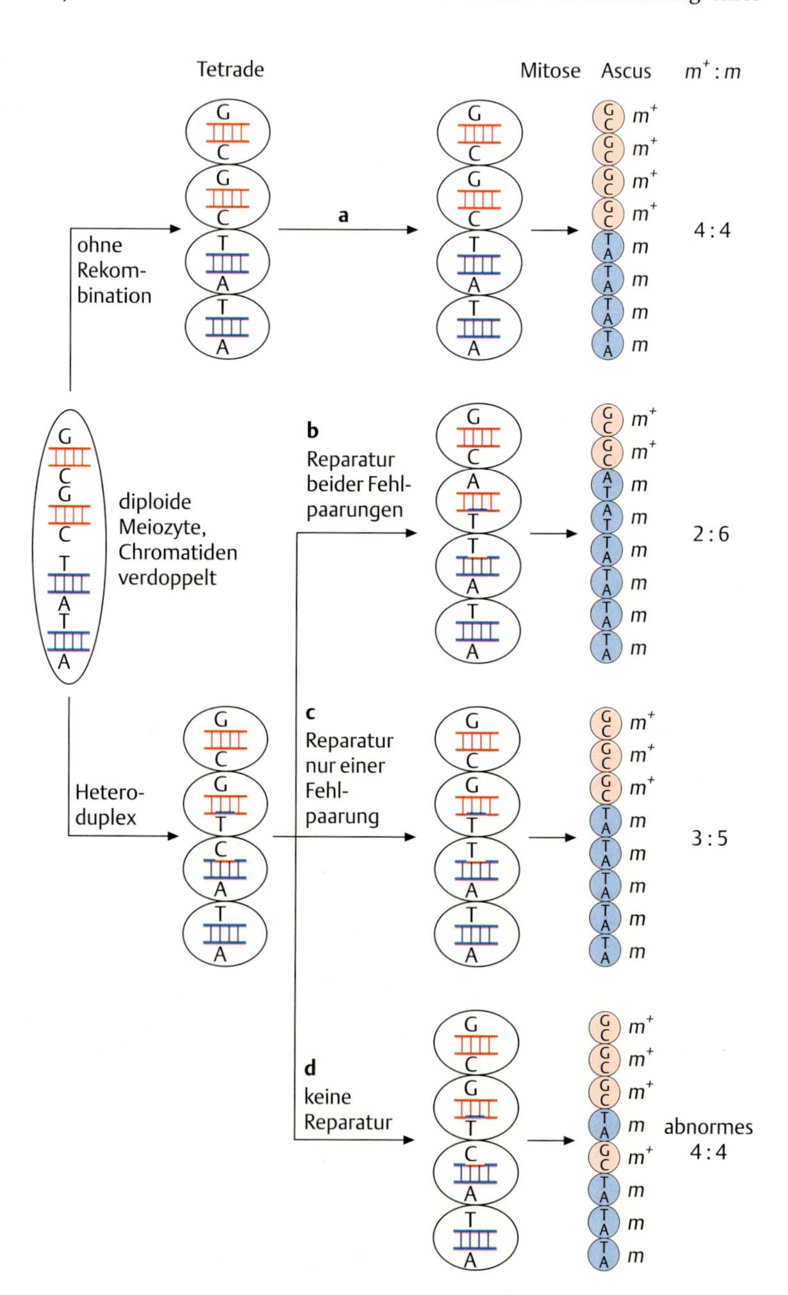

Abb. 12.22 Erklärung von Genkonversion durch das Holliday-Modell. Jede kurze Leiter stellt eine Doppelhelix dar. Die mütterlichen Chromatiden (rot) tragen das Wildtypallel m^+, dargestellt durch ein G-C-Basenpaar, die väterlichen Chromatiden (blau) tragen das mutante Allel *m*, dargestellt durch ein A-T-Basenpaar.

m^+:m-Verhältnisses von 3:5. Findet überhaupt keine Reparatur statt, so entstehen zwei Sporen mit Fehlpaarung. Nach der Mitose führt dies zur Bildung eines Ascus mit einem m^+:m-Verhältnis von 4:4, wobei jedoch zwei der Paare keine identischen Sporen enthalten. Wenn jedoch nur eine der beiden Doppelhelices repariert wird, resultiert dies in einem 5:3-Verhältnis, da dann bei der anschließenden Teilung der Meioseprodukte zwei unterschiedliche Helices gebildet werden (Abb. 12.**22d**).

Zusammenfassung

- **DNA** ist ein langes, unverzweigtes Molekül, das aus vier Bausteinen, den **Desoxyribonukleotiden**, aufgebaut ist. Jedes Nukleotid besteht aus dem Zucker Desoxyribose, einer Phosphatgruppe und einer heterozyklischen Base, Adenin, Guanin, Cytosin oder Thymin.
- Zwei DNA-Stränge bilden eine **DNA-Doppelhelix**, wobei die beiden Stränge antiparallel und komplementär zueinander angeordnet sind. Die beiden Stränge werden durch **Wasserstoffbrückenbindungen** zusammengehalten, wobei das Basenpaar Adenin/Thymin zwei und das Basenpaar Guanin/Cytosin drei Wasserstoffbrücken ausbildet.
- DNA kommt bei Eukaryonten im Zellkern, in Chloroplasten und in Mitochondrien, bei Prokaryonten im Zytoplasma vor.
- Je nach Häufigkeit des Vorkommens pro Genom unterscheidet man Einzelkopie-, mittelrepetitive und hochrepetitive DNA.
- **Replikation** setzt das Vorhandensein eines DNA-Einzelstrangs als Matrize voraus. Die Replikation doppelsträngiger DNA ist **semikonservativ**. Ein Strang wird kontinuierlich, der andere Strang diskontinuierlich synthetisiert. Der neu synthetisierte DNA-Strang beginnt stets mit dem 5′-Ende und wird in 3′-Richtung verlängert.
- **DNA-Polymerasen** können ein vorliegendes Nukleotid (z. B. einen RNA-Primer) nur am 3′-Ende verlängern, nicht aber die Synthese initiieren.
- **Homologe Rekombination** erfolgt durch Trennung und Zusammenfügung von DNA-Einzelsträngen an Regionen homologer Sequenzen. Das **Holliday-Modell** erklärt diesen Vorgang durch Bildung einer Heteroduplex und Verschiebung der Verzweigungsstelle entlang der DNA. Die Auflösung der Holliday-Struktur führt zur Ausbildung rekombinanter DNA-Doppelhelices. Bei Vorliegen unterschiedlicher Allele kann es durch Reparatur falsch gepaarter Basenpaare zur Genkonversion kommen.

13 Bakteriengenetik

Die aus den Experimenten von O.T. Avery, C.M. McLeod und M. McCarty gewonnenen Ergebnisse deuteten darauf hin, dass DNA das „transformierende Agens“ ist (s. Kap. 12.2, Abb. 12.**2**, S. 128). Die von ihnen experimentell durchgeführte Übertragung von Fremd-DNA in eine Zelle kommt in der Natur nur selten vor und kann dann unter Umständen Auswirkungen auf die Zelle bzw. den Organismus haben. Doch auch natürlicherweise kommt es zur Übertragung von DNA, wobei der Transfer von einer lebenden Bakterienzelle auf eine andere Zelle erfolgt. Dieser Vorgang erlaubt auch den sich asexuell vermehrenden Bakterien eine Neukombination ihrer genetischen Information.

13.1 Konjugation

Joshua Lederberg und Edward L. Tatum waren die ersten, die nachwiesen, dass auch Bakterien genetische Information austauschen können (1946). In ihrem Experiment verwendeten sie auxotrophe Bakterienstämme. **Auxotrophe Bakterien** tragen Mutationen in Genen, die essenziell für ihr Wachstum und ihre Vermehrungsfähigkeit sind. Solche Bakterien können nur dann wachsen, wenn bestimmte Stoffe, die sie normalerweise selbst produzieren, von außen, z.B. durch das Kulturmedium, zugegeben werden. Wildtyp-Bakterien sind **prototroph**, sie können auch auf **Minimalmedium** wachsen, das außer Wasser, anorganischen Salzen und einer kohlenstoffhaltigen Substanz zur Energiegewinnung keine weiteren Zugaben enthält. Lederberg und Tatum verwendeten zwei verschiedene auxotrophe Bakterienstämme: Stamm A trug zwei Mutationen, die dazu führten, dass die Zellen nicht mehr in der Lage waren **Biotin** (= **Vitamin H**) und die **Aminosäure Methionin** herzustellen. Das Fehlen bereits einer einzigen Aminosäure in der Zelle verhindert die Proteinsynthese, so dass die Zellen nicht mehr wachsen können. Die mutanten Bakterien wuchsen nur dann, wenn das Kulturmedium die Aminosäure Methionin und Biotin enthielt. Stamm B trug drei Mutationen, die dazu führten, dass die Zellen nur wuchsen, wenn das Medium mit den **Aminosäuren Threonin** und **Leucin** sowie mit **Thiamin** (= **Vitamin** $\mathbf{B_1}$) ergänzt (supplementiert) wurde. Stamm A hatte also den Genotyp met^- bio^- thr^+ leu^+ thi^+ und Stamm B den Genotyp met^+ bio^+ thr^- leu^- thi^-. Die beiden Stämme wurden gemeinsam in einer Flüssigkultur vermehrt, die alle nötigen Zugaben für ihr Wachstum enthielt. Anschließend wurden die Bakterien in Petrischalen auf Minimalmedium, das keinen dieser Zusätze enthielt, ausgestrichen. Weder Stamm A noch Stamm B können einzeln auf diesen Platten wachsen. Überraschenderweise fanden die Wissenschaftler jedoch Bakterienkolonien, die mit einer Häufigkeit von etwa 1 Kolonie unter 10 000 000 ausplattierten Zellen (1×10^{-7}) auftraten. Dies konnte nur dadurch erklärt werden, dass diese Bakterien prototroph geworden waren, was nur durch eine Veränderung ihrer genetischen Information ausgelöst sein konnte. Die Annahme war, dass ein neuer Genotyp entstanden war: met^+ bio^+ thr^+ leu^+ thi^+. Wie war das möglich? In einem weiteren

Experiment zeigten sie, dass der Austausch der genetischen Information nicht dadurch stattfindet, dass die DNA von einer Zelle ins Medium abgegeben und von der anderen Zelle aufgenommen wird (obwohl ein solcher Vorgang prinzipiell möglich ist, vgl. das Experiment von Griffith, Kap. 12.1, S. 125). Vielmehr müssen die Bakterien zur **Übertragung der DNA** in direkten Kontakt miteinander treten. Diesen Prozess nannten Lederberg und Tatum **Konjugation**. Wird dieser Kontakt verhindert, erfolgt keine Veränderung des Genotyps. Experimente von William Hayes einige Jahre später (1953) zeigten, dass es bei diesem Vorgang nicht zu einem wechselseitigen Austausch von DNA kommt, sondern DNA nur in einer Richtung übertragen wird. Er nannte die **Donorzelle**, die die DNA abgibt, die **F⁺-Zelle**, die **Empfängerzelle**, die die DNA aufnimmt, die **F⁻-Zelle** (F steht für Fruchtbarkeit, fertility). Konjugation führt, ähnlich wie die Befruchtung zwischen Eizelle und Spermium, zu Neukombination des genetischen Materials (s. u.). Um sie jedoch deutlich von der Sexualität höherer Organismen zu unterscheiden, wird der Prozess in den sich asexuell fortpflanzenden Bakterienzellen als **Parasexualität**bezeichnet. Was macht nun die eine Zelle zur Donor-, die andere zur Empfängerzelle? Die Donorzelle besitzt neben dem ringförmigen Bakteriengenom weitere genetische Information, den **Fertilitätsfaktor**oder **F-Faktor**, der auf einem gesonderten, ebenfalls ringförmigen DNA-Molekül in der Zelle vorliegt. Allgemein nennt man solche zusätzlichen, sich autonom verdoppelnden DNA-Moleküle **Episomen** oder **Plasmide** (Abb. 13.**1a**). Plasmide haben eine große Bedeutung in der Gentechnik gewonnen (s. Kap. 19, S. 260).

Das Plasmid, das einer Bakterienzelle die Eigenschaft verleiht, zur F⁺-Zelle zu werden, wird **F-Plasmid** genannt. Es hat eine Länge von ~100 kb und enthält etwa 60 Gene, darunter auch solche, die die autonome Verdopplung (Replikation) des Plasmids und die Ausbildung von mehreren **Sex-Pili** ermöglichen. Dies sind röhrchenförmige Ausstülpungen der Zellwand, mit der sich die F⁺-Zelle an die Oberfläche einer F⁻-Zelle heften kann. Nach Ausbildung des Kontakts zwischen F⁺- und F⁻-Zelle wird ein Einzelstrang des F-Plasmids über eine neu gebildete Zytoplasmabrücke (Konjugationsbrücke) in die F⁻-Zelle übertragen. Der Transfer beginnt an einer definierten Stelle, dem *oriT* (*origin of transfer*). In der die DNA aufnehmenden Zelle wird ein zum übertragenen DNA-Einzelstrang komplementärer Strang synthetisiert und das Molekül zirkularisiert, wodurch die F⁻-Zelle zur F⁺-Zelle wird. Noch während der Übertragung ersetzt die Donorzelle den übertragenen Einzelstrang durch einen neu gebildeten, komplementären Strang, so dass auch ihr F-Plasmid anschließend wieder als Doppelstrang vorliegt (Abb. 13.**1b**).

Mit einer Häufigkeit von 1 unter etwa 1000 F⁺-Zellen kommt es zum Einbau (Integration) des F-Plasmids in die DNA des Bakteriengenoms (Abb. 13.**2a**).

F⁺-Bakterienstämme mit integriertem F-Plasmid weisen eine **stark erhöhte Rekombinationshäufigkeit** auf, weshalb sie als **Hfr-Stämme** (**h**igh **f**requency of **r**ecombination) bezeichnet werden. Es gibt verschiedene Hfr-Stämme, die sich durch den Integrationsort des F-Plasmids unterscheiden. Bei der Konjugation einer Hfr-Zelle mit einer F⁻-Zelle wird ein neu synthetisierter DNA-Einzelstrang der Hfr-Zelle, beginnend mit einem spezifischen Abschnitt, dem Origin O, in die F⁻-Zelle übertragen (Abb. 13.**2b**). Dort wird der komplementäre DNA-Strang gebildet. Bei der Übertragung wird nicht nur die DNA des F-Faktors, sondern auch – teilweise oder vollständig – die DNA des Bakteriengenoms der Hfr-Zelle in die Empfängerzelle übertragen. Die Übertragung des gesamten Bakteriengenoms dauert etwa 100 Minuten, wird aber meistens vorher unter-

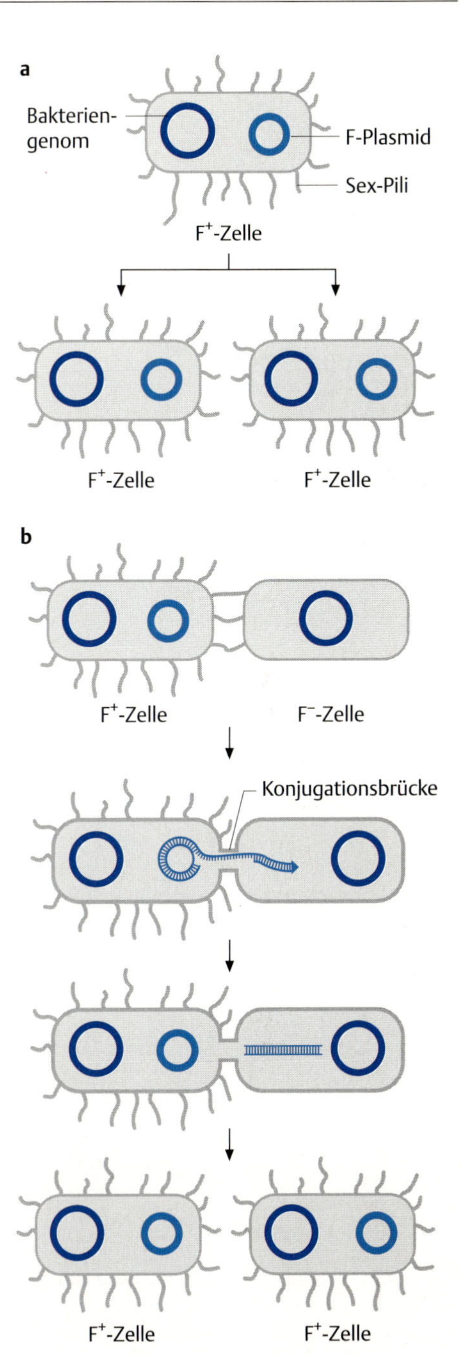

Abb. 13.1 Konjugation bei Bakterien.
a Bakterienzelle mit dem ringförmigen Bakteriengenom (dunkelblau) und einer zusätzlichen zirkulären DNA (hellblau), dem F-Plasmid. Nach Teilung der Zelle enthalten die Tochterzellen jeweils eine Kopie des Bakteriengenoms und ein Plasmid.
b Konjugation zwischen einer F⁺-Zelle und einer F⁻-Zelle. Weitere Erklärungen s. Text.

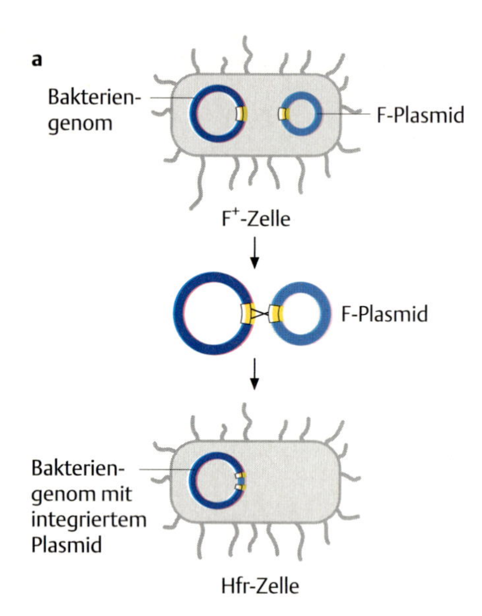

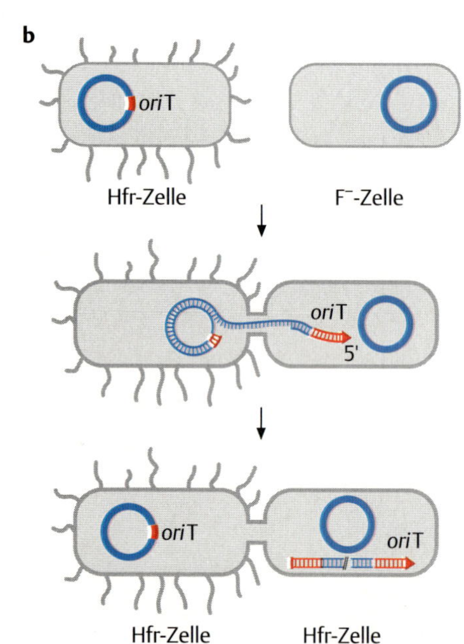

Abb. 13.2 Konjugation einer Hfr-Zelle mit einer F^--Zelle.

a Durch Integration des intakten F-Plasmids in die Bakterien-DNA wird die F^+-Zelle zur Hfr-Zelle. Die Rekombination zwischen der zirkulären Bakterien-DNA und dem zirkulären F-Plasmid erfolgt an Bereichen mit ähnlicher Sequenz (gelb).

b Während der Konjugation überträgt die Hfr-Zelle einen Einzelstrang ihrer DNA, beginnend mit der O-Sequenz des F-Plasmids (roter Pfeilkopf), in die F^--Zelle. Der zuletzt übertragene Abschnitt, der aus Sequenzen des F-Plasmids besteht, ist rot markiert.

brochen. Das Ergebnis ist eine Bakterienzelle mit einem ringförmigen Bakteriengenom und einem zusätzlichen, mehr oder weniger langen DNA-Abschnitt. In dieser Zelle liegen nun einige oder alle Bakteriengene verdoppelt vor, die Zelle ist **merozygot**. Die übertragene DNA kann nun mit der DNA der Empfängerzelle rekombinieren. Anders als bei der Rekombination von Eukaryonten, bei denen durch den reziproken Austausch zwei funktionsfähige rekombinante DNA-Moleküle entstehen, „überlebt" hier jedoch nur einer der Rekombinationspartner, nämlich das ringförmige DNA-Molekül, nicht aber das lineare Fragment.

13.2 Unterbrochene Konjugation

Hfr-Zellen dienen in idealer Weise zur Erstellung einer genetischen Karte des Bakteriengenoms. Die Übertragung der DNA in die F^--Zelle beginnt immer an einer definierten Stelle des integrierten F-Plasmids, dem *oriT* (nicht zu verwechseln mit *oriC*, dem Startpunkt der Replikation des Bakteriengenoms, an dem zwei Replikationsgabeln gebildet werden, s. Kap. 12.7.2, Abb. 12.**13**, S. 138). An dieser Stelle wird ein Einzelstrangschnitt gesetzt und der Einzelstrang wird, beginnend mit dem 5′-Ende, in die Empfängerzelle geführt. Je nach Dauer des Kontakts wird der Einzelstrang teilweise oder vollständig und damit einige oder alle Gene des Donorgenoms in die Empfängerzelle übertragen. Je weiter also ein Gen von *oriT* entfernt liegt, desto später gelangt es in die F^--Zelle. Erst ganz zum Schluss wird das andere Ende des F-Faktors übertragen, das die Gene enthält, die eine Zelle zur F^+-Zelle machen.

Trennt man die Bakterien während der Konjugation durch heftiges Schütteln des Kulturbehälters, so kommt es zur **Unterbrechung des DNA-Transfers**. Es gelangt nur ein Teil des Hfr-Genoms in die F^--Zelle. Je nach Zeitpunkt, zu dem die Trennung der konjugierenden Bakterien erfolgt, werden viele oder nur wenige Gene übertragen. Da ein Gen, das in der Nähe von *oriT* liegt, früh, ein weiter davon entfernt liegendes Gen spät übertragen wird, ist die Zeit, die für die Übertragung eines bestimmten Gens in die F^--Zelle benötigt wird, ein Maß für seine Position auf dem Bakteriengenom. Das erste Experiment dieser Art wurde von Elie Wollmann und Francois Jacob 1957 beschrieben (Abb. 13.**3**).

Sie führten die Konjugationsexperimente mit einem Hfr-Stamm des Genotyps str^s leu^+ arg^+ met^+ und einem F^--Stamm des Genotyps str^r leu^- arg^- met^- durch. str^r Zellen sind resistent, str^s-Zellen sensitiv für das **Antibiotikum Streptomycin**Der F^--Stamm kann in Gegenwart von Streptomycin wachsen, benötigt aber zum Wachstum die Zugabe der Aminosäuren **Leucin** (leu), **Arginin** (arg) und **Methionin** (met).

In dem Experiment trennten die Forscher die gepaarten Bakterien nach verschiedenen Zeitintervallen und plattierten sie auf streptomycinhaltigen Agarplatten aus, auf denen nur Zellen des F^--Stamms wachsen konnten. Anschließend untersuchten sie das Wachstum der Zellen in Abwesenheit einer, zwei oder aller drei genannten Aminosäuren. War z. B. das met^+-Gen des Hfr-Genoms vor der Trennung bereits übertragen worden, so konnten die F^--Zellen ohne Zugabe von Methionin wachsen, benötigten aber weiterhin Leucin und Arginin. Erst nach längerer Konjugationszeit wurde das Wachstum der Bakterien unabhängig von Arginin. Noch länger mussten sie gepaart sein, damit das leu^+-Gen übertragen wurde. Daraus ergab sich die Reihenfolge der Gene wie folgt, wobei der Pfeilkopf den Bereich darstellt, der zuerst übertragen wird:

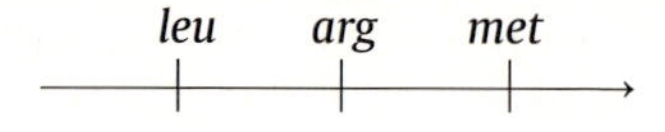

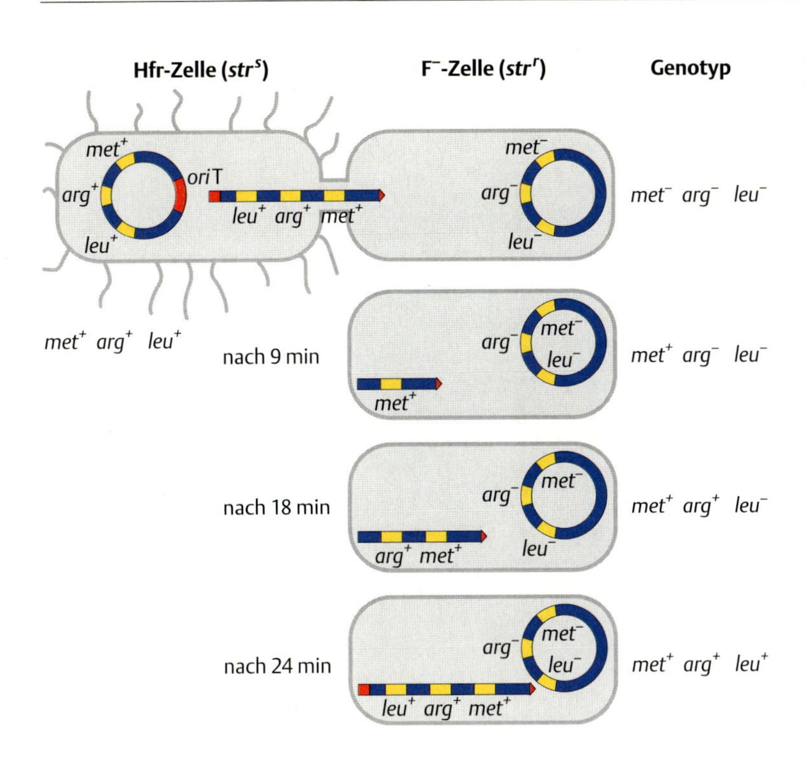

Abb. 13.3 Kartierung von Genen eines Hfr-Genoms durch „unterbrochene Konjugation". Beschreibung s. Text.

Die Untersuchungen führten zu einer widerspruchsfreien **Genkarte von *E. coli***, wobei die Genpositionen in Minuten angegeben werden und die gesamte Karte 100 Minuten enthält. Es ist zu berücksichtigen, dass die auf diese Weise erstellte Genkarte, ähnlich wie die durch Crossover-Häufigkeiten gewonnenen Karten der Eukaryontengenome (s. Kap. 10, S. 84), als **genetische Karten** zu verstehen sind, in denen die ermittelten Abstände relative Abstände darstellen. Eine Karte, die die absoluten Abstände der Gene in Basenpaaren ausdrückt, konnte erst später nach der Sequenzierung der gesamten DNA erstellt werden (s. Kap. 20, S. 300).

13.3 Virulente und temperente Phagen

Für die Bakteriengenetiker haben sich Bakteriophagen als hervorragende Werkzeuge herausgestellt. Die mit ihrer Hilfe gewonnenen Erkenntnisse schufen die Grundlage für die moderne Molekularbiologie (s. Box 12.**1**, S. 127). Nach der Infektion der Bakterienzelle wird der Syntheseapparat der Zelle so umprogrammiert, dass nur noch Proteine und DNA der Phagen gebildet werden. Diese werden anschließend in der Zelle zu intakten Phagenpartikeln zusammengebaut, wobei ein Phagengenom/Phagenpartikel verpackt wird. Etwa 20 Minuten nach der Anheftung der Phagen wird die Zellwand der Bakterienzelle aufgelöst (lysiert), nachdem die Bakterien-DNA in kleine Stücke zerlegt worden ist. Es werden etwa 100 neue Phagen freigesetzt, womit der Zyklus erneut beginnen kann. Da es sich hierbei um eine wiederkehrende Reihenfolge von Infektion und Lyse handelt, bezeichnet man dieses als den **lytischen Zyklus** (Abb. 13.**4**).

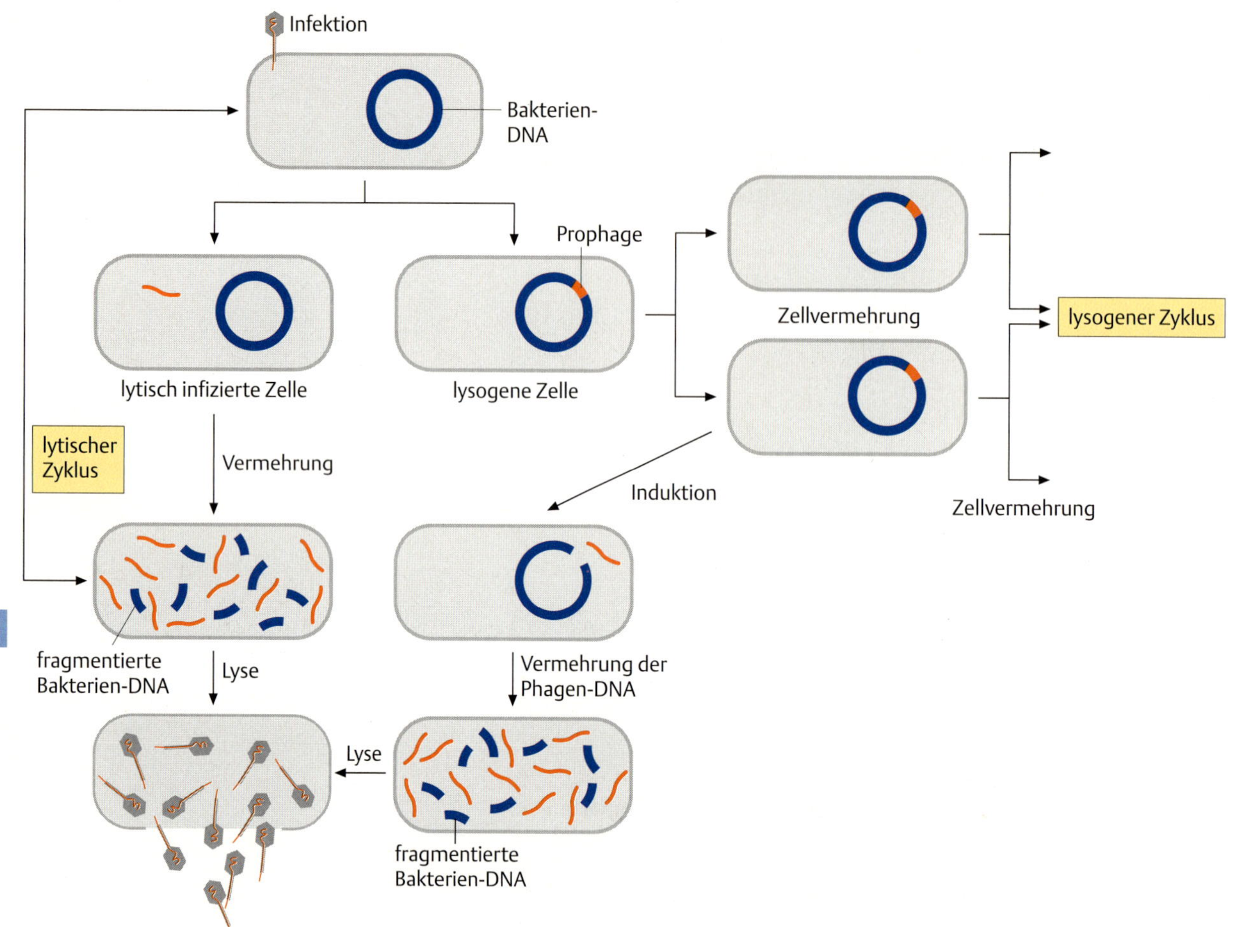

13

Abb. 13.4 Bakteriophagenzyklus.
Lytischer und lysogener Zyklus von Bakteriophagen. Beschreibung s. Text.

Werden mit Phagen infizierte Bakterien auf einer Agarplatte ausplattiert, so kann man schon nach wenigen Stunden das Ergebnis der Lyse an 1–5 mm großen „Löchern" oder **Plaques** im Bakterienrasen erkennen. Jedes „Loch" ist aus einer einzigen infizierten Bakterienzelle hervorgegangen. Nach der Lyse dieser einen Zelle haben die neu gebildeten Phagen Bakterien im nahen Umkreis infiziert und sie dann ebenfalls lysiert. Phagen, die Bakterienzellen lytisch infizieren, also die Auflösung der Bakterienzelle nach Produktion neuer Phagenpartikel induzieren, bezeichnet man als **virulente Phagen**. Hierzu gehören etwa die Phagen T2 und T4.

Infektion mit anderen Phagen, etwa mit dem Phagen λ, führt nicht zur Lyse der Bakterien, diese sind resistent. Mischt man nach einer Infektion resistenter Bakterien diese mit nicht-resistenten Bakterien, so führt das zur Lyse der nicht-resistenten Zellen. Das geschieht, obwohl keine Phagenpartikel ins Medium abgegeben werden, die die nicht-resistenten Zellen infizieren könnten. Die Übertragung der Phagen muss also auf einem anderen Weg erfolgen. Man nennt resistente Bakterien, die eine Lyse in anderen Bakterien auslösen können, **lysogene Bakterien** und die Phagen, die zur Bildung lysogener Bakterien führen, **temperente Phagen.** Die Fähigkeit lysogener Bakterien zur Lyse nicht-resistenter Bakterien wird über viele Generationen vererbt.

Wie wird eine Bakterienzelle lysogen? In lyosogenen Zellen ist die Phagen-DNA in das Bakteriengenom integriert und existiert dort als sog. **Prophage.** Die Integration erfolgt durch einen Rekombinationsprozess, indem eine bestimmte Sequenz der Phagen-DNA eine spezifische Sequenz der Bakterien-DNA erkennt. Durch ein doppeltes Rekombinationsereignis erfolgt dann die Integration der Phagen-DNA in das Genom (Abb. 13.**5**).

Die Vermehrung des Prophagen erfolgt stets koordiniert mit der Verdopplung des Bakteriengenoms (**lysogener Zyklus**, Abb. 13.**4**). Die lysogene Bakterienzelle, die einen Prophagen enthält, ist resistent (immun) gegenüber erneuter Infektion (Superinfektion) durch weitere Phagen. Veränderte äußere Bedingungen, z. B. Bestrahlung mit ultraviolettem Licht oder Behandlung mit bestimmten Chemikalien, lösen die Aktivierung des Prophagen aus. Er wird aus dem Bakteriengenom ausgeschnitten und die Synthese neuer Phagenpartikel beginnt, was schließlich zur Lyse der Bakterienzelle führt. Anders ausgedrückt, es kommt zur **Induktion neuer Phagenpartikel.** Nach Konjugation zwischen einer lysogenen Hfr(λ)-Zelle mit einer nicht-lysogenen F^--Zelle wird in der Empfängerzelle eine Aktivierung des Prophagen und somit eine Lyse induziert. Anders als die Hfr(λ)-Zelle verfügt die F^--Zelle nämlich nicht über einen Mechanismus zur Unterdrückung des lytischen Zyklus (s. a. Kap. 17.1.3, S. 215).

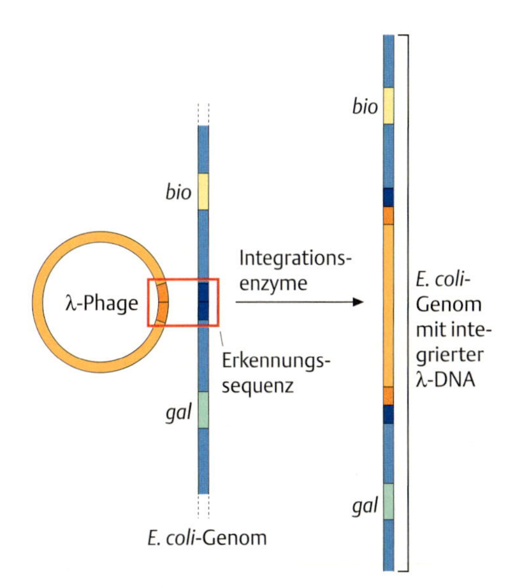

Abb. 13.5 Integration der DNA des λ-Phagen in das Genom von *E. coli*. Die Erkennungs- und Integrationssequenz (dunkelblau) liegt zwischen den Genen *gal* (Galaktose) und *bio* (Biotin).

13.4 Phagen übertragen Bakteriengene

Wenn ein Phage eine Bakterienzelle befällt, so wird in den meisten Fällen nur seine eigene DNA in die Bakterienzelle gebracht. In seltenen Fällen gelangt aber auch zusätzlich Bakterien-DNA in die befallene Zelle, ein Prozess, der **Transduktion** genannt wird. Es gibt Phagen, die jedes beliebige Stück Bakterien-DNA übertragen können (= **generelle Transduktion**), während andere immer nur einen bestimmten DNA-Abschnitt (= **spezielle Transduktion**) transduzieren (Abb. 13.**6**).

Generelle Transduktion wird von **virulenten Phagen**, zu denen der **Phage P1** gehört, ausgelöst (Abb. 13.**6**). Nach Infektion wird die Bakterien-DNA zerkleinert und die Phagen-DNA vermehrt. Bei der Verpackung in die Phagenköpfe gelangt gelegentlich ein Stück Bakterien-DNA, wie z. B. das Gen *met*$^+$, in den Phagen. Dafür fehlt dem Phagen ein Abschnitt seiner eigenen DNA. Nach erneuter Infektion einer Bakterienzelle mit diesem rekombinanten Phagen erhält die infizierte Bakterienzelle zusätzlich zu ihrem eigenen *met*-Gen das vom Phagen mitgebrachte *met*$^+$-Gen. Da ein Teil der Phagen-DNA fehlt, ist dieser nicht mehr zur Lyse der Zelle befähigt. Das zusätzliche *met*$^+$-Gen kann gegebenenfalls mit der Bakterien-DNA rekombinieren.

Spezielle Transduktion führen **temperente Phagen** aus, z. B. der **Phage λ** (Abb. 13.**6**), der zu den am besten charakterisierten Phagen gehört. Nach Infektion mit einem temperenten Phagen integriert seine DNA als Prophage in das Bakteriengenom, und zwar immer an derselben Stelle des Bakteriengenoms, die sich im Falle des Phagen λ zwischen den Genen *gal* und *bio* befindet. Die *gal*-Region enthält mehrere Gene, die am Galaktose-Abbau beteiligt sind, das *bio*-Gen ist essenziell für die Biotinsynthese. Die Integration der Phagen-DNA wird durch bestimmte Sequenzen auf der zirkulären λ-DNA ermöglicht, der λ-Erkennungssequenz.

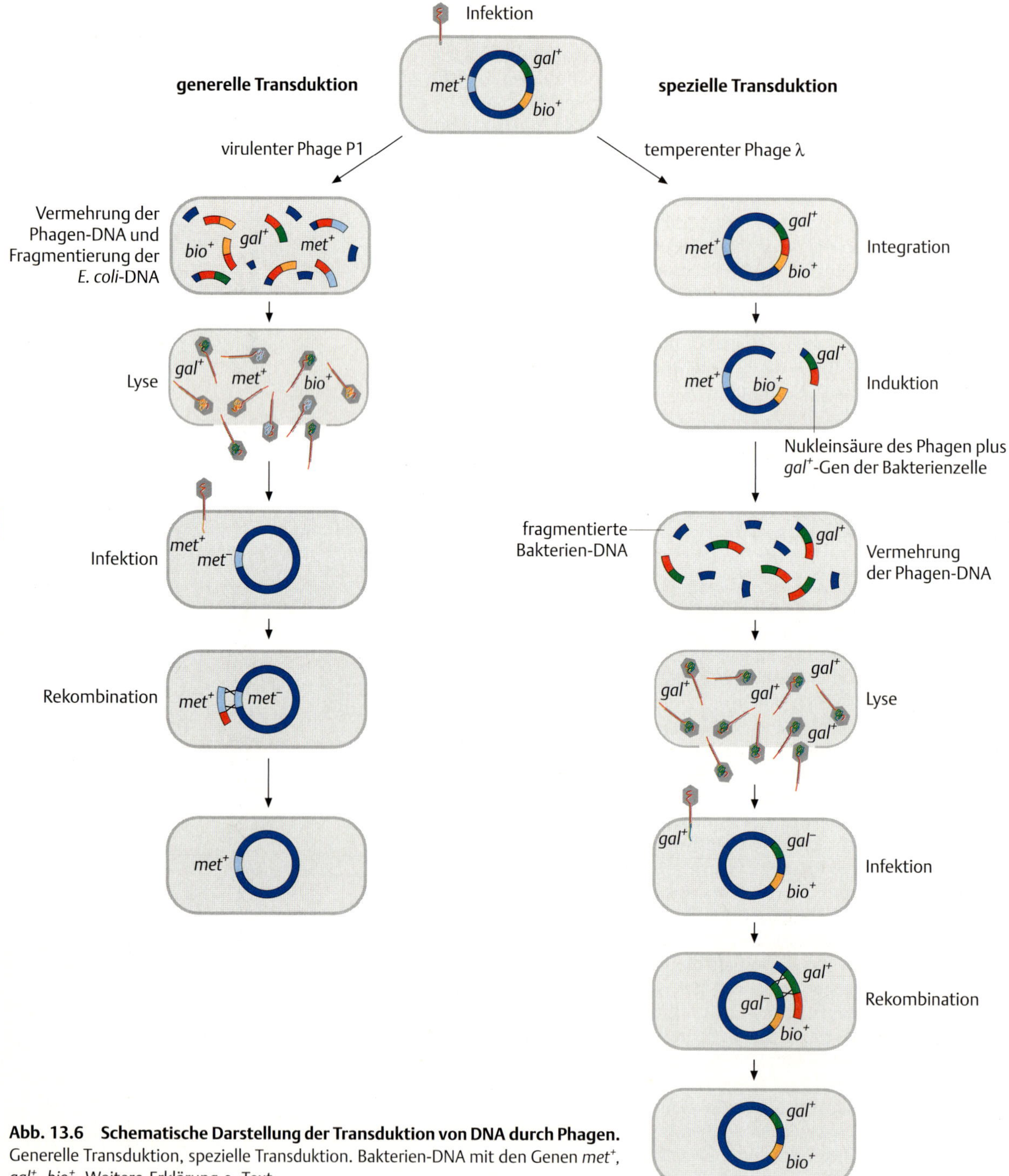

Abb. 13.6 Schematische Darstellung der Transduktion von DNA durch Phagen. Generelle Transduktion, spezielle Transduktion. Bakterien-DNA mit den Genen *met*⁺, *gal*⁺, *bio*⁺. Weitere Erklärung s. Text.

13

Die durch veränderte Außenbedingungen induzierte Aktivierung der Prophagen-DNA resultiert in der Exzision seiner DNA aus der Bakterien-DNA. Dabei kommt es gelegentlich vor, dass die Prophagen-DNA nicht präzise herausgeschnitten wird, sondern dass bei diesem Prozess auch benachbarte Bakterien-DNA, in der Abb. 13.**6** das *gal⁺*-Gen, mit herausgetrennt wird. Die Phagen-DNA wird in der Bakterienzelle vermehrt und in die Phagenpartikel verpackt, wobei einige das *gal⁺*-Gen erhalten. Nach erneuter Infektion gelangt das *gal⁺*-Gen in eine mutante *gal*-Bakterienzelle, die dadurch merozygot wird, da sie nun von diesem Gen zwei Kopien trägt. Es kommt zur Rekombination, wobei das *gal*-Gen des Bakteriengenoms durch das übertragene *gal⁺*-Gen ausgetauscht wird. Da die Integration eines Prophagen nur an einer bestimmten Stelle im Bakteriengenom erfolgen kann, können auch nur jeweils die der Integrationsstelle benachbarten Gene übertragen werden. Verschiedene temperente Phagen integrieren an verschiedenen Stellen im Bakteriengenom und übertragen demzufolge auch verschiedene Gene bei der speziellen Transduktion.

13.5 Transduktion als Mittel zur Kartierung von Bakteriengenen

Vor allem die generelle Transduktion kann zur Kartierung von Bakteriengenen verwendet werden. Dabei wird die Tatsache genutzt, dass zwei Gene, die eng benachbart sind, häufiger gemeinsam auf einem Stück DNA von einem Phagen übertragen werden, als zwei weiter voneinander entfernt liegende Gene. Je kleiner der Abstand zwischen zwei Genen ist, desto größer ist die Häufigkeit, mit der sie gemeinsam übertragen werden. Als Beispiel dient hier die Ermittlung des Abstands zwischen den Genen *met* und *arg* von *E. coli*. Hierzu wird der Phage P1 in *met⁺ arg⁺*-Bakterien vermehrt. Nach der Lyse infiziert man *met⁻ arg⁻*-Bakterien und selektioniert diese nach *met⁺*-Kolonien. Anschließend ermittelt man den Prozentsatz an *met⁺*-Kolonien, die gleichzeitig *arg⁺* sind. Die Häufigkeit, mit der *arg⁺* gemeinsam mit *met⁺* übertragen wird, die sog. **Kotransduktion**, ist ein **Maß für den relativen Abstand** der beiden Gene.

Die Kombination der Kartierungsergebnisse, die durch unterbrochene Konjugation, Rekombination nach Transformation und Transduktion gewonnen wurden, hat zur Erstellung sehr genauer genetischer Karten verschiedener Bakteriengenome geführt.

Bereits 1963 hatte man 100 Gene im *E. coli*-Genom kartiert, deren Zahl sich bis 1990 auf 1400 erhöht hatte. Mit dem Abschluss der Sequenzierung des gesamten *E. coli*-Genoms im Jahr 1997 konnte dann gezeigt werden, dass die genetische Kartierung in der Tat sehr präzise war: Sie stimmte mit der molekularen Karte exakt überein (Abb. 13.**7**).

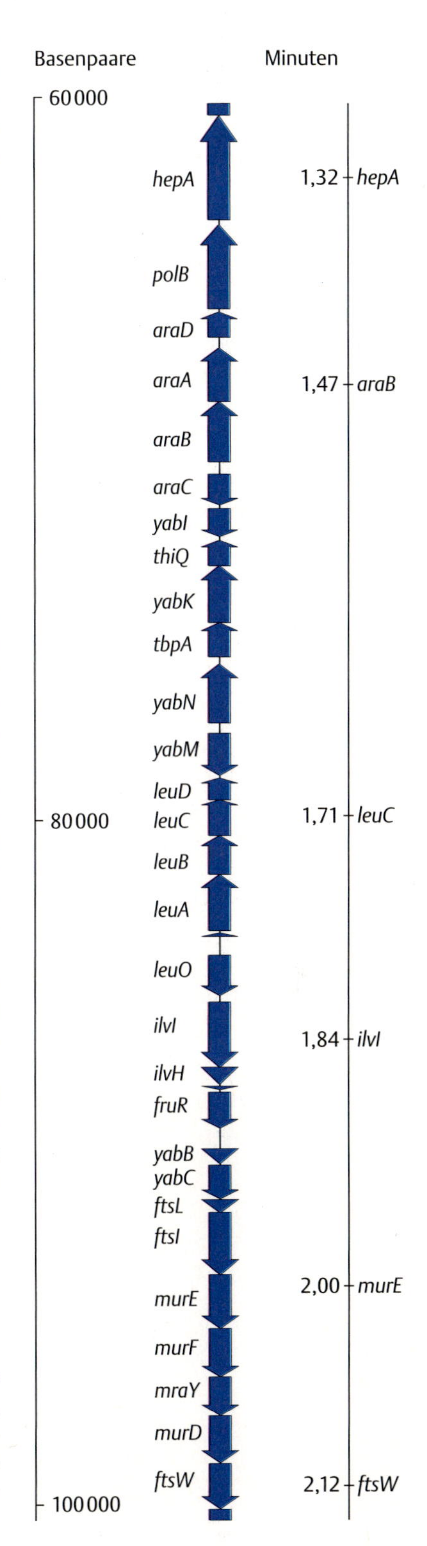

Abb. 13.7 Korrelation der genetischen und der physikalischen Karte von *E. coli* in der Region zwischen 1,3 und 2 Minuten. Die Position der genetischen Kartierung, angegeben in Minuten, wurde durch unterbrochene Konjugation ermittelt. Die genauen Positionen der einzelnen Gene, angegeben in Basenpaaren, wurde nach Ermittlung der vollständigen Sequenz des Genoms bestimmt. Die Pfeilköpfe geben die jeweilige Transkriptionsrichtung an.

Zusammenfassung

- Die Übertragung genetischer Information durch direkten Kontakt zwischen zwei Bakterienzellen nennt man **Konjugation**. Die Übertragung erfolgt nur in einer Richtung, nämlich von der Donorzelle in die Empfängerzelle.

- **Episomen** oder **Plasmide** sind ringförmige DNA-Moleküle, die zusätzlich zum Bakteriengenom in einer Zelle vorkommen können. Sie werden für die normale Funktion der Bakterienzelle nicht benötigt. Ihre Größe entspricht etwa 1–2% der Bakterien-DNA. Sie verdoppeln sich unabhängig vom Bakteriengenom und werden bei der Teilung an die Tochterzellen weitergegeben. Plasmide enthalten zusätzliche Gene, wie z.B. den Fertilitäts(F)-Faktor oder Resistenzgene.

- **Virulente Phagen** lösen die Lyse nicht-resistenter Bakterien aus. **Temperente Phagen** führen nach Infektion zur Bildung lysogener Bakterien. Diese tragen die Phagen-DNA als Prophage integriert in ihrem Genom. In seltenen Fällen kann die Aktivierung des Prophagen die Lyse der Bakterien induzieren.

- Bei der **Transduktion** übertragen Phagen Abschnitte bakterieller DNA von einer Zelle auf die nächste. Dabei können einige Phagen beliebige Stücke transduzieren (generelle Transduktion), während andere Phagen nur zur Übertragung bestimmter DNA-Abschnitte in der Lage sind (spezielle Transduktion).

- Die **genetische Karte** von **Bakterien**, d.h. die Reihenfolge der Gene, konnte mit Hilfe der Konjugation, der Transformation und der Transduktion erstellt werden. Bei der Konjugation wird DNA einer F^+- bzw. einer Hfr-Zelle in eine F^--Zelle übertragen. Bei der Transformation wird freie DNA von einer Bakterienzelle aufgenommen und kann u.U. mit der entsprechenden Region des Bakterienchromosoms rekombinieren. Bei der Transduktion wird DNA durch Phagen übertragen.

14 Transkription

Neben der identischen Verdopplung ist die Umsetzung der als Nukleotidsequenz gespeicherten genetischen Information in RNA bzw. Proteine, die letztendlich die Merkmale und Funktionen eines Organismus bestimmen, die zweite wichtige Eigenschaft der DNA.

14.1 Klassen von RNA

Die Informationsübertragung in der Zelle erfolgt mittels **Ribonukleinsäure (RNA,** ribonucleic acid). Diese unterscheidet sich in drei wesentlichen Merkmalen von DNA (Abb. 14.**1**):

- Die Nukleotide der RNA enthalten **Ribose** als Zucker. Die OH-Gruppe an der 2′-Position der Ribose trägt auf Grund ihrer höheren Reaktivität wesentlich zu den biochemischen und funktionellen Unterschieden zwischen RNA und DNA bei.
- In der RNA findet man an Stelle von Thymin das Pyrimidin **Uracil**, das wie Thymin zwei Wasserstoffbrücken mit Adenin ausbildet.
- Anders als DNA liegt RNA meistens **einzelsträngig** vor, wobei sich jedoch vielfach durch Ausbildung intramolekularer Wasserstoffbrücken teilweise doppelsträngige Sekundärstrukturen ausbilden können.

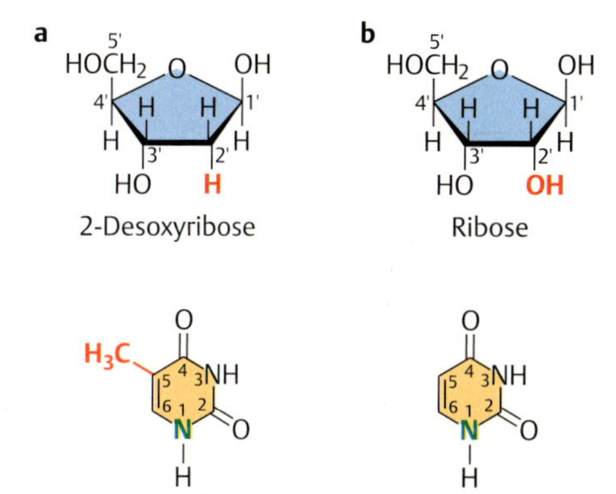

Abb. 14.1 Unterschiede in den Bausteinen von DNA (a) und RNA (b).

In pro- und eukaryotischen Zellen gibt es mehrere Klassen von RNA (s. Tab. 14.**1**), die entsprechend ihrer Funktionen oder Lokalisation in der Zelle benannt werden.

1. Die **messenger (Boten)-RNA** (**mRNA**) bringt die auf der DNA kodierte Information, die in der Basensequenz gespeichert ist, zum Ribosom, wo sie als Vorlage zur Übersetzung in ein Protein dient. Ihr Anteil an der Gesamt-RNA einer eukaryotischen Zelle beträgt 1–5 %, ihre Größe ist sehr variabel.
2. Die **heterogene nukleäre RNA** (**hnRNA**) stellt eine Klasse heterogener Größe, im Kern lokalisierter RNAs dar, zu der vor allem die Vorläufer der mRNAs gehören, die im Kern in unreifer Form als **Primärtranskripte** vorliegen.
3. Die **ribosomale RNA** (**rRNA**) macht mit etwa 90 % den größten Anteil zellulärer RNA aus. Wie ihr Name sagt, kommt sie in den Ribosomen vor, an denen die Translation, also die Übersetzung der mRNA-Sequenzen in Proteine, stattfindet. Bei Prokaryonten gibt es drei, bei Eukaryonten vier Klassen von rRNA.
4. Die **transfer-RNA** (**tRNA**) wird bei der Translation benötigt. Sie bringt die einzelnen Aminosäuren zum Ribosom.
5. Die **small nuclear RNA** (**snRNA**, kleine, nukleäre RNA) ist wesentlicher Bestandteil der Spleiß-Maschinerie, also des Spleißosoms (s. u.).
6. Die **small nucleolar RNA** (**snoRNA**, kleine, nukleoläre RNA) kommt im Nukleolus vor (s. u.) und ist an der Reifung und Modifikation der rRNA beteiligt.

Darüber hinaus gibt es sowohl in Eu- wie in Prokaryonten eine Vielzahl kleiner RNAs, die unter dem Begriff **ncRNA** (non-coding RNA), **scRNA**

Tab. 14.1 Verschiedene Klassen von RNA in pro- und eukaryotischen Zellen und ihre wichtigsten Eigenschaften

RNA-Klasse	Prokaryonten Größe (Nukleotide)	Eukaryonten Größe (Nukleotide)	Polymerase[a]	Funktion
mRNA	variabel	variabel	Pol II	proteinkodierende RNA
hnRNA	–	variabel	Pol II	Primärtranskript, das zur mRNA heranreift
rRNA	≈ 2900 (23S)[b] ≈ 1540 (16S)	≈ 4800 (28S) ≈ 1900 (18S) 160 (5,8S)	Pol I	strukturelle und funktionelle Komponenten der Ribosomen
5S-rRNA	120	120	Pol III	strukturelle und funktionelle Komponenten der Ribosomen
Kleine, nicht kodierende RNAs (ncRNAS, snmRNAs)[c]:				
tRNA	75	80–90	Pol III	bringt die Aminosäuren zu den Ribosomen
snRNA	–	100–200	Pol III	Bestandteil der Spleißosomen
snoRNA	–	70–250	Pol III	Funktion bei der Reifung und Modifikation der rRNA
siRNA	–	–	Pol II/III	Funktion bei der Regulation von Genexpression in Tier- und Pflanzenzellen
tasiRNA	–	21	Pol II	nur in Pflanzen, von *TAS* Loci transkribiert; mehrere siRNAs aus einem Transkript; posttranskriptionelle Regulation von Genexpression
miRNA	–	≈ 20	Pol II	Funktion bei der Regulation von Genexpression in Tier- und Pflanzenzellen
piRNA	–	26-31	Pol II	Binden an PIWI-Proteine, Funktion in Keimzellen, Silencing von Retrotransposons

[a] alle prokaryotischen RNAs werden von derselben RNA-Polymerase transkribiert

[b] S = *Svedberg*-Einheit = Maß für die Sedimentationsgeschwindingkeit, also für die Geschwindigkeit, mit der ein Molekül bei Zentrifugation in einem Dichtegradienten wandert. Der S-Wert ist sowohl von der Größe als auch der Form eines Partikels/Moleküls abhängig. Je größer und kompakter ein Molekül ist, desto größer ist seine Wanderungsgeschwindigkeit im Schwerefeld, desto größer sein S-Wert.

[c] auch bei *E. coli* wurden kürzlich kleine RNAs von 40–250 Nukleotiden Länge nachgewiesen, deren Funktion aber nicht bekannt ist und die deshalb als ncRNAs zusammengefasst werden.

Abkürzungen: mRNA: messenger RNA; hnRNA: heterogeneous, nuclear RNA; rRNA: ribosomale RNA; ncRNA: non-coding RNA; snmRNA: small non-mRNA; tRNA: transfer RNA; snRNA: small nuclear RNA; snoRNA: small nucleolar RNA; siRNA: small interfering RNA; tasiRNA: trans-acting siRNA; miRNA: micro RNA; piRNA: PIWI-interacting RNA).

(small cytoplasmic RNA) oder **snmRNA** (small non messenger RNA) zusammengefasst werden, deren Funktionen aber größtenteils noch nicht verstanden sind. Bei Eukaryonten unterteilt man diese weiter in **siRNA** (small interfering RNA), **tasiRNA** (trans-acting siRNA), **miRNA** (micro RNA), **piRNA** (PIWI-interacting RNA) oder **stRNA** (small temporal RNA). Einige von ihnen übernehmen wichtige Funktionen bei der Regulation der Genexpression, vor allem der Translation (s. Kap. 17.2.3, S. 230).

14.2 Transkription führt zur Synthese einer einzelsträngigen RNA

Die Synthese von RNA, die **Transkription**, erfordert immer eine DNA als Matrize. Davon gibt es nur wenige Ausnahmen. Vereinfacht lässt sich die Reaktion wie folgt zusammenfassen:

$$\text{DNA} + \begin{matrix}\text{CTP}\\\text{UTP}\\\text{ATP}\\\text{GTP}\end{matrix} \xrightarrow{\text{RNA-Polymerase}} \text{RNA}$$

DNA 5' GAAAACTGTGAGTTAAGGCTCTC 3' nicht-kodogener Strang
3' CTTTTGACACTCAATTCCGAGAG 5' Matrizenstrang

RNA 5' GAAAACUGUGAGUUAAGGCUCUC 3'

Abb. 14.2 Die mRNA ist komplementär zum Matrizenstrang. Die RNA hat dieselbe Basensequenz wie der nicht-kodogene Strang und ist komplementär zum Matrizen- oder kodogenen Strang. An Stelle von T der DNA steht in der RNA U.

CTP, UTP, ATP und GTP stellen die vier Ribonukleotidtriphosphate dar. Die Basensequenz einer transkribierten RNA ist stets zu einem der beiden Stränge einer DNA-Doppelhelix, dem **Matrizenstrang** oder **kodogenen Strang** (template strand), komplementär. Dementsprechend hat die RNA dieselbe Sequenz wie der **nicht-kodogene Strang** (nontemplate strand), es wird nur das RNA-spezifische U statt T verwendet (Abb. 14.**2**). Von einer DNA-Doppelhelix kann mal der eine, mal der andere Strang als Vorlage für die Transkription verwendet werden.

Die Transkription wird von einer DNA-abhängigen RNA-Polymerase katalysiert. Bei E. coli werden alle RNA-Klassen von einer einzigen RNA-Polymerase transkribiert, die aus vier verschiedenen Untereinheiten (2 α-, 1 β-, 1 β'-Untereinheit) und einem σ-Faktor besteht. Zusammen bilden sie das sog. Holoenzym. Im Gegensatz dazu verwendet die eukaryotische Zelle insgesamt drei verschiedene RNA-Polymerasen für die unterschiedlichen RNA-Klassen. RNA-Polymerase I (auch Polymerase (Pol) α genannt) ist im Nukleolus lokalisiert und synthetisiert die rRNAs (außer der 5S-rRNA). Die im Nukleoplasma vorkommende RNA-Polymerase II (auch Pol β genannt) stellt die mRNAs bzw. ihre Vorläufer, die hnRNAs, her und die ebenfalls im Nukleoplasma anzutreffende RNA-Polymerase III (auch Pol γ genannt) die 5S-rRNAs, tRNAs, snRNAs und weitere kleine RNAs (s. Tab. 14.**1**). Die Polymerasen bestehen jeweils aus mehreren Untereinheiten, von denen einige allen drei Polymerasen gemeinsam, andere aber spezifisch für jede Polymerase sind.

Der Transkriptionsprozess lässt sich in drei Schritte unterteilen: Initiation, Elongation und Termination.

14

14.2.1 Der Beginn der Transkription erfordert einen Promotor

Den Erkennungs- und Startpunkt für jede RNA-Polymerase bildet der **Promotor** (promoter), eine Sequenz von 20–200 Basenpaaren. Der Promotor liegt entweder vor der zu transkribierenden Region (*E. coli* RNA-Polymerase, Eukaryonten-RNA Pol I, II) (Abb. 14.**3a**) oder innerhalb des transkribierten Abschnitts (RNA-Polymerase III). Der Vergleich der DNA-Abschnitte vor dem Transkriptionsstart vieler Gene in unterschiedlichen Organismen hat große Sequenzähnlichkeiten aufgedeckt. Da sich die Sequenzen im Verlauf der Evolution nicht oder nur wenig verändert haben, bezeichnet man sie als **konserviert**. Der Vergleich erlaubt die Aufstellung einer sog**. Konsensus-Promotor-Sequenz**. In **Promotoren prokaryotischer Gene** (Abb. 14.**3b**) sind vor allem zwei Regionen besonders stark konserviert. Eine Region liegt etwa 35 Basenpaare oberhalb (in 5′-Richtung oder stromaufwärts; upstream) des Transkriptionsstarts. Da nach Übereinkunft die erste transkribierte Base mit +1 nummeriert wird, bezeichnet man diese Region als die **–35-Region**. Die zweite konservierte Region, die –10-Region oder **Pribnow-** oder **TATA-Box**, liegt 10 Basenpaare vor dem Transkriptionsstart.

Der Aufbau des **Promotors eukaryotischer Gene** ist weniger stark konserviert (Abb. 14.**3c**). Das Startnukleotid vieler Polymerase-II-Promotoren (+1) ist sehr häufig ein A und liegt meistens in einer Region, in der gehäuft Pyrimidine (Py) vorkommen. Diese Region, die allgemein in der Form

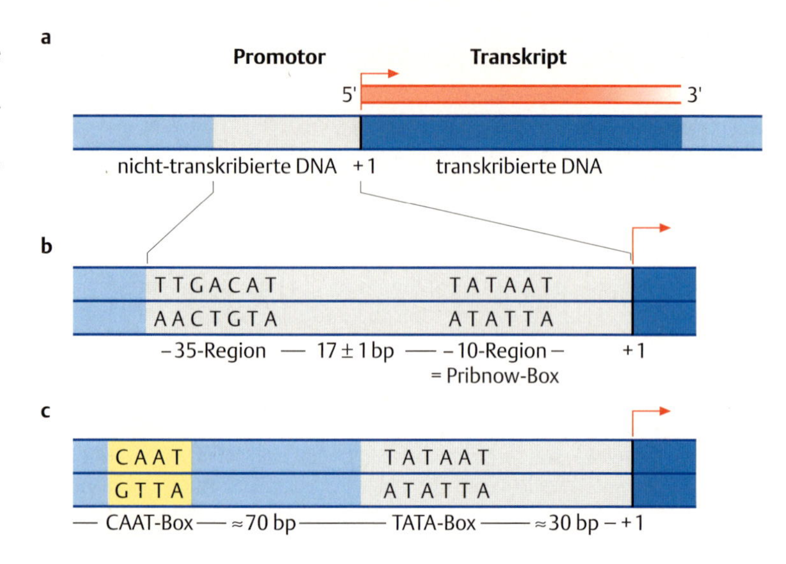

Abb. 14.3 Konsensus-Promotorsequenzen.
a Übersicht. +1 kennzeichnet das erste transkribierte Nukleotid.
b Konsensussequenz eines prokaryotischen Promotors.
c Konsensussequenz eines eukaryotischen Promotors, der von RNA-Polymerase II transkribiert wird.
Weitere Erklärungen s. Text.

Py_2CAPy_5 beschrieben wird und **Initiator** (Inr) genannt wird, liegt in der Region –3 bis +5. Vergleichbar zu Promotoren von Prokaryonten findet man in den allermeisten Pol-II-Promotoren eine AT-reiche Region in der nicht-transkribierten DNA bei etwa -25, die **TATA-Box**, die häufig die Sequenz TATAAT besitzt. Für eine effiziente Transkription sind aber noch weitere Elemente wichtig. Eines von diesen **promotorproximalen Elementen** bei –70 besteht vielfach aus der Sequenz CCAAT und wird entsprechend als **CAAT-Box** bezeichnet. Zusätzliche, meist GC-reiche Regionen, können sich weiter stromaufwärts befinden.

Vor Beginn der **Transkription prokaryotischer Gene** bewegt sich die RNA-Polymerase entlang der DNA „auf der Suche" nach einem Promotor (Abb. 14.**4a**). Wenn sie die –35- und –10-Region erreicht, bindet sie an die DNA (Abb. 14.**1b**). Anschließend wird die doppelsträngige DNA an der –10-Region lokal entwunden (Abb. 14.**4c**), so dass ein kleines Stück (~20 bp) Einzelstrang freigelegt wird, das nun transkribiert werden kann (Abb. 14.**4d**). Der σ-Faktor, eine Komponente der RNA-Polymerase, wird nun nicht mehr benötigt und dissoziiert kurz nach der Initiation von dem Holoenzym ab. Im Gegensatz zur DNA-Polymerase kann die RNA-Polymerase die Synthese ohne einen Primer initiieren.

Die **Transkription eukaryotischer RNA** durch **Polymerase II** setzt die Bildung des **basalen Initiationskomplexes** am Promotor voraus, zu dem außer der RNA-Polymerase eine Reihe sog. **Transkriptionsfaktoren** (**TF**) gehören. Der Zusammenbau dieses Komplexes ist ein stufenweiser Prozess (Abb. 14.**5**). Er beginnt mit der Bildung des Transkriptionsfaktors TFIID, der selbst wiederum aus mehreren Untereinheiten zusammengesetzt ist: dem **TATA-Box-bindenden Protein TBP** und mindestens acht weiteren **TBP-assoziierten Faktoren** (**TAFs**), die für die Aktivierung der Transkription nötig sind (Abb. 14.**5a**). Einige TAFs sind promotorspezifisch und werden nur in bestimmten Geweben hergestellt. Die Bindung des Komplexes an die DNA erfolgt durch das TBP, das in die kleine Furche der Doppelhelix bindet. Nach Bindung zweier weiterer Transkriptionsfaktoren (TFIIA und TFIIB) an die TATA-Box wird die mit TFIIF assoziierte RNA-Polymerase II an den Promotor gebracht (Abb. 14.**5b**). Weitere Faktoren, wie TFIIE, TFIIH und TFIIJ, ermöglichen dann den Start der

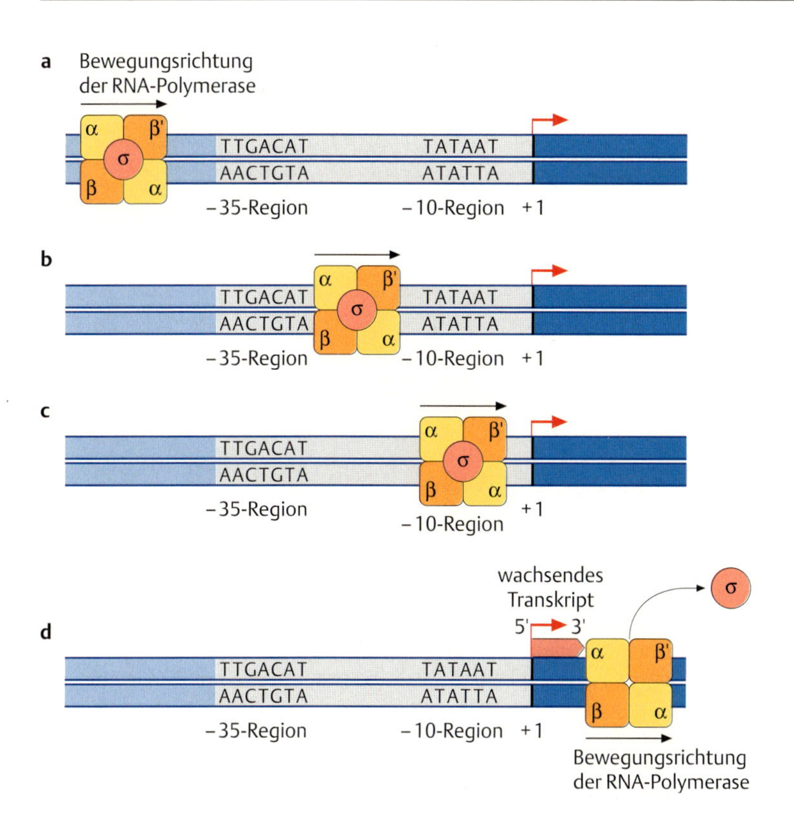

Abb. 14.4 Schematische Darstellung der Initiation der Transkription bei Prokaryonten. Erklärung s. Text.

Transkription (Abb. 14.**5c**). Im Gegensatz zu Prokaryonten, bei denen die RNA-Polymerase selbst die Promotorsequenz erkennt und dort bindet, sind bei Eukaryonten die zusätzlichen Faktoren für die Erkennung des Promotors verantwortlich. Dabei kommen Pol I und Pol III mit einer kleinen Zahl von Faktoren aus, während die Faktoren für Pol II viel zahlreicher und auch variabler in ihrer Zusammensetzung sind. Man unterscheidet diejenigen Faktoren, die an allen Promotoren vorkommen und den **basalen Transkriptionsapparat** bilden (Abb. 14.**5c**) von regulierbaren, promotorspezifischen Faktoren, die oftmals nur in bestimmten Geweben vorkommen.

14.2.2 Wachstum der RNA

Zur **Elongation** (Verlängerung) der RNA werden Ribonukleotide durch Ausbildung einer Phosphodiesterbindung zwischen dem 3′-OH-Ende der wachsenden RNA und dem 5′-Phosphat eines neuen Ribonukleosidtriphosphats unter Abspaltung eines Diphosphats und Wasser angefügt. Die Synthese der RNA erfolgt also stets von 5′ nach 3′, so dass jedes 5′-Ende einer RNA ein Triphosphat trägt. Die Reihenfolge der Nukleotide in der wachsenden RNA ist durch die Basensequenz des kodogenen DNA-Strangs eindeutig festgelegt.

14.2.3 Abbruch der Transkription

Bei *E. coli* gibt es zwei verschiedene Möglichkeiten zum Abbruch der Transkription. Die häufigste ist die **direkte Termination**, kontrolliert durch einen charakteristischen, etwa 40 bp langen Terminationsab-

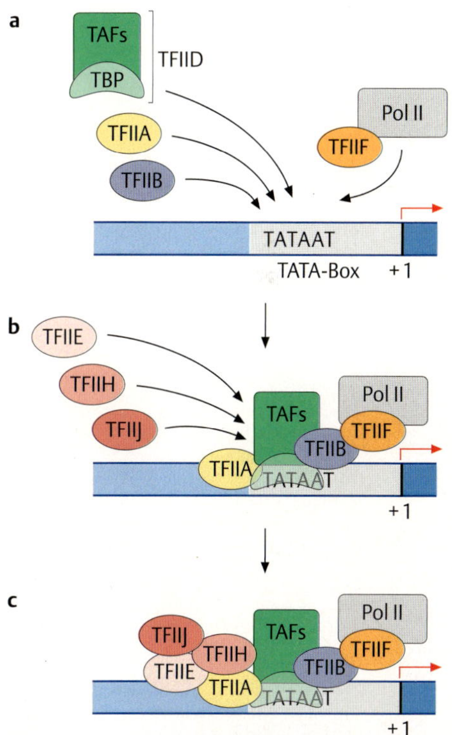

Abb. 14.5 Schematische Darstellung des basalen RNA-Polymerase-II-Transkriptionskomplexes der Eukaryonten. Erklärung im Text.

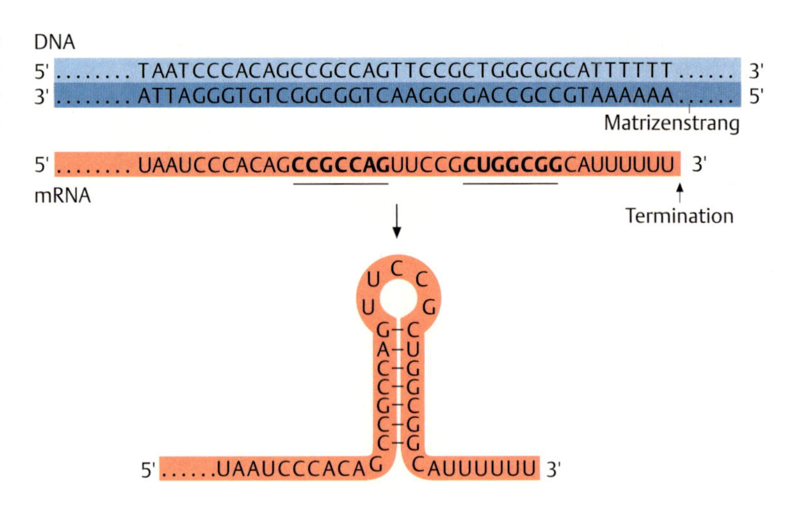

Abb. 14.6 Direkte Termination der RNA-Synthese bei *E. coli.* Die fett gedruckten und unterstrichenen Basenfolgen stellen „inverted repeats" dar, die zwischen den komplementären Basen intramolekulare Wasserstoffbrückenbindungen ausbilden.

schnitt (Terminator). Dieser besteht aus einer GC-reichen Region, gefolgt von mehreren A-Nukleotiden. Wenn dieser Abschnitt transkribiert wird, können sich zwischen den Gs und Cs der RNA intramolekulare Wasserstoffbrückenbindungen ausbilden. Dies führt zur Erzeugung kurzer Bereiche doppelsträngiger RNA, die eine sog. **Haarnadelschleife** (**hairpin loop** oder stem-loop structure) bilden. An diese schließen sich mehrere Us an, die komplementär zu den A's des DNA-Strangs sind (Abb. 14.**6**). Diese Struktur dient als Signal zur Freisetzung der RNA-Polymerase von der DNA und somit zum Abbruch der Transkription.

Die **indirekte Termination** bei *E. coli* erfolgt mit Hilfe des **Rho**-Proteins. Dieses bindet an eine Terminationssequenz in der RNA, die von der oben genannten verschieden ist und auch kein poly(U) aufweist. Durch die Bindung von Rho an diesen RNA-Abschnitt erfolgt die Loslösung der RNA-Polymerase und somit die Beendigung der Transkription.

Einzelheiten des **Terminationsvorgangs bei Eukaryonten** sind kaum bekannt, aber alle drei RNA-Polymerasen verwenden unterschiedliche Mechanismen. So benötigt die RNA-Polymerase I, die die rRNA transkribiert, einen Terminationsfaktor, der die Transkription an einer definierten, 18bp langen Sequenz, die sich ~1000 bp stromabwärts des endgültigen 3′-Endes befindet, abbricht. Anders als bei Prokaryonten wird in fast allen proteinkodierenden eukaryotischen mRNAs, die von Pol II transkribiert werden, das endgültige 3′-Ende nicht durch die Beendigung der Transkription bestimmt. Vielmehr wird das Ende durch eine Spaltung des Primärtranskripts erzeugt, die stattfindet, noch während die Transkription der hnRNA fortgesetzt wird. Die Spaltung erfolgt an der **poly(A)-Stelle,** an der später mehrere A's angefügt werden (s. Abb. 14.**8**). Das eigentliche Ende des Transkripts kann sich in einem Bereich von 0,5–2,0 kb stromabwärts der poly(A)-Stelle befinden.

Bei **Prokaryonten** ist das neu gebildete Transkript, das **Primärtranskript**, fast immer identisch mit der mRNA und wird schon während der Transkription translatiert. Viele prokaryotische mRNAs sind **polycistronisch**, d. h. sie kodieren gleichzeitig für mehrere Proteine. Eine eukaryotische mRNA kodiert, bis auf wenige Ausnahmen (s. Kap. 17.2.3, Trans-Spleißen, S. 231) für nur ein einziges Protein. Bei **Eukaryonten** erfahren die **Primärtranskripte** (**hnRNA**) außerdem noch mehrere Modifikationen im Zellkern, bevor sie als reife, translatierbare mRNA ins Zytoplasma gelangen.

14.3 Die hnRNA reift im Zellkern zur mRNA

Die Reifung oder **Prozessierung** (processing) **eukaryotischer Primärtranskripte** zur fertigen, translatierbaren mRNA schließt folgende Schritte ein:

- Hinzufügen einer **Kappe** am 5′-Ende (capping),
- **Polyadenylierung** am 3′-Ende und
- **Entfernen der Introns**, das so genannte **Spleißen** (splicing).

Alle drei Prozesse finden im Zellkern statt.

14.3.1 Modifikation der Primärtranskripte

Bereits kurz nach Beginn der Transkription durch RNA-Polymerase II, wenn das wachsende Transkript erst eine Länge von nur 25–30 Nukleotiden erreicht hat, wird an sein 5′-Ende (meistens ein A oder G) ein modifiziertes Guanosin, das **7-Methylguanosin**, hinzugefügt, was durch das Enzym Guanyltransferase katalysiert wird. Dabei wird zunächst einer der drei Phosphatreste am 5′-Ende der RNA entfernt. Anschließend wird das 7-Methylguanosin über eine 5′-5′-Verknüpfung (also in entgegengesetzter Orientierung) angefügt, wobei ein Diphosphat abgespalten wird (Abb. 14.**7a**).

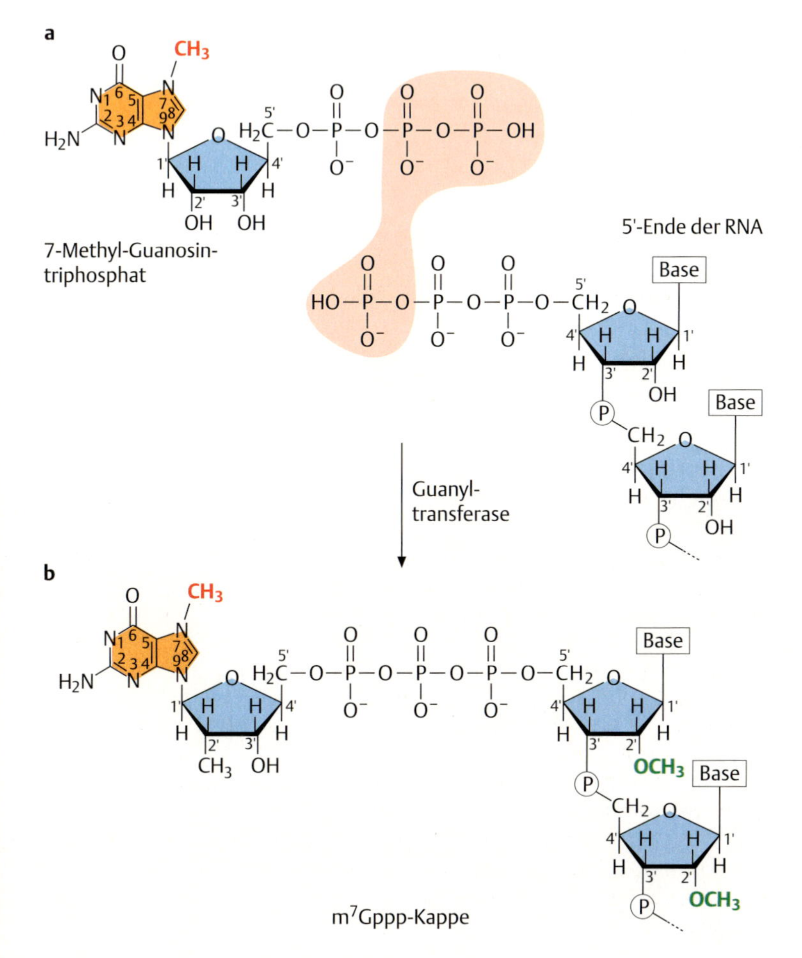

Abb. 14.7 Anfügen einer Kappe (Capping) am 5'-Ende einer mRNA.
a Verknüpfung des 7-Methylguanosin-Triphosphats (links) mit dem 5'-Ende der wachsenden RNA (rechts).
b Weitere Methylierungen.

Das so modifizierte 5′-Ende der mRNA wird als **m^{7}Gppp-Kappe** bezeichnet. In vielen Fällen wird auch das erste und zweite Nukleotid der RNA durch Methylierung am C2′-Atom der Ribose modifiziert (Abb. 14.**7b**, grün). Die Kappe dient der Stabilisierung der mRNA und hat eine wichtige Funktion bei der Initiation der Translation (siehe Kap. 15.3.1, S. 181).

Am 3′-Ende fast aller eukaryotischer mRNAs (Ausnahme: die meisten Histon-mRNAs) befindet sich ein aus 100–200 As bestehender Poly-Adenosin-Abschnitt, der **poly(A)-Schwanz**, weshalb man diese mRNA auch **poly(A)$^+$-RNA** nennt. Die poly(A)-Sequenz ist nicht auf der DNA kodiert, sondern wird erst nach Beendigung der Transkription im Zellkern angefügt. Die Polyadenylierung eines Primärtranskripts erfolgt in zwei Schritten: Im ersten Schritt kommt es zur Erkennung einer konservierten Sequenz der mRNA (AAUAAA, manchmal AUUAAA) durch mehrere Proteine, darunter auch RNA-spaltende Enzyme (Endonukleasen). Diese schneiden das Primärtranskript 10–35 Nukleotide stromabwärts (in 3′-Richtung) dieser Sequenz. An dem so gebildeten 3′-Ende (= Polyadenylierungs- oder poly(A)-Stelle) katalysiert die **Poly(A)-Polymerase** mit Hilfe weiterer Faktoren die Polymerisation der As (Abb. 14.**8**), wobei sie keine DNA als Matrize benötigt.

In einem Primärtranskript kann es **mehrere poly(A)-Stellen** geben, so dass daraus **verschiedene Transkripte** unterschiedlicher Länge gebildet werden können (s. Kap. 17.2.3, S. 232). Der poly(A)-Schwanz, der sowohl im Kern als auch im Zytoplasma mit dem **poly(A)-bindenden Protein** (**PABP**) assoziiert ist, übt einen entscheidenden Einfluss auf die Stabilität der mRNA und die Regulation der Translation aus.

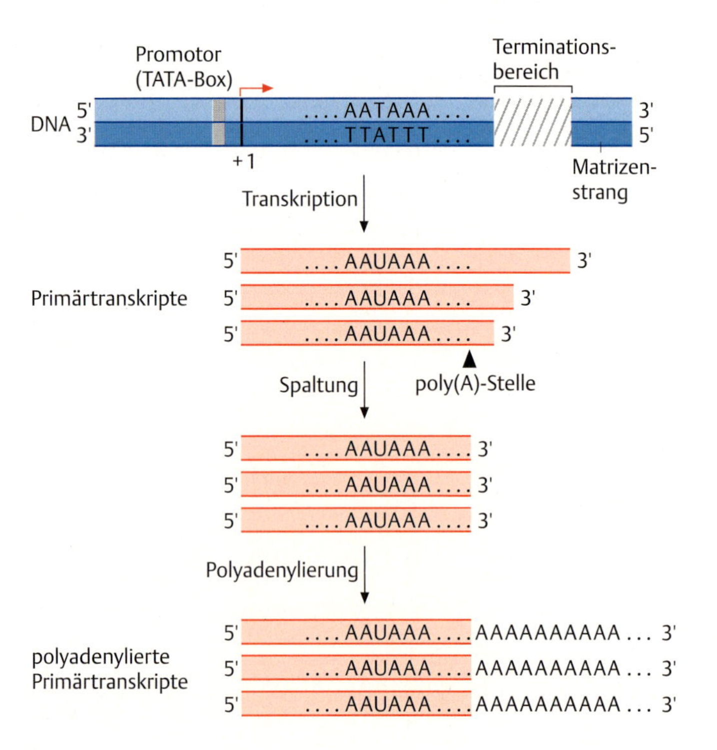

Abb. 14.8 Termination der Transkription und Polyadenylierung des 3'-Endes einer eukaryotischen mRNA. Von dem Matrizenstrang der DNA werden Primärtranskripte abgelesen, wobei der Abbruch der Transkription an mehreren Stellen in einem nur locker bestimmten Terminationsbereich stattfinden kann. Dadurch entstehen Primärtranskripte unterschiedlicher Länge. Anschließend erfolgt die Spaltung der RNA an der poly(A)-Stelle (schwarze Pfeilspitze) und das Anfügen von 100–250 As.

14.3.2 Mosaikgene

Außer den genannten Veränderungen am 5′- und 3′-Ende sind Primärtranskripte eukaryotischer Zellen sehr häufig viel länger als die fertigen mRNAs, und werden vor dem Transport aus dem Zellkern durch das Entfernen einzelner Abschnitte verkürzt. Das heißt, anders als prokaryotische Gene sind die meisten eukaryotischen Gene sog. **Mosaikgene**, die aus **Exons** und **Introns** zusammengesetzt sind (dieselben Begriffe werden auch für die komplementären Bereiche auf dem Primärtranskript verwendet). In einem Vorgang, der als **Spleißen** bezeichnet wird, werden die Intronbereiche aus dem Primärtranskript herausgeschnitten und die Exons miteinander verbunden. Das bedeutet, nur Exonsequenzen finden sich in der reifen mRNA. Die Größe der Introns eukaryotischer Gene kann stark variieren, von wenigen Basen bis zu Megabasen (1 Megabase [Mb]= 10^6 Basen, 1 Kilobase [kb] = 10^3 Basen), und ebenso variabel ist ihre Anzahl/Transkript. Das größte bisher bekannte **menschliche Gen**, das ***Dystrophin*-Gen**, das 2,3 Mb groß ist und von dem ein Primärtranskript derselben Größe synthetisiert wird, besitzt 79 Exons und kodiert für eine mRNA von „nur" 16 kb. Bei einer angenommenen Transkriptionsgeschwindigleit von 40 Nukleotiden/Sekunde bedeutet das eine Dauer von etwa 16 Stunden, um das gesamte Gen zu transkribieren. Mit 178 Exons ist das menschliche ***titin*-Gen** das Gen mit der größten bisher bekannten Anzahl von Exons. Die mRNA von etwa 100 kb kodiert das größte bisher bekannte Protein von etwa 3000 kD, das ein häufiges Protein der quergestreiften Muskulatur darstellt. Das längste bisher beschriebene Intron befindet sich in dem ***Ddhc*-Gen** (*Drosophila dynein heavy chain*) von *Drosophila hydei*, das auf dem Y-Chromosom liegt und für die schwere Kette eines Dyneins kodiert. Eines der insgesamt 20 Introns dieses Gens hat eine Länge von 5,2 Mb.

Spleißen kann auf zwei verschiedene Weisen erfolgen: In einigen Fällen, z. B. bei der rRNA des Ziliaten *Tetrahymena*, geschieht es durch sog. **autokatalytisches Spleißen** oder „Selbst-Spleißen": Das Primärtranskript erlangt durch seine Faltung enzymatische Aktivität, es ist ein

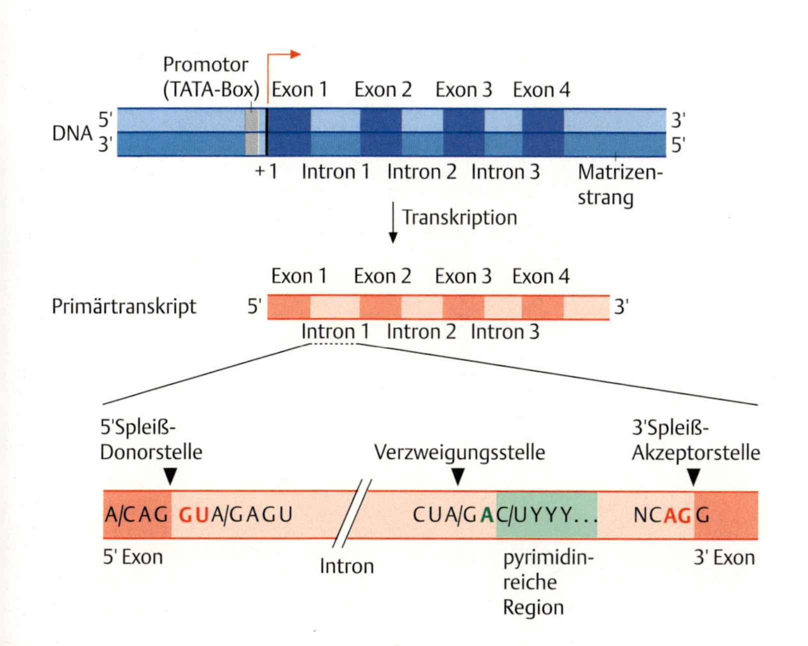

Abb. 14.9 Konsensus-Spleiß-Donor- und Spleiß-Akzeptorsequenzen von Eukaryoten-prä-mRNAs. Die DNA (blau) wird in ein Primärtranskript (rot) umgeschrieben. Introns sind jeweils hell, Exons dunkel dargestellt. Die für das Spleißen besonders wichtigen Sequenzen sind hervorgehoben: die 5′-Spleiß-Donor- bzw. 3′-Spleiß-Akzeptorstelle, die pyrimidinreiche Region (ca. 15 Nukleotide, Y = Pyrimidin) vor der 3′-Spleiß-Akzeptorstelle (grün) und das Adenosin 20–40 Nukleotide vor der 3′-Spleiß-Akzeptorstelle, das für die Bildung der Verzweigungsstelle wichtig ist. N = beliebiges Nukleotid, A/G = wahlweise Adenin oder Guanin, A/C = wahlweise Adenin oder Cytosin, C/U = wahlweise Cytosin oder Uracil.

Ribozym. Diese Aktivität erlaubt es der RNA, ihre eigenen Introns zu entfernen.

In den meisten Fällen jedoch erfolgt das Spleißen in nukleären RNA-Protein-Partikeln, den **Spleißosomen.** Das Spleißosom ist ein Ribonukleoproteinkomplex, der aus zahlreichen Proteinen und RNAs besteht. Die RNAs gehören zur Klasse der snRNAs (s. Tab. 14.**1**), kurze, 100–200 Nukleotide lange, uracilreiche RNAs, genannt U1-snRNA, U2-snRNA usw.

Wie erkennt das Spleißosom nun die Introns, die herausgeschnitten werden müssen? Zu **Beginn** und am **Ende** der meisten **Introns** gibt es sehr kurze, konservierte Sequenzmotive, die **5′-Spleiß-Donorstelle**, die das 5′-Ende des Introns markiert, und die **3′-Spleiß-Akzeptorstelle** am 3′-Ende des Introns, der eine Sequenz von mehreren Pyrimidin-Resten (C oder U) vorausgeht. Fast alle Introns beginnen mit GU und enden mit AG (Abb. 14.**9**). Jedoch sind weitere Sequenzen für die Erkennung durch das Spleißosom erforderlich.

Die Proteine im Spleißosom besitzen die Fähigkeit, bestimmte RNA-Sequenzen zu erkennen und direkt an diese zu binden, was in vielen Fällen durch eine konservierte Proteindomäne, dem **RRM-Motiv** (**RNA-Erkennungsmotiv, R**NA **r**ecognition **m**otif), ermöglicht wird. Dadurch wird ein Komplex aus dem Spleißosom und der zu spleißenden RNA hergestellt. Der Spleiß-Prozess selbst, bei dem es zur Basenpaarung

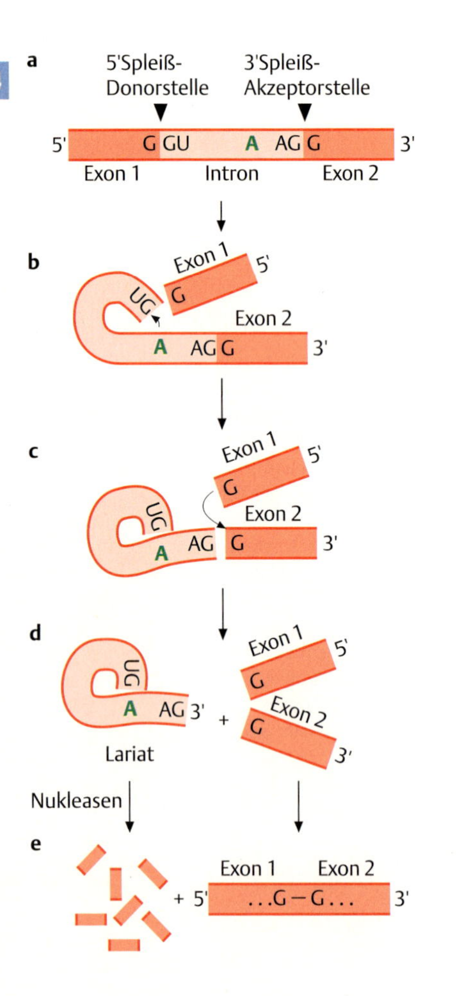

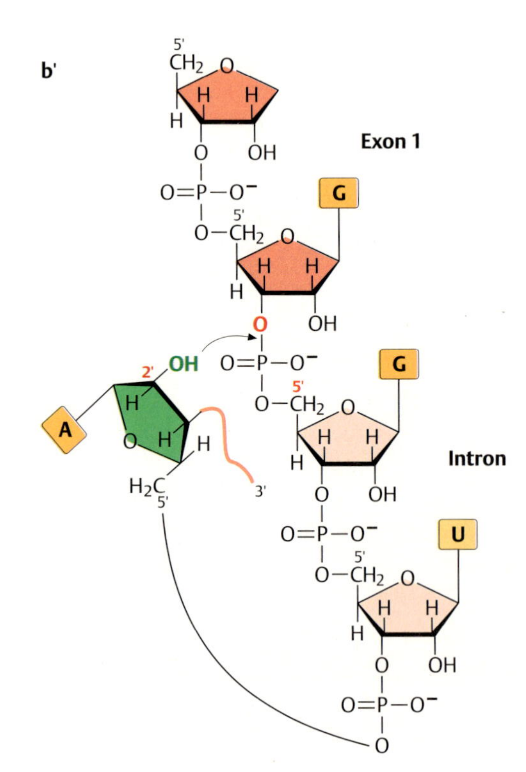

Abb. 14.10 Vorgang des Spleißens.
a Abschnitt aus dem Primärtranskript, bestehend aus zwei Exons (dunkelrot), die durch ein Intron (hellrot) getrennt sind.
b, b′ Wechselwirkungen zwischen einem A im Intron und der Phosphodiesterbindung zwischen Exon 1 und dem Intron.
c Auflösung der Bindung zwischen dem letzten Nukleotid des Introns und dem ersten Nukleotid von Exon 2.
d Freisetzung des Introns als Lariat.
e Abbau des Lariats.
Weitere Erklärung im Text.

zwischen kurzen Sequenzabschnitten der snRNAs des Spleißosoms und des Primärtranskripts kommt, lässt sich in mehrere Schritte unterteilen (Abb. 14.**10**).

Im ersten Schritt der **Spleiß-Reaktion** kommt es zur Interaktion zwischen der 5′-Spleiß-Donorstelle und einem A des Introns, das kurz vor den Pyrimidin-Resten liegt (Abb. 14.**10b, b′**). Hierbei wird die Phosphodiesterbindung zwischen dem ersten Nukleotid des Introns (G) und dem letzten Nukleotid von Exon 1 (G) in engen Kontakt mit der 2′-OH-Gruppe des A (grün in Abb. 14.**10b′**) gebracht. Es kommt zu einer Transesterifizierung, wobei die 5′-3′-Phosphodiesterbindung zwischen Exon 1 und dem Intron durch eine 5′-2′-Esterbindung zwischen zwei Nukleotiden des Introns ersetzt wird. Dabei wird die Bindung an der 5′-Spleiß-Donorstelle gelöst (Abb. 14.**10c**). Das Intron bildet eine sog. **Lariat-Struktur** aus. Im zweiten Schritt erfolgt der Angriff der nun freien 3′-OH-Gruppe des G am Donor-Exon auf die Phosphodiesterbindung an der 3′-Spleiß-Akzeptorstelle zwischen Intron und Exon 2, der diese spaltet (Abb. 14.**10d**). Dadurch wird das Intron als Lariat-Struktur freigesetzt und meist sehr schnell durch Nukleasen abgebaut. Die Ausbildung einer neuen Phosphodiesterbindung zwischen dem 3′-OH-Ende von Exon 1 und der 5′-Phosphatgruppe von Exon 2 verknüpft die beiden Exons miteinander (Abb. 14.**10e**).

Durch Kombination unterschiedlicher Exons können aus einem Primärtranskript verschiedene mRNAs gebildet werden (= **differenzielles** oder **alternatives Spleißen**). Das heißt, **ein Gen kann für mehrere mRNAs und** somit ggf. auch **für mehrere Proteine kodieren**. Differenzielles Spleißen ist eine Möglichkeit der Regulation der Genexpression und spielt bei verschiedenen Entwicklungsprozessen eine wichtige Rolle, z. B. bei der Geschlechtsdetermination bei *Drosophila* (s. Kap. 23.1.2, S. 388).

Insgesamt sind also mehrere Schritte bei der **Reifung eukaryotischer mRNA** erforderlich (Abb. 14.**11**):

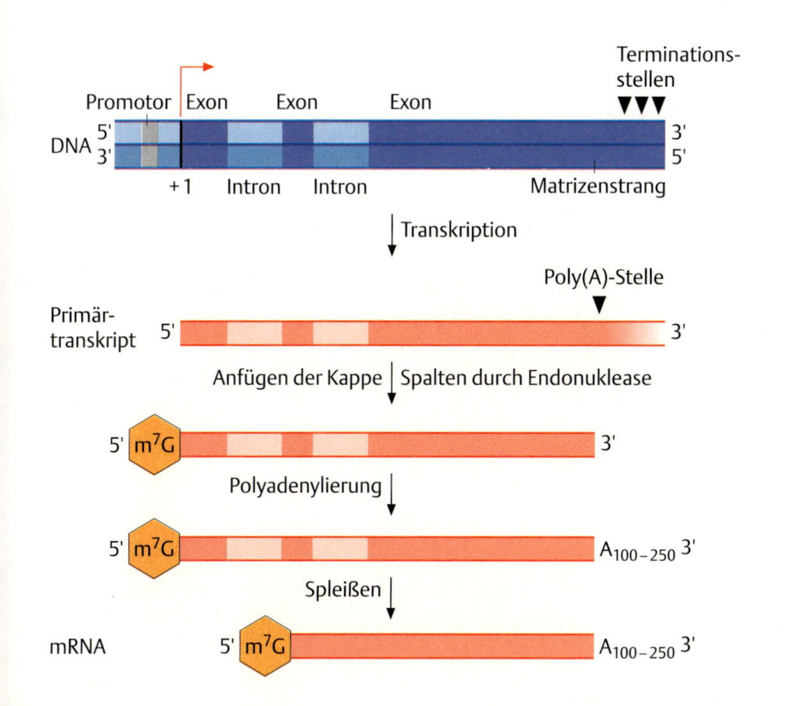

Abb. 14.11 Überblick über die Reifung (Prozessierung) der mRNA bei Eukaryonten.

1. Am 5′-Ende wird eine 7-Methylguanosin-Kappe hinzugefügt.
2. Am 3′-Ende wird eine poly(A)-Sequenz angehängt.
3. Durch Spleißen werden die Introns entfernt.

Zusammenfassung

- In pro- und eukaryoten Zellen gibt es verschiedene **Klassen von RNA**.

- Die Synthese der RNA (**Transkription**) wird von **RNA-Polymerase** katalysiert. Sie braucht für die Initiation keinen Primer.

- Der **Promotor** bestimmt den Start der Transkription. Er ist durch spezifische DNA-Sequenzen charakterisiert. Bei Eukaryonten weist er eine komplexere Organisation als bei Prokaryonten auf.

- Eu- und Prokaryonten verwenden verschiedene Mechanismen zum Abbruch der Transkription.

- In Eukaryonten wird durch einen **Reifungsprozess** das **Primärtranskript** zur fertigen **mRNA** umgebildet. Dieser umfasst das Hinzufügen einer Kappe am 5′-Ende, die Polyadenylierung am 3′-Ende und das **Spleißen**.

15 Translation

Gene bestimmen die Merkmale eines Organismus, seinen Phänotyp, und dieser wiederum ergibt sich aus den vielen Phänotypen verschiedenster Zelltypen. Ein Hauptbestandteil der Zellen sind Proteine. Sie machen die Struktur der Zelle aus (Strukturproteine), als Regulatorproteine kontrollieren sie die Genexpression (z.B. Transkriptionsfaktoren, s. Kap. 14.2.1, S. 163) oder katalysieren als Enzyme die unterschiedlichsten biochemischen Reaktionen einer Zelle. Die Bausteine aller **Proteine** sind die **Aminosäuren**. In den meisten Organismen kommen 20 verschiedene Aminosäuren vor (biogene Aminosäuren). Sie können in beliebiger Reihenfolge und Anzahl zu Polypeptiden verknüpft werden. Das erklärt die immense Vielfalt der in der Natur vorkommenden Proteine. Die lineare Reihenfolge der Aminosäuren bestimmt die **Primärstruktur** eines Proteins, die ihrerseits die räumliche Anordnung von Aminosäureresten kontrolliert, die in der linearen Sequenz nahe beieinander liegen. Dadurch entstehen **Sekundärstrukturen** wie **α-Helix** und **β-Faltblatt**. Durch verschiedene Interaktionen zwischen einzelnen Bereichen eines Proteins, z.B. durch hydrophobe Wechselwirkungen oder Ausbildung von Disulfidbrücken, erhält das Protein schließlich seine **Tertiärstruktur**, die seine Eigenschaften bestimmt. Einzelne Polypeptidketten können darüber hinaus miteinander interagieren und als **Quartärstruktur** funktionelle Proteinkomplexe, bestehend aus mehreren Untereinheiten, bilden (z.B. RNA-Polymerasen).

Die in der Nukleotidsequenz der DNA gespeicherte genetische Information wird in die lineare Nukleotidsequenz der mRNA umgeschrieben. Diese wird schließlich im Zytoplasma der Zelle in die lineare Aminosäuresequenz der Proteine übersetzt. Der Informationsfluss geht also von

DNA → RNA → Protein.

Dies wurde lange Zeit als das **„zentrale Dogma der Molekularbiologie“** angesehen. Heute wissen wir jedoch, dass Information auch von RNA in DNA oder von RNA in RNA umgeschrieben werden kann, so dass man nicht mehr von einem Dogma sprechen kann. Die Übersetzung der Nukleotidsequenz der mRNA in die Aminosäuresequenz eines Proteins wird als **Translation** bezeichnet. Außer der mRNA, deren Synthese und Reifung im vorangegangenen Kapitel besprochen wurde, werden für die Biosynthese der Proteine Ribosomen und mit Aminosäuren beladene tRNAs benötigt.

15.1 Komponenten der Translation

15.1.1 Ribosomen bestehen aus RNA und Protein

Ribosomen sind Ribonukleoproteinpartikel, die aus RNA (**rRNA**) und Proteinen bestehen. Sie sind aus einer **großen** und einer **kleinen Untereinheit** zusammengesetzt, die zusammen eine Größe von 80S (Eukaryonten) bzw. 70S (Prokaryonten, Mitochondrien, Chloroplasten) ausmachen.

Tab. 15.1 Zusammensetzung der Ribosomen bei Pro- und Eukaryonten

	Prokaryonten			Eukaryonten[a]		
	Größe	rRNA (Nukleotide)	Proteine	Größe	rRNA (Nukleotide)	Proteine
große Untereinheit	50S[b]	23S-rRNA (2904) 5S-rRNA (120)	L1, L2, L3 etc. gesamt: 31	60S	28S-rRNA (4818) 5,8S-rRNA (160) 5S-rRNA (120)	L1, L2, L3 etc. gesamt: 49
kleine Untereinheit	30S	16S-rRNA (1542)	S1, S2, S3 etc. gesamt: 21	40S	18S-rRNA (1874)	S1, S2, S3 etc. gesamt: 33

[a] die Angaben in dieser Spalte gelten für Ribosomen aus Säugerzellen.
[b] s. Anmerkung zu Tab. 14.**1** (S. 162) für die Definition der *Svedberg-Einheit*.

Die Zusammensetzung eu- und prokaryotischer Ribosomen ist in Tab. 15.**1** zusammengefasst.

Die **Ribosomen von Eukaryonten** werden im **Nukleolus** zusammengebaut, einer distinkten Struktur im Zellkern, die aus DNA, RNA und Protein besteht (Abb. 15.**1**).

Die Bildung des Nukleolus geht vom **Nukleolus-Organisator (NO)** aus. Dieser besteht aus der rDNA, die von mehreren Chromosomen stammen kann und **tandemartig angeordnete rRNA-Gene (rDNA)** enthält. Eine Zelle kann mehrere NOs besitzen. So sind in einer menschlichen Zelle fünf NOs mit jeweils 100–200 *rRNA*-Genen pro Chromosomensatz vorhanden, bei *Drosophila melanogaster* sind es zwei: ein NO auf dem X- und einer auf dem Y-Chromosom. Die hintereinander liegenden *rRNA*-Gene eines NOs werden jeweils durch einen nicht-transkribierten Abschnitt variabler Länge, den **Spacer**, voneinander getrennt (s. Abb. 15.**1**).

Jedes *rRNA*-Gen eines NO kodiert für eine 18S-, eine 5,8S- und eine 28S-rRNA, nicht aber für die 5S-rRNA. Die *rRNA*-Gene eines NO werden von der RNA-Polymerase I transkribiert, wobei von jedem Gen ein langes Primärtranskript von etwa 45S (ca. 13 kb) synthetisiert wird. Dieses wird anschließend gespalten, wobei die 18S-, die 5,8S- und die 28S-rRNA-Moleküle entstehen. Sie werden zusammen mit der 5S-rRNA und den **ribosomalen Proteinen**, die im Zytoplasma hergestellt und dann in den Kern transportiert werden, zu den ribosomalen Untereinheiten im Nukleolus zusammengesetzt (Abb. 15.**1e**). Ihr Aufbau beginnt bereits während der Synthese des 45S-Primärtranskripts und dauert etwa 1 Stunde für die große bzw. 30 Minuten für die kleine Untereinheit. Nach der Fertigstellung werden die Untereinheiten ins Zytoplasma transportiert. Große und kleine Untereinheit werden nur während der Translation zusammengefügt. Während einiger Stadien der Entwicklung werden enorm große Mengen an Ribosomen benötigt. Dieser Bedarf wird durch Vermehrung der rDNA gedeckt (s. Genamplifikation, Kap. 17.2.1, S. 219).

Durch die Transkription eines gemeinsamen Vorläufermoleküls ist eine äquimolare Synthese der drei RNA-Spezies sichergestellt. Die Gene für die **5S-rRNA** sind an anderer Stelle im Chromosom kodiert. Dort sind sie tandemartig hintereinander angeordnet. Im menschlichen Genom gibt es vier solcher 5S-rRNA-Gengruppen (gene cluster), die jeweils 200–300 Gene/Gruppe enthalten. Bei Eukaryonten werden 5S-*rRNA*-Gene von der RNA-Polymerase III transkribiert.

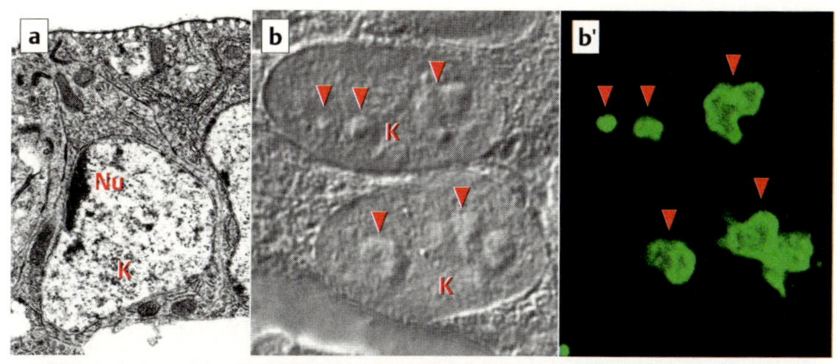

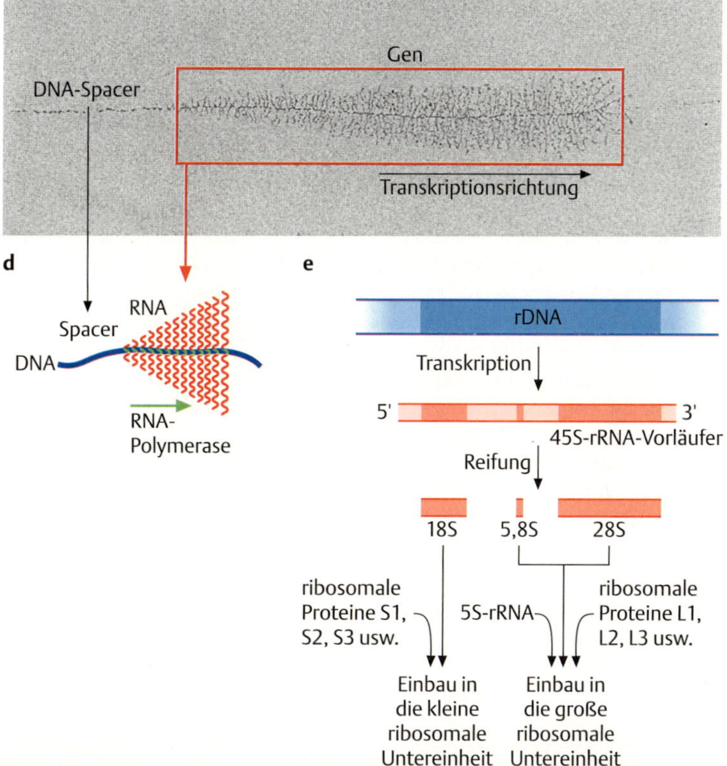

Abb. 15.1 Der Nukleolus.
a Elektronenmikroskopische Aufnahme der Epidermiszelle eines *Drosophila* Embryos.
Nu = Nukleolus, K = Zellkern.
b, **b′** Kultivierte menschliche HeLa-Zellen, die mit einem Antikörper gegen Fibrillarin, einer Komponente des Nukleolus, gefärbt wurden. Nur die Nukleoli, die in der Aufnahme in **b** (Nomarski- Optik) deutlich zu erkennen sind (Pfeilspitzen), sind in **b′** angefärbt (Pfeilspitzen).
c Transkription von hintereinander angeordneten *rRNA*-Genen im Nukleolus von *Drosophila hydei*, die durch Spacer voneinander getrennt sind. Jedes Gen wird gleichzeitig von vielen RNA-Polymerase-Molekülen transkribiert. Die wachsenden RNA-Moleküle sind als fadenförmige Strukturen erkennbar, die von der zentralen DNA-Achse abstehen, wobei die kürzeren Moleküle sich näher am Transkriptionsstart befinden (Ausschnitt).
d Schematische Darstellung der Transkription.
e Reifung der rRNA im Nukleolus und Zusammensetzung der kleinen und der großen ribosomalen Untereinheit bei Vertebraten
[b, b′ Bilder von Anna von Mikecz, Düsseldorf, c von Karl Heinz Glätzer, Düsseldorf].

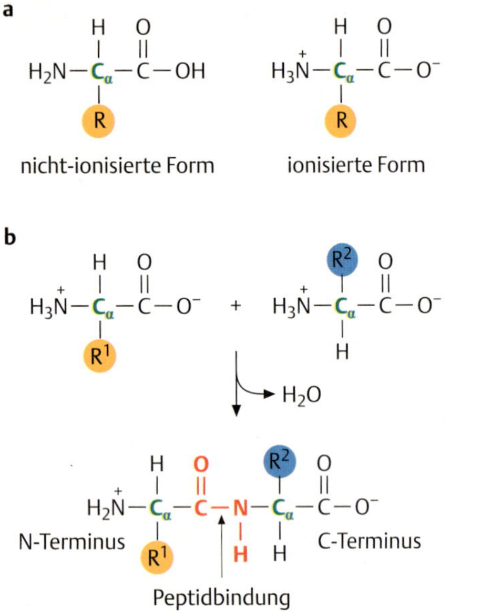

a

nicht-ionisierte Form

ionisierte Form

b

N-Terminus

C-Terminus

Peptidbindung

Abb. 15.2 Genereller Aufbau einer Aminosäure und ihre Verknüpfung durch eine Peptidbindung.
a Allgemeiner Aufbau einer Aminosäure. Seitenkette oder Rest = gelb.
b Peptidbindung.

15.1.2 Aminosäuren bilden Proteine

Aminosäuren sind die Bausteine aller Proteine, wobei ihre Zusammensetzung und Reihenfolge die Eigenschaften des jeweiligen Proteins bestimmt. Aminosäuren zeichnen sich durch zwei chemische Gruppen aus: eine **Aminogruppe -NH_2** und eine **Carboxylgruppe –COOH**, die an dem zentralen Kohlenstoffatom, dem **α-C-Atom**, gebunden sind (Abb. 15.**2a**).

Außer diesen beiden Gruppen kann das α-C-Atom noch eine weitere Seitenkette tragen. Je nach chemischer Natur dieser Seitenkette unterscheidet man verschiedene Klassen von Aminosäuren (Abb. 15.**3**):
- hydrophobe Aminosäuren,
- positiv oder negativ geladene Aminosäuren (basisch oder sauer),
- polare Aminosäuren mit ungeladenen Seitenketten,
- spezielle Aminosäuren.

Die einzelnen Aminosäuren werden entweder durch drei Buchstaben gekennzeichnet (meist die ersten drei des Namens) oder nur durch einen einzigen Buchstaben (s. Abb. 15.**3**).

Zwei Aminosäuren werden durch eine **Peptidbindung** verbunden. Diese wird zwischen der –COOH-Gruppe (Carboxylgruppe) der einen Aminosäure und der -NH_2-Gruppe (Aminogruppe) der anderen Aminosäure unter Abspaltung von Wasser gebildet (s. Abb. 15.**2b**). Durch Hinzufügen weiterer Aminosäuren wird so aus einem Dipeptid ein Tri-, Tetra-, Pentapeptid, schließlich ein Oligopeptid oder ein Polypeptid. Jedes Peptid bzw. **Protein** besitzt am Anfang eine **Aminogruppe** (= **N-Terminus**), am Ende eine **Carboxylgruppe** (= **C-Terminus**).

15.1.3 tRNAs sind Adaptormoleküle

Zur Proteinbiosynthese werden außer den Ribosomen die **transfer-RNAs (tRNAs)** benötigt. tRNAs von Eukaryonten werden von RNA-Polymerase III transkribiert und bestehen aus 74–95 Nukleotiden, unter denen sich einige ungewöhnliche **Nukleotide**, wie **Pseudouridin** oder **Inosin** befinden. Diese entstehen erst nach der Transkription durch Modifikation der vier Standardbasen. In menschlichen Zellen gibt es 497 tRNA-Gene über das gesamte Genom verteilt. Sie sind, genau wie die rDNA, ein Beispiel dafür, dass nicht alle Gene eines Genoms für ein Protein kodieren.

tRNAs bilden intramolekulare Wasserstoffbrücken zwischen Bereichen komplementärer Basensequenzen aus, was zur Ausbildung einer **kleeblattförmigen Struktur** führt (Abb. 15.**4a**).

An ihr kann man mehrere, für die Funktion wichtige Regionen unterscheiden. Durch Ausbildung von Wasserstoffbrückenbindungen zwischen den Basen des 3′- und 5′-Endes entsteht der sog. **Stamm.** Das 3′-Ende, das immer mit –CCA endet, bindet eine vorher aktivierte Aminosäure kovalent. Beide Prozesse, Aktivierung und Bindung der Aminosäure, werden durch **Aminoacyl-tRNA-Synthetasen** katalysiert. Obwohl alle tRNAs einen ähnlichen Aufbau zeigen, hat jede von ihnen eine individuelle dreidimensionale L-Struktur (Abb. 15.**4b**), die eine Erkennung durch nur eine einzige der insgesamt 20 Aminoacyl-tRNA-Synthetasen erlaubt. Umgekehrt erkennt jede Aminoacyl-tRNA-Synthetase jeweils nur eine bestimmte Aminosäure und verknüpft diese mit der zugehörigen tRNA zu einer **Aminoacyl-tRNA.** Für einige Aminosäuren gibt es mehrere passende tRNAs, doch gehört zu jeder tRNA nur eine Aminosäure. Anders ausgedrückt: Es gibt 20 Aminosäuren, aber mehr als 20 verschie-

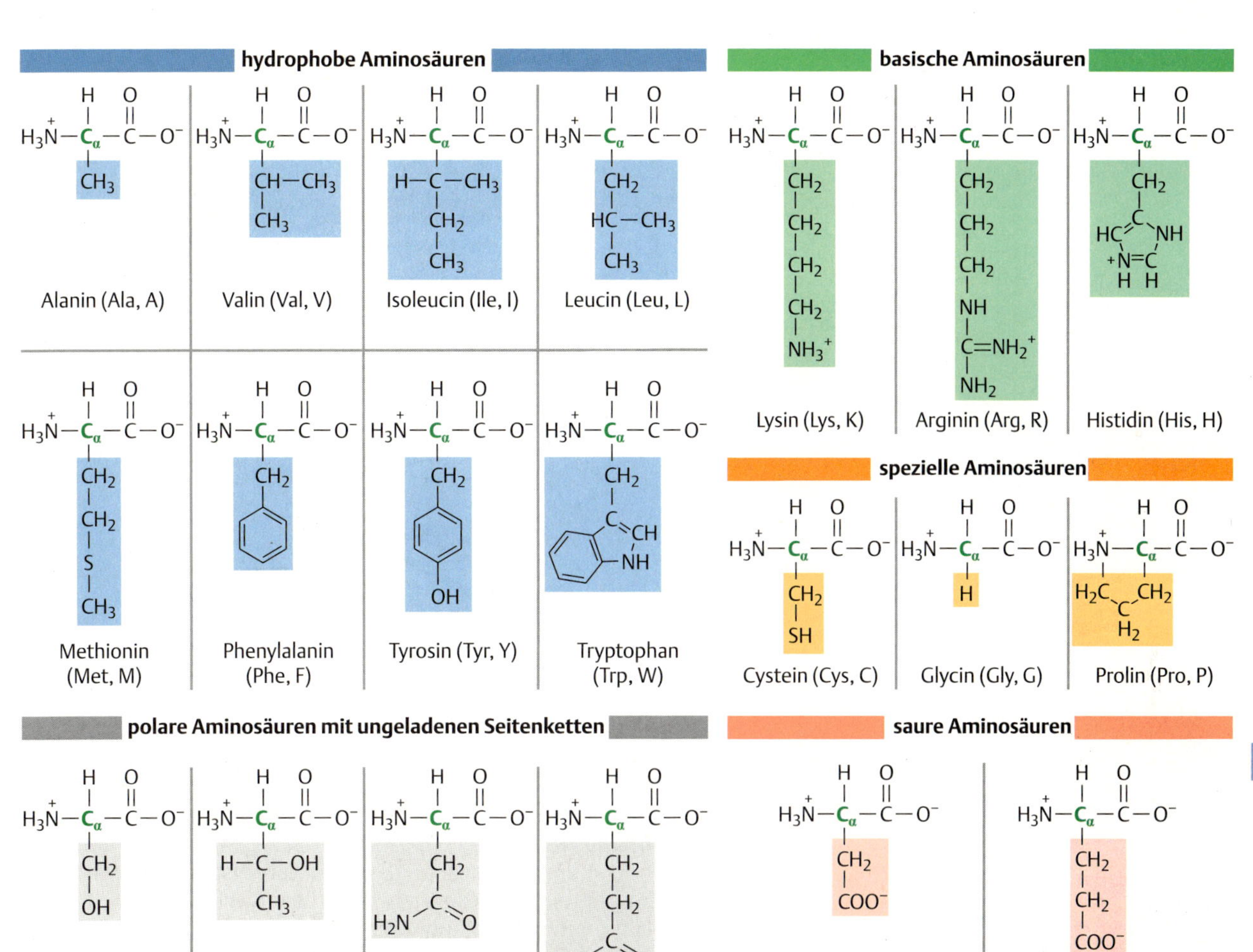

Abb. 15.3 Struktur und Klassifizierung der 20 Aminosäuren. Hydrophobe Aminosäuren haben entweder aliphatische (Alanin, Valin, Leucin, Isoleucin, Methionin) oder aromatische (Phenylalanin, Tyrosin, Tryptophan) Seitenketten. Basische Aminosäuren (Lysin, Arginin, Histidin) haben bei neutralem pH-Wert positive Ladungen, saure Aminosäuren (Asparaginsäure, Glutaminsäure) sind bei physiologischem pH-Wert negativ geladen. Zu den polaren Aminosäuren mit ungeladenen Seitenketten gehören Serin und Threonin mit aliphatischen Hydroxylgruppen sowie Asparagin und Glutamin mit jeweils einer endständigen Amidgruppe. Zu den speziellen Aminosäuren gehören Glycin, die kleinste Aminosäure, die als Seitenkette nur ein Wasserstoffatom trägt, Cystein mit einer hochreaktiven Sulfhydrylgruppe (-SH) in der hydrophoben Seitenkette und Prolin mit einer aliphatischen Seitenkette, die sowohl mit dem α-Kohlenstoff- als auch mit dem Stickstoff-Atom verbunden ist (zur Beschreibung der 21. Aminosäure, dem Selenocystein, Box 15.**2**, S. 181).

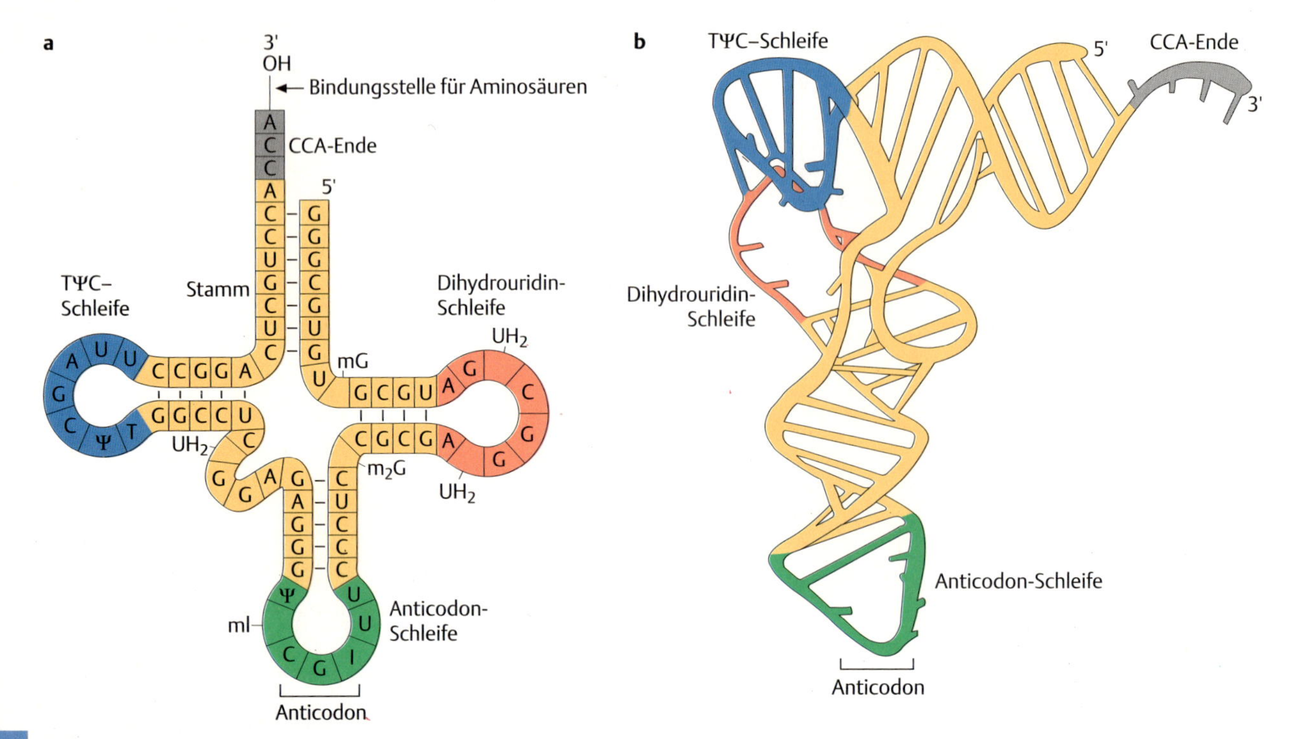

Abb. 15.4 Struktur von tRNAs.
a Zweidimensionale Darstellung der Hefe-Alanin-tRNA und
b dreidimensionale Struktur der Hefe-Phenylalanin-tRNA.
Abkürzungen: Ψ = Pseudouridin, UH_2 = Dihydrouridin, mG = Methylguanosin, m_2G = Dimethylguanosin, ml = Methylinosin.

dene tRNAs. Zur Charakterisierung einer tRNA, die spezifisch die Aminosäure Serin bindet, verwendet man die Bezeichnung $tRNA^{Ser}$. Ist sie mit der Aminosäure beladen, schreibt man Ser-tRNA. Die richtige Verknüpfung einer tRNA und der zugehörigen Aminosäure ist entscheidende Voraussetzung für die korrekte Translation der Nukleotidsequenz einer mRNA in die Aminosäuresequenz eines Proteins.

Die dem Stamm gegenüber liegende Schleife enthält das **Anticodon**, eine Sequenz aus drei Nukleotiden. Diese ist komplementär und antiparallel zu einer Sequenz auf der mRNA, dem **Codon**, und geht mit diesem während der Translation Basenpaarungen ein (s. u.). Die anderen Strukturen der tRNA dienen der Bindung an das Ribosom oder der Erkennung durch die Aminoacyl-tRNA-Synthetasen.

15.2 Der genetische Code

Bereits James Watson und Francis Crick vermuteten, dass in der linearen Abfolge der Basen die genetische Information gespeichert sein muss, die über die lineare Abfolge der Aminosäuren in den Proteinen entscheidet. Jedoch erst zu Beginn der 60er Jahre gelang die Aufklärung des **genetischen Codes**. Für ihren bedeutenden Beitrag zur Lösung dieses Problems wurde Marshall Nirenberg und Gobind Khorana 1968 der Nobelpreis für Physiologie und Medizin verliehen. (Box 15.**1**).

Genau wie bei unserer Sprache, in der aus Buchstaben Wörter und aus diesen Sätze gebildet werden, die dann einen Sinn ergeben, werden aus den vier „Buchstaben" der mRNA, A, C, G und U, „Wörter" gebildet, die jeweils aus drei Nukleotiden, einem **Triplett**, bestehen und als **Codon** bezeichnet werden. 61 der insgesamt 64 Codons einer mRNA kodieren in eindeutiger Weise für eine ganz bestimmte Aminosäure (Abb. 15.**5**).

Box 15.1 Die Aufklärung des genetischen Codes

Die Aufklärung der DNA-Struktur durch Watson und Crick legte die Vermutung nahe, dass in der linearen Reihenfolge der Basen ein Code verschlüsselt war, der die lineare Reihenfolge der Aminosäuren in einem Protein bestimmte. Es dauerte jedoch noch fast zehn weitere Jahre bis dieser Code „geknackt" werden konnte. Grundlage hierfür war ein von Heinrich Matthaei und Marshall Nirenberg entwickeltes zellfreies System von *E. coli*, mit dem man *in vitro* radioaktiv markierte Aminosäuren in Proteine einbauen konnte. Nach Zugabe von „Zellsaft", der eine lösliche RNA (im Gegensatz zu der in den Ribosomen lokalisierten rRNA) enthielt, konnte die Synthese deutlich gesteigert werden (heute wissen wir, dass es die mRNA im Zellsaft war, die für die Steigerung der Synthese verantwortlich zeichnete, die damals aber noch nicht bekannt war). Sehr bald war klar, dass es RNA, z. B. Hefe-RNA oder RNA des Tabakmosaikvirus ist, die diese Steigerung vermittelte. Zunächst mehr aus Zufall gaben sie nun eine synthetische Ribonukleinsäure, die nur aus Uracil bestand (poly-U) hinzu und konnten zeigen, dass ^{14}C-markiertes Phenylalanin in sehr großer Menge eingebaut wurde, jedoch keine der anderen Aminosäuren:

5'-UUUUUUUUUUUUUUUUUU......3'
Phe–Phe–Phe–Phe–Phe–Phe ......

Ein in der Zwischenzeit von Severo Ochoa und Marianne Grunberg-Manago isoliertes Enzym, die Polynukleotid-Phosphorylase, erlaubte die Synthese künstlicher Polyribonukleotide, deren Zusammensetzung von den zugegebenen Nukleotiden abhing, deren Basensequenz aber völlig wahllos war. Erst die Möglichkeit zur chemischen Synthese von Trinukleotiden definierter Basensequenz brachte den Durchbruch: Nirenberg konnte jeder der 64 möglichen **Trinukleotid**-Kombinationen eine **Aminosäure** zuordnen. Als Gobind Khorana schließlich die Synthese von Polyribonukleotiden einer definierten Sequenz gelang, indem er Di-, Tri- oder Tetranukleotide derselben Sequenz miteinander verknüpfte, gelang der Durchbruch. So erlaubte Poly(UC), also die Sequenz 5′...UCUCUCUCUC...3′, nur den Einbau von Serin und Leucin. Da aber durch Nirenbergs Arbeiten bekannt war, dass UCU für Serin und CUC für Leucin kodierte, konnte die Aminosäuresequenz nur ...Ser-Leu-Ser-Leu-Ser-Leu... sein. Bei Verwendung von wiederholten Trinukleotiden, 5′...UACUACUACUAC...3′ wurde nur Leucin, Threonin oder Thyrosin eingebaut, wobei jedes Mal ein monotones Polypeptid entstand:

Raster UACUACUAC...: Poly-Tyrosin
Raster ACUACUACU...: Poly-Threonin
Raster CUACUACUA...: Poly-Leucin

Die Verwendung von Polytetranukleotiden ergänzte schließlich die Daten: So ergab Poly(TATC) das Polypeptid Tyr-Leu-Ser-Ile-Tyr-Leu-Ser-Ile etc., Poly(TTAC) lieferte Leu-Leu-Thr-Tyr-Leu-Leu-Thr-Tyr etc. Wann immer jedoch die **Tripletts** UAG oder UAA oder UGA auftraten, wurde die Synthese von langen Polypeptiden verhindert. Sie kodieren für keine Aminosäure, weshalb sie als **nonsense-(Unsinn)-Codons** bezeichnet wurden. Allerdings haben sie sehr wohl einen Sinn, da sie das Ende einer Polypeptidkette markieren.

Da bei der Bildung von Tripletts aus den vier Nukleotiden insgesamt $4^3 = 64$ verschiedene Codons gebildet werden können, es aber insgesamt nur 20 verschiedene Aminosäuren gibt (Abb. 15.**3**) bedeutet dies, dass es für einige Aminosäuren mehr als nur ein Codon gibt: **Der genetische Code ist degeneriert** (Abb. 15.**5**). Bei Betrachtung des „Wörterbuchs" fällt auf, dass die Anzahl der Codons, die für eine Aminosäure kodieren, variieren kann, und zwar von eins (nur in zwei Fällen: AUG für Methionin und UGG für Tryptophan) bis maximal sechs (z. B. für Arginin: CGU, CGC, CGA, CGG, AGA und AGG). Es gibt also sechs verschiedene tRNAs, die die Aminosäure Arginin an das Ribosom transportieren können. Es fällt weiterhin auf, dass sich einige dieser sechs Tripletts nur in der letzten Base unterscheiden: CG**U**, CG**C**, CG**A** und CG**G**. Die mRNA-Codons 5′-CGU-3′ und 5′-CGC-3′ können beide mit dem Anticodon 3′-GCG-5′ einer tRNA Basenpaarung eingehen. Das liegt daran, dass in dem Anticodon die Position der Base an der dritten Stelle (am 5′-Ende), hier also G, auf Grund der Struktur der Anticodonschleife flexibler ist, was man als **Wobble** („wackeln") bezeichnet. Dies ermöglicht es der sog. „Wobble-Base" des Anticodons sowohl mit U als auch mit C an der dritten Stelle des Codons der mRNA Basenpaarungen einzugehen (Abb. 15.**6**).

Jedoch ist nicht jede „Fehlpaarung" erlaubt, sondern es gelten bestimmte „Wobble-Regeln". Ist die Wobble-Base ein U, kann sie mit A oder G paaren, ist sie ein G, kann sie mit C oder U paaren. Jedoch paart C in der Wobble-Position immer nur mit G und A immer nur mit U.

Auch wenn es für einige Aminosäuren mehrere Codons und somit mehrere tRNAs gibt, benutzen viele Organismen für eine bestimmte

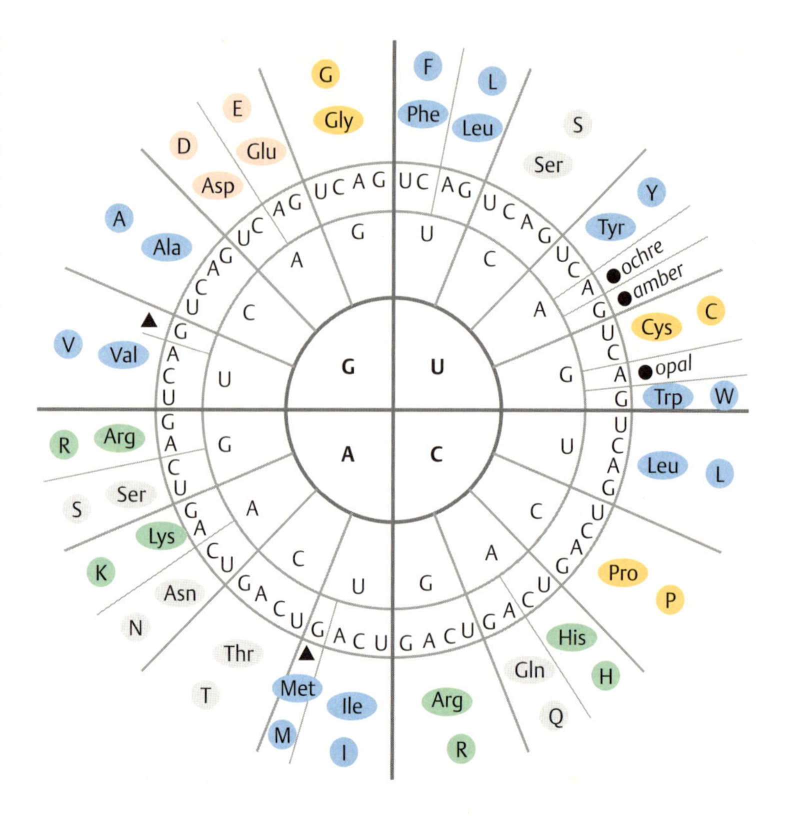

Abb. 15.5 Die Code-„Sonne". Die Codons, die von innen nach außen (von 5′ nach 3′) zu lesen sind, geben die Nukleotidsequenz auf der mRNA an. Mit Ausnahme der drei Nonsense- oder Terminationscodons UAA (*ochre*), UAG (*amber*) und UGA (*opal*) (jeweils mit einem schwarzen Punkt markiert) kodiert jedes Codon für eine Aminosäure, die an der Peripherie des Kreises im 3- und 1-Buchstaben-Code angegeben ist. Die Farben entsprechen denen der Klassifizierungen in Abb. 15.**3**. Dreieck: Startcodons, die am Anfang der Translation Methionin einbauen, in der Mitte der mRNA aber die angegebene Aminosäure.

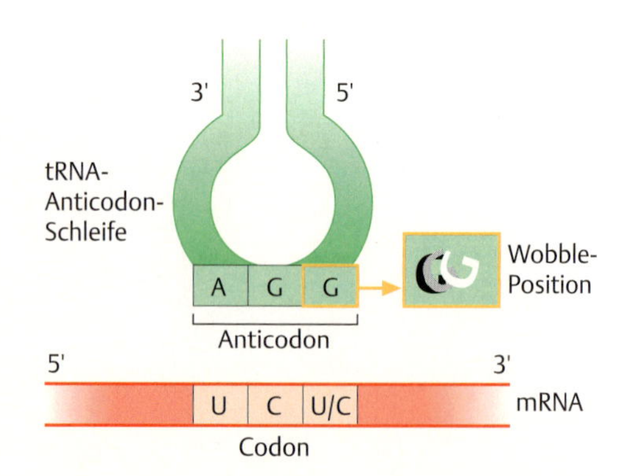

Abb. 15.6 Die Wobble-Base. Das G in der dritten Position des Anticodons kann zwei „Wobble"-Positionen annehmen. Das bedeutet, dass eine einzelne, mit einer Aminosäure (hier Serin, s. Abb. 15.**5**) beladene tRNA zwei verschiedene Codons, hier UCU und UCC, auf der mRNA erkennen kann.

Aminosäure präferenziell nur eines oder wenige der möglichen Codons. Aufgrund dieser Tatsache wurden sog. **„Codon-Usage"-Tabellen** aufgestellt, die die bevorzugte Verwendung bestimmter Codons für einzelne Spezies beschreiben.

Die zweite Auffälligkeit bei Betrachtung des genetischen Codes sind drei Tripletts, die für keine Aminosäure kodieren, weshalb sie auch als **nonsense-Codons** bezeichnet werden: **UAG** (***amber***-Codon), **UGA** (***opal***-Codon) und **UAA** (***ochre***-Codon). Dies sind die **Stop-** oder **Terminationscodons**, die zum Abbruch der Translation führen (s.u.). Einer Anekdote zufolge war ein Student namens Bernstein an der Entdeckung des ersten Stopcodons beteiligt. In Anlehnung an die englische Bezeichnung für Bernstein (*amber*), wurden die anderen zwei Stopcodons *ochre* (Ocker) und *opal* (Opal) genannt.

Auf Grund der Tatsache, dass der genetische Code universell ist und somit von allen Organismen verwendet wird, ist es möglich, etwa eine mRNA vom Huhn in einer Froschoozyte in ein korrektes Protein zu übersetzen. Es sind bisher nur wenige Ausnahmen von der Gültigkeit des Codes bekannt. So kodiert z.B. in Mitochondrien das Codon UGA für Tryptophan (normalerweise Stop) und das Codon AUA für Methionin (normalerweise Isoleucin).

Die Eindeutigkeit der Zuordnung eines Codons zu einer Aminosäure führt dazu, dass eine bestimmte Nukleotidsequenz einer mRNA eindeutig die Aminosäuresequenz des von ihr kodierten Proteins festlegt. Allerdings hängt die Reihenfolge der Aminosäuren davon ab mit welchem Nukleotid und damit mit welchem Codon die Übersetzung begonnen wird. Jede Nukleotidsequenz einer mRNA kann theoretisch in drei **Lese-**

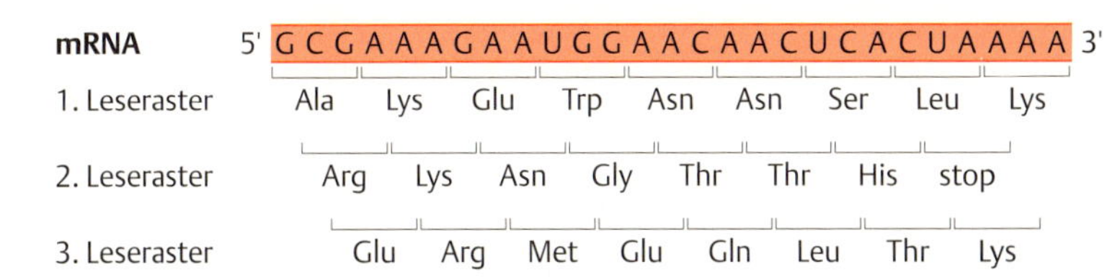

Abb. 15.7 Die lineare Abfolge der Codons auf der mRNA bestimmt die lineare Abfolge der Aminosäuren im Protein.

rastern übersetzt werden. Somit ist es möglich, dass aus einer Nukleotidsequenz drei verschiedene Aminosäuresequenzen abgeleitet werden können (Abb. 15.**7**).

Den gesamten, in einem Stück lesbaren Abschnitt einer mRNA bezeichnet man als **offenen Leseraster** (**ORF, o**pen **r**eading **f**rame). Wodurch bestimmt wird, mit welchem Codon das Leseraster beginnt, wird im nächsten Abschnitt besprochen.

15.3 Ablauf der Translation

Eukaryotische mRNA enthält neben dem proteinkodierenden Bereich, dem offenen Leseraster (ORF), im 5′ und im 3′-Bereich nicht-translatierte Bereiche, die 5′- und 3′-nicht-translatierte-Region (**5′-UTR** und **3′-UTR,** 5′-, 3′-**untr**anslated **r**egion, Abb. 15.**8**).

Die **Translation,** also die Übersetzung der Basensequenz der mRNA in die Aminosäuresequenz eines Proteins, findet bei Prokaryonten noch während der Transkription statt, bei Eukaryonten erst nach der Prozessierung (s. o.) und dem Export der mRNA aus dem Zellkern ins Zytoplasma.

Der Translationsprozess selbst kann in die drei Schritte: **Initiation, Elongation** und **Termination** unterteilt werden. Ihr Ablauf ist im Folgenden dargestellt.

15.3.1 Die Initiation der Translation

Damit eine mRNA in die richtige Aminosäuresequenz translatiert wird, muss festgelegt sein, wo die Translation beginnen soll, damit das richtige der drei theoretisch möglichen Leseraster verwendet wird (s. Abb. 15.**7**). Das **Startcodon** ist bei Pro- und Eukaryonten immer **AUG,** abgesehen von ganz wenigen Ausnahmen bei Prokaryonten, in denen GUG oder UUG verwendet wird. Somit ist die erste eingebaute Aminosäure immer ein **Methionin**. Bei der Translation prokaryotischer Proteine wird dieses Start-Methionin jedoch modifiziert, es ist ein Formylmethionin, in

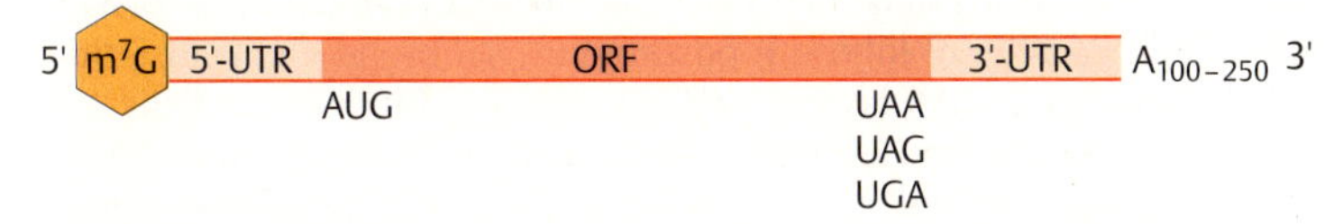

Abb. 15.8 Aufbau einer mRNA. Von 5′ nach 3′ finden sich folgende Bereiche in einer eukaryotischen mRNA: die 7-Methylguanosin-Kappe m^7G, die 5′-UTR, der ORF, beginnend mit dem AUG und mit einem der drei Stopcodons, UAA, UAG oder UGA endend, die 3′-UTR und der poly(A)-Schwanz $A_{100-250}$.

Box 15.2 Selenocystein, die 21. Aminosäure

In einigen Enzymen von Säuger- und Bakterienzellen hat man eine neue, die 21. Aminosäure gefunden, das **Selenocystein**. Dieses unterscheidet sich vom Cystein (s. Abb. 15.**3**) durch das Vorhandensein von Selen anstelle einer SH-Gruppe. Selenocystein kommt in Selenoproteinen, meist Enzymen, die Oxidations-Reduktions-Reaktionen katalysieren (z. B. das *E. coli*-Enzym Formatdehydrogenase), nur ein einziges Mal vor. Wie wird diese neuartige Aminosäure in eine wachsende Polypeptidkette eingebaut, zumal alle Codons (bis auf die Stopcodons) bereits den 20 anderen Aminosäuren zugewiesen sind? Der Einbau eines Selenocysteins in ein Selenoprotein erfordert einen ungewöhnlichen Schritt während der Translation, wobei das Codon UGA, normalerweise ein Stopcodon, den Einbau von Selenocystein dirigiert. Das bedeutet, dass in einer mRNA UGA zwei entgegengesetzte Bedeutungen haben kann: „Stop“ oder „Einbau von Selenocystein“. Die für den Transport von Selenocystein nötige Selenocysteyl-tRNA wird zunächst mit Serin beladen. Anschließend erfolgt in mehreren Schritten der Austausch der OH-Gruppe des Serins durch ein Selen (s. Abb. 15.**3**). Auf der mRNA erkennt diese tRNA das Codon UGA. Allerdings erfolgt der Einbau von Selenocystein nur dann, wenn UGA innerhalb eines offenen Leserasters liegt und wenn die mRNA eine spezifische Sekundär- bzw. Tertiärstruktur besitzt, die bei Eukaryonten von der 3′-nicht translatierten Region (3′-UTR) gebildet wird.

dem ein H-Atom der NH_2-Gruppe durch eine –CHO-Gruppe ersetzt ist. Der Formyl-Rest wird später abgespalten, in vielen Fällen wird sogar auch das Methionin selbst entfernt, so dass nicht alle fertigen prokaryotischen Proteine am N-Terminus ein Methionin tragen. Eine fMet-tragende tRNA kann die prokaryotische Translation initiieren, kann jedoch diese Aminosäure nicht in die wachsende Polypeptidkette einbauen.

Wie aber erkennt das Ribosom das Start-AUG und unterscheidet es von den vielen anderen AUG-Tripletts der mRNA? Die Stelle der RNA, die vom Ribosom erkannt und gebunden wird, die Ribosomenbindungsstelle, wird bei Prokaryonten durch die **Shine-Dalgarno-Sequenz** festgelegt, einer Sequenz von sechs Nukleotiden (5′...AGGAGG...3′) auf der mRNA, die sich vier bis sieben Basen vor dem **Initiationscodon AUG** befindet. Diese Sequenz ist zu einer Sequenz nahe des 3′-Endes der 16S-rRNA komplementär und geht mit dieser Basenpaarungen ein. Diese Startsequenz kann nicht nur am 5′-Ende einer mRNA liegen, sondern auch mehrfach innerhalb der mRNA vorkommen, wo sie als **interne Ribosomenbindungsstellen** dienen. Diese sind Voraussetzung für die Synthese mehrerer Proteine von einer einzigen, **polycistronischen mRNA**. Die mRNAs von Eukaryonten besitzen in der Regel nur eine einzige, am 5′-Ende lokalisierte **Initiationsstelle**, nur in seltenen Fällen kann die Translation auch von internen Ribosomenbindungsstellen (IRES, **i**nternal **r**ibosomal **e**ntry **s**ites) gestartet werden. Bei Eukaryonten spielt die 5′-Kappe der mRNA (s. Kap. 14.3.1, S. 167) als Bindungsstelle für die kleine ribosomale Untereinheit eine wichtige Rolle. Diese sowie einige Basen um das Startcodon AUG herum entscheiden über den korrekten Start und die Effizienz der Translation. Im Gegensatz zu Prokaryonten kommt es bei Eukaryonten zu keiner Basenpaarung zwischen der mRNA und der 18S-rRNA der kleinen ribosomalen Untereinheit.

Außer dem Ribosom, der mRNA und den tRNAs werden für die Initiation der Translation weitere Proteine, die **Initiationsfaktoren**, benötigt (**IF** bei Prokaryonten bzw. **eIF** bei Eukaryonten), von denen einige wiederum Komplexe aus mehreren Polypeptiden darstellen.

Bei **Prokaryonten** lässt sich der Initiationsschritt in folgende Schritte unterteilen (Abb. 15.**9**):

1. Im ersten Schritt binden die **Initiationsfaktoren IF1** und **IF3** an die kleine ribosomale Untereinheit.
2. Im zweiten Schritt bindet **IF2**, der zuvor an Guanosintriphosphat (GTP) gebunden wurde (IF2-GTP), an die **Initiator-tRNA**, die immer mit einem **Formylmethionin** (**$tRNA^{fMet}$**) beladen ist.
3. Der Komplex aus $tRNA^{fMet}$ und IF2-GTP bindet an die mit IF1 und IF3 verbundene **kleine ribosomale Untereinheit**.
4. Der Komplex aus kleiner ribosomaler Untereinheit, IF1, IF3, IF2-GTP-$tRNA^{fMet}$ erkennt nun die **Shine-Dalgarno-Sequenz** der mRNA und bindet an diese. Dies wird durch Ausbildung von Wasserstoffbrückenbindungen zwischen der Shine-Dalgarno-Sequenz der mRNA und einer komplementären Sequenz auf der 16S-rRNA der kleinen ribosomalen Untereinheit ermöglicht. Hierdurch wird das **Initiationscodon AUG** an die richtige Stelle im Ribosom positioniert. Während der Translation sind permanent ~30 Basen der mRNA mit dem Ribosom assoziiert.
5. Erst jetzt bindet dieser Komplex, bestehend aus kleiner Untereinheit, IF1, IF3, IF2-GTP-$tRNA^{fMet}$ und mRNA, an die **große ribosomale Untereinheit**. Die Energie, die für die Bildung dieses Komplexes nötig ist, wird durch Hydrolyse von dem an IF2 gebundenen GTP geliefert, wodurch dieses zu IF2-GDP und anorganischem Phosphat (P_i) zerfällt. Anschließend werden die Initiationsfaktoren IF1, IF2-GDP und IF3

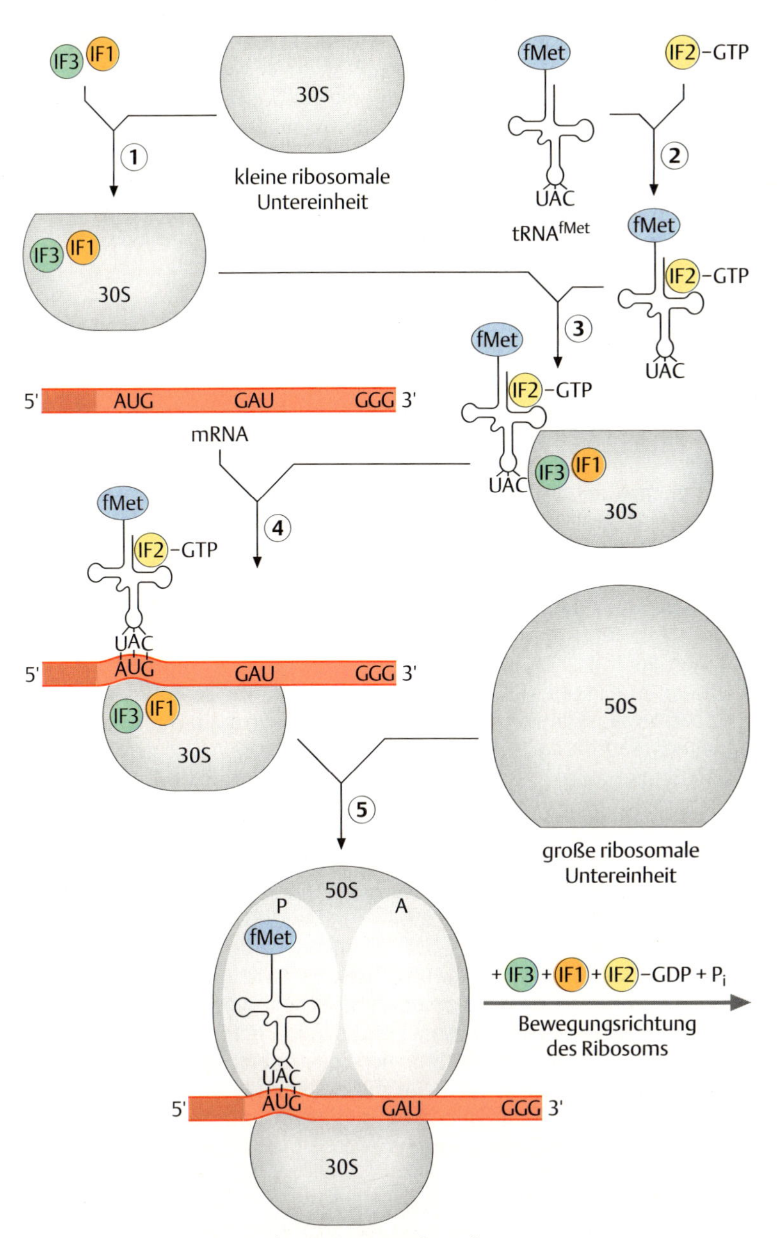

Abb. 15.9 Initiation der Translation bei Prokaryonten. Anders als hier dargestellt, sind während der Translation immer etwa 30 Nukleotide der mRNA in Kontakt mit dem Ribosom. Weitere Erklärungen s. Text.

freigesetzt. Durch Konformationsänderungen entstehen im Ribosom **zwei Bindungsstellen für tRNAs**: die **P (Peptidyl)-Stelle** (Donorstelle) und die **A (Aminoacyl)-Stelle** (Akzeptorstelle). Die tRNA^{fMet} kommt an die P-Stelle im Ribosom zu liegen, wobei sie durch Ausbildung von Wasserstoffbrücken zwischen ihrem Anticodon und dem Codon auf der mRNA stabilisiert wird. Den nun für die Translation fertig ausgebildeten Komplex bezeichnet man als den **70S-Initiationskomplex**.

Die **Initiation der Translation bei Eukaryonten** unterscheidet sich von der hier für Prokaryonten beschriebenen durch die Verwendung von $tRNA^{Met}$ als Initiations-tRNA, durch die Beteiligung von weiteren Initiationsfaktoren und durch die Verwendung der 7-Methylguanosin-Kappe am 5′-Ende der mRNA als Bindungsstelle für die kleine ribosomale Untereinheit. Von dort bewegt sich die kleine ribosomale Untereinheit solange entlang der mRNA bis sie auf das erste passende AUG-Codon trifft.

15.3.2 Die Elongation der Translation

Für die Elongation des wachsenden Polypeptids werden die **Elongationsfaktoren** (EF) EF-Tu, EF-Ts und EF-G benötigt. Auch dieser Prozess kann in mehrere Schritte unterteilt werden (Abb. 15.**10**):

1. Der **Elongationsfaktor EF-Tu,** der zuvor durch die Bindung von GTP aktiviert wurde (EF-Tu-GTP, s. Box 15.**3**), bindet an eine **Aminoacyl-tRNA**, hier die asparaginbeladene $tRNA^{Asp}$.
2. Durch die Bindung von EF-Tu-GTP wird die $tRNA^{Asp}$ an der freien Aminoacyl(A)-Stelle des Ribosoms platziert. Mit Hilfe der Energie, die durch die Hydrolyse des GTP am EF-Tu-GTP zu EF-Tu-GDP und Phosphat (P_i) frei wird, erfolgt eine stabile Bindung der **$tRNA^{Asp}$** an die **A-Stelle des Ribosoms**. Der inaktivierte Elongationsfaktor EF-Tu-GDP wird vom Ribosom freigesetzt, wobei der Elongationsfaktor EF-Ts beteiligt ist.
3. Die an der Peptidyl-tRNA in der P-Stelle hängende Polypeptidkette (bzw. im Beispiel hier das Start-Methionin) wird auf die an die Aminoacyl-tRNA in der A-Stelle gebundene Aminosäure übertragen. Dieser Schritt wird durch das Enzym **Peptidyltransferase** katalysiert. Dabei wird unter Abspaltung von H_2O eine Peptidbindung zwischen dem COOH-Rest der ersten Aminosäure und der NH_2-Gruppe der zweiten Aminosäure ausgebildet (s. Abb. 15.**2b**). Diese Reaktion wird von Komponenten der **großen ribosomalen Untereinheit** katalysiert.
4. Im **Translokationsschritt** „rutscht“ nun das Ribosom, vermittelt durch den Elongationsfaktor EF-G, auf der mRNA ein Codon in Richtung des 3′-Endes weiter (Translokation). Dadurch wird die nun unbeladene tRNA von der P-Stelle freigesetzt und besetzt vorübergehend die E-Stelle (**E**xit-Stelle) im Ribosom (in der Abb. nicht gezeigt), bevor sie dieses verlässt. Die mit der Polypeptidkette beladene tRNA wird bei der Translokation von der A- in die P-Stelle verschoben. Die freigewordene A-Stelle kann nun erneut mit einer Aminoacyl-tRNA besetzt werden und der Vorgang kann wiederholt werden.

Von da ab wiederholen sich die Schritte 2, 3, und 4 kontinuierlich (Abb. 15.**10**), wodurch die Polypeptidkette an ihrem C-Terminus verlängert wird.

Der Einbau der richtigen Aminosäure ist ein sehr kritischer Schritt bei der Proteinbiosynthese, denn Zellen haben keine Möglichkeit, falsch eingebaute Aminosäuren wieder zu entfernen. So kann eine Aminoacyl-tRNA, die nur mit zwei der drei Codons paart, zwar vorübergehend die A-Position besetzen, aber sie wird diese Stelle in den allermeisten Fällen vor der Knüpfung der Peptidbindung wieder verlassen. Die Kontrolle, ob die richtige Aminoacyl-tRNA gebunden hat, braucht Zeit, weshalb dieser Schritt geschwindigkeitsbestimmend für die Translation ist. Würde die Peptidbindung unmittelbar nach Ankunft der Aminoacyl-tRNA erfolgen, gäbe es zu viele Fehler bei der Proteinbiosynthese.

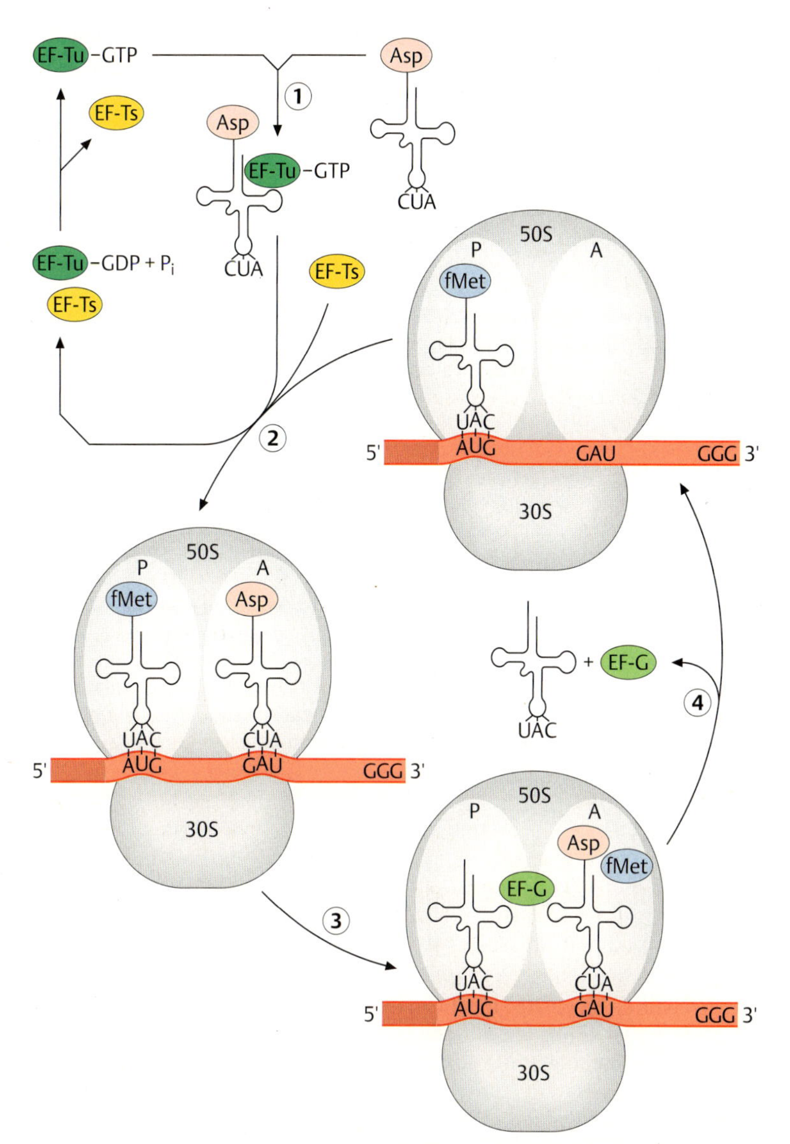

Abb. 15.10 Elongation der Translation bei Prokaryonten. Erklärung s. Text.

15

15.3.3 Die Termination der Translation

Gelangt eines der drei Stopcodons, UAA, UAG oder UGA in die A-Position des Ribosoms, so kann keine tRNA gebunden werden, da es keine tRNA gibt, die diese Tripletts erkennt (s. o.). Jedoch werden diese Tripletts von **Terminationsfaktoren**, den sog. **Release-Faktoren**, RF1 und RF2, erkannt. Bindet einer dieser Faktoren an die freie A-Stelle, wird die Polypeptidkette von der tRNA in der P-Position abgespalten und das Ribosom zerfällt in seine Untereinheiten.

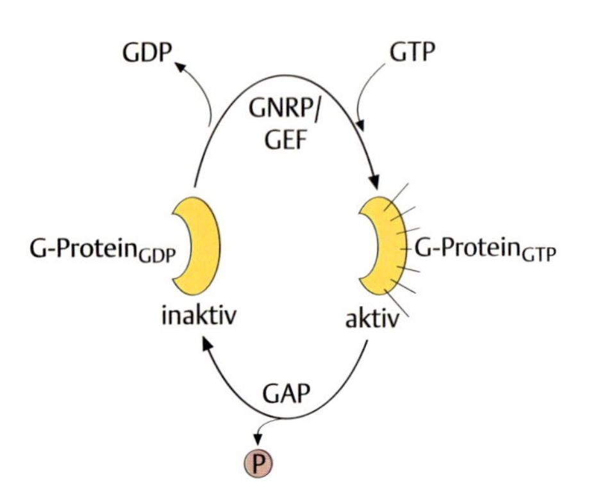

Abb. 15.11 Monomere G-Proteine (GTPasen) sind molekulare Schalter. Weitere Erklärung im Text. P = Phosphat.

15

Box 15.3 Aktivierung von Proteinen durch monomere G-Proteine

Nicht nur für die Translation, sondern auch für die Durchführung vieler anderer Prozesse in der Zelle müssen Proteine ihren Aktivitätszustand ändern. Dabei spielen **G-Proteine** (**GTP-bindende Proteine**) eine wichtige Rolle. Diese kommen in zwei Zuständen vor: Gebunden an Guaninnukleotiddiphosphat (GDP) sind sie inaktiv, gebunden an Guaninnukleotidtriphosphat (GTP) sind sie aktiv und können andere Proteine, die Effektoren, aktivieren. Die Aktivierung der G-Proteine selbst erfolgt durch den Austausch des GDP durch GTP und wird durch das **guanine nucleotide releasing protein** (**GNRP**), auch **guanine nucleotide exchange factor** (**GEF**) genannt, vermittelt, das GDP vom Protein entfernt. Die freigewordene Nukleotidbindungsstelle wird sofort durch GTP, das in der Zelle im Überschuss vorhanden ist, besetzt, wodurch das G-Protein in seinen aktiven Zustand versetzt wird. Die Inaktivierung erfolgt durch die Hydrolyse des GTP zu GDP, eine Reaktion, die vom G-Protein selbst katalysiert wird. Da G-Proteine selbst GTP-spaltende Aktivität besitzen, bezeichnet man sie auch als GTPasen (daher der Name G-Proteine). Die GTPase-Aktivität wird durch Bindung eines **GTPase-aktivierenden Proteins** (**GAP**) erhöht (Abb. 15.**11**). Der Initiationsfaktor IF2 und die Elongationsfaktoren EF-Tu und EF-G sind monomere GTPasen, der Elongationsfaktor EF-Ts ist ein GNRP, der EF-Tu-GDP in EF-Tu-GTP überführt.

Monomere GTPasen spielen bei vielen anderen Prozessen eine wichtige Rolle, so z. B. bei der Regulation des Zellzyklus, bei der intrazellulären Weiterleitung von Signalen, bei intrazellulären Transportvorgängen oder bei Veränderungen der Zellform. Ein wichtiges monomeres G-Protein ist das **Onkogen *Ras***, das eine **Schlüsselfunktion** bei der **Signaltransduktion** in der normalen Zelle ausübt, aber auch an der **Krebsentstehung** beteiligt ist (s. Kap. 24.4, S. 415 und Box 25.**1**, S. 421).

15.4 Inhibition der Translation

Zwar sind pro- und eukaryotische Translation in ihrem Ablauf vergleichbar, aber die eingesetzten Faktoren und auch der Aufbau der Ribosomen unterscheiden sich. Dies macht man sich bei Verwendung von **Antibiotika** gegen bakterielle Infektionen zunutze, da viele von diesen spezifisch nur die pro-, nicht aber die eukaryotische Translation inhibieren. So verhindert **Tetracyclin** die Bindung der Aminoacyl-tRNAs an die 30S-Untereinheit der Ribosomen, **Chloramphenicol** hemmt die Peptidyltransferaseaktivität der 50S-Ribosomenuntereinheit und **Streptomycin** und **Neomycin** blockieren mehrere Schritte der Translation, etwa die Initiation, und verursachen Fehlablesungen der mRNA. Andere Antibiotika inhibieren sowohl die eu- als auch die prokaryotische Translation. **Puromycin** wirkt wie ein Analogon einer Aminoacyl-tRNA, so dass sein Einbau zum frühzeitigen Abbruch der Polypeptidsynthese führt. **Cycloheximid** ist nur in eukaryotischen Zellen wirksam, indem es die Peptidyltransferaseaktivität der großen, 60S-Ribosomenuntereinheit hemmt. Da eukaryotische Mitochondrien (und Plastiden) eine den Bakterien sehr ähnliche Translationsmaschinerie haben, zeigen eukaryotische Zellen in vielen Fällen eine ähnliche Sensitivität gegenüber den oben erwähnten Inhibitoren prokaryotischer Translation.

Zusammenfassung

- **Ribosomen** sind RNA-Protein-Komplexe, an denen bei Pro- und Eukaryonten die **Translation** durchgeführt wird. Die beiden Untereinheiten enthalten charakteristische rRNAs und ribosomale Proteine.

- **tRNAs** weisen eine typische dreidimensionale Struktur auf. Die Bindung der jeweils spezifischen Aminosäure erfolgt am 3′-Ende und wird durch Aminoacyl-tRNA-Synthetasen katalysiert. Das **Anticodon** ist komplementär zu einem Triplett der mRNA, dem **Codon**.

- Die Initiation der **Translation** erfordert bei Prokaryonten die **Shine-Dalgarno-Sequenz**, die Basenpaarungen mit einer komplementären Sequenz der rRNA der kleinen Untereinheit eingeht. Die Translationsinitiation eukaryotischer mRNA benötigt die 5′-Kappe. Die Translation eukaryotischer mRNA beginnt fast immer am 5′-Ende der mRNA, die Translation prokaryotischer mRNA wird häufig auch an intern liegenden Ribosomenbindungsstellen initiiert.

- Die **Polypeptidkette** wird am C-Terminus verlängert.

- Der **genetische Code** ist **universell**, d.h. er wird von allen Lebewesen sowohl Pro- als auch Eukaryonten verwendet.

16 Genmutationen

Eine der wichtigsten Eigenschaften der DNA ist ihre Fähigkeit, die in ihr enthaltene genetische Information exakt zu verdoppeln und unverändert an die Tochterzellen weiterzugeben. Allerdings kann es bei der Replikation gelegentlich zu Fehlern kommen, indem ein falsches Nukleotid eingebaut wird. Auch kann eine Base in einer Doppelhelix chemisch modifiziert werden. Solche Fehler werden in den meisten Fällen repariert, sei es durch die DNA-Polymerase selbst („proofreading", siehe Kap. 12.7.2, S. 141) oder durch sehr effiziente zelluläre Reparatursysteme. Werden die Veränderungen nicht repariert, kommt es zu einer **Mutation**. Im Gegensatz zu den meisten der bereits beschriebenen Chromosomenmutationen (s. Kap. 11, S. 109) sind Veränderungen einzelner oder weniger Basen nicht im Mikroskop zu erkennen, weshalb sie **Punktmutationen** genannt werden.

In jedem Organismus kommt es ständig und in allen Zellen zur Erzeugung neuer Mutationen. Diese werden durch reaktive Produkte des Zellstoffwechsels oder durch Einflüsse aus der Umgebung (u. a. durch kosmische Strahlung oder Höhenstrahlung, durch natürliche Radioaktivität der Erdkruste und durch Aufnahme natürlicher oder anthropogener Radioisotope mit Luft, Wasser und Nahrung) ausgelöst. Die Häufigkeit mit der neue Mutationen entstehen, ist für jedes Gen charakteristisch und wird als spontane **Mutationsrate** bezeichnet. Diese „basale" Mutationsrate kann durch zusätzliche Einwirkungen von außen, durch sog. **Mutagene** (Chemikalien, Strahlung) erhöht werden. Man spricht in diesem Fall von **induzierten Mutationen**. Je nach Art des Mutagens können manche Zellen präferenziell betroffen sein. Streng genommen sind spontan auftretende Mutationen auch induzierte Mutationen, nur kennt man in der Regel das mutationsauslösende Agens nicht. Es soll hier aber weiterhin der Begriff spontane Mutation zur Kennzeichnung von „Hintergrundmutationen" verwendet werden, um sie von den durch zusätzliche Einwirkungen induzierten Mutationen zu unterscheiden.

16.1 Spontane Mutationen

Die **Mutationsrate**, also die Häufigkeit von Veränderungen in der DNA, kann experimentell bestimmt werden. Die ermittelte Größe spiegelt die Häufigkeit der insgesamt aufgetretenen Defekte, vermindert um die Anzahl der reparierten Defekte, wider. Nach der Einbeziehung dieser Werte wurde berechnet, dass in einer *E. coli*-Zelle, in der alle Reparatursysteme intakt sind, pro Zellgeneration 1 Nukleotidaustausch pro 10^9 Basenpaaren stattfindet. Auch wenn die Berechnung der Mutationsrate bei Säugern sehr viel schwieriger ist, wurde für sie eine vergleichbare Häufigkeit ermittelt: 1 Nukleotidaustausch/10^9 Nukleotide bei jeder Replikationsrunde. Im menschlichen Genom mit einer Größe von rund 3×10^9 Basenpaaren bedeutet das durchschnittlich drei Nukleotidaustausche/Zellteilung. Da nicht jeder Austausch zu einer Änderung im Protein führt

(Beispiel: neutrale Mutationen, s. u.), manifestiert sich nicht jede Mutation in einem veränderten Phänotyp.

Die Häufigkeit, mit der Mutationen spontan auftreten, ist nicht für jedes Gen gleich. Untersuchungen beim Mais haben bis zu 500-fache Unterschiede in der Mutationshäufigkeit verschiedener Gene aufgezeigt. So findet man Mutationen im Gen *Shrunken*, die zu geschrumpften Körnern führen, mit einer Häufigkeit von $1/10^6$ Gameten, solche im Gen *R*, die im Verlust des Pigments Anthocyan resultieren, mit einer Häufigkeit von $5/10^4$ Gameten.

Spontan auftretende **Mutationen** können verschiedene Ursachen haben:

1. chemische Veränderungen der DNA,
2. Fehler bei der Replikation,
3. Insertion von mobilen genetischen Elementen, so genannten transponierbaren Elementen oder Transposons (s. Kap. 18, S. 247).

16.2 Mutationen in Keimzellen oder in somatischen Zellen

Veränderungen in der DNA können in jeder Zelle auftreten. Die Auswirkungen sind jedoch verschieden, je nachdem, um welche Zelle es sich handelt. **Mutationen in Keimzellen**, den Vorläuferzellen von Eizellen oder Spermien, können an die nachfolgende Generation weitervererbt werden. Dagegen führen **Mutationen in somatischen Zellen** (Körperzellen) „nur" zu einem Defekt in der betroffenen Zelle und ihren Nachkommen, die Auswirkungen erstrecken sich somit nur auf einzelne Bereiche eines Organismus und werden nicht an die Nachkommen vererbt (Abb. 16.**1**). Ein Individuum mit Zellen unterschiedlichen Genotyps bezeichnet man als **genetisches Mosaik**.

Somatische Mutationen in Zellen, die sich nicht mehr teilen, haben praktisch keine Auswirkung auf den Organismus. Ist die mutierte Zelle noch teilungsfähig, so hängt die Größe des betroffenen Bereichs von der Anzahl der Zellteilungen ab. Da jede Körperzelle diploid ist, kann sich eine somatische Mutation nur dann ausprägen, wenn

- es sich um eine dominante Mutation handelt oder
- die Mutation rezessiv ist und sich auf dem X-Chromosom eines XY-Individuums befindet oder
- die Mutation rezessiv ist, aber das andere Allel dieses Gens bereits mutant war, so dass sie nach Induktion der zweiten Mutation nun homozygot mutant vorliegt.

Somatische Mutationen sind in den allermeisten Fällen ursächlich an der Krebsentstehung beteiligt (s. Box 16.**2**).

Eine **Keimbahnmutation** wird an die nächste Generation weitergegeben. Dort prägt sie sich nur dann aus, wenn entweder

- die Mutation dominant ist oder
- die Mutation rezessiv ist und sich auf dem X-Chromosom einer Eizelle befindet, die von einem Y-Chromosom tragenden Spermium befruchtet wird, so dass das entstehende XY-Individuum hemizygot für diese Mutation ist oder
- die Mutation rezessiv ist, aber bei der Befruchtung durch den anderen Gameten eine andere Mutation im selben Gen beigesteuert wird, so dass der entstehende Organismus nun homozygot mutant für die Mutation wird.

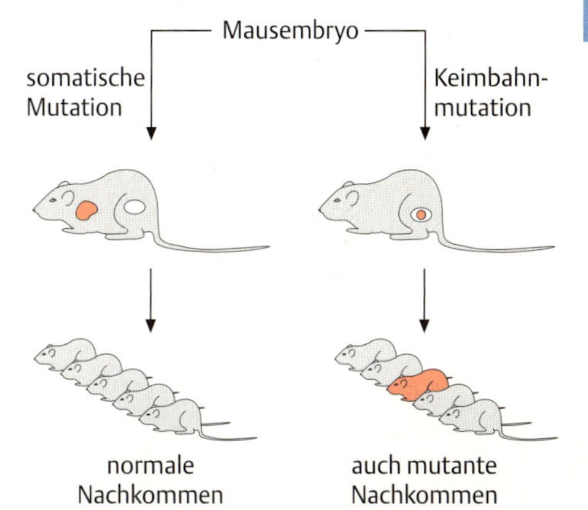

Abb. 16.1 Somatische und Keimbahnmutationen haben unterschiedliche Auswirkungen auf die Nachkommen. Eine somatische Mutation führt zur Veränderung der DNA in einer Körperzelle, z. B. einer Zelle, deren Nachkommen Haare bilden. War die Mutation dominant, so tragen alle Nachkommen dieser mutanten Zelle diese Mutation, was an einer veränderten Fellfarbe dieses Zellklons zu erkennen ist. Betraf die Mutation eine Keimbahnzelle, so tragen alle Zellen der Nachkommen, die von dieser Keimzelle abstammen, die Mutation. War die Mutation dominant, prägt sie sich unmittelbar in den Nachkommen aus (rote Maus).

Ketoform von Cytosin

3 H-Brücken

Zucker

Cytosin Guanin

Basenpaarung der Ketoform von Cytosin mit Guanin

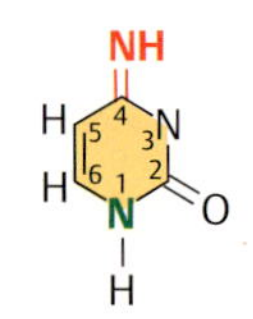

seltene Enol(Imino)form von Cytosin

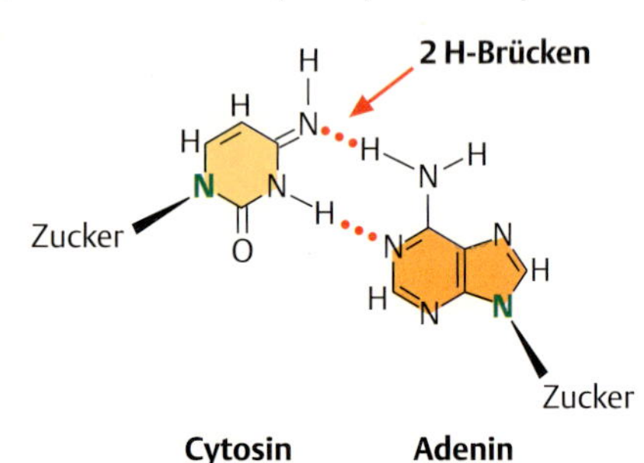

Cytosin Adenin

Basenpaarung der Enol(Imino)form von Cytosin mit Adenin

Abb. 16.2 Die Keto- und die seltene Enolform von Cytosin und die normale Paarung mit Guanin bzw. die Fehlpaarung mit Adenin. Das grüne Stickstoff-Atom verbindet die Base mit dem Zucker.

16.3 Ursachen für spontane Mutationen

Spontane Veränderungen beruhen zum einen auf der Tatsache, dass die Struktur der Basen nicht stabil ist, so dass es gelegentlich zu Umlagerungen kommt und die Basen andere Eigenschaften annehmen. Die zweite Ursache ist darin begründet, dass der Replikationsapparat gelegentlich Fehler macht, die dann Auswirkungen auf die DNA der Tochterzellen haben. Und schließlich können Basen chemisch modifiziert werden, so dass sie andere Paarungseigenschaften aufweisen. Spontan auftretende Mutationen haben also überwiegend drei Ursachen:

1. Strukturelle Veränderungen der Basen,
2. Fehler bei der Replikation oder
3. chemische Modifikationen der Basen (Insertion von viraler oder Transposon-DNA werden in Kap. 18 besprochen).

16.3.1 Basenaustausch

Zu einer **Mutation** kommt es dann, wenn während der **Replikation** ein **falsches Basenpaar** ausgebildet wird, wenn z.B. statt eines A-T- ein A-C-Basenpaar entsteht. Wie kann es zu einer solchen Fehlpaarung kommen? Bereits J. Watson und F. Crick beschrieben in ihrer Arbeit zur Struktur der Doppelhelix, dass in den Basen die Position einiger Wasserstoffatome verändert werden kann, wodurch ihre Struktur, nicht aber ihre chemische Zusammensetzung, verändert wird. Sie bilden **tautomere Formen**, die **Ketoform** und die **Enol**- oder **Iminoform** (Abb. 16.**2**).

Normalerweise liegen die Basen der DNA in der Ketoform vor und nur sehr selten kommt es zur Ausbildung der Enolform. Dies führt dann bei der Replikation zur Ausbildung einer **Fehlpaarung**, wobei das jeweils falsche Purin bzw. Pyrimidin eingebaut wird. Dann paart C mit A statt mit G etc. (Abb. 16.**3**). Da die Replikation semikonservativ ist, wird in der nächsten Replikationsrunde aus dem A-C-Basenpaar ein A-T- und ein G-C-Paar gebildet. Den Austausch eines Purins durch das andere Purin bzw. eines Pyrimidins durch das andere Pyrimidin nennt man **Transition**. Im Beispiel der Abb. 16.**3** hat die Mutation zum Austausch eines C-G-Basenpaars durch ein T-A-Basenpaar geführt.

In seltenen Fällen kommt es bei der Replikation zur Ausbildung eines Basenpaars aus zwei Purinen, was dann in der nächsten Replikationsrunde zum Austausch eines Purins durch ein Pyrimidin führt, also A-T → C-G oder A-T → T-A. Man spricht dann von einer **Transversion**, deren Entstehung jedoch nicht ohne weiteres durch die Tautomerie der Basen erklärt werden kann.

Findet eine Transition oder eine Transversion in dem proteinkodierenden Teil des Gens, also im offenen Leseraster statt, so kann das unterschiedliche Auswirkungen auf die Aminosäuresequenz haben (Abb. 16.**4**):

- Keine Auswirkung für das Protein. Wenn die Veränderung in der dritten Position eines Tripletts stattgefunden hat (in der Wobble-Base), kann das gelegentlich folgenlos für das Protein sein, man spricht dann von einer **stillen Mutation**. Wie oben beschrieben, ist der genetische Code degeneriert (s. Kap. 15.2, S. 178), so dass es z.B. für die Aminosäure Arginin sechs Tripletts gibt: CGU, CGC, CGA, CGG, AGA und AGG. Eine Transition von CG**A** → CG**G** verändert somit die eingefügte Aminosäure nicht.
- Austausch gegen eine andere Aminosäure. Durch eine Transition oder eine Transversion kann das Codon so verändert werden, dass eine an-

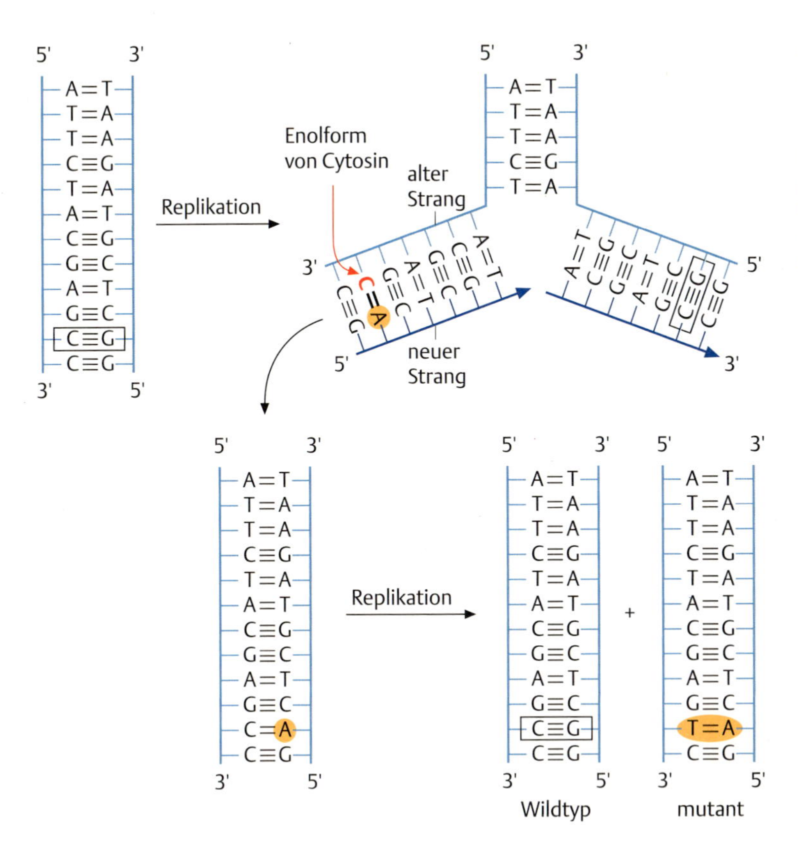

Abb. 16.3 Eine Transition kann ein Pyrimidin durch das andere Pyrimidin ersetzen. Die veränderte Form des Cytosins führt in der ersten Replikationsrunde zum Einbau eines Adenosinmonophosphats (A) im neu synthetisierten Strang. In der zweiten Replikationsrunde trägt eine der beiden neu gebildeten Doppelhelices ein C-G-Basenpaar, was der Situation im Ausgangsstrang entspricht (Wildtyp). Im zweiten Doppelstrang entsteht ein T-A-Basenpaar (mutant).

dere Aminosäure eingebaut wird. Je nachdem, um welche Aminosäure es sich handelt, kann das zu mehr oder weniger starken Veränderungen in der Proteinfunktion führen. Erfolgt ein Austausch gegen eine chemisch verwandte Aminosäure, z. B. beim Austausch einer hydrophoben Aminosäure durch eine andere hydrophobe Aminosäure (s. Abb. 15.**3**, S. 177 zur Klassifizierung der Aminosäuren), so nennt man dies eine **neutrale Mutation**. Im Beispiel der Abb. 16.**4** führte die Transversion A-T → C-G zur Veränderung des Tripletts AUU → CUU und damit zum Austausch von Isoleucin durch Leucin. Neutrale Mutationen verändern in vielen Fällen die Natur und die Funktion des gesamten Proteins nicht oder nur geringfügig.

- Wird jedoch eine Aminosäure gegen eine chemisch nicht verwandte Aminosäure ausgetauscht, z. B. eine basische gegen eine saure Aminosäure, so führt das in den meisten Fällen zu Veränderungen oder sogar zum Verlust der Proteinfunktion. Man spricht dann von einer **Missense-Mutation** (Fehlsinnmutation). In dem in der Abb. 16.**4** gezeigten Beispiel führt der Austausch des Tripletts C**G**A → C**A**A (eine Transition) zum Austausch der basischen Aminosäure Arginin gegen die saure Aminosäure Glutamin.
- In einigen Fällen wird durch die Mutation einer Base ein Stopcodon gebildet, was dann zum Abbruch der Translation führt. Der Austausch des Tripletts **C**GA → **T**GA (eine Transition) erzeugt ein vorzeitiges Stopcodon, so dass ein verkürztes Protein synthetisiert wird, das in den meisten Fällen funktionslos ist. Man spricht deshalb von einer **Nonsense-Mutation** (Unsinnmutation).

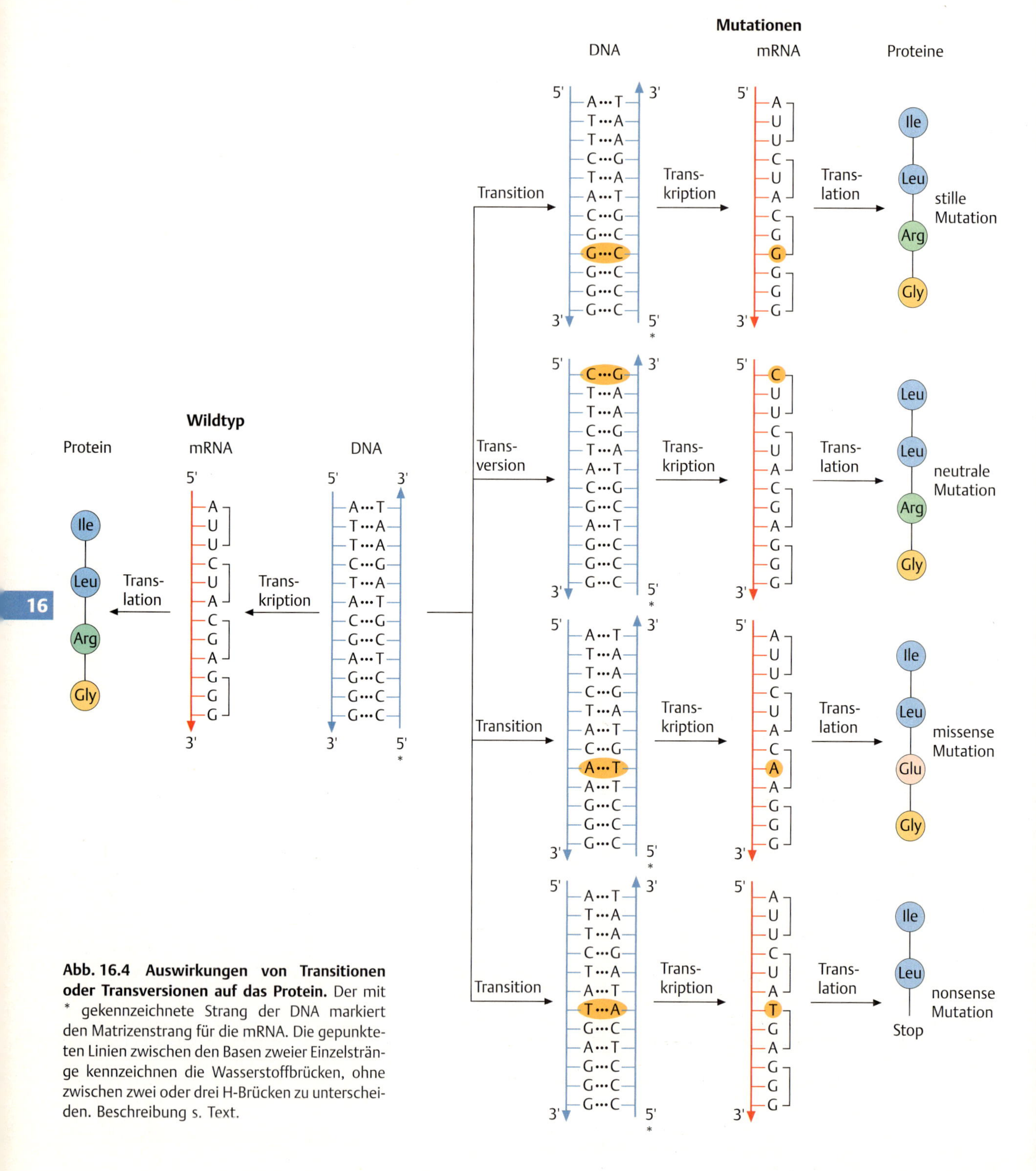

Abb. 16.4 Auswirkungen von Transitionen oder Transversionen auf das Protein. Der mit * gekennzeichnete Strang der DNA markiert den Matrizenstrang für die mRNA. Die gepunkteten Linien zwischen den Basen zweier Einzelstränge kennzeichnen die Wasserstoffbrücken, ohne zwischen zwei oder drei H-Brücken zu unterscheiden. Beschreibung s. Text.

16.3.2 Deletion oder Addition von Basen

Wird während des Replikationsvorgangs selbst ein Fehler gemacht, kann dies in der Entfernung (= **Deletion**) oder der Verdopplung (= **Duplikation**) einzelner oder mehrerer Basen resultieren. Dies tritt bevorzugt bei der Replikation repetitiver Sequenzen auf. Während das Einfügen oder Entfernen von einer oder zwei Basen zur Veränderung des Leserasters führt (**Leserastermutation, frameshift mutation**), wird durch das Einfügen oder Entfernen von drei Basen oder Vielfachen davon eine bzw. mehrere Aminosäuren hinzugefügt bzw. beseitigt (Abb. 16.**5**).

Abb. 16.5 Leserastermutation durch Duplikation oder Deletion von einzelnen oder mehreren Basenpaaren. Der mit * gekennzeichnete Strang der DNA markiert den Matrizenstrang für die mRNA.

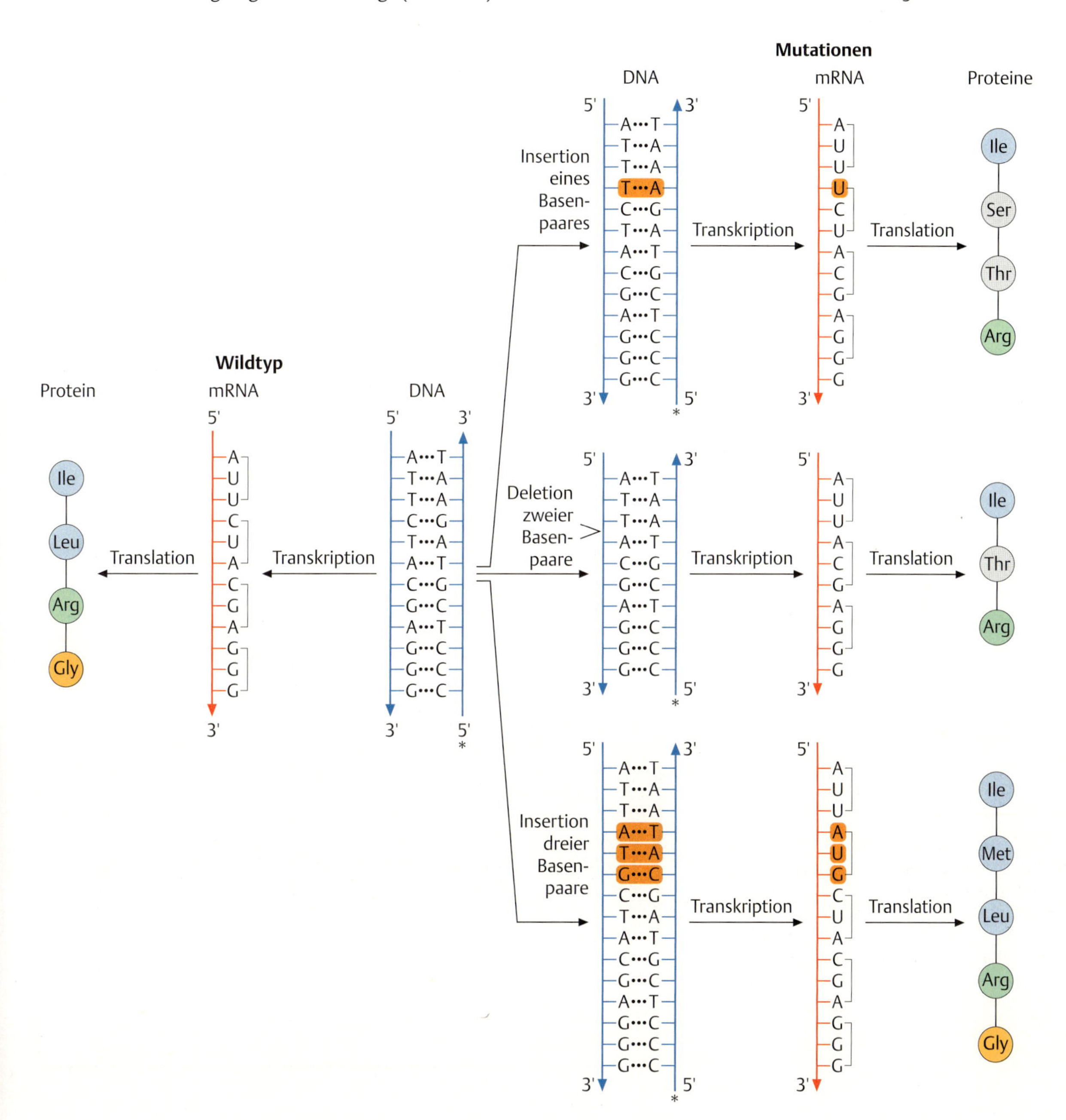

16

Box 16.1 Expansion von Trinukleotid-Repeats und menschliche Erbkrankheiten

Die molekulare Analyse einiger menschlicher Erbkrankheiten hat gezeigt, dass das Auftreten des jeweiligen Krankheitssymptoms mit der Vervielfachung von jeweils drei Nukleotiden assoziiert ist, der sog. **Expansion von Trinukleotiden**. Die Vermehrung dieser Trinukleotide kann sowohl im proteinkodierenden als auch in der 5′- oder 3′-UTR des jeweiligen Gens stattfinden. Fast alle auf diese Weise erzeugten Mutationen sind dominant. Erstaunlicherweise ist in allen beobachteten Fällen der Schweregrad der Erkrankung mit der Anzahl an zusätzlichen Trinukleotiden direkt korreliert. Auch zeigt die Stammbaumanalyse einiger Familien, in denen erkrankte Individuen vorkommen, dass die Anzahl der Trinukleotide von einer Generation zur nächsten ansteigt.

Das **Fragile-X-Syndrom** ist die häufigste Form erblich bedingter geistiger Retardierung (Häufigkeit etwa 1:1000). Die Krankheit erhielt ihren Namen auf Grund des Vorkommens einer „zerbrechlichen" Stelle im X-Chromosom, die zum Bruch des Chromosoms *in vitro* führt. Die Krankheit ist mit einer Expansion von CGG-Trinukleotiden im 5′-nicht-translatierten Bereich des *fragile X mental retardation-1*(*FMR-1*)-Gens assoziiert. Dieses Gen kodiert für ein RNA-bindendes Protein. In gesunden Individuen findet man 6–54 Kopien dieser Trinukleotide, Individuen mit 50–200 Kopien tragen eine sog. Prämutation, solche mit 200–1300 sind erkrankt. Die Funktion des *FMR1*-Gens und die Ursache, warum die Expansion der Trinukleotide zur Erkrankung führt, ist nicht genau bekannt. Es wird vermutet, dass spezifische Methylierungen in Regionen, in denen C und G gehäuft vorkommen (CpG-Cluster) zu einer Reduktion der Transkription des *FMR1*-Gens führen.

Bei **Chorea Huntington** handelt es sich um eine autosomal dominant vererbte Krankheit (Häufigkeit 1:20 000), bei der es zu fortschreitender Erkrankung des Gehirns kommt. Die Krankheit manifestiert sich bei Patienten mittleren Alters, zunächst im Auftreten von unkoordinierten Bewegungen, weshalb sie auch „**Veitstanz**" genannt wurde (Chorea St. Viti, Tanzwut, zu deren Heilung man zur Veitskapelle bei Ulm wallfahrte). Sie verschlimmert sich mit zunehmendem Alter. Molekular ist sie mit einer Expansion von CAG-Trinukleotiden im 5′-kodierenden Bereich des *huntingtin*-Gens assoziiert und führt im Protein, dessen Funktion nicht bekannt ist, zur Insertion von zusätzlichen Glutamin-Resten.

Myotone Dystrophie ist eine autosomal dominant vererbte Muskelschwäche (Häufigkeit etwa 1:10 000), die durch Expansion von CTG-Trinukleotiden im 3′-nicht-translatierten Bereich des *MYD1*-Gens verursacht wird, das für eine Proteinkinase kodiert (eine Kinase phosphoryliert andere Proteine). Bei nicht erkrankten Individuen finden sich dort 5–35 Trinukleotide, erkrankte Patienten weisen 50–200 Trinukleotide auf.

Der **Friedreich-Ataxie** liegt, im Gegensatz zu den drei genannten Erkrankungen, ein autosomal rezessiver Erbgang zugrunde. Mit einer Häufigkeit von ein bis zwei auf 100 000 Neugeborene stellt sie die häufigste heriditäre Ataxie (**Störung der Bewegungskoordination**) dar. Die ersten Symptome machen sich meist vor dem 20. Lebensjahr bemerkbar und sind durch fortschreitende Verschlechterung der Koordination beim Gehen, später auch bei der Bewegung der Extremitäten gekennzeichnet. Molekulargenetische Untersuchungen konnten den Defekt mit einer Vermehrung von GAA-Trinukleotiden in einem Intron des Gens *X25* korrelieren. Während normale Patienten dort 7–22 Trinukleotide aufweisen, fand man in Patienten mit Friedreich-Ataxie 200–900 dieser Trinukleotide. Je mehr Trinukleotide vorliegen, desto früher treten die Krankheitssymptome auf. Die Erhöhung der Anzahl der GAA-Trinukleotide verhindert oder reduziert die Synthese des von diesem Gen kodierten Proteins, des Frataxins, das möglicherweise eine Funktion in den Mitochondrien hat.

Auf Proteinebene erzeugen Deletionen und Duplikationen von Basen meist erhebliche Veränderungen der Aminosäuresequenz, die in der Regel zum Funktionsverlust des jeweiligen Proteins führen. Mehrere **menschliche Krankheiten** sind mit Mutationen assoziiert, die durch die **Addition von Trinukleotiden** erzeugt werden (**Expansion von Trinukleotiden**, Box 16.**1**).

16.3.3 Chemische Veränderungen der DNA

Zusätzlich zu den oben beschriebenen Veränderungen in der DNA, die durch tautomere Umlagerungen der Basen bzw. direkte Fehler im Replikationsvorgang erzeugt werden, können unter normalen Bedingungen auftretende direkte **chemische Modifikationen** der Basen zu Mutationen führen.

Depurinierung der DNA ist die am häufigsten beobachtete spontan auftretende Veränderung. Sie führt zum Verlust von Guanin oder Adenin durch spontane Hydrolyse der glykosidischen Bindung zwischen der Desoxyribose und der Base, wobei das Zucker-Phosphat-Rückgrat nicht betroffen ist. Es entsteht eine **apurinische Stelle**. Wird der Fehler nicht repariert, kommt es in der nächsten Replikationsrunde an dieser Stelle zum Abbruch der Replikation, da die komplementäre Base nicht spezifiziert werden kann, was in der Regel zum Tod der Zelle führt. Gelegentlich „überspringt" die Polymerase diese Stelle, so dass eine Deletion entsteht, oder es wird ein falsches Nukleotid eingebaut. In der DNA einer Säugerzelle kommt es unter normalen Bedingungen zum spontanen Verlust von etwa 10 000 Purinen/Zellgeneration. Dies würde immense Schädigungen des Organismus zur Folge haben, hätte die Zelle nicht sehr effektive Mechanismen zur Reparatur dieser Fehler entwickelt (s. u.).

Eine weitere Form spontan auftretender Veränderungen ist die **Desaminierung** von in der DNA vorhandener Basen: Cytosin wird dabei chemisch so verändert, dass Uracil entsteht, und aus 5-Methylcytosin wird Thymin (Abb. 16.**6a**).

Während das durch spontane Deaminierung entstehende fehlerhafte Uracil bei *E. coli* meist aus der DNA entfernt und durch die korrekte Base ersetzt wird, unterbleibt die Reparatur des durch Deaminierung von 5-Methylcytosin entstandenen Thymins. Auf diese Weise wird in der nächsten Replikationsrunde aus dem C^m-G-Basenpaar ein T-A-Basenpaar, letztendlich findet also eine Transition von C-G → T-A statt (Abb. 16.**6b**). Somit bilden methylierte Cytosine sog. „hotspots" für Mutationen, die besonders häufig betroffen sind. Deaminierung wird vorzugsweise durch Nitrat (NO_3) oder Nitrit-Ionen (NO_2^-), die bei Stoffwechselprozessen entstehen, ausgelöst. In ihrer Anwesenheit versagt das Reparatursystem, so dass dann aus einem C-G-Basenpaar ebenfalls ein T-A-Basenpaar entsteht.

Andere chemische Veränderungen der DNA werden durch **oxidative Zerstörung** von Basen erzeugt. Verursacher dieser Zerstörung sind hochreaktive Sauerstoffradikale ($O_2\cdot$), Wasserstoffperoxid (H_2O_2) oder Hydroxylradikale ($OH\cdot$). Die Radikale, die in jeder Zelle als Folge des aeroben Stoffwechsels entstehen und zusammengefasst den **oxidativen Stress** einer Zelle ausmachen, werden normalerweise durch sehr effektive Mechanismen bekämpft. Trotzdem lösen Radikale immer wieder Beschädigungen in der DNA aus, etwa durch Oxidation von Thymidin zu Thymidinglykol, was später zum Abbruch der Replikation an dieser Stelle führt (Abb. 16.**7**). Oxidation von Guanosin zu 8-Oxo-7-Hydrodesoxyguanosin ermöglicht häufig eine Fehlpaarung mit Thymidin, was

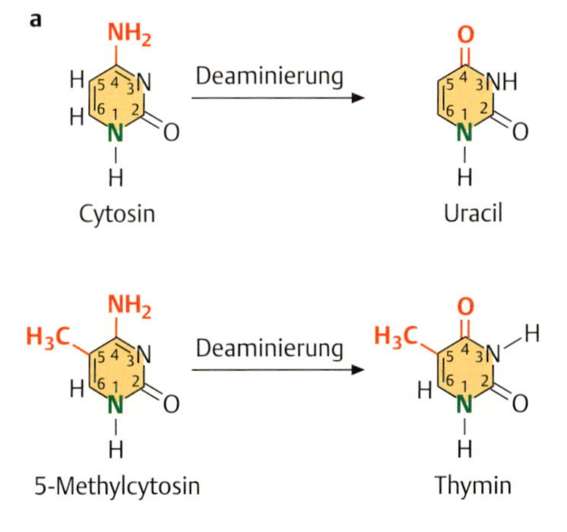

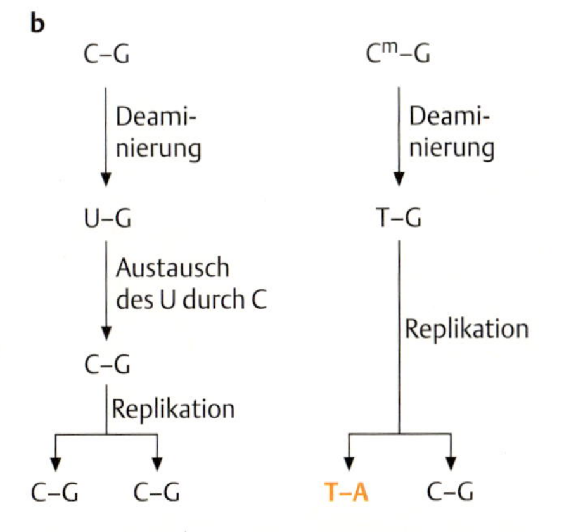

Abb. 16.6 Mutation durch Deaminierung.
a Die Stickstoff-Atome, die an den Zucker gebunden sind, sind grün markiert.
b Deaminierung von 5-Methylcytosin (C^m).

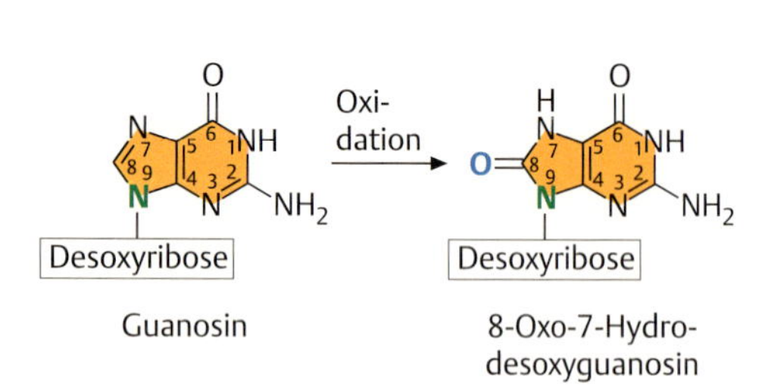

Abb. 16.7 Oxidation durch Sauerstoffradikale.

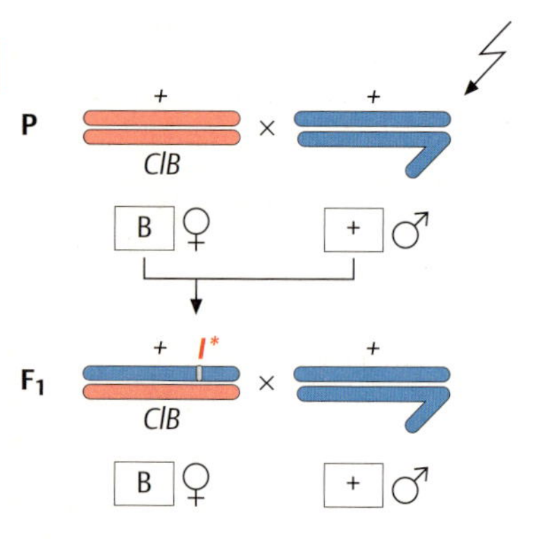

Abb. 16.8 Schematische Darstellung der von H. J. Muller entwickelten *ClB*-Methode zur Aufdeckung letaler Mutationen. Bestrahlte Männchen werden mit heterozygoten *ClB*-Weibchen gekreuzt. In der F_1-Generation sind möglicherweise induzierte Letalmutationen (*l**) heterozygot in den Töchtern vorhanden. Da die Hälfte der Töchter das *ClB*-Chromosom mit der dominanten Mutation *B* tragen, haben sie nierenförmige Augen. Diese Weibchen werden nun einzeln mit wildtypischen Männchen gekreuzt. Trug das mutagenisierte X-Chromosom eine Letalmutation, so treten in der F_2-Generation keine Männchen auf, da sowohl die neu induzierte Letalmutation (3) als auch die Letalmutation *l* auf dem *ClB*-Chromosom (4) zur Letalität der hemizygoten Männchen führt. Die induzierte Letalmutation bleibt in den Weibchen der Klasse 1 erhalten. Die Weibchen können zur Etablierung eines Laborstammes benutzt werden.

schließlich in der Transition eines G-C-Basenpaares zu einem A-T-Basenpaar resultiert.

16.4 Mutagene erhöhen die Mutationsrate

Die Häufigkeit, mit der unter normalen Bedingungen Veränderungen in der DNA auftreten, ist sehr gering. Sie kann jedoch durch Einwirkung mutationsauslösender Agenzien, sog. **Mutagene**, stark erhöht werden.

16.4.1 Ionisierende Strahlen

Die mutationsauslösende Wirkung energiereicher Strahlung wurde erstmalig 1927 von Hermann Joseph Muller nachgewiesen. Neben UV-Strahlung rechnet man hierunter auch **ionisierende Strahlung**, zu der **Röntgenstrahlen**, sowie die bei radioaktivem Zerfall gebildete γ-**Strahlung** und die α- und β-**Partikel** gehören. Die Wirkung ionisierender Strahlung beruht in der Erzeugung hochreaktiver, freier Radikale, die mit anderen Molekülen, einschließlich der DNA, reagieren. Es gibt unterschiedliche Maßeinheiten ionisierender Strahlung (Becquerel, Röntgen, Rad, rem, Sievert). Die für die Auswirkung auf lebendes Gewebe verwendete Einheit ist das Sievert (Sv) bzw. rem: 1 Sv = 100 rem, 1 rem = Schaden auf lebendes Gewebe, der durch Einwirkung von 1 rad (Energiedosis: 1 rad = 100 ergs/Gramm = 0,01 Joule/kg) verursacht wird.

Unter Verwendung des *ClB*-Chromosoms (s. Abb. 11.**8**, S. 118) entwickelte Muller eine Methode, die es ihm erlaubte, jede letale Mutation auf dem X-Chromosom von *Drosophila* zu entdecken (Abb. 16.**8**).

Durch Verwendung von unterschiedlichen Strahlendosen konnte Muller die spontane Mutationsrate wesentlich erhöhen (Abb. 16.**9**).

Die **spontane Mutationsrate** von 1,5/1000 X-Chromosomen kann durch Behandlung mit ionisierender Strahlung, die beim Durchtritt durch das Gewebe Ionen erzeugt (z. B. γ-Strahlen) oder mit nicht-ionisierender Strahlung (z. B. **UV-Strahlen**) erhöht werden. Die Häufigkeit der durch Strahlung ausgelösten Mutationen nimmt linear mit der verwendeten Dosis der Strahlung zu. Da die erhaltene Dosis akkumuliert, ist die Häufigkeit, mit der Mutationen in einem Individuum entstehen, proportional zur Gesamtmenge der über die Zeit erhaltenen Strahlendosis. Dies gilt nicht nur für Strahlung, sondern allgemein für alle Mutagene, denen ein Organismus über die Zeit ausgesetzt ist.

Ionisierende Strahlung wirkt in vielen Fällen über die Erzeugung **hochreaktiver Radikale**. Bei der Auslösung von Mutationen sind hierbei vor

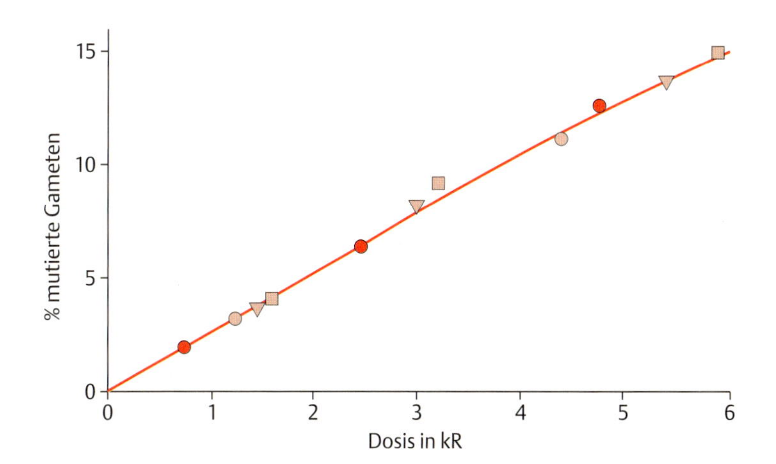

Abb. 16.9 Zusammenhang zwischen Strahlendosis und Mutation. Verschiedene Strahlen können bei gleicher Zahl von Ionisierungen (gemessen in Kiloröntgen, kR) in gleichem Maße die Mutationsrate erhöhen. Rosa Kreise = 10 kV Röntgenstrahlen, rote Kreise = 160 kV Röntgenstrahlen, Dreiecke = γ-Strahlen, Quadrate = β-Strahlen
[nach Bresch und Hausmann 1972].

allem Hydroxyl- und Sauerstoffradikale sowie H_2O_2 zu nennen, die, wie oben beschrieben, zu oxidativer Zerstörung der Basen führen können. Bei stärkerer Einwirkung ionisierender Strahlung können Einzel- oder Doppelstrangbrüche, Modifikationen oder Zerstörungen von Basen induziert werden, was meist zum Tod der Zelle führt.

Auch ultraviolettes Licht kann Mutationen auslösen. Da seine Reichweite im Gewebe nicht groß ist, sind hiervon vor allem Hautzellen betroffen. Ein durch UV-Strahlung häufig induzierter Defekt besteht in der Ausbildung von Dimeren zwischen zwei benachbarten Pyrimidinen, vor allem zwischen Thyminen. Wird dieser Defekt nicht repariert (s. u.), kommt es an dieser Stelle bei der nächsten Replikation zum Abbruch der Reaktion.

16.4.2 Chemische Mutagene

Neben energiereicher Strahlung gibt es zahlreiche chemische Verbindungen, die die Eigenschaften der DNA verändern und dadurch Mutationen auslösen können (Box 16.**2**). Die Folge sind Fehlpaarungen und möglicherweise Transitionen oder Transversionen. Bestimmte Chemikalien können sich in die DNA einlagern (interkalieren), was die Präsenz eines zusätzlichen Basenpaars vortäuscht (Tab. 16.**1**). In den Fällen, in denen diese Modifikationen im proteinkodierenden Teil eines Gens stattfinden, haben sie fast immer Auswirkungen auf die Struktur und somit die Funktion des jeweiligen Proteins.

Basenmodifizierende Agenzien

Zu den **alkylierenden Agenzien** zählen die häufig für Mutagenesen eingesetzten Chemikalien **Ethylmethansulfonat** (**EMS**), **Nitrosoguanidin** (**NG**, Abb. 16.**10a**) und **Ethylnitrosoharnstoff** (**ENU**). Diese Agenzien fügen eine Alkylgruppe (EMS und ENU: Ethylgruppe, NG: Methylgruppe) an einzelne Basen an, wodurch ihre chemischen Eigenschaften derart verändert werden, dass sie mit anderen Basen als sonst üblich Wasserstoffbrückenbindungen eingehen.

So wird z. B. durch die Alkylierung von Guanin dieses in O-6-Ethylguanin überführt, das nicht mit Cytosin, sondern mit Thymin paart, d. h. es findet nach der nächsten Replikation eine Transition eines G-C-Paares in ein A-T-Paar statt.

Box 16.2 Mutagene sind auch Karzinogene

Viele der beschriebenen Agenzien, die Mutationen auslösen (Strahlung, Chemikalien), haben gleichzeitig auch karzinogene (kanzerogene), also krebsauslösende Wirkung. Der Prozess der Krebsentstehung ist eng mit der Bildung einer Mutation verbunden, wobei in den meisten Fällen mehr als eine Mutation nötig ist, damit eine Zelle zur Tumorzelle wird. Dies erklärt auch, warum die Häufigkeit der Krebsentstehung mit zunehmendem Alter ansteigt. **Karzinogene** können sehr spezifische Wirkungen haben, je nachdem, wo sie im Körper agieren. So kann UV-Licht auf Grund der geringen Energie und Reichweite seine Wirkung nur kurz unter der Hautoberfläche entfalten, wo es an der Auslösung von Hautkrebs beteiligt ist. Einige Karzinogene wirken unmittelbar auf die DNA ein und führen zu ihrer chemischen Modifikation. In vielen Fällen jedoch sind Karzinogene selbst wenig reaktive Substanzen, die erst durch den zellulären Stoffwechsel reaktiv werden und die DNA verändern oder zerstören können. An dieser Umwandlung ist vor allem ein intrazelluläres Enzymsystem, das **P_{450}-System** beteiligt, zu dem u. a. die **P_{450}-Cytochrom-Oxidase** gehört. Die eigentliche Funktion dieser Enzyme besteht in der Umwandlung toxischer Substanzen, so dass sie für den Körper unschädlich gemacht werden (Entgiftung). Einige Chemikalien entfalten aber gerade erst nach Einwirkung von P_{450} ihre mutagene Wirkung. Zu diesen gehört **Benzpyren**, das in **Teer** und **Tabakrauch** vorkommt, sowie das Pilzgift **Aflatoxin B_1**.

Tab. 16.1 Zusammenfassung der durch Mutagene ausgelösten Veränderungen der DNA

Mutagen	Modifikation
Ethylmethansulfonat (EMS) oder Ethylnitrosoharnstoff (ENU)	Ethylierung von Basen, dadurch Fehlpaarung. G→A- oder T→C-Transition
Nitrosoguanidin (NG)	Methylierung von Basen, dadurch Fehlpaarung. Vorzugsweise G→A-Transition
Hydroxylamin (HA)	Hydroxylierung von Cytosin, dadurch Fehlpaarung. C→T-Transition.
Bromdesoxyuridin (BrdU)	Thyminanalogon, löst Fehlpaarung aus. T→C- und A→G-Transition.
2-Aminopurin	Adeninanalogon, löst Fehlpaarung aus. A→G-Transition.
Acridinorange	Interkaliert zwischen zwei Basenpaare der DNA-Doppelhelix. Insertion oder Deletion von Basenpaaren.
Proflavin	Interkaliert zwischen zwei Basenpaare der DNA-Doppelhelix. Insertion oder Deletion von Basenpaaren.

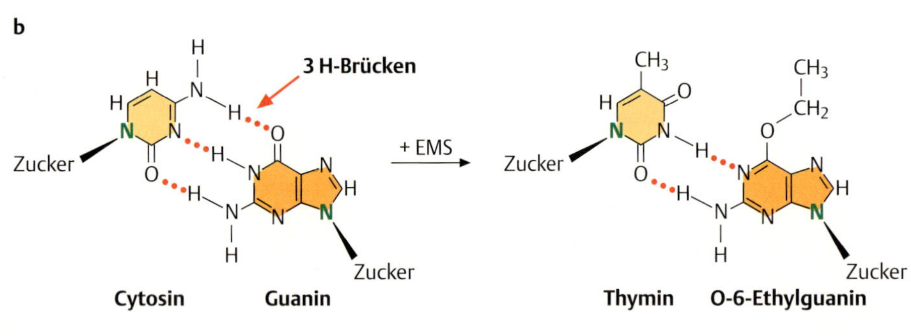

Abb. 16.10 Alkylierung von Basen verursacht Fehlpaarungen.
a Die Struktur der alkylierenden Agenzien Ethylmethansulfonat (EMS) und Nitrosoguanidin (NG). Die Ethyl- bzw. Methylgruppe ist blau markiert.
b Die durch Alkylierung von Guanin und Thymin induzierte Modifikation und die dadurch erzeugten Fehlpaarungen. Die grün markierten Stickstoff(N)-Atome stellen die Bindung mit der Desoxyribose her. Die roten, gepunkteten Linien markieren Wasserstoffbrücken. Aus einem C-G-Basenpaar entsteht schließlich ein T-A-Basenpaar, und aus einem A-T-Basenpaar entsteht nach Alkylierung von Thymin ein G-C-Basenpaar.

Hydroxylamin (**HA**) führt ebenfalls zur Transition eines G-C- in ein A-T-Basenpaar. Es wirkt vermutlich über die Hydroxylierung (Anfügen einer OH-Gruppe) von Cytosin, wodurch dieses in N-4-Hydroxycytosin übergeht. Dieses bildet eine Fehlpaarung mit Adenin aus.

Einbau von Basenanaloga

Basenanaloga sind Agenzien, deren chemische Struktur denen von natürlichen Nukleotiden sehr ähnlich ist, so dass sie bei der Replikation an Stelle eines normalen Nukleotids eingebaut werden. Sie haben aber andere Paarungseigenschaften als die eigentlichen Basen, so dass es bei der nächsten Replikationsrunde zum Austausch eines Basenpaares kommt.

Das bekannteste Basenanalogon ist **Bromdesoxyuridin** (**BrdU**), ein Analogon von Thymidin, das an Stelle der Methylgruppe in der C5-Position ein Brom-Atom trägt. BrdU kann in zwei Formen auftreten, in der Ketoform und in einer ionisierten Form. In der Ketoform verhält es sich wie Thymidin und paart mit Adenin (Abb. 16.**11a**). Allerdings induziert das Brom-Atom sehr leicht eine Verschiebung der Elektronen, so dass eine ionisierte Form gebildet wird, die nun mit Guanin paart, was schließlich zum Austausch eines A-T-Basenpaars zu einem G-C-Basenpaar führt (Abb. 16.**11b**).

Interkalierende Agenzien

Substanzen, die als **interkalierende Agenzien** bezeichnet werden, sind planar gebaute Moleküle, zu denen **Proflavin** und **Acridinorange** gehören (Abb. 16.**12**). Sie verändern nicht die Struktur einzelner Basen, sondern täuschen ein ganzes Basenpaar vor und können sich selbst zwischen zwei Basenpaare der DNA-Doppelhelix schieben (interkalieren). Hier-

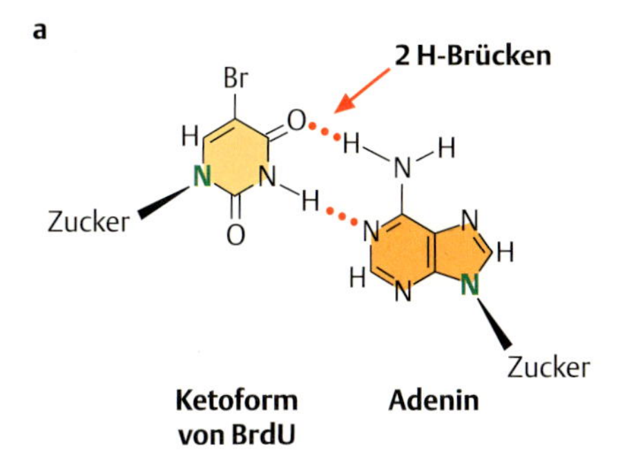

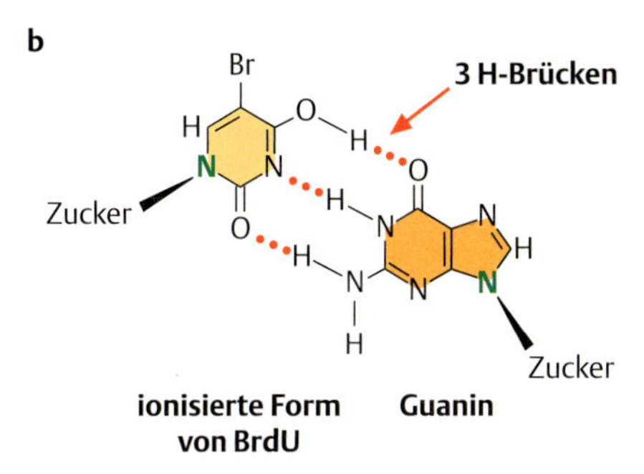

Abb. 16.11 Alternative Basenpaarung von Bromdesoxyuridin.

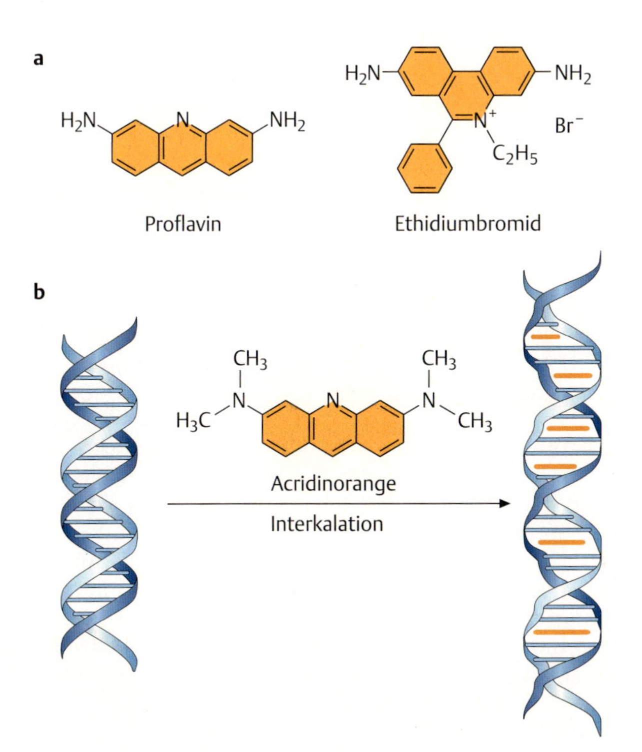

Abb. 16.12 Struktur und Wirkungsweise interkalierender Chemikalien.
a Die Struktur von Proflavin und Ethidiumbromid.
b Modell zur Wirkungsweise eines interkalierenden Moleküls, hier Acridinorange.

durch kann es nach der nächsten Replikation zur Insertion oder Deletion einzelner Basenpaare kommen.

16.5 Reparatursysteme in der Zelle

Die **Mutationsrate**, definiert als Anteil der in einem Generationszyklus im haploiden Genom neu mutierten Gameten, ist von einer Reihe von Faktoren abhängig, wie z. B. Alter des Organismus, Temperatur und anderen äußeren Einwirkungen, aber auch vom Genotyp. Einige Gene werden häufig, andere seltener von Mutationen betroffen. So finden Mutationen im *Drosophila*-Gen *yellow*, die zu gelber Körperfarbe führen, mit einer Häufigkeit von $1{,}2 \times 10^{-4}$/Gamet und Generation statt. Mutationen, die zu Streptomycin-Resistenz bei *E. coli* führen, treten mit einer Häufigkeit von 4×10^{-10}/Zelle und Generation auf. Statistisch beträgt die Häufigkeit, mit der in einer DNA spontane Veränderungen der Basen stattfinden, etwa 1 in 10^{9}–10^{10} Nukleotidpaare/Zellgeneration. Die tatsächlich stattfindenden Veränderungen sind aber wesentlich höher, führen aber auf Grund mehrerer sehr effektiver enzymatischer **Reparaturmechanismen** nicht zu stabilen Mutationen. Somit gewährleisten die **Reparatursysteme** eine hohe Stabilität der genetischen Information. Ein Ausfall der DNA-Reparatursysteme führt zur Erhöhung der Mutationsrate. Einige dieser Reparatursysteme sollen hier besprochen werden.

16.5.1 Direkte Reparatur eines DNA-Schadens

Der direkteste Weg zur Behebung einer Mutation ist ihre Reparatur unmittelbar nach ihrer Entstehung, die **Reversion**. Allerdings macht die Zelle nicht sehr häufig von ihr Gebrauch. Auch können nicht alle Arten von Mutationen rückgängig gemacht (revertiert) werden. Gut zu revertierende Mutationen sind solche, die nach Einstrahlung von UV-Licht (Wellenlänge 254 nm) durch Dimerisierung benachbarter Basen entstanden sind. Bei einigen niederen Organismen spielt hierbei das Enzym **Photolyase** eine wichtige Rolle, das an das Dimer bindet und es spaltet. Die Photolyase benötigt für ihre Aktivität langwelliges UV- oder sichtbares Licht (Wellenlänge 320–410 nm), kann also nicht im Dunkeln wirken.

Alkyltransferasen sind Enzyme, die durch Alkylierung erzeugte Mutationen, wie sie nach Einwirkung von EMS oder NG entstehen (s. Abb. 16.**10**), rückgängig machen. Die Methyltransferase erreicht dies, indem sie die Methylgruppe vom O-6-Methylguanin auf sich selbst überträgt, wodurch sie inaktiviert wird.

16.5.2 Heraustrennen eines DNA-Schadens

Das **Exzisionsreparatursystem** schneidet mutierte Nukleotide aus dem DNA-Einzelstrang heraus, indem Phosphodiesterbindungen 5′ und 3′ des Defekts gelöst werden. Die durch das Herausschneiden (Exzision) eines Oligonukleotids entstehende Lücke, die bei *E. coli* 12–13, bei Eukaryonten 27–29 Nukleotide groß ist, wird mittels einer hierfür vorgesehenen DNA-Polymerase und einer Ligase aufgefüllt und somit repariert. An der Exzisionsreparatur sind mehrere Enzyme, die **Exzinukleasen**, beteiligt. Diese müssen die beschädigte DNA erkennen, an beiden Seiten der Beschädigung Einzelstrangschnitte setzen, den dazwischen liegenden Abschnitt entwinden und den Zugang der DNA-Polymerase III und Ligase ermöglichen.

Im Gegensatz zu diesem System werden durch das **DNA-Glykosylase-Reparatursystem** keine Einzelstrangschnitte gesetzt, sondern es wird die N-glykosidische Bindung zwischen einer defekten Base und dem Zucker gespalten. Nach der Freisetzung der Base entsteht somit eine **apurinische** bzw. **apyrimidinische Stelle** (AP-Stelle, s. o.). DNA-Glykosylasen erkennen jeweils spezifisch eine defekte Base. So erkennt und entfernt die Uracil-DNA-Glykosylase Uracil, das durch spontane Deaminierung von Cytosin entsteht (s. o.). Andere Glykosylasen erkennen und entfernen Hypoxanthin, das Deaminierungsprodukt von Adenin, wieder andere methylierte oder durch oxidative Zerstörung veränderte Basen. Die durch das Heraustrennen der Base entstehende Lücke wird durch das **AP-Endonuklease-Reparatursystem** repariert. Hierzu wird der Einzelstrang 5′ und 3′ der Lücke geschnitten, der Abschnitt herausgetrennt, und anschließend die Lücke durch DNA-Polymerase I unter Verwendung des noch vorhandenen Einzelstrangs als Matrize aufgefüllt und durch Ligase verbunden.

16.5.3 Erkennen und Reparatur von Replikationsfehlern

Basensubstitutionen führen zur Ausbildung von Fehlpaarungen (s. o.), etwa wenn durch spontanen Verlust einer Aminogruppe vom Cytosin aus einem G-C-Paar ein G-T-Paar entsteht. Ein als **Fehlpaarungsreparatursystem** (mismatch repair system) bezeichnetes System erkennt und repariert solche falschen Basenpaare, also etwa G-T- oder A-C-Basenpaare, allerdings nur kurz nach der Replikation. Die hierbei beteiligten Enzyme haben folgende Fähigkeiten:

- sie erkennen Fehlpaarungen,
- sie entscheiden, welche der beiden Basen in einer Fehlpaarung die falsche ist,
- sie entfernen die falsche Base und fügen die korrekte Base ein.

Wie entscheiden jedoch diese Enzyme, welches die „falsche" Base in einem Basenpaar ist? Diese Fähigkeit beruht auf der Tatsache, dass bei Bakterien, bei denen dieses System gut untersucht ist, einige Basen, etwa Adenin, methyliert werden. Das dabei entstehende 6-Methyladenin paart ebenfalls mit T. Die Methylierung wird von der Adeninmethylase katalysiert, die die Sequenz G-A-T-C erkennt. Die Methylierung erfolgt jedoch erst mit einer Verzögerung von wenigen Minuten im Anschluss an die Replikation, so dass in dieser Zeit nur der Matrizenstrang, also der alte Strang, methyliert ist, der neu synthetisierte Strang aber noch nicht. Dieser **Unterschied im Methylierungsmuster** wird vom Reparatursystem erkannt (Abb. 16.**13**). Es schneidet die falsche Base auf dem neu synthetisierten Strang heraus und ersetzt sie durch die richtige.

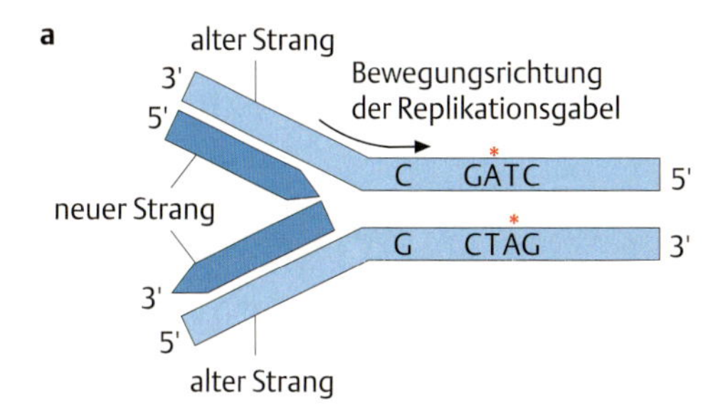

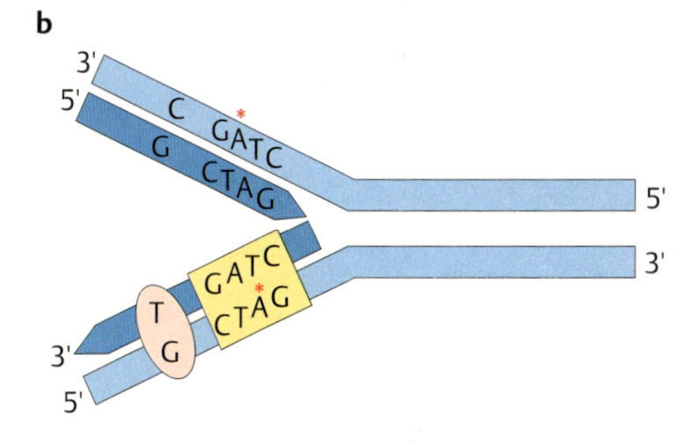

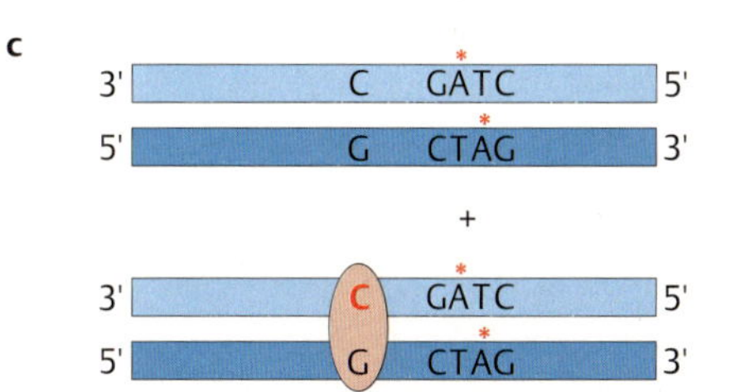

Abb. 16.13 Modell zur Erklärung des Fehlpaarungsreparatursystems bei *E. coli*.
a Replikationsgabel. Die Adenine in der Sequenz GATC in der ursprünglichen Doppelhelix (hellblau) sind methyliert (*).
b Bei der Replikation wird in dem unteren der beiden neu synthetisierten Stränge (dunkelblau) ein T an Stelle eines C eingebaut. Die Sequenz GATC in den neu synthetisierten Strängen ist zunächst noch nicht methyliert. Diese hemimethylierte Sequenz wird vom Reparatursystem (gelbes Rechteck) erkannt.
c Nach Heraustrennen des falschen T und Austausch gegen C ist die ursprüngliche Sequenz wieder hergestellt. Die Adeninbasen in den neu synthetisierten Strängen werden methyliert.

Zusammenfassung

- In jeder Zelle treten spontan **Mutationen** auf, die zum Austausch, zur Deletion oder zur Duplikation von Basen führen können. Die Mutationen werden durch Instabilität der Basen, durch Fehler bei der Replikation oder durch chemische Modifikationen der Basen induziert.

- Mutationen können in **Keimzellen** und **somatischen Zellen** auftreten. Nur Mutationen in Keimzellen werden an die nachfolgende Generation vererbt.

- Durch Behandlung mit **Mutagenen** kann die **Mutationsrate** erhöht werden. Als Mutagene wirken ionisierende Strahlung und Chemikalien.
- Chemische Mutagene können Basen modifizieren, sie können als **Basenanaloga** auftreten oder in die DNA interkalieren.
- Zellen verfügen über effiziente **Reparatursysteme**, die die meisten Fehler reparieren, so dass Mutationen verhindert werden. Schäden können sofort nach ihrer Entstehung oder erst nach der Replikation repariert werden.

17 Regulation der Genaktivität

In den vorangegangenen Kapiteln wurde dargestellt, wie DNA in RNA umgeschrieben und diese dann in Proteine übersetzt wird. Diesen Vorgang, also Transkription und Translation eines Gens, fasst man unter dem Begriff **Genexpression** zusammen. Aber nicht alle Gene eines Genoms werden zur selben Zeit in allen Zellen ausgeprägt, **exprimiert**. So werden in einer Muskelzelle die für die Kontraktion nötigen Proteine, wie z.B. Muskelmyosin, synthetisiert. In einer Leberzelle werden Enzyme gebildet, die für die Entgiftung des Organismus erforderlich sind, nicht aber Muskelmyosin. Neben diesen zelltypspezifisch exprimierten Genen gibt es natürlich auch solche, die in allen Zellen exprimiert werden, die so genannten **Haushaltsgene**. Auch Bakterien müssen die Synthese ihrer Proteine kontrollieren. Das ist dann von Bedeutung, wenn unterschiedliche Zucker, wie Laktose, Glukose oder Maltose, als Energiequelle zur Verfügung stehen. Die Aufnahme und der Abbau dieser Zucker wird durch unterschiedliche Enzyme kontrolliert, die nur dann gebildet werden, wenn der jeweilige Zucker angeboten wird. Diese Beispiele zeigen, dass bei Pro- und Eukaryonten die Genexpression, also die Synthese von RNA und Protein, sehr genau kontrolliert sein muss.

Die **Kontrolle der Genexpression** erfolgt einerseits autonom durch die in der DNA gespeicherte Information, so z.B. bei der Entwicklung der befruchteten Eizelle zum Embryo. Genexpression kann aber auch durch äußere Einflüsse gesteuert werden. So führt das Nahrungsangebot vor allem bei Einzellern zur **Regulation der Enzymsynthese**. Bei höheren Organismen können äußere Faktoren ebenfalls einen Einfluss auf die Genexpression haben. Am besten bekannt ist wohl die Reaktion auf Temperaturerhöhung, der **Hitzeschock**, der eine bestimmte Gruppe von Genen, die Hitzeschockgene, aktiviert. Aber auch andere **Stressfaktoren**, wie bestimmte **Chemikalien, Verletzungen** oder Befall durch **Parasiten** kann in der betroffenen Zelle zu einer Umstellung des genetischen Programms führen.

In diesem Kapitel werden verschiedene Mechanismen zur Regulation der Genexpression vorgestellt. Bei **Prokaryonten**, deren mRNA unmittelbar nach der Synthese für die Translation zur Verfügung steht, erfolgt die Steuerung hauptsächlich auf der Ebene der **Transkription**. Bei **Eukaryonten**, in denen **Transkription** und **Translation** räumlich getrennt sind, kann an verschiedenen Stellen reguliert werden, nicht nur bei der Transkription und der Translation, sondern auch bei der **Reifung der mRNA** und des **Proteins**.

17.1 Regulation der Genaktivität bei Prokaryonten

Bei Bakterien (und auch bei höheren Zellen) unterscheidet man die **konstitutiv exprimierten Gene**, die ständig, also unabhängig vom Milieu, aktiv sind, von den **induzierbaren Genen**, die nur bei Bedarf, etwa in Gegenwart eines abzubauenden Substrats, angeschaltet werden. Viele der zuckerabbauenden Enzyme gehören zur letzten Klasse. Damit eine

Bakterienzelle nur die für den Abbau des angebotenen Zuckers benötigten Enzyme synthetisiert, nicht aber die vielen nicht benötigten, muss sie

1. die Bedingungen in ihrer Umgebung erkennen können und
2. über Mechanismen verfügen, die es ihr erlauben, die für den Abbau des vorhandenen Zuckers erforderlichen Gene zu aktivieren und die Expression der nicht benötigten Gene zu unterdrücken, zu reprimieren.

Das bekannteste und am ausführlichsten beschriebene Beispiel zur Regulation der Genaktivität bei Bakterien ist das **lac-Kontrollsystem**, das den Abbau von Laktose reguliert.

17.1.1 Modell der Genregulation: das *lac*-Operon

François Jacob und Jacques Monod beschäftigten sich intensiv mit dem **Laktose-Metabolismus von E. coli**, insbesondere mit der Frage: „Woher *weiß* eine Bakterienzelle, welche Zucker in der Umgebung vorhanden sind, um dann die für den Abbau nötigen Enzyme zu synthetisieren?" Das von ihnen 1961 aufgestellte Modell lieferte eine Erklärung dafür, wie mehrere Gene, deren Produkte unterschiedliche Schritte derselben Stoffwechselkette kontrollieren (hier den Abbau von Laktose), koordiniert an- und abgeschaltet werden. Der erste Schritt hierbei ist die Erkennung der Laktose im Medium, der dann die Synthese der abbauenden Enzyme einleitet. Die Neubildung eines Proteins oder Enzyms als Antwort auf ein äußeres Signal bezeichnet man (nicht nur bei Bakterien) als **Induktion**, das Agens, das die Reaktion auslöst, als **Induktor**.

Negative Regulation des *lac*-Operons

Nach Zugabe des **Induktors**, des Disaccharids **Laktose** (Milchzucker) (Abb. 17.**1a**), produziert die Zelle etwa 1000-mal so viel **β-Galaktosidase** wie in Abwesenheit des Induktors, wobei bereits drei Minuten nach Laktose-Zugabe die ersten neu gebildeten β-Galaktosidase-Moleküle nachgewiesen werden können. β-Galaktosidase spaltet die Laktose in die Monosaccharide Galaktose und Glukose. In den meisten Experimenten verwendet man statt Laktose das synthetische **β-Galaktosid Isopropyl-β-D-Thiogalaktosid, IPTG** (Abb. 17.**1b**), das dieselben induzierenden Eigenschaften hat wie Laktose, aber nicht durch β-Galaktosidase gespalten wird. Auf diese Weise ist gewährleistet, dass seine Konzentration in der Zelle während des gesamten Experiments konstant bleibt. Entfernt man den Induktor, kommt es zur sofortigen Einstellung der Neusynthese.

Gleichzeitig mit der Neubildung der β-Galaktosidase findet die Induktion von zwei weiteren Enzymen statt: Die **Galaktosidpermease** erleichtert die Aufnahme von Galaktosiden (u. a. auch Laktose) aus der Umgebung in die Zelle, während die Funktion des dritten Enzyms, der **Transacetylase**, nicht bekannt ist. β-Galaktosidase, Permease und Transacetylase werden von drei verschiedenen Genen kodiert, die Jacob und Monod *Z*, *Y* und *A* nannten und die nebeneinander auf der DNA liegen. Von allen drei Genen wird eine gemeinsame, durchgehende mRNA transkribiert, die die drei Proteine kodiert **(polycistronische mRNA)**.

In einer Serie von Experimenten charakterisierten Jacob und Monod Mutationen, genannt O^c, die dazu führen, dass die Zelle β-Galaktosidase auch ohne Zugabe des Induktors in erhöhter Menge produziert. Wildtyp-Zellen, die O^+ sind, können nur in Anwesenheit des Induktors die β-Galaktosidase synthetisieren, während O^c-Zellen dies gleichermaßen in

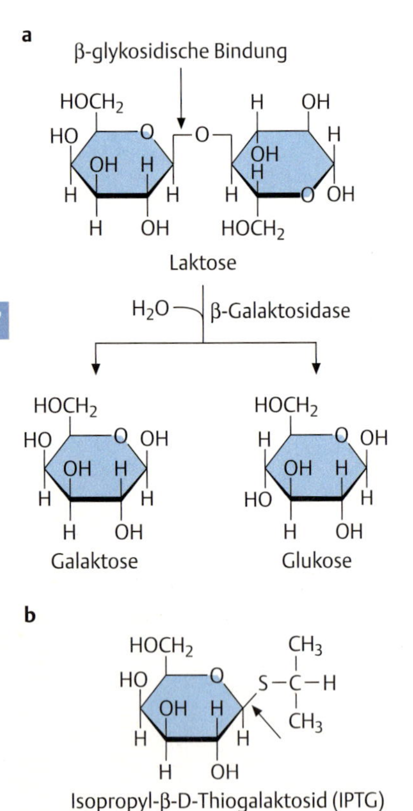

Abb. 17.1 Der Abbau von Laktose durch β-Galaktosidase.
a Das Enzym β-Galaktosidase katalysiert unter Hinzufügen von Wasser die Spaltung der β-glykosidischen Bindung der Laktose.
b Struktur von IPTG, einem Induktor des *lac*-Operons. Die Bindung (Pfeil) wird durch β-Galaktosidase nicht gespalten.

An- oder Abwesenheit des Induktors tun. Dies war das erste Beispiel einer Mutation, die nicht zu einer Veränderung in der *Aktivität* eines Enzyms führte, sondern eine Veränderung in der *Produktion* des Enzyms zur Folge hatte. Die Mutation hat somit einen Einfluss auf die Regulation der Synthese. Man kann dies so interpretieren, dass durch die Mutation ein hypothetischer **Regulator** inaktiviert wird, dessen normale Funktion darin besteht, die Synthese der drei Proteine in Abwesenheit des Induktors zu verhindern (zu reprimieren).

Mutationen, die zu einer nicht-regulierten Genaktivität führen, nennt man **konstitutive Mutationen**. Erstaunlicherweise wird in den **O^c-Mutanten** nicht nur β-Galaktosidase konstitutiv exprimiert, sondern auch Permease und Transacetylase, was auf eine gemeinsame Regulation aller drei Gene hinwies. Dies stand im Gegensatz zu Funktionsverlust-Mutanten, die jeweils nur ein Protein betrafen. Kartierungsergebnisse zeigten, dass die O^c-Mutation zwar in der Nähe der drei enzymkodierenden Gene liegt, aber keines der drei Gene selbst betrifft. Die Mutation O^c lag also in einer Region, die für die Steuerung der ganzen Gengruppe verantwortlich ist. Diese Region wurde **Operator** genannt. Die gesamte Einheit, bestehend aus den proteinkodierenden Genen und dem Regulator, dem Operator, wird **Operon** genannt, in diesem Fall also das *lac*-Operon.

Unter Verwendung des F-Faktors (s. Kap. 13.1, S. 152) kann man Bakterienzellen erzeugen, die außer ihrem eigenen, vollständigen Genom ein zusätzliches Genomfragment mit einem oder mehreren Genen besitzen. In diesen **Heterogenoten** liegt das interessierende Gen in zwei Kopien vor, die gleiche oder unterschiedliche Allele tragen können. Mit dieser Methode kann man etwa Fragen zur Dominanz eines der beiden Allele beantworten. In Zellen vom Genotyp O^+/O^c ist die Enzymproduktion weiterhin konstitutiv, trotz Anwesenheit eines Wildtypallels, d. h. O^c ist dominant über O^+ (Tab. 17.**1**, Stamm #4). Kombiniert man ein Operon mit intaktem Operator und defektem *Z*-Gen ($O^+ Z^- Y^+$) mit einem zweiten Operon auf dem F-Plasmid mit konstitutivem Operator und intaktem *Z*-Gen ($F' O^c Z^+ Y^-$, Tab. 17.**1**, Stamm #5), so wird β-Galaktosidase konstitutiv exprimiert, während Permease nur nach Induktion gebildet wird. Das bedeutet, jeder Operator kontrolliert nur die proteinkodierenden Gene, mit denen er strukturell verbunden ist. Man sagt, **O^c-Mutationen**

Tab. 17.1 Synthese von β-Galaktosidase und Permease bei Bakterienzellen unterschiedlichen Genotyps*

		β-Galaktosidase-Synthese		Permease-Synthese		Schlussfolgerung
Stamm #	Genotyp	–IPTG	+IPTG	–IPTG	+IPTG	
1	$O^+ Z^+ Y^+$	–	+	–	+	Wildtyp, induzierbar
2	$O^+ Z^+ Y^+ /F' O^+ Z^- Y^+$	–	+	–	+	Z^+ ist dominant über Z^-
3	$O^c Z^+ Y^+$	+	+	+	+	O^c ist konstitutiv
4	$O^c Z^+ Y^+/F' O^+ Z^+ Y^+$	+	+	+	+	O^c ist dominant über O^+
5	$O^+ Z^- Y^+ /F' O^c Z^+ Y^-$	+	+	–	+	Operator wirkt nur in *cis*
6	$I^+ Z^+ Y^+$	–	+	–	+	Wildtyp, induzierbar
7	$I^- Z^+ Y^+$	+	+	+	+	I^- ist konstitutiv
8	$I^+ Z^- Y^+/F' I^- Z^+ Y^+$	–	+	–	+	I^+ ist dominant über I^-
9	$I^- Z^- Y^+/F' I^+ Z^+ Y^-$	–	+	–	+	I^+ wirkt in *trans*
10	$I^s Z^+ Y^+$	–	–	–	–	I^s ist immer reprimiert
11	$I^s Z^+ Y^+/F' I^+$	–	–	–	+	I^s ist dominant über I^+

* Das dritte Gen *A* des *lac*-Operons, das die Transacetylase kodiert, ist hier weggelassen, da es nicht essenziell und seine Funktion unbekannt ist.
+ bedeutet: Synthese des Enzyms findet statt, – bedeutet: Synthese findet nicht statt.

sind in cis wirksam, da sie nur die Expression von denjenigen Genen beeinflussen, die auf demselben DNA-Molekül liegen wie der Operator selbst.

Eine weitere von Jacob und Monod isolierte Mutation führte ebenfalls zur konstitutiven Synthese aller Enzyme des *lac*-Operons. Sie nannten die **Mutation I**, da sie die **Induzierbarkeit** der drei Gene kontrolliert, und kartierten sie ebenfalls in die Nähe des Operons. Jedoch verhält sich diese Mutation bei Vorliegen von zwei verschiedenen Allelen völlig anders als O^c-Mutationen. So etwa sind I^+/I^--Zellen wieder induzierbar (Tab. 17.**1**, Stamm #8), d. h. I^+ ist dominant über I^-. Ferner zeigte I^+ eine „Fernwirkung", indem es auch die Gene kontrolliert, mit denen es nicht strukturell verbunden ist, es wirkt in *trans* (Tab. 17.**1**, Stamm #9). Es war zu vermuten, dass das Genprodukt von I^+ durch das Zytoplasma die Regulation des Operons mit dem I^--Allel beeinflussen kann und dort als **Repressor** wirkt, der die Synthese der Genprodukte unter normalen Bedingungen unterdrückt und diese nur nach Zugabe des Induktors ermöglicht.

Auf der Basis ihrer Ergebnisse formulierten Jacob und Monod ein Modell zur Regulation der Enzymsynthese, das sog. **Operon-Modell** (Abb. 17.**2**).

Das Modell geht davon aus, dass das Operon aus der Regulatorsequenz, dem Operator *O*, und den enzymkodierenden Genen *Z*, *Y* und *A* besteht. Ein weiteres Gen, *I*, kodiert ein Protein, den Repressor, der an den Operator bindet und die Transkription von *Z*, *Y* und *A* verhindert. Nach Zugabe des Induktors (Laktose in Abb. 17.**2** oder IPTG) bindet dieser an den Repressor, wodurch dieser vom Operator entfernt wird. Nun ist der Promotor zugänglich für die RNA-Polymerase und die drei Gene können transkribiert werden. Man sagt, das *lac*-Operon unterliegt einer **negativen Kontrolle**, da unter normalen, nicht-induzierten Bedingungen der

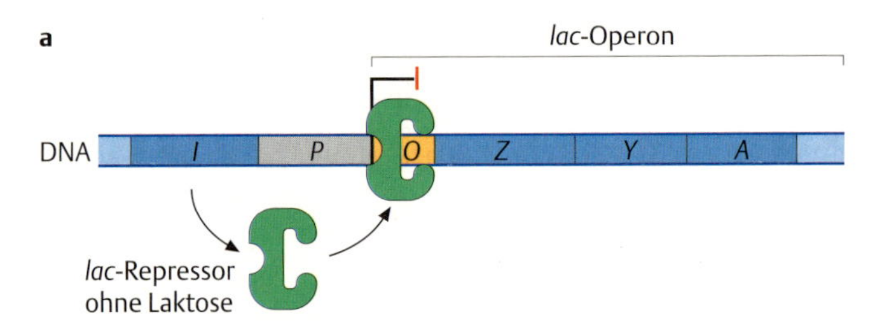

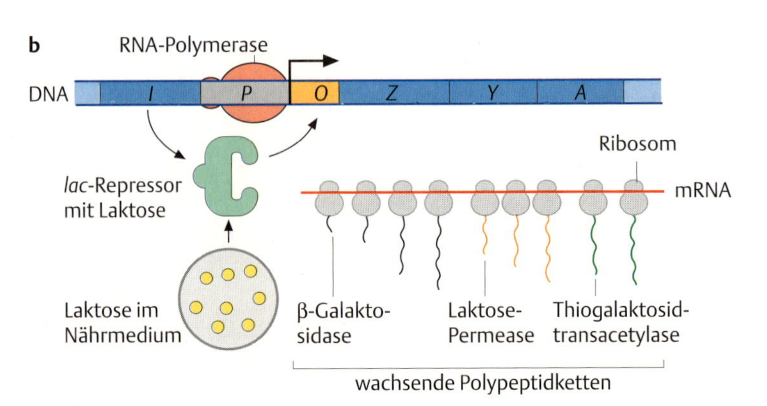

Abb. 17.2 Vereinfachte Darstellung des Operon-Modells von Francois Jacob und Jacques Monod (= Jacob-Monod-Modell).
a Bindet der *lac*-Repressor (grün) an den Operator (O), werden die Gene des *lac*-Operons (*Z*, *Y*, *A*) nicht transkribiert.
b Enthält das Medium Laktose, bindet diese an den *lac*-Repressor, wodurch dieser seine Konformation verändert und nicht mehr an die DNA binden kann. Das erlaubt die Bindung der RNA-Polymerase an den Promotor (P), und die Transkription der Gene des *lac*-Operons beginnt. Von der polycistronischen mRNA werden die drei Proteine β-Galaktosidase, Laktose-Permease und Thiogalaktosidtransacetylase gleichzeitig translatiert.

Repressor die Transkription blockiert. Die Transkription erfordert die Inaktivierung des Repressors.

An Hand dieses Modells sollen nun noch einmal die von Jacob und Monod erhaltenen genetischen Ergebnisse anschaulich zusammengefasst werden (Abb. 17.**3** und Tab. 17.**1**).

Die drei **Gene Z, Y** und **A** liegen hintereinander und ihre gemeinsame Transkription in eine **polycistronische mRNA** garantiert, dass ihre Genprodukte zur gleichen Zeit und in gleichen Mengen zur Verfügung stehen. Unter normalen Bedingungen wird die Synthese der polycistronischen mRNA durch die Aktivität des **Repressors** verhindert, der an den **Operator** in unmittelbarer Nähe des Transkriptionsstarts bindet. Der

a

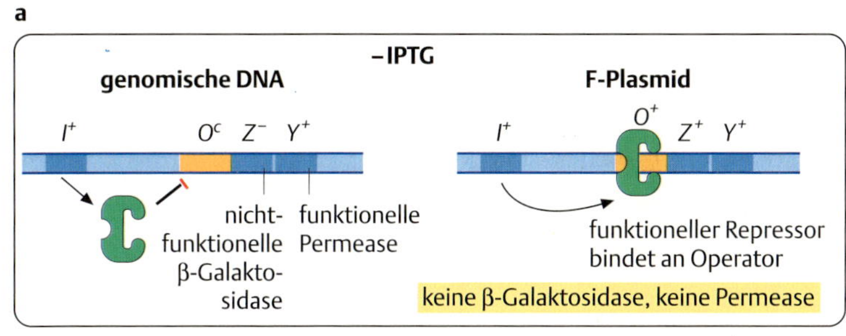

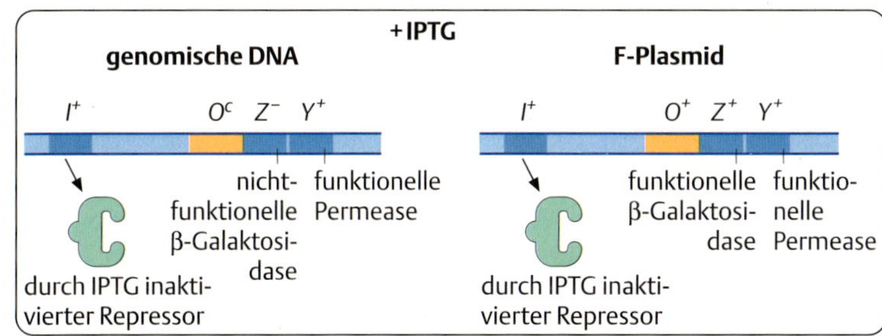

b

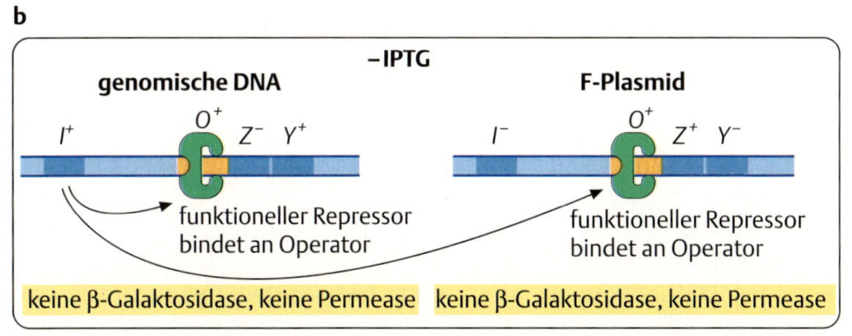

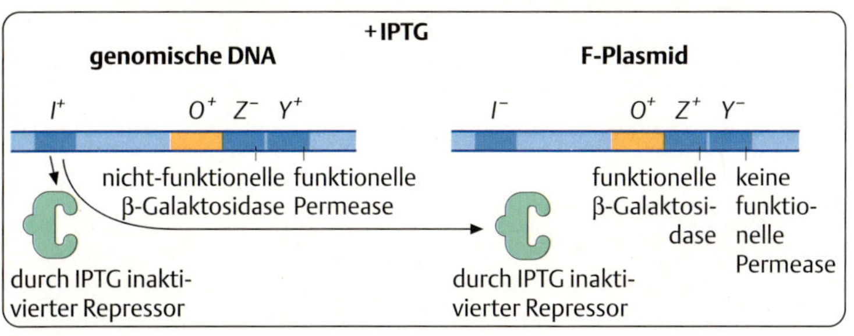

Abb. 17.3 Erklärung der Ergebnisse nach Mutation in *O* und *I*. Schematische Darstellung von *E. coli*-Zellen, die jeweils zwei Kopien des *lac*-Operons tragen, eine in der genomischen DNA und eine auf dem F-Plasmid.

a Die Kopie in der genomischen DNA trägt eine konstitutive Mutation im Operator (O^c) und eine Verlustmutation im β-Galaktosidase-Gen (Z^-), die Kopie auf dem F-Plasmid ist Wildtyp für *O*, *Z* und die Permease (*Y*). In Abwesenheit des Induktors IPTG exprimieren die Zellen konstitutiv funktionelle Permease, da der Operator auf der genomischen DNA den Repressor nicht binden kann, aber keine funktionelle β-Galaktosidase, da der Operator auf dem F-Plasmid den Repressor bindet. Der Operator O kann also nur diejenigen Gene regulieren, mit denen er strukturell verbunden ist. Nach Zugabe von IPTG wird auch das *lac*-Operon auf dem F-Plasmid exprimiert, so dass nun neben der Permease auch funktionelle β-Galaktosidase entsteht.

b Die Kopie in der genomischen DNA trägt ein wildtypisches *I*-Gen und Permease-Gen, die Kopie auf dem F-Plasmid ist mutant für *I* und *Y*. In Abwesenheit des Induktors wird funktioneller Repressor gebildet, der auch an den Operator auf dem F-Plasmid bindet. Man sagt: er wirkt „in *trans*". Nach Zugabe des Induktors werden funktionelle β-Galaktosidase und Permease gebildet.

Repressor ist das Genprodukt des Gens *I*. Mutationen im Gen *I*, die die Bildung des Repressors verhindern oder einen defekten Repressor kodieren, der nicht mehr an den Operator binden kann, resultieren in der konstitutiven Transkription der drei Gene. Das bedeutet, dass die Transkription der Gene auch in Abwesenheit des Induktors stattfindet. Dasselbe gilt für Mutationen im Operator, die dazu führen, dass der Repressor nicht mehr an die DNA binden kann.

Auf welche Weise aktiviert nun der **Induktor** die Transkription? Der Repressor hat nicht nur die Eigenschaft, an den Operator binden zu können, sondern er ist auch befähigt, an den Induktor, Laktose oder IPTG, zu binden. Bindet der Induktor an den Repressor, so löst sich dieser vom Operator, wodurch der Promotor zugänglich für die RNA-Polymerase wird: die Transkription erfolgt. Die Wirkungsweise des Induktors wird durch eine weitere Mutation im *I*-Gen, I^s, bestätigt. Diese Mutation führt, anders als I^-, zum Verlust der Induzierbarkeit: Auch bei Anwesenheit des Induktors werden *Z*, *Y* und *A* nicht abgelesen, selbst dann nicht, wenn eine Wildtyp-Kopie I^+ vorliegt. I^s ist also dominant über I^+ (s. Tab. 17.**1**, Stamm #10, 11). Dies lässt sich dadurch erklären, dass in Bakterien mit mutantem I^s-Gen eine Bindung des Induktors an den Repressor nicht mehr möglich ist: Die drei Gene werden nicht abgelesen, selbst bei Anwesenheit des Induktors. Ein auf diese Weise mutierter Repressor kann, nachdem er einmal an die DNA des Operators gebunden hat, nicht mehr abgelöst werden, und selbst ein Wildtyp-Repressor kann nichts ausrichten, da alle Operatorsequenzen blockiert sind: I^s ist dominant über I^+ (s. Tab. 17.**1**, Stamm #11).

lac-Promotor, -Repressor und -Operator

Wie die Regulation des *lac*-Operons auf molekularer Ebene erfolgt, ist inzwischen recht gut verstanden. Dabei spielt ein weiteres Element, der **Promotor**, der zwischen *I* und *O* liegt, eine wichtige Rolle. Wie wir gesehen haben (Kap. 14.2.1, S. 163) ist der prokaryotische Promotor die **Bindungsstelle für die RNA-Polymerase**, er dient also als **Transkriptionsstart**. Der *lac*-Promotor enthält die für einen typischen prokaryotischen Promotor üblichen Motive in der –35- und –10-Region (vgl. Abb. 14.**3**, S. 164). Da vom *lac*-Operon eine gemeinsame, polycistronische mRNA abgelesen wird, betreffen Mutationen im Promotor die Transkription der drei Gene, die mit ihm strukturell verbunden sind, d. h. Promotormutanten wirken, ähnlich wie Operatormutanten, in *cis*-Stellung. Die Bindung des Repressors an den Operator verhindert gleichzeitig die Bindung der RNA-Polymerase an den Promotor.

Der ***lac*-Repressor** ist ein Homodimer (aus zwei gleichen Untereinheiten bestehend), das an den **Operator** bindet. Die Bindungssequenz besteht aus 17 Nukleotiden, die unmittelbar vor dem *Z*-Gen liegen und mit diesem zusammen transkribiert werden. Die Sequenz ist ein **Palindrom**, d. h. Bereiche an einem Ende sind spiegelbildlich symmetrisch zu denen am anderen Ende (Abb. 17.**4**). Schon die Mutation einer einzigen Base wie sie in einigen O^c-Mutationen nachgewiesen wurde, kann die Bindung des Repressors verhindern und somit zur konstitutiven Transkription führen.

Positive Regulation des *lac*-Operons

Die Induktion der Transkription der Gene des *lac*-Operons ist ein Beispiel für **negative Kontrolle**, da ein Repressor inaktiviert werden muss, um die

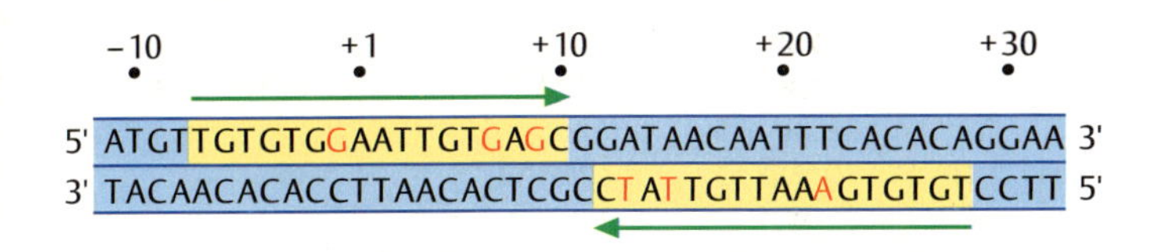

Abb. 17.4 Die DNA-Sequenz des *lac*-Operators. Sie ist eine fast perfekt invertierte Sequenz (inverted repeat), mit dem GC-Basenpaar an Position +11 als Zentrum. Die 17 Basenpaare des oberen Strangs von 5′ nach 3′ gelesen (gelb markiert, oben) sind mit den 17 Basenpaaren des unteren Strangs, ebenfalls von 5′ nach 3′ gelesen (gelb markiert, unten), bis auf die rot geschriebenen Nukleotide identisch.

Transkription zu starten. Das Signal (Induktor) inaktiviert den Repressor (Abb. 17.**5a**). Andere Gene bzw. Operons unterliegen der **positiven Kontrolle**. Hierbei führt ein Signal zur Aktivierung eines Faktors (Aktivators), der die Transkription ermöglicht. In Abwesenheit des Induktors ist der Faktor inaktiv (Abb. 17.**5b**).

Die beiden verschiedenen Mechanismen können aber auch an ein und demselben Operon wirksam sein. So gibt es am *lac*-Operon neben der oben beschriebenen negativen Regulation eine positive Regulation, über die eine Rückkopplung zwischen dem Angebot von Nährstoffen und der Aktivität des *lac*-Operons erfolgt. Wird der Zelle nämlich sowohl Laktose als auch Glukose angeboten, so wird, obwohl der Induktor Laktose vorhanden ist, nur sehr wenig RNA vom *lac*-Operon transkribiert. Die Zelle verwendet nämlich vorzugsweise Glukose für ihre Energieerzeugung, und die hierfür nötigen Enzyme sind immer vorhanden und brauchen nicht induziert zu werden. Selbst wenn Laktose vorhanden ist, verhindert ein nicht näher bekanntes Produkt des Glukosestoffwechsels die Aktivierung der laktoseabbauenden Enzyme. Erst unter Hungerbedingungen, wenn also die Glukosekonzentration abnimmt, wird der Induktor Laktose wirksam. Dies wird durch ein ungewöhnliches Nukleo-

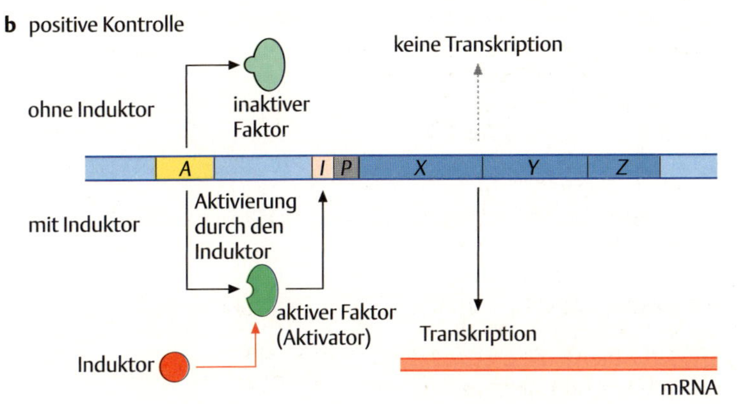

Abb. 17.5 Vergleich von negativer und positiver Kontrolle.
a Bei der negativen Kontrolle verhindert der aktive Repressor (kodiert vom Gen *R*) die Expression der Gene *A*, *B* und *C* eines hypothetischen Operons durch Bindung an den Operator (O) (oben). Erst nach Inaktivierung des Repressors, ausgelöst durch Bindung eines Induktors (oder durch eine Mutation) kommt es zur Transkription der Gene (unten).
b Bei der positiven Kontrolle wird durch die Bindung des Induktors ein Faktor, kodiert vom Gen *A*, aktiviert (Aktivator). Dieser bindet nun an die Kontrollregion eines Operons (I) und ermöglicht so die Transkription (unten). In Abwesenheit des Induktors ist der Faktor inaktiv, es findet keine Transkription statt (oben). Die Aktivierung des Faktors kann z. B. durch cAMP erfolgen. P = Promotor.

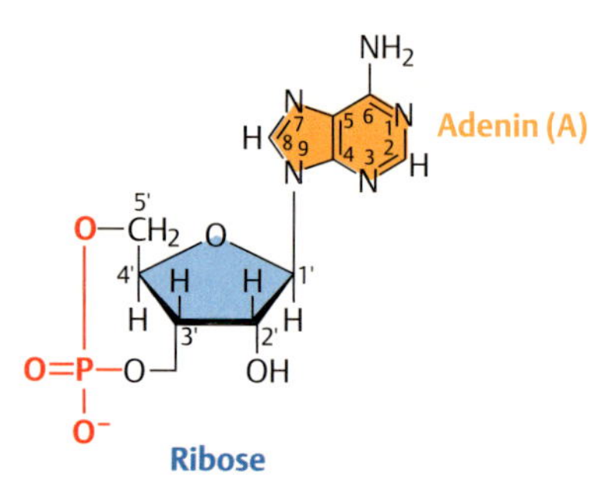

Abb. 17.6 Struktur von zyklischem Adenosinmonophosphat (cAMP).

tid, das **zyklische Adenosin-3′,5′-Monophosphat**, abgekürzt **zyklisches AMP** oder **cAMP**, reguliert. cAMP ist ein Adenosinmonophosphat, bei dem die Phosphatgruppe nicht nur mit dem C5-Atom der Ribose, sondern gleichzeitig auch mit ihrem C3-Atom verbunden ist (Abb. 17.**6**). cAMP wird bei niedrigen Glukosekonzentrationen synthetisiert. Es übt nicht nur in Bakterienzellen, sondern auch in Zellen höherer Organismen wichtige Kontrollfunktionen aus.

Bei Bakterien stellt die Erhöhung der cAMP-Konzentration ein „Warnsignal" dar, um niedrige Glukosekonzentrationen zu melden. Die Folge davon ist die Aktivierung der β-Galaktosidase, aber auch von Enzymen, die für den Abbau anderer Zucker (z. B. Galaktose, Maltose oder Arabinose) nötig sind.

Wie bewirkt cAMP die Aktivierung des *lac*-Operons? cAMP bindet an ein Protein, **CAP** (**katabolisches Aktivatorprotein**, **c**atabolite **a**ctivator **p**rotein), gelegentlich auch cAMP-Rezeptor-Protein (CRP) genannt. Der **cAMP-CAP-Komplex** bindet an eine spezifische Sequenz in der *lac*-Kontrollregion, die unmittelbar 5′ der RNA-Polymerase-Bindungsstelle liegt. Erst wenn dieser Komplex gebunden hat, kann die RNA-Polymerase effektiv an den Promotor binden (Box 17.**1**). Gleichzeitige Bindung von cAMP-CAP und RNA-Polymerase führt zu einer Interaktion zwischen beiden Proteinen, wodurch ihre jeweilige Bindung an die DNA erhöht und somit die Transkription aktiviert wird. Das heißt, cAMP-CAP **aktiviert** die

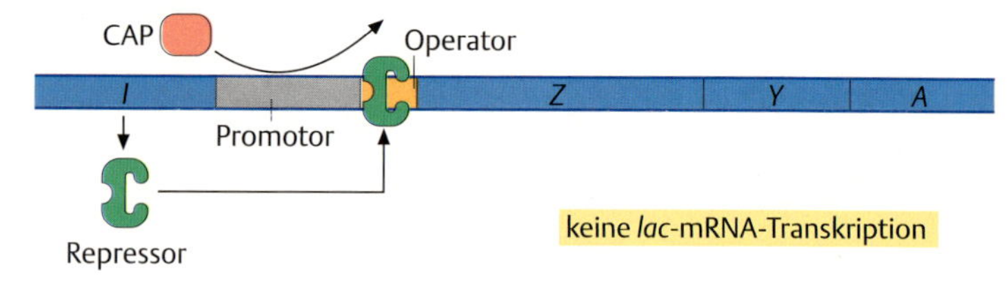

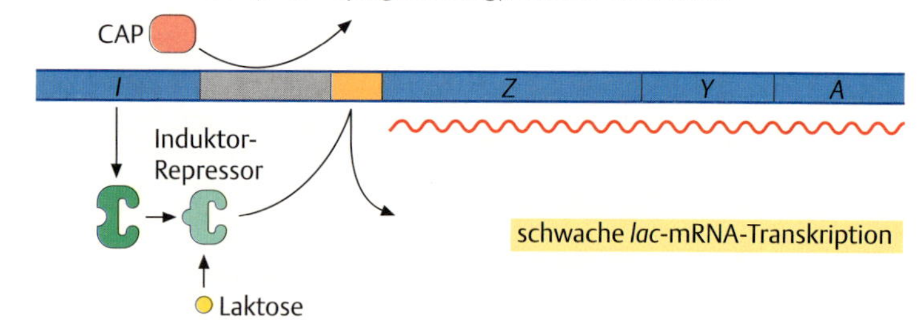

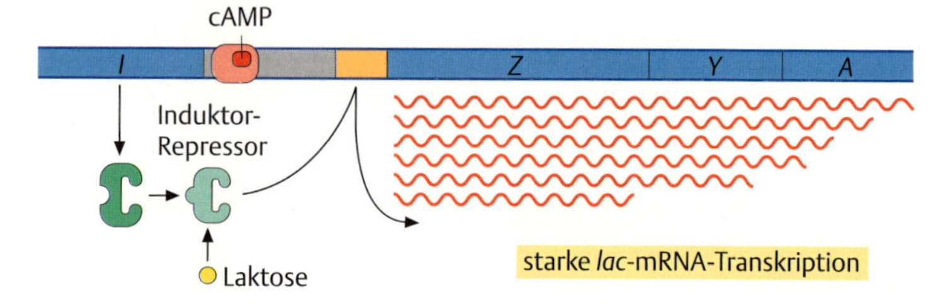

Abb. 17.7 Negative und positive Kontrolle des *lac*-Operons durch den *lac*-Repressor bzw. cAMP-CAP.
a In Abwesenheit von Laktose ist der Repressor aktiv und bindet an den Operator, es findet keine Transkription der Gene des *lac*-Operons statt. CAP bindet nicht an DNA.
b In Anwesenheit des Induktors Laktose wird der Repressor inaktiviert und es findet geringe Transkription statt. Da Glukose vorhanden ist, ist die cAMP-Konzentration gering, weshalb CAP nicht an seine Bindungsstelle im *lac*-Operon bindet.
c In Anwesenheit von Laktose und gleichzeitiger Abwesenheit von Glukose wird cAMP synthetisiert, es bindet an CAP und der cAMP-CAP-Komplex bindet an seine Bindungsstelle im Promotor. Dadurch kommt es zur erhöhten Aktivität der RNA-Polymerase und es wird viel mRNA transkribiert.

> **Box 17.1 Footprint-Analyse zur Bestimmung von Proteinbindungsstellen auf der DNA**
>
> Zur Bestimmung der **DNA-Bindungssequenz eines Proteins** wird ein DNA-Fragment, auf dem man die Bindungsstelle vermutet, mit ^{32}P radioaktiv markiert und mit dem Protein inkubiert, das nun an seine Bindungsstelle bindet. Anschließend behandelt man diesen Komplex mit DNase I, die die DNA nur dort schneidet, wo sie nicht durch das Protein geschützt ist. Durch Vergleich einer nicht mit Protein behandelten DNA kann man die Sequenz des geschützten Bereichs identifizieren. (Abb. 17.**8**). Aus diesem Grund wird die Methode auch *DNase protection essay* genannt.

a

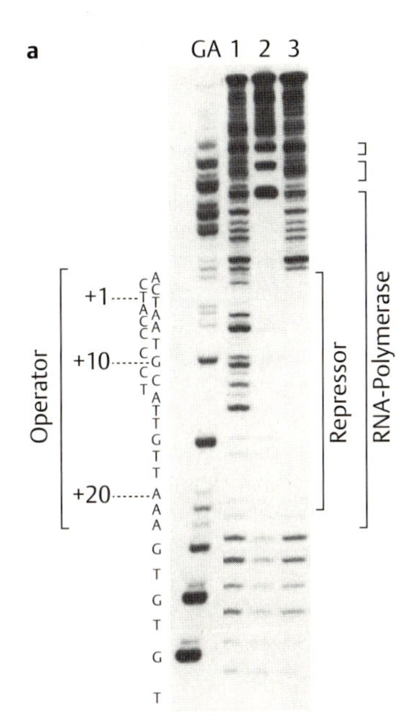

b

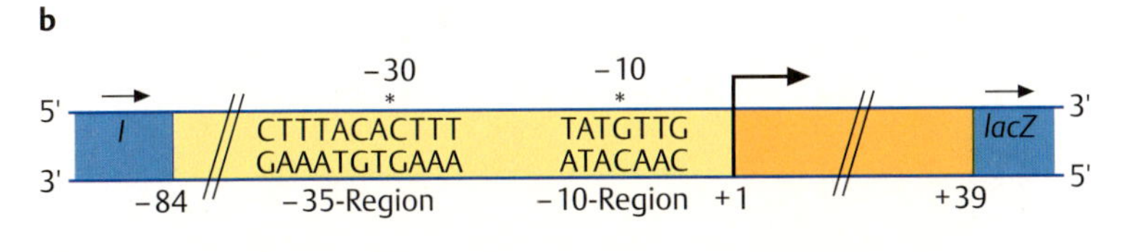

Abb. 17.8 Footprint-Analyse an der regulatorischen Region des *lac*-Operons.
a Die durch die RNA-Polymerase bzw. den *lac* Repressor geschützten Sequenzen überlappen. Spur GA = zur Ermittlung der Sequenz, Spur 1 = Reaktion ohne Protein, Spur 2 = Reaktion in Gegenwart der RNA-Polymerase, Spur 3 = Reaktion in Gegenwart des *lac*-Repressors. +1 = Transkriptionsstart.
b Die Kontrollregion des *lac*-Operons. Die durch die jeweiligen Proteine geschützten Bereiche sind angegeben.
[a © Oxford University Press 1979. Schmitz, A., Galas, D. J.: The interaction of RNA polymerase and *lac* repressor with the *lac* control region. Nucl Acids Res 6 111–137].

Transkription (positive Regulation), während der *lac*-Repressor die Transkription **verhindert** (negative Regulation, Abb. 17.**7**).

17.1.2 Regulation des *trp*-Operons: Repression und Attenuation

Das *lac*-Operon ist ein Beispiel für ein induzierbares System, in dem die Expression von Enzymen erst in Anwesenheit des Substrats ermöglicht wird. Im Gegensatz dazu führt in einem reprimierbaren System die

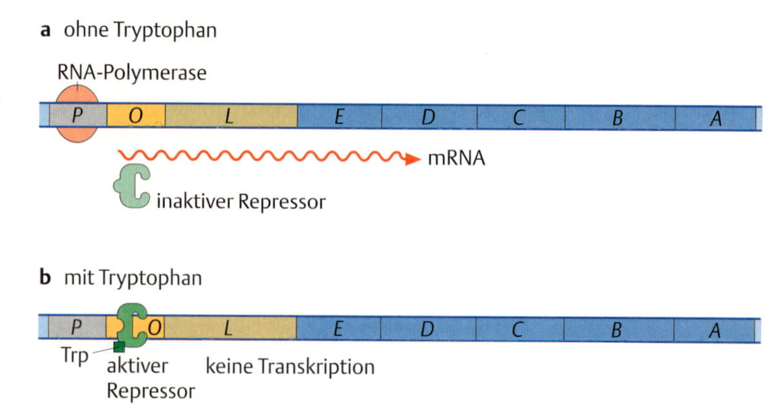

Abb. 17.9 Das *trp*-Operon und seine Regulation durch Repression.
a In Abwesenheit von Tryptophan ist der Repressor inaktiv, die RNA-Polymerase bindet an den Promotor (P) und die Transkription der Gene des Operons (*E, D, C, B, A*) erfolgt.
b Ist eine bestimmte Tryptophankonzentration erreicht, bindet die Aminosäure an den Repressor, wodurch dieser seine Konformation ändert und nun an den Operator (O) binden kann. Die Transkription wird dadurch unterdrückt. L = *leader*-Sequenz.

Anwesenheit des Substrats zur Abschaltung der Enzymsynthese. Ein gutes Beispiel für ein reprimierbares System ist das **trp-Operon** von *E. coli*, das die Enzyme für die Synthese der Aminosäure **Tryptophan** kodiert (Abb. 17.**9**). Die **fünf Gene *trpE, trpD;, trpC;, trpB*** und ***trpA*** dieses Operons werden bei hohen intrazellulären Tryptophankonzentrationen abgeschaltet. Anders als der *lac*-Repressor, der nur dann an den Operator bindet, wenn er **nicht** an Laktose gebunden ist, bindet der *trp*-Repressor **nur** dann, wenn er mit Tryptophan assoziiert ist (Abb. 17.**9b**).

Neben der Regulation durch den ***trp*-Repressor** gibt es am *trp*-Operon noch eine weitere Möglichkeit der Regulation, die **Attenuation** (Abschwächung), die ebenfalls zur Verminderung der Enzymsynthese in Gegenwart von Tryptophan führt (Abb. 17.**10**).

Attenuation kontrolliert die Fortsetzung der Transkription: Im *trp*-Operon liegt zwischen dem Promotor und dem ersten Codon von *trpE* eine Sequenz von etwa 160 bp, die sog. **Leader-Sequenz**, da sie den Beginn

17

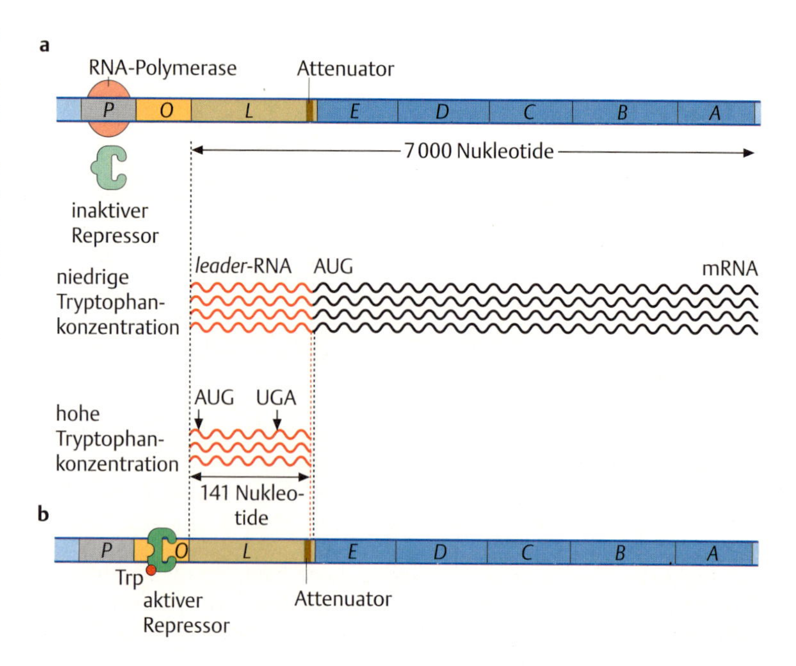

Abb. 17.10 Das *trp*-Operon und seine Regulation durch Attenuation.
a Ist die Konzentration an Tryptophan niedrig, so ist der Trp-Repressor (grün) inaktiv, das Operon wird transkribiert.
b Bei hoher Trp-Konzentration bindet Trp (roter Punkt) an den Repressor, dieser bindet an den Operator und reduziert die Transkription. Die dann noch gebildeten Transkripte sind nur 141 Basen lang, weil es am Attenuator (braune Box in der Leader-Sequenz L) zum Abbruch der Transkription kommt.
P = Promotor, O = Operator, L = Leader-Sequenz, *E, D, C, B, A* = Gene des *trp*-Operons.

des Transkripts darstellt. Bei geringen Tryptophankonzentrationen wird ein etwa 7 kb großes durchgehendes Transkript, beginnend mit der Leader-Sequenz und gefolgt von der polycistronischen RNA der *trp*-Gene, hergestellt (s. Abb. 17.**10a**). Ist die Konzentration an Tryptophan hoch, so reduziert sich die Menge der Transkripte auf etwa 10 %, da der *trp*-Repressor aktiv ist. Diese 10 % stellen jedoch nur kurze Transkripte aus den ersten 141 Nukleotiden der Leader-Sequenz dar. Das heißt, die Anwesenheit von Tryptophan führt zu einer vorzeitigen Termination der Transkription (s. Abb. 17.**10b**). Eine Deletion von 30 Nukleotiden innerhalb der Leader-Sequenz (Nukleotid 131–160) führt zum Verlust der Regulation: Selbst in Gegenwart von Tryptophan werden große Mengen des langen Transkripts gebildet. Auf Grund seiner Funktion wird dieser 30 bp lange Abschnitt **Attenuator** genannt, da seine Anwesenheit zur Verminderung der Menge des kompletten Transkripts führt. Er stellt also eine interne Terminationsstelle im Anfangsbereich eines Transkripts dar. Unter Attenuation versteht man die Regulation der Genexpression durch vorzeitigen Abbruch der Transkription, weshalb durch sie eine Feinregulation der Transkription erfolgen kann. Während das Repressorsystem im Wesentlichen eine Alles-oder-Nichts-Kontrolle darstellt, erlaubt die Attenuation der Bakterienzelle eine feine Abstimmung zwischen der vorhandenen Menge Tryptophan und der Konzentration tryptophansynthetisierender Enzyme.

Was ist die molekulare Grundlage der **Attenuation am *trp-Operon***? Hierzu sind zwei Eigenschaften der Leader-Sequenz von Bedeutung:

1. Ein Abschnitt der 141 bp langen **Leader-Sequenz** kodiert für einen kurzen offenen Leseraster von 14 Aminosäuren, beginnend mit einem Startcodon, AUG, und beendet durch ein Stopcodon, UGA. Das kurze Peptid enthält zwei Tryptophan-Reste (Abb. 17.**11b**).
2. Die von der Leader-Sequenz kodierte RNA kann durch intramolekulare Wasserstoffbrücken kompliziert gefaltete Stem-Loop-Strukturen (**Haarnadelschleifen**) bilden.

Je nachdem, welche Bereiche der Leader-RNA zugänglich sind, können alternative Sekundärstrukturen gebildet werden. Die Entscheidung darüber, welche Struktur gebildet wird, hängt von der Effizienz der Translation und diese wiederum von der Verfügbarkeit der mit tryptophanbeladenen Aminoacyl-tRNA (Trp-tRNA) ab. Ihre Menge wiederum hängt von der Tryptophankonzentration ab (s. Abb. 17.**11c**): Hohe Tryptophankonzentrationen garantieren ausreichende Versorgung mit Trp-tRNA, das von der Leader-RNA kodierte Peptid wird effizient translatiert. Das bedeutet gleichzeitig, dass die RNA schnell genug in das Ribosom geführt wird, so dass Abschnitt 2 keine Haarnadelschleife mit Abschnitt 3 ausbilden kann. Stattdessen geht Abschnitt 3 Wechselwirkungen mit Abschnitt 4 ein, wodurch eine Haarnadelstruktur gebildet wird (s. Abb. 17.**11c**, links). Diese Struktur führt zur **Termination der Transkription** (s. Abb. 17.**11b**).

Bei niedrigen Tryptophankonzentrationen wird nicht genügend Trp-tRNA zur Verfügung gestellt, es kommt zur Verzögerung der Translation, so dass die RNA nicht schnell genug in das Ribosom geführt wird. Somit steht Abschnitt 2 zur Bildung einer Haarnadelstruktur mit Abschnitt 3 zur Verfügung (s. Abb. 17.**11c**, rechts). Dieser Vorgang beeinträchtigt die Transkription nicht, sie wird deshalb unvermindert fortgesetzt.

Regulation durch Attenuation erfolgt auch an anderen Operons von *E. coli*, z. B. dem ***his*-Operon**, das die Enzyme für die Synthese der Aminosäure **Histidin** kodiert. Auch hier reguliert die Konzentration an

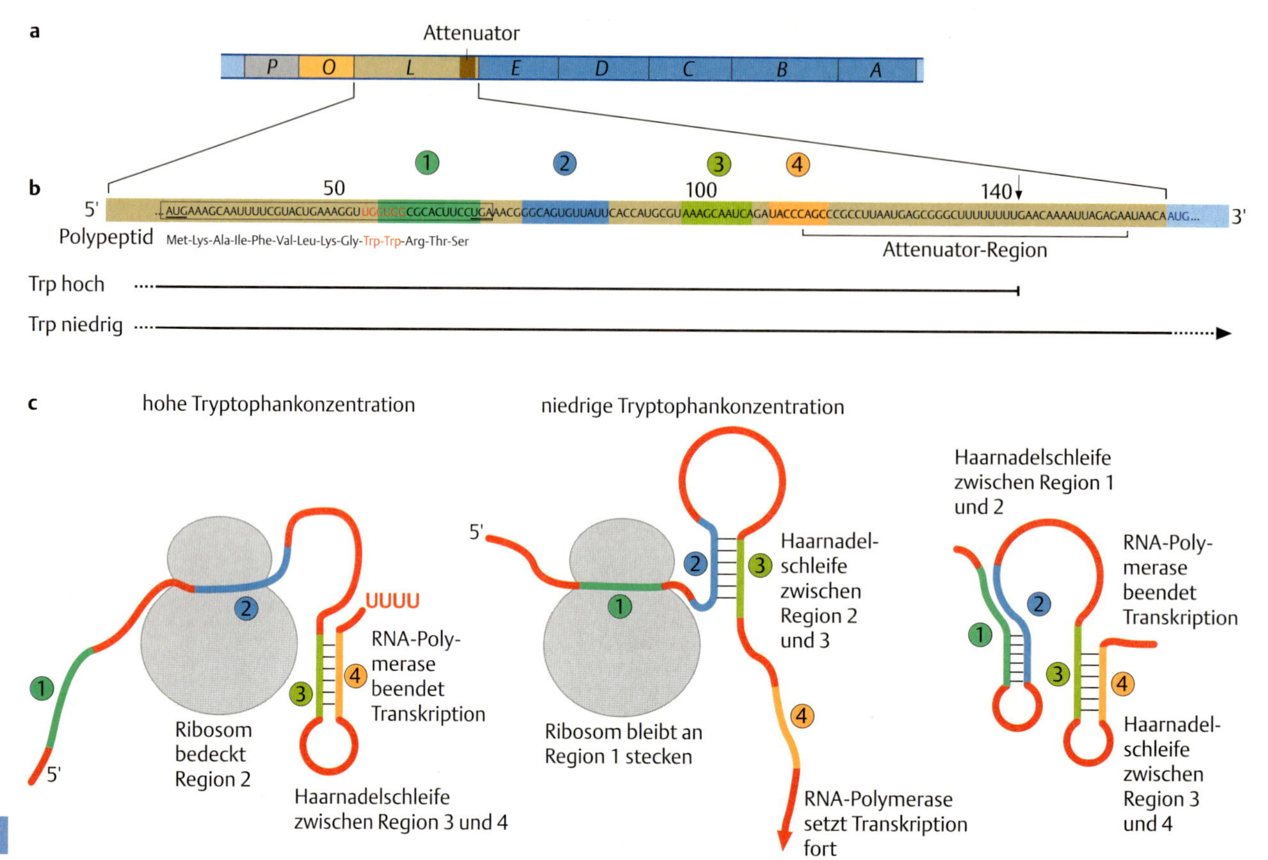

Abb. 17.11 Mechanismus der Attenuation der Transkription des *trp*-Operons.
a Schematische Darstellung des *trp*-Operons. Die *leader*-Region (L) im Anschluss an den Promotor (P) und Operator (O) enthält den Attenuator.
b Schematische Darstellung der Transkripte. Bei hohen Tryptophanmengen bricht die Transkription nach 141 Nukleotiden ab (Pfeil). Das von dieser Leader-RNA kodierte Polypeptid enthält zwei Tryptophanreste (Trp, rot). Startcodon (AUG) und Terminationscodon (UGA) sind unterstrichen. Bei niedrigen Trp-Konzentrationen wird die Transkription in die kodierende Region des *trp*-Operons fortgesetzt (das Startcodon AUG des *trpE*-Gens ist blau markiert). Die farbigen Regionen 1–4 können alternative Haarnadelstrukturen bilden.
c Die Translation der Leader-RNA beginnt am 5′-Ende kurz nach dem Beginn der Transkription, die währenddessen fortgesetzt wird. Bei hohen Tryptophankonzentrationen (links) führt die Ausbildung einer Haarnadelschleife zwischen Region 3 und 4 und eine Serie von Uridinresten zur Rho-unabhängigen Termination der Transkription. Bei niedrigen Tryptophankonzentrationen und einem damit verbundenen Mangel an beladener Trp-tRNA (Mitte) ist die Translation verzögert und es kommt zur Ausbildung einer Haarnadelstruktur zwischen Region 2 und 3, weshalb die für die Termination nötige Haarnadelschleife zwischen Region 3 und 4 nicht gebildet wird. Die Transkription wird in die kodierende Region fortgesetzt, die polycistronische mRNA des *trp*-Operons wird transkribiert. Wird das *leader*-Peptid nicht translatiert (rechts), bildet sich die Haarnadelschleife zwischen Region 1 und 2, sobald die entsprechenden Abschnitte transkribiert worden sind. Die Ausbildung dieser Struktur verhindert die Bildung der Haarnadelschleife zwischen Region 2 und 3. Dies ermöglicht die Faltung der Haarnadelschleife zwischen Region 3 und 4, was wiederum zur Termination der Transkription führt [c nach Oxender et al. 1979]

Histidin die Menge an His-tRNA, was dann zum Abbruch bzw. zur Fortsetzung der Transkription führt.

17.1.3 Regulation des λ-Phagen

In den vorangegangenen Kapiteln wurden grundlegende Mechanismen zur Kontrolle der Aktivität eines Operons vorgestellt. Nicht nur in Zellen höherer Organismen, sondern auch in Bakterienzellen müssen oftmals mehrere, getrennt voneinander vorliegende Gene/Operons gleichzeitig, also koordiniert, reguliert werden. So muss z. B. unter bestimmten Bedingungen ein Gen angeschaltet, ein anderes ausgeschaltet werden. Bereits bei der Aufstellung des Operonmodells schlugen Jacob und Monod vor, dass die Aktivität eines temperenten Phagen ähnlich reguliert sein könnte wie etwa das *lac*-Operon. Die **DNA temperenter Phagen** liegt in der DNA der Wirtsbakterienzelle als **Prophage** integriert vor und löst nur unter bestimmten Bedingungen einen lytischen Zyklus aus, bei dem es zur Bildung neuer Phagenpartikel kommt (vgl. Kap. 13.3, Abb. 13.**4**, S. 156). Wenn ein **Phage** eine Bakterienzelle infiziert, gibt es zwei Möglichkeiten: Die DNA des Phagen wird integriert oder repliziert, was dann den **lysogenen** bzw. den **lytischen Zyklus** einleitet. Wird eine lysogene Zelle erneut durch Phagen infiziert, können diese nicht den lytischen Zyklus einleiten, die Zellen sind immun. Ursache hierfür ist, dass ein integrierter λ-Prophage einen Repressor synthetisiert, den **λ-Repressor**, der die Einschaltung des lytischen Zyklus durch Repression der hierfür nötigen Gene verhindert.

Allerdings können bestimmte Mutanten des Phagen λ auch nach Infektion lysogener Zellen den lytischen Zyklus induzieren, sie sind also unempfindlich gegenüber der Inhibition durch den λ-Repressor. Ähnlich wie im Falle der O^c-Mutanten, die durch Mutationen im Operator, also einer regulatorischen Region, gekennzeichnet waren, tragen diese Phagen ebenfalls Mutationen in regulatorischen Regionen. Durch genaue genetische Analyse wurden zwei für diese Regulation bedeutende Operatorsequenzen bestimmt, O_L und O_R. Diese liegen „links" bzw. „rechts" des Gens *cI*, das den λ-Repressor kodiert (Abb. 17.**12**).

Infiziert ein **λ-Phage** eine normale, nicht-immune Zelle, beginnt die RNA-Polymerase der Wirtszelle die Transkription der sog. **immediate-early-Gene** (ganz frühe Gene) des Phagen, eingeleitet von den **Promotoren P_L** und **P_R** auf den beiden kodogenen Einzelsträngen der DNA (Abb. 17.**12a**). P_L kontrolliert die Expression der links des **λ-Repressorgens *cI*** liegenden Gene, darunter das Gen *N*, das einen **Antiterminator** kodiert. Dieser verhindert, dass die Transkription der von P_L und P_R kontrollierten Gene abgebrochen wird. Dies ermöglicht der RNA-Polymerase weitere Gene zu transkribieren, darunter auch solche, die für den lytischen Zyklus benötigt werden. P_R kontrolliert die Expression der rechts von *cI* liegenden Gene, u. a. *cro* und *cII*. Nun beginnt ein „Wettrennen", dessen Ausgang darüber entscheidet, ob die Zelle den lytischen oder den lysogenen Zyklus wählt. **Der lytische Weg** wird dann eingeschlagen, wenn die links liegenden Gene „gewinnen": Der Antiterminator verhindert die Termination der Transkription mehrerer rechter und linker Gene, so dass Gene für die lytische Funktion aktiviert werden (Abb. 17.**12b**). **Der lysogene Weg** wird dann beschritten, wenn die rechts liegenden Gene „die Oberhand behalten". Das von *cII* kodierte Protein ist ein Transkriptionsaktivator, der, zusammen mit dem cIII-Protein, die Transkription des Gens *cI* vom **Promotor P_E** aus induziert. *cI* kodiert

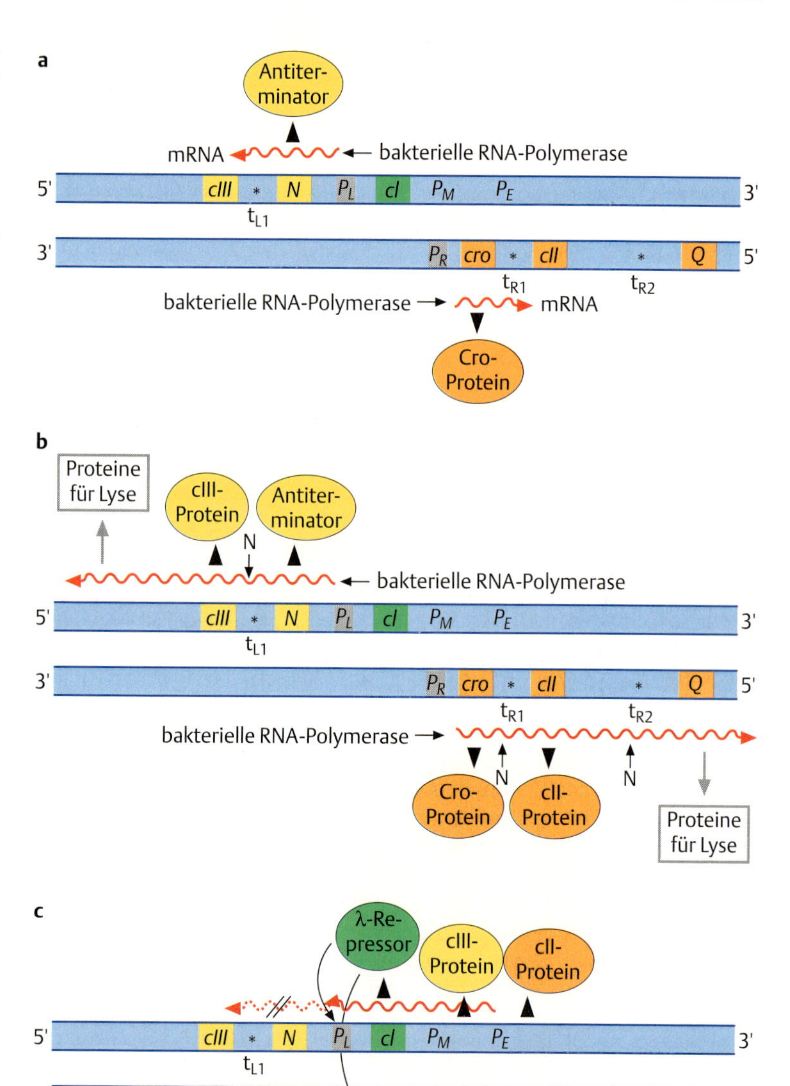

Abb. 17.12 Vereinfachte Darstellung zur Kontrolle der durch den Phagen λ ausgelösten Lyse oder Lysogenie.
a Transkription der Gene *N* und *cro* (rote Schlängellinien), die anschließend translatiert werden (graue Pfeilspitzen). Das Cro-Protein verhindert die Synthese des vom Gen *cI* (grün) kodierten λ-Repressors.
b Der Antiterminator erlaubt die Transkription der „delayed early"-Gene.
c Wird der λ-Repressor synthetisiert, so findet die Synthese der für die Lyse nötigen Proteine nicht statt. Weitere Beschreibung im Text [nach Wulff und Rosenberg 1983].

den λ-Repressor. Dieser bindet nun an die Operatorsequenzen O_L und O_R, so dass die Transkription von den Promotoren P_L und P_R verhindert wird. Dabei wird u. a. auch Gen *N* reprimiert, der Antiterminator wird nicht gebildet, und die Transkription der von P_L und P_R kontrollierten Gene wird unterdrückt (Abb. 17.**12c**).

Wenn aber die Transkription von *cII* durch den λ-Repressor verhindert wird, wodurch wird dann die Aufrechterhaltung der Transkription von *cI* ermöglicht und somit die kontinuierliche Bereitstellung von Repressormolekülen gewährleistet? Dies erfolgt durch die gleichzeitige Fähigkeit des λ-Repressors, nicht nur Transkription zu reprimieren, sondern an bestimmten Stellen diese auch zu aktivieren. So kann er durch Bindung an O_R nicht nur die Aktivierung von P_R und somit die Transkription von *cro* verhindern, sondern gleichzeitig den Promotor P_M aktivieren und somit die Transkription seines eigenen Gens, *cI*, aufrecht erhalten. Auf diese Weise spielt die **Konzentration des Repressors** eine ganz essenzielle Rolle bei der Entscheidung zwischen Lysogenie und Lyse: Hohe Konzentrationen verhindern den lytischen Zyklus, während niedrige Konzentrationen ihn ermöglichen. Um zu reprimieren, muss der λ-Repressor an den Operator binden, was er effektiv nur dann kann, wenn sich zwei intakte Repressormoleküle zu einem Dimer zusammenlagern. Dies findet nur bei hoher Konzentration statt.

Mit diesen Kenntnissen wird nun verständlich, warum Phagen mit Mutationen in O_L oder O_R auch in lysogenen Bakterien die Lyse induzieren können. Die Mutationen verhindern die Bindung des λ-Repressors an die Operatorsequenzen, so dass z. B. große Mengen Antiterminator hergestellt werden, was wiederum die Transkription lytischer Gene erlaubt. In Kap. 13.3 (S. 155) wurde erwähnt, dass **lysogene Zellen** unter bestimmten Bedingungen, z. B. nach **UV-Bestrahlung**, den **lytischen Zyklus** initiieren. Dieses Ereignis geht einher mit der Inaktivierung des λ-Repressors, wodurch die RNA-Polymerase Zugang zu P_L und P_R erhält und die links und rechts von *cI* liegenden Gene transkribieren kann. Die Inaktivierung des Repressors erfolgt durch die Spaltung der Repressormoleküle in zwei Teile, die dadurch ihre Fähigkeit zur Dimerisierung und somit zur DNA-Bindung verlieren.

Die Regulation der Lysogenie ist ein gutes Beispiel dafür, wie durch verschiedene Faktoren – Konzentrationen von Aktivatoren und Repressoren, Bindungen an Operatorsequenzen und Transkriptionstermination – die Expression von Genen gesteuert werden kann, so dass einer von zwei möglichen Wegen eingeschlagen wird. Eine solche Kontrolle arbeitet wie ein Schalter, indem sie nur einen von zwei alternativen Zuständen ermöglicht. Sie wird deshalb oft auch als **genetischer „switch"(Schalter)** bezeichnet. Zellen höherer Organismen müssen sehr viel häufiger solche Entscheidungen treffen, und dementsprechend haben sie weitere, zum Teil komplexere Mechanismen zur Regulation ihrer Genexpression entwickelt.

17.2 Regulation der Genaktivität bei Eukaryonten

Von wenigen Ausnahmen abgesehen (s. u.), enthalten alle Zellen eines vielzelligen Organismus dieselbe genetische Information, d. h. dieselben Gene sind in allen Zellen vorhanden. Trotzdem besteht jeder Organismus aus einer Vielzahl verschiedener Zelltypen, die sich in ihrer Größe, Form und Funktion erheblich unterscheiden können, wie etwa Nervenzellen, Muskelzellen oder Leberzellen, um nur einige Beispiele zu nennen. Diese Vielfalt an Zelltypen (**Zelldiversität**) ist dadurch zu erklären, dass nicht jede Zelle alle der im Genom enthaltenen Gene ausprägt (exprimiert), sondern nur einen Teil davon. In jeder Zelle wird also nur eine begrenzte Anzahl von Genen in RNA und Protein umgeschrieben, während andere Gene ausgeschaltet sind. Somit unterscheiden sich die vielfältigen Zelltypen durch ihre jeweils unterschiedliche RNA- und Proteinzusammensetzung. Die Gesamtheit aller Transkripte bzw. Proteine einer Zelle wird als ihr **Transkriptom** bzw. **Proteom** bezeichnet. Der Prozess, der dazu führt, dass nur bestimmte Gene in einer Zelle abgelesen werden, wird mit dem Begriff **„differenzielle Genexpression"** beschrieben. Diese stellt einen bedeutenden Vorgang in der Entwicklung der verschiedenen Zelltypen eines Organismus dar. In Kap. 20 werden Methoden vorgestellt, die es erlauben, differenzielle Genaktivität nachzuweisen und die Gesamtheit der RNA- und Proteinausstattung, das Transkriptom und Proteom, bestimmter Zellen zu erfassen.

Ein Gen kann jedoch nicht nur „an-“ oder „aus-“geschaltet sein, sondern es kann auch in verschiedenen Zellen unterschiedlich stark aktiv sein, so dass in einer Zelle mehr, in einer anderen Zelle weniger Genprodukt von dem Gen hergestellt wird. Ferner gibt es die Möglichkeit von einem Gen nicht nur ein, sondern mehrere verschiedene Proteine zu synthetisieren. Damit stellt sich die Frage, welche Möglichkeiten eine Zelle besitzt, Unterschiede in **Qualität** und **Quantität eines Genprodukts** zu kontrollieren. Betrachtet man alle Schritte, die von der DNA zum fertigen Protein führen, so wird offensichtlich, dass jeder einzelne Schritt die Möglichkeit zu vielfältiger Regulation bietet.

Deshalb sagt die theoretische, von der DNA-Sequenz eines Genoms abgeleitete Anzahl von Genen zunächst einmal wenig über die tatsächliche Zahl verschiedener Proteine und somit über die Komplexität eines Organismus aus.

In diesem Kapitel sollen die verschiedenen Möglichkeiten zur Regulation differenzieller Genexpression vorgestellt werden. Dabei wird noch einmal der Weg von der DNA zum fertigen Protein verfolgt, unter besonderer Berücksichtigung der diversen Möglichkeiten zur Regulation und Modifikation der einzelnen Schritte (Abb. 17.**13**).

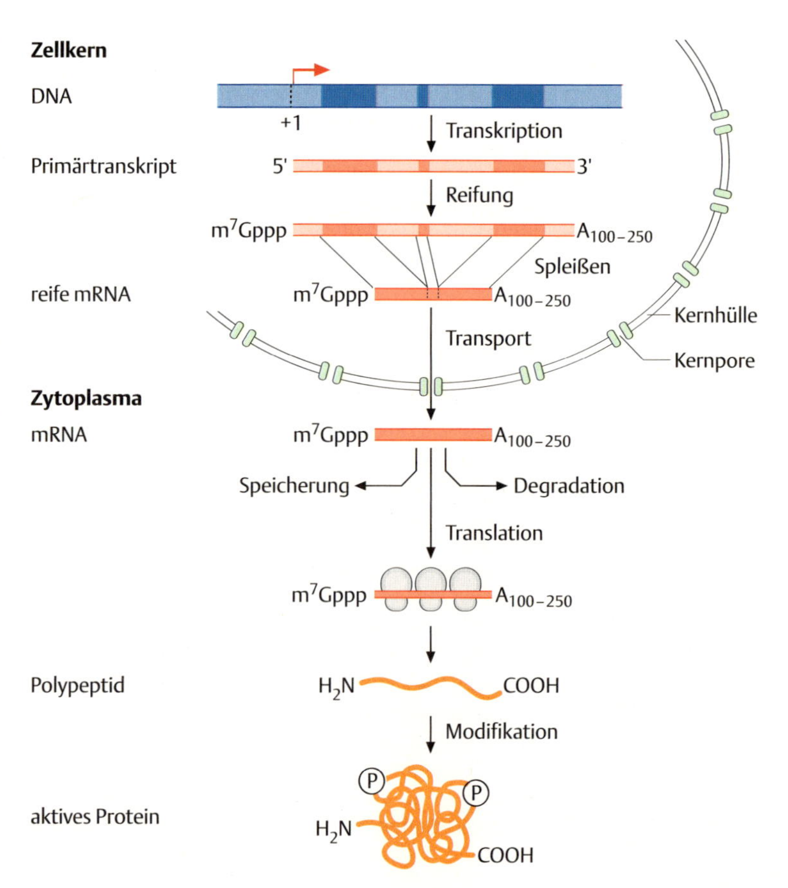

Abb. 17.13 Zusammenfassende Darstellung der einzelnen Schritte der Genexpression von der DNA bis zum fertigen Protein. Ein Gen wird im Zellkern zunächst von der DNA (blau) in ein Primärtranskript (rot) umgeschrieben, das dann durch Anfügen eine Kappe („Cap“; m^7Gppp) am 5′-Ende, durch Polyadenylierung am 3′-Ende und durch Herausschneiden der Introns (Spleißen) zur reifen mRNA modifiziert wird. Die mRNA verlässt den Zellkern durch die Kernporen und gelangt ins Zytoplasma, wo sie translatiert, gespeichert oder auch abgebaut werden kann. Im Anschluss an die Translation kann das Protein (gelb) noch modifiziert werden, etwa durch Phosphorylierung. Jeder einzelne der dargestellten Schritte kann reguliert werden, was eine vielfältige Kontrolle der Genexpression ermöglicht.

17.2.1 Vergrößerung der Genzahl

Die meisten Gene einer diploiden Zelle kommen in zweifacher Ausführung vor: Auf jedem der beiden homologen Chromosomen befindet sich eine Kopie (Ausnahme: die Gene auf den Geschlechtschromosomen im heterogametischen Geschlecht). Es gibt jedoch Situationen, in denen eine Zelle große Mengen einer bestimmten RNA oder eines bestimmten Proteins benötigt. Dies kann sie entweder durch eine erhöhte Transkriptions- und/oder Translationsrate erzielen (s. u.) oder dadurch, dass sie die Kopienzahl des Gens erhöht. Dabei muss man zwei Arten der Genvermehrung unterscheiden, je nachdem, ob der gesamte Chromosomensatz oder nur einzelne Gene vermehrt werden.

Vervielfachung des gesamten Genoms

Es gibt zwei verschiedene Möglichkeiten, die Sequenzen des Genoms in einer Zelle zu vervielfältigen, die sich auch zytologisch unterscheiden lassen. **Polytäne Chromosomen** oder **Riesenchromosomen** sind durch ihre Größe und durch ein typisches Bandenmuster charakterisiert. In den Speicheldrüsen von *Drosophila* kann somit ein Gen in bis zu 2048 Kopien vorkommen (s. Kap. 6.1, S. 48). Eine zweite Möglichkeit zur Vervielfältigung des gesamten Genoms besteht in der Ausbildung **polyploider Zellen.** Während Polytänie und **Endopolyploidie** nur auf bestimmte Zelltypen in einem Organismus beschränkt ist, betrifft **Auto-** oder **Allopolyploidie** (s. Kap. 11.5.1, S. 120) den ganzen Organismus. Polytänie und Endopolyploidie kennzeichnet vor allem Zelltypen, die große Mengen Genprodukte bilden müssen. Bei *Drosophila* findet man Polytänie in vielen larvalen Zelltypen, z. B. in Zellen der Speicheldrüsen oder des larvalen Darms. Endopolyploid sind z. B. die Nährzellen eines Eifollikels, die große Mengen RNA und Protein synthetisieren. Diese werden in die Eizelle transportiert und dienen der Entwicklung des Embryos, bevor dieser selbst eigene Genprodukte herstellen kann (s. Kap. 22.3, S. 359).

Vervielfachung einzelner Gene

In einigen Fällen wird nicht das gesamte Genom vervielfältigt, sondern es werden nur einzelne Gene vermehrt, was als **Genamplifikation** bezeichnet wird. Genamplifikation stellt einen Aspekt des Differenzierungsprogramms von Zellen dar. Die zusätzlichen Genkopien können in das Chromosom integriert werden, sie können aber auch als extrachromosomale Gene abgetrennt werden.

Das bekannteste Beispiel extrachromosomaler Genkopien ist die **Amplifikation der Gene für die ribosomale RNA (rRNA)** während der Reifung der Eizelle (Oogenese) von Amphibien und einigen Insekten. Die *rRNA*-Gene sind tandemartig im Chromosom angeordnet. Eine einzige rDNA-Einheit wird herausgetrennt, und diese erzeugt eine ringförmige, extrachromosomale, replikationskompetente Struktur, den **rolling circle**. Ihre Replikation führt zur Bildung der im Zellkern sichtbaren **Extranukleoli** (s. Kap. 15.1.1, S. 173 zur Beschreibung des Nukleolus), von denen jeder eine ringförmige DNA mit 3–10 *rRNA*-Genen enthält (Abb. 17.**14**). Sie erhöhen den Gehalt an rDNA auf etwa das 1000-fache und werden ebenso wie die chromosomale rDNA transkribiert. Ihre Synthese während der Oogenese ist für die Bildung großer Mengen Ribosomen nötig, die in der Eizelle gespeichert werden. Nach der Befruchtung, wenn noch keine Transkription

a

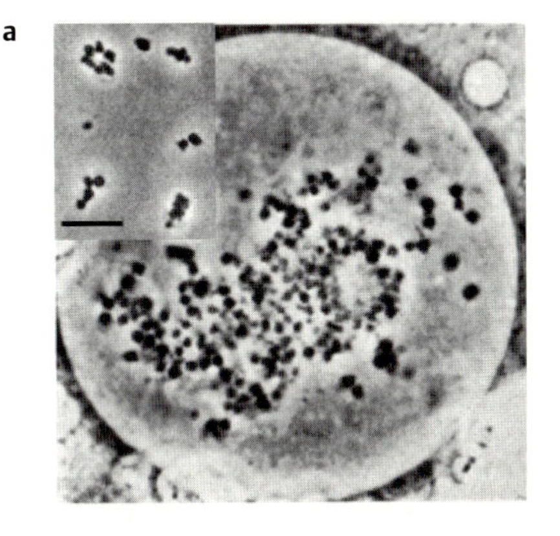

b

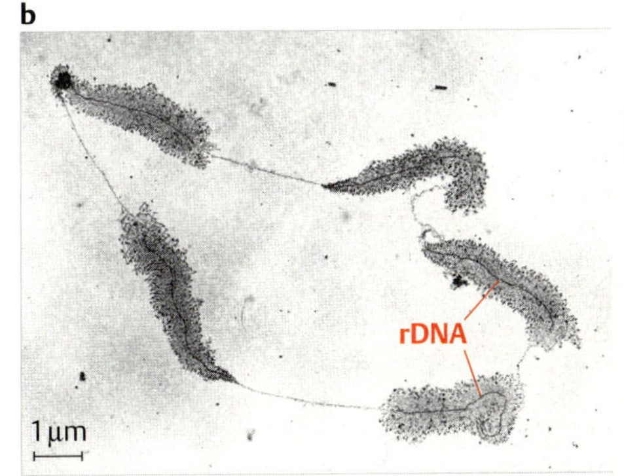

Abb. 17.14 Amplifikation der *rRNA*-Gene in Oozyten.
a Zellkern einer Grillenoozyte (*Acheta domestica*). Jeder schwarze Fleck ist eine Gruppe verklumpter Nukleolen. In der Vergrößerung (Insert, Massstab 10 µm) erkennt man Extranukleoli, die z. T. ringförmig angeordnet sind.
b Elektronenmikroskopische Aufnahme eines Chromatinrings mit fünf rDNA-Einheiten aus einer Oozyte des Gelbrandkäfers *Dytiscus marginalis* [a © Chromosoma 1967, 1969. Kunz, W.: Die Entstehung multipler Oocytennukleolen aus akzessorischen DNS-Körpern bei *Gryllus domesticus*. Chromosoma *26* 41–75; Insert: Kunz, W.: Lampenbürstenchromosomen und multiple Nukleolen bei Orthopteren. Chromosoma *21* 446–462; b Bild von Ulrich Scheer, Würzburg, s. Scheer 1987].

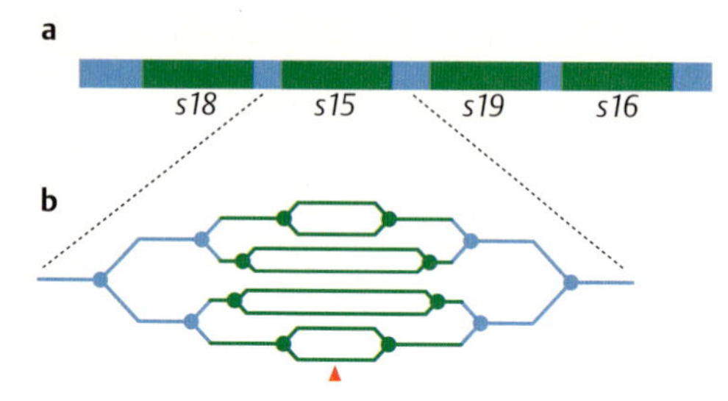

Abb. 17.15 Amplifikation der Choriongene.
a Anordnung der Choriongene *s18*, *s15*, *s19* und *s16* (grün) auf der DNA (blau) des 3. Chromosoms.
b Durch wiederholte Initiation der Replikation am Replikationsstart (Pfeilspitze) wird die DNA des Eischalengens, hier von *s15*, und benachbarte DNA selektiv amplifiziert. Jede Linie stellt eine DNA-Doppelhelix dar, die Punkte kennzeichnen die Replikationsgabeln [nach Orr-Weaver 1991].

stattfindet, stehen sie dann für die Translation neuer Proteine zur Verfügung, deren mRNA ebenfalls während der Oogenese hergestellt wurde.

Auch proteinkodierende Gene können **selektiv amplifiziert** werden, wenn in kurzer Zeit große Mengen eines bestimmten Proteins benötigt werden. Hierfür sind die **Choriongene von *Drosophila*** ein sehr gutes Beispiel. Diese kodieren Proteine, die die Eihülle, das Chorion, bilden. Das Chorion ist die äußerste Hülle des Insekteneis und schützt den sich entwickelnden Embryo vor Verletzung und Austrocknung. Das Chorion wird während der Reifung des Eis von den das Ei umgebenden Follikelzellen gebildet (s. Kap. 22.3, S. 359, zum Aufbau des Follikels). Im *Drosophila*-Genom gibt es mehrere Chorionproteingene, von denen einige auf dem X-Chromosom und vier auf dem 3. Chromosom liegen. Um in kurzer Zeit große Mengen an **Chorionproteinen** zu synthetisieren, werden in den **Follikelzellen** spezifisch die Chromosomenregionen auf dem X- bzw. auf dem 3. Chromosom, die die Choriongene enthalten, um das 15–20-fache bzw. das 50–60-fache amplifiziert. Die Amplifikation erfolgt durch **wiederholte Initiation der Replikation** an mehreren Replikationsstartpunkten, die verstreut in dieser Region vorliegen. Für die Vervielfältigung dieser Gene wird die DNA-Sequenz lokal repliziert, wobei nicht nur das Gen selbst, sondern auch benachbarte Bereiche kopiert werden (Abb. 17.**15**). Die so gebildeten zusätzlichen Kopien bleiben im Chromosom integriert.

17.2.2 Transkriptionelle Regulation der Genexpression

Die Synthese und Reifung der mRNA findet bei Eukaryonten im Zellkern statt (s. Kap. 14), von wo aus die Transkripte ins Zytoplasma transportiert und dort an den Ribosomen translatiert werden. Dieser Weg bietet vielfältige Möglichkeiten zur Regulation, und zwar:

1. Bei der **Auswahl des zu transkribierenden Gens**. Nicht alle Gene einer Zelle werden transkribiert, dies bedeutet, dass die RNA-Polymerase solche Gene erkennen muss, die für die Transkription vorgesehen sind.
2. Bei der **Auswahl des Startpunkts der Transkription** innerhalb eines Gens. Einige Gene besitzen mehrere Promotoren, so dass die Transkription eines Gens an verschiedenen Stellen beginnen kann, wodurch von einem Gen unterschiedliche Genprodukte hergestellt werden können.
3. Bei der **Steuerung der Transkriptionsrate**. Die Häufigkeit, mit der ein Gen transkribiert wird, entscheidet über die Menge der gebildeten mRNA.

Alle drei Möglichkeiten erlauben es, in einer bestimmten Zelle sowohl die Art der gebildeten RNA als auch ihre Menge zu kontrollieren. Wie das erfolgt, soll im Folgenden erläutert werden.

Kontrolle der Transkription durch die Chromatinstruktur

Etwa 1000–2000 Gene, die sog. **Haushaltsgene (housekeeping genes)** werden in fast allen Zellen eines Organismus transkribiert. Andere Gene hingegen werden nur in bestimmten Zelltypen oder nur zu bestimmten Zeiten transkribiert, sie werden **differenziell exprimiert**. Damit stellt sich die Frage „Welches Gen wird wie kontrolliert und wann, wo und wie stark wird dieses Gen transkribiert?" Da für die Transkription die RNA-Polymerase Zugang zur DNA haben muss, diese aber mit diversen Proteinen „verpackt" ist, kommt der Struktur und Zusammensetzung des Chromatins eine wichtige Kontrollfunktion zu. In der Mitose ist das gesamte Chromatin sehr stark kondensiert (s. Abb. 3.**2**, S. 16), weshalb während dieser Zeit die DNA nicht abgelesen werden kann. Somit ist die Transkription auf die Interphase beschränkt, in der das Chromatin stark entspiralisiert ist. Allerdings kann man in dieser Phase des Zellzyklus keine zytologische Unterscheidung von Eu- und Heterochromatin vornehmen. Genkartierungen haben jedoch gezeigt, dass die meisten aktiven Gene im **Euchromatin** liegen. Im Euchromatin ist das Chromatin aufgelockert (entspiralisiert), so dass die DNA für die Proteine der Transkriptionsmaschinerie zugänglich ist. Im **Heterochromatin** hingegen ist die DNA unzugänglich für die RNA-Polymerase, weshalb diese DNA, von wenigen Ausnahmen abgesehen, nicht abgelesen werden kann. Jedoch werden nicht alle im Euchromatin liegenden Gene einer Zelle transkribiert, man muss also auch hier noch einmal zwischen **aktivem** und **nicht-aktivem Euchromatin** unterscheiden (Abb. 17.**16a**). Der aktive bzw. inaktive Zustand des Chromatins einer Zelle kann sehr stabil sein und bei der Zellteilung an die Tochterzellen weitergegeben werden, die dann das gleiche Muster an Genaktivität aufweisen. In anderen Fällen ist der Aktivitätszustand reversibel und kann aufgehoben oder modifiziert werden.

Regulation der Transkription durch Chromatinproteine

Die Hauptproteine des Chromatins sind die **Histone**, die die DNA in Nukleosomen organisieren. Die Nukleosomenfilamente wiederum werden durch weitere Proteine, allgemein als **Nicht-Histon-Proteine** bezeichnet, in mehreren Stufen immer stärker kondensiert (s. Abb. 3.**2**, S. 16). Eine wichtige Gruppe von Nicht-Histon-Proteinen sind die **H**igh-**M**obility-**G**roup- oder HMG-Proteine, die ihren Namen nach ihrem Laufverhalten im elektrischen Feld erhalten haben, in dem sie sich durch hohe Mobilität auszeichnen, d. h. sie laufen schneller als die meisten anderen Proteine des Zellkerns.

Die Zusammensetzung der **Chromatinproteine** oder ihre chemische Modifikation können den Übergang von „offenem", transkriptionsaktivem Chromatin in kondensiertes, transkriptionsinaktives Chromatin bewirken (s. Abb. 17.**16a**).

Die Chromatinstruktur kann durch eine Reihe chemischer Modifikationen der Aminosäuren in den aminoterminalen Enden der Histonproteine verändert werden. Zu diesen vielfältigen Modifikationsmöglichkeiten gehört das Anfügen oder Entfernen chemischer Gruppen, z. B. Phosphat-, Acetyl- oder Methylgruppen oder kleiner Peptide, wie z. B. **Ubiquitin** oder **SUMO** (**s**mall **u**biquitin-like **mo**difier). **Acetylierung** (Verknüpfung mit einer Acetyl- (-CO-CH_3) Gruppe) (Abb. 17.**34**) von Histonen erfolgt vorwiegend an N-terminalen Lysin- oder Argininresten und wird durch Histon Acetyltransferase katalysiert. Dadurch werden die positiven Ladungen der Histone neutralisiert, was in einer weniger starken Bindung an die negativ geladenen Phosphatreste der DNA resultiert (Abb. 17.**34**, Abb. 17.**16a**). Acetylierung und **Methylierung** (Verknüpfung mit einer Methyl- (-CH_3) Gruppe) erschweren die Abbaubarkeit der Histone.

Verschiedene Zellen eines Organismus können unterschiedliche Histon-Modifikationen tragen, weshalb man auch von dem **Histon-Code** spricht (Abb. 17.**16c**). Methylierung von Histonen an Arginin- oder Lysinresten kann unterschiedliche Auswirkungen haben. So ist die Methylierung von Lysin-4 und Lysin-36 in Histon H3 in der Regel mit transkriptionsaktivem Chromatin assoziiert, während die Methylierung von Lysin-9 und Lysin-27 in Histon H3 und von Lysin 20 in Histon H4 mit einer

a

b

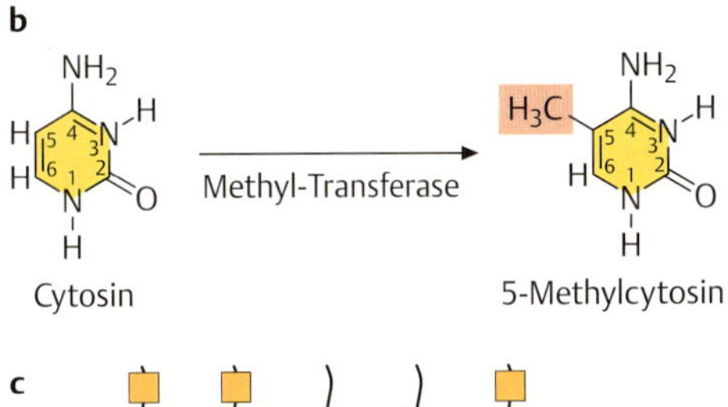

c

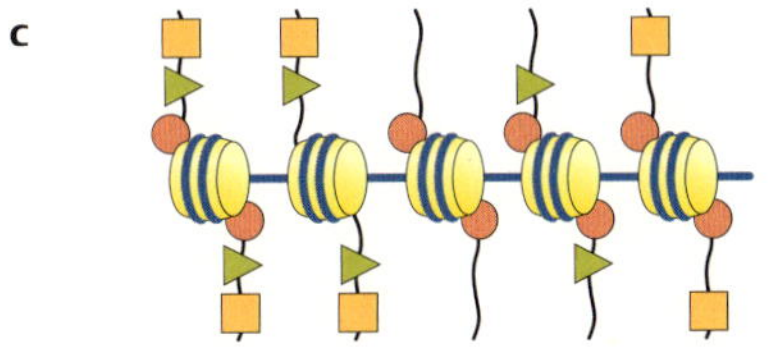

Abb. 17.16 Modifikation des Chromatins.
a Die Nukleosomen (gelb) sind von der DNA (blau) umgeben.
b Die Modifikation von Cytosin zu 5-Methylcytosin erfolgt durch das Enzym Methyltransferase.
c Methylierung der Histone erfolgt an bestimmten Arginin- und Lysinresten. Gleiche Symbole stellen gleiche Modifikationen an den aminoterminalen Enden der Histone dar. Die Gesamtheit dieser Modifikationen definiert den „Histoncode" einer Zelle. Die Art der Modifikationen wiederum hat Einfluss auf die Proteine, die an die jeweiligen Regionen binden. Erläuterung im Text.

Repression der Transkription verbunden ist. Jedes dieser Lysinreste kann eine, zwei oder drei Methylgruppen tragen, man spricht dann von mono-, di- oder trimethyliertem Lysin. Somit ergibt sich aus der Anzahl der modifizierbaren Aminosäuren und den unterschiedlichen Modifikationen ein sehr großer Informationsgehalt des Histon-Codes. Die Modifikationen der Histone und somit der Aktivitätszustand der DNA wird bei der Zellteilung an die Tochterzellen weitergegeben, ein Vorgang, der als **Epigenetik** bezeichnet wird. Bei der epigenetischen Vererbung wird eine Information weitergegeben, die nicht in der Sequenz der DNA kodiert ist. Die Eigenschaften des Chromatins, insbesondere der Histone, haben somit einen Einfluss auf die **Vererbung des Aktivitätszustands**, so dass in den Tochterzellen dieselben epigenetisch regulierten Gene an- oder ausgeschaltet sind wie in der Ausgangszelle.

Die „Verpackung" der DNA in Chromatin führt zu einem Problem bei der Replikation. Einerseits muss die Replikationsmaschinerie Zugang zur DNA haben, andererseits muss hinter der Replikationsgabel der parentale Chromatinzustand wieder hergestellt werden. Bis heute ist noch nicht genau geklärt, wie die **Histonmarkierung** während der **Replikation** an die neu-synthetisierten DNA-Stränge weitergegeben wird. Zwei Modelle werden diskutiert:
- Im semi-konservativen Modell werden die H3/H4-Dimere gespalten und gleichmäßig auf die beiden Tochterstränge aufgeteilt.
- In einem alternativen, konservativen Modell werden Histon-Tetramere als Ganzes an einen Tochterstrang weitergegeben, so dass neu gebildetes Chromatin eine Mischung aus „alten" und „neuen" Nukleosomen trägt.

In beiden Modellen dient das parentale Methylierungsmuster als Vorlage für das epigenetische „Gedächtnis" der Histone in den neu gebildeten Nukleosomen, so dass das Methylierungsmuster nach der Replikation in beiden Tochterchromatiden dasselbe ist wie im parentalen Chromatid.

Epigenetische Regulation der Genexpression

Während der Entwicklung vielzelliger Organismen werden verschiedene Zelltypen gebildet, indem sie – oftmals als Antwort auf äußere Signale – unterschiedliche genetische Programme aktivieren, d. h., unterschiedliche Gene exprimieren. Selbst lange nachdem diese Signale abgeschaltet sind, ermöglicht es ein **„Zellgedächtnis"**, den einmal erworbenen Aktivierungszustand aufrechtzuerhalten, selbst dann, wenn sich die Zelle noch sehr häufig teilt. Das heißt etwa, dass die Nachkommen einer sich teilenden Leberzelle wiederum die für die Funktion der Leber spezifischen Gene an-, und viele andere Gene ausgeschaltet haben. Der Nachweis, dass Zellen ein „Gedächtnis" haben, wurde in den 1960er und 1970er Jahren von Ernst Hadorn und seinen Mitarbeitern durch Arbeiten an **Imaginalscheiben von *Drosophila*** erbracht. Imaginalscheiben sind Gruppen von Zellen, aus denen sich die meisten äußeren Strukturen der adulten Fliege, wie Beine, Flügel, Augen, entwickeln (s. Kap. 21.4, S. 350). Bereits während der Embryogenese werden sie auf ein bestimmtes Entwicklungsschicksal, etwa Bein oder Flügel, festgelegt. Erst während der pupalen Entwicklung jedoch wird dieses früh festgelegte Schicksal verwirklicht, und die Imaginalscheiben differenzieren Bein- oder Flügelstrukturen. Hadorn und Mitarbeiter konnten die Differenzierung der Imaginalscheiben verhindern und die Phase der Zellteilungen verlängern, indem sie sie aus Larven präparierten und in das Abdomen adulter Weibchen transplantierten und dort kultivierten. Nach **Transplantation** zurück in Larven durchliefen diese Imaginalscheiben die normale Metamorphose und entwickelten sich zu den Strukturen, für die sie ursprünglich festgelegt worden waren. Das heißt, trotz des Aufenthalts in einer fremden Umgebung und trotz zahlreicher zusätzlicher Zellteilungen „erinnerten“ sich die Zellen an ihr ursprüngliches Schicksal. Somit stellt sich die Frage, durch welche Mechanismen garantiert wird, dass ein einmal festgelegtes genetisches Programm trotz zusätzlicher Zellteilungen und auch nach Aufenthalt in einer anderen Umgebung unverändert beibehalten wird.

Zwei Gruppen von Genen mit entgegengesetzter Wirkungsweise, die ursprünglich bei *Drosophila* identifiziert wurden, sind an der Aufrechterhaltung von Genexpressionsmustern beteiligt: Die ***Polycomb*-Gruppe** (**PcG**) und die ***trithorax*-Gruppe** (**trxG**). Der Name Polycomb geht auf den Phänotyp des namensgebenden Gens dieser Gruppe zurück: Mutationen in *Polycomb* führen dazu, dass *Drosophila*-Männchen nicht nur auf dem ersten Beinpaar, sondern auch auf dem zweiten und dritten Beinpaar Geschlechtskämme ausbilden, da HOM-C-Gene, die für die Identität der Segmente verantwortlich sind (s. Kapitel 22.5, S. 376), nun in Zellen exprimiert werden, in denen sie normalerweise ausgeschaltet sind. Gene der *trithorax*-Gruppe wirken entgegengesetzt, d.h. sie sind verantwortlich für die Aufrechterhaltung des aktiven Zustands eines Gens. In Abwesenheit eines trxG-Gens kann nun die Expression eines von ihm kontrollierten Gens durch PcG-Gene in den Zellen unterdrückt werden, in denen es normalerweise aktiv sein sollte.

Heute kennt man bei *Drosophila* ca. 40 PcG- und trxG-Gene, von denen viele evolutionär konserviert sind und auch in anderen tierischen und pflanzlichen Zellen vorkommen können. Die von ihnen kodierten Proteine bilden große Proteinkomplexe, die die lokalen Eigenschaften des Chromatins modifizieren und somit den reprimierten (PcG) oder aktivierten (trxG) Transkriptionszustand von Genen aufrechterhalten. Viele der von ihnen kontrollierten Gene haben entwicklungsbiologisch relevante Funktionen, wie z.B. die Hox-Gene (Maus) oder HOM-C-Gene (*Drosophila*).

Bei *Drosophila* sind Mitglieder der **PcG-Proteine** an der Ausbildung mindestens dreier bislang biochemisch charakterisierter Komplexe beteiligt, die miteinander interagieren, um die Transkription ihrer Zielgene zu unterdrücken. Polycomb, eine zentrale Komponente des **PRC I** (**P**olycomb **r**epressive **c**omplex), erkennt mittels eines bestimmten Proteinbereichs, der **Chromodomäne**, ein dreifach methyliertes Lysin an Position 27 von Histon H3. Dieses wird von **Enhancer of zeste** [E(z)] unter Beteiligung weiterer Proteine methyliert. E(z) sowie **Extra Sex Combs** (ESC) und **Suppressor of Zeste** [Su (Z)] 12, bilden die zentralen Komponenten im **PRC II**. Der dritte Komplex, der **PhoRC-Komplex** (**P**leio**ho**meotic **r**epressive **c**omplex), enthält PcG-Proteine, die direkt an DNA binden können.

Wie werden nun die Bereiche im Chromatin, die inaktiviert werden sollen, erkannt und stillgelegt? Im Genom von *Drosophila* ist die primäre Information zur Erkennung der PcG-Proteine in der regulatorischen DNA von Genen, dem sog. **P**olycomb **r**esponse **e**lement (**PRE**), festgelegt. Diese kann mehrere hundert Basenpaare lang sein und wird von DNA-bindenden Proteinen, die PcG-Proteine oder nicht-PcG-Proteine sein können, erkannt und gebunden. Durch Sequenzvergleiche und bioinformatische Berechnungen wurden im Genom von *Drosophila* mehr als hundert PREs vorhergesagt. Die an die DNA eines PRE gebundenen Proteine rekrutieren ESC, ein Mitglied des PRC-II-Komplexes, an die DNA. ESC wird in den ers-

Box 17.2 Imprinting

Während der Differenzierung der Keimzellen (Eizellen, Spermien) von Säugern und anderen Organismen können Gene vollständig „stillgelegt“ werden, wobei manche nur in der Eizelle, andere nur in den Spermien inaktiviert werden. Einige Gene, die für die Entwicklung des Dottersacks oder der Plazenta nötig sind, werden im mütterlichen Genom inaktiviert, während andere Gene, die für die Entwicklung des Embryos selbst benötigt werden, im väterlichen Genom inaktiviert werden. Nach der Befruchtung wird der Aktivitätszustand beibehalten und an die Zellen des Embryos weitergegeben, d.h. sie sind geprägt, weshalb man diesen Vorgang als **Imprinting** oder **genomische Prägung** bezeichnet. Die geprägten Gene „erinnern“ sich an ihren Aktivitätszustand, den sie in der Eizelle oder der Samenzelle besaßen. So wird z.B. das Gen für den *insulinähnlichen Wachstumsfaktor-2* (*Igf-2*), das an der Wachstumskontrolle des Mausembryos beteiligt ist, im mütterlichen Genom inaktiviert, im väterlichen Genom bleibt es aktiv. Trägt das Spermium ein mutiertes *Igf-2*-Gen, so ist der Embryo sehr klein, selbst wenn von der Eizelle eine Wildtyp-Kopie dieses Gens beigesteuert wird. Trägt hingegen die Eizelle ein mutiertes *Igf-2*-Gen, so hat das bei Vorliegen einer vom Spermium eingebrachten Wildtyp-Kopie keine Auswirkung auf die Größe des Embryos.

Bis heute kennt man mindestens 45 Gene der Maus und des Menschen, die während der **Oogenese** oder der **Spermatogenese** „geprägt“ werden. Es gibt Hinweise darauf, dass Methylierung der DNA beim Imprinting eines Gens eine Rolle spielt, wobei Ursache und Wirkung nicht endgültig geklärt sind. So liegt das *Igf-2*-Gen in der Oozyte methyliert vor, nicht aber in der Spermatozyte.

Imprinting kann auch in somatischen Zellen stattfinden. So ist bekannt, dass in vielen Fällen Fremdgene, die in ein Vertebratengenom eingebracht werden (sog. Transgene, siehe Kap. 20.2, S. 324), häufig durch Imprinting inaktiviert werden können.

ten vier Stunden der Embryogenese benötigt und ist somit entscheidend an der ganz frühen Inaktivierung von Genen beteiligt. Die Aktivität von ESC und seinen Partnern resultiert in der Methylierung von Lysin-27 von Histon 3 im PRE. Jedoch ist die Methylierung nicht auf das PRE beschränkt, sondern sie breitet sich über benachbarte Regionen des Gens, die oft mehrere Kilobasen DNA umfassen können, aus. Dies wird dadurch erleichtert, dass das PRE, u. a. durch Polycomb-vermittelte Ausbildung von „Chromatinschleifen", in Kontakt mit weiter entfernt liegenden Bereichen kommt, die dann ebenfalls methyliert werden können (Abb. 17.**17**). Einmal gebunden verhindern die PcG-Proteine die Transkription.

Inzwischen weiß man, dass bei *Drosophila* und bei Säugern mehr als 100 Gene das Ziel von **PcG-Aktivität** sind. Viele dieser Zielgene kodieren **Transkriptionsfaktoren, Morphogene, Signal- oder Rezeptormoleküle** und sind an diversen entwicklungsbiologischen Prozessen beteiligt. Das lässt vermuten, dass zelltypspezifische Genexpression dadurch gewährleistet wird, dass alternative genetische Programme durch die Aktivität von PcG unterdrückt werden.

Epigenetische Genregulation ist aber nicht nur für die Inaktivierung in differenzierten Zellen nötig, sondern sie wird auch benötigt, um einen undifferenzierten Zustand aufrecht zu erhalten. Das beste Beispiel hierfür sind **embryonale Stammzellen** (**ES-Zellen**). Hierbei handelt es sich um Zellen von ganz frühen Säugerembryonen, die noch die Fähigkeit haben, alle Zelltypen des sich entwickelnden Embryos zu bilden, sie sind **pluripotent**. Das bedeutet aber, dass in ihnen alle genetischen Programme, die für eine Differenzierung nötig sind, ausgeschaltet sein müssen. In der Tat sind PcG-Proteine in humanen und Maus ES-Zellen mit vielen entwicklungsrelevanten Genen assoziiert. An den PREs dieser Gene interagieren

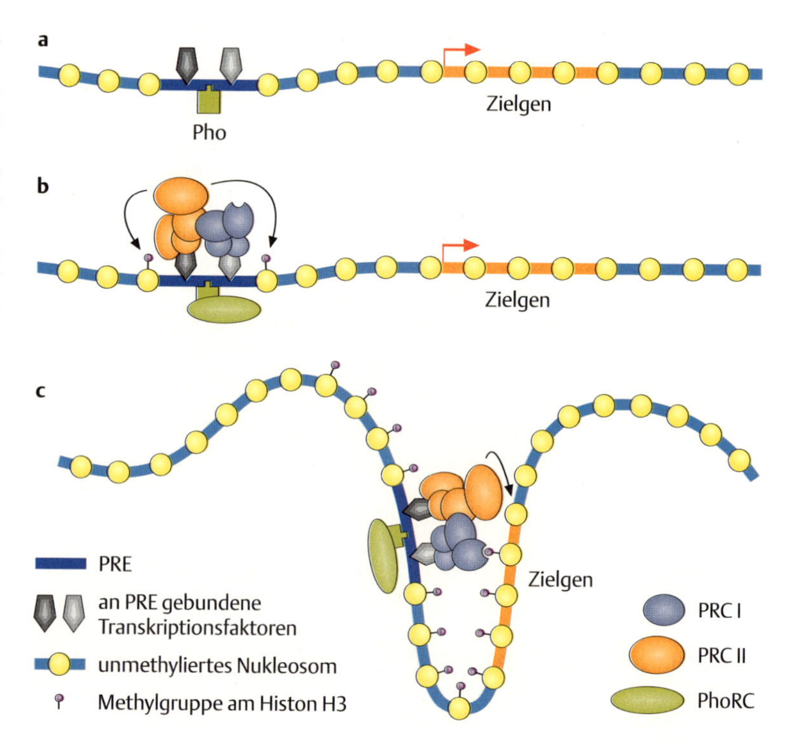

Abb. 17.17 Modell zum Mechanismus von PcG-vermittelter Geninaktivierung.
a Transkriptionsfaktoren binden an das Polycomb responsive element (PRE), das in der Nähe eines zu regulierenden Zielgens liegt.
b Durch Proteine des PRC I- und PRC II-Komplexes werden die Nukleosomen im PRE und in der unmittelbaren Nachbarschaft methyliert.
c Durch Ausbildung von „Chromatinschleifen" können die an das PRE gebundenen Proteinkomplexe weiter entfernt gelegene Nukleosomen methylieren. [modifiziert nach Schwartz und Pirrotta, 2007].

sie mit einigen wenigen, **stammzellspezifischen Transkriptionsfaktoren**, wie **Oct4, Sox2** oder **NANOG**, um den reprimierten Zustand der Differenzierungsgene aufrecht zu erhalten.

Auch wenn PcG-Proteine eine effektive Inaktivierung von genetischen Programmen sicherstellen, ist dieser Prozess nicht irreversibel. Besonders bei ES Zellen ist offensichtlich, dass sich diese irgendwann einmal in **differenzierte Zelltypen** entwickeln müssen, was eine Aufhebung der PcG Funktion voraussetzt. Die molekularen Mechanismen dieser Reprogrammierung sind bisher nur unzureichend bekannt. Ergebnisse von *Drosophila* deuten darauf hin, dass **Signalmoleküle**, wie **Wingless** (Wg) oder **Decapentaplegic** (Dpp) an der Inaktivierung der PcG-Funktion beteiligt sind. Somit wirken die epigenetischen Faktoren der PcG- und der trxG-Gene auf die Regulation einer Vielzahl von Entwicklungsgenen und kontrollieren somit das Zellschicksal. Gleichzeitig wirken wiederum wichtige Signalmoleküle auf die Aktivität der PcG-Proteine.

Box 17.3 Reprogrammierung somatischer Zellen zu pluripotenten Zellen

In vielen Geweben eines adulten Organismus gibt es außer den differenzierten, gewebespezifischen Zellen undifferenzierte Zellen, die **adulten Stammzellen**, die für die Erneuerung dieses Gewebes sorgen, etwa in der Haut, in der Leber oder im Blut. Auch Pflanzen besitzen Stammzellen, die sich in der Spross- und der Wurzelspitze, im **apikalen Meristem** und im **Wurzelmeristem**, befinden und dort für das Wachstum und die Bildung neuer Organe, z. B. Blätter oder Blüten, benötigt werden (s. *Arabidopsis* Kap. 31, S. 468).

Anders als embryonale Stammzellen haben adulte Stammzellen von Tieren ein eingeschränktes Differenzierungspotential und können nur gewebespezifische Zelltypen bilden, sie sind nicht pluri- sondern multipotent. Seit vielen Jahrzehnten beschäftigen sich Entwicklungsbiologen mit der Frage, ob und wenn ja wie man eine differenzierte Zelle in eine pluripotente Stammzelle reprogrammieren kann, und welche Faktoren diese Änderung auslösen. Unter Reprogrammierung bezeichnet man die Aufhebung des Differenzierungszustands einer Zelle und die Verwirklichung eines alternativen Differenzierungsprogramms. Die Frage der Reprogrammierung ist auch aus medizinischer Sicht hochaktuell, um Zellen zur Gewebeerneuerung zu erhalten. Bereits seit vielen Jahren wird die Knochenmarktransplantation eingesetzt, um Leukämie- oder Lymphompatienten, deren Blutzellen durch Chemotherapie abgetötet wurden, neue Blutstammzellen zu transferieren, damit diese dann alle Blutzellen, wie Erythrozyten oder Leukozyten, erneuern können.

Kürzlich (2007) ist es zwei Arbeitsgruppen gelungen, differenzierte **Fibroblasten** (Zellen des Bindegewebes, die sich leicht in Kultur halten lassen) von erwachsenen Menschen in sog. **iPS Zellen** (**i**nduzierte **p**luripotente **S**tammzellen) zu reprogrammieren (Abb. 17.**19**). Hierzu wurden in Fibroblasten, die aus adulter Haut isoliert wurden, mittels Retroviren vier Gene eingebracht, die Transkriptionsfaktoren kodieren: entweder Oct4, Sox2, Myc und Klf4, oder Oct4, Sox2, NANOG und LIN28. Nach ca. vier Wochen hatten einige wenige Zellen morphologische und biochemische Merkmale angenommen, die sonst nur von multipotenten, **embryonalen Stammzellen** (**ES-Zellen**) ausgeprägt werden: sie transkribierten stammzellspezifische Gene, wiesen eine ähnliche Morphologie wie diese auf, sie ließen sich in der Kulturschale zu verschiedenen Zelltypen, z. B. Nerven- oder Herzzellen, differenzieren und sie bildeten **Teratome** nach Injektion in Mäuse (Teratome sind Tumore, die Gewebe aller drei Keimblätter enthalten, z. B. Zähne, Knochen oder Haare). Zur Gewinnung von embryonalen Stammzellen s. Abb. 19.**28**, S. 297.

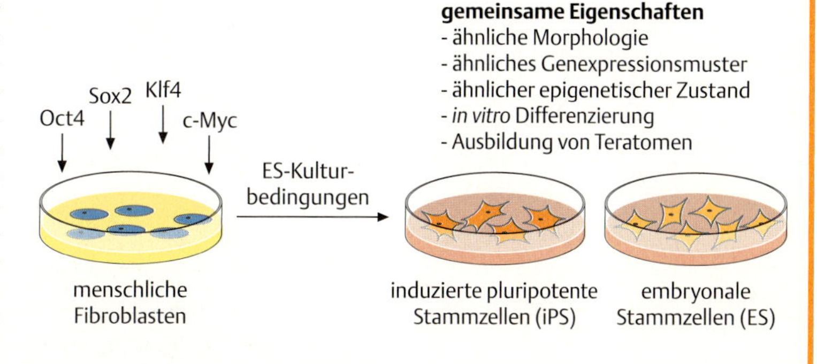

Abb. 17.19 Induktion von pluripotenten humanen Stammzellen aus adulten Fibroblasten. Aus der Haut eines adulten Menschen wurden Fibroblastenzellen isoliert und in Kultur gebracht. Anschließend wurden mit Hilfe von Viren vier verschiedene DNAs, die alle für Transkriptionsfaktoren kodieren, in die Zellen gebracht und diese dann in einem Medium, das normalerweise für ES (embryonale Stamm-) Zellen verwendet wird, weiter kultiviert. Nach etwa 30 Tagen hatten sich auf der Platte Kolonien mit iPS (induzierten pluripotenten Stamm-) Zellen gebildet. Diese hatten sehr viele Eigenschaften mit ES Zellen gemeinsam.

Regulation der Transkription durch Veränderungen der DNA

Veränderungen in der DNA können selbst zur Regulation der Transkription beitragen, wobei vor allem die **Methylierung von Cytosin** zu Methylcytosin von Bedeutung ist (Abb. 17.**16b**). Methylierung findet nur in GC-Dinukleotiden, und dann am häufigsten im C der Sequenz CpG, statt und führt zur Änderung der Zusammensetzung der an die DNA gebundenen Proteine. Etwa 70 % aller **CG-Dinukleotide** der menschlichen DNA sind methyliert. Methylierung der DNA ist eine reversible Modifikation, keine Mutation. Die Art der Methylierung einer Zelle ist Teil ihres **epigenetischen Codes**. DNA-Methylierung korreliert gewöhnlich mit dem '**Silencing**', also der Inaktivierung der betroffenen Gene. Für den Mechanismus werden zwei Modelle diskutiert:

1. die Methylierung verhindert, dass aktivierende Transkriptionsfaktoren binden können;
2. Methyl-CpG-bindende Proteine (MBPs; z. B. MeCP2, MBD1-MBD4) binden an diese Sequenzen und rekrutieren Corepressoren. Außerdem können MBPs mit 'chromatin remodeling' Komplexen (z. B. über hSNF2H) assoziiert sein. Somit scheint es eine Wechselwirkung zwischen CpG Methylierung und anderen Chromatin Modifikationen zu geben.

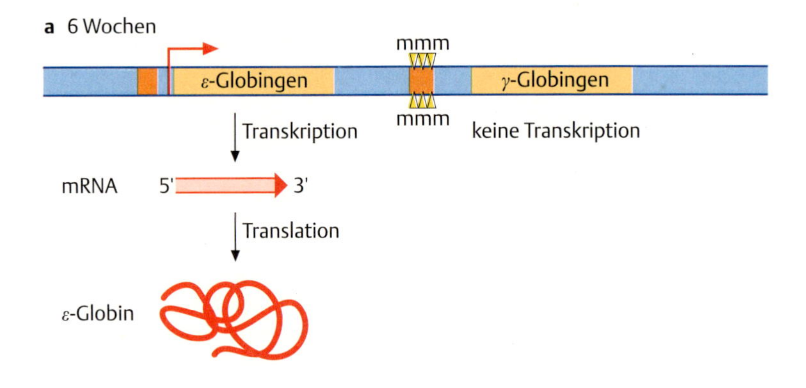

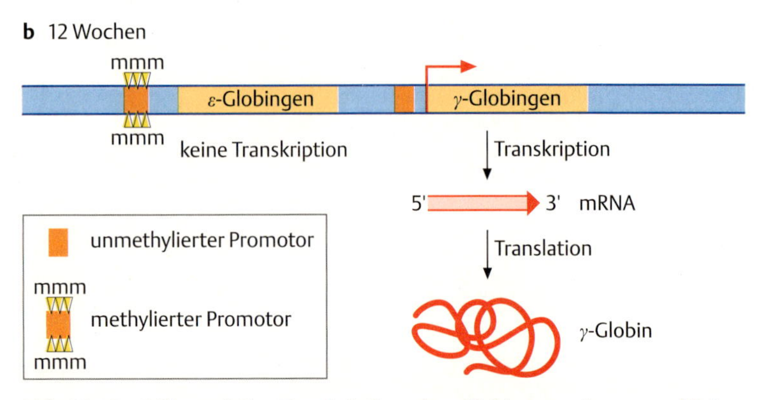

Abb. 17.18 Differenzielle Transkription der Globingene im menschlichen Embryo.

Ein gutes Beispiel für die Regulation des Aktivitätszustands durch Methylierung ist die Transkription der **Globingene**. Diese kodieren für **Globin**, den Proteinanteil im **Hämoglobin** der roten Blutkörperchen, das den Sauerstoff transportiert. Im **menschlichen Genom** gibt es mehrere Globingene, die zu unterschiedlichen Zeiten der Entwicklung aktiv sind. So wird etwa im sechs Wochen alten Embryo das **ε-Globingen** und im zwölf Wochen alten Embryo das **γ-Globingen** transkribiert. Das jeweils andere Gen wird durch **Methylierung der Promotorsequenzen** ausgeschaltet (Abb. 17.**18a, b**).

Kontrolle der Transkription durch Promotoren und Enhancer

Auch wenn ein Gen im Euchromatin liegt und somit seine Transkription prinzipiell möglich ist, unterliegt seine Expression doch strengen Regulationskontrollen, die über die Art des Transkripts, seine Menge und den Zeitpunkt seiner Synthese entscheiden.

Verwendung unterschiedlicher Promotoren. In Kap. 14 wurde der Aufbau des **Promotors** eines eukaryotischen Gens, das von RNA-Polymerase II transkribiert wird, dargestellt (s. Abb. 14.**3**, S. 164). Der Promotor enthält die TATA-Box, die die Erkennungsstelle der RNA-Polymerase und somit den korrekten Startpunkt der Transkription bestimmt. Einige Gene besitzen mehrere TATA-Boxen, so dass dort die Transkription an mehreren Stellen begonnen werden kann (Abb. 17.**20**). Das kann in einigen Fällen zur Synthese verschiedener Proteine führen, je nachdem, welche Exons schließlich durch **Spleißen** zusammengefügt werden.

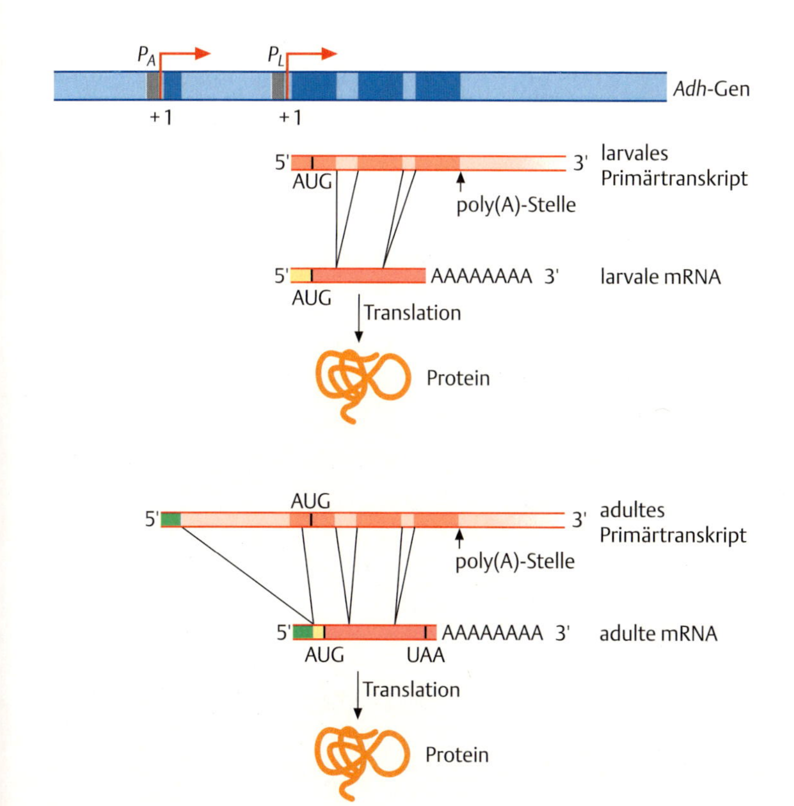

Abb. 17.20 Differenzielle Initiation der Transkription. Durch Verwendung alternativer Promotoren kann ein Gen unterschiedliche Transkripte kodieren, wie hier am Beispiel des *Drosophila*-Gens für Alkoholdehydrogenase (*Adh*), das in Larven und Fliegen aktiv ist, gezeigt wird. In der Larve erfolgt die Transkription vom larvalen Promotor (P_L), in der adulten Fliege vom adulten Promotor (P_A). Vor beiden Initiationsstellen befindet sich eine TATA-Box (grau) im Abstand von etwa 24 bp zur Initiationsstelle der Transkription (+1). Die reifen mRNAs unterscheiden sich durch ihre 5′-untranslatierte Region (gelb bzw. grün gefüllte rote Box), die kodierende Region und somit das Protein (braun) ist dasselbe. Die dunkler gefärbten Bereiche auf der DNA (blau) bzw. RNA (rot) sind die Exons.

Regulatorische DNA-Elemente kontrollieren gewebe- und zeitspezifische Transkription. Die differenzielle Transkription eines Gens zu bestimmten Zeiten während der Entwicklung oder in spezifischen Geweben kann außer durch unterschiedliche Promotoren durch weitere DNA-Sequenzen kontrolliert werden. Dabei unterscheidet man zwei Arten von regulatorischen Elementen. Solche, die in unmittelbarer Nähe stromaufwärts (in 5′-Richtung) der TATA-Box liegen, die sog. **promotornahen regulatorischen Elemente**. Andere Elemente können weit entfernt (tausend Basenpaare oder mehr) vom Promotor liegen, und zwar vor, im oder hinter dem Gen. Diese 50–200 bp langen DNA-Abschnitte werden als **Enhancer** („Verstärker") bezeichnet. Der Begriff geht auf ihre ursprünglich beschriebene Eigenschaft zurück, die Rate der Transkription zu erhöhen, wird aber heute viel weiter gefasst.

In Abb. 17.**21** ist die Struktur eines typischen Eukaryontengens und seiner regulatorischen Elemente schematisch dargestellt.

Sowohl Enhancer als auch promotornahe regulatorische Sequenzen werden von einer Klasse DNA-bindender Proteine, den sog. **Transkriptionsfaktoren**, erkannt. Ein Transkriptionsfaktor ist ein Protein mit in der Regel zwei funktionellen Bereichen:

1. eine Region, die eine spezifische Nukleotidsequenz erkennt, die **DNA-bindende Domäne**,
2. ein oder mehrere Bereiche, die mit anderen Proteinen, vor allem solchen des generellen Transkriptionsapparates (s. Kap. 14, S. 161), interagieren können und als **transkriptionsaktivierende** oder auch **transaktivierende Domänen** bezeichnet werden.

In vielen Fällen enthalten sie noch eine weitere Domäne, die der Dimerisierung mit gleichen oder anderen Transkriptionsfaktoren dient. Neben den aktivierenden Transkriptionsfaktoren gibt es auch zahlreiche Faktoren, die die Transkription unterdrücken und dadurch als **Repressoren** wirken.

DNA-bindende Domänen sind reich an basischen Aminosäuren wie Arginin oder Lysin, die an die negativ geladene DNA binden können. Auf Grund der Struktur der DNA-bindenden Domäne lassen sich **Transkriptionsfaktoren** in unterschiedliche Familien einteilen, von denen die wichtigsten hier kurz vorgestellt werden sollen.

1. Helix-Turn-Helix-Proteine: Das als erstes beschriebene DNA-Bindungsmotiv ist das **Helix-Turn-Helix-Motiv**. Dieses wurde zunächst in bakteriellen Proteinen, z. B. dem *lac*-Repressor (s. S. 206), später auch in eukaryotischen Proteinen gefunden. Von einem **Proteinmotiv** spricht man immer dann, wenn die Region eine charakteristische dreidimensionale Struktur aufweist, die in vielen Proteinen vorkommt. Der Name Helix-Turn-Helix beschreibt das Vorhandensein zweier α-Helices, die durch einen Abschnitt aus drei oder vier Aminosäuren voneinander getrennt sind, wodurch ein „Abknicken" des Proteins (turn) erzeugt wird (Abb. 17.**22**).

Abb. 17.21 Aufbau eines typischen Eukaryontengens. Enhancer (orange) können in großen Abständen vor oder hinter einem Gen oder sogar im Gen selbst liegen.

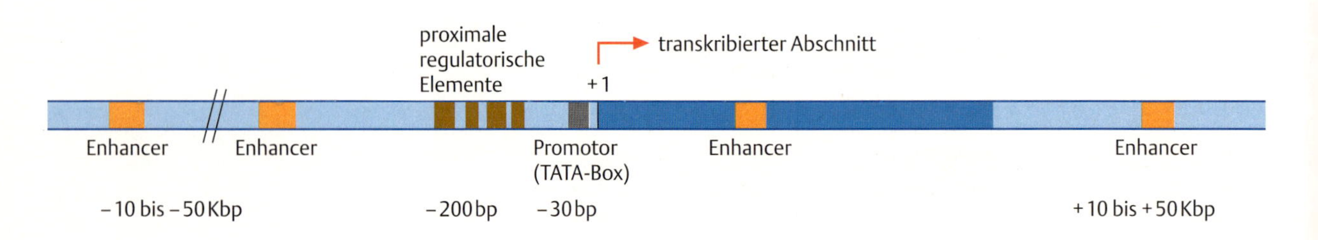

Die Erkennungshelix erkennt eine bestimmte Basensequenz auf der DNA. Ihre Struktur ermöglicht eine Einlagerung in die große Furche der DNA, wobei Atome des Proteins durch Wasserstoffbrücken und Van-der-Waals-Interaktionen Bindungen mit Atomen der DNA-Basen eingehen. Die Bindung wird durch weitere Wechselwirkungen mit dem Zucker-Phosphat-Rückgrat der DNA verstärkt.

Eine spezielle Klasse des Helix-Turn-Helix-Motivs stellt die aus etwa 60 Aminosäuren bestehende **Homeodomäne** dar. Diese Domäne wurde zuerst in den Genprodukten der homeotischen Gene von *Drosophila* gefunden (s. Kap. 22.5.1, S. 378). Man kennt bei vielen Organismen inzwischen 386 verschiedene Proteine mit Homeodomäne (Stand: 2004), von denen jedoch viele nicht von homeotischen Genen kodiert sind. Die große Ähnlichkeit in der Struktur des Helix-Turn-Helix-Motivs bei Pro- und Eukaryonten war der erste Hinweis darauf, dass die Mechanismen der Genregulation bei Bakterien und höheren Organismen nach ähnlichen Prinzipien verlaufen.

2. Zinkfinger-Proteine: Viele Transkriptionsfaktoren weisen Bereiche auf, die sich um ein Zn^{2+}-Ion lagern können und dadurch eine relativ kompakte, fingerförmige Struktur ausbilden. Auch wenn für die meisten Proteine mit diesen Motiven eine Bindung an Zn^{2+} nicht nachgewiesen wurde, werden sie auf Grund ihrer Struktur trotzdem als **Zinkfinger-Proteine** bezeichnet. Dieses, aus 30 Aminosäuren bestehende Motiv wurde erstmalig im Transkriptionsfaktor TFIIIA des Krallenfroschs *Xenopus laevis*, der an der Transkription der 5S-rRNA beteiligt ist, charakterisiert. Das Motiv findet sich allerdings auch in Proteinen, die nicht an DNA binden. Zinkfinger-Proteine bilden die größte bekannte Proteinfamilie. So gehören in der Hefe die Genprodukte von 42 der insgesamt 6215 vorhergesagten Genen zu dieser Familie, und im Fadenwurm *Caenorhabditis elegans* kodieren 3 % (= 138) aller vorhergesagten Gene Zinkfinger-Proteine. Abb. 17.**23a, b** zeigt ein Beispiel für eine Zinkfinger-Domäne. Der hier gezeigte „Finger" ist ein sog. C_2H_2-Zinkfinger, so genannt, weil in ihm Cysteine (C) und Histidine (H) an der Ausbildung der „Finger" beteiligt sind. Andere Mitglieder dieser Familie bilden sog. „C_4-Finger", in denen die Zn^{2+}-bindende Region durch vier Cysteine geformt wird.

3. bHLH-Proteine: Proteine mit einer bHLH-Domäne sind durch das Vorhandensein einer basischen (b) Domäne gekennzeichnet und tragen außerdem zwei Helices (H), die durch einen Loop (L, Schleife) voneinander getrennt sind (s. Abb. 17.**23d**). Die basische Domäne bindet an spezifische DNA-Sequenzen, während die Helices Wechselwirkungen mit einem anderen Protein, meist einem weiteren bHLH-Protein, eingehen können. Dabei können sowohl Homodimere (aus zwei gleichen Proteinen bestehend) als auch Heterodimere (aus zwei verschiedenen Proteinen bestehend) ausgebildet werden. Die Art des Dimers kann einen Einfluss auf die DNA-bindenden Eigenschaften haben.

Anders als die DNA-bindenden Domänen sind **transaktivierende Domänen** von Transkriptionsfaktoren sehr heterogen in ihrer Struktur. Viele dieser Domänen sind reich an sauren Aminosäuren, z. B. Asparaginsäure oder Glutaminsäure, andere sind durch mehrere Glutamin-Reste oder Aminosäuren mit freien OH-Gruppen, wie Serin oder Threonin, gekennzeichnet (s. Abb. 15.**3**, S. 177). Sie haben die Fähigkeit, mit anderen Proteinen Wechselwirkungen einzugehen, wodurch deren Konformation und/oder Aktivität geändert werden kann.

Auf welche Weise können Proteine, die in einem Abstand von manchmal mehreren tausend Basenpaaren von der **TATA-Box** an einen **Enhancer** binden, die Transkription regulieren? Nach dem zur Zeit bevorzugten

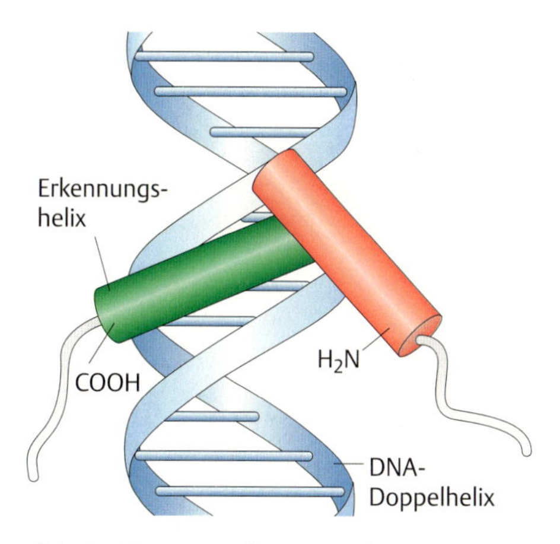

Abb. 17.22 Das Helix-Turn-Helix-Motiv. Die carboxyterminale Helix (grün) wird Erkennungshelix genannt, weil ihre Aminosäuren an der sequenzspezifischen DNA-Bindung beteiligt sind.

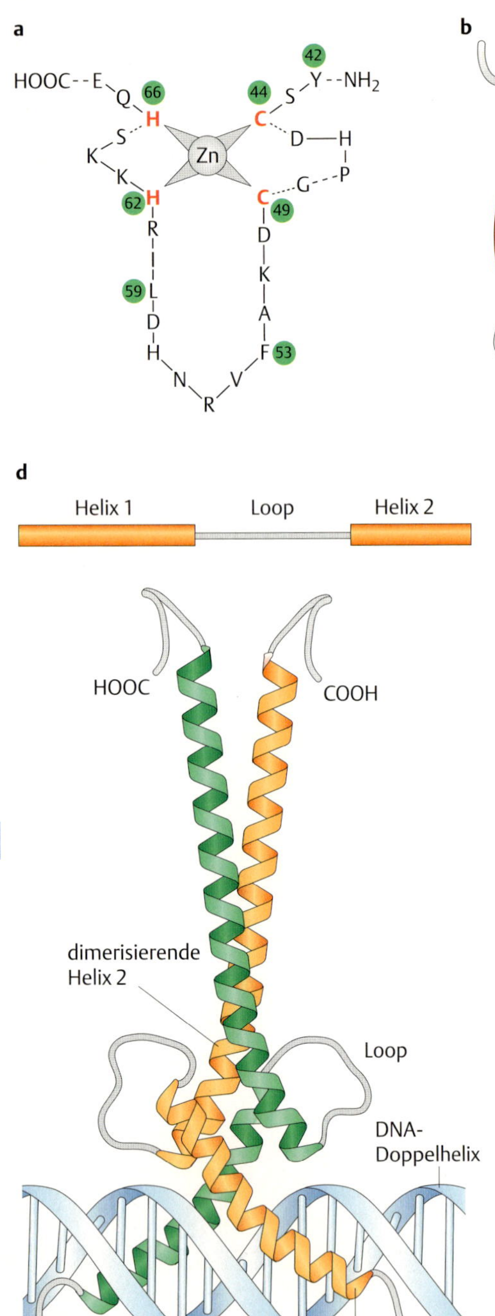

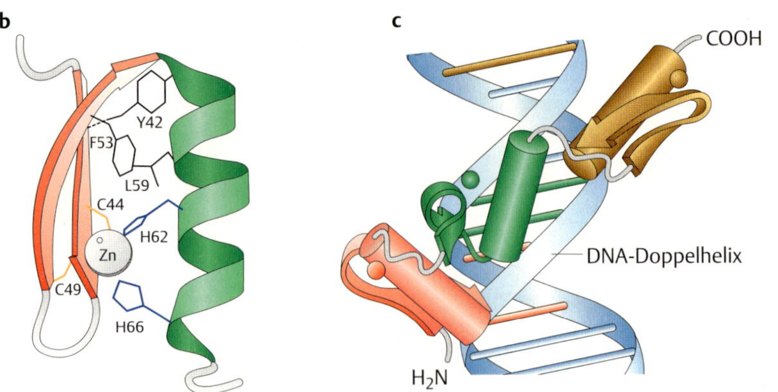

Abb. 17.23 DNA-bindende Proteinmotive.
a Schematische Darstellung und **b** dreidimensionale Struktur des zweiten Zinkfinger-Motifs des Transkriptionsfaktor SWI5 der Hefe, der zur Cys-Cys-His-His Familie gehört, benannt nach den Aminosäuren, die Kontakt mit dem Zink haben. Die Struktur lässt eine α-Helix (grün) und zwei antiparallel verlaufende β-Faltblätter (rot) erkennen. Die vier Aminosäuren, die das Zink binden (C44, C49, H62 und H66), verbinden ein Ende der α-Helix fest mit einem Ende des β-Faltblatts.
c Abschnitt einer DNA-Doppelhelix mit drei Zinkfingern. Man erkennt in jedem Finger die Faltblattstruktur und die α-Helix (als Röhre).
d Das Helix-Loop-Helix-Motiv. Unten ist ein an die DNA-Doppelhelix gebundenes Dimer aus zwei Helix-Loop-Helix-Motiven dargestellt (grün bzw. braun). Jeweils die N-terminal gelegene Helix der beiden Moleküle bindet an die DNA, die andere, die durch einen Loop (Schleife; grau) von der ersten getrennt ist, geht Wechselwirkungen mit der Helix des anderen Monomers ein [a,b nach Neuhaus et al. 1992].

Modell stellt sich dieser Vorgang wie folgt dar (Abb. 17.**24**): Die generelle Transkriptionsmaschinerie, die in den meisten Zellen vorhanden ist, bindet an die TATA-Box (s. Kap. 14, S. 161). Weitere Proteine binden an die promotornahe regulatorische Region und die weiter entfernt liegenden Enhancer. Durch die **Interaktion der transaktivierenden Domänen** der Transkriptionsfaktoren mit den Komponenten des Transkriptionsapparats, u. a. der RNA-Polymerase, wird eine **stabile DNA-Schleife** ausgebildet, und die Transkription beginnt.

17.2.3 Posttranskriptionelle Regulation der Genexpression

Anders als bei Prokaryonten, in denen auf einer mRNA mehrere verschiedene Proteine kodiert sein können (= polycistronische mRNA, s. Kap. 15.3.1, S. 181), ist auf eukaryotischen mRNAs in der Regel jeweils nur ein Protein kodiert, die RNA ist monocistronisch. Im vorangehenden Abschnitt wurde dargestellt, dass durch Verwendung unterschiedlicher Initiationsstellen von einem Gen mehrere verschiedene Primärtranskripte gebildet werden können. Darüber hinaus sind weitere Mechanismen bekannt, die **posttranskriptionell**, also nach der Transkription, aus einem einzigen Primärtranskript die Bildung mehrerer, oft unterschiedlicher mRNAs ermöglichen.

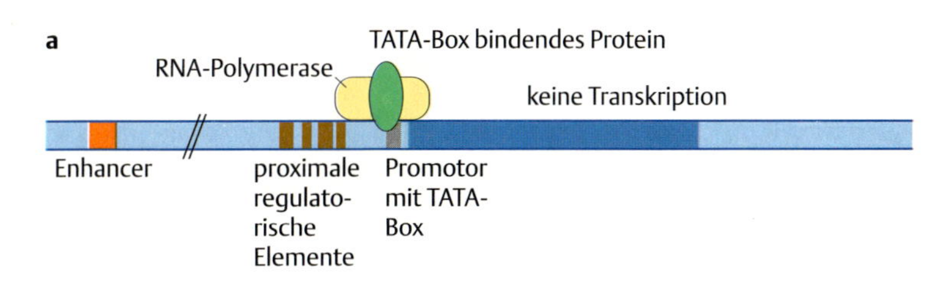

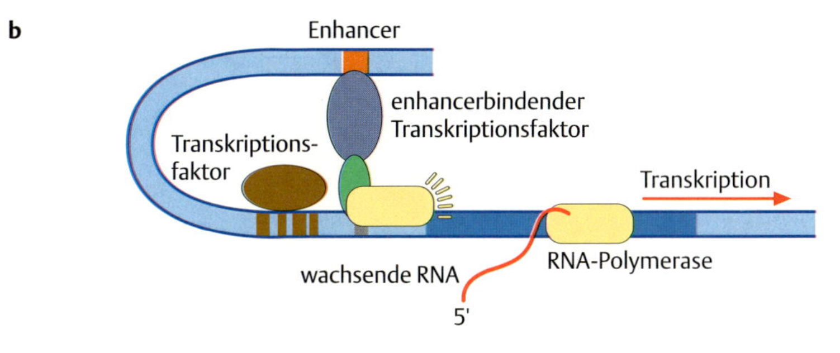

Abb. 17.24 Schematische Darstellung zur Wirkungsweise von Transkriptionsfaktoren.
a In Abwesenheit von Transkriptionsfaktoren findet keine Transkription statt. Die Komponenten der allgemeinen Transkriptionsmaschinerie (vgl. Abb. 14.**5**, S. 165) sind hier nur durch die RNA-Polymerase (gelb) und das TATA-Box-bindende Protein (grün) dargestellt.
b Ausbildung einer DNA-Schleife.
Weitere Erklärung im Text.

Regulation durch Alternatives Spleißen

Ein weiterer Schritt bei der Reifung der mRNA ist das Spleißen, der Prozess, bei dem die Introns entfernt und die Exons miteinander verbunden werden (s. Kap. 14.3.2, S. 169). Hierbei werden **Spleißdonor**- und **Spleißakzeptorstellen** vom **Spleißosom** erkannt und der dazwischen liegende Abschnitt der RNA herausgeschnitten. Da ein Primärtranskript mehrere Introns enthalten kann, stellt sich die Frage, welche Spleißdonor- und Spleißakzeptorstellen vom Spleißosom jeweils miteinander verbunden werden. In der Tat gibt es Primärtranskripte, von denen durch Zusammenfügen unterschiedlicher Exons verschiedene mRNAs gebildet werden. Diesen Vorgang bezeichnet man als **differenzielles** oder **alternatives Spleißen**. Je nach Art der zusammengefügten Exons kann dies unterschiedliche Konsequenzen haben. Verknüpfung ganz unterschiedlicher Exons führt zur Translation zweier völlig verschiedener Proteine, wie am Beispiel des ***unc-17/cha-1*-Genkomplexes** von *C. elegans* demonstriert werden kann. ***cha-1***-mRNA kodiert **Acetylcholintransferase**, ***unc-17***-mRNA kodiert für einen mit synaptischen Vesikeln assoziierten **Acetylcholintransporter** (Abb. 17.**25a**).

Diese Enzyme katalysieren zwei aufeinanderfolgende Stoffwechselschritte des Neurotransmitters Acetylcholin. Beide mRNAs, die durch alternatives Spleißen desselben Primärtranskripts entstehen, haben dasselbe 5′-nicht-translatierte erste Exon. Auf diese Weise wird die koordinierte Synthese von zwei am selben Prozess beteiligten Enzymen sichergestellt.

Durch alternatives Spleißen können auch Transkripte entstehen, die sich nur in einem oder wenigen Exons unterscheiden, so dass die von ihnen kodierten Proteine partiell identisch sind. Hier sei als Beispiel das **differenzielle Spleißen** des vom ***Drosophila*-P-Element** kodierten Primärtranskripts genannt (Abb. 17.**25b**). In der **Keimbahn** werden alle drei Introns entfernt. Das von dieser mRNA kodierte Protein ist die **Transposase**, die die **Transposition** mobiler genetischer Elemente erlaubt. In **somatischen Zellen** wird das dritte Intron nicht entfernt. Da dieses ein Stopcodon enthält, wird von dieser mRNA ein kürzeres Protein

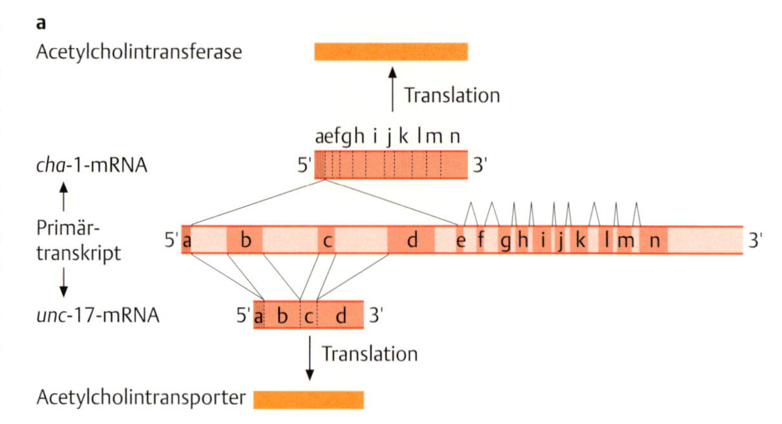

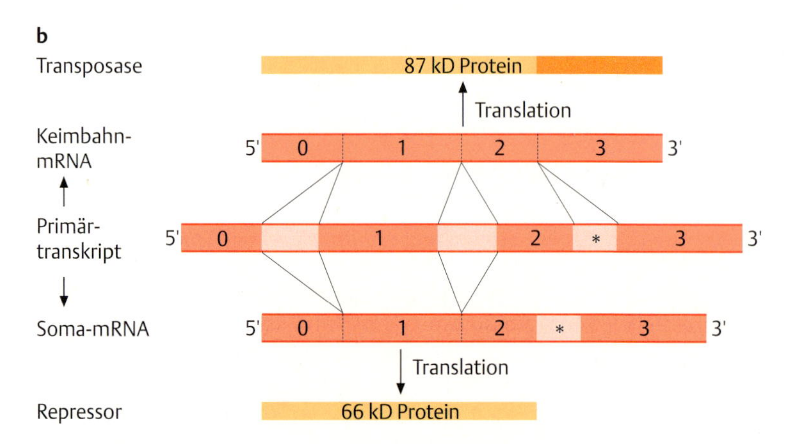

Abb. 17.25 Zwei Beispiele für alternatives Spleißen.
a Differenzielles Spleißen des *C. elegans*-Gens *cha-1*/*unc-17*. Die beiden Transkripte haben dasselbe erste, nicht proteinkodierende Exon a, die proteinkodierenden Exons sind verschieden.
b Das Primärtranskript des *Drosophila*-P-Elements als Beispiel für gewebespezifisches Spleißen. In somatischen Zellen werden aus allen Primärtranskripten nur die ersten beiden Introns entfernt, das gebildetet Protein ist ein Repressor der Transposase. In der Keimbahn wird neben geringen Mengen Repressor auch aktive Transposase gebildet, da alle drei Introns, und damit auch das Stopcodon (*), entfernt werden. Introns sind hellrot, Exons dunkelrot dargestellt

gebildet, dessen N-terminaler Abschnitt mit dem der Transposase identisch ist. Allerdings fehlt diesem Protein die für die Transpositionsaktivität erforderliche C-terminale Domäne, es fungiert jetzt als ein **Repressor der Transposition** (zur genaueren Erklärung der Transposition des P-Elements s. Kap. 18.2.2, S. 253).

Bei den meisten höheren Organismen wird eine mRNA durch Spleißen von Exons desselben Primärtranskripts gebildet. Bei einigen Organismen, z. B. den Einzellern *Trypanosoma* und *Euglena*, aber auch beim Fadenwurm *Caenorhabditis elegans*, kann eine mRNA durch Zusammenfügen von Exons zweier verschiedener RNA-Vorläufermoleküle entstehen. Diesen Prozess bezeichnet man als **Trans-Spleißen** (Box 17.**4**).

Regulation durch alternative Polyadenylierung

Einer der ersten Schritte während der Reifung der meisten eukaryotischen Primärtranskripte resultiert in der Polyadenylierung des 3′-Endes. Die Auswahl der Stelle, an der die RNA gespalten und anschließend die Poly(A)-Polymerase die ~200 Adenosinreste hinzufügt (poly(A)-Stelle), wird durch eine konservierte, uracilreiche Sequenz bestimmt, die somit das 3′-Ende der von Pol II hergestellten Transkripte bestimmt (s. Kap. 14.3.1, Abb. 14.**8**, S. 168). Primärtranskripte können **mehrere Erkennungssequenzen** für die **Spaltung** und **Polyadenylierung** besitzen. Je nachdem, welche dieser poly(A)-Stellen verwendet wird, entstehen

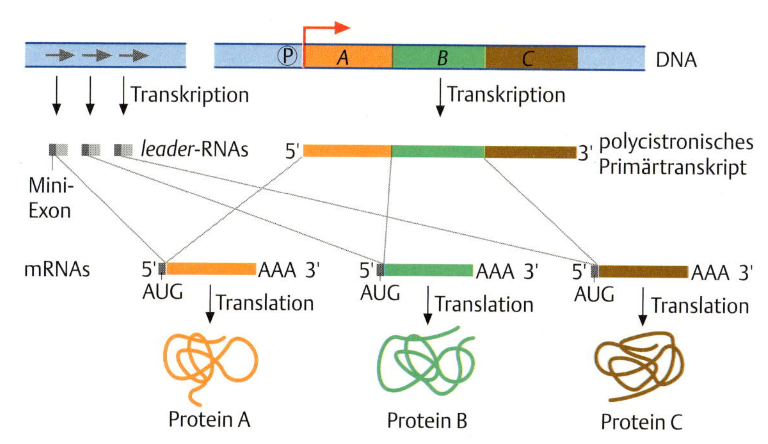

Abb. 17.26 Trans-Spleißen bei *Trypanosoma*. Von mehreren Transkriptionseinheiten (graue Pfeilköpfe) werden große Mengen Leader-RNA-Moleküle transkribiert. An anderer Stelle im Genom befinden sich die Gene *A*, *B* und *C*, von denen ein polycistronisches Primärtranskript, reguliert durch einen gemeinsamen Promotor (P), transkribiert wird. Dieses kodiert mehrere Proteine. In einem dem Spleißen ähnlichen Vorgang werden die RNAs der Gene *A*, *B* und *C* jeweils mit den 39 ersten, 5′-gelegenen Nukleotiden der Leader-RNA, dem Mini-Exon (dunkelgrau), verbunden. Jeweils ein Mini-Exon wird mit einem Protein kodierenden Abschnitt zusammengefügt (A, B oder C).

unterschiedliche mRNAs. Oftmals sind die poly(A)-Stellen tandemartig in der 3′-UTR auf dem 3′-terminalen Exon angeordnet (Abb. 17.**27a**). Die bei ihrer Verwendung entstehenden unterschiedlichen mRNAs kodieren jeweils dasselbe Protein, unterscheiden sich aber in ihrem 3′-nicht translatierten Bereich. Auf diese Weise alternativ polyadenylierte mRNAs sind sehr häufig **stadien-** oder **gewebespezifisch** exprimiert, wobei ein verändertes 3′-Ende sehr häufig mit der Änderung der Lebensdauer der mRNA einhergeht, die wiederum einen Einfluss auf die Menge des gebildeten Proteins hat (s. u.). Die alternative poly(A)-Stelle kann aber auch in einem internen Exon liegen, das eine weitere 5′-Spleißstelle trägt (Abb. 17.**27b**). Die von den beiden mRNAs kodierten Proteine haben den gleichen Aminoterminus, unterscheiden sich aber in ihrem carboxyterminalen Ende. Im dritten Beispiel (Abb. 17.**27c**) besitzt das Primärtranskript zwei oder mehrere mögliche Transkriptionsterminationsstellen, die zum „Überspringen“ eines oder mehrerer vollständiger Exons führen. Auch hierbei werden Proteine mit verschiedenen C-terminalen Enden gebildet.

Die Auswahl einer bestimmten poly(A)-Stelle hängt von zellulären, die Poly(A)-Stelle erkennenden Faktoren sowie Wechselwirkungen zwischen diesen und Komponenten der Spleißmaschinerie ab.

Regulation durch mRNA-Stabilität

Die fertig gereifte mRNA wird aus dem Zellkern durch die Kernporen ins Zytoplasma transportiert, wo sie translatiert werden kann. Alle mRNA-Moleküle sind mit Proteinen zu **Ribonukleinpartikeln** (**RNPs**) „verpackt“, wodurch die RNA vor dem Abbau durch RNA-abbauende Enzyme, den RNasen, geschützt ist. Viele RNP-Proteine üben aber auch wichtige regulatorische Funktionen aus, z. B. können sie die Translation der mRNA verzögern oder ganz blockieren. Neben den bereits beschriebenen, posttranskriptionell im Zellkern stattfindenden Prozessen (Polyadenylierung,

Box 17.4 Trans-Spleißen

Parasitische **Trypanosomen** transkribieren von mehreren hintereinander liegenden Transkriptionseinheiten große Mengen einer 140 Basen langen RNA, der sog. **Leader-RNA** (Abb. 17.**26**). In einem dem Spleißen höherer Organismen vergleichbaren Prozess wird ein 39 Nukleotide langer Abschnitt der leader-RNA, das **Mini-Exon** (häufig auch als **SL-RNA** für **Spliced-Leader-RNA** bezeichnet) mit den 5′-Enden der proteinkodierenden Exons aller Primärtranskripte, die selbst keine Introns besitzen, verknüpft. Das führt dazu, dass alle mRNAs, die das Mini-Exon enthalten, denselben Translationsstart haben. Die Primärtranskripte dieser Trypanosomen sind, wie viele prokaryotische RNAs, polycistronisch, d. h. sie kodieren mehrere Proteine. Da beim Trans-Spleißen jeweils nur ein proteinkodierender Abschnitt mit dem Mini-Exon verknüpft wird, können aus einem polycistronischen Primärtranskript mehrere monocistronische mRNAs gebildet werden. Das bedeutet gleichzeitig, dass es bei *Trypanosoma* wenig Regulation auf der Ebene des Transkripts selbst gibt, sondern diese erfolgt verstärkt auf der Ebene der RNA-Stabilität und der Translation.

Abb. 17.27 Regulation der Expression durch alternative Polyadenylierung.
a Die beiden alternativen poly(A)-Stellen (pA1 und pA2) liegen beide 3′ des Stopcodons (*) in der 3′-UTR. Es entstehen verschieden lange mRNAs, die dasselbe Protein (braun) kodieren.
b Verwendung von pA1 erhält die 5′-Spleißstelle im zweiten Exon (5′-SS, gestrichelte Linie). Da es jedoch keine weitere 3′-Spleißstelle gibt, bleibt sie wirkungslos. Das Stopcodon (*) liegt im zweiten Exon. Bei Verwendung von pA2 wird die 5′-SS von einer 3′-Spleißstelle gefolgt, das Intron mit dem Stopcodon wird entfernt. Bei Verwendung des zweiten Stopcodons entsteht nun ein Protein (B′), das nur im N-terminalen Bereich mit Protein B identisch ist (hellgrüner Bereich), während sich die C-terminalen Bereiche unterscheiden.
c Verwendung von alternativen poly(A)-Stellen kann zum „Überspringen" von Exons führen. In der mRNA-2 ist das zweite Exon des Primärtranskripts nun Teil des ersten Introns und wird entfernt, und somit auch das darin enthaltene Stopcodon. Bei Verwendung von pA2 entsteht ein Protein (D′), das nur im N-terminalen Bereich mit Protein D identisch ist (hellgrauer Bereich), während sich die C-terminalen Bereiche unterscheiden.

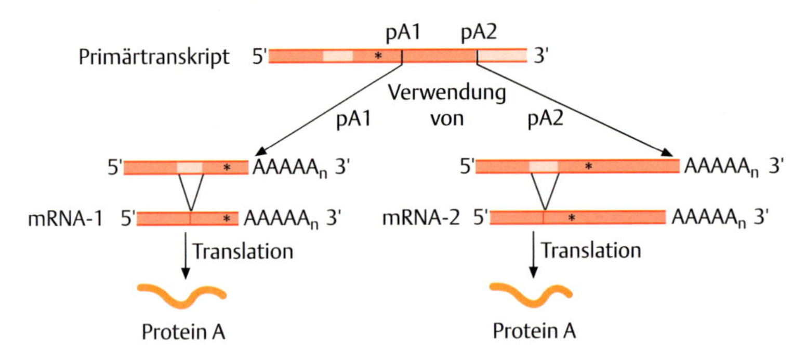

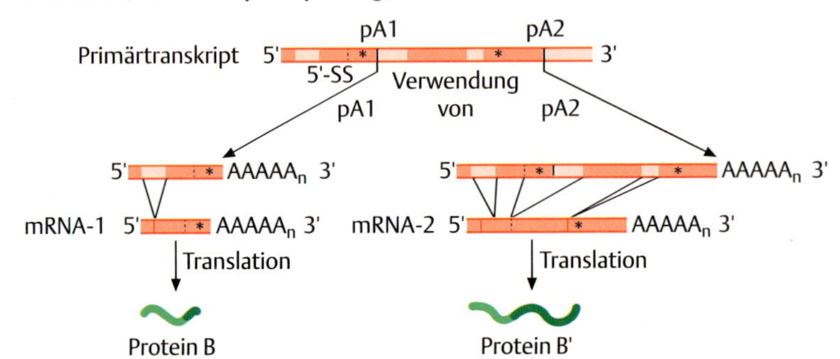

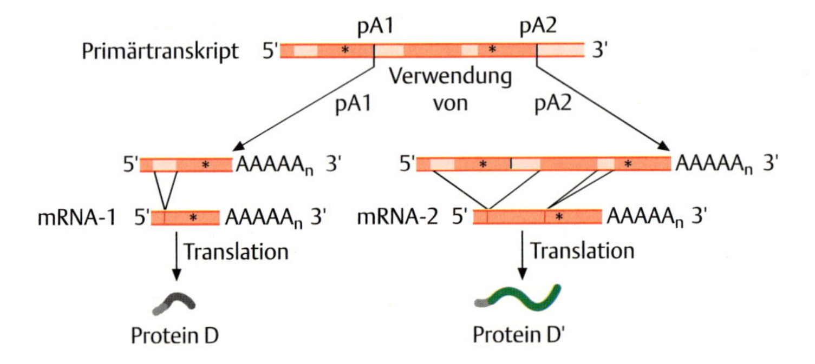

Spleißen) kann die Umsetzung der in der mRNA gespeicherten genetischen Information in ein Protein auch im Zytoplasma kontrolliert werden, etwa durch die Regulation ihrer Stabilität.

Die Konzentration einer bestimmten RNA in einer Zelle wird neben ihrer Syntheserate durch ihre Abbaurate bestimmt. In Bakterienzellen, die sich meist sehr schnell an veränderte Außenbedingungen anpassen müssen, ist die **Halbwertszeit der RNAs**, also die Zeit, in der die Hälfte der RNA abgebaut ist, meist sehr kurz, sie beträgt im Durchschnitt 3–5 Minuten. Im Gegensatz dazu befinden sich die Zellen vielzelliger Organismen meist in einer relativ konstanten Umgebung, was es ihnen erlaubt, dieselbe Funktion über Tage oder gar Monate auszuüben. Dementsprechend ist die Halbwertszeit ihrer mRNAs meist länger und kann mehrere

Stunden betragen. Allerdings gibt es auch bei Eukaryonten mRNAs mit sehr kurzer Halbwertszeit. So haben etwa mRNAs für einige Zytokine (= Hormone, die der Immunabwehr dienen) eine sehr kurze Halbwertszeit, da sie nur für die unmittelbare Immunantwort benötigt werden.

Die **Lebensdauer einer RNA** kann durch Sequenzen in der **5′**- oder **3′-UTR** reguliert werden. Häufig wird eine kurze Lebensdauer durch eine uracilreiche Region, z. B. AUUUA, in der 3′-nicht-translatierten Region bestimmt. Deletion dieser Sequenz aus einer RNA kann zur Erhöhung ihrer Stabilität führen. Umgekehrt resultiert das Anfügen dieser Sequenz an das 3′-Ende einer normalerweise stabilen RNA in einer starken Verkürzung ihrer Halbwertszeit (Abb. 17.**28**).

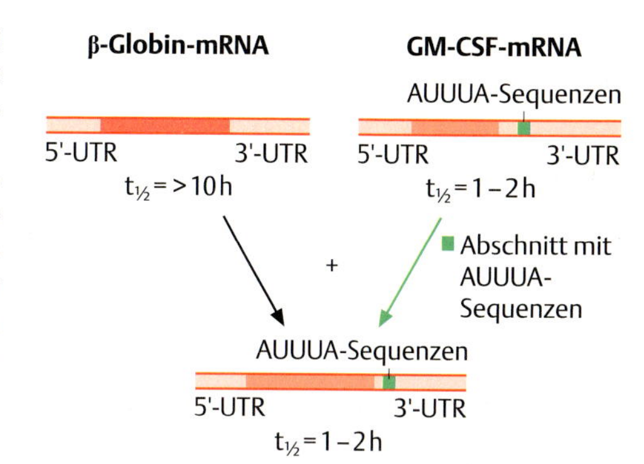

Abb. 17.28 Kontrolle der mRNA-Stabilität durch die 3′-UTR. Die mRNA für β-Globin ist normalerweise sehr stabil, sie hat eine durchschnittliche Halbwertszeit ($t_{1/2}$) von ca. 10 Stunden. Im Gegensatz dazu hat die mRNA für den *Granulozyten-Makrophagen-Kolonie-stimulierenden Wachstumsfaktor* (*GM-CSF*) nur eine Halbwertszeit von 1–2 Stunden. Einfügen einer AUUUA-reichen Sequenz aus der 3′-UTR der GM-CSF-mRNA (grün) in die 3′-UTR der β-Globin-mRNA verkürzt deren Halbwertszeit auf 1–2 Stunden [nach Shaw und Kamen 1986].

Regulation durch mRNA-Lokalisation

Die 3′-UTR kann nicht nur die Stabilität einer mRNA kontrollieren, sondern auch Information zur **Lokalisation einer mRNA innerhalb der Zelle** beinhalten. Obwohl die meisten mRNAs mehr oder weniger gleichmäßig im Zytoplasma verteilt sind, gibt es einige mRNAs, die an bestimmten Stellen innerhalb der Zelle konzentriert sind. Bei den meisten bis heute untersuchten RNAs erfolgt die Lokalisation durch die Bindung der 3′-UTR an Proteine, die nur an bestimmten Stellen innerhalb der Zelle lokalisiert sind. Anders als bei DNA-bindenden Proteinen erkennen hier die Proteine nicht eine bestimmte Sequenz in der RNA, sondern meistens eine komplizierte dreidimensionale Struktur, die durch Ausbildung intramolekularer Wasserstoffbrückenbindungen zwischen den Basen der 3′-UTR ausgebildet werden (vergleichbar den Strukturen der tRNAs, s. Kap. 15.1.3, S. 176). Die Lokalisation einer RNA kann unterschiedliche Funktionen haben:

1. Die **Lokalisation an einem Pol der Zelle** kann bei der Zellteilung dazu führen, dass nur eine der Tochterzellen diese RNA erhält. Dies kann ihr eine andere Entwicklung ermöglichen als der anderen Tochterzelle, die diese RNA nicht bekommt und demzufolge auch das Protein nicht synthetisiert. So akkumuliert während der Zellteilung (**Knospung**) der Bäckerhefe *Saccharomyces cerevisiae* die ***ash1*-mRNA** nur in der Knospe und später in der Tochterzelle, und nur dort wird das Protein translatiert. *ash1* kodiert für einen Transkriptionsrepressor, der in der Knospe bzw. der Tochterzelle die Transkription des Gens für die HO-Endonuklease reprimiert, wodurch eine Änderung des Paarungstyps (mating type switch) in der Tochterzelle unterdrückt wird. Die Mutterzelle kann jedoch den Paarungstyp ändern. Somit führt die asymmetrische Verteilung von mRNA zur Ausbildung von zwei verschiedenen Zelltypen.
2. Ungleichmäßige Verteilung einer RNA kann Voraussetzung für die Lokalisation des von ihr kodierten Proteins sein. In der *Drosophila*-Eizelle werden die mRNAs der für die Festlegung der anterior-posterioren Achse des Embryos nötigen Gene ***bicoid*** bzw. **nanos** (s. Kap. 22.3.1, S. 360) am anterioren (Abb. 17.**29**) bzw. posterioren Pol der Eizelle deponiert. Für die Lokalisation der *bicoid*-RNA sind Sequenzen in der 3′-UTR nötig, die *ash1*-RNA benötigt hierfür Sequenzen aus der translatierten und der 3′-nicht-translatierten Region.

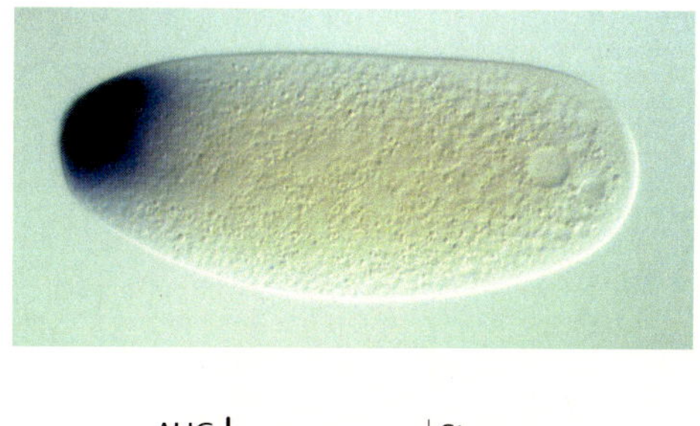

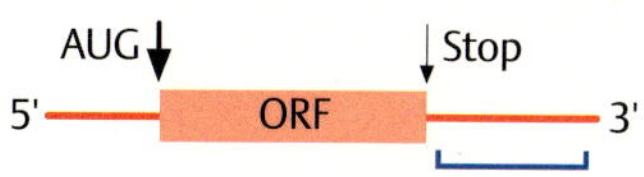

Abb. 17.29 Asymmetrische Verteilung von RNA in einer Zelle. Lokalisation der *bicoid*-RNA (blau) am anterioren Pol der *Drosophila*-Eizelle. Die für die Lokalisation der mRNA verantwortliche Sequenz in der RNA ist durch eine blaue Klammer angegeben.

Regulation durch RNA-Editierung

Das poly(A)-Ende einer mRNA ist eine Sequenz, die nicht in der DNA des jeweiligen Gens kodiert ist, sondern nachträglich angefügt wird. Der Vergleich der Sequenzen einiger mRNAs mit den jeweiligen kodierenden DNA-Sequenzen ergab, dass auch intern vorkommende Sequenzen einer mRNA gelegentlich nicht in der entsprechenden DNA kodiert sind. Diese Sequenzen gelangen erst posttranskriptionell durch Einfügen einzelner Nukleotide in die mRNA. Dieser Prozess wird als **RNA-Editierung** bezeichnet. Die Veränderungen können in einer Änderung des offenen Leserasters und somit der Aminosäuresequenz resultieren. Diesem Prozess unterliegen vor allem **Transkripte von Mitochondrien- und Chloroplastengenen** wie in Abb. 17.**30a** am Beispiel des Gens für die Zytochromoxidase-Untereinheit II des einzelligen Flagellaten *Leishmania tarantolae* gezeigt wird.

RNA-Editierung als Möglichkeit der posttranskriptionellen Veränderung wird auch an **mRNAs kernkodierter Gene** mehrzelliger Organismen beobachtet. Dort erfolgt die Redigierung jedoch nicht durch Insertion oder Deletion von Nukleotiden, sondern durch **chemische Modifikation von Basen**, insbesondere durch Deaminierung von Cytosin zu Uracil bzw., weit häufiger, von Adenin zu Inosin. Inosin trägt an Stelle der NH_2-Gruppe des Adenins ein Sauerstoff-Atom und wird bei der Translation wie ein G gelesen. Eine solche Modifikation wird in der mRNA des **Apolipoproteins-B der Säuger** beobachtet, der Proteinkomponente von

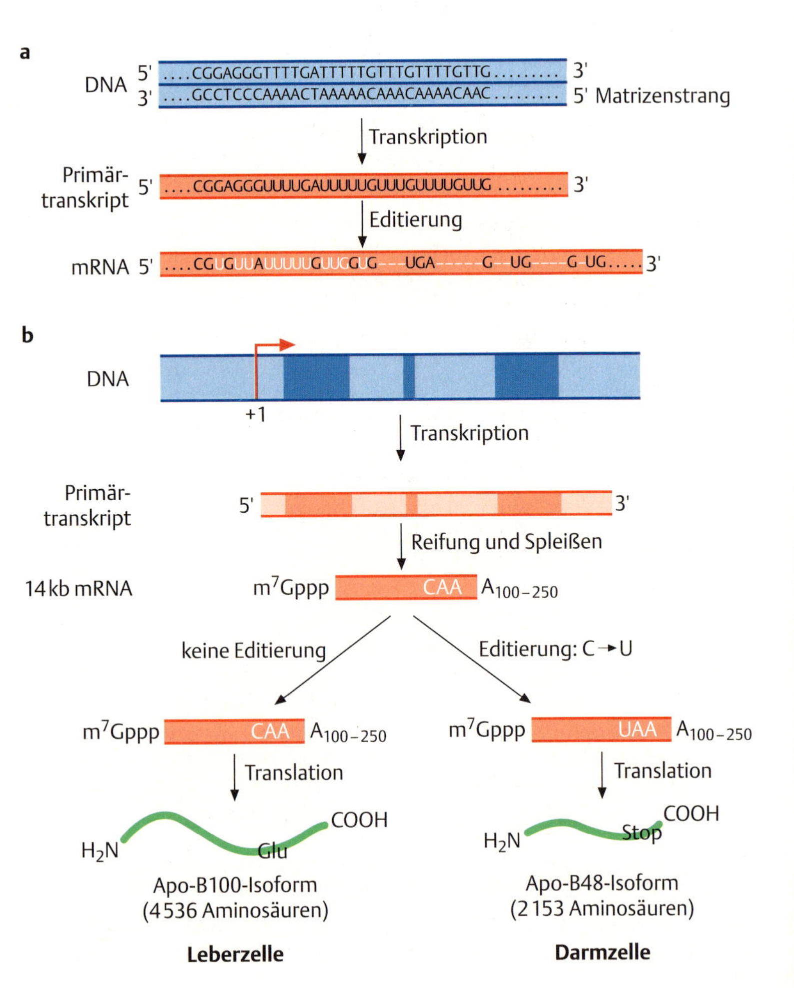

Abb. 17.30 RNA-Editierung.
a Das Primärtranskript des Gens für die Zytochromoxidase-Untereinheit II von *Leishmania tarantolae* wird nach seiner Bildung editiert, indem einige Nukleotide, vorzugsweise U, eingefügt (weiß) oder entfernt werden (weiße Striche). Nur die schwarzen Nukleotide in der mRNA sind DNA-kodiert.
b Die vom Apolipoprotein-Locus des Menschen transkribierte mRNA wird im Dünndarm am Cytosin der Position 6666 editiert, so dass es dort zum Abbruch der Translation kommt. Exons sind dunkelrot, Introns hellrot dargestellt. Tatsächlich umfasst der menschliche Apolipoprotein-Locus 43 kb und hat insgesamt 29 Exons, wobei das editierte Cytosin in Exon 26 liegt. Das Apo-B100-Protein ist mit 4536 Aminosäuren eines der größten bekannten Proteine.

Lipoproteinen des Blutplasmas, die **Cholesterin** und **Triglyzeride** transportieren (s. Abb. 17.**30b**). Die Deaminierung des Cytosins in Position 6666 der mRNA führt zur Umwandlung eines CAA-Codons in ein UAA-Codon, so dass es statt zum Einbau eines Glutamins zum Abbruch der Translation kommt. Da diese Veränderung nur im Darm, nicht aber in der Leber stattfindet, wird die große Apo-B100-Isoform nur in der Leber synthetisiert.

Bei Säugern und *Drosophila* findet sich die überwiegende Anzahl **editierter mRNAs im zentralen Nervensystem.** So resultiert etwa die Editierung der prä-mRNA des Glutamatrezeptors in der Bildung von Rezeptoren mit unterschiedlichen physiologischen Eigenschaften. In der mRNA des ***Drosophila*-Gens *cacophony***, das einen spannungsabhängigen Ca^{2+}-Kanal kodiert, können 10 Positionen editiert werden. Dies ermöglicht theoretisch die Synthese von mehr als 1000 verschiedenen Isoformen, ohne Berücksichtigung der durch alternatives Spleißen entstehenden potenziellen weiteren Isoformen.

Regulation durch RNA-Interferenz

Vor etwas mehr als 10 Jahren wurden durch ein Experiment transgene Petunien erzeugt, die in ihrem Genom ein Transgen trugen, also ein zusätzliches, experimentell eingebrachtes Gen, das für das Enzym Chalcon Synthase kodierte und die Pigmentierung der Blütenblätter ändern sollte. Erstaunlicherweise blieb nicht nur die Expression dieses Transgens aus, sondern es wurde auch das „normale“, im Genom vorhandene Pigmentgen nicht exprimiert, was zur Ausbildung von unpigmentierten, weißen Blütenblättern führte. Die gleichzeitige, transgeninduzierte Unterdrückung der Genexpression von Transgen und endogenem Gen wird als **Kosuppression** bezeichnet. Heute wissen wir, dass diese, mit dem Überbegriff „**gene silencing**“ (in etwa: „Stilllegung eines Gens“) bezeichnete Unterdrückung der Genexpression, in vielen Fällen durch **doppelsträngige RNA** (**dsRNA**) vermittelt wird und meistens posttranskriptionell reguliert wird. Deshalb spricht man häufig auch von **RNA-Silencing** oder **RNA-Interferenz (RNAi**). Die doppelsträngigen Bereiche in der dsRNA entstehen durch Ausbildung intramolekularer Wasserstoffbrücken und weisen Bereiche auf, die zu Sequenzabschnitten auf bestimmten mRNAs komplementär sind.

RNAi ist ein bei Pilzen, Pflanzen und Tieren weit verbreitetes Phänomen der Genregulation, das durch kleine, 19–31 Nukleotid lange, doppelsträngige RNA ausgelöst wird. Im Jahr 1998 konnten Andrew Fire und Craig Mello erstmalig im Fadenwurm *C. elegans* zeigen, dass doppelsträngige RNA Genaktivität unterdrücken kann. Für diese und folgende Arbeiten wurden sie 2006 mit dem Nobelpreis für Medizin ausgezeichnet. Heute ist bekannt, dass RNAi durch doppelsträngige RNA unterschiedlicher Herkunft ausgelöst werden kann. **miRNAs** (micro-RNAs) sind im Genom kodierte, kleine RNAs von 19–23 Nukleotiden, die aus einem Vorläufermolekül mit einer **Haarnadelstruktur** hervorgehen und die Genexpression, in der Regel durch Inhibition der Translation, kontrollieren. **siRNAs** (small interferring RNAs) leiten sich von doppelsträngiger RNA ab, die entweder endogener Herkunft ist, d. h. im Genom kodiert ist, oder von außen, z. B. durch Viren oder experimentell, in die Zelle gelangt. Tab. 17.**2** zeigt einen Vergleich einiger Eigenschaften von siRNA und miRNA.

In der Zelle werden siRNAs und miRNAs aus Vorläufermolekülen gebildet, die in mehreren Schritten zu aktiven siRNAs bzw. miRNAs prozessiert werden (Abb. 17.**31**). **miRNAs** werden von **miR**-Genen (Tab. 17.**3**)

Tab. 17.2 Vergleich von siRNA und miRNA

RNA Klasse	siRNA	miRNA
Größe [Nukleotide]	20–25	19–23
Biogenese	– im Genom kodierte oder von außen in die Zelle eingebrachte, lange, doppelsträngige RNA – Spaltung durch Dicer zur aktiven siRNA	– im Genom kodierte, durch RNA Polymerase II transkribierte RNA mit Haarnadelstruktur – Das Vorläufermolekül wird in zwei Schritten durch Drosha (im Zellkern) und Dicer (im Zytoplasma) zur aktiven miRNA gespalten.
Vorkommen und Häufigkeit im Genom	*Schizosaccharomyces pompe, Trypanosoma brucei, C. elegans, D. melanogaster, A. thaliana*	– in allen multizellulären Organismen – mehrere hundert Gene im Genom des Menschen
Wirkungsweise	– vollständig komplementär zur Zielsequenz – induziert Abbau der mRNA	– nur teilweise zur Zielsequenz komplementär – Erkennung der komplementären Sequenzen in der mRNA, meist in der 3'-UTR – Inhibition der Translation oder Abbau der mRNA
Biologische Funktion	– Regulation der Genexpression – Ruhigstellung von Transposons und Viren	– Regulation von Entwicklungs- und Differenzierungsprozessen

transkribiert, die in der Regel zwischen Protein-kodierenden Abschnitten liegen. Sehr häufig befinden sie sich in Introns von Protein-kodierenden Genen und werden mit diesen zusammen transkribiert. Sie werden von **RNA-Polymerase II** transkribiert und anschließend mit einer 5'-Kappe und einem 3'-poly(A)-Schwanz versehen. Diese Vorläufermoleküle können mehrere hundert oder tausend Nukleotide lang sein. Bedingt durch partielle Komplementarität der Sequenz bilden sie mit sich selbst doppelsträngige Bereiche in Form einer Haarnadel-Struktur aus (engl. *hairpin structure* oder *stem-loop structure*). Diese **pri-miRNA** wird im Zellkern von der RNase **Drosha** und einem Ko-Faktor (genannt DGCR8 bei Säugern, Pasha bei *Drosophila*, Pash-1 bei *C. elegans*) auf ~70 Nukleotide verkürzt, wobei die entstehende dsRNA, die **pre-miRNA**, einen 3'-Überhang von 2–3 Nukleotiden aufweist. Die pre-miRNA wird mit Hilfe von Exportin-5 ins Zytoplasma transportiert. Hier erfolgt eine weitere Spaltung durch **Dicer** (*engl.* dice: zerschnippeln), eine in allen bisher untersuchten Eukaryonten konservierte RNase III, und ein dsRNA-bindendes Protein, genannt **TRBP** (**T**AR (trans-activation response) **R**NA-**B**inding **P**rotein) beim Menschen bzw. Loquacious in *Drosophila* (aus *engl.* loquacious: geschwätzig, weil Mutationen in diesem Gen bei *Drosophila* gene-silencing unterdrücken). Auf diese Weise entsteht die reife, 21–22 Nukleotid lange, doppelsträngige miRNA, deren Basen nur teilweise gepaart sind. Sie ist an der Ausbildung eines Komplexes, des miRISC (RNA-induced silencing complex), beteiligt, wobei der RNA-Strang, der eine geringere Stabilität am 5'-Ende besitzt, in den Komplex eingebaut wird, während der andere RNA-Strang abgebaut wird. Der RISC enthält Nukleasen und weitere regulatorische Proteine, u. a. Mitglieder der **Argonaut-Proteinfamilie**. Diese erhielten ihren Namen 1998 von dem Blatt-Phänotyp einer *Arabidopsis*-Mutante, in der die entsprechenden Gene mutiert waren, und der Ähnlichkeit mit einem Tintenfisch, *Argonauta* (Papierboot), besitzt. Sie kommen in allen eukaryontischen Organismen, mit Ausnahme der Bäckerhefe *Saccharomyces cerevisiae*, vor und regulieren u. a. die Embryonalentwicklung und Zelldifferenzierungsprozesse. Die Anzahl der Argonaut-Gene pro Genom liegt zwischen 1 (*Schizosaccharomyces pompe*) und 27 (*C. elegans*). An Hand von Sequenzvergleichen wurde die Argonaut Proteinfamilie in die **Ago**- und die **Piwi**-Unterfamilie eingeord-

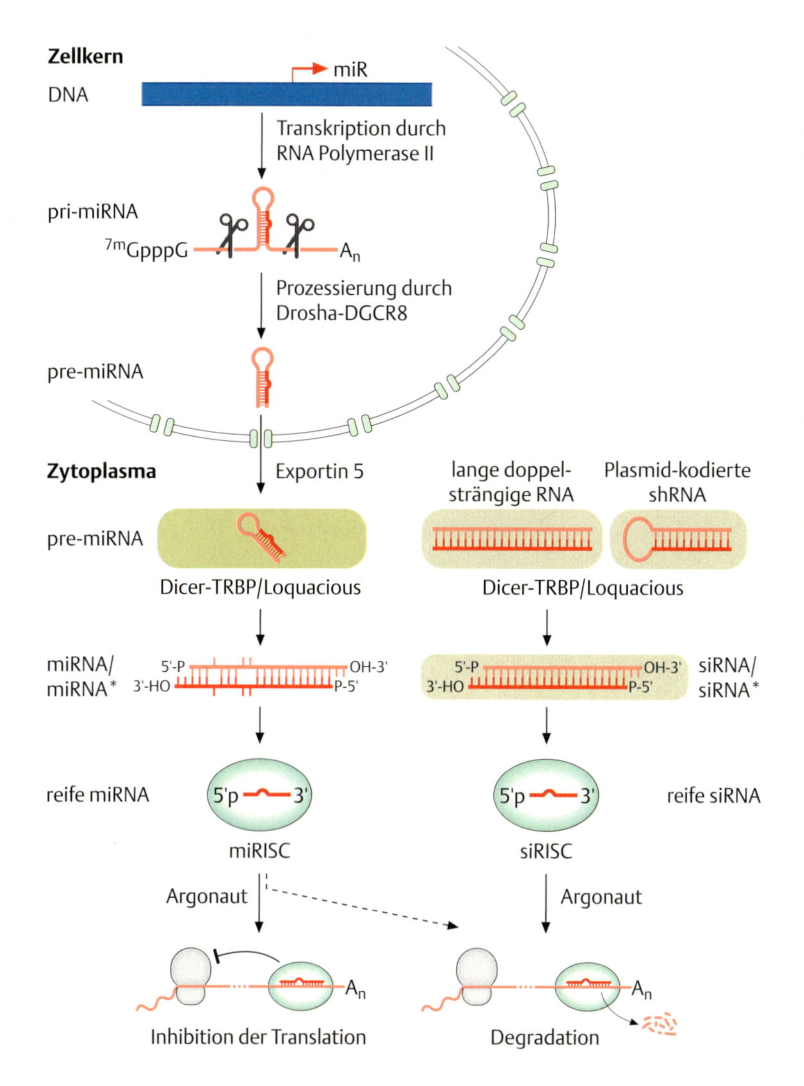

Abb. 17.31 RNAi-vermittelte Geninaktivierung. miRNA wird von miR-Genen als pri-miRNA von RNA-Polymerase II transkribiert und in tierischen Zellen von der RNase III Drosha mit Hilfe von DGCR8/Pasha im Zellkern gespalten. Nach dem Transfer ins Zytoplasma wird sie durch Dicer und TRBP/Loquatious in die reife miRNA gespalten. Diese wird entwunden und einer der beiden Einzelstränge (miRNA, dunkelrot) wird in den RISC inkorporiert, der andere, miRNA* (hellrot), wird degradiert. Der RISC kann die Translation von mRNA inhibieren oder mRNA degradieren. Lange doppelsträngige RNA oder Plasmid-kodierte shRNA wird durch Dicer und TRBP/Loquatious in siRNA gespalten. Die Bindung von siRISC an die mRNA führt in der Regel zur Degradation der mRNA. Der RNA-Strang, der später die aktive miRNA bzw. siRNA darstellt, ist dunkelrot, der RNA-Strang, der abgebaut wird, hellrot dargestellt. Die Ovale stellen Proteinkomplexe dar. Nur einige der Komponenten der Komplexe sind namentlich genannt [nach Zhao and Srivastava 2007]

net, wobei Piwi-**Proteine** nur in der Keimbahn exprimiert werden. Argonaut Proteine besitzen eine carboxyterminale **PIWI-Domäne**, die an das 5'-Ende der miRNA bindet, und eine aminoterminale **PAZ-(Piwi-Argonaut-Zwille-)Domäne**, die spezifisch den 2-Nukleotid langen Überhang am 3'-Ende der miRNA erkennen und binden kann.

Die Proteine im RISC haben mehrere Aufgaben. Die Erkennung komplementärer Bereiche zwischen der miRNA und der mRNA erfolgt durch **RecA**, einem Enzym, das mit dem entsprechenden recA Protein von *E. coli* verwandt ist. Nach Bindung an die mRNA und Aktivierung des RISC erfolgt die Abschaltung der Genaktivität auf zwei verschiedene Weisen: durch **Inhibition der Translation** oder durch **Abbau der mRNA** (Abb. 17.**31**). Welche Methode gewählt wird, hängt vom Ausmaß der Komplementarität zwischen der zu inaktivierenden mRNA und der miRNA ab und erfordert die Aktivität eines Mitglieds der Argonaut-Proteinfamilie. Besteht ein hohes Maß an Komplementarität, wird die mRNA gespalten und anschließend abgebaut. Dabei wirken Argonaut Proteine als Endonukleasen und spalten die mRNA, die komplementär zur gebundenen miRNA ist, weshalb sie oftmals, in Analogie zu Dicer, **Slicer** genannt werden. Bei geringerer Komplementarität verhindert die miRNA die Translation der mRNA (Box 17.**5**). Man nimmt an, dass etwa ein Drittel aller menschlichen Gene durch miRNAs reguliert werden.

Bei Pflanzen erfolgt die Reifung der miRNAs etwas anders, da ihnen das DROSHA Homolog fehlt. Stattdessen erfolgen die beiden Schritte der Spaltung zur miRNA durch dasselbe Enzym, DICER-LIKE 1 (**DCL1**), ein Dicer Homolog. DCL1 ist im Zellkern lokalisiert und katalysiert dort sowohl die erste Spaltung zur pre-miRNA als auch die zweite Spaltung zur reifen miRNA. Genau wie bei Dicer benötigt DCL1 für diese Funktion einen dsRNA-bindenden Protein Partner, **HYL1**. Die reife, doppelsträngige miRNA wird von **HASTY**, dem Pflanzen-Ortholog von Exportin 5, ins Zytoplasma transportiert und dort wird der aktive RISC mit der einzelsträngigen miRNA fertiggestellt.

Das Vorläufermolekül der **siRNA** ist eine lange, doppelsträngige RNA. Genom-kodierte dsRNA kann durch Transkription von zwei Promotoren erfolgen, von denen aus beide Stränge eines DNA-Abschnitts abgelesen werden. Dadurch werden zueinander komplementäre RNAs gebildet, die anschließend doppelsträngige Bereiche ausbilden können. Diese Vorläufermoleküle werden durch Dicer verkürzt, wodurch, ähnlich wie bei der miRNA, doppelsträngige RNAs mit einem 3'-Überhang von 2 Nukleotiden und phosphorylierten 5'-Enden entstehen. Nach Rekrutierung weiterer Proteine (u. a. Argonaut-2) bildet sich der **siRISC**, in dem die aktive siRNA, nach Bindung des Komplexes an die mRNA, deren Degradation auslöst. Der RISC bewirkt also RNA-abhängige Geninaktivierung (gene silencing) durch Endonuklease Aktivität der Argonaut Proteine, nachdem die kleine miRNA oder siRNA Basenpaarungen mit der entsprechenden Ziel-mRNA ausgebildet hat.

siRNAs und **miRNAs** unterscheiden sich weder in ihrer chemischen Natur noch in ihrer Funktion, denn beide können Genaktivität durch **Abbau der mRNA** oder durch **Inhibition der Translation** unterdrücken. Beide entstehen aus längeren, doppelsträngigen RNA-Vorläufermolekülen, die durch Dicer in ~21 Nukleotid lange Moleküle gespalten werden. miRNA und siRNA unterscheiden sich jedoch durch ihre Biogenese und die Art, auf die sie Genfunktion regulieren. miRNAs entstehen aus Vorläufermolekülen mit **Haarnadelstruktur**. Jede ~21 Nukleotid lange, reife miRNA repräsentiert eine Sequenz aus einem Arm des "Stamms" dieser Haarnadelstruktur. Jede entstehende miRNA kann wenige bis zu mehreren hundert Zielgenen regulieren, vorausgesetzt, sie besitzen eine kurze Sequenz, die komplementär zu sechs oder sieben Basen der miRNA ist. Im Gegensatz dazu entstehen siRNAs aus langen, endogenen oder exogenen doppelsträngigen RNAs, aus denen, in der Regel von beiden Strängen, viele verschiedene siRNAs hervorgehen. Eine Ausnahme hiervon stellen die pflanzlichen trans-acting siRNAs (**tasiRNAs**) dar, bei denen nur wenige der aus einem langen, doppelsträngigen Vorläufermolekül gebildeten siRNAs tatsächlich die Aktivität von Zielgenen kontrollieren. Anders als miRNAs sind siRNAs vollständig komplementär zu der Sequenz der von ihnen regulierten Zielgene.

Wir fangen heute gerade erst an, die **biologische Bedeutung von RNAi** zu verstehen. Die Tatsache, dass dieser Mechanismus evolutionär konserviert ist, lässt vermuten, dass es sich ursprünglich um einen **Abwehrmechanismus** gegen ungewollte Nukleinsäure handeln könnte, die entweder in Form von Viren oder Parasiten in die Zelle gelangen. So wird nach Infektion einer Pflanzenzelle mit RNA-Viren RNA-Silencing induziert, was häufig zur Resistenz gegen das Virus führt. In *C. elegans*-Mu-

Tab. 17.3 Beispiele von Genen, deren Translation durch miRNAs reguliert wird

miRNA	Zielgen(e)	Funktion
Caenorhabditis elegans		
lin-4	*lin-14, lin-28*	Regulation des Übergangs zwischen dem ersten und dem zweiten Larvenstadium
let-7	*lin-41, hbl-1*	Regulation des Übergangs zwischen dem letzten Larvenstadium und dem adulten Wurm
lsy-6	*cog-1*	Determination neuronaler Asymmetrie
Drosophila melanogaster		
bantam	*hid*	Kontrolle der Zellproliferation und Unterdrückung der Apoptose
miR-14	*??*	Unterdrückung der Apoptose und Regulation des Fettstoffwechsels
Arabidopsis thaliana		
miR-172	*AP2*	Regulation der Blühzeit und Identität der Blütenorgane
Homo sapiens		
let-7	*Ras*	Regulation der Zellproliferation, Tumorsuppression
miR-15	*BCL2*	Kontrolle der Apoptose

tanten, die kein RNA-Silencing mehr durchführen können, findet außerdem eine erhöhte Mobilisierung von Transposons statt. Dies wird normalerweise durch transposonkodierte dsRNA verhindert. In einem alternativen Modell wird eine direkte Beteiligung von siRNAs an der Modifizierung der Chromatinstruktur und damit an der Kontrolle der Mobilisierung von Transposons diskutiert.

17.2.4 Regulation der Translation

Selbst wenn eine mRNA fertig gestellt und ins Zytoplasma transportiert worden ist (und viele RNAs werden bereits vorher wieder abgebaut), bedeutet dies nicht, dass sie dann auch sofort translatiert wird. Oftmals ist die Translation verzögert. So werden in vielen Organismen während der Bildung der Eizelle, der Oogenese, große Mengen mRNA synthetisiert (maternale RNAs), die dann aber erst nach der Befruchtung translatiert werden. Es gibt aber auch Fälle, in denen die Zelle eine zu einer mRNA komplementäre RNA synthetisiert, die dann die Translation der mRNA verhindert (Box 17.**5**).

Andere mRNAs dürfen nur unter bestimmten physiologischen Bedingungen translatiert werden. Dies soll am Beispiel der **Translation des Ferritins**, eines eisenbindenden Proteins, erläutert werden. Die intrazelluläre Konzentration von **freien Eisenionen** muss sehr genau reguliert werden, da sowohl zu hohe als auch zu niedrige Eisenkonzentrationen zu physiologischen Störungen führen. Ferritin ist ein Protein, das an freie Eisenionen binden kann und somit die Bildung toxischer Konzentrationen von freien Eisenionen verhindert. Bei niedrigen intrazellulären Konzentrationen freien Eisens wird die Translation von Ferritin unterdrückt (reprimiert), damit die Prozesse, die Eisenionen benötigen, ablaufen können.

Zum besseren Verständnis der Regulation dieses Vorgangs sei hier kurz an die Initiation der Translation eukaryotischer mRNAs erinnert (s. Kap. 15.3.1, S. 181): Zunächst bindet der Präinitiationskomplex, be-

Box 17.5 Inhibition der Translation durch miRNAs

Die zuerst beschriebene miRNA, *lin-4*, und das durch sie regulierte Gen, *lin-14*, wurden in einem genetischen Screen bei *C. elegans* im Jahr 1993 gefunden. Hierbei wurde nach Mutationen in sog. **heterochronen Genen** gesucht, in Genen also, die den zeitlichen Ablauf der Larvenstadien regulieren. *lin-4* kodiert kein Protein, sondern eine kleine, 22 Nukleotide lange, nicht kodierende RNA (non-coding RNA). Diese unterdrückt die Expression von *lin-14*, das einen Transkriptionsfaktor kodiert, dessen Konzentration vermindert werden muss, damit der Übergang vom ersten in das zweite Larvenstadium erfolgt. Die Repression erfolgt durch Bindung der *lin-4* miRNA an Sequenzen im 3'-UTR der *let-14* mRNA (Abb. 17.**32**). Erst im Jahr 2000 wurde eine zweite miRNA, *let-7*, bei *C. elegans* gefunden. Diese reprimiert die Expression von *lin-41* und *hbl-1*. Der Befund, dass *let-7* im Genom von allen vielzelligen Organismen vorkommt, und der Nachweis von weiteren miRNAs in den folgenden Jahren machte deutlich, dass miRNAs einen generellen Mechanismus zur **Regulation von Genexpression** darstellen (s. Tab. 17.**3**). Bis heute sind >1600 miRNAs in Pflanzen, Tieren und Viren identifiziert worden, aber man rechnet mit einer viel größeren Zahl. So werden etwa im menschlichen Genom >1000 miRNA-Gene vorhergesagt. miRNAs regulieren zahlreiche physiologische Vorgänge, wie **Zellproliferation** oder **Fettstoffwechsel**, aber auch **Entwicklungs- und Differenzierungsprozesse**. Die Expression von miRNAs ist in vielen Fällen entwicklungsabhängig reguliert. In sofern ist es nicht verwunderlich, dass die Deregulation der miRNA Expression auch mit der Entstehung **menschlicher Krankheiten**, z. B. der Entstehung von **Tumoren**, assoziiert ist.

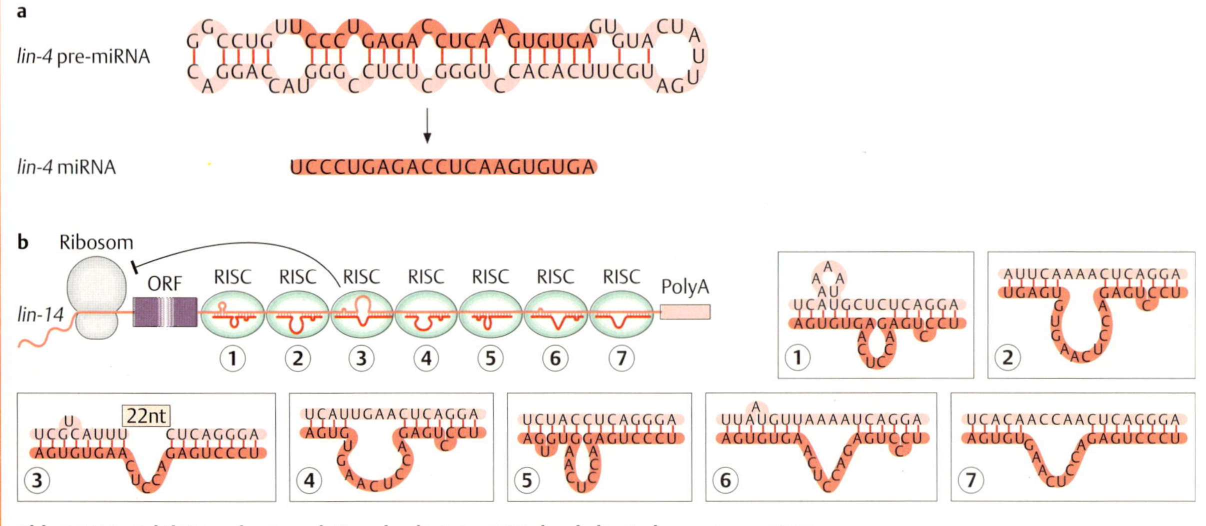

Abb. 17.32 Inhibition der Translation der *lin-14* mRNA durch *lin-4*, der ersten miRNA.
a Vorläufermolekül, das in mehreren Schritten zur reifen miRNA gespalten wird.
b Komplementarität der Basensequenz zwischen der *lin-4* miRNA (dunkelrot) und der 3'UTR von *lin-14* (hellrot). *lin-4* ist zu sieben Regionen im 3'-UTR nur teilweise komplementär. Durch die Bindung an diese Stellen wird die Translation der *lin-14* mRNA verhindert. RISC: RNA-induced silencing complex. [© Nature 2004. He, L., Hannon, G. J.: Micro RNAs: small RNAs with a big role in gene regulation. Nat Rev Gen 5 522–531]

stehend aus der kleinen ribosomalen Untereinheit und einigen Initiationsfaktoren (IFs), an die 5′-Kappe der mRNA. Dieser Proteinkomplex bewegt sich solange in 3′-Richtung der mRNA, bis er auf das erste AUG-Codon trifft. Erst dann wird die große 60S ribosomale Untereinheit hinzugefügt und die Proteinsynthese beginnt. In einigen mRNAs gibt es innerhalb der 5′-UTR Abschnitte mit zueinander komplementären Sequenzen, die durch Ausbildung intramolekularer Wasserstoffbrücken sog. **Haarnadelstrukturen** ausbilden können, die von spezifischen Proteinen erkannt werden. Die Bindung dieser Proteine verhindert dann die Wanderung des Präinitiationskomplexes, die Translation findet nicht statt. Die Translation der Ferritin-mRNA wird durch Proteine kontrolliert, die an Sequenzen in der 5′-UTR, den sog. **iron responsive elements** (**IRE**,

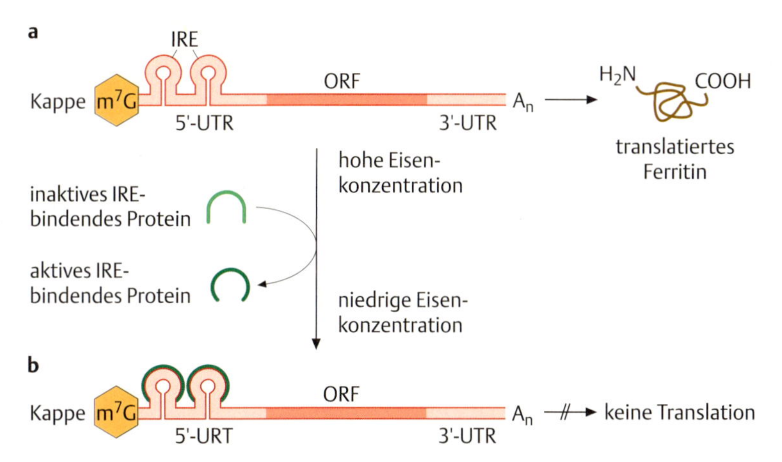

Abb. 17.33 Eisenabhängige Regulation der Translation der Ferritin-mRNA. Erläuterung im Text.

durch Eisen regulierte Elemente) binden können (Abb. 17.**33**). Bei niedriger Eisenkonzentration sind die IRE-bindenden Proteine aktiv, sie binden an die IREs und verhindern somit die Translation der Ferritin-mRNA durch Blockierung des Präinitiationskomplexes. Steigt die intrazelluläre Eisenkonzentration, werden die IRE-bindenden Proteine inaktiviert, sie binden nicht länger an die Sequenzen in der 5′-UTR und die Translation wird ermöglicht. Das so gebildete Ferritin kann dann an das überschüssige freie Eisen binden (s. Abb. 17.**33**)

17.2.5 Posttranslationale Regulation der Genexpression

Neben der vielfältigen Modulation und Reifung von mRNA kann die Zelle auch noch nach der Translation (posttranslational) Genexpression steuern. Dabei gibt es mehrere Möglichkeiten, Proteine zu verändern und dadurch ihre Aktivität, ihre Verteilung innerhalb der Zelle oder ihre Stabilität zu kontrollieren. Hierbei unterscheidet man zwischen **Modifikation** und **Reifung** eines Proteins.

Modifikation von Proteinen

Proteine können auf verschiedene Weise chemisch modifiziert werden, wobei diese Veränderungen in den meisten Fällen reversibel sind (Abb. 17.**34**).

Acetylierung, das Hinzufügen einer Acetylgruppe ($-CH_3CO^-$), erfolgt an der Aminogruppe der N-terminalen Aminosäure eines Polypeptids. Sie ist die häufigste Form der chemischen Modifikation von Proteinen und betrifft etwa 80 % aller Proteine. Sie kann zur Erhöhung der Lebensdauer eines Proteins beitragen, da nicht-acetylierte Proteine sehr schnell durch Proteasen (= proteinspaltende Enzyme) abgebaut werden.

Die folgenden Modifikationen werden an intern gelegenen Aminosäuren eines Polypeptids durchgeführt:

1. **Phosphorylierung**, das Hinzufügen einer Phosphatgruppe, erfolgt an den Aminosäuren, die eine –OH-Gruppe tragen, also an Tyrosin, Serin oder Threonin. Phosphorylierung ist in vielen Fällen mit der Änderung des Aktivitätszustands eines Proteins verbunden.

> **Box 17.6 RNA-Interferenz, ein Werkzeug der reversen Genetik**
>
> **RNAi** hat sich als eine sehr effiziente Technik der **„reversen Genetik"** etabliert, die zum experimentellen Ausschalten von Genfunktionen bei *Drosophila*, *C. elegans* und *Arabidopsis*, aber auch bei Zellen in Kultur verwendet wird. Dabei wird **doppelsträngige RNA** in die Zelle eingebracht, um ein bestimmtes Gen, dessen Sequenz bekannt sein muss, zu inaktivieren. Die dsRNA wird entweder direkt auf die Zellen gegeben oder mittels eines Plasmids, das beide Stränge der dsRNA kodiert, in der Zelle exprimiert (z. B. bei Zellen in Kultur). RNAi in ganzen Organismen erfolgt meist durch Expression der dsRNA von stabil im Genom integrierten Transgenen. RNAi bei *C. elegans* wird häufig durch Füttern von Bakterien, die die dsRNA exprimieren, durchgeführt.
>
> In Säugerzellen ruft die Zugabe von doppelsträngiger RNA von mehr als 30 Nukleotiden Länge eine antivirale Reaktion aus, die zum Abschalten der Proteinsynthese führt. Um dennoch in diesen Zellen Genaktivität durch RNAi stillzulegen, verwendet man sog. shRNA (small hairpin RNA), eine synthetische RNA, die eine **Haarnadelstruktur** ausbildet und als solche in die Zelle gebracht wird. Eine neuere Methode verwendet **esiRNA** (endoribonuclease-prepared siRNA) . Hierbei wird zunächst eine lange dsRNA hergestellt, z. B. durch *in vitro* Transkription einer cDNA. Anschließend wird diese *in vitro* durch Behandlung mit Endoribonuklease in kurze, 18–25 Nukleotide lange siRNAs gespalten und diese in die Zelle gebracht.
>
> Wenn man möglichst alle Gene aufspüren möchte, die an einem bestimmten Prozess beteiligt sind, werden häufig **genomweite RNAi Experimente** durchgeführt, sowohl in Zellkultur als auch in sich entwickelnden Organismen. Hierbei wird die Funktion aller in einem Genom vorhergesagten Gene durch RNAi inaktiviert und der jeweilige Phänotyp untersucht. Dies setzt allerdings die Kenntnis der gesamten Genomsequenz voraus. Durch einen solchen Ansatz konnte gezeigt werden, dass 6 % der 2 300 vorhergesagten *C. elegans* Gene auf dem dritten Chromosom nach Inaktivierung zu einem Defekt in der frühen Zellteilung führen. In einem ähnlichen Screen in Säugerzellen konnte durch Verwendung von esiRNAs, die gegen insgesamt 5 305 humane Gene gerichtet waren, 37 Gene identifiziert werden, die zu einem Defekt in der Zellteilung führten, von denen zuvor nur von 7 bekannt war, dass sie an der Regulation der Zellteilung beteiligt sind.

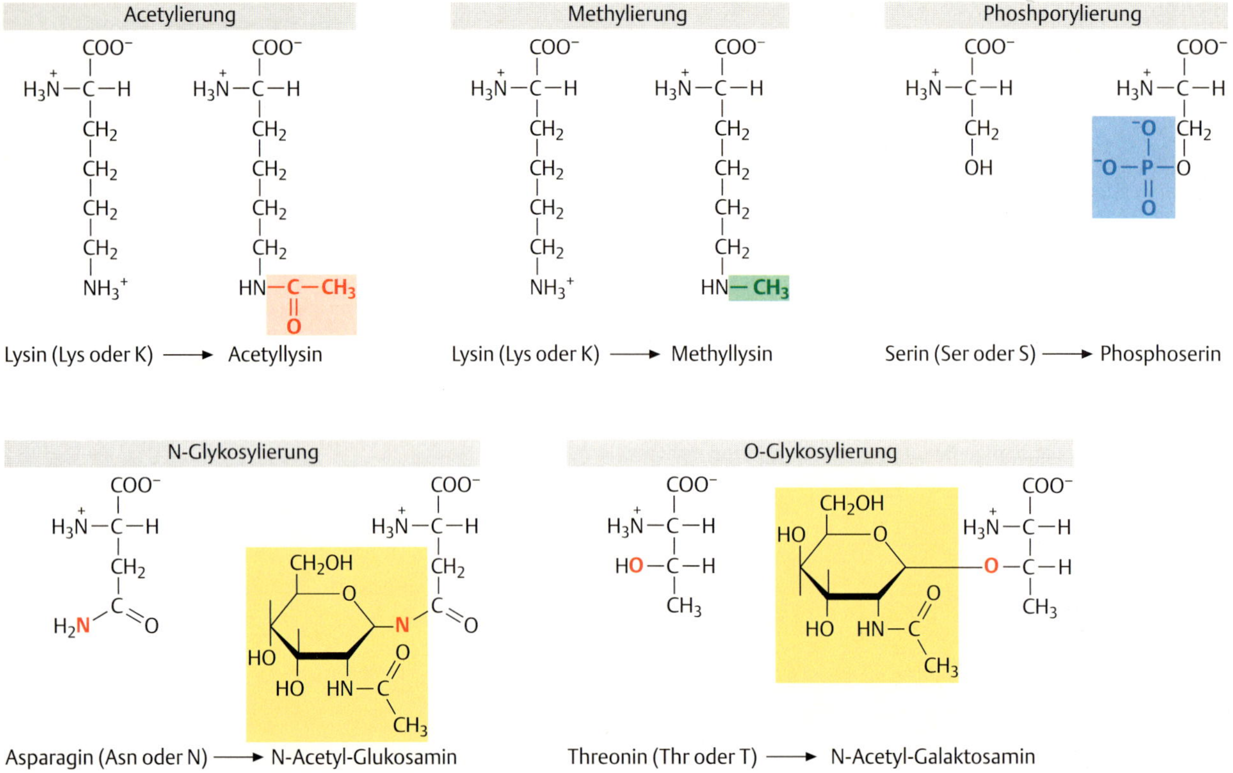

Acetylierung

Lysin (Lys oder K) ⟶ Acetyllysin

Methylierung

Lysin (Lys oder K) ⟶ Methyllysin

Phoshporylierung

Serin (Ser oder S) ⟶ Phosphoserin

N-Glykosylierung

Asparagin (Asn oder N) ⟶ N-Acetyl-Glukosamin

O-Glykosylierung

Threonin (Thr oder T) ⟶ N-Acetyl-Galaktosamin

Abb. 17.34 Chemische Modifikation von Proteinen. Die Veränderungen sind jeweils farbig unterlegt. Acetylierung und Methylierung findet an der Aminogruppe, vorzugsweise des Lysins, statt. Phosphorylierungen finden an der OH-Gruppe der Seitenketten von Serin, Threonin oder Histidin statt. Das Anfügen von Zuckerresten (Glykosylierung) macht ein Protein hydrophiler.

2. **Methylierung**, das Hinzufügen einer Methylgruppe ($-CH_3$), findet man in Lysin oder Histidin. Methylierung eines Proteins erleichtert häufig seine Bindung an andere Proteine.
3. **Glykosylierung**, das Hinzufügen von Oligosaccharidresten, kommt vor allem an Proteinen vor, die sich entweder in der Plasmamembran befinden oder sezerniert, d.h. aus der Zelle ausgeschleust werden. Glykosylierung kommt an Asparagin, Serin oder Threonin vor, wobei die Zuckerreste einzeln oder in linearen oder verzweigten Ketten angefügt werden. Sie findet im Anschluss an die Translation im endoplasmatischen Retikulum bzw. im Golgi-Apparat statt, wenn sich das Protein auf dem Weg zur Plasmamembran befindet. Die häufiger vorkommende N-Glykosylierung von Proteinen erfolgt über die Ausbildung einer N-glykosidischen Bindung zwischen der OH-Gruppe des Oligosaccharids, meist einem N-Acetyl-Galaktosamin, und der $-NH_2$(Amid)-Gruppe von Asparagin. O-Glykoside entstehen durch Verknüpfung zwischen der OH-Gruppe von Serin oder Threonin und N-Acetyl-Galaktosamin. Glykosylierte Proteine haben meist andere Bindungseigenschaften als die entsprechenden nicht-glykosylierten Varianten.

Reifung von Proteinen

Im Gegensatz zur chemischen Modifikation stellt die **Reifung** eines Proteins einen irreversiblen Prozess dar. So werden einige Proteine erst nach Spaltung durch Proteasen aktiv. Beispiele hierfür sind die **Verdauungsenzyme Trypsin** und **Chymotrypsin**, die als inaktive Vorstufen (= **Zymogene**) in der Bauchspeicheldrüse gebildet werden, von wo aus sie in den Darm gelangen. Durch das saure Milieu im Darm werden sie gespalten und dadurch erst aktiviert. Durch diese Verzögerung wird verhindert, dass die Enzyme bereits in der Bauchspeicheldrüse aktiv werden und dort die eigenen Zellen verdauen.

Einige Proteine von Bakterien und niederen Eukaryonten können sich selbst spalten. Dieser Prozess ist dem Spleißen von RNA vergleichbar und wird **autokatalytisches Protein-Spleißen** (protein self splicing) genannt, da er von dem Protein selbst, ohne Hilfe anderer Enzyme, durchgeführt wird. Dabei wird ein interner Abschnitt des Proteins, das **Intein**, herausgeschnitten und die beiden freigesetzten Endstücke werden miteinander zum aktiven Protein verbunden.

Die **Lebensdauer eines Proteins** wird durch das Verhältnis von Synthese und Degradation bestimmt. Einige Proteine haben eine Lebensdauer von nur wenigen Minuten, z.B. **Zykline**, die den Ablauf der Mitose kontrollieren und deshalb nur für sehr kurze Zeit benötigt werden. Andere Proteine hingegen werden fast so alt wie der Organismus selbst, z.B. die **Linsenproteine** in den Augen. Der **Abbau von Proteinen** kann sowohl extrazellulär als auch in der Zelle erfolgen. Im extrazellulären Milieu erfolgt der Proteinabbau zunächst durch Proteasen, die das Protein zu Polypeptiden spalten, die dann anschließend von Peptidasen zu Di- und Tripeptiden und schließlich zu Aminosäuren zerlegt werden.

Innerhalb der Zelle werden Proteine überwiegend mit Hilfe des **ubiquitinvermittelten Abbaus** degradiert. Ubiquitin ist ein kleines Peptid von 79 Aminosäuren, von dem meist mehrere mit Hilfe eines **ubiquitinkonjugierenden Enzyms** an interne Lysin-Reste des zum Abbau bestimmten Proteins gehängt werden.

Derartig „markierte" polyubiquitinierte Proteine werden vom **Proteasom** erkannt, einem großen, aus vielen Untereinheiten bestehenden, zylindrisch aufgebautem Proteinkomplex. Dieser zerlegt unter Energieverbrauch (ATP) die markierten Proteine zu Peptiden, wobei das Ubiquitin wieder freigesetzt wird und erneut zur Markierung anderer Proteine verwendet werden kann (Abb. 17.**35**).

Wie aber erkennen ubiquitinkonjugierende Enzyme, welche Proteine abgebaut werden sollen, d.h. mit welchen Proteinen sie das Ubiquitin verknüpfen müssen? Viele Proteine tragen eine kurze Aminosäuresequenz, die als Erkennungssequenz für ubiquitinkonjugierende Enzyme dient. So erkennt das ubiquitinkonjugierende Enzym E1 im mitotischen Zyklin eine Sequenz von Arg-X-X-Leu-Gly-X-Ile-Gly-Asn (wobei X irgendeine Aminosäure sein kann). **Erkennungssequenzen** für andere ubiquitinkonjugierende Enzyme sind oftmals reich an Prolin (**P**), Glutaminsäure (**E**), Serin (**S**) und Threonin (**T**) und werden deshalb **PEST-Sequenzen** genannt.

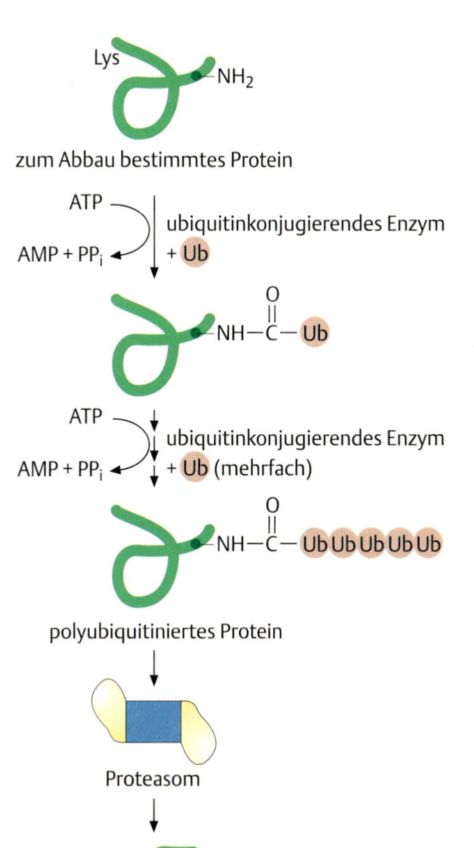

Abb. 17.35 Ubiquitinvermittelter Abbau eines Proteins.

Zusammenfassung

- Ein **Operon** prokaryotischer Gene enthält neben der proteinkodierenden Sequenz auch eine regulatorische Region (**Operator**), über die eine positive oder negative Regulation durch Bindung eines **Repressors** erfolgen kann.

- Unter **Attenuation** versteht man die Regulation der Genexpression durch vorzeitigen Abbruch der Transkription. Im *trp*-Operon wird hierdurch in Gegenwart von Tryptophan die Transkription der Strukturgene reduziert. Der **Attenuator** ist die Region, an der die Transkription abbricht, er bietet der RNA-Polymerase somit eine Entscheidungsmöglichkeit zur Fortsetzung oder zum Abbruch der Transkription.

- Viele Phagen, so auch der **Phage λ**, besitzen die Möglichkeit zur koordinierten Regulation mehrerer Operons.
- **Zellen** können durch **Polytänie** und **Endopolyploidie** ihre Genome vervielfältigen.
- Die **Regulation der Transkription** kann durch die **Chromatinstruktur** oder durch Verwendung unterschiedlicher Enhancer erfolgen. **Enhancer** sind DNA-Abschnitte von 50–200 bp, die vor, im oder hinter einem Gen liegen können und die die Rate, den Zeitpunkt und die Gewebespezifität der Transkription eines Gens beeinflussen können.
- **Posttranskriptionelle Regulation** kann durch alternative **Polyadenylierung** oder differenzielles Spleißen sowie durch Kontrolle der Stabilität und Lokalisation der RNA stattfinden.
- **Differenzielle Genaktivität** kann durch die Kontrolle der Translation sowie posttranslational durch Modifikation, Reifung und Stabilität eines Proteins erfolgen.
- Die verschiedenen Mechanismen der **Regulation der Genexpression** führen dazu, dass die Anzahl der unterschiedlichen Genprodukte einer Zelle viel höher sein kann als die, die von der DNA-Sequenz abgeleitet wird.

18 Transponierbare genetische Elemente

Bis etwa zur Mitte des 20. Jahrhunderts ging man davon aus, dass sich ein Gen immer an einer festgelegten Stelle auf dem Chromosom befindet. Experimente von Barbara McClintock und Marcus Rhoades führten jedoch zu Ergebnissen, die sich nur unter der Annahme erklären ließen, dass einzelne Gene ihre Position im Genom verändern können. Solche beweglichen genetischen Elemente, von denen inzwischen eine Vielzahl bekannt ist, werden **Transposons** oder **springende Gene** genannt. Man findet sie in Pro- und Eukaryonten, und sie können einen erheblichen Anteil eines Genoms ausmachen. Sie stellen eine bedeutende Quelle für die Erzeugung genomischer Variationen einschließlich neuer Mutationen und Umstrukturierungen während der Evolution dar. Für den Genetiker sind transponierbare genetische Elemente wertvolle Werkzeuge zur Induktion von Mutationen, zur Klonierung von Genen und zur Erzeugung transgener Organismen.

18.1 Struktur und Funktion prokaryotischer transponierbarer Elemente

Bei Bakterien unterscheidet man zwei Familien transponierbarer Elemente, die IS-Elemente und die Transposons.

18.1.1 Bakterielle Insertionselemente (IS-Elemente)

Die ersten molekularen Hinweise auf mobile genetische Elemente erhielt man durch die Charakterisierung einiger spontan entstandener *E. coli*-Mutationen, die mit der Integration eines DNA-Stücks von 1–2 kb Länge assoziiert waren. Durch die Insertion dieser DNA wird der offene Leseraster des Gens unterbrochen, so dass kein funktionelles Protein gebildet wird. Man nennt diese DNA-Abschnitte **Insertionssequenzen**, abgekürzt **IS** oder **IS-Elemente**. Die Integration eines IS-Elements in ein bestimmtes Gen ist ein sehr seltenes Ereignis und tritt unter normalen Bedingungen nur in einer von 10^5–10^7 Zellen pro Generation auf, wobei die Häufigkeit von der Art des jeweiligen IS-Elements abhängt. Bis heute kennt man bei *E. coli* etwa 20 verschiedene IS-Elemente (genannt IS1, IS2, usw.), die sich in ihrer Länge und Sequenz unterscheiden. IS-Elemente integrieren völlig zufällig in die bakterielle DNA, und zwar nicht nur in Gene des Bakteriengenoms, sondern auch in die DNA von integrierten Prophagen oder in Plasmid-DNA, wie z. B. den F-Faktor (s. Kap. 13.1, S. 152). Auf diese Weise können sie bei der Konjugation auch von einer Zelle auf eine andere übertragen werden. Das Genom von *E. coli* trägt im allgemeinen mehrere (< 10) Kopien unterschiedlicher IS-Elemente. So gibt es Bakterienstämme, die acht Kopien von IS1, fünf Kopien von IS2 und weitere IS-Elemente beherbergen. Der generelle Aufbau eines IS-Elements ist in Abb. 18.**1** dargestellt.

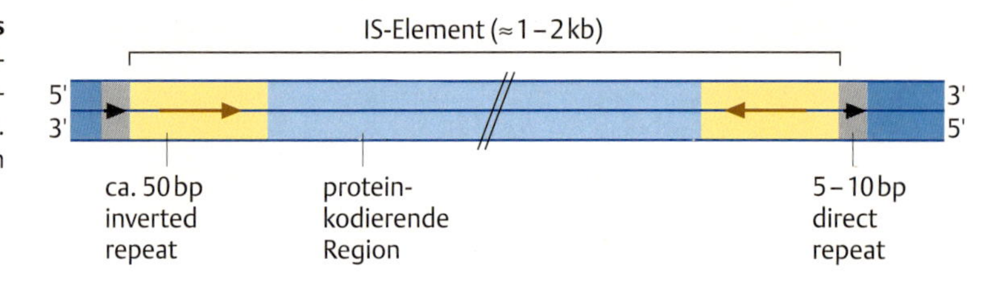

Abb. 18.1 Aufbau eines bakteriellen IS Elements (nicht maßstabsgetreu). Die zentrale Region (hellblau), die für die Transposase kodiert, wird von *„inverted repeats“* (gelb) und *„direct repeats“* (grau) flankiert. Die Pfeile zeigen die Orientierung der jeweiligen Sequenzen.

Ein IS-Element besteht aus einer zentralen Region, die den größten Teil des Elements ausmacht und ein bis zwei für die Transposition benötigte Enzyme kodiert. Die zentrale Region wird auf beiden Seiten von einer Sequenz von ~40 bp flankiert, die eine umgekehrte Orientierung zueinander aufweisen und deshalb **„inverted repeats“** (gegenläufige Sequenzwiederholungen) genannt werden. Anzahl und Sequenz der Nukleotide der „inverted repeats“ sind für jedes IS-Element charakteristisch. An beiden Enden eines jeden integrierten IS-Elements finden sich die aus 5–11 bp bestehenden **„direct repeats“** (gleichgerichtete Sequenzwiederholungen), so genannt, weil sie beide dieselbe Orientierung aufweisen. Der Vergleich der Sequenz der „direct repeats“ in einem Zielgen vor und nach der Insertion eines IS-Elements zeigt, dass diese Sequenz aus dem Zielgen stammt, dort aber vor der Integration des IS-Elements nur einmal vorhanden ist. Die Verdopplung erfolgt während der Integration (s. u.). Die Sequenz der „direct repeats“ ist charakteristisch für den Integrationsort, während ihre Länge spezifisch für das jeweilige IS-Element ist (am häufigsten sind Sequenzen von 5 und 9 bp). In der genomischen Sequenz eines Organismus wird der beschriebene Aufbau – umgekehrte und direkte wiederholte Sequenzen – als diagnostisch für ein IS-Element betrachtet.

Die Transposition von IS und anderen mobilen Elementen erfolgt mit Hilfe eines Enzyms, der **Transposase**, das vom IS-Element selbst kodiert wird. Transposase katalysiert die Transposition genetischer Elemente, indem sie spezifische Sequenzen der Transposon-DNA und der genomischen DNA des neuen Integrationsortes erkennt und schneidet und auch ihre Ligation katalysiert. Man unterscheidet zwei Mechanismen der Transposition, den nicht-replikativen und den replikativen Mechanismus. Bei der einfacheren Form, der **nicht-replikativen (konservativen) Transposition**, wird das Element an seiner ursprünglichen Position herausgeschnitten und an einer neuen Stelle re-integriert (Abb. 18.**2**).

Bei diesem Prozess erkennt und bindet die Transposase die „inverted repeats“ an jedem Ende des Elements und schneidet die DNA genau dort aus der Wirts-DNA heraus. Am neuen Integrationsort schneidet die Transposase die Ziel-DNA so, dass überstehende Enden (staggered oder sticky ends) entstehen, d. h., dass z. B. das 5′-Ende um wenige Basen länger ist als das 3′-Ende (s. Abb. 18.**2a, b**). Anschließend katalysiert die Transposase die Ligation der 3′-Enden des herausgeschnittenen Elements mit den überstehenden 5′-Enden des Zielorts (s. Abb. 18.**2c**). Eine DNA-Polymerase der Wirtszelle füllt dann die Lücken durch Verlängerung der 3′-Enden auf, was zur Verdopplung der Zielsequenz führt und das Vorhandensein der kurzen, „direct repeats“ an den Enden aller integrierten IS-Elemente erklärt (s. Abb. 18.**2d**). Das Herausschneiden eines IS-Elements hinterlässt eine verdoppelte Zielsequenz (2-mal 9 bp, s. Abb. 18.**2b**).

Einige IS-Elemente transponieren unter Verwendung der **replikativen Transposition**. Hierbei wird zunächst eine Kopie des integrierten Ele-

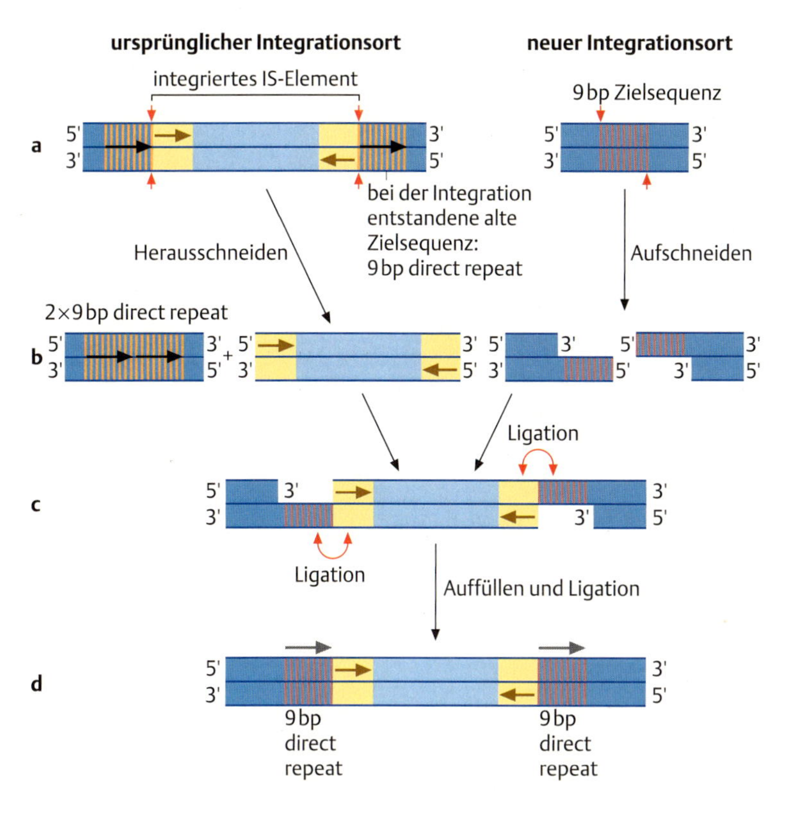

Abb. 18.2 Nicht-replikative Transposition eines IS-Elements.
a Die Transposase schneidet (rote Pfeile) das ursprüngliche IS-Element (links) und die DNA am neuen Zielort (rechts).
b Es entsteht das IS-Element mit glatten (stumpfen) Enden, am Zielort entstehen 5′-überhängende Enden.
c Die Transposase katalysiert die Ligation der 3′-Enden des IS-Elements mit den 5′-überstehenden Enden des neuen Zielorts (rote Doppelpfeile).
d Zelluläre DNA-Polymerase verlängert die 3′-Enden und füllt somit die Lücken auf.

ments hergestellt, die dann am neuen Ort inseriert wird, während das Original am ursprünglichen Integrationsort erhalten bleibt. Dadurch erhöht sich die Anzahl der Transposons im Genom.

18.1.2 Bakterielle Transposons

In den 50er Jahren des letzten Jahrhunderts wurden Ärzte in einem japanischen Krankenhaus durch eine neue Eigenschaft eines Bakteriums alarmiert. *Shigella dysenteriae*, das **beim Menschen die Bakterienruhr**, eine schwere Form des Durchfalls, hervorruft, war gegen eine Vielzahl Antibiotika resistent geworden, etwa gegen Penicillin, Tetracyclin, Sulfanilamid, Streptomycin und Chloramphenicol. Diese Multi-Resistenz konnte nicht nur an nicht-resistente *Shigella*-Stämme, sondern auch an andere, nahe verwandte Bakterien übertragen werden. Aus medizinischer Sicht hatte diese Eigenschaft natürlich verheerende Folgen für die Bekämpfung der Ruhr, aus genetischer Sicht war sie jedoch sehr interessant, führte sie doch zur Entdeckung einer neuen Klasse mobiler genetischer Elemente, den **Transposons**.

Gene, die **Resistenz** verleihen, sind, ähnlich wie der F-Faktor (s. Kap. 13.1, S. 152), auf einem Plasmid lokalisiert, das wie alle Plasmide zu eigenständiger Replikation befähigt ist und leicht während der Konjugation von einer Zelle auf die andere übertragen werden kann. Solche Resistenz verleihende Faktoren nennt man **R-Faktoren**. Es stellte sich heraus, dass bakterielle Plasmide nicht nur Fertilitätsfaktoren (wie den F-Faktor) oder **Antibiotika-Resistenzgene** tragen können, sondern Gene mit unterschiedlichsten Funktionen. Beispielsweise verleiht das **Plasmid R6** Resistenz gegen **Schwermetalle**, das **Plasmid Col E1** er-

18

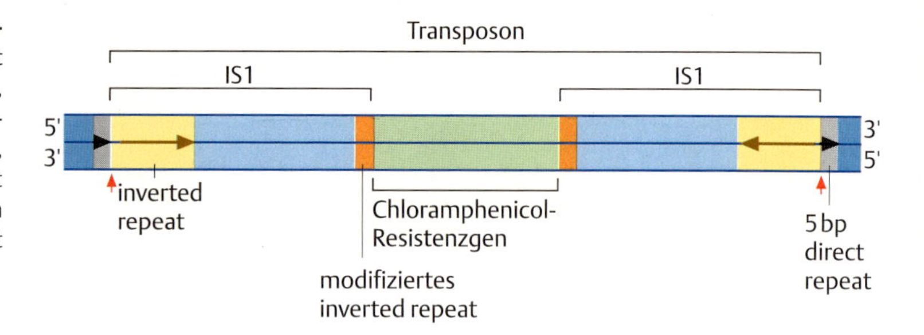

Abb. 18.3 Struktur eines bakteriellen Transposons. Das Transposon, hier Tn9 von *E. coli*, besteht aus einem Chloramphenicol-Resistenzgen (grün), flankiert von je einem IS-Element (hier IS1). Die „inverted repeats", die das Resistenzgen flankieren (braun), sind so modifiziert, dass sie von der Transposase nicht mehr erkannt werden. Es werden nur noch die beiden terminalen Sequenzen von der Transposase erkannt und geschnitten (rote Pfeile).

möglicht die Synthese von **Bakteriozinen** und das **Ti-Plasmid** von *Agrobacterium tumefaciens* erzeugt **Tumoren in befallenen Pflanzen** (s.a. Kap. 19.4.2, S. 292).

In den R-Faktor-tragenden Plasmiden wird das Resistenzgen von einem Paar IS-Elementen flankiert. Derartig strukturierte **Elemente**, die ein Resistenzgen oder ein anderes **Gen**, begrenzt von **IS-Elementen**, tragen, nennt man **Transposon (Tn,** Abb. 18.**3**).

Ein Transposon ist somit ein zusammengesetztes mobiles genetisches Element, das größer als ein IS-Element ist und neben der **Transposase** weitere Proteine kodiert. So trägt das **Transposon Tn9** ein Resistenzgen gegen **Chloramphenicol** (cam^R) und ein Paar IS1-Elemente gleicher Orientierung, während **Transposon Tn10** durch ein **Tetracyclin**-Resistenzgen (tet^R), flankiert von IS10-Elementen in umgekehrter Orientierung, charakterisiert ist. Die Sequenzen der „inverted repeats" der IS-Elemente, die an das Antibiotikum-Resistenzgen grenzen, sind meist so modifiziert, dass sie von der Transposase nicht mehr erkannt werden, so dass bei der Transposition stets das ganze Element mobilisiert wird. Können sie aber erkannt werden, wird entweder ein IS-Element oder das Resistenzgen, flankiert von diesen beiden „invertiert repeats", transponiert.

Die **Transposition** bakterieller Transposons erfolgt nach dem **replikativen Mechanismus**, wobei bei der erneuten Integration eine kurze Sequenz der Zielregion verdoppelt wird, so dass am Insertionsort ebenfalls kurze, direkte Repeats vorkommen. Transposons können von einem Plasmid ins Bakteriengenom springen, aber auch von einem Plasmid auf ein anderes Plasmid. Auf diese Weise können Plasmide mit Resistenzen gegen mehrere Antibiotika entstehen.

Transposons sind ausgesprochen hilfreiche Werkzeuge für den Bakteriengenetiker. Sie können z. B. als Mutagene wirken, wobei sie durch Insertion neue Mutationen erzeugen können. Auch wenn die Insertion eines Transposons ein sehr seltenes Ereignis ist, können die Bakterien, die ein solches Element tragen, sehr schnell an Hand ihrer Antibiotika-Resistenz erkannt werden: Nur Bakterien mit Resistenz gegen das Antibiotikum, die also ein Plasmid tragen, wachsen auf einem Medium, das dieses Antibiotikum enthält.

Die Aktivität der Transposase eines Transposons oder eines IS-Elements kann einerseits die **präzise Exzision** des Transposons induzieren (wobei die duplizierte Zielsequenz zurückbleibt, s. Abb. 18.**2**). Gelegentlich ist das Herausschneiden (Exzision) ungenau, so dass gleichzeitig benachbarte genomische Sequenzen an einem Ende des Elements mit entfernt werden. Dies resultiert in der Erzeugung mehr oder weniger großer Deletionen flankierender DNA. Befand sich das IS-Element z. B. in der Nachbarschaft eines Gens, so kann durch das ungenaue Herausschneiden (**unpräzise Exzision**) eine **Deletion** erzeugt werden, die ggf. zur **Mutation** in dem benachbarten Gen führt (Abb. 18.**4**).

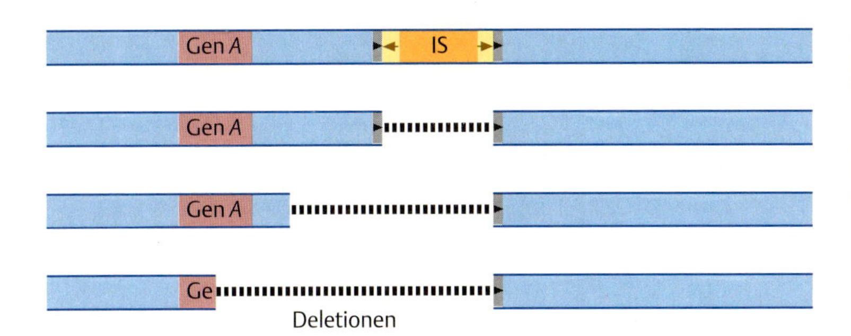

Abb. 18.4 Erzeugung von Deletionen durch unpräzise Exzisionen eines IS-Elements. Bei der Mobilisierung eines IS-Elements (IS, hellbraun) können verschieden große Bereiche flankierender DNA herausgetrennt werden (gestrichelte Linien). Reicht eine Deletion bis in das Gen *A* hinein, so wird eine Mutation in diesem Gen erzeugt.

18.2 Struktur und Funktion eukaryotischer transponierbarer Elemente

Stärker noch als bei Bakterien sind transponierbare genetische Elemente in Genomen von Eukaryonten verbreitet. Im menschlichen Genom bestehen etwa 45 % der DNA aus transponierbaren genetischen Elementen, wobei sehr viele dieser Elemente „verstümmelt" sind und deshalb nicht mehr mobilisiert werden können.

18.2.1 Transposons beim Mais

Erste Hinweise auf **mobile genetische Elemente** bei Eukaryonten erbrachten Ergebnisse von Barbara McClintock, die sie zu Beginn der 50er Jahre des letzten Jahrhunderts am **Mais** erzielte. Sie beobachtete die Ausbildung von unterschiedlich pigmentierten Bereichen in den Maiskörnern (Abb. 18.**5a**) und führte ihre Entstehung auf die Aktivität von „Kontrollelementen" zurück, die Mutationen auslösen können. Heute wissen wir, dass diese „Kontrollelemente" Transposons sind. So etwa führt die Integration eines Transposons in das Gen, das die Synthese von Anthocyan, einem dunkelblauen Pigment, kontrolliert, zum Ausfall der Genfunktion und somit zur Bildung von pigmentlosen und daher gelben Maiskörnern (Genotyp A^T/A^T in Abb. 18.**5b**).

Gelegentlich wird das Transposon aus einem Allel entfernt (Genotyp A^T/A^+ in Abb. 18.**5b**), so dass diese Zelle und alle ihre Nachkommen wieder pigmentiert sind, was an einem gefärbten Fleck deutlich wird. Es entsteht ein **genetisches Mosaik**, oder, wie man bei Pflanzen häufig sagt, eine **Variegation**. Variegation findet man auch gelegentlich in Blättern oder Blütenblättern, in denen dann pigmentierte (grüne oder farbige) und weiße, nicht pigmentierte Bereiche auftreten.

Die molekularen Grundlagen der von B. McClintock gemachten Beobachtungen sollten erst später aufgeklärt werden. Es zeigte sich, dass das Maisgenom mehrere Transposonfamilien enthält. Die Mitglieder jeder Familie werden in zwei Gruppen eingeteilt:

1. **Autonome Elemente** wie das ***Ac***(*Activator*)**-Element** haben die Fähigkeit zur Exzision und Transposition. Elemente dieser Klasse bestehen aus einem zentralen Abschnitt, der die Transposase kodiert und zwei kurzen, die Transposase auf beiden Seiten flankierenden invertierten Repeats (Abb. 18.**6**). Da sie meist ständig aktiv sind, entsteht durch ihre Integration in ein Gen ein instabiles (mutierbares) Allel. Der Verlust autonomer Elemente oder ihrer Fähigkeit zur Transposition verwandelt ein instabiles in ein stabiles Allel.

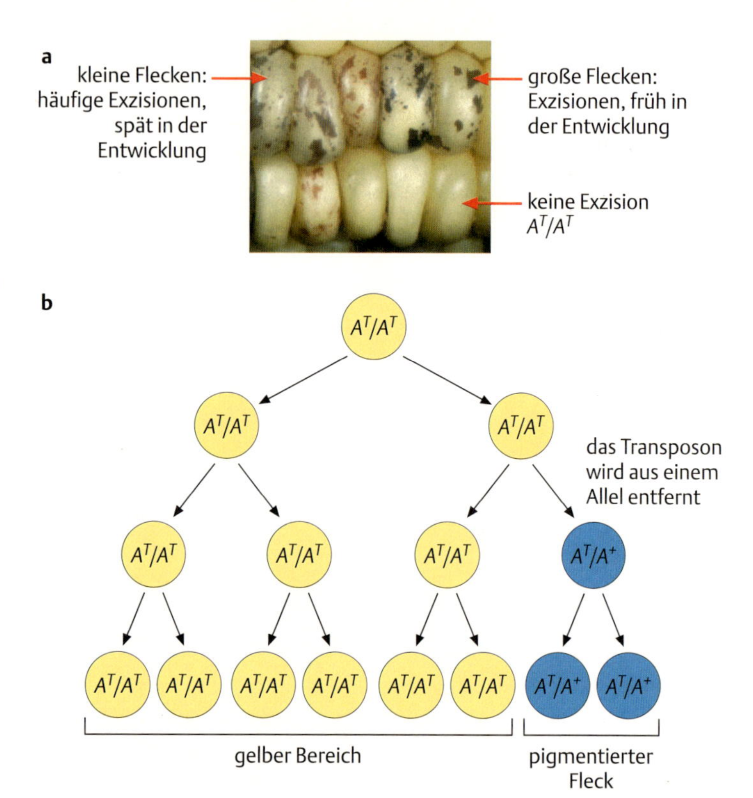

Abb. 18.5 Entstehung von Zellklonen in Maiskörnern durch Exzision eines Transposons.
a In den gelben Bereichen ist durch die Integration des Transposons in die kodierende Region eines Gens, das an der Anthocyansynthese im Aleuron beteiligt ist (*A*), das Gen mutiert (A^T/A^T). Nach Entfernung des Transposons wird die Zelle heterozygot (A^T/A^+), die Zelle und alle ihre Nachkommen produzieren wieder Anthocyan. Je nachdem, ob die Exzision früh oder spät in der Entwicklung des Maiskorns stattfindet und wie oft sich diese Zelle danach noch teilt, erhält man große oder kleine pigmentierte Flecken.
b Im Verlauf von Zellteilungen können in einem gelben Maiskorn pigmentierte Flecken entstehen [a © Nature 2002. Feschotte, C., Jiang, N. and Wessler, S.R.: Plant transposable elements: where genetics meets genomics. Nat. Rev. Genetics *3* 329–341].

18

2. **Nicht-autonome Elemente,** z. B. das ***Ds***(*Dissociation*)-**Element**, sind stabil, da sie selbst nicht zur Transposition fähig sind. Sie werden nur dann instabil, wenn sich im selben Genom ein autonomes Element derselben Familie befindet, das die Transposase *in trans* zur Verfügung stellt. Dann hat die Mobilisierung eines nicht-autonomen Elements dieselben Auswirkungen wie die eines autonomen Elements, einschließlich der Integration an einem neuen Ort. Nicht autonome Elemente entstehen aus autonomen Elementen durch den Verlust interner Regionen, wodurch für die Transposition nötige Bereiche entfernt werden. Das *Ds*-Element ist ein defektes Transposon, das selbst keine Transposase mehr kodiert. Jedoch besitzt es noch die für die Integration nötigen, 11 bp langen invertierten Repeats, die von der Transposase erkannt werden (s. Abb. 18.**6**). Die Transposition von *Ac*/*Ds*-Elementen erfolgt nach dem nicht-replikativen Mechanismus, wobei bei ihrer Entfernung aus dem ursprünglichen Integrationsort sehr häufig Chromosomenbrüche erzeugt werden.

Die Kenntnisse der Struktur und Funktion von *Ds*- und *Ac*-Elementen erlauben die Interpretation einiger von B. McClintock erzielten Ergebnisse. So kann eine Mutation in einem Pigmentgen durch die Insertion eines *Ds*- oder eines *Ac*-Elements erzeugt werden (Abb. 18.**7**).

Liegt die Mutation heterozygot vor, so ist das Korn lila pigmentiert, liegt sie homozygot vor, so ist das Korn gelb (Abb. 18.**7a,b**). Die durch *Ds*-Integration erzeugte Mutation wird stabil in Abwesenheit eines *Ac*-Elements vererbt. Ist jedoch ein *Ac*-Element irgendwo im Genom vorhanden, so kann das *Ds*-Element aus dem Gen entfernt werden. Wurde

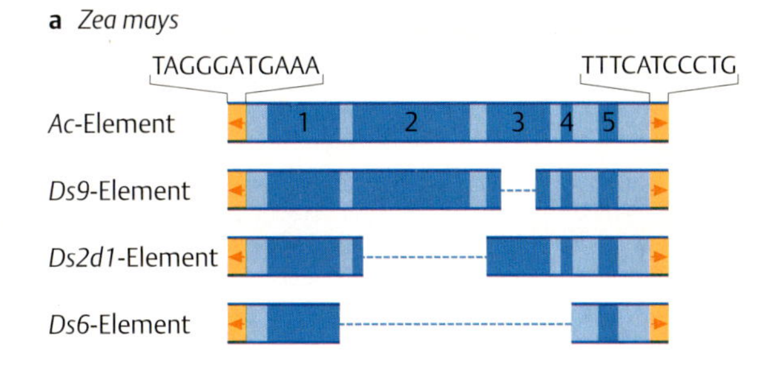

b *Drosophila melanogaster*

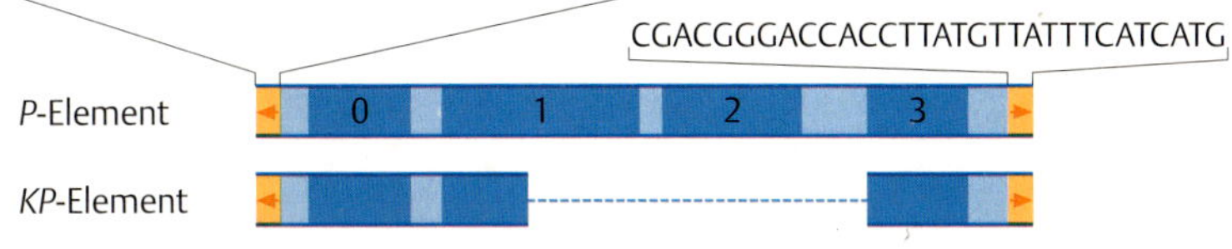

Abb. 18.6 Struktur einiger eukaryotischer Transposons.
a Das 4563 bp lange *Ac*-Element von Mais enthält 5 Exons, die die Transposase kodieren und rechts und links von den 11 bp langen „inverted repeats" flankiert wird. Diese Repeats divergieren an den äußersten Positionen (imperfect inverted repeats). *Ds*-Elemente zeichnen sich durch verschieden große, interne Deletionen aus (gestrichelte Linien), was im Verlust der autonomen Transposition resultiert.
b Das 2,9 kb lange P-Element von *Drosophila melanogaster* enthält vier Exons, die alternativ in der Keimbahn und im Soma gespleißt werden (s. Abb. 17.**25b**, S. 232). Defekte, nicht-autonome Elemente wie das KP-Element entstehen durch interne Deletionen.

die Mutation durch die Integration eines *Ac*-Elements erzeugt, so kann sich dieses autonom mobilisieren. In beiden Fällen wird der Wildtyp-Zustand in einem Allel wieder hergestellt. Die Nachkommen dieser Zelle bilden einen pigmentierten Zellklon (Abb. 18.**7c**).

In einigen Fällen entstehen jedoch gelbe Flecken in einem ansonsten pigmentierten Maiskorn. Wie ist das möglich? Dieses Ergebnis ist der Tatsache zuzuschreiben, dass die Mobilisierung eines *Ds*-Elements (und auch anderer Transposons) häufig mit der Induktion von Chromosomenbrüchen einhergeht, wobei der Bruch an der Insertionsstelle erfolgt. Das resultiert im **Verlust von Chromosomenabschnitten**, eine Eigenschaft, die man als **genomische Instabilität** bezeichnet. Befindet sich auf dem deletierten Chromosomenabschnitt die Wildtyp-Kopie des Gens (m^+), auf dem homologen Chromosom aber ein mutantes Allel (m), so liegt nach dem Verlust des Chromosomenabschnitts die Mutation m hemizygot vor und der mutante Phänotyp prägt sich aus. Es entsteht ein mutanter Zellklon (Abb. 18.**7d**). Erst 1983, also etwa 30 Jahre nach der Entdeckung mobiler genetischer Elemente beim Mais, wurde Barbara McClintock mit dem Nobelpreis für Physiologie und Medizin ausgezeichnet.

18.2.2 Das P-Element von Drosophila

Kreuzt man bestimmte *Drosophila*-Stämme miteinander, so treten gelegentlich in den Weibchen der F_1-Generation eine Reihe von Defekten auf, wie erhöhte Mutationsrate, chromosomale Aberrationen, gestörte Segregation der Chromosomen während der Meiose und Sterilität. Das gemeinsame Auftreten dieser Merkmale wird unter dem Begriff **Dysgenese der Hybride** (hybrid dysgenesis) zusammengefasst. Die Dysgenese umfasst nur die weiblichen Keimzellen der F_1-Generation, während das Soma nicht betroffen ist. Die Beobachtungen führten zu der Schlussfolgerung, dass es zwei Typen von Fliegen gibt, solche des P-Typs (paternaler Beitrag) und solche des M-Typs (maternaler Beitrag). Nur die Kreuzung

M-Typ Weibchen × P-Typ Männchen

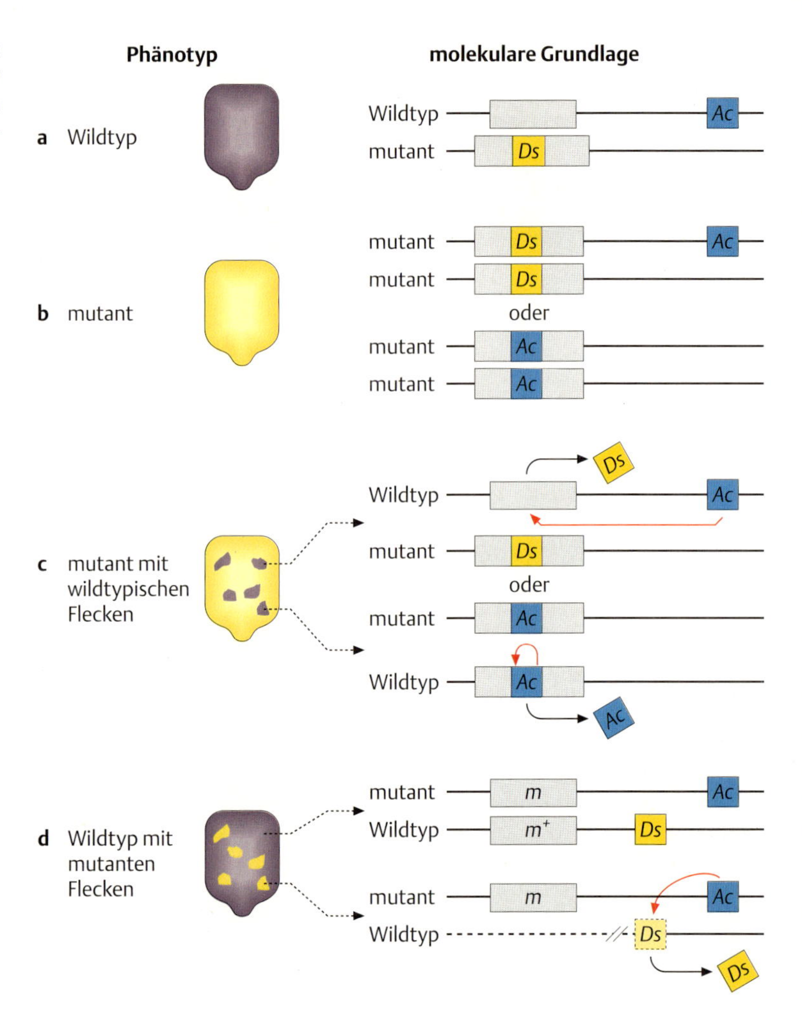

Abb. 18.7 Zusammenfassung einiger der durch *Ac/Ds*-Elemente hervorgerufenen Ereignisse. Der graue Balken stellt auf jedem der beiden homologen Chromosomen ein Gen dar, dessen Phänotyp untersucht wird.
Ac: autonomes Transposon
Ds: nicht-autonomes Transposon
Weitere Erläuterungen s. Text.

führt zu Dysgenese in den F_1-Tieren, nicht jedoch die reziproke Kreuzung. Die weitere Untersuchung dieses Phänomens führte zur Entdeckung des **P-Elements**. Hierbei handelt es sich um ein ~2,9 kb großes *Drosophila*-Transposon, dessen zentraler Abschnitt von je 31 bp langen **„inverted repeats"** flankiert wird (s. Abb. 18.**6b**). Bei der Integration kommt es zur Ausbildung von 8 bp langen **„direct repeats"**. Ähnlich wie im Falle der *Ac-/Ds*-Transposons beim Mais gibt es auch kürzere P-Elemente, z. B. das KP-Element (s. Abb. 18.**6b**), die Deletionen im zentralen, die Transposase kodierenden Abschnitt tragen, weshalb diese Elemente keine intakte Transposase kodieren und nicht zur autonomen Transposition fähig sind. Ein Tier des P-Stamms trägt 30–50 Kopien des P-Elements, von denen etwa ein Drittel intakt ist. Tiere des M-Stamms besitzen keine P-Elemente. In einem P-Stamm sind die P-Elemente stabil. Nach Kreuzung von M-Typ-Weibchen mit Männchen des P-Stamms werden in den Polzellen (den Vorläufern der Keimzellen) der F_1-Embryonen die P-Elemente mobilisiert und führen zu Integrationen an neuen Stellen und damit zu Insertionsmutationen und Chromosomenbrüchen.

Warum erfolgt keine Transposition im Soma dieser Tiere? Dies erklärt sich aus der Tatsache, dass das vom P-Element abgelesene Primärtranskript im Soma und in der Keimbahn unterschiedlich gespleißt wird (**alternatives Spleißen**). Im Soma wird das letzte Intron nicht entfernt, weshalb dort vorzeitig ein Stopcodon eingeführt wird. Das von dieser mRNA kodierte 66 kD Protein kodiert einen Repressor, der die Transposition verhindert. In der Keimbahn wird, neben einer geringen Menge des Repressors, auch aktive Transposase gebildet, da in den meisten Fällen das Intron mit dem Stopcodon entfernt wird (Abb. 17.**25** in Kap. 17.2.3, S. 232). Die von P-Typ-Weibchen während der Reifung der Oozyte gebildete Transposase wird durch das gleichzeitige Vorhandensein des Repressors inhibiert. M-Typ-Weibchen synthetisieren jedoch während der Oogenese keinen Repressor. Werden die von ihnen gebildeten Eier nun von Spermien der P-Typ-Männchen befruchtet, so wird in den Keimzellen dieser Embryonen die Transposition der nun im Genom vorhandenen P-Elemente nicht unterdrückt. Dies resultiert in der Dysgenese der Hybride, was zu den oben genannten Defekten führt.

Das **P-Element** wurde gentechnisch vielfältig modifiziert, um es zur Erzeugung transgener Fliegen zu verwenden (s. Kap. 20.2.1, S. 325).

18.2.3 Transposons von Säugern

Bei Säugern lässt sich der größte Teil der repetitiven DNA von transponierbaren Elementen ableiten. Sie machen beim Menschen etwa 45 % des gesamten Genoms aus (Tab. 18.**1**). Nahezu alle transponierbaren genetischen Elemente im Säugergenom lassen sich einer von vier Klassen zuordnen (Abb. 18.**8**):
- **DNA-Transposons,**
- **LTR-Retrotransposons,**
- **LINEs** und
- **SINEs**.

DNA-Transposons

DNA-Transposons ähneln bakteriellen Transposons und dem *Ac*-Element von Mais (Abb. 18.**8**): Sie besitzen an den Enden „**inverted repeats**" und kodieren eine **Transposase**, die an die „inverted repeats" bindet und über einen „cut-and-paste"-Mechanismus die Transposition ermöglicht (vgl. Abb. 18.**2**, S. 249). Vergleichbar dem *Ac/Ds*-System im Mais gibt es bei Säugern autonome und nicht-autonome DNA-Transposons, wobei letztere sich im Lauf der Zeit im Genom angehäuft haben.

Retrotransposons

Hierbei handelt es sich um eine nicht nur auf Säuger beschränkte Klasse von transponierbaren genetischen Elementen, die sich durch Bildung einer RNA-Zwischenstufe vermehren. Man unterscheidet zwei Haupt-

Tab. 18.1 Länge, Kopienzahl und prozentualer Anteil der häufigsten transponierbaren Elemente des menschlichen Genoms

Name	Größe (kb)	Kopien/Genom	% des Genoms
DNA-Transposons	0,08–3	300 000	3
Retrotransposons	1,5–11	450 000	8
LINEs	6–8	850 000	21
SINEs	0,1–0,3	1 500 000	13

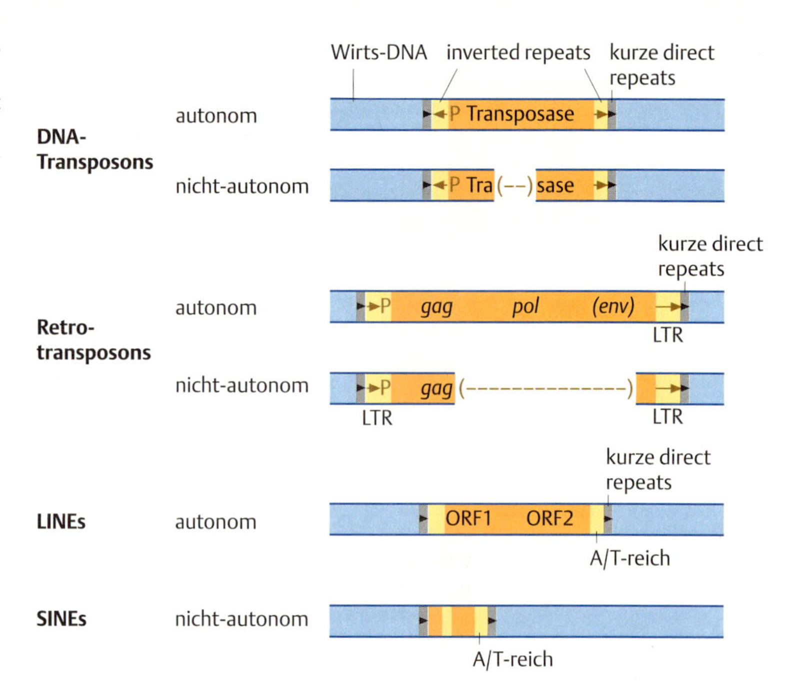

Abb. 18.8 Transponierbare genetische Elemente von Säugern. Die Transposon-DNA ist hellbraun, die genomische Wirts-DNA blau dargestellt, „direct repeats" sind grau und „inverted repeats" gelb gekennzeichnet. Autonom bzw. nicht-autonom kennzeichnet die Fähigkeit des jeweiligen Elements, selbstständig zu transponieren. Nicht-autonome Elemente tragen eine Deletion im *pol*(Polymerase)- bzw. Transposase-Gen (– – –).
P = Promotor
gag = gruppenspezifische Antigene
pol = retrovirale Polymerase, reverse Transkriptase
env = retrovirales Hüllprotein
LTR = long terminal repeat
Für weitere Erklärungen s. Text.

klassen: virale und nicht-virale Retrotransposons. Virale Retrotransposons findet man vor allem bei der Hefe (z.B. **Ty-Elemente**) und bei *Drosophila* (z.B. **copia-Elemente**), während im Genom von Säugern vor allem nicht-virale Retrotransposons vorkommen (**LINEs** und **SINEs**, s.u.).

Virale Retrotransposons. Virale Retrotransposons haben Eigenschaften, die denen von Retroviren vergleichbar sind. **Retroviren** stellen eine Klasse von RNA-Viren dar, deren Genom aus zwei identischen, einzelsträngigen RNA-Molekülen von je 5–8 kb besteht. Ihren Namen haben sie auf Grund ihrer Fähigkeit erhalten, RNA in DNA umzuschreiben. Dies erfolgt mittels eines vom Virus kodierten Enzyms, der **reversen Transkriptase** (= RNA-abhängige DNA-Polymerase). Dieses Enzym ist in der Lage, bei Vorlage einzelsträngiger RNA als Matrize diese in doppelsträngige DNA umzuschreiben. Dabei wird zunächst einzelsträngige DNA gebildet, die dann wieder als Matrize für die Synthese des zweiten, komplementären DNA-Strangs dient (s. Abb. 18.**9-2**). Die auf diese Weise gebildete doppelsträngige DNA wird in einer oder mehreren Kopien mit Hilfe einer **Integrase** als sog. **Provirus** in das Genom der Wirtszelle integriert (Abb. 18.**9-3**), wobei am Integrationsort wie bei einem Transposon kurze, direkte Repeats entstehen. Die DNA des Provirus wird ähnlich wie die eines lysogenen Phagen (s. Kap. 13.3, S. 155) mit der zellulären DNA repliziert. Sie dient außerdem als Matrize zur Synthese viraler RNA, die dann einerseits als mRNA die Synthese von Virusproteinen steuert, andererseits als genomische RNA in Viruspartikel verpackt wird (s. Abb. 18.**9-4**). Im Viruspartikel werden zwei Moleküle dieser viralen RNA, zusammen mit der reversen Transkriptase und der Integrase von einer Proteinkapsel (**Kapsid**) umgeben, deren Proteine vom Virus kodiert sind. Diese Struktur wird **Nukleokapsid** genannt. Beim Ausschleusen aus der Wirtszelle, der **Knospung** (budding), wird das Kapsid von Plasmamembran umgeben, wodurch eine Hülle (envelope), die auch zwei viruskodierte Proteine enthält, um das Kapsid gebildet wird. In dieser Form ist das Virus wieder infektiös und kann andere Zellen befallen.

Die Information für die Synthese infektiöser Viruspartikel ist in drei Genbereichen gespeichert: 5′-*gag-pol-env*-3′. Die ***gag*-Region** kodiert für innere Strukturproteine (**g**ruppenspezifische **A**nti**g**ene), die *pol*-Region für die reverse Transkriptase (**Pol**ymerase) und weitere, für RNA-Synthese und Rekombination nötige Enzyme, und der *env*-Bereich kodiert für Proteine der Hülle (**Env**elope) (s. Abb. 18.**8**). Der proteinkodierende Abschnitt wird auf beiden Seiten von den sog. LTRs (**l**ong **t**erminal **r**epeats) begrenzt, die wichtig für die Synthese der viralen RNA sind (s. u.). Zu den Retroviren gehören eine Reihe von **menschenpathogenen Viren**, u. a. solche, die **Tumore** (**Leukämien, Lymphome, Sarkome**) induzieren (= **RNA-Tumorviren**) sowie das seit 1983 bekannte neuro- und lymphotrope **HIV** (**h**uman **i**mmundeficiency **v**irus), das **AIDS** (**a**cquired **i**mmune **d**eficiency **s**yndrome), eine erworbene Immunschwäche, auslöst.

Virale Retrotransposons sind eukaryotische Transposons, die sich von Retroviren ableiten. Sie unterscheiden sich von letzteren durch das Fehlen infektiöser Viruspartikel. Ihr Aufbau ist in Abb. 18.**8** dargestellt: Neben kurzen, 5–10 bp langen „direct repeats" (die bei der Integration in das Wirtsgenom entstehen), sind virale Retrotransposons an beiden Enden von 250–600 bp langen, terminalen Sequenzwiederholungen (**LTR, l**ong **t**erminal **r**epeat) flankiert. Die zentrale, proteinkodierende Region enthält bei den autonomen Elementen mindestens die Genbereiche *gag* und *pol*, bei den nicht-autonomen Elementen fehlt auf jeden Fall der *pol*-Genbereich.

Die Transposition von Retrotransposons erfolgt in zytoplasmatischen, virusähnlichen Partikeln über eine RNA-Zwischenstufe. Bei der Synthese dieser RNA üben die LTRs wichtige Kontrollfunktionen aus (Abb. 18.**10**).

LTRs werden unterteilt in die **R-Region**, die wiederholte Sequenzen (**re**peats) von 70 Nukleotiden besitzt und die **U-Region**, eine aus etwa 100 Nukleotiden bestehende Sequenz aus nicht-repetitiver DNA (**u**nique DNA). Die upstream der kodierenden Region gelegene LTR-Region übernimmt die Rolle eines Promotors und bewirkt, dass zelluläre RNA-Polymerase II am 5′-Nukleotid der R-Region die Transkription initiiert. Die transkribierte Region umfasst die kodierenden retroviralen Sequenzen plus den gesamten rechten LTR sowie einen Abschnitt der Wirts-DNA. Die im Primärtranskript enthaltenen Sequenzen des rechten LTR veranlassen zelluläre Enzyme zur Spaltung des Transkripts und zur Polyadenylierung des 3′-Endes (s. Abb. 18.**10**). Obwohl das auf diese Weise gebildete Zwischenprodukt des Retrotransposons (das gleichzeitig das retrovirale Genom darstellt) keine vollständigen LTRs besitzt, kommt es bei der reversen Transkription zu DNA und vor ihrer erneuten Integration in die Wirts-DNA zur Wiederherstellung zweier vollständiger LTRs.

Nicht-virale Retrotransposons. Die häufigsten mobilen genetischen Elemente in Säugergenomen gehören zur Klasse der nicht-viralen Retrotransposons (s. Tab. 18.**1**), die sich von den viralen Retrotransposons u. a. durch das Fehlen von LTRs unterscheiden. Die meisten von ihnen gehören zu einer der beiden Klassen mittelrepetitiver DNA, der LINEs oder SINEs. **LINEs** (lange, verstreut liegende Elemente, **l**ong **in**terspersed **e**lements) des menschlichen Genoms besitzen eine Länge von 6–8 kb, während **SINEs** (kurze, verstreut liegende Elemente, **s**hort **in**terspersed **e**lements) nur etwa 300 bp lang sind. Beide Klassen zusammen machen etwa 34 %

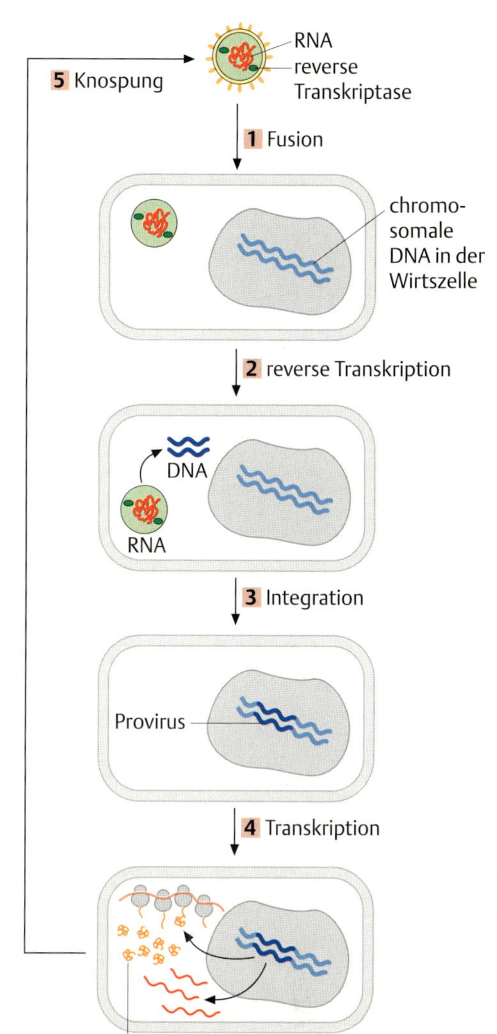

Abb. 18.9 Vermehrungszyklus eines Retrovirus. Beschreibung s. Text.

der gesamten DNA einer menschlichen Zelle aus. Repetitive Sequenzen mit Ähnlichkeit zu LINEs wurden auch im Genom von Protozoen, Insekten und Pflanzen gefunden, aber nirgends sind sie so häufig wie im Genom von Säugern, wofür es allerdings keine Erklärung gibt. Obwohl diese Elemente keine LTRs besitzen, gibt es Hinweise darauf, dass sie sich ebenfalls über eine RNA-Zwischenstufe vermehren.

LINEs: Die am weitesten verbreiteten LINEs sind die der **L1-Familie**. Im **menschlichen Genom** gibt es etwa 500 000 Kopien dieser, im Schnitt 6500 bp langen Familie, d.h. sie machen etwa 17 % der gesamten genomischen DNA aus. Die typische Struktur eines L1-Elements ist in Abb. 18.**8** dargestellt. L1-Elemente sind normalerweise von kurzen direkten Repeats flankiert, die durch Verdopplung der Zielsequenz bei der Integration entstehen (vgl. Abb. 18.**2,** S. 249). Der zentrale Abschnitt enthält in der Regel zwei offene Leseraster (ORFs: open reading frame) von jeweils ca. 1 kb und ca. 4 kb Länge. ORF1 kodiert für ein RNA-bindendes Protein, während ORF2 ein Protein mit Ähnlichkeit zur reversen Transkriptase der Retroviren und Retrotransposons kodiert. Die meisten L1-Elemente sind mutiert und tragen zahlreiche Stopcodons, Deletionen oder Leserastermutationen, was bedeutet, dass sie nicht mehr zur autonomen Vermehrung und Transposition fähig sind.

Die Transkription von L1-Elementen wird durch eine promotorähnliche Sequenz im linken Ende des Elements von zellulärer RNA-Polymerase II initiiert. Eine A/T-reiche Sequenz am rechten Ende des Elements sorgt für das Anfügen einer poly(A)-Sequenz am 3′-Ende des Transkripts. Die RNA wird im Zytoplasma translatiert und zusammen mit den Translationsprodukten gelangt sie in den Zellkern. Dort erfolgt die Umschreibung in doppelsträngige DNA, die über einen noch nicht bekannten Mechanismus in das Genom integriert wird.

SINEs: SINEs stellen mit einem Anteil von 13 % der gesamten genomischen DNA einer Säugerzelle die zweitgrößte Klasse mittelrepetitiver DNA dar. Obwohl keine zwei Kopien identisch sind, sind sie ähnlich genug (ca. 80 % Ähnlichkeit innerhalb einer Spezies und 50–60 % zwischen verschiedenen Spezies), um eine gemeinsame Abstammung anzunehmen. Etwa dreiviertel aller SINEs (ca. 1 000 000 Kopien/menschliches Genom) stellen die 10–300 bp langen *Alu*-Sequenzen dar, so

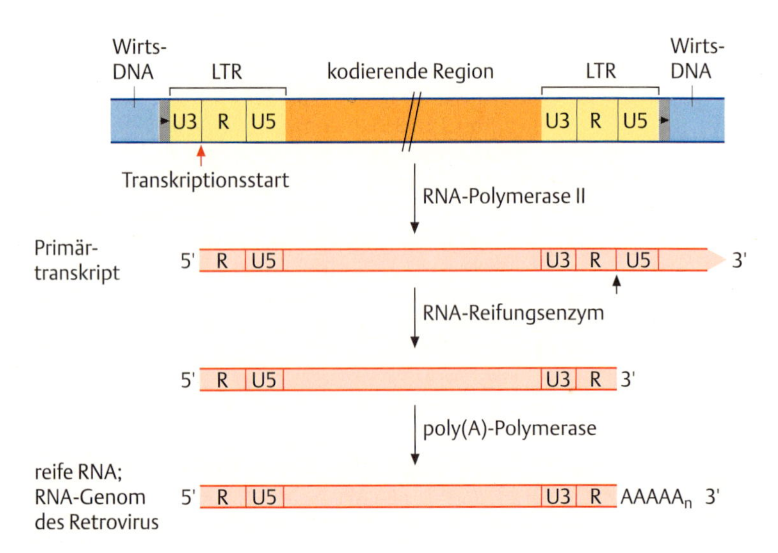

Abb. 18.10 Synthese retroviraler RNA von einer integrierten viralen DNA bzw. einem Retrotransposon. Die Transkription beginnt am ersten Nukleotid der R-Region des linken LTR (roter Pfeil) und reicht über den rechten LTR hinaus. Das Primärtranskript wird hinter dem letzten Nukleotid der rechten R-Region gespalten (schwarzer Pfeil).

benannt nach dem Vorhandensein einer Schnittstelle für das Restriktionsenzym *AluI* (s. Kap. 19.1.1, S. 263). Wie alle anderen transponierbaren genetischen Elemente werden *Alu*-Sequenzen ebenfalls von kurzen direkten Repeats flankiert (s. Abb. 18.**8**). Obwohl sie keine Proteine kodieren, werden SINEs transkribiert, und zwar von zellulärer RNA-Polymerase III, kontrolliert von einem internen Promotor, der von *tRNA*-Genen abstammt. Wie die LINEs besitzen SINEs am Ende eine A/T-reiche Region, so dass das Transkript am 3′-Ende einen poly(A)-Schwanz trägt. Vermutlich erfolgt ihre Transposition mit Hilfe der von LINEs kodierten reversen Transkriptase.

Zusammenfassung

- **Transponierbare** genetische **Elemente** sind DNA-Abschnitte, die ihre Position im Genom ändern können. Sie kommen in Pro- und Eukaryonten vor. In Bakterien können sie sowohl auf Plasmiden als auch im bakteriellen Genom lokalisiert sein.

- **Insertionselemente** (**IS-Elemente**) sind DNA-Abschnitte bakterieller DNA, die Transposase kodieren und autonom ihre Transposition kontrollieren.

- Bakterielle **Transposons** sind mobile genetische Elemente, die unterschiedliche Proteine kodieren können, unter anderem solche, die Resistenz gegen bestimmte Antibiotika vermitteln. Das Antibiotika-Resistenzgen ist auf beiden Seiten von je einer Kopie eines IS-Elements flankiert. IS-Elemente und Transposons werden unter dem Begriff **transponierbare Elemente** zusammengefasst.

- Transposons bei Eukaryonten werden in **DNA-Transposons** und **Retrotransposons** unterschieden. Die Integration von Retrotransposons in das zelluläre Genom erfolgt wie bei Retroviren über eine RNA-Zwischenstufe, die von reverser Transkriptase synthetisiert wird.

- Der prozentuale Anteil der gesamten DNA einer Zelle, der von Transposons gestellt wird, variiert von Spezies zu Spezies. Im menschlichen Genom beträgt er fast 50 %.

- Allen Transposons gemeinsam ist, dass bei der Transposition an eine neue Stelle eine Duplikation einer kurzen Sequenz der Integrationsstelle erzeugt wird. Diese kurzen **direkten Repeats** flankieren jedes Transposon auf beiden Seiten.

- Transposons sind ein wichtiges Hilfsmittel für den Genetiker, z. B. bei der Erzeugung neuer Mutationen oder der Einführung von Fremd-DNA in eine Zelle, also bei Herstellung **transgener Organismen**.

19 Rekombinante DNA

Ein grundlegendes Ziel genetischer Studien ist die Aufklärung der Struktur und Funktion von Genen. Die ersten Hinweise darauf, wie ein Gen einen Phänotyp beeinflussen kann, lieferten Mutanten, bei denen der mutante Phänotyp mit dem Ausfall eines bestimmten Enzyms einherging. Sie führten zur Formulierung der „**Ein-Gen-ein-Enzym-Hypothese**" durch George Beadle und Edward Tatum im Jahr 1944. Diese besagte, dass jedes Gen die Synthese von nur einer einzigen Art von Enzymen kontrolliert. Die Aufklärung der DNA-Struktur und des genetischen Codes führte dann zu einem grundlegenden Verständnis der Natur des Gens. Jedoch gab es zunächst keine Möglichkeit, ein einzelnes Gen direkt zu isolieren und zu charakterisieren. Natürlich konnte man seit Friedrich Miescher (1869) DNA aus Zellen und Geweben gewinnen, aber diese ist ein zäher, schleimiger Klumpen und es war zunächst unmöglich, ein bestimmtes Gen zu finden, geschweige denn es zu reinigen.

Erst die Entdeckung von **Restriktionsendonukleasen** durch Werner Arber, Daniel Nathans und Hamilton Smith ermöglichte es, einzelne Gene vollständig oder partiell aus diesem Gemisch herauszulösen. Ihre Arbeiten hatten weitreichende Bedeutung für die genetische Forschung, weshalb sie 1978 mit dem Nobelpreis für Physiologie und Medizin ausgezeichnet wurden. Restriktionsendonukleasen (oft auch nur kurz **Restriktionsenzyme** genannt) wurden erstmals 1970 aus *E. coli* und *Haemophilus influenzae* isoliert. Sie erkennen kurze Nukleotidsequenzen und schneiden dort die doppelsträngige DNA. Auf diese Weise kann eine gegebene DNA mit einer bestimmten Nukleotidsequenz in eine reproduzierbare Anzahl Fragmente zerlegt werden. Die zweite Klasse von Enzymen, die erstmals 1967 aus Bakterien isolierten **Ligasen**, haben die Fähigkeit, zwei DNA-Fragmente miteinander zu verbinden, was erstmals 1972 gezeigt werden konnte. Mit der erfolgreichen **Klonierung des ersten Gens**, des β-Globingens des Kaninchens **im Jahr 1975**, begann die Entwicklung einer Technologie, die wir heute als **rekombinante DNA-Technologie** oder **Gentechnik** bezeichnen und die die Biologie des ausgehenden 20. Jahrhunderts revolutioniert hat. Sie hat Möglichkeiten geschaffen, die nur wenige Jahre zuvor undenkbar waren. Mit dieser Technologie kann praktisch jedes Gen isoliert und in großen Mengen hergestellt werden, sie ist Voraussetzung zur Bestimmung seiner Sequenz und zu seiner Modifikation im Reagenzglas. Darüber hinaus kann dieses Gen wieder in einen Organismus derselben oder einer anderen Spezies eingeführt werden. Einen Organismus, der ein zusätzliches, experimentell eingebrachtes Gen trägt, nennt man einen **transgenen Organismus** oder einen **gentechnisch veränderten Organismus** (**GvO**). Heute beschränken sich gentechnische Methoden nicht nur auf Forschungslaboratorien, sondern sie haben auch weite Verbreitung in anderen Bereichen gefunden, so etwa in der medizinischen Diagnostik, der Arzneimittelproduktion, der Landwirtschaft oder der Kriminalistik. Schließlich ist die rekombinante DNA-Technologie Grundlage für die industrielle Produktion von Enzymen und anderen Proteinen, also für die **Biotechnologie** (s. Kap. 20, S. 300).

19.1 DNA-Klonierung

In der Molekularbiologie bezeichnet man unter **Klonierung** (cloning) die Einführung eines DNA-Abschnitts in ein geeignetes „Vehikel", einen **Vektor**, mit dessen Hilfe diese DNA in Wirtszellen (meist Bakterien- oder Hefezellen) eingebracht werden kann. Eine DNA, die durch Fusion von DNA-Molekülen unterschiedlicher Herkunft, in vielen Fällen unterschiedlicher Spezies, gebildet wird, bezeichnet man als **rekombinante DNA**. Allen Vektoren gemeinsam ist, dass sie Fremd-DNA aufnehmen und sich in der Wirtszelle autonom vermehren können. Sie sind meist so modifiziert worden, dass sich Zellen, die einen Vektor tragen, von solchen ohne Vektor unterscheiden lassen, man diese also **selektionieren** kann. Dies wird oft dadurch ermöglicht, dass die Vektoren ein **Antibiotikum-Resistenzgen** tragen, so dass bei Zugabe des jeweiligen Antibiotikums in das Medium nur diejenigen Zellen wachsen, die den Vektor tragen. Tab. 19.**1** gibt einen Überblick über die am häufigsten benutzten Vektoren. Diese unterscheiden sich in ihrer Größe, in der Größe des Fragments, das sie aufnehmen können, und in der Art der Wirtszelle, in der sie sich vermehren.

1. **Plasmide**. Dies sind ringförmige, sich autonom replizierende DNAs (s. Kap. 13.1, S. 152). Sie können in vielen Kopien/Zelle vorliegen.
2. **Bakteriophagen**. Viren, die Bakterien infizieren (s. Kap. 13.3, S. 155). Bei Verwendung von Phagen als Klonierungsvektoren werden einige Bereiche der Phagen-DNA durch Fremd-DNA ersetzt. Bereiche, die für die Vermehrung der Phagen nötig sind, bleiben erhalten.
3. **Cosmide**. Dies sind Hybridmoleküle zwischen Plasmiden und Bakteriophagen, wobei sie von den Plasmiden den Replikationsstart und ein Resistenzgen, von den Bakteriophagen die sog. *cos*-Stellen, die kohäsiven Enden (s. u.), enthalten. Ihre DNA ist ringförmig und vermehrt sich wie Plasmid-DNA autonom in Bakterien, wobei sie in mehreren Kopien/Zelle vorliegen. Bei der Klonierung wird Cosmid-DNA *in vitro* in Phagenköpfe verpackt, und in dieser Form kann sie durch Infektion in Bakterien gebracht werden. Allerdings fehlen der Cosmid-DNA die Sequenzen zur Synthese neuer Phagenpartikel, so dass sie sich nur wie Plasmid-DNA in der Bakterienzelle vermehren kann.
4. **YACs** (künstliche Hefechromosomen, **y**east **a**rtificial **c**hromosomes). Es handelt sich um Vektoren, die Teile eines Hefechromosoms besitzen, und zwar einen Replikationsstart, ein Zentromer und Telomeren. Zusätzlich enthalten sie einen Selektionsmarker. Sie kommen wie alle natürlichen Chromosomen in zwei Kopien/diploider Zelle vor. Bei der Teilung der Hefezelle verhalten sie sich wie jedes andere Chromosom und ihre „Chromatiden" werden gleichmäßig auf die beiden Tochterzellen verteilt.
5. **BACs** (künstliche Bakterienchromosomen, **b**acterial **a**rtificial **c**hromosomes). Hierbei handelt es sich um F-Plasmide, die so verändert wurden, dass in ihnen große DNA-Fragmente aufgenommen werden können (s. Kap. 13.1, S. 152).
6. **PACs** (**P**hage P1-based **a**rtificial **c**hromosomes). Sie sind Derivate des Phagen P1, der zu einer Gruppe von Phagen gehört, die zur generellen Transduktion fähig sind (s. Kap. 13.4, S. 157). PAC-DNA liegt als Plasmid in der Zelle vor und repliziert sich autonom.

Die Wahl des Vektors bei der Klonierung eines DNA-Fragments richtet sich hauptsächlich nach der Größe des Fragments, das kloniert werden soll. Die am häufigsten verwendeten Vektoren sind Plasmide und modi-

Tab. 19.1 Häufig benutze Vektoren zur Klonierung von DNA

Vektor	Wirtszelle	Größe des klonierten DNA-Fragments
Plasmid	Bakterien	bis ca. 15 kb
Bakteriophage λ	Bakterien	10–15 kb
Cosmid	Bakterien	ca. 45 kb
YAC	Hefe	bis 1000 kb
BAC	Bakterien	bis 300 kb
PAC	Bakterien	bis 300 kb

fizierte Varianten des Bakteriophagen λ. Während sich Plasmide mit ihren Wirtszellen vermehren, vermehren sich Phagen in einem lytischen Zyklus, an dessen Ende sie die Bakterienzelle lysieren (s. Kap. 13.3, S. 155).

19.1.1 DNA-Klonierung in Plasmiden

Die Klonierung eines DNA-Fragments in einen Plasmidvektor schließt die Isolierung des Fragments und die Ligation in den Vektor ein.

Plasmide

Plasmide sind ringförmige, doppelsträngige DNA-Moleküle, die sich autonom, d.h. unabhängig vom Genom der Bakterienzelle replizieren. Sie kommen natürlicherweise in vielen Bakterien vor und können ein oder mehrere Gene tragen, z.B. solche, die ihnen Resistenz gegen bestimmte Antibiotika verleihen (s. Kap. 18.1.2, S. 249).

Die meisten Plasmide, die zur Herstellung rekombinanter DNA verwendet werden, vermehren sich in *E.-coli*-Zellen. Sie sind vielfach verändert worden, indem z.B. einige Bereiche, die nicht benötigt werden, deletiert wurden, so dass ein Plasmid nur die für die Klonierung und die Vermehrung essenziellen Abschnitte enthält. Ein typisches, für die Klonierung verwendetes Plasmid ist in Abb. 19.**1** dargestellt.

Ein Plasmid enthält:

1. Einen **Replikationsstart** (***oriC***, *origin of replication*), der die autonome Replikation erlaubt. Die meisten verwendeten Plasmide liegen in hoher Kopienzahl in einer Zelle vor.
2. Ein **Antibiotikum-Resistenzgen**, sehr häufig gegen **Ampicillin** (*amp^r^*). Das Gen, das Ampicillinresistenz verleiht, kodiert für das Enzym β-Lactamase, das den β-Lactamring (einen Ring aus einem N- und drei C-Atomen) des Ampicillins zerstört und dieses dadurch inaktiviert.
3. Eine **multiple Klonierungsstelle** (**MKS**, **m**ultiple **c**loning **s**ite, MCS), auch Polylinker genannt. Dies ist eine kurze DNA-Sequenz, die verschiedene, jeweils nur einmal im Plasmid vorkommende Restriktionsschnittstellen (s.u.) enthält (s. Abb. 19.**1**).

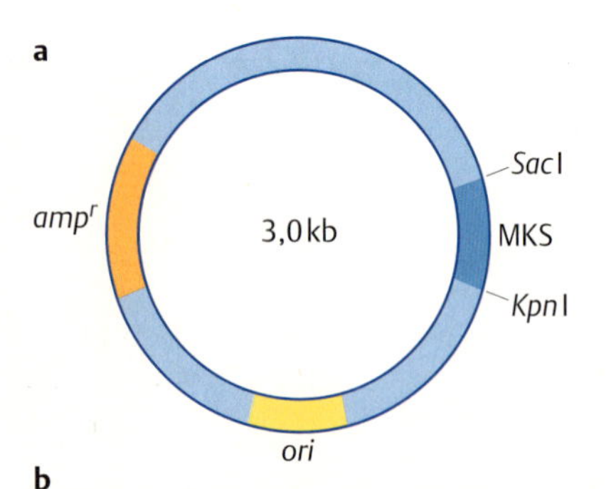

b

5' TGGCGCCACCGCCGGCGAGATCTTGATCACCTAGGGGGCCCGACGTCCTTAAGCTATAGTTCGAATAGCTATGGCAGCTGGAGCTCCCCCCCGGGCCATGG 3'
3' ACCGCGGTGGCGGCCGCTCTAGAACTAGTGGATCCCCCGGGCTGCAGGAATTCGATATCAAGCTTATCGATACCGTCGACCTCGAGGGGGGGCCCGGTACC 5'

*Sac*II *Not*I *Xba*I *Spe*I *Bam*HI *Sma*I *Pst*I *Eco*RI *Eco*RV *Hind*III *Cla*I *Sal*I *Xho*I *Kpn*I

Abb. 19.1 Typische Merkmale eines für die Klonierung verwendeten Plasmids.
a Ein Plasmid ist ein zirkuläres DNA-Molekül.
b Sequenz der multiplen Klonierungsstelle des Plasmids *pBluescript* zwischen der *Sac*II und *Kpn*I-Schnittstelle. Die von den verschiedenen Restriktionsenzymen erkannten Sequenzen sind eingezeichnet.

Restriktionsenzyme schneiden DNA

Um Fremd-DNA in ein Plasmid zu inserieren, benötigt man **Restriktionsendonukleasen** (Restriktionsenzyme), die das Plasmid aufschneiden und dabei das ringförmige in ein oder mehrere lineare Moleküle überführen. Endonukleasen sind DNA-spaltende Enzyme, die innerhalb einer DNA schneiden, im Gegensatz zu Exonukleasen, die den Abbau von DNA von den Enden her katalysieren. Restriktionsendonukleasen sind bakterielle Enzyme, die spezifische DNA-Sequenzen von vier, sechs oder acht Nukleotiden, die sog. **Restriktionsenzym-Erkennungsstellen** (verkürzt Restriktionsstellen), erkennen und beide Stränge der DNA dort schneiden. Die Sequenz der Erkennungsstelle ist fast immer ein **Palindrom**, eine auf beiden Strängen der DNA identische Sequenz mit antiparalleler Orientierung.

Als Beispiel für eine palindromische Erkennungssequenz sei die des häufig verwendeten Enzyms ***Eco*****RI** genannt, die ein Hexanukleotid darstellt (Abb. 19.**2a**).

Restriktionsenzyme können die doppelsträngige DNA auf zwei verschiedene Weisen schneiden: Entweder werden die Schnitte versetzt eingeführt, dann entstehen sog. **überhängende Enden** (**sticky ends**), wobei entweder das 3′- oder das 5′-Ende überhängen kann (Abb. 19.**2a,c**). Alternativ können beide Stränge auch genau an derselben Stelle geschnitten werden, dann entstehen sog. **gerade Enden** (glatte oder **blunt ends**, Abb. 19.**2d**).

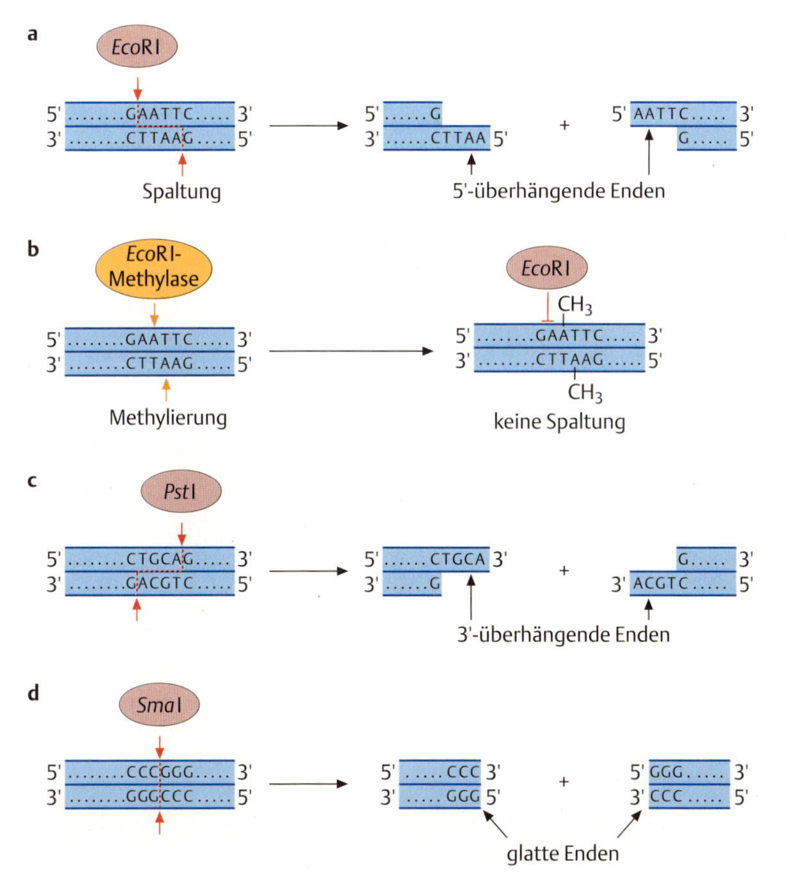

Abb. 19.2 Erkennungssequenzen für verschiedene Restriktionsenzyme. Die Enzyme erkennen jeweils eine palindromische Sequenz. Sie schneiden die beiden Einzelstränge einer DNA entweder versetzt oder an genau gegenüberliegenden Stellen (rote Pfeile).
a Spaltung einer DNA durch *Eco*RI.
b Bakterienzellen mit Restriktionsendonukleasen enthalten auch die entsprechende Methylase. Die *Eco*RI-Methylase methyliert ein Adenin in der Erkennungssequenz, um ihre eigene DNA gegen den Abbau zu schützen.
c Spaltung einer DNA durch *Pst*I.
d Spaltung einer DNA durch *Sma*I.

Restriktionsendonukleasen kommen natürlicherweise in Bakterien vor. Dort dienen sie dem Abbau eingedrungener Fremd-DNA, z. B. Bakteriophagen-DNA, um diese unschädlich zu machen. Die Bakterienzelle selbst ist vor der Wirkung ihrer eigenen Restriktionsenzyme geschützt, da ihre DNA an den entsprechenden Erkennungsstellen durch modifizierende Enzyme so verändert wird, dass das Restriktionsenzym diese nicht mehr erkennen und schneiden kann. Solche Modifikationen sind häufig Methylierungen (Abb. 19.**2b**, s. a. Kap. 17.2.2, S. 226).

Der **Name eines Restriktionsenzyms** richtet sich nach dem **Mikroorganismus**, aus dem es isoliert wurde und wird ggf. um einen Buchstaben zur genaueren Bezeichnung des jeweiligen Stammes ergänzt. Werden mehrere verschiedene Enzyme aus derselben Spezies isoliert, so erhalten sie zur Unterscheidung verschiedene römische Zahlen. So werden z. B. die Restriktionsenzyme *Eco*RI und *Eco*RV aus dem ***E**scherichia* ***co**li* Stamm R gewonnen, wobei *Eco*RI das zuerst isolierte Enzym ist. *Hin*dIII wird aus ***H**aemophilus* ***in**fluenzae* Stamm d isoliert und *Bam*HI aus ***B**acillus*

Tab. 19.2 Einige häufig verwendete Restriktionsendonukleasen, ihre Herkunft und ihre DNA-Erkennungssequenz

Enzym	Herkunft	Erkennungssequenz
*Eco*RI	*Escherichia coli*	↓ 5′-G-A-A-T-T-C-3′ 3′-C-T-T-A-A-G-5′ ↑
*Bam*HI	*Bacillus amyloliquefaciens*	↓ 5′-G-G-A-T-C-C-3′ 3′-C-C-T-A-G-G-5′ ↑
*Hin*dIII	*Haemophilus influenzae*	↓ 5′-A-A-G-C-T-T-3′ 3′-T-T-C-G-A-A-5′ ↑
*Not*I	*Nocardia otitidis-caviarum*	↓ 5′-G-C-G-G-C-C-G-C-3′ 3′-C-G-C-C-G-G-C-G-5′ ↑
*Pst*I	*Providencia stuartii*	↓ 5′-C-T-G-C-A-G-3′ 3′-G-A-C-G-T-C-5′ ↑
*Sma*I	*Serratia marcescens*	↓ 5′-C-C-C-G-G-G-3′ 3′-G-G-G-C-C-C-5′ ↑
*Alu*I	*Arthrobacter luteus*	↓ 5′-A-G-C-T-3′ 3′-T-C-G-A-5′ ↑

Die Pfeile markieren die Stellen, an denen die Einzelstränge geschnitten werden. Die Enzyme *Eco*RI, *Bam*HI und *Hin*dIII erkennen eine 6er Sequenz (Hexanukleotid), *Not*I erkennt eine 8er Sequenz. Alle vier Enzyme erzeugen „sticky ends“ mit 5′-Überhängen. *Pst*I erkennt ein Hexanukleotid und erzeugt „sticky ends“ mit 3′-Überhängen. *Sma*I und *Alu*I erzeugen blunt ends, wobei *Sma*I eine 6er Sequenz und *Alu*I eine 4er Sequenz erkennt.

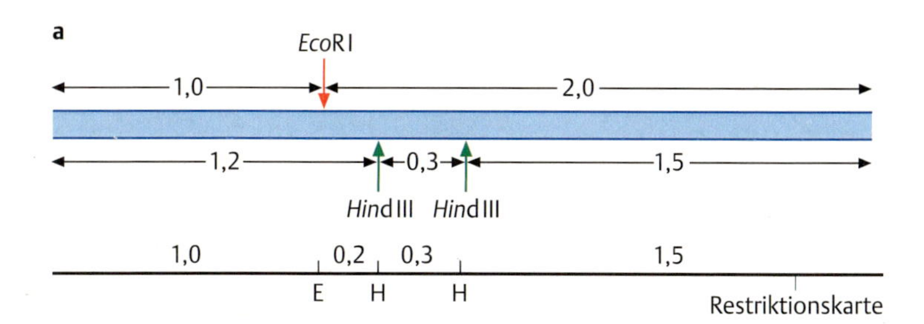

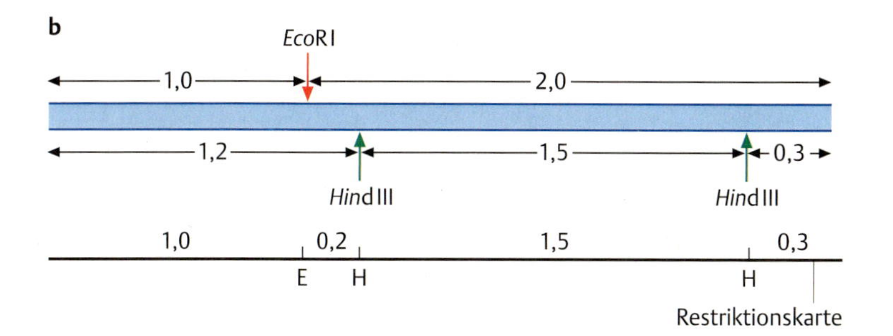

Abb. 19.3 Beispiel für die Erstellung einer Restriktionskarte eines linearen DNA-Moleküls. Die in **a** und **b** gezeigten Anordnungen unterscheiden sich durch den Abstand der *Hin*dIII-Schnittstellen (s. Text für eine nähere Erläuterung).

amyloliquefaciens Stamm H (Tab. 19.**2**). Bis heute hat man weit über 100 verschiedene Restriktionsenzyme isoliert und gereinigt, die es erlauben, DNA an unterschiedlichen Stellen zu schneiden.

Restriktionskarte eines DNA-Fragments

Die Eigenschaft eines Restriktionsenzyms, nur eine spezifische DNA-Sequenz zu erkennen und zu schneiden, erlaubt es, eine gegebene DNA mit geeigneten Enzymen reproduzierbar in eine bestimmte Anzahl von Fragmenten zu zerschneiden. Verschiedene Restriktionsenzyme liefern dabei natürlich unterschiedliche Fragmente, da sie verschiedene Sequenzen erkennen. Auf diese Weise ist es möglich, eine für jedes DNA-Fragment charakteristische **Restriktionskarte** zu erstellen, auf der die Schnittstellen einzelner Restriktionsenzyme eingetragen sind. Somit können zwei DNAs gleicher Länge leicht an Hand ihrer Restriktionskarte unterschieden werden.

An einem einfachen Beispiel soll verdeutlicht werden, wie man eine Restriktionskarte erstellt (Abb. 19.**3**).

Ein lineares DNA-Molekül von 3 kb hat eine einzige Schnittstelle für *Eco*RI, es entstehen somit nach Behandlung mit *Eco*RI zwei Fragmente von je 1,0 und 2,0 kb Länge. Ferner besitzt das DNA-Molekül zwei Schnittstellen für *Hin*dIII, was zur Bildung von drei Fragmenten mit Längen von jeweils 1,5, 1,2 und 0,3 kb führt. Allerdings kann man noch keine Aussagen über die Anordnung der Schnittstellen treffen. Bei gleichzeitiger Behandlung der DNA mit *Eco*RI und *Hin*dIII werden vier Fragmente mit Längen von jeweils 0,2, 0,3, 1,0 und 1,5 kb erzeugt (Box 19.**1**). Da das 1,0 kb große *Eco*RI-Fragment erhalten bleibt, kann dieses Fragment keine *Hin*dIII-Schnittstelle enthalten. Das 0,2 kb große Fragment kann nur entstehen, wenn das 1,2 kb große *Hin*dIII-Fragment die *Eco*RI-Schnittstelle enthält. Die Position der zweiten *Hin*dIII-Schnittstelle kann durch dieses Experiment nicht festgelegt werden.

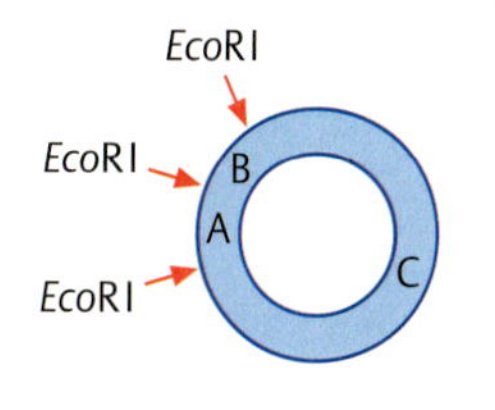

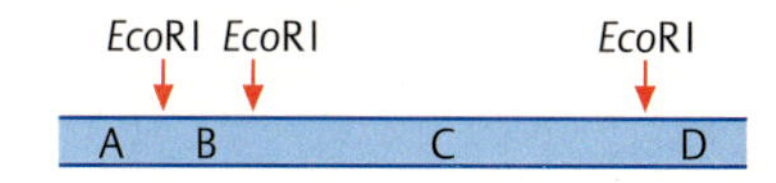

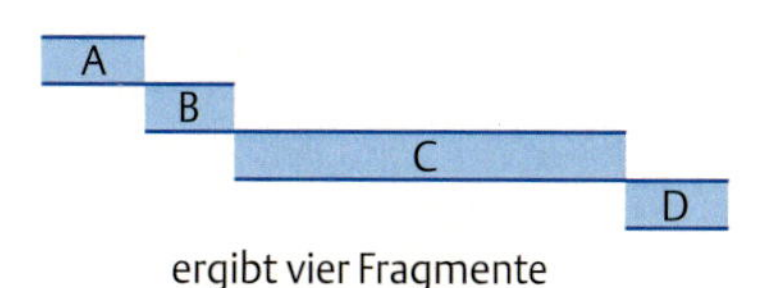

Abb. 19.4 Unterschied bei der Spaltung von zirkulärer und linearer DNA. Enthält die DNA drei Schnittstellen für ein Enzym (hier *Eco*RI; Pfeil), so entstehen im Fall der zirkulären DNA drei, im Falle der linearen DNA vier Fragmente.

Box 19.1 Längenbestimmung von DNA-Fragmenten durch Gelelektrophorese

Zur Bestimmung der Länge von DNA-Fragmenten, die man nach Behandlung einer DNA mit Restriktionsenzymen erhält, verwendet man die Gelelektrophorese. Bei dieser Methode werden die DNA-Fragmente in einem elektrischen Feld entsprechend ihrer Größe aufgetrennt. Hierzu verwendet man als Trägermaterial (Matrix oder Gel) entweder Agarose oder, bei kleineren DNA-Fragmenten, Polyacrylamid. Die Gele bilden Poren aus, wobei die Größe der Poren von der Konzentration des Gels abhängt: je höher die Konzentration, desto kleiner sind die Poren. Da die DNA auf Grund ihrer Phosphatgruppen negativ geladen ist, wandert sie im elektrischen Feld an den positiven Pol, die Anode. Dabei wandern kleine Fragmente schneller, da sie sich einfacher durch die Poren der Matrix bewegen können.
Um die DNA-Fragmente im Gel sichtbar zu machen, badet man das Gel in einer Lösung, die den fluoreszierenden Farbstoff **Ethidiumbromid** enthält. Dieses Molekül interkaliert zwischen die Basenpaare der DNA (siehe Kap. 16.4.2, S. 199). Nach Bestrahlung des Gels mit ultraviolettem Licht findet man stark fluoreszierende Banden an den Stellen mit hoher DNA-Konzentration (Abb. 19.**5a**).

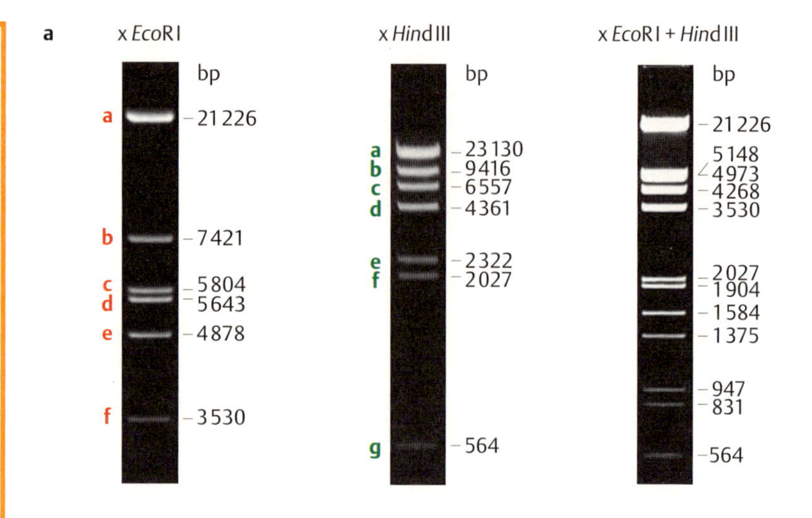

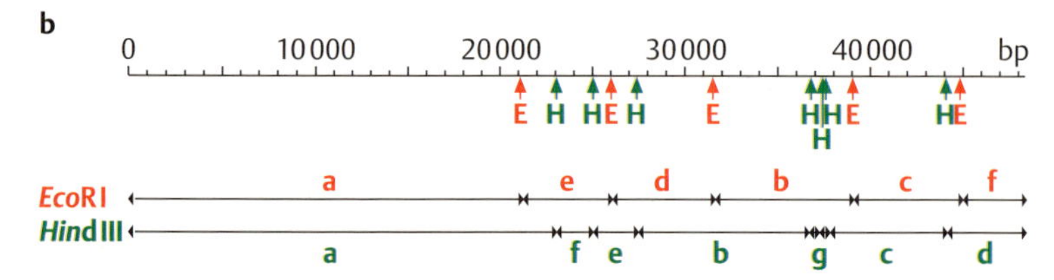

Abb. 19.5 Die Restriktionskarte der DNA des Phagen λ.
a Auftrennung der Restriktionsfragmente entsprechend ihrer Länge im Agarosegel nach Spaltung mit *Eco*RI, *Hind*III und *Eco*RI plus *Hind*III. Die Längen sind in Basenpaaren (bp) angegeben. Das kleinste Fragment, das nach der *Hind*III- und *Eco*RI- plus *Hind*III-Spaltung entsteht (125 bp) ist hier nicht sichtbar.
b Restriktionskarte der λ–DNA. Große Buchstaben kennzeichnen Schnittstellen der Restriktionsenzyme (E=*Eco*RI, H=*Hind*III), kleine Buchstabe die jeweiligen, in **a** dargestellten Fragmente.

Einen Unterschied gibt es bei der Anfertigung der Restriktionskarte eines zirkulären DNA-Moleküls zu bedenken. Hier führt das einmalige Schneiden zur Erzeugung eines einzigen, linearen DNA-Moleküls, zwei Schnittstellen führen zu zwei linearen Fragmenten usw. (Abb. 19.**4**).

Die Restriktionskarte einer linearen DNA, der DNA des häufig verwendeten Phagen λ mit einer Länge von 48 kb, ist in Abb. 19.**5b** für die Enzyme *Eco*RI und *Hind*III dargestellt.

Klonierung von DNA-Fragmenten in ein Plasmid

Um ein DNA-Fragment in ein Plasmid zu klonieren, wird im ersten Schritt das Plasmid mit einem geeigneten Restriktionsenzym, das nur einmal im Plasmid schneidet, linearisiert. Die meisten der für die Klonierung verwendeten Plasmide enthalten eine **multiple Klonierungsstelle**, in der viele Schnittstellen jeweils nur einmal vorkommen (s. Abb. 19.**1**, S. 262). Das zu klonierende Fragment wird durch Spaltung mit demselben Enzym erzeugt, damit Plasmid und Fragment die gleichen, also kompatible Enden besitzen. In der dann folgenden **Ligation** werden die beiden Moleküle miteinander verbunden. Diese Reaktion wird von einer **Ligase** katalysiert, die das 5′-Ende eines Moleküls und das 3′-Ende eines anderen

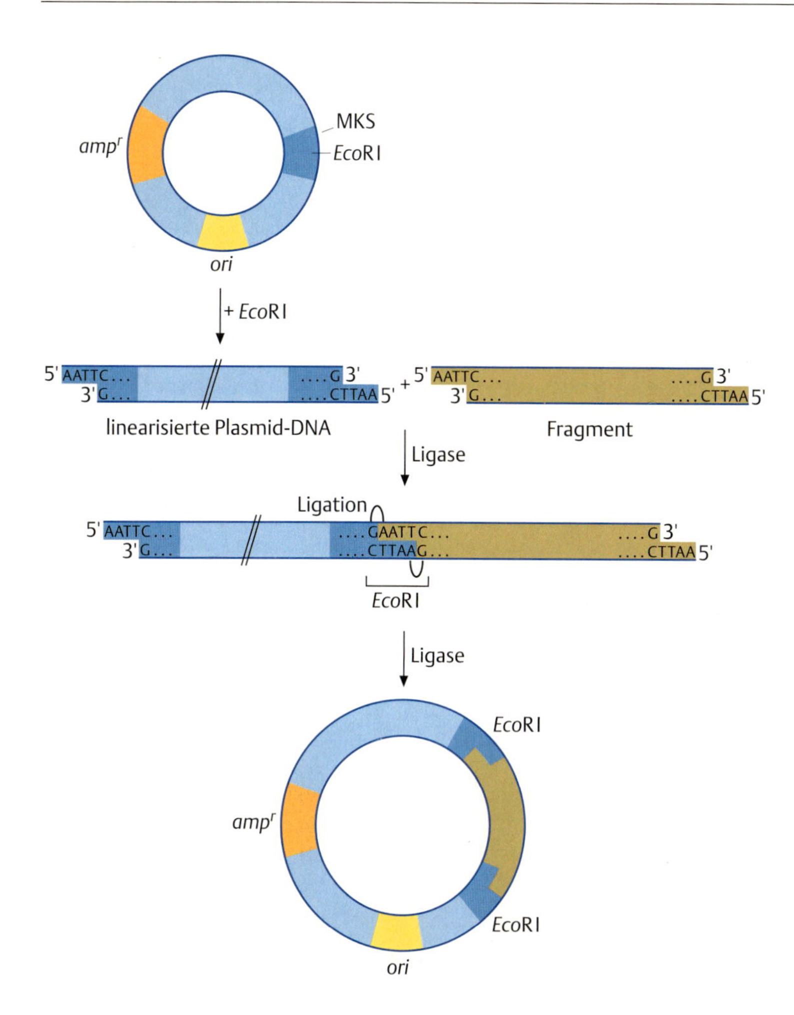

Abb. 19.6 Klonierung eines DNA-Fragments in ein Plasmid. Die Plasmid-DNA wird durch Schneiden mit einem Restriktionsenzym, hier *EcoR*I, das nur eine einzige Erkennungssequenz in der multiplen Klonierungsstelle (MKS) besitzt, linearisiert. Die linearisierte Plasmid-DNA wird mit dem zu klonierenden Fragment (braun), das zuvor durch Schneiden mit *EcoR*I erzeugt wurde, gemischt. Die überhängenden Enden erkennen sich und werden durch Ligase miteinander verbunden. Das Fragment kann in beiden Orientierungen in den Vektor eingefügt werden.

Moleküls durch Ausbildung einer Phosphodiesterbindung miteinander verbindet (s. Kap. 12.3, S. 128). Voraussetzung dafür ist, dass sich die Enden „erkennen", was bei vorliegenden überhängenden Enden durch Ausbildung von komplementären Basenpaarungen ermöglicht wird Abb. 19.**6**). Hierdurch wird die Restriktionsenzym-Erkennungssequenz wieder hergestellt. Die Rückligation des Plasmids wird verhindert, indem man eine höhere Fragment- als Vektorkonzentration wählt. Ferner kann dies auch durch Phosphatasebehandlung des Vektors erreicht werden, wodurch die Phosphatreste an den 5′-Enden entfernt werden.

Durch die Ligation entsteht wieder ein ringförmiges DNA-Molekül, ein **rekombinantes Plasmid** (Box 19.**2**). Anschließend erfolgt die **Transformation**, also das Einbringen der DNA in entsprechend vorbereitete, antibiotikasensitive Bakterien. Die Bakterien werden zuvor kompetent, also für die Aufnahme der DNA bereit gemacht, indem die Phosphate und Lipide in der Zellmembran durch Inkubation in einer $CaCl_2$-Lösung in der Kälte stabilisiert werden. Auch die Plasmid-DNA wird in einer $CaCl_2$-Lösung vorinkubiert, wobei die Kationen die negativen Ladungen der DNA neutralisieren, was ihre Aufnahme in die vorbereitete *E. coli*-Zelle vereinfacht. Alternativ kann man die Zellwand der Bakterienzelle durch elektrische Behandlung „porös" machen (**Elektroporation**). Die Selektion der

Box 19.2 Die Konferenz von Asilomar

Die erstmalige Herstellung eines rekombinanten DNA-Moleküls im Jahr 1973 und seine Vermehrung in *E. coli* weckte in einigen Wissenschaftlern Befürchtungen über mögliche, nicht abschätzbare Risiken, die derartige Experimente mit sich bringen könnten, vor allem, wenn es sich bei der klonierten DNA um Tumor-DNA handelte. Andererseits wurde deutlich, dass diese Technologie einen Durchbruch in der genetischen Forschung darstellte. Um beiden Aspekten Rechnung zu tragen, wurde im Februar 1975 in Asilomar (Kalifornien) eine Konferenz abgehalten, auf der mehr als hundert international anerkannte Molekularbiologen über mögliche Risiken diskutierten. Sie einigten sich darauf, für Klonierungsexperimente nur genetisch veränderte Bakterienstämme zu verwenden, die außerhalb des Labors nicht gut oder gar nicht wachsen können. Diese Empfehlung führte zur Formulierung von Richtlinien beim Einsatz von DNA-Rekombinationstechniken, die 1976 in den USA in Kraft traten und vom *Recombinant DNA Advisory Committee* (RAC) überwacht wurden. Ähnliche Kontrollorgane wurden anschließend auch in Europa eingeführt, so etwa die **Zentralkommission für Biologische Sicherheit** (**ZKBS**) in Deutschland. Im Laufe der Jahre zeigte sich jedoch deutlich, dass man die Gefährdung durch gentechnische Experimente weit überschätzt hatte, was schließlich zur Lockerung der Vorschriften führte.

transformierten Bakterien erfolgt durch Zugabe eines Antibiotikums, z. B. Ampicillin, in das Medium. Nur die Bakterien, die ein Plasmid erhalten haben, können in Gegenwart von Ampicillin wachsen. Die Nachkommen einer einzigen transformierten Zelle tragen alle dasselbe Plasmid. Durch Vermehrung der Bakterien kann nun das rekombinante Plasmid, und somit das klonierte Fragment, in großer Menge hergestellt werden.

19.1.2 Herstellung von DNA-Bibliotheken

Ein wichtiges Ziel rekombinanter DNA-Technologie ist die Isolierung eines Gens oder eines Genabschnitts aus einem ganzen Genom, also die **Klonierung** einer DNA, um diese dann zu vermehren und weiter zu charakterisieren. Um ein bestimmtes Gen isolieren zu können, muss in vielen Fällen erst einmal die gesamte DNA eines Organismus in kleine Fragmente zerlegt und diese kloniert werden, um dann anschließend das gewünschte Gen daraus zu isolieren.

Genomische DNA-Bibliotheken

Die Isolierung eines bestimmten Gens erfolgt in drei Schritten:

1. Die gesamte DNA wird aus einem Organismus oder einem Gewebe isoliert.
2. Die DNA wird mit Hilfe von Restriktionsenzymen in kleine Fragmente geschnitten und alle Fragmente werden dann kloniert. Auf diese Weise erhält man eine große Kollektion unterschiedlicher Klone, die alle ein anderes genomisches Fragment tragen. Eine solche Kollektion nennt man **DNA-Bibliothek** (DNA library) oder auch **Genothek**. Wurde die DNA aus genomischer DNA gewonnen, so nennt man dies eine **genomische DNA-Bibliothek**.
3. In dieser Bibliothek muss man das jeweilige Gen finden, für das man sich interessiert.

Die **Auswahl des Vektors** bei der Herstellung von genomischen DNA-Bibliotheken hängt von der jeweiligen Fragestellung ab. So werden vorzugsweise **BACs** und **PACs** (s. Tab. 19.**1**, S. 261) verwendet, wenn es sich um **große Genome** wie das des **Menschen** handelt. Zur Klonierung von **kleineren Genomen** werden **Bakteriophagen** oder **Cosmide** bevorzugt, so etwa bei der Klonierung des Genoms des Fadenwurms *Caenorhabditis elegans*, die in Cosmiden erfolgte. Aber selbst bei diesem Organismus mit einer Genomgröße von „nur" 100 Mb benötigt man mindestens 2500 verschiedene Cosmid-Klone mit einer durchschnittlichen Länge der klonierten Fragmente von etwa 40 kb, um die gesamte DNA zu repräsentieren.

Der **Phage λ** ist aus mehreren Gründen als Klonierungsvektor zur Herstellung von genomischen DNA-Bibliotheken gut geeignet:

1. Weil die zentralen 15–20 kb des Phagengenoms nicht für die Replikation in *E. coli* nötig sind und deshalb ohne Probleme entfernt und durch Fremd-DNA entsprechender Länge ersetzt werden können. Die an den Enden, den Phagenarmen, verbleibende DNA ist für die Replikation, die Bildung neuer Phagenpartikel und die Lyse der Bakterienzelle ausreichend.
2. Weil die in den Phagenkopf verpackte DNA reproduzierbar ca. 50 kb groß ist, wovon etwa 15–20 kb Fremd-DNA darstellen.
3. Weil die rekombinanten Phagen Bakterien infizieren können und sich somit die klonierte DNA in großen Mengen herstellen lässt.

Die einzelnen Schritte zur Herstellung einer genomischen DNA-Bibliothek sind in Abb. 19.**7** dargestellt.

Zunächst wird die genomische DNA isoliert und mit Hilfe eines **Restriktionsenzyms** in **kleine Fragmente** zerschnitten. Um zu verhindern, dass man kleine Abschnitte verliert bzw. zu große nicht kloniert, werden durch Restriktionsspaltung Fragmente erzeugt, die überlappende Bereiche enthalten. Dies erfolgt durch eine partielle, also **unvollständige Spaltung der DNA**, indem man die Konzentration des Restriktionsenzyms so wählt, dass nicht alle vorhandenen Erkennungsstellen geschnitten werden. Dafür verwendet man in der Regel ein Enzym, das ein Tetranukleotid erkennt und für das es deshalb viele mögliche Schnittstellen im Genom gibt. Aus dem Gemisch an Fragmenten werden diejenigen isoliert, die eine Länge von 15–20 kb besitzen. Parallel dazu werden die **DNA-Arme (L und R) des Bakteriophagen λ** isoliert. Hierzu wird die Phagen-DNA so gespalten, dass drei Fragmente entstehen: das zentrale Fragment und die beiden Arme. Im nächsten Schritt werden die isolierten Phagenarme mit dem Gemisch an größenselektionierten genomischen Fragmenten ligiert. Da jeder Arm nur eine und jedes genomische Fragment zwei terminale Restriktionsschnittstellen besitzt, wird ein Fragment zwischen die beiden Arme ligiert. Damit ist praktisch ein „Phagengenom" wieder hergestellt, wobei allerdings das zentrale Stück nicht aus Phagen-, sondern aus Fremd-DNA besteht. Diese Genome liegen jedoch nicht einzeln vor, sondern sind miteinander über die Enden der Phagenarme „verklebt". Auf Grund dieser Eigenschaft werden die Enden auch als ***cos*-Enden**, also **kohäsive Enden** bezeichnet. Es entstehen so genannte **Konkatenate**, in denen die einzelnen, rekombinanten Phagengenome miteinander verbunden sind. Die Ausbildung der Konkatenate ist essenziell für die anschließende Verpackung der DNA in die Phagenköpfe. Sie findet auch natürlicherweise bei der Replikation von Phagen statt. Die Verpackung der DNA erfolgt *in vitro*, indem die ligierte, als Konkatenate vorliegende DNA und die Komponenten der Phagenköpfe und -schwänze

19

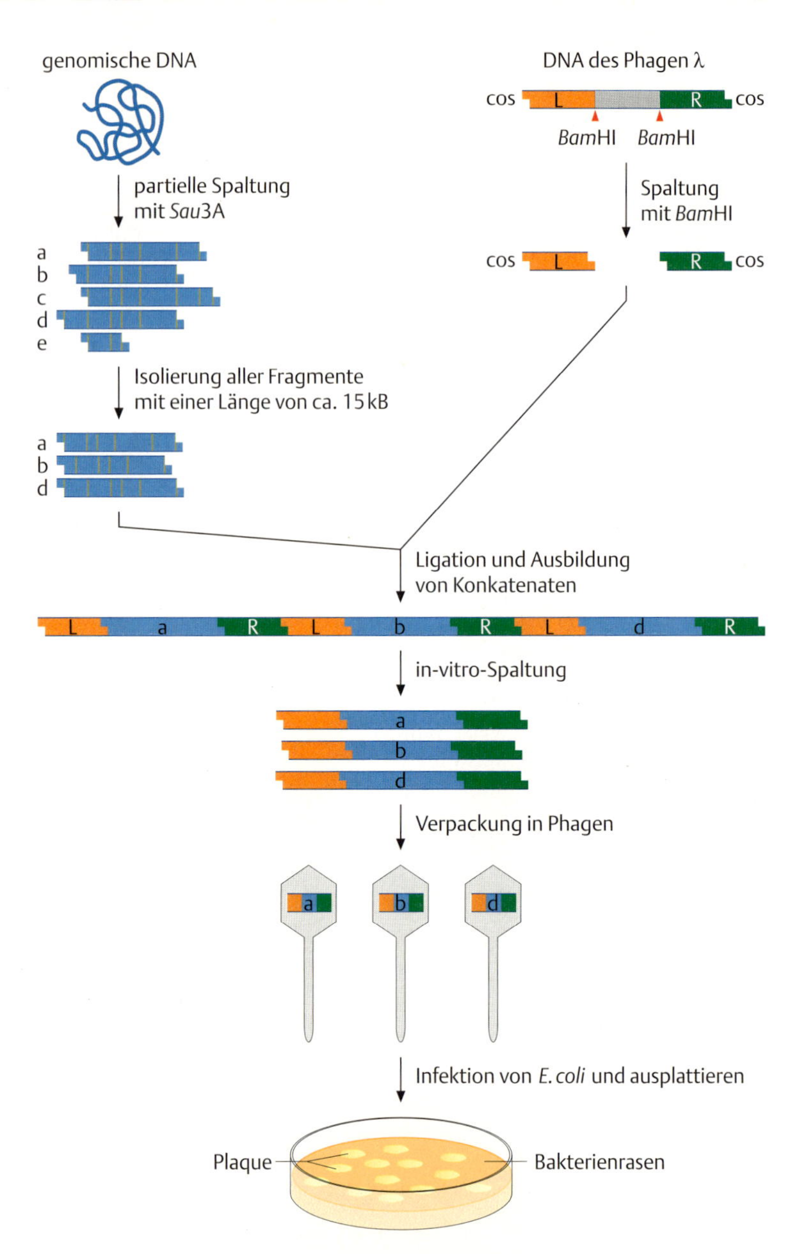

Abb. 19.7 Herstellung einer genomischen DNA-Bibliothek in λ Phagen. Erläuterung s. Text.

gemischt werden. Es kommt spontan zum Zusammenbau infektiöser λ-Phagen, wobei die DNA jeweils an den *cos*-Enden geschnitten und in die Köpfe verpackt wird. Die so gebildeten Phagen können dann Bakterien infizieren und in diesen ihre DNA vermehren. Infizierte Zellen erzeugen einen Plaque im Bakterienrasen. Auf diese Weise kann jedes klonierte DNA-Fragment in großer Menge hergestellt werden.

cDNA-Bibliotheken

Wie bereits weiter oben dargestellt, besteht ein großer Anteil genomischer DNA aus nicht-kodierender, oftmals repetitiver DNA. Bei der Herstellung einer genomischen DNA-Bibliothek enthalten dementsprechend viele Phagen nicht-kodierende DNA. Meistens ist man jedoch an den proteinkodierenden Sequenzen eines Gens interessiert, die nur einen geringeren Anteil des Genoms ausmachen. Außerdem liegen die meisten Gene höherer Organismen als Mosaikgene vor, zusammengesetzt aus Introns und Exons (s. Kap. 14.3.2, S. 169), so dass ein genomischer Klon gelegentlich nur Intronsequenzen enthält. Es gibt jedoch eine Möglichkeit, nur die Sequenzen zu klonieren, die in mRNA umgeschrieben werden. Da die mRNA nur einen kleinen Anteil an der gesamten RNA einer Zelle (1–5 %) ausmacht, wurden Methoden zu ihrer Anreicherung entwickelt. Hierbei macht man sich die Tatsache zunutze, dass, bis auf wenige Ausnahmen, **alle eukaryotischen mRNA-Moleküle am 3′-Ende polyadenyliert** sind (s. Kap. 14.3.1, S. 167). Nach Reinigung der RNA aus einem Gewebe oder einem Organismus lässt man diese RNA, die neben der mRNA auch rRNA, tRNA und andere kleinere RNAs enthält (s. Kap. 14.1, S. 161), über eine Säule laufen, in der kurze, nur aus Thymidinresten bestehende Oligonukleotide [oligo(dT)] an ein Trägermaterial (meist Zellulose oder Agarose) gekoppelt sind (Abb. 19.**8**). Die poly(A)-Schwänze der mRNA bilden nun durch Basenpaarung Hybride mit den **oligo(dT)-Oligonukleotiden** aus und werden deshalb in der Säule festgehalten, während alle anderen RNAs die Säule ungebunden durchlaufen. Anschließend werden die Hybride wieder aufgelöst und die **poly(A)$^+$-RNA** wird von der Säule eluiert.

Da jedoch nur DNA, nicht aber RNA kloniert werden kann, muss diese poly(A)$^+$-RNA nun zunächst in DNA umgeschrieben werden: Man synthetisiert eine zur mRNA **komplementäre DNA**, eine **cDNA** (complementary DNA). Die Synthese von doppelsträngiger cDNA wird von dem viralen Enzym **reverse Transkriptase** katalysiert, das man aus RNA-Viren isoliert (s. Kap. 18.2.3, S. 256). Dieser Vorgang ist in Abb. 19.**9** dargestellt.

Nach Anreicherung der poly(A)$^+$-RNA (s. Abb. 19.**8**) mischt man diese mit einem kurzen Oligonukleotid, dem oligo(dT)-Primer (Abb. 19.**9a**). (Zur Erinnerung: DNA-Polymerasen können nicht von sich aus die Polymerisation von DNA beginnen, sondern können nur bei Vorliegen einer Matrize ein vorhandenes 3′-OH-Ende verlängern, s. Kap. 12.7.2, S. 138). Der oligo(dT)-Primer bildet durch Basenpaarung mit dem poly(A)-Schwanz der mRNA ein kurzes RNA-DNA-Hybrid aus. Die reverse Transkriptase kann nun das 3′-Ende des Primers verlängern, wobei ihr die Sequenz der mRNA als Matrize dient (Abb. 19.**9b**). Wenn sie das 5′-Ende der mRNA erreicht hat, entfernt man die RNA aus dem DNA-RNA-Hybrid durch Behandlung mit RNase oder durch Einwirkung von alkalischer Lösung (NaOH) (Abb. 19.**9c**). Das 5′-Ende der Einzelstrang-DNA hat die Eigenschaft eine Haarnadelschleife auszubilden (Abb. 19.**9d**). Diese verwendet man nun als Primer für die Synthese des zweiten Strangs, wobei der zuerst synthetisierte DNA-Strang als Matrize dient (Abb. 19.**9d**). Nach Entfernen der Haarnadelschleife durch Behandlung mit S1-Nuklease (Abb. 19.**9e**) erhält man eine doppelsträngige DNA, die an einem Ende von A-T-Paaren flankiert ist.

Um dieses Fragment nun in einen Vektor zu klonieren, muss es mit der **Erkennungssequenz für ein Restriktionsenzym** versehen werden. Hierzu fügt man an beide Enden einen sog. **Linker**, ein kurzes, doppelsträngiges DNA-Oligonukleotid, dessen Sequenz eine Erkennungsstelle für ein Restriktionsenzym enthält, an (Abb. 19.**9f**). Nach **Ligation der Linker** an bei-

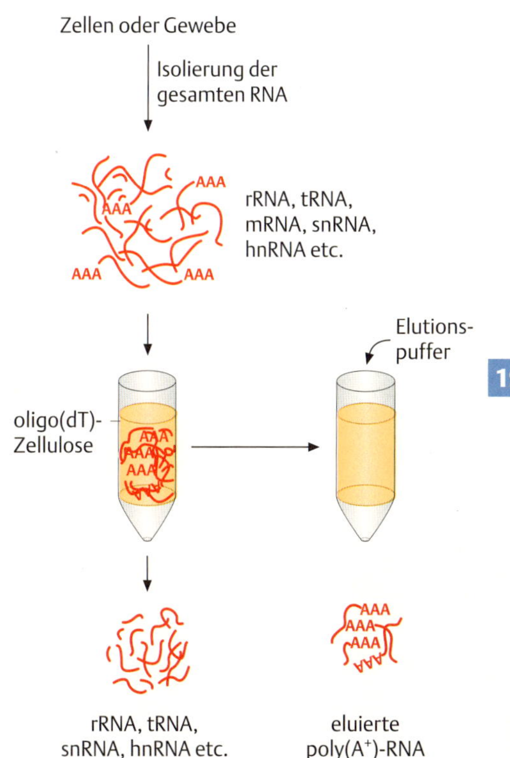

Abb. 19.8 Isolierung von poly(A)$^+$-RNA. Das isolierte RNA-Gemisch wird über eine oligo(dT)-Säule gegeben, wobei die poly(A)-haltige RNA gebunden wird, während die anderen RNA-Moleküle die Säule passieren. Nach Zugabe eines Puffers mit geringer Salzkonzentration werden die oligo(dT)-poly(A)-Hybride aufgelöst und die poly(A)$^+$-RNAs von der Säule eluiert.

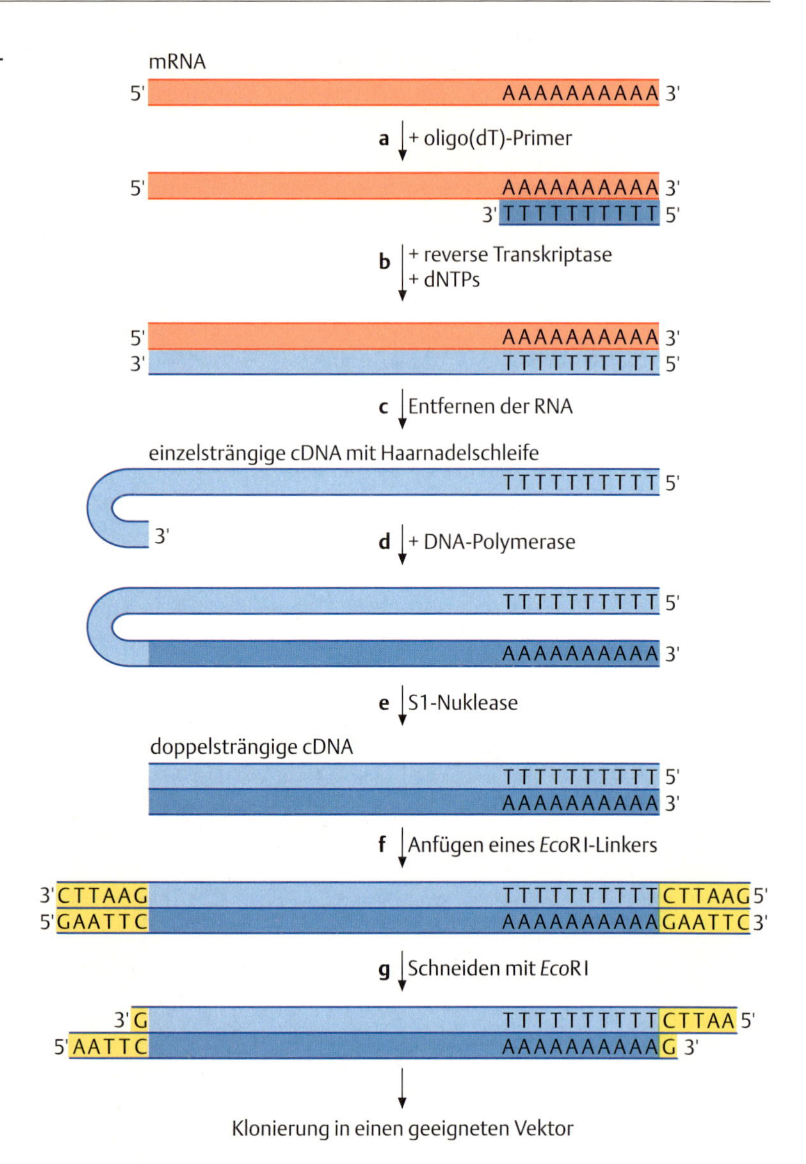

Abb. 19.9 Synthese von cDNA mit Hilfe der reversen Transkriptase. Erklärung s. Text.

de Enden werden die cDNAs mit dem passenden Restriktionsenzym gespalten (Abb. 19.**9g**) und in einen entsprechend vorbereiteten Vektor kloniert. Als **Vektoren** verwendet man entweder **Bakteriophagen** oder **Plasmide**. Das Ergebnis ist eine **cDNA-Bibliothek** (cDNA library). Diese enthält klonierte DNA-Fragmente, die die mRNA-Population desjenigen Gewebes repräsentiert, aus dem die RNA isoliert worden war.

Anders als bei genomischen DNA-Bibliotheken eines Organismus, die immer dieselben Sequenzen enthalten, unabhängig davon, aus welchem Gewebe des Organismus die DNA gewonnen wurde, ist die Zusammensetzung von **cDNA-Bibliotheken variabel** und hängt davon ab, aus welchem Gewebe oder von welchem Entwicklungsstadium die mRNA gewonnen wurde. Hat man z. B. in einem Fall **Leber-mRNA** und im anderen Fall **Herz-mRNA** verwendet, so wird erstere neben den Haushaltsgenen auch die Gene enthalten, die leberspezifisch exprimiert werden, während im zweiten Fall außer Haushaltsgenen auch herzspezifisch transkribierte Gene repräsentiert sein werden, die nicht in einer Leberzelle zu finden sind. Bestimmte Methoden erlauben es nun, bei Vorliegen zweier cDNA-Bibliotheken unterschiedlicher Herkunft nur diejenigen Gene zu isolieren, die spezifisch für eines der Gewebe sind. Heute kann man bereits sehr viele genomische und cDNA-Bibliotheken käuflich erwerben.

19.2 Analyse klonierter DNA

Zur molekularen Analyse eines bestimmten Gens gehört in den meisten Fällen die Isolierung der genomischen DNA und der cDNAs, die Aufklärung der Intron- und Exonstruktur, die Ermittlung der Nukleotidsequenz sowie die Untersuchung der Expression dieses Gens. Einige der hierzu verwendeten Methoden werden im Folgenden dargestellt.

19.2.1 Isolierung spezifischer Nukleinsäuren

Da genomische und cDNA-Bibliotheken viele unterschiedliche Klone enthalten, bedarf es besonderer Methoden, um den Klon, der ein bestimmtes Gen repräsentiert, aus diesem Gemisch zu isolieren.

Screening genomischer oder cDNA-Bibliotheken

Wie findet man nun ein bestimmtes Gen in einer genomischen oder einer cDNA-Bibliothek, die die Sequenzen von vielen tausend Genen enthält? Die gebräuchlichste Methode hierfür ist das Durchsuchen, Durchmustern (Screening) der Bibliothek durch **Hybridisierung** mit einer genspezifischen, meist radioaktiv markierten Sonde. Die Vorgehensweise hierfür ist in Abb. 19.**10** dargestellt.

Im ersten Schritt werden die Klone einer Bibliothek auf Agarplatten ausplattiert (s. Abb. 19.**7**, S. 9). Dabei handelt es sich entweder um Bakterienkolonien, wenn die Bibliothek in Plasmiden kloniert wurde oder um Bakterien, die von Bakteriophagen infiziert wurden, die Plaques im Bakterienrasen erzeugen. Anschließend werden die Kolonien von den Platten auf ein Filter übertragen, indem man dieses einfach auf die Oberfläche des Agars legt (s. Abb. 19.**10**). Das Filter wird vorsichtig abgezogen, und durch Behandlung mit alkalischer Lösung werden die Kolonien lysiert und die DNA denaturiert, also einzelsträngig gemacht. Im zweiten Schritt wird nun eine **Sonde** (probe) vorbereitet, mit der die Bibliothek durchgemustert werden soll. In vielen Fällen ist die Sonde selbst ebenfalls eine klonierte DNA, die z. B. radioaktiv markiert wurde. Nachdem man sie ebenfalls einzelsträngig gemacht hat, wird sie in einer definierten Lösung mit den Filtern inkubiert. Bei diesem Prozess geht die markierte Sonde Basenpaarungen mit komplementären DNA-Sequenzen auf dem Filter ein, wodurch es zur Ausbildung von doppelsträngiger DNA kommt: Die Sonde hybridisiert mit der DNA auf dem Filter. In der Molekularbiologie versteht man unter **Hybridisierung** die Ausbildung doppelsträngiger Nukleinsäure, d. h. die Bildung von DNA-DNA-, DNA-RNA- oder RNA-RNA-Doppelsträngen (s. Box 12.**3**). Die Position des durch Hybridisierung markierten Klons auf dem Filter kann man in einem Autoradiogramm (Box 19.**3**) ermitteln, da durch die radioaktive Strahlung ein schwarzer Fleck auf einem Film erzeugt wird. Der auf diese Weise identifizierte Klon kann nun von der Agarplatte isoliert und vermehrt werden.

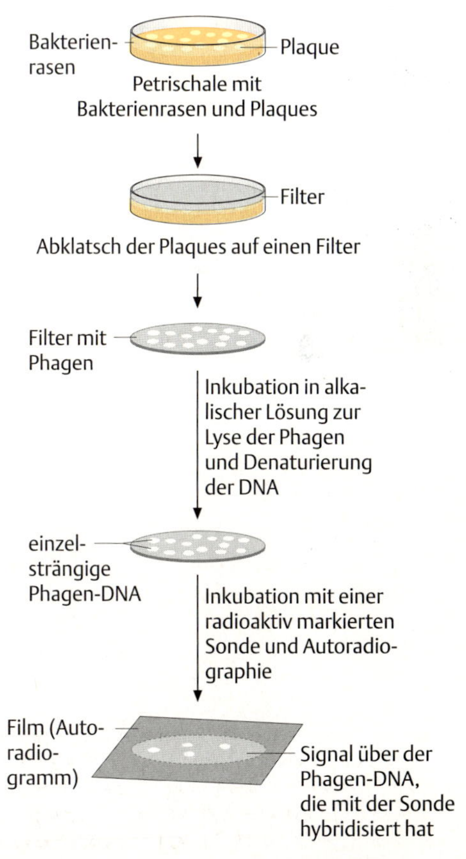

Abb. 19.10 Screening einer DNA-Bibliothek mit einer markierten Sonde. Erklärung s. Text.

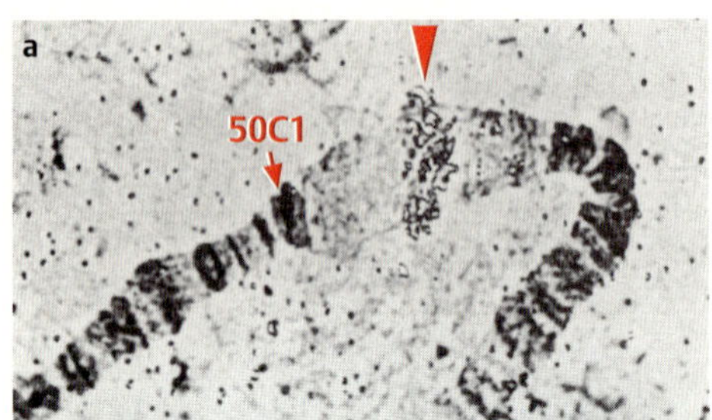

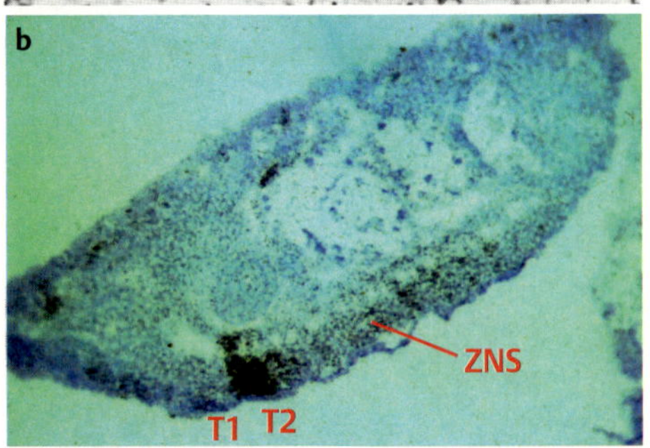

Abb. 19.11 ***in-situ*-Hybridisierung mit radioaktiv-markierten Sonden.**

a *in-situ*-Hybridisierung an DNA der Banden 50D3–4 eines Polytänchromosoms von *Drosophila melanogaster*. Der Pfeilkopf deutet auf das Signal.

b *in-situ*-Hybridisierung einer radioaktiv-markierten DNA des *Drosophila Antennapedia*-Gens an die mRNA eines Embryos. Die Markierung ist vor allem im 2. Thoraxsegment (T_2) des zentralen Nervensystems (ZNS) zu finden [a © Springer Verlag 1987. Weigel, D., Knust, E. and Campos-Ortega, J. A.: Molecular organization of *master mind*, a neurogenic gene of *Drosophila melanogaster*. Mol. Gen. Gen. *207* 374–384, b Bild von Ernst Hafen, Zürich]

Box 19.3 Verwendung radioaktiver Isotope in der Molekularbiologie

In der Molekularbiologie werden vor allem vier radioaktive Isotope verwendet: ^3H, ^{14}C, ^{32}P und ^{35}S, da dieses die am häufigsten in biologischen Molekülen vorkommenden Atome sind. Isotope sind Atome gleicher Ordnungszahl, aber verschiedener Massenzahl. Das normalerweise vorkommende, nicht radioaktive Isotop des Wasserstoffs ist ^2H, ein Atom mit einer Massenzahl von 2, da der Kern ein Proton und ein Neutron enthält, und der Ordnungszahl 1, da der Kern ein Proton enthält. Das entsprechende radioaktive Isotop ist Tritium, ^3H, mit zwei Neutronen und einem Proton, weshalb es ebenfalls die Ordnungszahl 1 hat.

Die radioaktiven Isotope der vier genannten Atome zerfallen unter Aussendung eines Elektrons (β-Strahlung). Bei diesem Prozess zerfällt ein Neutron in ein Proton und ein Elektron, wobei die Massenzahl erhalten bleibt, aber die Ordnungszahl um eins erhöht wird (da die Anzahl der Protonen um eins zunimmt). Die vier Isotope unterscheiden sich durch ihre Halbwertszeit (Zeit, in der die Hälfte der vorhandenen Atome zerfallen ist) und durch die beim Zerfall freiwerdende Energie:

Isotop	Halbwertszeit	Energie (MeV)
^3H	12,3 Jahre	0,0186
^{14}C	5730 Jahre	0,156
^{32}P	14,3 Tage	1,709
^{35}S	87,5 Tage	0,167

Ähnlich wie Licht, das eine silberhaltige, lichtempfindliche Fotoemulsion verändern kann, kann auch radioaktive Strahlung Silberbromid in einer Emulsion oder in einem Film verändern, was man sich bei der **Autoradiografie** zunutze macht. Die Entwicklung des Films macht die durch Strahlung veränderten Silberkörner als schwarze Flecken sichtbar, man erhält ein **Autoradiogramm**. Lag der Film z. B. auf einem Filter, auf dem nur an wenigen Stellen radioaktiv markierte DNA-DNA-Hybride vorhanden waren, so erkennt man dies an wenigen schwarzen Punkten auf dem Filter (Abb. 19.**10**).

Autoradiografie dient nicht nur der Sichtbarmachung von Hybriden auf einem Filter, sondern auch von Hybriden, die sich in einer Zelle gebildet haben. Man spricht dann von einer ***in-situ*-Hybridisierung**. Mit dieser Methode kann man etwa die Lokalisation eines bestimmten Gens im Polytänchromosom ermitteln (Abb. 19.**11a**) oder das Vorhandensein von mRNA in einer bestimmten Zelle oder in einem bestimmten Gewebe (Abb. 19.**11b**).

Heute werden für DNA-DNA- und DNA-RNA-*in-situ*-Hybridisierungen in der Regel nicht-radioaktiv markierte Sonden verwendet (s. z. B. Abb. 17.**29**, S. 235 oder **FISH = Fluoreszenz-*in-situ*-Hybridisierung** in Abb. 20.**2**, S. 304).

Das Sichten von genomischen und cDNA-Bibliotheken findet für zahlreiche Fragestellungen Anwendung:

1. **Isolierung eines vollständigen Gens**, von dem nur ein Abschnitt vorliegt. In diesem Fall verwendet man den bereits bekannten Genabschnitt als Sonde, um überlappende DNA-Abschnitte aus einer genomischen DNA-Bibliothek zu isolieren, eine Methode, die man als Chromosomenwanderung (chromosomal walking) bezeichnet. Ein Beispiel ist in Abb. 19.**12** beschrieben: Unter Verwendung der Sonde 1, die nur Exon a enthält, können zwei Phagenklone (I, II) isoliert werden, die neben Exon a flankierende DNA enthalten. Die Anordnung der überlappenden Bereiche erfährt man durch den Vergleich der Restriktions-

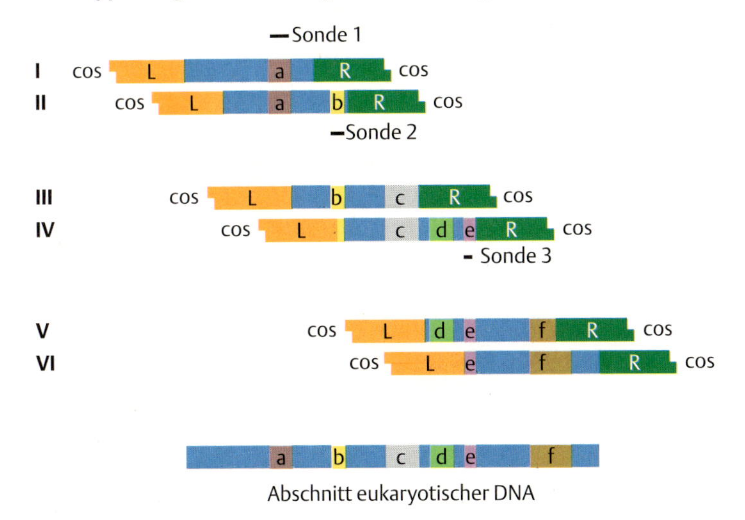

Abb. 19.12 Schematische Darstellung des „chromosomal walking". Ziel des Experiments ist die Isolierung eines größeren, zusammenhängenden genomischen Abschnitts (unten). Die farbigen Boxen stellen Exons, die dazwischenliegenden blauen Bereiche Introns dar. L und R = DNA des Phagen λ (siehe Abb. 19.**7**).
Beschreibung s. Text.

karten der jeweiligen Phagen-DNA. Durch Verwendung eines Abschnitts der DNA des Phagen II als Sonde (Sonde 2) können im nächsten Schritt die Phagen III und IV isoliert werden, ein Abschnitt der DNA des Phagen IV (Sonde 3) führt dann zur Isolierung der Phagen V und VI. Schließlich hat man die gesamte genomische DNA in mehreren Abschnitten in klonierter Form vorliegen.

2. **Isolierung einer cDNA** von einem Gen, von dem bereits genomische DNA kloniert vorliegt. Hierbei verwendet man das bereits isolierte genomische DNA-Fragment und durchmustert damit eine cDNA-Bibliothek.
3. **Isolierung der genomischen DNA** eines Gens, von dem die cDNA bereits vorhanden ist. Die cDNA wird markiert und mit ihr als Sonde wird eine genomische DNA-Bibliothek durchmustert.
4. **Isolierung eines Gens aus einem Organismus**, zu dem ein homologes Gen aus einem anderen Organismus bereits kloniert vorliegt. Viele Gene sind im Verlauf der Evolution konserviert worden und weisen deshalb nur geringe Veränderungen ihrer Nukleotidsequenz auf. Oftmals sind diese Veränderungen so gering, dass man mit einer Sonde des einen Organismus das entsprechende Gen in der DNA-Bibliothek des anderen Organismus finden kann.
5. **Isolierung eines Gens oder einer cDNA**, von dem nur sein Genprodukt bekannt ist. In Kap. 15 wurde dargestellt, dass die Nukleotidsequenz der mRNA die Aminosäuresequenz des Proteins bestimmt. Diese Tatsache kann man sich zunutze machen, wenn man zu einem Protein, dessen Aminosäure ganz oder teilweise bekannt ist, das entsprechende Gen isolieren möchte (Abb. 19.**13**). Hierzu wird zunächst das bekannte Protein durch Behandlung mit Proteasen, z. B. Trypsin, in kleine Peptide gespalten. Die Peptide werden voneinander getrennt und ihre Sequenz wird vom N-terminalen Ende her durch den so genannten *Edman-Abbau* bestimmt. Man bestimmt denjenigen Abschnitt von sechs bis sieben Aminosäuren, der von den am wenigsten degenerierten Codons kodiert wird (s. Kap. 15.2, S. 178). Dieser Abschnitt kann im Beispiel der Abb. 19.**13** theoretisch von 48 verschiedenen Sequenzen kodiert werden. Man verwendet nun ein Gemisch aus 48 ver-

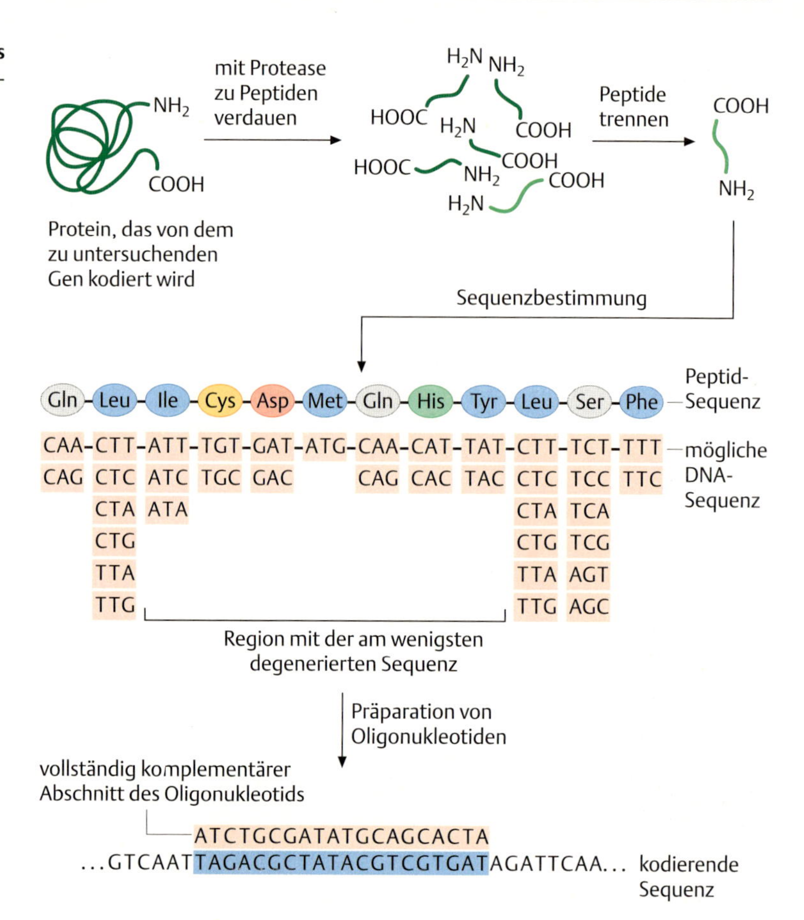

Abb. 19.13 Ermittlung der Nukleotidsequenz aus einer bekannten Aminosäuresequenz. Beschreibung s. Text.

19

schiedenen, *in vitro* synthetisierten Oligonukleotiden als markierte Sonde zur Durchmusterung einer cDNA oder genomischen Bibliothek. Das Oligonukleotid, das vollständig komplementär zu der Sequenz ist, die das Protein kodiert, wird mit dieser hybridisieren.

6. **Isolierung eines Gens mit Hilfe eines Transposons**, das in das Gen inseriert ist und ggf. eine Mutation in dem Gen erzeugt hat. Hierzu stellt man eine genomische Bibliothek aus der DNA des mutanten Organismus her (s. Kap. 19.1.2, S. 268). Einige der erzeugten Klone werden Sequenzen des Transposons enthalten. Sichtet man nun die genomische Bibliothek mit einer Sonde, die Sequenzen des Transposons enthält, so kann man die Klone aufspüren, die Transposon-DNA tragen. Da diese oftmals auch flankierende DNA des Gens besitzen, ist es auf diese Weise möglich, Sequenzen des betroffenen Gens zu isolieren.

Die Southern-Blot- und Northern-Blot-Technik

Hat man einmal die DNA eines Gens kloniert, kann man diese DNA nun als Sonde verwenden, um in einem Gemisch aus DNAs oder RNAs die entsprechenden Sequenzen nachzuweisen.

Ein **Southern-Blot** erlaubt den **Nachweis einer bestimmten DNA** in einem Gemisch von DNA-Fragmenten, wie z. B. der gesamten DNA einer Zelle oder eines Gewebes, und wurde nach Edward Southern, der diese Methode 1975 entwickelte, benannt (Abb. 19.**14**).

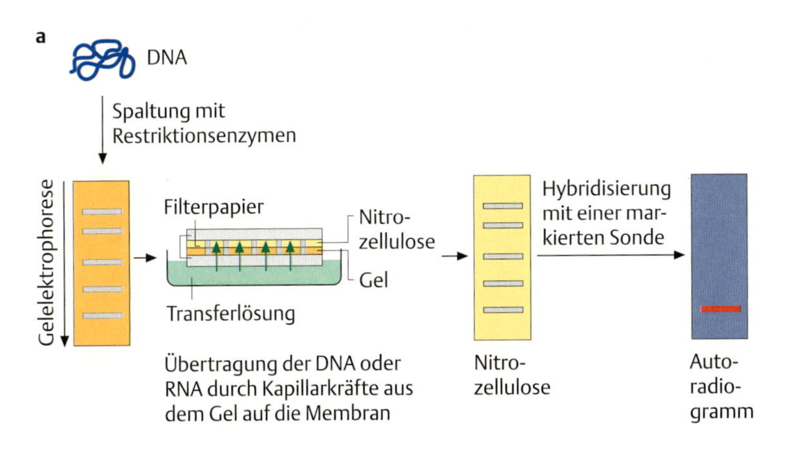

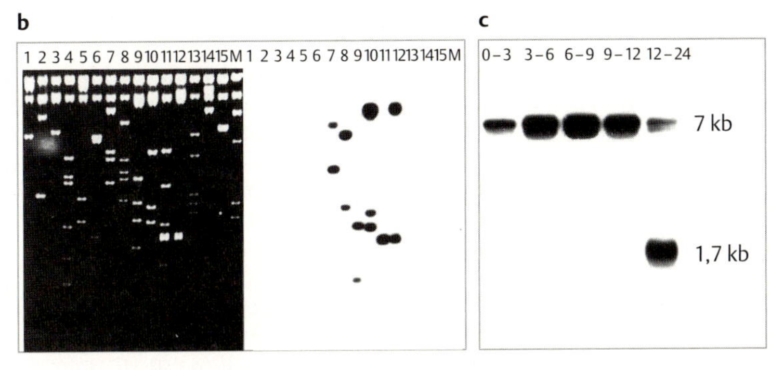

Abb. 19.14 Die Southern- und Northern-Blot-Technik.
a Ablauf der Technik. Nach Spaltung der DNA werden die Fragmente durch Gelelektrophorese entsprechend ihrer Größe aufgetrennt (s. Box 19.**1**, S. 266) (für den Northern-Blot wird ein Gemisch aus RNAs aufgetrennt). Nach Übertragung auf eine Nitrozellulose- oder Nylonmembran und Hybridisierung mit einer markierten Sonde werden nur DNA- bzw. RNA-Moleküle, deren Sequenz komplementär zu der der Sonde ist, im Autoradiogramm sichtbar.
b Beispiel für einen Southern-Blot. Die DNA von 15 Phagen wurde mit *Eco*RI gespalten (links, 1–15; M = Längenmarker zum Vergleich). Nach der Übertragung auf ein Filter wurde dieses mit einer radioaktiv markierten Sonde hybridisiert, die repetitive Sequenzen enthält. Mehrere Fragmente der Phagen 7–12 hybridisieren mit der Sonde (rechts).
c Autoradiogramm eines Northern-Blots. Pro Spur wurden 10 µg poly(A)$^+$-RNA aus *Drosophila*-Embryonen unterschiedlichen Alters aufgetragen und mit einer radioaktiven Sonde hybridisiert. In allen Entwicklungsstadien lässt sich ein Transkript von 7 kb Länge nachweisen, das zwischen 3 und 12 Stunden etwas stärker exprimiert wird. Ein zweites Transkript von 1,7 kb lässt sich nur in 12–14 Stunden alten Embryonen nachweisen [b © Springer Verlag 1987. Weigel, D., Knust, E. and Campos-Ortega, J. A.: Molecular organization of *master mind*, a neurogenic gene of *Drosophila melanogaster*. Mol. Gen. Gen. *207* 374–384, c Bild von Ute Kuchinke, Düsseldorf].

Hierfür wird die zu untersuchende DNA mit einem oder mehreren Restriktionsenzymen gespalten und durch Agarosegelelektrophorese werden die Fragmente entsprechend ihrer Größe aufgetrennt. Handelte es sich bei der DNA um die gesamte zelluläre DNA, so erhält man nach ihrer Auftrennung einen „Schmier" von DNA-Fragmenten, da es viele Fragmente unterschiedlicher Länge gibt (vgl. Abb. 20.**1**, S. 303). Anschließend wird die DNA durch Behandlung mit einer alkalischen Lösung denaturiert, also einzelsträngig gemacht, und auf eine Nitrozellulose- oder Nylonmembran übertragen. Dabei bleibt die Verteilung der Fragmente erhalten, so dass anschließend die Verteilung der Fragmente auf dem Filter eine exakte Kopie derjenigen im Gel darstellt (Abb. 19.**14a**). Nach Fixierung der Fragmente an die Membran wird diese in einer entsprechenden Lösung mit der meist radioaktiv markierten Sonde hybridisiert. Nur dort, wo sich in der Membran ein DNA-Fragment mit komplementärer DNA-Sequenz befindet, kommt es zur Ausbildung eines Hybrids, das anschließend durch Autoradiografie sichtbar gemacht werden kann (Abb. 19.**14b**).

Ein entsprechendes Verfahren zum **Nachweis einer bestimmten RNA** in einem RNA-Gemisch, etwa der gesamten zellulären RNA, wird **Northern-Blot** genannt. Allerdings wird die RNA unter denaturierenden Bedingungen aufgetrennt, um vorhandene Sekundärstrukturen, die durch Ausbildung intramolekularer Wasserstoffbrücken entstehen, aufzulösen. Nach Übertragung auf die Membran wird diese mit einer markierten Sonde hybridisiert. Diese Methode wird häufig zum Nachweis der Expression einer bestimmten RNA unter verschiedenen

Bedingungen, etwa zu verschiedenen Entwicklungsstadien, angewendet (Abb. 19.**14c**).

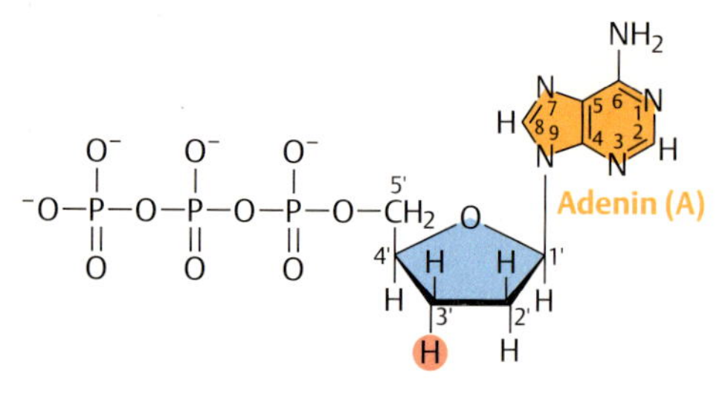

Abb. 19.15 Die Struktur des 2′,3′-Didesoxyadenosintriphosphats (ddATP), das für die DNA-Sequenzierung verwendet wird. Es unterscheidet sich von dATP durch ein H an der 3′-Position der Desoxyribose (rot unterlegt) anstelle der OH-Gruppe.

19.2.2 DNA-Sequenzierung

Ein Schritt zur weiteren Charakterisierung eines klonierten Gens oder einer klonierten cDNA besteht in der Bestimmung der Nukleotidsequenz, um auf diese Weise Information über das von der DNA kodierte Protein zu erhalten. Es gibt zwei verschiedene Methoden zur **DNA-Sequenzierung**, die von Allan Maxam und Walter Gilbert entwickelte und nach ihnen benannte **Maxam-Gilbert-Methode** und die von Frederick Sanger entwickelte **Didesoxynukleotidsequenzierung**. Die Entwicklung dieser Methoden wurde 1980 mit der Verleihung des Nobelpreises für Chemie an Frederick Sanger und Walter Gilbert gewürdigt. Die heute am häufigsten verwendete Methode ist die von Sanger und seinen Mitarbeitern 1977 entwickelte Didesoxynukleotidsequenzierung. Sie basiert auf der Verwendung von modifizierten Nukleotiden, den **2′, 3′-Didesoxyribonukleotiden** (Abb. 19.**15**).

Wird ein Didesoxyribonukleotid im Verlauf der DNA-Synthese in den wachsenden Einzelstrang eingebaut, so bricht die Reaktion danach ab, da für die Ausbildung der Phosphodiesterbindung mit dem folgenden Nukleotidtriphosphat eine OH-Gruppe am 3′-Ende benötigt wird (s. Kap. 12.3, S. 128). Man nennt deshalb diese Methode auch die **Kettenabbruchmethode** (Abb. 19.**16**).

Für die ***in-vitro*-Sequenzierungsreaktion** wird zunächst die zu sequenzierende DNA durch Erhitzen einzelsträngig gemacht. In vier parallelen Ansätzen erfolgt dann die Synthese des komplementären Strangs nach Zugabe eines markierten **Primers**, um die Reaktion zu starten, der **DNA-Polymerase I**, aller vier **Nukleotidtriphosphate** (dATP, dCTP, dGTP und dTTP) und jeweils eines **Didesoxyribonukleotidtriphosphats** pro Ansatz, also entweder ddATP, ddCTP, ddGTP oder ddTTP. Letztere sind in sehr geringer Konzentration vorhanden. Im Verlauf der Polymerisierungsreaktion werden die Didesoxyribonukleotidtriphosphate völlig zufällig eingebaut. Auf diese Weise bildet sich in jedem der vier Reaktionsansätze ein Gemisch unterschiedlich langer Einzelstränge, die jeweils mit einem A, einem C, einem G oder einem T enden. Die DNAs aus jedem der vier Ansätze werden nun durch hochauflösende Polyacrylamid-Gelelektrophorese entsprechend ihrer Länge aufgetrennt und die Fragmente werden durch Autoradiografie (s. Box 19.**3**) sichtbar gemacht. Die Basensequenz kann nun an Hand der Reihenfolge der Banden in den vier Spuren ermittelt werden (Abb. 19.**16a,b**).

Heute wird die DNA-Sequenzierung in der Regel von **automatischen Sequenzierern** durchgeführt. Dazu wird der zugegebene Primer mit einem **fluoreszierenden Farbstoff** markiert. Die vier parallelen Reaktionen werden, wie oben beschrieben, angesetzt und die Kettenabbruchpodukte werden mittels **Kapillarelektrophorese** aufgetrennt. Die fluoreszierenden Banden werden mit Hilfe eines Detektors erkannt und die Reihenfolge der Nukleotide wird direkt in den Computer eingelesen. Im Ausdruck (**Chromatogramm**) sind dann die vier Basen durch unterschiedliche Farben dargestellt (Abb. 19.**16c**).

Wie kann man nun aus einer **Nukleotidsequenz** Aussagen über das von der DNA kodierte **Protein** machen? Dazu müssen wir uns in Erinnerung rufen, dass bei der Translation einer mRNA in ein Polypeptid das Ribosom ein AUG-Codon als Startcodon verwendet und dann immer drei Nukleotide, ein Triplett, erkennt und entsprechend die zugehörige Aminosäure

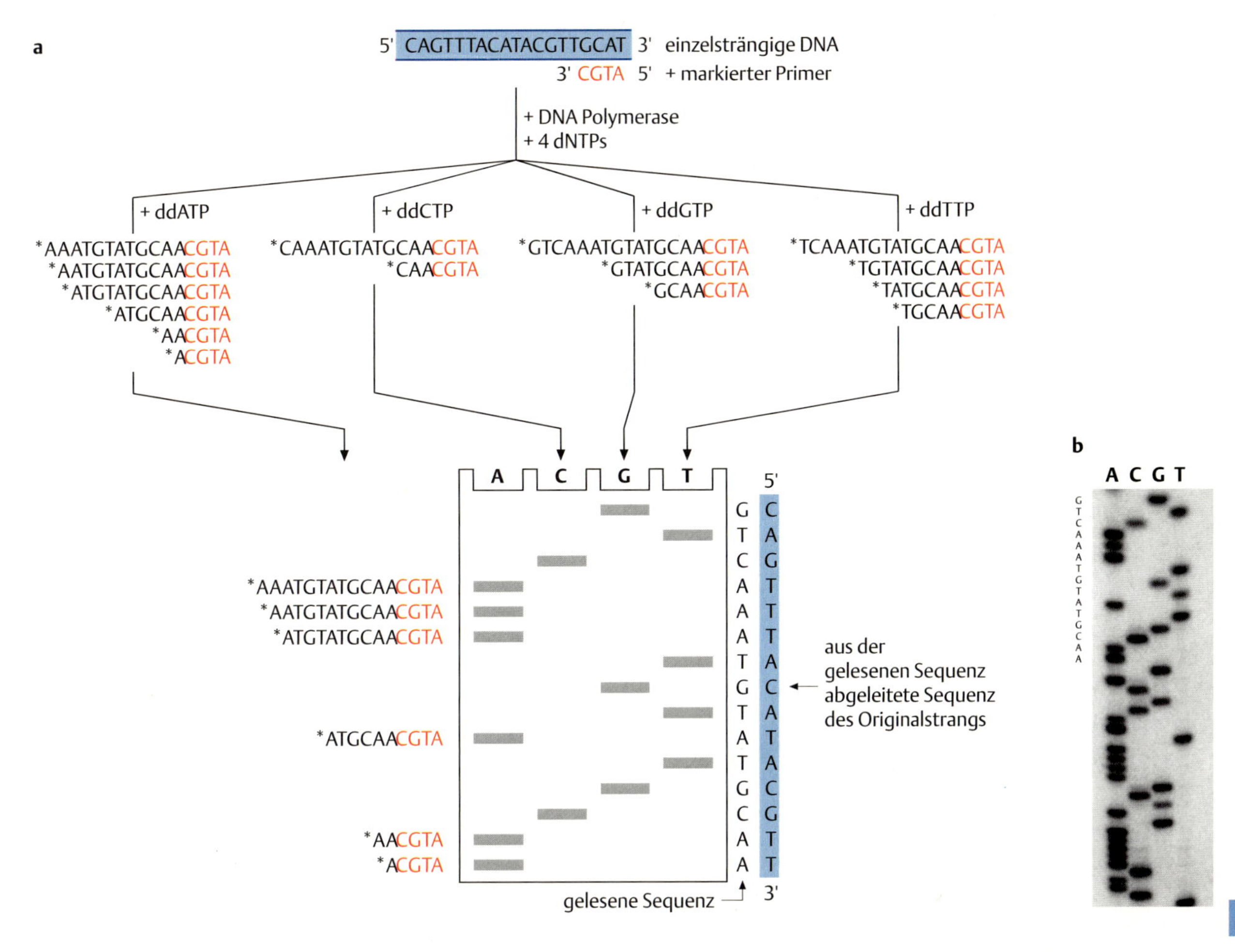

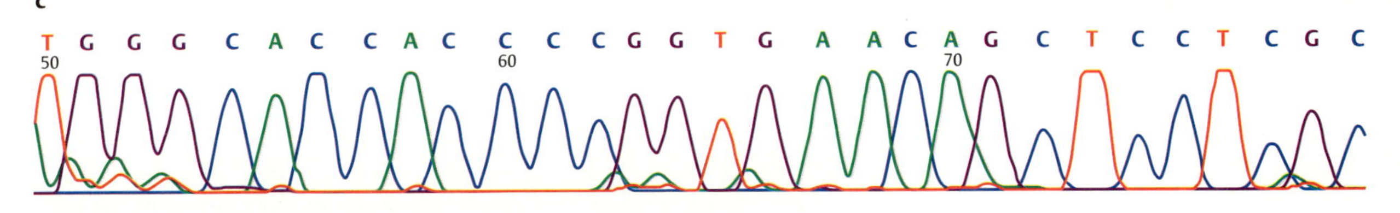

Abb. 19.16 Die Didesoxyribonukleotidsequenzierung nach F. Sanger.
a Der fluoreszenzmarkierte Primer (rot) ist hier kürzer dargestellt als er normalerweise verwendet wird. In diesem Beispiel entstehen in dem ddATP-enthaltenden Reaktionsansatz sechs verschieden lange Fragmente. Nach Auftrennung der Reaktionsansätze im Polyacrylamidgel kann die Sequenz im Autoradiogramm gelesen werden. Links sind zur Erläuterung die sechs entstandenen Fragmente mit Abbruch nach dem Einbau von ddATP dargestellt.
b Autoradiogramm des Polyacrylamidgels
c Ausdruck einer von einem automatischen Sequenzierer ermittelten Sequenz. Jede Base ist in einer anderen Farbe dargestellt. Weitere Erläuterung im Text [c Sequenz von Hans Bünemann, Düsseldorf].

19

in die wachsende Polypeptidkette einbaut (s. Kap. 15, S. 173). Nun wird in den meisten Fällen auf dem sequenzierten DNA-Abschnitt nicht ersichtlich sein, wo die Translation beginnt, da oftmals das Start-AUG nicht vorhanden ist oder nicht als solches erkannt wird. Da die Translation jeweils in Tripletts erfolgt, kann die Sequenz eines DNA-Einzelstrangs theoretisch in drei Leserastern gelesen werden, je nachdem, mit welchem Nukleotid man anfängt. Da dasselbe für den komplementären DNA-Strang gilt, enthält **jede doppelsträngige DNA** theoretisch **sechs Leseraster**. Nachdem die Sequenz bestimmt wurde, können mit Hilfe eines Computerprogramms diese sechs möglichen Leseraster ermittelt werden (Abb. 19.**17**).

Welches ist nun aber der **richtige Leseraster**, d. h. derjenige, der vom Ribosom tatsächlich in ein Protein übersetzt wird? Nehmen wir an, bei der sequenzierten DNA handelt es sich um eine cDNA, die die vollständige Sequenz einer mRNA repräsentiert. Wie in Kap. 15.3.1 (S. 181) dargestellt, ist das **Startcodon stets AUG**. Man sucht also nun in den sechs Leserastern jeweils nach dem ersten AUG, dem eine längere durchgehende Aminosäuresequenz folgen muss, in der **keine Stopcodons** auftreten. In den meisten Fällen zeigt sich dann, dass von den sechs möglichen Leserastern nur einer diese Bedingungen erfüllt. Auch kann man häufig durch die Position von AT-Paaren an einem Ende der cDNA den kodierenden Strang festlegen (da hierdurch das 3′-Ende der mRNA definiert war, s. Abb. 19.**9**, S. 272). Es gibt aber auch Fälle, in denen z. B. zwei Leseraster in Frage kommen. Dann muss man zusätzliche Methoden anwenden, um schließlich zu einer Antwort zu gelangen. Auch ist es denkbar, dass von einer mRNA zwei Proteine gebildet werden, indem alternativ nicht das erste, sondern das zweite oder dritte AUG-Codon als Startcodon verwendet wird (s. a. Kap. 17.2.4, S. 241). Diese Beispiele mögen zeigen, dass man zwar aus einer Sequenz Anhaltspunkte über das kodierte Protein erhalten kann, dass aber der endgültige Beweis darüber durch weitere Experimente erbracht werden muss.

Da heute die DNA-Sequenzen vieler Genome in Datenbanken zugänglich sind, kann man mit Hilfe von Übersetzungsprogrammen von einer gegebenen Sequenz mögliche durchgehende Leseraster ermitteln lassen (s. Abb. 19.**17b**). Ob die so gefundene Aminosäuresequenz tatsächlich derjenigen eines zellulär hergestellten Proteins entspricht, muss durch weitere Experimente bestätigt werden.

19.2.3 Polymerasekettenreaktion (PCR)

Die Entwicklung der **Polymerasekettenreaktion** (**PCR**, **p**olymerase **c**hain **r**eaction) unter Verwendung einer hitzestabilen Polymerase durch Kary B. Mullis im Jahr 1986 hat die Molekularbiologie revolutioniert, da es diese Methode ermöglicht, ein einzelnes Gen aus dem gesamten Genom zu isolieren und in hoher Kopienzahl herzustellen. Deshalb wurde er dafür im Jahr 1993 mit dem Nobelpreis für Chemie ausgezeichnet. Grundlage der Polymerasekettenreaktion ist ein Enzym, die ***Taq*-Polymerase**, die aus dem Bakterium *Thermus aquaticus* isoliert wird. Das Besondere dieses Bakteriums ist seine Fähigkeit, in heißen Quellen nicht nur zu überleben, sondern sich dort auch zu vermehren, d. h. seine Enzyme müssen bei den dort herrschenden Temperaturen stabil und funktionstüchtig sein. *Thermus aquaticus* wurde ursprünglich aus einer heißen Quelle im Yellowstone Nationalpark, USA, isoliert (Abb. 19.**18**).

Die Technik macht es möglich, einen bestimmten DNA-Abschnitt in großen Mengen zu synthetisieren (zu amplifizieren). Man benötigt hier-

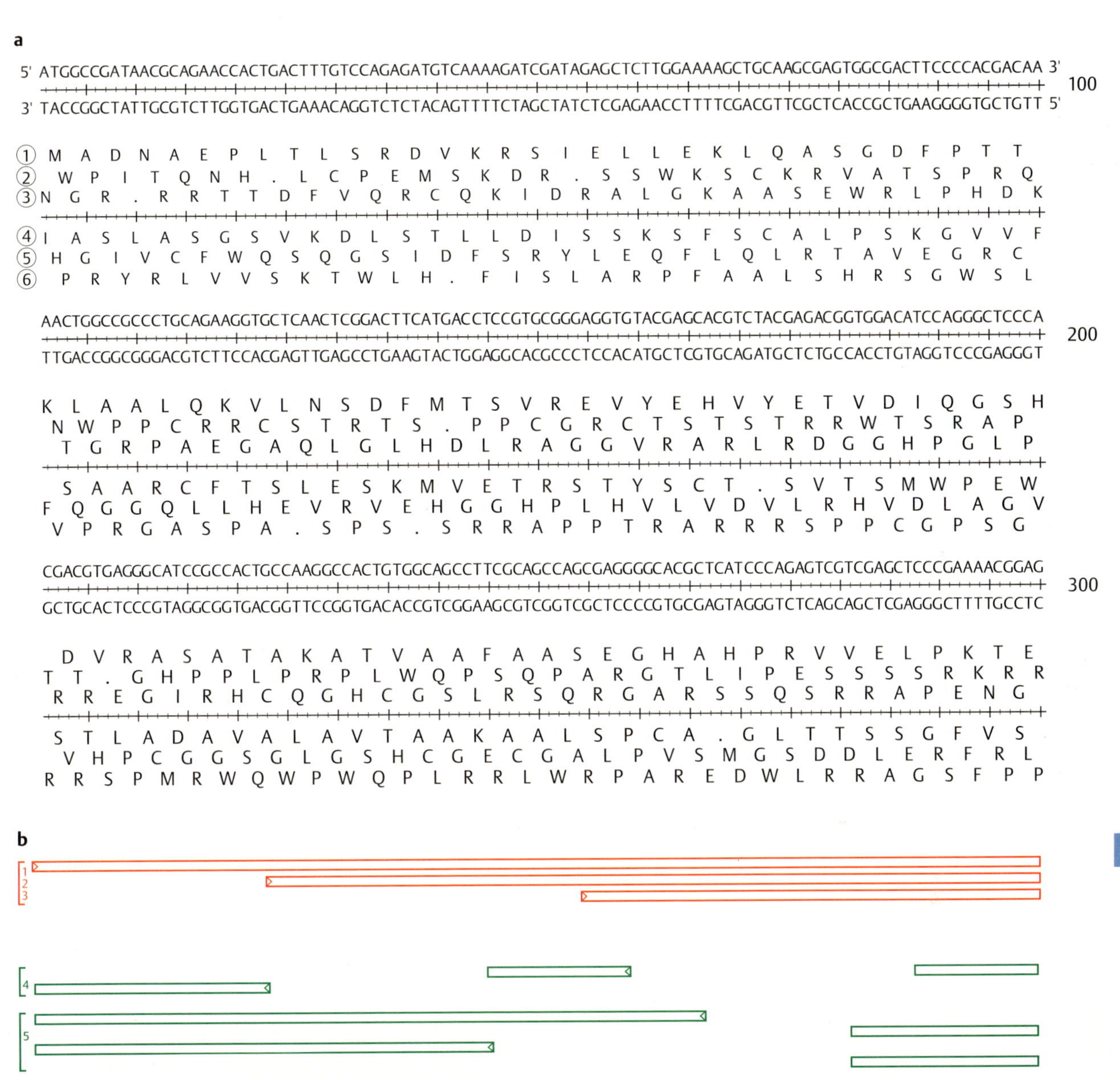

Abb. 19.17 Mit einem Computerprogramm erstellte Auswertung einer Nukleotidsequenz.

a Die ersten 300 Nukleotide doppelsträngiger DNA (oben) mit den sechs, aus der Sequenz abgeleiteten Aminosäuresequenzen (im 1-Buchstaben-Code dargestellt; die Aminosäure steht jeweils unter der mittleren Base eines Tripletts). Ein Punkt bedeutet ein Stopcodon.

b Grafische Darstellung der sechs Leseraster der gesamten, aus 590 Nukleotiden bestehenden Sequenz. Der Pfeil in jedem Balken steht für das Startcodon Methionin. Die roten Leseraster sind von links nach rechts, die grünen von rechts nach links zu lesen. Nur Leseraster 1 ist durchgehend über die gesamte Sequenz.

a

b

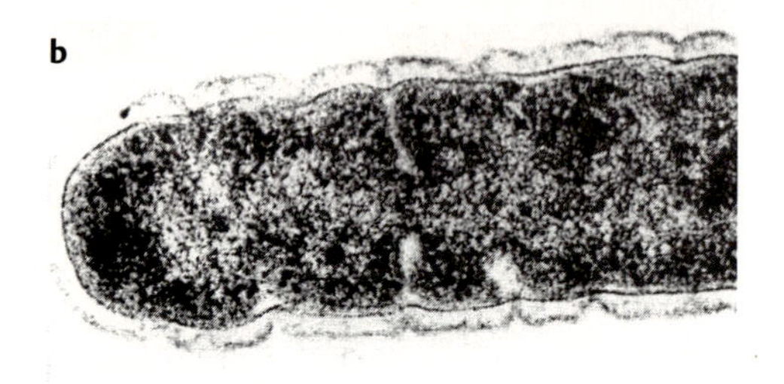

Abb. 19.18 Die Quelle „Cistern Spring" im Yellowstone Nationalpark.
a Quelle.
b *Thermus aquaticus*, das Bakterium, das bei Temperaturen nahe dem Siedepunkt des Wassers wächst.

zu zwei **Oligonukleotide**, die als **Primer** jeweils links und rechts des gesuchten DNA-Abschnitts komplementär zu Sequenzen auf gegenüberliegenden Strängen der DNA sind. Es kann also **nur solche DNA amplifiziert werden, von der mindestens eine kurze Sequenz bekannt ist**, oder von der vermutet wird, dass eine bestimmte Sequenz vorhanden ist (Abb. 19.**19**).

Zur Beschreibung der **PCR Technik** wählen wir einen DNA-Bereich aus dem Intron 1 des **menschlichen Tyrosinhydroxylase Gens**, in dem auch **TH01** lokalisiert ist (Abb. 19.**19a**). TH01 ist ein **STR** (**s**hort **t**andem **r**epeat)-**System**, das bei der Erstellung von DNA-Profilen benutzt wird (s. Kap. 20.1.3). Hier ist es die Variante mit 9 TCAT-Repeats, die forensisch als „Allel 9" bezeichnet wird. Die Sequenz des Introns ist bekannt. Als Primer werden zwei synthetische Oligonukleotide von je 24 bp Länge gewählt (grün). Zwischen dem Primer und der interessierenden Repeat-Region sind 36 bzw. 74 bp vorhanden, deren für die weitere Beschreibung nicht relevanten Sequenzen nicht angegeben sind. Im Folgenden wird nur einer der beiden DNA-Stränge berücksichtigt (Abb. 19.**19b**).

PCR Zyklus 1 (Abb. 19.**19c**): Nachdem die DNA durch Erhitzen auf 94 °C einzelsträngig gemacht (denaturiert) wurde, wird die Temperatur auf etwa 70 °C gesenkt, so dass der Primer 1 an seine komplementäre Sequenz hybridisieren kann. Da die Primer im Überschuss vorhanden sind, bilden sich vorzugsweise **Primer-DNA Hybride** und nicht die ursprünglichen DNA-Doppelhelices. Die ***Taq*-Polymerase** verlängert die 3'-Enden des Primer 1 durch Hinzufügen der **dNTPs**, wobei ihr der DNA-Einzelstrang als Matrize dient. Es entsteht ein DNA-Strang, der am 3'-Ende über die Sequenz des Primer 2 hinaus verlängert ist.

PCR Zyklus 2 (Abb. 19.**19d**): Werden anschließend die Doppelstränge denaturiert, kann am neuen Einzelstrang der Primer 2 hybridisieren. Nach erneuter Synthese entsteht ein **gewünschter DNA-Einzelstrang**, der an beiden Enden von den Primer-Sequenzen begrenzt wird.

PCR Zyklus 3 (Abb. 19.**19e**): Nach erneuter Erhitzung, Temperaturabsenkung und Synthese wird dieser Einzelstrang zum **gewünschten Amplikon** von exakt 195 bp Länge ergänzt.

PCR Zyklus 4 (Abb. 19.**19f, g**): Die weiteren PCR-Zyklen ergeben jeweils die doppelte Anzahl an gewünschten DNA-Molekülen.

Die stetige Wiederholung der Reaktion wird dadurch möglich, weil die *Taq* Polymerase selbst bei den hohen Temperaturen, die für die Denaturierung der DNA-Doppelstränge nötig sind, stabil bleibt.

Jeder Zyklus besteht also aus folgenden drei Schritten:
- **Denaturieren** der DNA
- **Hybridisieren** der Primer
- **Synthese** neuer Einzelstränge durch die *Taq*-Polymerase.

Als Gesamtergebnis der Reaktion erhält man also folgende DNA-Moleküle:
- die **eingesetzte DNA** in der ursprünglichen Menge (Abb. 19.**19a**),
- die **langen Moleküle** entsprechend den PCR Zyklen 1 und 2 (Abb. 19.**19b**, **c**) in linear zunehmender Menge,
- die **kurzen gewünschten Moleküle** entsprechend den PCR Zyklen 3 und 4 (Abb. 19.**19e**, **f**, **g**) in exponentiell zunehmender und damit weitaus überwiegender Menge.

Auf diese Weise werden beispielsweise durch 20 Zyklen ca. 1 Million Kopien gewünschter Amplikons hergestellt. Das bedeutet, dass schon winzige DNA Mengen ausreichen, um diese durch PCR in großer Menge zu amplifizieren.

a DNA-Sequenz am TH01-Locus (hier mit 9 Tetranukleotid-Repeats, forensisch als „Allel 9“ bezeichnet)

Sequenz Primer 1 — 9 Repeats

```
tggggggtcctgggcaaataggggcaaaattcaaagggtatctgggctctgg-36b-tcattcattcattcattcattcattcattcattcatt-74b-ataatcgggagcttttcagcccacaggaggggtcttcg
acccccaggacccgtttatccccgttttaagtttcccatagacccgagacc-36b-agtaagtaagtaagtaagtaagtaagtaagtaagtaa-74b-tattagccctcgaaaagtcgggtgtcctccccagaagc
```

Sequenz Primer 2

b DNA-Einzelstrang (der andere Einzelstrang wird nicht weiter ausgeführt)

```
acccccaggacccgtttatccccgttttaagtttcccatagacccgagacc-36b-agtaagtaagtaagtaagtaagtaagtaagtaagtaa-74b-tattagccctcgaaaagtcgggtgtcctccccagaagc
```

c PCR Zyklus 1 → Abbruch nach Synthese

```
                                                5' attcaaagggtatctgggctctgg >>> TCATTCATTCATTCATTCATTCATTCATTCATTCATT-74b-ATAATCGGGAGCTTTTCAGCCCACAGGAGGGGTCTTCG 3'
3' acccccaggacccgtttatccccgttttaagtttcccatagacccgagacc-36b-agtaagtaagtaagtaagtaagtaagtaagtaagtaa-74b-tattagccctcgaaaagtcgggtgtcctccccagaagc 5'
```

d PCR Zyklus 2 → gewünschter DNA-Einzelstrang

```
5' ATTCAAAGGGTATCTGGGCTCTGG-36b-TCATTCATTCATTCATTCATTCATTCATTCATTCATT-74b-ATAATCGGGAGCTTTTCAGCCCACAGGAGGGGTCTTCG 3'
3' TAAGTTTCCCATAGACCCGAGACC-36b-AGTAAGTAAGTAAGTAAGTAAGTAAGTAAGTAAGTAA <<< tattagccctcgaaaagtcgggtg 5'
```

e PCR Zyklus 3 → gewünschtes 195 bp Amplikon

```
5' attcaaagggtatctgggctctgg >>> TCATTCATTCATTCATTCATTCATTCATTCATTCATT-74b-ATAATCGGGAGCTTTTCAGCCCAC 3'
3' TAAGTTTCCCATAGACCCGAGACC-36b-AGTAAGTAAGTAAGTAAGTAAGTAAGTAAGTAAGTAA-74b-TATTAGCCCTCGAAAAGTCGGGTG 5'
```

f PCR Zyklus 4a → gewünschtes 195 bp Amplikon

```
5' ATTCAAAGGGTATCTGGGCTCTGG-36b-TCATTCATTCATTCATTCATTCATTCATTCATTCATT-74b-ATAATCGGGAGCTTTTCAGCCCAC 3'
                                                                        <<< tattagccctcgaaaagtcgggtg 5'
```

g PCR Zyklus 4b → gewünschtes 195 bp Amplikon

```
5' attcaaagggtatctgggctctgg >>>
3' TAAGTTTCCCATAGACCCGAGACC-36b-AGTAAGTAAGTAAGTAAGTAAGTAAGTAAGTAAGTAA-74b-TATTAGCCCTCGAAAAGTCGGGTG 5'
```

etc. etc. → gewünschtes 195 bp Amplikon

Abb. 19.19 Die Polymerasekettenreaktion (PCR). Ausgangsmaterial ist doppelsträngige DNA, deren Sequenz bekannt ist. Hier ist es das Intron 1 des menschlichen Tyrosinhydroxylase Gens mit dem short tandem repeat (STR) TH01. Weitere Erläuterungen im Text.

19.3 Expression rekombinanter Proteine

Wir haben gesehen, dass mit Hilfe geeigneter Vektoren praktisch jedes eukaryotische Gen oder Teile davon in *E. coli* kloniert werden kann. Darüber hinaus ist es aber auch möglich, das von einem klonierten Gen kodierte Protein in der Bakterienzelle zu exprimieren, d.h. durch Transkription und Translation des klonierten Gens das von ihm kodierte Genprodukt herzustellen und zu isolieren. Hierzu benötigt man einen **Expressionsvektor**, ein modifiziertes Plasmid, das zusätzlich zu den für ein Plasmid wichtigen Sequenzen (s. Abb. 19.**1**, S. 262) einen induzierbaren, also regulierbaren, Promotor enthält. Heute gibt es eine Reihe von Expressionsvektoren, die die Synthese rekombinant hergestellter Proteine (verkürzt auch als rekombinante Proteine bezeichnet) nicht nur in Bakterien, sondern auch in eukaryotischen Zellen ermöglicht.

19.3.1 Expression von Proteinen in Bakterienzellen

An den Promotor eines **Expressionsplasmids** werden zwei Bedingungen gestellt: Er muss regulierbar sein, d.h. er darf nur unter bestimmten physiologischen Bedingungen aktiv sein, und es muss ein starker Promotor sein, d.h. einmal angeschaltet, sollen sehr viele Transkripte gebildet werden. Ein häufig verwendeter **Promotor** ist der des ***lac*-Operons** (s. Kap. 17.1.1, S. 204), der nur in Gegenwart des natürlichen bzw. synthetischen Induktors, Laktose bzw. Isopropyl-β-D-Thiogalaktosidase (**IPTG**), die Transkription initiiert. IPTG wird deshalb verwendet, weil es, anders als Laktose, nicht metabolisiert wird und deshalb seine Konzentration konstant bleibt, während die Zellen wachsen. Das Gen bzw. die cDNA, deren Genprodukt exprimiert werden soll, wird stromabwärts (downstream) des Promotors kloniert.

In Kap. 15 wurde auf die Unterschiede in der Initiation der Translation in Pro- und Eukaryonten eingegangen (S. 161). Um Probleme bei der Translation eines eukaryotischen Proteins in einer prokaryotischen Zelle zu umgehen und um eine möglichst effektive **Translation eukaryotischer Proteine** in Bakterienzellen zu ermöglichen, wird häufig das eukaryotische Gen hinter den proteinkodierenden Abschnitt eines bakteriellen Gens kloniert, wodurch ein prokaryotisches Initiationscodon bereit gestellt wird (Abb. 19.**20a**). Anschließend wird das Plasmid durch Transformation in die Bakterienzelle, meist *E. coli*, gebracht (Abb. 19.**20b**). Nach Vermehrung der Zellen und Zugabe des Induktors IPTG wird das Gen transkribiert und, wie bei Prokaryonten üblich, gleichzeitig translatiert (Abb. 19.**20c**). Das exprimierte eukaryotische Protein enthält in seinem N-terminalen Abschnitt Bereiche des bakteriellen Proteins, z.B. solche der β-Galaktosidase oder der Glutathion-S-Transferase, es entsteht ein sog. **Fusionsprotein** (Abb. 19.**20c**). Da die Plasmide meist in hoher Kopienzahl in der Zelle vorliegen und ein starker Promotor die Transkription sehr oft pro Minute initiiert, kann das rekombinante Protein in großer Menge synthetisiert werden (Abb. 19.**20d**), es kann manchmal bis zu 10% der Masse aller Proteine einer Bakterienzelle ausmachen. Das Protein kann nach Aufschluss der Bakterienzelle angereichert und gereinigt werden und der bakterielle Anteil kann, wenn erforderlich, enzymatisch abgespalten werden.

Die ersten auf diese Weise hergestellten menschlichen Proteine waren **Somatostatin**, ein Wachstumshormon (1977) und **Insulin** (1979). Ursprünglich wurde das für die Behandlung zuckerkranker Patienten nötige Insulin aus der Bauchspeicheldrüse von Schweinen und Rindern isoliert.

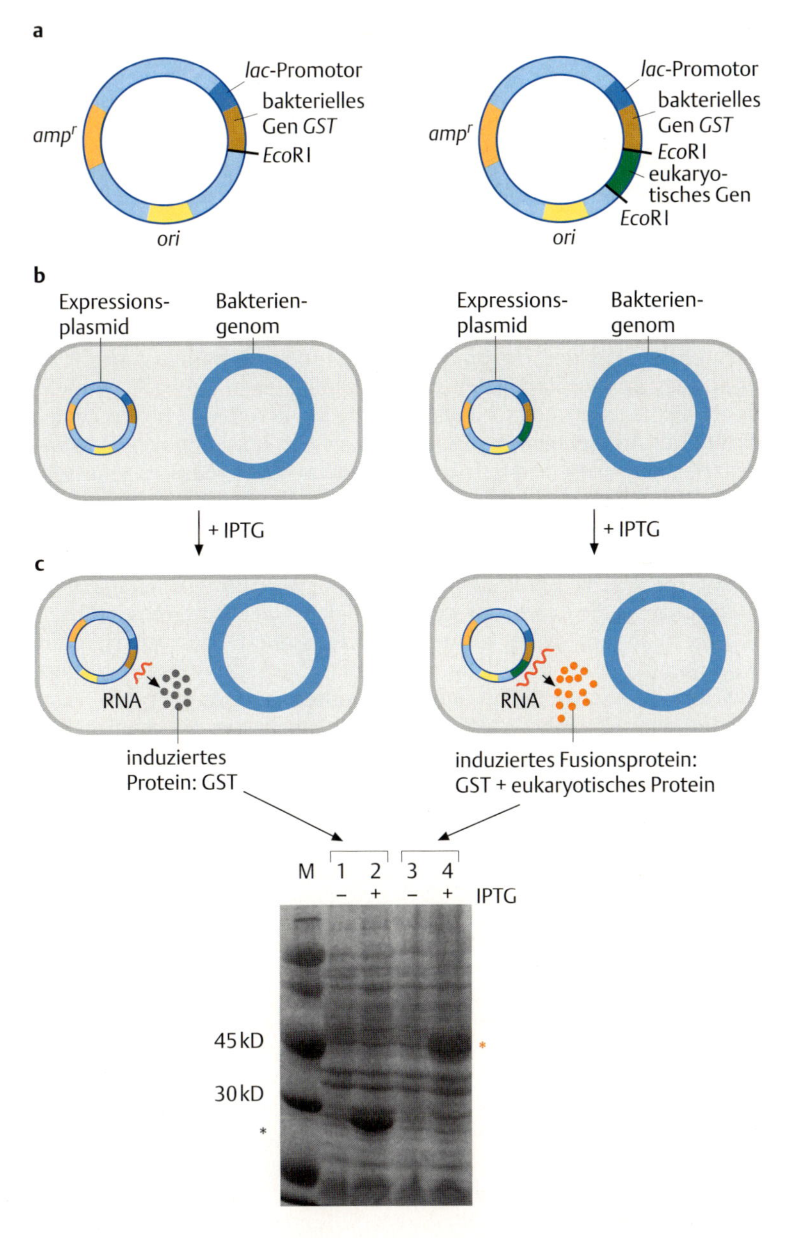

Abb. 19.20 Expression eines Fusionsproteins in *E. coli*.

a Das Expressionsplasmid enthält neben einem Resistenzgen (*amp*^{r}) und dem Replikationsstart (*oriC*) den *lac*-Promotor. Hinter diesem ist die kodierende Region eines bakteriellen Proteins, hier Glutathion-S-Transferase (GST), kloniert (braun). Im Anschluss daran kann der proteinkodierende Teil eines eukaryotischen Gens, hier ein Abschnitt des *Drosophila*-Gens *crumbs*, kloniert werden (grün).

b Durch Transfektion werden die Plasmide in Bakterienzellen gebracht.

c Nach Zugabe von IPTG ins Medium werden die Gene transkribiert und die Proteine in großer Menge translatiert. Links: nur die bakterielle Glutathion-S-Transferase, rechts: Fusionsprotein aus GST und Crumbs-Abschnitt.

d Auftrennung von Proteinextrakten aus nicht-induzierten (–) und mit IPTG induzierten (+) Bakterien. Die Proteine sind durch die so genannte Coomassie-Färbung sichtbar gemacht, * = induzierte Proteine, Spur 1, 2 = Plasmid mit kodierender Region der Glutathion-S-Transferase (ca. 30 kD), Spur 3, 4 = Plasmid mit Fusionsprotein (Glutathion-S-Transferase plus eukaryotisches Protein, ca. 45 kD), M = Marker.

Da dieses zwar eine ähnliche, jedoch nicht identische Aminosäuresequenz wie das menschliche Protein besitzt, zeigten einige Patienten, denen es injiziert worden war, eine starke Immunreaktion. Da das in Bakterien hergestellte Insulin die Aminosäuresequenz des menschlichen Hormons besitzt, bleibt seine immunogene Wirkung aus. Heute werden viele Enzyme und andere medizinisch relevante Proteine in großem Maßstab biotechnologisch hergestellt, z. B. **Gerinnungsfaktoren** zur Therapie von **Hämophilie** (Bluterkrankheit) und zahlreiche Impfstoffe.

19.3.2 Antikörper gegen Fusionsproteine

Für viele Fragestellungen in der Molekularbiologie, Biochemie, Entwicklungsbiologie oder Humanmedizin werden Antikörper eingesetzt. **Antikörper** sind Proteine, die stark und meist sehr spezifisch an ein Zielprotein, das **Antigen**, binden und von Vertebraten zur Abwehr von Infektionen produziert werden. Jedes Antikörpermolekül ist aus zwei identischen **schweren Ketten** (aus jeweils etwa 440 Aminosäuren bestehend) und zwei identischen **leichten Ketten** (aus jeweils etwa 220 Aminosäuren) aufgebaut, die eine charakteristische Struktur ausbilden (Abb. 19.**21a**).

Die N-terminalen Regionen von jeweils einer schweren und einer leichten Kette bilden die Bindungsstelle für das jeweilige Antigen, so dass jedes Antikörpermolekül zwei Bindungsstellen aufweist. Antikörpermoleküle, die unterschiedliche Antigene erkennen, unterscheiden sich in der **Antigenbindungsregion**. Da ein Tier Tausende von verschiedenen Antikörpern herstellen kann, bedeutet dies, dass es eine sehr große **Variabilität** der Antigenbindungsregionen gibt. Die C-terminalen Regionen verschiedener Antikörpermoleküle sind hingegen sehr konstant.

Um spezifische Antikörper gegen ein Fusionsprotein herzustellen, wird zunächst die Expression des bakteriellen Fusionsproteins induziert (s. Abb. 19.**20**) und dieses aus den Bakterien isoliert. Das Fusionsprotein wird nun in Mäuse, Ratten, Kaninchen oder Meerschweinchen injiziert. Die Tiere reagieren darauf mit der **Synthese von Antikörpern**. Nach wiederholten Injektionen im Abstand von mehreren Wochen enthält das Serum des Tiers Antikörper, die spezifisch gegen das Fusionsprotein gerichtet sind. Dieses Serum kann nun in verschiedenen Experimenten eingesetzt werden, z. B. in einem **Western-Blot.** Entsprechend der für Southern- und Northernblot beschriebenen Vorgehensweise (siehe Abb. 19.**14**, S. 277) überträgt man **Proteine**, die vorher durch Gelelektrophorese entsprechend ihrer Größe aufgetrennt wurden, auf eine Memb-

Abb. 19.21 Struktur eines Antikörpermoleküls.
a Die zwei leichten und die zwei schweren Ketten sind über Disulfidbrücken (S–S) verbunden. Die N-terminalen Regionen der vier Ketten bilden zwei Antigenbindungsstellen aus, die für jedes Antikörpermolekül spezifisch sind.
b Ein an ein Antigen (rot) gebundener Antikörper (grün) kann mit Hilfe eines sekundären Antikörpers (blau) sichtbar gemacht werden. Der sekundäre Antikörper erkennt die konservierten Abschnitte des primären Antikörpermoleküls. Am C-Terminus des sekundären Antikörpers kann ein Enzym oder ein Fluoreszenzfarbstoff, ein Fluorochrom, gekoppelt sein (gelb). Da mehrere sekundäre Antikörper gleichzeitig an einen primären Antikörper binden können, erhält man dadurch eine Verstärkung des Signals.

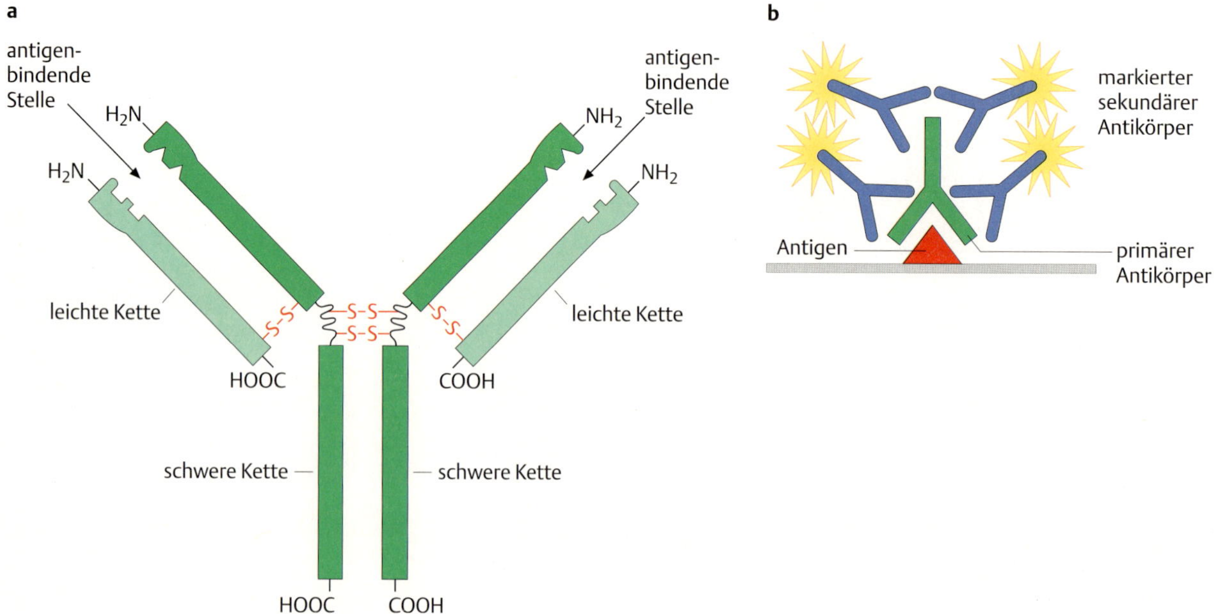

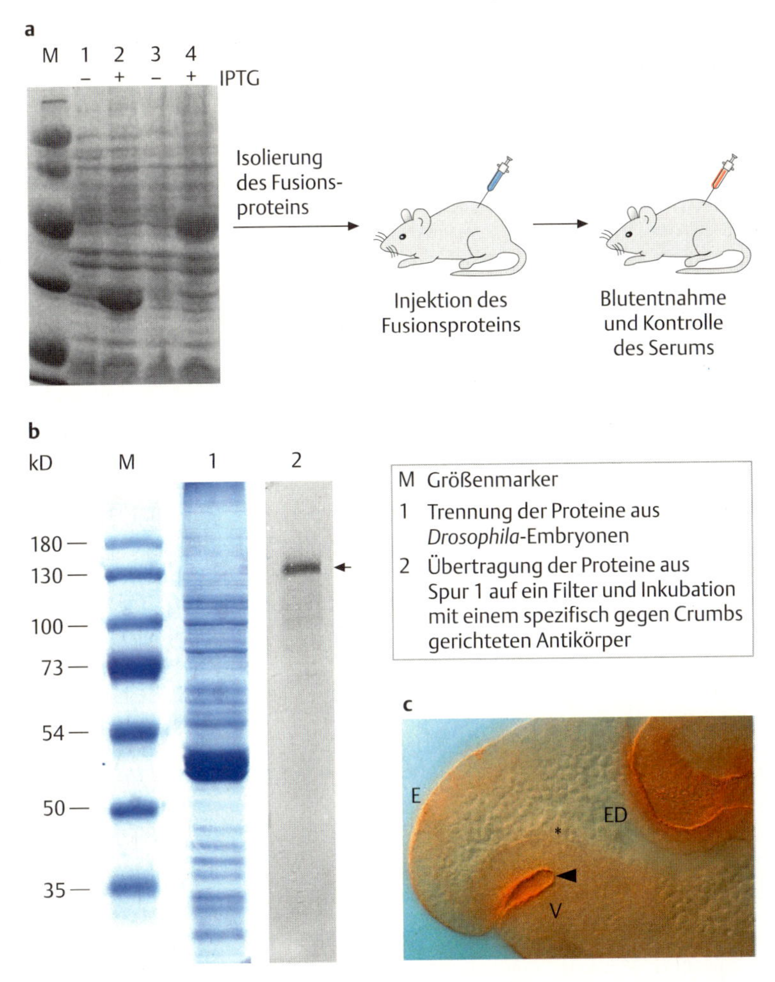

Abb. 19.22 Herstellung von Antikörpern.
a Ein Fusionsprotein bestehend aus GST und einem Teil des *Drosophila*-Crumbs-Proteins (s. Abb. 19.**20**) wird in eine Ratte injiziert. Nach mehreren Injektionen enthält das Serum der Ratte neben vielen anderen Antikörpern auch Antikörper gegen das Fusionsprotein.
b Das Antiserum kann nun zum Nachweis eines Proteins in einem Proteingemisch verwendet werden. Hier wurden die Gesamtproteine aus *Drosophila*-Embryonen entsprechend ihrer Größe elektrophoretisch aufgetrennt, die Proteine werden auf eine Membran übertragen (Western-Blot) und diese mit dem Antikörper inkubiert. Nach Verstärkung mit einem sekundären Antikörper (s. Abb. 19.**21b**) kann die Position des Crumbs-Proteins sichtbar gemacht werden.
c Ein gegen Crumbs gerichteter Antikörper erlaubt die Lokalisation des Proteins im *Drosophila*-Embryo. Das Protein ist in Epithelien exprimiert und dort nur in der apikalen Membran (Pfeilkopf), nicht in der lateralen und basalen (Stern) Membran.
V = Vorderdarm
ED = Enddarm
E = Epidermis.

ran. Die Membran wird mit dem Antikörper inkubiert, und der Antikörper bindet spezifisch an das Protein, gegen den er gerichtet ist. Es wird ein zweiter Antikörper hinzugefügt, der spezifisch Sequenzen in den konstanten Abschnitten des ersten Antikörpers erkennt und der außerdem mit einem Enzym, z. B. alkalischer Phosphatase oder mit einem Fluorochrom, gekoppelt ist (s. Abb. 19.**21b**). Nach der Bindung des zweiten Antikörpers an den ersten Antikörper auf der Membran und Zugabe des Substrats für das Enzym wird dieses umgesetzt. Das Reaktionsprodukt kann dann auf verschiedene Weise nachgewiesen werden. Heute wird häufig ein Substrat verwendet, das nach Einwirkung durch das Enzym fluoreszierende Strahlung aussendet (Chemilumineszenz). Diese ist, ähnlich wie radioaktive Strahlung, in der Lage, die lichtempfindliche Emulsion auf einem Film zu schwärzen (vgl. Box 19.**3**). Auf diese Weise wird die Position des Proteins, das von dem Antikörper erkannt wurde, als Bande sichtbar (Abb. 19.**22b**). Western-Blots dienen u. a. zur Bestimmung der Proteingröße oder zur Erkennung seiner Expression in verschiedenen Geweben oder in verschiedenen Entwicklungsstadien. Antikörper können auch zum Nachweis der **Lokalisation** eines Proteins innerhalb einer Zelle verwendet werden (Abb. 19.**22c**).

19.3.3 Expression von Proteinen in eukaryotischen Zellen

Es ist bekannt, dass viele eukaryotische Proteine nach der Translation noch verändert werden. Dies betrifft vor allem Membranproteine und sezernierte, also aus der Zelle ausgeschleuste Proteine, die vielfältig glykosyliert werden oder Proteine, die erst durch Reifung in einen aktiven Zustand überführt werden (s. Kap. 17.2.5, S. 243). Da Bakterien nicht in der Lage sind, diese Modifizierungen durchzuführen, wird oftmals auf **eukaryotische Zellen zur Produktion rekombinanter eukaryotischer Proteine** zurückgegriffen. Hierbei verwendet man vorzugsweise **Hefezellen**, die leicht zu transformieren und zu vermehren sind. Aber auch Zellkulturzellen höherer Eukaryonten finden hierfür Anwendung.

Die verwendeten **Expressionsvektoren** erfüllen prinzipiell die gleichen Anforderungen wie bakterielle Plasmide: Sie haben einen eigenen Replikationsstart und in den meisten Fällen eine multiple Klonierungsstelle. Ferner tragen sie ein Gen, das die Selektion transformierter Zellen erlaubt, z. B. ein Resistenzgen gegen ein Antibiotikum (in vielen Fällen gegen **Neomycin**, das die mitochondriale Proteinsynthese hemmt, vgl. Kap. 15.4, S. 186), und sie besitzen einen induzierbaren Promotor. Entsprechend der Vorgehensweise bei Bakterien wird der kodierende Teil eines Gens, meist eine cDNA, in das Plasmid kloniert und in die Zellen eingebracht, was auf verschiedene Weise erfolgen kann: entweder durch **Transfektion** (ähnlich wie bei Bakterien, s. Kap. 19.1.1, S. 262), durch **Injektion der DNA** direkt in die Zelle oder durch **Beschuss mit Partikeln**, deren Oberfläche mit der Plasmid-DNA beschichtet ist (particle bombardment). In Gegenwart des Antibiotikums können nur die Zellen, die ein Plasmid erhalten haben, überleben und sich vermehren. Nach Zugabe des Induktors erfolgt die Transkription des klonierten Gens und Translation des Proteins, das anschließend aus den Zellen isoliert werden kann.

Eukaryotische Expressionsvektoren werden nicht nur zur Anreicherung und anschließenden Isolierung eines Proteins verwendet, sondern dienen oftmals auch zur funktionellen Analyse eines Proteins. Eine wichtige Anwendungsmethode ist das sog. **Hefe-Zwei-Hybridsystem**. Dieses wird u. a. zum Nachweis einer **direkten Bindung zwischen zwei Proteinen** eingesetzt. Man macht sich hierbei die Tatsache zunutze, dass ein **Transkriptionsfaktor** zwei funktionelle Bereiche besitzt, eine **DNA-Bindungsdomäne** und eine **transaktivierende Domäne** (s. Kap. 17.2.2, S. 228). Erstere erkennt und bindet eine spezifische DNA-Sequenz, während letztere mit Komponenten der Transkriptionsmaschinerie interagiert und somit die Transkription aktiviert. Im Hefe-Zwei-Hybridsystem werden zwei Expressionsplasmide gleichzeitig in eine Hefezelle transformiert, wobei die beiden Plasmide jeweils verschiedene Fusionsproteine kodieren: Das eine Fusionsprotein besteht aus der DNA-bindenden Domäne eines Hefe-Transkriptionsfaktors, z. B. GAL4-BD, fusioniert mit dem zu testenden Protein, genannt **Köderprotein** A. Das andere Plasmid kodiert ein Fusionsprotein aus der transaktivierenden Domäne, GAL4-AD, fusioniert an das Protein B, das **Beuteprotein** (Abb. 19.**23**).

Nach Transformation mit beiden Plasmiden werden die Fusionsproteine gebildet. Können die Proteine A und B aneinander binden, so werden die DNA-bindende- und die transaktivierende Domäne von GAL4 in enge Nachbarschaft gebracht, ein funktionsfähiger Transkriptionsfaktor ist wieder hergestellt. Die Hefezellen enthalten außerdem ein sog. **Reportergen**, das die Bindungsstellen für **GAL4**, die **u**pstream **a**ctivating **s**equences (**UAS**) enthält. Das Reportergen wird nur dann transkribiert, wenn ein funktionelles GAL4-Protein, bestehend aus beiden Domänen,

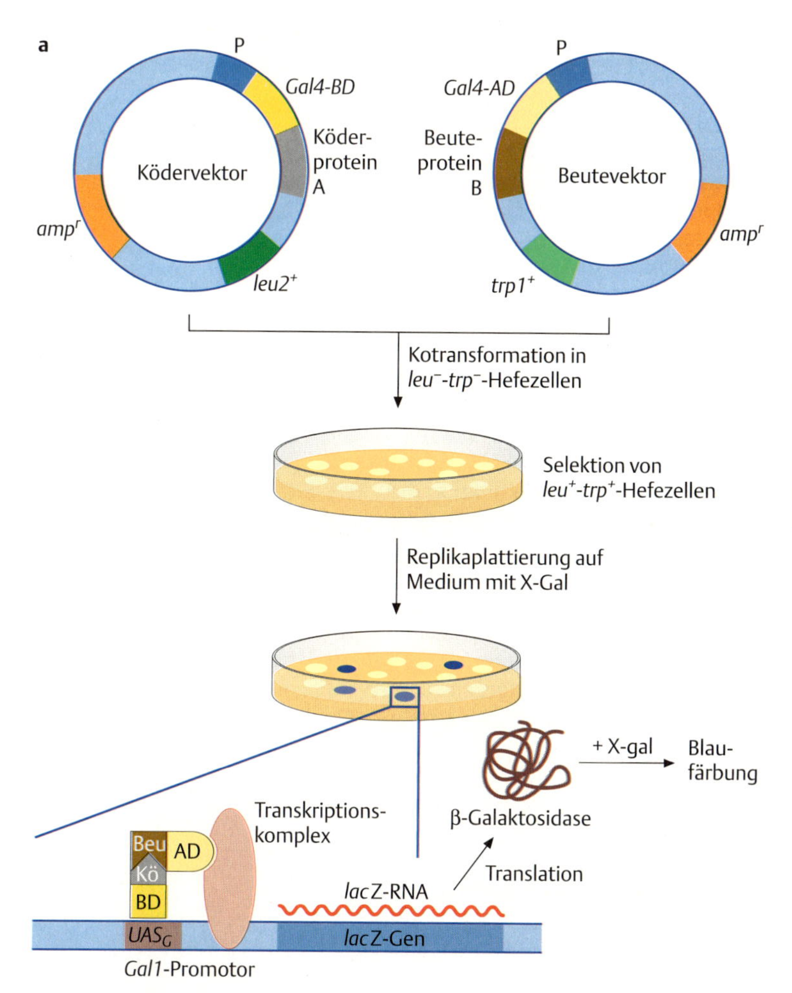

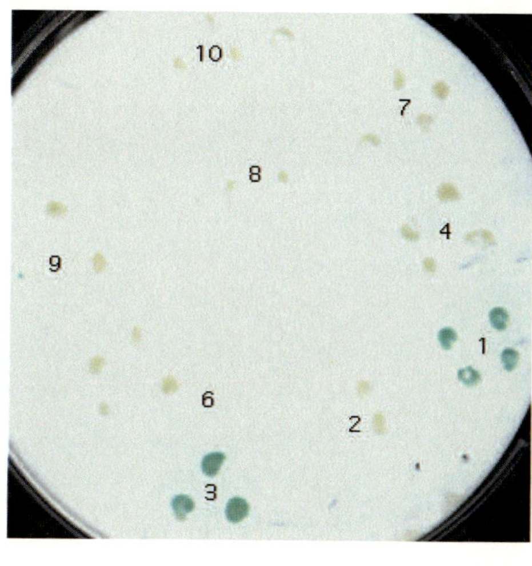

Abb. 19.23 Das Hefe-Zwei-Hybridsystem zur Untersuchung von Protein-Protein-Interaktionen.
a Der Ködervektor kodiert ein Fusionsprotein, bestehend aus der DNA-Bindungsdomäne des Transkriptionsfaktors Gal4 (*Gal4-BD*, gelb) und dem Protein, dessen Interaktion getestet werden soll (Köderprotein A; grau). *leu2* kodiert für β-Isopropylmalat-Dehydrogenase, ein Enzym der Leucinbiosynthese. Der Beutevektor kodiert ein Fusionsprotein bestehend aus der Aktivierungsdomäne von Gal4 (*Gal4-AD*, hellgelb) und dem zweiten Interaktionspartner, dem Beuteprotein B (braun). Es trägt zusätzlich *trp1*, das die für die Tryptophanbiosynthese nötige N-(5′-Phosphoribosyl)-Anthranilat-Isomerase kodiert. Beide Plasmide werden gleichzeitig in Hefezellen transformiert und die Zellen werden dann auf Agarplatten ohne Leucin und Tryptophan ausplattiert. Nur die Zellen, die beide Plasmide erhalten haben, können unter diesen Selektionsbedingungen wachsen. Durch die Interaktion von Beute- und Köderprotein wird ein funktionsfähiger Gal4-Transkriptionsfaktor hergestellt, der nun an den *Gal1*-Promotor (UAS_G; upstream activating sequence) binden kann, was zur Transkription des Reportergens *lacZ* führt. Die nach Translation gebildete β-Galaktosidase kann das zugegebene Substrat X-Gal umsetzen, was zu einer Blaufärbung führt.
b Filter mit Hefekolonien, in denen eine Interaktion zwischen Köder und Beute stattgefunden hat (1 und 3) bzw. nicht stattgefunden hat (übrige Kolonien) [b Bild von Özlem Kempkens, Düsseldorf].

gebildet wird und an die *UAS* bindet. Das Genprodukt des Reportergens, im hier gezeigten Beispiel das Gen für die bakterielle β-Galaktosidase, ist leicht nachzuweisen. Nach Zugabe des Substrats X-Gal wird dieses durch β-Galaktosidase zu einem blauen Reaktionsprodukt umgesetzt: Die Hefekolonien färben sich blau (Abb. 19.**23b**)

Das Hefe-Zwei-Hybridsystem wird auch dann verwendet, wenn man **Bindungspartner eines bekannten Proteins** finden will. In diesem Fall wird das bekannte Protein als Fusionsprotein mit der DNA-Bindungsdomäne von dem sog. **Köderplasmid** kodiert. Da man den Bindungspartner noch nicht kennt, müssen möglichst viele Proteine getestet werden. Wie erhält man nun diese unbekannten Proteine? Hierzu stellt man eine cDNA-Bank her (s. Kap. 19.1.2, S. 271), wobei der verwendete Vektor das **Beuteplasmid** ist (s. Abb. 19.**23**). Jede cDNA, die in diesen Vektor im richtigen Leseraster kloniert ist, kann nun als Fusionsprotein mit der DNA-Aktivierungsdomäne exprimiert werden. Nun wird diese cDNA-Bank in solche Hefezellen transformiert, die das Köderplasmid und ein Reportergen enthalten, d. h. jede Hefezelle trägt dann neben dem Köder- auch ein Beuteplasmid, wobei unterschiedliche Hefezellen Beuteplasmide mit unterschiedlichen proteinkodierenden Regionen enthalten und somit unterschiedliche Fusionsproteine kodieren. Nur wenn das Beuteplasmid ein Protein kodiert, das mit dem bekannten, vom Köderplasmid kodierten Protein interagiert, kommt es zur Bildung eines **vollständigen Transkriptionsfaktors**, der nach Bindung an die regulatorische Sequenz des Reportergens dessen Expression induziert. Das Beuteplasmid kann nun aus den Hefezellen isoliert und die Sequenz der cDNA bestimmt werden. Durch weitere Arbeiten muss dann allerdings bestätigt werden, dass die vom Köder- und Beuteplasmid kodierten Proteine auch tatsächlich *in vivo* miteinander interagieren.

19.4 Transgene Organismen

Zu Beginn dieses Kapitels wurde gezeigt, dass die Herstellung rekombinanter DNA die Vermehrung und Charakterisierung einzelner Gene, Genabschnitte oder cDNAs ermöglicht. Die Vermehrung der klonierten DNA erfolgt meistens in Bakterien, die somit **transgene Organismen** oder **gentechnisch veränderte Organismen** (**GvO**) darstellen, da sie zusätzlich **zu ihrem eigenen Genom Fremd-DNA** tragen. Heute ist es möglich, Transgene auch in höhere Organismen, etwa *Drosophila*, Maus oder Pflanzen, einzubringen und somit vielzellige transgene Organismen herzustellen. Anders als Bakterien besitzen die meisten vielzelligen Organismen keine extrachromosomalen Plasmide, über die man ein Transgen in die Zelle einschleusen könnte. Das bedeutet, dass die zusätzliche DNA in das Genom integriert werden muss, wenn sie stabil an die Nachkommen vererbt werden soll.

Noch ein weiteres Problem ergibt sich bei der Erzeugung transgener vielzelliger Organismen. Bringt man ein Transgen in eine Bakterienzelle ein, so werden alle ihre Nachkommen dieses Transgen erben. Bringt man ein Transgen in eine Körperzelle eines vielzelligen Organismus, z. B. in eine Hautzelle, so erhalten nur die Nachkommen dieser Zelle das Transgen, nicht aber die Nachkommen anderer Gewebe und schon gar nicht die Zellen der Nachkommen. Möchte man dies erreichen, muss das **Transgen** in das **Genom der Keimbahn**, also in die Vorläuferzellen von Eizellen oder Spermien, gelangen, denn nur deren Genom wird an die nächste Generation weitergegeben.

19.4.1 Transgene *Drosophila*-Stämme

Das **P-Element** von *Drosophila* ist ein in einigen Stämmen natürlich vorkommendes mobiles genetisches Element, ein so genanntes Transposon. Es enthält ein 2907 bp langes Gen, das für das Enzym Transposase kodiert. An beiden Enden wird dieses Gen von einer kurzen Sequenz von 31 bp flankiert, deren Richtung gegenläufig ist (IR, **i**nverted **r**epeats, s. Abb. 18.**6**, S. 253). **Transposase** erkennt die Enden des P-Elements und katalysiert sowohl das Ausschneiden wie das Einfügen dieser DNA. Aufgrund der Fähigkeit zur **Transposition** heißen **Transposons** auch „springende Gene" (s. Kap. 18.2.2, S. 253). Es gibt jedoch defekte P-Elemente, die nicht mehr autonom transponieren können, da sie selbst keine Transposase mehr kodieren. Sie können allerdings mobilisiert werden, wenn die Transposase durch eine zusätzliche DNA zur Verfügung gestellt wird, etwa durch ein weiteres, vollständiges P-Element im selben Genom.

Das P-Element wird benutzt, um fremde DNA dauerhaft in das Fliegengenom zu integrieren. In Abb. 19.**24** ist ein Transformationsexperiment

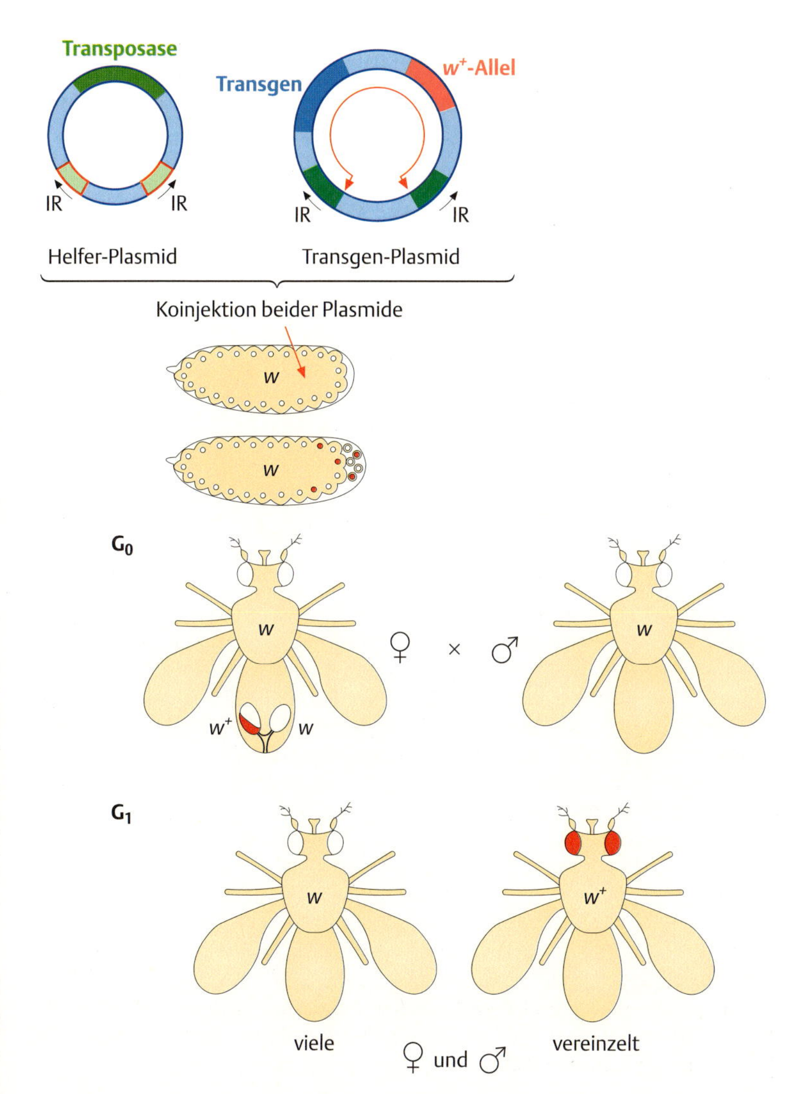

Abb. 19.24 Ablauf zur Erzeugung transgener Fliegen mit Hilfe des P-Elements. Das Transgen-Plasmid trägt neben dem Transgen die für die Integration nötigen invertierten Repeats (IR, grün), ihm fehlt aber die transposasekodierende Region. Das Helfer-Plasmid kodiert die Transposase, kann aber selbst nicht in das Genom integrieren, da die invertierten Repeats defekt sind. Zum weiteren Ablauf des Experiments s. Text.

dargestellt. Man benötigt dazu zwei verschiedene P-Elemente, die in Plasmiden in Bakterien vermehrt werden.

Das zu integrierende **Transgen-Plasmid**, der P-Vektor, hat folgende Eigenschaften:
- er enthält das zu integrierende Transgen,
- dazu ein Markergen, mit dessen Hilfe die erfolgreiche Transformation phänotypisch erkannt werden kann (hier das w^+-Allel),
- die für die Integration in das Genom nötigen IR-Sequenzen, jedoch kein Transposase-Gen.
- eine multiple Klonierungsstelle (vgl. Kap. 19.1.1, S. 262), um Fremd-DNA zu klonieren sowie ein Antibiotikum-Resistenzgen und einen Replikationsstart, um eine Vermehrung in Bakterien zu ermöglichen (Abb. 19.**24**, oben).

Das P-Element des **Helfer-Plasmids** kodiert für Transposase, seine inverted repeats sind jedoch defekt, so dass die Transposase dieses P-Element nicht aus dem Plasmid ausschneiden und in das Genom integrieren kann.

Beide Plasmide werden in das Zytoplasma am Hinterende sehr junger *white*-Embryonen injiziert, bei denen die Bildung von Polzellen, der Vorläuferzellen der Keimzellen, noch nicht begonnen hat (zum Ablauf der Embryogenese von *Drosophila* s. Kap. 21, S. 345). Während der folgenden Kernteilungen kann das P-Element mit dem Transgen mit Hilfe der Transposase in eine zufällige Stelle chromosomaler DNA integriert werden. Im Blastodermstadium gibt es dann sowohl somatische Zellen als auch Keimbahnzellen, die das P-Element dauerhaft enthalten. Die Helfer-Plasmide gehen verloren.

Die Fliege der so genannten G-Generation wird im günstigen Fall in ihrer Gonade neben den *w*- auch w^+-Gameten (rote Markierung im Ovar) bilden können. Wird sie mit einer *w*-Fliege gekreuzt, wird man in der G_1-Generation neben weißäugigen auch rotäugige Fliegen finden, die in allen Zellen neben den eigenen *w*-Allelen auch das w^+-Allel und das Transgen enthalten.

19.4.2 Transgene Pflanzen

Mit Beginn des Ackerbaus vor über 10 000 Jahren begann auch die **Kultivierung** zahlreicher **Nutzpflanzen**, mit dem Ziel, ihre Erträge zu steigern und sie besser an einen gegebenen Standort anzupassen. Bereits vor der Entdeckung der genetischen Gesetzmäßigkeiten haben Züchter erkannt, dass gelegentlich Veränderungen auftreten, die man durch **gezielte Kreuzungen** über viele Generationen selektionieren kann, so dass Hybride mit verbesserten Eigenschaften entstehen. Später wurden durch **Röntgenstrahlen** oder **chemische Mutagene** vermehrt Mutationen induziert und diese durch gezielte Kreuzungsexperimente selektioniert. Die Möglichkeit, **Transgene in Pflanzen** einzuführen und diese stabil zu vererben, erlaubt eine Veränderung der genetischen Eigenschaften innerhalb weniger Generationen. Dadurch lassen sich nicht nur Erträge erhöhen, sondern auch spezifische Resistenzen erzeugen, sei es gegen Kälte oder Trockenheit, gegen Schädlinge oder gegen bestimmte Herbizide, die zur Bekämpfung von Unkräutern auf die Felder ausgebracht werden. Die eingebrachten Transgene sind, je nach Fragestellung, tierischen, pflanzlichen oder bakteriellen Ursprungs.

Der Vektor, der routinemäßig zur Erzeugung transgener Pflanzen Verwendung findet, ist ein Derivat des **t**umor**i**nduzierenden **Ti-Plasmids** des Erdbakteriums *Agrobacterium tumefaciens*, dem Erreger von Wurzelhalsgallen, Tumoren am Übergang zwischen Spross und Wurzel. Für die Tumorauslösung entscheidend ist die etwa 23 kb lange T-DNA (**t**ransferred-DNA), die etwa 10 % des zirkulären Ti-Plasmids ausmacht (Abb. 19.**25a**). Sie wird an beiden Seiten von 25 bp langen Grenzsequenzen flankiert, die essenziell für die Übertragung der T-DNA sind. Verletzung einer pflanzlichen Zelle führt zur Synthese von Acetosyringon (4-Acetyl-2,6-dimethoxyphenol), einer phenolischen Verbindung, die eine Komponente der pflanzlichen Wundreaktion darstellt. **Acetosyringon** bindet an die vom Bakterium hergestellte Histidinkinase VirA, die wiederum einen Transkriptionsfaktor, VirG, phosphoryliert. Durch diesen werden weitere Gene der etwa 30 kb großen **vir-**(**Vir**ulenz-)**Region** aktiviert. Ihre Aktivität induziert in den Bakterien die Synthese und das Heraustrennen einer Einzelstrang-Kopie der T-DNA, flankiert durch die beiden Grenzsequenzen. Andere Gene der *vir*-Region ermöglichen die Verpackung mit ssDNA-Bindeprotein zum T-Exportkomplex und die anschließende Übertragung dieses Komplexes durch die Bakterienmembran in die pflanzliche Zelle. Dort wird die T-DNA mehr oder weniger zufällig in die genomische DNA integriert. Die T-DNA trägt mehrere Gene, die sowohl das Tumorwachstum als auch die Synthese ungewöhnlicher Aminosäurederivate, wie die der **Opine Octopin** oder **Nopalin**, kontrollieren. Diese können von den Bakterien als Kohlenstoff- und Stickstoff-Quelle benutzt werden und ermöglichen somit ihr Überleben.

Für die **Erzeugung transgener Pflanzen** verwendet man *E. coli*-Plasmide, die die T-DNA, allerdings ohne die tumorauslösenden Sequenzen, plus ein Selektionsgen plus das zu übertragende Fremdgen tragen. Diese werden in Agrobakterien transferiert, die ein Plasmid mit der *vir*-Region tragen, und mit diesen werden dann Pflanzenzellen infiziert. Die Infektion erfolgt meist dadurch, dass man **Organexplantate**, wie Blatt- oder Hypokotylstückchen, **mit *A. tumefaciens* infiziert** und anschließend aus diesen Explantaten ganze Pflanzen regeneriert (Abb. 19.**25b**). Bei *Arabidopsis* funktioniert auch die sog. „In-planta"-Methode, bei der man die Blütenknospen kurz vor dem Aufblühen abschneidet und die Schnittstelle in eine Suspension mit *A. tumefaciens*-Bakterien taucht. Hat ein Agrobakterium die Vorläuferzelle für einen männlichen oder weiblichen Gameten infiziert, so lassen sich aus den an der regenerierten Blüte gebildeten Samen transgene Pflanzen erzeugen.

Mit dieser Methode wurden erfolgreich verschiedene **dikotyle Pflanzen** transformiert, wie z. B. Kartoffel, Tomate, Tabak oder *Arabidopsis*, von denen viele eine große Bedeutung in der Landwirtschaft haben. So konnten Pflanzen mit völlig neuen Eigenschaften erzeugt werden, etwa solche, die resistent gegen Befraß durch Insektenlarven oder gegen Herbizide sind. Auch werden Versuche unternommen, um Pflanzen als sog. „Bioreaktoren" einzusetzen, in denen in großen Mengen bestimmte Stoffe, etwa Impfstoffe, hergestellt werden können (Tab. 19.**3**). **Mono-**

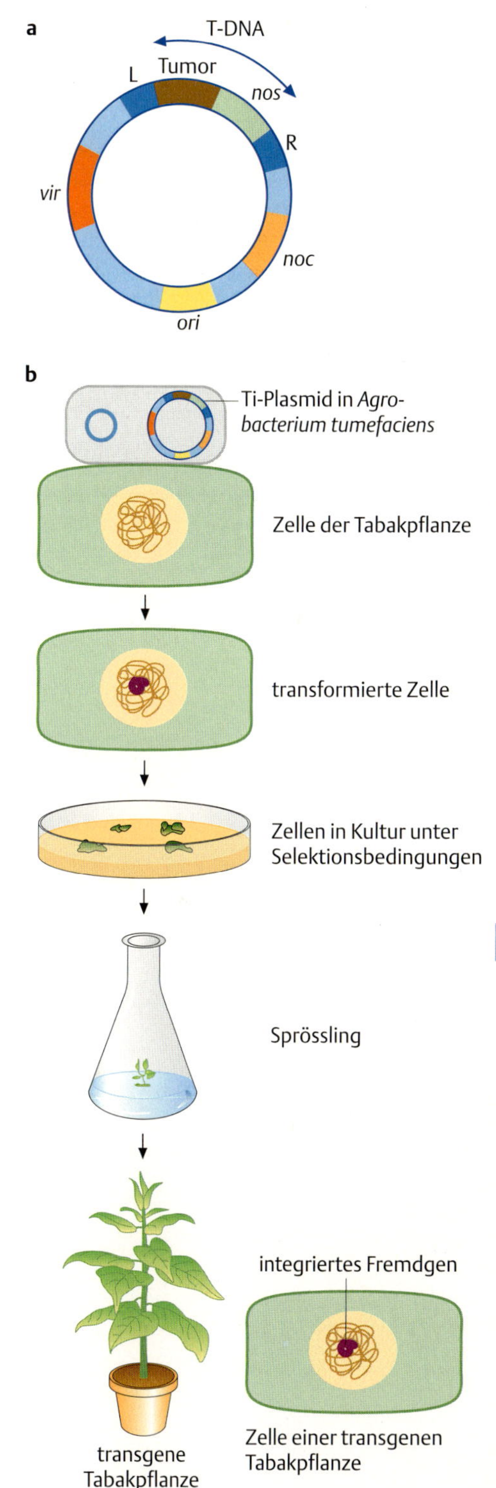

Abb. 19.25 Erzeugung transgener Pflanzen mit Hilfe des Ti-Plasmids.
a Aufbau eines Ti-Plasmids von *Agrobacterium tumefaciens* vom Nopalin-Typ. Tumor = Gene für die Tumorauslösung, *nos* = Nopalinsynthetase, *noc* = Gen für den Nopalinkatabolismus, *vir* = Virulenz-Region, *ori* = origin of replication (Replikationsstart), L, R = linke und rechte Region, für die Übertragung der T-DNA in die pflanzliche Zelle nötige Sequenzen. Nur die T-DNA wird in das pflanzliche Genom übertragen.
b Plasmidtragende *Agrobacterium tumefaciens*-Bakterien infizieren eine Zelle, in deren Genom die Plasmid-DNA integriert. Aus dieser Zelle wird eine vollständige neue Pflanze gebildet, die nun transgen ist.

Tab. 19.3 Beispiele für gentechnisch modifizierte Pflanzen

Pflanze	Transgen	Übertragene Eigenschaft
Baumwolle, Mais, Kartoffel	Bt-Toxin aus *Bacillus thuringiensis* (= Endotoxin, das Löcher im Darm von Insektenlarven verursacht)	Resistenz gegen Befraß durch Larven zahlreicher Insektenarten, vor allem Lepidopteren
Tabak, Sojabohne	Bakterielle 5-Enolpyruvylshikimat-3-Phosphat-Synthase ist essenziell für die Synthese aromatischer Aminosäuren.	Das bakterielle Enzym besitzt eine etwa vierfach höhere Toleranz für das Herbizid Glyphosat (*Roundup*) als das von der Wirtspflanze kodierte Enzym.
Petunie	Chalconsynthasegen aus Mais (Enzym des Synthesewegs des purpurfarbenen Pigments Anthocyan)	veränderte Blütenpigmentierung
Tomate	Antisense-RNA des Polygalakturonidasegens	verlangsamtes Verderben der Tomate („Anti-Matsch-Tomate")
Reis	Cholinoxidase aus *Arthrobacter globiformis* katalysiert die Umwandlung von Cholin zu Glycinbetain	Steigerung der Stressresistenz (z. B. gegen Trockenheit oder Kälte) durch Stabilisierung von Proteinen
Tabak	leichte und schwere Kette eines monoklonalen Antikörpers der Maus	Expression eines funktionsfähigen Antikörpers; Verwendung der transgenen Pflanze als „Bioreaktor"

kotyle Pflanzen, wie Reis, Mais oder Getreide, lassen sich allerdings nicht ohne Weiteres mit T-DNA transformieren, vermutlich deshalb, weil bei ihrer Wundreaktion die nötigen Induktoren nicht gebildet werden. Um dieses Problem zu umgehen, fügt man bei der Transformation von Reis oder Mais mit *A. tumefaciens* extern Acetosyringon hinzu und verwendet darüber hinaus T-Helfer-Plasmide mit modifizierten *virA*/*virG*-Genen, sog. supervirulente Plasmide. Alternativ kann man die DNA durch Beschuss der Zellen mit Partikeln, an denen die DNA fixiert ist, in die Pflanzenzellen einbringen, in denen die DNA dann in das Genom integriert wird („particle gun"-Methode).

Unter dem Begriff **gentechnisch veränderte Lebensmittel** (genetically modified (GM) food) verbirgt sich eine Vielzahl gentechnologischer Anwendungen (Box 19.**4**). Diese schließen nicht nur transgene Pflanzen, etwa Tomate oder Soja, ein, die direkt als Lebensmittel verwendet werden (s. Tab. 19.**3**), sondern darunter werden auch solche Lebensmittel gezählt, für deren Erzeugung Enzyme oder Additive verwendet werden, die aus gentechnisch veränderten Mikroorganismen gewonnen werden. Ein Beispiel für die zuletzt genannte Anwendung ist das für die Käseherstellung und ursprünglich aus Kälberlab isolierte **Kalbschymosin**, das heute vorzugsweise aus genetisch veränderten Stämmen von *E. coli* oder des Pilzes *Aspergillus niger* gewonnen wird. Die rekombinant hergestellten Enzyme stimmen in ihrer Aminosäuresequenz vollständig mit dem ursprünglichen Enzym aus dem Kalb überein.

Die T-DNA stellt auch ein wichtiges Instrument in der pflanzengenetischen Forschung dar. Sie kann zur Erzeugung neuer Insertionsmutanten verwendet werden, indem eine Genfunktion durch Integration der T-DNA in das Gen zerstört wird. Die DNA des betroffenen Gens kann dann mit Hilfe einer markierten T-DNA-Sonde aus einer genomischen Bibliothek isoliert und kloniert werden.

19.4.3 Transgene Mäuse

Neben der Verwendung von Transposons (oder Viren) zur Übertragung von Transgenen ist es bei einigen Organismen möglich, Fremd-DNA direkt, also ohne Hilfe von Vektoren, in das Genom der Empfängerzelle zu integrieren. Hierbei wird die DNA durch **homologe Rekombination** in das Genom einer Zelle inseriert, eine Methode, die vorzugsweise bei der **Bäckerhefe** (*Saccharomyces cerevisiae*) und bei der **Maus** verwendet wird. Die Integration erfolgt an einer Stelle im Genom, die Sequenzidentität mit der eingebrachten DNA aufweist.

Homologe Rekombination

Der Begriff sagt bereits, dass bei diesem Vorgang der Einbau der von außen zugegebenen DNA durch Rekombination erfolgt, wobei ein Abschnitt genomischer DNA durch Fremd-DNA ausgetauscht wird. Der Austausch wird dadurch ermöglicht, dass die von außen in die Zelle gebrachte DNA an den Enden Sequenzabschnitte enthält, die homolog zu Sequenzen im Genom sind. Die Methode erlaubt also den **gezielten Einbau einer Fremd-DNA** an einer vorher **festgelegten Stelle im Genom** (**gene targeting**). In vielen Fällen wird durch homologe Rekombination ein Gen ausgeschaltet, inaktiviert. Mausgenetiker sprechen dann von einem **„knock-out"** des Gens, Hefegenetiker bevorzugen hierfür den Begriff **Disruption** eines Gens. Die Methode der Inaktivierung eines Gens durch homologe Rekombination soll hier am Beispiel der Ausschaltung eines Mausgens erläutert werden.

Voraussetzung für eine homologe Rekombination ist, dass die Sequenz des Gens, das ausgeschaltet werden soll, zumindest teilweise bekannt ist. Es wird dann ein Abschnitt des Gens, z. B. ein Exon, in ein entsprechendes Plasmid, den **Austauschvektor** (targeting vector) kloniert. Das Exon wird vorher *in vitro* mutiert. Dies kann dadurch erfolgen, dass ein Abschnitt des Exons durch eine andere Sequenz ersetzt wird, wobei hierbei sehr häufig das Neomycin-Resistenzgen verwendet wird (Abb. 19.**26**). Durch die Insertion des Neomycingens wird das offene Leseraster des Exons unterbrochen. Nun transfiziert man den **Austauschvektor in embryonale Stammzellen** (s. u.). Die Sequenzen an den Enden des klonierten Exons erkennen die homologen Sequenzen im Genom der Zelle und lagern sich an diese an. Es kommt zum **Austausch der chromosomalen Sequenzen** durch die entsprechenden Sequenzen des Austauschvektors (siehe Abb. 19.**26**).

Nach Zugabe von **Neomycin** ins Medium überleben nur die Zellen, in denen eine Integration stattgefunden hat. Zur Unterscheidung von homologer und nicht-homologer Rekombination enthält der Austauschvektor außerdem ein virales Gen, das für **Thymidinkinase (tk)** des Herpesvirus kodiert. Thymidinkinase katalysiert den Abbau synthetischer Nukleoside, z. B. von **Ganciclovir**, zu Produkten, die zum Tod von sich teilenden Zellen führen. Bei homologer Rekombination wird das *tk*-Gen nicht mit in die genomische DNA eingebaut, wohl aber bei nicht-homologer Rekombination. Nach Zugabe von Ganciclovir ins Medium werden nur die Zellen abgetötet, in denen eine nicht-homologe Rekombination stattgefunden hat. Zellen, in denen eine homologe Rekombination stattgefunden hat, überleben (s. Abb. 19.**26**). Die korrekte Integration des mutierten Exons kann anschließend durch Southern-Blot-Analyse der genomischen DNA (s. Abb. 19.**14**, S. 277) bestätigt werden.

Erzeugung von Mosaikmäusen

Wie erhält man nun aus heterozygot mutanten **embryonalen Stammzellen** (ES-Zellen) eine heterozygot bzw. homozygot mutante Maus? Dazu muss zunächst ein wenig über **ES-Zellen** gesagt werden. Embryonale

Box 19.4 Pro und Kontra gentechnisch modifizierter Lebensmittel

Die Erzeugung gentechnisch modifizierter, also durch Einführung eines Transgens veränderter Pflanzen kann gezielt und sehr viel schneller als über genetische Selektion eines, meist zufällig aufgetretenen Merkmals, Pflanzen mit neuen Eigenschaften hervorbringen. In Anbetracht einer ständig wachsenden Weltbevölkerung ergibt sich in der Zukunft das Problem nach ihrer ausreichenden Ernährung. Es erscheint nicht sehr wahrscheinlich, dass dieses Ziel allein durch die Züchtung von Pflanzen, die höhere Erträge liefern, erreicht werden kann. Wichtig sind neue Pflanzenvarietäten, die auch an ungünstigen Standorten wachsen können und besser gegen Schädlinge geschützt sind.

Allerdings ist der Anbau und die Verwendung von gentechnisch modifizierten Lebensmitteln nicht unumstritten. So kann nicht völlig ausgeschlossen werden, dass ihr Verzehr allergische Reaktionen auslöst, wenn der Konsument Unverträglichkeiten gegen das vom Transgen kodierte Protein besitzt. Die Aufnahme der vom Transgen kodierten DNA durch den Darm ist genauso unwahrscheinlich wie die Aufnahme großer Mengen anderer DNA, die wir täglich mit der Nahrung zu uns nehmen (Salat, Fleisch usw.), zumal sie durch DNasen und durch den niedrigen pH-Wert im Magen sehr stark fragmentiert wird. Die Möglichkeit, dass das Transgen auf nahe verwandte Arten übertragen werden kann und somit eine unkontrollierte Verbreitung zur Folge hat, kann hingegen nicht ausgeschlossen werden. Eine weitere Sorge besteht darin, dass bei der Kultivierung herbizidresistenter Pflanzen hohe Herbizidkonzentrationen zur Anwendung kommen, was den resistenten Pflanzen nicht schadet, aber möglicherweise zu einer erhöhten Herbizidkonzentration im jeweiligen Lebensmittel führt.

Der Vorteil gentechnisch modifizierter Lebensmittelpflanzen liegt darin, dass Pflanzen mit neuen Eigenschaften ganz gezielt gezüchtet werden und somit an sehr spezifische und zum Teil ungünstige Umweltbedingungen angepasst werden können oder höhere Erträge bei gleichen Produktionskosten liefern. Ferner kann bei Pflanzen, die gegen Insektenbefraß resistent sind, auf die Anwendung hoher Pestizidkonzentrationen verzichtet werden. So konnten in China die Kosten für die Produktion insektenresistenter Baumwolle um 28 % gesenkt werden, da das Aussprühen von Insektiziden von 20 auf 6-mal/Jahr reduziert werden konnte.

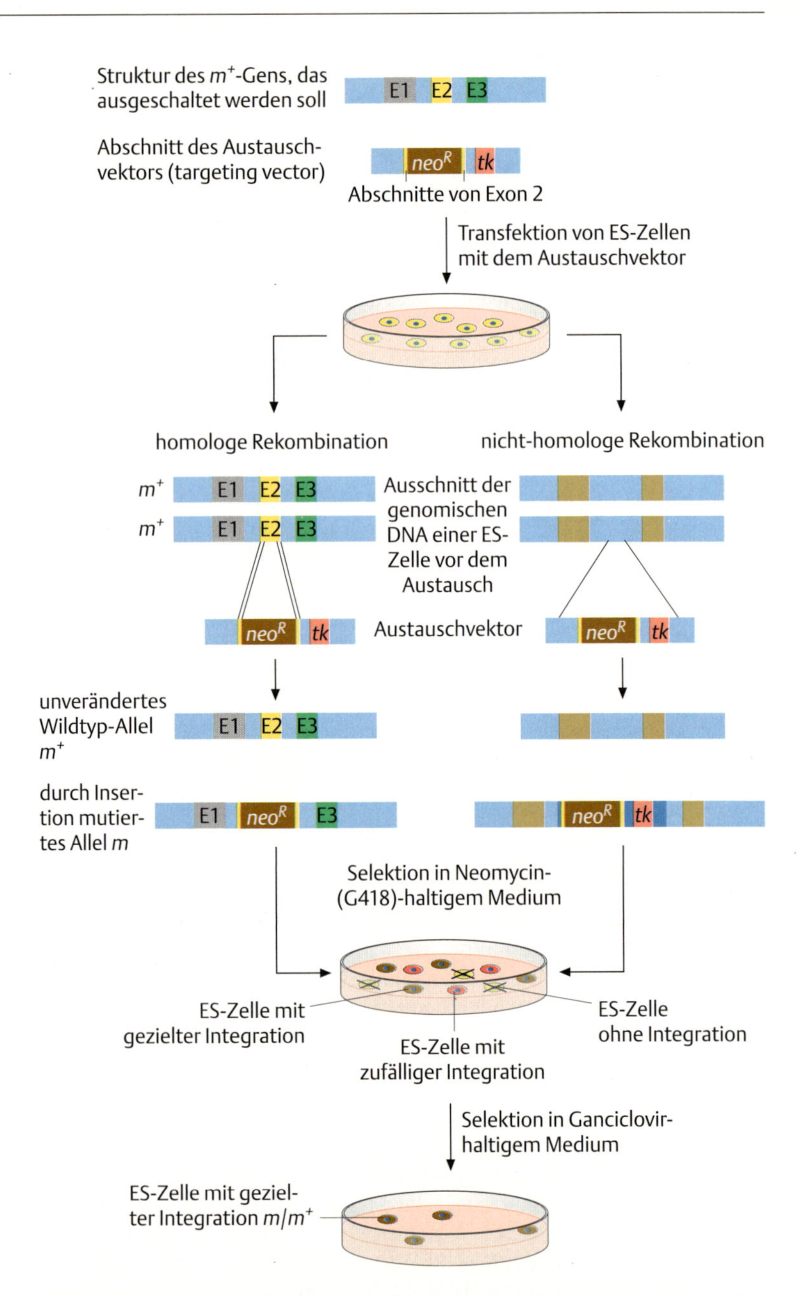

Abb. 19.26 Gezieltes Einführen einer Mutation in ein Mausgenom durch homologe Rekombination. Im Austauschvektor sind Sequenzen des zweiten Exons (E2, gelb) des Gens, das ausgeschaltet werden soll, durch das Neomycin-Resistenzgen (*neo*^{R}, braun) ersetzt worden. Außerdem trägt er das Thymidinkinase-Gen des Herpesvirus (*tk*). Die DNA wird in embryonale Stammzellen (ES-Zellen) transfiziert. Bei homologer Rekombination werden Sequenzen von Exon 2 durch das Neomycingen ersetzt, wobei das *tk*-Gen verloren geht. Bei nicht-homologer Rekombination wird auch das *tk*-Gen in die genomische DNA integriert. Nach Zugabe von Neomycin (G418) ins Kulturmedium können nur die Zellen wachsen, die ein integriertes Transgen und damit auch ein *neo*^{R}-Gen tragen. Selektion der Zellen mit homologem Austausch erfolgt in ganciclovirhaltigem Medium, das Zellen mit einem *tk*-Gen abtötet. Die überlebenden Zellen sind heterozygot für die Mutation.

Stammzellen gewinnt man aus einem Mausembryo im Blastozystenstadium. In diesem Stadium gibt es zwei Zelltypen: Die äußeren Zellen bilden das **Trophektoderm**, aus dem sich extraembryonales Gewebe bildet, die inneren Zellen oder die **innere Zellmasse** stellen den eigentlichen Embryo dar. Im Blastozystenstadium sind die Zellen der inneren Zellmasse noch **pluripotent**, d.h. nach Transplantation einer oder mehrerer dieser Zellen in die Blastozyste eines anderen Embryos können sich diese im Empfängerembryo noch in alle Zelltypen differenzieren, einschließlich der Keimzellen (Abb. 19.**27**).

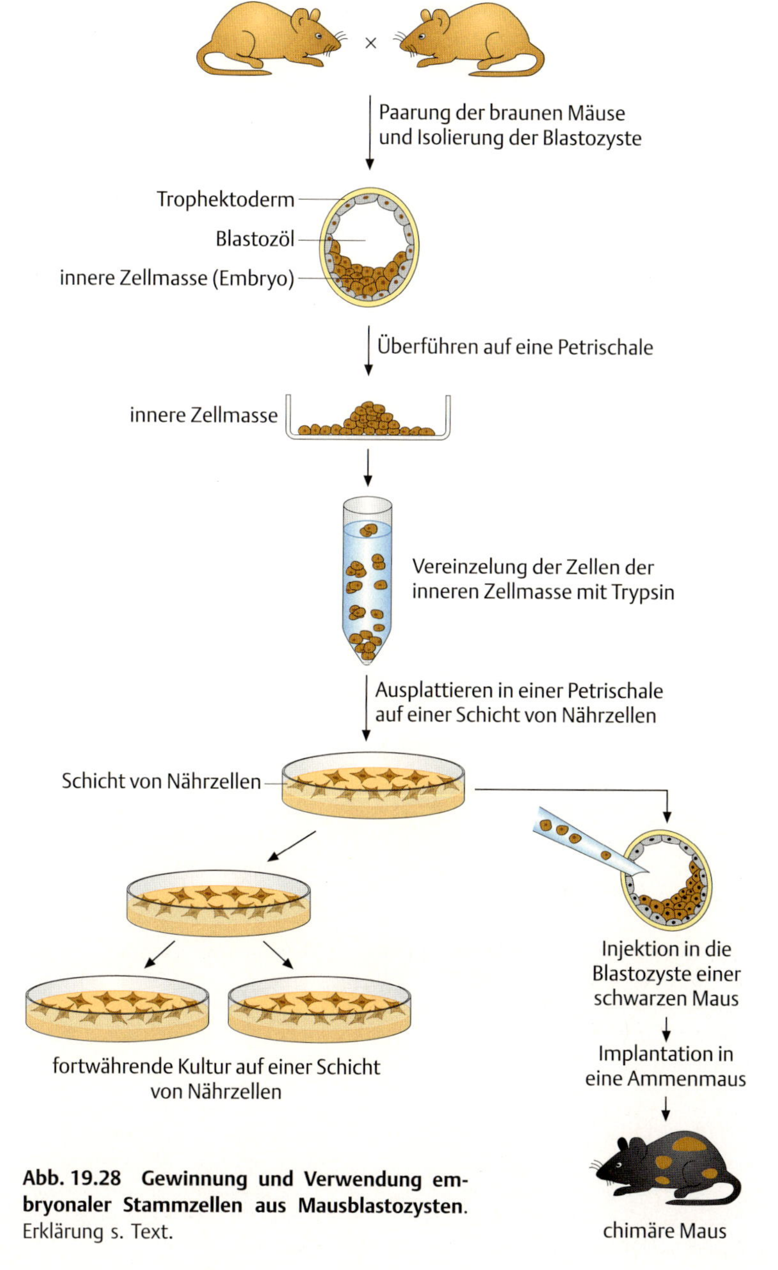

Abb. 19.28 Gewinnung und Verwendung embryonaler Stammzellen aus Mausblastozysten. Erklärung s. Text.

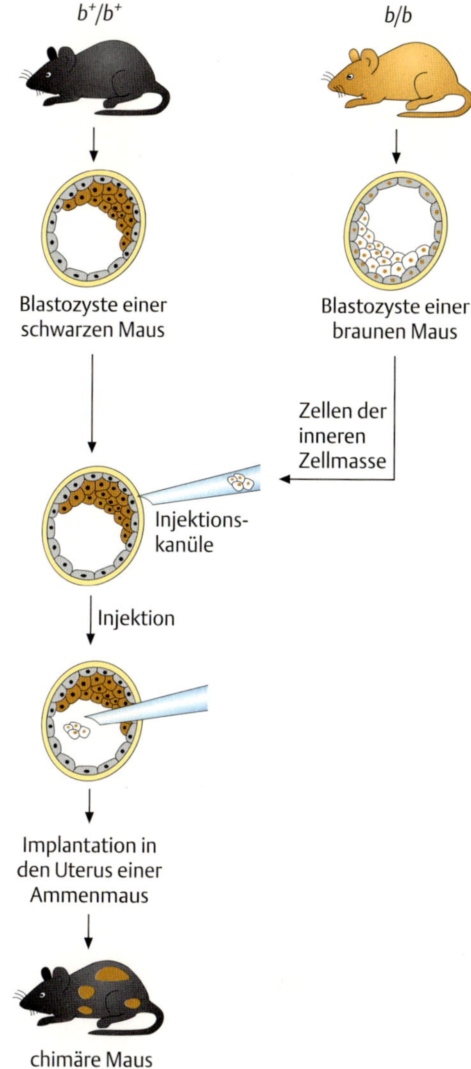

Abb. 19.27 Erzeugung einer chimären Maus. Zellen der inneren Zellmasse einer Blastozyste einer braunen *b/b*-Maus werden in die Blastozyste einer schwarzen b^+/b^+-Maus injiziert. Nach Implantation der Blastozyste in eine Ammenmaus können sich die injizierten Zellen im Embryo zu allen Zelltypen differenzieren.

Die Maus, die sich nach der Transplantation entwickelt, besteht aus Zellen zweierlei Ursprungs und damit aus Zellen unterschiedlichen Genotyps, nämlich aus den Nachkommen der transplantierten Zellen (Genotyp *b/b*) und den Nachkommen der Zellen des Empfängerembryos (Genotyp b^+/b^+). Man bezeichnet eine solche Maus als **Mosaikmaus** oder **chimäre Maus**. Hatten die transplantierten Zellen und die Zellen des Empfängerembryos unterschiedliche Genotypen, die zu verschiedener Fellfarbe führen, so können Mäuse mit einem gescheckten Fell entstehen (s. Abb. 19.**27**).

Die Zellen der inneren Zellmasse können relativ leicht aus den Blastozysten entnommen und in Kultur vermehrt werden (Abb. 19.**28**). Man bezeichnet sie dann als **embryonale Stammzellen** (ES-Zellen). Transplantiert man kultivierte ES-Zellen in die Blastozyste einer Empfängermaus, so entwickelt sich wiederum eine chimäre Maus, in der die Nachkommen der transplantierten Zellen sich in allen Geweben wieder finden können, d.h. auch in Zellkultur gehaltene ES-Zellen sind pluripotent.

Verwendet man ES-Zellen, in denen vorher durch homologe Rekombination ein Gen ausgeschaltet wurde (s. Abb. 19.**26**), so können diese Zellen nun ebenfalls zur Herstellung von Chimären verwendet werden (Abb. 19.**29**).

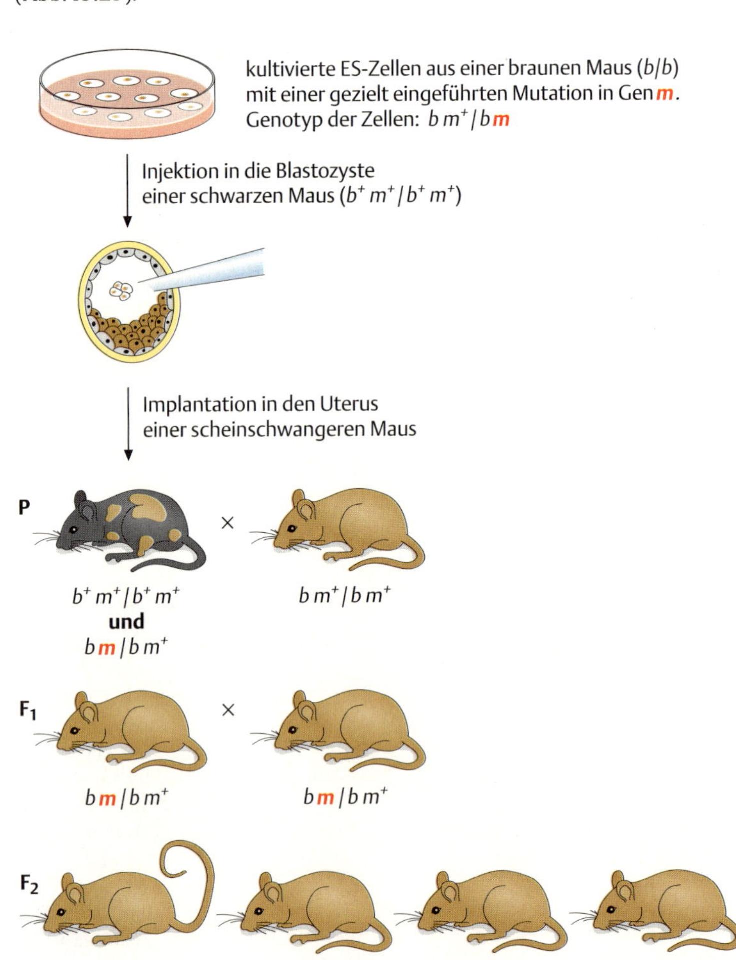

Abb. 19.29 Erzeugung einer „knock-out"-Maus. Kultivierte ES-Zellen, die eine gezielt eingeführte Mutation (*m*) besitzen (vgl. Abb. 19.**26**) werden zur Erzeugung einer chimären m^+/m^+-Maus mit m/m^+-Zellen verwendet. Nach entsprechenden Kreuzungen erhält man Nachkommen mit dem mutanten Phänotyp (hier ein geringelter Schwanz). b^+ = schwarzes, *b* = braunes Fell.

Die aus den ES-Zellen hervorgehenden Zellen der Chimäre tragen heterozygot das ausgeschaltete Gen, die Zellen des Empfängers tragen zwei Wildtyp-Kopien. Entwickeln sich die heterozygoten Zellen zu Keimzellen, also zu Eizellen oder Spermien, so können im Beispiel der Abb. 19.**29** die daraus entstehenden F_1-Nachkommen an ihrem braunen Fell erkannt werden. Das mutierte Gen wird an die Hälfte dieser Nachkommen weitergegeben: Diese tragen dann in all ihren Zellen die Mutation heterozygot. Bei rezessiven Mutationen wird sich dies allerdings nicht in einem mutanten Phänotyp manifestieren. Man präpariert deshalb aus der Schwanzspitze der Mäuse die DNA und kann mittels PCR den Genotyp eindeutig bestimmen. Nach Kreuzung zweier heterozygoter Mäuse sind 25 % der Nachkommen homozygot für die Mutation. In diesen Nachkommen kann nun der mutante Phänotyp untersucht werden.

Zusammenfassung

- **Restriktionsenzyme** erkennen spezifische DNA-Sequenzen von wenigen Nukleotiden und schneiden die DNA dort, wobei sie entweder überhängende Enden (sticky ends) oder glatte Enden (blunt ends) erzeugen. Mit ihrer Hilfe können Restriktionskarten von DNA-Fragmenten angefertigt werden.

- Zur **Klonierung einer DNA** benötigt man einen Vektor, der sich durch geeignete Klonierungsstellen, autonome Replikationsfähigkeit und einen Selektionsmarker (oft ein Antibiotikum-Resistenzgen) auszeichnet. In den Vektor werden die zu klonierenden Fragmente ligiert.

- Spezifische DNA-Fragmente können durch **Hybridisierung mit markierten Sonden** aus genomischen und cDNA-Bibliotheken isoliert werden.

- **Southern-Blot** bzw. **Northern-Blot** dienen dem Nachweis einer bestimmten DNA-/RNA-Sequenz in einem komplexen DNA- bzw. RNA-Gemisch, ein **Western**-Blot dem Nachweis eines bestimmten Proteins in einem Proteingemisch.

- Aus der **Nukleotidsequenz** einer DNA kann die **Aminosäuresequenz** abgeleitet werden.

- Die **Polymerasekettenreaktion (PCR)** dient der selektiven Vermehrung eines bestimmten DNA-Abschnitts.

- Proteine lassen sich mit Hilfe von **Expressionsvektoren** in Bakterien und eukaryoten Zellen in großen Mengen herstellen. Sie werden u. a. zur Herstellung von Antikörpern verwendet.

- **Transgene** lassen sich in viele höhere Organismen (Fliegen, Mäuse, Pflanzen) einbringen. Je nach Organismus verwendet man für die Integration in das Wirtsgenom **Transposons**, **Plasmide** oder **Retroviren**. In einigen Organismen (Maus, Hefe) erfolgt die Integration durch **homologe Rekombination**. Ein transgentragendes Individuum bezeichnet man als gentechnisch veränderten Organismus (**GvO**).

20 Molekulare Humangenetik

20.1 Genomik und Proteomik

Unter dem Begriff **Genomik** fasst man alle Arbeiten zusammen, die darauf abzielen, das Genom eines Organismus (die kodierten Gene, ihre Organisation und Anordnung) in ihrer Gesamtheit zu verstehen. In vielen Fällen wird eine weitere Unterteilung in strukturelle und funktionelle Genomik vorgenommen. Das Ziel der **strukturellen Genomik** ist die Aufklärung der gesamten Genomsequenz eines Organismus, der in jedem Fall eine sehr präzise genetische und physikalische Kartierung des Genoms vorausgehen muss. Ist die Sequenz einmal bekannt, kann sie zur Beantwortung einer Reihe von Fragen herangezogen werden, wie etwa die Vorhersage aller im Genom vorhandenen Gene bzw. der von diesen Genen kodierten Proteine und Proteinfamilien, Verteilung und Organisation von repetitiver DNA innerhalb eines Genoms oder Vergleich von Genomen verwandter Arten, der uns Einblicke über die Veränderungen von Genomen im Lauf der Evolution erlaubt. Der zuletzt genannte, als **vergleichende Genomik** bezeichnete Ansatz ermöglicht es, durch Sequenzvergleich konservierte Sequenzen in einem Protein oder in regulatorischen Sequenzen eines Gens zu erkennen, die funktionell von Bedeutung sein können.

Die Kenntnis der gesamten DNA-Sequenz eines Organismus ist Voraussetzung zum Verständnis der Funktion seines Genoms. Arbeiten, die sich hiermit befassen, werden als **funktionelle Genomik** zusammengefasst. Hierzu gehört z. B. die Aufklärung der Frage, welche Gene in welchen Zellen wann transkribiert werden, d. h. die Erfassung eines **Transkriptoms** (Gesamtheit aller Transkripte) einer Zelle. In Anlehnung an diesen Begriff bezeichnet man die Gesamtheit aller translatierten Proteine einer Zelle oder eines Organismus als das **Proteom**. Alle Fragen, die sich mit dem Proteom beschäftigen, z. B. die Aufklärung aller Interaktionspartner eines bestimmten Proteins oder die Bestimmung der Zusammensetzung einer bestimmten subzellulären Struktur, z. B. des Ribosoms oder des Zentrosoms, werden unter dem Begriff **Proteomik** zusammengefasst. Strukturelle und funktionelle Genomik stehen heute erst am Anfang ihrer Entwicklung und werden hier nur an Hand weniger Beispiele vorgestellt.

20.1.1 Strukturelle Genomik

Die ersten Genome, die vollständig sequenziert wurden, waren zunächst die von Bakteriophagen (Bakteriophage λ: 1982), gefolgt von den Genomen einiger Bakterien (*Haemophilus influenzae*: 1995; *E. coli*: 1997). Die DNA-Fragmente dieser vergleichsweise kleinen Genome (Bakteriophage λ: 48,5 kb; *E. coli*: 4600 kb) lassen sich leicht in Plasmide oder Phagen klonieren, was Voraussetzung für eine anschließende Sequenzierung ist.

Das erste Genom eines Eukaryonten, das vollständig sequenziert wurde, war das 1996 veröffentlichte Genom der Bäckerhefe *Saccharomyces cerevisiae*. Bis Mitte 2003 folgten die **Genomsequenzen** von neun

Tab. 20.1 Beispiele sequenzierter eukaryontischer Genome

Spezies		Jahr der Veröffentlichung	Genomgröße [Mb]⁺	Vorhergesagte Zahl der ORFs§	Weblink#
Anopheles gambiae *	Malariamücke	2002	278	12 457	http://www.anobase.org/
Apis mellifera	Honigbiene	2006	236	15 500	http://www.hgsc.bcm.tmc.edu/projects/honeybee/
Arabidopsis thaliana	Ackerschmalwand	2000	100	25 000	http://nucleus.cshl.org/protarab/
Aspergillus nidulans	Schimmelpilz	2005	30,07	10 701	http://www.fgsc.net/aspergenome.htm
Caenorhabditis elegans *	Fadenwurm	1998	100,3	20 140	http://elegans.swmed.edu/genome.shtml
Candida albicans	Hefepilz	2004	15,85	6 109[4]	http://www.candidagenome.org/
Danio rerio *	Zebrafisch	$	1 527	21 325	http://www.sanger.ac.uk/Projects/D_rerio/
Dictyostelium discoideum	Schleimpilz	2005	34	12 500	http://dictygenome.bcm.tmc.edu/
Drosophila melanogaster *	Taufliege	2000	132,6	14 039	http://www.fruitfly.org/
Fugu rubripes *	Pufferfisch	2002	393,3	21 880	http://www.fugu-sg.org/
Homo sapiens *	Mensch	2001	3 253	22 740	http://www.gdb.org/
Macaca mulatta *	Rhesusaffe	2006	3 093	21 944	http://www.hgsc.bcm.tmc.edu/projects/rmacaque/
Mus musculus *	Hausmaus	2002	3 420	23 049	http://www.informatics.jax.org/
Neurospora crassa	Schimmelpilz	2003	38,0	10 082[3]	http://biology.unm.edu/biology/ngp/home.html
Oryza sativa ssp. japonica	Reis	2002	389	37 000	http://www.tigr.org/tdb/e2k1/osa1/
Pan troglodytes *	Schimpanse	2005	2 928	20 572	http://www.ncbi.nlm.nih.gov/genome/guide/chimp/
Plasmodium falciparum	Erreger der Malaria tropica	2002	22,8	5 279	http://plasmodb.org/plasmo/
Rattus norvegicus *	Ratte	2004	2 507	22 993	http://rgd.mcw.edu/wg/
Saccharomyces cerevisiae	Bäckerhefe	1996	12,1[1]	6 608	http://www.yeastgenome.org/
Schizosaccharomyces pombe	Spalthefe	2002	12,5[2]	5 010	http://www.sanger.ac.uk/Projects/S_pombe/

$ zum Zeitpunkt der Drucklegung (Mitte 2008) lag noch keine Publikation vor
⁺ bezieht sich auf die Größe des haploiden Genoms
Eine Webseite mit der Auflistung aller bisher sequenzierter Genome: http://www.genomenewsnetwork.org/resources/sequenced_genomes/genome_guide_p1.shtml
§ Die Anzahl der ORFs kann variieren, je nach verwendetem Programm, das für die Annotierung verwendet wird.
* Die für diese Spezies angegebenen Zahlen zu Genomgröße und Anzahl von Genen basieren auf den Angaben von Ensembl: http://www.ensembl.org/
[1] Einzelkopie DNA; hinzu kommen noch 1,45 Mbp Centromer-Sequenzen und 1-2 Mbp ribosomale DNA
[2] Einzelkopie DNA; hinzu kommen noch 0,2 Mbp Centromer-Sequenzen und ca. 1,4 Mbp ribosomale DNA
[3] plus 424 tRNA Gene und 74 5S RNA Gene
[4] plus 156 tRNA Gene

weiteren Eukaryonten: des Fadenwurms *Caenorhabditis elegans*, der Taufliege *Drosophila melanogaster*, der Ackerschmalwand *Arabidopsis thaliana*, des Menschen, der Spalthefe *Schizosaccharomyces pombe*, des Pufferfisches *Fugu rubripes*, der Stechmücke *Anopheles gambiae* und des von ihm übertragenen Malariaerregers *Plasmodium falciparum*, eines Einzellers aus der Gruppe der Sporozoen und zuletzt die Sequenz des roten Brotschimmelpilzes *Neurospora crassa* (Tab. 20.**1**). Die Sequenz des menschlichen Genoms wurde zeitgleich im Jahr 2001 von einer internationalen Wissenschaftlergruppe, dem International Human Genome Sequencing Consortium (IHGSC), und der amerikanischen Firma Celera veröffentlicht.

Das bisher bekannte größte tierische Genom mit einer Größe von 7 840 Mb ist das des Südamerikanischen Lungenfisches (*Lepidosiren paradoxa*), das kleinste mit einer Größe von <50 Mb das von *Trichoplax adhaerens*, ein nur 2 mm großes, zum Stamm Placozoa gehörendes Tier. Die Angabe der ORFs bzw. der Gene/Transkripte variiert, je nach verwendetem Vorhersageprogramm. Da diese Programme ständig verbessert werden, werden sich die in der Tabelle angegebenen Zahlen ändern. Es ist zu erwarten, dass zukünftig weitere Genome sequenziert werden, da neue Techniken eine schnellere und kostengünstigere Sequenzierung ermöglichen.

Das Ziel der strukturellen Genomik, die Ermittlung der Sequenz eines vollständigen Genoms, wird durch die Anwendung verschiedener Methoden mit steigender Auflösung erreicht. Hierzu gehören Methoden, die es erlauben, Gene oder molekulare Marker bestimmten Chromosomen zuzuordnen und ihre genaue Position auf dem Chromosom zu ermitteln.

20.1.2 Kartierung eines klonierten Gens

Die hier beschriebenen Methoden zur Kartierung von Genen, deren DNA bereits ganz oder teilweise kloniert vorliegt, wird am Beispiel menschlicher Gene vorgestellt. Die Klonierung der Gene kann auf unterschiedliche Weise erfolgt sein, z. B. aufgrund der Ähnlichkeit mit einem Mausgen oder weil die Sequenz des Proteins bekannt war (s. Kap. 19.1, S. 261).

Kartierung von Genen mittels Mensch-Nager-Zellhybriden

Eine häufig genutzte Methode zur Kartierung menschlicher Gene basiert auf der **Verwendung von Zellhybriden**, die sowohl menschliche als auch Nagerchromosomen enthalten. Hierbei infiziert man Zellen in Kultur mit einem **Sendai-Virus**. Dieses Virus hat die Fähigkeit, sich gleichzeitig an mehrere, nah benachbarte Zellen anzuheften (Abb. 20.**1a**). Durch den dadurch vermittelten, sehr engen Kontakt zweier Zellen kommt es gelegentlich zur Fusion ihrer Zellmembranen, es entsteht eine Zelle mit zwei Zellkernen, ein **Heterokaryon**. Enthielt die Zellsuspension ein Gemisch von menschlichen Zellen und Mauszellen, so fusionieren nach Infektion mit dem Sendai-Virus diese beiden Zelltypen gelegentlich miteinander. Die Chromosomen beider Spezies werden sich vermischen. Im Verlauf der folgenden Zellteilungen gehen allmählich einzelne menschliche Chromosomen verloren. Dies liegt vermutlich an einem kürzeren Zellzyklus der Mauszellen, der nicht genügend Zeit für die Replikation aller menschlichen Chromosomen lässt. Es ist möglich, den vollständigen Verlust aller menschlichen Chromosomen zu verhindern, so dass schließlich Zellen selektioniert werden, die **alle Mauschromosomen**, aber nur ein oder **wenige menschliche Chromosomen** besitzen. Die menschlichen Chromosomen können von denen der Maus an Hand mehrerer Methoden unterschieden werden, u. a. durch ihre Größe, die Länge ihrer Arme oder ihr charakteristisches Bandenmuster nach Behandlung mit unterschiedlichen Farbstoffen, z. B. Giemsa (s. Abb. 3.**6**, S. 19 und Abb. 20.**6**). Auf diese Weise ist es möglich, eine Bank von Zelllinien zu erzeugen, in der alle menschlichen Chromosomen vorhanden sind, wobei jede Linie neben dem kompletten Satz Mauschromosomen jeweils ein anderes menschliches Chromosom enthält (Kolonie A, B, und C in Abb. 20.**1a**).

Liegt nun die DNA eines menschlichen Gens kloniert vor, so kann mit Hilfe dieser Hybridzellen das Gen einem Chromosom zugeordnet werden. Hierzu wird die gesamte DNA jeder Zelllinie isoliert, mit einem Restriktionsenzym geschnitten und in einem Agarosegel aufgetrennt (s. Abb. 20.**1b**, links). Nach der Übertragung der DNA auf ein Filter (Southern-Blot, s. Abb. 19.**14**, S. 277) wird das Filter mit einer markierten

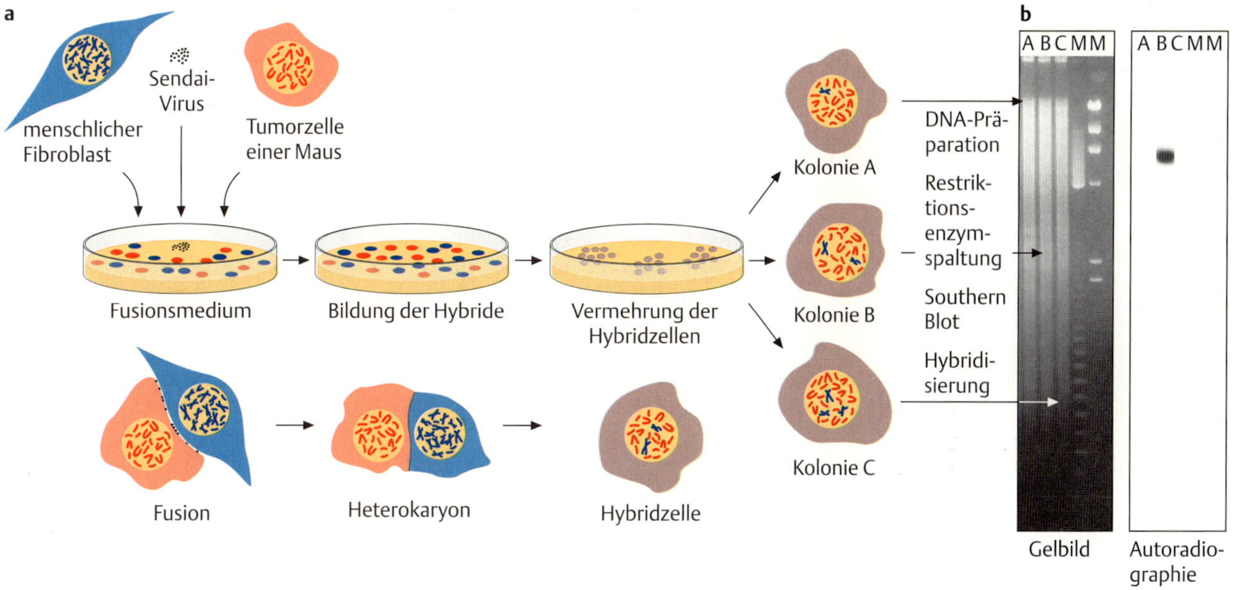

Abb. 20.1 Kartierung eines Gens durch Mensch-Nager-Zellhybride.
a Erzeugung von Mensch-Nager-Zellhybriden.
b Kartierung eines Gens mittels Southern-Blot. Links: Auftrennung der DNA der drei Kolonien (A, B, C) in einem Agarosegel nach Restriktionsenzymspaltung (M: Größenmarker). Rechts: Autoradiogramm nach Hybridisierung des Blots mit der DNA des zu kartierenden Gens. Weitere Erklärungen s. Text.

Sonde, die Abschnitte des zu kartierenden Gens enthält, hybridisiert. Kommt das Gen nur einmal im Genom vor, so findet man nur in der DNA einer Zelllinie ein Signal (s. Abb. 20.**1b**, rechts). Auf diese Weise kann das Gen eindeutig einem Chromosom zugeordnet werden.

Durch eine leicht veränderte Methode ist es möglich, hybride Zelllinien zu erzeugen, die nur Abschnitte einzelner menschlicher Chromosomen enthalten, an Stelle vollständiger Chromosomen. Auf diese Weise kann das gesamte menschliche Genom in 100–200 verschiedenen hybriden Zelllinien repräsentiert werden. Entsprechende Southern-Blot-Hybridisierung mit DNA aus diesen Zelllinien erlaubt somit eine feinere Lokalisierung des jeweiligen Gens auf dem Chromosom.

Kartierung eines Gens mittels *in-situ*-Hybridisierung

Eine alternative Methode bietet die ***in-situ*-Hybridisierung**. Hierbei werden Hybride zwischen der markierten Sonde und der DNA im Chromosom, also „am Ort" (*in situ*), ausgebildet (vgl. Box 19.**3**, S. 274). Bei Verwendung von **Sonden**, die mit **fluoreszierenden Farbstoffen** markiert sind, spricht man von **FISH** (**f**luorescence **i**n **s**itu **h**ybridisation). Kommt das Gen nur einmal im Genom vor, so findet man in einem diploiden Chromosomensatz nur zwei positive Signale bzw. vier, wenn sich die Zelle in der Metaphase befindet (Abb. 20.**2**).

Kartierung eines Gens mit Hilfe von Contigs

Die im vorangehenden Kapitel beschriebenen Methoden zur Kartierung eines klonierten Gens erlauben nur eine sehr grobe Angabe zur Lokalisation eines Gens. Zur Verbesserung der Auflösung ist es nötig, die **physikalische Karte** eines Genoms aufzustellen. Darunter versteht man die geordnete Aneinanderreihung überlappender genomischer Fragmente eines gesamten Genoms, aus der sich dann die **Reihenfolge von Restriktionsenzymschnittstellen** auf der DNA ergibt. Die Kenntnis der physikalischen Karte ist in mehrfacher Hinsicht nützlich:

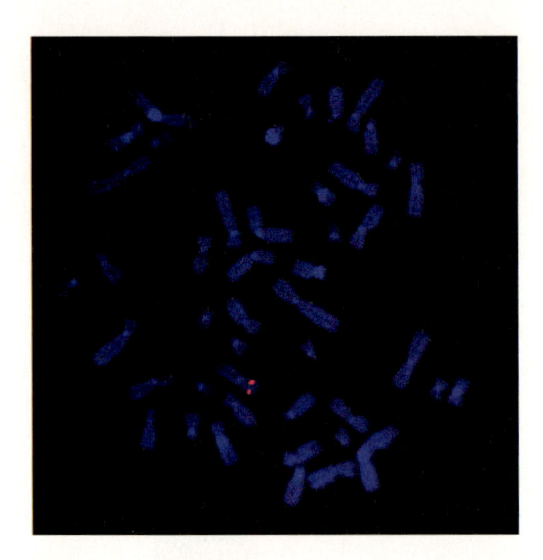

Abb. 20.2 FISH-Analyse. Fluoreszenz-*In-situ*-Hybridisierung an menschlichen Chromosomen mit einer fluoreszenzmarkierten Sonde. Metaphase-Chromosomen wurden mit einem genomischen PAC-Klon hybridisiert, der das Serin/Threonin Kinase 9 Gen (STK9) enthält. Spezifische Hybridisierungssignale (rot) sind im kurzen Arm des X Chromosoms eines männlichen Karyotyps zu sehen [Bild von Vera Kalscheuer, Berlin].

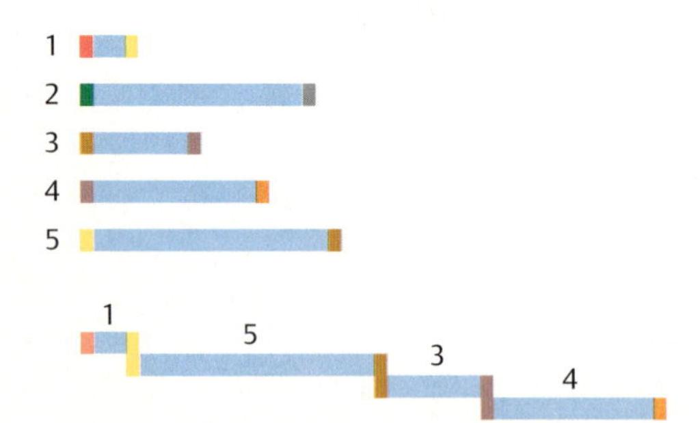

Abb. 20.3 Erstellung eines Contigs mit Hilfe von STS. Die Sequenz der Enden eines jeden genomischen Fragments wurde bestimmt. Gleiche Farben bedeuten gleiche Sequenzen. Daraus lässt sich eindeutig die Reihenfolge der Fragmente bestimmen. Fragment 2 lässt sich nicht in diesen Contig einfügen.

1. **Genetische Marker** (z.B. **Restriktionsfragment-Längenpolymorphismen, Gene**) können auf den Klonen geordnet werden und tragen somit zur Vervollständigung einer genetischen Karte bei.
2. Die Kenntnis der Lokalisation eines DNA-Abschnitts kann für **genetische Analysen** verwendet werden, so etwa zur molekularen Kartierung einer Mutation (s.u.).
3. Die überlappenden, genomischen Klone liefern das **Ausgangsmaterial** für die **Sequenzierung** eines Genoms (s.o.).

Zur Erstellung einer physikalischen Karte muss zunächst die DNA eines Genoms mit Hilfe von Restriktionsenzymen in überlappende Fragmente zerlegt werden und aus diesen eine genomische Bibliothek hergestellt werden (s. Abb. 19.**7**, S. 270). Je nach Genomgröße verwendet man hierzu **Cosmide** (Größe des klonierten Fragments ca. 45 kb) oder **BACs** (Größe des klonierten Fragments ca. 300 kb). Im nächsten Schritt wird von jedem Klon eine Restriktionskarte für ausgewählte Restriktionsenzyme angefertigt (vgl. Abb. 19.**3**, S. 265). Diese liefert für jedes Fragment einen typischen **„Fingerabdruck"** (**fingerprint**). Mit Hilfe von Computerprogrammen werden die Restriktionskarten aller Klone miteinander verglichen. Überlappen zwei Klone, so tauchen einige der Fragmente in beiden Klonen auf. Eine Gruppe überlappender Klone, die einen kontinuierlichen Abschnitt des Genoms abdecken, bezeichnet man als **Contig** (contiguous: benachbart). Zu Beginn eines Projekts wird man nur vereinzelte, kleinere Contigs bestimmen. Im Verlauf der weiteren Arbeiten werden die Contigs immer größer und verschmelzen miteinander. Im Idealfall gelangt man so schließlich zur linearen Anordnung aller Fragmente eines Chromosoms: Die physikalische Karte ist fertig. Jedes Chromosom ist dann durch ein einziges Contig repräsentiert.

Zur Unterstützung bei der Erstellung von Contigs werden kurze Stücke, zumeist die Enden, vieler Fragmente sequenziert. Auf diese Weise gewinnt man sog. **STS** (**s**equence-**t**agged **s**ites, durch Sequenz markierte, „etikettierte" Stellen). Trägt z.B. Klon 1 die „Etiketten" rot und gelb und Klon 5 die „Etiketten" gelb und braun, müssen sich Klon 1 und 5 in der von „Etikett" gelb repräsentierten Region überlappen (Abb. 20.**3**).

Zur Lokalisation eines Contigs menschlicher DNA auf ein bestimmtes Chromosom verwendet man wiederum die oben beschriebene *in-situ*-Hybridisierung auf Metaphasechromosomen oder die Southern-Blot-Hybridisierung an DNA aus Mensch-Nager-Zellhybriden.

Ist einmal die **physikalische Karte** eines Chromosoms oder Genoms fertig gestellt, so kann sie zur genaueren Lokalisation eines klonierten Gens eingesetzt werden. Im Falle eines menschlichen Gens kann man dabei in folgenden Schritten vorgehen (Abb. 20.**4**):

- Kartierung des Gens auf ein bestimmtes Chromosom durch ***in-situ*-Hybridisierung** an Metaphasechromosomen (Abb. 20.**4a**).
- Genauere Lokalisation durch Hybridisierung des klonierten Gens an DNA aus Mensch-Nager-**Zellhybriden**, die jeweils nur definierte Abschnitte eines menschlichen Chromosoms enthalten (Abb. 20.**4b**).
- Hybridisierung des klonierten Gens an überlappende Klone aus **Contigs**, von denen bekannt ist, dass sie DNA des entsprechenden Chromosomenabschnitts enthalten. Hierzu wird die DNA der einzelnen Klone (YACs oder Cosmide) in einem Raster auf ein Filter aufgetragen und mit der markierten Sonde hybridisiert (Abb. 20.**4c**).
- Feinkartierung des Gens innerhalb der gefundenen **YAC-Klone** 148 und 150 (Abb. 20.**4d**).

a

Kartierung durch FISH auf dem Chromosom

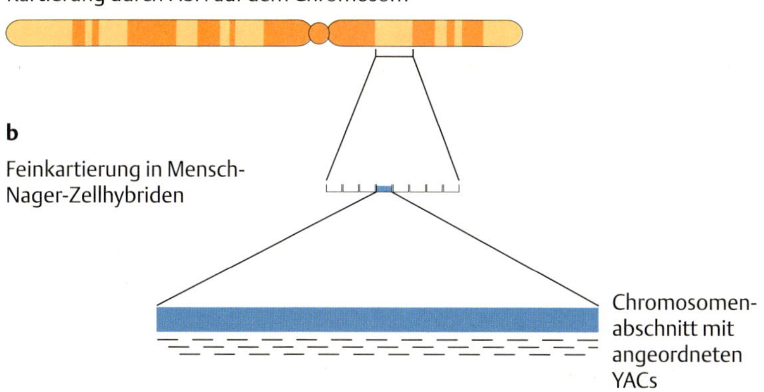

c

Hybridisierung an geordnete YACs auf einem Filter

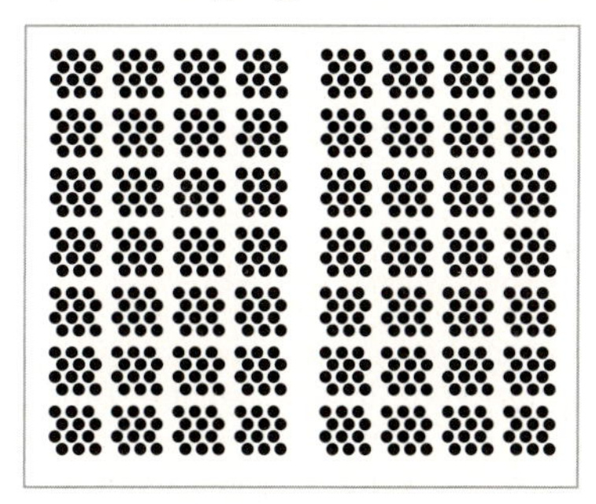

Filter mit YAC-DNA

Autoradiogramm des Filters

d

Kartierung in einer Region der YAC-Klone

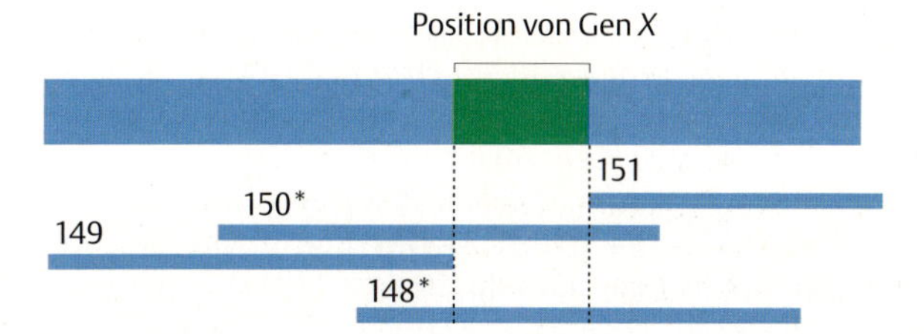

Abb. 20.4 Kartierung eines Gens. Erklärung siehe Text.

Bei denjenigen Organismen, deren Genom bereits vollständig sequenziert ist, ist heute die Lokalisation eines klonierten Gens sehr viel einfacher. Man bestimmt die Sequenz der klonierten DNA und vergleicht diese mit der veröffentlichten Sequenz, um das Gen zu lokalisieren.

Sequenzierung ganzer Genome

Es gibt zwei Strategien zur Sequenzierung eines Genoms:

1. Die Erstellung einer **physikalischen Karte** (s. o.) mit Hilfe von Fragmenten, die zuvor in **geeignete Vektoren** (Cosmide, YACs, BACs) kloniert worden waren und die **anschließende Sequenzierung** der geordneten

DNA-Fragmente. Diese Methode wurde für die Sequenzierung des Hefegenoms und der Genome von *C. elegans* und *A. thaliana*, aber auch vom IHGSC zur Sequenzierung des menschlichen Genoms angewendet.

2. Die sog. **„shotgun"-Klonierung** und **Sequenzierung**. Hierbei wird die DNA in kleine, überlappende Stücke „zerhackt" und kloniert (in Plasmide, Cosmide oder BACs) und anschließend werden alle Fragmente sequenziert. Die Anordnung der einzelnen Sequenzen wird dann von aufwendigen **Computerprogrammen** durchgeführt. Diese Strategie wurde von der Firma Celera zur Sequenzierung des menschlichen Genoms und für die Sequenzierung des Genoms der Stechmücke *Anopheles* benutzt.

Der Nachteil bei der Sequenzierung eines Genoms, die auf der Erstellung von Contigs beruht, besteht darin, dass manche Regionen eines Genoms nicht durch einen Klon repräsentiert sein werden, auch kann gelegentlich auf Grund von repetitiven Sequenzen der überlappende Klon nicht eindeutig bestimmt werden: Es bleiben Lücken. Zur Vervollständigung und Absicherung der physikalischen Karte werden deshalb weitere Informationen herangezogen, die auf der Kartierung von Genen, Analyse somatischer Zellhybride (s. o.) sowie Kartierung von zytologischen und molekularen Markern beruhen.

20.1.3 Isolierung und Anwendung molekularer Marker

Im vorangegangenen Kapitel wurden Strategien beschrieben, die es erlauben, ein bereits kloniertes Gen zu kartieren. In den meisten Fällen wird die Frage jedoch sein, ein durch eine Mutation aufgedecktes Gen zu kartieren, um es anschließend zu klonieren und die Natur des von ihm kodierten Proteins zu ermitteln. In Kap. 10.4 (S. 91) wurde das Prinzip zur Kartierung eines Gens erläutert. Die Methode basiert auf der Häufigkeit der Rekombination zwischen dem zu untersuchenden Gen und einem oder mehreren Markergenen, deren Lokalisation bekannt ist. In Organismen wie *Neurospora* oder *Drosophila* ist die Kartierung relativ einfach auf Grund der Tatsache, dass die jeweils nötigen Kreuzungen (z. B. Testkreuzungen) sehr leicht durchgeführt werden können und im Verlauf der Jahre viele Markergene kartiert wurden. Dies ist bei der **Kartierung menschlicher Gene** nicht möglich. Zum einen, weil die entsprechenden Kreuzungen nicht gemacht werden können. Zweitens, weil die Anzahl der vorhandenen Markergene gering ist. Und schließlich, weil das menschliche Genom riesig ist im Vergleich zu den Genomen der genannten Organismen (s. Tab. 20.**1**). Deshalb war es lange Zeit sehr schwierig, eine mit einer Krankheit assoziierte Mutation zu kartieren. Erst die Beschreibung **molekularer Marker** ermöglichte einen Zugang zur Lösung dieser Aufgaben.

Molekulare Marker sind polymorph

Unter einem **molekularen Marker** versteht man einen DNA-Abschnitt, der innerhalb verschiedener Individuen derselben Spezies **neutrale Variationen** aufweist. Neutral deshalb, weil diese Sequenzen i. A. in einer nichtkodierenden Region vorkommen und deshalb eine Veränderung der Sequenz nicht mit der Veränderung eines Genprodukts einhergeht. Molekulare Marker können sich entweder in der Sequenz (Beispiel A) oder in ihrer Länge (Beispiel B) voneinander unterscheiden.

Beispiel A: Sequenzunterschiede

Sequenz I: 5′.....ACCCCGTGTGAATTCCG.....3
Sequenz Ia: 5′.....ACCCCGTGTGTATTCCG.....3′

Beispiel B: Längenunterschiede
In Bereichen repetitiver DNA kann die Variation dadurch zustande kommen, dass sich die Häufigkeit, mit der eine Sequenz wiederholt wird, unterscheidet:

Sequenz II: 5′....ACCCCACCCC....... 3′
Sequenz IIa: 5′....ACCCCACCCCACCCC....... 3′
Sequenz IIb: 5′....ACCCCACCCCACCCCACCCC....... 3′

So ist in der Sequenz II das Motiv ACCCC zweimal wiederholt, in Sequenz IIa dreimal und in Sequenz IIb viermal.

In beiden Beispielen spricht man von einem **DNA-Polymorphismus** Die Region, die die Abweichung in der DNA-Sequenz aufweist, bezeichnet man als **polymorphe Region**. Genau wie ein Gen in einer Zelle homo- oder heterozygot vorkommen kann, kann auch ein molekularer Marker auf den beiden homologen Chromosomen identisch oder unterschiedlich sein, weshalb man auch hier häufig von Allelen spricht. Es kann also Individuen geben, die homozygot für Sequenz I oder Ia oder heterozygot für die beiden Varianten sind:

I/I oder Ia/Ia oder I/Ia
bzw.
II/II oder II/IIa oder II/IIb oder IIa/IIb

Entsprechend den genetischen Gesetzmäßigkeiten werden molekulare Marker an die Nachkommen vererbt. Beispiel:

Mutter: II/IIa
Vater: IIa/IIb

Kinder: II/IIa
oder II/IIb
oder IIa/IIa
oder IIa/IIb

Gelegentlich resultieren Unterschiede in der Sequenz in einer Veränderung der Erkennungsstelle für ein Restriktionsenzym, so dass das Enzym die DNA nicht mehr erkennen und spalten kann. Man spricht dann von einem **Restriktionsfragment-Längenpolymorphismus** (**RFLP**). Im oben dargestellten Beispiel A geht durch den Polymorphismus der Sequenz Ia die Erkennungssequenz GAATTC für das Restriktionsenzym *Eco*RI verloren.

Kommt der Polymorphismus durch eine unterschiedliche Anzahl repetitiver Einheiten an einer bestimmten Stelle im Genom zustande, so spricht man von **VNTR-Polymorphismus** (**v**ariable **n**umber of **t**andem **r**epeat polymorphism) oder **SSLP** (**s**imple-**s**equence **l**ength **p**olymorphism) (s. o. Sequenz II, IIa, IIb). Je nach Länge der wiederholten Einheiten klassifiziert man diese in **Satelliten-**, **Minisatelliten**- oder **Mikrosatelliten**-Sequenzen (Tab. 20.**2**). In diesen sind kurze bzw. sehr kurze repetitive Sequenzen tandemartig hintereinander angeordnet, etwa GATTAGATTA GATTA. Satelliten-DNA findet sich nahezu über das gesamte Genom verteilt, wobei die Häufigkeit einer Sequenz/Genom variieren kann (s. Tab. 20.**2**).

Da die Variation so groß ist, gibt es etliche Mini- und Mikrosatelliten, für die nahezu alle Individuen einer Spezies heterozygot sind. Diese hohe

Tab. 20.2 Definition von DNA-Tandemwiederholungen (Satelliten)

Typ	Wiederholungsgrad pro Locus	Anzahl der Loci	Länge der wiederholten Einheit [bp]
Satelliten	103–107	1–2/Chromosom	1 bis einige tausend
Minisatelliten	1–1000	viele Tausend/Genom	9–100
Mikrosatelliten	1–100	bis zu 105/Genom	1–6

Variabilität erlaubt es deshalb, jedes menschliche Individuum eindeutig an Hand dieser molekularen Marker zu identifizieren. Man spricht in diesem Fall – in Anlehnung an den Fingerabdruck, der in der Kriminalistik verwendet wird und der ebenfalls für jedes Individuum typisch ist – von dem **DNA-Fingerabdruck** (DNA fingerprint) oder dem **genetischen Fingerabdruck** eines Individuums (s. u.).

Wie werden molekulare Marker isoliert und lokalisiert? Eine verbreitete Methode besteht darin, die gesamte genomische DNA mit einem

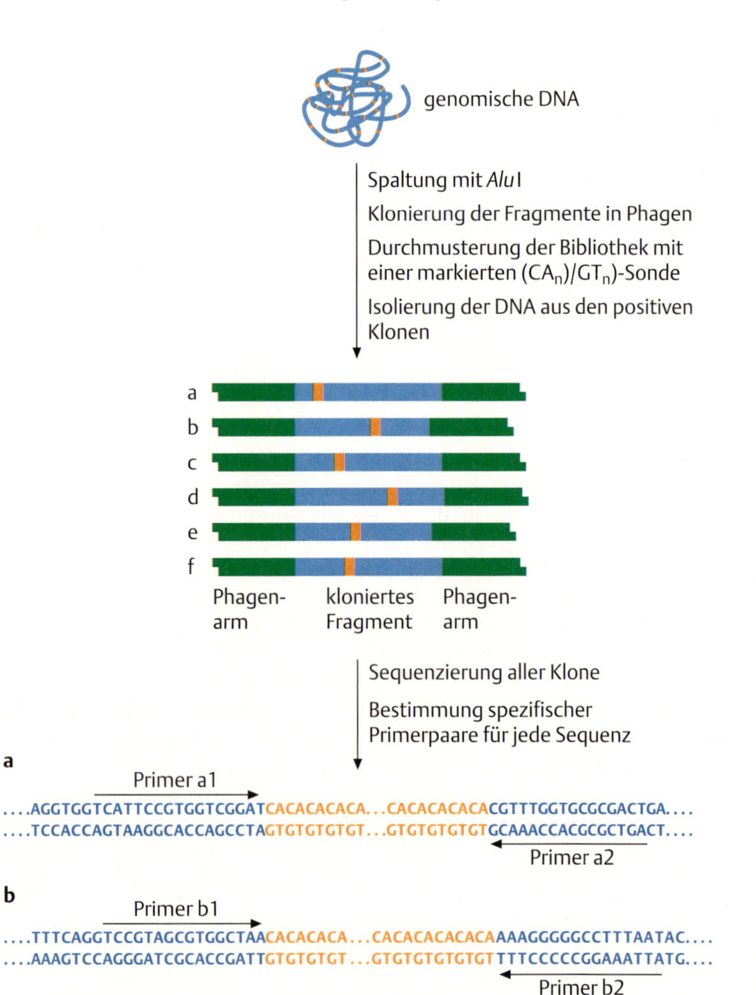

Abb. 20.5 Isolierung von molekularen Markern. Erläuterungen im Text.

Restriktionsenzym, sehr häufig *AluI*, das vier Nukleotide erkennt, zu schneiden (Abb. 20.**5**).

Aufgrund der Häufigkeit der Schnittstellen entstehen so Fragmente von durchschnittlich 400 bp, die alle kloniert werden. Klone, die Fragmente mit einem bestimmten Mikrosatelliten enthalten, z. B. CA_n/GT_n, werden durch Hybridisierung mit einer CA_n/GT_n-Sonde identifiziert. Ihre DNA, die die Mikrosatellitensequenz und flankierende Einzelkopie-DNA enthält, wird sequenziert. Die Einzelkopie-DNA erlaubt dann die Lokalisation auf dem Chromosom, z. B. durch *in-situ*-Hybridisierung oder Southern-Blot-Hybridisierung an DNA aus Mensch-Nager-Zellhybriden mit definierten Chromosomenabschnitten. Die Sequenz der Einzelkopie-DNA wird dann zur Aufstellung von Primerpaaren verwendet, mit deren Hilfe man dann durch PCR Regionen genomischer DNA spezifisch amplifizieren kann (s. Abb. 20.**5**).

Im Jahr 1992 war die Lokalisation von mehr als 800 charakterisierten **Mikrosatelliten** mit $(CA)_n$-Sequenzwiederholungen im **menschlichen Genom** bekannt. Bis auf wenige Ausnahmen konnten alle Mikrosatelliten einem der 22 Autosomen bzw. dem X-Chromosom zugeordnet werden, und durch *in-situ*-Hybridisierung konnte ihre Reihenfolge mit sehr hoher Zuverlässigkeit bestimmt werden. Die Kartierung dieser Marker führte zu einer **Kopplungskarte**, die etwa 90 % des menschlichen Genoms umfasst und eine durchschnittliche Markerdichte von 5 Karteneinheiten (s. Kap. 10.4, S. 91) aufweist. In den folgenden Jahren wurde die Anzahl der Marker und somit ihre Dichte auf den Chromosomen erhöht, so dass bereits zwei Jahre später der Abstand der molekularen Marker auf Chromosom 21 sich auf durchschnittlich 2,5 Karteneinheiten verringerte. Die Nomenklatur molekularer Marker, z. B. D1S180 ist wie folgt: DNA-Marker (D) auf Chromosom 1 (1), single copy (S, kommt nur einmal im Genom vor) mit der Nummer 180. Abb. 20.**6** zeigt die Karte einiger molekularer Marker des Chromosoms 17 des Menschen.

Nachweis von Restriktionsfragment-Längenpolymorphismen (RFLP)

Es gibt mehrere Methoden, um molekulare Polymorphismen nachzuweisen, deren Anwendung auch davon abhängt, ob es sich um einen RFLP oder um einen VNTR-Polymorphismus handelt.

Bei einem RFLP handelt es sich um eine Änderung in der Sequenz, die zum Verlust einer Erkennungssequenz für ein Restriktionsenzym führt. Ein Beispiel einer solchen Analyse ist in Abb. 20.**7** gezeigt.

In diesem Beispiel ist ein Abschnitt einer DNA gezeigt, der durch ein Restriktionsenzym, hier *MspI*, zwei- oder dreimal gespalten wird, je nachdem, ob die mittlere Erkennungssequenz fehlt (Chromosom A) oder vorhanden ist (Chromosom B). Da jedes Individuum diploid ist, trägt es zwei Kopien dieses DNA-Abschnitts. Je nach Kombination kann ein Individuum homozygot für einen der beiden Polymorphismen (Individuum

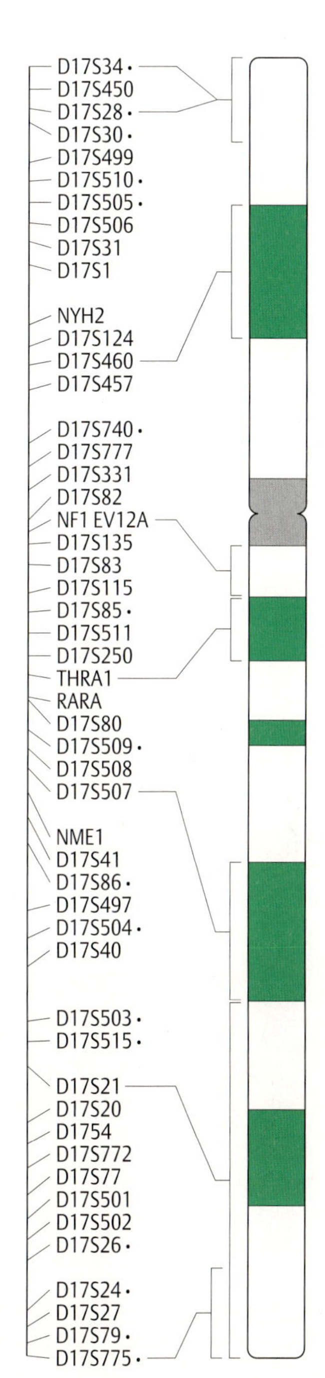

Abb. 20.6 Molekulare Marker des menschlichen Chromosoms 17. Das Schema des Chromosoms basiert auf dem Bänderungsmuster, das man nach Anfärben mit Giemsa erhält (G-banding). Bis auf einige bekannte Gene basieren alle anderen Marker auf neutralen Sequenzvariationen (NF1 = Neurofibromin 1, THRA1 = Thyroidhormone Rezeptor-1, RARA = retinoic acid receptor-α, NME1 = non-metastatic cells protein expressed. Die Bezeichnung D17S34 bedeutet: DNA-Marker (D) auf Chromosom 17 (17), single copy (S) mit der Nummer 34.

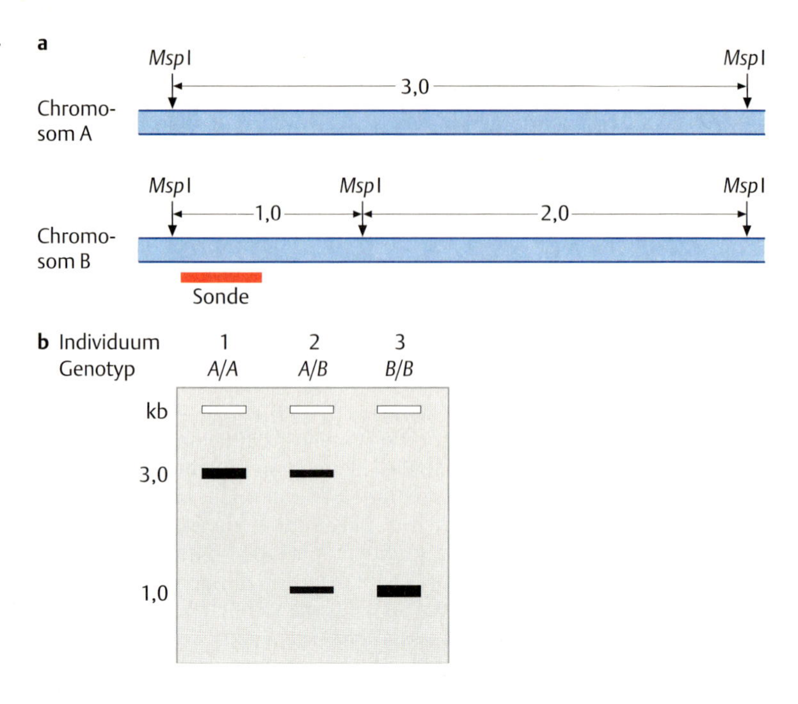

Abb. 20.7 Nachweis eines Restriktionsfragment-Längenpolymorphismus. Erläuterung im Text.

1: AA und Individuum 3: BB in Abb. 20.**7**) oder heterozygot für die beiden Polymorphismen (Individuum 2: AB) sein. Man isoliert jetzt die DNA dieser drei Individuen, schneidet sie mit *Msp*I und trennt die DNA in einem Agarosegel auf. Nach Übertragung der DNA auf eine Membran hybridisiert man den Blot mit einer Sonde, die einen Teil der angegebenen DNA repräsentiert. Im AA-Individuum zeigt sich nur eine Bande mit großer, im BB-Individuum nur eine Bande mit kleiner Länge der DNA und im AB-Individuum treten beide Banden auf.

Nachweis eines VNTR-Polymorphismus durch Southern-Blot-Analyse

In diesem Fall liegen in einem DNA-Abschnitt zwischen zwei Erkennungsstellen eines Restriktionsenzyms repetitive Elemente variabler Anzahl. In Chromosom A kommt es zweimal vor, in Chromosom B viermal usw. (Abb. 20.**8a**).

Nachweis eines VNTR-Polymorphismus durch PCR

Diese Methode, bei der die polymorphen Regionen, meist **Mikrosatelliten**, durch **PCR** amplifiziert werden, ist heute die bei Weitem am häufigsten verwendete Methode zum Nachweis von DNA-Polymorphismen. Sie hat den Vorteil, dass man mit viel geringeren DNA-Mengen auskommt als die, die für einen Southern-Blot nötig sind. So genügt eine **Haarwurzel** oder ein wenig **Speichel** um genügend DNA zu isolieren. Außerdem ist sie viel schneller. In diesem Fall spricht man auch von **RAPD** (**r**andomly **a**mplified **p**olymorphic **D**NAs) (Abb. 20.**9**).

Pränatale Diagnostik mittels molekularer Marker

Pränatale Diagnostik kann helfen, von den Eltern vererbte Mutationen im sich entwickelnden Embryo frühzeitig festzustellen. Dies kann vor allem

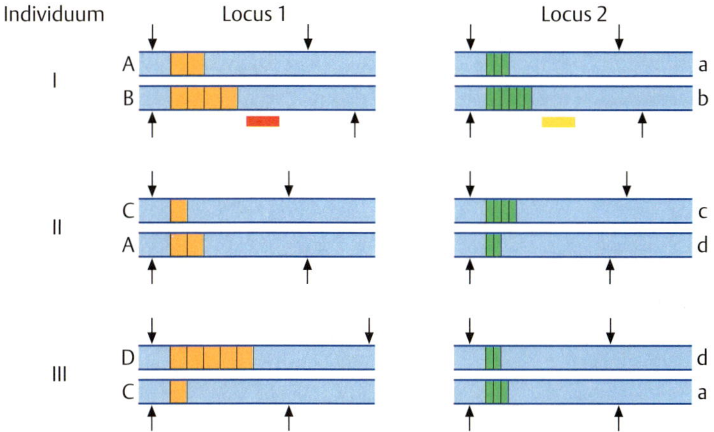

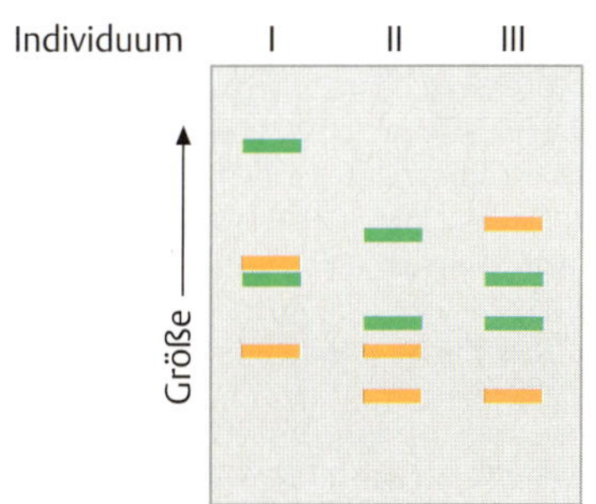

Abb. 20.8 Nachweis von VNTR-Polymorphismen in zwei Loci durch Southern-Blot-Analyse.
a Dargestellt sind zwei polymorphe Loci (Locus 1 und Locus 2) von drei Individuen (I, II, III). Jeder Locus kann verschiedene Allele aufweisen, die sich jeweils durch eine unterschiedliche Anzahl einer Satellitensequenz (orange in Locus 1 bzw. grün in Locus 2) unterscheiden. Jedes Individuum ist heterozygot für beide Loci. So trägt Individuum I in Locus 1 ein Allel mit zwei repetitiven Elementen und ein Allel mit vier repetitiven Elementen.
b Die DNAs der Personen werden isoliert, mit einem Restriktionsenzym (Pfeile) geschnitten und die Fragmente entsprechend ihrer Länge elektrophoretisch aufgetrennt. Die auf ein Filter übertragenen Fragmente werden mit zwei Sonden hybridisiert, die Einzelkopie-Sequenzen benachbart zu den repetitiven Elementen tragen (roter bzw. gelber Balken). Da die relative Position der Schnittstellen an einem Locus in allen DNAs dieselbe ist, entstehen unterschiedlich lange Fragmente auf Grund der unterschiedlichen Anzahl repetitiver Elemente. Auf diese Weise entsteht ein für jedes der drei Individuen charakteristisches Muster der Banden.

dann von Bedeutung sein, wenn einer der Eltern an einer dominanten Erbkrankheit leidet, die mit einer 50%igen Wahrscheinlichkeit an die Nachkommen weitergegeben wird (Box 20.**1**). Wenn bekannt ist, dass ein bestimmter Marker M sehr nah an dem betroffenen Gen liegt, ist die Wahrscheinlichkeit, dass bei Vorliegen des von der Mutter vererbten Markers M das Kind die Krankheit entwickeln wird, sehr groß, da die Wahrscheinlichkeit einer Rekombination zwischen dem mutierten Gen und dem Marker während der Meiose sehr klein ist (Abb. 20.**10**).

DNA-Profil in der Kriminalistik und bei Abstammungsanalysen

Ein Anwendungsgebiet polymorpher molekularer Marker nimmt an Bedeutung ständig zu. Es ist die Verwendung von **STRs** (**s**hort **t**andem **r**epeats) zur Erstellung von **DNA-Profilen** oder **genetischen Fingerabdrücken**. Am Locus eines Mikrosatelliten sind die tandemartigen Wiederholungen kurzer Nukleotidsequenzen sehr variabel; möglicherweise deshalb, weil diese Sequenzen keine genetische Bedeutung für den Organismus haben und als Mutationen erhalten bleiben. Die Folge ist, dass verschiedene menschliche, tierische oder pflanzliche Individuen unterschiedliche Allele eines bestimmten STR-Systems in ihrem Genom enthalten, die sehr häufig auch unterschiedlich in den beiden homologen Chromosomen sind.

Das DNA-Profil eines Individuums kann also eindeutig bestimmt werden. Dies wird in vielfältiger Weise genutzt, z. B. auch bei Unglücksfällen

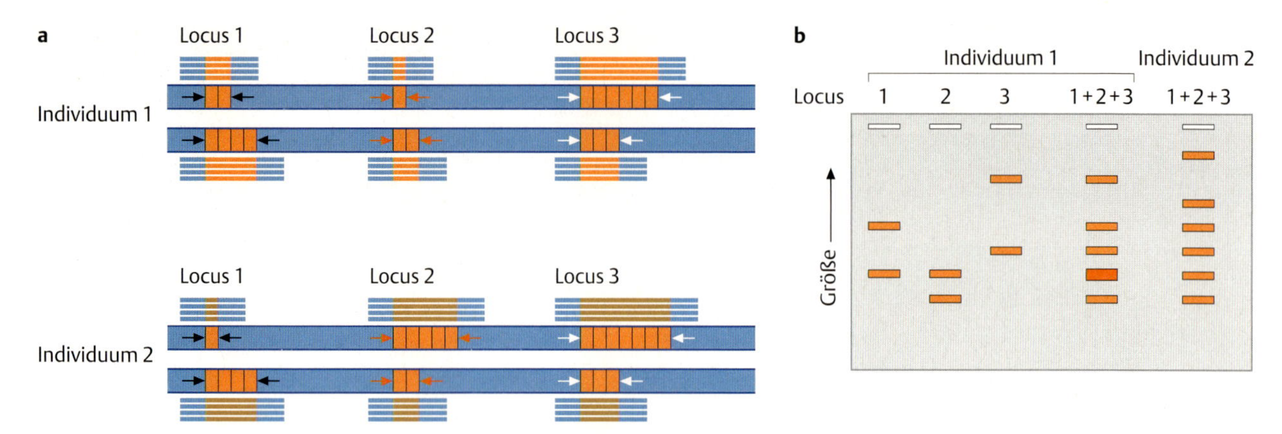

Abb. 20.9 RAPD – randomly amplified polymorphic DNAs.
a Dargestellt sind drei polymorphe Loci (1, 2, 3) auf einem Chromosomenpaar von zwei Individuen. Jeder Locus ist heterozygot, was durch die unterschiedliche Anzahl repetitiver Elemente (braun) zum Ausdruck kommt. Verwendung spezifischer Primerpaare (jeweils dargestellt durch schwarze, orange bzw. weiße Pfeile) erlaubt die Amplifikation von je einem Locus mittels PCR, wobei Fragmente unterschiedlicher Länge entstehen. Die drei Loci von Individuum 1 unterscheiden sich von den jeweiligen Loci von Individuum 2 durch eine unterschiedliche Zahl repetitiver Elemente.
b Schematische Darstellung der Auftrennung der amplifizierten Fragmente durch Gelelektrophorese. Es sind die Fragmente gezeigt, die nach Amplifikation von je einem Locus von Individuum 1 (Spur 1, 2, 3) oder bei gleichzeitiger Amplifikation mit allen drei Primerpaaren (1+2+3) von Individuum 1 und von Individuum 2 entstehen. Das Bandenmuster der beiden Individuen unterscheidet sich.

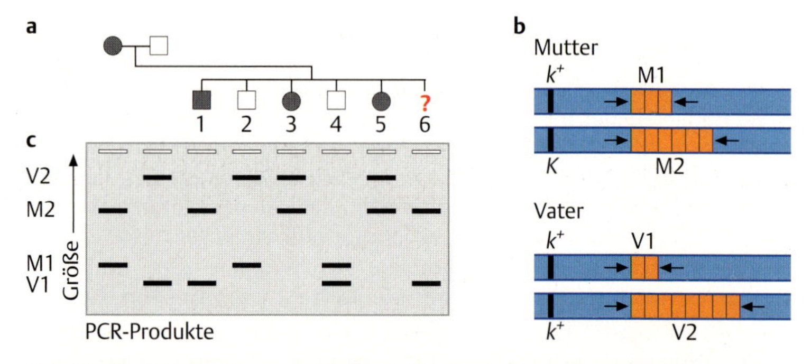

Abb. 20.10 Verwendung molekularer Marker in der pränatalen Diagnostik.
a Die Mutter leidet an einer autosomalen, dominant vererbten Krankheit, die sie an drei ihrer fünf Kinder (1, 2, 5) weitergegeben hat. Sie möchte wissen, ob das sechste Kind (?) ebenfalls die dominante Mutation geerbt hat.
b Das krankheitsauslösende Gen (gekennzeichnet durch das dominant mutante Allel *K* bzw. das nicht mutierte Allel k^+) kartiert sehr nah neben einem polymorphen Mikrosatelliten, dessen Länge von Allel zu Allel auf Grund einer unterschiedlichen Anzahl der Sequenzwiederholungen variieren kann (M1, M2, V1, V2). Bei Verwendung eines Primerpaars (Pfeile), das Einzelkopie-Sequenzen enthält und den Mikrosatelliten flankiert, entstehen unterschiedlich lange PCR-Fragmente. Mutter und Vater tragen jeweils unterschiedliche Allele: die Mutter ist M1/M2, der Vater V1/V2.
c Die genetische Untersuchung aller fünf Kinder zeigt, dass alle kranken Kinder das M2-Allel der Mutter, alle gesunden Kinder das Allel M1 der Mutter tragen. Das Kind, das sie zur Zeit austrägt, trägt das Allel M2, so dass die Wahrscheinlichkeit sehr hoch ist, dass es ebenfalls das krankheitsauslösende Allel trägt und somit die Krankheit geerbt hat.

Box 20.1 Präimplantationsdiagnostik

Die Präimplantationsdiagnostik (PID) ist eine Weiterführung der pränatalen Diagnostik. Sie wurde mit dem Ziel entwickelt, die Weitergabe schwerer genetischer Defekte eines Paares an seine Nachkommen zu verhindern. Diese Methode wird bei *in vitro* erzeugten Embryonen vor der Implantation in die Gebärmutter eingesetzt und ermöglicht die Auswahl der Embryonen für die Implantation, die frei von dem genetischen Defekt sind. Sie kann allerdings, genau wie die pränatale genetische Diagnostik, nur für die Krankheiten durchgeführt werden, deren genetische Ursachen bekannt sind, wie etwa die, die durch Vermehrung von Trinukleotiden erzeugt werden (s. Box 16.1, S. 194) oder solchen, die eng mit einem bekannten Polymorphismus gekoppelt sind (s. Abb. 20.**10**). Für die Untersuchung wird eine Zelle des Embryos entfernt und für die molekulargenetische Untersuchung verwendet. Diese Zelle kann der erste oder der zweite Polkörper sein, der bei der Meiose der Oozyte gebildet wird (Abb. 20.**11a**, vgl. Abb. 5.**16**, S. 45), oder eine der Blastomeren in einem frühen Furchungsstadium (Abb. 20.**11b**).

Die Untersuchung eines Polkörpers hat den Vorteil, das nur extraembryonale Zellen entfernt werden, weshalb die Wahrscheinlichkeit einer – bedingt durch den Eingriff – aberranten Entwicklung des Embryos kleiner ist. Allerdings lässt sich auf diese Weise nur der Genotyp des von der Mutter vererbten Chromosomensatzes feststellen. Alternativ kann eine Zelle nach der Befruchtung entfernt werden, wenn sich der Embryo im Stadium der Furchung befindet. Dies erfolgt im 8–16 Zellstadium (3. Tag der Entwicklung), bevor die Zellen enge Kontakte ausbilden (kompaktieren). In diesem Stadium kann das Fehlen einer Zelle durch die anderen Zellen kompensiert werden. Die dritte Möglichkeit besteht in der Entfernung von Zellen im Blastozystenstadium, was die Möglichkeit bietet, mehr als nur eine Zelle für die Untersuchung zur Verfügung zu haben. In diesem Stadium besteht der Embryo aus etwa 300 Zellen (Abb. 20.**11c**, s. a. Abb. 19.**28**, S. 297 und Abb. 19.**29**, S. 298), so dass die Entnahme der leichter zugänglichen Zellen des Trophektoderms, die am fünften oder sechsten Tag nach der Befruchtung stattfindet, die Gefahr einer Schädigung des Embryos verringert.

Die Anwendung der PID ist nicht unumstritten. Zum einen, weil eine Schädigung des Embryos nicht ausgeschlossen werden kann. Zum anderen aber, weil mit ihrer Hilfe eine Selektion der Embryonen ermöglicht wird, was oftmals mit der Erzeugung von **„Designerbabys"** gleichgesetzt wird, bei denen die Selektion auch auf andere Merkmale hin erfolgen kann, z. B. auf das Geschlecht. Einige wenige Fälle sind bekannt geworden, die die ethische Problematik, die diese Methode aufwirft, zum Ausdruck bringen. In einem Fall wählte ein achondroplastisches (zwergwüchsiges) Elternpaar, die beide heterozygot für das dominante Allel waren, den Embryo für die Implantation aus, der die Krankheit geerbt hatte mit dem Argument, dass ein Kind normaler Größe in einer **achondroplastischen Familie** mehr leiden würde als ein zwergwüchsiges Kind. Ein anderer Fall entfachte ebenfalls die Diskussion über die PID. Im Jahr 2001 wurde ein Junge geboren, der vor der Implantation im Hinblick auf einen bestimmten HLA-Genotyp ausgewählt worden war, der ihn als Spender hämatopoetischer (blutbildender) Stammzellen für seine an **Fanconi-Anämie** erkrankte Schwester auszeichnete. Das für diese Krankheit verantwortliche Gen wird autosomal rezessiv vererbt. Die Eltern waren sowohl für dieses Gen als auch für den passenden HLA-Faktor jeweils heterozygot. Das bedeutet, dass einerseits drei von vier Embryonen nicht von der Krankheit betroffen sind, andererseits nur einer von vier Embryonen den gewünschten HLA-Genotyp hat. Da also insgesamt nur drei von sechzehn Embryonen geeignet sind, muss eine erhebliche Anzahl von Embryonen verworfen werden. Da eine erfolgreiche Implantation nur in 25 % der Fälle stattfindet, bedeutet dies, dass mehrere PID-Versuche unternommen werden müssen, damit die Implantation und Austragung eines Embryos mit dem passenden Genotyp gelingt.

a

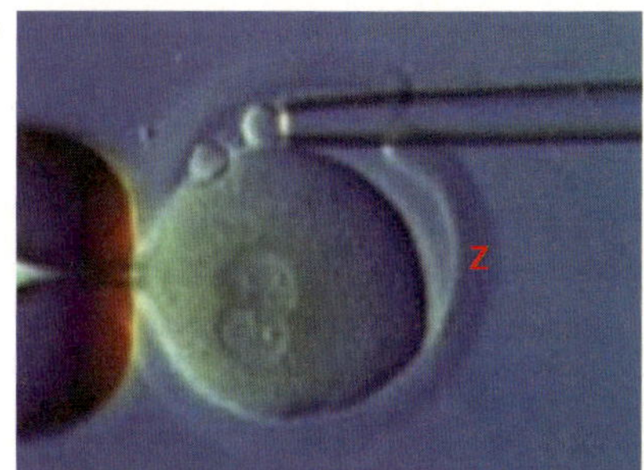

b

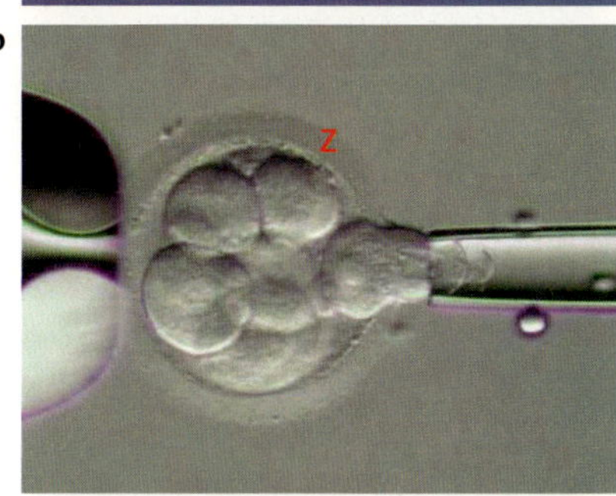

c

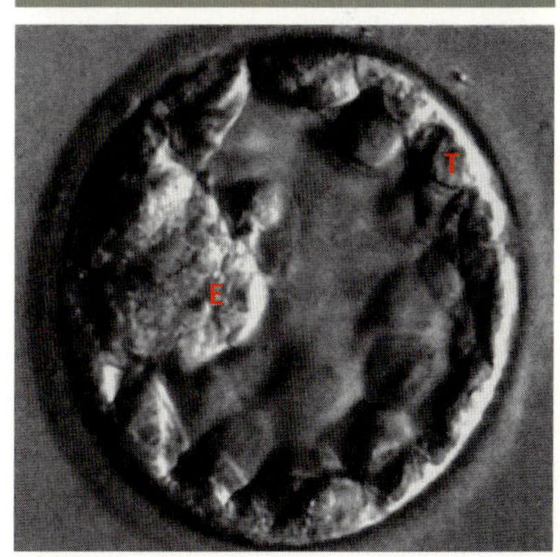

Abb. 20.11 Isolierung von Zellen für die PID.
a Entfernung eines Polkörpers. Etwa 12–20 Stunden nach der Befruchtung wird die Zona pellucida (Z) mit einer feinen Nadel aufgebrochen und ein oder zwei Polkörper werden vorsichtig mit einer Kapillare herausgesaugt.
b Entfernung einer Blastomere im Furchungsstadium. Etwa 72 Stunden nach der Befruchtung wird nach Öffnen der Zona pellucida (Z) eine Blastomere vorsichtig mit einer Kapillare herausgesaugt.
c Embryo im Blastozystenstadium. In diesem Stadium haben sich die Zellen bereits in embryonale (E) und extraembryonale Zellen (Trophektoderm, T) getrennt [© Nature 2002. Braude, P., Pickering, S., Flinter, F., Ogilvie, M.: Preimplantation genetic diagnosis. Nature Rev. Genetics *3* 941–953].

oder Kriegsauswirkungen, wenn Menschen nur noch über die DNA-Analyse identifiziert werden können. Wir werden hier nur auf die **Forensik** eingehen, bei der es zum einen darum geht, **Abstammungsverhältnisse** zu erhellen, zum anderen in kriminalistischen Verfahren **Straftaten** aufzuklären. Mit der **DNA-Analyse** können sowohl Tatverdächtige überführt, als auch Unschuldige entlastet werden. Ein besonders wichtiger Aspekt ist die Zuordnung von **DNA-Spuren** zu einem möglichen Täter bzw. zu seinem Opfer.

Seit der Entdeckung „hypervariabler DNA" im Jahr 1985 sind im menschlichen Genom viele Tausend STRs beschrieben worden, jedoch nur etwa 50 sind gut bekannt und erforscht. Letzteres bedeutet, dass die Variation der Wiederholungen (repeats) in menschlichen Populationen bekannt ist. In der **forensischen DNA-Analyse** werden nach internationalem Standard 7 **STR-Merkmalssysteme** benutzt (Tab. 20.**3**, D3S1358 bis vWA). In Deutschland wird zusätzlich als achtes System SE33 analysiert. Ein bestimmtes Muster dieser 8 Systeme erwartet man in der mitteleuropäischen Bevölkerung nur einmal unter mehreren hundert Millionen Personen.

In der Tabelle 20.**4** ist neben den 8 STR-Systemen auch **Amelogenin** aufgeführt, ein Gen, das für ein Protein im Zahnschmelz kodiert. Es ist sowohl auf dem X- wie dem Y-Chromosom lokalisiert, jedoch in zwei Allelen: auf dem X-Chromosom ist die üblicherweise amplifizierte Sequenz um 6 bp kürzer. Damit kann man die DNA von Frauen und Männern unterscheiden. Männer haben beide Allele, Frauen nur das des X-Chromosoms. Alle STR-Systeme entstammen nichtkodierenden Regionen auf unterschiedlichen Chromosomen, einige davon aus Introns bekannter menschlicher Gene. An den beispielhaft dargestellten Repeat-Strukturen kann man erkennen, dass die Wiederholungen meist nicht einheitlich sind, sondern z. B. zwischen TCTA- auch TCTG- oder TCCA-Sequenzen liegen können.

Wie wird ein DNA-Profil erstellt? Die zu untersuchende DNA stammt bei Personen meist aus Blut- oder Mundschleimhautzellen. Spuren können die unterschiedlichsten Zellen enthalten wie z. B. Muskelzellen, Haut, Knochen, Haare, Sperma, Speichel, Schweiß oder Blut. Es können auch Haar-Spuren von Haustieren, wie Hunden oder Katzen, oder Speichelspuren bei Bissverletzungen sein. In diesen DNA-enthaltenden Proben müssen die gewünschten STR-Regionen aufgespürt und vermehrt werden, damit die Varianten bestimmt werden können. Die Methodik ist einheitlich: Aufspüren und vermehren der DNA durch **PCR**, wie es beispielhaft in Abb. 19.**19** (S. 283) für eine Variante des TH01-Systems dargestellt ist. Die Längen- und damit Variantenbestimmung der amplifizierten DNA-Sequenzen erfolgt durch **Kapillarelektrophorese**. Für PCR und Elektrophorese benutzt man automatisch arbeitende **Thermocycler**-Geräte. Im Regelfall werden alle 8 STR-Systeme und Amelogenin gleichzeitig als sog. **Multiplex-PCR** untersucht. Dabei muss sichergestellt sein, dass für jedes Markersystem alle Längenvarianten eindeutig darstellbar sind. Da die Nukleotidsequenzen in der Umgebung der STRs bekannt sind, können für jedes System unterschiedliche Oligonukleotide synthetisiert werden, die als **Primerpaare** die Längen der Varianten bestimmen (s. Abb. 19.**19**, S. 283). Außerdem wird jeweils einer der beiden Primer mit einem **Fluoreszenzfarbstoff** markiert. Für die Standardanalyse wird nur ca. 1 ng DNA benötigt. Da eine diploide menschliche Zelle ca. 6 pg genomische DNA enthält, entspricht 1 ng DNA der DNA in 167 diploiden Zellkernen bzw. 333 zu amplifizierenden Kopien eines jeden STR Locus.

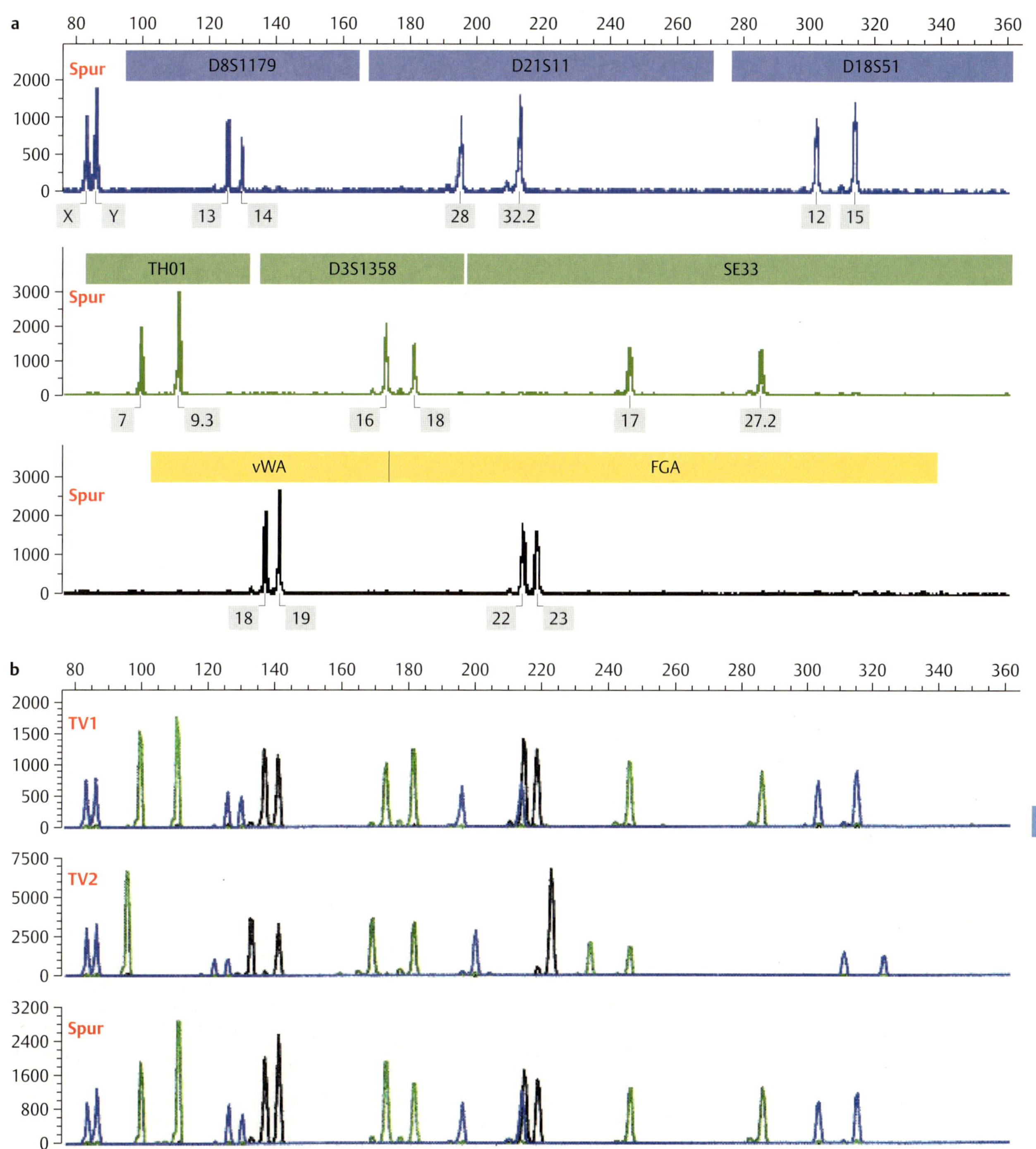

Abb. 20.12 DNA-Profile einer Tatortspur und zweier verdächtiger Männer TV1 und TV2.
a Ausführliches Elektropherogramm der Spur-DNA mit den Farbauszügen der drei Fluoreszenzfarbstoffe. Alle STR-Systeme sind mit zwei Längenvarianten (Zahlen in den kleinen Rechtecken), d. h. jeweils heterozygot vertreten. **b** Zusammenfassung der Farbauszüge. Ohne Farbmarkierung wäre bei der Spur-DNA das D21S11-32.2 Allel nicht vom FGA-22 Allel zu unterscheiden. Beim Vergleich der DNA-Profile zeigt sich eindeutig, dass TV1 die Spur hinterlassen hat. Abscisse: Längen der STR-Sequenzen, Ordinate: Fluoreszenz-Intensität (rfu, relative fluorescence units), TV1, TV2 = Tatverdächtiger 1, 2. [Originaldaten von Carsten Hohoff, Institut für Rechtsmedizin, Münster]

Das Ergebnis einer derartigen Analyse ist in Abb. 20.**12** als Elektropherogramm dargestellt. Drei Systeme sind blau, drei weitere grün und zwei gelb markiert (Abb. 20.**12a**). Man kann erkennen, dass die Längenbandbreite der Systeme entsprechend den zu erwartenden Varianten sehr unterschiedlich ist. Die Spur-DNA eines Mannes zeigt bei allen 8 STRs unterschiedliche Varianten auf den homologen Chromosomen. Aus der zusammenfassenden Darstellung der Spur-DNA und der DNA von zwei **Tatverdächtigen** geht klar hervor, dass die Spur vom TV1 stammt (Abb. 20.**12b**). Diese Aussage wird durch eine biostatistische Berechnung mit Hilfe der bekannten Allelfrequenzen erhärtet. Danach liegt die Wahrscheinlichkeit für das Auftreten dieser Allelkombination bei weniger als 1 unter 10 Milliarden Menschen.

Das **DNA-Profil** einer Person oder einer Spur wird in Deutschland seit 1998 in der **„DNA-Analyse-Datei"** beim Bundeskriminalamt in Form von 8 Zahlenpaaren und Amelogenin X/Y gespeichert (s. Abb. 20.**12a**). Die zugehörige DNA von Personen wird nach Erstellung des Profils vernichtet, die von Spuren als unwiederbringliches Beweismaterial aufgehoben. Ende Oktober 2006 umfasste die DNA-Analyse-Datei rund 526 000 Datensätze, davon 427 000 von Personen, der Rest von Tatortspuren. Seit Errichtung der Datei wurden 44 000 Treffer erzielt, bei 32 000 dieser Treffer wurde eine Tatortspur einer Person zugeordnet, der Rest waren Spur-Spur-Treffer (d. h. derselbe Spurenverursacher an verschiedenen Tatorten).

Vaterschaftsnachweise und andere **Abstammungsprobleme** werden nach derselben Methodik bearbeitet wie die Klärung von Straftaten, jedoch mit dem Unterschied, dass nicht 8 sondern meistens 15 STR-Systeme untersucht werden. Der Grund dafür ist, dass z. B. in der Kind-DNA nur ein haploider Chromosomensatz vom Vater stammt und daher nur jeweils eine einzige Variante pro STR bestimmt werden kann. Zu bemerken ist noch, dass eine mögliche Vaterschaft auch dann noch untersucht werden kann, wenn der Vater bereits gestorben ist, aber nahe Verwandte für die Analyse zur Verfügung stehen

20.1.4 Funktionelle Genomik

Wenn die Sequenz des Genoms eines Organismus bekannt ist, können weitere Analysen zur Funktion dieses Genoms gemacht werden.

Die Kenntnis einer Genomsequenz erlaubt die Vorhersage des gesamten Proteoms

Verschiedene ausgeklügelte Computerprogramme erlauben es uns heute, alle sechs offenen Leseraster, jeweils beginnend mit AUG und endend mit einem Stopcodon, einer vorgegebenen DNA-Sequenz anzugeben (vgl. Abb. 19.**17**, S. 281). Dabei werden im allgemeinen nur solche von einer Mindestlänge von 100 Codons angegeben. Aus diesen Analysen resultiert die **Anzahl vorhergesagter Gene** der verschiedenen Genome (s. Tab. 20.**1**, S. 301). Weitere Programme erlauben dann eine genauere **Klassifizierung der vorhergesagten Proteine,** z. B. in Transkriptionsfaktoren unterschiedlicher Klassen (s. Kap. 17.2.2, S. 228), Membranproteine oder Proteine für die verschiedenen physiologischen Prozesse. So werden im *Drosophila*-Genom etwa 1387 verschiedene Transkripte für nukleinsäurebindende Proteine vorhergesagt, von denen 919 DNA-bindende Proteine darstellen, 2422 verschiedene Transkripte kodieren für Enzyme und 216 für Zelladhäsionsmoleküle. Etwa 7500 vorhergesagte

Tab. 20.3 Beschreibung der STR-Systeme, die in Deutschland zur Erstellung eines DNA-Profils verwendet werden.

STR-System	Chromosomen-Lokalisation*	Zahl der Sequenz-Allele**	Repeat-Struktur
D3S1358	3p25.3	10 +	Repeat: [AGAT], [TCTA] $TCTA[TCTG]_{n1}[TCTA]_{n2}$ n1=2-3; n2=11-15
D8S1179	8q23.1-23.2	7	Repeat: $[TCTA]_n$ n=7-12 z. B. $[TCTA]_1[TCTG]_1[TCTA]_{11}$
D18S51	18q11.1	20 +	Repeat: $[GAAA]_n$ n=8-27
D21S11	21q21.1	53 +	Repeat: [TCTA], [TCTG] z. B. $[TCTA]_4$ $[TCTG]_6[TCTA]_3$ TA $[TCTA]_3$ TCA $[TCTA]_2$TCCATA $[TCTA]_6$
FGA (= FIBRA)	4q28.2 Intron 3 des α Fibrinogen Gens	43 +	Repeat: komplexe Tetranukleotide z. B. $[TTTC]_3$TTTTTTCT$[CTTT]_{13}$CTCC$[TTCC]_2$
TH01	11p15.5 Intron 1 des Tyrosinhydroxylase Gens	10 +	Repeat: [AATG] z. B. $[AATG]_5$ATG$[AATG]_3$
vWA	12p13.31 von Willebrand Faktor	19 +	Repeat: [TCTA] mit [TCTG] und [TCCA] Insertionen z. B. TCTA$[TCTG]_4[TCTA]_{13}$TCCATCTA
ACTBP2 (= SE33)	6q14.2 Actin β Pseudogen 2	100 +	Repeat: [AAAG] z. B. $[AAAG]_2$ AG $[AAAG]_3$ AG $[AAAG]_{21}$ G $[AAAG]_3$ AG
Amelogenin	Xp22.1-22.3 Yp11.2 Amelogenesis imperfecta 1	2	X = 106 bp Y = 112 bp

* vgl. Abb. 3.**6**, S. 19
** Zahl der häufigsten und evtl. weiterer (+) Allele

offene Leseraster konnten mit keiner bekannten Funktion assoziiert werden. Die Kenntnis verschiedener Genome ermöglicht es darüber hinaus, die Sequenzen miteinander zu vergleichen und damit **Rückschlüsse auf die Evolution** dieser Organismen zu ziehen. So zeigt der Vergleich zwischen dem *Drosophila*-Genom und dem der Stechmücke *Anopheles*, dass 47 % der insgesamt 12 981 vorhergesagten Proteine der Mücke ähnliche Sequenzen im *Drosophila*-Genom besitzen, während 11 % der vorhergesagten Proteine einmalig im Genom der Mücke sind, d. h. keine erkennbare Homologie mit anderen Spezies, deren Genom vollständig sequenziert ist, aufweist.

DNA-Mikroarrays und DNA-Chips

DNA-Mikroarrays erlauben die gleichzeitige Untersuchung tausender Gene. DNA-Mikroarrays enthalten eine Kollektion unterschiedlicher DNAs von jeweils ~1 kb Länge, die in einem Raster auf ein Filter aufgetragen sind. Für die Auftragung der DNAs werden i. A. Roboter benutzt, die in der Lage sind, die DNA sehr präzise und reproduzierbar aufzutragen. Sie können deshalb innerhalb kurzer Zeit viele Mikroarrays einer Sorte herstellen. Welche DNA aufgetragen wird, hängt von der Fragestellung, aber auch von dem untersuchten Organismus und damit von seiner Genomgröße ab. In einigen Fällen kann es die gesamte genomische DNA eines Organismus, in ca. 1 kb großen Fragmenten, sein. In anderen Fällen, vor allem dann, wenn das Genom sehr viele repetitive DNA enthält, wer-

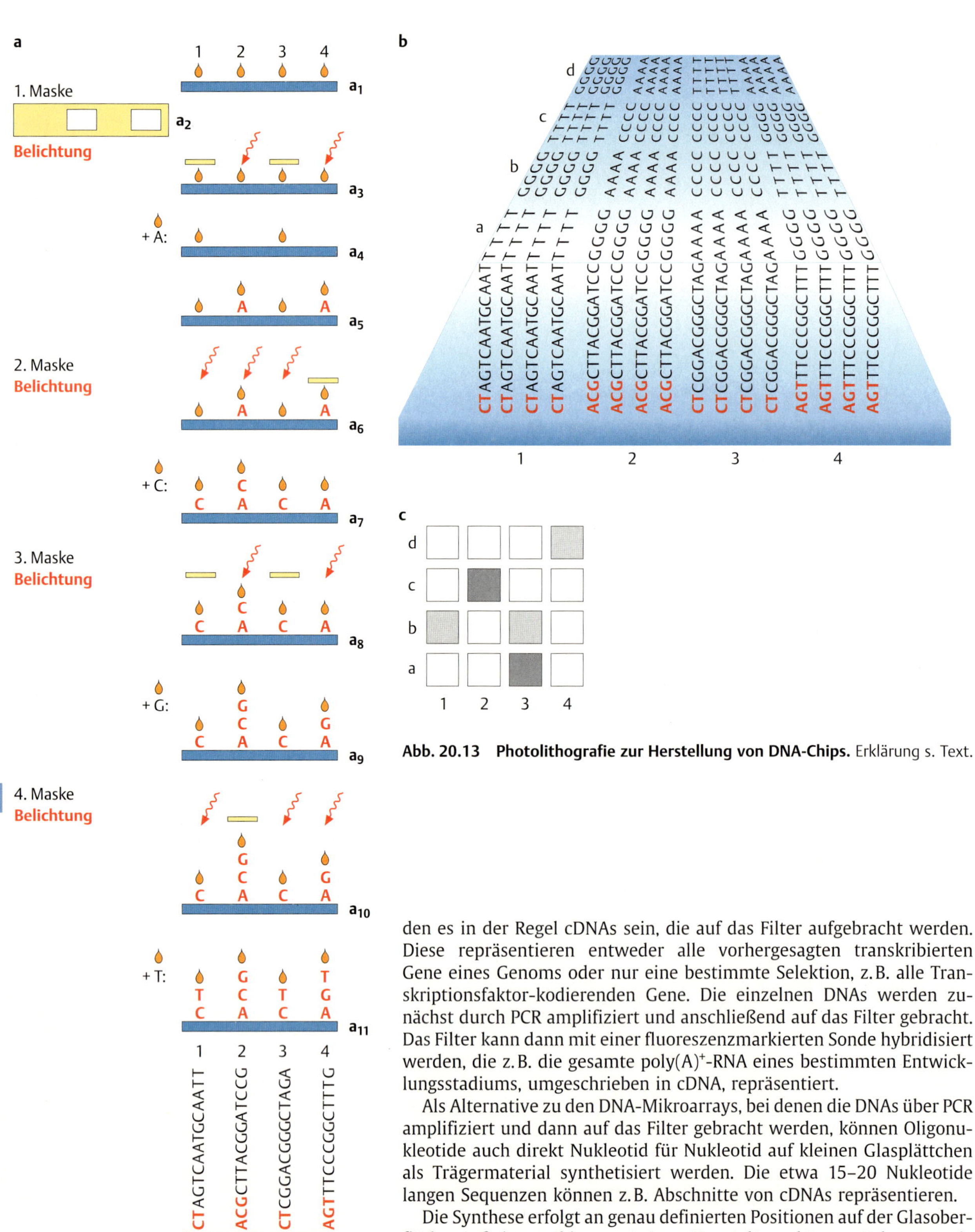

Abb. 20.13 Photolithografie zur Herstellung von DNA-Chips. Erklärung s. Text.

den es in der Regel cDNAs sein, die auf das Filter aufgebracht werden. Diese repräsentieren entweder alle vorhergesagten transkribierten Gene eines Genoms oder nur eine bestimmte Selektion, z. B. alle Transkriptionsfaktor-kodierenden Gene. Die einzelnen DNAs werden zunächst durch PCR amplifiziert und anschließend auf das Filter gebracht. Das Filter kann dann mit einer fluoreszenzmarkierten Sonde hybridisiert werden, die z. B. die gesamte poly(A)$^+$-RNA eines bestimmten Entwicklungsstadiums, umgeschrieben in cDNA, repräsentiert.

Als Alternative zu den DNA-Mikroarrays, bei denen die DNAs über PCR amplifiziert und dann auf das Filter gebracht werden, können Oligonukleotide auch direkt Nukleotid für Nukleotid auf kleinen Glasplättchen als Trägermaterial synthetisiert werden. Die etwa 15–20 Nukleotide langen Sequenzen können z. B. Abschnitte von cDNAs repräsentieren.

Die Synthese erfolgt an genau definierten Positionen auf der Glasoberfläche. Auf einem Chip von 1–3 cm Kantenlänge können Zehntausende unterschiedlicher Oligonukleotide hergestellt werden, jedes in Tröpfchen von 100–200 μm Durchmesser und jeweils mehr als 50 ng DNA. Weil die Herstellungsweise dieser Oligonukleotid-Mikroarrays große Ähnlichkeit mit der Herstellung von Computerchips hat, nennt man sie auch **DNA-Chips** (Schema in Abb. 20.**13**).

Zunächst wird das Glas mit einer Substanz aus fotolabilen Schutzgruppen beschichtet, die die Bindung von DNA verhindert (Abb. 20.**13**$\mathbf{a_1}$ mit 4 Tröpfchenpositionen). Anschließend bedeckt man das Glas mit einer fotolithografischen Maske, die an den Stellen Löcher aufweist, an denen ein Nukleotid gebunden werden soll. Mittels eines Laserstrahls werden die fotolabilen blockierenden Gruppen entfernt (Abb. 20.**13**$\mathbf{a_2}$, $\mathbf{a_3}$). Das Glas wird nun mit einer Lösung behandelt, die das erste Nukleotid enthält. Jedes Nukleotid trägt selbst eine blockierende Gruppe, die ggf. in der nächsten Runde entfernt werden kann (Abb. 20.**13**$\mathbf{a_4}$, $\mathbf{a_5}$). Nach erneuter Abdeckung mit einer Maske und Bestrahlung werden wiederum an bestimmten Positionen die blockierenden Gruppen entfernt, an denen nun die nächsten Nukleotide angefügt werden (Abb. 20.**13**$\mathbf{a_6}$, $\mathbf{a_7}$). Durch wiederholten Ablauf dieser Schritte werden nach und nach die Oligonukleotide der gewünschten Sequenz synthetisiert (Abb. 20.**13**$\mathbf{a_8}$–$\mathbf{a_{12}}$ mit jeweils nur einem Molekül an jeder Position). In Abb. 20.**13b** ist ein Ausschnitt eines DNA-Chips dargestellt, vereinfacht mit jeweils nur 16 gleichartigen Oligonukleotiden pro Position des Rasters. Wird der Glas-Chip mit einer Sonde beschickt, z. B. mit einer gewebespezifischen cDNA, so hybridisieren zwei Oligonukleotide stark, drei andere schwach mit der verwendeten Sonde (Abb. 20.**13c**).

DNA-Mikroarrays und DNA-Chips können für verschiedene Fragestellungen angewendet werden:

1. Sie können mit zwei unterschiedlich fluoreszierenden Sonden hybridisiert werden. Bei den Sonden handelt es sich oft um cDNAs, die durch reverse Transkription der gesamten mRNA-Population gewonnen wurden (Abb. 20.**14a**). Dabei werden die mRNAs aus unterschiedlichen Geweben, aus Zellen kranker bzw. gesunder Gewebe, aus Geweben, die mit einem Stoff behandelt bzw. nicht behandelt wurden oder aus Geweben zweier unterschiedlicher Entwicklungsstadien gewonnen. Nach der Hybridisierung werden die Fluoreszenzintensitäten in jedem Fleck auf dem Chip gemessen und das Verhältnis gebildet. Die Daten werden dann durch aufwendige Computerprogramme ausgewertet. Das Verhältnis der beiden Signale an einer Stelle gibt Auskunft darüber, ob eine bestimmte Sequenz im einen Zelltyp mehr oder weniger stark im Vergleich zum anderen Zelltyp transkribiert wird (Abb. 20.**14b, c**). Diese Verhältnisse können grafisch dargestellt werden und erlauben somit Aussagen über das **Expressionsprofil** oder **Transkriptom** eines Gewebes.
2. **DNA-Chips** ermöglichen auch die **Kartierung von Punktmutationen** in einem Gen. Diese Kenntnis kann z. B. für eine pränatale Diagnose als Alternative zu der in Abb. 20.**10** beschriebenen Methode angewendet werden. Sie ist allerdings wesentlich aufwendiger und entsprechend teurer. Sie setzt voraus, dass man das Gen, das bei dem Patienten mutiert sein kann, kennt. Die DNA des Patienten wird isoliert, in kleine Fragmente geschnitten, markiert und mit den Oligonukleotiden auf dem Chip hybridisiert. Die Oligonukleotide repräsentieren Abschnitte des Gens sowohl in ihrer normalen Sequenz als auch in verschiedenen mutanten Abänderungen. Da nur bei Vorliegen eines vollständig komplementären Abschnitts Hybridisierung zwischen der DNA des Patienten und den Oligonukleotiden stattfindet, wird das Fragment des Pa-

Abb. 20.14 Transkriptionsanalyse mittels DNA-Mikroarrays.

a Ablauf des Versuchs. Die RNAs aus zwei Geweben (A, B) werden isoliert und mit reverser Transkriptase in cDNA umgeschrieben, wobei die eine cDNA mit einem rot fluoreszierenden, die andere RNA mit einem grün fluoreszierenden Farbstoff markiert wird. Diese werden mit einer Kollektion von DNA-Fragmenten hybridisiert, die zuvor mittels PCR amplifiziert und durch einen Roboter auf die Filter aufgebracht worden sind. Nach der Hybridisierung werden die Fluoreszenzmoleküle durch Anregung mit Laserlicht unterschiedlicher Wellenlänge angeregt und die Emission beider Farbstoffe gemessen. Das Verhältnis des rot/grün-Signals gibt an, ob die Transkription eines Gens in Gewebe A verstärkt (rot), abgeschwächt (grün) oder gleich stark (gelb) ist wie in Gewebe B.
b Beispiel zur Demonstration, dass in den *Drosophila*-Imaginalscheiben des ersten und dritten Beinpaares die meisten der hier gezeigten 32 Gene etwa gleich stark exprimiert sind (gelb). Im Gegensatz dazu werden dieselben 32 Gene unterschiedlich in den Flügelimaginalscheiben im Vergleich zum Fettkörper exprimiert: Es gibt zahlreiche rote oder grüne Signale, aber nur wenige gelbe.
c Computergestützte Auswertung (Clusteranalyse) eines Experiments, das den Einfluss einer Substanz, Wyl 14634 (Wy), auf die Transkription in der Leber von Wildtyp-Mäusen (*wt*) und Mäusen testet, die mutant für PPARα (Peroxisome proliferator-activated receptor α) sind (*mutant*). Gene mit vergleichbarem Expressionsverhalten sind jeweils in Gruppen (cluster) zusammengestellt. Jede senkrechte Reihe repräsentiert ein Gen, jede waagrechte Säule zeigt die Expression in dem behandelten Gewebe im Vergleich zum Wildtyp-Gewebe an. Rote Boxen = erhöhte Expression, grüne Boxen = verminderte Expression im Vergleich zum Wildtyp [a © Nature 1999. Duggan, D.J., Bittner, M., Chen, Y., Meltzer, P. and Trent, J.M.: Expression profiling using cDNA microarrays. Nature Genetics Supplement *21* 10–14, b Bild von Tom Kornberg, San Francisco, s. Klebes et al. 2002, c © Nature 2002. Gerhold D.L., Jensen, R.V., Gullans, S.R.: Better therapeutics through microarrays. Nature Genetics Supplement *32* 547–552].

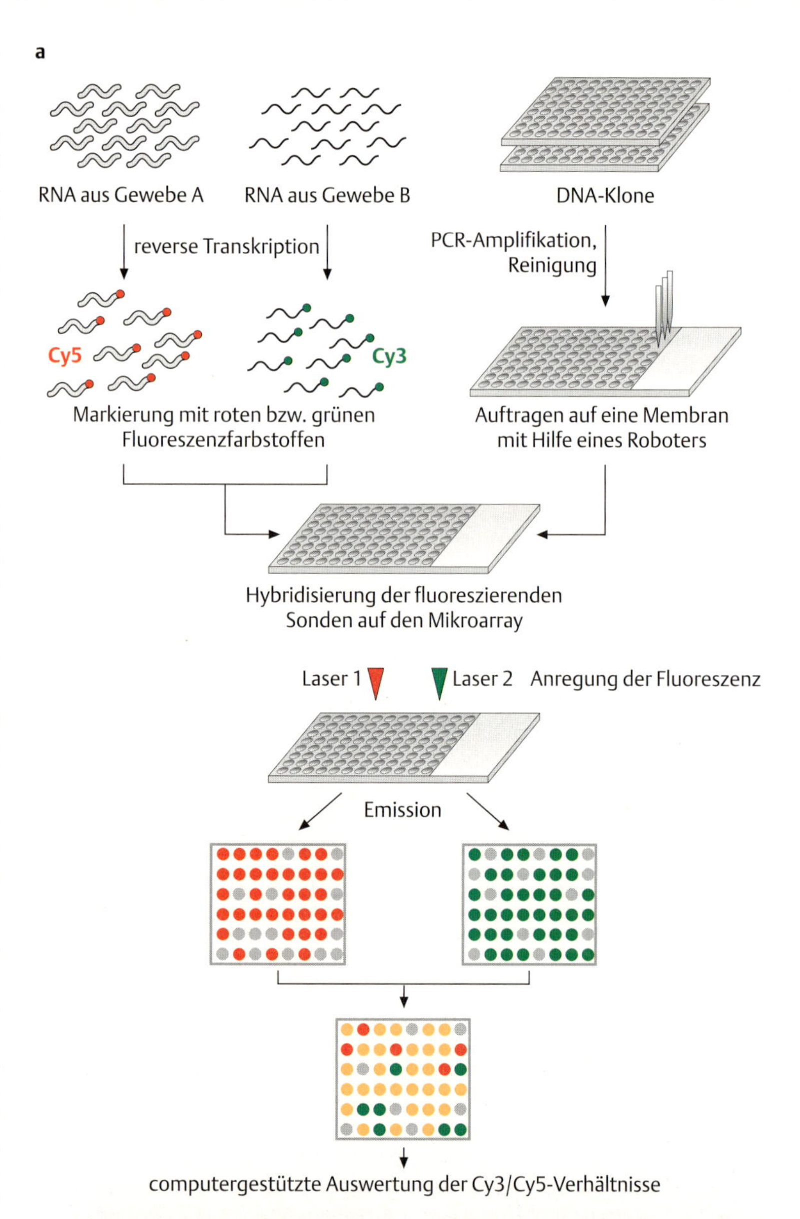

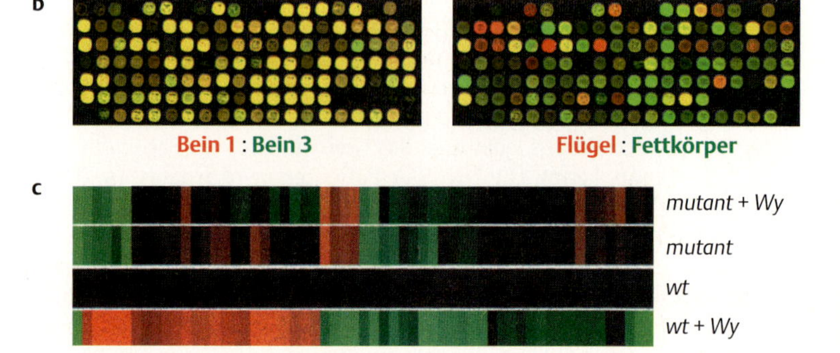

20

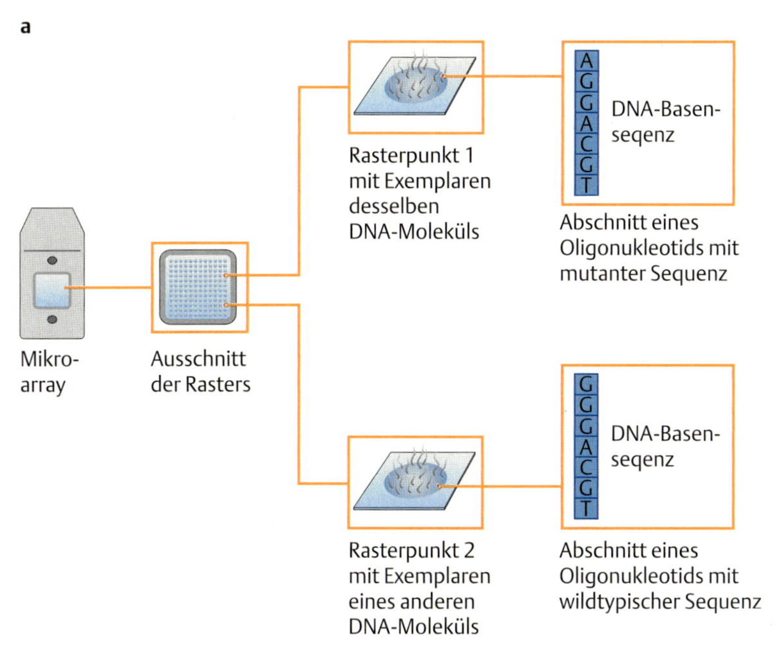

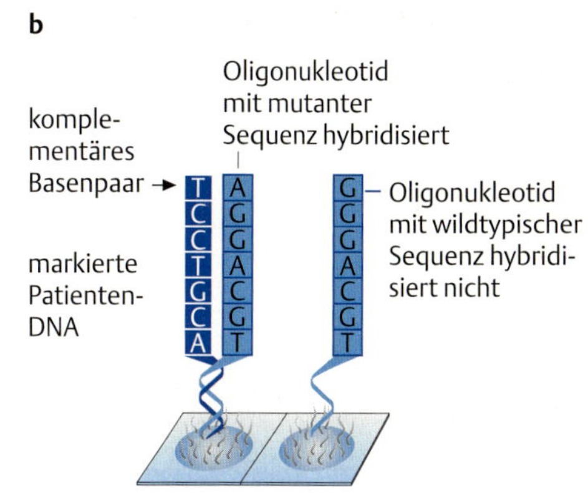

Abb. 20.15 Verwendung von DNA-Chips zum Nachweis einer Punktmutation.
a Jeder Rasterpunkt des Chips enthält einen anderen Sequenzabschnitt des zu untersuchenden Gens, entweder in seiner nicht mutierten Sequenz oder mutiert. Es sind sämtliche bekannten Varianten eines Gens vertreten.
b Die gesamte DNA des Patienten wird markiert und, nach Denaturierung, als Sonde zur Hybridisierung mit der DNA auf dem Chip eingesetzt. Nur Einzelstrangabschnitte der Patienten-DNA, die vollständig komplementär zu einem Oligonukleotid auf dem Chip sind, werden hybridisieren. In diesem Beispiel hybridisiert die Patienten-DNA nur mit einer mutanten Sequenz (links), da sie selbst eine entsprechende Punktmutation trägt, nicht aber mit der wildtypischen Sequenz (rechts). Enthält die Patienten-DNA eine noch nicht beschriebene Mutation, so wird keine der DNAs auf dem Chip hybridisieren [aus Schmidt 2002].

tienten, das eine Punktmutation trägt, nicht mit der entsprechenden, nicht mutierten Sequenz auf dem Chip hybridisieren können (Abb. 20.**15**).

Es ist davon auszugehen, dass in der Zukunft weitere Genomsequenzen entschlüsselt werden und wir mit einer Vielzahl von Daten bezüglich der Expression konfrontiert werden.

Somit wird eine bedeutende Aufgabe in der Zukunft nicht in der Entdeckung neuer Gene bestehen, sondern darin, die Funktion dieser Gene und der von ihnen kodierten Proteine im Kontext einer Zelle und des gesamten Organismus herauszufinden.

20.1.5 Was ist ein Gen?

Eine einfache Frage – eine komplizierte Antwort! Am Anfang des Buches (Kap. 1.2, S. 8) haben wir ein Gen definiert als einen **DNA-Abschnitt, der für die Synthese einer RNA oder eines Proteins kodiert und eine Kontrollregion mit der Information enthält, wann und wo die Genexpression stattfinden wird.**

Tab. 20.4 Phänomene, die den Genbegriff verkomplizieren

Phänomen	Problem
Ein Gen im Intron eines anderen Gens	Zwei Gene am selben Ort
Gene mit überlappendem Leseraster, d. h., ein Gen kodiert für mehrere Proteine, je nach verwendetem Leseraster	Keine 1:1- Beziehung zwischen DNA und Protein
Regulatorische Sequenzen (Enhancer, Silencer) können weit entfernt von dem regulierten Gen liegen	Keine „kompakte" Lokalisation des Gens
Ein gemeinsames Transkript von zwei nebeneinander liegenden Genen, das durch alternatives Spleißen zu Proteinen führt, die aus Teilen beider ursprünglicher Proteine bestehen	Keine 1:1- Beziehung zwischen DNA und Protein
Mobile genetische Elemente (Transposons) befinden sich an verschiedenen Positionen im Genom in aufeinander folgenden Generationen	Ein genetisches Element hat keine konstante Position
Epigenetische Modifikation führt zur Vererbung von Merkmalen, ohne dass die DNA verändert ist.	Der Phänotyp ist nicht allein abhängig vom Genotyp
Die Chromatinstruktur kann einen Einfluss auf die Genexpression haben, ohne dass die Sequenz des Gens selbst darauf Einfluss nimmt	Die Genexpression ist von der Verpackung der DNA abhängig.
Durch alternatives Spleißen kann ein Transkript mehrere mRNAs bzw. Proteine erzeugen	Mehrere Genprodukte von einem Locus, die lineare Information auf der DNA steht nicht in linearer Beziehung zu einem Protein
Durch RNA trans-Spleißen können weit voneinander entfernt liegende DNA Abschnitte eine mRNA kodieren	Ein Protein entsteht durch die kombinierte Information zweier Transkripte
Durch RNA Editierung wird die RNA posttranskriptionell modifiziert	Die Information in der RNA ist nicht in der DNA vorhanden
Durch Protein Spleißen oder Trans-Spleißen können aus einem Protein mehrere funktionelle Proteine erzeugt werden	Der Beginn und das Ende eines Proteins ist nicht durch den genetischen Code bestimmt
Durch Proteinmodifikationen können Proteine mit unterschiedlichen Funktionen gebildet werden	Die Aminosäuresequenz, die durch die DNA Sequenz bestimmt wird, ist nicht allein entscheidend für die Funktion des Proteins
Transkribierte Pseudogene	Aktivität eines DNA Bereichs, von dem angenommen wurde, dass er inaktiv ist.

Nach allem, was wir in den Teilen I und II erfahren haben, reicht diese Definition nicht mehr aus. Selbst das **„Zentrale Dogma der Molekularbiologie"**, nach dem der Fluss der Information unidirektional von der DNA über die RNA zum Protein verläuft, wurde im Lauf der Zeit mehr und mehr in Frage gestellt. Howard Temin und David Baltimore entdeckten z. B. im Jahr 1970 die **reverse Transkriptase**, ein virales Enzym, das RNA in DNA umschreiben kann. Die Möglichkeit, Gene zu **klonieren** und zu **sequenzieren**, brachte erneut zusätzliche Aspekte in diesen Begriff. Erstmalig konnten nun Gene primär auf der Basis ihrer Sequenz und nicht ihres mutanten Phänotyps definiert werden. Die Identifizierung der meisten Gene in einem sequenzierten Genom basiert entweder auf ihrer Ähnlichkeit zu anderen Genen oder auf dem Vorhandensein typischer Merkmale eines Protein-kodierenden Gens (**offener Leseraster**, **Startcodon**, **Stopcodon**). Darauf basierend wurde ein Gen definiert als ein **lokalisierter Abschnitt im Genom, der eine Einheit der Vererbung darstellt, der regulatorische Regionen, transkribierte Bereiche und/oder andere funktionelle Sequenzen umfasst.**

Wendet man diese Definition an, so bedeutet dies, dass viele Genome zum größten Teil aus nicht-kodierender **„junk DNA"** bestehen, so etwa auch das menschliche Genom, in dem nur 1,2 % der Sequenz für Exons kodieren. Zahlreiche zusätzliche Befunde stellten auch diese Definition wieder in Frage. Einige von ihnen sind in Tab. 20.**4** zusammengefasst.

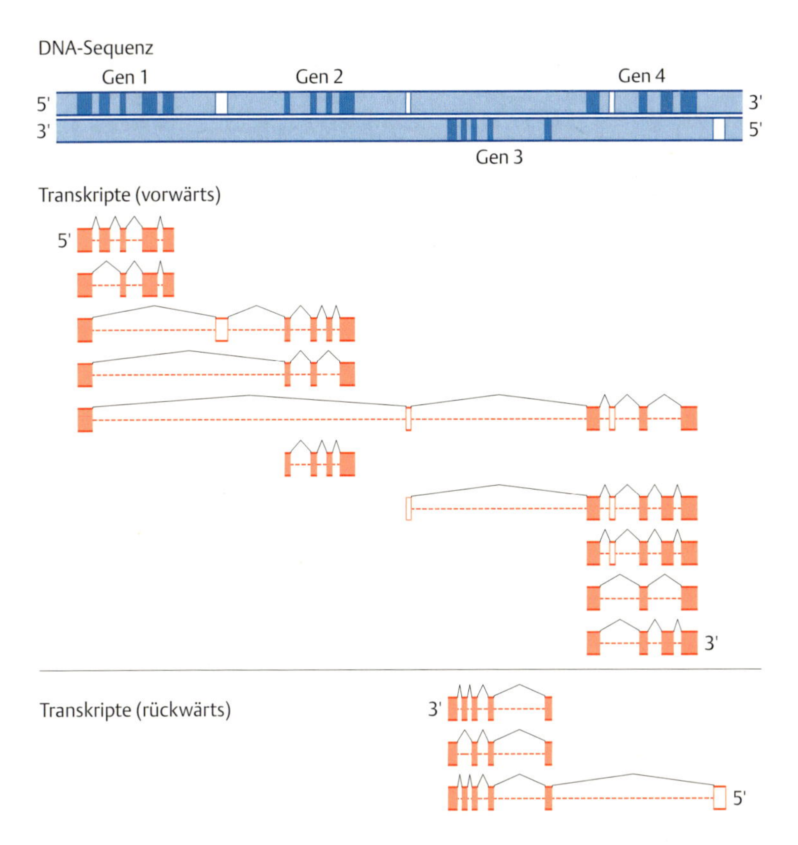

Abb. 20.16 Durch ENCODE aufgedeckte biologische Komplexität des Genoms. Schematische Darstellung einer typischen genomischen Region. Oben: DNA Sequenz mit annotierten (vorhergesagten) Exons von Genen (blaue Rechtecke) und TARS (weiße Rechtecke). Darunter die verschiedenen Transkripte aus dieser Region. Gestrichelte Linien stellen herausgeschnittene Introns dar. Bisherige Programme würden nur einen Teil der tatsächlich gefundenen Transkripte der Gene 1-4 vorhersagen. Die Ergebnisse aus dem ENCODE Projekt zeigten, dass viele Transkripte mehrere Loci überspannen, oftmals unter Verwendung einer distalen, 5'-gelegenen Startsequenz. [© Cold Spring Harbor Laboratory Press 2007. Gerstein, M.B., Bruce, C., Rozowsky, J.S., Zheng, D., Du, J., Korbel, J.O., Emauelsson, O., Zahng, Z.D., Weissman, S., Snyder, M.: What is a gene, post-ENCODE? History and updated definition. Genome Res. *17* 669–681]

Ferner erkannte man, dass ein beträchtlicher Anteil der als „junk-DNA" bezeichneten Sequenzen transkribiert wird, und dass etwa 5 % dieser Sequenzen im Genom von Mensch, Maus, Ratte, Hund und anderen Vertebraten konserviert sind. Um die Funktion dieser Sequenzen und somit die Komplexität des Genoms zu studieren, wurde im Rahmen einer Pilot Studie, genannt **Encyclopedia of DNA Elements** (**ENCODE**), die transkriptionelle Aktivität von ~1 % des menschlichen Genoms sehr intensiv untersucht. Dabei zeigte sich, dass der größte Teil der DNA in der Tat transkribiert wird und in Primärtranskripten wieder gefunden werden kann. Diese enthalten auch nicht Protein-kodierende Bereiche, und weisen einen hohen Grad an Überlappung auf. Diese neu gefundenen Sequenzen wurden **TARs** (**t**ranscriptionally **a**ctive **r**egions) genannt. Außerdem wurden sehr viele zusätzliche Transkriptionsstartstellen identifiziert, von denen viele alternative Startstellen Protein-kodierender Gene darstellen, die bis zu >100 kb 5' des vorhergesagten Transkriptionsstarts liegen konnte. Diese Ergebnisse bedeuten, dass **das Genom weitaus komplexer ist als bisher angenommen** (Abb. 20.**16**).

Basierend auf den im Rahmen der ENCODE Pilotstudie erzielten Ergebnisse wurde folgende Definition für ein Gen vorgeschlagen: **Ein Gen ist eine Gruppierung genomischer Sequenzen, die einen zusammenhängenden Satz, eventuell auch überlappender, funktioneller Produkte kodiert**, wobei die funktionellen Produkte entweder RNA oder Protein sein können. Abb. 20.**17** zeigt einige Beispiele zur Veranschaulichung dieser Definition.

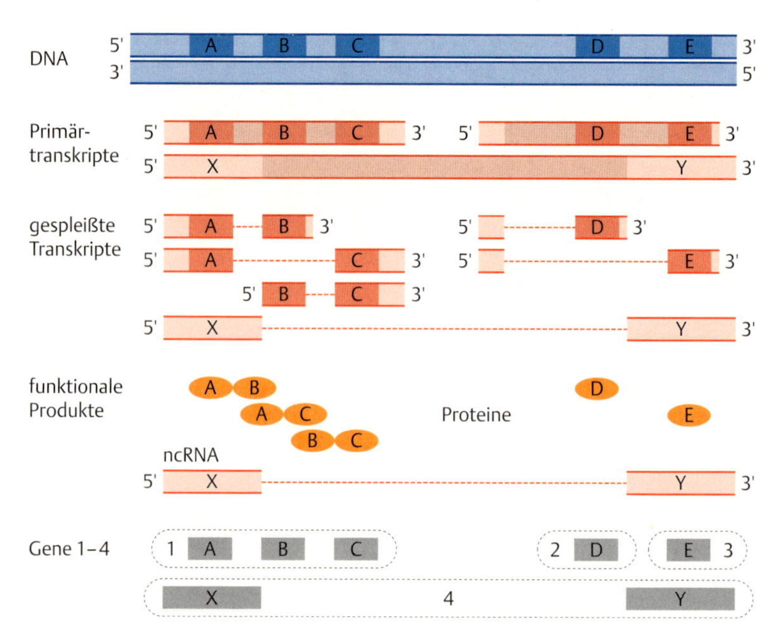

Abb. 20.17 Erläuterung der neuen Definition des Gens. Eine genomische Region kodiert drei Primärtranskripte, die alternativ gespleißt werden. Aus zwei Primärtranskripten entstehen so fünf verschiedene Proteine, während das dritte Primärtranskript eine nicht-kodierende RNA (ncRNA) bildet. Die Proteinprodukte werden aus drei Gruppen von DNA Abschnitten gebildet: 1. A, B, C; 2. D; 3. E. In der Gruppe mit den drei Segmenten A, B, C wird jedes DNA-Segment von mindestens zwei der Proteinprodukte geteilt. Die Genprodukte D und E werden zwar von Primärtranskripten kodiert, die eine gemeinsame 5'-UTR besitzen, aber die fertigen Genprodukte haben keinerlei Sequenzen gemeinsam. Schließlich gibt es ein funktionelles Produkt, das aus nicht-kodierender RNA besteht. Obwohl diese von denselben DNA Bereichen wie die Protein-kodierenden Abschnitte A bzw. E kodiert wird, werden sie als unterschiedliche Gene eingestuft, da die funktionellen Genprodukte in einem Fall Proteine, im Fall von X und Y aber RNA sind. Insgesamt gibt es also vier Gene in dieser Region, jeweils zusammengefasst durch die schwarz gestrichelte Linie. Gen 1 besteht aus den DNA Segmenten A, B, C, Gen 2 aus dem Segment D, Gen 3 aus dem Segment E und Gen 4 aus den Segmenten X und Y. Hell gefärbte Abschnitte in den Rechtecken repräsentieren nicht-translatierte Bereiche, dunkel gefärbte Abschnitte translatierte Bereiche. [© Cold Spring Harbor Laboratory Press 2007. Gerstein, M. B., Bruce, C., Rozowsky, J. S., Zheng, D., Du, J., Korbel, J. O., Emanuelsson, O., Zahng, Z. D., Weissman, S., Snyder, M.: What is a gene, post-ENCODE? History and updated definition. Genome Res. *17* 669–681]

20.2 Tiermodelle zur Erforschung menschlicher Krankheiten

Die Kenntnis der vollständigen Genomsequenz des Menschen und anderer vielzelliger Organismen (Tab. 20.**1**, S. 301) hat gezeigt, dass viele Gene evolutionär konserviert sind und ähnliche Sequenzen bei Maus, Zebrafisch, *C. elegans* und *Drosophila* aufweisen. Zusammen mit den verbesserten Techniken zur Kartierung von menschlichen Genen (s. Kapitel 20.1.2, S. 302) ist es in vielen Fällen möglich, eine eindeutige Beziehung zwischen einer menschlichen Krankheit und der Mutation in einem bestimmten Gen nachzuweisen. Sehr häufig führt die Mutation in dem entsprechenden *Drosophila*- oder Maus-Gen zu einem mutanten Phänotyp während der Entwicklung dieser Organismen. Einige Beispiele sind in Tab. 20.**5** gezeigt.

Bei den in Tab. 20.**5** vorgestellten Beispielen handelt es sich um **menschliche Krankheiten**, die durch Mutation in einem einzigen Gen ausgelöst werden, man spricht von einem **monogenen** Ursprung der Krankheit. Die Symptome solcher Krankheiten sind nicht immer einheitlich, sie können bei verschiedenen Patienten stärker oder schwächer ausgeprägt sein. Das hängt zum einen mit der Art der Mutation zusammen, die darüber entscheidet, ob z. B. weniger oder überhaupt kein Genprodukt gemacht wird. Außerdem kann das Krankheitsbild durch Mutationen in anderen Genen modifiziert werden. Die Summe dieser Polymorphismen bildet den **genetischen Hintergrund**, der bei allen Menschen unterschiedlich ist (s. auch Kapitel 20.1.3, S. 306). Ferner kann ein Krankheitsbild durch **äußere Faktoren** beeinflusst werden, wie z. B. durch die Ernährung oder die Einwirkung von chemischen Substanzen, die mutagen wirken. Schließlich spielt das Alter des betroffenen Individuums oftmals eine wichtige Rolle und kann über den Ausbruch und den Verlauf einer Krankheit entscheiden.

Tab. 20.5 Beispiele für Gene, die mit Krankheiten beim Menschen bzw. mutanten Phänotypen bei Tieren assoziiert sind.

Menschliche Krankheit	Symptome	Betroffenes menschliches Gen	Gen bei einem anderen Organismus	Mutanter Phänotyp
Aniridia	heterozygot: Aniridie (vollständiges oder teilweises Fehlen der Iris); homozygot: Anophthalmie (Fehlen eines oder beider Augäpfel)	*Pax6*	*eyeless* *twin of eyeless* (*Drosophila*)	stark verkleinerte oder gar keine Augen
			Pax6/small eye (Maus)	Heterozygot kleine, homozygot keine Augen
Retinitis pigmentosa 12	Erblindung mit ca. 20 Jahren durch Degeneration der Photorezeptorzellen und des Pigmentepithels	*CRB1*	*crumbs* (*Drosophila*)	Degeneration der Photorezeptorzellen nach Lichtexposition
Duchenne Muskeldystrophie	progressive Degeneration der Muskeln	*Dystrophin*	*dys-1* (*C. elegans*)	Muskeldegeneration bei gleichzeitiger Reduktion der Funktion von MyoD
			Dystrophin (*Zebrafisch*)	Unbeweglichkeit bereits 7 Tage nach der Befruchtung; Defekte in der Organisation der Muskeln
Präaxiale Polydactylie (PPD)	zusätzlicher Finger	ektopische Expression von SHH durch Deletion in einem regulatorischen Element	*hedgehog* (*Drosophila*)	ektopische Expression erzeugt Duplikation von Flügelstrukturen
			Sasquatch (Ssq) *Hemimelic extratoe (Hx)* (Maus)	Ektopische Expression von SHH
Usher Syndrom 1B	angeborene Taubheit	Myosin VIIA	*mariner* (Zebrafisch)	Gleichgewichtsprobleme, mutante Fische schwimmen in Kreisen

Die weitaus größte Gruppen der bisher untersuchten Krankheiten ist jedoch **polygenen** Ursprungs, also durch Mutationen in mehreren oder vielen Genen erzeugt. Deren Erscheinungsbild kann ebenfalls durch Umwelteinflüsse moduliert werden. Nur etwa 8 % aller bisher untersuchten **Kardiomyopathien** (Erkrankungen des Herzmuskels) lassen sich auf eine Mutation in einem einzigen Gen zurückführen, während die übrigen Fälle durch eine Kombination von mehreren genetischen Defekten und Umwelteinflüssen, einschließlich des Alters, ausgelöst werden. Die genetische Analyse von Krankheiten polygenen Ursprungs ist ungleich schwieriger als von solchen, die durch Mutation in einem einzigen Gen ausgelöst werden.

20.2.1 Anforderungen an ein Krankheitsmodell

Ziel medizinischer Forschung ist es, Therapien zu finden, um Krankheiten zu lindern oder zu heilen. In den meisten Fällen bedeutet dies zunächst eine Behandlung der Symptome. Erstrebenswert ist jedoch, die Ursache einer Krankheit zu behandeln bzw. das Ausbrechen einer Krankheit zu verhindern. Um diese Ziele zu erreichen, ist es erforderlich,
- das Gen zu kennen, dessen Mutation eine Krankheit auslöst;
- zu wissen, welche Aufgabe dieses Gen in der Entwicklung des Menschen oder für die Funktion eines bestimmten Organs oder bestimmter Zellen hat;
- Kenntnis über die molekulare Wirkungsweise des Genprodukts zu haben;

- Pharmaka zu testen, die die defekte Genfunktion inaktivieren bzw. die Defekte, die durch den Ausfall eines Gens hervorgerufen werden, verhindern.

Eine große Anzahl von Genen, die nach Mutation **beim Menschen** zur **Ausbildung einer Krankheit** führen, sind **in anderen Organismen konserviert**. Von 929 menschlichen Genen, die mit einer menschlichen Krankheit assoziiert sind, haben etwa 75 % ein entsprechendes Gen bei *Drosophila* (Stand 2001). Inzwischen ist die Zahl der menschlichen Gene, die mit einer Krankheit in Verbindung stehen, auf 3 160 angewachsen (s. auch OMIM, *Online Mendelian Inheritance in Man*, eine Datenbank über Gene des Menschen und deren Mutationen, Link im Anhang), und es wird davon ausgegangen, dass der Prozentsatz dem der in Fliegen konservierten Gene entspricht. Bei der Fliege führt eine Mutation in einem dieser **konservierten Krankheitsgene** häufig zu einem mutanten Phänotyp, der **Ähnlichkeit mit dem Krankheitsbild** beim Menschen besitzt (s. Tab. 20.**5**). Dies lässt darauf schließen, dass nicht nur die Gene selbst, sondern auch ihre Funktion in den unterschiedlichen Organismen konserviert ist. Somit stellt sich die Frage, ob man Modellorganismen, wie Maus, Fisch, Fliege oder Wurm verwenden kann, um die Ursache menschlicher Krankheiten zu verstehen bzw. um an ihnen Methoden zu entwickeln, die es ermöglichen, die Krankheiten zu behandeln. Ein Modellorganismus sollte die Beantwortung folgender Fragen ermöglichen:
- Können wir die **Symptome** einer menschlichen Krankheit in dem Modellorganismus **nachstellen**?
- Können wir in dem Modellorganismus die molekularen **Ursachen** des **mutanten Phänotyps** aufklären?
- Können wir das **Auftreten des mutanten Phänotyps** in dem Modellorganismus **verhindern**, d. h., können wir einen "kranken Fisch", eine „kranke Fliege" heilen?
- Können wir die so gewonnenen Kenntnisse übertragen, um eine **menschliche Krankheit** zu **heilen**?

In den folgenden Kapiteln soll an Hand ausgewählter Beispiele die Vorgehensweise zur Beantwortung dieser Fragen vorgestellt werden.

20.2.2 *Drosophila melanogaster* als Modell zum Studium neurodegenerativer Krankheiten

Neurodegenerative Krankheiten sind all jene Krankheiten, die durch das **Absterben von Neuronen** (Nervenzellen) entweder zu Ausfällen motorischer Funktionen, also zum Verlust der Beweglichkeit, oder zur Reduktion bzw. zum Verlust geistiger Fähigkeiten, wie Sinneswahrnehmung oder Gedächtnis, führen. Einige Beispiele für neurodegenerative Krankheiten sind in Tab. 20.**6** zusammengefasst.

Wie alle anderen Krankheiten auch, können neurodegenerative Erkrankungen durch zwei Klassen von Mutationen ausgelöst werden:
- durch Mutationen, die zum Verlust der Genfunktion führen (loss-of-function Mutation).
- durch Mutationen, die zum Erwerb einer neuen Eigenschaft des Gens führen (gain-of-function Mutation)

Im Falle der gain-of-function Mutationen kann z. B. ein verändertes Protein gebildet werden, das Defekte auslösen kann, oder es wird zuviel von einem Protein produziert, was ebenfalls schädlich für die Zelle sein kann.

Tab. 20.6 Beispiele erblicher neurodegenerativer Erkrankungen beim Menschen

Krankheit	Betroffene Gene	Symptome	Molekulare/zelluläre Ursache
Alzheimer (Morbus Alzheimer)	*APP, PS1, PS2*	Allmählicher Verlust des Gedächtnisses und der kognitiven Leistungsfähigkeit, ausgelöst durch progressiven Verlust von Neuronen	veränderte Reifung des Amyloid-Vorläufermoleküls (APP), dadurch extrazelluläre Ablagerung abnormer Amyloid-β-Peptide (Plaques) und intrazellulärer Neurofibrillen(=hyperphosphoryliertes Tau Protein)
Parkinson (Morbus Parkinson)	*α-Synuclein (PARK1)* , *parkin (PARK2)* , *DJ-1 (PARK7)* , *PINK1 (PARK6)*	Muskelzittern, Muskelstarre, Bewegungsarmut. Verlust von Neuronen in der Substantia nigra (Struktur im Mittelhirn), die den Botenstoff Dopamin herstellen.	Akkumulation von Proteinaggregaten in Neuronen (Lewy bodies) durch Überproduktion von α-Synuclein
Amyotrophe Lateralsklerose (ALS)	*SOD1 (Superoxiddismutase)*	Degeneration großer kortikaler und spinaler Motorneurone, dadurch irreversible Muskellähmung	vermutlich erhöhter oxidativer Stress
Hereditäre spastische Paralyse (HSP)	*SPG4 (spastin), SPG7 (paraplegin), SPG33 (ZFYVE27), SPG3 (atlastin)* (insgesamt 16 Loci)	genetisch bedingte Degeneration kortikospinaler Motorneurone. Spastik in den Beinen bis hin zum Verlust der Motorik	u. a. Defekte im axonalen Transport durch Veränderungen der Mikrotubuli
Spinale Muskelatrophie	*Ataxin-1, -2, -3*	Verlust des Gleichgewichts und der motorischen Koordination; Degeneration von Purkinje Neuronen im Kleinhirn	Expansion von Trinukleotiden in *Atx3*
Spinocerebrale Ataxie	*SMN-1*	Muskelatrophie in Folge von Degeneration spinaler Motorneuronen	Loss-of-function Mutation in *SMN-1;* Beeinträchtigung des RNA Metabolismus, einschließlich Spleißen, und der RNA Lokalisation in Neuronen
Fragile-X Syndrom	*FMR-1, SCA-2*	geistige Retardierung	Expansion von Trinukleotiden im *FMR-1* Gen
Chorea Huntington	*huntingtin (htt)*	Atrophie des Corpus striatum (Teil des Großhirns), Verlust der Kontrolle über die Muskelbewegung und motorische Koordination, später Verlust der geistigen Fähigkeiten, Demenz.	Expansion von Trinukleotiden im *htt*-Gen

Ein *Drosophila*-Modell für Chorea Huntington

Bei **Chorea Huntington** (Huntington's disease, **HD**) handelt es sich um eine autosomal dominant vererbte Krankheit (Häufigkeit 1:20 000), bei der es zu fortschreitender Degeneration von Nervenzellen im Gehirn kommt. Die Krankheit manifestiert sich bei Patienten mittleren Alters, zunächst im Auftreten von unkoordinierten, ungewollten Bewegungen, weshalb sie früher auch „**Veitstanz**" genannt wurde (s. Box 16.**1**, S. 194). Mit zunehmendem Alter treten psychische und kognitive Defekte, bis hin zur Demenz, hinzu und die Krankheit führt ca. 15–20 Jahre nach dem Ausbruch zum Tod. Die motorischen Ausfälle sind die Folge des **Verlusts spezifischer Nervenzellen**, die den Botenstoff γ-Aminobuttersäure (**GABA**) produzieren und sich im Striatum befinden, einer subkortikalen Gehirnstruktur, die die Körperbewegungen kontrolliert. Mit dem Fortschreiten der Krankheit degenerieren weitere Teile des Gehirns.

HD gehört zu einer Familie von bisher neun bekannten, hereditären neurodegenerativen Erkrankungen, die durch eine **Expansion von CAG-Trinukleotiden** im Protein-kodierenden Bereich von Genen, die keine offensichtliche Verwandtschaft miteinander haben, ausgelöst werden. Dadurch kommt es im Protein zur Verlängerung eines Abschnitts, der aus **Glutaminen** (**Q**) besteht, weshalb diese Krankheiten auch **poly(Q)-Krankheiten** genannt werden (siehe Box 16.**1**, S. 194). Das normale *HD*-Gen (auch *IT15* genannt) kodiert für ein großes Protein von über 3 000 Aminosäuren, das fast ausschließlich aus sog. „HEAT repeats", wiederholten Sequenzabschnitten, besteht, die Protein-Protein-Wechselwirkungen vermitteln. Im ersten Exon trägt es einen polymorphen Abschnitt, der 6 bis 35 Glutamine (Q) kodiert, von denen man annimmt, dass sie einen Einfluss auf die Faltung des Proteins haben. **Huntingtin-**(**Htt-**)**Protein** wird in vielen Zellen exprimiert, besonders stark in den Hoden und im Gehirn. In den Zellen befindet sich das Protein vornehmlich im Zytoplasma, in den Neuriten und an Synapsen, aber auch im Zellkern. Es ist mit verschiedenen Organellen und Strukturen assoziiert und kann mit mehr als 50 verschiedenen Proteinen (u. a. Transkriptionsfaktoren, Transportproteinen) interagieren, wobei in den meisten Fällen der glutaminreiche N-Terminus die Interaktion vermittelt. Auf der Basis dieser Beobachtung nimmt man an, dass Htt an der Regulation der Transkription und an intrazellulären Transportvorgängen beteiligt ist.

Das Htt-Protein von HD-Patienten trägt 36–121 Glutaminreste. Wie bei fast allen poly(Q)-Krankheiten findet man auch hier eine direkte Korrelation zwischen der Anzahl der zusätzlichen CAG-Tripletts und dem Alter, an dem die Krankheit ausbricht: je mehr Tripletts eingefügt sind, desto eher bricht die Krankheit aus und desto stärker sind die Symptome. Bevor es zur Degeneration der Neurone kommt, findet man in den Zellkernen, im Zytoplasma und den Neuriten **Proteinaggregate**, die zum großen Teil **aus Htt-Protein** bestehen. Warum diese Aggregate, die vermutlich durch Fehlfaltung des mutanten Htt-Proteins entstehen, zur Degeneration der Nervenzellen führen, ist nicht genau verstanden. Möglicherweise können die veränderten Proteine nicht mehr korrekt an ihre Partner binden, was zum Funktionsverlust von Htt oder den Interaktionspartnern führt. Die Bildung von poly(Q)-haltigen intrazellulären Proteinaggregaten im Gehirn ist ein charakteristisches Symptom aller von poly(Q)-Krankheiten betroffenen Patienten.

Symptome von Chorea Huntington lassen sich in der Fliege nachstellen

In der Fliege ist ein gutes **Modell für Chorea Huntington** etabliert. Dabei verwendet man, wie in vielen anderen Fällen, vornehmlich das Auge als Organ, in dem der mutante Phänotyp untersucht wird. Der Grund ist zum einen, weil das Auge sehr viele Neurone, die Photorezeptorzellen (Lichtsinneszellen), enthält, zum anderen, weil das Auge kein für die Fliege lebenswichtiges Organ ist. Selbst wenn die betroffenen Zellen sterben, kann die Fliege weiterhin überleben. Ferner ist das Auge experimentell sehr leicht zugänglich, da z. B. histologische Untersuchungen einfach durchzuführen sind und oftmals Defekte bereits von außen erkennbar sind.

Da die menschliche Krankheit durch eine gain-of-function Mutation im *HD* Gen ausgelöst wird, die zur Bildung eines veränderten Proteins führt, kann diese Situation bei *Drosophila* relativ einfach simuliert werden, indem man **transgene Fliegen** erzeugt, die ein **mutantes menschliches Htt-Protein** bzw. Proteinfragment exprimieren, also ein Htt-Protein mit zusätzlichen Glutaminen (Abb. 20.**18a b**). Als Kontrolle dienen transgene Fliegen, die das Htt-Protein ohne zusätzliche Glutamine exprimieren (zur Expression von Transgenen mit Hilfe des Gal4/UAS-Systems in *Drosophila* s. Box 26.**1**, S. 426). Die Expression mutanter Transgene in den

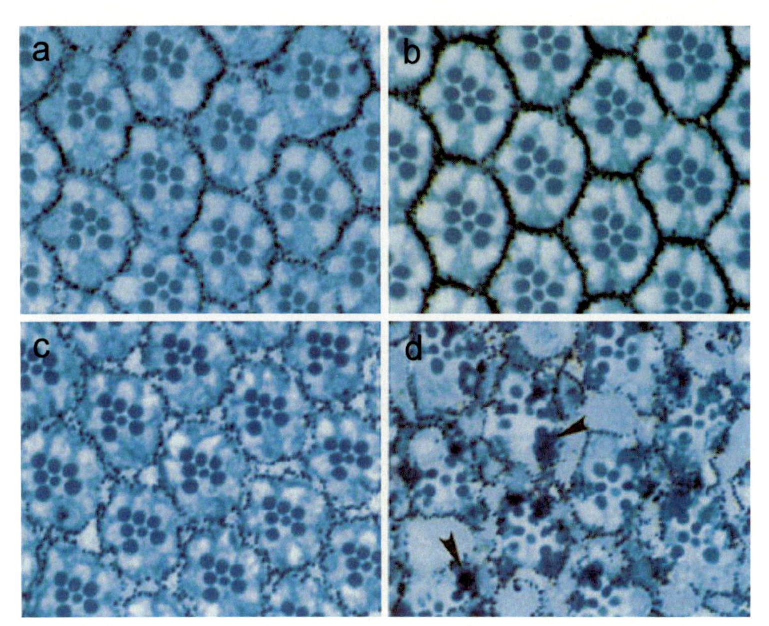

Abb. 20.18 Expression eines mutanten Huntingtin-Proteins im Fliegenauge führt zu Neurodegeneration.

a b Querschnitt durch ein Auge einer gerade geschlüpften (a) und einer 10 Tage alten Fliege (b), die einen aminoterminalen Bereich des wildtypischen menschlichen Htt-Proteins mit 2 Glutaminen exprimiert.

c d Querschnitt durch ein Auge einer gerade geschlüpften (c) und einer 10 Tage alten Fliege (d), die einen aminoterminalen Bereich des menschlichen Htt-Proteins mit 120 Glutaminen exprimiert. Viele Photorezeptorzellen sind abgestorben (Pfeile). [© Elsevier Limited 1998. Jackson, G. R., Salecker, I., Dong, X., Yao, X., Arnheim, N., Faber, P. W., MacDonald, M. E., Zipursky, S. L.: Polyglutamine-expanded human huntingtin transgenes induce degeneration of *Drosophila* photoreceptor neurons. Neuron *21* 633-642]

Augen führt bereits äußerlich zu erkennbaren Veränderungen: das Auge ist rau, ausgelöst durch eine ungleichmäßige Anordnung der Ommatidien. Bei Expression des normalen Htt-Proteins treten diese Veränderungen nicht auf. Die histologische Untersuchung dieser Augen bei frisch geschlüpften Fliegen ergibt keine wesentlichen Abweichungen in den Photorezeptorzellen im Vergleich zum Wildtyp. Bei 10 Tage alten Fliegen jedoch sind sehr viele Photorezeptorneurone in den Augen, die ein Htt-Protein mit einer verlängerten poly(Q)-Sequenz exprimierten, abgestorben (Abb. 20.**18c d**).

Je mehr zusätzliche Glutamine das mutante Protein trägt, desto stärker ist der mutante Phänotyp und desto früher werden die Defekte beobachtet, beides ebenfalls **charakteristische Merkmale der humanen Krankheit**. Die dritte Übereinstimmung findet sich bei näherer Untersuchung der betroffenen Photorezeptorzellen: Dort gibt es Proteinaggregate, die große Ähnlichkeit zu denen in Neuronen von HD-Patienten aufweisen.

Fliegen, die ein mutantes Htt-Protein in allen Zellen des Nervensystems exprimieren, zeigen außerdem Defekte in bestimmten Bewegungsabläufen, z. B. beim Klettern, die sich mit dem Alter verschlimmern und durch Funktionsausfälle der Motorneurone ausgelöst werden. Außerdem kriechen Larven, bei denen in allen Nervenzellen ein mutantes menschliches Htt-Protein mit 128 Glutaminen exprimiert wird, deutlich langsamer als solche mit einem Htt-Protein ohne zusätzliche Glutamine.

Somit ist die erste Bedingung, die ein Modell für eine menschliche Krankheit leisten soll, erfüllt: Viele Symptome von Chorea Huntington lassen sich nach Expression des mutanten menschlichen Htt-Proteins in der Fliege nachstellen.

Aufklärung der molekularen Ursache von HD am Fliegenmodell?

Eine weitere Funktion, die ein Krankheitsmodell leisten sollte, ist die Möglichkeit zur **Aufklärung der Ursachen** der Krankheit. Im Falle von HD bedeutet das, herauszufinden,

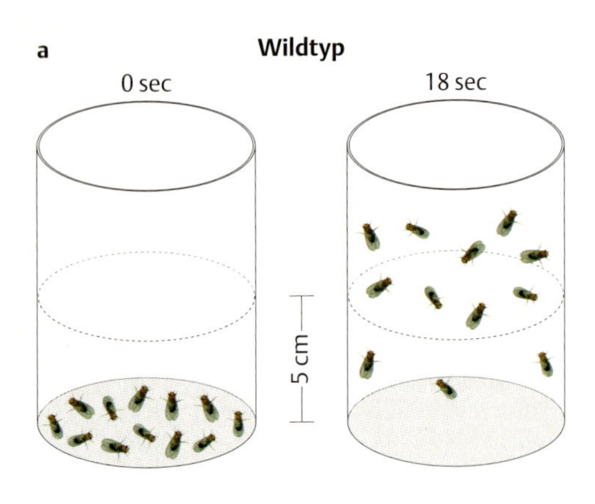

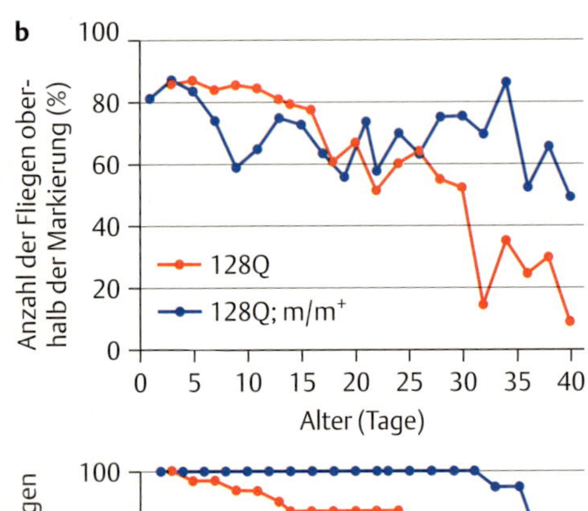

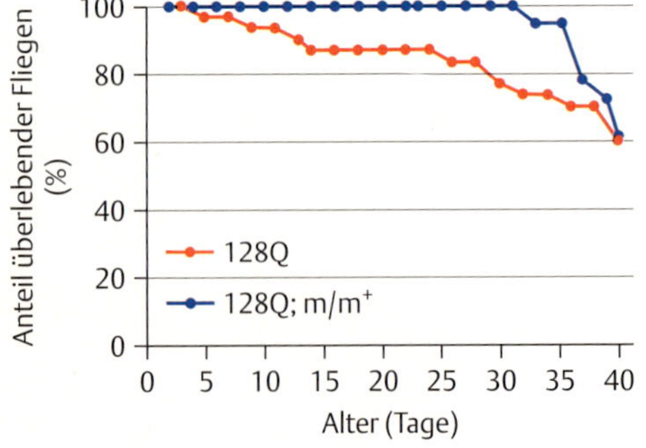

1. warum die mutanten Htt-Proteine **Aggregate** bilden, und
2. warum diese Aggregate zum **Absterben der Zelle** führen.

Wie bereits erwähnt, bindet das normale Htt-Protein an viele unterschiedliche Proteine in der Zelle. Möglicherweise werden diese Proteine erst durch ihre Bindung an Htt aktiviert, und das Ausbleiben der Bindung bei Anwesenheit eines mutanten Htt-Proteins löst dann Defekte aus. Es könnte allerdings auch sein, dass das mutante Htt-Protein Bindungen mit Proteinen eingeht, an die es normalerweise nicht bindet, und dadurch diese an der Ausübung ihrer normalen Funktion hindert. Möglich wäre auch, dass dieser abnorme Komplex für die Zelle toxisch ist und zu ihrem Absterben führt. In allen drei Fällen kann die **Kenntnis der interagierenden Proteine** und ihrer Funktionen einen wichtigen Beitrag zum Verständnis der zellulären Aufgaben von Htt geben.

Interagierende Proteine können z. B. mit Hilfe des Hefe-Zwei-Hybridsystems isoliert werden (s. Kap. 19.3.3, S. 286) und in der Tat sind auf diese Weise zahlreiche, an das menschliche Htt bindende Proteine gefunden worden. Bei den identifizierten Proteinen handelte es sich um Zytoskelettproteine, Komponenten von Signaltransduktionskaskaden und Regulatoren der Proteolyse, Transkription und Translation. Die meisten dieser Bindungspartner besitzen orthologe Proteine bei *Drosophila*. Kann nun *Drosophila* auch helfen, die Funktion dieser Proteine aufzuklären? Denn die Bindung im Hefesystem allein sagt ja nur, dass die Proteine aneinander binden können, nicht aber, ob diese Bindung tatsächlich in den Zellen stattfindet oder ob diese Bindung funktionelle Bedeutung hat. Um dies zu testen, führt man genetische Interaktionsstudien bei der Fliege durch, wobei man von folgender Annahme ausgeht:

- Wenn die Neurodegeneration nach Expression von mutantem Htt dadurch ausgelöst wird, dass ein bestimmtes Protein, das zum Überleben des Neurons wichtig ist, durch Bindung an das mutante Htt inaktiviert wird, dann sollte man durch **Reduktion der Menge** dieses Proteins die **Neurodegeneration verstärken**.
- Wenn die Degeneration dadurch ausgelöst wird, dass das mutante Htt-Protein erst durch die Interaktion mit einem zellulären Protein seine toxische Wirkung entfaltet, sollte die **Reduktion der Menge** dieses Pro-

Abb. 20.19 Abschwächung der durch Expression eines mutanten Htt Proteins induzierten Phänotypen.
a Klettertest. 30 Fliegen in einem Plastikröhrchen werden durch Klopfen auf den Grund des Röhrchens gebracht. Nach 18 Sekunden wird gezählt, wie viele Fliegen sich oberhalb einer 5 cm Markierung befinden.
b Verbesserung des Klettervermögens (oben) und Verlängerung der Lebensdauer (unten) älterer, Htt exprimierender Fliegen durch Mutation in einem zweiten Gen. Rote Linie: Fliegen, die ein N-terminales Fragment von Htt mit 128 Glutaminresten exprimieren. Blaue Linie: Fliegen, die ein N-terminales Fragment von Htt mit 128 Glutaminresten exprimieren und zusätzlich eine loss-of-function Mutation in einem weiteren Gen tragen.
[aus: Kaltenbach, L. S., Romero, E., Becklin, R. R., Chettier, R., Bell, R., Phansalkar, A., Strand, A., Torcassi, C., Savage, J., Hurlburt, A., Cha, G.-H., Ukani, L., Chepanoske, C. L., Zhen, Y., Sahasrabudhe, S., Olson, J., Kurschner, C., Ellerb, L. M., Peltier, J. M., Botas, J., Hughes, R. E.: Huntingtin interacting proteins are genetic modifiers of neurodegeneration. PloS Genetics 3 (2007) e82]

teins die Htt-induzierte **Neurodegeneration abschwächen** (s. auch Kap. 24.2.4, S. 411).

Auf diese Weise wurde die Funktion einiger Interaktionspartner getestet und in der Tat führten Mutationen in vielen der zugehörigen Gene zur Verstärkung oder Abschwächung der Neurodegeneration. Loss-of-function Mutationen in Genen, die für die Funktion von Synapsen wichtig sind, schwächen die Htt-induzierte Neurodegeneration ab. Nicht nur das, sondern die Mutationen konnten auch die **Kletterfähigkeit von Fliegen**, die Htt in allen Nervenzellen exprimieren, verbessern und ihre **Sterblichkeit** verringern (Abb. 20.**19**). Diese Ergebnisse sind ein Hinweis darauf, dass durch Reduktion dieser Proteine die Toxizität von mutantem Htt reduziert wird.

Ein *Drosophila*-Modell für die Parkinson-Erkrankung

Von der **Parkinson-Krankheit** (Morbus Parkinson, Parkinson disease, **PD**) ist etwa 1% der Bevölkerung über 65 Jahren betroffen. Sie ist eine langsam fortschreitende **neurodegenerative Erkrankung**, die sich in Muskelzittern, Muskelstarre und schließlich Bewegungsarmut bzw. Bewegungsunfähigkeit manifestiert. Pathologisch ist PD durch den Verlust bestimmter Neurone, die den **Neurotransmitter** (Botenstoff) **Dopamin** bilden und deshalb **dopaminerge Neurone** genannt werden, charakterisiert. Diese befinden sich in der *substantia nigra*, einer Region im Mittelhirn, die durch einen hohen Anteil an Eisen und Melanin dunkel erscheint. Dopamin hat einen wichtigen Einfluss auf die Steuerung der Motorik. In den Neuronen betroffener Individuen bilden sich **Proteinaggregate**, sie sog. **Lewy bodies**. Nur in seltenen Fällen konnte eine genetische Ursache der Erkrankung nachgewiesen werden, die meisten PD Fälle treten sporadisch auf. Durch genetische Untersuchungen von Familien, in denen diese Krankheit gehäuft auftrat, konnte eine Korrelation zwischen dem Auftreten dieser Krankheit und **Mutationen in fünf verschiedenen Genen** aufgezeigt werden. Zu diesen Genen gehören das *α-Synuclein* (*PARK1*), *parkin* (*PARK2*), *DJ-1* (*PARK7*), *PINK1* (*PARK6*), *dardarin (LRRK2, PARK8)*. Mehrere Hinweise deuten darauf hin, dass an der Pathologie von PD das **Ubiquitin Proteasom-System** beteiligt ist (s. Kap.17.2.5, S. 243), da man z. B. in Lewy bodies Ubiquitin nachweisen konnte. *parkin* kodiert eine E3-spezifische Ubiquitinligase, ein Enzym, das die Übertragung von Ubiquitin auf Proteine, die abgebaut werden sollen, katalysiert. Der Verlust von *parkin* könnte somit zum Defekt im Abbau bestimmter Proteine führen und dadurch die Krankheit auslösen. Andere Ergebnisse deuten auf einen durch die Mutationen ausgelösten Defekt in der mitochondrialen Atmungskette hin, wodurch ein oxidativer Stress ausgelöst wird, der zum Absterben der Zellen führt.

Für drei der Gene, *α-Synuclein*, *parkin* und *DJ-1* sind ***Drosophila*** **Modelle** für PD etabliert. ***α-Synuclein*** kodiert ein Protein, das bei Säugern an **präsynaptischen Nervenendigungen** konzentriert ist, zu dem es aber kein *Drosophila* Ortholog gibt. Deshalb wurde das menschliche *α-Synuclein* Gen in Fliegen exprimiert, entweder das wildtypische oder mutante Allele, die denselben Aminosäureaustausch kodieren (A30P oder A53T), den man in Patienten mit dominant vererbter PD nachgewiesen hatte. Die Überexpression des mutierten *α-Synuclein* Gens im Gehirn der Fliege resultierte im **Verlust von dopaminergen Neuronen**. Außerdem konnte man Lewy body ähnliche Proteinaggregate in *α-Synuclein* exprimierenden Neuronen nachweisen. Darüber hinaus zeigten diese Fliegen in eini-

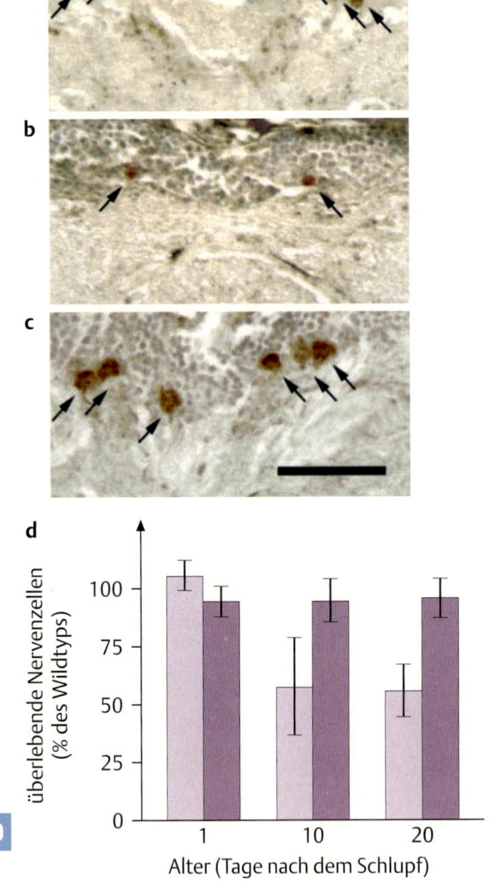

Abb. 20.20 Das durch Expression von α-Synuclein ausgelöste Absterben dopaminerger Neurone wird durch Expression von Hsp70 verhindert.
a Schnitt durch das Gehirn einer Kontrollfliege mit vielen dopaminergen Neuronen (Pfeile)
b Schnitt durch das Gehirn einer α-Synuclein exprimierenden Fliege mit viel weniger dopaminergen Neuronen
c Koexpression von α-Synuclein und Hsp70 mit normaler Anzahl dopaminerger Neuronen (vgl. a)
d Anzahl dopaminerger Neurone. Helle Säulen: Expression von α-Synuclein, dunkle Säulen: Koexpression von α-Synuclein und Hsp70. Ordinate: % der Wildtyp-Kontrolle.
[© AAAS 2002. Auluck, P.K., Chan, H.Y.E., Trojanowski, J.Q., Lee, V.M.-Y., Bonini, N.M.: Chaperone suppression of α-synuclein toxicity in a *Drosophila* model for Parkinson's disease. Science *295* 865-868]

gen Fällen einen ähnlichen Kletterdefekt wie Htt-überexprimierende Fliegen (s. Abb. 20.**19**).

Für das zweite PD-Modell wurden Fliegen erzeugt, die eine Mutation im *Drosophila* Ortholog des PD-Gens *parkin* trugen. ***parkin*** mutante Fliegen haben eine kürzere Lebensspanne, motorische Defekte, die mit Degeneration von Muskeln einhergehen, und die Männchen sind steril. Außerdem kommt es zur Degeneration einiger dopaminerger Neurone, was zu starker Abnahme des Dopamingehalts führte. In beiden Fällen sind auch hier die Anforderungen, die an ein Krankheitsmodell gestellt werden, erfüllt: die **Symptome der Krankheit** lassen sich in der Fliege **nachstellen**.

Kann eine „kranke" Fliege geheilt werden?

Es gibt zahlreiche Ergebnisse, die darauf hinweisen, dass die **Proteinaggregate**, die bei den oben besprochenen (und weiteren) Krankheiten auftreten, toxisch für die Zelle sind. Eine Therapie könnte dann darauf abzielen, die Ausbildung dieser Aggregate zu **verhindern**. Am Beispiel von *α-Synuclein* soll das Vorgehen beschrieben werden. Die Zusammensetzung der bei PD-Patienten auftretenden Lewy bodies im Zellkörper von Neuronen bzw. in den Neuriten lassen vermuten, dass sie das Ergebnis von defekter Proteinfaltung sind. **Chaperone** sind ATPasen, die die Faltung neu-synthetisierter oder fehlgefalteter Proteine erleichtern (engl.: *chaperone*, Anstandsdame, die „unreife Proteine vor schädlichen Kontakten bewahrt"). Zu ihnen gehört **Hsp70**, das ursprünglich als Hitzeschock-Protein von *Drosophila* identifiziert wurde, da es vermehrt nach Erhöhung der Temperatur (Hitzeschock bei *Drosophila* etwa 31 °C) synthetisiert wird. Ausgehend von der Beobachtung, dass Chaperone die korrekte Faltung von Proteinen beschleunigen und somit deren Aggregation verhindern, wurde getestet, ob die Überexpression von Hsp70 die α-Synuclein enthaltenden Proteinaggregate und die hierdurch ausgelösten Symptome abschwächen kann. Tatsächlich konnte bei **gleichzeitiger Expression von α-Synuclein und Hsp70** das Absterben dopaminerger Neurone vollständig verhindert werden. Erstaunlicherweise war die Anzahl der Proteinaggregate nicht reduziert, sie enthielten nun aber Hsp70, das vermutlich die toxische Wirkung dieser Aggregate vermindert bzw. aufhebt. Umgekehrt beschleunigt die Unterdrückung der Chaperon Aktivität das durch α-Synuclein Expression ausgelöste Absterben dopaminerger Neurone (Abb. 20.**20**).

Das oben beschriebene Beispiel kann natürlich beim Menschen so nicht angewendet werden, da es auf der Expression eines Transgens beruht. Das Ergebnis zeigte aber, dass eine hohe Aktivität eines Chaperons das Absterben dopaminerger Neurone im Fliegengehirn verhindert. Deshalb hat man nach chemischen Substanzen gesucht, die die Aktivität der in der Zelle exprimierten Chaperone erhöhen. Eine dieser Substanzen ist **Geldanamycin**, eine benzochinoide Verbindung, die vom Bakterium *Streptomyces hygroscopicus* produziert wird. Es bindet und inaktiviert Hsp90, einen negativen Regulator von Hsp70. Das heißt, nach Behandlung mit Geldanamycin wird die Hsp70 Aktivität erhöht und dadurch das Absterben dopaminerger Neurone verhindert.

Diese wenigen Beispiele zeigen, dass man bei *Drosophila* die Symptome einer menschlichen Krankheit simulieren kann, dass man die zellulären Ursachen dieser Krankheit untersuchen und chemische Substanzen auf ihre Wirksamkeit zur Unterdrückung der Symptome testen kann.

Box 20.2 Epigallocatechingallat, eine Komponente aus grünem Tee, reduziert Htt-induzierte Toxizität

Auf der Suche nach Therapeutika werden oftmals die zu testenden Substanzen zunächst *in vitro* oder an Zellkulturzellen, und erst anschließend in ganzen Organismen getestet. Bei der Suche nach Substanzen, die die durch ein Huntingtin Protein mit 51 Glutaminen (Htt-Q51) ausgelöste Bildung von Proteinaggregaten unterdrücken, wurden etwa 5000 Naturstoffe getestet. Hierbei benutzte man zunächst einen *in vitro* Ansatz, in dem die Fähigkeit dieser Substanzen zur Auflösung von rekombinant erzeugten Htt-Aggregaten gezeigt wurde. Insgesamt wurden sechs Pflanzenextrakte und eine gereinigte Substanz, EGCG, gefunden, die diese Fähigkeit zeigten. EGCG (Epigallocatechingallat) ist ein Polyphenol, das im Tee, vor allem im grünen Tee, vorkommt, und dessen Wirkung als Antioxidanz bereits bekannt war (Abb. 20.**21**). Im nächsten Schritt wurde diese Substanz an Hefezellen getestet, in denen die Überexpression eines Htt-Q72 Proteins zur Bildung von Proteinaggregaten führt, sowie die Zellproliferation vollständig unterdrückt. Die Behandlung dieser Zellen mit EGCG reduzierte die Bildung von Proteinaggregaten um etwa 40 %, und der Block der Zellteilung wurde teilweise wieder aufgehoben. Im dritten Schritt wurde EGCG an Fliegen verfüttert, in denen die Expression von Htt93Q zur Degeneration von etwa 50 % der Photorezeptoren führt. EGCG war in der Lage, die Degeneration von ~25 % der Photorezeptoren zu verhindern.

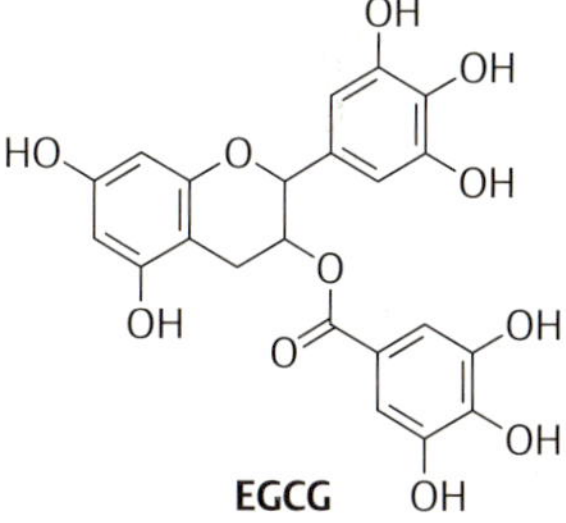

Abb. 20.21 Teepflanze (*Camellia sinensis*) [aus Koehler, H. A.: Köhler's Medizinal-Pflanzen in naturgetreuen Abbildungen mit kurz erläuterndem Texte (1887) bei http://www.biolib.de].

Wo liegen die Grenzen der Verwendung von Fliegen zur Untersuchung menschlicher Krankheiten?

Es ist offensichtlich, dass viele Krankheiten nicht an Invertebraten-Modellen untersucht werden können. Dies gilt für jene Krankheiten, bei denen Vertebraten-spezifische Prozesse oder Organe betroffen sind, wie etwa das adaptive Immunsystem, die Haut oder die Bildung von Knochen. Allerdings können einzelne Gene, die an diesen Prozessen beteiligt sind, durchaus konserviert sein, und die Aufklärung ihrer molekularen Funktion im Modellorganismus kann durchaus wichtige Beiträge zum Verständnis der Entstehung einer Krankheit leisten.

In anderen Fällen, in denen ein Prozess und die daran beteiligten Gene bei Mensch und Fliege konserviert sind, hat das Ergebnis der genetischen Analyse bei *Drosophila* keine Beziehung zu einer menschlichen Krankheit. So führen etwa Mutationen in den *Drosophila* Genen *drop dead*, *swiss cheese* oder *methusela* zu frühzeitiger Alterung der betroffenen Fliegen, aber bisher gibt es keine Hinweise auf eine entsprechende Funktion der jeweiligen humanen Gene.

Bei der Entwicklung von Therapeutika in der Fliege sind ebenfalls Grenzen gesetzt, vor allem, wenn diese Substanzen ins Gehirn gelangen sollen. Vertebraten haben eine ausgeprägte Blut-Hirn-Schranke, die den Übertritt der meisten Substanzen vom Blut ins Gehirn verhindert. Ferner gilt zu bedenken, dass eine Substanz in menschlichen Zellen toxische Nebenwirkungen haben kann, die bei der Fliege nicht aufgetreten sind. Mit anderen Worten, an Fliegen gewonnene Ergebnisse können sehr wertvolle Hinweise auf die Ursache einer Krankheit und ihre mögliche Behandlung geben, aber von dieser Erkenntnis bis zur Anwendung im Menschen ist es noch ein langer Weg.

Box 20.3 Chemische Genetik

Unter chemischer Genetik versteht man die Erzeugung von mutanten Phänotypen durch die Behandlung mit kleinen, von außen applizierten Molekülen. Das Ziel ist, genau wie bei der klassischen Genetik, nur ein einziges Gen bzw. Protein zu verändern, um dessen Funktion zu untersuchen. In einem chemisch-genetischen Ansatz werden **niedrigmolekulare organische Substanzen** auf Zellen, Gewebe oder ganze Organismen gegeben und dann auf Veränderungen in einem bestimmten Prozess (z. B. Zellteilung, programmierter Zelltod) hin untersucht. In der Regel verwendet man hierfür Bibliotheken kleiner Moleküle, die entweder synthetisch hergestellt oder aus Schwämmen, Pilzen, Bakterien oder Pflanzen isoliert wurden. Viele dieser kleinen organischen Moleküle können die Plasmamembran leicht durchdringen, so dass sie schnell an ihr Ziel (target) gelangen. Zwei Ansätze des chemisch-genetischen Ansatzes gibt es, die vergleichbar der „vorwärts" und „reversen" Genetik sind.
Im **„vorwärts" chemisch-genetischen Ansatz** (Abb. 20.**22a**) werden die Substanzen auf die zu untersuchenden Zellen (z. B. Hefezellen) gegeben, die zuvor in sog. Mikrotiterplatten vermehrt wurden. Wenn eine Substanz einen interessanten Phänotyp erzeugt, wird das nächste Ziel sein herauszufinden, welches Protein durch die Substanz verändert wird. Alternativ kann dieser Ansatz auch dafür verwendet werden, um nach Substanzen zu suchen, die einen mutanten Phänotyp unterdrücken (Abb. 20.**22a'**).
Im **„reversen" chemisch-genetischen Ansatz** (Abb. 20.**22b**) geht man von einem bekannten Protein aus, dessen Funktion man verändern möchte. Man versucht nun eine Substanz zu finden, die an das Protein bindet (und es dadurch idealerweise in seiner Funktion verändert). Anschließend gibt man diese Substanz auf Zellen oder Gewebe oder ganze Organismen, um ihre Wirksamkeit zu testen. In der Regel werden 10 000 bis 1 000 000 verschiedene Substanzen in einem reversen chemisch-genetischen Ansatz getestet, von denen 10 bis 100 interessante Kandidaten isoliert werden. Tests in dieser Größenordnung nennt man „high-throughput screening", etwa Hochdurchsatzprüfung. Sie kann nicht nur an Zellkulturzellen, sondern auch an einzelligen Organismen oder an Hefe, Zebrafisch oder *C. elegans*, durchgeführt werden.

20.2.3 Der Zebrafisch als Modell für kardiovaskuläre Erkrankungen

Der Zebrafisch steht als Wirbeltier dem Menschen in Bezug auf Entwicklungsprozesse und Physiologie sehr viel näher als Fliege und Wurm, und bietet sich deshalb auch als Modell zum Studium menschlicher Krankheiten an (Tab. 20.**7**). Die Forschung daran wird von der EU-Kommission gefördert und in 15 europäischen Forschungseinrichtungen durchgeführt, die sich unter dem Namen **„ZF-Models"** zusammengefunden haben.

Der Zebrafisch bietet zahlreiche experimentelle Vorteile (s. auch Kap. 29, S. 449). Die Befruchtung erfolgt außerhalb des Körpers, ebenso die nur ca. 5 Tage dauernde Embryogenese. Die Embryonen sind vollständig transparent und auf Grund ihrer geringen Größe (< 1 mm Durchmesser) können sie auch in Hochdurchsatzverfahren in Mikrotiterplatten getestet werden (Box 20.**3**). Während der Organogenese sind die Embryonen für kleine Moleküle durchlässig. Neue Mutationen können relativ leicht erzeugt werden und durch Morpholino-Oligonukleotide lassen sich Genfunktionen einfach ausschalten. Das Genom ist vollständig sequenziert.

An einem Beispiel soll die erfolgreiche Durchführung zur Identifizierung einer chemischen Substanz zur "Heilung" eines "kranken" Zebrafischs gezeigt werden. Homozygot mutanten ***gridlock* (*grl*) Embryonen fehlt** das gesamte posteriore **Blutgefäßsystem** auf Grund eines Defekts in der dorsalen Aorta (Abb. 20.**23**)

Dieser Phänotyp hat große Ähnlichkeit mit den Symptomen einer angeborenen menschlichen Krankheit, der **Aortenisthmusstenose** (*Coarctatio aortae*), bei der es zu einer Verengung der Aorta (Hauptschlagader) kommt, so dass die Organe der unteren Körperhälfte (Niere, Leber, Darm) nicht ausreichend mit Blut versorgt werden. Beim Menschen wird dieser Phänotyp verursacht durch eine **Mutation in *hey2***, das einen Transkriptionsrepressor aus der bHLH Familie kodiert, der die Differenzierung von Angioblasten zu Arterien kontrolliert. In Abwe-

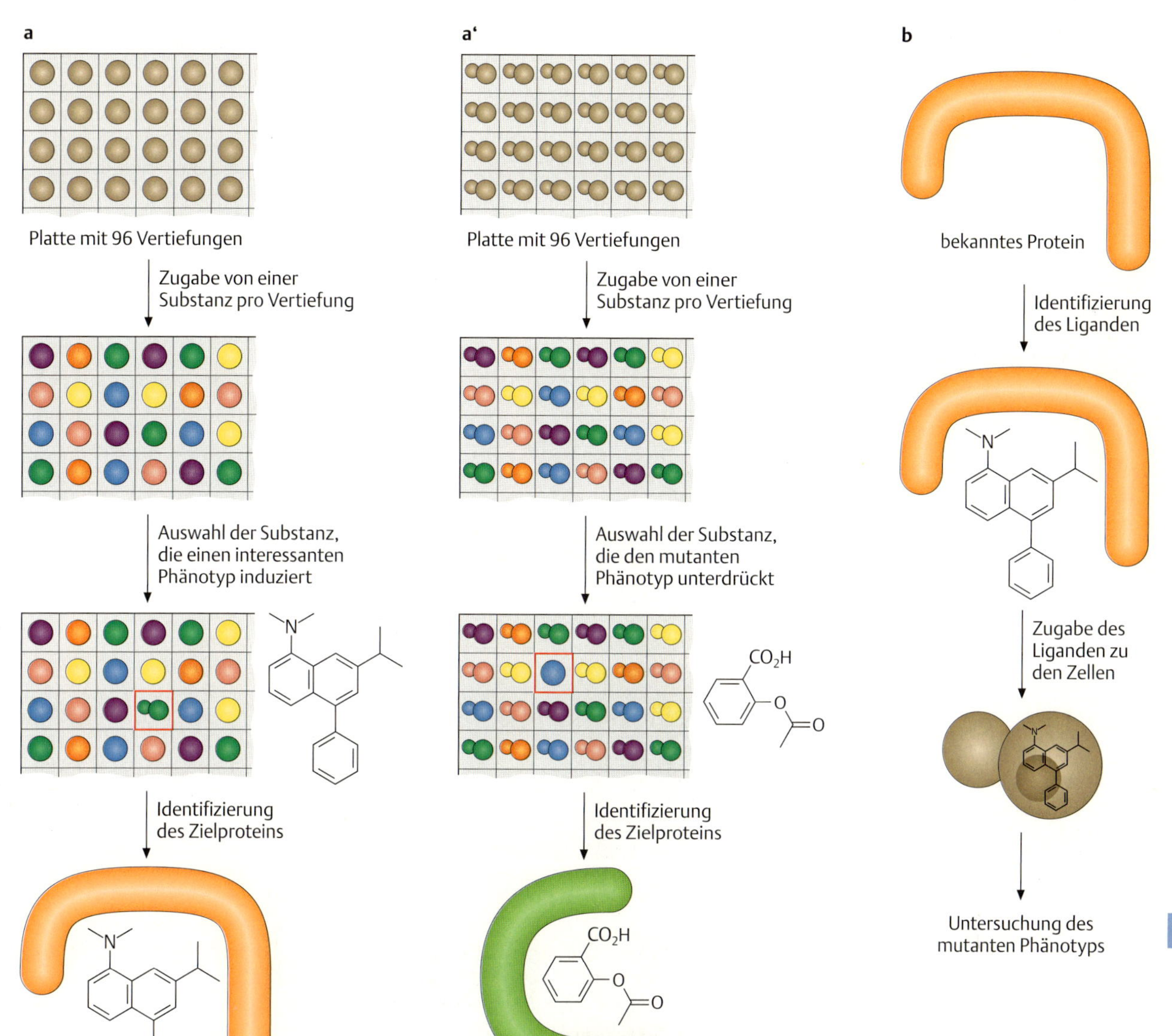

Abb. 20.22 Chemisch-genetische Ansätze zur Identifizierung von Substanzen, die biologische Prozesse regulieren.
a a' „Vorwärts" chemisch-genetischer Ansatz, vom Phänotyp zum Protein.
a: In den einzelnen Vertiefungen befinden sich Wildtyp Zellen und jeweils eine andere Testsubstanz (angedeutet durch einige verschiedene Farben). Durch die Behandlung mit einer der Substanzen (dunkelgrün) kommt es zur Veränderung der Zelle. Im gezeigten Beispiel verursacht die Behandlung die Bildung einer Knospe. Anschließend wird das Protein, das an die Substanz bindet (orange), identifiziert.
a': In den einzelnen Vertiefungen befinden sich mutante Zellen. Durch die Behandlung mit einer Substanz (dunkelblau) wird der Wildtyp wieder hergestellt.
b „Reverser" chemisch-genetischer Ansatz, vom Protein zur Funktion. Ein bekanntes Protein (orange) wird exprimiert und eine Substanz, die an das Protein bindet, wird identifiziert. Anschließend wird diese Substanz auf Zellen gegeben um die Funktion des Proteins zu ändern. In dem gezeigten Beispiel verursacht die Zugabe der gefundenen Substanz die Ausbildung einer Knospe. [© Nature Publishing Group 2000. Stockwell, B. R.: Chemical genetics: Ligand-based discovery of gene function. Nat Rev Genet *1* 116-125]

Tab. 20.7 Beispiele für Krankheitsmodelle im Zebrafisch

Krankheit	Ursache	Erzeugung des Modells	Phänotyp
Duchenne Muskeldystrophie	Mutation im Dystrophin Gen	Mutagenese	Inaktivität und gebogene Haltung nach 7 Tagen, desorganisierte Muskeln
spinale Muskelatrophie	verringerte Menge SMN Protein	Morpholino induzierte Inaktivierung der *SMN* Funktion	Degeneration der Motorneurone
hereditäre Taubheit	Mutation im Myosin VIIA Gen	Mutagenese	schwimmen in vertikalen Schleifen, reagieren nicht auf akustische Reize
angeborene Anämie	Defekt im Gen für Protein 4.1R, ein mit der Plasmamembran roter Blutzellen assoziiertes Protein	Mutagenese	hämolytische Anämie, veränderte Zellform und erhöhte osmotische Membranfragilität
polycystische Nierenerkrankung	Mutation in *vhnf1* (*tcf2*) oder *pdk2*	Mutagenese	Nierenzysten durch Überproliferation von Epithelzellen
Aortenisthmusstenose	Mutation in *hey2*	Mutagenese	keine Blutgefäße im posterioren Teil

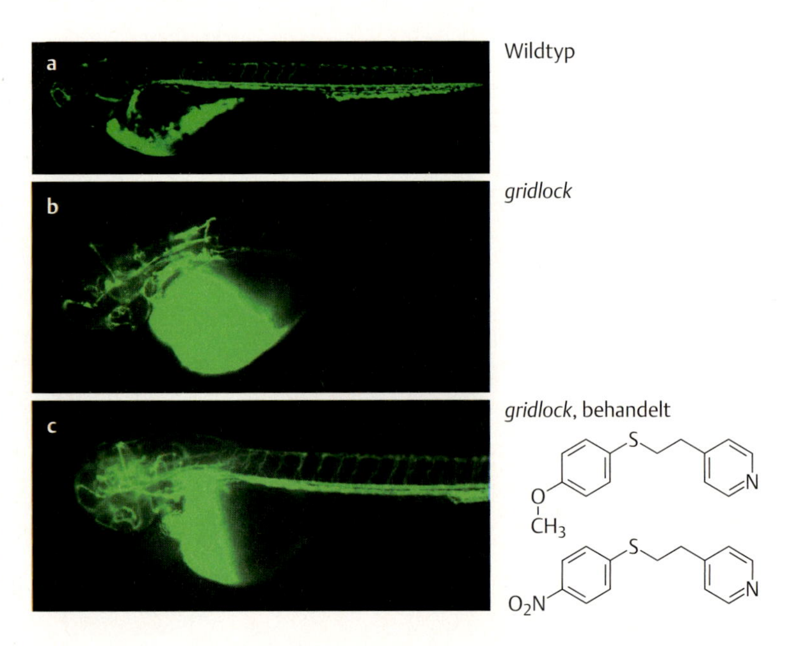

Abb. 20.23 Rettung des *gridlock*-Phänotyps im Zebrafisch durch eine chemische Substanz.
a Angiogramm eines Wildtyp Embryos 48 Stunden nach der Befruchtung. Die Blutgefäße werden durch Injektion von fluoreszierendem Dextran dargestellt.
b Angiogramm eines homozygot mutanten *grl*-Embryos 48 Stunden nach der Befruchtung. Es fehlen die Blutgefäße im posterioren Teil des Embryos.
c Angiogramm eines homozygot mutanten *grl*-Embryos, der mit GS4012 behandelt wurde, 48 Stunden nach der Befruchtung. Daneben die chemische Struktur der beiden Moleküle, die den *grl*-Phänotyp retten konnten. Oben: GS4012, unten: GS3999. [a © Elsevier Limited 2005. Feng, J., Cheng, S.H., Chan, P.K., Ip, H.H.S.: Reconstruction and representation of caudal vasculature of zebrafish embryo from confocal scanning laser fluorescence microscopic images. Computers in Biology and Medicine *35* 915-931; b,c © Nature Publishing Group 2004. Peterson, R.T., Shaw, S.Y., Peterson, T.A., Milan, D.J. Zhong, T.P., Schreiber, S.L., MacRae, C.A., Fishman, M.C.: Chemical suppression of a genetic mutation in a zebrafish model of aortic coarctation. Nat Biotech *22* 595-599]

senheit von *hey2* werden zu wenige **Arterienvorläuferzellen** gebildet. In einem chemisch-genetischen Ansatz wurden ca. 5000 Substanzen auf ihre Fähigkeit, den *grl* mutanten Phänotyp zu unterdrücken, hin untersucht (s. Box 20.**3**). Zwei strukturell verwandte Komponenten, GS3999 and GS4012, zeigten das gewünschte Ergebnis (Abb. 20.**23**). Vermutlich aktivieren diese Substanzen VEGF (**v**ascular **e**ndothelial **g**rowth **f**actor), einen Wachstumsfaktor, der eine wichtige Rolle bei der **Vaskulogenese** (Neubildung von Blutgefäßen aus Vorläuferzellen) und **Angiogenese** (Entstehung von Kapillaren aus einem vorhandenen Kapillarsystem) spielt. In einem zweiten Ansatz wurde eine chemisch nicht verwandte Komponente, GS4898, gefunden, die ebenfalls den *grl* mutanten Phänotyp unterdrückt. Diese hat strukturelle Ähnlichkeit mit LY29002, einem Inhibitor der Phosphatidylinositol-3-kinase (PI3K), die ebenfalls nach

Einwirkung auf die mutanten Embryonen zur Wiederherstellung der posterioren Blutgefäße führt. Mitglieder dieser Kinasefamilie kontrollieren wichtige Funktionen, wie etwa Zellwachstum und Zellproliferation, Zellwanderung und Differenzierung, weshalb ihr Ausfall mit einer Vielzahl von Krankheitsbildern assoziiert ist. Diese Ergebnisse zeigen,

1. dass chemische Screens unmittelbar zur Wirkungsweise einer Substanz und somit zur Aufdeckung eines Zielproteins führen können,
2. dass sie somit die Grundlage zur Entwicklung von Therapeutika liefern,
3. dass sie Einblick in die Regulation grundlegender biologischer Prozesse geben, deren Kenntnis dann wiederum Ansatzpunkt für neue Therapien sein kann.

20.2.4 Die Maus als Modellsystem für Krebserkrankungen

Bei der Untersuchung der Ursachen menschlicher Krankheiten und ihrer möglichen Therapien ist es wünschenswert, einen Modellorganismus einzusetzen, der dem Menschen möglichst nahe steht. Seit vielen Jahren verwendet man hierfür die Maus (*Mus musculus*), die in anatomischer, genomischer und physiologischer Hinsicht sehr viel Ähnlichkeit zum Menschen besitzt, obwohl sich beide Spezies seit etwa 75 Millionen Jahren getrennt entwickelt haben. Gegenüber anderen Säugermodellen (z. B. Ratte) hat die Maus den Vorteil einer geringeren Größe, einer kürzeren Generationszeit und großer Fruchtbarkeit (s. Kap. 30.1, S. 461). Das Mausgenom ist vollständig sequenziert, und von 99 % der Gene gibt es entsprechende menschliche Gene. Eine Vielzahl von gut etablierten Methoden der reversen Genetik erlaubt die Untersuchung von Genfunktionen. Somit findet die Maus Einsatz als Modell für eine Vielzahl menschlicher Krankheiten, unter denen sich auch zahlreiche Krebserkrankungen befinden.

Unter **Krebs** fasst man eine Gruppe von malignen (bösartigen) Erkrankungen zusammen, die durch eine Erhöhung der Zahl bestimmter Zelltypen charakterisiert ist, was häufig das Ergebnis einer verstärkten Proliferation (Hyperproliferation) von Zellen ist und zur Verdrängung bzw. Zerstörung des gesunden Gewebes führen kann. Bei den Tumoren unterscheidet man **Karzinome**, die von Epithelien stammen und **Sarkome**, die mesenchymalen Ursprungs sind. Die Auslöser von Tumoren sind recht unterschiedlich, aber allen gemeinsam ist, dass sie das wohlbalancierte Gleichgewicht zwischen Wachstum und Teilung einerseits und Zelltod (Apoptose) andererseits stören.

Tab. 20.8 Beispiele für Mausmodelle menschlicher Krebserkrankungen

Organ	Histopathologie	Betroffenes Gen
Lunge	Adenokarzinom	Kras
Enddarm	Adenomatöse Polyposis coli	Apc; Myc; Trp53; TGFA
Niere	Nierenzellkarzinom	Apc; Trp53
Leber	Leberzellkarzinom	Apc
Gehirn	Astrozytom	Pten; Rb1
	Glioblastom	Nf1; Trp53
Haut	Melanom	Hras; Ink4a
	Plattenepithelkarzinom	Xpd
	Basalzellkarzinom	Ptch; Smoh; Sufuh; TP53

Auch wenn viele Krebsmodelle durch externe Faktoren, etwa Bestrahlung oder Behandlung mit cancerogenen Substanzen, induziert werden können, sind inzwischen mehr und mehr Mausmodelle durch Mutation eines einzigen Gens erzeugt worden (Tab. 20.**8**).

Ein Tumor in der Maus kann entweder dadurch experimentell induziert werden, dass ein **Onkogen** (s. Box 25.1, S. 421), also ein Gen, das normalerweise an Signalübertragungen beteiligt ist, überaktiv ist. Dadurch kommt es zur Deregulation der Zellteilungen. Tumore können auch durch loss-of-function Mutationen in Genen, die normalerweise die Zellteilung negativ kontrollieren, zustande kommen, weshalb diese Gene **Tumorsuppressorgene** oder **rezessive Onkogene** genannt werden. Alternativ können sog. **dominant-negative Formen** dieser Gene exprimiert werden, deren Genprodukte mit der Funktion der endogenen normalen Proteine interferieren, wodurch diese ihre Funktionalität verlieren. Interessanterweise werden viele Tumoren durch Deregulation von Signalwegen ausgelöst, die normalerweise an der Musterbildung von Zellgruppen, Geweben oder Organen während der Embryogenese beteiligt sind.

Ein Problem stellt sich jedoch bei vielen loss-of-function-Mutationen bzw. Überexpressionen: die Embryonen sterben oftmals bevor sie einen Tumor entwickeln. Deshalb wurden Techniken entwickelt, die eine gezielte Abschaltung der Genfunktion oder Überexpression eines Genprodukts in bestimmten Zellen oder Geweben ermöglicht (Abb. 20.**24**).

1. Das Cre-Lox-P-System.

Die **Cre**-(**C**auses **re**combination-)**Rekombinase** ist eine Sequenz-spezifische Rekombinase aus dem Phagen P1. Cre katalysiert die Sequenz-spezifische Rekombination zwischen definierten, 34 bp langen „**Lox P**"-(locus C of crossover P1-)Stellen. Wird ein Gen zwischen zwei Lox-P-Stellen plaziert und der Cre-Aktivität ausgesetzt, so wird das Gen herausgeschnitten („floxed out"). Um das zu erzielen, werden Mäuse, die die Cre-Rekombinase unter der Kontrolle eines Gewebe-spezifischen oder induzierbaren Promotors exprimieren, mit Tieren gekreuzt, die das jeweilige Gen, flankiert von Lox-P-Stellen, tragen. Nach Aktivierung der Cre-Rekombinase wird das Gen herausgeschnitten, jedoch nur in einem bestimmten Gewebe oder zu einem bestimmten Zeitpunkt (Abb. 20.**24a**). Das Cre-Lox-P-System kann auch für die Aktivierung eines Gens verwendet werden. Dazu wird eine Kassette mit einem Stop-Codon, flankiert von Lox-P-Stellen, vor das jeweilige Gen plaziert. Aktivierung der Cre-Rekombinase entfernt die Stop-Kassette, so dass jetzt das Gen exprimiert werden kann (Abb. 20.**24b**). Dieses System hat den Nachteil, dass die Inaktivierung oder Aktivierung des Gens ein irreversibler Prozess ist; d. h. das Gen kann nicht beliebig ein- und ausgeschaltet werden.

2. Tetracyclin-induzierbare Systeme

Das **Tetracyclin (Tet)-induzierbare System** ermöglicht eine sehr präzise räumliche und zeitliche Kontrolle der Genaktivierung oder -inaktivierung mit Hilfe eines Gewebe-spezifischen **Transaktivators** und eines **Effektor** Gens (Abb. 20.**24c, d**). Anders als das Cre-Lox-P-System ermöglicht es das beliebige Einschalten („**Tet-on**"- oder tTA-System) oder Ausschalten („**Tet-off**"- oder rTA-System) eines Gens.

Das ‚Tet-off'-System verwendet das Tn10-spezifische Tetracyclin resistente Operon von *E. coli* und besteht aus zwei Teilen: einem Transaktivator und einem Effektor. Der Transaktivator besteht aus der DNA-bindenden Domäne des tetR-Proteins von *E. coli*, fusioniert mit der transaktivierenden Domäne des Herpes simplex Proteins VP16, unter der

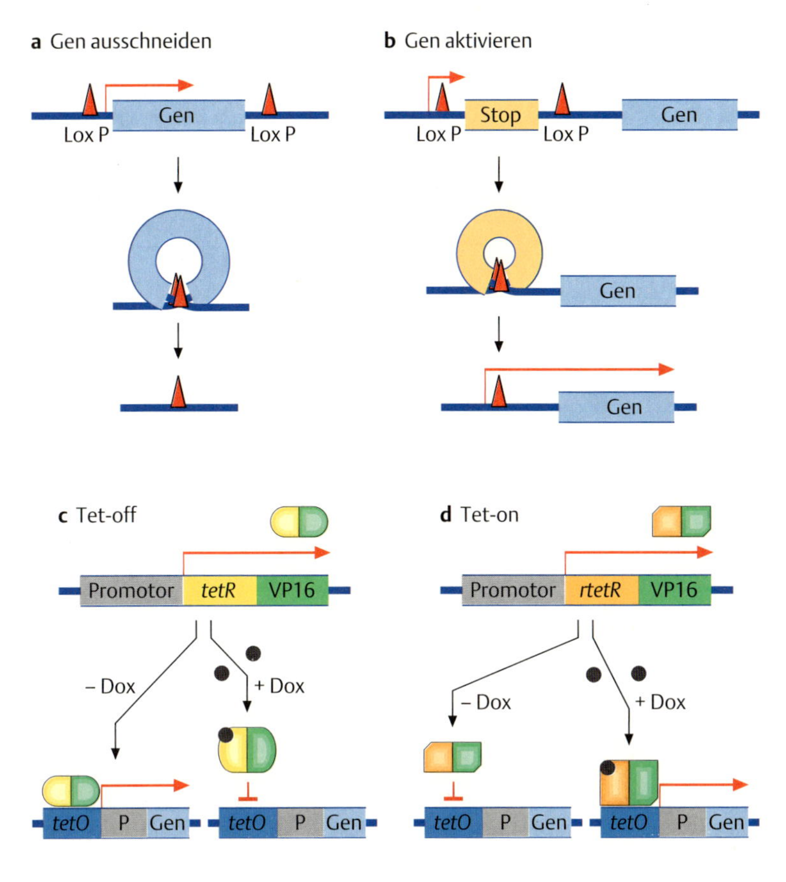

Abb. 20.24 Das Cre-Lox-P-System und das Tet-on/Tet-off-System. Erklärungen s. Text. [© Pathological Society of Great Britain and Ireland. Permission granted by John Wiley & Sons, Inc. 2005. Maddison, K., Clarke, A. R.: New approaches for modelling cancer mechanisms in the mouse. J Pathol *205* 181–193]

Kontrolle eines Gewebe-spezifischen Promotors. Das zweite Konstrukt enthält das jeweils zu untersuchende Gen unter der Kontrolle des tet-Operators, *tetO*. In Abwesenheit des Induktors **Doxycyclin** (Dox), ein **Antibiotikum** aus der Familie der Tetracycline, bindet das tetR-VP16 Protein an *tetO* und erlaubt die Expression des Gens. Nach Zugabe von Doxycyclin bindet dieses an das tetR-VP16-Protein und bewirkt seine Konformationsänderung, wodurch dieses gehindert wird, an *tetO* zu binden. Der Promotor wird nicht aktiviert und das Gen nicht exprimiert (Abb. 20.**24c**).

Beim ‚Tet-on'-System ist die zweite Komponente identisch mit der des ‚Tet-off'-System, aber das Transaktivatorgen besteht aus einem Gewebe-spezifischen Promotor und kodiert eine mutante Version der tetR DNA-Bindedomäne, *rtetR*, fusioniert mit VP16. In Abwesenheit von Doxycyclin bindet rtetR-VP16 nicht an den *tetO*-Operator, die Genexpression bleibt folglich aus. Nach Zugabe von Doxycyclin erfährt das Protein eine Konformationsänderung und bindet an den Operator, was zu einer Aktivierung der Genexpression führt (Abb. 20.**24d**).

Zusammenfassung

- Unter **Genomik** fasst man alle die Verfahren zusammen, die es ermöglichen, ein Genom in der Gesamtheit zu verstehen. Zur **strukturellen Genomik** gehören Ansätze, mit deren Hilfe man die Sequenz ganzer Genome und ihre Organisation und evolutionäre Konservierung bestimmt. Die hierdurch gewonnenen Ergebnisse sind u.a. wichtig für die Kartierung von Genen oder zur Aufklärung von Sequenzpolymorphismen. Die **funktionelle Genomik** befasst sich mit Fragen der Umsetzung dieser Sequenz in Transkipte und Proteine.

- Unter **Proteomik** fasst man alle die Verfahren zusammen, die es ermöglichen, die von einem Genom kodierten Proteine in ihrer Gesamtheit zu verstehen. Im Gegensatz zum Genom ist das Proteom eines Organismus dynamisch und kann sich von Zelle zu Zelle bzw. von Organ zu Organ unterscheiden.

- Mit Hilfe von **DNA-Profilen** können **Abstammungsverhältnisse** geklärt und in kriminalistischen Verfahren **Straftaten** aufgeklärt werden.

- In der **forensischen DNA-Analyse** werden nach internationalem Standard 7 polymorphe **STR-Merkmalssysteme** (in Deutschland 8 Systeme) analysiert. Zur Feststellung des Geschlechts wird zusätzlich das Gen **Amelogenin** benutzt.

- Die Tatsache, dass viele **menschliche Krankheiten** mit Mutationen in strukturell und funktionell konservierten Genen assoziiert sind, erlaubt es, **Tiermodelle** zu etablieren, die es ermöglichen, die Symptome der Krankheit zu simulieren, ihre Ursachen zu erforschen und ggf. Therapeutika zu ihrer Heilung zu testen. Hierbei kommen die in der Entwicklungsgenetik etablierten Modellorganismen – Fliege, Wurm, Fisch und Maus – zum Einsatz. Zu den auf diese Weise erforschten Krankheiten gehören u.a. neurodegenerative und kardiovaskuläre Erkrankungen sowie Krebs.

Entwicklungsgenetik: Gene, die die Entwicklung steuern

Alle vielzelligen Eukaryonten – die Pflanzen, die Tiere, der Mensch – beginnen ihr individuelles Leben als einzelne Zelle, als Zygote. Diese Zelle enthält in ihrem Zellkern ein haploides Genom vom Vater und ein haploides Genom von der Mutter. Der Rest der Zelle stammt fast ausschließlich von der Mutter, z. B. auch die Mitochondrien mit ihrer eigenen mtDNA. Diese Zelle und ihre Nachkommen teilen sich mitotisch, so dass ein großer oder gar riesiger Klon genetisch gleichartiger Zellen entsteht. Dabei finden Bewegungen von Zellgruppen, Veränderungen der Zellgestalt und schließlich Differenzierungen in Hunderte oder Tausende von Zelltypen statt – dieses permanente Wunder der Natur möchten wir gerne verstehen.

Die Genetik der Entwicklung ist Thema der folgenden Kapitel. Sie können keine umfassende Darstellung bieten, aber exemplarisch sein und einige Zusammenhänge aufzeigen. Die meisten Erkenntnisse verdanken wir Experimenten an Modellorganismen, vor allem an Tieren, aber auch an Pflanzen, wie z. B. der Ackerschmalwand *Arabidopsis thaliana*. Bei den Tieren konzentriert sich die Forschung besonders auf die Fliege *Drosophila melanogaster*, den Fadenwurm *Caenorhabditis elegans*, den Zebrafisch *Danio rerio* und die Maus. Viele der bei *Drosophila*, *Caenorhabditis* oder *Danio* gewonnenen Erkenntnisse konnten auf die Säugerentwicklung und die Entwicklung des Menschen übertragen werden.

Überblick

Einleitung

Die Frage „Wie kann aus einer einzigen Zelle ein so komplexer Organismus wie eine Lilie, ein Fisch oder ein Mensch entstehen?“ beschäftigt seit langer Zeit die Entwicklungsbiologen. Sie haben durch genaue Beobachtung des normalen Ablaufs der Individualentwicklung **(Ontogenese)** festgestellt, dass sich innerhalb einer Art alle Embryonen nahezu gleich verhalten. Zwischen den Arten gibt es jedoch vielfältige Unterschiede, aber auch prinzipielle Gemeinsamkeiten. Bei den Tieren werden die Zellen des Embryos fast immer in drei Keimbereiche aufgeteilt: das Ektoderm, das Mesoderm und das Entoderm. Diese Keimblätter differenzieren zwar von Artengruppe zu Artengruppe recht unterschiedliche Zelltypen, gemeinsam aber ist, dass das **Ektoderm** z. B. die Zellen der Körperbegrenzung, also der Haut oder der Epidermis liefert, das **Mesoderm** z. B. für die Muskulatur verantwortlich ist und das **Entoderm** den Verdauungstrakt ausbildet.

Wann und wie geschehen die Prozesse, bei denen einzelne Zellen oder Zellgruppen auf unterschiedliche Entwicklungswege festgelegt, d. h. determiniert werden? Entwicklungsphysiologen haben mit verschiedenen experimentellen Ansätzen viele dieser Fragen erfolgreich beantworten können. Durch Zerstörung von Zellgruppen in frühen Entwicklungsstadien und Beobachtung des daraus folgenden Defekts zu späteren Zeitpunkten kann man z. B. einen **Anlagenplan** der Art erhalten. Dieser Plan gibt Auskunft darüber, aus welchen Arealen eines frühen Stadiums sich später bestimmte Gewebe differenzieren werden, d. h. wo die Zellen zu finden sind, die später Muskeln ausbilden werden.

Durch die Aktivität bestimmter Gene werden Zellen oder Zellgruppen determiniert. Der Zustand der **Determination** ist so stabil, dass determinierte Zellen auch in fremder Umgebung ihr Entwicklungsprogramm bis zur **Differenzierung** des Zell- oder Gewebetyps beibehalten. Hans Spemann konnte durch Transplantation von Gewebestücken zwischen Molchembryonen feststellen, dass Zellen bereits während der **Gastrulation**, der ersten Gestaltungsbewegung des Embryos, determiniert werden können. Gewebe aus einer bestimmten Region eines Spenderembryos wurde in eine andere Region eines Empfängerembryos transplantiert (heterotope Transplantation). Wenn die Transplantation vor der Determination durchgeführt wurde, fügten sich die transplantierten Zellen in die Differenzierungsleistungen der Umgebung ein (sie verhielten sich „ortsgemäß“). Transplantationen nach dem Determinationsprozess führten zu „herkunftsgemäßer“ Differenzierung: Die Zellen differenzieren sich nach ihrem eigenen Programm, ohne Berücksichtigung der Umgebung.

Das genetische Programm der Zygote, das die frühe Embryogenese autonom und abgekapselt von der Umwelt (z. B. umgeben von Eischalen bei Insekten, Vögeln und vielen anderen Organismengruppen) ablaufen lässt, hat zwei unterschiedliche Komponenten. Es sind dies

das diploide zygotische Genom mit je einem haploiden Genom von Vater und Mutter, und das Zytoplasma der Eizelle bzw. Zygote, das von der Mutter stammt, und somit unter dem Einfluss des maternalen Genoms entstanden ist.

Die Phänotypen von Mutanten der maternalen und zygotischen Gene sollten Hinweise geben auf die Rolle der Wildtypallele in der Ontogenese. Solche Mutationen sind als Abweichungen von der Normogenese bei vielen Arten beschrieben worden, insbesondere bei *Drosophila* war dieses Vorgehen erfolgreich. Der Amerikaner Edward Lewis hat mehrere Jahrzehnte sog. homeotische Mutationen erforscht. Diese Gene, die uns noch intensiv beschäftigen werden, legen die Ausprägung von Strukturen für ein bestimmtes Körpersegment fest. Sind sie mutiert, so werden in diesem Körpersegment Strukturen eines anderen Körpersegments differenziert. Ist z. B. das Gen *Antennapedia* mutiert, so bildet die mutante Fliege an der Stelle der Antenne ein Bein aus.

Die Ergebnisse der ersten systematischen Suche nach möglichst allen Genen, die einen bestimmten Entwicklungsprozess während der **Embryogenese** steuern, wurden 1980 von Christiane Nüsslein-Volhard und Eric Wieschaus veröffentlicht. Sie hatten Gene gesucht und gefunden, die für die Segmentierung des *Drosophila*-Embryos verantwortlich sind. In der Folgezeit haben die Biologen daraus Erstaunliches ableiten können:

Gene, die die Entwicklung von *Drosophila* steuern, kommen in nahezu unveränderter Form in den Genomen anderer Arten einschließlich des Menschen vor.

Genprodukte oder steuernde Genkaskaden werden in der Evolution von der Natur „erfunden“ und bei Bewährung immer wieder benutzt – auch zu unterschiedlichen Zwecken.

Die Genome der heute existierenden Arten sind untereinander sehr viel ähnlicher als man noch vor wenigen Jahren geglaubt hatte. Daraus ist ein Wechselspiel geworden: wird ein neues Gen bei der Maus identifiziert, sieht man nach, ob es auch bei *Drosophila* oder *Caenorhabditis* existiert, und umgekehrt.

In den folgenden Kapiteln werden einige entwicklungsgenetische Aspekte der vier wichtigsten tierischen Modellorganismen *Drosophila melanogaster*, *Caenorhabditis elegans*, *Danio rerio* und *Mus musculus* sowie des derzeit intensiv untersuchten Modellorganismus der Pflanzen, *Arabidopsis thaliana*, vorgestellt.

21 Die Fliege *Drosophila melanogaster*

21.1 Der Lebenszyklus von *Drosophila*

Fliegen sind holometaboleInsekten, d. h. solche, die zwischen Larvenstadien und adultem Insekt eine Metamorphose durchlaufen. Bei 25 °C Umgebungstemperatur dauert ein Zyklus etwa 10 Tage (Abb. 21.**1**). Innerhalb eines Tages nach Eiablage ist die Embryogenese abgeschlossen und es schlüpft eine Larve, die aus zwei unterschiedlichen Zellpopulationen besteht, den larvalen und den imaginalen Zellen. Die larvalen Zellen, die den Larvenorganismus aufbauen, teilen sich nicht mehr, sie werden größer und die Chromosomensätze werden vervielfältigt, in manchen Zelltypen entwickeln sich Polytänchromosomen (s. Kap. 6.1, S. 48). Ein Hindernis beim Größenwachstum ist die von den Epidermiszellen sezernierte feste Kutikula, die daher bei jeder Häutung abgestreift wird. Nach dem besonders ausgeprägten Größenwachstum des 3. Larvenstadiums setzt sich die Larve auf dem Untergrund fest und verpuppt sich. In den nächsten 4 Tagen wird ein fast völlig neuer Organismus gebildet: die Fliege. Sie entsteht im wesentlichen aus den bis dahin undifferenzierten, diploiden imaginalen Zellen, die z. T. als Imaginalscheiben in der Larve organisiert sind (z. B. Bein- oder Flügel- oder Augen-Antennen-Imaginalscheibe), als kleine Zellgruppen z. B. im larvalen Darm vorkommen oder so genannte imaginale Ringe an der Speicheldrüse oder dem Enddarm bilden. Einige wenige Zelltypen der Larve werden in die Fliege übernommen, der Rest wird histolysiert (s. Kap. 21.3, S. 348).

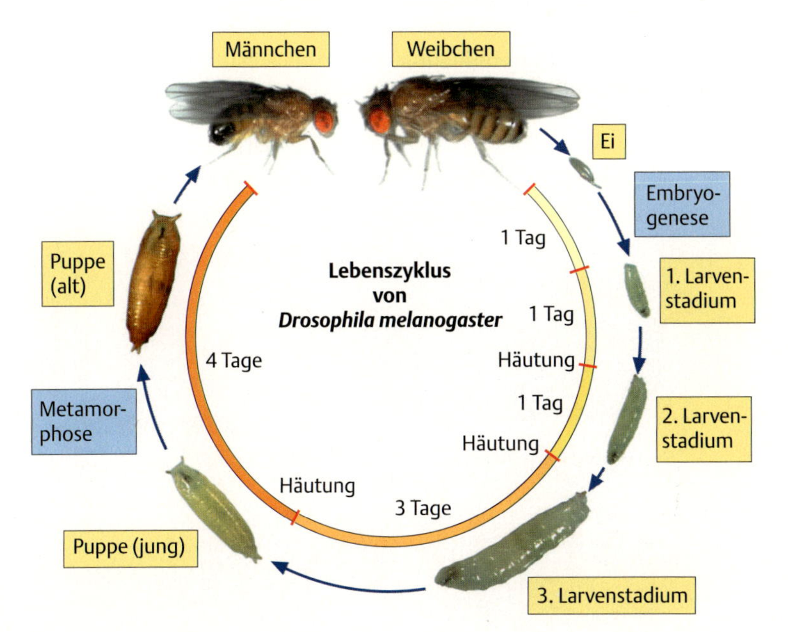

Abb. 21.1 Lebenszyklus von *Drosophila melanogaster*. [Bilder von Robert Klapper, Münster]

21.2 Vom Einzeller zum Vielzeller

Die ersten Zellteilungen des Embryos heißen im Allgemeinen Furchungsteilungen, weil die Grenzen zwischen den sich bildenden Zellen als Furchen erscheinen. Bei den Insekteneiern verläuft die als **superfiziell** bezeichnete „Furchung" furchenlos. Bei ihnen liegt der Eidotter konzentriert im Zentrum des Eis und das Zytoplasma im wesentlichen in der Peripherie und als Netzwerk zwischen den Dotterschollen. Deshalb teilen sich die Zellkerne, nicht aber die gesamte Eizelle. Während dieser **Kernvermehrungsphase** entsteht eine Zelle mit vielen Zellkernen, ein **Synzytium**. Bei *Drosophila* wandern nach 10 synchronen Kernteilungen die meisten Kerne an die Oberfläche, teilen sich weitere dreimal und bilden mit ca. 6000 Zellkernen das Stadium des **synzytialen Blastoderms**. Nachdem von außen nach innen Zellmembranen zwischen den Kernen gebildet werden, befindet sich der Embryo im vielzelligen Stadium des **zellulären Blastoderms** (Abb. 21.**2**).

Dies ist aber nicht das erste mehrzellige Entwicklungsstadium. Zwischen der 8. und 9. Kernteilung wandern 2–3 Kerne in das Polplasma am posterioren Pol des Eis. Nach zwei weiteren Kernteilungen werden einzelne Kerne in Polzellen eingeschlossen. Die **Polzellen** sind die Ausgangszellen der **Keimbahn**, die die Keimzellen – Eier und Spermien – für die nächste Generation bilden wird.

Diesen ersten sichtbaren Determinationsschritt der Trennung zwischen Keimbahn und Soma werden wir im folgenden entwicklungsbiologisch wie genetisch analysieren.

Woher weiß man, dass die Polzellen die Keimbahn darstellen? Wenn man die Polzellen eines Embryos mechanisch zerstört, so ist die sich daraus entwickelnde Fliege steril, weil sich in ihren Gonaden keine Keimzellen entwickeln können.

Worauf beruht diese keimzellbildende Eigenschaft der Polzellen? Seit Beginn des letzten Jahrhunderts weiß man, dass das Polplasma von Insekten besondere Strukturen, die **Polgrana**, enthält. Sind es also möglicherweise zytoplasmatische Komponenten, die Polzellen zur Keimbahn determinieren?

Den Beweis, dass Determinanten des Zytoplasmas Voraussetzung für die Bildung von Polzellen sind, haben Karl Illmensee und Anthony Mahowald 1974 geliefert.

Sie haben folgendes Transplantationsexperiment durchgeführt (Abb. 21.**3**): Polplasma ohne Zellkerne aus einem Spenderembryo, der

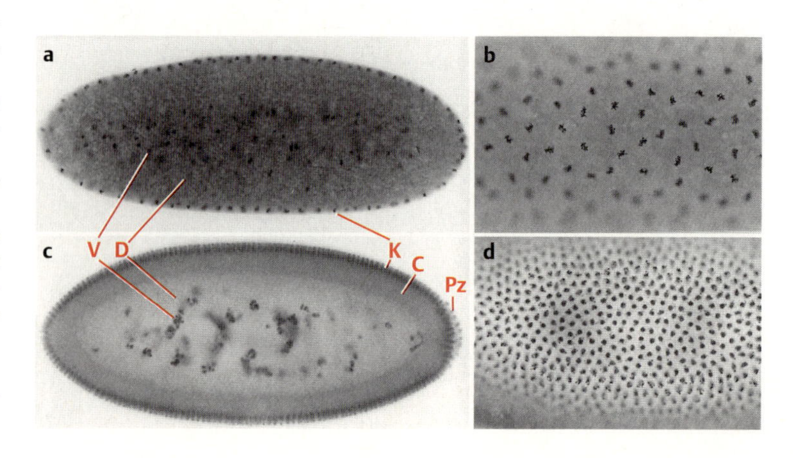

Abb. 21.2 Frühentwicklung von *Drosophila*. Angefärbt ist die DNA der Zellkerne bzw. der Chromosomen.
a Das synzytiale Blastodermstadium mit peripheren (K) und den im Dotter (D) verbliebenen Zellkernen (Vitellophagen, V).
b Ausschnitt aus der Oberfläche von **a** mit vielen Metaphasestadien.
c Zelluläres Blastodermstadium. Die Zellen mit den im Zytoplasma (C) außen liegenden Kernen (K) erkennt man als vom Dotter (D) abgegrenzte Schicht. Am hinteren Pol liegen die Polzellen (Pz) außerhalb des einschichtigen Blastoderms.
d Ausschnitt aus der Oberfläche von **c**.
a, **b** optische Längsschnitte, **c**, **d** Oberflächenausschnitt.

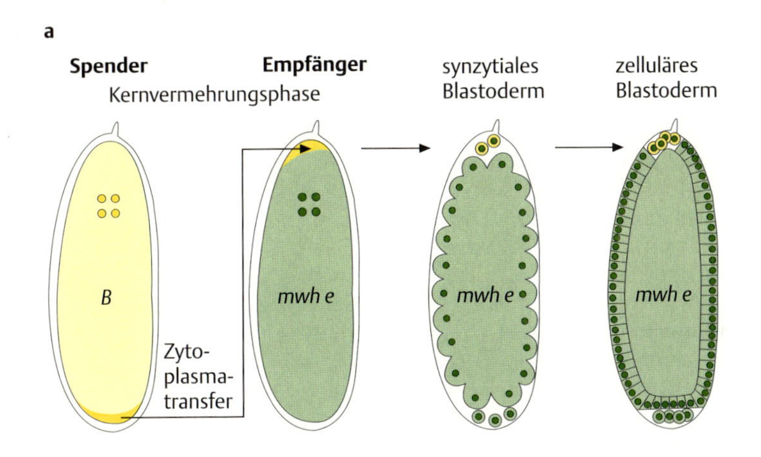

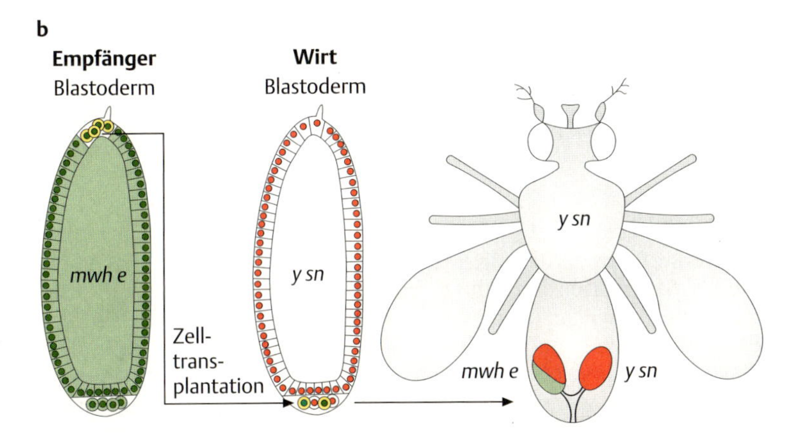

Abb. 21.3 Das Polplasma bestimmt die Keimbahn.
a Transfer von Polplasma aus einem *Bar*(*B*)-Spenderembryo an den Vorderpol eines *mwh e*-Empfängerembryos.
b Die Zellen aus Spenderzytoplasma und Empfängerkern werden auf ihre Keimbahneigenschaft getestet. Dazu werden sie zwischen die Polzellen eines *y sn*-Wirtsembryos im Blastodermstadium transplantiert. Wenn die experimentellen Polzellen Keimbahnzellen sind, sollten die Wirtsfliegen neben *y sn*-Gameten auch *mwh e*-Gameten (aber keine *B*-Gameten) bilden können. Im Kreuzungstest wird diese Annahme bestätigt (s. Text). *multiple wing hairs* (*mwh*) verändert das Härchenmuster auf dem Flügel. Weitere Gensymbole s. Tab. 4.**1**, S. 24.

sich in der frühen Kernvermehrungsphase befindet, wird mit einer feinen Glaspipette an den Vorderpol eines gleich alten Empfängerembryos transferiert. Im Verlauf der weiteren Entwicklung wandern Zellkerne in die Peripherie und bilden am Vorderpol des Empfängers Zellen aus wie zur gleichen Zeit an seinem Hinterende die Polzellen. Sind diese Vorderpolzellen ebenfalls Keimbahnzellen? Die genetischen Markierungsmöglichkeiten bei *Drosophila* erlauben einen eindeutigen Test. Werden nämlich diese experimentell induzierten Polzellen zwischen die Polzellen eines Wirtsembryos im Blastodermstadium transplantiert, so zeigt sich im Kreuzungstest, dass die Wirtsfliegen auch Gameten vom Genotyp des Empfängerembryos produzieren können, also Mosaik-Keimbahn haben.

Entwickelt sich der Wirtsembryo zu einem *y sn*-Weibchen, das mit einem *y sn* ; *mwh e*-Männchen gekreuzt wird, so ist die normale Nachkommenschaft wiederum phänotypisch y sn und heterozygot für *mwh e*. Haben sich die experimentellen Polzellen im Wirtsweibchen aber zu Eizellen entwickeln können, so werden in der F_1 auch homozygote *mwh e*-Tiere auftreten. Genau dies ist der Fall. Würde man auch *Bar*-Tiere finden, so wären beim Zytoplasmatransfer vom Spender in den Empfänger auch Zellkerne mittransplantiert worden.

Weiterhin konnte gezeigt werden, dass die **autonome Eigenschaft des Polplasmas, Keimbahnzellen zu induzieren**, bereits in späten Oogenesestadien ausgebildet ist. Inzwischen weiß man, dass eine Reihe maternaler Gene zur **Polzelldetermination** beitragen. Sind Weibchen homozygot für eine Mutation in einem der folgenden Gene, so enthält das Polplasma aller ihrer Eizellen keine Polgrana und es werden auch keine Polzellen gebildet: *oskar (osk)*, *vasa (vas)*, *valois (vls)* und *tudor (tud)*. Im Prozess der Bildung des Polplasmas spielt *oskar* eine besonders wichtige Rolle. Nicht nur *oskar*-RNA, sondern auch das Osk-Protein sind am posterioren Ende der Oozyte lokalisiert. Dort findet man auch die Proteine Vas und Tud, jedoch nicht die RNAs dieser Gene. All diese Genprodukte werden zu Beginn der Oogenese (s. Abb. 22.**6**, S. 360) in der Oozyte akkumuliert und später an ihren posterioren Pol transportiert, wo sie bis unmittelbar vor der Polzellbildung bleiben. Welche Moleküle schließlich die Keimzelldeterminanten sind, ist weiterhin ungeklärt.

Die genannten maternalen Gene bilden zusammen mit den Genen *nanos*, *pumilio* und *caudal* die Gruppe derjenigen Gene, die für die Normalentwicklung des posterioren Somas sorgen.

Aus den Polzellen gehen schließlich die **Keimbahnzellen** in den Gonaden hervor, in denen je nach Geschlecht Eizellen oder Spermien gebildet werden. Mit der Entscheidung über das somatische Geschlecht haben die Polzellen und die das Polplasma determinierenden Gene nichts zu tun (s. Kap. 23, S. 386).

21.3 Vom Embryo zur Larve

Wenn das Blastodermstadium erreicht ist, setzen Zellbewegungen ein, die als **Gastrulation** bezeichnet werden. In Abb. 21.**4** sehen wir einige markante Stadien auf dem Weg zur Differenzierung einer Larve als Oberflächenaufnahmen mit einem **R**aster-**E**lektronen**m**ikroskop (**REM**). Beim Blastodermembryo (Abb. 21.**4a**) ist nicht nur der Vorder- vom Hinterpol unterscheidbar, sondern auch der flache dorsale vom konvexen ventralen Bereich. Ein Streifen von Zellen links und rechts der ventralen Mittellinie wandert zu Beginn der Gastrulation in das Innere des Embryos und differenziert sich später als Mesoderm. Als nächstes wandern die Polzellen und mit ihnen der hintere und mittlere Teil des Keims auf der Dorsalseite nach anterior (Abb. 21.**4b**). Bei dieser **„Keimstreifverlängerung"** werden die Polzellen und umliegende Zellen, die den hinteren Teil des Darms bilden werden, ins Innere verlagert. Nach Abschluss dieser Bewegungen liegen nur noch die Zellen des Ektoderms außen (Abb. 21.**4c**). Es beginnt nun eine Unterteilung des Embryos in aufeinanderfolgende Zellpakete, aus denen sich schließlich die **Segmente** der Larve und letztendlich auch der Fliege differenzieren. Während dieses Prozesses verkürzt sich der Embryo wieder durch eine Art rückläufiger Gastrulationsbewegung bis die Segmente in der Längsachse des Keims angeordnet sind (Abb. 21.**4d**). Spätestens ab diesem Stadium kann man die Zellpakete den späteren Segmenten zuordnen, da man die weitere Entwicklung zur Larve verfolgen kann: Es sind 3 Kiefer-, 3 Thorax- und 8 Abdominalsegmente, wobei die 6 Kopfsegmente bei den Fliegenlarven nicht zu sehen sind. Sie sind nach innen verlagert, die Larve ist azephal (kopflos).

Die Epidermiszellen der Larve sezernieren als Abschluss nach außen die so genannte Kutikula mit Strukturen, die als Härchen und Zähnchen bezeichnet werden. Auf der ventralen Seite der Larve findet man **Zähnchenbänder**, jeweils am Vorderrand jedes Thorax- und Abdominalsegments (Abb. 21.**4f**). Ein Segment reicht vom Vorderrand eines Zähnchenbandes bis zum Vorderrand des nächsten. Bei einer sehr jungen Larve

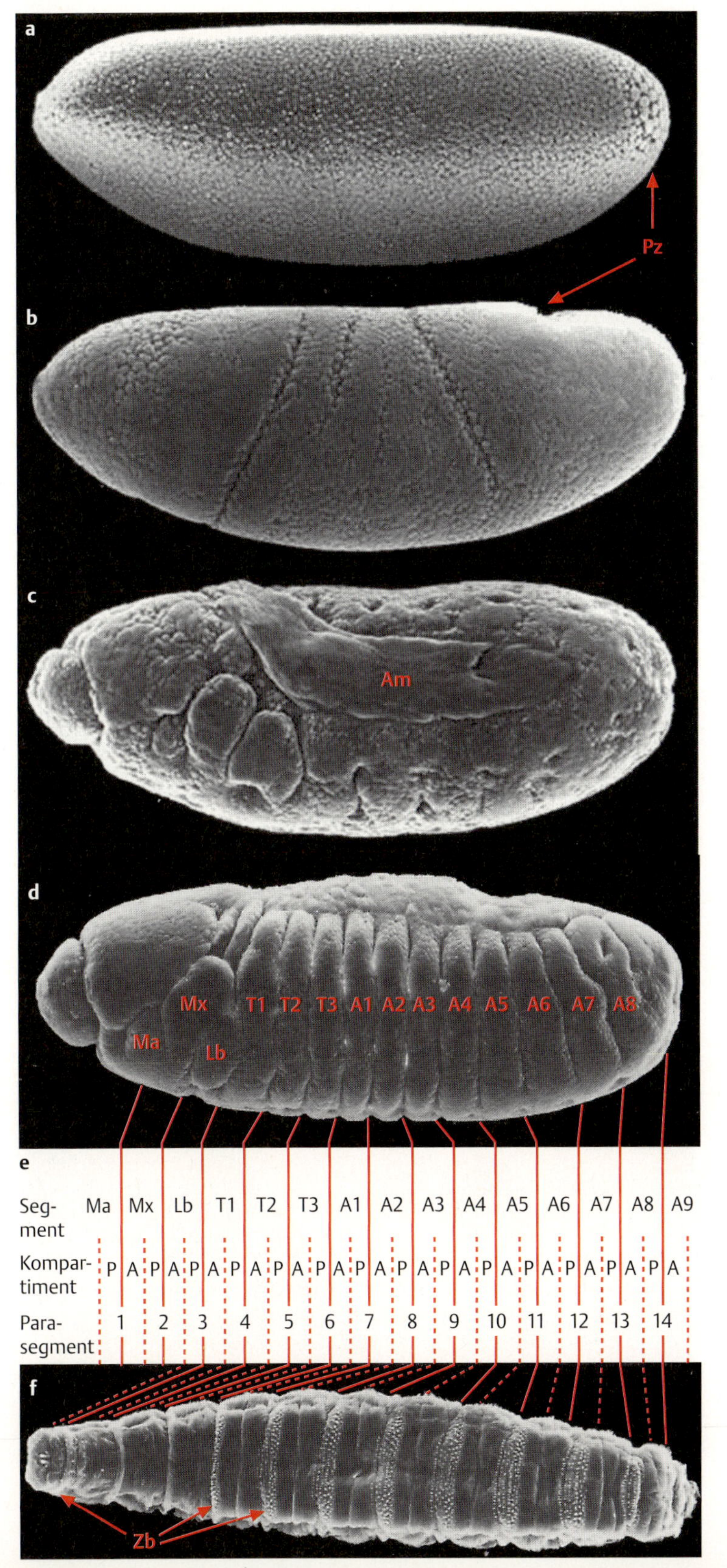

Abb. 21.4 Vom Blastoderm zur segmentierten Larve.
a Blastodermstadium.
b Gastrulation, Polzellen (Pz).
c verlängerter Keim mit der extraembryonalen Amnioserosa (Am).
d verkürzter Keim. Die 3 Kiefersegmente werden als Mandibel (Ma), Maxille (Mx) und Labium (Lb) bezeichnet. Es folgen 3 Thoraxsegmente (T_1–T_3) und 8 Abdominalsegmente (A_1–A_8).
e Schematische Darstellung der Unterteilung des Embryos in Segmente, Kompartimente und Parasegmente. A = anteriores, P = posteriores Kompartiment.
f Ventralansicht der differenzierten Larve. Die Kopfsegmente sind nicht zu erkennen. Die übrigen 11 Segmente zeigen deutlich die Zähnchenbänder (Zb) sowie die Unterteilung des Embryos in Segmente und Kompartimente.
a–d Lateralansicht [a–c The FlyBase Consortium 2003; d, f nach Raff und Kaufman 1983].

kann man innerhalb eines Segments eine weitere Furche erkennen, die das Segment in einen vorderen (anterioren) und einen hinteren (posterioren) Bereich unterteilt. Diese Bereiche heißen **Kompartimente**. In der Frühentwicklung des Embryos spielt die Unterteilung in so genannte Parasegmente eine wichtige Rolle. **Parasegmente** sind gegenüber Segmenten in der Längsachse um ein Kompartiment versetzt, so dass ein Parasegment ein posteriores Kompartiment und das folgende anteriore eines Segments umfasst. Die 14 Parasegmente werden von vorn nach hinten durchnummeriert (Abb. 21.**4e**).

21.4 Imaginalscheiben

Der Lebenszyklus setzt sich von der Larve zur Puppe (s. Abb. 21.**1**) fort. Im Verlauf der **Metamorphose** werden larvale Strukturen abgebaut und Strukturen der adulten Fliege (**Imago**) aufgebaut. Diese entstehen aus imaginalen Vorläuferzellen, die entweder in Form kleiner Zellgruppen in den larvalen Geweben zu finden sind oder als so genannte **Imaginalscheiben** organisiert sind. Fast alle äußeren Strukturen von Kopf und Thorax gehen aus Imaginalscheiben hervor. Diese werden etwa in der Mitte der Embryonalentwicklung als kleine, aus nur wenigen Zellen bestehende, säckchenförmige Einstülpungen der Epidermis angelegt. Diese Zellen bleiben diploid, während die Zellen der larvalen Epidermis endopolyploid werden und nicht mehr durch Mitosen vermehrt werden. Im zweiten, aber vor allem im dritten Larvenstadium teilen sich die Zellen der Imaginalscheiben sehr oft, so dass z. B. die Zellzahl der **Flügelimaginalscheibe** von ursprünglich 20–25 Zellen im Embryo auf ca. 50 000 Zellen im dritten Larvenstadium anwächst. In diesem Stadium sind alle Imaginalscheiben weiterhin zweischichtige, säckchenförmige Gebilde, die mit der larvalen Epidermis verbunden sind. Im zweiten und dritten Larvenstadium erfolgt in den Imaginalscheiben die **Musterbildung** (pattern formation). Unter diesem Begriff fasst man solche Prozesse zusammen, die für die korrekte räumliche Anordnung verschiedener Zelltypen in einem Gewebe verantwortlich sind. Musterbildungsprozesse können durch direkte, lokal wirkende Zell-Zell-Interaktionen oder durch Morphogengradienten kontrolliert werden und führen dazu, dass Zellen entsprechend

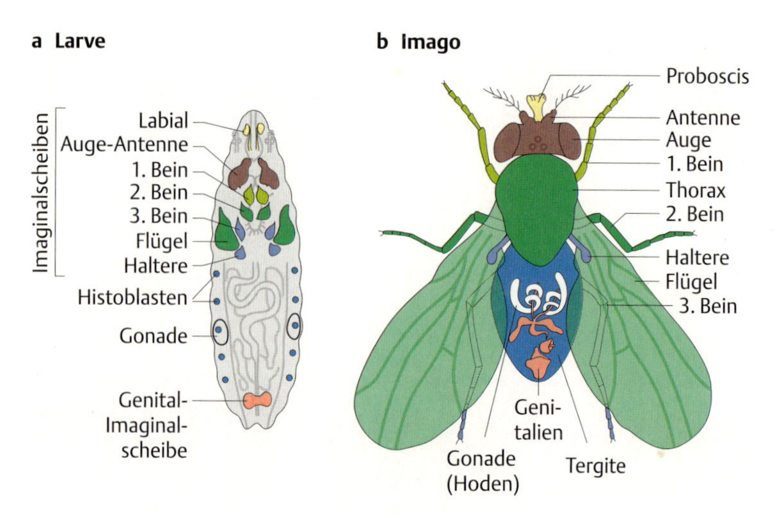

Abb. 21.5 Imaginalscheiben in der *Drosophila*-Larve und die sich aus ihnen entwickelnden adulten Strukturen.
a Die Labial-, Augen-Antennen-, 1., 2. und 3. Bein-, Flügel- und Halterenimaginalscheiben kommen paarig vor, ebenso die Nester von Histoblasten, die die dorsalen Tergite und ventralen Sternite des adulten Abdomens bilden werden. Die Genitalscheibe ist unpaarig, aber links-rechts symmetrisch angelegt.
b Die äußeren Strukturen einer adulten Fliege.

ihrer Position in einem Gewebe ihre Identität erhalten, sie werden spezifiziert oder determiniert, weshalb man auch von **Zelltypspezifizierung** spricht. Anschließend beginnt die Differenzierung, die zur Ausbildung zelltypspezifischer Merkmale und somit schließlich zur Bildung funktionsfähiger Organe führt. Abb. 21.5 zeigt die Anordnung der Imaginalscheiben in der Larve und die sich jeweils aus ihnen entwickelnden adulten Strukturen.

Zusammenfassung

- Die Frühentwicklung von *Drosophila* verläuft superfiziell, d. h. die Zellkerne teilen sich, ohne dass die Zelle geteilt wird. Nach etwa 3 Stunden entsteht ein **Synzytium** von ca. 6000 Kernen, in das Zellmembranen eingezogen werden: das zelluläre **Blastodermstadium**.

- Genprodukte maternaler Gene legen das posteriore Polplasma als Zytoplasma der Keimbahnzellen fest. Als erste Zellen werden dort die so genannten **Polzellen** abgeschnürt, die die **Keimbahn** darstellen.

- Nach Vollendung der Embryogenese sezernieren die Epidermiszellen der **Larve** eine **Kutikula** mit segmentspezifischen Merkmalen, z. B. den so genannten **Zähnchenbändern**. Diese sind ein wichtiges phänotypisches Merkmal für die Analyse der Gene, die an der Steuerung der Segmentierung beteiligt sind.

22 Die Genetik der larvalen Segmentierung bei *Drosophila*

Die Abfolge der beschriebenen Entwicklungsstadien ist bei jedem Embryo gleichartig und wird als **Normogenese** bezeichnet. Da jedes befruchtete Ei nur die Gene und Genprodukte von Mutter und Vater enthält und sich innerhalb mehrerer Eihüllen autonom entwickelt, muss die exakte Steuerung dieses Ablaufs genetisch bedingt sein. Daher lag die Frage nach den **beteiligten Genen** eigentlich nahe. In der Geschichte der Entwicklungsbiologie und der Genetik wurde diese Frage aber erstmals von Christiane Nüsslein-Volhard und Eric Wieschaus gestellt und konsequent experimentell bearbeitet. Ihre Ergebnisse stellten sie 1980 in der Zeitschrift „Nature“ vor.

Sie waren von der plausiblen Überlegung ausgegangen, dass Gene, die an der **Segmentierung** beteiligt sind, auch mutierbar sein müssen. Da aber unbekannt war, wie die mutanten Phänotypen aussehen würden, wurden folgende Kriterien der **Selektion von Mutanten** festgelegt: Wenn die Mutation ein wichtiges Gen im Segmentierungsprozess betrifft, sollte die Larve aufgrund der Entwicklungsstörung nicht in der Lage sein, aus dem Ei zu schlüpfen. Da aber **embryonale Letalität** auch durch Mutation an sehr vielen anderen Genen verursacht wird, wurde als weiteres einschränkendes Kriterium eine sichtbare Veränderung am Kutikulamuster der **Zähnchenbänder** gewählt. Dieses Muster wird bereits lange vor dem Schlüpfen der Larve differenziert.

Der 1. Teil eines Mutageneseexperiments zur Isolierung von derartigen Mutationen ist in Abb. 22.**1** dargestellt. Um Letalmutationen von Genen des 2. Chromosoms zu erhalten, wurden Männchen mit **EMS** (**E**thyl**m**ethan**s**ulfonat) gefüttert, die homozygot für *cn* (*cinnabar*) und *bw* (*brown*) waren. Der Phänotyp der Doppelmutante ist Weißäugigkeit. Die Weibchen der P-Generation hatten das **Balancerchromosom** *CyO* und auf dem Homologen die Mutation *DTS91* (**D**ominant **T**emperatur-**S**ensitiv), die bei 29 °C Zuchttemperatur Letalität bewirkt. Jedes einzelne F_1-Männchen enthielt in all seinen Zellen ein und dasselbe EMS-behandelte 2. Chromosom, das auf das mögliche Vorhandensein einer gesuchten Mutation untersucht werden musste. Daher wurden 10 000 Kreuzungen mit jeweils 1 Männchen und einigen Weibchen des Genotyps wie in der P-Generation angesetzt. Wenn die Nachkommenschaft zunächst für einige Tage bei 29 °C gehalten wird, sterben alle Embryonen, die im Genotyp ein *DTS91*-Chromosom haben. Während der weiteren Entwicklung bei 25 °C sterben die *CyO*-Homozygoten als Larve und nur die Genotypen *CyO*/*cn bw* überleben. Alle überlebenden F_2-Nachkommen einer Einzelzucht hatten bezüglich des 2. Chromosoms ein und denselben Genotyp und werden untereinander gekreuzt. Wenn in einer der vielen Zuchten in der F_3 weißäugige Fliegen mit geraden Flügeln (Cy^+) zu sehen waren, konnte diese Zucht verworfen werden, weil dann das *cn bw*-Chromosom keine rezessive Letalmutation trug. Alle anderen 4580 Linien waren balanciert, da sie nur Fliegen enthielten, die heterozygot für das Balancerchromosom und das mutagenisierte Chromosom waren.

Im 2. Schritt wurde getestet, ob die Letalität embryonal war. Wenn in der Eiablage einer dieser 4580 Linien aus etwa 25 % der Eier keine Larven

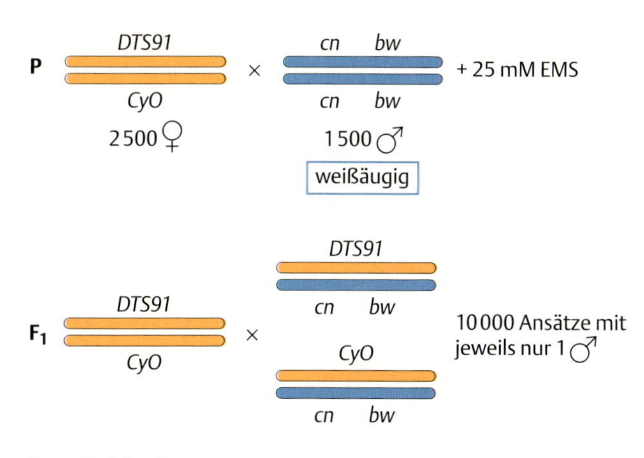

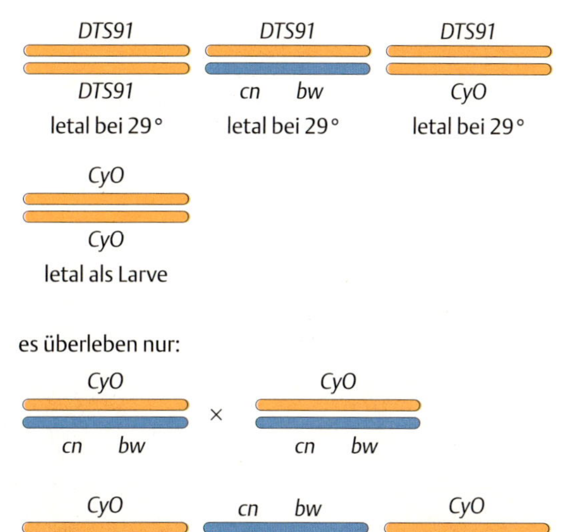

Abb. 22.1 Mutageneseexperiment zur Isolierung von Letalmutationen auf dem 2. Chromosom von *Drosophila*. Erläuterung im Text [nach Nüsslein-Volhard et al. 1984].

schlüpften, dann waren dies wahrscheinlich die Homozygoten für *cn bw* und die Mutation war möglicherweise eine der gesuchten (Abb. 22.**1**, F_3). Feststellen konnte man dies allerdings nur dadurch, dass von Embryonen jeder dieser noch 1620 Linien Präparate der Kutikula angefertigt und im Mikroskop analysiert wurden. Eine abnorme Kutikulamorphologie wurde in 268 Linien gefunden. Das bedeutete aber nicht ebenso viele Gene; denn das Experiment war mit seiner hohen Anfangszahl an mutagenisierten Männchen darauf angelegt, möglichst alle Gene aufzuspüren, die man mit diesen Selektionskriterien auf dem 2. Chromosom finden konnte. Es wurden **Komplementationstests** durchgeführt. Dazu wurden Partner zweier Linien miteinander gekreuzt. Überlebten die heterozygoten *cn bw*-Nachkommen, so waren die Letalmutationen in zwei verschiedenen Genen lokalisiert, starben die Heterozygoten, gehörten die beiden Letalmutationen zu ein und demselben Gen. Auf diese Weise wurden 61 Gene des 2. Chromosoms gefunden, davon 13 mit je einem Allel

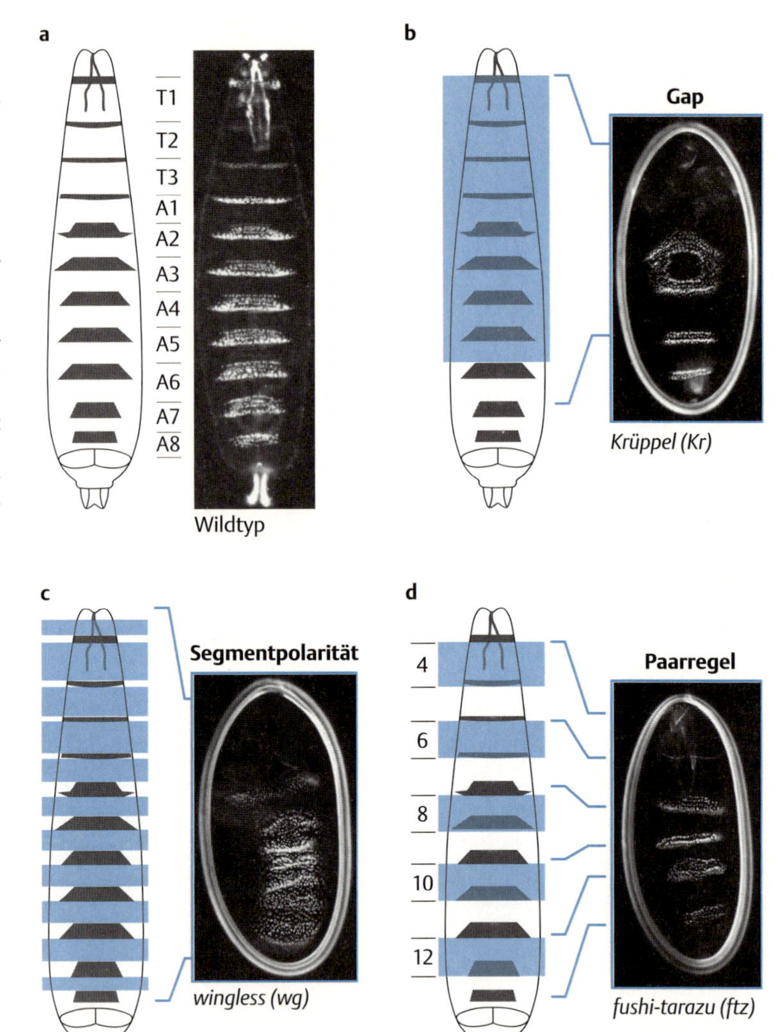

Abb. 22.2 Klassifizierung der an der Segmentierung beteiligten Gene nach Christiane Nüsslein-Volhard und Eric Wieschaus.
a Schematische Darstellung des Wildtypmusters der ventralen Zähnchenbänder einer *Drosophila*-Larve, daneben die Dunkelfeldaufnahme einer Larve und die Bezeichnungen der thorakalen und abdominalen Segmente.
b Die Mutation *Krüppel* gehört zur Klasse der Gap-Gene, weil der mutante Phänotyp den Verlust einer zusammenhängenden Gruppe von Segmenten nahe legt (blau gekennzeichnet).
c *wingless* ist eine Segmentpolaritätsmutation. Bei ihr erfährt jedes Segment eine Veränderung; nämlich weitere Zähnchenbänder mit umgekehrter Polarität.
d Als Beispiel für eine Mutation eines Paarregelgens ist *fushi-tarazu* gewählt. Hier fehlt jedes 2. Segment. Bei weiterer Analyse stellt man fest, dass die geradzahligen Parasegmente betroffen sind [nach Nüsslein-Volhard und Wieschaus 1980]

und 48 mit je 2–18 Allelen. Die statistische Analyse (Poissonverteilung) besagte, dass mit großer Wahrscheinlichkeit alle relevanten Gene gefunden worden waren.

Welchen Phänotyp hatten die gefundenen Mutationen? Nüsslein-Volhard und Wieschaus konnten alle Phänotypen jeweils einer von nur drei prinzipiell unterschiedlichen Klassen zuordnen. Ihre ursprüngliche Einteilung der so genannten **Segmentierungsgene** hat bis heute Bestand. Sie ist an je einem Beispiel in der Abb. 22.2 erläutert. Die Gruppe der **Gap-Gene** (Lückengene), bei denen in der Mutation jeweils ein zusammenhängender Bereich von Segmenten defekt ist, war wohl zu erwarten. Auch die Mutanten der Gruppe der **Segmentpolaritätsgene**, bei denen in jedem einzelnen Segment ein Defekt auftritt, waren nicht prinzipiell überraschend. Unerwartet und bis heute nicht völlig verstanden ist die Gruppe der **Paarregelgene.** Im mutanten Phänotyp fehlt jedes 2. Segment, wobei in zwei Untergruppen der Defekt mit dem 1. oder mit dem 2. Thoraxsegment der Larve beginnt, also die ungeradzahligen oder geradzahligen Segmente betroffen sind. Aber nicht nur das: was hier fehlt oder vorhanden ist, sind nicht Segmente, sondern Parasegmente (vgl. Abb. 21.**4**, S. 349). In der Mutante des Gens *ftz* (*fushi-tarazu*) fehlen die geradzahligen Parasegmente. Es werden nur die Zähnchenbänder der anterioren Kompartimente der Segmente T_1, T_3, A_2, A_4, A_6 und A_8 differenziert.

22.1 Das räumlich-zeitliche Expressionsmuster

Die nächste wichtige Frage lautet: In welchen Zellen welcher Entwicklungsstadien sind denn die **Segmentierungsgene** aktiv? Wie sieht das räumlich-zeitliche Muster der **mRNA**- bzw. der **Proteinverteilung** einzelner Gene im Embryo aus? Die zur Beantwortung dieser Fragen notwendigen Methoden werden wir am Beispiel des *ftz*-Gens kennenlernen (Abb. 22.**3**).

Das **ftz-Gen** wurde Mitte der 80er Jahre im Labor von Walter Gehring in Basel kloniert und weiter charakterisiert. Die Klonierung ergab, dass die kodierende Region mit rund 2000 bp aus 2 Exons besteht, die durch ein kurzes Intron getrennt sind (Abb. 22.**3a**). Wann und in welchen Zellen Ftz produziert werden soll, steht in der DNA der ***ftz*-Kontrollregion**. Um zumindest die Größe der Kontrollregion zu bestimmen, wurden mit Hilfe der **P-Element-Transformation** transgene Fliegen erzeugt (Kap. 19.4.1, S. 290). Sie enthielten Transgene, die neben der kodierenden Region für *ftz* unterschiedlich lange flankierende DNA-Bereiche enthielten. Diese zusätzlichen Genkonstrukte wurden in homozygote *ftz*-Embryonen gekreuzt, um zu sehen, mit welchen Transgenen der ftz-Phänotyp „gerettet" werden kann, d.h. sich in Richtung Wildtyp differenziert (rescue experiment). Es hat sich gezeigt, dass nur Transgene, die 6 kb DNA vor (upstream) der kodierenden Region enthielten, *ftz*-Embryonen in Wildtyp-Embryonen transformieren können (Abb. 22.**3b**).

Die räumlich-zeitliche Expression der *ftz*-mRNA kann man durch ***in-situ*-Hybridisierung** an Wildtyp-Embryonen beschreiben. Dazu wird genomische oder cDNA (s. Box 19.**3**, S. 274) der kodierenden Region *in vitro* markiert und mit der RNA in ganzen Embryonen oder histologischen Schnitten hybridisiert. Die durch komplementäre Basenpaarung entstehenden DNA-RNA-Hybridmoleküle können an ihrer Markierung erkannt werden. Diese Markierung kann z.B. ein Einbau von radioaktivem Tritium (^3H) sein, das durch **Autoradiographie** sichtbar gemacht wird. Das Photo der Abb. 22.**3c** zeigt den 1. gestreiften Embryo aus der Arbeit von Ernst Hafen et al. aus dem Jahr 1984. Das *ftz*-Gen wird also bereits im Blastodermstadium transkribiert, lange bevor man am Embryo den Beginn der Segmentierung beobachten kann. Dieses Verfahren wird u.a. auch zur Lokalisierung von DNA-Sequenzen in Polytänchromosomen verwendet.

Die Verteilung eines Proteins kann, muss aber nicht mit der Verteilung der zugehörigen mRNA übereinstimmen. Eine der Möglichkeiten, um die Proteinverteilung kennen zu lernen, ist in Abb. 22.**3d** dargestellt. Die Kontrollregion des *ftz*-Gens enthält alle notwendigen Informationen, damit der *ftz*-Promotor zur rechten Zeit und am rechten Ort die Transkription der nachfolgenden proteinkodierenden Region bewirkt. Wenn man die *ftz*-kodierende Region durch die eines anderen Gens ersetzt, wird sich daran nichts ändern. Man stellt also mit molekularbiologischer Methodik ein **Hybridgen** aus der *ftz*-Kontrollregion und einem „**Reportergen**" wie *lacZ* von *E. coli* her, kloniert dieses Transgen in einen **P-Element-Vektor** und transformiert Wildtyp-Fliegen. In den transgenen Embryonen wird

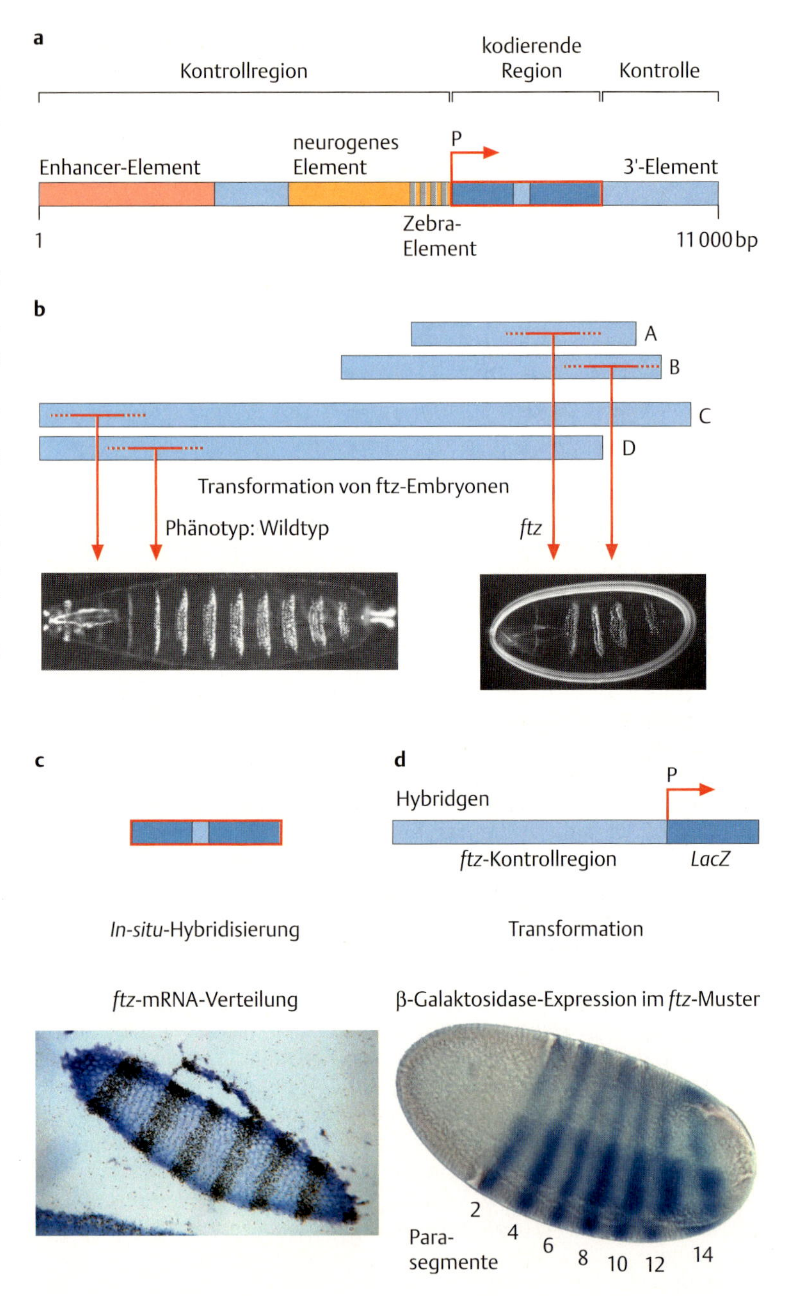

Abb. 22.3 Die molekulare Analyse des *ftz*-Gens. **a** Die Karte des *ftz*-Gens zeigt die kodierende Region aus zwei Exons und einem kleinen Intron, insgesamt etwa 2000 bp, und die Kontrollregion mit insgesamt etwa 9000 bp. Deren Länge und Unterteilung wurde durch die folgenden Experimente gewonnen.
b Mit unterschiedlich langen DNA-Regionen, die alle die *ftz*-kodierende Region beinhalten, werden Fliegen transformiert (s. Kap. 19.4.1, S. 290). Nach Einkreuzen des Transgens in homozygote *ftz*-Embryonen stellt man fest, dass der Phänotyp des Embryos nur dann den Wildtyp annimmt, wenn das Transgen die gesamte upstream-Region von ca. 6000 bp enthält (**c** und **d** gegenüber **a** und **b**).
c Die mRNA-Verteilung kann mit Hilfe der *in-situ*-Hybridisierung dargestellt werden.
d Die Darstellung der Ftz-Proteinverteilung ist hier auf einem indirekten Weg gezeigt. Die *ftz*-Kontrollregion wird mit dem *lacZ*-Gen von *E. coli* zu einem Hybridgen kombiniert. Wenn Wildtyp-Fliegen mit diesem Transgen transformiert werden, so kann in ihren Embryonen das Ftz-Expressionsmuster als β-Galaktosidase-Muster sichtbar gemacht werden [a, b nach Hiromi et al. 1985; c Bild von Ernst Hafen, Zürich, s. Hafen et al. 1984].

der *ftz*⁺-Genotyp für eine normale Entwicklung sorgen. Zusätzlich könnte das Transgen β-Galaktosidase, das Protein des *lacZ*-Gens, im *ftz*-Muster exprimieren. β-Galaktosidase kann aufgrund seiner **Enzymaktivität** (Abb. 22.**3d**) oder durch spezifische **anti-β-Galaktosidase-Antikörper** nachgewiesen werden. Man stellt fest, dass das LacZ-Protein tatsächlich bereits im Blastodermstadium exprimiert wird und genauso in einem Streifenmuster verteilt ist wie die *ftz*-mRNA.

Einer der Vorteile dieser Methode besteht in der Möglichkeit, verschiedene Bereiche der Kontrollregion mit dem Reportergen zu kombinieren und das Expressionsmuster zu erfahren, ohne dass die Embryonalentwicklung gestört wird. Auf diese Weise konnten einige Bereiche der Kontrollregion näher charakterisiert werden: Ohne das **Zebra-Element** kommt das Streifenmuster nicht zustande, das **neurogene Element** bestimmt die Verteilung von Ftz im Nervensystem, und der Enhancer und das 3'-Element verstärken die Expression (Abb. 22.**3a**).

22.2 Die Hierarchie der Gene zur Ausbildung des Segmentmusters

Die anterior-posteriore und die dorso-ventrale Achse des Embryos, der Larve und der Fliege werden bereits durch die Polarität der Eizelle bestimmt. Die Entstehung dieser Polarität durch die Aktivität einer Vielzahl von Genen ist heute weitgehend verstanden.

Es gibt mehrere **Gruppen von Genen**, die durch ihre Aktivität den Embryo schrittweise in immer kleinere Bereiche unterteilen, die sich dann durch die Zusammensetzung von Genprodukten voneinander unterscheiden. Die Regulation der Genaktivitäten entlang dieser **Kaskade** ist prinzipiell einheitlich: Einerseits regulieren Gene einer Gruppe die Aktivitäten der Gene der nächsten Gruppe, zum anderen beeinflussen sich die Gruppenmitglieder untereinander.

Man kann die beteiligten Gene zunächst unterteilen in solche, die während der Oogenese, also in der Mutter aktiv sind, und diejenigen Gene, die nach der Zygotenbildung transkribiert und translatiert werden. Die formalen Vererbungsmodi **maternaler** oder **zygotischer Mutationen** sind recht unterschiedlich. Da es sich zumeist um embryonal letale Mutationen handelt, werden diese in der Laborgenetik mit Hilfe von Balancerchromosomen als Stämme gehalten. Beispiele für die Vererbung zygotischer Gene sind in Abb. 11.**8** (S. 118) dargestellt. Der Erbgang einer maternalen Mutation ist in Abb. 22.**4** erläutert.

Die an der Etablierung des anterior-posterioren Koordinatensystems beteiligten **maternalen Gene** produzieren mRNAs, die in der Oozyte in unterschiedlichen Positionen lokalisiert sind und in der Zygote translatiert werden. Diese mRNAs kodieren für regulatorische Proteine, die im Zytoplasma des synzytialen Blastoderms diffundieren und die Expression zygotischer Gene aktivieren oder reprimieren.

Moleküle, die vom Translationsort im Zytoplasma diffundieren und einen Konzentrationsgradienten bilden, gehören zur Gruppe der **Morphogene**, wenn sie Zellschicksale bestimmen oder mitbestimmen. Durch unterschiedliche Morphogenkonzentrationen entlang eines oder mehrerer Gradienten erfahren Zellen ihre Position. Diese **Positionsinformation** kann sich auf das anterior-posteriore und dorso-ventrale Koordinatensystem des Embryos oder aber auf einen bestimmten Ort innerhalb eines Gewebes beziehen.

Morphogene im anterioren Bereich des Fliegenembryos sind die Proteine Bicoid und Hunchback, im posterioren Bereich Nanos und Caudal. Ein Diffusionsgradient kann nur dann für längere Zeit aufrecht erhalten werden, wenn das diffundierende Molekül auch abgebaut wird. Sonst würde sich schließlich eine einheitliche Konzentration einstellen.

Auch die dorso-ventralen Koordinaten werden durch maternale Genprodukte bestimmt, jedoch nach einem anderen Mechanismus als die anterior-posterioren. Der Dorsal-Gradient besteht aus unterschiedlichen Konzentrationen dieses Proteins in den Zellkernen entlang der dorsoventralen Achse. Alle Zellen enthalten gleich viel Dorsal. In den ventralen

Abb. 22.4 Maternale Vererbung am Beispiel von *bicoid* (*bcd*) bei *Drosophila*.
a *bcd* ist eine rezessive maternale Mutation auf dem Chromosom 3. Das homologe Chromosom der P-Tiere ist das Balancerchromosom TM3 (Third-Multiple-3, s. Balancerchromosomen, Abb. 11.**8**, S. 118) mit der dominanten Borstenmutation *Stubble* und einem *bcd*$^+$-Allel. In der F_1 sind nur die *Sb/Sb*-Nachkommen letal. Die homozygoten *bcd/bcd*-Tiere überleben und haben einen Wildtyp-Phänotyp.
b Die Nachkommen der *bcd/bcd*-F_1-Weibchen haben alle den bcd-Phänotyp.
c Die Nachkommen der *bcd/bcd*-F_1-Männchen sind alle wildtypisch.
Jedes Weibchen mit zumindest 1 *bcd*$^+$-Allel hat bcd$^+$–Nachkommen, weil in all seinen Eizellen Bcd-Protein vorhanden ist.

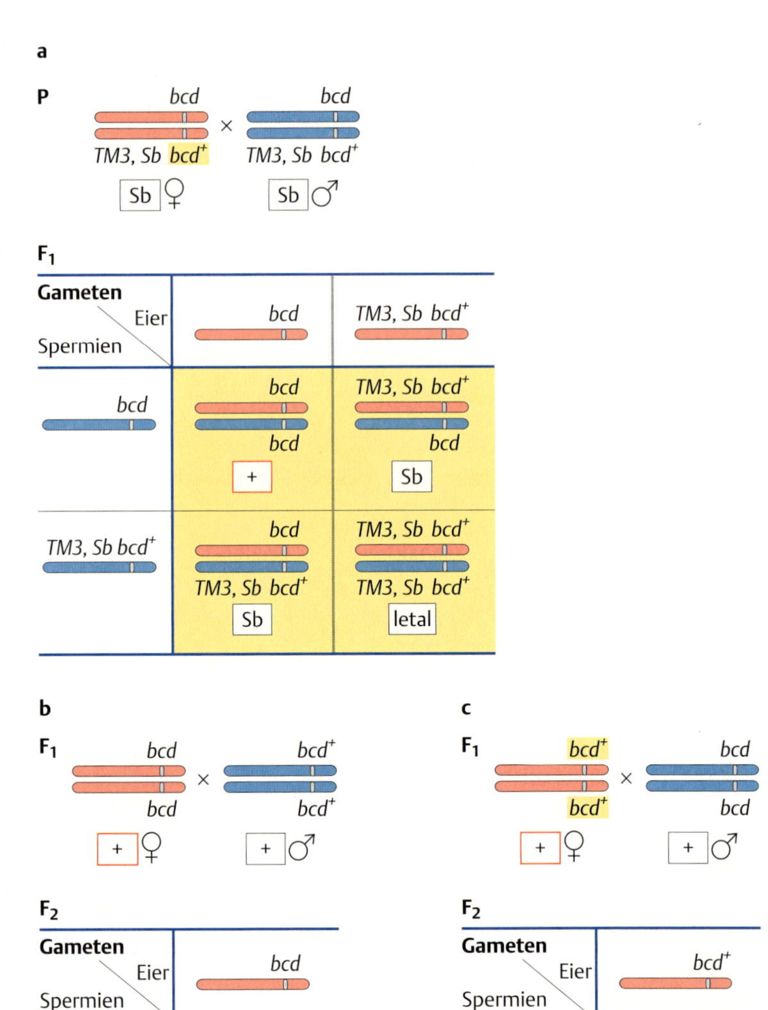

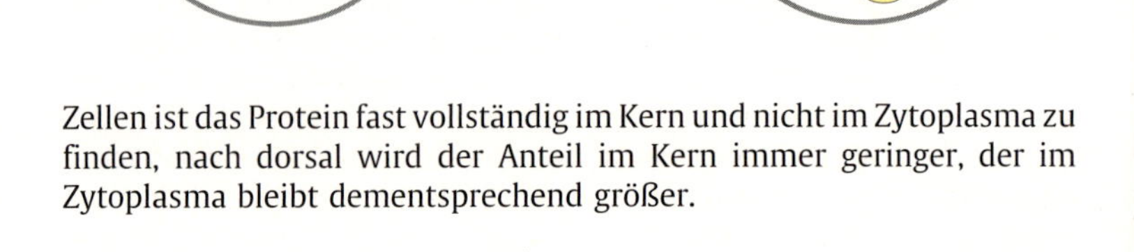

Zellen ist das Protein fast vollständig im Kern und nicht im Zytoplasma zu finden, nach dorsal wird der Anteil im Kern immer geringer, der im Zytoplasma bleibt dementsprechend größer.

Die **zygotischen Segmentierungsgene** der Längsachse bilden eine zeitliche Genwirkungskaskade. Zuerst werden die Gap-Gene durch die Morphogengradienten reguliert, dann werden die Paarregelgene und schließlich die Segmentpolaritätsgene aktiviert (gerade Pfeile in Abb. 22.**5**). Die Gruppenmitglieder kontrollieren ihre Aktivitätsbereiche zusätzlich untereinander (gebogene Pfeile in Abb. 22.**5**). Die Unterteilung des Embryos in der Längsachse in 14 Segmente mit je einem anterioren und posterioren Kompartiment findet ihren Abschluss durch die Aktivität der **homeotischen Gene**, die die Differenzierungsrichtung der Segmente bestimmen.

Im Blastoderm entsteht also die segmentierte Larve als **genetisches Vormuster** (**prepattern**), zeitlich weit vor der sichtbaren Differenzierung.

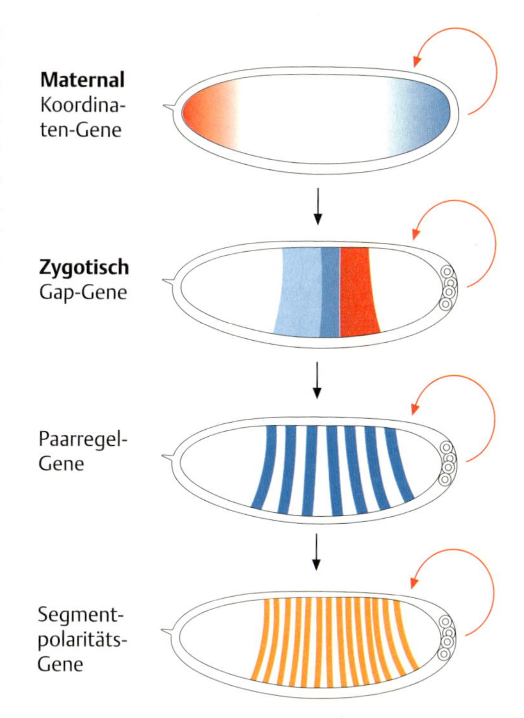

Abb. 22.5 Die Hierarchie der Gene zur Etablierung des Segmentmusters. In der Oogenese sind maternale Koordinatengene aktiv, deren mRNAs in der Oozyte z. T. an den Polen lokalisiert werden (anterior *bicoid*, posterior *nanos*). Nach Beginn der Embryogenese werden sie translatiert und die Proteine bilden Gradienten aus. Durch unterschiedliche Konzentrationen an Gradientenproteinen werden Gap-Gene aktiviert, die eine Grobeinteilung des Embryos in der Längsachse vornehmen. Hier als Beispiel die Proteine Krüppel (blau) und Knirps (rot). Eine weitere Unterteilung in Parasegmente erfolgt durch die Paarregelgene. Deren Aktivität findet man entweder in den geradzahligen (hier Ftz) oder ungradzahligen Parasegmenten. Die Aktivität der Segmentpolaritätsgene ist in jedem der 14 Segmente zu finden, z. B. Engrailed in jedem posterioren Kompartiment. Erklärung der Pfeile im Text.

22.3 Die maternalen Koordinatengene

In den Gonaden von Fliegen befinden sich die Nachkommen der Polzellen als Stammzellen der neuen Keimzellen. Im **Ovar** entsteht aus einer **Stammzelle** nach vier Mitosen eine Gruppe von 16 Zellen, die durch **Zytoplasmabrücken (Fusome)** miteinander verbunden bleiben. Eine der 16 Zellen wird aufgrund des Zellteilungsmodus zur **Oozyte**, die anderen 15 werden **endopolyploid**, indem sie ihr Genom durch Endomitosen vervielfachen und der Oozyte als Syntheseorte für RNAs und Proteine zur Verfügung stehen. Sie heißen deshalb **Nährzellen**. Diese Gruppe von Keimbahnzellen wird von etwa 80 somatischen Zellen umgeben, die als **Follikelzellen** die einzelnen Einährkammern voneinander trennen. Follikelzellen, Nährzellen und die Oozyte synthetisieren RNAs und Proteine, die schließlich die Koordinaten des Embryos festlegen.

Der Aufbau der **Morphogengradienten** beginnt mit der spezifischen **Lokalisation von Genprodukten** innerhalb der wachsenden **Oozyte** (Abb. 22.**6**). Die asymmetrische Verteilung der Produkte wiederum hängt ab von genetischen Interaktionen zwischen Oozyte und **Follikelzellen**. Eine Hauptrolle spielt dabei das Gen *gurken* (*grk*). Die Oozyte, deren Kern zunächst in der Nähe der hinteren Follikelzellen lokalisiert ist, produziert selbst *gurken*-mRNA und Protein. Gurken tritt mit dem *torpedo*-Rezeptor in der Membran der Follikelzellen in Kontakt.

Die **Signalübertragung** führt

- dazu, dass diese Follikelzellen als posteriore und die gegenüberliegenden als anteriore Follikelzellen definiert sind (Abb. 22.**6a**) sowie
- zu einer Reorganisation des Zytoskeletts in der Oozyte, die die lokalisierte Anlagerung von mRNAs ermöglicht (Abb. 22.**6b,d**).

In der Folgezeit wandert der Oozytenkern entlang der Mikrotubuli im Kortex der Eizelle nach anterior-dorsal und die anterioren Follikelzellen schieben sich zwischen den Nährzellen zum Vorderpol der Oozyte.

Im Oozytenkern wird wiederum *grk*-mRNA gebildet und im Zytoplasma translatiert (Abb. 22.**6c**). Gurken wird lokal sezerniert und wirkt als Signal auf die nächstliegenden Follikelzellen. Diese werden damit zu dorsalen Follikelzellen, die durch die Unterdrückung der Expression von *pipe* ausgezeichnet sind. Die gegenüberliegenden Follikelzellen werden wegen des fehlenden *gurken*-Signals zu ventralen Follikelzellen, in denen *pipe* exprimiert werden kann. Gurken initiiert also eine ungleichmäßige dorsal-ventral Verteilung von Pipe in den Follikelzellen und schließlich der Vitellinhülle, die in den Dorsal-Gradienten umgesetzt wird (s. Abb. 22.**11**, S. 364).

22

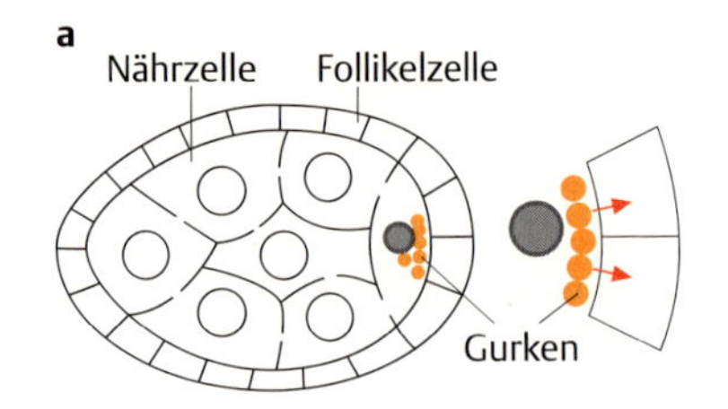

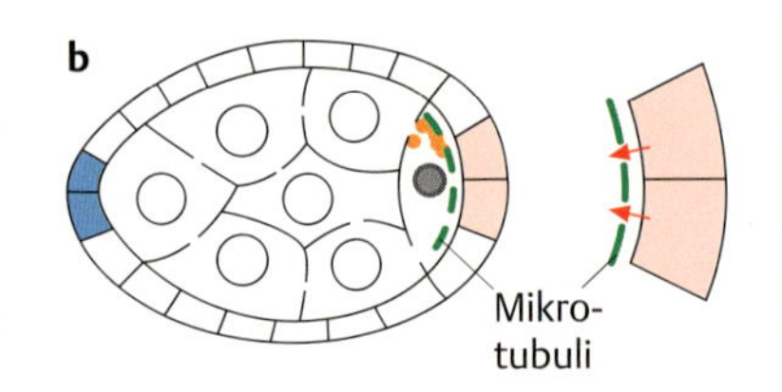

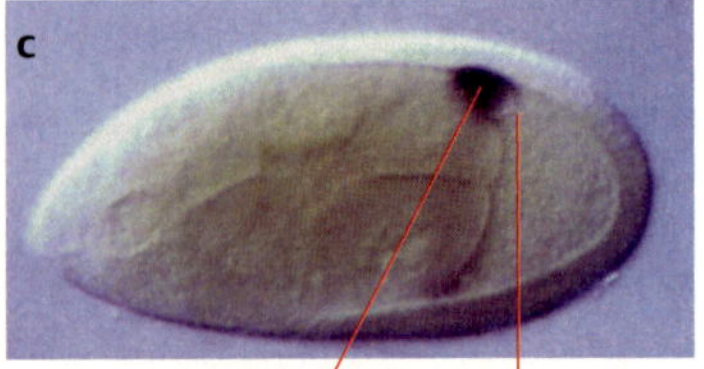

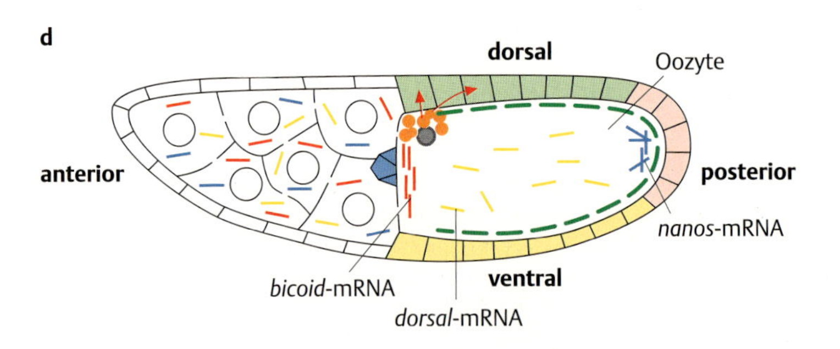

Abb. 22.6 Die Festlegung der Körperachsen während der Oogenese.
a In einer jungen Einährkammer tritt Gurken (orange) mit posterioren Follikelzellen in Signalkontakt (rote Pfeile).
b Aufgrund des Signalkontakts antworten die Follikelzellen mit einer Veränderung in der Organisation des Cytoskeletts in der Oocyte.
c Wenn der Oozytenkern nach anterior-dorsal gewandert ist, produziert er *gurken*-mRNA, die in seiner Nähe bleibt.
d Durch die Signalwirkungen von *gurken* und die Bindung von *bicoid*- und *nanos*-mRNA an den Polen der Oozyte sind die beiden Körperachsen festgelegt [© Nature 1995. González-Ryes, A., Elliott, H., StJohnston, D.: Polarization of both major body axes in *Drosophila* by *gurken-torpedo* signaling. Nature *375* 654–658].

Die Nährzellen produzieren u. a. *bicoid-*, *nanos-* und *dorsal*-mRNA, die über die Fusome in die Oozyte eingeschleust werden. *bcd*-mRNA wird an den Mikrotubuli des Eivorderpols verankert, während *nos*-mRNA mit der am posterioren Pol vorhandenen *oskar*-mRNA und Osk-Protein (s. Kap. 21.2, S. 346) kolokalisiert wird (Abb. 22.**7a,d**). *caudal* und *hunchback* werden beide sowohl maternal als auch zygotisch exprimiert. Die maternale mRNA ist in beiden Fällen gleichmäßig im unbefruchteten Ei verteilt (Abb. 22.**7b, e**). Auch die *dorsal*-mRNA ist nicht regional in der Oozyte gebunden.

Bis zur Besamung und Eiablage wächst die Eizelle enorm auf Kosten der Nährzellen, während die Follikelzellen vor ihrer Degeneration Hüllen um das Ei bilden, die so genannte Vitellinhülle, in die weitere maternale Komponenten für die spätere Entwicklung des anterior-posterioren Terminalsystems und der dorso-ventralen Achse eingelagert werden, und die äußere Hülle, das Chorion.

22.3.1 Die anterior-posteriore Achse

Die vier für die Bildung der Längsachse wichtigsten mRNAs im Ei sind die der Gene *bicoid* (*bcd*), *hunchback* (*hb*), *nanos* (*nos*) und *caudal* (*cad*), s. Abb. 22.**7**. Die Nachkommen von Weibchen, die für eines dieser Gene homozygot mutant sind, haben schwere Defekte. In *bicoid*-Mutanten haben die Embryonen weder Kopf noch Thorax, bei Ausfall von *nanos* wird kein Abdomen gebildet. Embryonen von doppelt-mutanten *bcd*

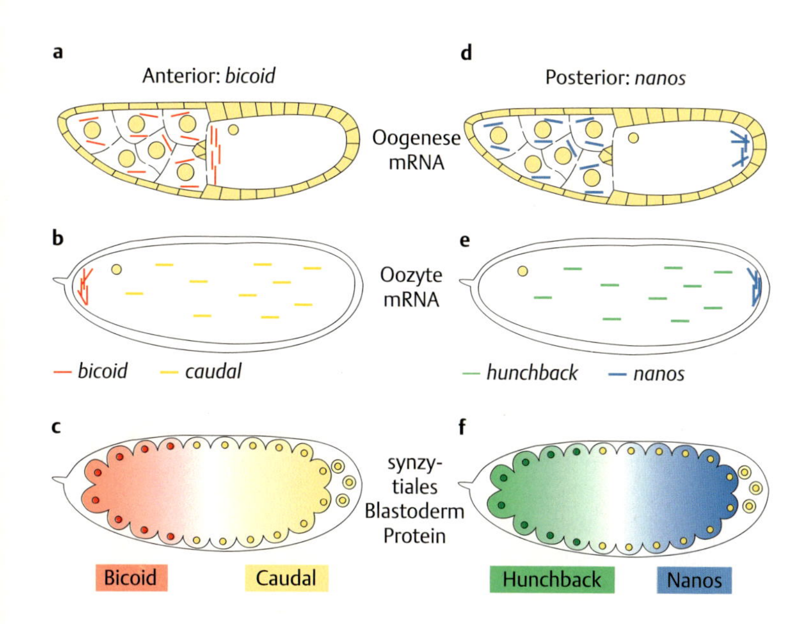

Abb. 22.7 Entstehung der Morphogengradienten bei *Drosophila*. *bicoid*-mRNA wird am anterioren, *nanos*-mRNA am posterioren Eipol im Zytoskelett verankert (**a** und **d**). Am Ende der Oogenese werden die Inhalte der Nährzellen mit der Oozyte vereinigt, die Follikelzellen bilden die Eihüllen, und neben den anterior und posterior lokalisierten mRNAs von *bicoid* und *nanos* sind *caudal*- und *hunchback*-mRNAs gleichmäßig im Ei verteilt (**b** und **e**). Nach der Befruchtung werden die mRNAs translatiert. Am Vorderpol bildet sich ein Bicoid-Proteingradient. Da Bicoid die Translation von *caudal*-mRNA verhindert, gibt es Caudal nur am posterioren Pol (**c**). Nanos bildet einen Proteingradienten am Hinterpol und verhindert zusammen mit Pumilio die Translation von *hunchback*-mRNA, so dass der Hunchback-Gradient am Vorderpol zu finden ist (**f**)

nos-Weibchen zeigen einen additiven Phänotyp: Nur noch terminale Strukturen werden differenziert. Man unterteilt die Gene, die die anterior-posteriore Achse festlegen in drei Gruppen (Tab. 22.**1**). Hier wird nur das Zusammenwirken der Gene des anterioren und des posterioren Systems erläutert, das terminale System wird im Kap. 25 (S. 418) behandelt.

Nach der Befruchtung werden *bicoid*- und *nanos*-mRNAs in Proteine translatiert. Dabei bildet Bcd einen **Diffusionsgradienten** mit der höchsten Konzentration anterior (Abb. 22.**8**), Nos bildet einen Gradienten mit der höchsten Konzentration posterior. Wenn *cad*-mRNA translatiert wird, kann dies nur im posterioren Bereich des Embryos geschehen, da Bcd an die 3'-UTR (s. Kap. 15.3, Abb. 15.**8**, S. 181) der *cad*-mRNA binden kann und die Translation verhindert. Dort wo die Bcd-Konzentration hoch ist, ist daher die Cad-Konzentration niedrig und umgekehrt. In *bcd*-mutanten Embryonen wird Cad im gesamten Ei gebildet. Ihnen fehlt dann nicht nur Kopf und Thorax, sondern es wird stattdessen häufig ein 2. Abdomen gebildet (Abb. 22.**9**). Nanos verhindert zusammen mit Pumilio die Translation von maternaler *hb*-mRNA im posterioren Bereich, indem das Nos-Pum-Heterodimer an die *hb*-3'-UTR bindet. Dem entsprechend wird in *nos*-mutanten Embryonen Hb im gesamten Ei gebildet.

Im **synzytialen Blastoderm** entstehen also vier **Proteingradienten**: Bcd und Hb von anterior nach posterior, Nos und Cad von posterior nach anterior (Abb. 22.**7c,f**). Die Bcd- und Nos-Gradienten entstehen durch Diffusion und Degradation, die Hb- und Cad-Gradienten dagegen durch Translationshemmung in den beiden Diffusionsgradienten.

Warum gelten diese Proteine als **Morphogene**? Die maternale Herkunft, die Verteilung als Gradienten oder schwerwiegende Schädigungen der Embryonalentwicklung durch mutante Allele allein rechtfertigt diese Einordnung nicht. Es fehlt noch der Nachweis, dass sie Zellschicksale konzentrationsabhängig bestimmen oder mitbestimmen. Hinweise auf die Existenz von gradientenartig verteilten Substanzen mit diesen Wirkungen gab es vielfach in der Geschichte der Entwicklungsbiologie: z. B. von Sven Hörstadius beim Seeigel (um 1930) oder von Klaus Sander bei

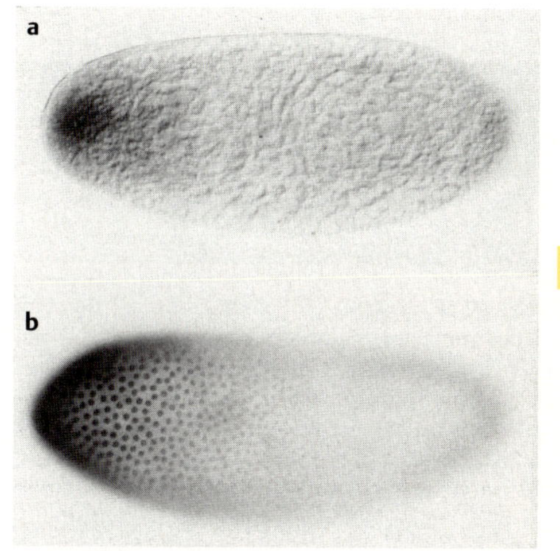

Abb. 22.8 Der Bcd-Gradient.
a Kurz nach der Eiablage wird am Vorderpol an der dort vorhandenen *bcd*-mRNA Protein translatiert.
b Im Stadium des synzytialen Blastoderms ist der anterior-posteriore Bcd-Gradient an der Färbung der oberflächlich gelegenen Zellkerne zu erkennen [Bilder von Christiane Nüsslein-Volhard, Tübingen, s. Driever und Nüsslein-Volhard 1988a].

Tab. 22.1 Einige Koordinatengene von *Drosophila*

System	Anterior	Posterior
Mutanter Phänotyp	Kopf (und Thorax) fehlt	Abdomen fehlt
Gen und Funktion	*bicoid (bcd)*: Morphogen	*nanos (nos)*: Morphogen
	hunchback (hb): Morphogen *exuperantia (exu)*: Lokalisation von *bicoid* *swallow (swa)*: Lokalisation von *bicoid*	*caudal (cad)*: Morphogen *pumilio (pum)*: reprimiert mit *nanos* die *hb*-Translation *tudor (tud)*: Lokalisation von *nanos*
		oskar (osk): Lokalisation von *nanos* *vasa (vas)*: Lokalisation von *nanos* *valois (vls)*: Lokalisation von *nanos*

a

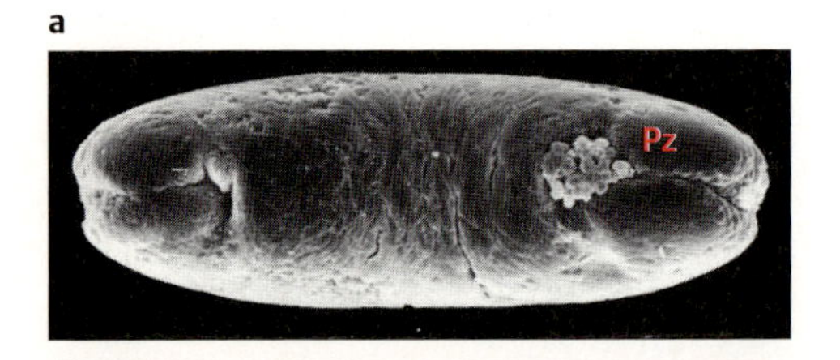

b

22

Abb. 22.9 Gastrulation eines Embryos, der von einer homozygoten *bcd*-Mutter abstammt. Die beiden Aufnahmen mit einem Rasterelektronenmikroskop zeigen zwei Gastrulationsstadien eines mutanten Embryos von dorsal.
a Zu Beginn der Gastrulation bewegen sich die Zellen des Vorderendes (links) ebenso wie die des Hinterendes. Die Polzellen (Pz) gibt es – wie im Wildtyp – jedoch nur am posterioren Pol.
b Kurz vor Ende der Embryonalentwicklung wird deutlich, dass die Terminalstrukturen an beiden Enden des Embryos sehr ähnlich differenziert sind, z. B. die so genannten Filzkörper (F), die im Wildtyp nur im posterioren Bereich zu finden sind [The FlyBase Consortium 2003].

Insekten (1960). Wolfgang Driever und Christiane Nüsslein-Volhard (1988) konnten schließlich das erste konkrete Morphogen, den **Bicoid-Gradienten** nachweisen. Daher sind insbesondere bei *bicoid* vielfältige Experimente unternommen worden, um die morphogenetische Wirkung des Gens nachzuweisen. Eines dieser Experimente ist in der Abb. 22.**10** beschrieben.

Embryonen, die von *bcd/bcd*-Müttern stammen, sind letal (s. Abb. 22.**4**, S. 4), entwickeln sich aber bis zu einem Stadium, in dem die Kutikula sezerniert ist und dadurch das Segment- und sonstige Differenzierungsmuster analysierbar ist. Im Vergleich zum Wildtyp (Abb. 22.**10a**) besteht der mutante Embryo nur aus den posterioren Terminalstrukturen (Telson) an beiden Enden und Abdominalsegmenten, wobei diese Segmente eine gegenläufige Polarität zeigen (Abb. 22.**10g**). Eine Überprüfung der Wirkung von *bcd*-mRNA kann dadurch erfolgen, dass man sie durch Injektion in Zytoplasmabereiche überführt, in denen sie nicht vorhanden ist. In der Abb. 22.**10** sind zwei derartige Experimente gezeigt.

- Wird *bcd*-mRNA in den posterioren Bereich eines Wildtyp-Embryos injiziert, so entsteht zusätzlich zu dem Wildtyp-Bcd-Gradienten in der Vorderhälfte ein gegenläufiger Bcd-Gradient in der Hinterhälfte des Embryos (Abb. 22.**10c,d**). Dieser Embryo ist letal, da er statt der Abdominalsegmente und posterioren Terminalstrukturen ein zweites Vorderende differenziert (Abb. 22.**10e**).
- Wird *bcd*-mRNA an den Vorderpol mutanter *bcd*-Embryonen gebracht, denen diese mRNA durch Mutation in der Mutter fehlt, wird die RNA translatiert und ein Bcd-Gradient ausgebildet (Abb. 22.**10j**). Die Folge ist die Normalentwicklung des Embryos. Man sagt auch: „Der Phänotyp des mutanten Embryos ist gerettet worden." Die Larve (Abb. 22.**10k**) ist nicht von der Wildtyp-Larve (Abb. 22.**10a**) zu unterscheiden. Aus beiden können sich Fliegen entwickeln.

Beide Experimente zusammen zeigen, dass Bicoid auch dann die Wirkung eines anterioren Morphogengradienten hat, wenn dieser durch mRNA-Injektion experimentell induziert wird. Insgesamt zeigt sich die Wirkung von **Bcd als Morphogen**. Wo es vorhanden ist, dominiert es die Umgebung und löst Genkaskaden aus, die zur Differenzierung anteriorer Strukturen führen.

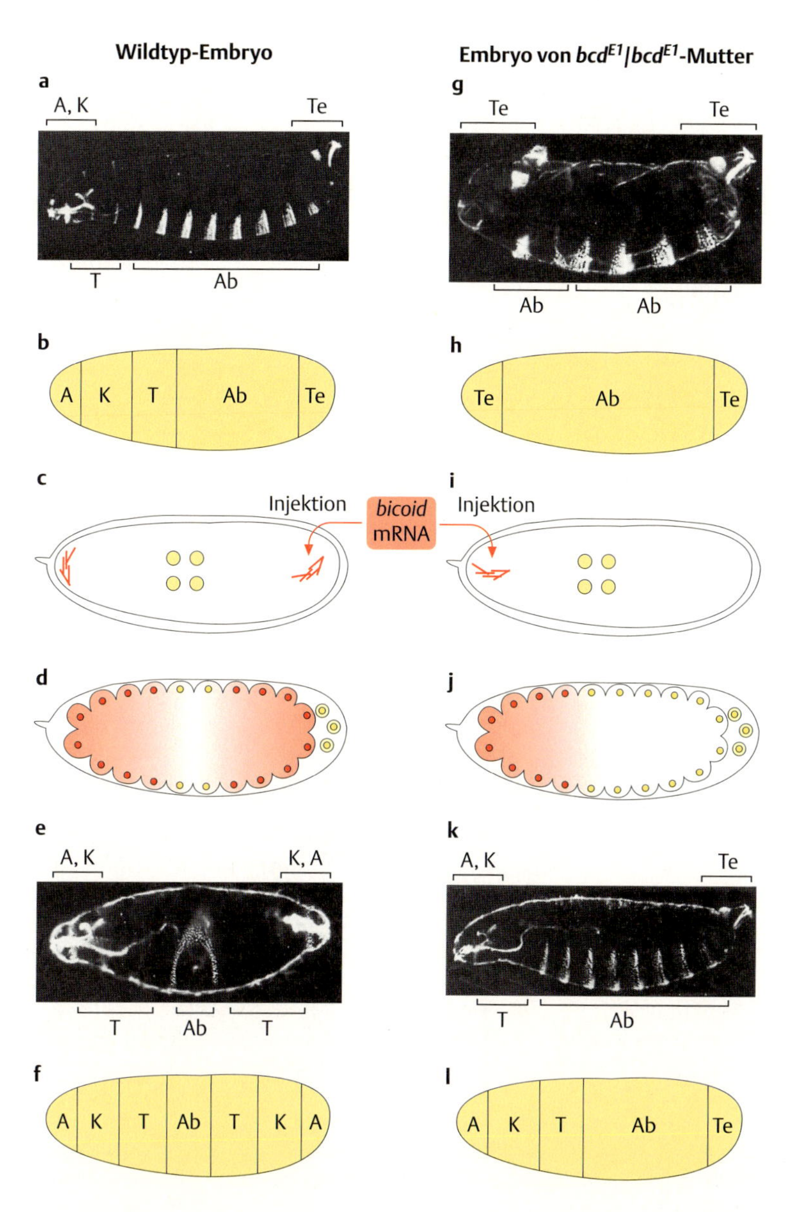

Abb. 22.10 Injektionsexperimente mit *bcd*-mRNA.

a–f Wildtyp-Embryonen. **g–l** Mutante Embryonen, die von einer bcd^{E1}/bcd^{E1}-Mutter abstammen.

a Im Wildtyp-Embryo folgen auf die anterioren Terminalien (A = Akron) Kopf (K), Thorax (T), Abdomen (Ab) und Telson (Te).

b Zugehöriges Schema.

c *bicoid*-mRNA wird in das Zytoplasma des Hinterpols eines Wildtyp-Embryos injiziert.

d Es entsteht neben dem anterioren auch ein posteriorer Bicoid-Gradient.

e,f Die Larve hat kein Hinterende, sondern verdoppelte Akron- und Kopfstrukturen. Das Abdomen ist unterentwickelt.

g Im bcd-Phänotyp werden anstatt Kopf und Thorax posteriore Terminalstrukturen (Te = Telson) und abdominale Segmente (Ab) differenziert.

h Schematische Darstellung des bcd-Phänotyps.

i *bicoid*-mRNA wird in das Zytoplasma des Vorderpols eines mutanten Embryos injiziert.

j Es entsteht ein Bicoid-Gradient.

k,l Entwicklung zu einer normalen Larve, die sich nicht von einer Wildtyp-Larve (**a**, **b**) unterscheidet. [© Development 1990. Driever, W., Siegel, V., Nüsslein-Volhard, C.: Autonomous Determination of Anterior Structures in the Early *Drosophila* Embryo by the Bicoid Morphogen. Development *109* 811–820].

22.3.2 Die dorso-ventrale Achse

Wie bereits dargelegt (Abb. 22.**6**, S. 360), wird die dorso-ventrale Achse während der Oogenese festgelegt. Die genetische Realisierung erfolgt jedoch erst im Übergang vom synzytialen zum zellulären **Blastodermstadium**. Dabei wird ein **Dorsal-Gradient** in den Zellkernen aufgebaut. Das maternale Dorsal ist zunächst gleichmäßig im Zytoplasma verteilt (Abb. 22.**11a**). Die Menge des in die Zellkerne importierten Proteins ist an der Ventralseite am größten und nimmt graduell nach dorsal ab (Abb. 22.**11b**). Die genetischen Mechanismen dieses Prozesses sind weitgehend aufgeklärt. Die beteiligten Proteine sind im unbefruchteten Ei in einer Art „Wartezustand", der beim Übergang zur Zygote aufgehoben wird.

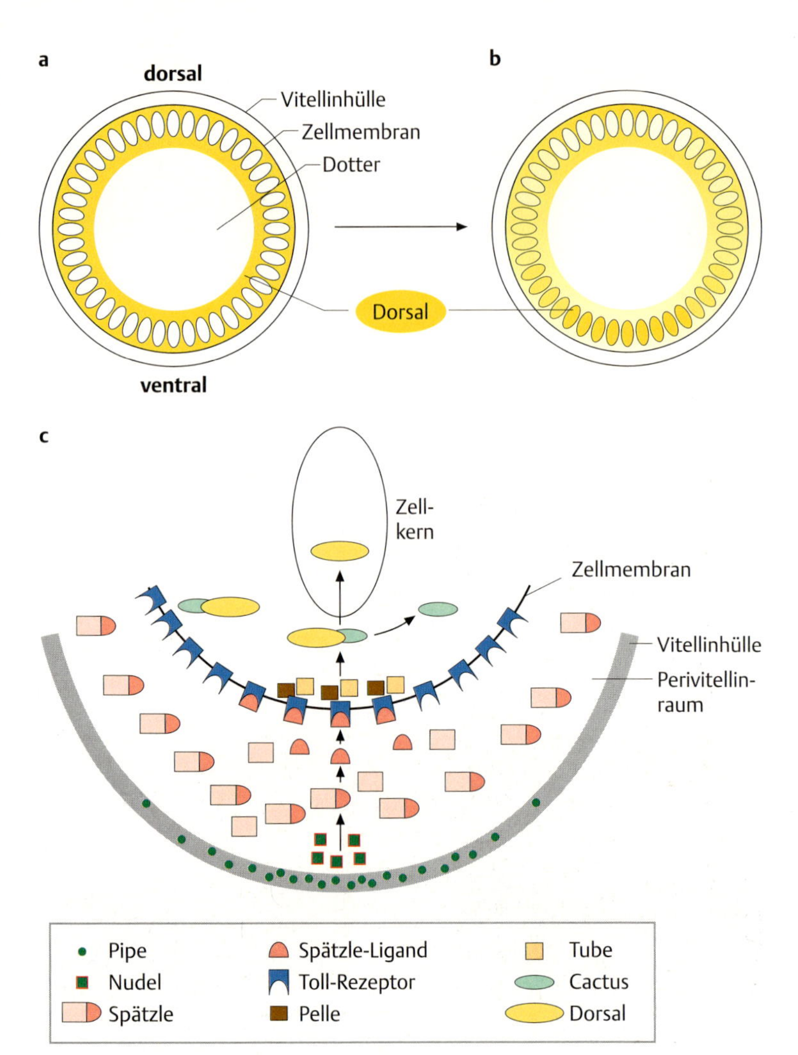

Abb. 22.11 Im Ventralbereich des Embryos gelangt das Dorsal-Protein in den Zellkern. Querschnitte durch Embryonen im synzytialen Blastodermstadium.

a Dorsal ist als Heterodimer mit Cactus zunächst gleichmäßig im Zytoplasma verteilt.

b Der Dorsal-Konzentrationsgradient wird in den Zellkernen entlang der dorso-ventralen Achse ausgebildet.

c Eine Vielzahl von Genen ist daran beteiligt, dass das Dorsal-Protein vom Zytoplasma in den Zellkern überführt werden kann (s. Text).

In der **Vitellinhülle**, die von den Follikelzellen gebildet wird, sind im ventralen Bereich des Embryos Pipe-Proteine eingelagert. Am Ende einer **proteolytischen Kaskade** im **Perivitellinraum** (zwischen Vitellinhülle und Zellmembran), die mit einer Interaktion von Pipe und Nudel beginnt, wird das Spätzle-Protein so gespalten, dass ein Fragment als Spätzle-Ligand an den Toll-Rezeptor binden kann, der in der Zellmembran des Embryos gebunden ist (Abb. 22.**11c**). An der Übertragung des Toll-Signals in das Zytoplasma sind die Proteine Tube und Pelle beteiligt. Das Signal bewirkt schließlich, dass die Bindung von Dorsal an das maternale Protein Cactus aufgehoben wird. Das freigesetzte Dorsal-Protein kann nun in die Zellkerne eindringen.

Obwohl der Toll-Rezeptor überall in der Membran des Embryos vorkommt und Spätzle gleichmäßig in den perivitellinen Raum sezerniert ist, wird ein Dorsal-Gradient gebildet. Die Erklärung dafür ist, dass die Spaltung des Spätzle-Proteins nur ventral von statten geht, da nur dort eine ausreichende Konzentration von Pipe in der Vitellinhülle vorhanden ist (s. *gurken*-Signal, S. 359). Das Toll-Signal ist umso stärker, je

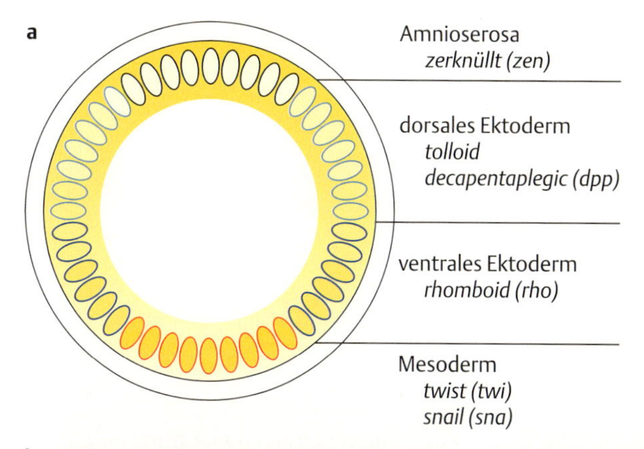

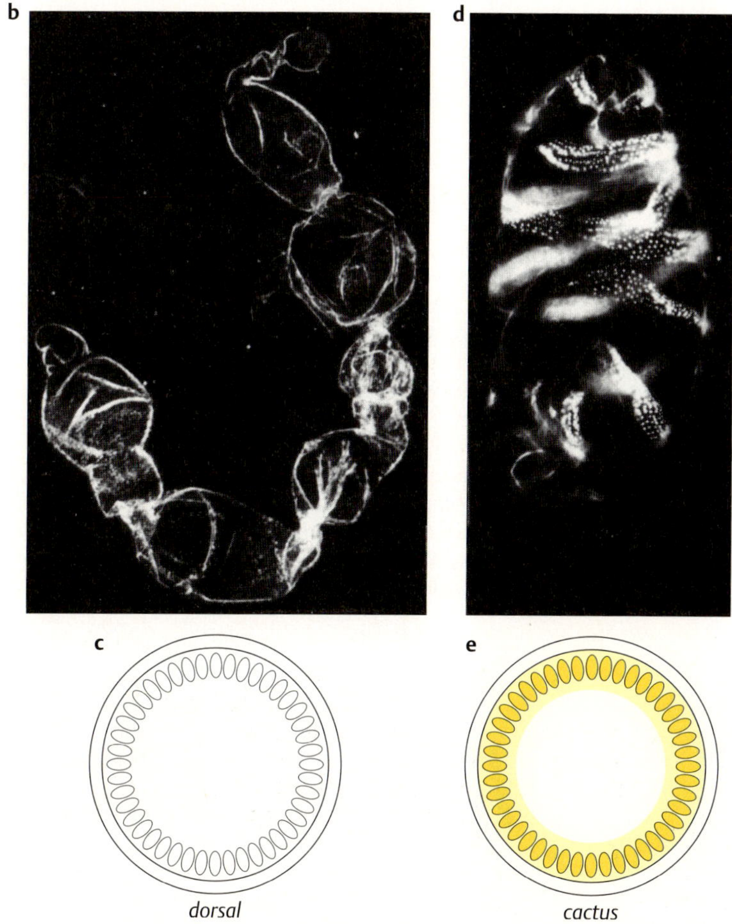

Abb. 22.12 Das Dorsal-Morphogen bestimmt Zellschicksale entlang des Gradienten.
a Der Dorsal-Gradient vermittelt Positionsinformationen, durch die die angeführten Gene konzentrationsabhängig aktiviert oder reprimiert werden. Dadurch entstehen Regionen unterschiedlicher Entwicklungsschicksale.
b Dorsal-Phänotyp aufgrund eines fehlenden (**c**) Dorsal-Gradienten.
d Cactus-Phänotyp, der durch (**e**) die Gleichverteilung von Dorsal in den Zellkernen entsteht [b, d Bilder von Christiane Nüsslein-Volhard, s. StJohnston und Nüsslein-Volhard 1992].

mehr Spätzle-Liganden vorhanden sind und an den Rezeptor binden können. Da die Menge des in die Kerne importierten Dorsal-Proteins von der Stärke des Toll-Signals abhängt, ergibt sich der Dorsal-Gradient.

Dorsal ist ein **Transkriptionsfaktor**, der den Zellen entlang der dorsoventralen Achse **Positionsinformationen** vermittelt. Durch seine jeweiligen Konzentrationen werden Gene aktiviert oder reprimiert, die an einer

Unterteilung des Embryos in die Längsbereiche des **Mesoderms**, des ventralen und dorsalen **Ektoderms** und der extraembryonalen **Amnioserosa** beteiligt sind (Abb. 22.**12a**). Die Amnioserosa (s. Abb. 21.**4c**, S. 349) ist der einzige Zellverband, der nicht am Aufbau des Embryos beteiligt ist.

Das Gen *dorsal* hat seinen Namen vom Phänotyp der Mutation. Die Nachkommen von *dorsal* homozygoten Müttern sind zwar letal, bilden aber eine Kutikula, die man als „dorsalisiert" beschreiben kann. Es fehlen die ventralen Zähnchenbänder, nur die dorsalen Härchen werden differenziert (Abb. 22.**12b**). Wenn Dorsal fehlt, ist es in keinem Zellkern vorhanden und alle Zellen erhalten genetisch ein dorsales Schicksal (Abb. 22.**12c**). Bei Nachkommen von homozygoten *cactus*-Müttern dagegen kann das überall im Zytoplasma vorhandene Dorsal-Protein in die Zellkerne eindringen. Die gesamte Signalkette, die zur Spaltung des **Dorsal-Cactus-Komplexes** führt, ist nicht mehr notwendig. Der Embryo ist „ventralisiert", d.h. seine Kutikula differenziert nur Zähnchenbänder und keine dorsalen Härchen (Abb. 22.**12d,e**). Auch mutante *gurken*-Embryonen zeigen einen ventralisierten Phänotyp, da die mit Pipe beginnende Signalkette nunmehr auch in weiter dorsal gelegenen Zellen stattfinden kann.

22.4 Die sequenzielle Unterteilung des Embryos

Die Aktivierung der Segmentierungsgene – Gap-, Paarregel- und Segmentpolaritätsgene – wird in dieser zeitlichen Reihenfolge durch die maternalen Morphogengradienten in Gang gesetzt und nach etwa 60 Minuten beendet. Wie aber kommt die regionale Aktivierung oder Reprimierung von Genaktivität zustande?

Die **Proteine der Koordinaten-, Gap-** und **Paarregelgene** sind **Transkriptionsfaktoren**. Sie enthalten Proteindomänen wie **Homeodomäne** oder **Zinkfinger** (s. Kap. 17.2.2, S. 228), die spezifisch an Nukleotidfolgen der DNA, z.B. an Enhancer anderer Gene binden können. Sie wirken dort als Aktivatoren oder Repressoren der Transkription. Diese Bindungsstellen können hohe oder niedrige Affinitäten für die Proteine haben, wobei im ersten Fall wenig, im zweiten Fall viel Transkriptionsfaktor benötigt wird, um die Wirkung auszulösen.

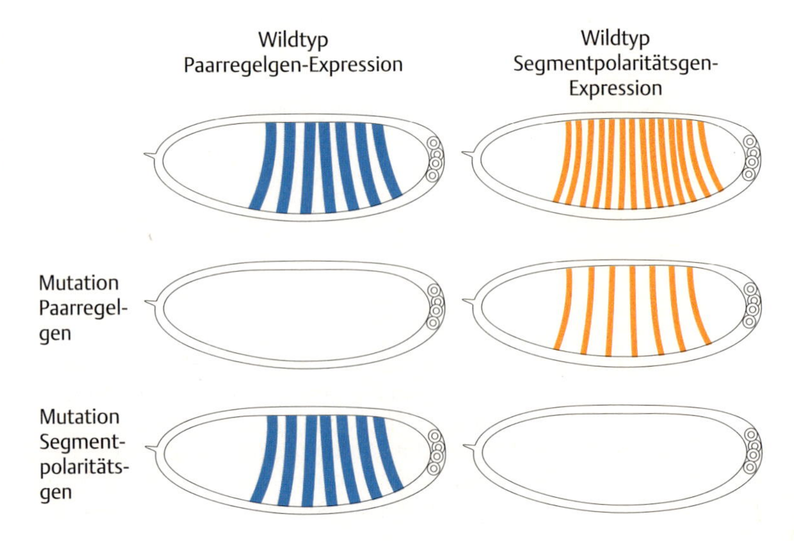

Abb. 22.13 Paarregelgen reguliert Segmentpolaritätsgen. Im Wildtyp wird das Paarregelgen in jedem 2. Parasegment, das Segmentpolaritätsgen innerhalb jedes Parasegments exprimiert. In der Paarregelgen-Mutation ist die Expression des Segmentpolaritätsgens verändert: In den Domänen des Paarregelgens wird es nicht exprimiert.

Die Reihenfolge der Gene in der Kaskade sowie die Regulation der Gene untereinander sind nicht nur an den Phänotypen von Doppelmutanten im Vergleich mit denen der Einzelmutationen erkennbar, sondern auch durch den Nachweis der Aktivität eines Gens in der Mutante eines anderen. Da die beteiligten Gene kloniert und ihre RNA- und Protein-Expressionsmuster bekannt sind, wurden viele derartige Experimente zur **molekularen Epistasie** durchgeführt. In Abb. 22.**13** ist beispielhaft die gegenseitige Beeinflussung eines Paarregel- und eines Segmentpolaritätsgens dargestellt. Im mutanten Embryo des Paarregelgens ist die Expression des Segmentpolaritätsgens verändert. Im mutanten Embryo des Segmentpolaritätsgens dagegen ist das Expressionsmuster des Paarregelgens normal. Das bedeutet, dass das Paarregelgen die Aktivität des Segmentpolaritätsgens beeinflusst, nicht jedoch umgekehrt. Wären bei einem anderen Genpaar die Aktivitätsmuster in den gegenseitigen Mutanten normal wildtypisch, würde man daraus schließen, dass die beiden Gene voneinander unabhängig sind.

22.4.1 Grobeinteilung des Embryos durch die Gap-Gene

Die ersten zygotisch exprimierten Segmentierungsgene sind die Gap-Gene. Bereits im synzytialen Blastoderm sind sie in denjenigen Regionen aktiv, die sich in den Mutanten dieser Gene fehlerhaft oder gar nicht entwickeln. Unter den Gap-Genen werden wir hier die im zentralen Bereich des Embryos aktiven Gene *hunchback* (*hb*), Krüppel (*Kr*), *knirps* (*kni*) und *giant* (*gt*) betrachten. Alle vier werden in zusammenhängenden und gegenseitig überlappenden Bereichen exprimiert, die jeweils einen Umfang von mehreren späteren Segmenten haben. Das Gen *giant* ist in einer anterioren und in einer posterioren Domäne aktiviert, während alle anderen nur eine Expressionsdomäne aufweisen.

Gap-Gen-Expressionsdomänen haben keine scharfen Grenzen, die **Proteinkonzentrationen** sind glockenförmig verteilt; daher **überlappen** die Domänen in den Grenzbereichen.

Auf welche Weise werden die Morphogengradienten in Expressionsbereiche übersetzt, an deren Grenzen die Konzentrationen der Gap-Proteine stark abfallen? In der Abb. 22.**14** sind diese Zusammenhänge schematisch dargestellt. Bicoid, Hunchback und Caudal sind Transkriptionsfaktoren, von denen Bcd und maternales Hb zusammen das zygotische *hb*-Gen aktivieren, und zwar nach dem Alles-oder-Nichts-Prinzip. Man nimmt an, dass die relativ scharfe posteriore Grenze von Hb durch die Konzentrationen der Gradienten in der Mitte des Embryos entsteht: Sie wirken als **Schwellenwert** der *hb*-Aktivierung (Abb. 22.**14b,c**). Bei geringeren Konzentrationen wird *hb* nicht mehr transkribiert. Die genomische Aktivität in einem Zellkern wird also bestimmt durch seine Position entlang der Längsachse. Die Information über seine relative Position erhält er durch die lokalen Konzentrationen an Produkten anderer Gene (**Positionsinformation**).

Einen Hinweis darauf, dass die Schwellenwerthypothese richtig sein könnte, gibt folgendes Experiment. Wird die Anzahl der Kopien des *bcd*-Gens im Genotyp erhöht, reicht der Bcd-Gradient weiter nach posterior und auch die Hb-Grenze wird posteriorwärts verlagert (Abb. 22.**15**). Bcd wirkt aber nicht nur im anterioren Bereich, sondern aktiviert auch *Kr*, *kni* und *gt*. Bei der Aktivierung von *Kr* ist Hb (maternal wie zygotisch) beteiligt, bei *kni* und *gt* der Cad-Gradient. Das Kontrollelement von *knirps* bindet Bcd und Cad als Aktivatoren (Abb. 22.**14b,c**). Da *cad*-Mutanten Defekte im Muster abdominaler Segmente zeigen,

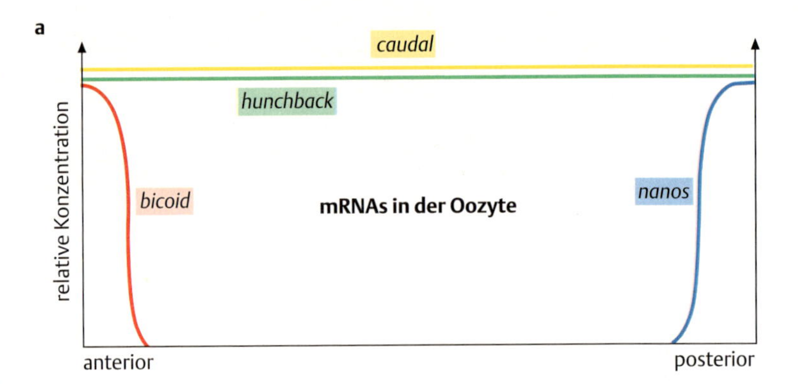

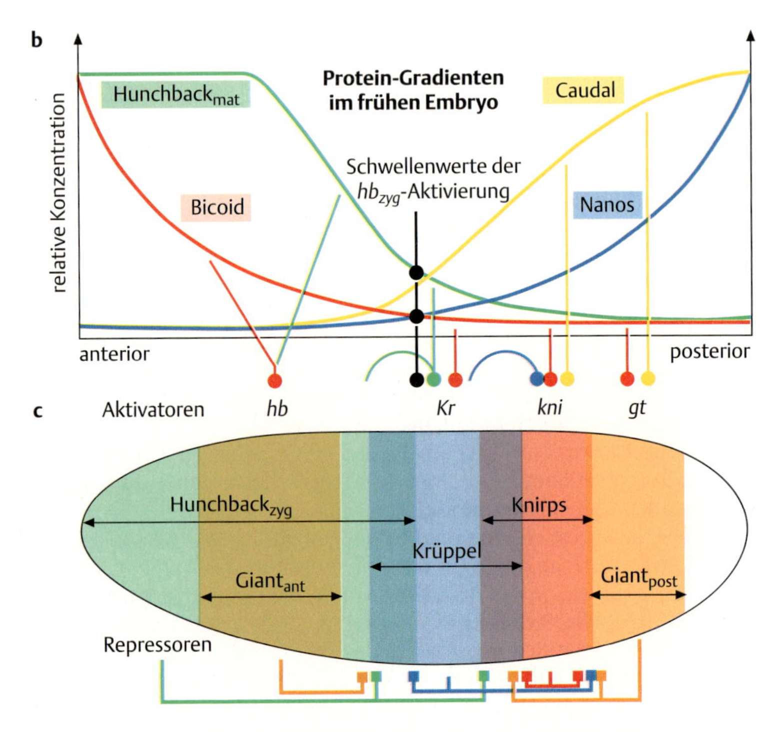

Abb. 22.14 Morphogengradienten und die Expression der Gap-Gene.
a In der Oozyte sind *bicoid*- und *nanos*-mRNAs an den Polen lokalisiert, während *caudal*- und *hunchback*-mRNAs gleichmäßig verteilt sind.
b Zu Beginn der Embryogenese bilden Bicoid und Nanos zwei gegenläufige Proteingradienten und hemmen konzentrationsabhängig die Translation von *caudal*- und *hunchback*-mRNA. Dadurch entsteht ein mit Bicoid- überlappender Hunchback-Gradient am anterioren und ein mit Nanos- überlappender Caudal-Gradient am posterioren Pol des Embryos.
c Die überlappenden Expressionsdomänen der Gap-Gene im synzytialen Blastoderm kommen einerseits durch die Aktivierung von *hunchback (hb)*, *Krüppel (Kr)*, *knirps (kni)* und *giant (gt)* durch die Transkriptionsfaktoren Bicoid, Hunchback und Caudal zustande, andererseits kontrollieren die Gap-Gene die Expressionsgrenzen der Nachbarbereiche, indem sie dort als Repressoren der Transkription wirksam sind. Weitere Erläuterung im Text.

die in *bcd cad*-Doppelmutanten verstärkt werden, nimmt man an, dass Bcd zumindest teilweise Cad ersetzen kann. Bcd hat also eine Wirkung im gesamten Embryo.

Die Grenzen der **Expressionsdomänen der Gap-Gene** werden von benachbarten Gap-Genen kontrolliert. Jedes Gap-Gen wirkt zumindest auf zwei weitere Gap-Gene als Transkriptionsrepressor (Abb. 22.**14c**). Anteriores Giant und zygotisches Hunchback bestimmen z. B. die anteriore Grenze der Krüppel-Expression, während Krüppel und Knirps die anteriore Grenze der posterioren Giant-Expression festlegen.

Die posteriore Expressionsdomäne von Giant wird mitreguliert von ***tailless*** (***tll***) und ***huckebein*** (***hkb***). Diese beiden Gap-Gene mit terminaler Expression werden über das terminale Morphogen Torso (s. Tab. 22.**1**, S. 362) kontrolliert.

Das Ergebnis der Aktivierung aller Gap-Gene sind 12 Bereiche entlang der Längsachse des Embryos, die sich in der Zusammensetzung der Transkriptionsfaktoren der überlappenden Gap-Gengradienten unterscheiden. Da die terminal aktiven Gap-Gene nicht berücksichtigt wurden, sind in Abb. 22.**14** nur 9 Bereiche zu erkennen.

Am Beispiel des **Gap-Gens Krüppel** werden im folgenden die wichtigsten experimentellen Daten dargestellt, die die Beschränkung der *Kr*-Expression im Synzytium auf die **zentrale Domäne** erklären. Ein Ausfall des *Kr*-Gens betrifft den Thorax und die ersten fünf abdominalen Segmente. Dieser Bereich wird von keinem der maternalen Koordinatengene beherrscht (Abb. 22.**14b**). Daher ist es verständlich, dass in keiner Mutation dieser Gene die Krüppel-Expression entfernt wird. Allerdings verschwindet diese Expression in *bcd hb*-Doppelmutanten, in denen nicht nur Bcd, sondern auch maternales und zygotisches Hb fehlen. Dies führt zu Defekten im Kopf, Thorax und den ersten fünf abdominalen Segmenten. *Bcd* und *hb* können somit als Aktivatoren der *Kr*-Expression gelten (Abb. 22.**16a,b**).

In Embryonen, denen die zygotische *hb*-Aktivität fehlt, ist die *Kr*-Expression weiter nach anterior ausgedehnt, in *hb gt*-Doppelmutanten noch weiter nach anterior, d. h. *hb* kann *Kr* auch reprimieren. Ob Aktivierung und Reprimierung möglicherweise regional von der zygotischen Hb-Konzentration abhängt, ist unklar. Klar ist jedoch, dass der **maternale Hb-Gradient** alleine zur **Aktivierung von Kr** ausreicht: In Embryonen, denen Bcd, zygotisches Hb und Gt fehlt, nimmt die Krüppel-Expression fast den gesamten anterioren Bereich ein.

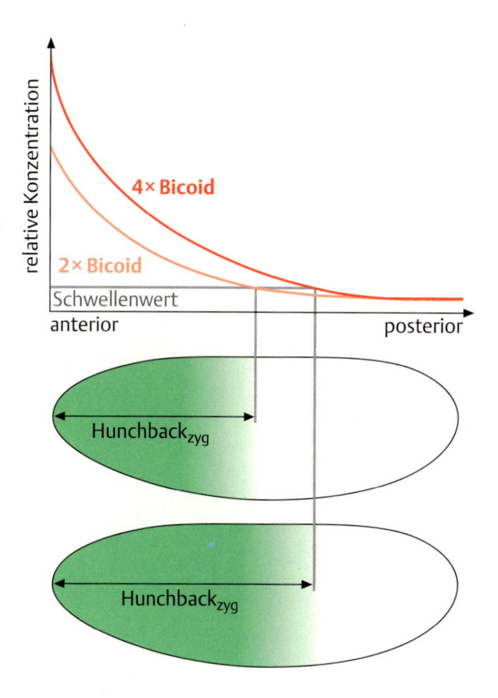

Abb. 22.15 Die Menge an maternalem Bcd beeinflusst die zygotische Hb-Expression. Oben sind die Bcd-Konzentrationsgradienten für den Wildtyp (2 maternale *bcd*-Gene) und den experimentellen Embryo mit 4 maternalen *bcd*-Genen gezeigt. Der Befund, dass im letzteren Fall die Hunchback-Expression weiter nach posterior ausgedehnt wird, kann als Reaktion auf einen Schwellenwert interpretiert werden. Steigt die Bcd-Konzentration, so wird der Schwellenwert für die Aktivierung von *hb* weiter posterior verlagert (unten).

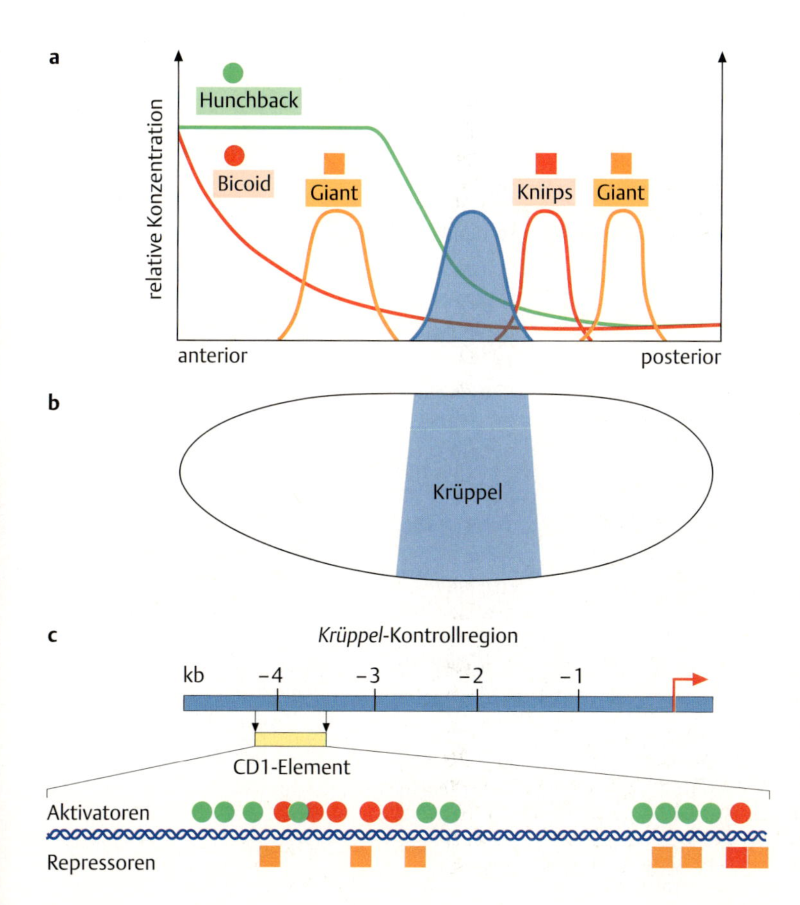

Abb. 22.16 Die Regulation der Krüppel-Domäne.
a Die maternalen Transkriptionsfaktoren Bicoid und Hunchback aktivieren *Krüppel* konzentrationsabhängig entlang ihrer Gradientenverteilung. Die benachbarten Gap-Gene *gt* und *kni* reprimieren die *Kr*-Expression von anterior und posterior. Dabei entstehen keine scharf abgegrenzten Expressionsbereiche, sondern überlappende Gradienten mit steil abfallenden Flanken.
b Die Krüppel-Domäne im zentralen Bereich des Embryos.
c Innerhalb der *Krüppel*-Kontrollregion gibt es etwa 4 kb vor dem Transkriptionsstart das CD1-Element, in dem Bindungsstellen für die beiden Aktivatoren und die beiden Repressoren gefunden wurden.

Die posteriore Grenze der Krüppel-Expression könnte dadurch entstehen, dass die Konzentrationen an maternalen Bcd und Hb unter einen Schwellenwert der Aktivierung sinken. Man weiß aber, dass dabei auch die Gap-Gene *kni* und *gt* (posterior) eine Rolle als Repressoren von *Kr* spielen (Abb. 22.**16a,b**). So wird die Kr-Expression in *kni*-Mutationen nach posterior ausgedehnt.

Wie ist dieses Zusammenspiel der Gene auf molekularer Ebene zu verstehen? Eine der Voraussetzungen für die Transkription eines Gens ist die richtige Zusammensetzung der Proteine, die in der Kontrollregion des Gens an bestimmten Positionen von Kontrollelementen binden und einen **Proteinkomplex aus Transkriptionsfaktoren** bilden. In Abb. 22.**16c** ist die Situation für *Krüppel* dargestellt. Innerhalb der *Kr*-Kontrollregion kennt man das CD1-Element, in dem Bindungsstellen für die beteiligten Transkriptionsfaktoren gefunden wurden (Hb als Repressor ist nicht berücksichtigt). Es gibt Bindungsstellen für die beiden Aktivatoren Bcd und Hb sowie solche für die beiden Repressoren Kni und Gt. Die Besetzung dieser Stellen unterscheidet dann mindestens drei Regionen: die Aktivierung in der *Kr*-Domäne und die Unterdrückung der Transkription sowohl anterior als auch posterior dieses Bereichs. Dabei können auch unterschiedliche Bindungsaffinitäten oder Konkurrenzsituationen eine Rolle spielen, wie z. B. bei der Bindungsstelle für den Repressor Kni, die mit der des Aktivators Bcd auf der DNA überlappt.

22.4.2 Methode zur Entdeckung von Proteinbindungsstellen

Die Entdeckung der **Bindungsstellen** des Bicoid-Proteins im *hunchback*-Gen gelang Wolfgang Driever und Christiane Nüsslein-Volhard folgendermaßen.

bcd-cDNA wurde in einem Expressionsvektor in *E. coli*-Bakterien exprimiert und so Bcd-Protein gewonnen. Genomische *hb*-DNA wurde mit Restriktionsenzymen behandelt und Fragmente von 100–1000 bp Länge wurden kloniert. Wenn die markierten *hb*-Fragmente und Bcd unter geeigneten Bedingungen vermischt wurden, so konnte man die hy-

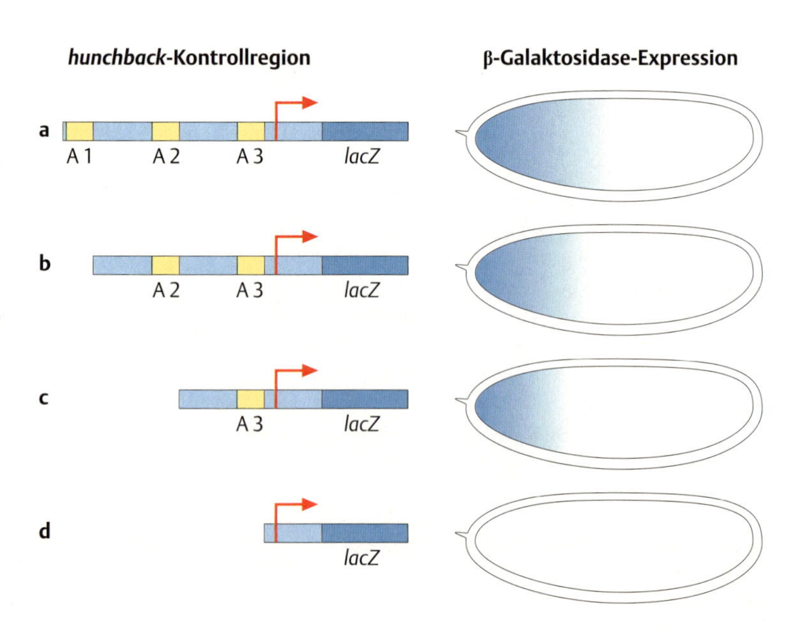

Abb. 22.17 Bicoid-Bindungsstellen in der *hunchback*-Kontrollregion. *Drosophila*-Embryonen, in deren Genom durch P-Element-Transformation ein Hybridgen mit der *hb*-Kontrollregion und der kodierenden Region des *lacZ*-Gens eingebaut ist, exprimieren β-Galaktosidase in der Hunchback-Domäne.
a Die Expression entspricht der Wildtyp-Situation, wenn alle drei *in vitro* gefundenen Bicoid-Bindungsstellen (A1, A2, A3) vorhanden sind.
b,**c** Wird die *hb*-Kontrollregion um jeweils eine Bcd-Bindungsstelle verkürzt, wird die Expression geringer bzw. fällt ganz aus (**d**).

briden Präzipitate zwischen *hb*-DNA und Bcd erkennen. Sie wurden z. B. von DNase I nicht verdaut. Die Bcd-bindenden *hb*-Fragmente sind alle in der Kontrollregion von *hb* lokalisiert. Wenn man ihre Nukleotidsequenzen analysiert, stellt man fest, dass es eine so genannte Konsensussequenz gibt, die in allen Bindungsfragmenten vorkommt und in diesem Fall aus den 9 Basen TCTAATCCC besteht. Bcd-Protein bindet also an dieser DNA-Sequenz (s. auch Abb. 17.**8**, S. 211).

Ist das auch *in vivo* so? Hybridgene aus Bcd-bindenden Kontrollregion-Fragmenten und der *hb*-Promotorregion zusammen mit dem Reportergen *lacZ* können mit Hilfe der P-Transformation (Abb. 22.**17** und Kap. 19.4.1, S. 290) in das Fliegengenom integriert werden. Es zeigt sich, dass die β-Galaktosidase-Expression dann der normalen *hb*-Expression entspricht, wenn alle Bcd-bindenden *hb*-Fragmente im Konstrukt enthalten sind. Mit abnehmender Anzahl dieser Fragmente verringert sich die *hb*-Expression. Sind keine mehr vorhanden, fehlt Hb im Embryo.

Bindungsstellen werden bisher in *in-vitro*-Experimenten definiert. Ihre Wirksamkeit kann zwar in gewissem Umfang *in vivo* getestet werden, ob die *in-vitro*-Befunde den Gegebenheiten *in vivo* voll entsprechen, ist jedoch noch nicht geklärt.

22.4.3 Paarregelgene verfeinern das Segmentierungsmuster

Eine besondere Überraschung im Experiment von Christiane Nüsslein-Volhard und Eric Wieschaus (s. Abb. 22.**1**, S. 353) war die Entdeckung der Gruppe der **Paarregelgene** (s. Abb. 22.**2**, S. 354). Es stellte sich nämlich schnell heraus, dass die Differenzierung von vier statt acht Abdominalsegmenten in einem mutanten *ftz*-Embryo nicht den Ausfall einer zusammenhängenden Gruppe von Segmenten betrifft, sondern jedes zweite Abdominalsegment (s. Abb. 22.**2d**). Bis dahin gab es keinen anatomischen oder zytologischen Befund, dass der Embryo in einem Muster von je zwei Segmenten gestaltet wird.

Schon bei der Analyse der mutanten Phänotypen in Kutikulapräparationen wurde klar, dass es drei Untergruppen von Paarregelgenen gibt:

- solche, bei denen die ungeradzahligen Segmente fehlen, also das 1. und 3. Thoraxsegment, das 2. Abdominalsegment ...,
- solche, bei denen die geradzahligen Segmente fehlen und
- solche, die sich nicht genau an diese Regeln halten.

Bei der wildtypischen Expression dieser Gene als mRNA oder Protein zeigte sich, dass sie ihre Aktivitäten nicht in einem Segment-, sondern im versetzten Parasegmentraster (s. Abb. 21.**4**, S. 349) entfalten. Expression eines Paarregelgens ist daher im Wildtyp in denjenigen **Parasegmenten** zu finden, die in ihrem mutanten Phänotyp als entsprechende Segmente fehlen. In jedem Fall werden diese Gene im frühen Embryo (Blastoderm-Gastrulation) in 7 (von 14 möglichen) Querstreifen exprimiert. Beispiele für die drei Untergruppen sind

- *even-skipped* (*eve*), das in den ungeradzahligen Parasegmenten exprimiert wird (das Zähnchenband des 1. Thoraxsegments liegt im Parasegment 3, s. Abb. 21.**4**, S. 349),
- *fushi-tarazu* (*ftz*), das in den geradzahligen Parasegmenten exprimiert wird (s. Abb. 22.**3d**, S. 356),
- *hairy* (*h*) und *runt* (*run*), deren Expression die Parasegmentgrenzen überschreitet.

22

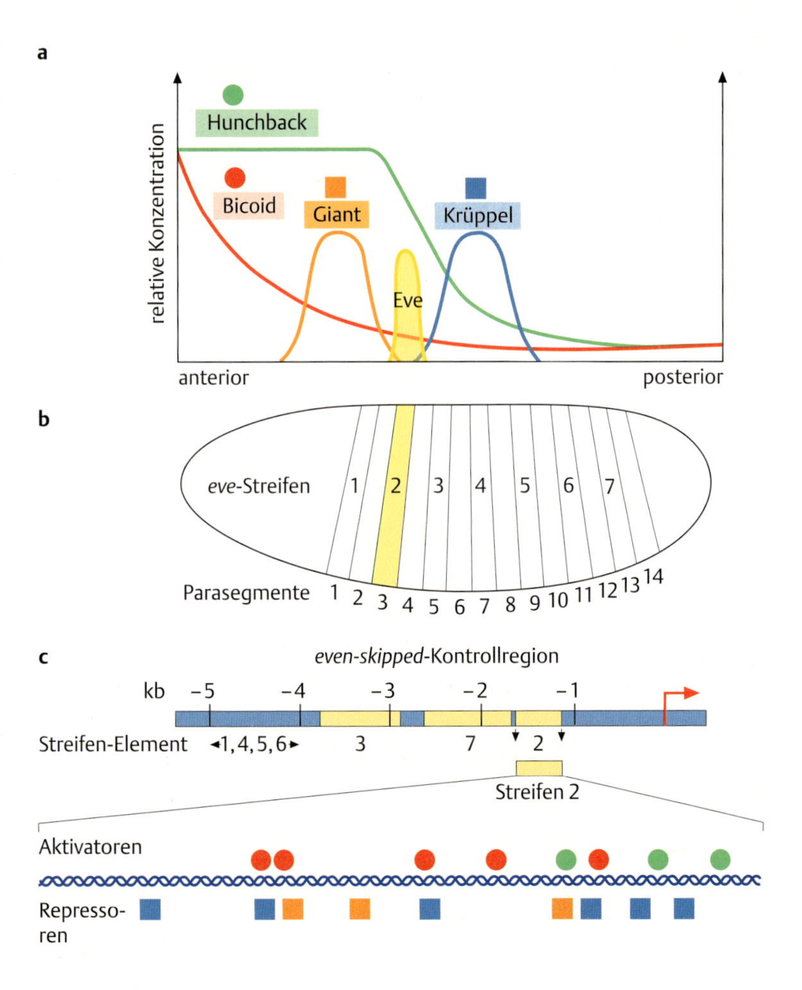

Abb. 22.18 Regulation der Expression des *even-skipped*-Streifens 2.
a Die Expression der beteiligten maternalen Aktivatoren Bicoid und Hunchback und der Gap-Gen-Repressoren Giant und Krüppel.
b Das Ergebnis ist die Expressionsdomäne des 2. *eve*-Streifens.
c Im Kontrollelement für den Streifen 2 wurden Bindungsstellen für die beiden Aktivatoren und die beiden Repressoren gefunden.

Die spannende Frage ist natürlich: Wie entstehen diese Expressionsmuster? Welche übergeordneten Gene können ein periodisches Muster von Transkription und Nicht-Transkription in aufeinanderfolgenden Gruppen von etwa 3 Zellreihen steuern? Das Expressionsmuster der Gap-Gene wird über die maternalen Gradienten und durch gegenseitige Beeinflussung der Gap-Gene geregelt. Bei den Paarregelgenen ist das hierarchische Prinzip ganz ähnlich! Der genetische Trick besteht darin, dass die Expressionsdomäne jedes einzelnen von 7 Streifen getrennt festgelegt wird. Das gilt zumindest für die so genannten **primären Paarregelgene**, zu denen bisher *hairy*, *eve* und *runt* zählen.

In der Abb. 22.**18** ist das Prinzip am **Streifen 2** von *eve* dargestellt. Am Entstehen der Eve-Domäne sind die beiden anterioren Gradienten von Bicoid und Hunchback beteiligt sowie die Gap-Gene *giant* und *Krüppel*. Durch die passenden Morphogenkonzentrationen von Bcd und Hb wird die Expression des Streifens 2 aktiviert. Die Eingrenzung der *eve*-Aktivität übernimmt *giant* an der anterioren, *Krüppel* an der posterioren Grenze; *eve* wird genau dort exprimiert, wo *giant* und *Krüppel* ihre geringste Aktivität zeigen (Abb. 22.**18a,b**). In der Kontrollregion von *eve* (Abb. 22.**18c**) sind Elemente bekannt, die für die richtige Ausbildung der Streifen 2, 3 und 7 notwendig sind. Die Regionen für die übrigen Streifen sind noch nicht genau definiert. In der DNA des Streifen-2-Elements wurden Sequenzbereiche gefunden, an denen die Proteine der Aktivatoren Bcd und Hb sowie der Repressoren Gt und Kr binden können.

Die Regulation des *eve*-Streifens 2 kann durch die Expressionsmuster der beteiligten Gene veranschaulicht werden (Abb. 22.**19**). Färbt man Wildtyp-Embryonen mit fluoreszenzmarkierten Antikörpern gegen Eve, so wird das Streifenmuster sichtbar. Färbt man gleichzeitig mit Antikörpern gegen Hb, so ist die Region der ersten beiden *eve*-Streifen eingeschlossen (Abb. 22.**19a**). Die Färbung mit Antikörpern gegen Gt reicht genau bis zur anterioren Grenze (Abb. 22.**19b**), die gegen Kr bis zur posterioren Grenze des 2. *eve*-Streifens (Abb. 22.**19c**).

Bei der Initiierung des Streifenmusters eines Paarregelgens spielen andere Paarregelgene nur eine untergeordnete Rolle. Sie sind jedoch notwendig für die Aufrechterhaltung des exakten Musters. Eine Möglichkeit, diese gegenseitige Beeinflussung zu studieren, ist die Analyse des Expressionsmusters eines Paarregelgens im mutanten Genotyp eines anderen. In Abb. 22.**20** ist dies am Beispiel der drei primären und eines **sekundären Paarregelgens**, nämlich *fushi-tarazu* (*ftz*) dargestellt. Im Wildtyp (Abb. 22.**20a**) besteht das Muster jeweils aus 7 Querstreifen, wobei die Muster von *eve* und *ftz* den Grenzen der Parasegmente folgen und komplementär zueinander sind (Abb. 22.**21**). Die Streifen von *hairy* und *runt* queren die Parasegmentgrenzen und sind ebenfalls komplementär ausgeprägt. In den vier mutanten Embryonen sind die Streifen der drei anderen Gene zwar alle vorhanden, die Intensität, Lage und Breite der Streifen kann aber variieren. In *hairy*⁻-Embryonen (Abb. 22.**20b**) sind die *eve*-Streifen 2, 5, 6 und 7 nur sehr schwach ausgeprägt, die *runt*-Expression tritt vermindert auch zwischen den eigentlichen Streifen

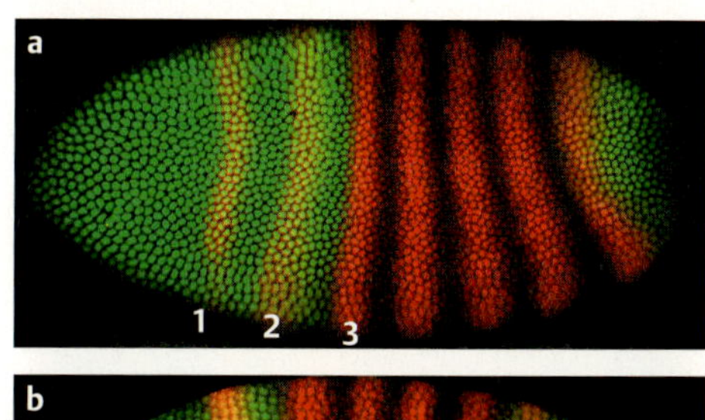

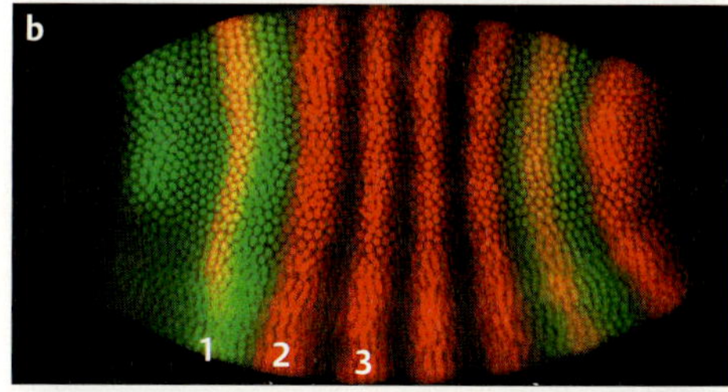

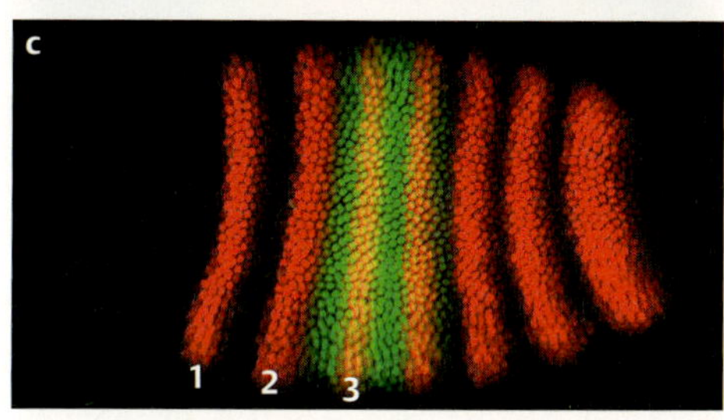

Abb. 22.19 Regulatoren des *even-skipped*-Streifens 2: Hunchback, Giant und Krüppel. Färbung von Wildtyp-Embryonen mit fluoreszenzmarkierten Antikörpern gegen Eve (rot) und **a** Hb **b** Gt **c** Kr (jeweils grün). Überlappungsbereiche erscheinen jeweils gelb. Die beteiligten Proteine sind Transkriptionsfaktoren, daher sind die Zellkerne angefärbt [Bilder von David Kosman und John Reinitz, New York, s. Kosman et al. 1998].

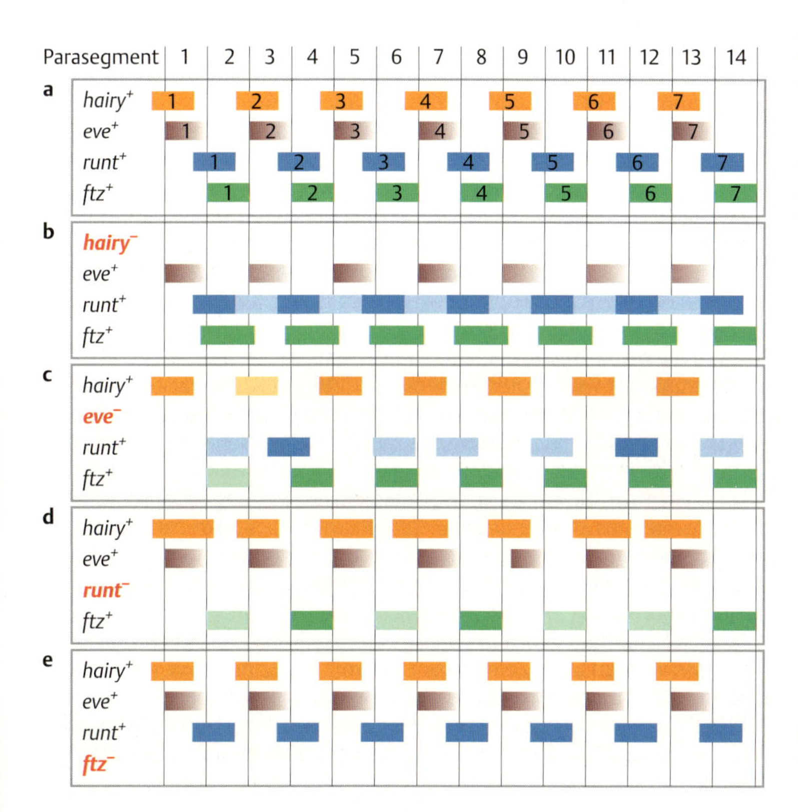

Abb. 22.20 Regulation des Streifenmusters durch Paarregelgene s. Text [nach Weigmann et al. 2003].

auf und die *ftz*-Streifen sind breiter als normal. In *eve*⁻-Embryonen (Abb. 22.**20c**) exprimieren im *hairy*-, *runt*- und *ftz*-Muster einige Streifen schwächer und bei *runt* rücken die Streifen 1 und 2 sowie 3 und 4 näher zusammen. Ähnliches gilt für die *hairy*-Streifen in *runt*⁻-Embryonen (Abb. 22.**20d**), in denen auch die Intensität des *eve*-Streifens 5 und einiger *ftz*-Streifen vermindert ist. Der *ftz*⁻-Genotyp hat keinerlei Einfluss auf die Expressionsmuster der drei anderen Gene (Abb. 22.**20e**).

Das Beispiel zeigt, dass sich die drei primären Paarregelgene untereinander beeinflussen und auch die Expression sekundärer Paarregelgene, wie *ftz*, verändern können. Im *ftz*-Genotyp wird dagegen das Muster der primären Paarregelgene nicht modifiziert. Das *ftz*-Streifenmuster wird genetisch auch etwas anders festgelegt. Es gibt zwar auch eine Abfolge der Initiierung der 7 Streifen bereits im synzytialen Blastoderm, das Gesamtmuster wird aber zunächst von Elementen der ***ftz*-Kontrollregion**, insbesondere des **Zebra-Elements** gesteuert (s. Abb. 22.**3**, S. 356). Molekulare Details zur Regulation der Paarregelgene untereinander sind bisher nur in geringem Umfang bekannt.

22.4.4 Segmentpolaritätsgene stabilisieren Kompartimentsgrenzen

Das Muster der 14 Parasegmente entsteht im synzytialen Blastodermstadium durch die Genkaskade der maternalen, Gap- und Paarregelgene. Nach der Zellularisierung nehmen ihre Aktivitäten ab und verschwinden innerhalb der nächsten beiden Stunden der Entwicklung, zum Ende der Gastrulation. Die beteiligten Proteine sind DNA-bindende Transkriptionsfaktoren, wie z. B. an der Expression von *ftz* und *eve* in Abb. 22.**21** zu erkennen ist: Die Färbung mit Antikörpern ist kernspezifisch. An dieser Abbildung fällt weiterhin auf, dass die Färbung im Präblastodermstadium (Abb. 22.**21a**) innerhalb der Parasegmente nicht einheitlich ist, sondern einen anterior-posterioren Gradienten erkennen lässt. Im zellulären Blastoderm hingegen (Abb. 22.**21b**) sind die Grenzen schärfer und klarer.

Der Grund dafür ist die Aktivität der **Segmentpolaritätsgene**. Sie verdanken ihren Namen den mutanten Phänotypen, die das Differenzierungsmuster oder die Polarität **jedes larvalen Segments** verändern (s. Abb. 22.**2c**, S. 354). Das **Expressionsmuster** besteht daher in jedem Fall aus 14 Streifen, in jedem Parasegment einer. In dieser Gruppe gibt es Gene wie *engrailed* (*en*) als Transkriptionsfaktoren und andere, deren Proteine sezerniert werden, wie *wingless* (*wg*) oder *hedgehog* (*hh*).

Das zunächst wichtigste Segmentpolaritätsgen ist **engrailed**. Seine Aktivität wird von Paarregelgenen wie *ftz* kontrolliert. Hier trifft das Beispiel der Abb. 22.**13** (S. 366) exakt zu: In *engrailed*-mutanten Embryonen wird das *ftz*-Muster normal exprimiert, in *ftz*-mutanten Embryonen fehlen die *engrailed*-Streifen in den geradzahligen Parasegmenten, in denen *ftz* exprimiert wird. Wie die Gap- und Paarregelgene kontrollieren auch die Segmentpolaritätsgene ihre Aktivitäten gegenseitig. Dies führt schließlich zu einer dauerhaften **Stabilisierung der Parasegment- und Segmentgrenzen**.

Abb. 22.**22a** zeigt schematisch einen Ausschnitt der Oberfläche eines Embryos während der Zellularisierung mit der Expression von *ftz* (rot) und *eve* (blau). Im Blastodermstadium wird in der vordersten Zellreihe jeden Parasegments, das nur etwa 3 Zellreihen breit ist, *engrailed* aktiviert (Abb. 22.**22b**). Dies hat zur Folge, dass ab diesem Zeitpunkt die Grenze zwischen zwei Parasegmenten fixiert ist.

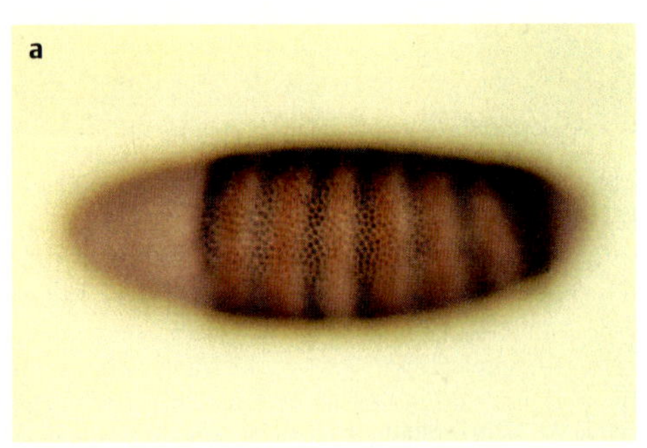

Abb. 22.21 Die Streifenmuster von *eve* (blaugrau) und *ftz* (braun) sind komplementär. Antikörperfärbung an Wildtyp-Embryonen im synzytialen (**a**) und zellulären (**b**) Blastodermstadium. Im Synzytium zeigen die Färbungen einen anterior-posterioren Expressionsgradienten (A), etwas später (B) sind Färbungen klar eingegrenzt [© Blackwell Scientific Publications 1992. Lawrence, P. A.: The making of a fly. Blackwell Scientific Publications].

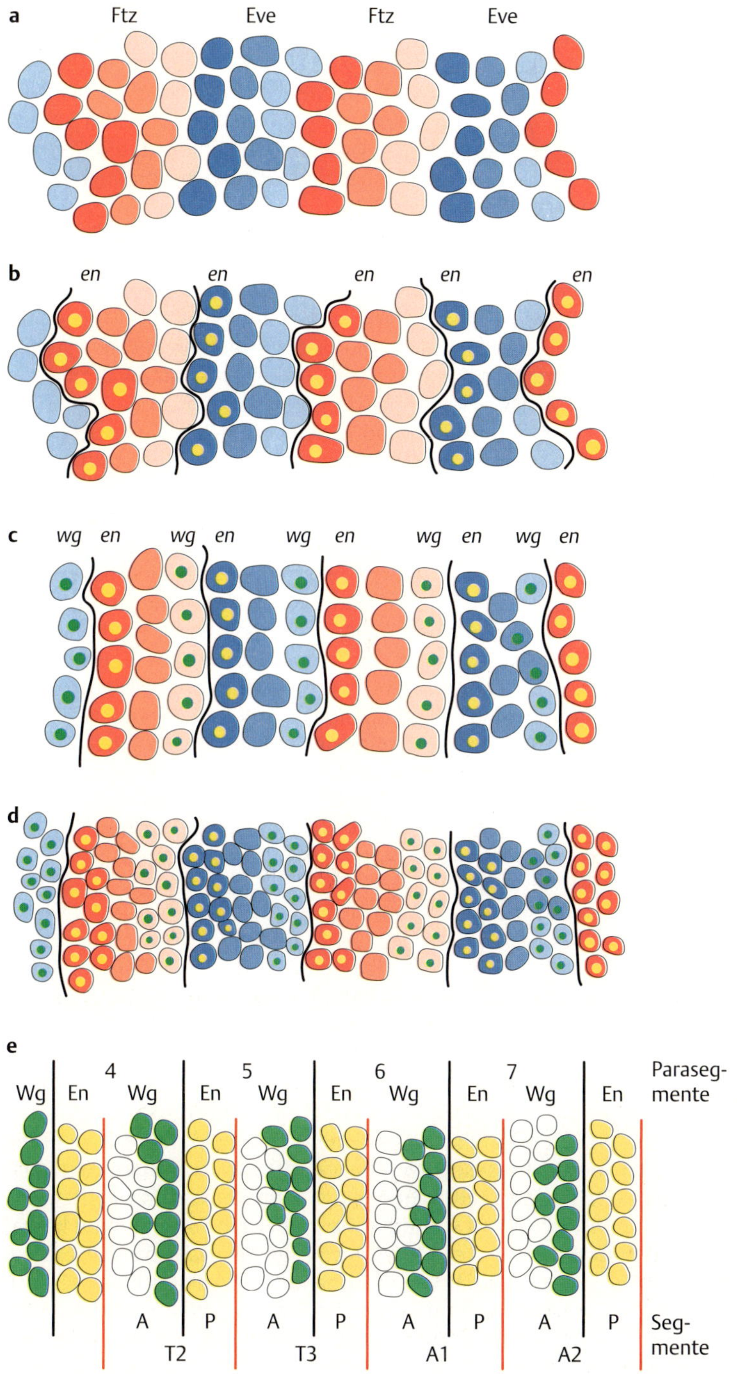

Abb. 22.22 Parasegmente und Segmente.
a Die schrittweise Stabilisierung von Parasegment- und Segmentgrenzen beginnt mit der parasegmentalen Expression von Paarregelgenen.
b Die anteriore Parasegmentgrenze wird durch die Aktivierung von *en* definiert und
c durch die Aktivierung von *wg* auf der anderen Seite der Grenze gefestigt.
d Nach Zellvermehrung wird die posteriore Grenze der *en*-Aktivität als Segmentgrenze definiert.
e Die Expression von Ftz und Eve wird beendet. Ein Segment besteht nun aus jeweils einem anterioren (A) und einem posterioren (P) Kompartiment.

Die dauerhafte Stabilisierung der Grenze geschieht durch das **Zusammenwirken von *engrailed* mit *hedgehog* und *wingless*** (Abb. 22.**23**). Hh und Wg sind sezernierte Signalproteine, die in benachbarten Zellen Gene aktivieren können. Auf der einen Seite der Grenze exprimieren die Zellen *engrailed* und werden dadurch zur Expression von *hedgehog* angeregt.

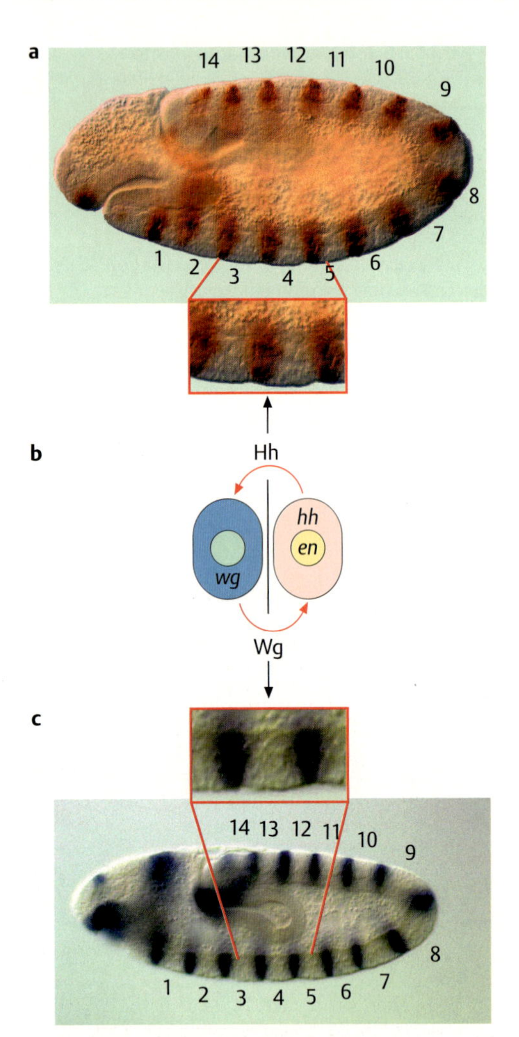

Abb. 22.23 Die *en-wg*-Rückkopplung an der Parasegmentgrenze.
a *en*-Expression. Der Vergleich der *en*-Expression mit der *wg*-Expression (**c**) in jeweils 14 Streifen zeigt die komplementäre Lage an der Parasegmentgrenze.
b Schematische Darstellung jeweils einer Zelle an der Grenze zwischen den Parasegmenten 3 und 4 (schwarze Pfeile zu den Ausschnittsvergrößerungen) und dem genetischen Rückkopplungsmechanismus (s. Text).
c *wg*-Expression.

22

Hedgehog aktiviert in der benachbarten Zelle auf der anderen Seite der Grenze das *wingless*-Gen. Das Wingless-Protein setzt einen positiven Rückkopplungsmechanismus in Gang: Es sorgt in der benachbarten *engrailed*-exprimierenden Zelle für die weitere Expression von *en* und damit *hh*. So kann der Zyklus wieder beginnen. Während eines kurzen Entwicklungsstadiums am Ende der Gastrulation kann man die Grenzen der Parasegmente als Furchen zwischen den Expressionsdomänen von *en* und *wg* erkennen (Pfeile in Abb. 22.**23**).

Nach dem Blastodermstadium finden in der Epidermis durchschnittlich noch etwa 3 Zellteilungen statt (Abb. 22.**22c–e**). Die Aktivitäten von *ftz* und *eve* werden beendet (Abb. 22.**22e**). Später kommt es zur Ausprägung der endgültigen Segmente. Dabei wird die posteriore Grenze der *en*-Expression zur Segmentgrenze. Die *en*-exprimierenden Zellen stellen also das posteriore Kompartiment jedes Segments dar, während die davor liegenden Zellen bis zur nächsten Segmentgrenze das anteriore Kompartiment definieren. Hier sind neben *wg* noch weitere Segmentpolaritätsgene aktiv, durch die schließlich das Muster der Kutikulazähnchenbänder differenziert wird (s. Abb. 21.**4**, S. 349).

Die anterioren und posterioren Grenzen der **engrailed-Aktivität** sind zugleich **Kompartimentsgrenzen**. Ein entwicklungsgenetisches **Kompartiment** ist eine Gruppe von Zellen, die genetisch determiniert ist, mit seiner gesamten mitotischen Zellnachkommenschaft ein bestimmtes Entwicklungsschicksal zu durchlaufen. Die Zellen innerhalb eines Kompartiments vermischen sich während der weiteren Entwicklung nicht mehr mit den Zellen eines benachbarten Kompartiments, sie erfüllen voneinander getrennte Aufgaben. Experimentell wurden die Kompartimentsgrenzen durch die Analyse von Zellklonen gefunden (Box 22.**1**).

Die *engrailed*-Aktivität bleibt vom Blastoderm über die Larvenstadien und die Metamorphose bis zum Tod der Fliege in jedem posterioren Kompartiment erhalten. Allein seine Aktivität definiert das posteriore Kompartiment und steuert dadurch dort weitere Genaktivitäten.

22.5 Homeotische Gene als Kontrollgene

In allen 14 Parasegmenten werden dieselben Segmentpolaritätsgene aktiviert (s. Abb. 22.**22**). Die Larve und später die Fliege zeigen jedoch ein ausgeprägtes segmentspezifisches Differenzierungsmuster. Wie bekommen also die Parasegmente bzw. Segmente ihre spezifische genetische Identität?

Im Jahr 1915 fand Calvin Bridges eine spontane Mutante, bei der ein Teil des 3. in ein 2. Thoraxsegment umgewandelt war: Statt des Schwingkölbchens (Haltere) war ein kleiner Flügel differenziert. Er nannte diese Mutation *bithorax* (*bx*). Es war die erste von vielen so genannten **homeotischen Mutationen**. Diesen Mutationen ist gemeinsam, dass sie z. B. bei der Fliege zu einer Differenzierung vorhandener Strukturen am falschen Ort führen. Die Funktion von bx^+ ist mitverantwortlich dafür, dass im Segment T_3 eine Haltere gebildet wird. Fehlt diese Funktion, wird eine Struktur eines anderen Segments, hier des Nachbarsegments T_2 differenziert. Die homeotischen Gene werden auch als homeotische **Selektorgene** bezeichnet, weil sie das Entwicklungsschicksal für jedes einzelne Segment auswählen und bestimmen. Wie im Folgenden gezeigt wird, sind sie die **Kontrollgene** der Segmentdifferenzierung.

Edward B. Lewis hat sich viele Jahrzehnte mit den Genen und ihren Mutationen im später so genannten **Bithorax-Komplex** (**BX-C**) befasst.

Box 22.1 Klonale Analyse

Wenn man erfahren möchte, welchen Entwicklungsweg eine einzelne Zelle und ihre mitotischen Nachkommen, also der Zellklon, haben werden, wird man diese Zelle so markieren, dass man sie zu einem späteren Zeitpunkt bzw. Entwicklungsstadium wieder erkennen kann. Derartige Experimente sind bei vielen Organismenarten durchgeführt worden. Bei *Drosophila* sind z. B. die Injektion eines Farbstoffs, die Transplantation durch eine Mutation genetisch veränderter Zellen unter Wildtyp-Zellen oder die Anwendung mitotischer Rekombination (s. Abb. 10.**15**, S. 107) als Markierungsmethoden zu nennen.

Für die Untersuchung markierter Zellklone eignet sich bei der Fliege ganz besonders der Flügel. Die Flügeloberseite wie die -unterseite besteht aus einer einzigen Zellschicht, bei der die Kutikula der Zellen ein so genanntes Härchen differenziert. Es gibt das autosomale Gen *multiple-wing-hairs* (*mwh*), das als Mutante ein kleines Büschel von Härchen bildet. Bestrahlt man also Embryonen im Blastodermstadium, die heterozygot mwh/mwh^+ sind, mit Röntgenstrahlen, so wird man im Flügel *mwh* homozygote Klone finden, wie sie in Abb. 22.**24a** schematisch dargestellt sind. Diese Klone sind relativ klein, obwohl ab dem Blastodermstadium etwa 10 Mitosen stattfinden.

Um herauszufinden, wie groß ein Klon maximal werden kann, d. h. welchen Bereich er entwicklungsgenetisch besetzen kann, wurde die so genannte **Minute-Technik** eingeführt. Der Phänotyp von Mutanten von *Minute* (*M*)-Genen ist vor allem langsames Wachstum, d. h. verlängerter Zellzyklus. Induziert man einen M^+-Klon in einem M-Embryo, so wird der M^+-Klon bis zur Differenzierung mehr Zellteilungen durchlaufen als seine M-Umgebung. Kombiniert man *Minute* mit *mwh*-Markierung, erhält man Klone, die entwicklungsgenetische Grenzen sichtbar machen (Abb. 22.**24b,c**).

Die Grenze zwischen dem anterioren und posterioren **Kompartiment** des 2. Thoraxsegments stellt sich als gerade Linie ohne Bezug auf die Anatomie der Flügelvenen dar. Sie besteht in dieser Form sowohl auf der dorsalen wie der ventralen Seite des Flügels. Etwas später werden die dorsale und die ventrale Seite durch eine weitere Kompartimentsgrenze getrennt.

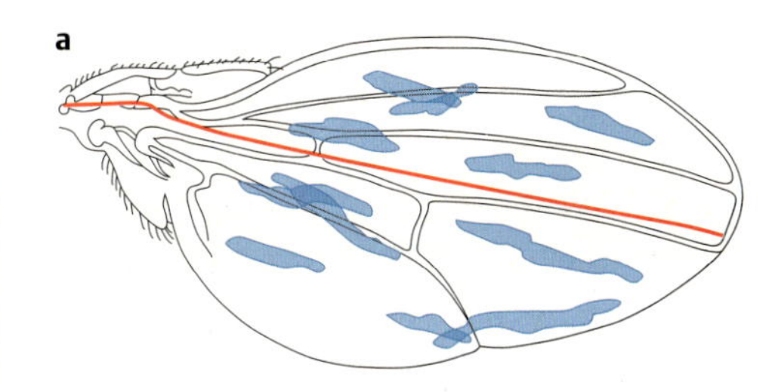

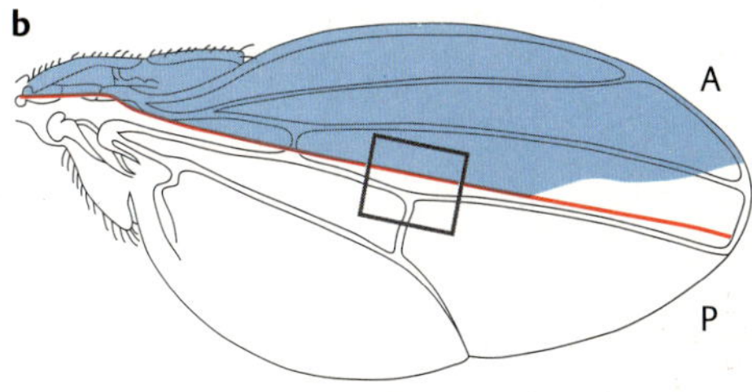

Abb. 22.24 Klonale Analyse.
a *mwh* homozygote Klone in heterozygoter Umgebung von verschiedenen Flügeln in ein Schema gezeichnet. Blaue Überlappungsbereiche von Klonen zeigen, dass Strukturen des Flügels nicht aufgrund ihrer mitotischen Herkunft differenziert werden, sondern entsprechend ihrer Positionsinformation.
b Wächst ein solcher Klon in einer *Minute*-Umgebung, so ist er bis zur Differenzierung einige Teilungsrunden weiter. Er stößt hier an die genetisch definierte Grenze zwischen dem anterioren (A) und posterioren (P) Kompartiment des Flügels (rote Linie).
c Ausschnitt aus einem Flügel mit einem mwh-Klon im anterioren Kompartiment (entsprechend dem Rahmen in **b**) [a, b nach García-Bellido et al. 1979].

Er fand Mutationen, die auf drastische Weise das dritte Thoraxsegment T_3 und die Abdominalsegmente verändern. Zum Teil beziehen sich die Mutationen entweder auf ein anteriores oder ein posteriores Kompartiment. So ist der Phänotyp der Doppelmutante *bithorax postbithorax* (*bx pbx*) eine vierflügelige Fliege (Abb. 22.**25**). Das gesamte Segment T_3 wird in T_2 transformiert. Man spricht von einer **homeotischen Transformation**. Fliegen, die mutant für *bithoraxoid* (*bxd*) sind, haben 8 Beine, da das 1. Abdominalsegment A_1 in T_3 umgewandelt wurde. Dies sind Beispiele für rezessive **loss-of-function(Verlust)-Mutationen**. Ihnen ist gemeinsam, dass ein Segment Strukturen differenziert, die normalerweise zu einem anterior gelegenen Segment gehören. Demgegenüber stehen die dominanten **gain-of-function(Zugewinn)-Mutationen**, die in einem Segment Strukturen differenzieren, die zu einem posterior gelegenen Segment gehören. Mit *Contrabithorax* (*Cbx*) und *Haltere-mimic* (*Hm*) kann man genetisch Fliegen mit 4 Halteren konstruieren, weil T_2 in T_3 transformiert wird.

All diese Gene sind in einem kleinen Abschnitt des 3. Chromosoms von *Drosophila* lokalisiert, im Polytänchromosom im Abschnitt 89E. Die genetische Feinkartierung hat ergeben, dass die Gene auf dem Chromosom in derselben Reihenfolge angeordnet sind, wie sie im Organismus entlang der Körperachse wirken. Einige dieser Gene sind in der oberen Hälfte der

a

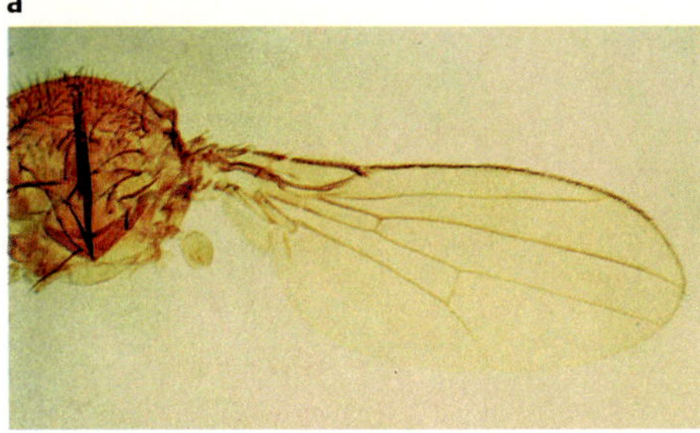

b

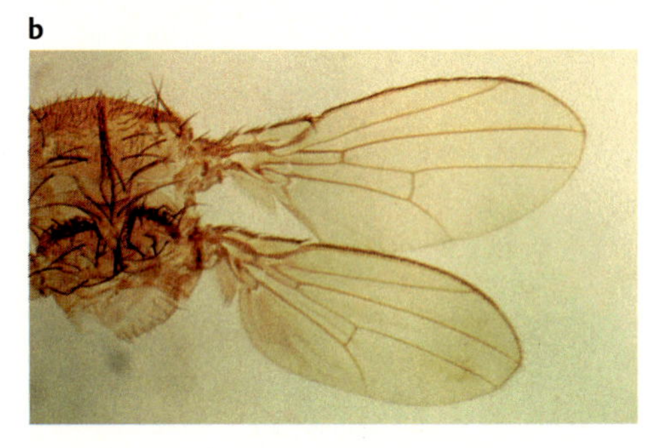

Abb. 22.25 Vierflügelige *Drosophila* Fliege.
a Rechte Hälfte des Thorax mit Flügel (Mesothorax T_2) und Haltere (Metathorax T_3) einer Wildtyp-Fliege.
b In der Doppelmutante *bithorax postbithorax* (*bx pbx*) wird das T_3- perfekt in das T_2-Thoraxsegment transformiert [Bild von Ernesto Sanchez-Herrero, Madrid].

Abb. 22.**26** eingetragen. Aus seinen Experimenten hat Lewis ein Modell entwickelt, nachdem ausgehend von einem **Grundzustand T_2** in jedem nachfolgenden Segment ab T_3 ein weiteres Gen des *BX*-C aktiv wird und nach posterior in allen anderen Segmenten aktiv bleibt. Wird durch eine Deletion der gesamte Genkomplex entfernt, zeigt das Kutikulamuster einer solchen Larve von T_3 bis A_8 einheitlich die Zähnchenbänder von T_2.

Die **molekulare Analyse des BX-C** hat ergeben, dass der Komplex aus nur drei Genen besteht: *Ultrabithorax* (*Ubx*), *abdominal-A* (*abd-A*) und *Abdominal-B* (*Abd-B*). Die von Lewis gefundenen „Gene" erwiesen sich als regulatorische Elemente, die in der rund 300 kb *BX*-C-DNA verteilt sind. Die **Kolinearität** der Reihenfolgen dieser Enhancer und ihrer segmentspezifischen Wirkungen im Embryo ist auch auf dieser Ebene bestätigt worden (Abb. 22.**26**).

Die **Expressionsdomänen** der homeotischen Gene werden von **Gap**- und **Paarregelgenen** mitbestimmt. Allerdings sind die molekularen Details noch weitgehend unbekannt. Man weiß aber, dass z. B. die Gene *abd-A* und *Abd-B* durch Hunchback und Krüppel reprimiert werden, und dass *Ubx* durch bestimmte Hunchback-Konzentrationen aktiviert wird. Bei der Festlegung der Parasegmentgrenzen als Expressionsgrenzen spielen die Paarregelgene *fushi-tarazu* und *even-skipped* eine Rolle.

Die drei homeotischen Gene des *BX*-C kontrollieren als Transkriptionsfaktoren den Körperbauplan der Segmente von T_3 bis A_8 bzw. der Parasegmente 5 bis 14. Ihre jeweilige Expression wird ab einem bestimmten Parasegment nach posterior fortgesetzt, nimmt aber ab. Da sich diese Gene auch gegenseitig beeinflussen, wird die Identität jedes einzelnen Parasegments durch eine spezifische Kombination der Expression dieser 3 Gene festgelegt. Dabei spielen möglicherweise auch die verschiedenen Transkripte der Gene eine Rolle (Abb. 22.**26**).

22.5.1 Die Homeobox

Die Kontrollgene für die Spezifizierung der anterior von T_3 gelegenen Segmente bzw. Parasegmente sind in einem weiteren homeotischen Genkomplex, dem **Antennapedia-Komplex (ANT-C)**, lokalisiert. *ANT*-C liegt ebenfalls im 3. Chromosom im Abschnitt 84B des Polytänchromo-

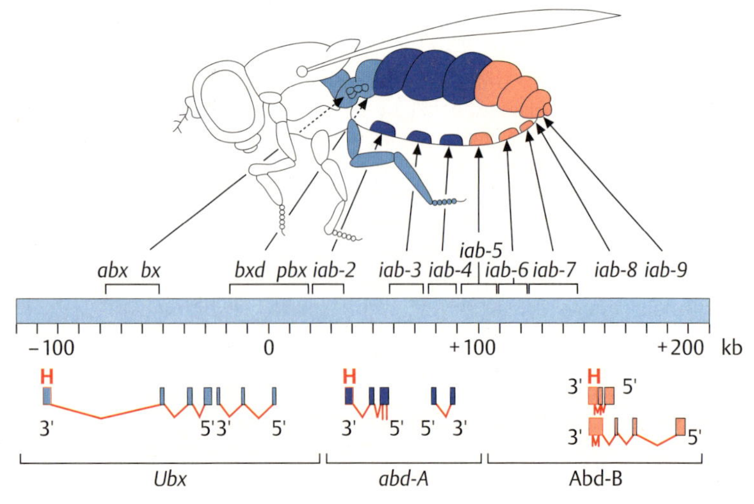

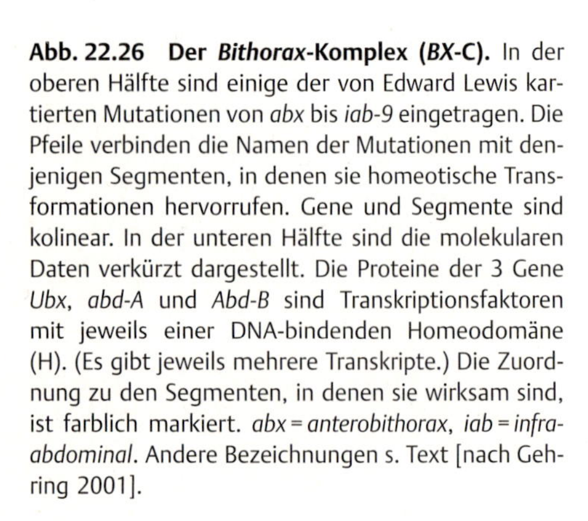

Abb. 22.26 Der *Bithorax*-Komplex (*BX*-C). In der oberen Hälfte sind einige der von Edward Lewis kartierten Mutationen von *abx* bis *iab-9* eingetragen. Die Pfeile verbinden die Namen der Mutationen mit denjenigen Segmenten, in denen sie homeotische Transformationen hervorrufen. Gene und Segmente sind kolinear. In der unteren Hälfte sind die molekularen Daten verkürzt dargestellt. Die Proteine der 3 Gene *Ubx*, *abd-A* und *Abd-B* sind Transkriptionsfaktoren mit jeweils einer DNA-bindenden Homeodomäne (H). (Es gibt jeweils mehrere Transkripte.) Die Zuordnung zu den Segmenten, in denen sie wirksam sind, ist farblich markiert. *abx* = *anterobithorax*, *iab* = *infraabdominal*. Andere Bezeichnungen s. Text [nach Gehring 2001].

soms, also unweit von *BX*-C. Er ist benannt nach seinem prominentesten Vertreter, dem Gen *Antennapedia* (*Antp*). Dominante gain-of-function-Mutationen dieses Gens verursachen Transformationen der Antenne in Strukturen des Mittelbeins (Abb. 22.**27**), also Kopfsegmente in Richtung T_2. Weil in rezessiven loss-of-function-Mutationen von *Antp* T_2 fehlt und durch ein zweites T_1-Segment ersetzt ist, liegt die Vermutung nahe, dass *Antp* das Kontrollgen für das 2. Thoraxsegment ist.

Im Labor von Walter Gehring in Basel ist dieses Gen besonders intensiv untersucht worden. Bei seiner aufwendigen Klonierung (gleichzeitig auch im Labor von Matthew Scott in den USA) wurde 1984 eine DNA-Sequenz charakterisiert, die zunächst im benachbarten Gen *fushi-tarazu*, dann auch in weiteren homeotischen Genen nahezu unverändert gefunden wurde. Daher wurde die Sequenz **Homeobox** und der entsprechende Teil des Proteins **Homeodomäne** genannt (Abb. 22.**28**). Innerhalb des *Antp*-Gens stellt die Homeobox eine Sequenz von 180bp im 8. und letzten Exon dar. Dies entspricht einer Sequenz von 60 Aminosäuren.

Die Homeobox wurde schließlich bei allen homeotischen Genen von *ANT*-C und *BX*-C gefunden, die auch als **HOM-C** zusammengefasst werden (Abb. 22.**29**). Man geht allgemein davon aus, dass diese sequenziell angeordneten Gene in der **Evolution** durch **Genduplikation** entstanden sind. Die für die DNA-Bindung wichtige Homeobox-Sequenz wurde in allen Genen beibehalten, während andere Teile dieser Gene durch Mutationen verändert wurden.

Die Homeobox ist allerdings nicht auf homeotische Gene beschränkt. Die maternalen Gene *bicoid* und *caudal*, deren Proteine morphogenetische Gradienten bilden (s. Abb. 22.**7**, S. 361), enthalten ebenso eine Homeobox-Sequenz wie die zygotischen Paarregelgene *fushi-tarazu* und *even-skipped* oder das Segmentpolaritätsgen *engrailed*.

Das **Homeobox-Motif** ist auf DNA- und besonders auf Proteinebene **hoch konserviert** und nicht auf *Drosophila* beschränkt. Es wurde zunächst an vielen Stellen in den Genomen anderer **Arthropoden**, bei **Anneliden** (Protostomia) und **Vertebraten** (Deuterostomia), einschließlich der **Maus** und des **Menschen**, entdeckt. Die ursprüngliche Hypothese, dass

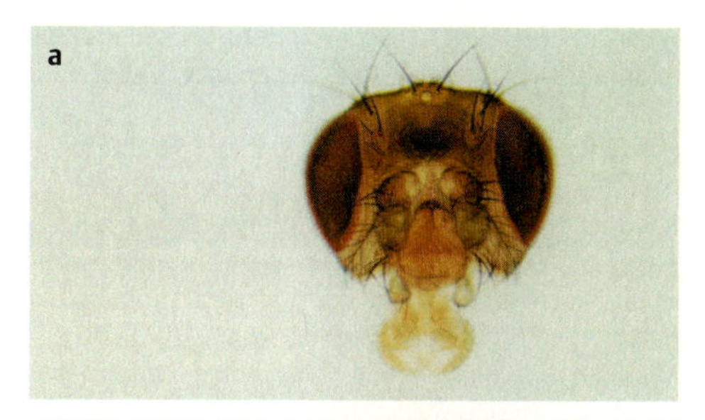

Abb. 22.27 ***Antennapedia.***
a Kopf einer Wildtyp-*Drosophila* von vorn.
b *Antp*-Fliege mit zwei Beinen anstelle der Antennen [Bilder von Walter Gehring, Basel].

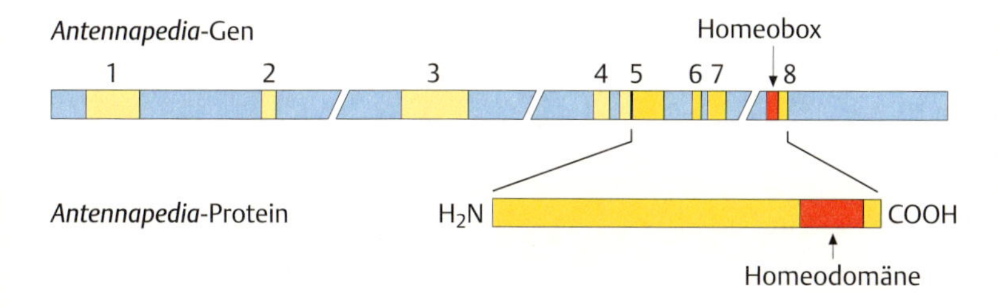

Antennapedia-Homeobox

Position	1	2	3	4	5	6	7	8	9	10	11	12	13	14	15	16	17	18	19	20
DNA	CGC	AAA	CGC	GGA	AGG	CAG	ACA	TAC	ACC	CGG	TAC	CAG	ACT	CTA	GAG	CTA	GAG	AAG	GAG	TTT
Protein	R	K	R	G	R	Q	T	Y	T	R	Y	Q	T	L	E	L	E	K	E	F

Position	21	22	23	24	25	26	27	28	29	30	31	32	33	34	35	36	37	38	39	40
DNA	CAC	TTC	AAT	CGC	TAC	TTG	ACC	CGT	CGG	CGA	AGG	ATC	GAG	ATC	GCC	CAC	GCC	CTG	TGC	CTC
Protein	H	F	N	R	Y	L	T	R	R	R	R	I	E	I	A	H	A	L	C	L

Position	41	42	43	44	45	46	47	48	49	50	51	52	53	54	55	56	57	58	59	60
DNA	ACG	GAG	CGC	GAG	ATA	AAG	ATT	TGG	TTC	CAG	AAT	CGG	CGC	ATG	AAG	TGG	AAG	AAG	GAG	GAA
Protein	T	E	R	Q	I	K	I	W	F	Q	N	R	R	M	K	W	K	K	E	N

Abb. 22.28 Das *Antennapedia*-Gen und die Homeobox. Von den 8 Exons enthalten nur die letzten 4 proteinkodierende Sequenzen. Die Homeodomäne liegt in der Nähe des Carboxyl-Endes des Antp-Proteins. Sie umfasst 60 Aminosäuren, die von 180 bp kodiert werden [nach Gehring 2001].

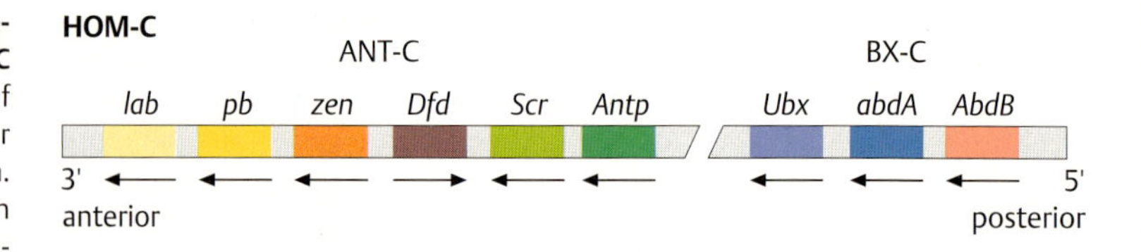

Abb. 22.29 HOM-C, der Genkomplex der homeotischen Gene besteht aus den Genen von *ANT*-C und *BX*-C. Sie sind in derselben Reihenfolge auf dem Chromosom angeordnet, wie sie von anterior nach posterior die Körpersegmente spezifizieren. Die Pfeile geben die Transkriptionsrichtung an. Im *ANT*-C sind zwei (hier nicht eingezeichnete) Homeobox-Gene integriert, die keine homeotische Wirkung haben, nämlich *bicoid* (zwischen *zen* und *Dfd*) und *fushi-tarazu* (zwischen *Scr* und *Antp*). Abkürzungen: *lab* = *labial*, *pb* = *proboscipedia*, *zen* = *zerknüllt*, *Dfd* = *Deformed*, *Scr* = *Sex comb reduced*, andere s. Text.

Homeobox-Gene in Segmentierungsprozesse involviert sind, konnte nicht bestätigt werden. Homeoboxen wurden auch bei **Pilzen** und **Pflanzen** nachgewiesen. Bei den Pilzen spielen diese Gene eine Schlüsselrolle bei der Determination der Paarungstypen (*MAT*-Gene). Bei den Pflanzen wurden sie, z.B. bei *Arabidopsis* und im Maisgenom gefunden. Bei den Tieren reicht die Spannweite von den Cnidariern und Planarien bis zu den Säugern. Nur bei den Protozoen wurden bisher keine Homeoboxen entdeckt. In Abb. 22.**30** wird eine kleine Auswahl von Homeodomänen-Sequenzen verschiedener Tierarten mit der *Antp*-Homeodomäne von

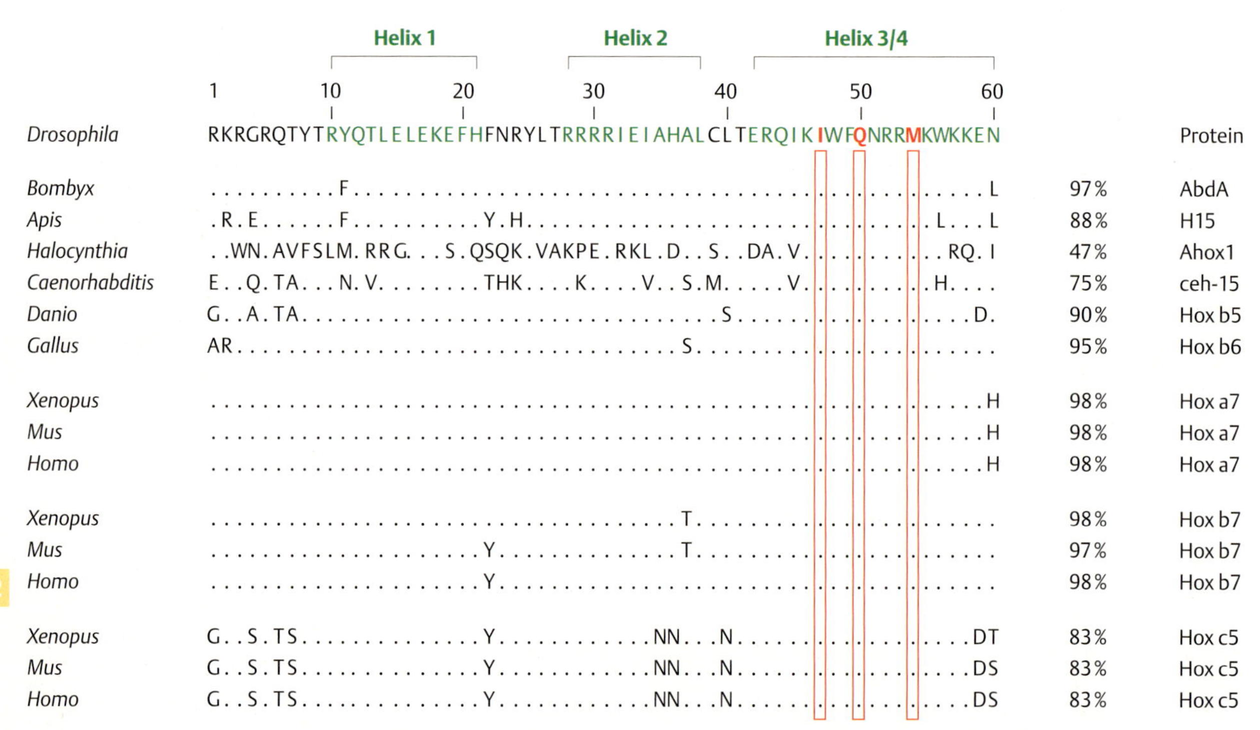

Abb. 22.30 Homeodomäne-Sequenzen von Tieren sind untereinander sehr ähnlich. Die oben angegebene Aminosäuresequenz von Antp im Vergleich mit den entsprechenden Sequenzen aus Proteinen anderer Tierarten und des Menschen. Jeder Punkt bedeutet Übereinstimmung mit der Aminosäure an dieser Stelle bei *Drosophila*. Der Anteil von Punkten an 60 Aminosäuren ist als % Sequenzidentität angegeben, daneben der Name des zugehörigen Proteins. Erklärungen zu den Gattungsnamen: *Drosophila*, Taufliege; *Bombyx*, Seidenspinner; *Apis*, Honigbiene; *Halocynthia*, Aszidie (Seescheide); *Caenorhabditis*, Fadenwurm; *Danio*, Zebrafisch; *Gallus*, Haushuhn; *Xenopus*, Krallenfrosch; *Mus*, Maus; *Homo*, Mensch. Bei der Faltung der Homeodomäne ergeben sich drei Helix-Regionen (grün markiert). Die Aminosäuren I47, Q50 und M54 (rot markiert) spielen bei der DNA-Bindung eine wichtige Rolle. Sie sind in allen Sequenzen identisch.

Abb. 22.31 Die dreidimensionale Struktur der Antp-Homeodomäne und ihre Bindung an die DNA.
a und **b** Zwei Ansichten des Homeodomäne-DNA-Komplexes. Die Homeodomäne ist zwischen Carboxyl (C')- und Amino(N')-Terminus in drei Bereichen helikal gefaltet (Helix 1, 2 und 3/4).
c Schematische Darstellung des Kontaktbereichs zwischen Homeodomäne und DNA. Die Aminosäuren I47, Q50 und M54 der Helix 3/4 erkennen die DNA-Sequenz TAAT (rot hervorgehoben) in der großen Furche, während der N-Terminus (R5) die kleine Furche kontaktiert [Bilder von Walter Gehring, Basel, s. Gehring et al. 1994].

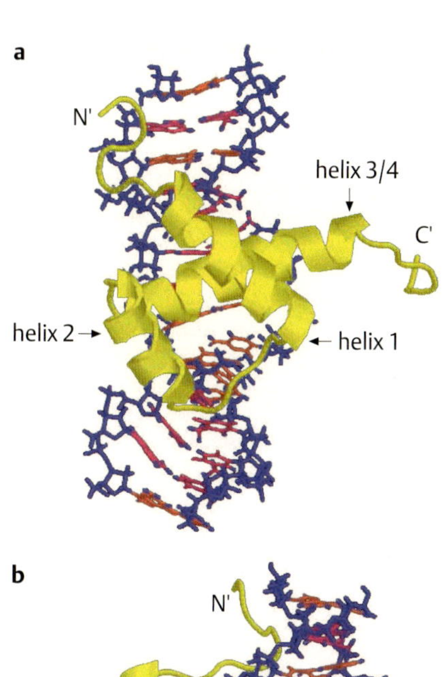

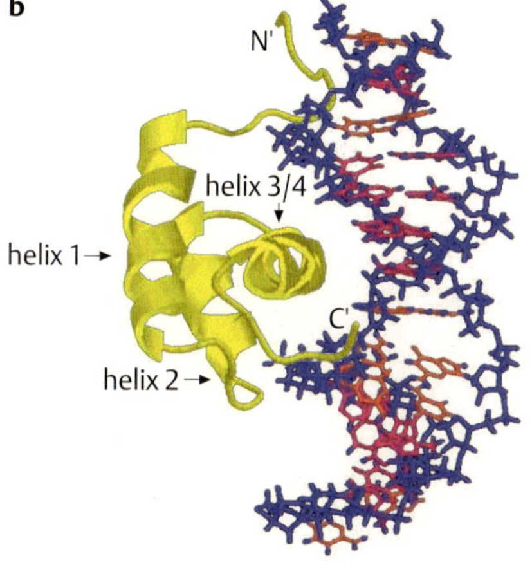

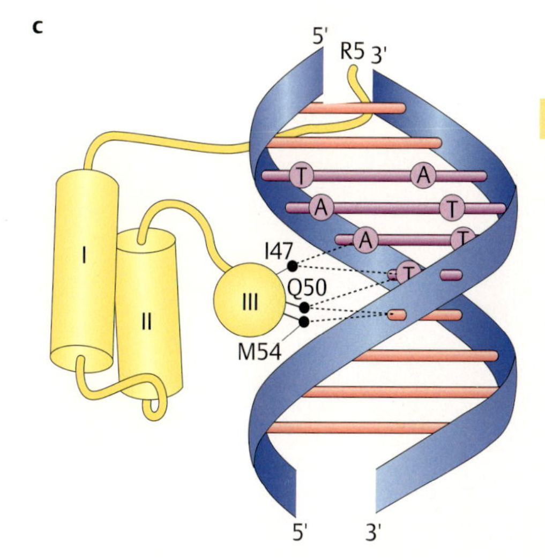

Drosophila verglichen. Daraus geht hervor, dass es z.B. bei Maus und Mensch Aminosäuresequenzen gibt, die sich nur in ein oder zwei Positionen gegenüber der *Antp*-Sequenz unterscheiden.

Die **dreidimensionale Struktur** der **Antp-Homeodomäne** wurde hauptsächlich durch kernmagnetische Resonanzspektroskopie (NMR, **n**uclear **m**agnetic **r**esonance spectroscopy) des in *E. coli* exprimierten Polypeptids aufgeklärt (Abb. 22.**31**).

22.5.2 Evolution der homeotischen Gene

In den Genomen vieler Tierarten findet man Homeobox-Sequenzen, deren zugehörige Gene ebenso wie bei *Drosophila* in einem Komplex oder Cluster angeordnet sind und entsprechend dieser Lokalisation ebenso sequenziell entlang der Körperachse exprimiert werden. Solche Genkomplexe sind z.B. bei verschiedenen Arthropoden, aber auch bei Maus und Mensch gefunden und experimentell untersucht worden. Im Unterschied zum **HOM-C-Cluster** von *Drosophila* werden sie ***Hox*-Cluster** genannt. Sie können innerhalb eines Genoms auch in mehreren Kopien auf unterschiedlichen Chromosomen lokalisiert sein.

Im Folgenden werden beispielhaft die *Hox*-Gene von Maus und Mensch mit den HOM-C-Genen von *Drosophila* verglichen (Abb. 22.**32**). Im Gegensatz zu *Drosophila* mit einem in *ANT*-C und *BX*-C geteilten Genkomplex auf einem Chromosom gibt es bei den Säugern vier ***Hox*-Cluster auf vier verschiedenen Chromosomen**. Bei der Maus sind sie auf den Chromosomen 2, 6, 11 und 15 lokalisiert, beim Menschen auf den Chromosomen 2, 7, 12 und 17. In beiden Fällen heißen die Cluster *Hoxa, b, c* und *d* und enthalten eine unterschiedliche Zusammensetzung aus 13 möglichen Genen. In der Abb. 22.**32** sind die **homologen Gene** von *Drosophila* und der Maus mit derselben Farbe gekennzeichnet. Entsprechende Gene verschiedener Cluster in einem Organismus werden **paraloge Gene** genannt: *Hoxa6, b6* und *c6* sind paraloge Gene, die homolog zu *Antp* sind. Aus Abb. 22.**30** ist zu entnehmen, dass homologe Homeodomänen verschiedener Arten (hier je 3 *Hoxa7, Hoxb7* und *Hoxc5*) untereinander ähnlicher sind, als die paralogen Sequenzen innerhalb einer Art.

Bei *Drosophila* lassen sich die HOM-C-Gene durch die Untersuchung von Expressionsmustern oder mutanten Phänotypen in ihrer Wirkungsweise bestimmten Segmenten zuordnen. Gibt es entsprechende Befunde auch bei der Maus? Im unteren Teil der Abb. 22.**32** ist ein Mausembryo dargestellt, in dem die **konsekutive anterior-posteriore Abfolge der Expression der *Hox*-Gene** 4 bis 9 eingezeichnet ist, und die Extrapolation dieser Expressionsdomänen auf die Wirbelsäule eines adulten Menschen.

Diese erstaunlichen Ähnlichkeiten im Expressionsmuster bestärken die Hypothese, dass das HOM-C-Cluster weit vor der evolutionären Tren-

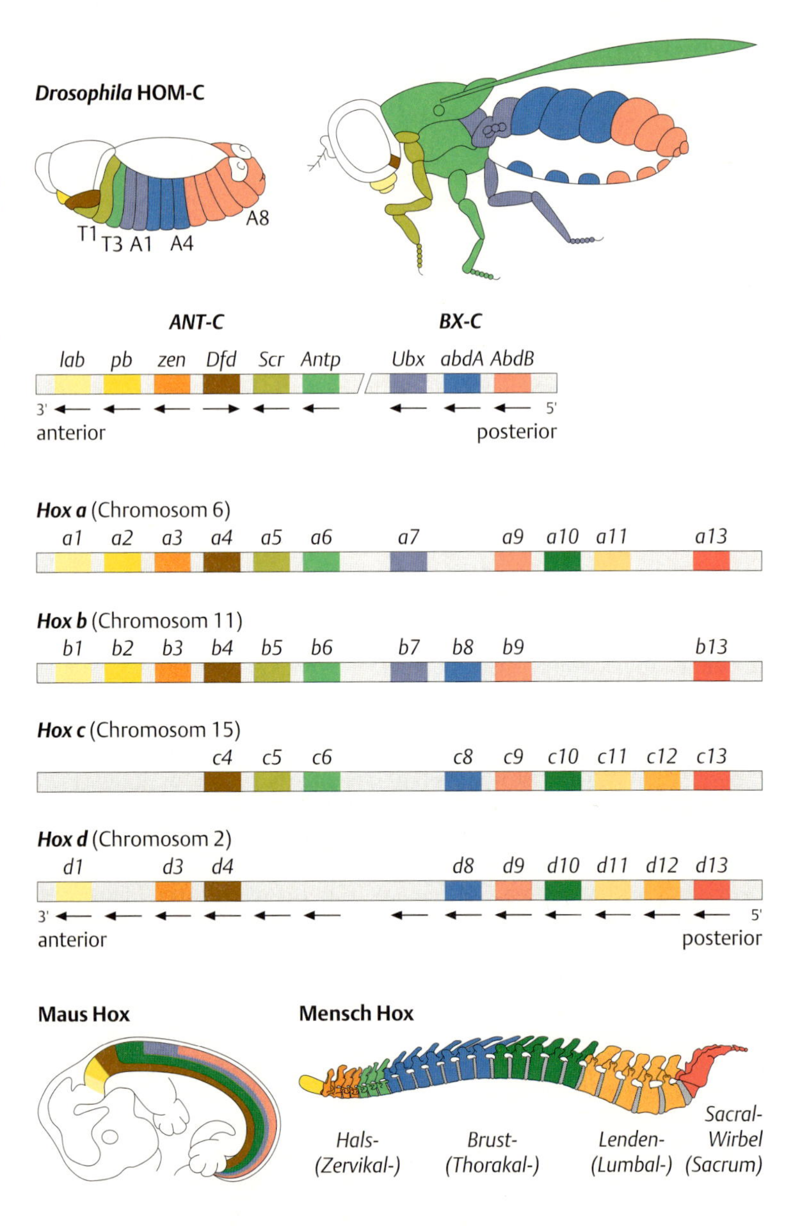

Abb. 22.32 HOM-C- und *Hox*-Cluster. Die homeotischen *Drosophila*-Gene des HOM-C-Clusters wirken in den Körpersegmenten von Larve und Fliege in derselben Reihenfolge wie sie auf dem Chromosom angeordnet sind (farblich markiert). Die Expressionsdomänen im Kopfbereich der Fliege sind nicht eindeutig zu begrenzen und daher hier nicht eingezeichnet. Bei der Maus gibt es die homologen Gene (und einige weitere) in mehrfacher Ausfertigung auf vier verschiedenen Chromosomen (*Hoxa* bis *d*), die als paraloge Gene bezeichnet werden. Die einzelnen *Hox*-Cluster enthalten unterschiedlich viele Gene. Der Mausembryo zeigt, dass die Kolinearität zwischen Genlokalisation auf dem Chromosom und Expression entlang der Körperachse den Verhältnissen bei *Drosophila* entspricht. Die Hox-Expressionsdomänen sind auf die Wirbelsäule eines adulten Menschen extrapoliert. Die Farben geben ungefähr die Bereiche an, die embryonal durch die entsprechenden *Hox*-Gene kodiert werden.

nung von Arthropoden und Vertebraten durch **Genduplikationen** entstanden sein könnte. Innerhalb der Vertebraten haben dann weitere Duplikationen der Cluster zu paralogen Gengruppen geführt, deren Funktionen sich geändert haben. Geblieben ist jedenfalls die Kolinearität von Genanordnung im Chromosom und sequenzieller Funktion entlang der Körperachse.

Die Kolinearität ist nicht nur innerhalb der gesamten Körperachse, sondern auch in einzelnen Strukturen, wie z. B. bei der **Entwicklung der Extremitäten** gegeben. Bei der Maus werden vom Schulterblatt bis zu den Fingern die *Hox*-Gene 9–13 konsekutiv exprimiert. In einer Doppelmutante, die homozygot für *Hoxa11*⁻ und *Hoxd11*⁻ ist, fehlen dementsprechend Elle und Speiche (Abb. 22.**33**).

22

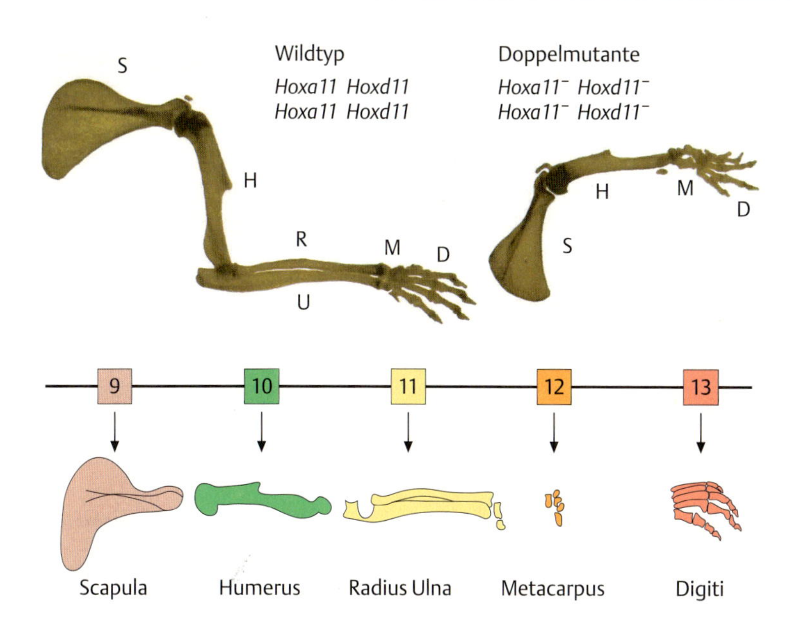

Abb. 22.33 *Hox*-Gene steuern die Entwicklung der Extremitäten. Während der Entwicklung der Vorder- und Hinterbeine der Maus werden die *Hoxa*- und *Hoxd*-Gene exprimiert. Dass im Wildtyp die Gene 9 bis 13 dieser Cluster die Normalentwicklung steuern, weiß man aus genetischen Experimenten. Der homozygoten Doppelmutante *Hoxa11⁻ Hoxd11⁻* fehlen Radius (Speiche) und Ulna (Elle). Scapula (Schulterblatt), Humerus (Oberarmknochen), Metacarpus (Mittelhand) und Digiti (Finger) werden durch die *Hox*-Gene *9*, *10*, *12* und *13* bestimmt [© Nature 1995. Davis, A.P., Witte, D.P., Hsiehli, H.M., Potter, S.S., Capecchi, M.R.: Absence of radius and ulna in mice lacking *hoxa-11* and *hoxd-11*. Nature *375* 791–795].

Homologe *Drosophila*- und menschliche Gene können sich in ihren Expressionsdomänen gegenseitig ersetzen, wie das folgende Experiment zeigt (Abb. 22.**34**). Das ***Drosophila*-Gen *Deformed*** wird im vorderen Kopfbereich des Embryos exprimiert, das ***Hoxb4*-Gen bei Maus und Mensch** ebenfalls in einer anterioren Region des Embryos. Wenn ein Hybridgen aus der *Dfd*-Kontrollregion von *Drosophila* und einem Reportergen (z.B. *lacZ* von *E. coli*) in das Mausgenom integriert wird, so findet man die Reporterexpression dort, wo auch das *Hoxb4*-Gen exprimiert wird. Umgekehrt findet man die Expression eines Reportergens, dem die menschliche *Hoxb4*-Kontrollregion vorgeschaltet wurde, im *Drosophila*-Embryo dort, wo das *Dfd*-Gen exprimiert wird.

Können Gene von *Drosophila* und Maus auch im jeweils anderen Organismus entsprechende Funktionen ausüben? Zumindest für ein Maus-

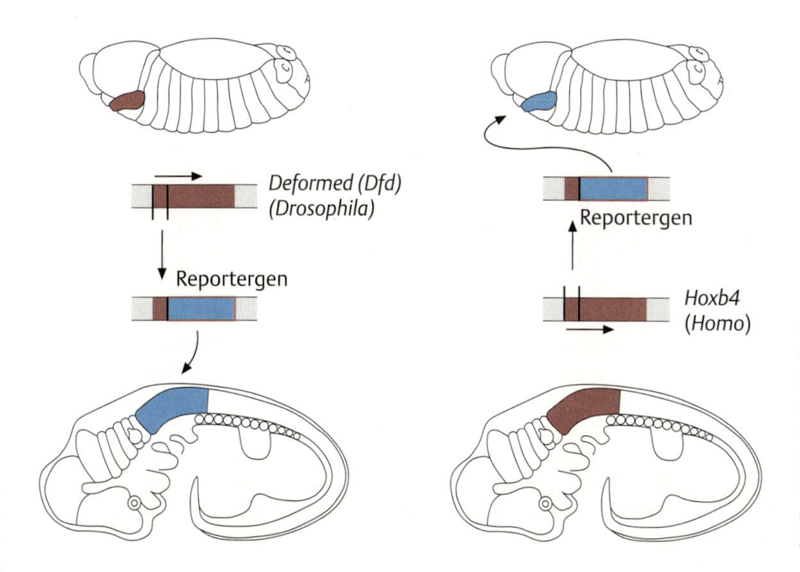

Abb. 22.34 Expressionsdomänen homologer Gene verschiedener Spezies entsprechen sich. *Dfd* und *Hoxb4* werden bei *Drosophila* und Säuger in anterioren Bereichen exprimiert. Ein Transgen mit der *Dfd*-Kontrollregion und einem Reportergen ist in der Maus am Ort der *Hoxb4*-Expression nachweisbar. Umgekehrt wird das Transgen aus der Kontrollregion des menschlichen *Hoxb4* und einem Reporter im *Drosophila*-Embryo in der Domäne von *Dfd* exprimiert.

a

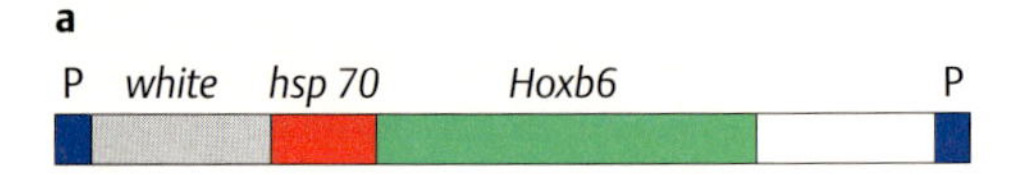

b d

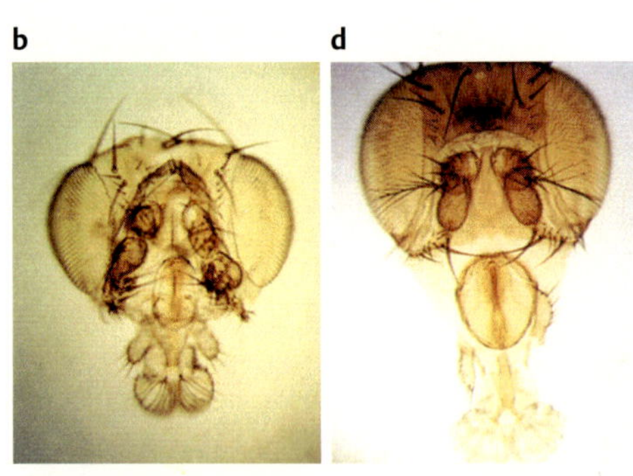

c e

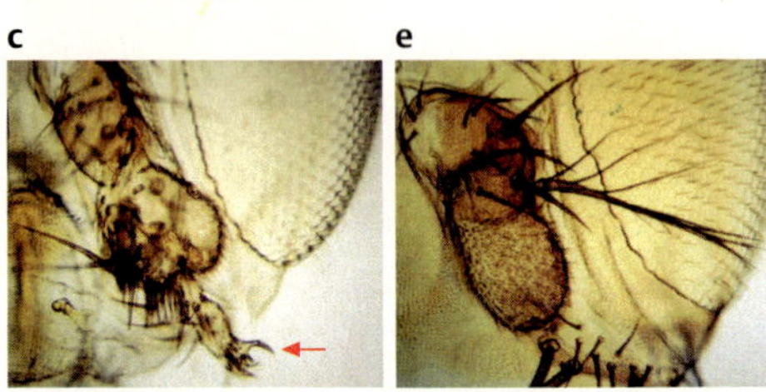

Abb. 22.35 Mausgen simuliert *Drosophila*-Gen.
a Fliegen werden mit einem P-Element-Vektor transformiert, der neben dem *white*-Gen zur Erkennung der erfolgreichen Transformation (s. Abb. 19.**24**, S. 291) das Hybridgen aus *Drosophila*-heat-shock-Promotor *hsp70* und dem Mausgen *Hoxb6* (*Drosophila-Antp*-Homolog) enthält. Werden wildtypische und transgene Embryonen und Larven Hitzeschocks ausgesetzt, so ergeben sich dramatische Effekte. In den transgenen Fliegen werden homeotische Transformationen induziert.
b,c Anstatt Antennen werden Beinstrukturen differenziert. Der Pfeil zeigt auf die Endstruktur eines *Drosophila*-Beins, die Klauen.
d,e Der Wildtyp bleibt durch den Hitzeschock unbeeinflusst [Bilder von W. McGinnis, La Jolla, s. Malicki et al. 1990].

gen, das in das *Drosophila*-Genom integriert wurde, konnte dies gezeigt werden (Abb. 22.**35**). Mit einem P-Element-Vektor, der den *Drosophila*-heat-shock-Promotor *hsp70* vor dem *Hoxb6*-Gen der Maus enthielt, wurden Fliegen transformiert. Nach Hitzebehandlung konnte in den transgenen Fliegen homeotische Transformation induziert werden: Statt der Antennen differenzierten die behandelten Fliegen Beinstrukturen! Das **Hoxb6-Gen ist homolog zu Antp** (s. Abb. 22.**32**). Seine Überexpression in der Fliege hat eine Überexpression von *Antp* zur Folge, also einen mutanten gain-of-function-Phänotyp.

Die Beispiele haben gezeigt, dass große **Ähnlichkeiten zwischen den Genen unterschiedlicher Spezies** nicht nur in der **Basensequenz** oder **Genstruktur**, sondern auch in ihrer **Funktion** bestehen. Da all diese Gene als Homeobox-Gene Transkriptionsfaktoren kodieren, bleibt die Herausforderung bestehen, die Genkaskaden der nachfolgenden Differenzierungs- oder Realisatorgene zu erforschen.

Zusammenfassung

- Die Achsen des *Drosophila*-Eis und -Embryos werden durch maternale Gene festgelegt, die als **Koordinatengene** bezeichnet werden.
- In der Oozyte sind in unterschiedlichen Positionen mRNAs lokalisiert, die in der Zygote translatiert werden. Durch Diffusion und Abbau werden von der Translationsquelle aus Proteingradienten aufgebaut, die morphogene Wirkungen zeigen. Unterschiedliche Proteinkonzentrationen entlang des Gradienten vermitteln den Zellkernen bzw. Zellen **Positionsinformation**.
- **Morphogene** im anterioren Bereich des Fliegenembryos sind die Proteine Bicoid und Hunchback, im posterioren Bereich Nanos und Caudal.
- Die dorso-ventralen Koordinaten werden durch den **Dorsal-Gradienten** bestimmt.
- Unter den zygotischen **Segmentierungsgenen** gibt es drei Gruppen, die aufgrund des allgemeinen Phänotyps der Mutationen als **Gap-Gene** (Lückengene), **Paarregelgene** und **Segmentpolaritätsgene** bezeichnet werden. Sie werden während der Embryogenese in dieser Reihenfolge aktiviert, überlappen aber räumlich und zeitlich.
- Das Ergebnis des Zusammenwirkens maternaler und zygotischer Gene ist eine Unterteilung des Embryos in der Längsrichtung in 14 gleichartige **Parasegmente** bzw. **Segmente**, die jeweils in ein anteriores und ein posteriores Kompartiment unterteilt sind. Auch in der dorso-ventralen Achse werden Bereiche unterschiedlichen Entwicklungsschicksals festgelegt.
- **Homeotische Gene** bestimmen das Entwicklungsschicksal einzelner Parasegmente bzw. Segmente bei *Drosophila*. Sie werden daher auch als **Selektorgene** oder **Kontrollgene** der Segmentdifferenzierung bezeichnet.
- Alle homeotischen Gene von *Drosophila* sind in den beiden Genkomplexen **ANT-C** und **BX-C**, zusammengefasst als **HOM-C**, lokalisiert, die auf einem Chromosom hintereinander angeordnet sind.

- Alle homeotischen Gene enthalten eine **Homeobox**-Sequenz. Die **Homeodomäne** bindet die Proteine spezifisch an die DNA.
- Homeoboxen gibt es in den Genomen vieler Arten. Bei Maus und Mensch gibt es zu HOM-C homologe Gene, die ebenfalls als so genannte **Hox-Cluster** angeordnet sind.
- Durch Genduplikation sind in der Evolution Cluster **paraloger Gene** entstanden. Bei Maus und Mensch sind es vier Cluster auf vier verschiedenen Chromosomen.
- HOM- und *Hox*-Gene werden im Embryo in derselben anterior-posterioren Reihenfolge exprimiert wie sie auf den Chromosomen angeordnet sind.
- Untersuchungen zeigen, dass sich HOM- und *Hox*-Gene in ihren Expressionsdomänen und ihrer Funktion gegenseitig ersetzen können

23 Genetik der Geschlechtsbestimmung II

Im Kap. 8 haben wir bereits erfahren, dass das Geschlecht häufig durch den Heterosomen-Genotyp bestimmt wird. Bei *Drosophila* wie beim Menschen ist das weibliche Geschlecht durch den XX-, das männliche durch den XY-Genotyp ausgezeichnet. Allerdings ist die Bedeutung der beiden Chromosomen unterschiedlich. Bei *Drosophila* ist die Anzahl der X-Chromosomen ausschlaggebend, beim Menschen das Vorhandensein oder Fehlen des Y-Chromosoms (s. Tab. 8.**1**, S. 77).

Nun wird uns die Frage weiterbeschäftigen, auf welche Art und Weise Gene die Entscheidung treffen, dass sich aus einem Embryo ein weiblicher Organismus entwickelt, aus einem anderen ein männlicher.

23.1 Geschlechtsspezifische Mutationen bei *Drosophila*

1X heißt also im normalen diploiden Genotyp männlich und 2X weiblich. Entscheidend für die Geschlechtsalternative ist aber das Verhältnis der X-Chromosomen zu den Autosomensätzen (X:A-Verhältnis, s. Tab. 8.**2**, S. 79). Wie kann man sich dann die von der **Genbalancetheorie** nach **Calvin Bridges** geforderten Mechanismen auf der Ebene von Genaktivitäten und Genprodukten vorstellen? Eine wichtige Grundlage zur Beantwortung dieser Frage sind Mutationen, die einen geschlechtsspezifischen Phänotyp zeigen. In der Tab. 23.**1** sind einige wichtige **geschlechtsspezifische Mutationen bei *Drosophila*** zusammengestellt.

Tab. 23.1 Geschlechtsspezifische Mutationen bei *Drosophila*

Genname	Symbol	Chromosom – Locus	Mutanter Phänotyp im Genotyp	
			XX	X
doublesex	*dsx*	3–48	intermediär ♂/♀	intermediär ♂/♀
transformer	*tra*	3–45	‚♂‘	♂
	tra		♀	‚♀‘
transformer2	*tra2*	2–70	‚♂‘	♂
	tra2^{ts} 16 °C		♀	♂
	tra2^{ts} 29 °C		‚♂‘	♂
Sex-lethal	*Sxl*	1–19,2		
	Sxl^{M}		♀	letal
	Sxl^{f}		letal	♂
male-specific-lethal-2	*msl-2*	2–9,0	♀	letal
	msl-2		letal	♂
sisterlessA	*sisA*	1–34,3	letal	♂
	Dp(sisA)		♀	letal
sisterlessB	*sisB*	1–0,0	letal	♂

Dp = Duplikation, Locus = Position in der Meiose-Genkarte, ‚♂‘, ‚♀‘ = sterile Pseudo-Männchen, -Weibchen, ts = temperatursensitiv. Fettgedruckte Symbole sind oder wirken als gain-of-function-, alle anderen als loss-of-function-Mutationen.

Man sieht, dass einige dieser Gene auf dem X-Chromosom, andere auf den Autosomen lokalisiert sind. Abgesehen von *doublesex* lassen sich die Phänotypen der loss-of-function-Mutanten (s. Kap. 7.4, S. 69) in zwei Gruppen einteilen: Solche, bei denen entweder nur der XX- (*tra, tra2, Sxl^f, sisA, sisB*) oder nur der X-Genotyp betroffen ist (*msl-2*). Die gain-of-function-Mutationen von *tra* und *msl-2* sowie *Sxl^M* und die *sisA*-Duplikation bewirken reziproke Effekte.

Bei den *transformer*-Mutanten entwickeln sich z. B. XY; *tra/tra*-Genotypen zu normalen Männchen, während XX; *tra/tra*-Embryonen zu Männchen transformiert werden, obwohl sie 2X-Chromosomen besitzen. Das ist so zu interpretieren: Männchen benötigen die Genprodukte der *tra^+*-Allele nicht; diese können also im mutanten Allel funktionslos sein. Wenn bei Weibchen allerdings das *tra^+*-Genprodukt Tra fehlt, werden sie in die männliche Entwicklung umgeleitet. Ist dagegen im XY; *tra/tra* gain-of-function-Genotyp das für die männliche Entwicklung nicht benötigte Tra vorhanden, entwickelt sich der weibliche Phänotyp.

Von *tra2* gibt es ein temperatursensitives Allel *$tra2^{ts}$*, bei dem sich XX; *$tra2^{ts}/tra2^{ts}$*-Tiere bei 16 °C zu Weibchen, bei 29 °C zu (Pseudo-)Männchen entwickeln. Diese umweltbedingte, phänotypische Geschlechtsbestimmung hat aber offensichtlich eine genetische Grundlage. Dieser Befund führt zu einer ganz allgemein gültigen Aussage:

Phänotypische Geschlechtsbestimmung ist immer genetisch determiniert. Umweltfaktoren wie die Bruttemperatur bei Alligatoren oder Hormone wie beim Wurm *Bonellia viridis* lösen Genkaskaden aus, die schließlich zur Differenzierung des einen oder anderen Geschlechts führen.

23.1.1 Die Genkaskade der somatischen Geschlechtsbestimmung bei *Drosophila*

Durch Kreuzungsexperimente lassen sich Doppelmutanten herstellen, deren Phänotyp Aufschluss darüber geben kann, welches der beiden Gene in einer angenommenen Kette von Genaktivitäten vor dem anderen seine Wirkung zeigt, d. h. epistatisch ist. Entsprechende Untersuchungen sind in vielen Fällen auch auf der Ebene der genabhängigen Moleküle möglich (s. Abb. 22.**13**, S. 366). Epistase-Untersuchungen haben jedenfalls dazu beigetragen, die Genkaskade der somatischen Geschlechtsbestimmung bei *Drosophila* aufzuklären.

Die Abb. 23.**1** zeigt die Genkaskade zunächst in der Übersicht, molekulare Regulationsmechanismen werden daran anschließend dargestellt. **Das Schlüsselgen ist *Sex-lethal* (*Sxl*).** Seine Aktivität bestimmt das weibliche, seine Inaktivität das männliche Geschlecht. Zugleich leitet *Sxl* auch den Prozess der Dosiskompensation ein: Im Männchen wird das einzige X-Chromosom hyperaktiviert.

Ob *Sxl* aktiviert wird (vereinfacht: *Sxl^{on}*) oder inaktiv bleibt (*Sxl^{off}*) hängt von der genetischen Interpretation des „**primären Signals**" ab, nämlich des **X:A-Verhältnisses.** Da die Fliegen im Normalfall diploid sind, lautet die Frage: Wie werden die X-Chromosomen im X:2A-Verhältnis gezählt? Erst in den letzten Jahren, also gut 70 Jahre nachdem Bridges die Balancetheorie aufgestellt hatte, wurde die Lösung gefunden: Es gibt Gene, die als X-Zähler wirken. Diese so genannten **Numeratoren (Zählergene)** sind auf dem X-Chromosom lokalisiert und daher in Weibchen zweimal, in Männchen nur einmal vorhanden. Vier dieser Gene wurden identifiziert: drei *sisterless*-Gene (*sisA, sisB, sisC*) und *runt* (*run*). Als autosomaler Gegenspieler oder **Denominator (Nennergen)** wurde *deadpan*

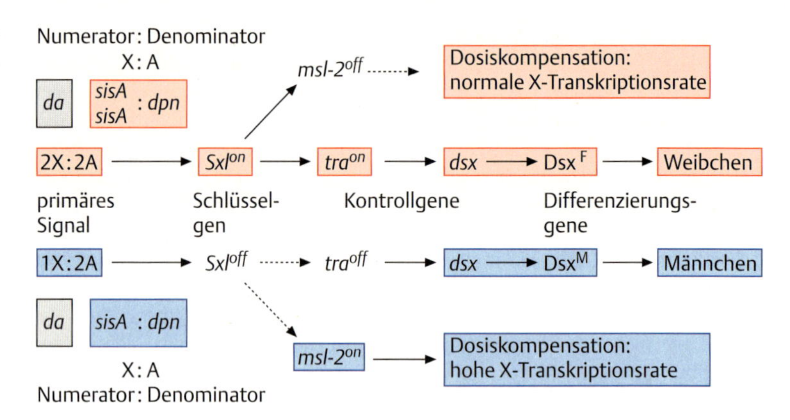

Abb. 23.1 Die Genkaskade der somatischen Geschlechtsbestimmung bei *Drosophila*. Erklärung s. Text. Zu den Gensymbolen s. Tab. 23.1.

(*dpn*) gefunden. Als **maternale Komponente** spielt *daughterless* (*da*) eine herausragende Rolle.

Sxl^{on} aktiviert untergeordnete Kontrollgene wie *tra* und *dsx*, das ein sog. Dsx^{F}-Protein (**fe**male) produziert. Dies wiederum führt zur Aktivität weiblicher Differenzierungsgene, über die man bisher sehr wenig weiß. Der Mechanismus zur X-Chromosom-**Hyperaktivierung als Dosiskompensation** bleibt abgeschaltet, weil das Gen *male-specific-lethal-2* (*msl-2*) durch *Sxl*^{on} nicht aktiviert werden kann.

Im Männchen dagegen wird *Sxl* nicht aktiviert. *Dsx* bildet ein sog. Dsx^{M}-Protein (**ma**le) und veranlasst damit die Aktivität männlicher Differenzierungsgene, die man noch nicht kennt. Durch *Sxl*^{off} wird andererseits *msl-2* nicht reprimiert und damit die Dosiskompensation eingeleitet, die zur Hyperaktivierung des X-Chromosoms der Männchen führt.

Mit diesem Schema können die Phänotypen einiger Mutanten erklärt werden. Loss-of function-Mutanten von *sisA* und *sisB* (s. Tab. 23.**1**) sind im XX-Genotyp letal, weil sie nicht als Numeratoren zur Aktivierung von *Sxl* beitragen können. Der Fehlweg führt aber auch nicht zur männlichen Differenzierung, sondern zur Letalität, weil die Gene beider X-Chromosomen hyperaktiv werden. Ähnlich ist es bei *msl-2*-Mutanten, bei denen der 1X-Genotyp letal ist, weil die Hyperaktivierung unterbleibt.

Von *Sxl* gibt es sowohl dominante (gain-of-function) wie rezessive (loss-of-function) Allele. ***Sxl***^{M} ist ständig (**konstitutiv**) im *Sxl*^{on}-Zustand und daher für den 1X-Genotyp letal. ***Sxl***^{f} ist **funktionslos** und daher letal für den XX-Genotyp. In beiden Fällen beruht die geschlechtsspezifische Letalität auf der fehlgeleiteten Dosiskompensation. *Sxl* wirkt also als Schalter für die geschlechtsspezifischen Entwicklungsvorgänge, einschließlich des Expressionsausgleichs X-chromosomaler Gene. Wenn in der Kaskade diese Hürde überwunden ist, kann es zur vitalen Geschlechtsumkehr kommen. Durch *tra*-Mutationen wird im XX-Genotyp ein steriles Pseudomännchen differenziert, die vorher eingestellte niedrige Transkriptionsrate bleibt aber erhalten.

23.1.2 Molekulare Organisation der Genkaskade

Die letztlich entscheidenden Genprodukte bei der Übertragung des primären Signals, des X:A-Verhältnisses, auf das **Schlüsselgen *Sxl*** sind die der Zählergene. Nur ihre Anzahl ist unterschiedlich im X- bzw. XX-Genotyp. Da sie auf dem X-Chromosom lokalisiert sind, kann dieser Unterschied aber nur vor der Entscheidung über die Dosiskompensation wirksam sein. Nur dann werden ihre Genprodukte (z. B. SisA, SisB) in Mengen hergestellt, die der Anzahl der Gene entsprechen, also im weiblichen Embryo doppelt soviel wie im männlichen.

Der Mechanismus, *Sxl* auf „on" zu schalten oder im „off"-Zustand zu belassen, ist in Abb. 23.**2** dargestellt. Im synzytialen Blastodermstadium (s. Abb. 21.**2**, S. 346), in dem der Embryo noch aus einer Zelle mit vielen Zellkernen besteht, sind etwa 2 Stunden nach Eiablage Numerator- und Denominatorgene aktiv. Sie produzieren Polypeptide, die miteinander Homo- und Heterodimere bilden können. Dazu kommt, dass auch das maternale Daughterless mit den Sis-Proteinen Heterodimere bildet. Von allen möglichen Dimeren sind nur die **Sis::Da-Heterodimere** in der Lage, als **Transkriptionsfaktoren** an den **frühen Promotor P_e** (establishment promoter) des *Sxl*-Gens zu binden. Aber nur im XX-Genotyp reicht die Menge dieser Dimeren aus, um P_e zu aktivieren. Vereinfacht kann man diesen Prozess auch als **Titrationseffekt** von Sis und Dpn beschreiben: Die Menge an Sis ist im XX-Genotyp doppelt so groß wie im X-Genotyp, während die Menge an Dpn konstant bleibt. Durch die Bildung der Sis::Dpn-Heterodimere bleibt daher nur im XX-Genotyp genügend Sis für die Bildung der Sis::Da-Heterodimere übrig.

Wenn P_e aktiviert ist, wird eine RNA aus 8 Exons und dazwischen liegenden Introns des *Sxl*-Gens transkribiert. Nach dem Spleißen wird an der mRNA ein funktionsfähiges Sxl-Protein translatiert. Die X-Embryonen dagegen bilden kein Sxl-Protein, da P_e nicht aktiviert wird.

Nach etwa einer weiteren Stunde der Entwicklung wird im zellulären Blastodermstadium (s. Abb. 21.**2**, S. 346) in allen somatischen Zellen der Embryonen beider späteren Geschlechter der **späte Promotor P_m** (maintenance promoter) des *Sxl*-Gens aktiviert, unabhängig davon, ob der Promotor P_e bereits aktiviert wurde oder nicht. Das Transkript enthält alle Exons und Introns. Die Grundeinstellung des Spleißens sieht vor, alle Exons aneinander zu fügen. Dies führt im X-Genotyp dazu, dass die Translation nach Beginn im Exon 1' bereits im Exon 3 wegen des Stopcodons UGA abbricht und daher auch kein funktionsfähiges Sxl-Protein synthetisiert wird. Im XX-Genotyp dagegen wird das Spleißen durch das bereits vorhandene Sxl-Protein entscheidend beeinflusst: Mit seiner RNA-bindenden Eigenschaft verhindert es die Integration des Exons 3 in die mRNA. Es wird Sxl-Protein gebildet (s. a. Kap. 17.2.3, S. 231).

Durch das **differenzielle Spleißen** kommt es zu einem klaren Unterschied zwischen weiblicher Entwicklung mit Sxl-Protein und männlicher Entwicklung ohne Sxl. Wie aber wird diese Situation aufrecht erhalten und bis zur Differenzierung der Phänotypen beibehalten? Aktiv in dieser Beziehung ist der XX-Genotyp. Durch eine **autoregulative Rückkopplungsschleife** sorgt das Sxl-Protein dafür, dass es in jeder XX-Zelle vom Blastodermstadium bis zum Tod der Fliege vorhanden ist (siehe Abb. 23.**2**).

In der Genkaskade (s. Abb. 23.**1**) folgen die Gene **tra** und **dsx**, deren Aktivität von Sxl direkt oder indirekt abhängt. Die Synthese von **Tra-Protein** im XX-Genotyp wird durch das Vorhandensein von Sxl-Protein gewährleistet. Auch hier erfolgt die Regulation posttranskriptional durch Einflussnahme auf das Spleißen: Wenn Sxl verfügbar ist, wird das Exon 2 nicht in die mRNA übernommen und Tra-Protein kann gebildet werden (Abb. 23.**3**). Dieses Protein ist zusammen mit Tra2 entscheidend für einen weiteren Spleißvorgang: Es stoppt die Exon-Zusammenfügung nach Exon 4 des **dsx-Gens**. Dadurch wird aus den Exons 1–4 der mRNA ein Dsx^F-Protein synthetisiert.

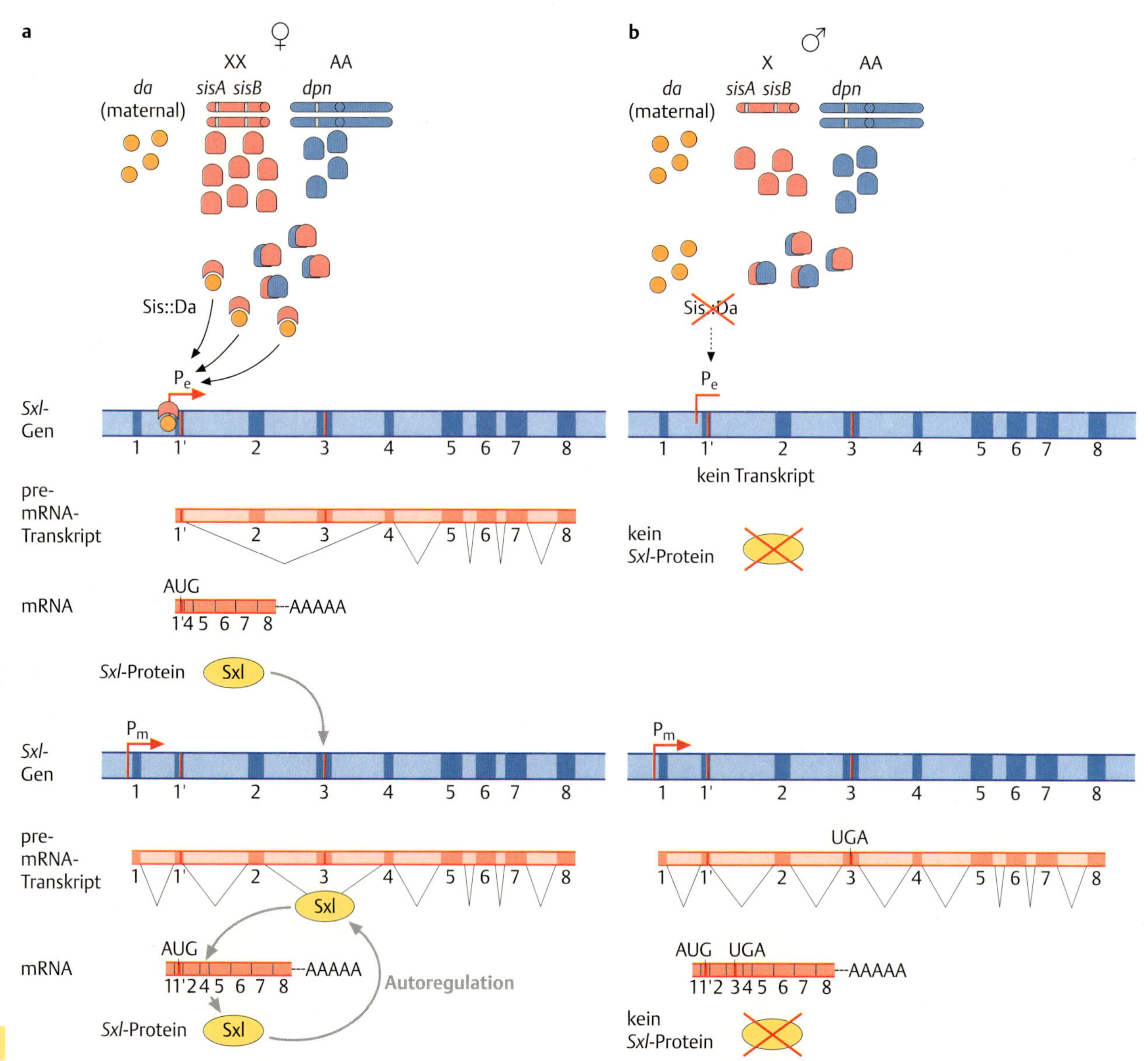

Abb. 23.2 ***Sxl* und das X:A-Verhältnis bei *Drosophila*.** Die Numeratorproteine SisA und SisB liegen im 2X-Embryo (**a**) in doppelter Menge pro Zelle vor wie im 1X-Embryo (**b**). Diese Proteine bilden sowohl untereinander (hier nicht gezeigt) als auch mit dem Produkt des autosomalen Denominatorgens *deadpan* (*dpn*) Dimere. Außerdem werden Sis::Da-Heterodimere gebildet. Nur sie sind in der Lage, den frühen Promotor (P_e) des *Sxl*-Gens zu aktivieren: es wird Sxl-Protein gebildet (**a**). Nach Aktivierung des späten Promotors (P_m) des *Sxl*-Gens in allen Zellen der 2X- wie 1X-Embryonen sorgt das bereits vorhandene Sxl im 2X-Embryo dafür, dass beim Spleißen das Exon 3 nicht in die mRNA übernommen wird. Das so gebildete Sxl setzt die Autoregulation der Sxl-Produktion in Gang, die bis zum Tod der adulten Fliege anhält. Weitere Erklärung im Text.

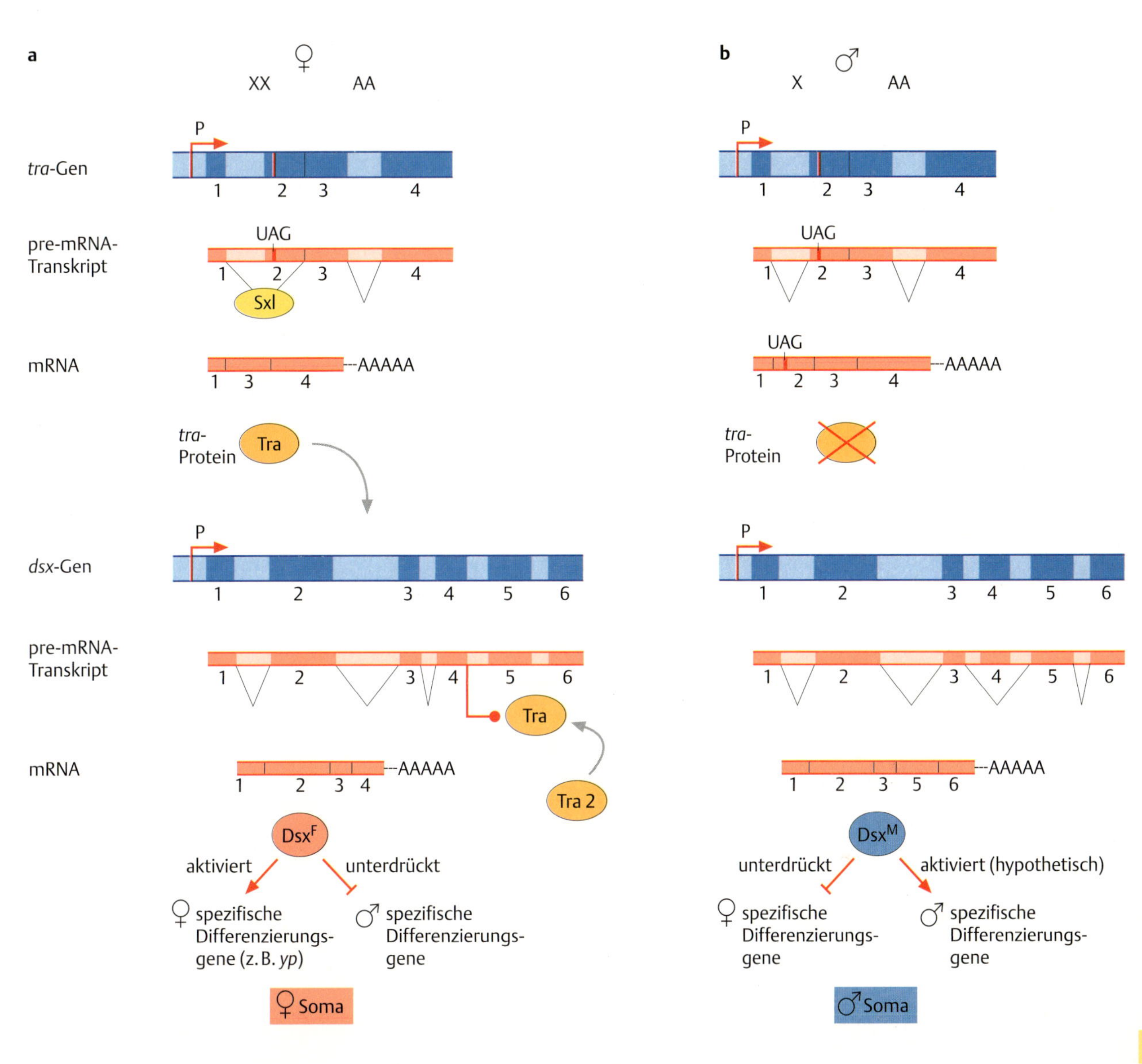

Abb. 23.3 Die Regulation der Gene *transformer* und *doublesex*.
a Im XX-Genotyp muss Tra-Protein gebildet werden, damit das *dsx*-Gen Dsx^F exprimiert und die Entwicklung in die weibliche Richtung lenken kann.
b Im 1X-Embryo gibt es kein Sxl, und das UAG-Codon veranlasst den Abbruch der Translation von Tra. Daher wird ein anderes Dsx-Protein, nämlich Dsx^M gebildet.

Im X-Genotyp wird kein Tra-Protein gebildet, da Sxl fehlt und daher Exon 2 mit einem Stopcodon UAG in die mRNA integriert wird. Dadurch nimmt das Spleißen am *dsx*-Locus einen anderen Verlauf: Mit der mRNA aus den Exons 1–6 ohne 4 wird ein Dsx^M-Protein gebildet.

Das Ergebnis: Alle **XX-Zellen synthetisieren Dsx^F** und alle **X-Zellen Dsx^M**. Die Genkaskaden sollten nun weitergehen und spezifisch weibliche oder männliche Differenzierungsgene aktivieren, die zu den Geschlechtsphänotypen führen. Hier müssen wir feststellen, dass kaum Gene dieser Kategorie bekannt sind, mit Ausnahme derjenigen Gene, die für die **Dotterproduktion** in Weibchen (*yolk protein, yp*) zuständig sind.

Allgemein kann man feststellen, dass Dsx^F und Dsx^M die Genaktivität zur Differenzierung in die jeweils andere geschlechtliche Entwicklung hemmen. Die bisher bekannte Ausnahme ist die Förderung der Transkription der *yp*-Dottergene in Weibchen durch Dsx^F.

Die Genkaskade bestimmt die Differenzierung des somatischen Geschlechts, nicht aber die Differenzierung der Keimbahn. Das Wissen, unter welchen Bedingungen sich Eier oder Spermien entwickeln, ist noch sehr lückenhaft. Das X:A-Verhältnis spielt auch hier eine wichtige Rolle, ebenso wie *Sxl*, das aber in der Keimbahn nicht als Schlüsselgen agiert.

23.1.3 Molekulare Steuerung der Dosiskompensation

Bei *Drosophila* wird die unterschiedliche Dosis X-chromosomaler Gene durch die **Hyperaktivierung des X-Chromosoms des Männchens** ausgeglichen (s. Tab. 8.**3**, S. 80). Dabei spielt wiederum das Schlüsselgen *Sxl* eine entscheidende Rolle (s. Abb. 23.**1**).

Für die erhöhte Transkriptionsrate der Gene des männlichen X-Chromosoms werden die Proteine von 5 Genen benötigt, die als „**m**ännchen**s**pezifische **L**etalgene" (*msl*) bezeichnet werden: *msl-1*, *msl-2*, *msl-3* (*male-specific-lethal*), *mle* (*maleless*) und *mof* (*males-absent-on-the-first*). Eine Nullmutation in einem dieser Gene ist für Männchen letal, für Weibchen bleibt sie ohne Auswirkung (s. Tab. 8.**3**). Erstaunlicherweise werden vier dieser Gene in beiden Geschlechtern exprimiert. Nur das Gen *msl-2* ist ausschließlich in Männchen aktiv. Wie es dazu kommt, ist in der Abb. 23.**4** dargestellt.

Das *msl-2*-Transkript hat mehrere Bindungsstellen für das Protein Sxl, und zwar in den 5'- und 3'-UTRs (s. Abb. 15.**8**, S. 181). Durch Bindung von Sxl an diese RNA wird dessen Translation verhindert: In Weibchen gibt es also kein Msl-2-Protein. In Männchen dagegen entsteht eine mRNA und an ihr wird das Msl-2-Protein synthetisiert. Msl-2 bildet zusammen mit den vier Proteinen Msl-1, Msl-3, Mle und Mof den **Multiproteinkomplex Msl**, der an Hunderten spezifischer Stellen entlang des X-Chromosoms bindet (Abb. 23.**4c, d**). An exakt denselben Stellen binden aber auch zwei RNA-Moleküle, die von den Genen *rox1* und *rox2* (*RNA-on-X*) kodiert werden. Der Msl-Komplex zusammen mit diesen RNAs wird als **Compensasom** bezeichnet.

Das Compensasom entsteht aber nur, wenn alle fünf Proteine des Msl-Komplexes verfügbar sind. Daher fehlt es in Weibchen, und deswegen wird es in Männchen nicht gebildet, die für eines der *msl*-Gene mutant sind. Wie es durch die chromosomale Bindung des Compensasoms zur Hyperaktivierung der Transkription kommt, ist weitgehend ungeklärt.

23.1.4 Zellautonomie der Geschlechtsbestimmung bei *Drosophila*

Bei den Insekten ist sowohl die Entscheidung über das Geschlecht als auch die geschlechtsspezifische Differenzierung zellautonom, d. h. jede einzelne Zelle entscheidet für sich allein. Woher weiß man das?

Bei Schmetterlingen, Käfern und Fliegen kann man in der Natur Tiere finden, die aus männlich wie aus weiblich differenzierten Zellen bestehen. Man bezeichnet diese **genetischen Mosaike** als **Gynander**. Es sind seltene Exemplare, weil ihre Entstehung auf einem Mitosefehler in der Frühentwicklung beruht. Stellen wir uns einen XX-Embryo von *Drosophila* vor, bei dem bei einer der frühen Kernteilungen (s. Abb. 21.**2**, S. 346) ein X-Chromosom verloren geht und dadurch ein X0-Zellkern entsteht. Durch weitere Kernteilungen – und ab dem Blastodermstadium Zellteilungen – wird aus dem X0-Zellkern ein X0-Zellklon entstehen, der genetisch männlich ist.

Bei *Drosophila* kann man Gynander mit Hilfe eines speziellen X-Chromosoms erzeugen und so eine Vielzahl von Mosaiktieren analysieren. In

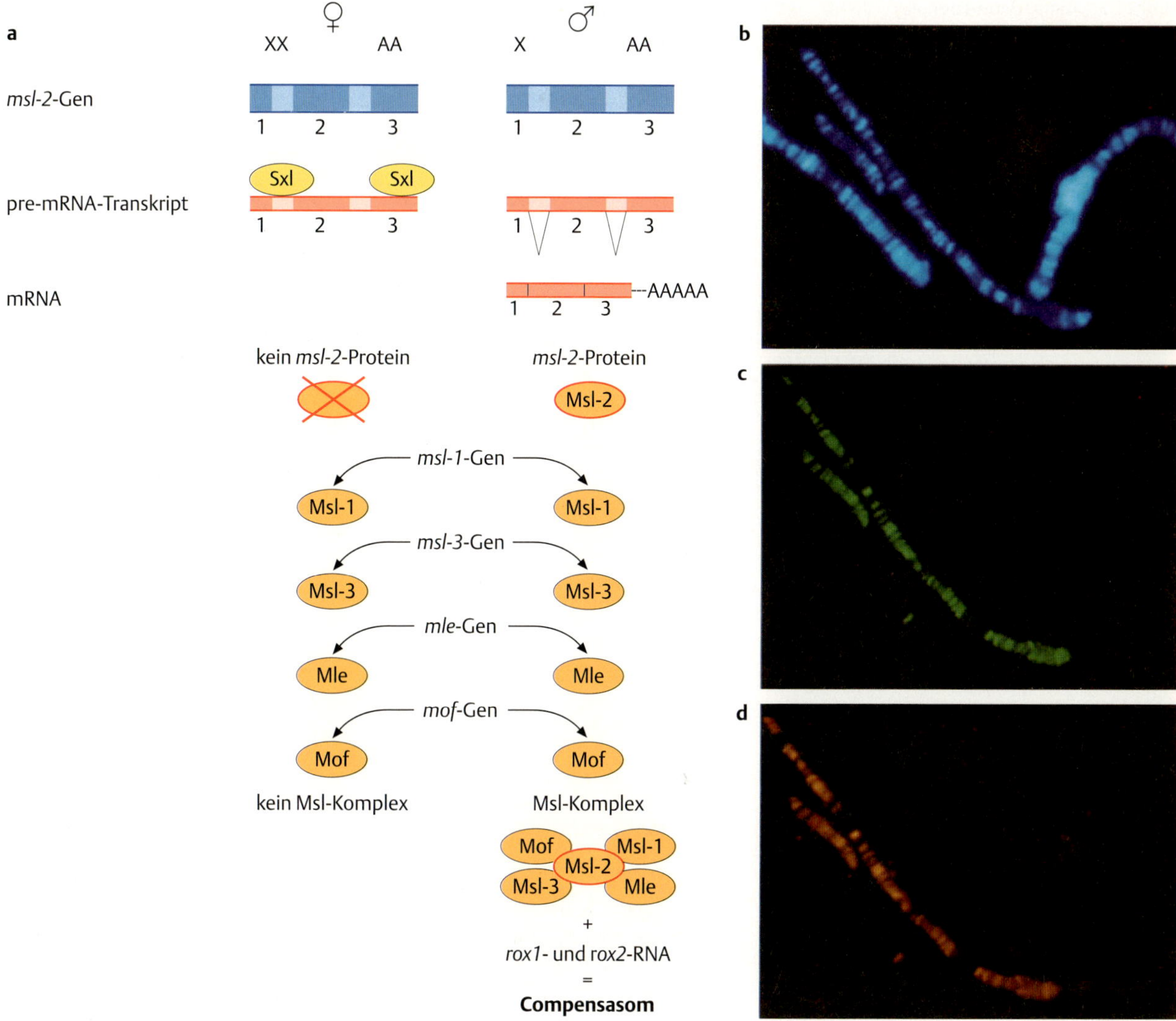

Abb. 23.4 Das Compensasom und die Dosiskompensation.
a Durch das Compensasom, das aus dem Msl-Komplex und den beiden RNAs von *rox1* und *rox2* besteht, wird im 1X-Genotyp die Hyperaktivierung der Gene des X-Chromosoms sichergestellt.
b DNA-Färbung von Polytänchromosomen eines Wildtyp-Männchens.
c Die Antikörperfärbung mit Anti-Msl-1 zeigt viele Markierungen entlang des X-Chromosoms.
d Wird die Färbung gleichzeitig mit Anti-Msl-1 und Anti-Msl-2 durchgeführt, sind dieselben Stellen des X-Chromosoms markiert. Im XX-Weibchen findet man diese gefärbten Stellen nicht.
Die in **b** sichtbaren Autosomen bleiben in **c** und **d** ungefärbt. Weitere Erklärung und zu den Abkürzungen der Gennamen s. Text [a nach Schütt und Nöthiger 2000, b–d © Development 1995. Bashaw, G. J., Baker, B. S.: The *msl-2* dosage compensation gene of *Drosophila* encodes a putative DNA-binding protein whose expression is sex specifically regulated by *Sex-lethal*. Development *121* 3245–3258].

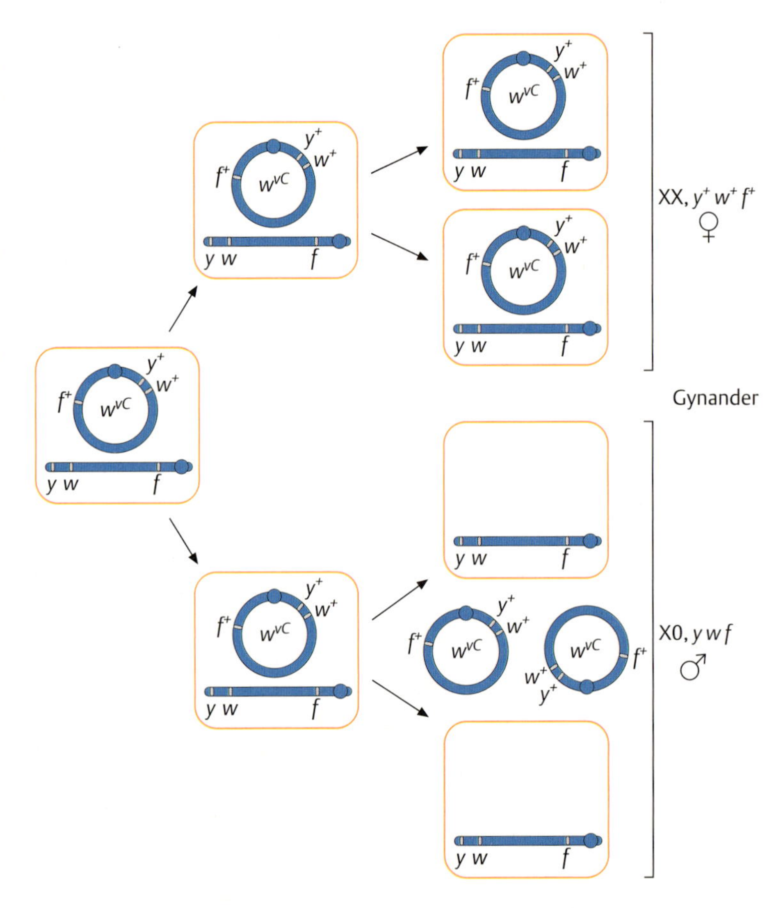

Abb. 23.5 Gynanderentstehung durch Verlust eines X-Chromosoms. Gynander entwickeln sich aus XX-Zygoten. In der Laborgenetik kennt man ein spezielles ringförmiges X-Chromosom, das die Eigenschaft hat, häufig verloren zu gehen. Wenn dieses Chromosom, das mit dem w^{vC}-Allel (*white-variegated-of-Catcheside*, s. Kap. 11.4, S. 117) markiert ist, mit einem stabförmigen X-Chromosom mit den Allelen *y*, *w* und *f* in einen Zygotenkern gelangt, kann ein Gynander entstehen. Wenn z. B. während der 2. Mitose das Ringchromosom nicht mitverteilt wird, gibt es neben 2 XX-Kernen auch 2 X0-Kerne. Der Gynander wird also je zur Hälfte aus weiblichen y^+ w^{vC} f^+- und männlichen y w f-Blastodermzellen bestehen. Erklärungen zu den Gensymbolen in Tab. 23.**1**.

Abb. 23.**5** ist die Entstehung eines Gynanders dargestellt, die auf dem Verlust des speziellen Ring-X-Chromosoms w^{vC} beruht. Mit variabler Wahrscheinlichkeit wird dieses Chromosom mitotisch nicht verteilt, sondern fehlt dann in beiden Tochterkernen. Es entwickelt sich ein Gynander, dessen XX-Anteile wildtypisch und dessen X0-Anteile phänotypisch mit y w und f markiert sind. Die Verteilung dieser Anteile auf dem Körper einer Fliege kann sehr unterschiedlich sein (Abb. 23.**6a**).

Bei einzelnen Gynandern kann man den y f X0-Phänotyp an jeder einzelnen Borste erkennen (Abb. 23.**6b–d**). Besonders interessant sind diejenigen Körperbereiche, in denen die beiden Geschlechter unterschiedlich differenziert sind. Beispielsweise sind die Tergite 5 und 6 bei Weibchen und Männchen unterschiedlich gefärbt. In Gynandern stimmt dies mit dem y f-markierten XX- bzw. X0-Phänotyp überein (Abb. 23.**6c**). Noch überzeugender ist diese Übereinstimmung in mosaiken Analien und Genitalien (zusammengefasst: Terminalien) zu erkennen: Alle männlichen Strukturen sind y f und alle weiblichen sind wildtypisch, das Tergit 7 wird im Weibchen differenziert, im Männchen fehlt es (Abb. 23.**6d**).

Das bedeutet, dass jede einzelne Zelle das Geschlecht entsprechend ihrem Genotyp wählt und differenziert, d. h. die **Geschlechtsdifferenzierung ist zellautonom**. Allerdings muss diese Entscheidung vor dem Beginn der Dosiskompensation erfolgen. Geschieht der Verlust eines

X-Chromosoms später, wird die X0-Zelle absterben, weil die Gene des alleinigen X-Chromosoms nur mit normaler Rate transkribiert werden.

23.2 Die Genkaskade der somatischen Geschlechtsbestimmung bei *Caenorhabditis*

Die Genkaskade zur **somatischen Geschlechtsbestimmung** bei ***Caenorhabditis elegans*** ist derjenigen von *Drosophila* formal recht ähnlich. Auch hier gibt es das primäre X:A-Signal, das Numeratoren an ein Schlüsselgen vermitteln. Dieser wie auch weitere Schritte kommen jedoch nicht durch Genaktivierung, sondern durch Hemmung von Transkription und/oder Translation zustande. Bei beiden Arten wird am Beginn der jeweiligen Genkaskade dosisabhängiges **Numeratorprotein** synthetisiert – viel im XX-, wenig im X0-Genotyp. Bei ***Drosophila*** reicht die Menge des Proteins im X-Genotyp nicht aus, um das **Schlüsselgen** *Sxl* zu **aktivieren**; bei ***Caenorhabditis*** dagegen ist die Menge des entsprechenden Proteins zu gering, um das Schlüsselgen *xol-1* (***X0**-**l**ethal*) zu **hemmen**.

In der Folge wird im **Zwittergenotyp XX** von *Caenorhabditis* das Schlüsselgen *xol-1* durch die Genprodukte der Numeratoren *sex-1* (***s**ignal-**e**lement-on-**X***) und *fox-1* (***f**eminizing-l**o**cus-on-**X***) so gehemmt, dass im XX-Genotyp wenig, im X0-Genotyp dagegen viel Xol-1-Protein gebildet wird (Abb. 23.**7**). Denominatorgene sind bisher nicht gefunden worden. Sie müssen jedoch existieren, weil man weiß, dass auch bei *Caenorhabditis* das X:A-Verhältnis wichtig ist. *Xol-1* entscheidet nicht wie *Sxl* bei *Drosophila* direkt über geschlechtliche Differenzierung und Dosiskompensation, sondern benutzt dazu eine in der Kaskade folgende Gruppe von Schaltergenen. Diese ***s**ex-**d**etermination-and-dosage-**c**ompensation*(*sdc*)-Gene können im XX-Genotyp aktiv werden, weil Xol-1 fehlt und sie nicht hemmen kann. Sie sorgen einerseits mit Hilfe der *dumpy*-Gene (*dpy*) für die Regulation der Dosiskompensation, d. h. der **Hypoaktivierung beider X-Chromosomen**. Andererseits wird *her-1* (*hermaphrodization*) gehemmt, wodurch *tra-2* und *tra-3* (*transformer*) aktiv werden können und ihrerseits die *fem*-Gene (*feminization*) hemmen. Durch das aktive *tra-1* wird dann die Entwicklung zum Hermaphroditen eingeleitet, den man funktional auch als Weibchen mit zusätzlicher Spermatogenese betrachten kann. Die Spermien werden bereits im Larvenstadium differenziert und bis zum Adultstadium aufgehoben, in dem nur noch Oogenese stattfindet.

Damit aus dem **X0-Genotyp** ein **Männchen** wird, muss *xol-1* aktiv sein, wodurch einerseits *her-1* ebenfalls aktiv ist und die Entwicklung zum Männchen steuert, andererseits die Regulation der Dosiskompensation über die *sdc*- und *dpy*-Gene unterbleibt.

Funktionslose Allele am *xol-1*-Locus (Nullallele) sind letal für den männlichen X0-Genotyp, weil die Transkriptionsrate des einzelnen X-Chromosoms auf die Hälfte der normalen Aktivität eingestellt wird. Mutanten der *sdc*-Gene entwickeln sich dagegen zu lebensfähigen X0-Männchen, während sie für XX-Genotypen letal sind.

23.2.1 Molekulare Mechanismen der Geschlechtsbestimmung und Dosiskompensation bei *Caenorhabditis*

Wie wird die Differenzierung von Männchen und Hermaphroditen auf der Ebene der Genprodukte gesteuert? In der Abb. 23.**8** ist die Übertragung des primären Signals auf das Schlüsselgen dargestellt. Dabei hem-

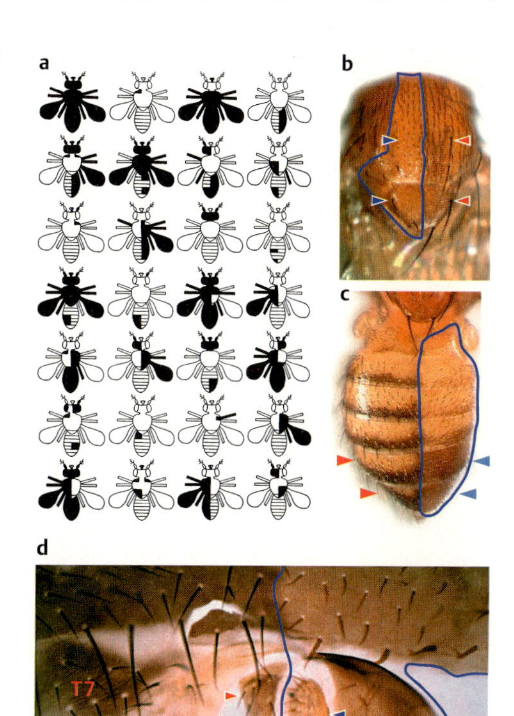

Abb. 23.6 Verteilung der männlichen und weiblichen Gewebe in adulten Gynandern. a Die Verteilung von weiblichen XX- (weiß) und männlichen X0-Zellen (schwarz) ist bei Gynandern sehr unterschiedlich, sowohl bezüglich der Anteile als auch der Muster. **b–d** Details adulter Gynander, bei denen einige wildtypische XX-Bereiche mit roten, die *y f* X0-Bereiche mit blauen Pfeilspitzen und mit blauer Umrandung markiert sind. **b** Thorax mit einem Streifen X0-Zellen in der linken Hälfte. **c** Rechte Hälfte des Abdomens mit y f-Phänotyp und männlicher Pigmentierung der Tergite 5 und 6. **d** Im Bereich der äußeren Terminalien eines Gynanders gibt es die Übereinstimmung von wildtypischem Borsten- und Kutikula-XX-Phänotyp mit der Differenzierung weiblicher Strukturen einerseits und die Übereinstimmung von y f Borsten- und Kutikula-X0-Phänotyp mit der Differenzierung männlicher Strukturen andererseits. Die beiden oberen Pfeilspitzen zeigen auf die weiblichen bzw. männlichen Analplatten, die unteren Pfeilspitzen auf die weibliche Vaginal- bzw. männliche Lateralplatte. Das 7. Tergit (T7) wird nur bei Weibchen ausdifferenziert, bei Männchen ist es in die Genitalien integriert [a aus Janning 1978, b, c Bilder von Robert Klapper, Münster].

Abb. 23.7 Somatische Geschlechtsbestimmung bei *Caenorhabditis*. Formal ist die Genkaskade ähnlich derjenigen von *Drosophila*. Der wesentliche Unterschied liegt darin, dass hier nicht Genaktivierung, sondern im Gegenteil Unterdrückung oder Hemmung zu Entscheidungen führt. Für weitere Erklärungen zu Gennamen und Symbole s. Text.

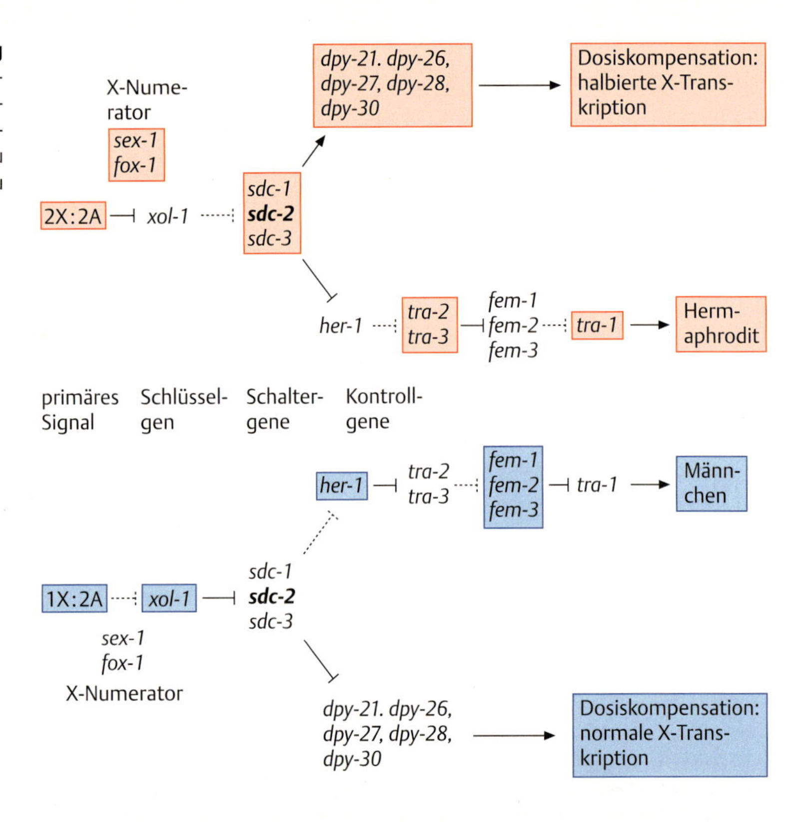

men die beiden Numeratoren *sex-1* und *fox-1* die Produktion von Xol-1-Protein. Sex-1 besitzt eine DNA-bindende Domäne und wirkt als Transkriptionsrepressor auf *xol-1*. Dadurch wird weniger pre-mRNA-Transkript synthetisiert, dessen Menge durch das RNA-bindende Protein Fox-1 während des Spleißens weiter verringert wird. Im X0-Genotyp reichen die Mengen an Sex-1 und Fox-1 nicht aus, um **Transkription** und **Translation** zu **hemmen**. Der Unterschied zwischen den Geschlechtern ist also auf dieser Ebene quantitativ: wenig Xol-1 im XX- und viel Xol-1 im X0-Genotyp.

Durch viel Xol-1 oder wenig Xol-1 wird aber nicht direkt der männliche oder weibliche **Weg der Geschlechtsdifferenzierung** bestimmt, sondern wiederum **durch Hemmung** der Produktion einer Reihe von Proteinen. Die zugehörigen Gene sind die *sdc*-Gene, von denen drei bekannt sind (Abb. 23.**9**). Unter diesen Schaltergenen spielt *sdc-2* die wichtigste Rolle. Wird seine Aktivität im X0-Genotyp durch Xol-1 gehemmt, so bleibt einerseits die Transkriptionsrate der X-chromosomalen Gene normal, andererseits kann das *her-1*-Gen aktiv sein, was schließlich zur Differenzierung eines Männchens führt. Gibt es wenig Xol-1, so kann im XX-Genotyp Sdc-2-Protein, und in der Folge auch Sdc-3 synthetisiert werden. Diese beiden Proteine bilden mit zumindest einem weiteren Protein einen Komplex, der als Transkriptionsfaktor an den Promotor des autosomalen Gens *her-1* bindet und seine Aktivität hemmt. Durch die Aktivität der *tra*-Gene wird sich ein Hermaphrodit entwickeln. Die Halbierung der Transkriptionsrate der Gene des X-Chromosoms wird ebenfalls von Sdc-2 initiiert; es bildet mit Sdc-3, einigen Dpy- und anderen Proteinen einen Komplex, der an die X-Chromosomen bindet, wobei die Bindungsstelle(n) von Sdc-2 aufgespürt werden. Im X0-Genotyp feh-

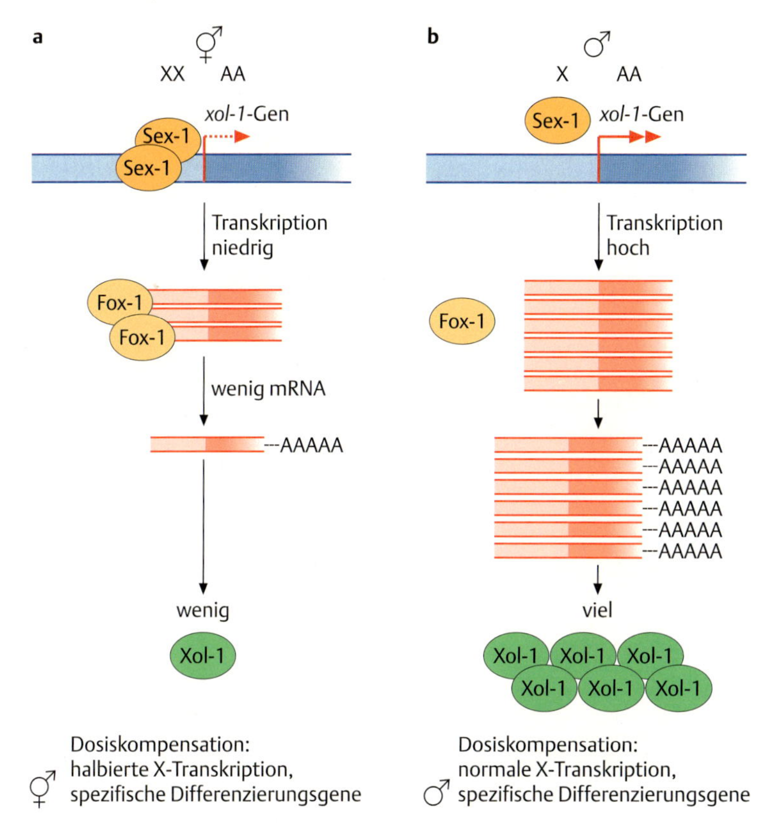

Abb. 23.8 Das primäre Signal und *xol-1*.
a Die 2X-Menge an Sex-1 reicht zur Hemmung der Transkription von *xol-1* aus: Es gibt weniger Transkripte als im X-Genotyp. In einem 2. Hemmschritt verringert Fox-1 im XX-Genotyp die gebildete Menge an funktioneller mRNA.
b Im X-Genotyp bleibt das Spleißen unbeeinflusst durch Fox-1 [© Elsevier 2000. Meyer, B.J.: Sex in the worm – counting and compensating X-chromosome dose. Trends Genet *16* 247–253].

len Sdc-2 und Sdc-3, so dass kein bindungsfähiger Komplex zustande kommt.

23.3 Geschlechtsbestimmung bei Säugern

Im Gegensatz zu *Drosophila* und *Caenorhabditis* sind die genetischen Mechanismen von Dosiskompensation und Geschlechtsbestimmung bei den Säugern voneinander getrennt.

Die Differenzierung des Geschlechts geschieht in zwei Schritten:

1. **Differenzierung der Gonaden**: unter dem Einfluss des *SRY*-Gens auf dem Y-Chromosom (s. Kap. 8.2, S. 78) und weiteren Genen werden Hoden, ohne *SRY*-Gen Ovarien entwickelt.
2. Differenzierung des **Geschlechtsphänotyps unter hormoneller Steuerung**, also keine zellautonome Entwicklung wie z.B. bei *Drosophila*.

Dieses Prinzip ist in Abb. 23.**10** dargestellt. Es beginnt damit, dass sich aus dem Mesoderm eine noch undifferenzierte Gonade entwickelt. Dafür sind prinzipiell zwei Gene wichtig, nämlich *WT1* (*Wilms Tumor 1*) und *SF1* (*steroidogenic-factor-1*). Die Entscheidung, welche geschlechtliche Richtung die Gonadenentwicklung nimmt, trifft das *SRY*-Gen. Ist es vorhanden und aktiv, wird die Hodenentwicklung eingeleitet, fehlt es, wird die Grundeinstellung zur Ovarentwicklung eingeschlagen. Dabei ist die Gonadenentwicklung unabhängig von dem Vorhandensein von Keimzellen: Sie findet auch ohne Keimbahnzellen statt.

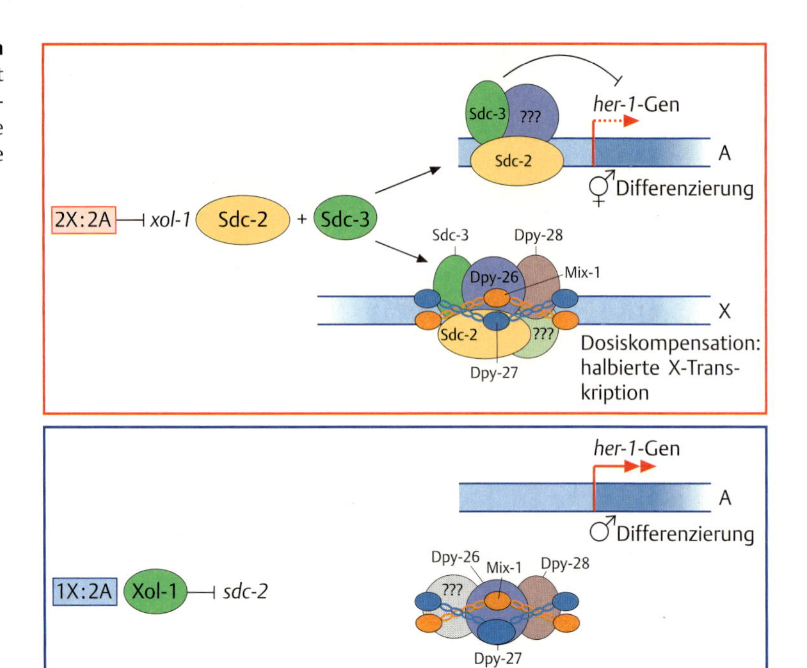

Abb. 23.9 Geschlecht und Dosiskompensation bei *C. elegans*. Welches Geschlecht differenziert wird, hängt von der Aktivität des Gens *her-1* ab. Erklärung im Text [© Elsevier 2000. Meyer, B. J.: Sex in the worm – counting and compensating X-chromosome dose. Trends Genet *16* 247–253].

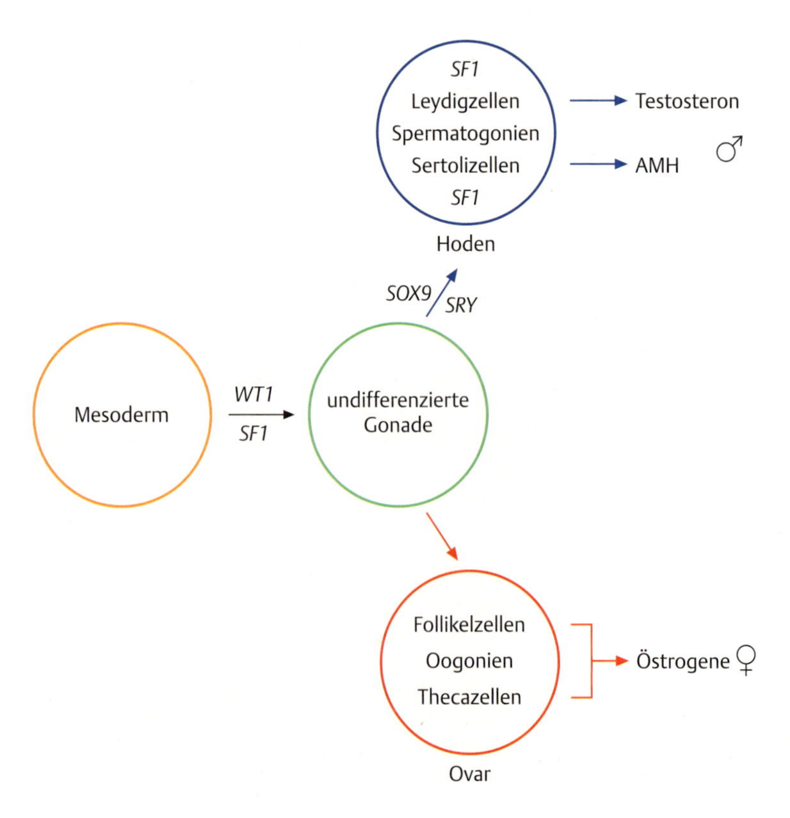

Abb. 23.10 Gene und Hormone bestimmen das Geschlecht der Säuger. Erklärung im Text [© John Wiley & Sons, Inc. 1996. Schafer, A. J., Goodfellow, P. N.: Sex determination in humans. BioEssays *18* 955–962].

Das **menschliche SRY-Gen** kodiert in einem einzigen Exon für ein Protein aus 204 Aminosäuren, von denen 80 Aminosäuren die konservierte DNA-bindende Domäne HMG (**h**igh-**m**obility-**g**roup) darstellen. Es wurden viele Gene mit dieser Domäne identifiziert, die alle als Transkriptionsfaktoren agieren. In der Familie der *SOX*-Gene (***S**RY-type HMG-**box***) spielt *SOX9* eine sehr wichtige männlichspezifische Rolle bei der Geschlechtsbestimmung, und zwar nicht nur bei Säugern, sondern auch bei Vögeln und Reptilien.

Erstaunlicherweise findet man in der Sequenz von *SRY* nur im Bereich von HMG große Übereinstimmung innerhalb der Säuger. Die evolutionäre Konservierung der Sequenz außerhalb der HMG-Box ist gering. Beim Vergleich von **menschlichem SRY**- und **Maus-Sry**-Protein zeigt sich z. B., dass

- das menschliche Gen in der N-terminalen Region außerhalb HMG für 56 Amionosäuren kodiert, das Mausgen nur für 3 Aminosäuren,
- das menschliche Gen am C-terminalen Ende außerhalb HMG für 68 Aminosäuren kodiert, das Mausgen dagegen für 252 Aminosäuren.

Das Zielgen des Transkriptionsfaktors SRY ist bisher noch nicht identifiziert. Allerdings ist wohl sicher, dass das autosomale *SOX9* (Lokalisation beim Menschen in 17q24) von *SRY* kontrolliert wird. Jedenfalls ergibt die Aktivität von *SRY* und *SOX9* Hodenentwicklung und die Differenzierung verschiedener Zelltypen innerhalb des Hodens. Unter dem Einfluss von *SF1* produzieren die **Leydigzellen** das Hormon **Testosteron** und die **Sertolizellen** AMH (*anti-Müllerian-hormone*), das die Differenzierung des potenziellen Eileiters (Müllerscher Gang) unterdrückt, wobei auch die Gene *SOX9* und *WT1* beteiligt sind. Sind *SRY* und *SOX9* inaktiv, wird ein Ovar differenziert, das **Östrogene** produziert.

Männliche wie weibliche Hormone sind es schließlich, die das somatische und psychische Geschlecht realisieren.

Die Genkaskade oder das Genwirkungsnetzwerk der Säugergeschlechtsbestimmung ist sicherlich noch sehr unvollkommen erforscht.

23.3.1 Xist und die Dosiskompensation bei Säugern

Damit die Genprodukte X-chromosomaler Gene in beiden Geschlechtern in äquivalenten Mengen hergestellt werden, muss die unterschiedliche Anzahl von X-Chromosomen kompensiert werden. Der Mechanismus der Dosiskompensation bei den Säugern besteht darin, dass jeweils nur ein X-Chromosom aktiv bleibt, während alle anderen inaktiviert werden (s. Kap. 8.4.1, S. 80). Im Normalfall wird also eines der beiden X-Chromosomen im weiblichen Geschlecht stillgelegt. **X-Inaktivierung** wird durch **Einstellen der Transkription** erreicht **(transcriptional silencing).**

Diese Vorstellung wirft sofort einige Fragen auf:

- Durch welchen Mechanismus wird die Anzahl der X-Chromosomen im Zellkern gezählt?
- Wie wird erreicht, dass im selben Zellkern ein X-Chromosom inaktiviert wird, das andere aber nicht?
- Welches der beiden X-Chromosomen wird zur Inaktivierung ausgewählt?

Nach heutiger Kenntnis liegt der Schlüssel zur Beantwortung der meisten dieser Fragen in einem noch nicht vollständig erforschten Genkomplex, dem **X-Chromosom-Inaktivierungszentrum *Xic*** (Maus). *Xic* ist die Be-

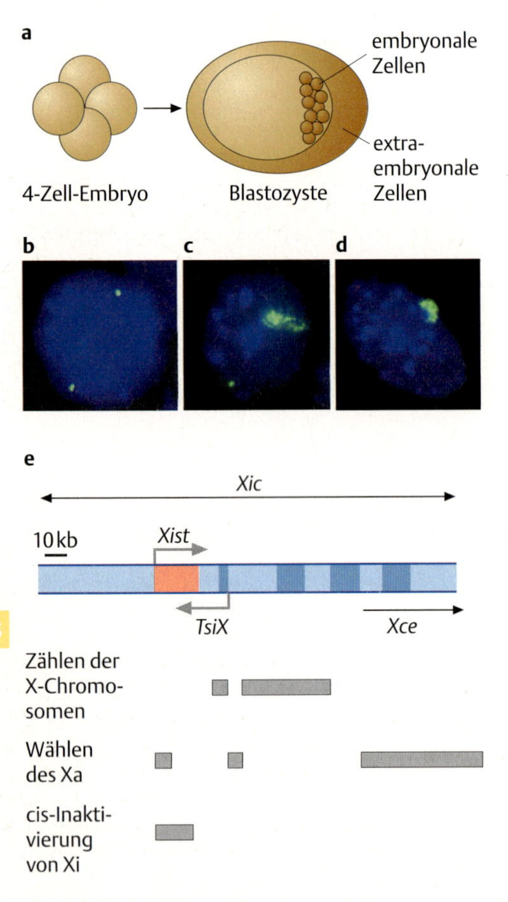

Abb. 23.11 X-Chromosom-Inaktivierung bei der Maus. Erklärung im Text [© Nature 2001. Avner, P., Heard, E.: X-Chromosome inactivation: Counting, choice and initiation. Nature Rev Genet *2* 59–67].

zeichnung für den Maus-Genkomplex, während der homologe menschliche Genkomplex ***XIC*** heißt. Diese Nomenklatur gilt auch für alle weiteren beteiligten Gene. Wir werden im folgenden nur die Verhältnisse bei der Maus darstellen.

Das wichtigste Gen innerhalb von *Xic* ist ***Xist*** (X-inactive-specific-transcript). Das 17 kb große, polyadenylierte, aber nicht-kodierende RNA-Transkript bleibt im Zellkern.

Man hat gefunden, dass im weiblichen Mausembryo vor seiner Einnistung (Nidation, Implantation) in die Uterusschleimhaut, d.h. bis zum 32-Zellstadium, in allen Zellen das väterliche X-Chromosom zumindest teilweise mit *Xist*-RNA bedeckt ist. Dieser Zustand wird im Stadium der **Blastozyste** so verändert, dass in den **extra-embryonalen Zellen** gezielt das väterliche X-Chromosom inaktiviert wird, das mütterlich ererbte X-Chromosom aktiv ist. In den Zellen des **Embryos** dagegen findet eine von Zelle zu Zelle **zufällige Wahl** des mütterlichen oder väterlichen X-Chromosoms statt, das inaktiviert wird (Abb. 23.**11a**). In diesen Zellen kann man durch „Fluoreszenz-*in-situ*-Hybridisierung" (FISH) zeigen, dass in den Zellkernen weiblicher Embryonen die **Xist-Expression** in Form zweier punktförmiger Signale zu sehen ist (Abb. 23.**11b**). Nach der Auswahl des aktiven X-Chromosoms $\mathbf{X_a}$ exprimiert das *Xist*-Gen des zu inaktivierenden X-Chromosoms $\mathbf{X_i}$ große Mengen von *Xist*-RNA. $\mathbf{X_i}$ wird von *Xist*-RNA bedeckt (Abb. 23.**11c**), schließlich acetyliert, methyliert und durch Veränderung der Chromatinstruktur kondensiert. Dieser Zustand wird klonal vererbt, d.h. die weiblichen Säuger sind **funktionale genetische Mosaike** bezüglich der X-chromosomalen mütterlichen und väterlichen Allele. Das inaktivierte Chromatin wird wie Heterochromatin im Zellzyklus spät repliziert. Sobald die Inaktivierung von $\mathbf{X_i}$ begonnen hat, wird die Produktion von *Xist*-RNA im aktiven Chromosom $\mathbf{X_a}$ eingestellt (Abb. 23.**11d**).

X-Chromosomen, deren *Xist*-Gen durch eine Deletion mutiert ist, können nicht inaktiviert werden. Das bedeutet, dass für das Stilllegen des X-Chromosoms *Xist* in *cis*-Position benötigt wird, und dass die Inaktivierung nach Initiierung nicht auf ein homologes X-Chromosom (in *trans*) übergreifen kann.

Bevor die Inaktivierung beginnen kann, müssen die X-Chromosomen gezählt und die **Auswahl von** $\mathbf{X_a}$, des aktiven X-Chromosoms, getroffen werden. Für beide Prozesse sind genetische Elemente innerhalb von *Xic* bekannt, ohne dass die Zusammenhänge schon verstanden wären (Abb. 23.**11e**). Man weiß aber z.B., dass *Xist* nicht am **Zählen der X-Chromosomen** beteiligt ist, wohl aber daran, welches X-Chromosom stillgelegt werden soll. Hier spielt auch ***Xce***, das **X-Chromosom-Kontrollelement**, eine Rolle. Die Hauptaufgabe der *Xist*-RNA ist allerdings die Initiierung der **cis-Inaktivierung des** $\mathbf{X_i}$**-Chromosoms**, die Stilllegung der Transkription und die Aufrechterhaltung dieses Zustands. Bei der Initiierung wird ***TsiX*-RNA** eine Beteiligung zugeschrieben. *TsiX*-RNA ist eine nicht-kodierende Antisense-RNA von *Xist* (beachte die Gennamen!). Diese RNA wird vom DNA-Strang transkribiert, der zu *Xist* komplementär ist (Abb. 23.**11e**). Innerhalb von *Xic* gibt es noch einige weitere identifizierte Gene, deren Rolle bei der Inaktivierung oder dem Zählen der vorhandenen X-Chromosomen allerdings bisher unklar geblieben ist.

Auch für das Ergebnis, dass von 200 transkribierten Sequenzen des X-Chromosoms 30 nicht von der Inaktivierung betroffen sind, gibt es bisher keine Erklärung.

Obwohl die Strategien der Dosiskompensation bei Säugern und *Drosophila* grundlegend unterschiedlich sind, gibt es doch interessante gemeinsame Aspekte. In beiden Fällen ist es nämlich nicht-kodierende RNA, die für die Einstellung der Dosiskompensation notwendig ist: Bei *Drosophila* sind es die Transkripte von *rox1* und *rox2* (*RNA-on-X*), bei den Säugern die von *Xist* und *TsiX*.

Zusammenfassung

- Die Genetik der **Geschlechtsbestimmung** ist bei *Drosophila*, *Caenorhabditis* und den Säugern wie Maus oder Mensch am besten untersucht.

- Bei *Drosophila* und *Caenorhabditis* sind die **Genkaskaden** der Geschlechtsbestimmung weitgehend aufgeklärt: In beiden Fällen werden die X-Chromosomen durch **Numerator**- und **Denominatorgene** gezählt und das Ergebnis an ein Schlüsselgen weitergegeben.

- Bei den **Säugern** leitet die Aktivität der Gene ***SRY*** und ***SOX9*** die männliche, die Inaktivität (oder das Fehlen) der Gene die weibliche Entwicklung ein. Die Einordnung der Aktivitäten weiterer Gene in eine Kaskade oder ein Genwirkungsnetzwerk ist Gegenstand aktueller Forschung.

- Die **Dosiskompensation**, d.h. der Ausgleich der Genproduktmengen bei unterschiedlicher Anzahl von X-Chromosomen, ist bei *Drosophila* und *Caenorhabditis* an die Gene der somatischen Geschlechtsbestimmung gekoppelt. Die Inaktivierung der X-Chromosomen bei den Säugern ist davon unabhängig.

- Trotz dieser Unterschiede gibt es auch Gemeinsamkeiten: Bei *Drosophila* und bei den Säugern beinhaltet der Mechanismus der Dosiskompensation die Verteilung **nicht-kodierender RNA** über das zu beeinflussende X-Chromosom.

24 Musterbildung im Komplexauge von *Drosophila*

Eine wichtige entwicklungsbiologische Frage ist die nach den Mechanismen, die zur Ausbildung komplexer Strukturen führen, in denen sich verschiedene Zelltypen zu einem funktionsfähigen Gewebe oder Organ zusammenfügen. Das genetische Programm muss nicht nur die Information zur Ausbildung der einzelnen Zelltypen tragen, sondern darüber hinaus auch die Anleitung über die räumliche Anordnung dieser Zellen. So wie in vielen anderen Fällen das Zusammenfügen und korrekte Anordnen von Einzelelementen zur Ausbildung eines Musters führt, spricht man hier von der **biologischen Musterbildung**. Verschiedene Entwicklungsprozesse basieren auf unterschiedlichen Mechanismen der Musterbildung. In einigen Fällen werden bereits spezifizierte Zellen zu einem Muster angeordnet. In anderen Fällen werden die einzelnen Zellen eines Gewebes zunächst gebildet, und entsprechend ihrer Position im Zellverband spezifiziert. Bei dem zuletzt genannten Vorgang kann die Spezifizierung durch Interaktionen zwischen unmittelbar benachbarten Zellen erfolgen. Alternativ kann die Entwicklung von Zellen von der an der jeweiligen Position vorhandenen Konzentration einer determinierenden Substanz, eines **Morphogens**, abhängen. In den folgenden Kapiteln sollen Beispiele für die genannten Fälle vorgestellt werden.

24.1 Aufbau und Entwicklung des Komplexauges

Das Auge der Insekten ist, anders als das der Wirbeltiere, ein **zusammengesetztes Auge** oder **Komplexauge**. Viele „Einzelaugen" **(Ommatidien)**, bei *Drosophila melanogaster* sind es etwa 750, sind zu einem funktionellen Lichtsinnesorgan zusammengesetzt. Bei Betrachtung des Auges fällt vor allem die regelmäßige Anordnung der hexagonalen Facetten (Linsen der Ommatidien) auf (Abb. 24.**1**).

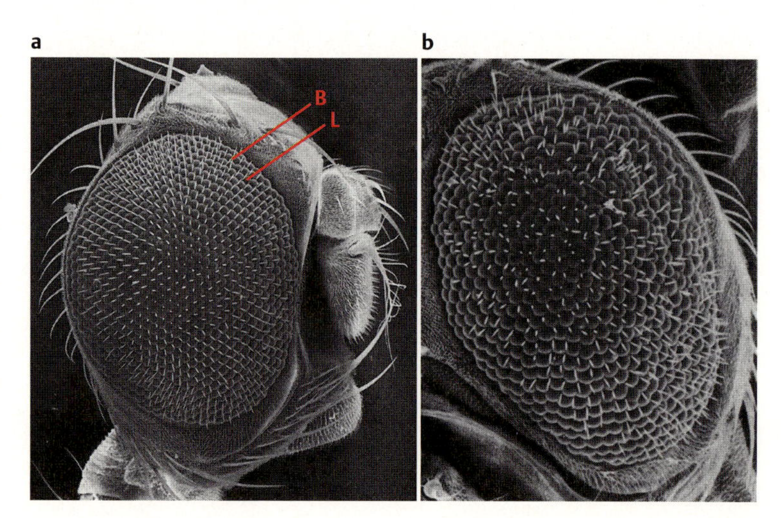

Abb. 24.1 Rasterelektronenmikroskopische Aufnahmen von Komplexaugen von *Drosophila melanogaster*.

a Rechtes Auge einer Wildtyp-Fliege. Die einzelnen Ommatidien erkennt man an den leicht gewölbten Linsen (L). Im Durchschnitt besteht jedes Auge aus 32–34 senkrechten Reihen von Ommatidien. Eine Borste (B) befindet sich in jeder zweiten Ecke eines hexagonalen (sechseckigen) Ommatidiums.

b Linkes Auge einer Fliege mit einer dominanten, gain-of-function-Mutation im Gen *sevenless*. Auf Grund der weniger regelmäßigen Anordnung der Ommatidien erscheint das Auge rauh [b © Development 1991. Hafen, E., Basler, K.: Specification of Cell Fate in the Developing Eye of *Drosophila*. Development Suppl. *1* 123–130].

Für den Genetiker stellt sich die Frage, welche Gene diese regelmäßige Anordnung der Ommatidien steuern und welche Proteine von diesen Genen kodiert werden. Der Entwicklungsbiologe ist darüber hinaus an der Frage interessiert, wie diese Moleküle zusammenwirken und wie sie den Ablauf dieses sehr komplexen Musterbildungsprozesses steuern, der schließlich zur Ausbildung eines funktionsfähigen Auges führt.

24.1.1 Aufbau eines Ommatidiums

Um die Entwicklung des Auges zu verstehen, soll zunächst der Aufbau eines einzelnen Ommatidiums beschrieben werden. Abb. 24.**2** zeigt einen Längs- und einen Querschnitt in verschiedenen Ebenen eines Ommatidiums.

Jedes Ommatidium ist in Form eines Zylinders aufgebaut. Die 8 **Photorezeptorzellen** (R1-R8) im Zentrum dieses Zylinders werden von 11 akzessorischen Zellen, zwei primären, sechs sekundären und drei tertiären **Pigmentzellen**, umgeben. Die über den Photorezeptorzellen liegenden vier **Linsenzellen** (**Semperzellen**) sezernieren, gemeinsam mit den primären Pigmentzellen, die von außen erkennbare Linse (vgl. Abb. 24.**1**), die das Licht bündelt. Die Pigmentzellen, die an der Peripherie jedes Zylinders liegen, lagern lichtundurchlässige **Pigmente (Ommochrome, Pteridine)** ab, die durch die Absorption von Streulicht die Ommatidien optisch voneinander isolieren. Die acht, stark gestreckten Photorezeptorzellen im Zentrum jedes Ommatidiums wandeln die Lichtenergie in elektrische Erregung um, die über die Axone zum Gehirn weitergeleitet wird. R1 bis R6 befinden sich an der Peripherie und erstrecken sich über die gesamte Länge des Ommatidiums. R7 und R8 sind kürzer und befinden sich im Zentrum des Zylinders, wobei sich R7 über die distalen (äußeren) zwei Drittel des Ommatidiums erstreckt, während R8 sich im proximalen (inneren) Drittel des Ommatidiums befindet. Deshalb zeigt jeder Querschnitt insgesamt nur sieben Photorezeptorzellen: im distalen Bereich R1-R6 und R7, wobei R7 zwischen R1 und R6 liegt (s. Abb. 24.**2**), im proximalen Bereich R1-R6 und R8, die zwischen R1 und R2 liegt.

Eine charakteristische Struktur aller Photorezeptorzellen ist das **Rhabdomer**, das durch Ausbildung von Mikrovilli in der dem Zentrum zugewandten Plasmamembran jeder Photorezeptorzelle entsteht. In diese Membran ist das lichtabsorbierende Photopigment, das **Rhodopsin**, eingelagert. An der Position der Rhabdomeren erkennt man im Querschnitt sehr deutlich die stereotype Anordnung der Photorezeptorzellen, wobei die Rhabdomeren der äußeren Zellen, R1-R6, ein Trapez bilden (Abb. 24.**3**).

Alle acht Photorezeptorzellen absorbieren Licht mit Hilfe von Rhodopsin und wandeln die Lichtenergie in elektrische Erregung um. Während die äußeren Zellen R1-R6 und die R8-Zelle sichtbares Licht erkennen (Absorptionsmaximum bei einer Wellenlänge von 480–490 nm), absorbiert die R7-Zelle UV-Licht (Maximum der absorbierten Wellenlängen bei 370 nm). Fliegen mit einer Mutation in Rhodopsin-3, dem R7-spezifischen Rhodopsin, oder solche, denen die R7-Zelle fehlt, können kein UV-Licht mehr sehen, wohl aber noch sichtbares Licht.

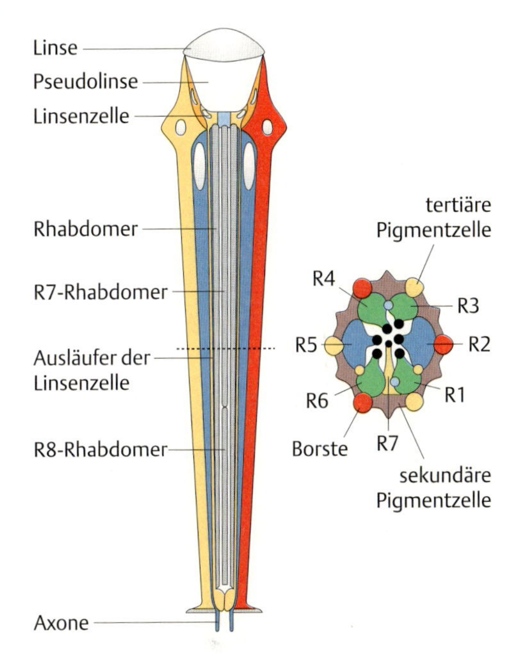

Abb. 24.2 Schematische Darstellung eines Ommatidiums. a Längsschnitt. **b** Querschnitt. R1 bis R8 kennzeichnen die Photorezeptorzellen, deren Rhabdomeren schwarz dargestellt sind [nach Wolf und Ready 1993].

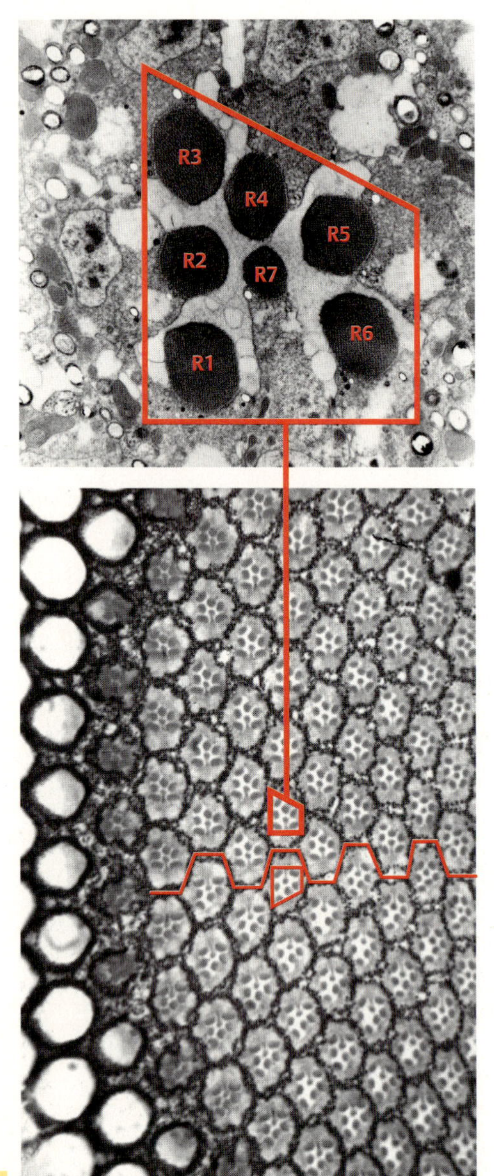

Abb. 24.3 Querschnitt durch ein linkes Komplexauge. Charakteristisch ist die trapezartige Anordnung der Rhabdomeren der sechs äußeren Photorezeptorzellen (R1–R6), wobei die Trapeze dorsal und ventral des Äquators (rote Linie) symmetrisch zueinander angeordnet sind. Der Ausschnitt zeigt eine elektronenmikroskopische Aufnahme eines Ommatidiums. R1–R7 kennzeichnen die Rhabdomere der jeweiligen Photorezeptorzellen [Bilder von José Campos-Ortega, Köln].

24.1.2 Musterbildung in der Augen-Antennen-Imaginalscheibe

Wie entwickeln sich nun die verschiedenen Photorezeptorzellen und welche Gene kontrollieren ihre gleichmäßige Organisation innerhalb der Ommatidien und die stereotype Anordnung der Ommatidien selbst? Die sichtbare Entwicklung der imaginalen Komplexaugen beginnt in der larvalen Imaginalscheibe, also noch vor der Metamorphose.

Der Teil der Augen-Antennen-Imaginalscheibe (s. Abb. 21.**5**, S. 350), aus dem sich das adulte Auge entwickelt, liegt in der Imaginalscheibe noch als einschichtiges Epithel vor. Im Verlauf der Musterbildung erfolgt zunächst die **Festlegung der Zellschicksale**, ein Prozess, bei dem das Entwicklungsprogramm jeder Zelle bestimmt wird. Anschließend beginnt die **Differenzierung** zelltypspezifischer Merkmale. Die Musterbildung in der Augenimaginalscheibe erfolgt kontinuierlich während des dritten Larvenstadiums von posterior (hinten) nach anterior (vorne), so dass die mehr posterior liegenden Zellen bereits mit der Differenzierung beginnen, während das Schicksal weiter anterior liegender Zellen noch nicht festgelegt ist (Abb. 24.**4**). Bereits zu diesem Zeitpunkt lässt sich sehr deutlich die reihenförmige Anordnung der sich entwickelnden Ommatidien erkennen. Die Spezifizierung des Zellschicksals der ersten Zelle der Ommatidien manifestiert sich kurz hinter der **morphogenetischen Furche** (morphogenetic furrow), einer furchenartigen Einsenkung des Epithels, die sich von posterior nach anterior über die Imaginalscheibe bewegt. Die erste Zelle eines Ommatidiums, deren Schicksal festgelegt wird, ist R8 (Abb. 24.**4c**), die dann als Gründerzelle für jedes weitere sich bildende Ommatidium dient. Die in einer Reihe kurz hinter der morphogenetischen Furche liegenden R8-Zellen haben einen konstanten Abstand voneinander. Die anderen Zellen eines Ommatidiums werden in einer festgelegten Reihenfolge spezifiziert (Abb. 24.**4c**).

Durch die Festlegung von zunächst R2 und R5, gefolgt von R3 und R4, wird eine Vorläufergruppe (precluster) aus fünf Zellen gebildet. Nach einer weiteren Zellteilung der Imaginalscheibenzellen werden die Zellen R1 und R6 und zuletzt die Photorezeptorzelle R7 hinzugefügt, gefolgt von den Linsenzellen (cone cells). Erst nach der Verpuppung werden die primären, sekundären und tertiären Pigmentzellen der Gruppe hinzugefügt. Alle Zellen des Imaginalscheibenepithels, die zu diesem Zeitpunkt nicht Bestandteil eines Ommatidiums sind, werden durch **programmierten Zelltod** (Box 24.**1**) eliminiert.

Zwei Dinge spielen bei der Festlegung des Schicksals einer Photorezeptorzelle eine wichtige Rolle:

1. der Zeitpunkt, zu dem eine Zelle der Zellgruppe beitritt und
2. die Position, an der diese Zelle zum Zeitpunkt ihrer Einfügung in die Zellgruppe zu liegen kommt, also ihre Nachbarn.

Die stereotype räumliche Anordnung der Zellen zueinander wird bei Betrachtung der Expression des Proteins Futsch, das nur in neuronalen Zellen exprimiert wird, deutlich (Abb. 24.**4a,b**).

24

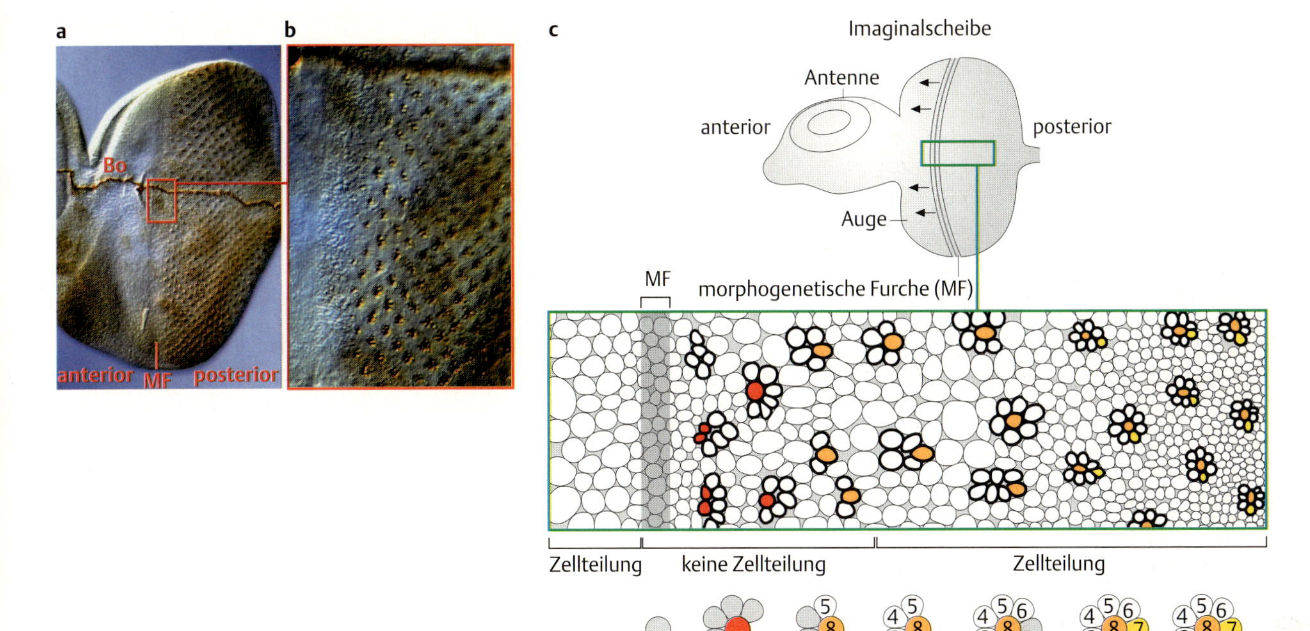

Abb. 24.4 Entwicklung der Ommatidien.
a Augenimaginalscheibe, gefärbt mit dem Antikörper 22C10, der das von *futsch* kodierte neuralspezifische Protein erkennt. Bo = Bolwig-Nerv, der das larvale Lichtsinnesorgan, das Bolwig-Organ, mit dem Gehirn verbindet.
b Ausschnitt
c Schematische Darstellung der Augen-Antennen-Imaginalscheibe. Die morphogenetische Furche bewegt sich von posterior nach anterior (Pfeile). Vor der morphogenetischen Furche ist noch keine der Zellen des Epithels auf ein Entwicklungsschicksal festgelegt. Hinter der morphogenetischen Furche beginnen sich die Zellen zu gruppieren. Es wird zunächst die R8-Zelle spezifiziert, anschließend werden R2 und R5, R3 und R4, R1 und R6 und zuletzt R7 hinzugefügt [a, b Bilder von José Campos-Ortega, Köln, c © Blackwell Scientific Publications 1992. Lawrence, P. A.: The making of a fly. Blackwell Scientific Publications].

24.2 Genetische Analyse der Entwicklung des Komplexauges

Welche Gene steuern die Spezifizierung der einzelnen Zellen eines Ommatidiums sowie ihre hochgradig reproduzierbare räumliche Anordnung? Die Wirkungsweise von Genen kann man an dem mutanten Phänotyp, der nach ihrem Ausfall zu beobachten ist, erkennen. Dementsprechend hat man nach Mutanten gesucht, in denen einzelne Zellen oder die Anordnung der Zellen im Ommatidium betroffen waren.

24.2.1 Das Gen *sevenless*

Mutationen im Gen *sevenless* (*sev*) führen zum Verlust der R7-Zelle. *sevenless* mutante Fliegen sind lebensfähig und fertil, allerdings können sie kein UV-Licht erkennen. Dieser Phänotyp führte auch zur Isolierung der ersten Mutationen in diesem Gen.

Wir haben oben gesehen, dass die Spezifizierung der verschiedenen Photorezeptorzellen durch ihre Position in Bezug auf die anderen Zellen der Gruppe vermittelt wird: So werden die ersten Zellen, die neben der soeben gebildeten R8-Zelle zu liegen kommen, zu R2 oder R5. Dies lässt vermuten, dass die Zellen Informationen austauschen, dass sie also miteinander kommunizieren, und dass bei diesem Vorgang Anweisungen übermittelt werden, die dann zur Festlegung des Zellschicksals führen. Wie bei jeder Kommunikation, so sind auch bei der **Zellkommunikation** zwei Partner beteiligt: Eine Zelle, die ein **Signal aussendet** und eine andere Zelle, die das Signal **empfängt**. Die bei Zellkommunikation benutz-

Box 24.1 Programmierter Zelltod (Apoptose)

Die Spezifizierung eines Zellschicksals kann bedeuten, dass sich diese Zelle in einen bestimmten Zelltyp differenziert, z. B. die R7-Photorezeptorzelle im *Drosophila*-Auge. Ein anderes Zellschicksal kann aber auch darin bestehen, dass diese Zelle stirbt. Mit anderen Worten, die Anzahl von Zellen in einem Organismus wird reguliert, wobei die Entfernung überflüssiger Zellen durch ein genau festgelegtes Entwicklungsprogramm kontrolliert wird. Besonders deutlich wird dies an der Entwicklung des Nematoden (Fadenwurms) *Caenorhabditits elegans*, bei dem alle Zellen eines Individuums gezählt werden können. Während der Entwicklung sterben 131 Zellen, so dass der Hermaphrodit schließlich aus genau 959 Zellen aufgebaut ist. Aber auch in anderen Organismen findet vielerorts Zelltod statt. So wird bei der Metamorphose der Kaulquappe der Schwanz durch Apoptose abgebaut. Auch werden während der Entwicklung viel mehr Nervenzellen gebildet, als später benötigt werden, und die überflüssigen werden durch Zelltod eliminiert.

Der **programmierte Zelltod** unterscheidet sich deutlich von der **Nekrose**, die meist durch Verletzung ausgelöst wird und bei der die Zellen anschwellen und platzen, was häufig mit einer Entzündungsreaktion einhergeht. Bei der Apoptose schrumpfen die Zellen, das Zytoskelett kollabiert, die Kernhülle wird aufgelöst und das Chromatin kondensiert sehr stark, wobei die DNA fragmentiert wird. Die so veränderten Zellen werden schließlich von Makrophagen phagozytiert.

Die Regulation der Apoptose erfolgt durch eine in vielen Tieren hochkonservierte Kaskade proteolytischer Enzyme. Diese haben ein **C**ystein in ihrem aktiven Zentrum und spalten ihre Substrate an spezifischen **Asp**araginsäuren, weshalb sie **Caspasen** genannt werden. Caspasen liegen in vielen Zellen als inaktive **Procaspasen** vor. Erst nach Spaltung durch eine regulatorische Caspase (oder durch einen anderen Mechanismus) werden sie in den aktiven Zustand überführt. Die Effektor-Caspasen schließlich spalten zelluläre Proteine, z. B. das Lamin in der Kernmembran, wodurch die Auflösung des Zellkerns ausgelöst wird. Verschiedene Prozesse können die Apoptose einleiten. In Lymphozyten sind es Signale, die an spezifische Rezeptoren in der Plasmamembran binden (z. B. den Rezeptor CD95). In anderen Fällen ist es ein Wachstumsfaktor (oder das Fehlen eines Wachstumsfaktors) oder der Verlust der Zelladhäsion mit der Matrix, was die Apoptose auslöst. Nematoden, die eine Mutation in *ced-4* tragen und in denen keine Apoptose stattfindet, sind lebensfähig, obwohl sie 15 % mehr Zellen besitzen. Im Gegensatz dazu sterben Mäuse mit einer Mutation in Caspase-3 oder Caspase-4 kurz vor oder nach der Geburt an einem massiven Wachstum des Nervensystems.

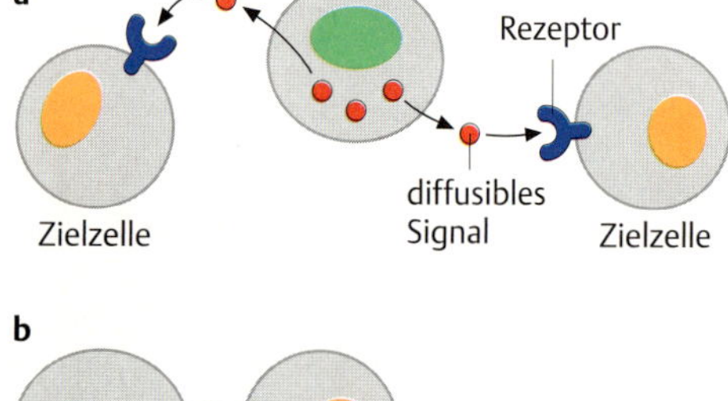

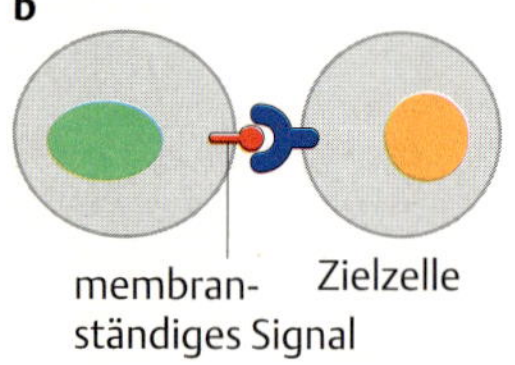

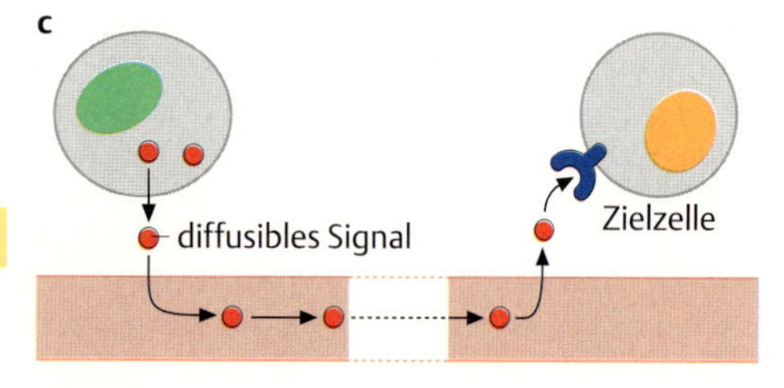

Abb. 24.5 Verschiedene Signale haben unterschiedliche Reichweiten.
a Ein von der Zelle sezerniertes, diffusibles Signal kann auch weiter entfernt liegende Zielzellen erreichen.
b Ein Signal auf der Zelloberfläche kann nur von den unmittelbar benachbarten Zellen erkannt werden.
c Ein Signal kann auch durch den Blutstrom an weit entfernte Stellen des Körpers gebracht werden, um dort eine Reaktion auszulösen, was z. B. im Falle vieler Hormone erfolgt (endokrine Signale).

ten Signale können, je nach ihrer chemischen Natur, unterschiedliche Reichweiten haben, manche können über längere Strecken diffundieren und haben deshalb weitreichende Auswirkungen. Andere Signalmoleküle sind an die Zellmembran gebunden und haben räumlich begrenzte Auswirkungen nur auf ihre direkten Nachbarzellen (Abb. 24.**5**).

Zellen, die das Signal empfangen, müssen mit einem spezifischen Empfänger, einem **Rezeptor** ausgestattet sein. Bei den Rezeptoren für hydrophile (wasserlösliche) Signale handelt es sich um Moleküle, die die Plasmamembran ein- oder mehrfach durchspannen und deshalb **Transmembranproteine** genannt werden. Diese können mit ihrer extrazellulären Domäne das Signalmolekül erkennen und binden. Hydrophobe Signale, z. B. Steroidhormone, können die Plasmamembran direkt passieren und binden an einen intrazellulären Rezeptor. In der empfangenden Zelle löst die Bindung des Signals an den Rezeptor eine Antwort aus. Diese kann etwa darin bestehen, dass die Zelle bestimmte Gene an- oder abschaltet, dass sie ihre Form verändert oder auf ein bestimmtes Zellschicksal festgelegt wird. Im letzten Fall führt sowohl das Fehlen des Signals als auch das Fehlen des Rezeptors dazu, dass die Zelle nicht (oder falsch) spezifiziert wird. Mutationen im signalkodierenden Gen zeigen deshalb oft denselben mutanten Phänotyp wie Mutationen im rezeptorkodierenden Gen. Bei Ausfall des *sevenless* (*sev*)-Gens wird die R7-Zelle nicht spezifiziert. Liegt das nun daran, dass ein Signal aus den benachbarten Zellen fehlt, oder dass der R7-Vorläuferzelle der entsprechende Rezeptor für dieses Signal fehlt?

Um diese Frage zu beantworten, bedient man sich der **klonalen Analyse** oder **Mosaikanalyse**. Genetisch markierte Zellklone können durch **mitotische Rekombination** (s. Abb. 10.**15**, S. 107) erzeugt werden. In einer somatischen Zelle, die heterozygot für die zu untersuchende Mutation ist, wird Rekombination induziert. Das Ergebnis sind Zellen, die entweder homozygot für das Wildtypallel oder homozygot für das mutante Allel sind. Nach weiteren Zellteilungen entstehen daraus jeweils **Klone** von genetisch identischen Zellen. Trug das Chromosom mit der zu untersuchenden Mutation gleichzeitig eine weitere rezessive Markermutation, so kann man die mutanten Zellen an der Ausprägung dieses Phänotyps identifizieren (bzw. die Wildtypzellen an der Nichtausprägung dieses Phänotyps). In Abb. 24.**6** ist die Erzeugung von *sevenless* mutanten Klonen im Auge dargestellt.

In Larven, die heterozygot für *sevenless* (*sev*) und gleichzeitig heterozygot für die Mutation *white* (*w*) sind (*w sev*/w^+ sev^+ – *sevenless* liegt wie *white* auf dem X-Chromosom), wird Rekombination induziert

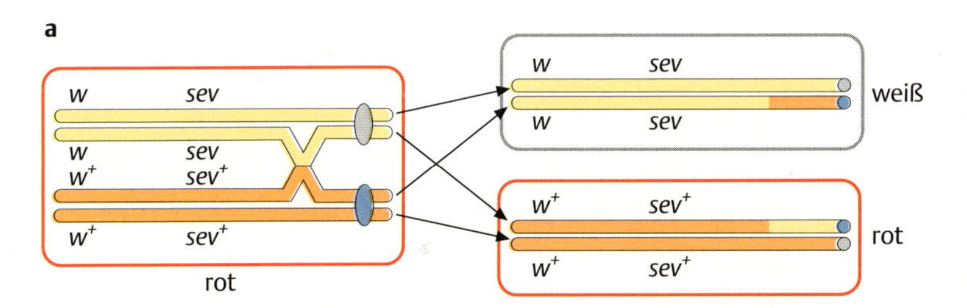

Abb. 24.6 Erzeugung von *sevenless*-Zellklonen im wildtypischen Auge.
a *w sev*/w^+ sev^+-Zelle, in der die verdoppelten Chromatiden vorliegen (hier nur die homologen X-Chromosomen gezeigt).
b Schematische Darstellung eines Ausschnitts aus einem Mosaikauge. Viele Ommatidien sind mosaikartig aus Zellen unterschiedlicher Genotypen aufgebaut. Rot = *w sev*/w^+ sev^+ oder w^+ sev^+/w^+ sev^+; weiß = w *sev*/*w sev*. Ommatidien ohne R7-Zelle haben eine vom Wildtyp verschiedene Anordnung der Photorezeptorzellen R1-R6 [b © Blackwell Scientific Publications 1992. Lawrence, P. A.: The making of a fly. Blackwell Scientific Publications].

Box 24.2 Die FLP/FRT-Technik zur Erzeugung genetischer Mosaike bei *Drosophila*

Mitotische Rekombination wurde zunächst durch Bestrahlung mit Röntgenstrahlen induziert. Nur bei Chromosomenbrüchen, die proximal zu dem untersuchten Gen auftreten, wird hierbei Rekombination möglich (vgl. z. B. Abb. 10.**15**, S. 107 und Abb. 24.**6a**). Die Häufigkeit der Ereignisse ist relativ gering, auch sind die Bruchstellen völlig zufällig. Liegen das Markergen und das zu untersuchende Gen nicht sehr nah beieinander, so kann Rekombination zwischen ihnen erfolgen, was dann die Interpretation der Ergebnisse erschwert. Die **FLP/FRT-Technik** dagegen ermöglicht nicht nur eine höhere Rekombinationsfrequenz, sondern sie erlaubt auch die Rekombination an einer festgelegten Stelle. Für diese Technik benötigt man einen Fliegenstamm mit zwei Transgenen: Eines kodiert die Hefe-**FLP-Rekombinase** das andere trägt die FRT(**F**LP-**r**ecombinase-**t**arget)-Sequenzen, an die die FLP-Rekombinase binden kann. Für die Erzeugung mitotischer Rekombination verwendet man Stämme, bei denen die **FRT-Sequenzen** sehr nah am Zentromer des Chromosomenarms integriert sind. Auf diese Weise können alle Mutationen, die distal zur Integrationsstelle der FRT-Sequenz liegen, untersucht werden. Steht die FLP-Rekombinase unter der Kontrolle des Hitzeschockpromotors, so kann ihre Aktivität zu jedem gewünschten Zeitpunkt durch Erhöhung der Temperatur in allen Zellen induziert werden. Sie kann aber auch durch einen gewebespezifischen Enhancer kontrolliert werden, so dass sie nur zu einem bestimmten Zeitpunkt in einem gewünschten Gewebe exprimiert wird. Die FLP-Rekombinase katalysiert dann Rekombination an den FRT-Stellen (Abb. 24.**7**).

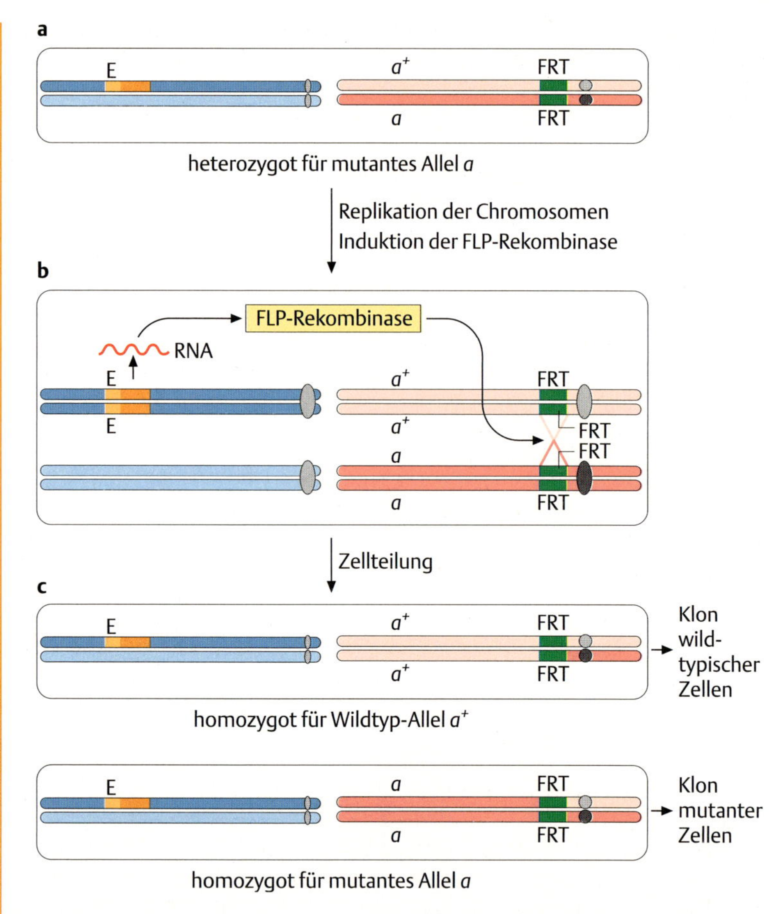

Abb. 24.7 Erzeugung mitotischer Rekombination mit Hilfe der FLP/FRT-Technik.
a Eine Zelle mit zwei Transgenen, dem Gen für die FLP-Rekombinase, das unter der Kontrolle eines spezifischen Enhancers (E) steht, und FRT-Elementen in der Nähe des Zentromers des Chromosomenarms, auf dem sich die zu untersuchende Mutation *a* befindet.
b Induktion der FLP-Rekombinase führt zu Rekombination zwischen den FRT-Elementen.
c Das Ergebnis sind zwei Tochterzellen unterschiedlichen Genotyps.

(Abb. 24.**6a**). Dies erfolgt entweder durch Behandlung mit Röntgenstrahlen oder durch die Anwendung der FLP/FRT-Technik, die mit viel größerer Häufigkeit Rekombination erzeugt (Box 24.**2**). Findet Rekombination im Bereich zwischen *sevenless* und dem Zentromer statt, entstehen anschließend zwei Zellen unterschiedlichen Genotyps: *w sev/w sev* und w^+ sev^+/ w^+ sev^+ (Abb. 24.**6a**). Wenn sich diese Zellen teilen, entsteht zum einen ein Zellklon, den man am Fehlen des roten Pigments erkennt, da er die *white*-Mutation homozygot trägt. Diese Zellen sind gleichzeitig mutant für *sevenless*. Der andere Klon, der sog. **Zwillingsklon** (s. a. Abb. 10.**16**, S. 108) ist homozygot für w^+ und für sev^+ und ist somit rot, er lässt sich in dem hier aufgeführten Beispiel allerdings nicht von den übrigen w/w^+ heterozygoten Zellen unterscheiden, in denen keine Rekombination stattgefunden hat. Wird mitotische Rekombination im ersten Larvenstadium erzeugt, also zu einem Zeitpunkt, zu dem die Imaginalscheibe noch aus wenigen Zellen besteht, so erhält man wenige, jedoch sehr große Klone. Wird die Rekombination zu einem späteren Zeitpunkt erzeugt, wenn es bereits viele Zellen gibt, die sich jedoch nur noch selten teilen, so erhält man viele kleine Klone.

Die Zellen eines Ommatidiums entstehen nicht aus einer einzigen Vorläuferzelle, sondern können mehrere Vorläuferzellen haben. Das führt dazu, dass nach mitotischer Rekombination ein Ommatidium mosaikartig aufgebaut sein kann, indem es Zellen mit dem Genotyp *w sev/w sev*, und gleichzeitig Zellen mit dem Genotyp w^+ sev^+/w^+ sev^+ (oder w^+ sev^+/*w sev*) enthält. Untersucht man nun viele Mosaikommatidien, so stellt man fest, dass immer dann, wenn die R7-Zelle vorhanden ist, diese w^+ ist und somit das Wildtypallel von *sevenless* trägt, also immer sev^+ ist. Dies ist unabhängig vom Genotyp der übrigen Zellen eines Ommatidiums, die sogar alle mutant für *sev* sein können (Abb. 24.**6b**, Pfeil). Niemals findet man vollständige Ommatidien, in denen die R7-Zelle mutant für *sevenless* ist. Das Ergebnis führte zu der Schlussfolgerung, dass das Gen *sevenless* in der R7-Vorläuferzelle aktiv sein muss, um eine R7-Photorezeptorzelle zu bilden. Der Genotyp (in Bezug auf *sev*) der benachbarten Zellen hat keinen Einfluss auf die Spezifizierung des Schicksals der R7-Zelle. Selbst wenn diese alle mutant für *sev* sind, R7 aber sev^+, entwickelt sich die R7-Zelle. Die R7-Zelle wird also nur dann gebildet, wenn sie selbst das wildtypische sev^+-Allel trägt. Der Genotyp von R7 entscheidet über den Phänotyp von R7, das Gen *sevenless* wirkt **zellautonom**.

24.2.2 Das Gen *bride of sevenless*

Mutationen in einem anderen Gen, die zum selben Phänotyp wie Mutationen in *sevenless* führen, wurden später auf ähnliche Weise wie *sevenless* gefunden: Mutante Fliegen können kein UV-Licht mehr sehen. Das mutierte Gen nannte man *bride of sevenless* (*boss*), da in *boss*-Mutanten ebenfalls die R7-Zellen fehlen. In genetischen Mosaiken verhält sich *boss* jedoch anders. Die R7-Zelle fehlt immer dann, wenn die R8-Zelle mutant für *boss* ist. Selbst wenn in einem Ommatidium nur die R8-Zelle $boss^+$ ist, alle übrigen Zellen, einschließlich der R7-Zelle jedoch $boss^-$ sind, entwickelt sich eine normale R7-Zelle. Das bedeutet, der Genotyp der R8-Zelle (bezogen auf *boss*) entscheidet über die Entwicklung der R7-Zelle, das ***boss*-Gen wirkt nicht-zellautonom**. Zur Erklärung dieses Ergebnisses wurde angenommen, dass die R8-Zelle ein Signal aussendet, das von der R7-Zelle empfangen wird und das über die Festlegung des Zellschicksals von R7 entscheidet. Das Gen *boss* kodiert entweder das Signal selbst oder ist an seiner Produktion beteiligt; *sev*, das in der R7-Zelle benötigt wird, könnte den Rezeptor für das Signal kodieren oder an der Weiterleitung des Signals in der Zelle beteiligt sein. Die hier verwendeten Begriffe „zellautonom" bzw. „nicht zellautonom" beziehen sich auf die Funktionsweise eines Gens. Sie sind nicht mit den Begriffen aus der Entwicklungsbiologie „autonome" bzw. „regulative" Entwicklung zu verwechseln, die sich auf das Verhalten einer Zelle oder Zellgruppe beziehen.

24.2.3 *bride of sevenless* kodiert für ein Signalmolekül, *sevenless* für den Rezeptor

Nach der Klonierung von *sevenless* und *bride of sevenless* konnte das Modell von Signal und Rezeptor bestätigt werden. *sevenless* kodiert ein **Transmembranprotein**, das zur Familie der **Rezeptortyrosinkinasen** gehört. Kinasen sind Enzyme, die andere Proteine phosphorylieren (s. Kap. 17.2.5, S. 243), in diesem Fall an Tyrosinresten. Die hierfür verantwortliche katalytische Domäne ist im intrazellulären Teil des Proteins lokalisiert. Gleichzeitig sind Rezeptortyrosinkinasen aber auch Rezeptoren und können mit ihrer extrazellulären Domäne Signale aus der Umgebung empfangen. Die Bindung des Signals induziert die Dimerisierung der Rezeptormoleküle, wodurch die intrazelluläre katalytische Domäne in den aktiven Zustand überführt wird. Die beiden Rezeptoren phosphorylieren sich gegenseitig an Tyrosinresten der intrazellulären Abschnitte (Autophosphorylierung). Außerdem phosphorylieren sie andere Proteine, wodurch diese aktiviert werden. Das Sevenless-Protein wird in den Photorezeptorzellen R3, R4 und R7 und in den Linsenzellen exprimiert.

bride of sevenless kodiert ein Transmembranprotein, das die Membran siebenmal durchspannt. Sein extrazellulärer Teil bindet an den extrazellulären Teil des **Sevenless-Rezeptors** und aktiviert ihn dadurch. *boss* wird nur in der R8-Zelle exprimiert. Die Interaktion zwischen Boss und Sevenless führt zur Festlegung der benachbarten, Sevenless-exprimierenden Zelle, zur R7-Zelle (Abb. 24.**8**).

Wie erwähnt, wird Sevenless in der larvalen Imaginalscheibe nicht nur in der zukünftigen R7-Zelle, sondern auch in weiteren Zellen exprimiert, die sich somit potenziell, nach Aktivierung durch Boss, zur R7-Zelle entwickeln könnten. Wie wird gewährleistet, dass nur eine einzige Zelle aus einer Gruppe **äquipotenter Zellen** auf ein **induktives Signal** reagiert? Der einfachste Weg besteht darin, die Expression von entweder Rezeptor oder Ligand so zu begrenzen, dass die Interaktion nur zwischen zwei Zellen erfolgen kann. Betrachtet man die Gruppe der sich bildenden Photorezeptorzellen, so erkennt man, dass neben R7 auch die Zellen R3 und R4 den Sevenless-Rezeptor exprimieren, trotzdem werden diese Zellen nicht zu R7-Zellen. Selbst ubiquitäre Expression von Sevenless in allen Zellen mittels eines Transgens, das unter der Kontrolle eines Hitzeschockpromotors steht, führt nicht zur Ausbildung zusätzlicher R7-Zellen. Die Spezifität wird durch die Expression von Boss in nur einer Zelle, der R8-Zelle, gewährleistet.

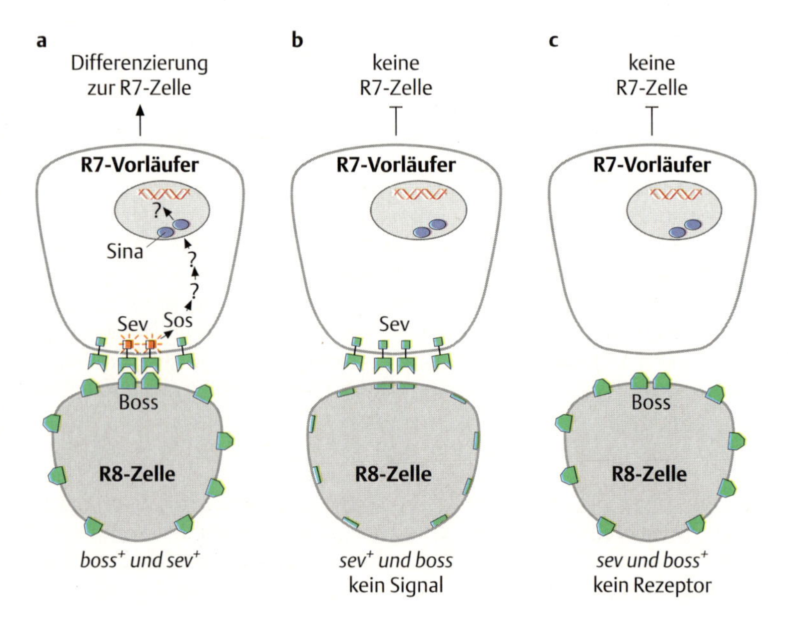

Abb. 24.8 Modell zur Spezifizierung der R7-Zelle durch die Interaktion zwischen dem Boss-Signal und dem Sevenless-Rezeptor.
a Wildtyp. Das Signal aktiviert den Rezeptor, der das Signal mittels weiterer Proteine (kodiert von *Sos*, *Son of Sevenless* und *sina*, *seven in absentia*) weiterleitet, so dass die Zelle als R7-Zelle spezifiziert wird. Der durch Boss aktivierte Sevenless-Rezeptor ist durch ein oranges Quadrat der intrazellulären Domäne gekennzeichnet, nicht aktivierter Rezeptor durch ein grünes Quadrat.
b *boss*-Mutante. Das Signal ist defekt oder wird nicht gebildet, der Rezeptor kann nicht aktiviert werden. Es entsteht keine R7-Zelle.
c *sev*-Mutante. Das Signal ist vorhanden, nicht aber der Rezeptor. Es entsteht keine R7-Zelle [nach Hafen und Basler 1991].

Von den Sevenless-exprimierenden Zellen haben nur die Linsenzellen, die die Linse des Ommatidiums bilden (s. Abb. 24.**2**, S. 2), keinen Kontakt mit R8, weshalb sie nicht zu R7-Zellen induziert werden können. Ubiquitäre Expression von Boss bringt diese Zellen nun in Kontakt mit dem Liganden, und einige von ihnen werden zu zusätzlichen R7-Zellen spezifiziert. Allerdings ist der Kontakt einer Sevenless-exprimierenden Zelle mit dem Boss-Signal nicht die einzige Voraussetzung zur Induktion des R7-Schicksals. Die R3- und R4-Vorläuferzellen exprimieren z. B. Sevenless und haben Kontakt mit Boss, sie werden trotzdem nicht zu R7-Zellen spezifiziert. Der Grund liegt darin, dass sie nicht **kompetent** sind, auf das Signal zu reagieren. Die Kompetenz einer Zelle kann durch mehrere Faktoren bestimmt werden, z. B. durch das Vorhandensein oder Nichtvorhandensein von Komponenten, die das Signal weiterverarbeiten. Die Kompetenz, auf ein Signal zu reagieren, kann auch dann verloren gehen, wenn die Zelle bereits eine alternative Entscheidung getroffen hat, wie im Falle von R3 und R4, die bereits spezifiziert sind, wenn sie das Boss-Signal empfangen. Somit schließt die Spezifizierung zu R3 oder R4 den Verlust der Kompetenz, auf das Boss-Signal zu reagieren, mit ein.

24.2.4 Erkennen von Epistasie durch loss-of-function- und gain-of-function-Mutationen

Das oben vorgestellte Modell (s. Abb. 24.**8** beschreibt Boss als ein Signalmolekül, Sevenless als den zugehörigen Rezeptor. Das Modell basiert auf dem Expressionsmuster der beiden Gene sowie auf dem Verhalten der beiden Mutationen in Zellklonen: *boss* wird in der R8-Zelle benötigt, um R7 zu spezifizieren, es verhält sich nicht-zellautonom, *sevenless* hingegen wird in der R7-Zelle selbst benötigt, es wirkt zellautonom. Das Modell nimmt weiterhin an, dass Boss der Ligand (Bindungspartner) für Sevenless ist, dass also beide Proteine Mitglieder derselben Signalkette sind. Durch die Bindung von Boss an Sevenless wird der Rezeptor aktiviert und es wird eine R7-Zelle gebildet (Abb. 24.**9a**).

Es wäre jedoch auch denkbar, dass die beiden Proteine Komponenten zweier paralleler Signalketten darstellen, die beide aktiviert werden müssen, um die R7-Zelle zu spezifizieren (Abb. 24.**9b**). In beiden Modellen führt der Ausfall von *boss* oder *sevenless* dazu, dass R7 nicht gebildet wird und in beiden Fällen hat die Doppelmutante denselben Phänotyp wie jede der beiden Einzelmutanten. Genetische Methoden erlauben es jedoch, zwischen diesen beiden Möglichkeiten zu unterscheiden. Hierzu verwendet man häufig neben Verlustmutationen auch so genannte **Zugewinnmutationen** (gain-of-function-mutation, s. Kap. 7.4, S. 69). Diese können entweder mehr Genprodukt bilden als das Wildtypallel **(hypermorphe Allele)** oder ein neuartiges Genprodukt **(neomorphe Allele),** das etwa eine höhere Affinität für sein Substrat aufweist. gain-of-function-Allele sind dominant über das entsprechende Wildtypallel. Eine **gain-of-function-Mutation** in einem Rezeptor führt in der Regel dazu, dass der Rezeptor auch in Abwesenheit des Signals aktiv ist, er ist nicht mehr regulierbar, er **ist konstitutiv aktiv**. In *boss*-Mutanten, die gleichzeitig einen konstitutiv aktiven Sevenless-Rezeptor bilden, kann trotzdem der Signalweg aktiviert werden, die R7-Zelle wird spezifiziert (Abb. 24.**9c**). Im Falle, dass *boss* und *sevenless* Mitglieder zweier unabhängiger Signalketten wären, führte ein konstitutiv aktiver Sevenless-Rezeptor bei Fehlen eines funktionsfähigen *boss*-Gens nicht zur Bildung der R7-Zelle, da der zweite Signalweg weiterhin unterbrochen wäre (Abb. 24.**9d**).

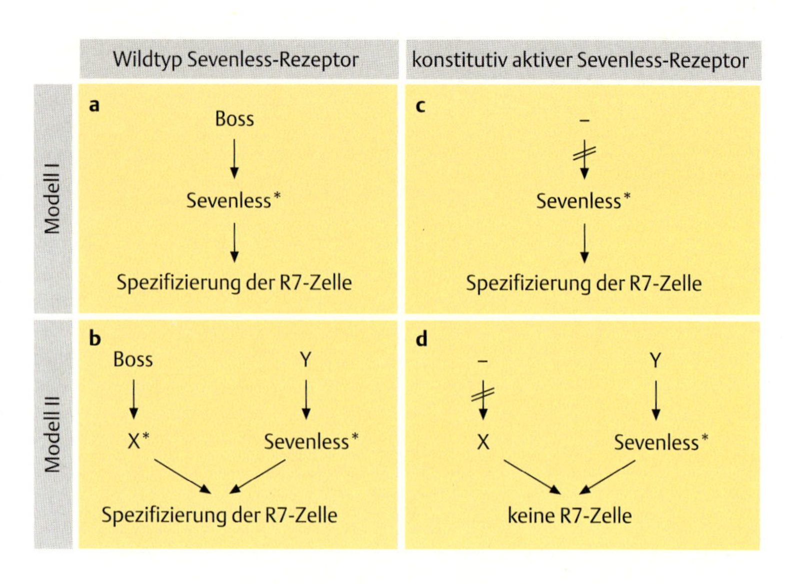

Abb. 24.9 Modelle zur Beziehung zwischen Boss und Sevenless und eine Möglichkeit zu ihrer Unterscheidung.
a Boss und Sevenless sind Mitglieder desselben Signalwegs. Bindung von Boss an Sevenless aktiviert den Rezeptor (*) und führt zur Ausbildung einer R7-Zelle. Der Ausfall von *boss* oder *sevenless* verhindert die Bildung der R7-Zelle, da der Signalweg unterbrochen ist (vgl. Abb. 24.8).
b Boss und Sevenless sind Mitglieder verschiedener Signalwege, deren gemeinsame Aktivierung für die Bildung der R7-Zelle nötig ist. X = unbekannter Rezeptor für Boss, Y = unbekannter Ligand für Sevenless. Mutation in *boss* oder *sevenless* unterbrechen den jeweiligen Signalweg und verhindern die Bildung der R7-Zelle.
c,d Expression eines konstitutiv aktiven Sevenless-Rezeptors (*). Weitere Erklärung im Text.

Verlust- und Zugewinnmutationen sind darüberhinaus wertvolle Werkzeuge zur Ermittlung **funktioneller Hierarchien zwischen Genen**, also um die Reihenfolge der Mitglieder in einer Signalkette zu bestimmen. Hierzu soll wieder das Beispiel von *boss* und *sev* dienen. Der Ausfall jedes einzelnen Gens verhindert die Bildung der R7-Zelle. Der Verlust von *boss* kann durch einen konstitutiv aktiven Rezeptor ausgeglichen werden (s. Abb. 24.**9c**). Der Verlust von *sev* hingegen kann nicht durch eine gain-of-function-Mutation in *boss* ausgeglichen werden: Selbst noch so viel oder noch so aktives Signal ist wirkungslos, wenn der Rezeptor nicht vorhanden ist. Das Gen *boss* liegt also in der Signalkette weiter oberhalb („upstream") von *sev*. Anders ausgedrückt, *boss* kann nur dann wirken, wenn *sev* funktionsfähig ist, die Funktion von *boss* ist also abhängig von der Funktion von *sev* und somit entscheidet *sev* darüber, ob die Funktion von *boss* verwirklicht wird. *sev* ist **epistatisch** zu *boss*. Epistatische Beziehungen von Genen, die anhand genetischer Experimente aufgedeckt werden, geben nützliche Hinweise auf funktionelle Zusammenhänge zwischen diesen Genen, besagen aber zunächst nichts über die biochemische Beziehung der jeweiligen Genprodukte (s.a. Abb. 22.**13**, S. 366).

Die Spezifizierung der R7-Zelle benötigt sowohl die Funktion von **Sevenless** als auch die von **Boss**. Ein konstitutiv-aktiver Sevenless-Rezeptor führt auch in *boss/boss*-homozygoten Fliegen zur Bildung von R7-Zellen. Das bedeutet, dass beide Genprodukte **Komponenten derselben Signalkette** darstellen und dass ***sevenless*** **epistatisch zu** ***boss*** ist. Dies unterstützt, zusammen mit den Ergebnissen der klonalen und molekularen Analysen, das Modell einer Signalkette, in der *sevenless* den Rezeptor, *boss* den Liganden kodiert.

24.3 Weitere Komponenten der Sevenless-Signalkette

In diesem Kapitel sollen beispielhaft genetische Methoden vorgestellt werden, die die Identifizierung weiterer Komponenten einer Signalkette ermöglichen. Sie wurden nicht nur bei der Aufklärung der Sevenless-Signalkette verwendet, sondern dienten auch zur genaueren Analyse vieler anderer Prozesse.

Die beiden bisher beschriebenen Mutanten *sev* und *boss* wurden auf Grund ihres Unvermögens, UV-Licht zu erkennen, isoliert. Da die Funktion dieser beiden Gene ausschließlich im Auge benötigt wird, sind *sev*- und *boss*-mutante Fliegen homozygot lebensfähig. Wenn aber andere, ebenfalls am Sevenless-Signalweg beteiligte Gene zusätzliche Funktionen haben, könnten Mutationen in diesen Genen möglicherweise homozygot nicht lebensfähig sein. Um solche Gene dennoch zu identifizieren, wurden andere Ansätze entwickelt. Zum besseren Verständnis der Grundlagen dieser Ansätze soll die Vorgehensweise zunächst theoretisch erläutert werden (Abb. 24.**10**), bevor sie dann an drei Beispielen näher demonstriert wird.

Ausgehend von der Annahme, dass durch die Aktivierung des Rezeptors weitere „downstream" wirkende Gene aktiviert werden, die dann zur Ausbildung des Wildtyp-Phänotyps (hier einer R7-Zelle) führen (Abb. 24.**10a**), bedeutet ein Ausfall des Signals oder des Rezeptors eine Unterbrechung des Signalwegs: Der mutante Phänotyp, hier das Fehlen der R7-Zelle, manifestiert sich (Abb. 24.**10b, c**).

Trägt eines der Gene der Signalkette, z. B. *sevenless*, eine gain-of-function-Mutation, die zur konstitutiven Aktivität des Rezeptors führt (*sevenless*^{ka}), so bedeutet dies, dass selbst in Abwesenheit des Signals Boss der Signalweg aktiviert wird, was zur Ausbildung einer oder mehrerer R7-Zellen führt (s. o. u. Abb. 24.**10d**).

Ist der Rezeptor konstitutiv aktiv und erzeugt einen dominanten Phänotyp (mehr R7-Zellen), so kann der Ausfall der Funktion in einem unterhalb des Rezeptors liegenden („downstream") Gens zur Unterdrückung dieses dominanten Phänotyps führen. In vielen Signalkaskaden hängt die korrekte Weiterleitung des Signals von der Menge der beteiligten Genprodukte ab. Die Entfernung von nur einer funktionellen Kopie des Gens *X* oder *Y* resultiert daher oftmals in einer Verringerung der Effizienz, mit der das Signal weitergeleitet wird und unterdrückt deshalb den dominanten Phänotyp (Abb. 24.**10e**).

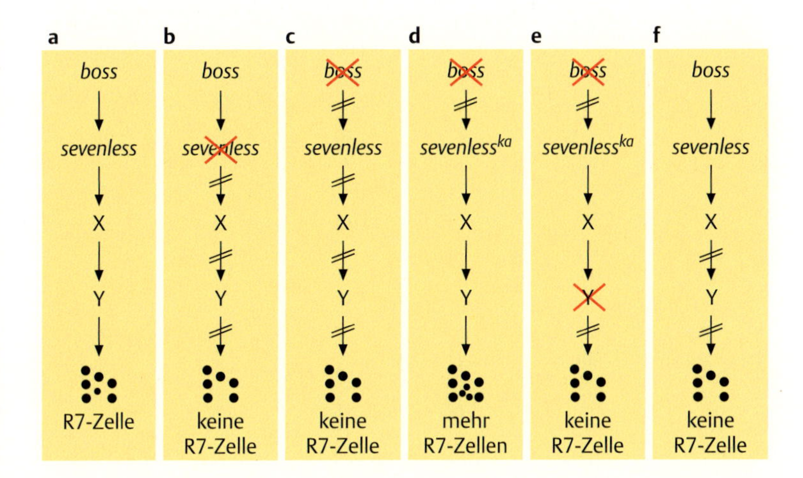

Abb. 24.10 Isolierung weiterer Komponenten einer regulatorischen Genkaskade mittels genetischer Ansätze. Erklärungen s. Text.

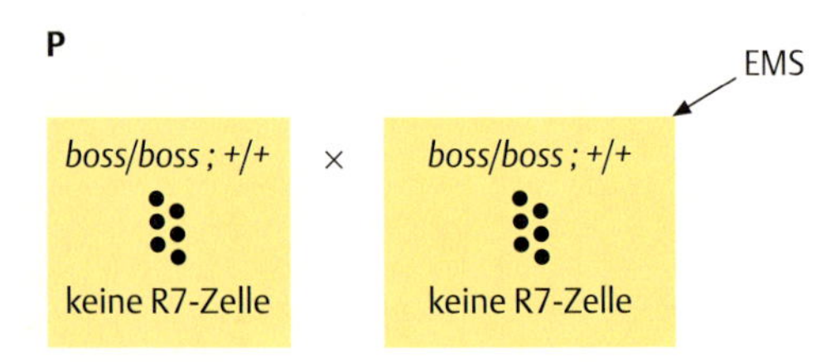

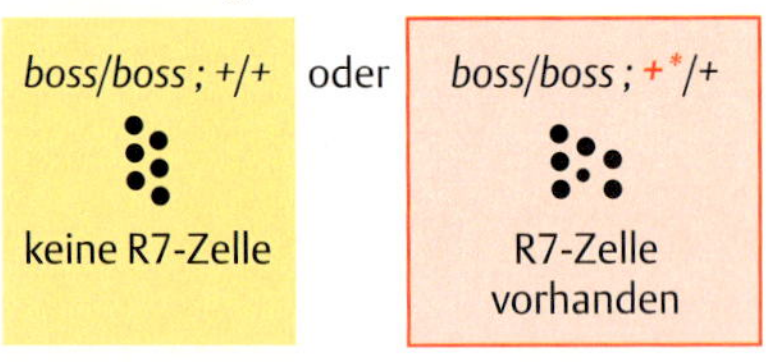

Abb. 24.11 Isolierung von dominanten Suppressoren des *boss* loss-of-function-Phänotyps. Die Fliege mit dem im Rechteck angegebenen Phänotyp trägt eine konstitutiv aktive Mutation (+*), die den Verlust von *boss* kompensiert (s. Abb. 24.**10**). Weitere Erklärung s. Text.

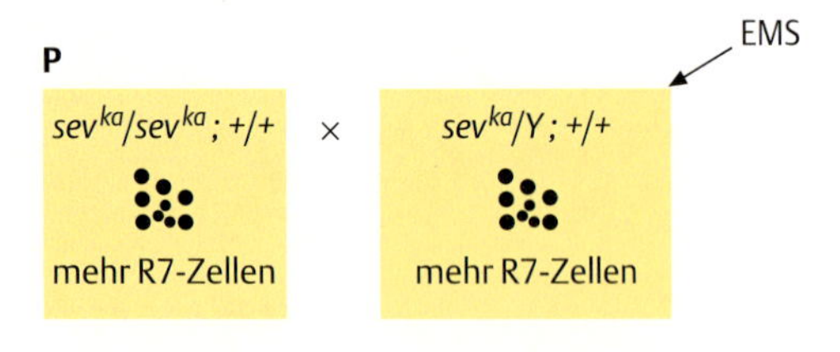

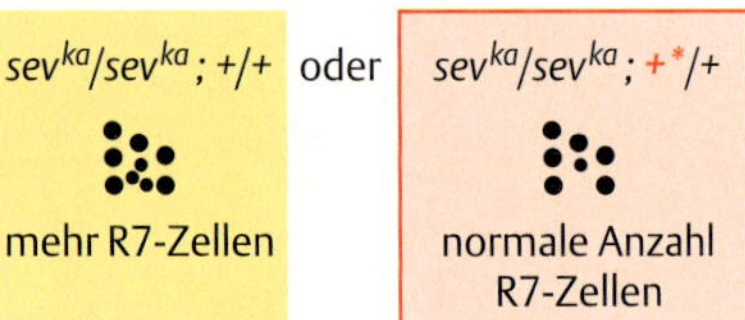

Abb. 24.12 Schematische Darstellung zur Isolierung von Suppressormutanten des *sevenless* gain-of-function-Phänotyps. Die Fliege mit dem im Rechteck angegebenen Phänotyp trägt eine Mutation (+*), die die Wirkung des konstitutiv-aktiven Sevenless-Rezeptors aufhebt (s. Abb. 24.**10e**). Weitere Erklärung s. Text.

Ist der Rezeptor in seiner Funktion geschwächt, aber gerade noch so aktiv, dass der Wildtyp-Phänotyp ausgeprägt wird, so kann die Reduktion in einer weiteren Komponente der Signalkette (z. B. Gen *Y* als Nullallel) dann zur Ausprägung des mutanten Phänotyps führen (Abb. 24.**10f**).

24.3.1 Gain-of-function-Mutationen in *rolled*

Entsprechend der in Abb. 24.**10d** gemachten Annahme sollte das Fehlen von Boss durch die konstitutive Aktivität einer weiter unterhalb gelegenen Komponente (Sevenless^{ka} in Abb. 24.**10d**) ausgeglichen werden können. Es wurden entsprechende Mutageneseprotokolle entworfen, die die Isolierung solcher Mutanten erlaubten. Dazu wurden *boss*-mutante Fliegen, die kein UV-Licht sehen können, mit EMS (Ethylmethansulfonat, s. Kap. 16.4.2, S. 197) mutagenisiert und mit *boss*-mutanten Fliegen gekreuzt (Abb. 24.**11**). Alle Nachkommen wurden auf ihre Fähigkeit, UV-Licht zu sehen, untersucht.

Unter insgesamt 70 000 mutagenisierten und getesteten *boss*-Fliegen wurde eine gefunden, die wieder UV-Licht erkennen konnte. Dies deutete auf das Vorhandensein einer R7-Photorezeptorzelle hin, was anschließend auch histologisch bestätigt werden konnte. Die Mutation stellte sich als eine dominante Mutation im Gen *rolled* (*rl*) heraus (*rolled*^{sevenmaker}; *rl*^{sem}). Homozygote *rl*^{sem}-Fliegen sind steril und weisen zusätzliche Venen in den Flügeln auf. Die Reduktion der *rolled*-Funktion verhindert die Bildung von R7-Zellen, während ihr vollständiger Verlust zu larvaler Letalität führt.

24.3.2 Loss-of-function-Mutationen in *drk*

Wie oben erwähnt, führt eine dominante Mutation im Sevenless-Rezeptor auch in Abwesenheit des Boss-Signals zur Aktivierung der Signalkette. Die Konsequenz davon ist, dass mehr als nur eine Zelle zur R7-Zelle spezifiziert wird (Abb. 24.**10d**), was die geordnete Anordnung der Ommatidien stört und in der Ausbildung eines gut erkennbaren „rauhen Augen"-Phänotyps resultiert (Abb. 24.**1b**, S. 402).

Dieser leicht erkennbare, dominante Phänotyp kann nun zur Identifikation von **modifizierenden Mutationen** (modifier) verwendet werden (Abb. 24.**12**). Darunter versteht man Mutanten, die ein gegebenes phänotypisches Merkmal verstärken (= **Enhancer**) oder unterdrücken (= **Suppressor**). Eine Mutation in einem „downstream" von *sevenless* gelegenen Gen reduziert die Wirkung des konstitutiv aktiven Sevenless-Rezeptors, es werden weniger oder keine zusätzlichen R7-Zellen gebildet, die Augen sind wieder glatt. Dieser genetische Ansatz hat noch einen weiteren Vorteil: Da eine Mutation in *X* oder *Y* bereits im heterozygoten Zustand eine Wirkung zeigen kann, ermöglicht dies auch die Isolierung von Mutationen, die homozygot letal sind. Unter Verwendung dieses Ansatzes wurde das Gen *downstream of receptorkinase* (*drk*) gefunden, dessen Genprodukt an der Weiterleitung des Signals in der Zelle beteiligt ist.

Ein solcher Ansatz hat nicht nur im Falle des Sevenless-Rezeptors, sondern auch in vergleichbaren anderen Fällen (und nicht nur bei *Drosophila*) zur Identifizierung von Genen geführt, deren Genprodukte Mitglieder derselben Genkaskade sind.

24.3.3 Loss-of-function-Mutationen in *Ras* und *Son of sevenless*

Eine dritte Möglichkeit, Komponenten einer regulatorischen Genkaskade aufzudecken, besteht in der Suche nach Mutationen, die einen gegebenen mutanten Phänotyp verstärken. Dahinter steckt die Beobachtung, dass eine Signalkette nicht nur dann unterbrochen wird, wenn eine Komponente vollständig ausfällt, sondern gelegentlich auch dann, wenn die Funktionen mehrerer Komponenten reduziert sind (Abb. 24.**10f**). So zeigen in Fliegen, die heterozygot für *sevenless* und heterozygot für *boss* sind (sev/sev^{+} ; $boss/boss^{+}$), 3 % aller Ommatidien den Verlust der R7-Zelle. Diese Tatsache machte man sich zunutze, um weitere Komponenten des Signalwegs zu isolieren. Der verwendete genetische Ansatz ist in Abb. 24.**13** dargestellt.

Hierzu wurde das temperatursensitive sev^{d2}-Allel verwendet, das bei 22,7 °C einen Wildtyp-Phänotyp zeigt, bei 24,3 °C jedoch den mutanten Phänotyp entwickelt, in dem die R7-Zellen fehlen. Das heißt, bei 22,7 °C reicht die Funktion gerade eben noch aus, um die R7-Zelle zu spezifizieren. Jede Entfernung einer weiteren Komponente sollte zur zusätzlichen Schwächung der Signalkette führen, was dann bei 22,7 °C zum Verlust der R7-Zelle führt. Da die Mutation den *sevenless*-mutanten Phänotyp schon verstärkt, wenn sie heterozygot vorliegt, handelt es sich um einen **dominanten Enhancer** von *sevenless*. Bei den auf diese Weise gefundenen Mutationen handelte es sich um Allele von *Son of Sevenless* (*Sos*) und *Ras*.

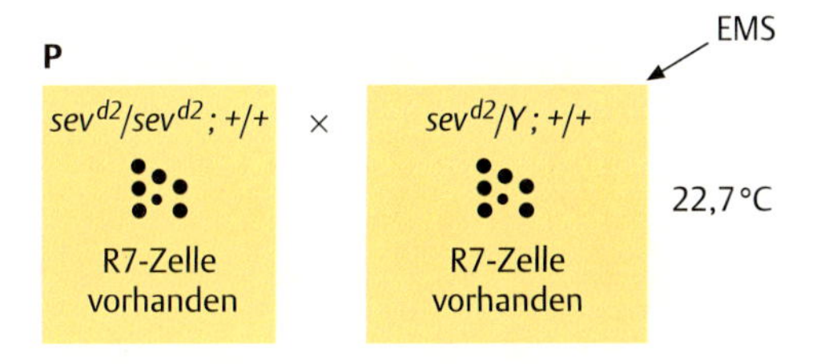

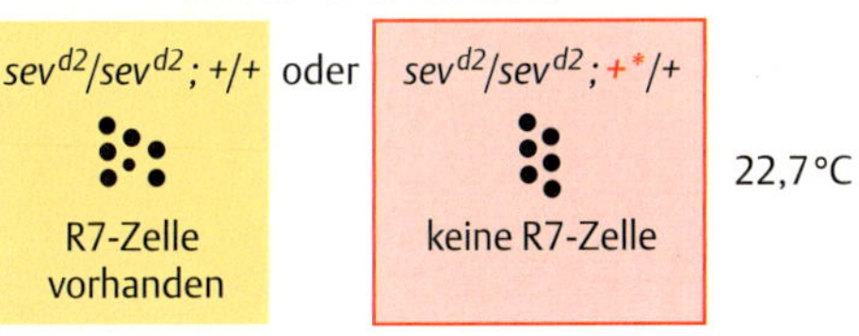

Abb. 24.13 Schematische Darstellung zur Isolierung von Enhancermutanten. Die Fliege mit dem im roten Rechteck angegebenen Phänotyp trägt eine Mutation (+*), die die reduzierte Funktion der Signalkette, die durch eine Mutation in *sevenless* verursacht wird, noch weiter abschwächt (s. a. Abb. 24.**10f**). Weitere Erklärung s. Text.

24.4 Die Sevenless-Signalkette

Durch die oben beschriebenen und ähnliche genetische Analysen wurden mehrere Komponenten der Sevenless-vermittelten Signalkette gefunden. Die anschließende molekulare und biochemische Untersuchung dieser Gene und ihrer Genprodukte ergab ein genaues Bild über die molekularen Grundlagen dieser **Signaltransduktionskaskade** (Abb. 24.**14** und Tab. 24.**1**).

Das in der R8-Zelle exprimierte Boss-Protein, das die Plasmamembran siebenmal durchspannt, bindet an den Sevenless-Rezeptor, eine Rezeptortyrosinkinase, auf der R7-Zelle. Es kommt zur Dimerisierung zweier

Tab. 24.1 Die Komponenten der Sevenless-Signalkette

Gen	Genprodukt	Funktion
bride of sevenless (boss)	membranständiges Signalmolekül	Signal von der R8- zur R7-Zelle; Ligand von Sevenless
sevenless (sev)	Rezeptortyrosinkinase	Rezeptor in der R7-Zelle, wird durch das von der R8-Zelle synthetisierte Signal Boss aktiviert
downstream of receptor-kinases (drk)	SH2/SH3-Adapterprotein	Erkennt und bindet mittels der SH2-Domänen an die phosphorylierten Tyrosinreste des aktivierten Sevenless-Rezeptors; bindet an Sos
Gap1	GTPase aktivierendes Protein	Inaktiviert Ras
Son of sevenless (Sos)	GDP/GTP-Austauschfaktor	Wird nach Bindung an Drk an die Plasmamembran gebracht, wo es Ras aktiviert, indem es GDP durch GTP austauscht.
Ras1 (pole hole)	monomere GTPase	Wird durch Sos aktiviert; aktiviert die MAP-Kinase-Kinase-Kinase Raf
Raf1	MAP-Kinase-Kinase-Kinase (MAPKKK)	Phosphoryliert MAPKK
Dsor	MAP-Kinase-Kinase (MAPKK)	Phosphoryliert MAPK
rolled (rl)	mitogenaktivierte Proteinkinase (MAPK)	Phosphoryliert verschiedene Zielproteine, u. a. Transkriptionsfaktoren in der R7-Zelle

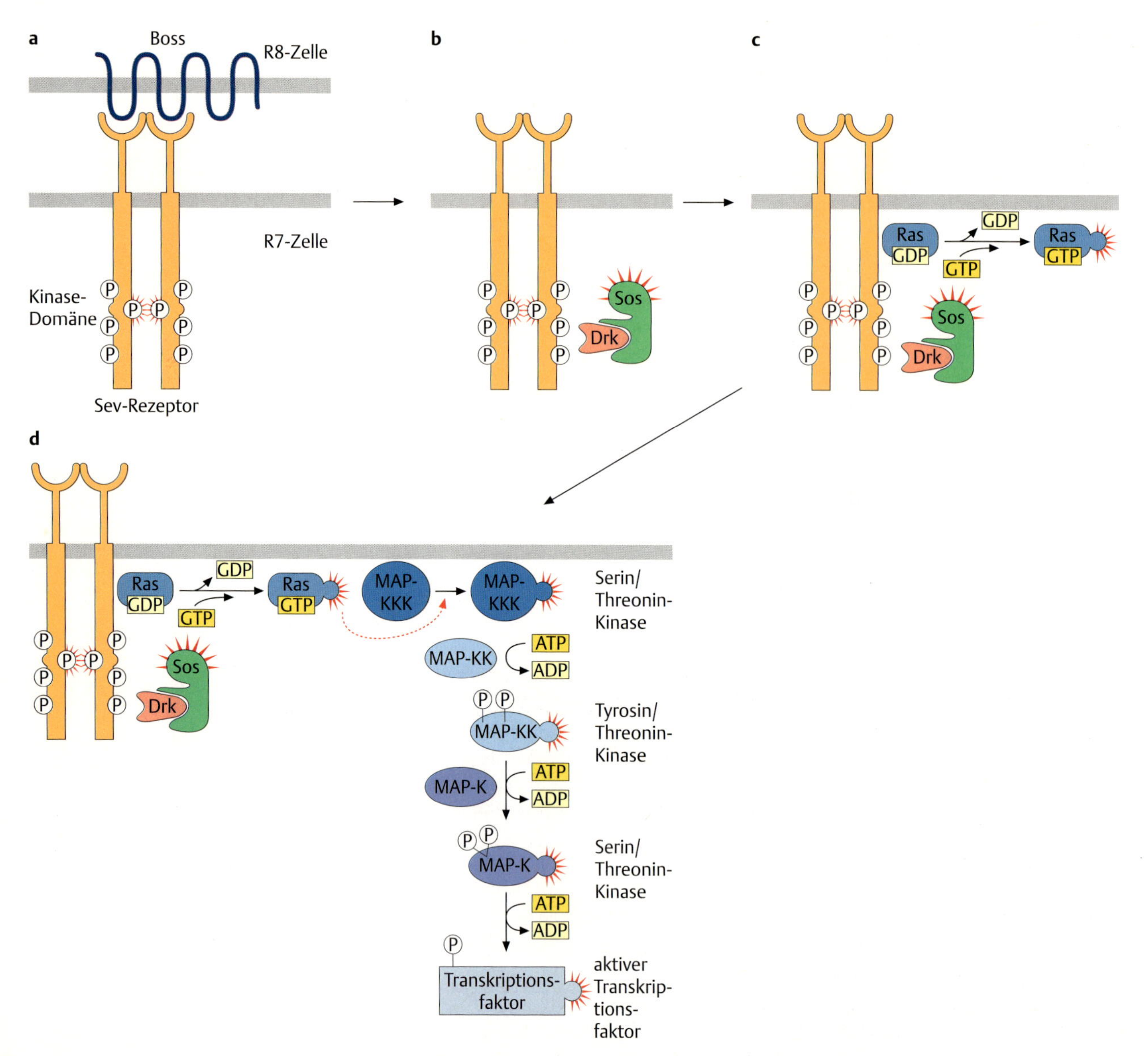

24

Abb. 24.14 Die Sevenless-vermittelte Signalkette, die zur Spezifizierung der R7-Photorezeptorzelle führt. Erläuterung im Text.

Rezeptormoleküle, wodurch die intrazelluläre Kinasedomäne aktiviert wird, was wiederum zur Phosphorylierung der Tyrosin-Reste in den intrazellulären Domänen der Rezeptoren führt (Abb. 24.**14a**). Phosphotyrosine werden von der SH2(Src-homology-2)-Domäne des Adapterproteins Drk erkannt und gebunden. Die SH3(Src-homology-3)-Domäne von Drk erkennt eine prolinreiche Region in Sos, einem GDP/GTP (Guanindinukleotid/Guanintrinukleotid)-Austauschfaktor (Abb. 24.**14b**). Der aus Rezeptor-Drk-Sos gebildete Komplex bringt Sos in enge Nachbarschaft von Ras, einer monomeren GTPase (vgl. Box 15.**3**, S. 186) und induziert dessen Aktivierung durch Austausch von GDP durch GTP (Abb. 24.**14c**).

Ras kann nun auf verschiedene Weise das Signal weiterleiten. Einer dieser Wege besteht in der Aktivierung einer Kinase-Kaskade, die von der MAP Kinase-Kinase-Kinase (Raf, kodiert vom Gen *pole hole*), über die Proteinkinase MAPKK zum Ziel der Phosphorylierung der **MAP-Kinase** (**m**itogen-**a**ctivated **p**rotein kinase), dem Genprodukt von *rolled*, führt (Abb. 24.**14d**). Diese gelangt in den Zellkern, wo sie verschiedene Proteine phosphoryliert, u. a. zwei Transkriptionsaktivatoren, kodiert von den Genen *seven in absentia* (*sina*) und *pointed* (*pnt*). Diese wiederum aktivieren weitere Zielgene, die für die Spezifizierung der R7-Zelle wichtig sind. In Ommatidien ohne funktionsfähiges *sina* oder *pnt* fehlen die R7-Zellen. MAP-Kinase aktiviert aber auch das von *yan* kodierte Protein, einen negativen Regulator der Sevenless-Signalkette. Beim Fehlen von *yan* werden mehr R7-Zellen gebildet. Mit dieser Kenntnis lassen sich nun auch die verschiedenen Phänotypen nachvollziehen (Abb. 24.**10**, Abb. 24.**11**). Eine konstitutiv aktive Mutation aktiviert die Signalkette selbst in Abwesenheit des Signals. Jede Verlustmutation in einem der Gene führt zur Unterbrechung des Signalwegs, selbst bei Vorliegen einer konstitutiv-aktiven Komponente weiter oberhalb in der Signalkette.

Zusammenfassung

- Das *Drosophila*-**Komplexauge** entsteht aus der Augen-Antennen-Imaginalscheibe. Es ist aus regelmäßig angeordneten Ommatidien aufgebaut, deren acht Photorezeptorzellen in der Imaginalscheibe in einer festgelegten Reihenfolge spezifiziert werden.
- Die Gruppierung der Zellen des **Ommatidiums** beginnt posterior zur morphogenetischen Furche mit der R8-Zelle.
- Die R7-Zelle ist die letzte der **Photorezeptorzellen**, die in die Gruppe eingefügt wird. Ihre Spezifizierung erfolgt durch ein induktives, membranständiges Signal, kodiert von *bride of sevenless* (*boss*), das von der R8-Zelle gebildet wird. Es aktiviert die Sevenless-Rezeptortyrosinkinase in der R7-Zelle.
- Das Gen *sevenless* steuert die Entwicklung der R7-Zelle in zellautonomer Weise, was bedeutet, dass *sevenless* in der **R7-Zelle** aktiv sein muss, um diese zu spezifizieren. *bride of sevenless* kontrolliert die Entwicklung der R7-Zelle in nicht zellautonomer Weise: Seine Aktivität wird in der R8-Zelle benötigt, um die R7-Zelle zu spezifizieren.
- Die Aktivierung von Sevenless induziert einen **Signalweg** in der R7-Zelle, der die Komponenten Drk, Sos, Ras sowie die MAP-Kinase-Kaskade enthält. Ziel dieser Signalkaskade ist die Aktivierung bzw. Repression von **Transkriptionsfaktoren**, z. B. Pointed, Seven in absentia oder Yan, deren Aktivität R7-spezifische Genexpression reguliert.
- Komponenten einer **Signaltransduktionskaskade** lassen sich durch genetische Analyse aufdecken.
- **Suppressoren** unterdrücken die Ausprägung des mutanten Allels eines anderen Gens, das weiter oberhalb („upstream“) in der Kaskade steht und stellen den wildtypischen Phänotyp wieder her. **Enhancer** verstärken die Ausprägung des mutanten Allels eines anderen Gens und verstärken den mutanten Phänotyp.
- **Epistasie** wird dann sichtbar, wenn eine Mutation in einem Gen die Ausprägung des Phänotyps eines anderen Gens unterdrückt. Das Auftreten von Epistasie deutet auf eine genetische Interaktion der beteiligten Gene hin, sagt aber nichts über mögliche biochemische Wechselwirkungen aus.

25 Bildung der terminalen Strukturen im *Drosophila*-Embryo

In Kap. 22.3.1 (S. 360) wurde dargestellt, wie die anterior-posteriore Achse des *Drosophila*-Embryos durch maternale Koordinatengene der anterioren (z.B. *bicoid*) und posterioren (z.B. *nanos*) Gengruppe festgelegt wird. Eine dritte Gengruppe maternaler Gene, die **terminale Gruppe**, legt die terminalen Strukturen des *Drosophila*-Embryos fest, das anteriore Akron und das posteriore Telson. Anders als die Genprodukte der beiden anderen Gengruppen liegen die von den Genen der terminalen Gengruppe gebildeten Genprodukte nicht als lokalisierte zytoplasmatische Determinanten in der Eizelle vor, sondern wirken lokal über die Aktivierung einer **Rezeptortyrosinkinase**. Zur Weiterleitung des Signals werden dieselben Komponenten verwendet, die auch bei der Weiterleitung durch den Sevenless-Rezeptor in der R7-Zelle beteiligt sind (Kap. 24.4, S. 415). Das bedeutet, dass der Ausfall dieser Gene, anders als der Verlust von *sevenless* oder *boss*, letal ist: Homozygot mutante *Sos/Sos*- oder *Ras/Ras*-Individuen sterben als Embryonen. Die Funktion dieser Gene ist also nicht auf die Spezifizierung der R7-Photorezeptorzelle beschränkt, sondern wird auch für embryonale und postembryonale Entwicklungsprozesse benötigt.

a

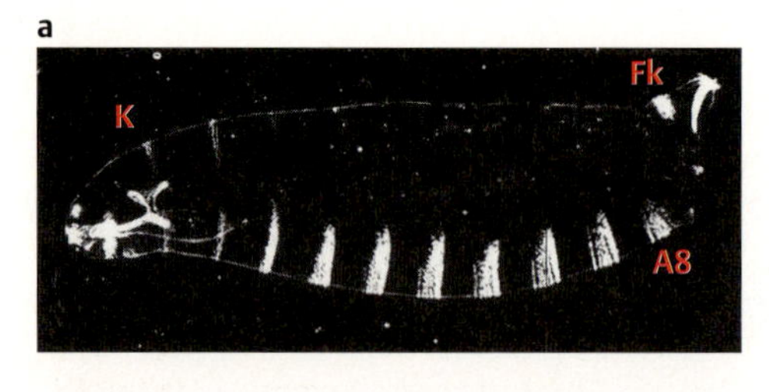

b

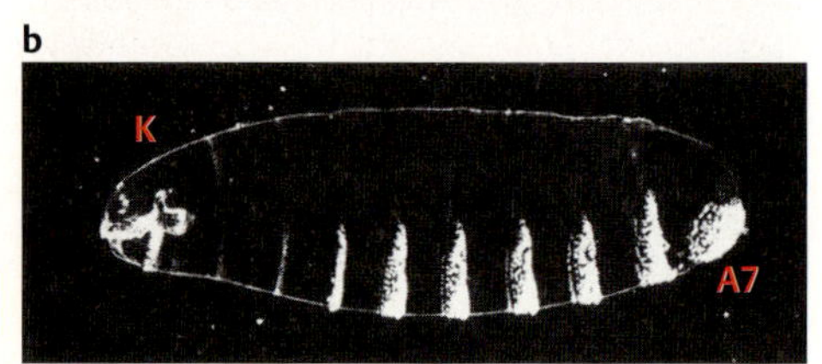

Abb. 25.1 Akron und Telson im *Drosophila*-Embryo.
a Kutikulaphänotyp einer Wildtyp-Larve.
b Kutikula eines Embryos, der von einem *torso* homozygot mutanten Weibchen abstammt. In den mutanten Embryonen fehlen alle Strukturen posterior des siebten Abdominalsegments (A_7). Anterior ist links, dorsal oben. K = Kopfskelett, Fk = Filzkörper [Bilder von Christiane Nüsslein-Volhard, Tübingen, s. Sprenger und Nüsslein-Volhard 1993].

25.1 Die Sevenless-Signalkette und die Ausbildung der terminalen Strukturen

Die terminalen Regionen des *Drosophila*-Embryos werden durch das **Akron** (anterior) und das **Telson** (posterior) definiert. Zum Akron gehören große Teile des **Kopfskeletts**, während zum Telson alle Strukturen posterior des siebten Abdominalsegments zählen, u.a. auch die deutlich erkennbaren **Filzkörper** und die Endigungen der Tracheen, die **Spirakel**. Die äußerlich sichtbaren Anteile von Akron und Telson lassen sich sehr gut in Kutikulapräparaten sichtbar machen (Abb. 25.**1a**).

Insgesamt sind sieben **maternal exprimierte Gene** bekannt, die die Entwicklung der terminalen Strukturen kontrollieren: *corkscrew* (*csw*), *female-sterile-(1)-of-Nasrat* (*fs(1)Nas*), *female-sterile-(1)-pole-hole* (*fs(1)phl*), *pole-hole-*(*phl*), *torso* (*tor*), *torsolike* (*tsl*) und *trunk* (*trk*). Weibchen, die homozygot mutant für *tor*, *tsl* oder *trk* sind, legen Eier, aus denen sich zu 100 % Embryonen mit defekten Termini entwickeln (beispielhaft in Abb. 25.**1b** für Embryonen von *tor*-mutanten Weibchen gezeigt). Embryonen von Weibchen, die homozygot mutant für die anderen Gene sind, zeigen darüber hinaus noch weitere Defekte, was auf ihre Beteiligung an anderen Prozessen hindeutet. Homozygot mutante *phl*- oder *csw*-Individuen sterben im Puppenstadien. Da man keine lebensfähigen Weibchen erhält, kann man die Rolle der maternalen Produkte dieser Gene an der Ausbildung der terminalen Strukturen des Embryos nicht ohne Weiteres studieren. Es ist jedoch möglich, heterozygot mutante Weibchen mit homozygot mutanten Keimzellen zu erzeugen (siehe Box 27.1, S. 436).

Neben Verlustmutanten von *torso*, die zum Wegfall der terminalen Strukturen führen, wurden dominante gain-of-function-Mutationen gefunden, die die Segmentierung im Thorax und Abdomen unterdrücken. Embryonen von Weibchen, die heterozygot für das stärkste dominante *torso*-Allel sind (tor^{4021}/tor^{+}), fehlt der segmentierte Bereich von Thorax und Abdomen, während die terminalen Strukturen ausgeweitet sind. Die Ausprägung dieses Phänotyps ist von einer normalen Funktion von *phl* und *csw* abhängig, nicht aber von *fs(1)Nas*, *fs(1)phl*, *tsl* oder *trk*. Dies deutet darauf hin, dass zur Festlegung der terminalen Strukturen eine **regulatorische Genkaskade** nötig ist, in der *phl* und *csw* „downstream" von *torso* fungieren, während die anderen Gene „upstream" davon wirksam sind.

25.2 Festlegung der terminalen Strukturen durch Torso

Die **zentrale Rolle** bei der Festlegung der Termini des *Drosophila*-Embryos spielt das Gen *torso* (*tor*). ***torso*** kodiert eine **Rezeptortyrosinkinase**, die sich in der gesamten Plasmamembran der Eizelle befindet (blau in Abb. 25.**2a**).

Diese Beobachtung ist insofern erstaunlich, da seine Funktion ja nur an den terminalen Regionen des Embryos benötigt wird. Daraus ergab sich die Vermutung, dass die Aktivierung des Rezeptors nur an den Termini erfolgt. Der **inaktive Ligand**, kodiert vom Gen **trunk**, wird während der Oogenese von den Keimbahnzellen synthetisiert und in den **perivitellinen Raum**, den Raum zwischen der Plasmamembran der Eizelle und der Eihülle, der Vitellinhülle, abgegeben. Das Protein Torsolike wird während der Oogenese nur von den posterioren und anterioren Follikelzellen ge-

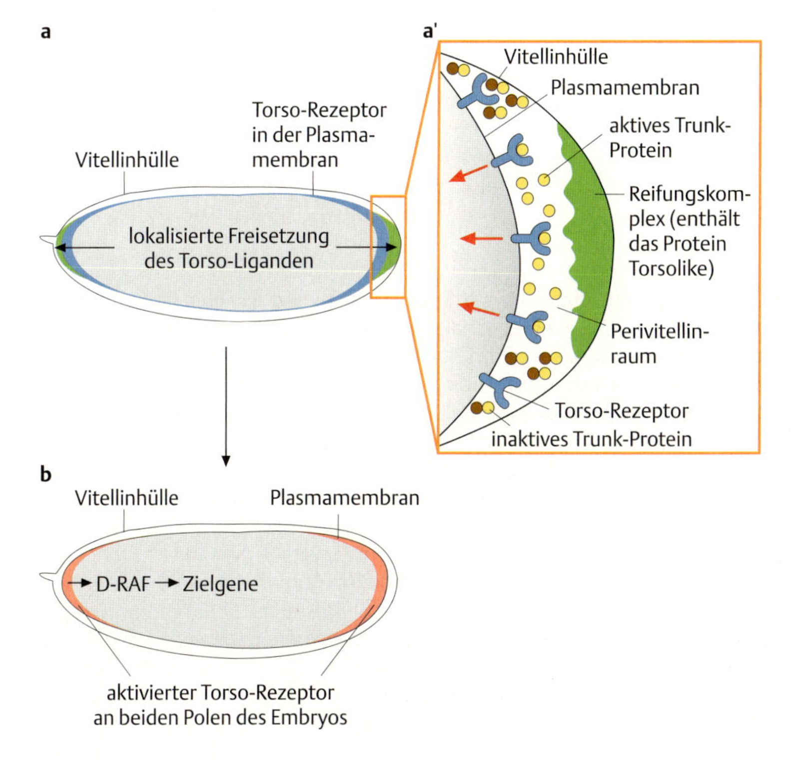

Abb. 25.2 Modell zur Aktivierung des Torso-Rezeptors an den Termini des *Drosophila*-Embryos.
a Im frühen Embryo ist der Torso-Rezeptor (blau) auf der gesamten Plasmamembran lokalisiert.
a' Ausschnitt des posterioren Pols. Der inaktive Ligand (braun-gelb), kodiert vom Gen *trunk* ist im gesamten Perivitellinraum verteilt. Der am anterioren und posterioren Pol lokalisierte Reifungskomplex (grün), der u.a. das Protein Torsolike enthält, katalysiert die Spaltung des Trunk-Proteins. Nur der C-terminale Abschnitt des Trunk-Proteins (gelb) stellt den aktiven Liganden dar.
b Der Torso-Rezeptor wird nur an den Polen aktiviert (rot).

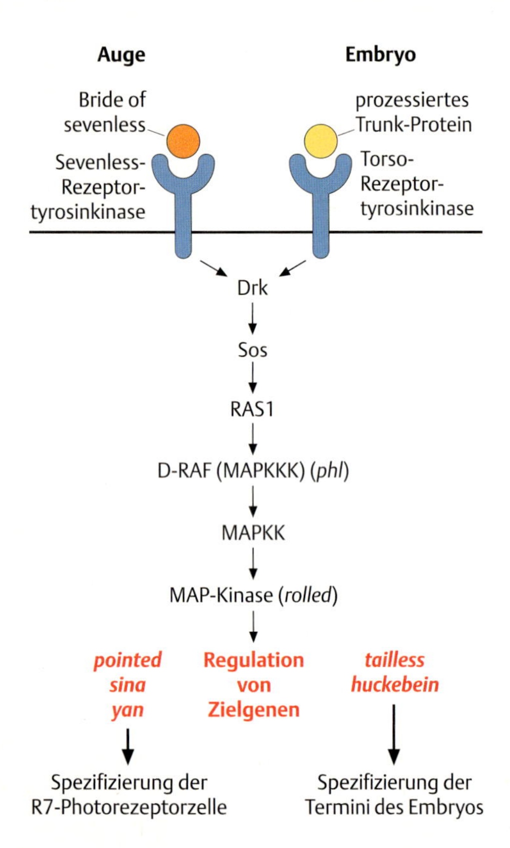

Abb. 25.3 Rezeptortyrosinkinase-vermittelte Signaltransduktion im Auge und im Embryo. Während die Liganden und Rezeptoren verschieden sind, verwenden beide Signalkaskaden dieselben Komponenten zur intrazellulären Weiterleitung des Signals. Die Zielgene wiederum unterscheiden sich.

bildet und an den beiden Polen im perivitellinen Raum mit Hilfe der von *fs(1)Nas* und *fs(1)ph* kodierten Proteine deponiert. Dort bildet es, zusammen mit nicht näher bekannten Proteinen, den so genannten Reifungskomplex (grün in Abb. Abb. 25.**2a'**). Dessen Funktion besteht in der proteolytischen Spaltung des Trunk-Proteins, wobei dessen carboxyterminale Hälfte in einen aktiven Liganden überführt wird (gelb in Abb. 25.**2a'**). Da der Reifungskomplex nur an den Polen lokalisiert ist, erfolgt die Reifung des Trunk-Liganden auch nur dort, was wiederum eine sehr lokale Aktivierung des Torso-Rezeptors zur Folge hat (rot in Abb. 25.**2b**).

Dieser Vorgang erklärt nun eine Reihe von Beobachtungen: Da der Rezeptor auf der gesamten Plasmamembran lokalisiert ist, führen Mutationen, die zu seiner konstitutiven Aktivität führen, zur Spezifizierung von terminalen Strukturen auch in den zentralen Bereichen des Embryos und unterdrücken die Ausbildung segmentierter Bereiche des Thorax und Abdomens. Embryonen, die von *trunk*-homozygoten Weibchen abstammen, bilden kein Signal und demzufolge aktivieren sie nicht den Rezeptor. Injiziert man in diese Embryonen RNA, die funktionelles Trunk-Protein kodiert, so rettet man den mutanten Phänotyp in vielen Embryonen. Rettung erfolgt auch dann, wenn die injizierte RNA nur den carboxyterminalen Abschnitt des Trunk-Proteins kodiert. Embryonen, die von *torsolike*-homozygot mutanten Weibchen abstammen, bilden ebenfalls keine terminalen Strukturen, da der Trunk-Ligand nicht zu einem aktiven Liganden gespalten wird. Injiziert man in diese Embryonen RNA, die den carboxyterminalen Teil des Trunk-Proteins kodiert, so erfolgt eine Rettung, da dieser Teil ja den aktiven Liganden darstellt.

Nach Aktivierung des **Torso-Rezeptors** erfolgt die **Weiterleitung des Signals** in das Zytoplasma der Eizelle. Viele der hierbei benötigten Komponenten sind identisch mit denen der **Sevenless-Signalkaskade** (Abb. 25.**3**).

Mutationen in *drk*, *Sos*, *Ras1*, *phl* (*D-raf*) und *rolled* unterdrücken nicht nur den durch gain-of-function-Mutationen in *sevenless* erzeugten dominanten Phänotyp im Auge (vgl. Abb. 24.**12**, S. 414), sondern auch die durch gain-of-function-Mutationen in *torso* erzeugten embryonalen Phänotypen.

25.3 Komponenten von Rezeptortyrosinkinase-Signalwegen

Die genetischen Analysen zur Spezifizierung der R7-Photorezeptorzelle von *Drosophila* führten erstmalig zur Aufdeckung der Beteiligung einer rezeptortyrosinkinasevermittelten **Signaltransduktionskaskade** an einem Entwicklungsprozess. Etwa zeitgleich mit diesen Arbeiten führten Experimente am Fadenwurm *Caenorhabditis elegans* und an der Bäckerhefe *Saccharomyces cerevisiae* zur Entdeckung ähnlicher Signalketten, die jeweils unterschiedliche Prozesse regeln. Schließlich zeigten Arbeiten zur Kontrolle von Zellproliferation an Säugerzellkulturzellen, dass dort sehr ähnliche Proteine und Signalwege benutzt werden (Tab. 25.**1**).

Die **Konservierung** einiger Moleküle ist so groß, dass man Mutationen in einem Gen durch das entsprechende Wildtyp-Gen einer anderen Spezies kompensieren kann. Doch auch wenn die intrazellulären Komponenten stark konserviert sind, unterscheiden sich die Rezeptoren und Liganden in vielen Fällen voneinander.

Zahlreiche Experimente zeigen, dass das Ziel einer Signalkette je nach Zelltyp verschieden sein kann, obwohl dieselben Komponenten zur intra-

Tab. 25.1 Gene der Ras/MAP-Kinase Signalkette sind evolutionär konserviert

	S. cerevisiae	*C. elegans*	*D. melanogaster*	Vertebraten
Adapter		*sem-5*	*Drk*	*Grb2*
G-Protein		*let-60/Ras*	*D-Ras*	*Ras*
GEF		*Cras-GEF*	*Sos*	*mSos*
MAPKKK	*Ste11*	*lin-45*	*phl (D-Raf)*	*Raf*
MAPKK	*Ste7*	*mek-2*	*D-Sor*	*MEK*
MAPK	*Fus3*	*mpk-1*	*rolled*	*ERK*
Prozesse*		Spezifizierung der Vulva Vorläuferzelle	Spezifizierung der R7-Zelle Spezifizierung von Akron und Telson	Zellproliferation Zellwanderung

* Es sind nur beispielhaft wenige Prozesse genannt, die meisten dieser Signalketten sind an weiteren Prozessen beteiligt.

Box 25.1 Krebs kann durch somatische Mutationen in Komponenten der Ras/MAP-Kinase Signalkette entstehen

Die Funktion eines Gens manifestiert sich häufig dann, wenn es mutiert ist und einen Phänotyp erzeugt, der vom Wildtyp abweicht. Krebszellen tragen Mutationen, die zu verändertem Zellverhalten führen, wozu häufig eine erhöhte Proliferation gehört. Ein Gen, das durch Mutation zur Ausbildung von Krebs führt, bezeichnet man als Onkogen. Seine intakte, nicht-mutierte Form im Genom wird als zelluläres oder Proto-Onkogen (c-onc) bezeichnet. Onkogene können auch durch Retroviren übertragen werden, die sich von den nicht-onkogenen Retroviren (vgl. Kap. 18.2.3, S. 256) ableiten. Das erste onkogene Tumorvirus wurde vor etwa 80 Jahren aus einem Bindegewebstumor des Hühnchens, einem Sarkom, isoliert und nach seinem Entdecker Peyton Rous Rous-Sarkom-Virus genannt. Das Rous-Sarkom-Virus trägt zusätzlich zu seinen eigenen Genen ein zelluläres Gen, *src*, das nach Infektion der Wirtszellen Tumorbildung auslöst. In anderen onkogenen Retroviren ist ein Teil der viralen genetischen Information durch ein zelluläres Gen ersetzt, das allgemein als v-onc bezeichnet wird. Dieses ist gegenüber der zellulären Variante, dem *c-onc*, so verändert, dass das kodierte Protein in vielen Fällen eine erhöhte Aktivität aufweist. Bei Infektion einer Zelle kann nun die Expression des *v-onc* zu Veränderungen im Zellverhalten führen, etwa zu vermehrter Zellteilung, zum Verlust der Zelladhäsion oder zu erhöhter Beweglichkeit der Zellen und damit zur Metastasenbildung.

Die molekulare Analyse verschiedener Onkogene zeigte, dass viele von ihnen für Komponenten von Signaltransduktionskaskaden kodieren, die auch das Zellteilungsverhalten kontrollieren (s. Tab. 25.**1**). Das Gen *src* kodiert z. B. eine Proteinkinase. Zellteilung wird in einem Organismus durch Kommunikation zwischen den Zellen streng reguliert. Mutationen in Proto-Onkogenen können dazu führen, dass die Zellen „taub" für diese Signale werden oder sich so verhalten, als ob die Signale ständig vorhanden sind, was dann zu unkontrollierter Teilung führen kann. Ein konstitutiv aktiver Rezeptor ist dann ständig, auch in Abwesenheit eines Signals, aktiv. Ebenso können Mutationen in Komponenten der intrazellulären Signalweiterleitung zur konstitutiven Aktivierung einer Signalkette führen. Die folgende Tabelle nennt einige Onkogene und die vom jeweiligen Proto-Onkogen kodierten Proteine. Onkogene kodieren für sezernierte Proteine, die als Signalmoleküle wirken, für Rezeptoren sowie für zytoplasmatische und nukleäre Proteine. Die Namen der Onkogene sind von den Viren, aus denen sie isoliert wurden, abgeleitet.

Onkogen	Funktion des Proto-Onkogens	Tumor (Herkunft)
sis	Plättchen-Wachstumsfaktor	Sarkom (Affe)
erb-B	Rezeptortyrosinkinase	Erythroleukämie (Huhn)
raf	Ser/Thr-Proteinkinase	Sarkom (Huhn, Maus)
src	Tyr-Proteinkinase	Sarkom (Huhn)
H-ras	GTP-bindendes Protein	Sarkom, Erythroleukämie (Ratte)
myc	Transkriptionsfaktor	Myelozytom (Huhn)
fos	Transkriptionsfaktor	Osteosarkom (Maus, Huhn)

Es gibt verschiedene Möglichkeiten, wie aus einem Proto-Onkogen ein Onkogen wird. Punktmutationen können zu einem veränderten Protein mit übermäßiger Aktivität führen. So wurden Punktmutationen in *ras* identifiziert, die seine GTPase-Aktivität vermindern, so dass es nicht mehr in den inaktiven Zustand zurückkehren kann. Häufig erfolgt die Aktivierung eines Onkogens auch durch Translokationen, wobei das Proto-Onkogen unter die regulatorische Kontrolle eines anderen Gens gerät und dann in Zellen exprimiert wird, in denen es normalerweise nicht angeschaltet ist. Beispielsweise findet man im Burkitt-Lymphom, einem häufig in Afrika auftretenden Tumor, eine reziproke Translokation (vgl. Kap. 11.4, S. 117) zwischen den Chromosomen 8 und 14, bei der das *myc*-Proto-Onkogen von 8q24 unter die Kontrolle eines Enhancers des Gens für die schwere Kette des Immunglobulins bei 14q32 gerät. Das Ergebnis ist eine starke Expression von *myc* in B-Zellen und eine dadurch induzierte starke Proliferation dieser Zellen.

In den meisten Fällen wird Krebs nicht durch eine einzige Mutation ausgelöst, sondern es sind mehrere Mutationen nötig, die zusammen die veränderten Eigenschaften der Krebszelle bestimmen.

zellulären Weiterleitung verwendet werden. Bei *Drosophila* führt die **Ras/MAP-Kinase Signalkette** (Box 25.1) im Auge zur Spezifizierung der R7-Photorezeptorzelle, im frühen Embryo zur Spezifizierung von Akron und Telson. Die Ursache für das unterschiedliche Ergebnis derselben Signalkette liegt vor allem in den Zielgenen der Transkriptionsfaktoren, die durch die MAP-Kinase aktiviert oder reprimiert werden. MAP-Kinase-Signalketten werden nicht nur durch Wachstumsfaktoren und ihre Rezeptoren aktiviert, sondern auch durch andere extrazelluläre Stimuli, wie z. B. osmotischer und mechanischer Stress oder UV-Licht. Auch gibt es zahlreiche Quervernetzungen zwischen unterschiedlichen Signalketten, so dass die hier vorgestellte lineare Weiterleitung in der Zelle eine starke Vereinfachung darstellt.

Zusammenfassung

- Die Festlegung der **terminalen Strukturen** des *Drosophila*-Embryos, des Akrons und des Telsons, wird durch die maternal exprimierte terminale Gengruppe kontrolliert.
- Die daran beteiligten Gene kodieren Komponenten einer **Signaltransduktionskaskade**, deren Rezeptor, Torso, eine Rezeptortyrosinkinase ist. Obwohl auf der gesamten Plasmamembran der Eizelle vorhanden, wird Torso nur lokal begrenzt an den beiden Polen aktiviert.
- Das **aktivierende Signal Trunk** wird während der Oogenese von Keimbahnzellen synthetisiert und im perivitellinen Raum durch proteolytische Spaltung nur am anterioren und posterioren Pol in seine aktive Form überführt.
- An der Aktivierung von Trunk sind die Genprodukte von *torsolike*, *fs(1)Nas* und *fs(1)pole-hole* beteiligt.
- Die meisten der intrazellulären Komponenten der Torso-Signalkette sind identisch mit denen der **Sevenless-Signalkette**: Drk, Sos, Ras1, D-Raf und Rolled.
- Viele Mitglieder der **Ras/MAP-Kinase Signalkette** sind phylogenetisch konserviert.
- **Onkogene** kodieren für Komponenten von Signalketten. Mutationen in diesen können Krebs auslösen.

26 Musterbildung im *Drosophila*-Flügel

Der Flügel einer adulten Fliege zeigt eine ausgeprägte Polarität (Abb. 26.**1c**). Er besitzt eine dorsale (obere) und eine ventrale (untere) Seite, die eng aufeinander liegen. Der anteriore Rand ist durch die erste Längsvene L1 charakterisiert, auf der eine Reihe von Borsten, mechano- und chemosensorische Sinnesorgane, sitzen. Vier weitere Längsvenen (L2–L5) folgen. Schließlich besitzt der Flügel eine proximo-distale Polarität, wobei die Flügelspitze den distalsten Punkt darstellt. Der Flügel entsteht aus der **Flügelimaginalscheibe** (s. Abb. 21.**5**, S. 350), bei der es sich wie bei der Augen-Antennen-Imaginalscheibe um ein auf Ober- und Unterseite gefaltetes, aber einschichtiges Epithel handelt. Der Flügel ist ein sehr gutes Objekt zur Untersuchung von Musterbildungsprozessen, die durch Morphogengradienten kontrolliert werden.

26.1 Musterbildung durch differenzielle Genexpression

Das **posteriore Kompartiment** der Flügelimaginalscheibe wird bereits im Embryo durch die Aktivität des **Segmentpolaritätsgens *engrailed*** festgelegt (s. a. Kap. 22.4.4, S. 374). Einmal festgelegt, bleibt die posteriore Identität durch die gesamte Entwicklung hindurch erhalten, was anhand der *engrailed*-Expression sichtbar wird (Abb. 26.**1**).

In der **Flügelimaginalscheibe** bildet die **Kompartimentsgrenze** von posterioren, *engrailed*-exprimierenden und anterioren, nicht *engrailed*-exprimierenden Zellen ein **Signalzentrum**, von dem aus die Musterbildung erfolgt (Abb. 26.**2a**).

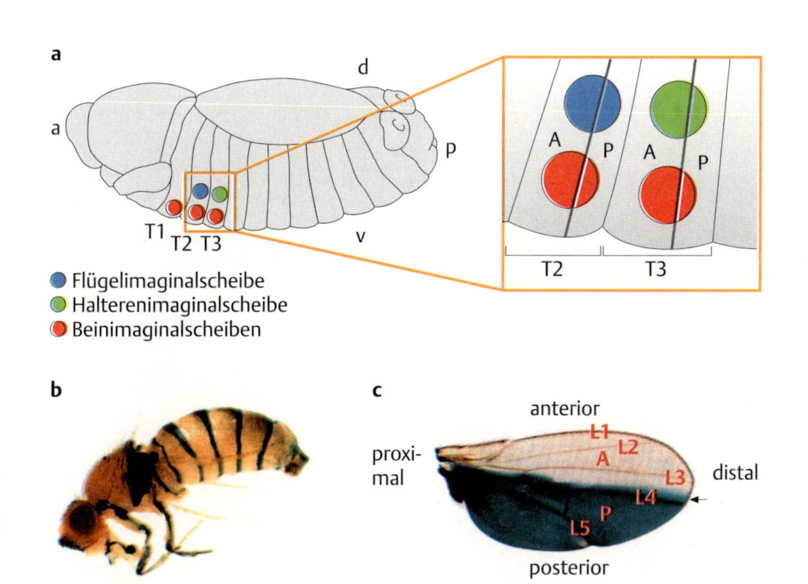

Abb. 26.1 *Engrailed*-Expression legt das posteriore Kompartiment fest.
a Position der Anlagen der thorakalen Imaginalscheiben im späten Embryo. *Engrailed* ist in den posterioren Kompartimenten exprimiert (vgl. Abb. 22.**23**, S. 376) a = anterior, p = posterior, d = dorsal, v = ventral. T_1, T_2, T_3: 1., 2. und 3. Thoraxsegment. A = anteriores, P = posteriores Kompartiment.
b β-Galaktosidase-Expression (blau) des *lacZ*- Reportergens, dessen Expression in der adulten Fliege durch die regulatorischen Elemente von *engrailed* bestimmt wird (Flügel entfernt). Alle posterioren Kompartimente sind gefärbt.
c Aufsicht auf einen Flügel einer adulten Fliege. Das posteriore Kompartiment exprimiert das Reportergen *lacZ*. L1–L5 kennzeichnen die Flügelvenen. Die A/P-Grenze (Pfeil) fällt nicht mit einer Vene zusammen [b, c Bilder von Stephen Cohen, Heidelberg, aus Cohen 1993].

Abb. 26.2 Bildung einer Signalquelle an der A/P-Kompartimentsgrenze.
a Expression von *engrailed* im posterioren Kompartiment (blau) induziert die Expression von *hedgehog* (grün).
b Das Hedgehog-Protein diffundiert wenige Zelldurchmesser in das anteriore Kompartiment (Pfeile), wo es durch Repression von Patched die Expression von Decapentaplegic in einem schmalen Streifen erlaubt.
c Das Dpp-Protein (gelb) diffundiert nach beiden Seiten.
d Expression des *lacZ*-Reportergens (blau) unter der Kontrolle der regulatorischen Elemente von *decapentaplegic* in der Flügelimaginalscheibe. [d Bild von Konrad Basler, Zürich. s. Nellen et al. 1996].

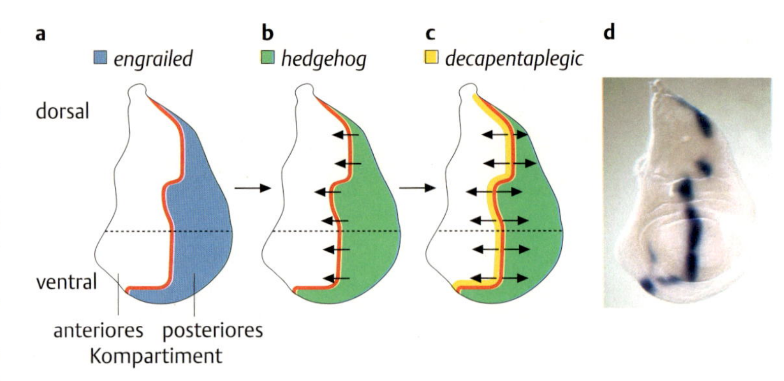

Zur **Bildung dieses Zentrums** ist das Segmentpolaritätsgen *hedgehog* (*hh*) nötig, das wie *engrailed* im posterioren Kompartiment exprimiert wird (Abb. 26.**2b**). *hh* kodiert ein diffusibles Molekül, das allerdings keine großen Strecken zurücklegen kann. Die Aufgabe des Hh-Proteins besteht in der Aktivierung von *decapentaplegic* (*dpp*) in einem schmalen Streifen entlang der A/P-Grenze im anterioren Kompartiment (Abb. 26.**2c,d**). Die Induktion der *dpp*-Expression wird dadurch ermöglicht, dass *patched* (*ptc*), ein weiteres Segmentpolaritätsgen, durch Hh inhibiert wird. Patched ist ein Repressor von *dpp*, so dass seine Inhibition nun die Expression von *dpp* erlaubt. *ptc* wird im gesamten anterioren Kompartiment exprimiert, kann aber auf Grund der geringen Reichweite von Hh nur in einem schmalen Streifen entlang der A/P-Grenze reprimiert werden. Das von *dpp* kodierte Protein ist ein sezerniertes Protein, das nun nach anterior und posterior diffundieren kann. Dabei bildet es einen Konzentrationsgradienten aus, dessen höchste Konzentration an der A/P-Grenze besteht. **Dpp ist das eigentliche Morphogen**, da es in konzentrationsabhängiger Weise Genexpression steuern kann. Dies wird deutlich, wenn man die Expression zweier **Zielgene**, *spalt* (*sal*) und *optomotor-blind* (*omb*) betrachtet. *sal* wird nur in Bereichen hoher Dpp-Konzentrationen exprimiert, während *omb* auch noch bei niedrigeren Dpp-Konzentrationen angeschaltet wird (Abb. 26.**3**).

Abb. 26.3 Der Dpp-Gradient steuert Genexpression in konzentrationsabhängiger Weise.
a Modell zur Erklärung des Gradienten. *dpp*-RNA wird in einem schmalen Streifen im anterioren Kompartiment entlang der A/P-Kompartimentsgrenze exprimiert (violett). Das in diesen Zellen translatierte Dpp-Protein diffundiert in beide Richtungen und schaltet, je nach Konzentration, die Zielgene *spalt* (*sal*, grün) und *optomotor-blind* (*omb*, braun) an.
b Expression von *spalt-lacZ*- und *optomotor-blind-lacZ*-Reportergenen in Flügelimaginalscheiben des dritten Larvenstadiums [b Bilder von Konrad Basler, Zürich. s. Nellen et al. 1996].

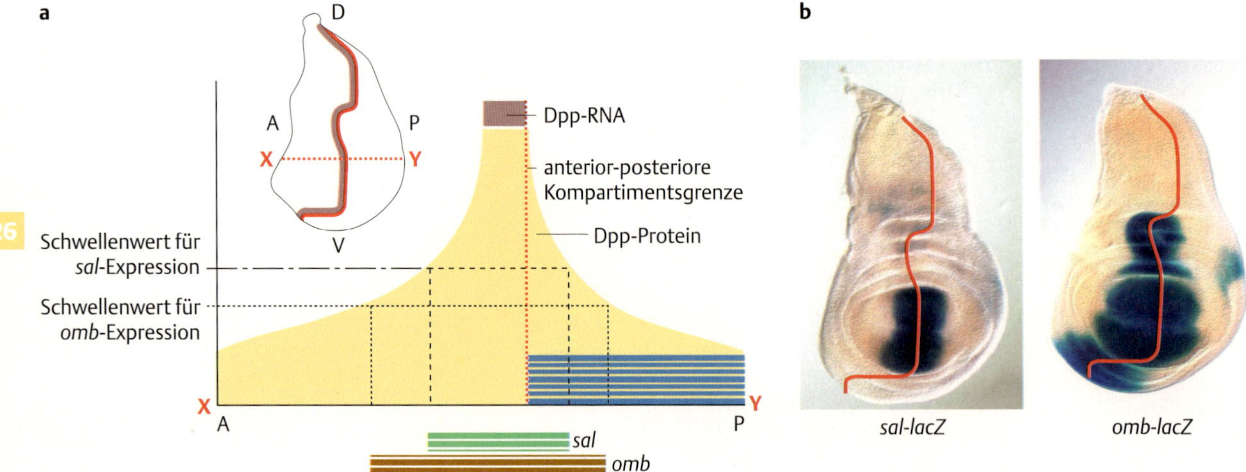

Auf diese Weise lassen sich mehrere Regionen definieren: Die Region im Zentrum exprimiert *sal* und *omb*, die etwas weiter von der A/P-Grenze liegende Region exprimiert *omb* und die noch weiter entfernt liegende Region exprimiert weder *sal* noch *omb*. Dies erlaubt es, jeder Zelle entlang der A/P-Achse positionelle Information zu vermitteln. Diese **Positionsinformation** ist letztendlich für die weitere Differenzierung der Zellen nötig und schließt die Expression weiterer Gene ein, von denen einige ebenfalls in Abhängigkeit von der Dpp-Konzentration exprimiert werden. Die Umsetzung der positionellen Information in unterschiedliche Differenzierungsprogramme wird zum Beispiel an der Ausbildung der Längsvenen deutlich, die in definiertem Abstand zur Kompartimentsgrenze gebildet werden (s. Abb. 26.**1c**). Mutationen, die die Hh-vermittelte Signalkette unterbrechen, wie z. B. Mutationen in *fused* (*fu*), führen zur Verringerung des Abstands zwischen der dritten und vierten Längsvene (Abb. 26.**4**).

Die konzentrationsabhängige Wirkungsweise von Hedgehog und Dpp bei der anterior-posterioren Musterbildung in der Flügelimaginalscheibe kann anhand der Effekte, die durch ihre ektopische Expression erzielt werden, anschaulich demonstriert werden (Box 26.**1**).

a

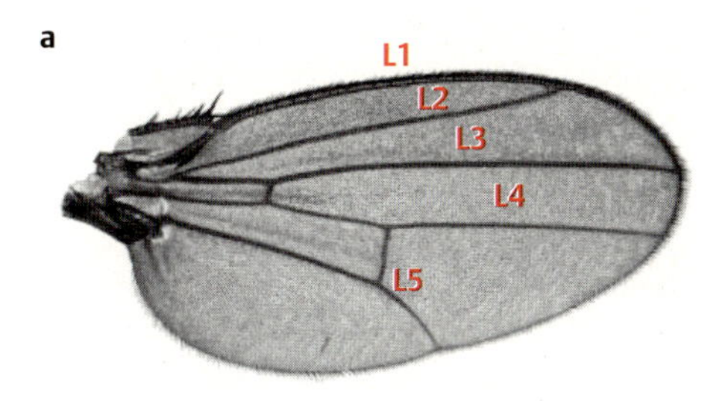

b

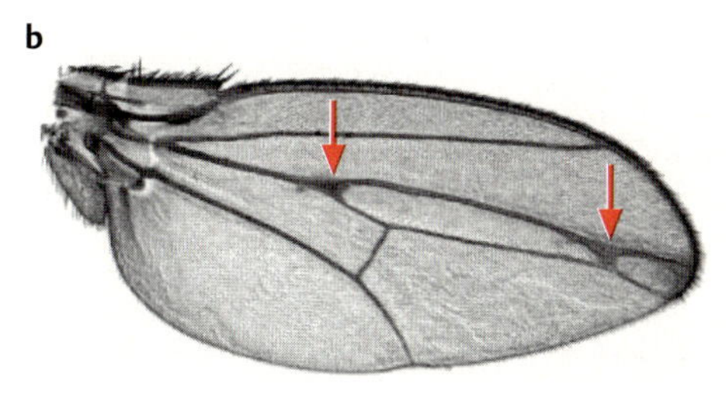

Abb. 26.4 Mutationen in *fused*, einem Gen der Hedgehog-Signalkette, resultieren in Defekten der anterior-posterioren Musterbildung.
a Wildtyp-Flügel.
b Flügel einer homozygot mutanten *fused*-Fliege. Der Abstand zwischen der dritten und vierten Längsvene ist verringert, an einigen Stellen sogar so weit, dass es zur Fusion der Venen kommt (Pfeile). L1–5 = Längsvenen 1–5 [nach Ascano et al. 2002].

26.2 Veränderungen der Musterbildung im Flügel durch ektopische *hedgehog*-Expression

Ektopische Expression von *hh* im anterioren Kompartiment der Flügelimaginalscheibe, wo es normalerweise nicht exprimiert wird, hat erheblichen Einfluss auf die Musterbildung im Flügel. Es entsteht eine ektopische Signalquelle, an der Dpp aktiviert wird, das nun von dieser Signalquelle wegdiffundiert und die Transkription von Zielgenen, wie *sal* und *omb*, entsprechend seiner Konzentration induziert (Abb. 26.**7b**).

Dieser ektopische Dpp-Gradient überlappt teilweise mit dem endogenen Gradienten, der von der A/P-Kompartimentsgrenze ausgeht. Das führt zur Änderung der Positionswerte. Da die Zellen ihre Position anhand der vorhandenen Mengen des Morphogens erkennen, führen veränderte Dpp-Konzentrationen zu Veränderungen im räumlichen Muster der Expression der Zielgene. Das manifestiert sich im adulten Flügel, der nun teilweise dupliziert wird. Die dabei gebildeten zusätzlichen Venen differenzieren sich entsprechend der neuen Positionswerte (Abb. 26.**7b**). Allerdings haben sämtliche duplizierten Strukturen anteriore Identität (nur die Längsvenen 2 und 3 sind zusätzlich vorhanden), da für die Festlegung posteriorer Identität die Expression von *engrailed* nötig ist, das hier nicht ektopisch exprimiert wird (Abb. 26.**7**, blaue Domänen).

26.3 Die Hedgehog-Signalkaskade

Komponenten von Signalwegen, die über die oben vorgestellten Rezeptortyrosinkinasen und die MAP-Kinase-Kaskade kontrolliert werden, wurden auch durch Experimente an Säugerzellkulturen, die man veränderten physiologischen Bedingungen ausgesetzt hatte, gefunden. Später zeigte sich, dass Mitglieder dieser Signalwege auch wichtige Funktionen bei zahlreichen anderen Entwicklungsprozessen haben (s. o.). Andere Signalwege, wie die Hedgehog-Signalkette, wurden durch genetische Stu-

Box 26.1 Methoden zur ektopischen Expression von Genen bei *Drosophila*

Unter **ektopischer Expression** versteht man die Aktivierung eines Gens am falschen Ort. Dies erreicht man zum Beispiel dadurch, dass man ein Gen unter der Kontrolle der regulatorischen Elemente eines anderen Gens exprimiert. Ein vielfach benutzter Promotor hierfür ist der **Hitzeschockpromotor**, der nach Erhöhung der Temperatur aktiviert wird und das nachfolgende Gen anschaltet. Der Vorteil dieser Methode besteht darin, dass das zu untersuchende Gen erst zu einem gewünschten Zeitpunkt angeschaltet wird, nachteilig ist jedoch die Aktivierung in allen Zellen. Zwei sehr häufig in der *Drosophila*-Genetik verwendete Methoden zur gewebespezifischen ektopischen Expression von Genen sind das Gal4-System und die sog. „FLP-out"-Technik.

Das Gal4-System erlaubt die räumlich-kontrollierte, ektopische Expression von Genen

Gal4 ist ein Transkriptionsfaktor der **Hefe**, der Genaktivität durch Bindung an eine spezifische regulatorische DNA-Sequenz im 5'-Bereich der Zielgene, die **upstream-activating-sequence (UAS)**, kontrolliert (vgl. Kap. 17.2.2., S. 228 zur Funktion von Transkriptionsfaktoren). Da weder das **Gal4-Protein** noch seine Zielsequenz im *Drosophila*-Genom vorkommt, konnte dieses Protein in idealer Weise zur Induktion ektopischer Expression von Genen bei *Drosophila* verwendet werden (Abb. 26.**5**).

Hierzu verwendet man zwei transgene Fliegenstämme. Das im **Aktivatorstamm** integrierte Transgen kodiert den **Hefetranskriptionsfaktor Gal4** unter der Kontrolle eines beliebigen Enhancers. Da seine Zielsequenzen normalerweise nicht im *Drosophila*-Genom vorkommen, hat die Expression von Gal4 keinerlei Auswirkungen auf die Entwicklung oder Lebensfähigkeit der Fliege. Der **Effektorstamm** trägt ein Transgen mit der kodierenden Region des zu untersuchenden Gens, das hinter die Bindungsstellen von Gal4 (die UAS) kloniert wurde. Da das Genom des Effektorstamms kein Gal4-Protein kodiert, wird das UAS-Transgen nicht exprimiert. Kreuzt man nun jedoch Aktivatorstamm und Effektorstamm miteinander, so tragen alle oder ein Teil der Nachkommen beide Transgene im selben Genom. Der Gal4-Transkriptionsfaktor findet nun im Genom seine Zielsequenz, die UAS, bindet an diese und aktiviert die Transkription des davor liegenden Gens. Dieses wird nun in einem Muster exprimiert, das durch die Kontrollregion, die die Expression des Gal4-Transgens im Aktivatorstamm reguliert, festgelegt wird.

Die „FLP-out"-Technik

Diese Technik ist eine **Abwandlung der FLP/FRT-Technik** (s. Box 24.**2**). Während die FLP-induzierte Rekombination an FRT-Elementen erfolgt, die an der gleichen Stelle zweier homologer Chromosomen liegen, verwendet die „FLP-out"-Technik zwei FRT-Elemente auf demselben Chromosom (Abb. 26.**6**).

Nach Aktivierung der FLP-Rekombinase erfolgt die Rekombination zwischen den beiden, in derselben Orientierung vorliegenden FRT-Elementen, wobei der zwischen ihnen liegende Abschnitt entfernt wird und nur eines der beiden FRT-Elemente übrig bleibt. Diese Technik kann für verschiedene Fragestellungen verwendet werden.

Die ektopische Expression von Genen (Abb. 26.**6a**). Dabei trennt die zwischen den beiden FRT-Elementen liegende DNA-Sequenz einen gewebespezifischen Enhancer von der kodierenden Region eines Gens. Wird diese Region nach Aktivierung der FLP-Rekombinase entfernt, kann das Gen transkribiert werden. Oftmals enthält der zwischen den FRT-Elementen liegende DNA-Abschnitt einen dominanten Marker, z.B. den Kutikulamarker *yellow*$^+$, wenn man Klone auf der Körperoberfläche untersuchen will oder das Gen *white*$^+$ zur Untersuchung von FLP-out-Klonen im Auge. Ist das eigentliche Genom der Fliege homo- oder hemizygot für mutante *yellow*- bzw. *white*-Allele, so werden nach Entfernen des Abschnitts zwischen den FRT-Elementen alle Nachkommen dieser Zelle mutant sein und an der hellen Farbe der Kutikula bzw. den weißen Ommatidien zu erkennen sein.

Die Erzeugung mutanter Zellklone (Abb. 26.**6b**). Die „FLP-out"-Technik kann auch zur Erzeugung homozygot mutanter Zellklone verwendet werden. Hierbei enthält der Abschnitt zwischen den beiden FRT-Sequenzen die Wildtyp-Form des zu untersuchenden Gens. Das Transgen befindet sich in einer genotypisch mutanten Fliege, die aber nicht den mutanten Phänotyp entwickelt, da dieser durch die Präsenz des wildtypischen Transgens gerettet wird. Induziert man nun die Expression der FLP-Rekombinase, so wird das Wildtyp-Gen zwischen den FRT-Abschnitten herausgeschnitten, und alle Nachkommen einer solche Zelle sind dann mutant für das Gen. Auch hier kann das Transgen gleichzeitig mit einem Marker versehen werden, der durch das Herausschneiden entfernt wird, so dass die mutanten Zellen erkannt werden können.

dien aufgedeckt und ihre Mitglieder anschließend durch molekulare Analysen charakterisiert. Später wurde nachgewiesen, dass diese Signalwege grundlegende zellbiologische Funktionen ausüben und auch bei Säugern an vielen Prozessen beteiligt sind. Allerdings sind, anders als bei Rezeptortyrosinkinase-vermittelten Signalkaskaden, die molekularen Interaktionen ihrer Mitglieder weniger gut verstanden. Ein wichtiges Merkmal der Dpp- und Hh-vermittelten Signalwege besteht darin, dass das letzte Glied der Signaltransduktionskaskade mit einem Transkriptionsfaktor interagiert und mit diesem direkt die Transkription reguliert.

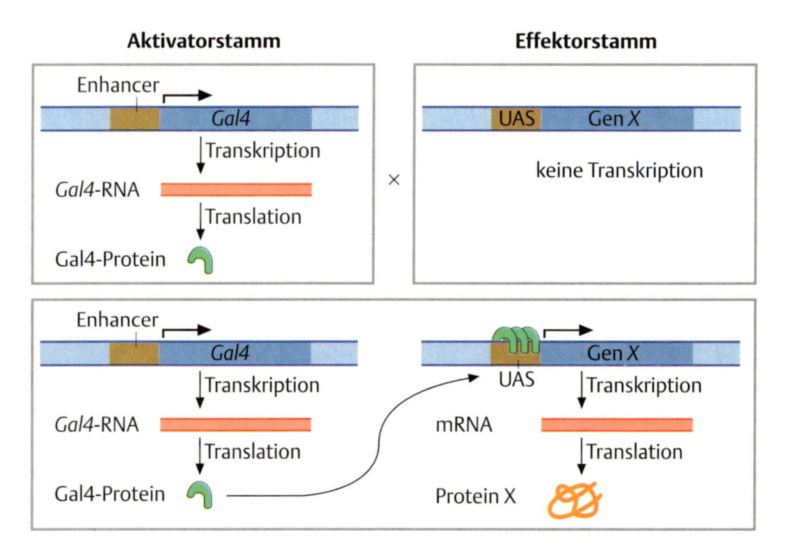

Abb. 26.5 Das Gal4-System zur ektopischen Genexpression bei *Drosophila*. Die räumliche und zeitliche Expression des vom Transgen des Aktivatorstamms kodierten Hefetranskriptionsfaktors Gal4 wird durch einen ausgewählten Enhancer bestimmt. Das Transgen des Effektorstamms kodiert das zu untersuchende Gen *X*. Weitere Erklärung im Text.

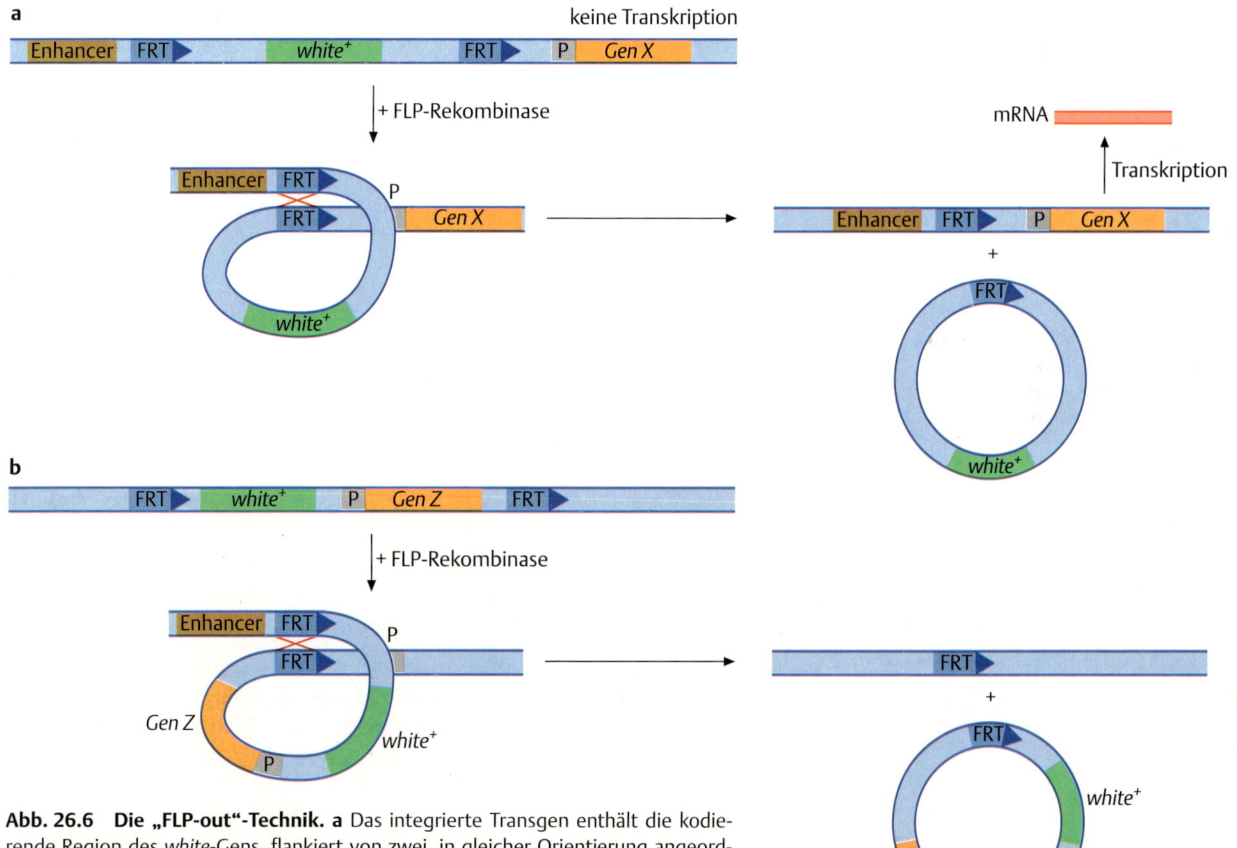

Abb. 26.6 Die „FLP-out"-Technik. a Das integrierte Transgen enthält die kodierende Region des *white*-Gens, flankiert von zwei, in gleicher Orientierung angeordneten FRT-Elementen. **b** Das zwischen den FRT-Elementen liegende Fragment enthält neben dem Markergen (hier *white*$^+$) ein Gen (*Z*), das nach Aktivierung der FLP-Rekombinase entfernt wird. Die mutanten Klone in **a** und **b** sind gleichzeitig mutant für *white*. Weitere Erklärung im Text.

Abb. 26.7 Veränderungen der Musterbildung im Flügel durch ektopische Expression von *hedgehog*.
a In der Wildtyp-Imaginalscheibe erfolgt die Musterbildung durch eine Signalquelle, die ihre höchste Konzentration an der A/P-Kompartimentsgrenze hat (s. a. Abb. 26.2 und Abb. 26.3). Das Ergebnis ist ein wildtypischer Flügel, bei dem sich die Venen 1–5 entsprechend ihrer Position im Gradienten bilden (unten).
b Nach ektopischer Expression von *hedgehog* im anterioren Kompartiment der Imaginalscheibe wird eine zweite Signalquelle in einem Fleck innerhalb des anterioren Kompartiments gebildet. Es entsteht ein zweiter Dpp-Gradient (gelb), der mit dem normalen Gradienten überlappt und schließlich zur Änderung der Positionswerte führt (unten). Das Ergebnis ist eine partielle Duplikation der Strukturen innerhalb des anterioren Kompartiments. Das posteriore Kompartiment (blau) wird in allen Fällen durch die *engrailed*-Expression festgelegt.

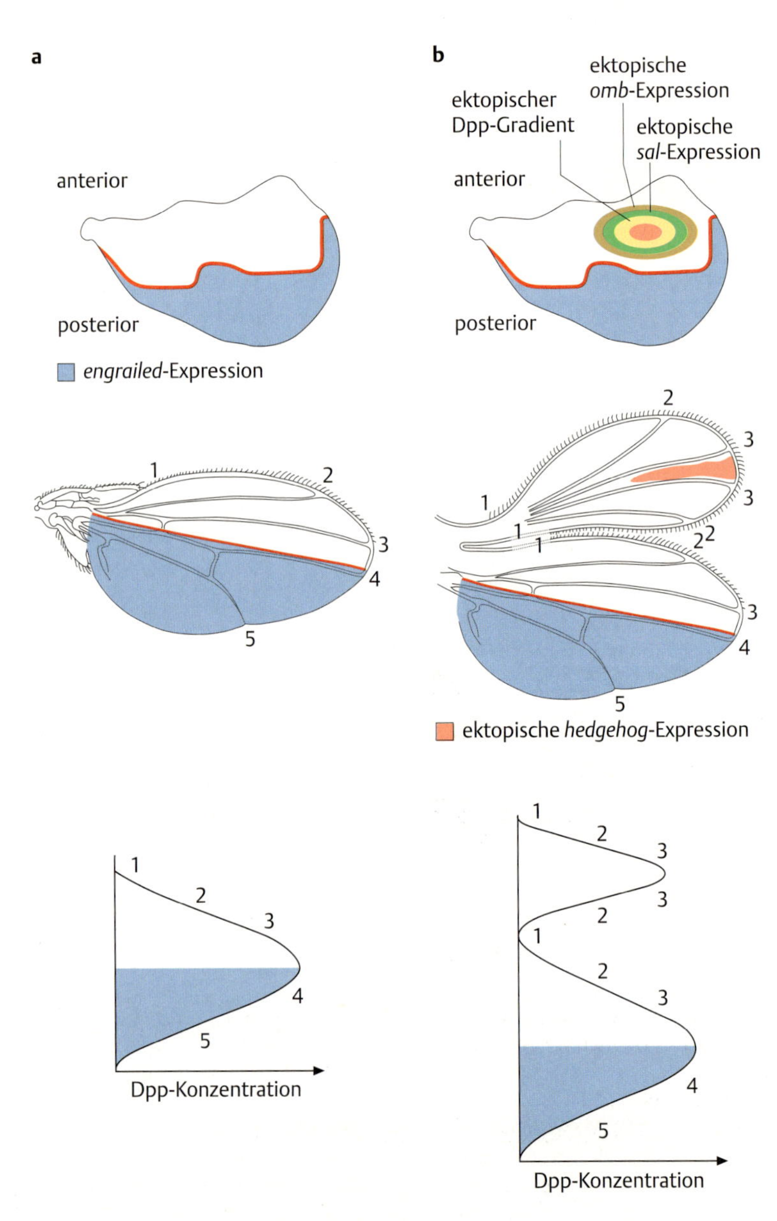

26.3.1 Die Hedgehog-Signalkette

Das Hedgehog-Protein bei *Drosophila* gehört zu einer großen **Proteinfamilie** mit Mitgliedern bei **Vertebraten** und **Invertebraten**. Das Hedgehog-Protein wird in der signalisierenden Zelle zunächst autokatalytisch gespalten. Anschließend wird das N-terminale Fragment mit einem Cholesterinmolekül versehen, bevor es sezerniert wird. Ziel der Signalkaskade ist die Regulation eines Transkriptionsfaktors der Zinkfinger-Familie (s. Kap. 17.2.2, S. 229), kodiert vom **Segmentpolaritätsgen *cubitus-interruptus* (*ci*)**, dessen **Vertebratenhomologe *Gli*** genannt werden (nach **Gli**oblastoma, einem Tumor von Gliazellen). Bei Vertebraten gibt es drei *Gli*-Gene, *Gli1*, *Gli2* und *Gli3*. Ci kann in zwei verschiedenen Formen in der Zelle auftreten: Die vollständige Form des Ci-Proteins mit einer Größe

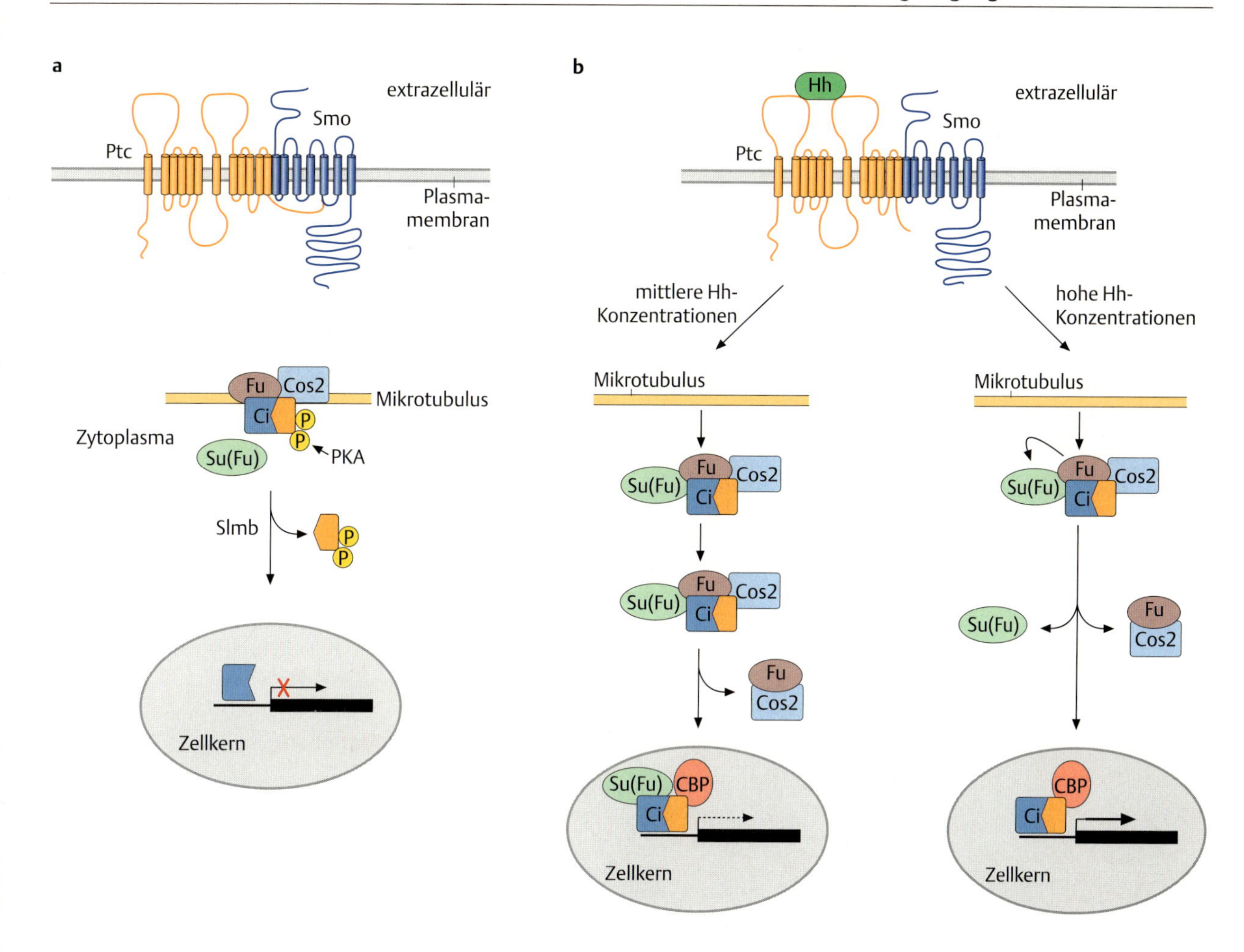

von 155 kD entsteht in Zellen, die das Hedgehog-Signal empfangen. Diese Form wirkt als Transkriptionsaktivator (Ci^{act}). Eine kleinere, 75 kD große Form (Ci^{rep}), die als Repressor der Transkription wirkt, entsteht nach Abtrennung der transkriptionsaktivierenden, N-terminalen Domäne durch proteolytische Spaltung. Diese Form des Proteins enthält die DNA-bindende Zinkfinger-Domäne und eine N-terminal gelegene Repressionsdomäne und ist in fast allen Zellen, die auf Hh reagieren können, vorhanden.

In Abwesenheit von Hh (Abb. 26.**8a**) wird das vollständige Ci-Protein an mehreren Stellen durch die Proteinkinase A (PKA) phosphoryliert und, vermittelt durch das kinesinähnliche Protein Costal-2, an Mikrotubuli gebunden. Dies erleichtert die proteolytische Spaltung von Ci durch Slimb, wodurch die verkürzte Form Ci^{rep} von den Mikrotubuli freigesetzt wird und in den Zellkern gelangt. Hier bindet Ci^{rep} an 5' gelegene regulatorische DNA-Abschnitte von Zielgenen, u. a. der Gene *dpp* und *hh* selbst, und verhindert deren Transkription. Ist Hedgehog anwesend, bindet es in der empfangenden Zelle an den Patched-Rezeptor (Ptc), ein Transmembranmolekül, das die Plasmamembran zwölfmal durchspannt (Abb. 26.**8b**).

Anders jedoch als bei vielen anderen Signalen führt die Bindung von Hedgehog an Patched zur Inaktivierung des Rezeptors. Dadurch wird die durch Ptc vermittelte Inaktivierung des Transmembranmoleküls Smoothened (Smo) mit 7 Transmembrandomänen aufgehoben. Smo wird nun

Abb. 26.8 Die Hedgehog-Signalkette.
a Ohne Hedgehog wird die Aktivität von Smoothened (Smo) durch die Bindung an Patched (Ptc) inhibiert. In der Zelle sorgt der Ci-Komplex, der durch PKA phosphoryliert wird und der Fused (Fu) und Costal-2 (Cos-2) enthält, für die Spaltung von Cubitus-interruptus (Ci), das im Zellkern als Repressor der Transkription wirkt.
b In Anwesenheit von Hedgehog wird die inhibierende Wirkung von Patched aufgehoben und Smoothened wird aktiviert, was zur Ablösung des Ci-Komplexes von den Mikrotubuli führt. Ci wird nun nicht mehr proteolytisch gespalten und gelangt in den Kern, wo es als Transkriptionsaktivator wirkt. Bei niedrigen Hh-Konzentrationen (links) wird Su(Fu) mit dem Ci-Komplex in den Kern transportiert, wo es eine starke Transkription von Zielgenen verhindert (unten). Bei hohen Hh-Konzentrationen (rechts) dissoziiert Su(Fu) vom Komplex ab und aktiviert mit Hilfe des Koaktivators CBP die Transkription von Zielgenen. Su(fu) = Suppressor-of-fused, Slmb = Slimb [nach Ingham und McMahon 2001].

auf eine noch nicht verstandene Weise an der Zelloberfläche stabilisiert und kann nun ein Signal in die Zelle leiten. Deshalb haben Verlustmutationen in *ptc* dieselben Auswirkungen wie die Anwesenheit von Hh, sie führen zur Aktivierung des Signalwegs, selbst in Abwesenheit des Signals.

In der Zelle, die durch mittlere Hh-Konzentrationen stimuliert wird, erfolgt die Dissoziation des Ci-Costal-2-Komplexes von den Mikrotubuli und gleichzeitig wird die proteolytische Spaltung verhindert. Das vollständige Ci-Protein bindet an das von *Suppressor-of-fused* (*Su(fu)*) kodierte Protein. Der so gebildete Ci-Komplex gelangt in den Zellkern, wo er mit dem Transkriptionskoaktivator CBP (**C**reb-**b**inding-**p**rotein; Creb: **c**AMP-**r**esponsive-**e**lement-**b**inding-protein) interagiert. Die transkriptionsaktivierende Funktion des Komplexes wird jedoch durch die Anwesenheit von Su(Fu) abgeschwächt (Abb. 26.**8b**, links). Bei hohen Hh-Konzentrationen kommt es zusätzlich zur Dephosphorylierung von Ci und Aktivierung der von *fused* kodierten Ser/Thr-Proteinkinase. Dadurch wird Su(Fu) vom Komplex freigesetzt und das in den Kern importierte Ci kann, in Assoziation mit CBP, die Transkription von Zielgenen, wie etwa *Collier* (*Col*) und *engrailed* (*en*), aktivieren (Abb. 26.**8b**, rechts).

Aus diesen Ergebnissen folgt, dass Hedgehog in mehrfacher Weise Einfluss auf die Transkription von Zielgenen nimmt. Fehlt Hh, werden Zielgene reprimiert, bei niedriger Hh-Konzentration werden diese Zielgene transkribiert, weil die Repression aufgehoben ist, und bei hoher Hh-Konzentration werden weitere Zielgene aktiviert.

26.3.2 Funktionen des Hedgehog-Signalweges

Die Analyse der Hedgehog-Signalkette bei **Vertebraten** wird dadurch erschwert, dass es bei **Säugern** mindestens **drei Gene für das Signal**, genannt *Sonic-hedgehog* (*Shh*), *Desert-hedgehog* (*Dhh*) und *Indian-hedgehog* (*Ihh*) (die Namen stammen aus einer amerikanischen Comicserie), **drei Gene für den Transkriptionsfaktor Gli**, *Gli1*, *Gli2* und *Gli3*, und mindestens **zwei *ptc*-Gene** gibt. Die Komponenten dieser Signalkette(n) sind an sehr vielen Entwicklungsprozessen beteiligt, von denen zwei hier kurz vorgestellt werden sollen, nämlich die Entwicklung der Gliedmaßen und die dorso-ventrale Kompartimentierung des Neuralrohrs. Vergleichbar dem Flügel, in dem die anterior-posteriore Musterbildung durch die Venen deutlich wird (vgl. Abb. 26.**1c** oder Abb. 26.**4a**), manifestiert sich die A-P-Musterbildung der Gliedmaßen, z. B. in der Anordnung der Finger: Der Daumen stellt die am weitesten anterior gelegene Struktur dar. Zahlreiche Ergebnisse, die vor allem durch Transplantationsexperimente erzielt wurden, führten zu der Erkenntnis, dass es im posterioren Abschnitt der **Gliedmaßenanlage** ein **Signalzentrum**, die **Zone polarisierender Aktivität** (**ZPA**), gibt, das ein diffusibles Molekül bildet. Dieses Molekül konnte später als Sonic-Hedgehog identifiziert werden. Der durch Shh gebildete Konzentrationsgradient, mit der höchsten Konzentration am posterioren Ende, legt die Positionswerte entlang der A-P-Achse fest und bestimmt somit auch die Position der Finger. Bringt man experimentell eine zweite Signalquelle in den anterioren Bereich der Gliedmaßenanlage, z. B. durch Implantation einer mit Shh getränkten Perle, so bildet sich von dort ein zweiter Morphogengradient, der zur Duplikation von Fingern führt (Abb. 26.**9a**).

Shh spielt eine weitere wichtige Rolle bei der dorso-ventralen Musterbildung im **Neuralrohr der Säuger**. Dort bildet die Bodenplatte, der am weitesten ventral gelegene Abschnitt des Neuralrohrs, ein Signalzentrum

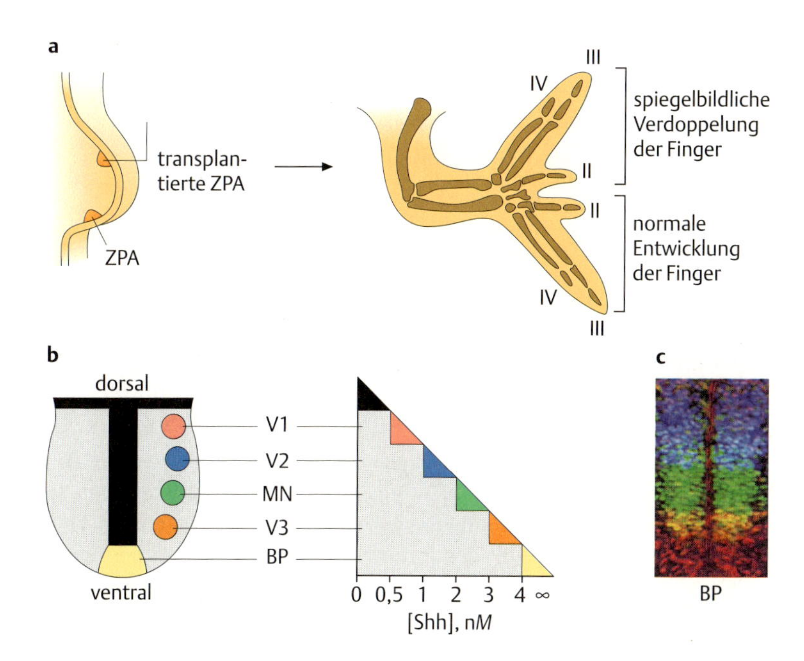

Abb. 26.9 Zwei Beispiele für die Funktion von Shh bei der Vertebratenentwicklung.
a Die am posterioren Rand der Gliedmaßenanlage gelegene ZPA bildet den Shh-Gradienten, der in Abhängigkeit von seiner Konzentration die Identität der Finger bestimmt. Eine mit Shh getränkte Transplantationsperle anterior induziert eine zweite ZPA und führt zur Duplikation der Finger (das Huhn hat normalerweise nur die Finger II, III und IV).
b Dorso-ventrale Musterbildung im Neuralrohr. Ausgehend von der Bodenplatte wird ein Shh-Gradient gebildet, der in Abhängigkeit von seiner Konzentration die Identität der Neurone bestimmt.
c Querschnitt durch ein Neuralrohr. Anhand definierter Expressionsdomänen unterschiedlicher Homeodomänen-Proteine wird die dorso-ventrale Unterteilung deutlich. Dieser Hox-Code spezifiziert die Identität der Neurone. BP = Bodenplatte, MN = Motoneurone, N = Notochord, V1, V2 = Interneurone, V3 = ventrale Neurone [a nach Riddle et al. 1993, b nach Briscoe et al. 1999, c nach Ingham und McMahon 2001].

aus, von dem aus sich der **Shh-Gradient** bildet (Abb. 26.**9b**, BP). Die der Bodenplatte am nächsten gelegenen Zellen erhalten die höchste Konzentration von Shh und werden als ventrale Neurone (V3) spezifiziert, während die weiter dorsal gelegenen Zellen geringere Shh-Konzentrationen erhalten und zu Motoneuronen spezifiziert werden. Zellen, die noch weiter dorsal liegen und demnach noch weniger Shh erhalten, werden zu Interneuronen (Abb. 26.**9b**).

Die große Bedeutung des Hh-Signalwegs für die Entwicklung von **Vertebraten** manifestiert sich in den **Krankheitsbildern**, die mit dem Ausfall oder der Hyperaktivierung des Signalwegs assoziiert sind. Verlust der Funktion einzelner Komponenten ist mit unterschiedlichen Missbildungen assoziiert, etwa mit **Syndactylie** (Verschmelzung der Finger), zusätzlichen Fingern oder **Verschmelzungen der beiden Vorderhirnhälften**. Ektopische Expression des Hedgehog-Signalwegs kann zu Krebs führen. Somatische Mutationen im Patched-Rezeptor, die zum Verlust seiner Funktion führen, so dass er Smoothened nicht mehr inhibieren kann, können die Ausbildung von **Basalkarzinomen** (**Basaliom**), Tumoren der basalen Schicht der Epidermis, auslösen.

Eine ungewöhnliche Eigenschaft von Hedgehog ist seine Modifikation durch **Cholesterin**, die essenziell für seine Wirkung als Signalmolekül ist. Die Bedeutung dieser Modifikation wurde ersichtlich, als man das häufige Auftreten **zyklopischer Lämmer** auf bestimmten Weiden untersuchte. Der auf diesen Weiden häufig vorkommende Germer (*Veratrum californicum*) bildet eine Substanz, die später **Zyklopamin** genannt wurde, die die Synthese von Cholesterin verhindert. Dies führt unter anderem zur Inhibition des Hedgehog-Signalwegs. Da dieser Phänotyp dem durch eine Mutation in *hedgehog* erzeugten Phänotyp ähnelt, spricht man von einer **Phänokopie**.

Zusammenfassung

- Die Ausbildung der anterior-posterioren Polarität in der **Flügelimaginalscheibe** wird durch ein **Signalzentrum** kontrolliert, das sich an der anterior-posterioren Kompartimentsgrenze bildet.
- Die Expression von ***engrailed*** bestimmt die Identität des **posterioren Kompartiments** von der Embryonalentwicklung an. Engrailed kontrolliert die Expression von *hedgehog* im posterioren Kompartiment, das ein diffusibles Protein kodiert.
- **Hedgehog** inaktiviert den Patched-Rezeptor in einem schmalen Streifen im anterioren Kompartiment. Dadurch wird die Repression von Smoothened aufgehoben und die transkriptionsaktive Form von Cubitus-interruptus gelangt in den Zellkern, um Zielgene zu transkribieren.
- Eines der Zielgene ist *decapentaplegic* (*dpp*), das ein Protein der BMP-Familie kodiert. **Dpp** bildet einen **Konzentrationsgradienten** und kontrolliert in konzentrationsabhängiger Weise die Expression von Zielgenen, die zur Ausbildung des anterior-posterioren Musters beitragen.
- Die **Hedgehog-** und **Dpp-Signalketten** sind evolutionär konserviert und üben wichtige Funktionen bei der Entwicklung von Invertebraten und Vertebraten aus.
- Mutationen im **Hedgehog-Signalweg** führen bei Vertebraten zu **Missbildungen** und können Krebs auslösen.

27 Zelltypspezifizierung durch laterale Inhibition

In den vorangegangen Kapiteln wurde dargestellt, wie Signalmoleküle die Spezifizierung von Zelltypen kontrollieren: Sie können durch unmittelbaren Zell-Zellkontakt das Schicksal einer Zelle festlegen (Beispiel: Spezifizierung der R7-Zelle durch Boss). In anderen Fällen kann ein und dasselbe Signalmolekül in Abhängigkeit von seiner Konzentration unterschiedliche Zelltypen spezifizieren (Beispiel: Dpp-Morphogengradient in der Flügelimaginalscheibe). In beiden Fällen ist das Ziel der Signaltransduktion die Änderung des Transkriptionsprogramms der Zelle. Dies wird im Fall der Rezeptortyrosinkinasen durch Phosphorylierung eines Transkriptionsfaktors durch das letzte Glied der Signalkette, die MAP-Kinase, erreicht. Im Falle des Hedgehog- und Dpp-Signalwegs nimmt das letzte Glied der Signalkette (Ci bzw. Smad) direkt an der Transkriptionsregulation teil. In diesem Kapitel soll ein weiterer, weit verbreiteter Typ der Zelltypspezifizierung vorgestellt werden, bei der unter einer Gruppe von Zellen mit demselben Entwicklungspotenzial eine einzige ausgewählt wird und auf ein bestimmtes Schicksal festgelegt wird und diese Zelle dann anschließend die anderen Zellen der Gruppe daran hindert, dasselbe Schicksal anzunehmen.

27.1 Laterale Inhibition

Bereits in den vierziger Jahren des 20. Jahrhunderts wurde von Vincent Wigglesworth (1899–1994) ein auffälliges Phänomen beschrieben, das ihn dazu brachte, über die **Grundlagen der Musterbildung** nachzudenken. Ausgangspunkt war die Beobachtung, dass die Borsten auf dem dorsalen Thorax der Fliegen stets einzeln auftreten, niemals in Büscheln. Er schlug ein Modell zur Erklärung dieses Phänomens vor, das davon ausgeht, dass von einer bestimmten Zelle innerhalb der Epidermis, der Borstenmutterzelle, ein Signal ausgesandt wird, das die benachbarten Zellen daran hindert, sich ebenfalls zu einer Borstenmutterzelle zu entwickeln. In einem gewissen Abstand von der signalisierenden Zelle ist die Konzentration des Signals so gering, dass seine inhibitorische Wirkung verloren geht und sich eine weitere Borste bilden kann. Da also die signalsendende Zelle ihre Nachbarzellen daran hindert, ebenfalls Borsten zu entwickeln, bezeichnete er diese Art der Inhibition als **laterale Inhibition**. Durch genetische Untersuchungen an *C. elegans* (s. Kap. 28.3, S. 446) und *Drosophila* konnten die Regulatoren der lateralen Inhibition identifiziert und anschließend molekular analysiert werden.

27.1.1 Bildung der *Drosophila*-Neuroblasten

Im *Drosophila*-Embryo entstehen die Vorläuferzellen für das zentrale Nervensystem, die **Neuroblasten**, aus dem neurogenen Ektoderm, einem einschichtigen Epithel an der Ventralseite des Embryos. Alle Zellen dieser Region haben die Fähigkeit, Neuroblasten zu werden, allerdings entwickeln sich im Wildtyp-Embryo nur etwa ein Viertel dieser Zellen zu

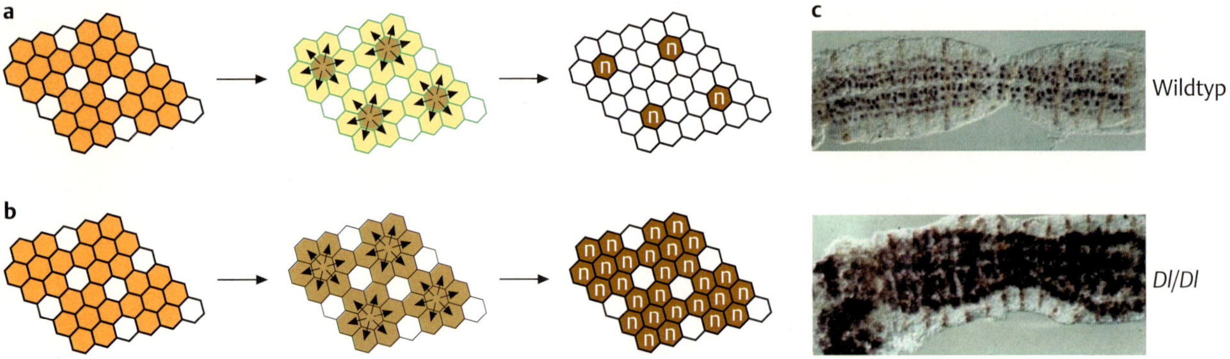

Abb. 27.1 Modell zur Notch-vermittelten lateralen Inhibition im neurogenen Ektoderm von *Drosophila*.
a Die proneuralen Zellgruppen exprimieren Gene des *achaete-scute*-Genkomplexes (hellbraun). Im Lauf der Zeit akkumuliert eine Zelle etwas mehr Proteine des *AS*-C (dunkelbraun), sie produziert dann etwas mehr Delta-Signal (Pfeile) und inhibiert ihre Nachbarzellen (gelb), vermittels des Notch-Rezeptors, das neurale Schicksal (n) anzunehmen (in diesem Schema ist es immer die mittlere Zelle, es kann jedoch irgendeine Zelle der Zellgruppe sein).
b Fehlt der Rezeptor Notch, so wird das von der ausgewählten Zelle gesendete Signal nicht empfangen, auch die benachbarten Zellen nehmen das neurale Zellschicksal an. Derselbe mutante Phänotyp entsteht, wenn das Signal Delta fehlt.
c Abschnitt des neurogenen Ektoderms eines Wildtyp-Embryos und eines *Delta*-mutanten Embryos, gefärbt mit einem Antikörper, der ein neuralspezifisches Antigen erkennt [c Bilder von José Campos-Ortega, Köln].

Neuroblasten, während die restlichen Zellen zu einer Epidermis differenzieren. Die Neuroblastenvorläufer liegen verstreut zwischen den Epidermisvorläuferzellen. In einer Gruppe von Mutanten, den **neurogenen Mutanten**, werden sämtliche Zellen des neurogenen Ektoderms zu neuralen Zellen, keine der Zellen entwickelt sich zu einer Epidermis. Die mutanten Embryonen sterben mit einem übermäßig großen Nervensystem bei gleichzeitigem Fehlen der Epidermis. Es liegt hier also eine mit der *C. elegans*-Vulva vergleichbare Situation vor, insofern als auch hier Zellen die Wahl zwischen zwei alternativen Entwicklungsschicksalen haben: Sie können sich zu **neuralen oder epidermalen Zellen** entwickeln. Die Festlegung auf das eine oder andere Zellschicksal ist ein Prozess, der einerseits durch eine Reihe von Transkriptionsfaktoren, andererseits durch Zell-Zell-Interaktionen kontrolliert wird, wobei bei dem zuletzt genannten Vorgang dem **Notch-Rezeptor** eine zentrale Rolle zukommt.

Die Selektion einzelner Zellen zu Neuroblasten beginnt mit der Auswahl kleiner Zellgruppen, die sich von den übrigen Zellen des neurogenen Ektoderms durch die Expression mehrerer Transkriptionsfaktoren der bHLH-Familie, kodiert vom ***achaete-scute*-Genkomplex (AS-C)**, unterscheiden. Alle Zellen dieser Gruppen haben die Potenz, Neuroblasten zu werden, sie bilden somit eine Äquivalenzgruppe, die so genannte **proneurale Zellgruppe** (Abb. 27.**1a**). Mutationen in Genen des *AS*-C führen zur Reduktion proneuraler Zellgruppen und somit zur Ausbildung von weniger Nervenzellen, weshalb diese Gene, zusammen mit einigen anderen, **proneurale Gene** genannt werden. Die regelmäßige Anordnung der proneuralen Zellgruppen im neurogenen Ektoderm entlang der anteriorposterioren Achse wird durch die Aktivität von Segmentierungsgenen bestimmt, ihre Anordnung entlang der dorso-ventralen Achse vor allem durch die differenzielle Expression von Homeodomänen-Transkriptionsfaktoren, die in parallelen Streifen exprimiert werden.

Welcher Prozess sorgt nun dafür, dass von den Zellen einer proneuralen Zellgruppe nur eine selektioniert wird, sich als Neuroblast zu entwickeln, obwohl alle Zellen das Potenzial zum Neuroblasten haben? Durch einen noch nicht genau verstandenen Mechanismus akkumuliert eine Zelle der proneuralen Gruppe mehr *AS*-C-Proteine. Dies wiederum führt zu einer verstärkten Transkription des neurogenen Gens ***Delta***, das ein **Signalmolekül** kodiert (Abb. 27.**1a**, Pfeile). In den benachbarten Zellen, die das Signal empfangen, wird nun der **Notch-Rezeptor**, der in allen Zellen exprimiert wird, aktiviert. Das Ziel der Notch-Signalkaskade sind die Gene des ***Enhancer-of-split*-Genkomplexes,** die ebenfalls Proteine der bHLH-Familie kodieren. Ihre Funktion besteht in der Unterdrückung der Transkription der Gene des *AS*-C. Da diese wiederum Aktivatoren von *Delta* sind, kommt es nun zur Reduktion der *Delta*-Expression: Diese Zellen bilden weniger Signalmoleküle. Durch diesen regulatorischen Kreislauf wird nun die Ungleichheit zwischen der signalisierenden und den empfangenden Zellen verstärkt. Auf diese Weise bildet sich im weiteren Verlauf eine Zelle heraus, die besonders stark signalisiert und daran zu erkennen ist, dass sie mehr Achaete- und Scute-Proteine als die anderen Zellen exprimiert. Diese Zelle wird sich zur neuralen Zelle entwickeln (Abb. 27.**1a**, n), alle anderen Zellen der proneuralen Gruppe werden zu epidermalen Zellen. Da **Delta** die **neurale Entwicklung** in den benachbarten Zellen **unterdrückt**, spricht man hier von **lateraler Inhibition**.

In Embryonen, denen der Notch-Rezeptor fehlt, wird das Delta-Signal nicht empfangen, in den Nachbarzellen wird das neurale Schicksal nicht unterdrückt und sie werden sich ebenfalls zu Nervenzellen entwickeln (Abb. 27.**1b,c**). Derselbe Phänotyp tritt in Embryonen auf, die mutant für Delta sind: Da das Signal nicht gesendet wird, tritt laterale Inhibition nicht in Kraft und alle Zellen einer proneuralen Gruppe bilden sich zu Nervenzellen aus. Die mutanten Embryonen sind durch eine starke Hyperplasie des Nervensystems gekennzeichnet (Abb. 27.**1c**), gleichzeitig fehlt die Epidermis.

Ein vergleichbarer Vorgang findet bei der Entwicklung des peripheren Nervensystems statt. Hier findet man chemo- und mechanosensorische Borsten, die im Wildtyp immer nur einzeln, niemals in Gruppen auftreten (Abb. 27.**2a**, Pfeile). Die Festlegung der Zellen der Imaginalscheiben zu neuralen oder epidermalen Zellen erfolgt während der larvalen Entwicklung. Das einzelne Auftreten dieser Sinnesorgane wird dadurch kontrolliert, dass die Festlegung einer Zelle zur neuralen Zelle in den Nachbarzellen zur Aktivierung der **Notch-Signalkaskade** führt, deren Aktivität das neurale Schicksal in diesen Zellen unterdrückt.

Genetische Mosaike, bei denen einzelne Regionen der Imaginalscheiben mutant für *Notch* oder *Delta* waren, konnten zeigen, dass der Ausfall eines dieser Gene zum Verlust der lateralen Inhibition führt. Es entstehen viele Borsten sehr dicht nebeneinander, da alle Zellen einer proneuralen Zellgruppe, die alle die Kompetenz zur neuralen Entwicklung haben, nun das neurale Schicksal annehmen (Abb. 27.**2a, b**).

Eine Bestätigung wurde durch weitere klonale Analysen gewonnen. Die Analyse wurde so durchgeführt, dass Zellen mit unterschiedlicher *Notch*-Gendosis aneinander grenzten. Die Zellen mit einer höheren *Notch*-Dosis, die somit mehr Notch-Protein produzierten, entwickelten sich immer zur epidermalen Zelle, während die Zellen mit weniger Notch zu neuralen Vorläuferzellen wurden (Box 27.**1**). Das Ergebnis steht in Übereinstimmung mit dem oben aufgestellten Modell. Eine Zelle mit mehr Notch aktiviert die Gene des *Enhancer-of-split*-Komplexes, diese unterdrücken die Transkription der *AS*-C-Gene, weshalb *Delta* weniger stark transkribiert wird. Die Zelle wird ein schwächeres Signal produzieren, aber gleichzeitig mehr Signal empfangen können: Sie wird zur epidermalen Zelle. Eine Zelle, die weniger Notch-Rezeptor als ihre Nachbarzelle hat, wird selbst weniger Signal empfangen, die *AS*-C-Gene werden weniger stark unterdrückt und sie kann deshalb mehr Delta-Signal produzieren: Sie wird zur neuralen Zelle.

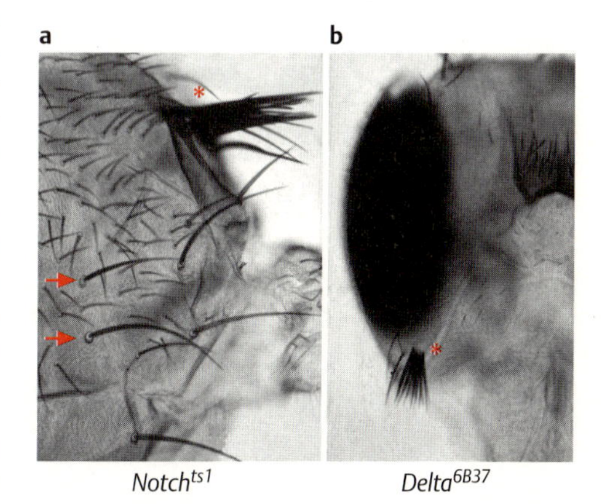

Abb. 27.2 Laterale Inhibition kontrolliert die Ausbildung individueller Borsten.
a Ausfall von *Notch* während der Spezifizierung der Borstenvorläuferzellen führt zum Verlust der lateralen Inhibition auf dem Thorax, es entstehen Büschel von Borsten (*). In Regionen, in denen die laterale Inhibition wirksam ist, entstehen die Borsten immer nur einzeln (Pfeile).
b Bei Ausfall des Signals Delta prägt sich derselbe mutante Phänotyp aus (*), hier an einem Ausschnitt des Kopfes gezeigt (die dunkle Struktur ist das Komplexauge) [Bilder von José Campos-Ortega, Köln].

Box 27.1 Keimbahnklone entfernen die maternale Komponente der Expression eines Gens

Notch-mutante Embryonen haben einen schwächeren Phänotyp als *Delta*-mutante Embryonen. Dies liegt daran, dass *Notch* Genprodukt bereits in der Eizelle deponiert wird. Das von der Mutter gebildete *Notch*-Genprodukt kann in einem *N/N* mutanten Embryo einen Teil der Funktion durchführen, ermöglicht aber keine normale Entwicklung, weshalb der Embryo einen schwachen neurogenen Phänotyp entwickelt. Somit trägt sowohl maternal als auch zygotisch exprimiertes Genprodukt zur Normalentwicklung des Embryos bei. In der Tat zeigen viele andere Gene maternale und zygotische Genexpression. Durch Erzeugung von *Notch*-mutanten **Keimbahnklonen** in N/N^+ Weibchen kann man Embryonen ohne maternales *Notch* Genprodukt erhalten (*N/N* Weibchen sind nicht lebensfähig), beispielhaft in Abb. 27.**3** dargestellt. In einem Wildtyp- (a^+/a^+) bzw. einem heterozygoten Weibchen (a/a^+) wird das während der Oogenese gebildete Genprodukt in der Eizelle deponiert (Abb. 27.**3a**) und steht dem Embryo, zusammen mit dem von ihm selbst hergestellten Genprodukt, zur Verfügung. Wird eine das mutante *a*-Allel tragende Eizelle von einem *a*-tragenden Spermium befruchtet, so enthält der Embryo zwar maternales, aber kein zygotisches Genprodukt (Abb. 27.**3b**). Wird während der Teilung einer heterozygot mutanten Keimbahnstammzelle mitotische Rekombination erzeugt (vgl. Abb. 24.**6**), so kann ein Zystoblast entstehen, der homozygot für das mutante Allel ist (*a/a*). Alle 16 Keimbahnzellen einer Eikammer, die aus diesem Zystoblasten hervorgehen, sind dann mutant für dieses Gen, einschließlich der Eizelle. Man hat einen **Keimbahnklon** erzeugt. Bei der Befruchtung einer solchen Eizelle mit Spermien eines heterozygoten Männchens entstehen zwei Klassen von Embryonen (Abb. 27.**3c**): Embryonen mit dem Genotyp a/a^+ fehlt das maternale Genprodukt, sie tragen aber in ihrem Genom eine funktionsfähige Kopie des Gens, was ihnen die Herstellung von Genprodukt ermöglicht. Embryonen, die aus der Befruchtung mit einem *a*-tragenden Spermium hervorgehen, haben weder das maternale noch das zygotische Genprodukt. Der Vergleich der Phänotypen dieser beiden Klassen von Embryonen erlaubt Aussagen über die Bedeutung des maternalen und zygotischen Anteils der Genexpression für die Entwicklung. Dies ist in Abb. 27.**3d–f** am Beispiel der *Notch*-Mutation auf den Phänotyp des Embryos gezeigt.

Wie unterscheidet man nun einen Embryo, der sich aus einer homozygot mutanten Keimzelle entwickelt hat, von einem, der aus einer wildtypischen bzw. heterozygoten Eizelle hervorgegangen ist? Hierzu verwendet man eine zweite, dominante Mutation, $\boldsymbol{ovo^D}$, die auf demselben Chromosom wie die zu untersuchende Mutation (*a* in Abb. 27.**4**) liegt. ovo^D/ovo^+- und ovo^D/ovo^D-Keimbahnzellen entwickeln sich nicht zu befruchtungsfähigen Eizellen. Durch mitotische Rekombination während der Teilung der diploiden $a\ ovo^D/a^+\ ovo^+$ Keimbahnzellen, werden Keimzellen mit dem Genotyp $a\ ovo^+$ erzeugt. Nur diese entwickeln sich zu befruchtungsfähigen Eizellen (Abb. 27.**4**). Durch Verwendung der FLP/FRT-Technik kann die Frequenz der Klone deutlich erhöht werden.

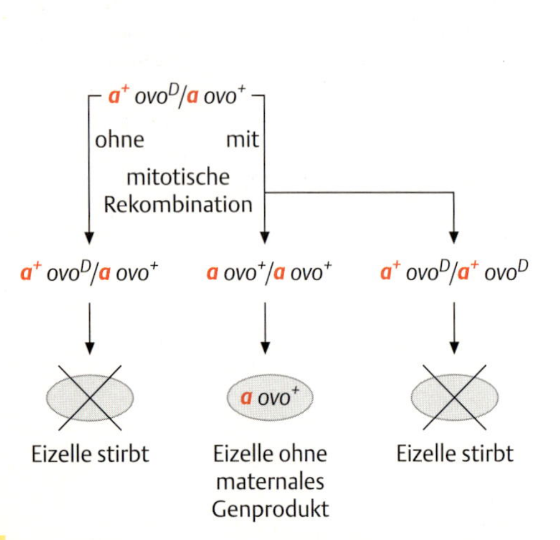

Abb. 27.4 Verwendung der ovo^D-Technik bei der Erzeugung von Keimbahnklonen. Ovo^D ist eine dominante Mutation, bei der heterozygote und homozygote ovo^D-Keimzellen sterben. Nur wenn durch mitotische Rekombination homozygote ovo^+-Keimzellen entstehen, entwickeln sich diese zu reifen Eizellen. Diese sind dann gleichzeitig homozygot mutant für die Mutation *a*, bilden also kein maternales Genprodukt.

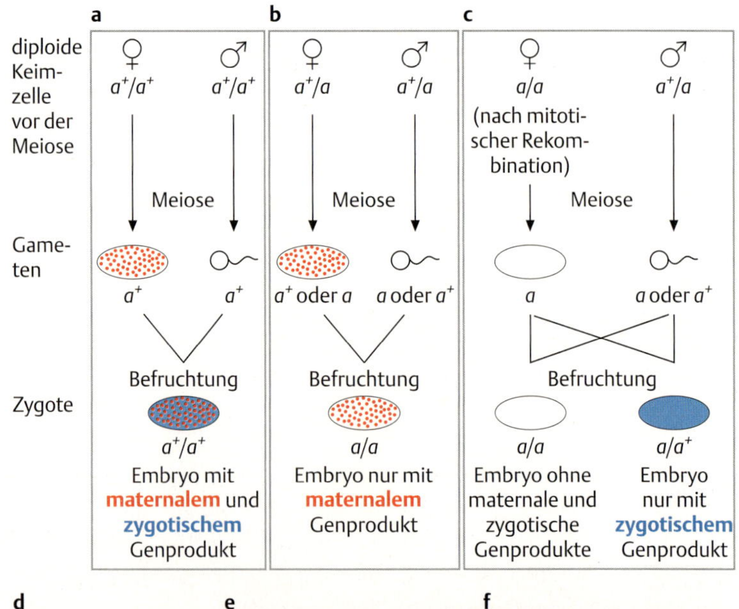

27

27.2 Der Notch-Signalweg

Der Notch-Signalweg ist bei mehrzelligen Organismen von den **Seeigeln bis zum Menschen** konserviert und ist an zahlreichen Prozessen, die zu Zellspezifizierungen führen, beteiligt. Die **Notch-Signalkette** ist ein Beispiel dafür, wie die Reifung und Aktivierung eines Rezeptors durch eine Reihe **proteolytischer Spaltungen** kontrolliert wird. Anders als bei den anderen hier vorgestellten Signalwegen gelangt der intrazelluläre Teil des Rezeptors in den Zellkern, wo er durch Bindung an Transkriptionsfaktoren direkt an der Kontrolle der Genexpression beteiligt ist.

Die Komponenten der **Notch-Signalkette** sind phylogenetisch konserviert, wie am Beispiel des Rezeptors und der Liganden in Abb. 27.**5** gezeigt ist.

Notch ist ein sehr großes **Transmembranprotein**, das die Plasmamembran einmal durchspannt. Bei *Drosophila* und bei Vertebraten enthält die extrazelluläre Domäne 36 wiederholte Einheiten mit Ähnlichkeit zum **epidermalen Wachstumsfaktor EGF** (**e**pidermal-**g**rowth-**f**actor) der Säuger (= EGF-ähnliche Einheiten) und drei Notch/Lin-12-Wiederholungseinheiten. Die intrazelluläre Domäne ist durch sechs ankyrinähnliche Einheiten und eine PEST-Sequenz (vgl. Kap. 17.2.5, S. 245) charakterisiert. Lin-12 und Glp-1 von *C. elegans* besitzen strukturelle Ähnlichkeit mit dem Notch-Rezeptor, auch hier findet man dieselben Strukturmotive, auch wenn die Anzahl der EGF-ähnlichen Einheiten wesentlich geringer ist. Die Liganden, *Drosophila*-Protein Delta und Serrate, das Vertebratenprotein Jagged (Ratte in Abb. 27.**5**) und die *C. elegans*-Proteine Apx-1 und Lag-2 durchspannen die Membran einmal. In ihrer extrazellulären Domäne besitzen sie EGF-Einheiten unterschiedlicher Anzahl sowie eine konservierte Region im N-Terminus, die DSL-Region, benannt nach

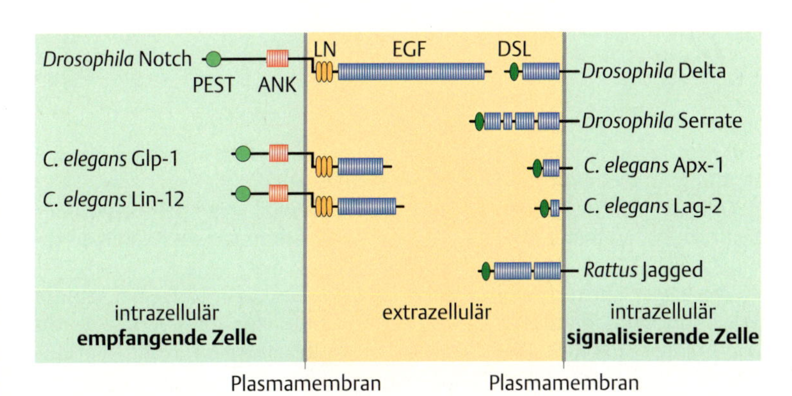

Abb. 27.5 Struktur von Notch-Rezeptoren und ihren Liganden. Einige Mitglieder der Notch-Familie sind links dargestellt, einige der Liganden rechts. ANK = Ankyrin-Einheiten, LN = LIN-12/Notch-Wiederholungen, EGF = Einheiten mit Ähnlichkeit zum epidermalen Wachstumsfaktor, DSL = Delta/Serrate/Lag-Region [nach Fortini 2002].

◀ **Abb. 27.3 Erklärung zur maternalen und zygotischen Komponente der Genexpression.**
a Embryonen von Wildtyp-Eltern haben sowohl maternales (rot) als auch zygotisches Genprodukt (blau).
b Ein Viertel der Embryonen heterozygoter Eltern (*a*/*a*) besitzen nur das maternale, aber kein zygotisches Genprodukt.
c Embryonen, die aus homozygot mutanten Keimbahnklonen (*a*/*a*) hervorgehen, fehlt das maternale Genprodukt. Wenn die Eizelle von einem *a*-tragenden Spermium befruchtet wurde, fehlt ihnen auch das zygotische Genprodukt, im Falle der Befruchtung durch ein a^+-tragendes Spermium wird zygotisches Genprodukt gebildet.
d Kutikula eines Wildtyp-Embryos (ventrale Ansicht).
e Kutikula eines homozygot mutanten Embryos eines heterozygoten Weibchens (dorsale Ansicht). Die ventrale Kutikula fehlt, da sich die epidermalen Zellen zu neuralen Zellen entwickelt haben (vgl. auch Abb. 27.1**c**).
f Kutikula eines homozygot mutanten Embryos, der aus einem *Notch*-Keimbahnklon hervorgegangen ist, der also weder maternales noch zygotisches Genprodukt besitzt. Dem Embryo fehlt die gesamte Epidermis [e, f Bilder von José Campos-Ortega, Köln].

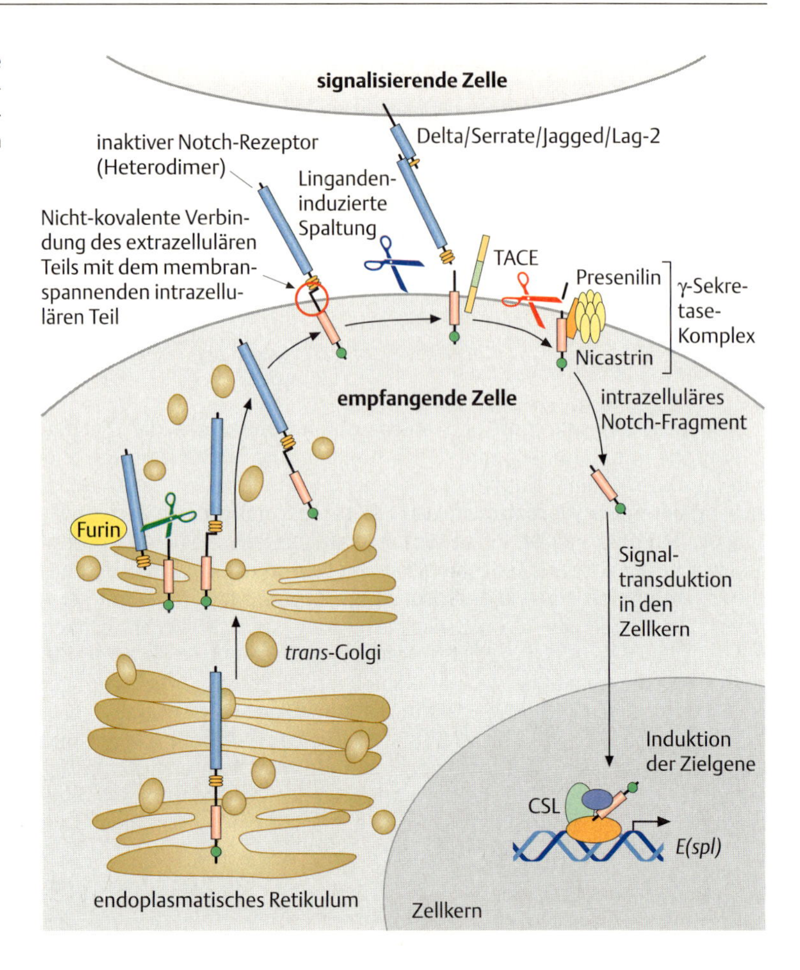

Abb. 27.6 Regulation der Notch-Signalkette durch mehrere proteolytische Spaltungen. Erklärung im Text. CSL = C-promoter-binding-factor/Suppressor-of-Hairless/Lag-1-Transkriptionsfaktor [nach Fortini 2002].

den drei zuerst beschriebenen Proteinen **D**elta, **S**errate und **L**ag-2, die die Bindung an den Notch-Rezeptor vermittelt.

Der eigentliche Signalprozess basiert auf einer Folge proteolytischer Spaltungen, die sich an einer etwa 70 Aminosäuren langen Region ereignen (Abb. 27.**6**).

Der erste Schritt der **Reifung des Notch-Rezeptors** erfolgt bei seinem Transport vom endoplasmatischen Retikulum zur Zelloberfläche, im *trans*-Golgi. Eine furinähnliche Protease spaltet dabei das Notch-Vorläufermolekül zwischen den Notch/Lin-12-Einheiten und der Transmembrandomäne. Die beiden so entstehenden Moleküle, ein extrazelluläres und ein membranspannendes, intrazelluläres Molekül werden durch eine nicht-kovalente Bindung zusammengehalten. **Notch** wird also als ein **Heterodimer** in die Plasmamembran integriert, wo es zunächst inaktiv ist. Die Aktivierung wird durch die Interaktion der extrazellulären Domäne von Notch mit dem extrazellulären Teil eines Liganden initiiert. Diese Interaktion löst die Spaltung der extrazellulären Domäne aus, was durch die Metalloprotease TACE (**t**umour-necrosis-factor-α-**c**onverting-**e**nzyme) katalysiert wird. Das in der Membran verankerte C-terminale Fragment von Notch wird durch den γ-Sekretase-Proteinkomplex, der neben Presinilin und Nicastrin noch andere, nicht näher bekannte Komponenten enthält, weiter modifiziert. Dabei wird schließlich die intrazelluläre Domäne von Notch von der Membran getrennt und gelangt anschließend in den Zellkern. Hier verbindet sie sich mit Mitgliedern der CSL-Proteinfamilie (benannt nach den zuerst beschriebenen Proteinen dieser Familie, **C** promoter binding factor/**S**uppressor of Hairless/ **L**ag-1), bei denen es sich um Transkriptionsfaktoren handelt. Diese Interaktion führt schließlich zur Aktivierung von Zielgenen, u.a. den Genen des *Enhancer of split*[(*E(spl)*)]-Genkomplexes, die für Transkriptionsfaktoren der bHLH-Familie kodieren. Eine ihrer Aufgaben ist die Repression der proneuralen Gene *achaete* und *scute*, die für die Verleihung neuraler Identität nötig sind.

Zusammenfassung

- Unter einer **Äquivalenzgruppe** versteht man eine Gruppe von Zellen, die alle dieselbe Kompetenz oder dasselbe Entwicklungspotenzial haben.
- Bei der Zelltypspezifizierung durch **laterale Inhibition** wird eine Zelle einer Äquivalenzgruppe ausgewählt, ein bestimmtes Zellschicksal anzunehmen. Diese Zelle hindert dann die anderen Mitglieder der Zellgruppe daran, dasselbe Schicksal anzunehmen.
- Die Auswahl der **Neuroblasten** im neurogenen Ektoderm von *Drosophila* wird durch laterale Inhibition gesteuert.
- Die **Notch-Signalkette** ist an der Vermittlung der lateralen Inhibition beteiligt. Sowohl der Rezeptor (Notch, LIN-12, GLP-1) als auch die Liganden (Delta, Serrate, APX-1, Lag-2) sind membranständige Moleküle, deren extrazelluläre Domänen durch eine unterschiedliche Zahl EGF-ähnlicher Einheiten charakterisiert sind.
- Ziel der Notch-Signalkette ist die proteolytische Spaltung des **Notch-Rezeptors**, wodurch seine intrazelluläre Domäne in den Zellkern gelangt, um dort Genregulation zu kontrollieren.
- Komponenten der Notch-Signalkette sind **phylogenetisch konserviert** und an vielen Entwicklungsprozessen beteiligt.

28 Der Nematode *Caenorhabditis elegans*

28.1 Der Lebenszyklus von *C. elegans*

Einer der wichtigen Modellorganismen der Genetik, Zell- und Entwicklungsbiologie ist der nur 1 mm große Fadenwurm *Caenorhabditis elegans*, oder verkürzt *C. elegans* oder *C. e.* Er wurde um 1965 von Sydney Brenner als leicht und billig zu haltendes Versuchstier eingeführt, das vor allem der Erforschung der Entwicklungsgenetik des Nervensystems dienen sollte. Der ursprünglich im Erdboden lebende Wurm wird im Labor in Petrischalen auf einer Agarschicht mit *E. coli* Bakterien gehalten.

Der Lebenszyklus ist in Abb. 28.**1a** dargestellt. Das befruchtete Ei entwickelt sich bei 25 °C innerhalb von 2 Tagen zum adulten Wurm. Bereits nach 12 h ist die Embryogenese abgeschlossen und es schlüpft die Larve L_1, der durch 4 Häutungen (H_1–H_4) 3 weitere Larvenstadien (L_2–L_4) und der Adultus folgen. Unter ungünstigen äußeren Bedingungen kann sich die Larve L_2 zu einer Dauerlarve differenzieren.

C. elegans ist ein diploider, selbstbefruchtender **Hermaphrodit** (Abb. 28.**1b**), eigentlich ein Weibchen, das im späten Larvenstadium Spermien produziert. Das hat Vorteile für den Experimentator bei der Suche nach Mutationen. Wird in einem Gameten eines Hermaphroditen eine Mutation ausgelöst, so ist der daraus entstehende Hermaphrodit heterozygot. 25 % seiner Nachkommenschaft sind dann homozygot für die Mutation.

Neben den XX-Hermaphroditen gibt es selten auch fertile X0 Männchen (Abb. 28.**1c**), die durch Nondisjunction in der Meiose von Hermaphroditen entstehen (s. Abb. 7.**10**, S. 64). Mit Hilfe gezielter Kreuzungen zwischen Hermaphroditen und Männchen konnten Hunderte von Genen in 6 Kopplungsgruppen (entsprechend n = 6 Chromosomen) kartiert werden. Zur Geschlechtsbestimmung s. Kap. 8.3 (S. 79) und Kap. 23.2 (S. 395).

Eine weitere Besonderheit ist die invariabel **determinierte Entwicklung** jedes Individuums, die einschließlich mehrerer Phasen **programmierten Zelltods** (**Apoptose,** s. Box 24.**1**) zu einer strikt definierten Zellzahl in jedem Gewebe führt: z. B. 302 Zellen für das Nervensystem, 95 Zellen für die der Fortbewegung dienenden Muskeln, 143 Zellen für das somatische Hüllgewebe der zwittrigen Gonade und 20 Zellen für den Darm. 30 % der 959 somatischen Zellen des adulten Hermaphroditen und 40 % der 1031 somatischen Zellen des adulten Männchens sind geschlechtsspezifisch differenziert. Einzig die Anzahl der Keimzellen ist variabel: ein Männchen kann ca. 1000 Spermien produzieren, ein Hermaphrodit ca. 2000 Keimzellen, wobei zunächst Spermien gebildet und in den Spermatheken (Abb. 28.**1b**) aufbewahrt werden. Da erst anschließend Eier heranreifen, ist die Zahl der Nachkommen durch die Menge der Spermien und nicht der Eizellen limitiert.

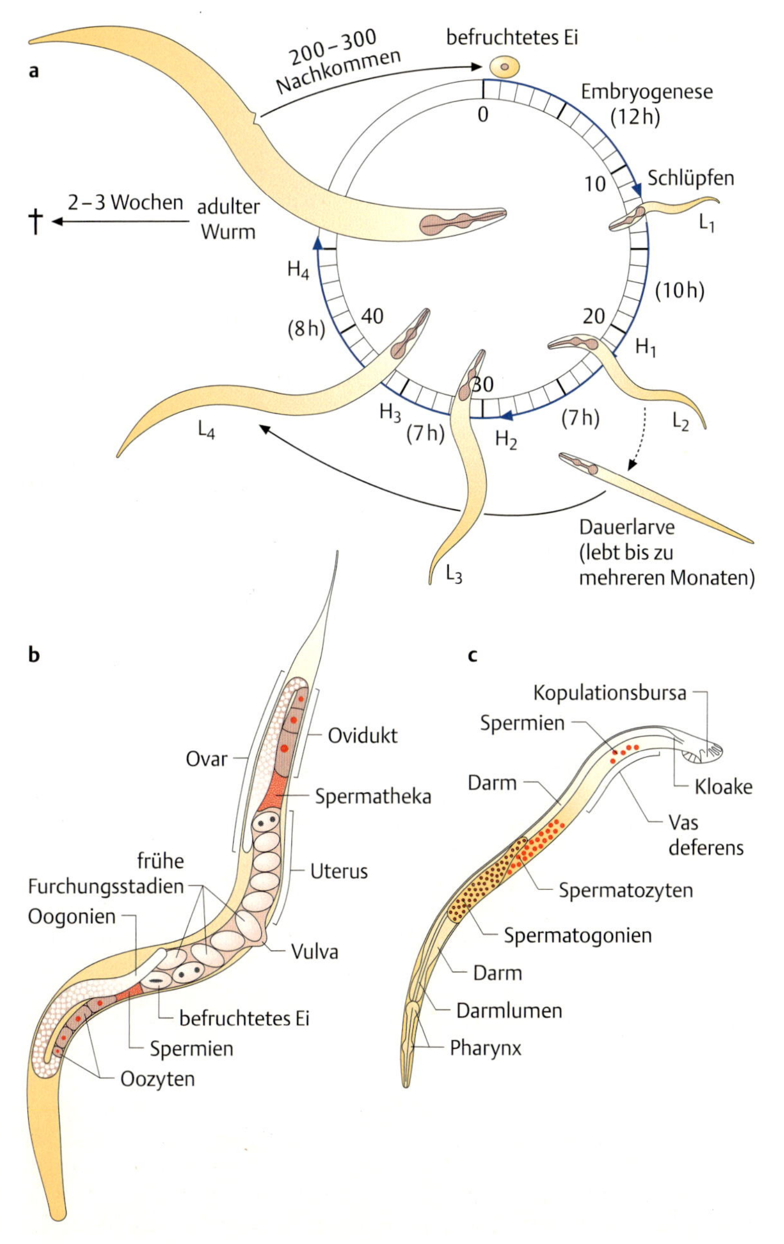

Abb. 28.1 Lebenszyklus von *C. elegans*.
a Die Entwicklung vom befruchteten Ei bis zum adulten Wurm ist bei 25 °C nach knapp zwei Tagen abgeschlossen. Während der ersten 12 Stunden entstehen 558 Zellen, die alle Gewebe und Organe des Wurms bilden. In den nächsten 1 1/2 Tagen verdoppelt sich in etwa die Zellzahl und die Zellen werden größer. Dadurch werden vier Häutungen notwendig. Unter widrigen Umweltbedingungen kann das Stadium L2 in eine Dauerlarve übergehen, die in der weiteren Entwicklung das Stadium L3 überspringt.
b Der Hermaphrodit produziert einige Hundert Nachkommen und hat wie das seltene Männchen (**c**) eine Lebenserwartung von 2-3 Wochen. Bei **b** und **c** ist unten anterior und rechts ventral. [nach Schierenberg und Cassada, 1986]

28.2 Zellpolarität in der Frühentwicklung

In diesem Kapitel werden wir zunächst einen Überblick zur frühen Embryonalentwicklung geben, und dann die Gene behandeln, deren Aktivität die asymmetrischen Zellteilungen herbeiführen.

Das Prinzip der frühen **Trennung von Keimbahn und Soma** und das der **determinierten Entwicklung** aufgrund ungleicher Verteilung von Zytoplasmafaktoren hatte Theodor Boveri Anfang des letzten Jahrhunderts beim Pferdespulwurm *Ascaris megalocephala* gefunden. Beides wurde für *C. elegans* bestätigt.

Der frühe Zellstammbaum von *C. elegans* ist in Abb. 28.**2** dargestellt. Die erste **asymmetrische Teilung** der Zygote P_0 trennt die **Keimbahnzelle** P_1 von der ersten **somatischen Gründerzelle** AB. Aus der Teilung von P_1 entsteht die Somazelle **EMS** und die Keimbahnzelle $\mathbf{P_2}$. Die asymmetrische Teilung von EMS ergibt die beiden somatischen Gründerzellen MS und E, während die Teilung von P_2 und nachfolgend von P_3 zu den Soma-Gründerzellen C und D führen. Nach nur fünf asymmetrischen Zellteilungen sind somit fünf somatische Gründerzellen AB, MS, E, C und D und die Urkeimzelle P_4 entstanden, die ein invariables Entwicklungsprogramm durchlaufen. Dies wird durch die Farbgebung in Abb. 28.**2** hervorgehoben. Die Keimbahnzellen sind ausgezeichnet durch den Besitz von submikroskopisch sichtbaren Pol- oder **P-Granula**, wie sie auch bei vielen anderen Organismen als Kennzeichen der Keimbahn vorkommen (z. B. bei *Drosophila*, s. Abb. 21.**3**, S. 347). Aber auch die Positionen der Zellen im sich entwickelnden Embryo sind festgelegt. Wie aus der Namensgebung der ersten Nachkommen der AB-Zelle hervorgeht, teilt sich diese Zelle in eine ABa und eine ABp, d. h. in eine anteriore und eine posteriore, und diese wiederum jeweils in eine linke und in eine rechte Zelle. Aus der Abb. 28.**2** ist auch zu entnehmen, dass die Zellteilungen nicht synchron nach dem Muster 2–4–8–16 Zellen verlaufen.

Wenn nach 12 Stunden die **Embryogenese** abgeschlossen ist, besteht die geschlüpfte Larve L_1 aus 558 Zellen. Die Zahl der Nachkommen der sechs Gründerzellen ist dann sehr unterschiedlich groß, wobei etliche Zellen durch **Apoptose** (= programmierter Zelltod) eliminiert worden sind. Die Nachkommen von E, D und P_4 beschränken sich auf die Bildung jeweils eines einzigen Gewebes, während z. B. der Pharynx aus Zellen der Zellfamilien AB und MS, die Hypodermis aus Zellen der Zellfamilien AB und C differenziert werden (Abb. 28.**2**). Nur der Darm entsteht als Gewebe aus einer einzigen Zelle, E. Bis zum adulten Wurm finden zusätzliche Zellteilungen statt, weitere Zellen werden durch Apoptose eliminiert, so dass schließlich der Zellstammbaum (cell lineage) aller 959 bzw. 1031 Zellen bekannt ist und jede Zelle einen Namen hat. Für ihre führende Rolle bei der Erarbeitung der *C. elegans* Entwicklung und der Beschreibung des programmierten Zelltods haben Sydney Brenner, John E. Sulston und H. Robert Horvitz im Jahr 2002 den Nobelpreis für Medizin erhalten.

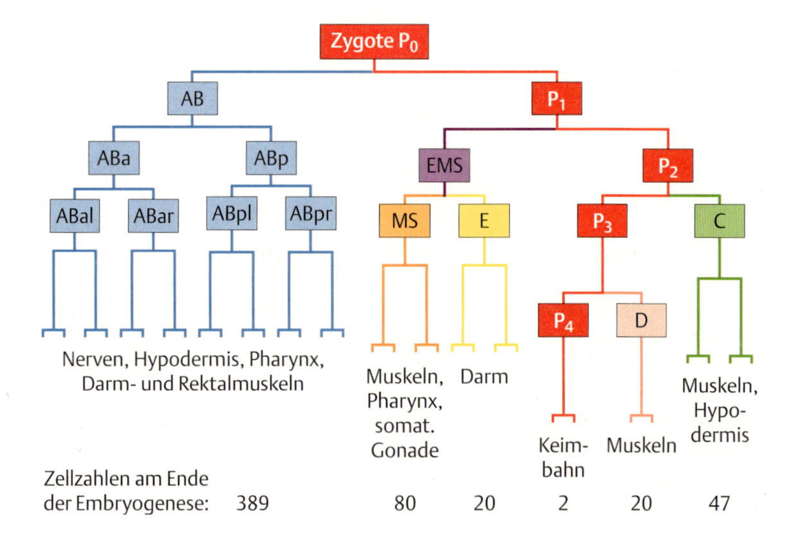

Abb. 28.2 Der Zellstammbaum von *Caenorhabditis* bis zum Abschluss der Embryogenese. Die Zellen P_0 bis P_4 stellen die Keimbahn dar. AB, MS, E, C und D sind die 5 Ursomazellen. Dargestellt sind auch die Zellzahlen in jeder Zelllinie nach Abschluss der Embryogenese (insgesamt 558 Zellen). Weitere Erläuterungen s. Text [nach Schierenberg 1987].

Im Verlauf der ersten Furchungsteilungen werden auch die **Körperachsen** festgelegt. In der Abb. 28.**3** ist bereits in der Zygote P_0 eine anterior-posterior-Achse (A-P-Achse) eingezeichnet, die mit der Teilung in AB und P_1 fixiert ist. Bei der nächsten Teilung wird durch die Lage von P_2 und EMS die dorsal-ventral-Achse festgelegt: EMS ist ventral. Dadurch ist auch links-rechts bestimmt. Wir sehen im 8-Zell-Embryo (nach der Teilung von EMS und P_2, Abb. 28.**3** unten) die beiden linken Nachkommen von ABa und ABp. Es ist zu beachten, dass das gesamte Zellmaterial des Embryos aus der Zygote stammt, d. h. die Zellen werden bei jedem Teilungsschritt kleiner.

Einer der besonders faszinierenden Aspekte der *C. elegans* Entwicklung ist sicher das Auftreten **asymmetrischer Zellteilungen**, die zu Zellen **unterschiedlicher Entwicklungsschicksale** führen. Wie es dazu kommt, werden wir im Folgenden darlegen.

Die **Oogenese** endet zunächst mit einer Oocyte im **Diplotänstadium** der **Meiose** (s. Abb. 5.**1**, S. 30/31). Der Zellkern befindet sich am späteren anterioren Pol. Die Meiose wird fortgesetzt, sobald die Eizelle besamt ist. Die Teilungen der Meiose I und II finden mit einer kleinen Spindel ohne Centriolen statt. Nach Anaphase I und II wird je ein Teilungsprodukt als Polkörper ausgeschieden, so dass schließlich der haploide weibliche Vorkern in der Eizelle bleibt. Das Spermium, das an dem dem Zellkern entgegengesetzten Pol in die Eizelle eindringt und damit den posterioren Pol markiert, bringt nicht nur den haploiden männlichen Vorkern mit, sondern auch zwei Centriolen. Sie trennen sich und bilden in der Nähe des männlichen Vorkerns zwei Zentrosomen aus (Abb. 28.**4a**). Zu diesem Zeitpunkt sind die **P-Granula** im Cytoplasma der Eizelle gleichmäßig verteilt. In der nun folgenden Prophase der ersten Mitose kondensieren die Chromosomen in den Vorkernen und diese bewegen sich aufeinander zu. **Mikrotubuli** bilden sich an den **Zentrosomen**, und die P-Granula wandern zum posterioren Pol (Abb. 28.**4b**). Sobald sich die Vorkerne getroffen haben, rotiert der Kerne-Zentrosomen-Komplex so, dass die beiden Zentrosomen in der Längsachse der Zelle liegen (Abb. 28.**4c**). Die Kerne verschmelzen und damit ist die Befruchtung vollzogen. Die beiden haploiden Chromosomensätze der Zygote liegen in der Metaphaseplatte der Spindel, deren astrale Mikrotubuli nunmehr an der Zellmembran inserieren (Abb. 28.**4d**). Während der Anaphase wird die posteriore Halbspindel näher zum posterioren Pol gezogen, so dass bei der anschließenden Zellteilung die posteriore P_1-Zelle kleiner ist als die anteriore AB-Zelle. Die P_1-Zelle enthält – wie alle weiteren P-Zellen – die **P-Granula** als ein **Kennzeichen der Keimbahn** (Abb. 28.**4e**). Mit senkrecht aufeinander stehenden Spindelstellungen und anschließendem Kippen der Zellen entsteht mit der folgenden Teilung der 4-Zell-Embryo (Abb. 28.**4f** und **g**).

Nach dieser Beschreibung der beiden ersten Furchungsteilungen wird man fragen, ob auch etwas über die Mechanismen bekannt ist, die zu den quantitativ und vor allem qualitativ unterschiedlichen Teilungsprodukten führen. In der Tat ist eine Vielzahl **maternal exprimierter Gene** (s. Kap. 22.2, S. 357) bekannt, deren Proteine im Cytoplasma, zumeist aber im Kortex nachgewiesen werden können. Als **Kortex** wird eine dünne Cytoplasmaschicht unmittelbar unterhalb der Zellmembran bezeichnet, die sich oftmals unabhängig vom übrigen Cytoplasma entlang der Membran bewegen kann. Im Folgenden werden die wichtigsten dieser Gene – von der Zygote bis zum 4-Zell-Stadium – behandelt.

Eine bedeutende Gruppe ist die der ***par*-Gene** (abnormal embryonic PARtitioning of cytoplasm). Diese Gene wurden als **maternale Mutatio-**

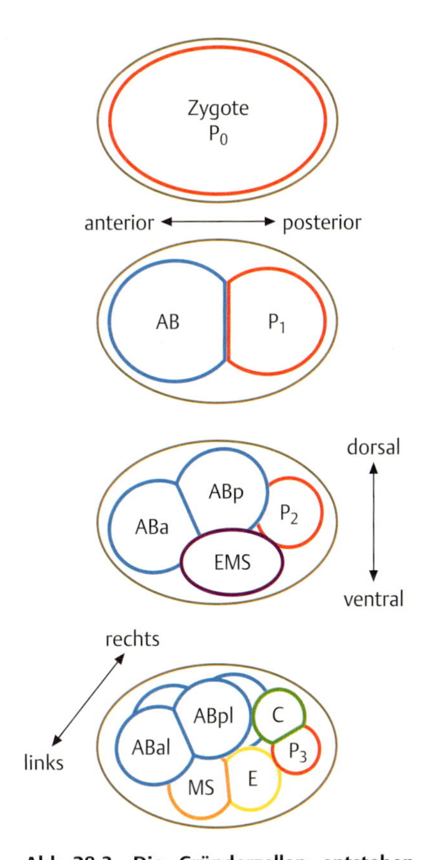

Abb. 28.3 Die Gründerzellen entstehen durch asymmetrische Zellteilungen. Gleichzeitig werden während der ersten drei Zellteilungen die Körperachsen festgelegt [nach Gönczy and Rose 2005].

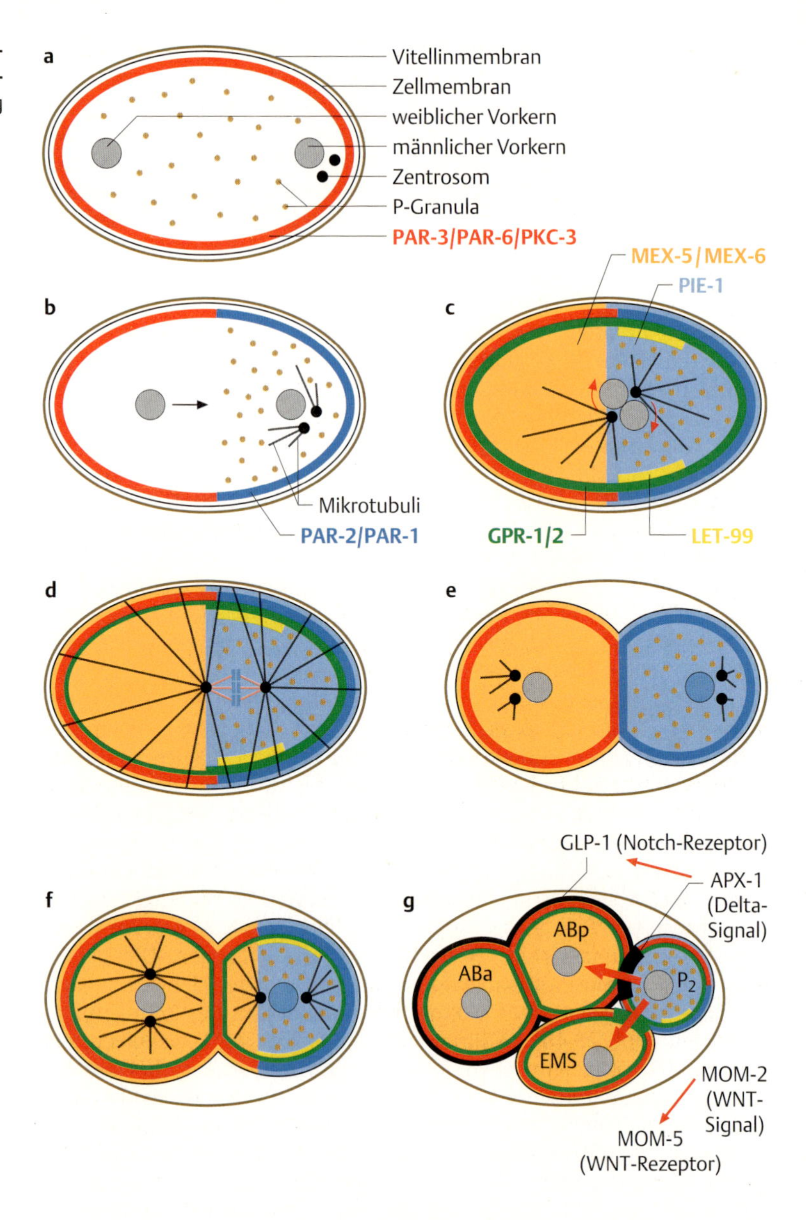

Abb. 28.4 Spindelstellungen, ungleiche Verteilung von Determinanten und Genaktivitäten steuern die asymmetrischen Zellteilungen. Erklärung im Text.

28

nen identifiziert, die die A-P-Polarität der Zygote P_0 beeinflussen und deren Phänotyp in abnormen ersten Zellteilungen besteht.

PAR-3 und PAR-6 sind Proteine mit PDZ-Domänen (benannt nach den ersten Proteinen, in denen sie gefunden wurden: **P**SD-95 der Maus, **D**iscs large von *Drosophila* und **Z**O-1 von Säugern), mit deren Hilfe Proteinkomplexe gebildet werden können. Ein solcher Komplex aus PAR-3, PAR-6 und PKC-3 (atypische Protein Kinase C) ist im gesamten Kortex des 1-Zell-Embryos ab dem Zeitpunkt der Besamung zu finden (Abb. 28.**4a**). Gegen Ende der mitotischen Prophase ist der **PAR-3/PAR-6/PKC-3-Komplex** beschränkt auf den Kortex der anterioren Hälfte, während in der posterioren Hälfte des Kortex zwei weitere PAR-Proteine auftauchen, nämlich PAR-2, ein Ringfinger-Protein, und PAR-1, eine Ser/Thr-Kinase (Abb. 28.**4b**). Die beiden Gruppen von PAR-Proteinen hemmen sich gegenseitig in der Verteilung im Kortex, so dass eine Grenze bei ca. 50% Eilänge entsteht. Durch diese Verteilung der PAR-Proteine im Kortex wird die A-P-Polarität, die bereits durch die Lage des Eikerns am anterioren Pol und die Eintrittsstelle des Spermiums am posterioren Pol markiert ist, weiter festgelegt und aufrecht erhalten.

Damit die erste Zellteilung in der A-P-Richtung stattfindet, durchlaufen – wie oben beschrieben – die Vorkerne und Zentrosomen in der Prophase eine Drehung um 90°. Verantwortlich dafür ist **LET-99** (LEThal), ein Protein, das in einem Band in der posterioren Eihälfte exprimiert wird. Diese Bewegungen wie auch die asymmetrischen Kräfte an der Teilungsspindel in der Anaphase werden durch einen G-Protein-Signalweg (s. Box 15.**3**, S. 186) gesteuert, an dem neben LET-99 und neben weiteren Proteinen auch GPR-1 und GPR-2 (G Protein Regulator) beteiligt sind. Es gibt Hinweise, dass während der Prophase die gleichmäßig einheitliche Lokalisation von GPR-1/2 zusammen mit LET-99 die Entwicklung von Zugkräften unterdrückt (Abb. 28.**4c**). Diese Kräfte kommen in der Anaphase zur Wirkung, wenn GPR-1/2 vermehrt in der posterioren Eihälfte lokalisiert ist. Dies bewirkt schließlich, dass die Zytokinese die Zygote in ungleich große Zellen teilt (Abb. 27.**3d**, **e**, S. 436).

Wenn bei der ersten Zellteilung die Determinanten für Soma in die anteriore AB-Zelle und die Determinanten für die Keimbahn in die posteriore P_1-Zelle gelangen, so sind dabei einige im Cytoplasma des 1-Zell-Embryos vorkommende Zinkfinger-Proteine beteiligt. Die Zinkfinger-Proteine **MEX-5, MEX-6 (Muscle EXcess)** und **PIE-1 (Pharynx and Intestine in Excess)** sind bis zum Eindringen des Spermiums im Eicytoplasma gleichmäßig verteilt. Im weiteren zeitlichen Verlauf werden die **MEX-Proteine anterior**, **PIE-1 posterior** lokalisiert (Abb. 28.**4c**, **d**). Im 2-Zell-Embryo ist PIE-1 nicht nur im Cytoplasma sondern auch im Zellkern der P_1-Zelle vorhanden und mit den P-Granula assoziiert, während die MEX-Proteine auf das Cytoplasma der AB-Zelle beschränkt sind. Die PAR-Proteine sind entsprechend ihrer Verteilung im 1-Zell-Embryo nunmehr in der anterioren bzw. posterioren Zelle zu finden (Abb. 28.**4e**).

Bis hierher kann man festhalten, dass durch die räumliche Verteilung der besprochenen Proteine im Kortex und Cytoplasma die erste Teilung asymmetrisch verlaufen ist, und so z. B. **Determinanten** für die weitere Entwicklung gezielt ungleich verteilt worden sind. In Abb. 28.**5** ist dies modellhaft dargestellt. Anterior ist dort, wo der Komplex PAR-3/PAR-6/PKC-3 im Kortex die Expression von PAR-2/PAR-1 unterdrückt und zugleich MEX-5/6 im Cytoplasma PIE-1 und die P-Granula fernhält. Die posteriore Qualität hingegen ist dadurch gekennzeichnet, dass PAR-2/1 einerseits die Verbreitung von PAR-3/PAR-6/PKC-3 und andererseits von MEX-5/6 hemmt. Daher können sich PIE-1 und die P-Granula posterior verteilen. Diese Erkenntnisse beruhen auf Färbungen, wie z. B. Antikörper-Färbungen, und Experimenten mit Mutanten der beteiligten Gene. So verläuft die Furchung von Zygoten, die keine funktionsfähigen PAR-Proteine enthalten, symmetrisch. In beiden Tochterzellen können dann P-Granula und cytoplasmatisches PIE-1 vorhanden sein. Über die molekularen Mechanismen, wie z. B. die MEX-Proteine die P-Granula veranlassen, sich nach posterior zurückzuziehen, oder wie der anteriore PAR-Komplex die posterioren PAR-Proteine daran hindert, sich in seiner Domäne auszubreiten, ist noch wenig bekannt.

Die Vorbereitung auf die 2. Teilung verläuft in P_1 sehr ähnlich wie in P_0 (vgl. Abb. 28.**4c** und **f**), während in der AB-Zelle die Polarisierung durch die PAR-Proteine ausbleibt. P_1 teilt sich asymmetrisch in A-P-Richtung in EMS und P_2. Durch die Bildung des rhombusförmigen 4-Zellstadiums

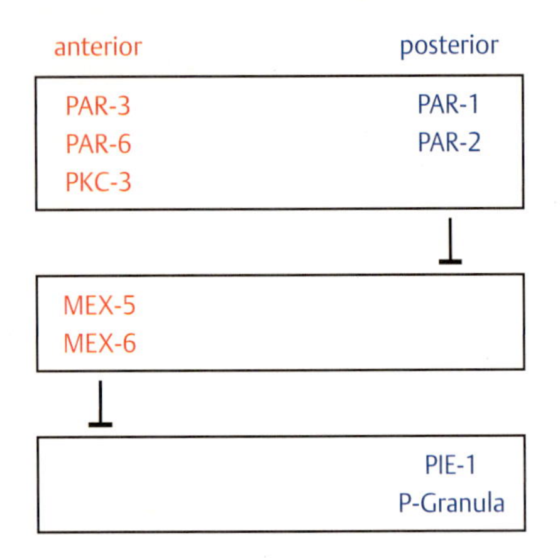

Abb. 28.5 Modell der Verteilung von Proteinen entlang der AP-Achse im 1-Zell-Embryo, die zur ersten asymmetrischen Zellteilung führen. Erläuterung im Text.

kommt es zu bestimmten Zellkontakten, die für die weitere Entwicklung von großer Bedeutung sind (Abb. 28.**4g**).

In diesem Stadium werden zwei Signalwege aktiviert, die die weitere Entwicklung mitbestimmen: der **Notch**- und der **Wnt-Signalweg.** P_2 exprimiert das **Notch-Signal APX-1** (Anterior Pharynx in eXcess), eines von 10 bekannten **DSL**-(Delta, Serrate, LAG-2-)**Transmembran-Proteinen** (s. Abb. 27.**5**, S. 437). Die beiden AB-Abkömmlinge ABa und ABp exprimieren in der Zellmembran den **Notch-Rezeptor GLP-1/Notch** (abnormal Germ Line Proliferation, Abb. 28.**4g**). APX-1 und GLP-1 sind maternalen Ursprungs. Da nur ABp direkten Kontakt mit P_2 hat, wird nur hier der Signalweg wirksam (s. auch Kap. 27.2, S. 437). Durch diese Zell-Zell-Interaktion erhalten ABa und ABp unterschiedliche Qualitäten: die Nachkommen von ABa werden mesodermal, die von ABp ektodermal.

Am **Wnt-Signalweg**, der bei Invertebraten und Vertebraten weit verbreitet ist, sind auch bei *C. elegans* viele Gene beteiligt, die zu unterschiedlichen Entwicklungsstadien steuernd Einfluss nehmen. Wir werden uns hier auf Signale beschränken, die im 4-Zell-Embryo von P_2 ausgehen und EMS erreichen (Abb. 28.**4g**). Diese Signale polarisieren EMS so, dass sich diese Zelle asymmetrisch teilt. Die Nachkommen der anterioren Zelle MS werden mesodermale Muskulatur und Pharynx ausbilden. Die posteriore Zelle E bleibt in Kontakt mit P_2 bzw. nach deren asymmetrischer Teilung in C und P_3 mit P_3 (Abb. 28.**3**). E ist festgelegt auf die Ausbildung entodermalen Darms (Abb. 28.**2** und Abb. 27.**3**, S. 436). Die beteiligten maternalen Gene sind u. a. ***mom-2*** und ***mom-5*** (More Of Mesoderm). Die Wirkung von MOM-2 als Wnt-Signal und MOM-5 als Rezeptor (Frizzled) konnte durch Analysen mutanter Embryonen aufgedeckt werden. Loss-of-function Mutationen von *mom-2/5* haben zur Folge, dass beide Tochterzellen von EMS das MS-Schicksal annehmen und ausschließlich Muskulatur bilden. Aufschlussreich ist das Verhalten der Blastomeren in einer in-vitro-Kultur. Wenn eine EMS-Zelle isoliert kultiviert wird, so erhalten bei fehlendem Wnt-Signalweg auch hier beide Tochterzellen das MS-Schicksal. Wird dagegen eine EMS- und eine P_2-Zelle so kultiviert, dass sie Kontakt miteinander haben, so wird die EMS-Tochterzelle mit Kontakt zu P_2 eine E-Zelle, die anteriore Tochterzelle ohne Kontakt eine MS-Zelle.

Die Beispiele der beiden Signalwege zeigen, dass die Entwicklung von *C. elegans* **keine reine Mosaikentwicklung** ist, bei der vorhandene Determinanten mitotisch verteilt werden, sondern dass die Entwicklung auch über **Zell-Zell-Interaktionen** reguliert wird.

28.3 Entwicklung der *C. elegans*-Vulva

Die **Vulva von *C. elegans*** an der Ventralseite des adulten Hermaphroditen bildet die äußere Struktur der **Genitalien.** Durch sie werden die befruchteten Eier abgelegt. Sie besteht aus 22 Zellen, die zu verschiedenen Zelltypen differenziert sind. Die Vulva beginnt ihre Entwicklung im letzten Larvenstadium mit einer Gruppe von sechs ektodermalen, in einer Reihe an der Ventralseite liegenden Zellen, genannt P3.p bis P8.p (Abb. 28.**6a**).

Aus drei dieser Zellen, P5.p, P6.p und P7.p, die jede einen charakteristischen Stammbaum hat, entwickelt sich die Vulva, die anderen drei Zellen, P3.p, P4.p und P8.p, differenzieren zur Hypodermis. Zur besseren Verständigung unterscheidet man drei verschiedene Zelltypen bzw.

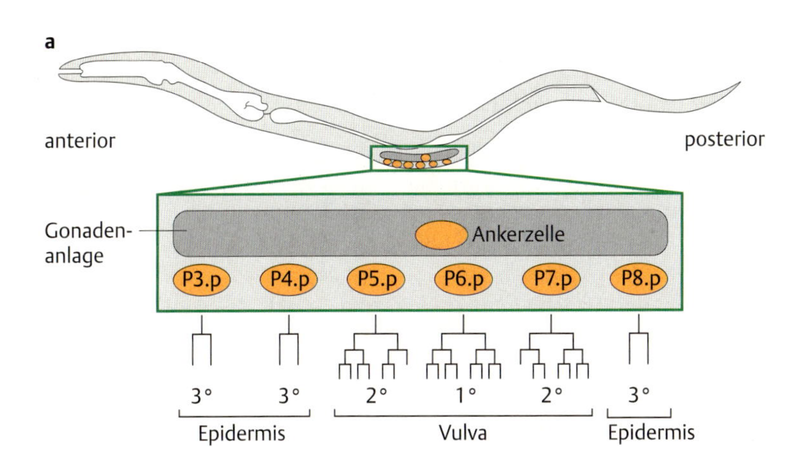

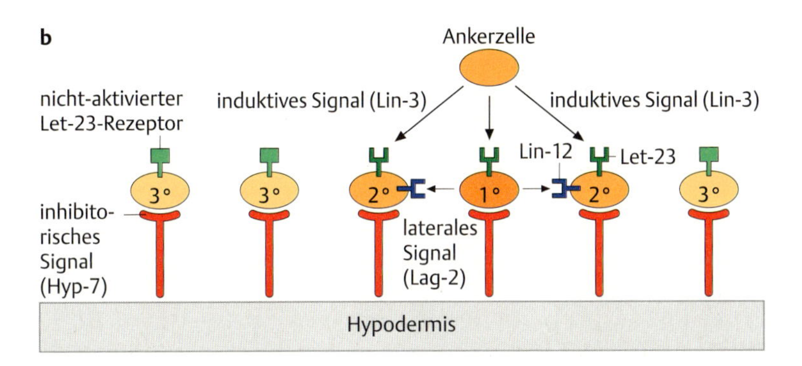

Abb. 28.6 Entwicklung der *C. elegans*-Vulva.
a Schematische Darstellung der Vulva und ihrer Entwicklung aus den sechs Vorläuferzellen.
b Verschiedene Signale führen zur Spezifizierung der Vulvavorläuferzellen. Erklärungen s. Text.

Zellschicksale: die primären (1°) und sekundären (2°) bilden die Vulva, wobei die primären Zellen die **Vulva** mit dem Uterus verbinden und die sekundären Zellen die lateralen Zellen der Vulva bilden. Zellen des tertiären (3°) Typs werden zur Epidermis und fusionieren später mit den übrigen epidermalen Zellen zu einem Synzytium (= Hypodermis).

Anfänglich sind alle sechs Zellen dieser Gruppe äquivalent, was bedeutet, dass sie die **gleiche Kompetenz** haben, einen der drei Zelltypen zu bilden. Deshalb bezeichnet man sie als **Äquivalenzgruppe**. Dass dies tatsächlich so ist, konnte durch **Zellablationen** (Abtöten einzelner Zellen, meist durch Laserstrahlen) und durch Mutantenanalyse gezeigt werden. Werden drei beliebige Zellen der Gruppe zerstört, so entwickeln die restlichen drei Zellen die Zelltypen 2–1–2, aus denen sich eine funktionsfähige Vulva entwickelt.

Die Spezifizierung der drei Zelltypen erfolgt durch ein **induktives Signal** (**Lin-3**), das von der **Ankerzelle** ausgeht und Ähnlichkeit mit dem epidermalen Wachstumsfaktor (epidermal growth factor, EGF) der Säuger hat (Abb. 28.**6b**). Es bindet an eine **Rezeptortyrosinkinase**, **Let-23**, die auf den Vulvavorläuferzellen exprimiert wird, wodurch die **MAP-Kinasekaskade** aktiviert werden kann. Die Aktivierung des Rezeptors erfolgt in den Zellen, die der Ankerzelle am nächsten liegen und ist nötig, um den inhibitorischen Einfluss der Epidermis, vermittelt durch das Signal HYP-7, zu überwinden. Wird die Ankerzelle zerstört, entwickeln sich alle sechs Zellen zu epidermalen Zellen. Wenn eine Vulvavorläuferzelle das von der Ankerzelle sezernierte LIN-3-Signal empfängt, kann sie sich entweder zu

Zelltyp 1 oder 2, nicht aber zu Zelltyp 3 entwickeln. Zellen am Rande der Äquivalenzgruppe erhalten nicht genügend LIN-3-Signal, ihr Let-23-Rezeptor wird nicht aktiviert und sie entwickeln sich zu Zellen der Hypodermis.

Wie erfolgt aber die Entscheidung der zentralen Vorläuferzellen auf das 1°- oder 2°-Zellschicksal? Hierbei sind zwei Vorgänge entscheidend.
1. Die zentrale Zelle wird etwas mehr LIN-3 empfangen.
2. Dies veranlasst sie, ein **Signal** mit kurzer Reichweite, **LAG-2**, zu synthetisieren.

Dieses Signal erkennt einen **Rezeptor (Lin-12)**, der auf allen sechs Zellen exprimiert wird, allerdings kann das Signal den Rezeptor nur in den unmittelbar zur 1°-Zelle benachbarten Zellen aktivieren. Die das Signal empfangende Zelle wird daran gehindert, sich in Zelltyp 1° zu differenzieren und beginnt statt dessen mit der Differenzierung zum sekundären Zelltyp. Ein Aspekt dieses sekundären Differenzierungsprogramms besteht in der Synthese von mehr Lin-12-Rezeptor, wodurch diese Zelle nun noch empfindlicher für das von der Nachbarzelle gebildete LAG-2-Signal wird, und in der Synthese von weniger Signal, was ihren eigenen inhibitorischen Einfluss auf die Nachbarzelle verringert. Hierdurch verstärkt sich die Ungleichartigkeit der Zellen, so dass schließlich die **zentrale Zelle das primäre Zellschicksal**, die ihr **benachbarten Zellen das sekundäre Schicksal** annehmen. Da durch diese Zellkommunikation die unmittelbar benachbarten Zellen daran gehindert werden, das primäre Zellschicksal anzunehmen, bezeichnet man den Vorgang als **laterale Inhibition** (s. Kap. 27.1, S. 433). Lateral inhibierte Zellen der *C.-elegans*-Vulva nehmen das sekundäre Zellschicksal an.

Zusammenfassung

- *C. elegans* ist ein diploider, selbstbefruchtender **XX-Hermaphrodit.** Selten gibt es auch fertile **X0-Männchen**, die durch Nondisjunction in der Meiose von Hermaphroditen entstehen.

- Die **determinierte Entwicklung** führt dazu, dass jeder adulte Hermaphrodit aus 959 und jedes Männchen aus 1031 somatischen Zellen besteht.

- Die erste Teilung der Zygote ist asymmetrisch und trennt die Keimbahn vom Soma. Nach vier weiteren **asymmetrischen Zellteilungen** gibt es fünf **somatische Gründerzellen** (Ursomazellen) und eine **Urkeimzelle**, die ein invariables Entwicklungsprogramm durchlaufen.

- Die Asymmetrie der Zellteilungen und die Festlegung der **Körperachsen** wird von einer Vielzahl meist maternaler Proteine gesteuert, unter denen die der ***par*-Gene** besondere Bedeutung haben.

- Neben der Verteilung von **Determinanten** spielen auch **Zell-Zell-Interaktionen** (Wnt- und Notch-Signalwege) für die Festlegung von Entwicklungsschicksalen eine Rolle.

- Die Spezifizierung der **Vulvazelle** bei *C. elegans* wird durch laterale Inhibition gesteuert.

29 Der Zebrafisch *Danio rerio*

29.1 Der Lebenszyklus von *Danio rerio*

Der Zebrafisch oder Zebrabärbling (*Danio rerio*) gehört zur Familie der Karpfenfische und ist in den Gewässern Indiens beheimatet, wo er in langsam fließenden oder stehenden Gewässern anzutreffen ist. Seit vielen Jahren ist er auch als Aquarienzierfisch sehr beliebt. Seinen Namen erhielt er auf Grund seiner bläulichen Längsstreifen, die sich bei dem etwas kleineren Männchen auf einem goldgelben bis rötlichen, beim Weibchen auf einem silbrig-weißen Untergrund gut abheben. George Streisinger war der erste, der vor etwas mehr als 25 Jahren zeigte, dass der Zebrafisch geeignet ist, in genetischen Screens interessante Mutanten zu isolieren, die es erlauben, Entwicklungsprozesse von Vertebraten zu studieren. Inzwischen ist der Zebrafisch in vielen Labors etabliert, da er in vielerlei Hinsicht die für einen Modellorganismus nötigen Bedingungen erfüllt:

- geringe Größe (3–4 cm), deshalb leicht auch in großer Anzahl zu halten
- sehr viele Nachkommen (ein Weibchen legt 100–200 Eier pro Woche, oft mehr)
- relativ kurze Generationszeit (3–4 Monate)
- extrauterine Entwicklung
- transparenter Embryo
- leicht zu mutagenisieren
- viele Mutanten und transgene Linien verfügbar
- Methoden der reversen Genetik etabliert und leicht anzuwenden
- Genomsequenz vollständig bekannt

Der Lebenszyklus ist in Abb. 29.**1** dargestellt.

Die Zebrafisch-Oocyte ist radialsymmetrisch. Zwischen der Befruchtung und der ersten Zellteilung kommt es zur asymmetrischen Ansammlung des Zytoplasmas, das nun fast vollständig am sog. **animalen Pol** konzentriert wird und den Zellkern umgibt, während sich der Dotter am **vegetalen Pol** befindet. Eine dorso-ventrale Polarität ist nicht vorhanden. Nach der Befruchtung der Eizelle setzen die **Furchungsteilungen** ein, von denen die ersten 12 synchron verlaufen. Auf Grund der großen Dottermenge sind die Zellteilungen anfänglich nicht vollständig, was bedeutet, dass nur das Zytoplasma in der animalen Hälfte geteilt wird. Man spricht von **meroblastischen Furchungsteilungen**. Die Blastomeren bleiben zunächst über Zytoplasmabrücken mit dem am vegetalen Pol liegenden Dotter (meist „Dotterzelle" genannt) verbunden. Nach der achten Teilung (2,75 Std. nach der Befruchtung) erfolgen mehrere einschneidende Veränderungen: die Zellteilungen werden asynchron, die Transkription des zygotischen Genoms setzt ein und die Zellen werden beweglich. Dieser Übergang wird, nicht nur beim Fisch, **Midblastula Transition** genannt. Nach zehn Teilungen (3 Stunden nach der Befruchtung), wenn das dem Dotter aufliegende Blastoderm aus ca. 1000 Zellen besteht, flacht sich dieses ab und wird länglicher („Oblong"-Stadium). Jetzt

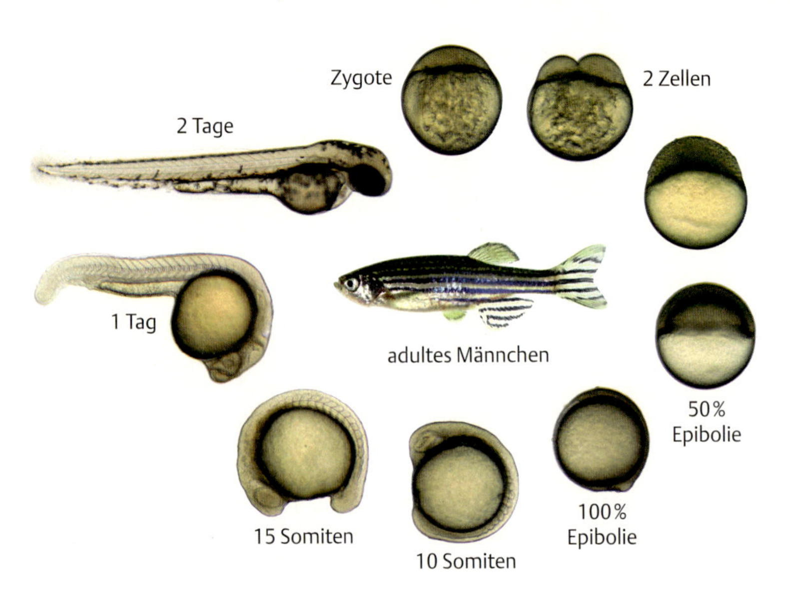

Abb. 29.1 Lebenszyklus des Zebrafischs *Danio rerio*. Die Zygote hat einen Durchmesser von 0,7 mm. Von der Befruchtung bis zum Beginn der ersten Furchungsteilung dauert es etwa 40 Minuten. Nach der ersten Furchungsteilung teilen sich die Blastomeren zunächst synchron etwa alle 15 Minuten. Die dabei entstehenden Zellen bilden eine Kappe auf dem Dotter, die Keimscheibe, die nach der achten Teilung eine kugelige Gestalt annimmt (Stereoblastula), die sich im weiteren Verlauf abflacht und streckt. Bei 50 % Epibolie, wenn der Embryo die Hälfte des Dotters umspannt, beginnt die Gastrulation. Bei 100 % Epibolie hat der Embryo den gesamten Dotter eingeschlossen. Dieses Stadium wird auch „tailbud" genannt, weil jetzt die Schwanzknospe sichtbar ist. Anschließend erfolgt die Segmentierung des Embryos, die Stadien werden jetzt nach der Anzahl der Segmente benannt. Nach 24 Stunden hat der Embryo eine Länge von 1,9 mm, er ist deutlich pigmentiert und das Herz fängt an zu schlagen. Nach insgesamt 48 Stunden schlüpft die 3,1 mm lange Larve. Nach 90 Tagen ist der Fisch geschlechtsreif. [Bilder von Michael Brand, Dresden].

kann man zwei Zellschichten erkennen, eine aus sehr flachen Zellen bestehende **äußere Hüllschicht** und eine **tiefliegende Schicht** aus runderen Zellen.

Die Blastomeren am vegetalen Rand des Blastoderms, die also unmittelbar an den Dotter angrenzen und mit diesem zunächst durch Zytoplasmabrücken verbunden sind, kollabieren zu Beginn der 10. Zellteilung und transferieren ihr Zytoplasma und ihre Zellkerne in den darunter liegenden Dotter. Kerne und Zytoplasma konzentrieren sich an der Grenze zum Blastoderm und bilden eine deutlich erkennbare, schmale Schicht an der Grenze zwischen Dotter und Blastoderm, die **synzytiale Dotterschicht** genannt wird (Abb. 29.**2b, d**). Etwa 4 Stunden nach der Befruchtung, noch während weitere Zellteilungen stattfinden, beginnt die **Gastrulation**, in deren Verlauf die drei **Keimblätter**, Ektoderm, Mesoderm und Endoderm, gebildet werden (s. u.).

In den folgenden Stadien erfolgt die Organogenese. Nach etwa 10 Stunden beginnt die Bildung des Nervensystems (Gehirn und Rückenmark), die **Neurulation**. Ferner wird die Segmentierung des Embryos durch die Bildung von **Somiten** deutlich. Hierbei handelt es sich um Gruppen von mesodermalen Zellen, die auf beiden Seiten des Embryos liegen. Aus ihnen bilden sich später Körper- und Gliedmaßenmuskulatur, die Wirbelsäule und die Dermis (Unterhaut). 48 Stunden nach der Befruchtung schlüpft die Larve aus dem Ei und kann sich nun selbständig ernähren, 90 Tage nach der Befruchtung ist der Fisch geschlechtsreif. Ein großer Vorteil des Zebrafischs besteht darin, dass der Embryo vollständig transparent ist, so dass man sehr genau die Entwicklung einzelner Zellen und die Bildung von Organen verfolgen kann.

29.2 Embryonalentwicklung

29.2.1 Gastrulation

Während der Gastrulation des Zebrafischembryos finden gleichzeitig drei Bewegungen statt, die zur Ausbildung der Gestalt des Embryos führen, weshalb man auch von **morphogenetischen Bewegungen** spricht.

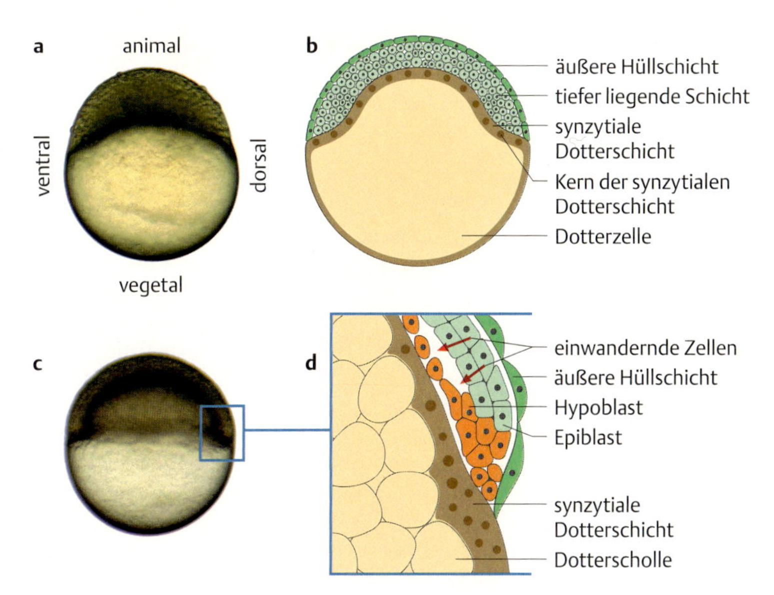

Abb. 29.2 Zellbewegungen während der Gastrulation beim Zebrafisch *Danio rerio*.
a, b Blastoderm-Stadium bei etwa 30 % Epibolie;
c, d Embryo bei 50 % Epibolie. Der Rahmen in c markiert den Ausschnitt, der in d dargestellt ist. [a und c Bilder von Michael Brand, Dresden; b und d: nach Gilbert, 2000].

Dieses sind die Epibolie, die Internalisierung der Zellen des Meso- und Endoderms und die konvergente Extension. Im Verlauf der **Epibolie** breiten sich die Zellen des Blastoderms auf dem Dotter in Richtung zum vegetalen Pol aus, bis sie nach etwa zehn Stunden die Dotterzelle vollständig umhüllen. Sowohl die synzytiale Dotterschicht als auch die äußere Hüllschicht, die an der Randzone in engem Kontakt miteinander stehen, beteiligen sich an diesem Prozess (Abb. 29.**2**).

Etwa eine Stunde nach dem Beginn der Epibolie, wenn der Embryo etwa die Hälfte des Dotters umhüllt hat (man spricht von 50 % Epibolie, s. Abb. 29.**1**), lösen sich am gesamten Rand des Blastoderms Zellen der tiefliegenden Schicht und wandern nach innen, in den Raum zwischen Blastoderm und Dotterzelle. Dieser Vorgang wird **Ingression** (Einwanderung) genannt. (s. Abb. 29.**2c, d**). Die eingewanderten Zellen bilden eine innere Zellschicht, genannt **Hypoblast** (braun in Abb. 29.**2d**), der Vorläufer des Endoderms und des Mesoderms. Über dem Hypoblast befindet sich eine Schicht von nicht-einwandernden Zellen, die den **Epiblast** bilden (s. Abb. 29.**2d**), aus dem später das Ektoderm hervorgeht. Zellen der äußeren Hüllschicht wandern nicht ein und bleiben während des gesamten Vorgangs an der Wanderungsfront mit der synzytialen Dotterschicht verbunden.

Gleichzeitig mit der Einwanderung der Zellen (50 % Epibolie) beginnt eine weitere morphogenetische Bewegung, die **konvergente Extension**. Allgemein versteht man hierunter eine Bewegung, bei der eine Zellschicht ihre Form verändert, indem sie sich in eine Richtung streckt und gleichzeitig ihre Ausdehnung in der anderen Richtung, senkrecht zur ersten, verringert, wobei sich die Zellen ineinander schieben. Durch diesen Vorgang kommt es zur Streckung (Extension) des Embryos.

29.2.2 Induktion des Mesoderms

Die oben beschriebene Einwanderung der Zellen ist ein Prozess, der die Zellen des Mesoderms ins Innere des Embryos transportiert. Wodurch werden die Zellen aber veranlasst, ins Innere zu wandern, während andere Zellen außen bleiben? Hierbei spielt ein Signalmolekül, **Nodal**, eine

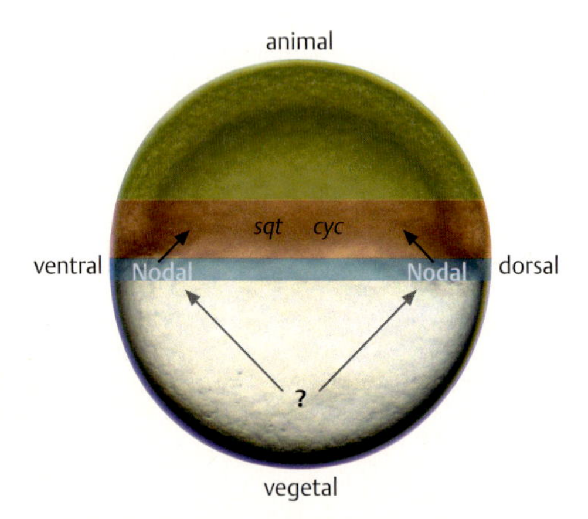

Abb. 29.3 Induktion des Mesoderms beim Zebrafisch. Nodal-Signale in der synzytialen Dotterschicht (blau) induzieren die Transkription von *squint* (*sqt*) und *cyclops* (*cyc*) in den angrenzenden Blastomeren (braun). Die von diesen Genen kodierten Signale induzieren dann die Transkription Mesendoderm-spezifischer Gene. Was die Transkription von Nodal-Genen in der synzytialen Dotterschicht aktiviert, ist bisher nicht bekannt.

wichtige Rolle. Nodal ist ein Signalmolekül aus der TGF-(transforming growth factor)-β Familie, die auch an anderen Prozessen im Zebrafisch und anderen Organismen eine wichtige Rolle spielen. Nodal wird in der synzytialen Dotterschicht gebildet und von den angrenzenden Blastomeren empfangen. Als Antwort auf dieses Signal verändern die Zellen ihr Verhalten, sie wandern ein. Allgemein bezeichnet man einen Vorgang, bei dem ein von einer Zelle oder Zellgruppe gebildetes Signal das Entwicklungsschicksal benachbarter Zellen beeinflusst, als **Induktion**. Die Induktion des Mesoderms ist nur einer von mehreren induktiven Prozessen während der Embryogenese multizellulärer Organismen, bei denen das Schicksal und das Differenzierungsprogramm von Zellen durch ein Signal aus benachbarten Zellen festgelegt wird. Die Experimente, die zum Nachweis induktiver Vorgänge bei der Steuerung von Entwicklungsprozessen führten, gehören zu den klassischen Experimenten in der Entwicklungsbiologie (s. Box 29.**1** und Abb. 29.**4**).

Durch das von der synzytialen Dotterschicht gebildete Nodal-Signal wird in den darüber liegenden Blastomeren die Transkription der Gene *squint* und *cyclops* induziert (Abb. 29.**3**). Die Transkription dieser Gene ist wichtig, damit die Zellen einwandern, aus denen später Mesoderm gebildet wird. *squint* und *cyclops* kodieren ebenfalls Signale aus der Nodal-Familie, und induzieren ihrerseits die Transkription spezifischer Gene, wie z.B. die Expression von *floating head* (*flh*), *bhikhari* (*bik*) oder *no tail* (*ntl*). *ntl* ist das Ortholog des Maus Gens *Brachyury*, das auch an der Mesodermentwicklung beteiligt ist. Auf diese Weise wird der Hypoblast in Mesoderm und Endoderm unterteilt. Der gleichzeitige Ausfall von *squint* und *cyclops* führt zu Embryonen ohne Endoderm und Mesoderm (mit Ausnahme einiger weniger Somiten im Schwanz).

Wodurch wird jedoch der erste Schritt, die Synthese von Nodal in der synzytialen Dotterschicht induziert? Man vermutet, dass die Synthese von *nodal*-mRNAs durch maternal exprimierte Transkriptionsfaktoren erfolgt, also von Proteinen, die vom Weibchen während der Oogenese gebildet und im Ei deponiert werden. Die Annahme basiert auf Ergebnissen, die man im Krallenfrosch *Xenopus laevis* erhalten hat. Beim Frosch nämlich werden mRNAs, die den Transkriptionsfaktor VegT kodieren, maternal exprimiert und am vegetalen Pol lokalisiert. Die RNA wird nur in den vegetalen Blastomeren translatiert. Mit Beginn der zygotischen Transkription, wenn der Embryo aus ca. 4000 Zellen besteht, aktiviert VegT die Transkription von *Xenopus-nodal-related*-(*Xnr*-)Genen, die dann wiederum das Mesoderm in den angrenzenden Zellen der animalen Hemisphäre induzieren.

Sowohl beim Frosch als auch beim Zebrafisch erfolgt durch das Nodal-vermittelte, frühe Induktionsereignis die Spezifizierung der Blastomeren zu **Mesendoderm**, das später in Mesoderm und Endoderm unterteilt wird. Wie aber erfolgt diese Unterteilung? Die Vorläuferzellen des Endoderms entstammen hauptsächlich den zwei Zellreihen, die der synzytialen Dotterschicht am nächsten liegen. Diese Zellen erhalten hohe Nodal-Konzentrationen, wodurch Gene aktiviert werden, die Endoderm spezifizieren, z.B. das Gen *casanova*, das einen Transkriptionsfaktor kodiert. Embryonen ohne funktionelles *casanova* fehlt das Endoderm. Nodal wirkt also als Morphogen, das in Abhängigkeit von seiner Konzentration unterschiedliche Gene aktivieren kann.

Box 29.1 Die Induktion des Mesoderms im Amphibienembryo – ein klassisches Experiment der Entwicklungsbiologie

Arbeiten zur Bildung des Mesoderms bei Vertebraten wurden vor über 40 Jahren in klassischen Experimenten von Pieter Nieuwkoop am Amphibienembryo begonnen. Dieser besteht im 32-Zell-Stadium aus nur zwei Zelltypen: kleinen ektodermalen Zellen am animalen Pol und größeren endodermalen Zellen in der vegetalen Hemisphäre. Zellen des dritten Keimblatts, des Mesoderms, sind erst ab der Blastula vorhanden und befinden sich in äquatorialer Position. Wie werden nun diese mesodermalen Zellen spezifiziert? Das Experiment ist in der Abb. 29.**4** dargestellt. Die Blastula wurde so geteilt, dass man Teile der animalen, der äquatorialen und der vegetalen Region erhielt. Anschließend wurde jedes Gewebestückchen für sich kultiviert. Zellen der animalen Hälfte differenzierten zu Epidermis, äquatoriale Zellen zu mesodermalem Gewebe und Zellen von der vegetalen Hemisphäre zu Gewebe mit endodermaler Identität (Abb. 29.**4a**). Werden jedoch animale Zellen mit vegetalen Zellen zusammen kultiviert, so bildete sich ebenfalls Mesoderm (Abb. 29.**4b**). Diese Ergebnisse führten zu der Annahme, dass die äquatorialen Zellen durch einen Induktor, der von den vegetalen Zellen gebildet wird, zu Mesoderm spezifiziert werden. Vegetale Zellen induzierten unterschiedliche Differenzierungen, je nach dem, von wo sie entnommen wurden. Stammen sie aus der dorsalen Region, wird vorwiegend dorsales Mesoderm (z. B. Notochord) induziert, werden sie aus einer mehr ventralen Position entnommen, induzieren sie ventrales Mesoderm, z. B. Muskeln (Abb. 29.**4c**). Später konnte nachgewiesen werden, dass dieser Induktor **Activin**, ein Mitglied der TGF-β-Familie, ist. Kultiviert man nämlich das Explantat der animalen Hälfte in Gegenwart von Activin, so konnte ebenfalls Mesoderm induziert werden. Je nach Activin-Konzentration wurden bestimmte mesodermale Derivate gebildet: bei hohen Konzentrationen vor allem Herz und Knorpel, bei mittleren Konzentrationen Notochord und bei niedrigen Konzentrationen vor allem Muskeln (Abb. 29.**4d**).

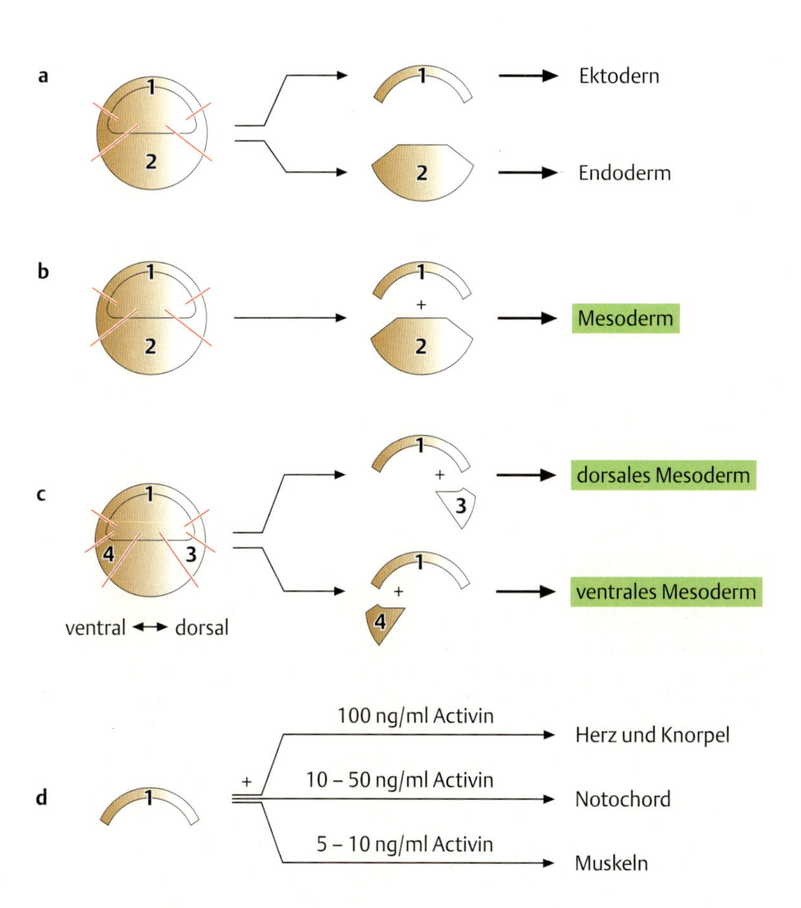

Abb. 29.4 Schematische Darstellung der Experimente zum Nachweis, dass das Mesoderm induziert wird [modifiziert nach Weng und Stemple, 2003].

29.2.3 Signaltransduktion durch Activin, ein Mitglied der TGF-β-Familie

Wie oben beschrieben, ist Aktivin ist ein wichtiges Signalmolekül bei der Induktion des Mesoderms bei Vertebratenembryonen. Es kann, je nach Konzentration, unterschiedliche Differenzierungsprozesse auslösen. Activin gehört zu der bei Vertebraten und Invertebraten vorkommenden Superfamilie der **TGF-β/BMP-Wachstumsfaktoren**, benannt nach dem **T**ransforming-**G**rowth-**F**actor-β bzw. dem **B**one-**M**orphogenetic-**P**rotein (benannt nach ihrer ursprünglich beschriebenen Fähigkeit, Knochenbildung [bone] zu induzieren), zu der als dritte Gruppe noch die Aktivine zählen. Die mehr als 30 Mitglieder dieser Superfamilie kontrollieren bei Vertebraten und Invertebraten zahlreiche wichtige Entwicklungsprozesse. Die aktiven Signalmoleküle werden aus einem größeren Vorläufermolekül gebildet, wobei der carboxyterminale Abschnitt das reife Peptid darstellt. Zwei aktive Signalmoleküle bilden jeweils ein Homo- oder Heterodimer und werden von der Zelle sezerniert.

Ziel der Signaltransduktionskaskade ist die Aktivierung der **Smad-Transkriptionsfaktoren**. Der Name ist eine Fusion aus dem Namen des *C. elegans*-Proteins Sma und dem des *Drosophila*-Proteins Mad (*Mothers-against-dpp*). Die Signalmoleküle benötigen für ihre Funktion zwei Typen von Rezeptoren, einen Typ-I- und einen Typ-II-Rezeptor. Beide sind sog. **Rezeptortyrosinkinasen** und können andere Proteine phosphorylieren. Allerdings haben sie unterschiedliche Eigenschaften und Substrate. Nach Bindung des dimeren Signals an einen Typ-II-Rezeptor, eine konstitutiv aktive Serin/Threonin-Kinase, bindet dieser an einen Typ-I-Rezeptor, der daraufhin ebenfalls den Liganden bindet (Abb. 29.**5**).

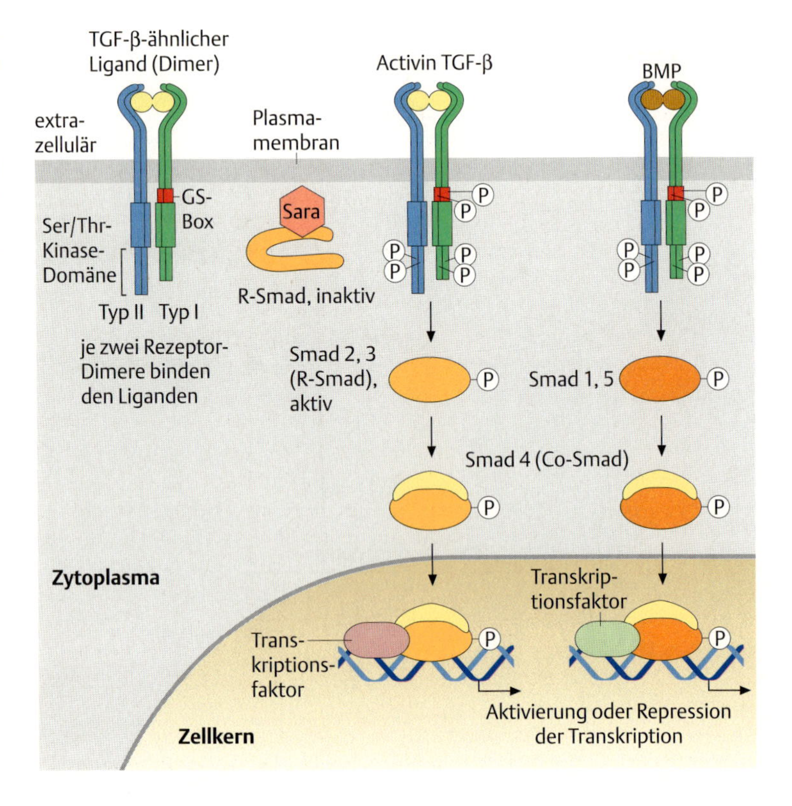

Abb. 29.5 Der durch Liganden der TGF-β-Superfamilie aktivierte Smad-Signalweg. Durch Interaktion des Liganden mit dem Typ-II-Rezeptor und die dadurch ausgelöste Interaktion mit einem Typ-I-Rezeptor wird letzterer phosphoryliert. Unterschiedliche Rezeptoren (hier der für TGF-β bzw. Aktivin, und der für BMP dargestellt) verwenden verschiedene intrazelluläre Smads zur Weiterleitung des Signals. Inaktive R-Smads werden durch Sara an der Plasmamembran verankert [nach Heldin et al. 1997].

Wenn die beiden Rezeptoren in enger Nachbarschaft zueinander sind, phosphoryliert der Typ-II-Rezeptor ein Serin und ein Threonin in der GS-Box des Typ-I-Rezeptors, die nach einer SGSGSG-Aminosäuresequenz der intrazellulären Domäne benannt ist. Der durch Phosphorylierung aktivierte Typ-I-Rezeptor phosphoryliert nun seinerseits ein Mitglied der aktivierenden Smads, ein **R-Smad** (R steht für *restricted* [beschränkt]), weil jedes Mitglied dieser Klasse nur mit einem bestimmten Liganden/Rezeptor-Komplex assoziiert ist). Dieses ist in seinem inaktiven Zustand durch **Sara** (**S**mad-**a**nchor-for-**r**eceptor-**a**ctivation) an der Plasmamembran verankert. Nach Phosphorylierung an einem carboxyterminal gelegenen Serin ändert das R-Smad seine Konformation, es trennt sich von Sara und kann nun mit einem Mitglied der zytoplasmatischen Smads, einem **Co-Smad** (z.B. Smad4), einen heterodimeren Komplex bilden. Co-Smads werden nicht durch den Rezeptor phosphoryliert, bilden aber eine essenzielle Komponente des Smad-Heterodimers. Das R-Smad/Co-Smad-Heterodimer wandert in den Zellkern, wo es an bestimmte DNA-Sequenzen binden kann. Die Spezifität der einzelnen Signalmoleküle dieser Familie wird durch unterschiedliche Rezeptoren und unterschiedliche Smads erzielt. So aktivieren Mitglieder der BMP-Familie Smad1 oder Smad5, während Mitglieder der TGF-β- oder Activin-Familie Smad2 und Smad3 aktivieren. Trotz ihrer Fähigkeit, an DNA zu binden, sind Smad-Proteine keine sehr effektiven Transkriptionsfaktoren. Vielmehr induzieren sie durch Interaktion ihrer transkriptionsaktivierenden Domäne mit anderen Transkriptionsfaktoren deren Aktivität. Unterschiedliche Smads interagieren mit verschiedenen Transkriptionsfaktoren an unterschiedlichen Promotoren, was die Spezifität der unterschiedlichen Signale erklärt.

29.3 „Vorwärts"-Genetik: Vom Phänotyp zum Gen

Der klassische Weg zur Untersuchung von Genfunktionen ist derjenige vom Phänotyp zum Gen. Das heißt, ausgehend von einer Mutation, die einen vom Wildtyp abweichenden Phänotyp ausprägt, versucht man, das betroffene Gen zu kartieren und schließlich seine DNA zu isolieren, um anschließend durch Sequenzierung die Natur des Genprodukts, die Regulation der Expression sowie weitere Aspekte zur Funktion aufzuklären. Die meisten der bisher durchgeführten Mutagenesen am Zebrafisch verwendeten das alkylierende Agens ENU (Ethylnitrosoharnstoff) (s. auch Kapitel 16.4.2, S. 197) oder Retroviren als Mutagen. Letztere können, ähnlich wie Transposons, durch Insertion in das Genom ein Gen inaktivieren. Der Ablauf eines Mutagenese-Experiments, in dem man die Mutanten in der F2-Generation erhält, ist in Abb. 29.**6** dargestellt.

In den ersten groß angelegten Mutagenese-Experimenten dieser Art bei Wirbeltieren wurden Mutationen in ca. 350 Zebrafischgenen identifiziert, die verschiedene Entwicklungsprozesse kontrollieren, wie etwa die frühe Embryogenese, die Entwicklung von Notochord, Muskeln, Herz, Haut und Gehirn. Die Mutante *acerebellar* z. B. weist eine veränderte Entwicklung im Vorder-, Mittel- und Hinterhirn des Embryos auf. Die *acerebellar* Mutationen betreffen ein Gen, dass ein wichtiges Signalprotein, Fgf8 (Fibroblastenwachstumsfaktor-8), kodiert, das in verschiedenen Signalzentren des Gehirns, den sog. **Organisatoren**, exprimiert wird. Das Signal hat die Aufgabe, die umgebenden Zellen zur Differenzierung zu instruieren. Ohne funktionelles Fgf8 vom Organisator „wissen" die umgebenden Zellen nicht, wie sie sich differenzieren oder teilen sol-

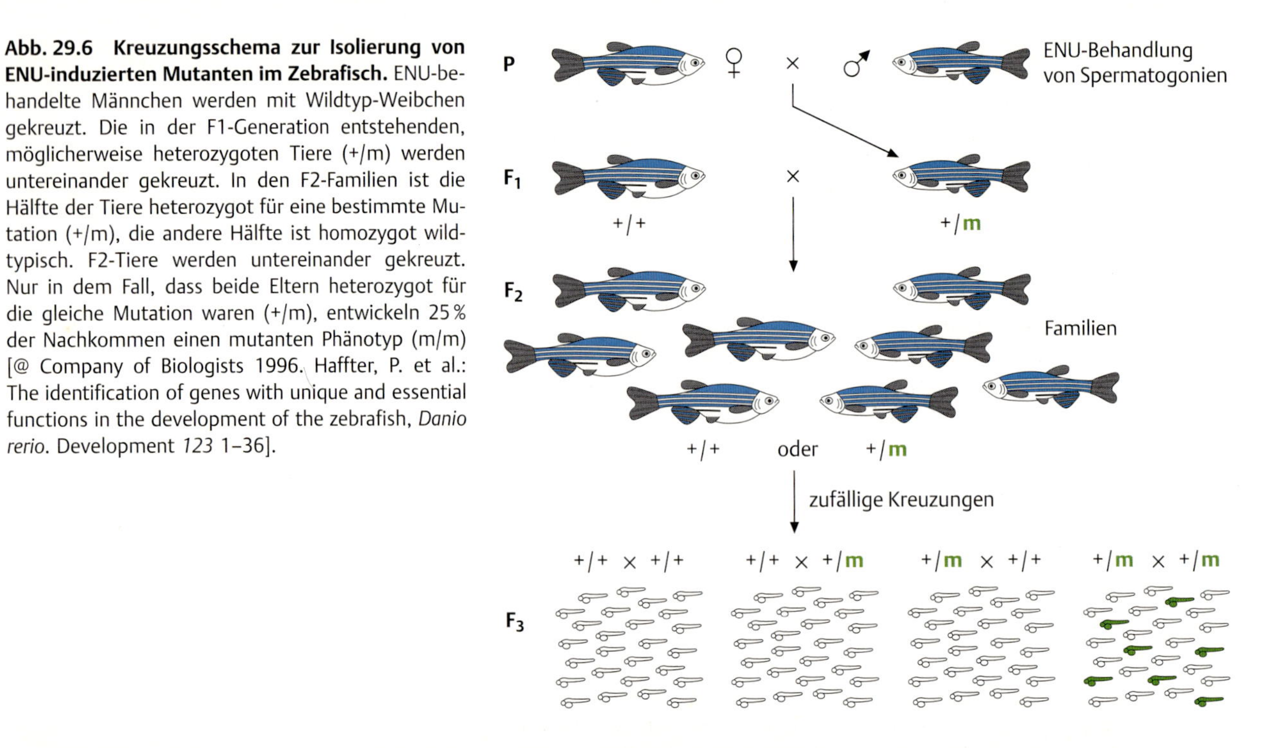

Abb. 29.6 Kreuzungsschema zur Isolierung von ENU-induzierten Mutanten im Zebrafisch. ENU-behandelte Männchen werden mit Wildtyp-Weibchen gekreuzt. Die in der F1-Generation entstehenden, möglicherweise heterozygoten Tiere (+/m) werden untereinander gekreuzt. In den F2-Familien ist die Hälfte der Tiere heterozygot für eine bestimmte Mutation (+/m), die andere Hälfte ist homozygot wildtypisch. F2-Tiere werden untereinander gekreuzt. Nur in dem Fall, dass beide Eltern heterozygot für die gleiche Mutation waren (+/m), entwickeln 25 % der Nachkommen einen mutanten Phänotyp (m/m) [@ Company of Biologists 1996. Haffter, P. et al.: The identification of genes with unique and essential functions in the development of the zebrafish, *Danio rerio*. Development *123* 1–36].

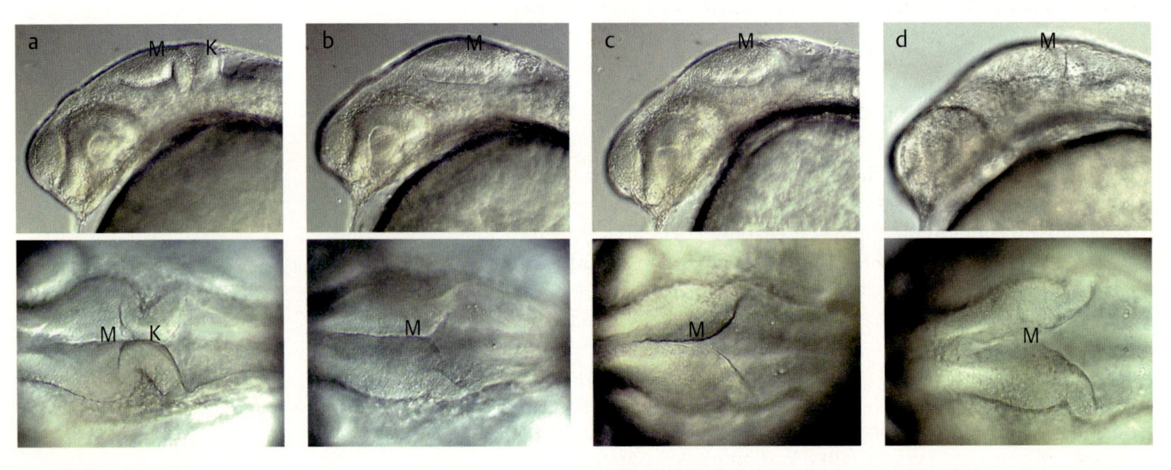

Abb. 29.7 Die Zebrafisch Mutante *acerebellar*: Inaktivierung des Fgf8 Signalproteins. Die Photos sind Lebendaufnahmen von 24 Stunden alten Embryonen. Oben: Seitenansicht, unten: Dorsalansicht
a Wildtyp
b ENU-induzierte Mutante *acerebellar*, anhand des Phänotyps identifiziert
c knock-down der Fgf8 Funktion durch Morpholino Injektion
d ENU-induzierte Mutante, die durch TILLING im Fgf8-Gen identifiziert wurde.
M = Mittelhirndach, K = Kleinhirn
[Bilder von Michael Brand, Dresden].

len. Das führt dazu, dass in homozygot mutanten Embryonen die Bildung der Grenze zwischen Mittel- und Hinterhirn blockiert ist. Als Folge davon fehlt den Larven das Kleinhirn (Cerebellum), während das Mittelhirndach (Tectum) vergrößert ist (Abb. 29.**7a, b**).

29.4 Reverse Genetik: vom Gen zum Phänotyp

Mit der Kenntnis der Genomsequenz vieler Organismen kann man nun die umgekehrte Frage stellen: Welchen Phänotyp erzeugt der Ausfall eines Gens, dessen Sequenz man bereits kennt? Diese Frage stellt sich z. B. dann, wenn man ein Gen, seine Sequenz und seine Funktion in einem

Organismus, etwa bei *Drosophila*, kennt, und nun wissen möchte, welchen Phänotyp der Ausfall des entsprechenden Gens z. B. beim Zebrafisch hat. Die Erforschung eines Gens, ausgehend von der Gensequenz bis zum mutanten Phänotyp, wird als **reverse Genetik** bezeichnet. Zwei häufig verwendete Möglichkeiten der reversen Genetik beim Zebrafisch werden im Folgenden vorgestellt.

29.4.1 Inaktivierung der Genfunktion durch Morpholino-Antisense-Oligonukleotide

Morpholino-Oligonukleotide sind in der Zelle nicht abbaubare, kurze Oligonukleotidsequenzen. Ein solches Nukleotid besteht aus einer Base und einem Morpholin-Ring, die durch ein Phosphorodiamidat miteinander verbunden sind. Sie besitzen also ein im Vergleich zur DNA oder RNA verändertes Rückgrat (Abb. 29.**8**).

Trotz dieser Veränderung können Morpholino-Oligonukleotide (oft verkürzt auch als **Morpholinos** bezeichnet) komplementäre Basenpaarungen mit einzelsträngiger RNA ausbilden, wobei die Bindung genauso stark wie die zwischen einer DNA und einer RNA ist. Für eine effektive Inhibition der Genfunktion benötigt man Morpholinos von 21–25 Basen Länge, die die Translation oder das Spleißen der entsprechenden mRNA blockieren. Hierzu werden Morpholino-Sequenzen verwendet, die zu einem Abschnitt im 5'-UTR einer mRNA komplementär sind. Enthalten diese Sequenzen den Translationsstart bzw. Spleiß-Stellen, so wird nach ihrer Bindung an die mRNA die Translationsinitiation bzw. das Spleißen verhindert. Die Wirkungsweise von Morpholinos ist ähnlich der von siRNAs (s. Kap. 17.2.3, S. 237), allerdings besitzen sie eine höhere Stabilität und damit eine längere Halbwertszeit, da die RNA-Morpholino-Hybride nicht von RNase H abgebaut werden.

Zur Inaktivierung einer Genfunktion beim Zebrafisch werden die Morpholinos zwischen dem 1-Zell- und dem 16-Zell-Stadium in den Dotter der Embryonen injiziert. Sie verteilen sich dann gleichmäßig auf die Nachkommen der Zellen, und können die Genfunktion selbst noch in 48 Stunden alten Embryonen inaktivieren. Man spricht von einer **Phänokopie**, wenn das durch die Injektion der Morpholinos [oder durch anders-

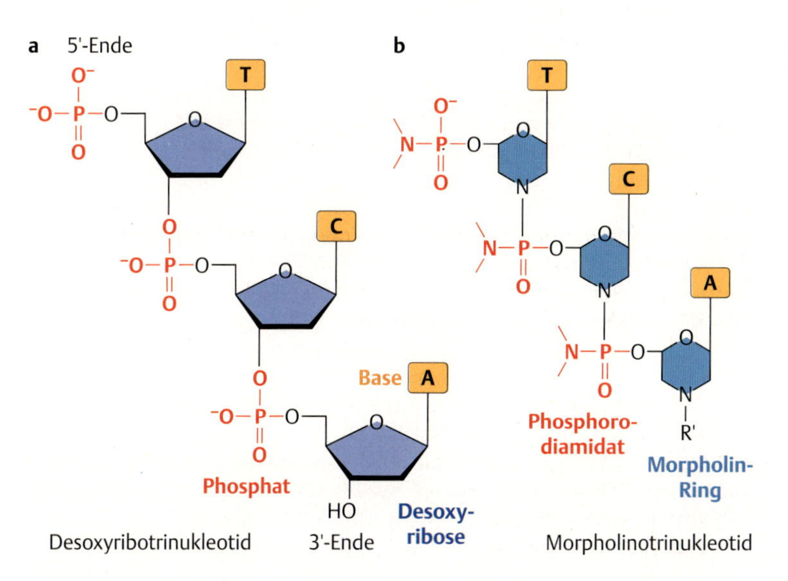

Abb. 29.8 Struktur eines DNA- und eines Morpholino-Oligonukleotids.

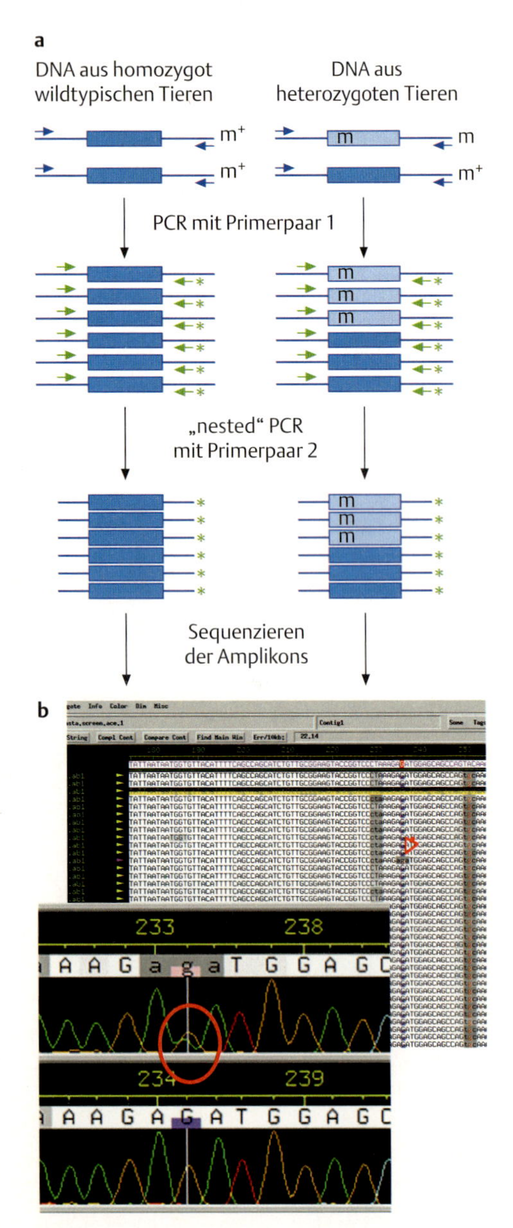

Abb. 29.9 Die Vorgehensweise beim TILLING.
a 2-Stufen-PCR-Reaktion an einer DNA aus einem Individuum, das heterozygot in einem bestimmten Gen ist. m kennzeichnet einen Basenaustausch. Eine Sequenz des Primerpaars 2 und dadurch auch die Amplikons sind mit einem Fluorophor markiert (*).
b Ausschnitte der Computerausdrucke, die eine Mutation markieren (oben: Sequenz der mutanten DNA, unten: wildtypische Sequenz). In dem rot eingekreisten Ausschnitt werden an einer Stelle zwei Nukleotide, das wildtypische G und ein mutantes A, angezeigt [b Bild von Michael Brand und Sylke Winkler, Dresden].

artige Inaktivierung der Genfunktion] in ansonsten wildtypische Embryonen ausgelöste Erscheinungsbild den Phänotyp einer Mutation in diesem Gen imitiert (Abb. 29.**7c**).

29.4.2 TILLING: Gezielte Suche in zufällig induzierten Mutationen

Auch wenn man mit Morpholinos eine Genfunktion ausschalten kann, hat diese Methode doch den Nachteil, dass man für jedes Experiment neue Embryonen injizieren muss, und dass gelegentlich nicht-spezifische Phänotypen durch die Toxizität der Morpholinos induziert werden. Außerdem kann man oftmals nicht sicher sein, dass die Genfunktion vollständig ausgeschaltet wurde. Deshalb ist es letztendlich immer erstrebenswert, eine Mutation in dem jeweiligen Gen zu erhalten, denn die Analyse von Mutanten stellt immer noch eine der wichtigsten Methoden in der biologischen Forschung dar. Viele unserer Kenntnisse über grundlegende Mechanismen von Entwicklungsprozessen, Krankheiten, Zellbiologie und Stoffwechselregulation beruhen auf der Analyse von Mutanten. Wie bekomme ich aber diese, wenn ich nicht weiß, nach was für einem Phänotyp ich suchen muss? Hierzu wurde vor wenigen Jahren eine Methode entwickelt, die es erlaubt, Mutationen in einem gewünschten Gen anhand einer veränderten Nukleotidsequenz zu identifizieren. **TILLING** (targeting induced local lesion in genomes) ist eine nicht nur beim Zebrafisch, sondern auch bei *Drosophila* und Pflanzen (*Arabidopsis*, Reis, Mais) intensiv eingesetzte Methode, die es erlaubt, in kurzer Zeit sehr viele mutagenisierte Genome auf einen Defekt in einem bestimmten Gen zu analysieren. Die Vorgehensweise ist in Abb. 29.**9** dargestellt.

ENU behandelte Männchen werden mit Weibchen gekreuzt. In der F1-Generation gibt es möglicherweise Fische, die heterozygot für eine Mutation sind (m/+; vergl. Abb. 29.**6**, F1-Generation). Aus mehreren tausend dieser Fische wird jeweils aus einem kleinen Stück Schwanzflosse genomische DNA isoliert. Alle diese DNAs werden einer PCR unterzogen, wobei man zunächst Primerpaar 1 benutzt (Abb. 29.**9a**). Die Sequenz des Primerpaars stammt aus dem Gen, für das man Mutationen finden möchte. Nach Durchführung der Reaktion wird an dem so gewonnenen Amplikon eine zweite PCR durchgeführt, wobei Primerpaar 2 eine Sequenz hat, die innerhalb des ersten Amplikons liegt (Primerpaar 2 in Abb. 29.**9a**) (= „nested PCR"). Wenn der Fisch, dessen DNA untersucht wird, heterozygot für die Mutation war, wird sowohl wildtypische als auch mutante DNA amplifiziert (Abb. 29.**9a**). Primerpaar 2 ist an den Enden jeweils mit einem Fluorophor (= fluoreszierende Komponente) markiert, so dass man die DNA aus der zweiten PCR direkt für die Sequenzierung verwenden kann (s. auch Kapitel 19.2.2, S. 278). Die automatische Auswertung der Sequenzen erlaubt eine schnelle Erkennung einer möglichen Mutation: es sind nun an einer Position zwei Basen zu erkennen (Abb. 29.**9b**).

Auf diese Weise wurden etwa nach Mutagenisierung mit ENU fünf verschiedene Mutationen im Gen *acerebellar* gefunden (Abb. 29.**7d**). Davon führte eine Mutation zu einem Stop-Codon und somit zum frühzeitigen Abbruch der Translation, und vier Mutationen waren Missense-Mutationen, in denen eine Aminosäure durch eine andere ausgetauscht wurde. Im Durchschnitt führen beim TILLING 5–7 % der identifizierten Mutationen zum Funktionsverlust, da sie ein frühzeitiges Stop-Codon kodieren oder eine Spleiß-Stelle betreffen. Etwa 50–60 % der induzierten Mutationen sind Missense-Mutationen und ca. 30–40 % sind stille Mutationen, die keine Veränderung der Aminosäuresequenz hervorrufen.

Zusammenfassung

- Der Zebrafisch *Danio rerio* ist ein etablierter **Wirbeltier-Modellorganismus** der Entwicklungsgenetik.
- Während der **Gastrulation** des Zebrafisch Embryos laufen drei wichtige morphogenetische Prozesse ab: die **Epibolie**, die **Ingression** und die konvergente **Extension**. Sie führen zur Ausbildung der Gestalt des Embryos.
- Während der frühen Entwicklung erfolgt die Festlegung des Mesoderms durch **Induktion**, vermittelt durch Signalmoleküle der TGF-β Familie. Diese wirken vielfach als **Morphogene**, indem sie in Abhängigkeit von der Konzentration die Expression von Zielgenen kontrollieren und somit Zellschicksale festlegen können.
- In der „**Vorwärts Genetik**" wird, ausgehend von einem mutanten Phänotyp, das Gen isoliert.
- In der „**Reversen Genetik**" werden, ausgehend von einer bekannten DNA-Sequenz, Mutationen erzeugt, um schließlich mutante Phänotypen zu erhalten. Das ist zum Beispiel durch Injektion von **Morpholino**-Oligonukleotiden möglich.
- Durch **TILLING** lassen sich Mutationen anhand einer veränderten DNA-Sequenz aufdecken.

30 Die Maus *Mus musculus*

Nach der Wiederentdeckung der Mendel-Gesetze der Vererbung an verschiedenen Pflanzen wurde intensiv diskutiert, ob die Vererbung von Merkmalen bei so komplexen Organismen wie Säugetieren oder gar beim Menschen ebenfalls nach diesen einfachen Gesetzmäßigkeiten verläuft. Der französische Genetiker Lucien Cuénot konnte dies sehr bald durch Kreuzungsexperimente mit Mäusen unterschiedlicher Fellfarben bestätigen. Er fand zudem, dass es an einem Genort mehr als zwei Allele geben könne und dass manche Allele rezessiv letal sind. Entscheidende Beiträge zur weiteren Entwicklung der Mausgenetik kamen von William Ernest Castle und Clarence Little, die um 1910 an der Harvard Universität die ersten Inzuchtstämme etablierten. Die Verwendung dieser Stämme, die durch mindestens 20 Generationen von Bruder-Schwester-Paarungen homozygotisiert worden waren, war eine Voraussetzung, um experimentelle Ergebnisse verschiedener Laboratorien miteinander vergleichen zu können. 1929 gründete Clarence Little in Bar Harbor das Jackson Laboratory, das bis heute eine führende Rolle in der Forschung und als Zentrum für Mausstämme (u. a. 400 Inzuchtstämme) spielt. Da die Haltung von Mäusen sehr aufwendig und kostspielig ist, hat die Möglichkeit der Kryokonservierung von Gameten und Embryonen vor der Implantation (s. u.) Erleichterung gebracht. Seit dem Jahr 2000 ist das „Europäische Maus Mutanten Archiv (EMMA)“ das weltweit wichtigste Projekt, bei dem in Forschungsinstituten aus 6 europäischen Ländern Tausende von Mauslinien kryoarchiviert und in flüssigem Stickstoff bei -196 ° C aufbewahrt werden.

Bis etwa 1970 wurden Probleme der allgemeinen und formalen Genetik überwiegend mit *Drosophila melanogaster* bearbeitet. Die Maus dagegen war der Modellorganismus für die Erforschung der genetischen Zusammenhänge bei der Entstehung verschiedener Krebskrankheiten und nach dem Ende des 2. Weltkriegs für die Beschreibung der genetischen Veränderungen nach Einwirkung ionisierender Strahlung.

Die Zielrichtungen und Möglichkeiten in der Mausgenetik änderten sich dramatisch durch die Einführung der Techniken mit rekombinanter DNA (s. Kap. 19, S. 260). Es wurden z. B. vielfältige Methoden entwickelt, um transgene Mäuse zu erzeugen. Durch Verwendung von embryonalen Stammzellen (ES-Zellen) in Kombination mit der Möglichkeit der homologen Rekombination können Gene gezielt ausgetauscht oder ausgeschaltet (knock-out-Mäuse) werden (s. Kap. 19.4.3, S. 294). Viele neue Mausgene, darunter auch viele für die Entwicklung relevante Gene, wurden in cDNA- und genomischen Bibliotheken gefunden, in denen nach homologen Genen gesucht wurde, die bei *Drosophila* oder *C. elegans* ähnliche Funktionen haben. So wurden die Gene des HOM-C-Clusters von *Drosophila* als homologe Gene des Hox-Clusters in der Maus identifiziert, die als 4 paraloge Gengruppen auf 4 verschiedenen Chromosomen lokalisiert sind (s. Kap. 22.5, S. 376). Die Genomsequenz liegt vollständig vor.

Dies alles hat dazu geführt, dass *Mus musculus* unbestritten das wichtigste experimentell zugängliche Säugetier und zugleich der Modellorganismus zur Aufklärung von Fragen zur Entwicklung und Funktion des Menschen ist (s. Kap. 20.2, S. 324).

30.1 Der Lebenszyklus der Maus

Die Maus ist ein recht kleines Säugetier mit einem Adultgewicht von 30–40 g. Nach einer kurzen Tragezeit von nur 19–20 Tagen wird der etwa 1 g leichte Säugling geboren. Nach 3 Wochen ist er entwöhnt und nach weiteren 3 Wochen geschlechtsreif. Ein adultes Weibchen kann in der Regel in seinem Leben 4–8 Würfe mit jeweils 6–8 Säuglingen haben.

Der Lebenszyklus von der Zygote bis zur Geburt ist in Abb. 30.**1** dargestellt. Die Oocyte wird im Ovidukt befruchtet. Während der Furchungsteilungen bewegt sich der Embryo, der von einer Schutzhülle, der Zona pellucida, umgeben ist, zum Uterus. Die frühe Entwicklung geschieht sehr langsam: Nach einem Tag hat sich die Zygote erst 1 Mal geteilt, die nächsten Teilungen erfolgen im Abstand von jeweils 12 Stunden. Im 8-Zell-Stadium vergrößern die Zellen ihre äußeren Oberflächen durch Mikrovilli und verstärken ihre Zellkontakte (Verdichtung, Compaction). Ohne Größenzunahme des Embryos entsteht ein kompakter Zellhaufen, die **Morula**, deren äußere Zellen polarisiert sind, d. h., ihre äußeren und inneren Seiten unterscheiden sich. Im 32-Zell-Stadium wird eine Zweiteilung der Zellschicksale deutlich. Die inneren Zellen bilden die so genannte **innere Zellmasse** (**i**nner **c**ell **m**ass, ICM), aus der der Embryo und Teile der Dottersäcke hervorgehen, die äußeren Zellen bilden das Trophektoderm, aus dem sich ausschließlich extraembryonales Gewebe entwickelt. Das Trophektoderm sezerniert Flüssigkeit in das Innere der Blastozyste, die sich so zu einer flüssigkeitsgefüllten Blase entwickelt, auf deren Innenseite die ICM an einer Stelle anliegt. Aus der inneren Zellmasse entsteht das primitive Ektoderm oder der **Epiblast**. In diesem Stadium löst sich der Embryo aus der **Zona pellucida** (auch als „Schlüpfen" der Blastozyste bezeichnet) und nistet sich nach etwa 4,5 Tagen in der Uteruswand ein (Implantation, Nidation). Bei der Einnistung in die Gebärmutter und der Bildung der Plazenta spielen Trophektodermzellen eine entscheidende Rolle. Über die Plazenta wird der Embryo bis zur Geburt mit mütterlichen Nährstoffen versorgt. Etwa 6 Tage nach der Befruchtung beginnt die Gastrulation mit der Bildung des **Primitivstreifens** am posterioren Ende des Epiblasten. Der Verlauf der Gastrulation, die anschließende komplizierte Drehung des Embryos, sowie die Entwicklung des Nervensystems und der inneren Organe während der **Embryogenese** sind nicht Gegenstände dieser Darstellung. Wir beschränken uns auf die Veränderungen des äußeren Erscheinungsbildes des Embryos, die in den Fotografien der Abb. 30.**1** erkennbar sind.

30.2 Die Ausbildung der links-rechts-Asymmetrie

Vertebraten sind, von außen betrachtet, bilateral symmetrisch, was bedeutet, dass die rechte bzw. linke Körperhälfte das Spiegelbild der jeweils anderen Hälfte ist. Die äußere Bilateralsymmetrie ist sehr früh während der Evolution entstanden und hat sich bis hin zu den Säugetieren erhalten. Umso erstaunlicher ist es, dass die meisten inneren Organe eine ausgeprägte **links-rechts-(L-R-)Asymmetrie** aufweisen. Dabei kann man zwei

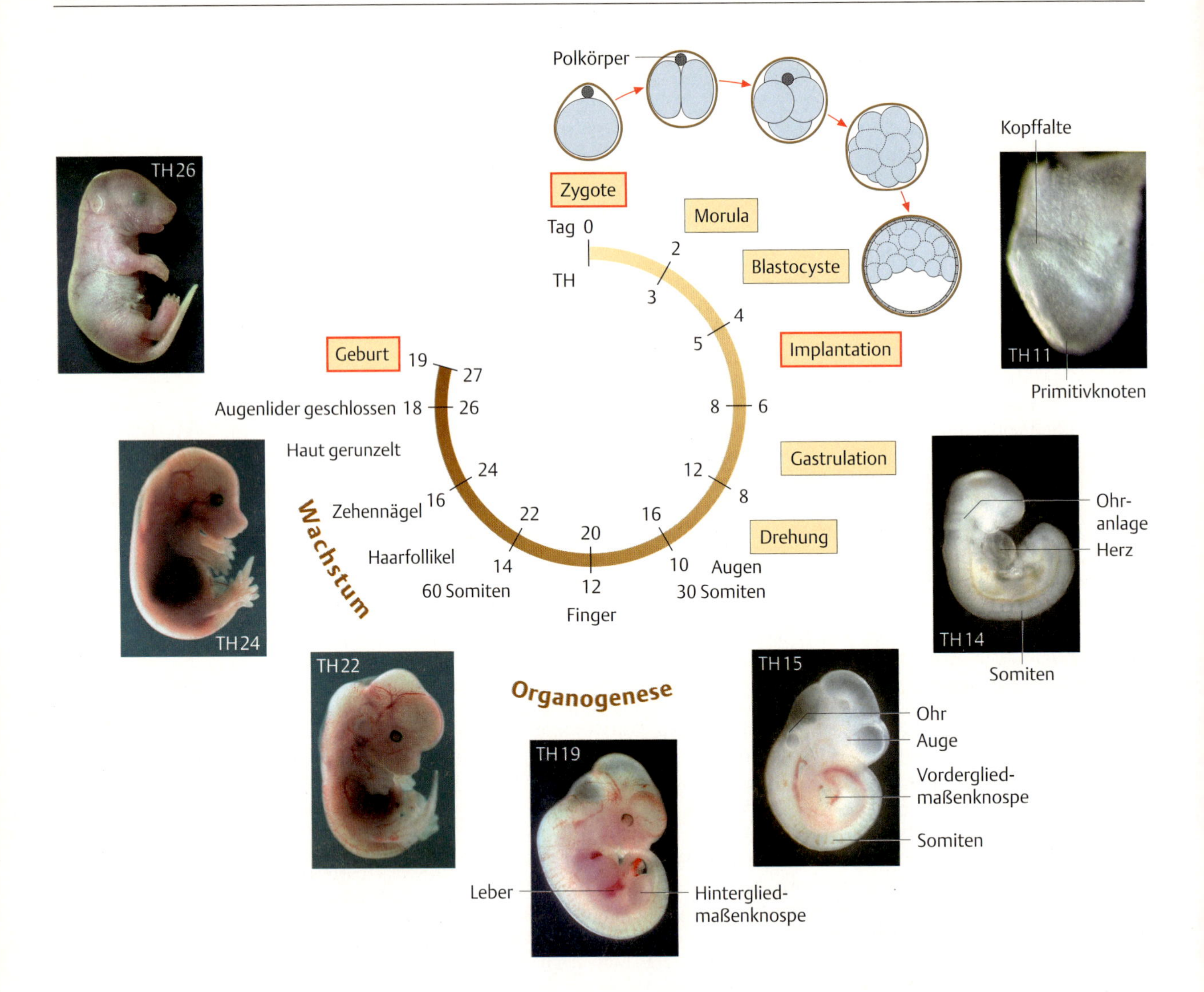

Abb. 30.1 Der Lebenszyklus der Maus von der Befruchtung bis zur Geburt. Auf der Außenseite des Zeitkreises sind die 19 Tage der Tragezeit eingetragen, auf der Innenseite die Unterteilung in Entwicklungsstadien nach Theiler (TH1 bis TH27). [Fotos von Katrin Schuster-Gossler und Achim Gossler, Hannover]

Erscheinungsformen der Asymmetrie unterscheiden: Die erste manifestiert sich darin, dass einige Organe, wie Leber, Herz, Milz oder Magen, in Einzahl, also unpaarig vorliegen. Die embryonalen Anlagen dieser Organe entstehen entlang der Mittellinie, und gelangen durch komplexe morphogenetische Bewegungen auf die eine oder andere Seite des Körpers. In einigen Fällen erfolgt die Ausbildung eines unpaarigen Organs durch einseitige Rückbildung eines zunächst paarig angelegten Organs, etwa bei der Ausbildung des Blutgefäßsystems. Die zweite Erscheinungsform der Asymmetrie wird durch die Asymmetrie paarig ausgebildeter Organe deutlich. Hier sind vor allem die Lunge, die Bronchien und die Herzvorkammern zu nennen. Bei diesen Organen kann man deutlich das rechte vom linken Organ unterscheiden, wobei die Unterscheidung **anhand ihrer Morphologie, nicht ihrer Position** definiert wird: eine Lunge mit drei Lappen ist eine rechte Lunge, eine mit zwei Lappen eine linke Lunge, unabhängig von ihrer Position entlang der L-R-Achse.

Die L-R-Asymmetrie wird während der Embryogenese durch genetische und epigenetische Mechanismen reguliert, und einige Aspekte sollen im Folgenden am Beispiel der Mausentwicklung dargestellt werden. Die Ausbildung einer korrekten L-R-Asymmetrie während der Entwicklung ist auch für den Menschen von großer Bedeutung, und Fehler in diesem Prozess führen zu verschiedenen Krankheiten (Box 30.**1**).

30.2.1 Der Primitivknoten

Am Tag 7,5 nach der Befruchtung (entspricht TH 11) hat der Mausembryo die Form eines Zylinders, weshalb man auch von einem **Eizylinder** spricht. Das Innere dieses Zylinders wird vom Epiblast ausgekleidet und bildet die spätere dorsale Seite, das Äußere wird vom Hypoblast gebildet und bildet die spätere ventrale Seite. In diesem Stadium haben sich bereits die anterior-posteriore und dorso-ventrale Achse ausgebildet. Der **Primitivknoten** oder **Ventralknoten** (engl. node) ist eine transiente Struktur im Mausembryo am anterioren Ende des Primitivstreifens (Abb. 30.**2a, b**), dessen ventrale Zellschicht (ca. 200–300 Zellen) **Monozilien** (primäre Zilien) trägt (Abb. 30.**2c**). Zilien (Einzahl: Zilie oder Cilium) sind haarförmige Zellfortsätze von eukaryontischen Zellen, die beweglich oder unbeweglich sein können. In ihrem Zentrum befindet sich das Axonem, das aus Mikrotubuli und assoziierten Proteinen aufgebaut ist. Eines davon ist das Motorprotein **Dynein**, das für die Bewegung der Zilien essentiell ist. Monozilien kommen nur in Einzahl auf einer Zelle vor und unterscheiden sich von anderen Zilien in ihrem Aufbau.

30.2.2 Die Rotation der Zilien im Primitivknoten erzeugt eine linksgerichtete Strömung

Anders als die meisten Zilien, die nur vorwärts und rückwärts schlagen, führen die Zilien im Primitivknoten eine **Rotationsbewegung** durch. Sie rotieren im Uhrzeigersinn, von der ventralen Seite aus betrachtet, mit einer Geschwindigkeit von 600 Umdrehungen/Minute. Die Rotation der Zilien verursacht eine **Strömung extraembryonaler Flüssigkeit** in einer kleinen Vertiefung des Primitivknotens („nodal flow"), deren Strömungsgeschwindigkeit 15–20 μm/Sekunde beträgt. Die linksgerichtete Strömung kann nur deshalb erzeugt werden, weil die Zilien nach posterior geneigt sind (Abb. 30.**2d**). Die Charakterisierung mehrerer Mausmutanten zeigte, dass sowohl das Schlagen der Zilien als auch die Strömung der Flüssigkeit essentiell für die korrekte Ausbildung der L-R-Asymmetrie sind. Einige dieser Mutanten betreffen Gene, die **Motorproteine** der **Kinesin-Superfamilie** kodieren. Motorproteine transportieren Proteine oder Organellen oftmals über lange Strecken innerhalb der Zelle, wobei Mikrotubuli als Transportwege dienen. Einer dieser Motoren ist der KIF3-Komplex, der aus dem KIF3A/KIF3B-Heterodimer und KAP3 gebildet wird. *Kif3a-* oder *Kif3b*-mutante Mäuse bilden in 50 % der Fälle das

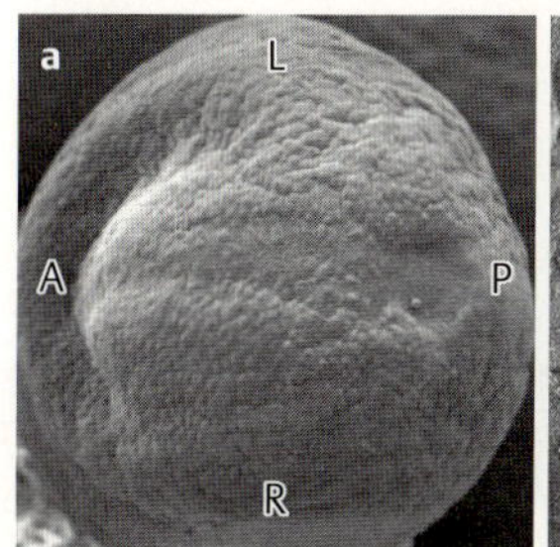

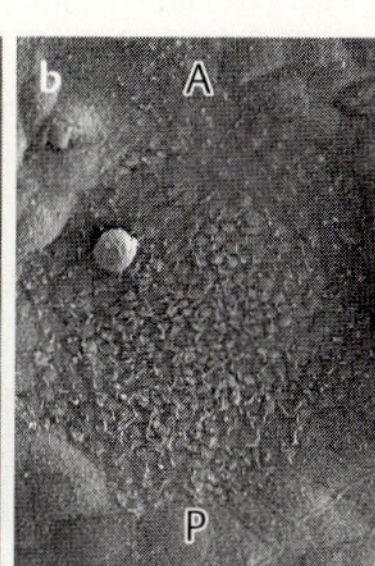

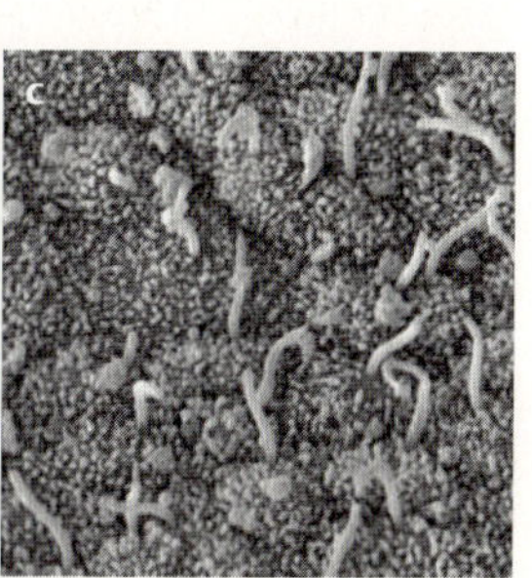

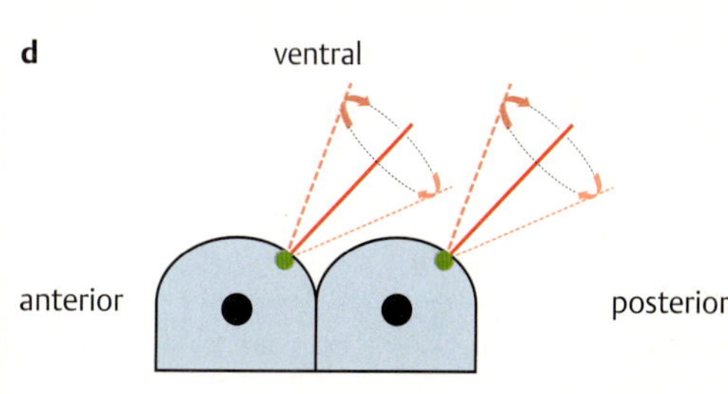

Abb. 30.2 Ein Mausembryo am Tag 8 nach der Befruchtung (TH 12) im Eizylinderstadium.
a Rasterelektronenmikroskoisches Bild. V: Ventralknoten. A, P: anterior, posterior
b Vergrößerung des Ventralknotens
c Zilien im Ventralknoten
d Drei Positionswerte sind an der Ausbildung der L-R-Asymmetrie beteiligt. Jedes Zilium ist nach ventral gerichtet und nach posterior geneigt und rotiert im Uhrzeigersinn, von der ventralen Seite aus gesehen. Bedingt durch die posteriore Neigung des Ziliums entsteht eine linksgerichtete und keine kreisende Strömung.
[Bilder a–c: Anja Beckers und Achim Gossler, Hannover; d: @ Company of Biologists 2006. Shiratori, H., Hamada, H.: The left-right axis in the mouse: from origin to morphology. Development *133* 2095–2104].

Herz auf der falschen Seite aus. In den mutanten Mausembryonen fehlen die Zilien entweder vollständig oder sie sind nur spärlich vorhanden und sehr kurz. Das bedeutet, dass intrazellulärer Transport essentiell für die Bildung beweglicher Zilien ist, und diese wiederum unerlässlich für die Ausbildung der L-R-Asymmetrie sind.

Derselbe Phänotyp entsteht durch Mutation im Gen *Left-right-dynein* (*Lrd*), das ein spezifisch im Primitivknoten exprimiertes Dynein kodiert. Dyneine sind ebenfalls Motorproteine. Dieses spezielle Dynein ist für die Bewegung der Zilien im Ventralknoten nötig. Dass die Strömungsrichtung einen direkten Einfluss auf die L-R-Asymmetrie hat, ergibt sich aus der Beobachtung, dass eine experimentell erzeugte Umkehr der Strömungsrichtung in 100 % der Fälle zur Ausbildung des Herzens auf der falschen Seite führt.

Zur Zeit werden zwei Modelle diskutiert, die die Etablierung der L-R-Asymmetrie durch eine linksgerichtete Strömung beschreiben könnten.

- Das erste Modell geht davon aus, dass durch die Strömung eine sezernierte Determinante, die die L-R-Achse festlegt, hauptsächlich auf die linke Seite transportiert wird. Hierdurch entsteht ein Konzentrationsgradient dieser Determinante. Die Determinante könnte in Partikeln (nodal vesicular parcels, NVP) transportiert werden, die durch Abschnürungen von Zellmembranen entstehen und ihren Inhalt präferentiell auf der linken Seite freisetzen. Mögliche Determinanten sind Sonic Hedgehog (Shh) und Retinolsäure, die beide auf den Partikeln nachgewiesen wurden und die an der Ausbildung der L-R-Asymmetrie beteiligt sind.
- Ein zweites Modell, das Zwei-Zilien-Modell, baut auf der Beobachtung auf, dass es im Primitivknoten eine zweite Klasse von Zilien gibt. Diese sind allerdings unbeweglich und fungieren vermutlich als Mechanosensoren, also als Sinnesorgane, die auf mechanische Einwirkungen reagieren, etwa auf die Strömungsrichtung und -stärke. An ihrer Oberfläche exprimieren sie u. a. Polycystin-2, einen Ca^{2+}-Kanal, der vom Gen *Pkd2* kodiert wird. Durch einen mechanischen Reiz, etwa die Strömung einer Flüssigkeit, kommt es zur differentiellen Aktivierung der Ionenkanäle und dadurch zur Ausbildung eines Ionengradienten. In der Tat ist die Ca^{2+}-Konzentration auf der linken Seite höher als auf der rechten. *Pkd2*-Mutanten entwickeln eine zufällige L-R-Asymmetrie. Sie haben normal schlagende Zilien, zeigen aber keine Erhöhung der Ca^{2+}-Konzentration auf der linken Seite.

Bisher kann keines dieser Modelle allein schlüssig alle gemachten Beobachtungen erklären, und möglicherweise stellt jedes für sich nur Aspekte eines Prozesses dar. Deshalb müssen weitere Ergebnisse abgewartet werden, die zur Aufklärung dieses faszinierenden entwicklungsbiologischen Problems beitragen.

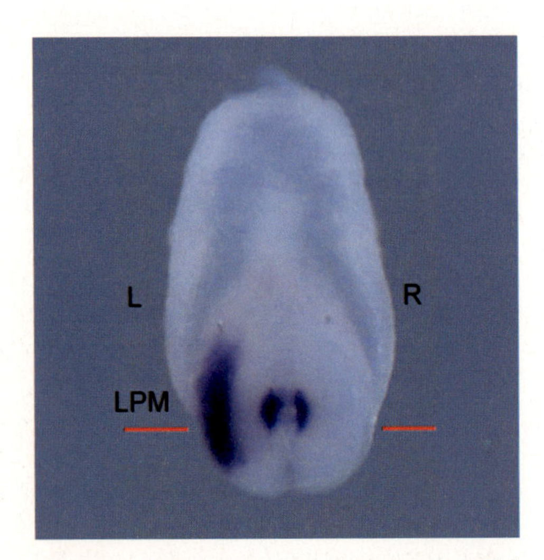

Abb. 30.3 Asymmetrische Expression von *Nodal*. Posteriore Ansicht eines Mausembryos 8,25 Tage nach der Befruchtung. Deutlich ist die *Nodal*-Expression (blau) in den peripheren Kronenzellen des Primitivknotens und im linken Lateralplattenmesoderm (LPM) zu sehen [Bild von Anja Beckers und Achim Gossler, Hannover].

30.2.3 Asymmetrie im Primitivknoten führt zu asymmetrischer Expression von Nodal im Lateralplattenmesoderm

Auch wenn die Entstehung der L-R-Asymmetrie im Primitivknoten noch nicht vollständig aufgeklärt ist, so ist die Auswirkung dieser Asymmetrie bekannt. Sie führt zur Expression von ***Nodal*** ausschließlich im linken Lateralplattenmesoderm (LPM, Abb. 30.**3**), ein Prozess, der in allen bisher untersuchten Vertebraten (Huhn, Wachtel, *Xenopus*, Zebrafisch, Maus und Kaninchen) konserviert ist. Die Expression von *Nodal* beginnt in einer schmalen Region links vom Primitivknoten und dehnt sich von dort entlang der anterior-posterioren Achse aus.

Nodal ist ein sezerniertes Signalmolekül aus der Familie der transformierenden Wachstumsfaktoren-β (transforming growth factor-β, TGF-β), das an Typ-I- und Typ-II-Rezeptoren bindet und über die Aktivierung der zytoplasmatischen Smads Genaktivität reguliert (Abb. 29.**5**, S. 454). Der Nodal-Signalweg unterscheidet sich von dem der anderen Mitglieder (Activin, BMP, TGF-β) dadurch, dass für die Aktivierung ein Ko-Rezeptor aus der EGF-CFC (epidermal growth factor-cripto/FRL-1/cryptic) Familie benötigt wird, bei denen es sich um membranständige Cystein-reiche Proteine handelt. In Maus, Mensch und Huhn gibt es nur jeweils ein Nodal-kodierendes Gen, während Frosch und Zebrafisch mehrere Gene besitzen. Im Zebrafisch haben die von *cyclops* und *squint* kodierten Liganden eine essentielle Funktion bei der Gastrulation (s. auch Kap. 29.2.1, S. 450).

Allerdings ist noch nicht verstanden, wie die im Primitivknoten etablierte L-R-Asymmetrie zur asymmetrischen Expression von *Nodal* im LPM führt, welche(s) Signal(e) entscheidend sind und wie diese(s) Signal(e) weitergeleitet werden. *Nodal* wird bereits vor seiner Expression im LPM asymmetrisch im Primitivknoten exprimiert, wobei sie links etwas stärker als rechts ist (Abb. 30.**3**), und diese Expression ist essentiell für die spätere Transkription im linken LPM. Dies wird auch durch die Beobachtung unterstützt, dass Mutation in Smad1 und Smad5, die an der intrazellulären Signalweiterleitung des Nodal Signals beteiligt sind, zur beidseitigen Expression von Nodal im LPM führt. Das bedeutet, dass Nodal selbst eine wichtige Rolle bei der Signalweiterleitung vom Primitivknoten zum LPM spielt, und es ist bis heute das einzige Signalmolekül, für das diese Funktion eindeutig nachgewiesen ist.

Im linken LPM wirkt Nodal als eine Determinante, die die Musterbildung und die Seiten-spezifische Differenzierung der Organe kontrolliert. Zellen, die das Nodal-Signal empfangen, differenzieren Organe, die spezifisch für die linke Seite sind. Abwesenheit der Nodal-vermittelten Signalkaskade führt deshalb zur Ausbildung rechter Eigenschaften von normalerweise bilateral asymmetrischen viszeralen Organen. Eines der Zielgene von Nodal ist *Lefty*, das einen Inhibitor von Nodal kodiert, der ebenfalls zur TGF-β-Familie gehört. Im Gegensatz zu Nodal wirkt Lefty nicht über die Aktivierung von Smads, sondern dadurch, dass es die von Nodal induzierte Aktivierung des Signalwegs hemmt. Somit sorgt Lefty dafür, dass die Nodal-Expression nur auf ein begrenztes Areal im linken LPM beschränkt bleibt.

30.2.4 Interpretation der L-R-Asymmetrie während der Organogenese

Die Funktion von Nodal im linken LPM führt zur seiten-spezifischen Differenzierung vieler Organe, wobei mindestens drei **verschiedene Mechanismen** unterschieden werden können, die zur Ausbildung asymmetrischer Strukturen führen (Abb. 30.**4**):

- Ausstülpung einer zunächst median liegenden, **röhrenförmigen Organanlage** zu nur einer Seite, etwa bei der Bildung von **Herz** oder **Darm**. Bei der Entwicklung des Darms im Hühnchen wird dies durch unterschiedliche Zellstreckung erreicht, während es im Zebrafisch-Darm durch unterschiedliche Wanderung von linkem und rechtem LPM erfolgt.

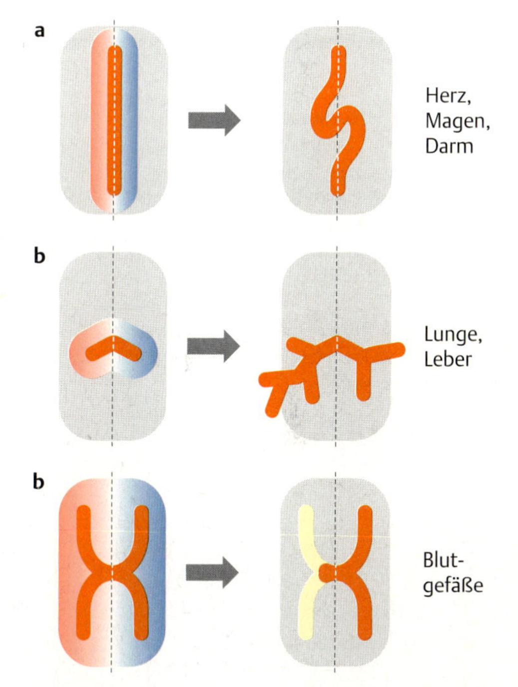

Abb. 30.4 Erzeugung anatomischer Asymmetrie. Drei verschiedene Mechanismen führen zu morphologischer Asymmetrie:
a Ausstülpung einer Organanlage zu einer Seite,
b seitenspezifische Differenzierung, wie etwa Verzweigungen und
c seitenspezifische Rückbildung einer Anlage
[@ Company of Biologists 2006. Shiratori, H., Hamada, H.: The left-right axis in the mouse: from origin to morphology. Development *133* 2095–2104].

Box 30.1 Heterotaxien: Menschliche Krankheiten, ausgelöst durch Defekte in der Links-Rechts-Asymmetrie

Die Asymmetrie paariger oder unpaariger Organe weist eine Richtung auf, bezogen auf die anterior-posteriore und dorso-ventrale Achse, die man als *Situs* bezeichnet. Eine normale Lage der Organe bezeichnet man als *Situs solitus*.

Ein Defekt in der Ausbildung einer normalen L-R-Asymmetrie oder der korrekten handedness oder situs führt zu unterschiedlichen Krankheitsbildern, die man als **Heterotaxien** (gr. heterotaxis: andere Anordnung) zusammenfasst. Heterotaxien kommen beim Menschen mit einer Häufigkeit von 1:5000 bis 1:10000 vor. Drei Typen lassen sich unterscheiden, die ihre Ursache entweder in Defekten der Orientierung der Organe oder in Defekten bei der Ausbildung unpaariger oder paariger Organe hat. Eine vollständig seitenverkehrte Anordnung aller Organe wird als *Situs inversus totalis* oder **Kartagener Syndrom** oder **Primäre ciliäre Dyskinesie** bezeichnet und tritt mit einer Häufigkeit von 1:6000 bis 1:8000 Neugeborenen auf, ist somit also die häufigste Form der Heterotaxie. Ein *Situs ambiguus* liegt vor, wenn mindestens ein unpaariges Organ auf der falschen Seite liegt. Dieser Fall ist oftmals assoziiert mit der dritten Form der Heterotaxie, *Isomerie* genannt. Hierbei treten paarige Organe, die normalerweise eine L-R-Asymmetrie aufweisen, nun spiegelsymmetrisch auf. In einer linken Isomerie beispielsweise bilden beide Lungenflügel zwei Lappen aus, in einer rechten Isomerie haben beide Lungenflügel drei Lappen.

Heterotaxien sind sehr häufig mit einer Fehlbildung und/oder Fehlfunktion der betroffenen Organe verbunden. So weisen Betroffene mit einem *Situs ambiguus* fast immer komplexe kardiovaskuläre Fehlbildungen und Anomalien der Milz oder des Magen-Darm-Systems auf. Auch wenn angeborene Herzfehler bei Betroffenen mit einem *Situs inversus totalis* geringer sind als bei anderen Formen der Heterotaxie (etwa 3–9%), so sind sie doch deutlich höher als bei Personen mit einer normalen Lage der Organe, also einem *Situs solitus* (0,6%). Das deutet darauf hin, dass sowohl eine normale Asymmetrie der Organe als auch ihre korrekte Orientierung wichtig für eine normale Embryogenese sind.

Die Beobachtung, dass Individuen mit einem *Situs inversus totalis* außerdem unbewegliche Spermien bilden und defekte Zilien in den Atemwegen besitzen war der erste Hinweis darauf, dass Zilien an der Ausbildung der L-R-Asymmetrie beteiligt sind.

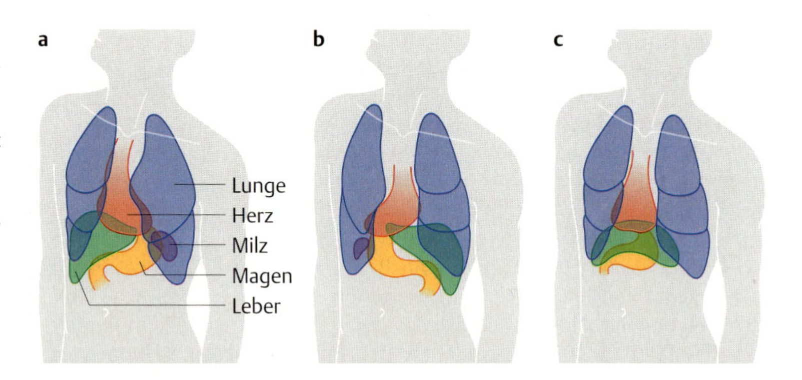

Abb. 30.5 Heterotaxien.
a: *Situs solitus*. Normale Lage der Organe, das Herz liegt auf der linken Seite
b: *Situs inversus*. Alle Organe sind seitenvertauscht
c: *Rechte Isomerie*. Asymmetrie paariger Organe ist aufgehoben, sie sind jetzt spiegelsymmetrisch. Z.B. befinden sich auf beiden Seiten rechte Lungenflügel. [a-c: @R&D Systems 2003 Catalog: TGF-beta ligands in left-right development, http://www.rndsystems.com/mini_review_detail_objectname_MR03_TGF-betaLigands. aspx].

- Eine **Organanlage** bildet sich zunächst **spiegelsymmetrisch** auf beiden Seiten, aber die terminale Differenzierung führt zu deutlichen Unterschieden. Zu dieser Gruppe gehört die **Lunge**, deren rechte und linke Hälften unterschiedliche Verzweigung aufweisen.
- Eine **Organanlage** wird zunächst symmetrisch angelegt, aber die Strukturen in einer Hälfte degenerieren später. Dies erfolgt bei der Ausbildung vieler **Blutgefäße** und könnte das Ergebnis von differentiell reguliertem programmiertem Zelltod (**Apoptose**) sein.

Aus diesem unterschiedlichen Verhalten muss man entnehmen, dass jede Organanlage die L-R-Asymmetrie unterschiedlich interpretiert und durch Aktivierung spezifischer Gene den Differenzierungsprozess steuert. Ein wichtiges Zielgen von Nodal im linken LPM ist *Pitx2*, das einen Transkriptionsfaktor kodiert und ebenfalls nur im linken LPM transkribiert wird. Mutante *Pitx2*-Mäuse entwickeln Defekte in vielen viszeralen Organen. So bildet etwa die Lunge nur Merkmale des rechten Lungenflügels aus.

Zusammenfassung

- Die Maus ist ein etablierter **Säugetier-Modellorganismus** der Entwicklungsgenetik.
- Die **L-R-Asymmetrie** im Maus Embryo entsteht *de novo* etwa **8 Tage nach der Befruchtung** und setzt eine anterior-posteriore und dorsoventrale Achse voraus.
- Die L-R-Asymmetrie in der Maus entsteht durch das **Rotieren von Zilien** und ein dadurch ausgelöstes linksgerichtetes **Strömen von Flüssigkeit** in einer Grube des Primitivstreifens. Dadurch könnten Determinanten unterschiedlich verteilt werden. Denkbar ist auch, dass durch den Flüssigkeitsstrom unterschiedliche Scherkräfte auf die Zilien wirken, was zu einer differentiellen Aktivierung von Ionenkanälen führt.
- Mutationen, die zu Defekten in der Ausbildung der Zilien oder ihrer Beweglichkeit führen, resultieren in einer **zufälligen Orientierung** der links-rechts Achse.
- Das erste deutliche Anzeichen der L-R-Aysmmetrie ist die **Expression von *Nodal*** im linken Lateralplattenmeroderm (LPM).
- Die spätere seitenspezifische Differenzierung von Organen erfolgt durch **asymmetrische Ausstülpung**, **seiten-spezifische Differenzierung** oder **seiten-spezifische Rückbildung** einer Anlage.
- Einige menschliche Krankheiten (Heterotaxien) sind mit Defekten in der Entwicklung der L-R-Asymmetrie verbunden. Sie können entweder zum **Austausch der Lage aller inneren Organe** führen (*Situs inversus totalis*, Kartagener Syndrom) oder zum **Verlust der Unterschiede** der rechten und linken Organe.

31 Die Ackerschmalwand *Arabidopsis thaliana*

In den vorangegangenen Kapiteln haben wir entwicklungsgenetische Aspekte bei einigen Arten kennengelernt, die historisch teils zufällig wie *Drosophila*, teils absichtlich wie *Caenorhabditis*, ausgewählt wurden, um beispielhaft die Genetik und Entwicklung der Tiere und schließlich die des Menschen besser zu verstehen. Auch im Pflanzenreich sind einige Arten der **Angiospermen** (Bedecktsamer) zu **Modellorganismen** geworden. In den 20er Jahren des letzen Jahrhunderts begann die intensive Erforschung der Genetik der Getreidearten, vor allem von *Zea mays*, dem **Mais**, aber auch von anderen Süßgräsern (*Poaceae*) wie Weizen oder Roggen. Später konzentrierte sich die Forschung auf das **Löwenmäulchen** *Antirrhinum majus* und heute ist eines der Hauptobjekte eine kleine Kresseart, die **Ackerschmalwand** *Arabidopsis thaliana*, die ähnliche Vorteile wie *Drosophila* aufweist: kurze Generationszeit, einfache Züchtbarkeit, viele Nachkommen und ein relativ kleines Genom von 125 Mb.

Wenn wir Gemeinsamkeiten und Unterschiede zwischen Pflanzen und Tieren betrachten wollen, dann ist eine wichtige Frage: Wo ist der genetische Ursprung beider Organismenreiche zu suchen? Man nimmt an, dass beide von einzelligen Eukaryonten abstammen, die bereits Bakterien als **Endosymbionten** aufgenommen hatten, die heutigen **Mitochondrien**. Nach der Trennung in tierische und pflanzliche Zellen haben letztere mit den Cyanobakterien, den späteren **Chloroplasten**, einen weiteren prokaryotischen Endosymbionten integriert.

Die Entstehung der Eukaryonten und die evolutive Trennung in pflanzliche und tierische Zellen muss vor dem Kambrium geschehen sein, in dessen Schichten bereits viele Fossilien von Pflanzen und Tieren gefunden werden („Kambrische Explosion"). Daher nimmt man allgemein den letzten Abschnitt des Neoproterozoikums, das Ediacarium (vor 630–542 Millionen Jahren), als den gesuchten Zeitraum an.

In dieser gewaltigen Zeitspanne bis heute haben sich die Genome von Pflanzen und Tieren unabhängig voneinander entwickelt. Die spannende Frage ist: Gibt es in beiden Organismenreichen für vergleichbare Aufgaben auch gleiche oder ähnliche genetische Lösungen? Pflanzen wie Tiere beginnen ihre Entwicklung mit einer befruchteten Eizelle. Mit der Zygote beginnt die **Embryogenese**, in der bereits auch die Weiterentwicklung zum adulten Organismus geregelt sein muss. Gibt es hier wie bei der Unterteilung von Primordien (Anlagen) und der Bildung von Organen ähnliche genetische Strategien? Denn die entwicklungsgenetischen Probleme sind dieselben: z. B. Zelltypspezifizierung, Musterbildung oder Organogenese.

Bei *Arabidopsis* gibt es z. B. **homeotische Mutationen**, wie wir sie bei *Drosophila* kennengelernt haben (s. Kap. 22.5, S. 376). Mutationen des *Bithorax*-Komplex (BX-C) verändern bei *Drosophila* das Muster der abdominalen Segmente in der Längsachse. Homeotische Mutationen bei *Arabidopsis* verändern das Muster der konzentrisch angeordneten Blütenblattkreise. In beiden Fällen sind dafür Transkriptionsfaktoren verantwortlich, die DNA-bindende Proteinbereiche aufweisen. Bei den homeotischen Genen von *Drosophila* ist es die Sequenz der **Homeobox**, bei *Arabidopsis* gehören viele dieser Gene zur **MADS-Box-Familie**. Beide Gengruppen sind nicht homolog. Die genetische Strategie ist also in der Evolution zwei Mal unabhängig voneinander entwickelt worden.

Bevor wir auf diese Fragestellungen ausführlicher eingehen, sollen zunächst der Lebenszyklus der Angiospermen, die Embryogenese und die weitere Entwicklung von *Arabidopsis* dargestellt werden.

31.1 Lebenszyklus einer Blütenpflanze

Die Blütenpflanzen haben prinzipiell einen einheitlichen **Lebenszyklus**. Das gilt für einkeimblättrige (monokotyle) wie z. B. den Mais und zweikeimblättrige (dikotyle) Pflanzen wie z. B. *Arabidopsis*. In unserem Zusammenhang sind Unterschiede bei der Organisation der Blüte von Bedeutung. Sie kann zwittrig sein wie bei *Arabidopsis*, d. h. Staubblätter (Androeceum) und Fruchtblätter (Gynoeceum) sind in einer Blüte vereinigt. Oder es gibt Blüten mit entweder nur männlichen oder nur weiblichen Organen. In diesem Fall können beide Blüten auf einer Pflanze angeordnet (einhäusig, monözisch) sein wie beim Mais oder aber auf zwei Pflanzen verteilt sein (zweihäusig, diözisch), wie z. B. bei der Haselnuss. Der Lebenszyklus der Maispflanze mit *Arabidopsis*-Ergänzungen ist in Abb. 31.**1** dargestellt.

Die Maispflanze bildet als diploider **Sporophyt** sowohl männliche wie weibliche Blüten aus (Abb. 31.**1a**, rote Pfeile). In den Antheren durchlaufen die Pollenmutterzellen die Meiose. Die Kerne der 4 haploiden Mikrosporen teilen sich jeweils mitotisch in einen vegetativen und einen generativen Zellkern, letzterer nochmals in zwei generative Kerne, die **Spermien**. Das Pollenkorn besitzt dann als **männlicher Gametophyt** drei identische haploide Zellkerne (blaue Pfeile).

Im Fruchtknoten durchläuft die Embryosackmutterzelle die Meiose. Von den vier haploiden Zellen gehen drei zugrunde, während der Kern der vierten Zelle, der Makrospore, drei sukzessive Mitosen durchläuft (blaue Pfeile). Die acht identischen haploiden Zellkerne des **Embryosacks**, des **weiblichen Gametophyten,** werden in sieben Zellen eingeschlossen: drei **Antipoden** an einem Pol sowie die beiden **Synergiden** und die **Eizelle** am gegenüberliegenden Pol. Von diesen sechs Zellen bleibt nur die Eizelle erhalten. Die beiden restlichen Zellkerne verschmelzen zum diploiden Kern des Embryosacks. Dieser diploide Zellkern und die haploide Eizelle beteiligen sich an der so genannten **doppelten Befruchtung**. Die Eizelle verschmilzt mit einem Spermium aus dem Pollenschlauch zur diploiden **Zygote**, der diploide Embryosackkern mit dem zweiten Spermienkern zum triploiden sekundären Embryosackkern. Im reifenden Maiskorn gibt es dann folgende Gewebe: den diploiden Embryo, der sich aus der Zygote entwickelt, triploides **Endosperm** und **Aleuron** aus dem Embryosack und als äußere Schicht das diploide **Perikarp** als mütterliches Gewebe. Die Entwicklung des Embryos ist mit grünen Pfeilen gekennzeichnet. Diese Abfolge der Ereignisse gilt auch für *Arabidopsis* (Abb. 31.**1d**) mit dem Unterschied, dass die Staubblätter in derselben Blüte angeordnet sind wie die Fruchtblätter (Abb. 31.**1b**, **c**). Die weitere Entwicklung des Embryos nimmt bei ein- und zweikeimblättrigen Pflanzen einen etwas unterschiedlichen Verlauf. Bei Dikotylen wie *Arabidopsis* ist das Zellteilungsmuster festgelegt und daher von Individuum zu Individuum gleichartig. Dies ist beim monokotylen Mais nicht der Fall.

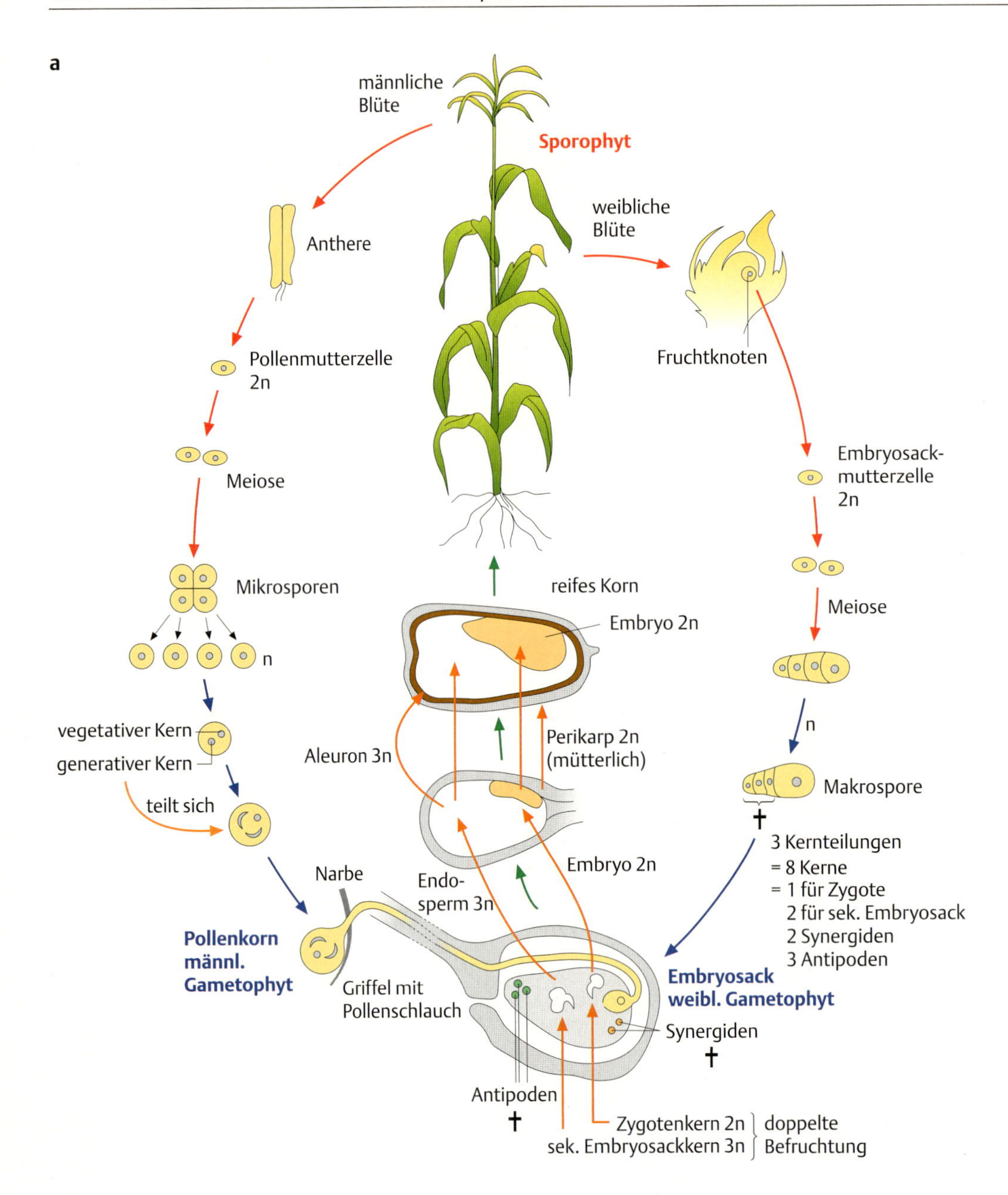

Abb. 31.1 Lebenszyklus einer Blütenpflanze.
a Lebenszyklus des Mais (*Zea mays*). Erläuterungen im Text.
b *Arabidopsis thaliana*
links Blühende Pflanze
mitte Blütenaufsicht
rechts Blüte mit den vier Wirteln
[b: Bilder von Detlef Weigel, Tübingen]

b

31.2 Embryogenese von *Arabidopsis*

Aufgrund des konstanten Zellteilungsmusters kann die Embryogenese vergleichend verfolgt und in Stadien eingeteilt werden. Das ermöglicht gleichzeitig, das Entwicklungsschicksal einzelner Zellen oder Zellgruppen zu bestimmen und bereits in frühen Stadien einen Anlagenplan aufzustellen.

Wenn wir uns zunächst das Ergebnis der Embryogenese ansehen (Abb. 31.**2g**), so besteht der Keimling von apikal nach basal aus folgenden Regionen: An der Basis der beiden **Keimblätter** (**Kotyledonen**) befindet sich das **Sprossmeristem**. Darunter geht die apikal-basale Achse des Keimlings (**Hypokotyl**) in die embryonale Wurzel über, deren basales Ende das **Wurzelmeristem** abschließt. Die zweite Achse des Keims ist radiär: Außen schließt eine **Epidermis** die darunter liegenden Schichten des **Grundgewebes** aus **Cortex** und **Endodermis** und des **Leitungsgewebes** (**Procambium**, später Phloem und Xylem) ein. Wie entsteht dieser Keimling, der vergleichbar einem tierischen Embryo auch den prinzipiellen Bauplan des adulten Organismus vorgebildet hat?

Die **erste Zellteilung** der Zygote ist **asymmetrisch** und ergibt eine kleine apikale und eine große basale Zelle (Abb. 31.**2b**). Mit dieser Querteilung wird bereits die apikal-basale Längsachse der Pflanze festgelegt und eine erste Aufgabenteilung. Aus der **Apikalzelle** entsteht der Embryo. Die Basalzelle bildet nach einigen Querteilungen eine einzige Zellreihe, den extraembryonalen **Suspensor**, der den Embryo im Samen befestigt und durch die Verbindung zu maternalem Gewebe für dessen Ernährung sorgen kann. Die oberste Zelle dieser Zellreihe wird **Hypophyse** genannt und nimmt an der weiteren Embryonalentwicklung teil, indem sie zum Wurzelmeristem beiträgt. Das Teilungsmuster der Apikalzelle beginnt mit zwei vertikalen Längs- und einer horizontalen Querteilung. Es entsteht der **Oktant** mit zwei horizontalen Ebenen aus jeweils 4 Zellen. Aus den vier Zellen der oberen Lage werden sich vor allem die Keimblätter und das Sproßmeristem entwickeln, aus den vier Zellen der unteren Lage vor allem das Hypokotyl und die Wurzel (Abb. 31.**2c–g**, Abb. 31.**3a–d**).

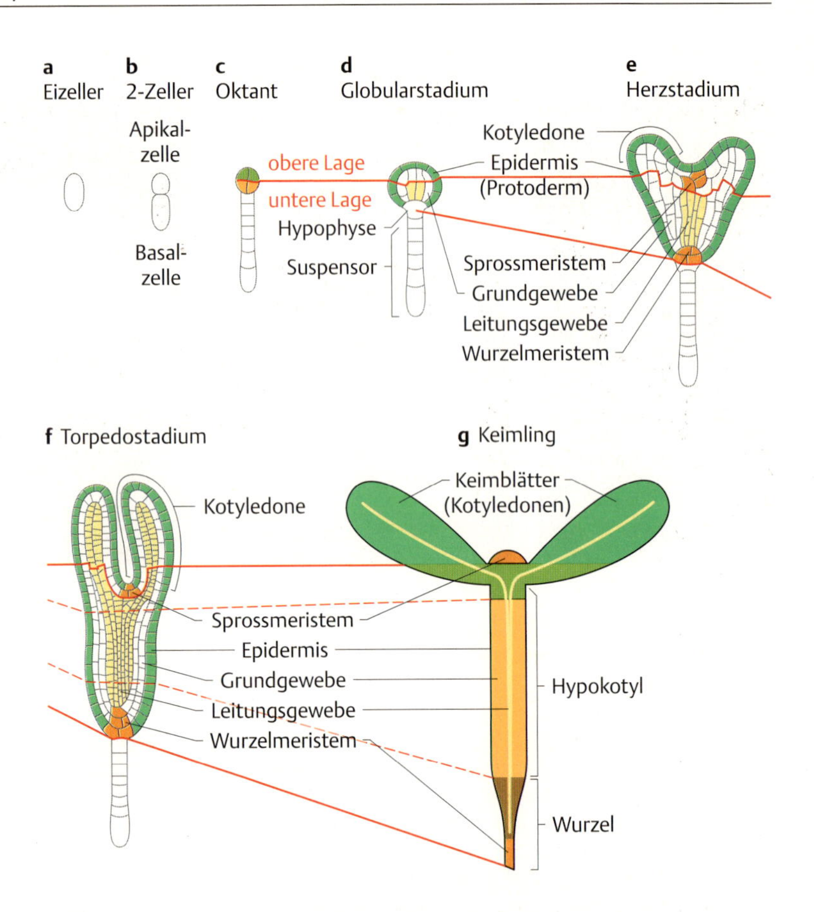

Abb. 31.2 Embryogenese von *Arabidopsis*. Erläuterungen zu den einzelnen Stadien s. Text.

Nach weiteren Teilungen wird bis zum **Globularstadium** auch die radiärsymmetrische Musterbildung erkennbar. Durch gerichtete **perikline** und **antikline Zellteilungen** werden die Gewebe gebildet. Perikline (radiale) Zellteilungen, die die Teilungsspindel senkrecht zur Oberfläche haben, erhöhen die Anzahl der Zellschichten. Die Teilungsspindel antikliner Zellteilungen steht parallel zur Oberfläche und vermehrt die Zellzahl in der entsprechenden Zellschicht. So entsteht nach dem Oktantstadium durch perikline Teilungen eine äußere Zellschicht, die Epidermis (Protoderm). Ihre Zellen vermehren sich nur noch durch antikline Teilungen. Dadurch wird die Oberfläche vergrößert und der Embryo kann im Innern wachsen. Im basalen Teil des Embryos teilt sich die **Hypophyse** asymmetrisch in eine obere linsenförmige und eine untere trapezförmige Zelle. Beide Zellen teilen sich zunächst zwei Mal. Die oberen vier Zellen bleiben mitotisch inaktiv und bilden das so genannte **Ruhezentrum** des späteren Wurzelmeristems, die unteren vier Zellen werden zu Stammzellen der zentralen Wurzelhaube.

Im **Herzstadium** mit ca. 250 Zellen beginnt das Auswachsen der beiden Keimblätter und die Bildung des Sprossmeristems. Die Dreiteilung des Embryos in der Längsachse wird deutlich (rote Linien in Abb. 31.**2**). Die **apikale Region** bildet das **Sprossmeristem** und den größten Teil der **Keimblätter**. Die **zentrale Region** bildet die so genannte „Schulterregion" der Keimblätter, das **Hypokotyl**, sowie die embryonale Wurzel und die Initialen (Stammzellen) des Wurzelmeristems. Die **basale Region** bildet das übrige **Wurzelmeristem**, das Ruhezentrum und die Initialen

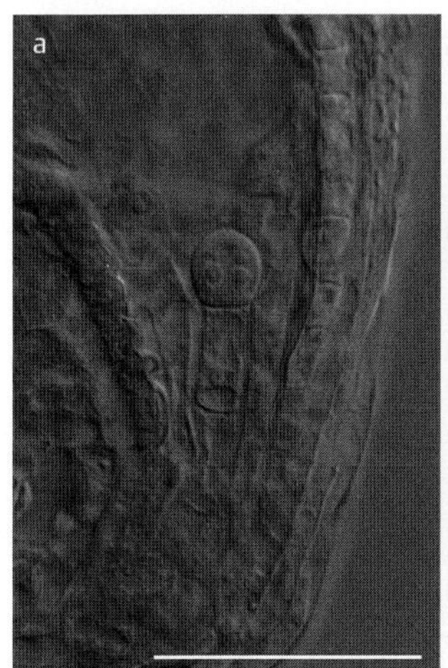

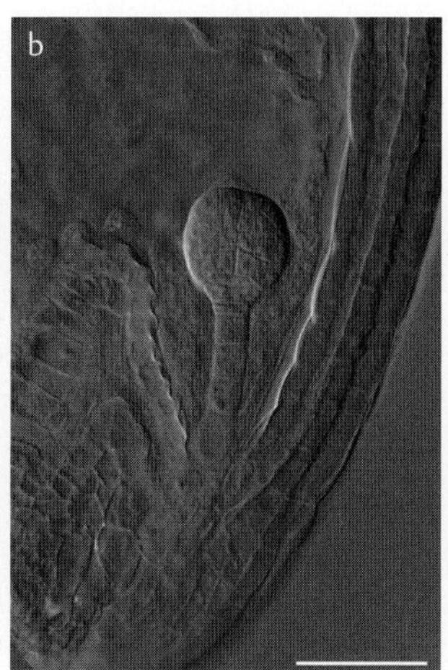

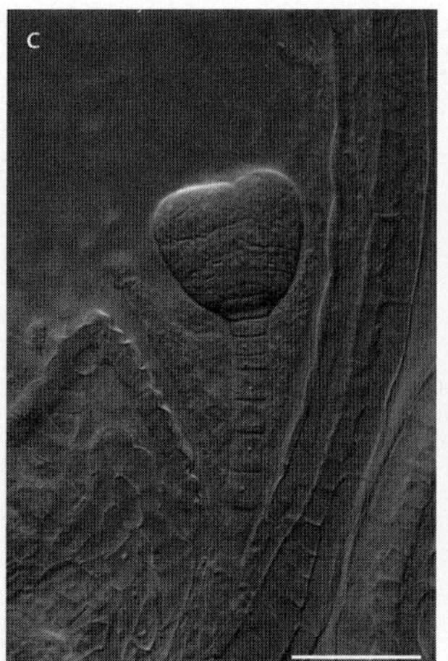

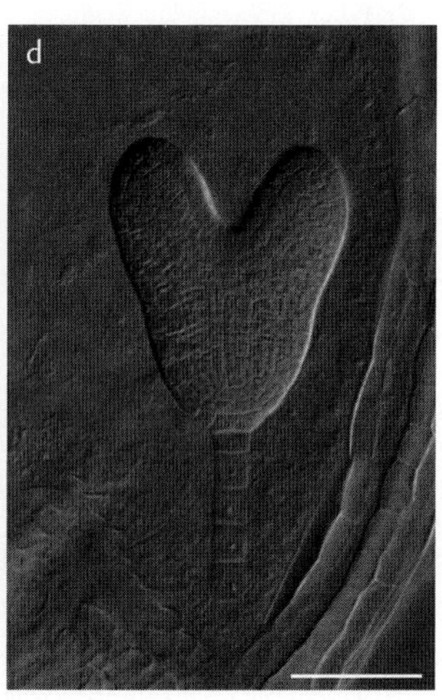

Abb. 31.3 Embryogenesestadien von *Arabidopsis*.
a Nach der 1. Teilung der Apikalzelle,
b Globularstadium,
c Übergang zum Herzstadium,
d Herzstadium,
[Bilder von Colleen Sweeney und David Meinke, Department of Botany, Oklahoma State University].

der zentralen Wurzelhaube. Bis zum **Torpedostadium** werden durch weitere perikline Teilungen insbesondere in der zentralen Region die Gewebeschichten vermehrt und durch antikline Teilungen verlängert. Das Wachstum der **Kotyledonen** führt schließlich zu einer U-förmigen Krümmung des Embryos. In diesem Stadium verharrt der fertige Embryo bis zur **Keimung**.

Obwohl die Zellteilungen sehr geordnet und prinzipiell reproduzierbar verlaufen, bleibt die Frage offen, inwieweit dadurch das Entwicklungsschicksal der Zellen festgelegt wird. Mutationen des *FASS*-Gens stören die Ordnung des Zellstammbaums erheblich. Die Embryonen werden kurz und dick, differenzieren jedoch alle Gewebe in der richtigen relativen Ordnung. Wahrscheinlich ist daher die Abstammung einer Zelle, d.h. ihr Platz im Zellstammbaum, für ihre Entwicklung weniger entscheidend als ihre Position relativ zu anderen Zellen.

Eine besondere Bedeutung kommt den beiden primären Meristemen zu. Aus Spross- und Wurzelmeristem gehen die meisten Organe der adulten Pflanze hervor. Allerdings können neue, **sekundäre Meristeme** postembryonal gebildet werden, die dann zum Beispiel für die Entwicklung von **Seitenwurzeln** oder **Blüten** verantwortlich sind. Differenzierte Zellen können unter experimentellen Bedingungen ihr Leben noch einmal von vorne beginnen: eine einzelne somatische Zelle ist – als Protoplast ohne Zellwand – in der Lage, die Embryogenese und Weiterentwicklung zur adulten Pflanze zu durchlaufen. Dies weiß man z.B. von Kartoffeln und Karotten, Tabak und Petunien. Daraus kann man schließen, dass Pflanzen wohl keine maternalen Gene kennen, die bei Tieren sehr häufig den Beginn der Embryogenese steuern. Außerdem zeigt die **Regenerationsfähigkeit** vieler Zellen, dass sie nicht auf ein endgültiges Entwicklungsschicksal festgelegt sind und daher totipotent geblieben sind. Diese Potenz haben differenzierte tierische Zellen nicht.

Die genetische **Nomenklatur** von *Arabidopsis* soll hier kurz erläutert werden. Gennamen (= Wildtyp) und ihre Abkürzungen sind mit kursiven Großbuchstaben zu schreiben: *FASS* (*FS*), Mutationen mit kursiven Kleinbuchstaben: *fass* (*fs*), Proteine mit nicht-kursiven Großbuchstaben: FASS (FS), Phänotypen mit erstem Groß- und weiteren Kleinbuchstaben des nicht-kursiven Gennamens und hochgesetztem + für Wildtyp, – für Mutante: Fass$^+$, Fass$^-$. Verschiedene Gene mit demselben Symbol werden nummeriert: *ap2*, *ap3*, verschiedene Allele eines Gens ebenfalls: *ap2-1*, *ap2-2*.

31.3 Die apikal-basale Achse

Bei *Arabidopsis* sind viele Gene bekannt, die entlang der **apikal-basalen Achse** während der verschiedenen Entwicklungsstadien differentiell exprimiert werden. Defekte im basalen Bereich werden von Mutanten mehrerer Gene ausgelöst, wie z.B. von *MONOPTEROS* (*MP*-) und *BODENLOS* (*BDL*). Bei *monopteros* besteht der Keimling nur noch aus einem kleinen Stück apikaler Achse mit Kotyledonen und Sprossmeristem. Hypokotyl, Wurzel, und Wurzelmeristem werden nicht gebildet. MP und BDL sind jedoch nur an der Bildung der primären Wurzel beteiligt, postembryonal können wieder Wurzeln differenziert werden.

MONOPTEROS kodiert einen Transkriptionsfaktor der AUXIN RESPONSE FACTOR (ARF) Familie, der an „auxin-response" Elemente in den Promotoren von Genen bindet, deren Transkription vom **Pflanzenhormon Auxin** induziert wird. MP ist daher an verschiedenen Prozessen bei der Bildung der embryonalen Achse, der Blätter und Blüten beteiligt. Mit seinem Antagonisten BODENLOS spielt MP eine entscheidende Rolle bei der Auxin-abhängigen **Spezifizierung der Hypophyse** als eine der Gründerzellen des Wurzelmeristems. In diesem wie dem Sprossmeristem gibt es ein **Ruhe-** bzw. **Organisationszentrum**, das aus jeweils wenigen Zellen besteht. Diese Zellen sorgen für einen beständigen Pool von **Stammzellen**, die jeweils sich differenzierende Zellen in die Peripherie abgeben.

Die Bildung und Funktion des **Sprossapikalmeristems** (SAM) wird von einer Vielzahl von Genen beeinflusst. *SHOOT MERISTEMLESS* (*STM*) kodiert einen Homeodomänen Transkriptionsfaktor der *KNOX* Familie, der im SAM exprimiert wird. Voll entwickelten *stm*-Embryonen fehlt das SAM. STM wird für die Proliferation der Zellen des Sprossmeristems benötigt, und hemmt ihre vorzeitige Differenzierung.

Die **Größe der Zellpopulationen** im SAM wird im Wesentlichen durch das Homeobox-Gen *WUSCHEL* (*WUS*) und die Gruppe der *CLAVATA*-(*CLV*-) Gene bestimmt. In *wus*-Embryonen wird die Bildung des SAM unterdrückt, in *clv*-Embryonen nimmt die Anzahl der Stammzellen zu. Die Regulation der Arealgrößen erfolgt durch einen Rückkopplungsmechanismus: Im Organisationszentrum wird WUS exprimiert. Über ein noch unbekanntes Signal bleiben dadurch die darüberliegenden Zellen sich langsam teilende undifferenzierte Stammzellen, die ihrerseits CLAVATA3 (CLV3) exprimieren. Dieses Peptid aktiviert als Ligand des Membranrezeptors CLAVATA1 (CLV1), einer Serin/Threonin-Kinase, einen Signalkomplex, durch den die *WUS* Transkription reprimiert wird. Die Stammzellpopulation behält dadurch eine konstante Größe.

31.4 Blütenentwicklung von *Arabidopsis*

Die Blüte von *Arabidopsis* ist eine typische Dikotylenblüte mit vier konzentrisch angeordneten Wirteln. Die beiden äußeren Wirtel 1 und 2 bestehen aus den sterilen **Kelch- und Kronblättern**, den **Sepalen** und **Petalen**, die inneren Wirtel 3 und 4 aus den fertilen **Staub- und Fruchtblättern**, den **Stamina** und **Karpellen**. Die Anzahl der Organe in den einzelnen Wirteln ist artspezifisch. Bei *Arabidopsis* sind es je 4 Sepalen und Petalen, 6 Stamina bilden das **Androeceum** und 2 Karpelle das **Gynoeceum** (Abb. 31.**1c**, **d**).

Die Entwicklung der Blüte geht vom apikalen Sprossmeristem aus, das seitlich undifferenzierte Zellen abgibt. Diese Zellen bilden das **Blüten-**

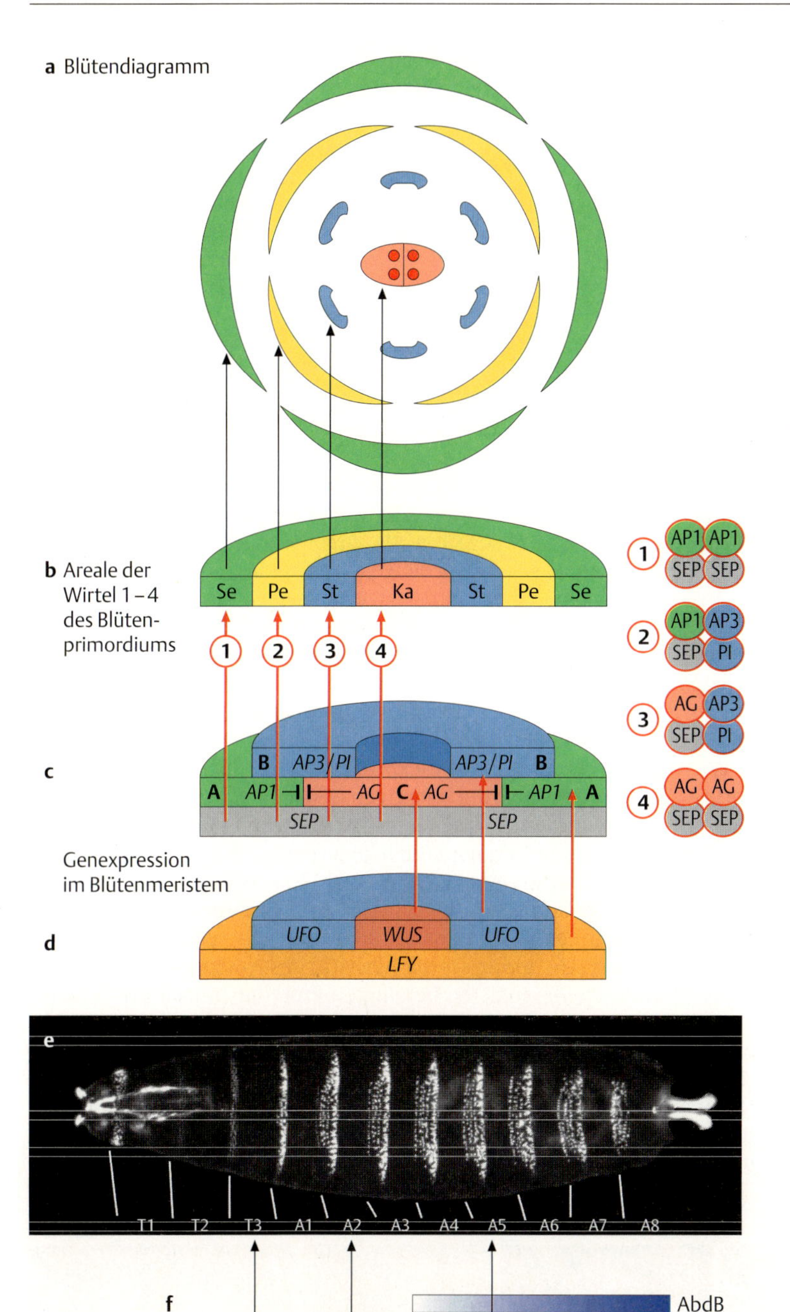

Abb. 31.4 Homeotische Gene steuern die Blütenbildung bei *Arabidopsis* (a-d) und die Segmentierung der *Drosophila*-Larve (e, f).
a Die vier Wirtel des Blütendiagramms entwickeln sich aus den entsprechenden Arealen des Blütenprimordiums (**b**). Die Areale werden durch die Aktivität von Kombinationen aus vier Proteinen mit MADS-Domänen des ABC-Systems (1-4) determiniert. Se = Sepale, Pe = Petale, St = Stamen, Ka = Karpell. Abkürzungen der beteiligten Gene s. Tab. 31.**1**.
e *Drosophila*-Larve mit 3 Thorax- und 8 Abdominalsegmenten.
f Wirkungsbereich der BXC Gene *Ubx*, *abdA* und *AbdB*. Weitere Erklärungen im Text [nach Lohmann und Weigel 2002].

primordium oder auch **Blütenmeristem**, aus dem nacheinander von außen nach innen die Organprimordien der vier Wirtel gebildet werden.

Ausgangspunkt für die Aufklärung der Genetik der Blütenentwicklung war die Entdeckung **homeotischer Mutationen**, bei denen die Blüten derart verändert werden, dass in einem bestimmten Wirtel die Organe eines anderen Wirtels differenziert werden. Die Analyse von Einfach-

und Mehrfachmutanten führte schließlich zu einem zunächst einfachen Modell der Blütenentwicklung, dem **ABC-Modell**. Dieses Modell ist in den letzten 15 Jahren in vielfältiger Weise mit molekularen Methoden überprüft und bestätigt worden. Neue Erkenntnisse wurden integriert und das Modell erweitert. Es ist in einer vereinfachten Form in Abb. 31.**4** dargestellt.

Zunächst soll das Prinzip des ABC-Modells erläutert werden. Es gibt drei Klassen von Genen, A, B und C, die innerhalb des Blütenmeristems in konzentrischen aber überlappenden Arealen exprimiert werden (Abb. 31.**4c**). Die Gene jeder Klasse sind in jeweils zwei benachbarten Arealen aktiv. Die Aktivität von Genen der A-Klasse führt zu Sepalen im ersten Wirtel, Aktivitäten von Genen der A- und B-Klassen ermöglicht die Differenzierung von Petalen. In ähnlicher Weise ist die Bildung von Stamina im dritten Wirtel von der Aktivität von B- und C-Klasse-Genen abhängig, während Karpelle nur die Aktivität von C-Klasse-Genen benötigen (Abb. 31.**4b**). Die Phänotypenanalyse zeigt zudem, dass sich die Aktivitäten von A- und C-Klasse-Genen gegenseitig ausschließen. In Mutanten der A-Klasse wird die Aktivität der C-Klasse-Gene auf alle vier Wirtel ausgedehnt mit der Folge, dass die Sepalen durch Karpelle und die Petalen durch Stamina ersetzt werden. Umgekehrt wird in Mutanten der C-Klasse die Aktivität von A-Klasse-Genen auf die inneren beiden Wirtel ausgedehnt und Stamina werden zu Petalen, Karpelle zu Sepalen. Zur Verdeutlichung sind in Abb. 31.**5** einige Beispiele von Mutationen, ihren Phänotypen und die jeweilige Interpretation als Diagramm nach dem ABC-Modell dargestellt.

Wie wird das Muster der **ABC-Expressionen im Blütenmeristem** etabliert (Abb. 31.**4c**, **d**)? Eines der wichtigen Gene, die für die Blühinduktion verantwortlich sind, ist das **Meristem-Identitätsgen *LEAFY*** (*LFY*). Es wird bei der Bildung des Blütenmeristems im gesamten Bereich aktiv, ebenso wie das Doppelfunktionsgen *APETALA1* (*AP1*), das etwas später als homeotisches A-Klasse-Gen wirksam ist. In *lfy*-Mutanten ist die Expression der ABC-Gene weitgehend ausgeschaltet, statt Blüten werden Sprossstrukturen differenziert. LFY induziert die Aktivität des A-Klasse-Gens *AP1*. LFY und AP1 sind wie die meisten beteiligten Proteine **Transkriptionsfaktoren**, von denen viele die DNA-Bindung über eine **MADS-Domäne** eingehen (Tab. 31.**1**). *LFY* aktiviert zusammen mit *UNUSUAL FLORAL ORGANS* (*UFO*) die Expression der B-Klasse-Gene *APETALA3* (*AP3*) und *PISTILLATA* (*PI*), wobei UFO in einem Meristembereich transient exprimiert wird, der dem der Expression der B-Klasse Gene entspricht. Auch an der Aktivierung des C-Klasse-Gens *AGAMOUS* (*AG*) ist *LFY* beteiligt, wobei das

Abb. 31.5 Wildtypblüte von *Arabidopsis* und Phänotypen von Mutationen im ABC-System. Unterhalb der Teilbilder ist schematisch das ABC-System (**a**) bzw. seine Veränderungen duch Mutationen (**b–f**) angegeben. **a** Wildtyp; **b** *ap2-2*; **c** *ap3-3*; **d** *ag-3*; **e** Doppelmutante *ap3 ag*; **f** Dreifachmutante *ap2-1 pi-1 ag-1*.
Abkürzungen s. Tab. 31.1 und Abb. 31.**4**. [Bilder von Elliot Meyerowitz (a), Jose Luis Riechman (b, c, d), beide Caltech, Pasadena, und John Bowman (e, f), University of California, Davis]

Tab. 31.1 Gene der Blütenentwicklung

Gengruppe	Gen	Eigenschaft
Meristem Identität	*LEAFY (LFY)*	DNA bindend
	APETALA1 (AP1)	MADS-Box
Regulatoren	**B-Klasse**	
	UNUSUAL FLORAL ORGANS (UFO)	F-Box
	C-Klasse	
	WUSCHEL (WUS)	Homeobox
ABC	**A-Klasse**	
	APETALA1 (AP1)	MADS-Box
	APETALA2 (AP2)	AP2-ERF-Box
	B-Klasse	
	APETALA3 (AP3)	MADS-Box
	PISTILLATA (PI)	MADS-Box
	C-Klasse	
	AGAMOUS (AG)	MADS-Box
Kofaktoren	*SEPALLATA1-4 (SEP)*	MADS-Box

Homeodomänen-Protein WUS die Grenzen der Expressionsregion bestimmt (Abb. 31.**4d**).

Nachdem das ABC-Expressionsmuster festgelegt ist, werden die **Organidentitäten** der vier Wirtel spezifiziert. Dies geschieht mit Hilfe der *SEPALLATA1-4*-(*SEP*-)Gene. Wie das SEP-Muster reguliert wird, ist unbekannt. Man nimmt jedoch an, dass alle beteiligten Proteine mit MADS-Domänen zu den Komplexen 1–4 (Abb. 31.**4b**, **c**) aus jeweils vier Proteinen zusammengefügt werden und so als Transkriptionsfaktoren an die Promotoren ihrer (noch unbekannten) Zielgene binden. Schließlich wird eine wohl geformte und funktionierende *Arabidopsis*-Blüte differenziert (Abb. 31.**4a**).

Die **homeotischen Blütengene von *Arabidopsis*** haben in ihrer Wirkungsweise eine sehr große Ähnlichkeit zu **homeotischen Genen bei Tieren**, wie z. B. bei *Drosophila*. Das Beispiel der Spezifizierung von larvalen Segmenten durch die **BXC-Gene** *Ubx*, *abdA* und *AbdB* (Abb. 31.**4e**, **f**; s. auch Kap. 22.5, S. 376) zeigt, dass die Kombinationen der Aktivitäten der drei Homeobox-Gene die Segmentidentitäten von T3 bis A8 bestimmen. Werden z. B. alle drei Gene entfernt, werden die Segmente T3 bis A8 jeweils als T2 differenziert, ist nur Ubx vorhanden, bekommen die Segmente A2 bis A8 jeweils die A1-Identität. Das Verblüffende ist, dass MADS-Box und Homeobox nicht homolog sind. Das bedeutet, dass – wie eingangs erwähnt – diese komplexen Regulationssysteme in der Evolution von Tieren und Pflanzen unabhängig voneinander zweifach entwickelt worden sind.

Zusammenfassung

- Die **erste Zellteilung** der Zygote von *Arabidopsis* ist **asymmetrisch.** Aus der **Apikalzelle** entwickelt sich der Embryo. Die **Basalzelle** bildet den extraembryonalen **Suspensor**, dessen oberste Zelle, die **Hypophyse**, zum Wurzelmeristem beiträgt.
- Das Ergebnis der **Embryogenese** ist ein **Keimling** mit zwei apikalen Keimblättern (**Kotyledonen**) und dem **Sprossmeristem**, das vom basalen **Wurzelmeristem** durch das zentrale **Hypokotyl** getrennt ist.
- Die Größe der **Stammzellpopulation** im **Sprossapikalmeristem** (SAM) wird im Wesentlichen von **Homeobox**-Genen reguliert.
- Das genetische Modell der **Blütenentwicklung** (**ABC-Modell**) beruht auf der Beschreibung **homeotischer Mutationen.** Die meisten beteiligten Proteine sind Transkriptionsfaktoren mit **MADS-Domänen.**

Anhang

Literatur

Literaturzitate, die in den Abb.-Legenden stehen, werden hier nicht wiederholt.

Kapitel 1

Übersichtsartikel

Sippel, A. E., Nordheim, A. (Einführung): Erbsubstanz DNA: Vom genetischen Code zur Gentechnologie. Spektrum der Wissenschaft Verlagsgesellschaft, 1985

Watson, J. D., Gilman, M., Witkowski J., Zoller, M.: Rekombinierte DNA. Spektrum Akademischer Verlag GmbH, Heidelberg, Berlin, Oxford 1993. Kapitel „Die DNA ist das eigentliche genetische Material".

Kapitel 2

Bücher

Rieger, R., Michaelis, A.: Genetisches und cytogenetisches Wörterbuch. 2. Aufl., Springer Verlag, Berlin, Göttingen, Heidelberg 1958

Rieger, R., Michaelis, A., Green, M. M.: Glossary of Genetics. 5th ed., Springer Verlag, Berlin 1991

Kapitel 3

Bücher

Murken, J., Grimm, T., Holinski-Feder, E. (Hrsg.): Taschenlehrbuch Humangenetik, Thieme 2006

Original- und Übersichtsartikel

Gartler, S. M.: The chromosome number in humans: a brief history. Nat Rev Genet 7 (2006) 655–660

Hirano, T.: Chromosome cohesion, condensation, and separation. Ann Rev Biochem 69 (2000) 115–144

Kornberg, R. D., Lorch, Y. L.: Twenty-five years of the nucleosome, fundamental particle of the eukaryote chromosome. Cell 98 (1999) 285–294

Müller, R.: Transcriptional regulation during the mammalian cell cycle. Trends Genet 11 (1995) 173–178

Pidoux, A. L., Allshire, R. C.: Centromeres: getting a grip of chromosomes. Curr Opin Cell Biol 12 (2000) 308–319

Pines, J.: Four-dimensional control of the cell cycle. Nature Cell Biol 1 (1999) E73–E79

Trask, B. J.: Human cytogenetics: 46 chromosomes, 46 years and counting. Nat Rev Genet 3 (2002) 769–778

Wolffe, A. P., Pruss, D.: Deviant nucleosomes: The functional specialization of chromatin. Trends Genet 12 (1996) 58–62

Kapitel 4

Original- und Übersichtsartikel

Koshland, D., Strunnikov, A.: Mitotic chromosome condensation. Ann Rev Cell Develop Biol 12 (1996) 305–333

Nasmyth, K.: Disseminating the genome: Joining, resolving, and separating sister chromatids during mitosis and meiosis. Annu Rev Genet 35 (2001) 673–745

Pines, J.: Mitosis: a matter of getting rid of the right protein at the right time. Trends Cell Biol 16 (2006) 55–63

Sharp, D. J., Rogers, G.C, Scholey, J. M.: Microtubule motors in mitosis. Nature 407 (2000) 41–47

Kapitel 5

Bücher

Swanson, C. P.: Cytologie und Cytogenetik. Gustav Fischer Verlag, Stuttgart 1960

Whitehouse, H. L. K.: Towards an Understanding of the Mechanism of Heredity. Edward Arnold Ltd., London 1969

Traut, W.: Chromosomen – Klassische und molekulare Cytogenetik. Springer-Verlag, Berlin 1991

Original- und Übersichtsartikel

Kleckner, N.: Meiosis: How could it work? Proc Natl Acad Sci USA 93 (1996) 8167–8174

Petronczki, M., Siomos, M. F., Nasmyth, K.: Un ménage à quatre: the molecular biology of chromosome segregation in meiosis. Cell 112 (2003) 423-440

Roeder, G. S.: Meiotic chromosomes: it takes two to tango. Gene Develop 11 (1997) 2600–2621

Schmekel, K., Daneholt, B.: The central region of the synaptonemal complex revealed in three dimensions. Trends Cell Biol 5 (1995) 239–242

Sybenga, J.: What makes homologous chromosomes find each other in meiosis? A review and an hypothesis. Chromosoma 108 (1999) 209–219

Zickler, D., Kleckner, N.: Meiotic chromosomes. Integrating structure and function. Ann Rev Genet 33 (1999) 603–754

Kapitel 6

Bücher

Sorsa, V.: Chromosome maps of *Drosophila*, Vol. I & II, CRC Press, Boca Raton, Florida 1988

Original- und Übersichtsartikel

Becker, H. J.: Die Puffs der Speicheldrüsenchromosomen von *Drosophila melanogaster*. II. Mitteilung: Die Auflösung der Puffbildung, ihre Spezifität und ihre Beziehung zur Funktion der Ringdrüse. Chromosoma 13 (1962) 341–384

Beermann, W.: Chromomerenkonstanz und spezifische Modifikationen der Chromosomenstruktur in der Entwicklung und Organdifferenzierung von *Chironomus tentans*. Chromosoma 5 (1952) 139–198

Callan, H. G.: Lampbrush chromosomes as seen in historical perspective. In: Results and Problems in Cell Differentiation 14, 5–26, Springer Verlag, Berlin Heidelberg 1987

Hennig, W.: The Y chromosomal lampbrush loops of *Drosophila*. In: Results and Problems in Cell Differentiation 14, 133–146, Springer Verlag, Berlin Heidelberg 1987

Korge, G.: Polytene chromosomes. In: Results and Problems in Cell Differentiation 14, 27–58, Springer Verlag, Berlin Heidelberg 1987

Kapitel 7

Bücher

Buselmaier, W., Tariverdian, G.: Humangenetik. 2. Aufl., Springer Verlag, Berlin 1999

Murken, J., Grimm, T., Holinski-Feder, E. (Hrsg.): Taschenlehrbuch Humangenetik, Thieme 2006

Stubbe, H.: Kurze Geschichte der Genetik bis zur Wiederentdekkung der Vererbungsregeln Gregor Mendels. 2. Aufl., VEB Gustav Fischer Verlag, Jena 1965

Original- und Übersichtsartikel

Bridges, C. B.: Non-disjunction as proof of the chromosome theory of heredity. Genetics 1 (1916) 1–52

Hardy, G. H.: Mendelian proportions in a mixed population. Science 28 (1908) 49–50

Mendel, G.: Versuche über Pflanzen-Hybriden. Verhandlungen des naturforschenden Vereines Brünn IV (1866) 3–47; Nachdruck z. B. als Faksimile-Ausgabe, Arkana Verlag, Göttingen 1983 (mit einem Mendel-Portrait von Horst Janssen, s. Box 7.**1**)

Patterson, D.: Die Ursachen des Mongolismus. Spektrum 1987 (10) 58–65

Weinberg, W.: Über den Nachweis der Vererbung beim Menschen. Jahresh. Verein vaterl. Naturkunde Württ. 64 (1908) 368–382

Kapitel 8

Original- und Übersichtsartikel

Bridges, C. B.: Sex in relation to chromosomes and genes. Am. Nat. 59 (1925) 127–137

Brockdorff, N., Duthie, S. M.: X chromosome inactivation and the *Xist* gene. Cell Mol Life Sci 54 (1998) 104–112

Charlesworth, B.: The evolution of chromosomal sex determination and dosage compensation. Curr Biol 6 (1996) 149–162

Graves, J. A. M.: The rise and fall of *SRY*. Trends Genet 18 (2002) 259–264

Heard, E., Clerc, P., Avner, P.: X-chromosome inactivation in mammals. Annu Rev Genet 31 (1997) 571–610

Henking, H.: Untersuchungen über die ersten Entwicklungsvorgänge in den Eiern der Insekten II. Über Spermatogenese und deren Beziehung zur Eientwicklung bei *Pyrrhocoris apterus* L. Z wiss Zool 51 (1891) 685–736

Irish, E. E.: Regulation of sex determination in maize. Bioessays 18 (1996) 363–369

Juarez, C., Banks, J. A.: Sex determination in plants. Curr Opin Plant Biol 1 (1998) 68–72

Koopman, P.: *Sry* and *Sox9*: mammalian testis-determining genes. Cellular and Molecular Life Sciences 55 (1999) 839–856

Lebel-Hardenack, S., Grant, S. R.: Genetics of sex determination in flowering plants. Trends Plant Sci 2 (1997) 130–136

Schafer, A. J., Goodfellow, P. N.: Sex determination in humans. Bioessays 18 (1996) 955–963

Stevens, N.: Studies in Spermatogenesis. Carnegie Institution of Washington (1905) 31

Willard, H. F.: X chromosome inactivation, XIST, and pursuit of the X-inactivation center. Cell 86 (1996) 5–7

Kapitel 9

Bücher

Murken, J., Grimm, T., Holinski-Feder, E. (Hrsg.): Taschenlehrbuch Humangenetik, Thieme 2006

Stern, C.: Principles of Human Genetics. 3rd ed., W. H. Freeman, San Francisco 1973

Kapitel 10

Original- und Übersichtsartikel

Blixt, S.: Why didn't Gregor Mendel find linkage? Nature 256 (1975) 206

Brenner, S.: The genetics of *Caenorhabditis elegans*. Genetics 77 (1974) 71–94

Stern, C.: Zytologisch-genetische Untersuchungen als Beweise für die Morgansche Theorie des Faktorenaustauschs. Biol Zbl 51 (1931) 547–587

Sturtevant, A. H.: The linear arrangement of six sex-linked factors in *Drosophila*, as shown by their mode of association. J exp Zool 14 (1913) 43–59

Sybenga, J.: Recombination and chiasmata: Few but intriguing discrepancies. Genome 39 (1996) 473–484

Kapitel 11

Bücher

Hartl, D.L.: A Primer of Population Genetics. 3rd ed., Sinauer Associates, Sunderland, Mass. 2000

Leibenguth, F.: Züchtungsgenetik. Georg Thieme Verlag, Stuttgart 1982

Sperlich, D.: Populationsgenetik. 2. Aufl., Gustav Fischer, Stuttgart 1988

Swanson, C.P.: Cytologie und Cytogenetik. Gustav Fischer Verlag, Stuttgart 1960

Traut, W.: Chromosomen – Klassische und molekulare Cytogenetik. Springer-Verlag, Berlin 1991

Original- und Übersichtsartikel

Weiler, K.S., Wakimoto, B.T.: Heterochromatin and gene expression in *Drosophila.* Annu Rev Genet 29 (1995) 577–605

Dillon, N., Festenstein, R.: Unravelling heterochromatin: competition between positive and negative factors regulates accessibility. Trends Genet 18 (2002) 252–258

Kapitel 12

Bücher

Fischer, E.P.: Das Atom der Biologen. Max Delbrück und der Ursprung der Molekulargenetik. R. Piper GmbH & Co., München1988

Hausmann, R.: „... und wollten versuchen, das Leben zu verstehen ... Betrachtungen zur Geschichte der Molekularbiologie.“ Wissenschaftliche Buchgesellschaft, Darmstadt 1995

Judson, H.: Der 8. Tag der Schöpfung. Sternstunden der neuen Biologie. Meyster Verlag, Wien, München 1980

Sayre, A.: Rosalind Franklin & DNA. W.W. Norton & Co., New York 1975

Watson, J.D.: Die Doppelhelix. Rowohlt Verlag, Hamburg 1997

Original- und Übersichtsartikel

Chargaff, E.: Chemical specificity of nucleic acids and mechanisms of their enzymatic degradation. Experientia 6 (1950) 201–240

Gerton, J.L., Hawley, R.S. Homologous chromosome interactions in meiosis: diversity amidst conservation. Nat Rev Genet, 6 (2005) 477–487

Hunter, N., Kleckner, N.: The Single-End Invasion: An Asymmetric Intermediate at the Double-Strand Break to Double-Holliday Junction Transition of Meiotic Recombination. Cell 106 (2001) 59–70

Modrich, P., Lahue, R.: Mismatch repair in replication fidelity, genetic recombination and cancer biology. Ann. Rev. Biochem. 65 (1996) 101–133

Neale, M.J., Keeney,S.: Clarifying the mechanics of DNA strand exchange in meiotic recombination. Nature 442 (2006) 153--158

Page, S.L., Hawley, R.S.: The genetics and molecular biology of the synaptonemal complex. Annu Rev Cell Dev Biol 20 (2004) 525–558

Watson, J.D., Crick, F.H. C.: Molecular structure of nucleic acids. A structure for desoxyribose nucleic acid. Nature 171 (1953) 737–738

Wilkins, M.H. F., Stokes, A.R., Wilson, H.R.: Molecular structure of deoxypentose nucleic acid. Nature 171 (1953) 738–740

Kapitel 13

Bücher

Brock, T.D.: The emergence of bacterial genetics. Cold Spring Harbor Lab. Press, New York 1990

Hausmann, R.: ... und wollten versuchen, das Leben zu verstehen .... Betrachtungen zur Geschichte der Molekularbiologie. Wissenschaftliche Buchgesellschaft, Darmstadt 1995

Judson, H.: Der 8. Tag der Schöpfung. Sternstunden der neuen Biologie. Meyster Verlag, Wien, München 1980

Original- und Übersichtsartikel

Avery, O.T., MacLeod, C.M., McCarthy, M.: Studies on the chemical nature of the substance inducing transformation of *pneumococcal* types. J. Exp. Med. 98 (1944) 451–460

Campbell, A.M.: Episomes. Adv. Genet. 11 (1962) 101–145

Campbell, A.M.: Thirty years ago in GENETICS: Prophage insertion into bacterial chromosomes. Genetics 133 (1993) 433–438

Ippen-Ihler, K.A., Minkley, E.G.: The conjugation system of F, the fertility factor of *E. coli.* Ann. Rev. Genetics 20 (1986) 593–624

Wollmann, E.L., Jacob, F., Hayes, W.: Conjugation and genetic recombination in *E. coli.* Cold Spring Harbor Symp. Quant. Biol. 21 (1956) 141–162

Kapitel 14

Original- und Übersichtsartikel

Butler, J.E.F., Kadonaga, J.T.: The RNA polymerase II core promoter: a key component in the regulation of gene expression. Genes & Dev. 16 (2002) 2583–2592

Eddy, S.R.: Non-coding RNA genes and the modern RNA world. Nat. Rev. Gen. 2 (2001) 919–929

Moses, E.G., Pethig, R.S.: MicroRNAs: something new under the sun. Curr. Biol. 12 (2002) R688–R690

Sharp, P.A.: Splicing of mRNA precursors. Science 235 (1987) 766–771

Sharp, P.A.: Split genes and RNA splicing. Cell 77 (1994) 805–815

Wahle, E., Keller, W.: The biochemistry of 3’-end cleavage and polyadenylation of messenger RNA precursors. Ann. Rev. Biochem. 61 (1992) 419–440

Filipowicz, W., Bhattacharyya, S.N., Sonenberg, N.: Mechanisms of post-transcriptional regulation by microRNAs: are the answers in sight? Nat. Rev. Genetics 9 (2008) 102–114

Kapitel 15

Bücher

Hausmann, R.: „... und wollten versuchen, das Leben zu verstehen .... Betrachtungen zur Geschichte der Molekularbiologie." Wissenschaftliche Buchgesellschaft, Darmstadt 1995

Judson, H.: Der 8. Tag der Schöpfung. Sternstunden der neuen Biologie. Meyster Verlag, Wien, München 1980

Original- und Übersichtsartikel

Bushati, N., Cohen, S.M.: MicroRNA function. Ann Rev Cell Dev Biol. 23 (2007) 175–205

He, L., Hannon, G.J.: Micro RNAs: small RNAs with a big role in gene regulation. Nat Rev Gen 5 (2004) 522–531

Merrick, W.C.: Mechanism and regulation of eukaryotic protein synthesis. Microbiol. Rev. 56 (1992) 291–315

Nirenberg, M.W., Matthaei, J.H.: The dependence of cell-free protein synthesis in E. coli upon naturally occurring or synthetic polyribonucleotides. Proc. Natl. Acad. Sci. 47 (1961) 1588–1602

Nishimura, S., Jones, D.S., Khorana, H.G.: The *in vitro* synthesis of a copolypeptide containing two amino acids in alternating sequence dependent upon a DNA-like polymer containing two nucleotides in alternating sequence. J. Mol. Biol. 13 (1965) 302–324

Noller, H.F.: Ribosomal RNA and translation. Ann. Rev. Biochem. 60 (1991) 191–227

Sachs, A., Sarnow, P., Hentze, M.W.: Starting at the beginning, middle, and end: translation initiation in eukaryotes. Cell 89 (1997) 831–838

Kapitel 16

Bücher

Bresch, C., Hausmann, R.: Klassische und molekulare Genetik. 3. Aufl., Springer Verlag, Berlin 1972

Original- und Übersichtsartikel

Buermeyer, A.B., Deschenes, S.M., Baker, S.M., Liskay, R.M.: Mammalian DNA mismatch repair. Ann. Rev. Genetics 33 (1999) 533–564

Crow, J.F., Denniston, C.: Mutations in human populations. Adv. Hum. Genetics 14 (1985) 59–123

Muller, H.J.: Artificial transmutation of the gene. Science 66 (1927) 84–87

Culotta, E., Koshland, D.E.: DNA repair works its way to the top. Science 266 (1994) 1926–1929

Kapitel 17

Original- und Übersichtsartikel

Benne, R.: RNA editing in trypanosomes: is there a message? Trends Genet. 6 (1990) 177–181

Brown, D.D. & Dawid, I.B.: Specific gene amplification in oocytes. Science 160 (1968) 272–280

Edwards-Gilbert, G., Veraldi, K.L., Milcarek, C.: Alternative poly(A) site selection in complex transcription units: means to an end? Nucl. Acids Res. 25 (1997) 2547–2561

Fire, A., Xu, S., Montgomery, M.K., Kostas, S.A., Drivert, S.E. and Mello, C.C.: Potent and specific genetic interference by double-stranded RNA in *Caenorhabditis elegans*. Nature 391 (1998) 306-311

Gilbert, W., Müller-Hill, B.: The lac operator is DNA. Proc. Natl. Acad. Sci. 58 (1967) 2415–2421

Gott, J.M., Emeson, R.B.: Functions and mechanisms of RNA editing. Ann. Rev. Genet. 34 (2000) 499–531

Gurdon, J.B.: From nuclear transfer to nuclear reprogramming: the reversal of cell differentiation. Ann Rev Cell Dev Biol 22 (2006) 1–22

Hannon, G.J.: RNA interference. Nature 418 (2002) 244–251

Klose, R.J., Bird, A.P.: Genomic DNA methylation: the mark and its mediator. Trends Biochem Sci 31 (2006) 89-97

Müller, J., Kassis, J.: Polycomb response elements and targeting of Polycomb group proteins in *Drosophila*. Curr Opinion Genetics Dev 16 (2006) 476–484

Neuhaus, D., Nakaseko, Y., Schwabe, J.W.R and Klug, A.: Solution structures of two zinc-finger domains from SWI5 obtained using two-dimensional ^{1}H nuclear magnetic resonance spectroscopy. A zinc-finger structure with a third strand of β-sheet. J. Mol. Biol. 228 (1992) 637–651

Orr-Weaver, T.L.: *Drosophila* Chorion Genes: Cracking the Eggshell's Secrets. BioEssays 13 (1991) 97–105

Oxender, D.L., Zurawski, G., Yanofsky, C.: Attenuation in the *Escherichia coli* tryptophan operon: Role of RNA secondary structure involving the tryptophan coding region. Proc. Natl. Acad. Sci. 76 (1979) 5524–5528

Rana, T.M.: Illuminating the silence: understanding the structure and function of small RNAs. Nat Rev Mol Cell Biol 8 (2007) 23–36

Shaw, G., Kamen, R.: A Conserved AU Sequence from the 3' Untranslated Region of GM-CSF mRNA Mediates Selective mRNA Degradation. Cell 46 (1986) 659–667

Scheer, U.: Contributions of Electron Microscopic Spreading Preparations („Miller Spreads") to the Analysis of Chromosome Structure, in Hennig, W. (Ed.) Structure and function of eukaryotic chromosomes. Springer 1987, 147–171

Schwartz, Y.B., Pirrotta, V.: Polycomb silencing mechanisms and the management of genomic programmes. Nat Rev Genetics 8 (2007) 9–22

Wulff, D.L., Rosenberg, M.: Establishment of Repressor Synthesis. in Hendrix, R.W. et al., eds.: Lambda II. 53–73, Cold Spring Harbor Laboratory 1983

Zhao, Y., Srivastava, D.: A developmental view of microRNA function. Trends Biochem Sci 32 (2007) 189–197

Kapitel 18

Bücher

Fedoroff, N.V.: Controlling elements in maize. In: Mobile Genetic Elements, 1–63. Ed.: J.A. Shapiro, Academic Press New York, London, 1983

Fox Keller, E.: Barbara McClintock. Die Entdeckerin der springenden Gene. Birkhäuser Verlag, Basel-Boston-Berlin, 1995

Original- und Übersichtsartikel

International Human Genome Sequencing Consortium: Initial sequencing and analysis of the human genome. Nature 409 (2001) 860–921

Kleckner, N.: Regulation of transposition in bacteria. Ann. Rev. Cell. Biol. 6 (1990) 297–327

Laski, F. A., Rio, D. C., Rubin, G. M.: Tissue specificity of *Drosophila* P-element transposition is regulated at the level of mRNA splicing. Cell 44 (1986) 7–19

Rio, D. C.: Regulation of *Drosophila* P-element transposition. Trends in Genetics 7 (1991) 282–287

Kapitel 19

Bücher

Sambrook, J., Russel. D.: Molecular Cloning: A Laboratory Manual. Cold Spring Harbor Laboratory Press, Cold Spring Harbor, NY, 3rd edition 2001.

Watson J. D., Gilman, M., Witkowski, J., Zoller, M.: Rekombinierte DNA. Spektrum Akademischer Verlag GmbH, Heidelberg, Berlin, Oxford, 2. Auflage 1993

Watson J. D., Tooze, J.: The DNA Story. Freeman, San Franzisco 1981

Original- und Übersichtsartikel

Berg, P., Baltimore, D., Brenner, S., Roblin, R. O., Singer, M. F.: Asilomar conference on recombinant DNA molecules. Science 188 (1975) 991–994

Capecchi, M. R.: Altering the genome by homologous recombination. Science 244 (1989) 1288–1292

Cohen, S., Chang, A., Boyer, H., Helling, R.: Construction of biologically functional bacterial plasmids *in vitro*. Proc Natl Acad Sci 70 (1973) 3240–3244

Mansour, S. L., Thomas, K. R., Capecchi, M. R.: Disruption of the proto-oncogene *int-2* in mouse embryo-derived stem cells: a general strategy for targeting mutations to non-selectable genes. Nature 336 (1988) 348–352

Maxam, A.M, Gilbert, W.: A new method of sequencing DNA. Proc Natl Acad Sci 74 (1977) 560–564

Rougeon, F., Kourilsky, P., Mach B.: Insertion of the β-rabbit globin gene sequence into *E. coli* plasmid. Nuc Acids Res 2 (1975) 2365–2378

Rubin, G., Spradling, A. C.: Genetic transformation of *Drosophila* with transposable element vectors. Science 218 (1982) 348–353

Saiki, R. K., Gelfand, D. H., Stoffel, S. , Scharf, S. J., Higuchi, R., Horn, G. T., Mullis, K. B., Erlich, H. A. Primer-directed enzymatic amplification of DNA with a thermostable DNA polymerase. Science 239 (1988) 487–491

Sanger F., Coulson, A. R.: A rapid method for determining sequences in DNA by primed synthesis with DNA polymerase. J Mol Biol 94 (1975) 444–448

Southern, E. M.: Detection of specific sequences among DNA fragments separated by gel electrophoresis. J Mol Biol 98 (1975) 503–517

Stuiver, M. H., Custers J. H. H. V.: Engineering disease resistance in plants. Nature 411 (2001) 865–868

Kapitel 20

Bücher

Watson, J. D., Gilman, M., Witkowski, J., Zoller, M.: Rekombinierte DNA. Spektrum Akademischer Verlag GmbH, Heidelberg, Berlin, Oxford. 2. Auflage 1993

Original- und Übersichtsartikel

Adams, M. D., Celniker, S. E., Holt, R. A. et al.: The genome sequence of *Drosophila melanogaster*. Science 287 (2000) 2185–2195

Blattner, F. R., Plunkett, B., Bloch C. A. et al.: The complete genome sequence of *Escherichia coli* K-12. Science 277 (1997) 1453

Ehrnhoefer, D. E., Duennwald, M., Markovic, P., Wacker, J. L., Engemann, S., Roark, M., Legleiter, J., Marsh, J. L., Thompson, L. M., Lindquist, S., Muchowski, P. J., Wanker, E. E.: Green tea (−)-epigallocatechin-gallate modulates early events in huntingtin misfolding and reduces toxicity in Huntington's disease models. Hum Mol Gen 15 (2006) 2743-2751

Fields, S., Song, O.-K.: A novel system to detect protein-protein interactions. Nature 340 (1989) 245–246

Gasson, M., Burke, D.: Scientific perspectives on regulating the safety of genetically modified food. Nat. Rev. Gen. 2 (2001) 217–222

Gene – Klone – Fortpflanzung. Spektrum der Wissenschaft, Dossier, 4/2002.

Huang, J., Pray, C., Rozelle, S.: Enhancing the crops to feed the poor. Nature 418 (2002) 678–684

International Human Genome Seqeuncing Consortium: Initial sequencing and analysis of the human genome. Nature 409 (2000) 860–921

Klebes, A., Biehs, B., Cifuentes, F. and Kornberg, T. B.: Expression profiling of *Drosophila* imaginal discs. Genome Biology 3 (2002) 1–16

Lieschke, G. J., Currie, P. D.: Animal models of human disease: zebrafish swim into view. Nat Rev Genetics 8 (2007) 353–367

Lockhart, D. J., Winzeler, E. A.: Genomics, gene expression and DNA arrays. Nature 405 (2000) 827–836

Schmidt, O.: In den Genen lesen. Spektrum: Gene-Klone-Fortpflanzung. 2002 (4) 52–57

The *Arabidopsis* Genome Initiative: Analysis of the genome sequence of the flowering plant *Arabidopsis thaliana*. Nature 408 (2000) 796–815

The *C. elegans* Sequencing Consortium: Genome sequence of the nematode *C. elegans*: a platform for investigating biology. Science 282 (1998) 2012–2018

Venter, J. C., Adams, M. A., Myers, E. W. et al.: The sequence of the human genome. Science 291 (2000) 1304–1351

Zon, L. I., Peterson, R. T.: *In vivo* drug discovery in the zebrafish. Nat Rev Drug Discovery 4 (2005) 35–44

Kapitel 21

Bücher

Bate, M., Martinez Arias, A. (eds.): The development of *Drosophila melanogaster*. Volume I, II, Cold Spring Harbor Laboratory Press, 1993

Campos-Ortega, J. A., Hartenstein, V.: The embryonic development of *Drosophila melanogaster*. Springer Verlag, Heidelberg, 1997 (2nd edition)

Gehring, W. J.: Wie Gene die Entwicklung steuern. Birkhäuser Verlag, 2001

Raff, R. A., Kaufman, T. C.: Embryos, Genes, and Evolution, MacMillan 1983

Original- und Übersichtsartikel

The FlyBase Consortium: The FlyBase database of the *Drosophila* genome projects and community Kapitele. Nucleic Acids Research 31 (2003) 172–175. http://flybase.org/

Kapitel 22

Bücher

Duboule, D. (ed.): Guidebook to the homeobox genes. Oxford University Press, 1994

Gehring, W. J.: Wie Gene die Entwicklung steuern. Birkhäuser Verlag, 2001

Lawrence, P. A.: The making of a fly. Blackwell Scientific Publications, 1992

Martinez Arias, A., Stewart, A.: Molecular principles of animal development. Oxford University Press, 2002

Original- und Übersichtsartikel

Driever, W., Nüsslein-Volhard, C.: A gradient of *bicoid* protein in *Drosophila* embryos. Cell 54 (1988a) 83–93

Driever, W., Nüsslein-Volhard, C.: The *bicoid* protein determines position in the *Drosophila* embryo in a concentration-dependent manner, Cell 54 (1988b) 95–104

García-Bellido, A., Lawrence, P. A., Morata, G.: Kompartimente in der Entwicklung der Tiere. Spektrum 1979 (9) 9–16

Gehring, W. J., Qian, Y. Q., Billeter, M., Furukubo-Tokunaga, K., Schier, A. F., Resendez-Perez, D., Affolter, M., Otting, G., Wüthrich, K.: Homeodomain-DNA recognition. Cell 78 (1994) 211–223

Hafen, E., Kuroiwa, A., Gehring, W. J.: Spatial distribution of transcripts from the segmentation gene *fushi tarazu* during *Drosophila* embryonic development. Cell 37 (1984) 833–841

Hatini, V., DiNardo, S.: Divide and conquer: pattern formation in *Drosophila* embryonic epidermis. Trends Genet 17 (2001) 574–579

Hiromi, Y., Kuroiwa, A., Gehring, W. J.: Control elements of the *Drosophila* segmentation gene *fushi tarazu*. Cell 43 (1985) 603–613

Jäckle, H., Gaul, U., Nauber, U., Gerwin, N., Pankratz, M. J., Seifert, E., Schuh, R., Weigel, D.: Musterbildung bei *Drosophila*. Naturwissenschaften 76 (1989) 512–517

Kosman, D., Small, S., Reinitz, J.: Rapid preparation of a panel of polyclonal antibodies to *Drosophila* segmentation proteins. Dev Genes Evol 208 (1998) 290–294

Krumlauf, R.: *Hox* genes in vertebrate development. Cell 78 (1994) 191–201

Kuroiwa, A., Hafen, E., Gehring, W. J.: Cloning and transcriptional analysis of the segmentation gene *fushi tarazu* of *Drosophila*. Cell 37 (1984) 825–831

Lewis, E. B.: A gene complex controlling segmentation in *Drosophila*. Nature 276 (1978) 565–570

Maconochie, M., Nonchev, S., Morrison, A., Krumlauf, R.: Paralogous *Hox* genes: Function and regulation. Ann Rev Genet 30 (1996) 529–556

Malicki, J., Schughart, K., McGinnis, W.: Mouse *Hox-2.2* Specifies Thoracic Segmental Identity in *Drosophila* Embryos and Larvae. Cell 63 (1990) 961–967

Mann, R. S., Morata, G.: The developmental and molecular biology of genes that subdivide the body of *Drosophila*. Ann Rev Cell Develop Biol 16 (2000) 243–271

Nüsslein-Volhard, C., Wieschaus, E.: Mutations affecting segment number and polarity in *Drosophila*. Nature 287 (1980) 795–801

Nüsslein-Volhard, C., Wieschaus, E., Jürgens, G.: Segmentierung bei *Drosophila* – Eine genetische Analyse. Verh Dtsch Zool Ges (1982) 91–104

Nüsslein-Volhard, C., Wieschaus, E., Kluding, H.: Mutations affecting the pattern of the larval cuticle in *Drosophila melanogaster*. I. Zygotic loci on the second chromosome. Roux's Arch Dev Biol 193 (1984) 267–282

Prince, V. E.: The Hox paradox: More complex(es) than imagined. Develop Biol 249 (2002) 1–15

Rivera-Pomar, R., Jäckle, H.: From gradients to stripes in *Drosophila* embryogenesis: Filling in the gaps. Trends Genet 12 (1996) 478–483

Stathopoulos, A., Levine, M.: Dorsal gradient networks in the *Drosophila* embryo. Develop Biol 246 (2002) 57–67

StJohnston, D., Nüsslein-Volhard, C.: The Origin of Pattern and Polarity in the *Drosophila* Embryo. Cell 68 (1992) 201–219

The FlyBase Consortium: The FlyBase database of the *Drosophila* genome projects and community literature. Nucleic Acids Research 31 (2003) 172–175 http:// flybase.org/

van Eeden, F., StJohnston, D.: The polarisation of the anterior-posterior and dorsal-ventral axes during *Drosophila* oogenesis. Curr Opin Genet Develop 9 (1999) 396–404

Weigmann, K., Klapper, R., Strasser, T., Rickert, C., Technau, G. M., Jäckle, H., Janning, W. und Klämbt, C.: FlyMove – a new way to look at development of *Drosophila*.Trends Genet 19 (2003) 310–311

Kapitel 23

Bücher

Chadwick, D., Goode, J. (eds.): The genetics and biology of sex determination. John Wiley & Sons, 2002

Original- und Übersichtsartikel

Cline, T.W., Meyer, B.J.: Vive la Différence: Males vs females in flies vs worms. Annu Rev Genet 30 (1996) 637–702

Franke, A., Baker, B.S.: Dosage compensation rox! Curr Opin Cell Biol 12 (2000) 351–354

Hansen, D., Pilgrim, D.: Sex and the single worm: sex determination in the nematode *C. elegans*. Mech Dev 83 (1999) 3–15

Hodgkin, J.: Sex Determination compared in *Drosophila* and *Caenorhabditis*. Nature 344 (1990) 721–728

Janning, W.: Gynandromorph Fate Maps in *Drosophila*. In Results and Problems in Cell Differentiation, Gehring, W.J. ed., Vol. 9, 1–28, Springer-Verlag Berlin 1978

Marin, I., Siegal, M.L., Baker, B.S.: The evolution of dosage-compensation mechanisms. BioEssays 22 (2000) 1106–1114

Pannuti, A., Lucchesi, J.C.: Recycling to remodel: evolution of dosage-compensation complexes. Curr Opin Genet Devel 10 (2000) 644–650

Plath, K., Mlynarczyk-Evans, S., Nusinow, D.A., Panning, B.: Xist RNA and the mechanism of X chromosome inactivation. Annu Rev Genet 36 (2002) 233–278

Schütt, C., Nöthiger, R.: Structure, function and evolution of sex-determining systems in Dipteran insects. Development 127 (2000) 667–677

Kapitel 24

Bücher

Dickson, B., Hafen, E.: Genetic dissection of eye development in *Drosophila*. In: *The development of Drosophila melanogaster*. (Ed. Bate, M., Martinez Arias, A.), pp 1327–1362. Cold Spring Harbor Laboratory Press, Cold Spring Harbor, NY, 1993

Lawrence, P.A.: The making of a fly. Blackwell Scientific Publications, 1992

Wolf, T., Ready, D.F.: Pattern formation in the *Drosophila* retina In: *The development of Drosophila melanogaster*. (Ed. Bate, M., Martinez Arias, A.), pp 1277–1325. Cold Spring Harbor Laboratory Press, Cold Spring Harbor, NY, 1993

Original- und Übersichtsartikel

Biggs, W.H., Zavitz, K.H., Dickson, B., van Straten, A., Brunner, D. Hafen, E., Zipursky, S.L.: The *Drosophila rolled* locus encodes a MAP kinase required in the *sevenless* signal transduction pathway. EMBO J 13 (1994) 1628–1635

Brunner, D., Öllers, N., Szabad, J., Biggs, W.H., Zipursky, S.L., Hafen, E.: A gain-of-function mutation in *Drosophila* MAP kinase activates multiple receptor tyrosine kinase signaling pathways. Cell 76 (1994) 875–888

Hafen, E., Basler, K.: Specification of Cell Fate in the Developing Eye of *Drosophila*. Development Suppl. 1 (1991) 123–130

Simon, M.A., Bowtell, D.D.L., Dodson, G.S. Laverty, T.R., Rubin, G.M.: *Ras1* and a putative guanine nucleotide exchange factor perform crucial steps in signaling by the *sevenless* protein kinase. Cell 67 (1991) 701–716

Kapitel 25

Bücher

Sprenger, F., Nüsslein-Volhard, C.: The terminal system of axis determination in the *Drosophila* embryo. In: *The development of Drosophila melanogaster*. (Ed. Bate, M., Martinez Arias, A.), pp 365–386. Cold Spring Harbor Laboratory Press, Cold Spring Harbor, NY, 1993

Watson, J.D., Gilman, M., Witkowski, J. und Zoller, M. „Rekombinierte DNA". Spektrum Akademischer Verlag GmbH, Heidelberg, Berlin, Oxford. 2. Auflage, 1993.

Original- und Übersichtsartikel

Casall, A., Casanova, J.: The spatial control of Torso RTK activation: a C-terminal fragment of the Trunk protein acts as a signal for Torso receptor in the *Drosophila* embryo. Development 128 (2001) 1709–1715

Kapitel 26

Original- und Übersichtsartikel

Ascano, M., Nybakken, K.E., Sosinski, J., Stegmann, M.A., Robbins, D.J.: The Carboxyl-Terminal Domain of the Protein Kinase Fused Can Function as a Dominant Inhibitor of Hedgehog Signaling. Mol. Cell. Biol. 22 (2002) 1555–1566

Briscoe, J., Sussel, L., Serup, P. Hartigan-O'Connor, D., Jessell, T.M., Rubenstein, J.L.R., Ericson, J.: Homeobox gene *Nkx2.2* and specification of neuronal identity by graded Sonic hedgehog signalling. Nature 398 (1999) 622–627

Cohen, S.M.: Imaginal disc development. In: The development of *Drosophila melanogaster*. (Ed. Bate, M., Martinez Arias, A.), pp 747–841. Cold Spring Harbor Laboratory Press, Cold Spring Harbor, NY, 1993

Goetz, J.A., Suber, L.M., Zeng, X., Robbins, D.J.: Sonic Hedgehog as a mediator of long-range signaling. BioEssays 24 (2002) 157–165

Heldin, C.-H., Miyazono, K., ten Dijke, P.: TGF-β signalling from cell membrane to nucleus through SMAD proteins. Nature 390 (1997) 465–471

Ingham, P.W., McMahon, A.P.: *Hedgehog* signaling in animal development: paradigms and principles. Genes Dev. 15 (2001) 3059–3087

Nellen, D., Burke, R., Struhl, G. and Basler, K.: Direct and long-range action of a DPP morphogen gradient. Cell 85 (1996) 358–368

Nybakken K., Perrimon, N.: *Hedgehog* signal transduction: recent findings. Curr. Opin. Genet Dev. 12 (2002) 503–511

Raftery, L.A., Sutherland, D.J.: TGF-β family signal transduction in *Drosophila* development: from Mad to Smads. Dev. Biol. 210 (1999) 251–268

Riddle, R.D., Johnson, R.L., Laufer, E., Tabin, C.: *Sonic hedgehog* Mediates the Polarizing Activity of the ZPA. Cell 75 (1993) 1401–1416

Taipale, J., Beachy, P.: The *Hedgehog* and *Wnt* signalling patways in cancer. Nature 411 (2001) 349–354

Vervoort, M.: *hedgehog* and wing development in *Drosophila*: a morphogen at work? Bioessays 22 (2000) 460–468

Kapitel 27

Bücher

Campos-Ortega, J.: Early neurogenesis in *Drosophila melanogaster.* In: *The development of Drosophila melanogaster.* (Ed. Bate, M. Martinez Arias, A.), pp 1091–1129. Cold Spring Harbor Laboratory Press, Cold Spring Harbor, NY, 1993

Original- und Übersichtsartikel

Fortini, M.E.: γ-Secretase-mediated proteolysis in cell-surface receptor signalling. Nat. Rev. Mol. Cell Biol. 3 (2002) 673–684

Greenwald, I.: LIN-12/Notch signaling: lessons from worms and flies. Genes Dev. 12 (1998) 1751–1762

Kapitel 28

Originalarbeiten und Übersichtsartikel

Artavanis-Taskonis, S., Rand, M.D., Lake, R.J.: *Notch* signaling: cell fate control and signal integration in development. Science 284 (1999) 770–776

Brenner, S.: The genetics of *Caenorhabditis elegans.* Genetics 77 (1974) 71–94

Gönczy, P. and Rose, L.S. Asymmetric cell division and axis formation in the embryo (October 15, 2005), *WormBook*, ed. The *C. elegans* Research Community, WormBook, doi/10.1895/wormbook.1.30.1

Hird, S.N., Paulsen, J.E. and Strome, S.: Segregation of germ granules in living Caenorhabditis elegans embryos: celltype-specific mechanisms for cytoplasmic localisation. Development 122 (1996) 1303–1312

Kemphues, K.: PARsing Embryonic Polarity. Cell 101 (2000) 345-348

Nance, J.: PAR proteins and the establishment of cell polarity during *C. elegans* development. BioEssays 27 (2005) 126–135

Oegema, K. and Hyman, A.A. Cell division (January 19, 2006), *WormBook*, ed. The *C. elegans* Research Community, WormBook, doi/10.1895/wormbook.1.72.1

Schierenberg, E.: Vom Ei zum Organismus. Die Embryonalentwicklung des Nematoden *Caenorhabditis elegans.* Biologie in unserer Zeit (BIUZ) 17 (1987) 97–106

Schierenberg, E., Cassada, R.: Der Nematode *Caenorhabditis elegans* – ein entwicklungsbiologischer Modellorganismus. Biologie in unserer Zeit (BIUZ) 16 (1986) 1–7

Strome, S.: Specification of the germ line (July 28, 2005), *WormBook*, ed. The *C. elegans* Research Community, WormBook, doi/10.1895/wormbook.1.9.1

Kapitel 29 Zebrafisch

Bücher

Gilbert, S.F.: Developmental Biology. Sinnauer Associates, Inc., Sunderland, MA, 2000

Original- und Übersichtsartikel

Araki, I., Brand, M.: Morpholino-Induced Knockdown of *fgf8* Efficiently Phenocopies the *Acerebellar* (*Ace*) Phenotype. genesis 30 (2001) 157–159

Draper, B.W., McCallum, C.M., Stout, J.L., Slade, A.J., Moens, C.B.: A high-throughput method for identifying N-ethyl-N-nitrosourea (ENU)-induced point mutations in zebrafish. Methods in Cell Biol 77 (2004) 91–112

Heasman, J.: Morpholino Oligos: Making sense of antisense? Dev Biol 243 (2002) 209–214

Kimelmann, D.: Mesoderm induction: from caps to chips. Nat Rev Genetics 7 (2007) 360–372

Kimmel, C.B., Ballard, W.W., Kimmel, S.R., Ullmann, B., Schilling, T.F.: Stages of embryonic development of the zebrafish. Dev Dyn 203 (1995) 253–310

Patton, E.E., Zon, L.I.: The art and design of genetic screens: zebrafish. Nat Rev Genetics 2 (2001) 956–966

Rohde, L.A., Heisenberg, C.-P. Zebrafish gastrulation: cell movements, signals and mechanisms. Int. Review Cytol 261 (2007) 159–192

Raible, F., Brand, M.: Divide et Impera – The Midbrain-Hindbrain Boundary and Its Organizer. Trends Neurosci 27 (2004) 727–735

Schier, A.F., Talbot, W.S.: Molecular Genetics of axis formation in zebrafish. Ann Rev Genet 39 (2005) 561–613

Stemple, D.L.: Tilling, a high-throughput harvest for functional genomics. Nat Rev Genetics 5 (2004) 1–7

Weng, W., Stemple, D.L.: Nodal Signaling and Vertebrate Germ Layer Formation. Birth Defects Research (Part C) 69 (2003) 325–332

Kapitel 30 Maus

Bücher

Kaufman, M.H., Bard, J.B.L.: The anatomical basis of mouse development. Academic Press, San Diego, Calif., 1999

Nagy, A., Gertsenstein, M., Vintersten, K.: Manipulating the Mouse Embryo: A Laboratory Manual. Cold Spring Harbor Laboratory Press, Cold Spring Harbor, NY, 2003

Rossant, J. and Tam, P.P.: Mouse development. Academic Press, 2002

Silver, L.M.: Mouse Genetics: Concepts and Applications. Oxford University Press Inc, USA, 1995

Original- und Übersichtsartikel

Hamada, H., Meno, C., Watanabe, D., Saijoh, Y.: Establishment of vertebrate left-right asymmetry. Nat Rev Genetics 3 (2002) 103–113

Hirokawa, N., Tanaka, Y., Okada, Y., Takeda, S.: Nodal flow and the generation of left-right asymmetry. Cell 125 (2006) 33–45

Kapitel 31 Arabidopsis

Original- und Übersichtsartikel

Berleth, T., Chatfield, S.: Embryogenesis: Pattern Formation from a Single Cell. The Arabidopsis Book September 30, 2002; doi: 10.1199/tab.0051

Bowman, J. L., Smyth, D. R., Meyerowitz, E. M.: Genetic interactions among floral homeotic genes of *Arabidopsis.* Development 112 (1991) 1–20

Jürgens G.: Apical-basal pattern formation in *Arabidopsis* embryogenesis. EMBO J 20 (2001) 3609–3616

Krizek, B. A., Fletcher, J. C.: Molecular mechanisms of flower development: An armchair guide. Nat Rev Genet 6 (2005) 688–698

Lohmann, J. U., Weigel, D.: Building beauty: the genetic control of floral patterning. Dev Cell 2 (2002) 135–142

Willemsen,V., Scheres, B.: Mechanisms of pattern formation in plant embryogenesis. Annu Rev Genet 38 (2004) 587–614

Internet-Adressen

Überblick

Als Einstieg in die Suche nach Informationen zu den Gebieten Genetik und Entwicklung eignet sich
„The Virtual Library: BioSciences“
http://vlib.org/Biosciences.html
mit Untergruppen, z. B.
„Model Organisms“:
http://ceolas.org/VL/mo/

Daten zu vielen weiteren Genomen findet man bei:
http://www.ncbi.nlm.nih.gov:80/entrez/query.fcgi?db=Genome

Die „Versuche über Pflanzenhybriden“ von Gregor Mendel sind in „Mendel's Web“ ausführlich behandelt und mit zusätzlichen Informationen versehen:
http://www.mendelweb.org/

Hauptadressen zu einzelnen Organismen

Mensch

Genetik
http://www.ncbi.nlm.nih.gov/genome/guide/human/

„OMIM“ (Online Mendelian Inheritance in Man): Krankheiten
http://www.ncbi.nlm.nih.gov/entrez/query.fcgi?db=OMIM

mtDNA
http://www.mitomap.org/

Maus (Mus musculus)

Genetik
http://www.ncbi.nlm.nih.gov/genome/guide/mouse/

Jackson Laboratory
http://www.jax.org/

Edinburgh Mausatlas
http://genex.hgu.mrc.ac.uk/

Vancouver Mausatlas
http://www.mouseatlas.org/

„Europäisches Maus Mutanten Archiv (EMMA)“
http://www.emmanet.org/

Zebrafisch (Danio rerio)

ZFIN (Zebrafish International)
http://zfin.org/cgi-bin/webdriver?MIval=aa-ZDB_home.apg

Zebrafish Book (Sammlung aktueller Übersichtsartikel)
http://zfin.org/zf_info/zfbook/zfbk.html
http://zfin.org/zf_info/zfbook/stages/index.html

ZF-Models (Menschliche Krankheiten)
http://www.zf-models.org/

Drosophila

Allgemeine Informationen
http://ceolas.org/VL/fly/

„FlyBase“: größte *Drosophila* Datensammlung
http://flybase.net/

„FlyMove“: Bilder, Filme und interaktive Shockwaves zur Entwicklung von *Drosophila*
http://flymove.uni-muenster.de/

„The Interactive Fly“: *Drosophila* Gene und ihre Rolle in der Entwicklung
http://www.sdbonline.org/fly/aimain/1aahome.htm

„Berkeley *Drosophila* Genome Project“
http://www.fruitfly.org/

Drosophila Gene und menschliche Krankheiten
http://superfly.ucsd.edu/homophila/

Caenorhabditis elegans

Allgemeine Informationen
http://elegans.swmed.edu/

Genetik
http://www.wormbase.org/

WormBook (Sammlung aktueller Übersichtsartikel)
http://www.wormbook.org/

Arabidopsis thaliana

Allgemeine Informationen
http://www.arabidopsis.org/

The Arabidopsis Book (Sammlung aktueller Übersichtsartikel)
http://www.bioone.org/perlserv/?request=get-static&name=arabidopsis_
ebook&ct=1

Escherichia coli

Genom-Projekt
http://www.genome.wisc.edu

Glossar

E Englisch, F Französisch, G Griechisch, L Lateinisch; Gen. Genetiv, Ggs. Gegensatz, in Zsg. in Zusammensetzungen mit der in [ ] genannten Bedeutung, Pl. Plural (Mehrzahl), Sing. Singular (Einzahl), Syn. Synonym, Vgl. Vergleiche.

Durch Pfeilsignatur (→) gekennzeichnete Verweise beziehen sich auf Stichworte im Glossar, auch wenn diese im Gebrauch von Substantiv oder Adjektiv, Singular oder Plural in leicht abgewandelter Form oder in Wortzusammensetzungen erscheinen (z. B. kann „→ meiotisch“ auf „Meiose“ verweisen).

A- (vor Vokalen **An-**) [G a-, an-: verneinende Vorsilbe]: In Zsg. als Vorsilbe „un-“; in der Bedeutung von „ohne“.

Abdomen [L abdomen – Bauch]: 1. Bei Vertebraten: Unterleib (zwischen → Thorax und Becken gelegen). 2. Bei Arthropoden (z. B. Insekten): Hinterleib.

achiasmatisch [→ A-; → Chiasma]: Ohne Chiasmata in der Prophase der Meiose, d. h. kein → Crossover, keine intrachromosomale → Rekombination.

adult [L adolescere – heranwachsen]: Erwachsen, geschlechtsreif. Ggs. larval (→ Larve).

Akro- [G akron – Spitze]: In Zsg.

akrozentrisch [→ Akro-; L centrum – Mittelpunkt]: → Zentromer an der Spitze des → Chromosoms liegend. Syn. telozentrisch; Vgl. → metazentrisch, → submetazentrisch.

Akrosom [→ Akro-; G soma – Körper]: → lysosomenähnliches Zellorganell, das dem → Spermium aufsitzt und ihm den Durchtritt durch die Eihüllen ermöglicht.

Aktinfilamente [G aktis – Strahl; L Filum – Faden]: Mikrofilamente (F-Aktinketten) des → Zytoskeletts; ubiquitär bei → Eukaryonten. Durchmesser: 6 nm.

Aleuron [G aleuron – Weizenmehl]: Speicherproteine der Pflanzen.

Allel [G alleion – zueinander gehörig]: → Wildtyp- oder → Mutationsform eines → Gens. Von vielen Genen kennt man nur 2 A.e, z. B. ein Wildtyp-A., und ein mutiertes A., das meist → rezessiv ist.

Allo- [G allos – ein anderer]: Als Vorsilbe mit Bedeutung „anders“, „fremd“.

Allopolyploidie [→ Allo-; G polyploos – vielfach]: Vervielfachung von → Chromosomensätzen nach Kreuzung nahe verwandter Arten (→ Spezies). Vgl. → Autopolyploidie, → Polyploidie.

amber-Codon [E amber – Bernstein; → Codon]: Nonsense- oder Terminationscodon UAG. Vgl. → ochre, → opal.

Amnion [G amnion – Schafhaut, Embryonalhüllen]: Innerste Embryonalhülle der → Amnioten, die den Embryo umschließt.

Amniota [→ Amnion]: jene Wirbeltiere (Reptilien, Vögel und Säugetiere), bei denen sich der Embryo innerhalb schützender Embryonalhüllen (→ Amnion und → Chorion) entwickelt. Ggs. Anamnia (Fische, Amphibien).

Amniozentese [→ Amnion; L census – Zählung, Schätzung]: Entnahme von Amnionzellflüssigkeit zur Diagnose von genetischen Veränderungen des Fötus.

amorph [→ A-; → Morph-]: Ist ein → Allel, das durch → Mutation funktionslos ist. Man bezeichnet ein solches Allel auch als Nullallel oder loss-of-function-Allel.

Amplifikation [L amplificatio – Erweiterung]: Vervielfältigung einzelner Gene.

An-, Ana- [G ana – hinauf, über ... hin]: In Zsg.

Anaphase [→ Ana-; G phasis – Erscheinung (Abschnitt eines Ablaufs)]: Zeitabschnitt der → Mitose und der → Meiose, in der die → Chromosomen auseinander weichen.

Aneuploidie [→ An-; → Eu-; G -plous – fach]: Abweichung von der normalen Chromosomenzahl ganzer Chromosomensätze. Ggs. → Euploidie.

Angiografie [G aggeion – (Blut)gefäß]: röntgenologische Darstellung von Gefäßen (z. B. Arterien, Venen, Lymphgefäßen) unter Verwendung eines Kontrastmittels.

Angiogramm: Röntgenkontrastbild von Gefäßen nach →Angiografie.

Anti- [G anti – entsprechend, gegen]: in Zsg.

Anticodon [→ Anti-; → Codon]: Codewort, bestehend aus einer Sequenz von 3 Nukleotiden (Triplett) der → tRNA. Durch Basenpaarung mit dem passenden → Codon der → mRNA wird eine bestimmte Aminosäure in ein Polypeptid eingebaut.

Antigen [→ Anti-; G gignesthai – entstehen]: Körperfremde, meistens von Mikroorganismen (Viren, Bakterien) gebildete Stoffe, die als Signal zur Auslösung einer → Immunreaktion (Bildung von → Antikörpern) dienen. [Bedeutungsmäßig hat A. nichts mit dem Begriff des → Gens gemein!]

Antikörper [→ Anti-]: → antigenerkennendes Rezeptormolekül (Immunoglobulin), das mit einem Antigen einen Antigen-Antikörper-Komplex bildet. Diese Reaktion wird auch zum färberischen Nachweis von Antigenen, z. B. in Zellen benutzt (**Antikörperfärbung**), wobei der verwendete Antikörper, z. B. mit einem Fluoreszenzfarbstoff gekoppelt ist.

Antipoden [→ Anti-; G pous, Gen. podos – Fuß]: Zellen des (pflanzlichen) Embryosacks, die der Eizelle gegenüber liegen (Gegenfüßlerzellen). Vgl. → Synergiden.

Askus [G ascos – Schlauch]: Schlauchartiger Sporenbehälter der Schlauchpilze (Askomyzeten).

Atrophie [G atrophía – Ernährungsmangel]: Rückbildung von Organen, Geweben, Zellen.

attached-X-Chromosom [E to attach – anbinden]: Zwei → X-Chromosomen (von Drosophila), die dauerhaft an einem gemeinsamen → Zentromer verbunden sind.

Aut-, Auto- [G autos – selbst, eigen]: In Zsg. als Vorsilbe „selbst-“.

Autopolyploidie [→ Auto-; G polyploos – vielfach]: Vervielfachung des arteigenen → Chromosomensatzes (z. B. durch → Endomitose). Vgl. → Allopolyploidie, → Polyploidie.

Autosom [→ Auto-; G soma – Körper]: → Chromosom, das kein → Heterosom ist.

Bakteriophagen: → Phagen.

BAC [E **b**acterial **a**rtificial **c**hromosome]: Künstliches Bakterienchromosom, das aus einem veränderten F-Plasmid besteht. Es kann als → Vektor große DNA-Fragmente aufnehmen.

Balancerchromosom [L bilanx – zwei Waagschalen habend; → Chromosom]: Strukturell mutiertes → Chromosom, das → heterozygot mit einem strukturell normalen Chromosom → Crossover scheinbar unterdrückt, weil Crossoverprodukte in → Keimzellen Letalität in der nächsten Generation bewirken.

Basalkörper [G basis – Grund]: Struktur an der Basis von Zilien und Flagellen, die als Organisationszentrum dient und aus 9 peripheren → Mikrotubuli-Tripletts besteht.

Bivalent [L bis – zweimal; L valentia – Stärke, Kraft]: Die beiden in der → Meiose gepaarten → homologen Chromosomen mit je zwei → Schwesterchromatiden. Die vier → Chromatiden werden auch als → Tetrade bezeichnet.

Blasto- [G blastos – Keim]: In Zsg.

Blastoderm [→ Blasto-; G derma – Haut]: Meist einschichtiges → Epithel der → Blastula. Bei dotterreichen Eiern (z. B. bei Vögeln, Insekten) auch → Epithel, das den ungefurchten Dotter umgibt (B.stadium).

Blastomere [→ Blasto-; G meros – Teil]: Furchungszelle, die durch Teilung aus dem befruchteten Ei entsteht. → Furchung

Blastozyste [→ Blasto-; G kystis – Blase]: Embryonalstadium der Säugetiere, in dem die Einnistung in die Uterusschleimhaut erfolgt. Die B. entspricht der → Blastula anderer Tierembryonen.

Blastula [G/L blastula – kleiner Keim]: Frühembryonales blasenförmiges Entwicklungsstadium.

Capping [E cap – Kappe]: Prozess der posttranskriptionellen Modifikation von → mRNA. Ein 7-Methylguanosin-Triphosphat wird mit dem 5′-Ende der RNA verbunden (m^7Gppp-Kappe).

cDNA [E complementary – komplementäre → DNA]: Synthetische DNA, die von einer → mRNA mit Hilfe des Enzyms ‚reverse Transkriptase' transkribiert wurde.

cell lineage: → Zellstammbaum

centiMorgan [L centum – hundert]: Syn. → Morgan.

Chiasma, Pl. Chiasmata [G Buchstabe chic x – kreuzförmig]: Überkreuzung von → Chromatiden als Folge von → Crossover während der → Meiose.

Chimäre [F chimère – Chimära, Ungeheuer der griech. Sage aus Löwe, Ziege und Schlange]: Organismus, der aus Zellen zweier (oder mehrerer) Individuen zusammengesetzt ist.

Chloroplast [G chloros – grün; G plastos – gebildet]: Zellorganell der Photosynthese. C.en sind durch Chlorophyll grün gefärbte → Plastiden.

Chorion [G chorion – Haut, Fell, Eihaut]: 1. Eischale von Insekten. 2. Äußere der beiden Embryonalhüllen von → Amnioten.

Chrom-, Chroma-, Chromo- [G chroma – Farbe]: In Zsg.

Chromatide [→ Chroma-]: Einer der beiden → Chromosomenstränge nach der Replikation des Chromosoms in der S-Phase des → Zellzyklus. Vgl. → Schwesterchromatiden.

Chromatin [→ Chroma-]: Nukleoproteinkomplex, aus dem die → Chromosomen aufgebaut sind.

Chromomer [→ Chroma-; G meros – Teil]: Kondensierter Chromosomenabschnitt.

Chromosom [→ Chroma-; G soma – Körper]: Fädige → Chromatinstruktur im Zellkern, Träger des genetischen Materials (→ DNA). Morphologisch besteht ein C. aus 2 parallelen → Chromatiden, die am → Zentromer miteinander verbunden sind.

Cistron: Genetische Funktionseinheit → Gen), die durch den cis-trans-Test definiert ist.

Code, genetischer [F code – Gesetzbuch]: „Wörterbuch" zur Übersetzung von Nukleotidsequenzen der RNA (DNA) in Aminosäuresequenzen der Proteine. Vgl. → Codon.

Codon [→ Code]: Codewort, bestehend aus einer Sequenz von 3 Nukleotiden (Triplett) der → mRNA. Durch Basenpaarung mit dem passenden → Anticodon der → tRNA wird eine bestimmte Aminosäure in ein Polypeptid eingebaut.

Cosmid [G kosmos – Einteilung, Ordnung]: Klonierungsvektor, der sowohl Elemente des → Bakteriophagen λ, als auch von → Plasmiden enthält und zur Klonierung großer → DNA-Segmente (~40 kb) geeignet ist.

cpDNA = Chloroplasten-DNA.

Crossover [E to cross – sich kreuzen; E over – über]: Reziproker → Rekombinationsvorgang, der zum Austausch von Segmenten zwischen → Nicht-Schwesterchromatiden führt.

De- [L de – von ... herab]: In Zsg.

Defizienz [L deficere – verlassen]: Syn. → Deletion.

Deletion [L deletio – Vernichtung]: Ausfall, Fehlen eines → Chromosomenabschnitts.

Desoxyribonukleinsäure: → DNA.

Determination [L determinare – abgrenzen, bestimmen]: Einschränkung der → Entwicklungspotenz; Festlegung der Entwicklungsmöglichkeiten, des Entwicklungsschicksals.

Diakinese [G diakinesis – leichte Bewegung]: Letztes Stadium der Prophase der → Meiose, während dem sich die → Chromosomen durch Kondensation verkürzen.

Differenzierung [L differe – sich unterscheiden]: Entstehung verschiedener Zelltypen innerhalb der ontogenetischen Entwicklung.

di- [G dis – zweifach]: In Zsg. als Vorsilbe.

dihybrid [→ di-; L hybrida – Mischling, Bastard]: Ist eine Kreuzung, bei der sich die Partner in zwei Merkmalen (→ Allelpaare) unterscheiden. Vgl. → monohybrid.

diözisch [→ di-; G oikia – Haus]: Zweihäusig (bei Pflanzen), d. h. männliche und weibliche Blüten stehen auf verschiedenen Individuen. Vgl. → monözisch.

Diplo- [G diploos – zweifach]: In Zsg.

Diploidie [→ Diplo-]: Auftreten von 2 homologen (mütterlichen und väterlichen) Chromosomensätzen (2 n) in den Kernen → somatischer (2) Zellen. Vgl. → Haploidie.

Diplotän [→ Diplo-; G tainion – Band]: Stadium der → Prophase der → Meiose, in der sich die 4 Chromatiden in je 2 zu trennen beginnen, jedoch an den → Chiasmata noch verbunden sind.

distal [L distare – getrennt stehen]: Weiter entfernt vom Mittelpunkt einer Zelle, eines Organs oder des Körpers gelegen als andere Teile. Ggs. → proximal.

DNA [kurz für E **d**eoxyribo**n**ucleic **a**cid]: Desoxyribonukleinsäure; Erbsubstanz. DNA enthält Desoxyribose als Zuckerbestandteil.

DNA-Fingerabdruck [E → DNA fingerprint]: Der genetische Fingerabdruck eines Individuums ist definiert durch → Polymorphismen gegenüber den DNAs anderer Individuen. Kommt der Polymorphismus durch eine unterschiedliche Anzahl repetitiver Einheiten an einer bestimmten Stelle im Genom zustande, so spricht man von **VNTR-Polymorphismus** [E **v**ariable **n**umber of **t**andem **r**epeat polymorphism].

Dominanz [L dominus – Herr]: Manifestation eines → Allels in → Heterozygoten. Das dominante unterdrückt das rezessive Allel. Ggs. → Rezessivität.

Dopamin: → Neurotransmitter, der von bestimmten Nervenzellen (dopaminerge Neurone) gebildet wird und für das Überleben von → Neuronen nötig ist.

dorsal [L dorsalis – auf dem Rücken befindlich]: Rückenwärts gelegen.

Dosiskompensation [G dosis – Gabe; L compensare – miteinander auswiegen, abwägen]: Mechanismus, mit dem die Gendosis X-chromosomaler Gene (z.B. 1X-Chromosom im männlichen, 2X-Chromosomen im weiblichen Geschlecht) kompensiert wird.

Duplikation [L duplicatio – Doppelung]: Verdoppelung eines Abschnitts eines → Chromosoms.

Ekto- [G ektos – außen]: In Zsg.

Ektoderm [→ Ekto-; G derma – Haut]: Äußeres → Keimblatt.

En- [G en- – in, hinein]: In Zsg.

Endo- [G endon – innen]: In Zsg.

Endomitose [→ Endo-; → Mitose]: → Replikation der → Chromosomen ohne Kernteilung. Führt zu → Endopolyploidie oder → Polytänie.

endoplasmatisches Retikulum, ER [→ Endo-; G plasma – Gebildetes, Geformtes; L reticulum – kleines Netz]: Kommunizierendes Netzwerk von → zytoplasmatischen Kanälen und Zisternen. Das **rauhe ER** ist mit Ribosomen besetzt, die Membran- und sekretorische Proteine synthetisieren. Das **glatte ER** ist nicht mit Ribosomen besetzt und am Membran- und Fettstoffwechsel beteiligt.

Endopolyploidie [→ Endo-; G polyploos – vielfach]: vielfache Chromosomensätze, die durch → Endomitosen in manchen somatischen Zellen eines Individuums entstehen.

Endosperm [→ Endo-; Sperma-]: Nährgewebe der Pflanzensamen.

Enhancer [E to enhance – erhöhen, steigern]: Verstärkerelement in der → DNA, das die Genexpression erhöht. Wirkt unabhängig von seiner Orientierungsrichtung und über Entfernungen von vielen tausend Basenpaaren (kb).

Ento- [G entos – innen, innerhalb]: In Zsg.

Entoderm [→ Ento-; G derma – Haut]: Inneres – Keimblatt.

Entwicklungspotenz: Spektrum der Entwicklungsmöglichkeiten, über die eine Zelle verfügt.

Entwicklungsschicksal: Durch → Determinationsvorgänge bestimmter Entwicklungsweg einer Zelle oder Zellgruppe.

Enzym [→ En-; G zyme – Sauerteig]: Intra- und extrazellulär wirksamer Katalysator im Stoffwechsel. Syn. Ferment.

Epi- [G epi – auf, darauf]: In Zsg.

Epidermis [→ Epi-; G derma – Haut]: Oberhaut; die Körperoberfläche der Metazoen begrenzende Zellschicht(en).

Episom → Plasmid.

Epistase [→ Epi-; L stare – stehen]: Wechselwirkung zwischen zwei → Genen, die zur Unterdrückung der → phänotypischen Wirkung eines der beiden nichtallelischen Gene (→ Allel) führt. Ggs. → Hypostase.

Epithel [→ Epi-; G thele – Brustwarze]: Körperaußenflächen oder -innenflächen begrenzende Zelllage.

Epitop [→ Epi-; → G tópos – Ort]: Der Bereich eines → Antigenmoleküls, der durch ein spezifisches Immunglobulin (→ Antikörper) erkannt wird.

Eu- [G eu – gut]: Vorsilbe mit Bedeutung von „echt", „eigentlich".

Euchromatin [→ Eu-; G chroma – Farbe]: Normales Färbeverhalten zeigendes → Chromatin. Vgl. → Heterochromatin.

Eukaryonten [→ Eu-; G karyon – Nuss, Kern]: Ein- oder mehrzellige Organismen, die im Ggs. zu → Prokaryonten einen echten Zellkern (mit Doppelmembran = Kernhülle) sowie einer Reihe charakteristischer Differenzierungen des → Zytoplasmas besitzen (→ Zytoskelett, → Mitochondrien, → Chloroplasten, intrazelluläre Membransysteme). E. sind Einzeller, Pilze, Pflanzen und Tiere [E: eukaryotes]. Ggs. → Prokaryonten.

Euploidie [→ Eu-, G -plous - fach]: Vorliegen ganzer Chromosomensätze. Ggs. → Aneuploidie.

Evolution [L evolvere – entwickeln]: Stammesgeschichtliche Entwicklung von der Entstehung der ersten Lebewesen bis zu den heutigen Arten (→ Spezies).

Ex- [G, L ex – aus, heraus]: In Zsg.

Exo- [G exo – außen, außerhalb]: In Zsg.

Exon [→ Ex-]: Für → RNA und → Protein kodierender Abschnitt eines gespaltenen → Gens. Das E. bleibt beim → Verspleißen erhalten. Vgl. → Intron.

Expressivität [E expression – Ausdruck]: Manifestationsstärke des → Genotyps einer → Mutation in ihrem → Phänotyp.

Exzisionsreparatur [L excidere – herausschneiden]: → DNA-Reparatur, bei der das fehlerhafte Segment herausgeschnitten wird.

Ferment [L fermentum – Sauerteig]: Syn. → Enzym.

Fingerabdruck → DNA-Fingerabdruck

fingerprint → DNA-Fingerabdruck

FISH [E **f**luorescent **i**n **s**itu **h**ybridization]: Eine Methode, bei der fluoreszierende Moleküle bei der in-situ-Hybridisierung eingesetzt werden.

Furchung: schnell aufeinander folgende Zellteilungen nach der Zygotenbildung, durch die der Embryo in immer kleinere Zellen, die → Blastomeren, aufgeteilt wird.

gain-of-function-Allel [E gain – Gewinn, Zugewinn]: → Hypermorphes → Allel, Zugewinnmutation.

Gamet [G gamein – heiraten]: Keimzelle, in der Regel → haploid. Weiblicher G.: → Oozyte, männlicher G.: → Spermium.

Gametophyt [→ Gamet; G phyton – Pflanze]: Gametenbildende Generation bei Pflanzen.

Gastrula [G gaster – Magen, kleiner Bauch]: Entwicklungsstadium, während dessen die → Keimblätter ausgesondert werden.

Gastrulation [→ Gastrula]: Gesamtheit der Vorgänge, die in der frühen Embryonalentwicklung – ausgehend von einer einschichtigen → Blastula oder → Blastodermstadium – zur → Keimblattbildung (Bildung von Ekto-, Ento- und Mesoderm) führen.

Gen [G geneá – Abstammung]: Erbanlage, Erbfaktor. Funktionseinheit des → Genoms, bestehend aus einem → DNA-Abschnitt, der die Information (genauer: Basensequenz) für (1) die Synthese eines spezifischen RNA-Moleküls oder eines Proteins enthält sowie (2) die Anweisung dafür, wann, in welchen Zellen und unter welchen Umständen diese Synthese stattfinden soll. Erweiterte Definition

(ENCODE, **ENC**yclopedia **O**f **D**NA **E**lements): Gruppierung → genomischer Sequenzen, die einen zusammenhängenden Satz, eventuell auch überlappender, funktioneller Produkte (Proteine oder RNAs) kodiert. Vgl. → Exon, → Intron.

Gendrift [→ Gen; E to drift – abtreiben]: Zufallsveränderung von Genfrequenzen nach Aufteilung einer großen panmiktischen Population (→ Panmixie) in kleinere Teilpopulationen. Syn. Sewall-Wright-Effekt.

Genlocus [→ Gen, L locus – Ort], **Genort**: Ort in der Genkarte, an dem ein bestimmtes Gen lokalisiert ist.

Generationswechsel [L generatio – Zeugung]: Regelmäßiger Wechsel sich verschieden (a-, uni- oder bisexuell) fortpflanzender Generationen. Der G. kann mit einem Kernphasenwechsel verbunden sein (heterophasischer G., z. B. bei Foraminiferen und den meisten mehrzelligen Pflanzen) oder sich in ein und derselben Kernphase abspielen (homophasischer G.).

generativ [L generare – erzeugen]: An der sexuellen Fortpflanzung beteiligt, z. B. „g.e Zelle" = gametenbildende Zelle (→ Gamet). Ggs. → somatisch (2), → vegetativ.

Genkonversion [→ Gen; L conversio – Umkehrung]: Nichtreziproke Form der → Rekombination innerhalb eines → Gens.

Genom [→ Gen]: Das Kerngenom enthält alle → chromosomalen → Gene der betreffenden Art je ein Mal. Der Begriff Genom wird auch für die Gesamtheit der chromosomalen Gene einer (somatischen oder generativen) Zelle verwendet. Man spricht außerdem vom → haploiden oder → diploiden Genom einer Zelle oder eines individuellen Organismus. In diesen Fällen wird der Begriff Genom bei Arten mit → Heterosomen nicht eindeutig verwendet.

Genotyp [→ Gen; G typos – Gepräge, Form]: Gesamtheit der Erbanlagen (der in → DNA kodierten genetischen Information) eines Organismus.

Gentransfer [→ Gen; L transferre – übertragen]: Übertragung von → Genen. Vertikaler G.: von Generation zu Generation; horizontaler G.: von einer → Spezies auf eine andere.

Gonaden [G gone – Zeugung]: Keimdrüsen. weibliche G.: Ovarien; männliche G.: Hoden.

Gonen [G gone – Erzeugung]: Die vier → haploiden → Meioseprodukte.

Gynander [G gyne, Gen. gynaikos – Frau; aner, Gen. andros – Mann]: Organismus, der mosaikartig aus männlichen und weiblichen Zellen zusammengesetzt ist.

Hämoglobin [G haima – Blut; L globus – Kugel]: Am weitesten verbreitetes O_2-Transportprotein (roter Blutfarbstoff).

Haploidie [G haploos – einfach]: Auftreten von nur einem → Chromosomensatz (1 n) in den Zellkernen. Vgl. → Diploidie.

Hemi- [G hemi – halb]: In Zsg.

Hemimetabolie [→ Hemi-; G metabole – Verwandlung]: Allmähliche („unvollständige") → Metamorphose bei Arthropoden. Die → Larven entwickeln sich nach meistens mehrfachen Larvalhäutungen ohne → Puppenstadium zur → Imago (z. B. Heuschrecken).

hemizygot [→ Hemi-, G zygon – Joch]: Nur 1 → Allel – statt 2 Allele – tragend (A/–), z. B. viele X-chromosomale Gene im männlichen Geschlecht.

Hermaphrodit [G Hermes – männliche Gottheit; G Aphrodite – weibliche Gottheit]: Zwitter mit sowohl männlichen als auch weiblichen Organen.

Hermaphroditismus [G Hermaphroditos – griech. Sagenfigur: Sohn des Hermes und der Aphrodite]: Zwittertum. Auftreten von männlichen und weiblichen Geschlechtsorganen im selben Individuum.

Hetero- [G heteros – der andere, andersartig, fremd]: In Zsg.

Heterochromatin [→ Hetero-; G chroma – Farbe]: Chromatin, das mit basischem Farbstoff stark anfärbbar ist. Es ist stark kondensiert, so dass keine Transkription stattfindet. Vgl. → Euchromatin.

Heteroduplex [→ Hetero-; L duplex – doppelt]: Doppelsträngiges Nukleinsäuremolekül, das aus verschiedenen Einzelsträngen zusammengesetzt ist.

heterogametisch [→ Hetero-; → Gamet]: Verschiedene Typen von Keimzellen produzierend (z. B. solche mit einem X- und solche mit einem Y-Chromosom). Ggs. → homogametisch.

Heterosiseffekt [→ Hetero-]: Gegenüber → homozygoten Individuen gesteigerte Leistungsfähigkeit → heterozygoter Individuen (in der Tier- und Pflanzenzüchtung, z. B. auf Wuchs, Ertragsleistung und Parasitenresistenz bezogen). Syn. Luxurieren der Bastarde.

Heterosom [→ Hetero-; G soma – Körper]: Geschlechtschromosom. Ggs. → Autosom.

heterozygot [→ Hetero-; G zygon – Joch]: Gemischtrassig; verschiedene → Allele auf dem väterlichen und mütterlichen Chromosom tragend (A/a). Ggs. → homozygot.

Holo- [G holos – ganz]: In Zsg.

Holometabolie [→ Holo-; G metabole – Verwandlung]: Vollständige → Metamorphose bei Arthropoden. Zwischen → Larve und → Imago ist ein Puppenstadium eingeschaltet, während dessen der Organismus keine Nahrung aufnimmt (z. B. Fliegen, Käfer, Schmetterlinge).

Homeosis [→ Homo-]: Vollständige oder teilweise Umwandlung von Strukturen eines Körpersegmentes in die entsprechenden Strukturen eines anderen Segmentes (früher Homoiosis oder Homöosis genannt). H. kann infolge von → Mutationen auftreten.

Homo- [G homoios – gleichartig, ähnlich]: In Zsg.

Homeobox [→ Homo-]: Ein für → homeotische Gene charakteristisches → DNA-Segment, das für eine DNA-bindende Proteindomäne, die **Homeodomäne**, kodiert.

homeotische Gene [→ Homeosis]: Gene, die im → mutierten Zustand zu → Homeosis führen.

homogametisch [→ Homo-; → Gamet]: Nur einen Typ von Keimzellen produzierend (z. B. nur solche mit einem X-Chromosom). Ggs. → heterogametisch.

homologe Gene [→ Homologe]: → Gene mit signifikanten Ähnlichkeiten in ihrer → Nukleotidsequenz, die sich in der → Evolution aus einem Urgen entwickelt haben (könnten). Vgl. → Homologie.

Homologe [→ Homo-; aus G logos – Sprechen – entsprechend]: Strukturell identische (homologe) → Chromosomen. Im → diploiden Chromosomensatz sind es zwei Chromosomen (eines vom Vater, eines von der Mutter), die die gleichen → Gene in gleicher Reihenfolge enthalten.

homologe Rekombination: Genetische → Rekombination, bei der der Austausch von DNA-Segmenten auf DNA-Sequenzidentität (Homologie) beruht.

Homologie [→ Homologe]: In der → Evolutionsbiologie bezeichnet der Relationsbegriff H. die gleiche evolutive Herkunft von

Merkmalen – unabhängig von der Funktion, die diesen Merkmalen bei den – rezenten Merkmalsträgern (Arten) zukommt. Die H. eines Merkmals bei verschiedenen Arten oder Artengruppen beruht also auf der Übernahme des Merkmals von einer gemeinsamen Stammart. Als Folge eines historischen Prozesses lässt sich H. stets nur als Hypothese formulieren.

Hox-Gene: → **H**omeob**ox**-Genfamilien, die bei vielen Arten gefunden wurden. Sie bilden auf einem oder mehreren Chromosomen Gencluster.

homozygot [→ Homo-; G zygon – Joch]: Reinrassig; identische → Allele auf dem väterlichen und mütterlichen Chromosom tragend (A/A oder a/a). Ggs. → heterozygot.

Hybrid- [L hybrida – Mischling, Bastard]: In Zsg.

Hybridplasmid [→ Hybrid-]: Aus → DNA verschiedener → Spezies zusammengesetztes → Plasmid.

Hyper- [G hyper – über, darüber hinaus]: In Zsg.

hypermorph [→ Hyper-, → Morph-]: Ist ein → Allel, das durch → Mutation in seiner Funktion aktiver ist als das Wildtyp-Allel. Man bezeichnet ein solches → dominantes Allel auch als gain-of-function-Allel.

Hypo- [G hypo – unter, unterhalb]: In Zsg.

hypomorph [→ Hypo-, → Morph-]: Ist ein → Allel, das durch → Mutation in seiner Funktion eingeschränkt ist, also nur noch Teile der → Wildtyp-Funktion zeigt.

Hypostase [→ Hypo-; L stare – stehen]: Wechselwirkung zwischen → Genen, die zur Unterdrückung der → phänotypischen Wirkung des betreffenden Gens führt. Ggs. → Epistase.

Imaginalscheiben [→ Imago]: Scheibenförmige Anlagen in der → Larve → holometaboler Insekten, aus denen im Verlaufe der → Metamorphose die adulten Organe entstehen.

Imago [L imago – Bild, Erscheinung]: Geschlechtsreife Adultform bei Insekten.

Immunreaktion [L immunis – unbelastet, abgabenfrei]: Abwehrreaktion des Körpers gegen eingedrungene pathogene Mikroorganismen (→ Antigene) und entartete körpereigene Zellen.

Imprinting [E imprint – Abdruck]: Phänomen, bei dem → Gene im Embryo aktiv oder inaktiv sind, je nachdem, ob sie vom Vater oder der Mutter in die → Zygote gelangt sind (Prägung).

In- [L in – 1. ein, hinein; 2. un-]: In Zsg.

Insertionssequenzen [L inserere – einfügen]: Mobile → DNA-Sequenzen, die ins → Genom eingesetzt werden können (→ Transposon).

Inter- [L inter – zwischen]: In Zsg.

Interferenz [→ Inter-; L ferre – tragen]: Negative (hemmende) Wechselwirkung. In der Genetik: Hemmung der → Rekombination.

Intermediärfilamente [L intermedius – dazwischen befindlich; L filum – Faden]: Faserige Elemente des → Zytoskeletts. Durchmesser: 7–11 nm (größer als bei → Aktinfilamenten, aber kleiner als bei → Mikrotubuli; s. Name).

Interphase [→ Inter-; G phasis – Erscheinung]: Zeitabschnitt im → Zellzyklus, während dem die → Chromosomen aufgelockert und daher im Lichtmikroskop nicht sichtbar sind. Vgl. Teilungsphase → Mitose.

Intersex [→ Inter-; L sexus – Geschlecht]: Sexuelle Zwischenform, die weder männlich noch weiblich ist.

Intron [L intro – hinein]: Abschnitt eines gespaltenen → Gens, der bei der Reifung der → RNA (→ Verspleißen) herausgeschnitten und demzufolge nicht in Protein übersetzt wird. Vgl. → Exon.

Invagination [→ In- (1); L vagina – Scheide]: Einstülpung einer embryonalen Zellschicht.

Inversion [L invertere – umkehren]: Umkehrung der → Genreihenfolge in einem → Chromosomenabschnitt. Perizentrische I.: das → Zentromer liegt innerhalb der I.; parazentrische I.: das Zentromer liegt außerhalb der I.

Karyo- [G karyon – Nuss, Kern]: In Zsg.

Karyogamie [→ Karyo-; G gamein – heiraten]: Kernverschmelzung.

Karyoplasma [→ Karyo-; G plasma – Gebildetes, Geformtes]: Grundsubstanz des Zellkerns, (Kernplasma).

Karyotyp [→ Karyo-]: Vollständiger Satz von Metaphasechromosomen (→ Metaphase).

Keimbahn: Weitergabe der Gene von Generation zu Generation. Zellfolge der Keimzellen (→ Gameten). Im Ggs. zu den somatischen Zellen (→ Soma, 1) sind diese → generativen Zellen potenziell unsterblich.

Keimblätter: Zellschichten des Embryos. Meist sind es drei K.: ein äußeres (→ Ektoderm), ein inneres (→ Entoderm) und ein mittleres (→ Mesoderm) Blatt. Bei den Pflanzen werden die → Kotyledonen als K. bezeichnet.

Kern: Zellkern (Nukleus).

Kernkörperchen: → Nukleolus.

Kinetochor [G kinein – bewegen; G chorismos – Trennung]: Mehrschichtiger Proteinkomplex am → Zentromer eines Chromosoms, der sich in der späten Prophase von Kernteilungen bildet.

Klon [G klon – Schössling, Zweig]: Genetisch einheitliche (mit gleichem → Genotyp ausgestattete) Nachkommen einer Zelle (→ Zellzyklus) oder durch asexuelle (ungeschlechtliche) Vermehrung entstandene Nachkommen eines Organismus.

klonen [→ Klon]: Künstliche Herstellung eines Individuums mit dem identischen → Genotyp eines anderen Individuums, z. B. durch Übertragung eines somatischen Zellkerns in eine entkernte Eizelle und deren Weiterentwicklung.

klonieren [→ Klon]: Übertragung eines → DNA-Fragments in einen → Vektor, z. B. ein → Plasmid, und dessen Vermehrung in einer Bakterienzelle ergibt einen → DNA-Klon.

Ko-, Kon- [L con – zusammen mit]: in Zsg.

kodierende Region [→ Codon]: Genbereich, dessen DNA für ein Polypeptid oder eine funktionelle RNA kodiert (→ Codon, → mRNA, → rRNA).

kodominant [→ Ko-; L dominus – Herr]: Sind zwei Allele A^1 und A^2, wenn der → heterozygote → Genotyp A^1/A^2 einen → Phänotyp zeigt, der beiden homozygoten Genotypen A^1/- und A^2/- entspricht.

Kompartiment [F compartiment – Abteilung]: 1. Membranumschlossener Reaktionsraum → eukaryoter Zellen (z. B. → endoplasmatisches Retikulum). 2. Begrenztes Areal in einem vielzelligen Organismus, das von mehreren Gründerzellen gebildet wird, deren → Klone das Areal ausfüllen, ohne Grenzen zu überschreiten.

Komplementation [L complementum – Ergänzung]: Entwicklung des normalen → Wildtyp-Phänotyps, wenn im diploiden Genotyp zwei mutante Gene oder Genprodukte vorhanden sind.

Konditionalmutation [L conditio – Bedingung]: Mutation, bei der die Ausprägung des → Phänotyps von äußeren Bedingungen abhängig ist, z. B. temperatursensitive (ts) → Allele mit einem → permissiven Temperaturbereich, in dem der Phänotyp dem → Wildtyp entspricht und einer → restriktiven Temperaturgrenze, ab der der mutante Phänotyp sichtbar wird.

konstitutiv [L constituere – aufstellen, einsetzen]: Ist ein → Allel, das durch → Mutation ständig unkontrolliert aktiv ist.

Kontrollregion: Bereich eines Gens, der für die Transkription der → kodierenden Region verantwortlich ist.

Kopplung, genetische: Assoziation von Genen auf dem gleichen Chromosom, die zur gemeinsamen Vererbung der entsprechenden Merkmale führt.

kortikal [L cortex – Rinde]: die Hirnrinde (Kortex) betreffend.

Kotyledonen [G kotyledon – Vertiefung]: Erste Blattanlagen eines pflanzlichen Embryos.

Kutikula [L cuticula – Häutchen]: Von Zellen sezernierte azelluläre Deckschicht.

Larve [L larva – Maske, Gespenst]: Noch nicht geschlechtsreife Form (Jugendform) von Organismen mit → Metamorphose.

Leptotän [G leptós – dünn; G tainia – Band, Binde]: Erstes Stadium der → Prophase der → Meiose, in dem die Kondensation der → Chromosomen beginnt.

LINE [E **l**ong **in**terspersed **e**lements]: Lange repetitive DNA-Segmente, die verstreut im Genom liegen.

loss-of-function-Allel [E loss – Verlust]: → amorphes → Allel, Verlustmutation.

Makrosporen [G makros – groß, lang; → Spore]: → Gonen, aus denen sich die weiblichen → Gametophyten entwickeln. Vgl. → Mikrosporen.

Maternaleffekt [L maternus – mütterlich]: Einfluss des mütterlichen → Genoms auf den → Phänotyp der Nachkommen.

maternale Gene → Gene, die während der → Oogenese → transkribiert werden und deren Produkte (→ mRNAs oder → Proteine) in der Eizelle (z. T. lokalisiert) deponiert werden. Vgl. → zygotische Gene.

Meiose [G meiosis – Verringern]: Kernteilung, bei der in zwei aufeinanderfolgenden Teilungen (Meiose I und Meiose II) die → diploide Chromosomenzahl so auf die Hälfte reduziert wird, dass jeder der vier Kerne je 1 Chromosom von jedem Paar homologer Chromosomen enthält und damit → haploid ist. Vgl. → Bivalent, → Tetrade.

Mes-, Meso- [G mesos – mittlerer]: In Zsg. mit Bedeutung von „mitten", „zwischen-".

Mesoderm [→ Meso-; G derma – Haut]: Mittleres Keimblatt.

Messenger [E messenger – Bote]: Bote; messenger – RNA = Boten-RNA (mRNA).

Meta- [G meta – um-, nach]: In Zsg.

Metamerie [→ Meta-; G meros – Teil]: Körpergliederung in mehrere aufeinanderfolgende, entweder gleichartige (homonome M.) oder ungleichartige (heteronome M.) Segmente (= Metameren).

Metamorphose [→ Meta-; G morphe – Gestalt]: Markanter Gestalt- und Funktionswechsel in der ontogenetischen Individualentwicklung, z. B. Übergang von der → Larve über die → Puppe zur → Imago bei Insekten.

Metaphase [→ Meta-; G phasis – Erscheinung (Abschnitt eines Ablaufs)]: Stadium der Kernteilung (→ Mitose und → Meiose), in dem die → Chromosomen kondensiert sind und, an den → Spindelfasern angeheftet, in der Äquatorialebene liegen.

metazentrisch [→ Meta-; L centrum – Zentrum, Mitte]: Chromosom, dessen → Zentromer in der Mitte liegt. Vgl. → submetazentrisch, → akrozentrisch.

Mikro- [G mikros – klein]: In Zsg.

Mikrofilament [→ Mikro-; L filum – Faden]: → Aktinfilament.

Mikrosporen [→ Mikro-; → Spore]: → Gonen, aus denen sich die männlichen → Gametophyten entwickeln. Vgl. → Pollen, → Makrosporen.

Mikrotubuli [→ Mikro-; L tubulus – kleine Röhre]: Röhrenförmige Elemente des → Zytoskeletts bei → Eukaryonten. Durchmesser: 24 nm.

Mitochondrium [G mitos – Faden; G chondros – Korn, Knorpel]: Faden- oder stäbchenförmiges Zellorganell, in dem über die → Enzymketten von Citratzyklus und oxidativer Phosphorylierung die Hauptmenge des ATP gebildet wird („Energiefabrikant" der Zelle); verfügt über eigene **DNA** und eigenen Proteinsyntheseapparat.

Mitose [G mitos – Faden]: Kernteilung, bei der die beiden → Schwesterchromatiden eines → Chromosoms auf die beiden Tochterkerne verteilt werden.

Mon-, Mono- [G monos – einzig, allein]: In Zsg.

monohybrid [→ Mono-; L hybrida – Mischling, Bastard]: Ist eine Kreuzung, bei der sich die Partner in der Ausprägung eines Merkmals (→ Allelpaar) unterscheiden. Vgl. → dihybrid.

monoklonaler Antikörper (MAB): Antikörpermolekül, das von einem einzelnen → Klon von → Antikörper produzierenden Zellen synthetisiert wird.

Monosomie [→ Mono-; G soma – Körper]: → Karyotyp, bei dem ein → Chromosom nur in einer Kopie vorhanden ist und das homologe Chromosom fehlt.

monözisch [→ Mon-; G oikia – Haus]: Einhäusig (bei Pflanzen), d. h. männliche und weibliche Blüten stehen auf ein und demselben Individuum. Vgl. diözisch.

Morgan: Einheit der Genkarte; 1 Morgan = 1 % → Rekombination. Syn. centiMorgan.

Morph-, Morpho- [G morphe – Gestalt, Form]: In Zsg.

morphogene Substanz [→ Morphogenese]: Formbildende Substanz (= **Morphogen**), die z. B. in Form eines Gradienten im Embryo verteilt ist und auf die Zellen konzentrationsabhängig reagieren.

Morphogenese [→ Morph-; G genesis – Entstehung]: Formbildung.

Mosaikentwicklung: Entwicklung, bei der → Entwicklungsschicksal und → -potenz übereinstimmen und jede Zelle einen genau vorausbestimmten Teil des Organismus bildet.

mRNA → Messenger.

mtDNA = mitochondriale DNA.

Mutation [L mutatio – Änderung]: Veränderung der genetischen Information.

Myo- [G mys, Gen. myos – Maus, Muskel]: In Zsg.

Myofibrille [- Myo-; L fibrilla – Fäserchen]: Aus → Aktin- und → Myosinfilamenten bestehendes kontraktiles Element einer Muskelfaser.

Myosinfilament [→ Myo-; L filum – Faden]: Filament in → Myofibrillen der Muskelfasern und in zahlreichen Typen motiler Zellen Motilität). Durchmesser: 12 nm.

Neuron [G neuron – Sehne, Nerv]: Nervenzelle mit Fortsätzen.

Neurotransmitter: → neurogen gebildete Substanzen, die an den Synapsen den Nervenimpuls weiterleiten.

Nondisjunction [E disjunction – Trennung]: Das Nichttrennen der homologen Chromosomen (ohne → Crossover-Rekombination) bzw. der homologen Kinetochore mit je zwei → Chromatiden einer → Tetrade in der → Meiose I bzw. der beiden Chromatiden eines Chromosoms in Meiose II oder in der → Mitose.

Northern-blot: Technik zum Nachweis einer bestimmten → RNA-Sequenz in einem Gemisch von RNA-Molekülen. Vgl. → Southern-blot.

Nukleinsäure [→ Nukleus]: Lineares polymeres Molekül, das aus → Nukleotiden besteht, die über 3′-5′-Phosphodiesterbindungen miteinander verknüpft sind. → DNA, → RNA.

Nukleolus [→ Nukleus]: Kernkörperchen, Bildungsort der → Ribosomen.

Nukleolusorganisator (NO)**:** → Chromosomenregion, in der die → Gene lokalisiert sind, die für ribosomale → RNA kodieren. An dieser Stelle wird der → Nukleolus gebildet.

Nukleoplasma [→ Nukleus; → Plasma-]: Grundsubstanz des Zellkerns.

Nukleosom [→ Nukleus; G soma – Körper]: Untereinheit des → Chromatins, die aus je 2 Molekülen der Histone H2A, H2B, H3 und H4 besteht, um welche ca. 200 bp DNA gewunden sind.

Nukleoside [→ Nukleus], Pl.: Bausteine der → Nukleinsäuren, die aus je einer Purin- oder Pyrimidinbase und einem Ribose- oder Desoxyribosezucker bestehen.

Nukleotide [→ Nukleus], Pl.: Bausteine der → Nucleinsäuren, die aus einem → Nucleosid und einer daran gebundenen Phosphatgruppe bestehen.

Nukleus [L nucleus – Nuss, Kern]: Zellkern.

Nullallel: → Amorphes Allel.

ochre-Codon [F ochre – Ocker; → Codon]: Nonsense- oder Terminationscodon UAA. Vgl. → amber, → opal.

offener Leseraster [→ ORF]: DNA-Sequenz, die mit einem Startcodon beginnt und mit einem Stopcodon endet, d. h. für ein Polypeptid kodieren kann.

Ommatidium [G omma – Auge]: Einheit („Einzelauge") des Komplexauges von Krebsen und Insekten.

Ontogenese [G on, Gen. ontos – Seiendes; G genesis – Entstehung]: Individualentwicklung eines Organismus.

Oogenese [G oon – Ei; G genesis – Entstehung]: Entwicklung der weiblichen Gameten von der Stammzelle bis zur reifen Eizelle.

Oogonium [G oon – Ei; G gone – Nachkommenschaft]: → Diploide Stammzelle der weiblichen → Keimbahn; → Oogenese.

Oozyte [G oon – Ei; G kytos – Hohlraum]: Eizelle vor Abschluss der → Meiose.

opal-Codon [G opállios – Stein; → Codon]: Nonsense- oder Terminationscodon UGA. Vgl. → amber, → ochre.

open reading frame: → offener Leseraster.

Operator [L operare – bewerkstelligen, verrichten]: Genregulatorisches Element; DNA-Bindungsort für → Transkriptionsfaktoren, welche die Genaktivität regulieren.

Operon [→ Operator]: Genetische Funktionseinheit bei Bakterien, die aus einer Gruppe von Genen besteht, die über einen gemeinsamen → Promotor reguliert werden und eine gemeinsame mRNA (→ Messenger) produzieren, die für mehrere Proteine kodiert.

ORF [E open reading frame]: → offener Leseraster.

Organell, Organelle [G organon – Werkzeug, Organ]: Membranbegrenztes Zellkompartiment (→ Kompartiment, 1.).

orthologe Gene [G orthos – gerade, aufrecht; G logos – Wort, Sprechen]: Gene in unterschiedlichen Spezies, die von einem gemeinsamen Vorläufer abstammen und funktional verwandt sind. Vgl. → paraloge Gene.

Pachytän [G pachys – dicht; G tainia – Band, Binde]: Stadium der → Meiose, in dem die homologen Chromosomen dicht gepaart sind und → Crossover-Vorgänge ablaufen.

Pan- [G pan – alles]: In Zsg.

Panmixie [→ Pan-; G mixis – Mischung]: Zufällige Paarung verschiedengeschlechtlicher Individuen innerhalb einer → Population.

Par-, Para- [G para – neben]: In Zsg. mit Bedeutung „neben", „bei"; auch „Pseudo-".

paraloge Gene [→ Par-; aus G logos – Wort, Sprechen]: Gene innerhalb einer Spezies, die durch → Duplikationen eines Urgens während der → Evolution entstanden sind (Genfamilie). Die → Hox-Gene der Wirbeltiere bestehen aus paralogen Untergruppen mit paralogen Genen, die zu Genen von *Drosophila* → homolog sind. Vgl. → orthologe Gene.

Paralyse [G parálysis: – Lähmung]: vollständige Lähmung von Muskeln und Muskelgruppen.

Parasegment [→ Para-; L segmentum – Abschnitt]: Entwicklungsgenetische Einheit bei Drosophila, die durch die Segmentierungsgene definiert wird und aus dem posterioren → Kompartiment eines späteren Segments und dem anterioren Kompartiment des nächstfolgenden Segments besteht.

parazentrisch [→ Para-; → Centri-]: → Inversion.

Paternaleffekt [L pater – Vater; L efficere – bewirken, hervorbringen]: Direkter Einfluss des väterlichen Genoms auf den → Phänotyp der Nachkommen.

PCR [E **p**olymerase **c**hain **r**eaction]: Die Polymerasekettenreaktion ermöglicht es, einen bestimmten → DNA-Abschnitt in großen Mengen zu synthetisieren, d. h. zu → amplifizieren. Grundlage der Reaktion ist ein Enzym (**Taq-Polymerase**), das aus dem Bakterium *Thermus* ***aq****uaticus* isoliert wird.

Penetranz [L penetrare – eindringen, durchdringen]: Manifestationshäufigkeit eines bestimmten → Genotyps.

Peri- [G peri – um, herum]: In Zsg.

perizentrisch [→ Peri-; → Centri-]: → Inversion.

permissiv [L permittere – erlauben, gestatten]: Bedingungen, unter denen Wachstum und Entwicklung einer Mutante möglich sind,

d. h. der Phänotyp wildtypisch ist. Ggs. → restriktiv. Vgl. → Konditionalmutation.

Phagen [G phagein – fressen]: Bakteriophagen. → Viren, die Bakterien befallen.

Phän [G phainesthai – erscheinen]: Merkmal; Ausprägungsform genetischer Information.

Phänotyp [→ Phän; G typos – Gepräge]: Erscheinungsbild eines Organismus.

Phylogenese [G phylos – Stamm; G genesis – Entstehung]: Stammesgeschichtliche Entwicklung von Organismen.

Plasma-, Plasmo- [G plasma – Gebildetes, Geformtes]: In Zsg.

Plasmid [→ Plasma-]: Autonom replizierendes extrachromosomales → DNA-Molekül (= Episom).

Plastiden [G plastos – gebildet, geformt]: Pflanzliche Zellorganellen, die von Zelle zu Zelle weitervererbt werden. Vgl. → Chloroplast.

Plastom [G plastos – gebildet, geformt]: Gesamtheit der in den → Plastiden lokalisierten → Gene.

Pleiotropie [G pleion – mehr, häufiger, größer; G tropos – gerichtet]: Vielfache Wirkung eines bestimmten → Gens.

Polkörper: Kleine Schwesterzellen der Eizelle, die während der → meiotischen Teilungen aus der Eizelle am animalen Pol ausgestoßen werden. Syn. Richtungskörper.

Pollen [L pollen – Mehlstaub]: → Mikrosporen der Samenpflanzen. Syn. Blütenstaub.

Poly- [G polys – viel]: In Zsg.

Polygenie [→ Poly-; G gignesthai – entstehen]: Wirkung mehrerer → Gene auf ein bestimmtes Merkmal.

Polymorphismus [→ Poly-; → Morph-]: Gleichzeitiges Auftreten von zwei oder mehr genetisch unterschiedlicher → Phänotypen in einer Population, bedingt durch verschiedene Homologe eines Chromosoms, Allele eines Gens, DNA-Sequenzen.

Polyploidie [G polyploos – vielfach]: Auftreten vielfacher → Chromosomensätze. Vgl. → Allopolyploidie, → Autopolyploidie, → Endopolyploidie.

Polysaccharid [→ Poly-; G saccharon – Bambuszucker]: Kohlenhydrat; durch Zusammenlagerung zahlreicher Zuckerbausteine (Monosaccharide) entstandenes Makromolekül.

Polytänie [→ Poly-; G tainia – Band, Binde]: Vielsträngige, aus vielen → Chromatiden bestehende → Chromosomen = Polytänchromosomen (auch „Riesenchromosomen").

Population [L populatio – Bevölkerung]: Gesamtheit der Individuen einer Art, die einen geographisch begrenzten Raum besiedeln (und daher im Idealfall untereinander unbegrenzt fortpflanzungsfähig sind).

Postreduktion [L post – hinter, nach; L reductio – Zurückführung]: Trennung der homologen, d. h. väterlichen und mütterlichen → Allele in der → Anaphase II der → Meiose. Dies ist immer der Fall für den Bereich zwischen dem ersten und zweiten → Crossover bzw. dem → Chromosomenende. Ggs. → Präreduktion.

Präreduktion [L prae – vor; L reductio – Zurückführung]: Trennung der homologen, d. h. väterlichen und mütterlichen → Allele in der → Anaphase I der → Meiose. Dies ist immer der Fall für den Bereich vom → Centromer bis zum ersten → Crossover. Ggs. → Postreduktion.

Pro- [G, L pro – vor, für]: In Zsg. als Vorsilbe mit Bedeutung von (zeitlich und räumlich) „vor".

Prokaryonten [→ Pro-; G karyon – Nuss, Kern]: Einzellige Organismen, die keinen echten (membranumhüllten) Zellkern und ein nur wenig strukturiertes (wenig kompartimentiertes) → Zytoplasma besitzen. P. sind Bakterien. Ggs. → Eukaryonten. [E: prokaryotes].

Promotor [→ Pro-; L movere – bewegen]: → DNA-Abschnitt, an den die RNA-Polymerase bindet und mit der → Transkription der DNA in → RNA beginnt. Bei der Transkription bewegt sich die RNA-Polymerase entlang der DNA.

Prophase [→ Pro-; G phasis – Erscheinung (Abschnitt eines Ablaufs)]: Stadium der Kernteilung, in dem die → Chromosomen zu kondensieren beginnen und sichtbar werden.

Prot-, Proto- [G protos – erster]: In Zsg. als Vorsilbe mit Bedeutung von „erster", „wichtigster".

Protein [→ Proto-]: Eiweiß. Aus Aminosäuren aufgebautes (über Peptidbindungen verknüpftes) Makromolekül.

Protoplasma [→ Proto-; → Plasma-]: Grundsubstanz der Zelle, bestehend aus → Karyoplasma und → Zytoplasma.

proximal [L proximus – der nächste]: Näher zum Mittelpunkt einer Zelle, eines Organs oder des Körpers gelegen als andere Teile. Ggs. → distal.

Pseudo- [G pseudos – Trug, Täuschung]: In Zsg.

Pseudogen [→ Pseudo-; G gignesthai – entstehen]: Genähnlicher → DNA-Abschnitt, der nicht funktionstüchtig ist.

Puff [E puff- Aufblähung]: Anschwellung eines → Abschnitts im → Polytänchromosom.

Puppe: Entwicklungsstadium bei → holometabolen Insekten, in dem die → Metamorphose zur geschlechtsreifen Adultform stattfindet.

Re- [L re – zurück, wieder]: In Zsg.

Rekombination [→ Re-; L combinare – vereinigen]: Erzeugung neuer Kombinationen des genetischen Materials durch Austausch von homologen Chromosomen (interchromosomale R.), von Chromosomenabschnitten (intrachromosomale R., → Crossover), allgemein von → Nukleinsäuremolekülen.

Replikation [→ Replikon]: Kopieren eines komplementären → Nukleinsäuremoleküls.

Replikon [L replicare – aufrollen]: Replikationseinheit der Erbsubstanz, die einen Startpunkt der → Replikation enthält und zur autonomen Replikation befähigt ist.

Reportergen: Ein → Gen, dessen → Phänotyp leicht nachzuweisen ist. Es wird benutzt, um z. B. die gewebespezifische → Expression in → transgenen Individuen zu studieren.

Repressor [E to repress – unterdrücken]: Molekül, das die Aktivität eines → Gens unterdrückt.

restriktiv [L restringere – beschränken]: Bedingungen, unter denen Wachstum und Entwicklung einer Mutante nicht möglich sind, d. h. der Phänotyp mutant ist. Ggs. → permissiv. Vgl. → Konditionalmutation.

Rezessivität [L recessus – Rückzug]: Manifestation eines → Allels nur in → Homozygoten, nicht in → Heterozygoten. Ggs. → Dominanz.

Ribosom [L ribose = arabinose, arabis – arabische Pflanze; → Soma]: → Organelle der Proteinsynthese (→ Translation).

rRNA = → ribosomale → RNA.

Richtungskörper: Syn. → Polkörper.

Riesenchromosomen: → Polytänie.

RNA: Ribonukleinsäure. RNA enthält Ribose als Zuckerbestandteil.

Schwesterchromatiden [→ Chromatide]: Durch identische Verdopplung (→ Replikation) eines → Chromosoms entstandene → Chromatiden. Ggs. Nicht-Schwesterchromatiden.

Segmentierung [L segmentum – Abschnitt]: Gliederung in Körperabschnitte.

Segregation [L segregatio – Trennung]: Aufspaltung von → Genen im Verlauf der Generationen.

Sexualität [L sexus – Geschlecht]: Geschlechtlichkeit. Unterscheidung von männlichen und weiblichen Individuen, die die Grundlage der geschlechtlichen (sexuellen, generativen) Fortpflanzung bilden. S. dient als Mechanismus der → Rekombination von → Genen und damit der Erhöhung genetischer Vielfalt.

SINE [E **s**hort **in**terspersed **e**lements]: Kurze repetitive DNA-Segmente, die verstreut im Genom liegen.

Solenoid [G solen – Röhre]: Schraubenförmige Anordnung der → Nukleosomen im Chromosom.

Soma [G soma – Körper]: Gesamtheit der → vegetativen Zellen eines Organismus. Ggs. → Keimbahn.

somatisch [→ Soma]: 1. Allgemein: den Körper betreffend. 2. Reproduktionsbiologisch: an der sexuellen Fortpflanzung nicht unmittelbar beteiligt. Ggs. → generativ.

Southern-blot: Nach Edward Southern benannte Technik zum Nachweis einer bestimmten → DNA-Sequenz in einem Gemisch von DNA-Fragmenten. Vgl. → Northern-blot.

Spastik [G spasticós – mit Krämpfen behaftet]: Erhöhung der Muskelspannung bei Ausfall kortikospinaler Systeme.

Sperma- [G sperma – Same]: In Zsg.

Spermatide [→ Sperma-]: Postmeiotische (→ haploide) männliche Keimzelle, die sich ohne weitere Zellteilung zum → Spermium entwickelt; → Spermatogenese.

Spermatogenese [→ Sperma-; G genesis – Entstehung]: Entwicklung der männlichen Gameten von der Stammzelle bis zum reifen → Spermium.

Spermatogonium [→ Sperma-; G gone – Nachkommenschaft]: → Diploide Stammzelle der männlichen → Keimbahn; → Spermatogenese.

Spermatozyte [→ Sperma-; G kytos – Hohlraum]: Männliche Keimzelle vor Abschluss der → Meiose.

Spermium [G sperma – Same]: Samenzelle; männlicher → Gamet.

Spezies [L species – Art]: Art; grundlegende Kategorie (= Taxon) der biologischen Systematik, z. B. Homo sapiens: Spezies der Gattung Homo.

spinal [L spinalis – zum Rückgrad gehörig]: die Wirbelsäule bzw. das Rückenmark betreffend.

Spindel: Spindelförmige Anordnung von → Mikrotubuli, die bei der Kernteilung die → Chromosomen zu den beiden Spindelpolen (→ Zentriolen) transportieren.

Spleißen: Syn. → Verspleißen.

Spliceosom [E to splice – zusammenspleißen; → Soma]: → Organell, das dem → Verspleißen von → RNA-Molekülen dient.

Spore [G spora – Saat, Frucht]: Durch → Mitose oder → Meiose entstandene Fortpflanzungszelle.

submetazentrisch [→ Meta-; L centrum – Zentrum, Mitte]: Chromosom, dessen → Zentromer zwischen Chromosomenende und -mitte liegt. Vgl. → metazentrisch, → akrozentrisch.

superfiziell [L superficialis – oberflächlich]: Typ der Frühentwicklung bei Insekten, bei dem nach der Befruchtung zunächst eine Vielzahl von Kernteilungen stattfindet (→ Synzytium) bevor Zellmembranen gebildet werden.

Suppression [L suppressio – Unterdrückung]: Unterdrückung einer Genwirkung.

Sym-, Syn- [G syn – (zeitlich und räumlich) zusammen mit]: In Zsg.

Synapsis [G synapsis – Verbindung]: Paarung der → homologen → Chromosomen, die im → Pachytän der Meiose abgeschlossen ist.

Synaptonemaler Komplex [→ Synapsis; G nema, Gen. nematos – Faden]: Struktur, die zwischen den gepaarten → Chromosomen im → Zygotän-Stadium der meiotischen Prophase (→ Meiose) ausgebildet wird und am → Crossover-Vorgang beteiligt ist.

Synergiden [G synergia – Mitarbeit; G –eides – förmig]: Zellen des (pflanzlichen) Embryosacks, die neben der Eizelle liegen. Vgl. → Antipoden.

Synzytium [→ Syn-; G kytos – Hohlraum]: Mehrkernige Zelle, die durch Verschmelzung von Einzelzellen oder Ausbleiben von Zellteilungen entsteht.

Telomer [G telos – Ende, Ziel; G meros – Teil]: Spezielle Struktur am → Chromosomenende.

Telophase [G telos – Ende, Ziel; G phasis – Erscheinung (Abschnitt eines Ablaufs)]: Endphase der → Mitose und der beiden → Meiose-Teilungen.

telozentrisch: → akrozentrisch.

Tetrade [G tetra – vier]: aus 4 → Chromatiden bestehendes → Bivalent in der 1. → meiotischen Teilung.

Thorax [G thorax – Brustpanzer]: Bei Arthropoden der mittlere, zwischen Kopf und → Abdomen gelegene Körperabschnitt. Mit Laufextremitäten und (bei pterygoten Insekten) Flügeln ausgestattet, dient der T. der Lokomotion.

Totipotenz [L totus – ganz; L potentia – Kraft, Vermögen]: Fähigkeit einer Zelle, sich zu allen Zelltypen des ganzen Organismus entwickeln zu können.

Tracheen [→ Trachea]: Röhrenförmige Respirationsorgane der Tracheaten (Tausendfüßler und Insekten).

Trans- [L trans – über, jenseits]: In Zsg.

Transdetermination [→ Trans-; L determinatio – Abgrenzung]: Änderung des → Determinationszustandes, der zu einer Änderung des Entwicklungsschicksals führt.

Transduktion [→ Trans-; L traductio – Überführung]: Übertragung von genetischem Material durch → Viren.

Transfektion [→ Trans-; L facere, factus – machen, tun]: Experimentelle Technik, mit der fremde → DNA-Moleküle, z. B. in Säugerzellen eingebracht und dauerhaft im → Genom integriert werden können.

Transformation [L transformatio – Umwandlung]: 1. Erbliche Veränderung von Zellen mittels → DNA. 2. Veränderung normaler Zellen zu ungehemmt wachsenden Krebszellen.

Transgene Organismen [→ Trans-; → Gen]: **G**entechnisch **v**eränderte **O**rganismen (GvO), die durch experimentelle Manipulation in ihrem → Genom zusätzlich eigene oder (meist) artfremde → Gene integriert haben.

Transition [L transitio – Übergang]: → Mutation, bei der eine Purin- durch eine andere Purinbase oder eine Pyrimidin- durch eine andere Pyrimidinbase ersetzt wird.

Transkription [L transcriptio – Umschrift]: → RNA-Synthese an einer → DNA-Matrize durch RNA-Polymerasen („Überschreibung").

Transkriptionsfaktor: Regulatorisches → Protein, das durch DNA-bindende Domäne(n) Wirkung auf die → Kontrollregion eines → Gens ausübt und dadurch die → Transkription (mit)steuert.

Translation [L translatio – Übersetzung]: Proteinsynthese an einer → RNA-Matrize mittels → Ribosomen („Übersetzung").

Translokation [→ Trans-; L locus – Ort]: → Mutation, bei der ein → Chromosomenabschnitt von einem Chromosom auf ein anderes (nicht-homologes) übertragen wird.

Transposition [L transponere – versetzen]: Einbau eines → DNA-Segments an einen anderen Ort im → Genom.

Transposon [→ Transposition]: Mobiles genetisches Element mit der Fähigkeit zur → Transposition.

Transversion [L transvertere – umwenden]: → Mutation, bei der eine Purin- durch eine Pyrimidinbase (oder vice versa) ersetzt wird.

Tri- [G tri – dreifach]: in Zsg.

Triplett: Die Folge von 3 → Nukleotiden, die ein → Codon ausmachen.

Triploidie [G tripolos – dreifach]: Auftreten von 3 Chromosomensätzen pro Kern.

Trisomie [→ Tri-; → Soma]: Vorliegen von drei Kopien eines → Chromosoms in einem → diploiden Chromosomensatz.

tRNA = transfer RNA: Kleine → RNA-Moleküle, die während der → Translation spezifische Aminosäuren zu den → Ribosomen transportieren.

Urkeimzellen: Früheste Stammzellen im Embryo, aus denen sich später die Gameten entwickeln.

vegetativ [L vegetare – beleben]: Auf ungeschlechtliche (asexuelle) Fortpflanzung bezogen; Ggs. → generativ.

Vektor [L vector – Träger, Fahrer]: Ein → Plasmid oder → Phage, mit dessen Hilfe DNA in Wirtszellen (meist Bakterien- oder Hefezellen) eingebracht und vermehrt werden kann. Vgl. → klonieren.

ventral [L venter – Bauch]: Bauchwärts gelegen.

Verspleißen [Seemannssprache: spleißen = Tauenden miteinander verknüpfen]: Abspalten der → Intronsequenzen des primären → RNA-Transkripts und Verknüpfung der → Exonsequenzen zum reifen Transkript.

Virus, das [L virus – Gift, Schleim]: Intrazellulärer Parasit, der sich nicht unabhängig von einer Wirtszelle vermehren kann.

Wildtyp: In der Natur auftretende genetische Normalform des → Genotyps und → Phänotyps.

YAC [E **y**east **a**rtificial **c**hromosome]: Künstliches Hefechromosom, das wichtige Teile eines Chromosoms wie → Replikationsstart, → Zentromer und → Telomeren enthält und als → Vektor verwendet wird.

Zellkern: → Nukleus.

Zellstammbaum [E cell lineage]: Folge von Zellteilungen, aus der eine bestimmte Zelle hervorgegangen ist.

Zellzyklus [G kyklos – Kreis]: Der Funktion und Vermehrung von Zellen dienender Prozess. Er besteht aus der → Interphase, der → Mitose und der → Zytokinese.

Zentri-, Zentro- [L centrum – Mittelpunkt]: In Zsg.

Zentriol [→ Zentri-]: Zentralkörperchen; in der Nähe des Zellkerns gelegenes, meist paarweise (als Diplosom) vorkommendes → Organell. Organisationszentrum für die → Spindel. Die beiden Z.en sind rechtwinklig zueinander angeordnet, entsprechen in ihrem Aufbau den → Basalkörpern von Zilien und Flagellen und sind wechselseitig in diese umwandelbar. Z.en sind nur elektronenmikroskopisch sichtbar.

Zentromer [→ Zentro-; G meros – Teil]: Spindelfaseransatzstelle (→ Spindel) der → Chromosomen.

Zentrosom [→ Zentro-; G soma – Körper]: → Organell, das → Zentriolen und umgebendes Zytoplasma (Zentroplasma) enthält. Bildungszentrum der zytoplasmatischen → Mikrotubuli.

Zwitter: Organismus, der sowohl männliche als auch weibliche Geschlechtsorgane besitzt. Syn. → Hermaphrodit.

Zygotän [→ Zygote; G tainia – Band, Binde]: Stadium der → Prophase der → Meiose, in dem sich die homologen → Chromosomen zu paaren beginnen.

Zygote [G zygon – Joch; zygotos – unter einem Joch]: Verschmelzungsprodukt zweier geschlechtsverschiedener (männlicher und weiblicher) → Gameten. Befruchtete (→ diploide) Eizelle.

Zygotische Gene: Mütterliche und väterliche → Gene, die durch die Befruchtung in den → Zygotenkern gelangt sind und ab diesem Zeitpunkt transkribiert werden können. Vgl. → maternale Gene.

Zyto- [G kytos – Hohlraum]: In Zsg. mit der Bedeutung „Zelle".

Zytokinese [→ Zyto-; G kinesis – Bewegung]: Teilung des → Zytoplasmas im Anschluss an die Kernteilung (→ Mitose).

Zytoplasma [→ Zyto-; G plasma – Gebilde, Geformtes]: Grundsubstanz der Zelle; Zellinhalt außer Zellkern (Nukleus).

Zytoskelett [→ Zyto-; G skeleton – Gerippe]: Zellskelett. Gesamtheit der Proteinfilamente (→ Mikrotubuli, → Intermediärfilamente, → Aktinfilamente), die die innere Architektur des → Zytoplasmas bestimmen.

Sachverzeichnis

A

D

N

O

P

Q

R

S

U

V

W